粤知丛书

广东省战略性产业集群专利全景分析报告汇编

—— (上) ——

广东省知识产权保护中心　组织编写

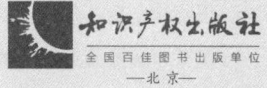

图书在版编目（CIP）数据

广东省战略性产业集群专利全景分析报告汇编．上/广东省知识产权保护中心组织编写．—北京：知识产权出版社，2023.8
ISBN 978-7-5130-8793-3

Ⅰ．①广… Ⅱ．①广… Ⅲ．①产业集群—专利—研究报告—广东 Ⅳ．①G306.72

中国国家版本馆 CIP 数据核字（2023）第 140518 号

内容提要

本书聚焦广东省重点培育发展的战略性产业集群（十大战略性支柱产业和十大战略性新兴产业集群）相关产业和技术领域，解读各产业的区域分布、创新实力与发展优势，为知识产权反映区域创新，为支撑发展、服务政府决策提供数据基础。本书着重调研并分析广东省战略性"双十"产业集群发展历程、政策现状，开展产业集群全景分析。从产业创新发展视角，运用区域专利导航方法，从企业、资本、技术、人才四大维度，深度分析产业链结构的合理性，识别关键环节、优势环节、机遇环节和瓶颈环节，全景刻画广东省20个战略性产业集群的创新水平、产业结构和空间布局等，并提出产业创新发展目标、产业链优化整合路径建议。

责任编辑：张利萍 李芸杰	责任校对：王 岩
封面设计：杨杨工作室·张冀	责任印制：刘译文

广东省战略性产业集群专利全景分析报告汇编（上）
广东省知识产权保护中心　组织编写

出版发行：知识产权出版社 有限责任公司	网　　址：http://www.ipph.cn
社　　址：北京市海淀区气象路50号院	邮　　编：100081
责编电话：010-82000860转8387	责编邮箱：65109211@qq.com
发行电话：010-82000860转8101/8102	发行传真：010-82000893 / 82005070 / 82000270
印　　刷：三河市国英印务有限公司	经　　销：新华书店、各大网上书店及相关专业书店
开　　本：787mm×1092mm　1/16	总 印 张：61.5
版　　次：2023年8月第1版	印　　次：2023年8月第1次印刷
总 字 数：1490千字	总 定 价：580.00元（上、下册）

ISBN 978-7-5130-8793-3

出版权专有　　侵权必究
如有印装质量问题，本社负责调换。

广东省战略性产业集群专利全景分析报告汇编

"粤知丛书"编辑委员会

主　任：邱庄胜

副主任：刘建新　温镇西　黄光华

编　委：廖汉生　耿丹丹　陈　蕾　赵　飞　彭雪辉
　　　　陈宇萍　魏庆华　岑　波　吕天帅　黄少晖

本书作者

作　者：陈　蕾　武月娇　彭　浩　姚　毅

审　校：李　伟　佟海鹏　梁国荣　邵　娟　郭志坤
　　　　曾　键　吴小洁　覃志健

本书序言

改革开放以来,广东省产业经济发展先行一步,规模和质量位于全国前列,市场消费规模巨大,区域创新综合能力多年保持全国第一,形成了强大的产业整体竞争优势,但也存在发展支撑点不多、新兴产业支撑不足、关键核心技术受制于人、高端产品供给不够、发展载体整体水平不高、稳产业链供应链压力大等困难和问题,在提升供应链、产业链和价值链水平,增强自主创新能力,培育本土领军企业和自主知名品牌等方面仍有较大空间,急需攻坚克难、不断突破。

世界产业发展实践表明,产业集群是产业现代化发展的主要形态,是提升区域经济竞争力的内在要求,也是现代产业体系建设的主要内容。目前,广东省产业集群化发展具备了一定的基础,新一代电子信息、绿色石化、智能家电、汽车产业、先进材料、现代轻工纺织、软件与信息服务、超高清视频显示、生物医药与健康、现代农业与食品十大战略性支柱产业集群 2019 年营业收入合计达 15 万亿元,具有坚实发展基础和增长趋势,是广东经济的重要基础和支撑;半导体与集成电路、高端装备制造、智能机器人、区块链与量子信息、前沿新材料、新能源、激光与增材制造、数字创意、安全应急与环保、精密仪器设备十大战略性新兴产业集群 2019 年营业收入合计达 1.5 万亿元,集聚效应初步显现,增长潜力巨大,对广东发展具有重大引领带动作用。

2021 年,20 个战略性产业集群实现产业增加值 49069.97 亿元,同比增长 8.3%,高于全省 GDP 增速 0.3 个百分点,增加值占全省 GDP 的比重约为 40%,成为推动全省工业经济高质量发展的重要抓手和着力点。立足广东实际,谋划高起点、稳中求进发展战略性支柱产业集群和战略性新兴产业集群,十大战略性支柱产业集群突出"稳",十大战略性新兴产业集群体现"进",对推动广东省产业链、创新链、人才链、资金链、政策链相互贯通,加快建立具有国际竞争力的现代化产业体系意义重大。

广东省知识产权保护中心在广东省市场监督管理局的指导下,以专利数据为纽带,深度关联融合产业、企业、人才、资本等多维数据资源,基于产业专利导航创新决策理念,紧扣产业分析和专利分析两条主线,将专利信息与产业现状、发展趋势、政策环境、市场竞争等信息深度融合,基于知识产权产业金融大数据,深入研究广东省 20 个战略性产业集群发展现状,明晰产业发展方向,找准区域产业定位,分析存在制约发展的瓶颈问题和制度障碍，指出优化产业创新资源配置的具体路径，提出适用于本区域产业创新发展的相关建议，为广东省产业发展规划、招商引资、人才引进等提供决策支撑。

统计口径约定

1. 本书中的所有数据均为中国知识产权资源统计数据。
2. 发明专利申请公开量，指公开的发明专利申请数量。
3. 有效专利量，指报告期末处于专利权维持状态的专利数量，包括发明、实用新型和外观设计。与申请量和授权量不同，有效专利量是存量数据而非流量数据。
4. 有效发明专利量，指报告期末处于发明专利权维持状态的专利数量。与申请量和授权量不同，有效发明专利量是存量数据而非流量数据。

重要术语释义

1. 创新企业，指有专利申请活动的企业。
2. 上市公司，包括在 A 股、中概股、港股和新三板上市的企业。
3. 独角兽企业，指成立时间不超过 10 年、估值超过 10 亿美元的未上市创业公司。
4. 隐形冠军企业，指在某个细分行业或市场占据领先地位，拥有核心竞争力和明确战略，其产品、服务难以被超越和模仿的企业。
5. 专精特新企业，指具有"专业化、精细化、特色化、新颖化"特征的工业中小企业。
6. 初创企业，指融资成功且拥有专利申请的创业企业。
7. 高价值专利，包含以下五种情况的有效发明专利：战略性新兴产业的发明专利、在海外有同族专利权的发明专利、维持年限超过 10 年的发明专利、实现较高质押融资金额的发明专利、获得国家科学技术奖或中国专利奖的发明专利。
8. 创新人才，指有发明和实用新型专利申请的发明人。
9. 国家高层次人才，指院士、长江学者、万人计划、创新人才推进计划、博士后创新人才支持计划、千人计划等高端人才。
10. 技术高管，指在企业中担任董事、监事、高管，同时拥有专利申请的发明创造工程师。
11. 科技企业家，指有专利申请的企业法定代表人。
12. 复合增速，即年复合增长率，计算方法为总增长率百分比的 n 次方根，n 为有关时期内的年数。公式为：（现有数值/基础数值）^（1/年数）-1。
13. 国内 31 省市，包含黑龙江省、辽宁省、吉林省、河北省、河南省、湖北省、湖南省、山东省、山西省、陕西省、安徽省、浙江省、江苏省、福建省、广东省、海南省、四川省、云南省、贵州省、青海省、甘肃省、江西省、内蒙古自治区、宁夏回族自治区、新疆维吾尔自治区、西藏自治区、广西壮族自治区、北京市、上海市、天津市、重庆市，共 22 个省、5 个自治区、4 个直辖市。

目 录

上 册

广东省安全应急与环保产业专利统计分析报告	/1
广东省半导体及集成电路产业专利统计分析报告	/51
广东省超高清视频显示产业专利统计分析报告	/89
广东省高端装备制造产业专利统计分析报告	/139
广东省激光与增材制造产业专利统计分析报告	/177
广东省精密仪器设备产业专利统计分析报告	/229
广东省绿色石化产业专利统计分析报告	/277
广东省汽车产业专利统计分析报告	/327
广东省前沿新材料产业专利统计分析报告	/367
广东省区块链与量子信息产业专利统计分析报告	/417

下 册

广东省软件与信息服务产业专利统计分析报告	/485
广东省生物医药与健康产业专利统计分析报告	/525
广东省数字创意产业专利统计分析报告	/573
广东省先进材料产业专利统计分析报告	/623
广东省现代农业与食品产业专利统计分析报告	/677
广东省现代轻工纺织产业专利统计分析报告	/723
广东省新能源产业专利统计分析报告	/775
广东省新一代电子信息产业专利统计分析报告	/823
广东省智能机器人产业专利统计分析报告	/871
广东省智能家电产业专利统计分析报告	/919

广东省安全应急与环保产业专利统计分析报告

广东省知识产权保护中心
2021 年 12 月

目 录

第1章 引言 // 8

    1.1 项目背景 // 8
    1.2 产业链分类 // 9

第2章 安全应急与环保产业发展态势 // 10

    2.1 全球安全应急与环保产业发展现状 // 10
    2.1.1 全球安全应急与环保产业发展概况 // 10
    2.1.2 中国安全应急与环保产业发展概况 // 12

    2.2 中国安全应急与节能环保产业政策环境 // 14
    2.2.1 中国安全应急产业政策环境 // 14
    2.2.2 中国节能环保产业政策环境 // 15

    2.3 中国安全应急与环保产业创新发展态势 // 17
    2.3.1 中国创新企业 // 17
    2.3.2 中国专利布局 // 20
    2.3.3 中国创新人才 // 26

    2.4 中国安全应急与环保产业热点及重点技术创新方向 // 28

C O N T E N T S

第 3 章　广东省安全应急与环保产业创新发展定位与洞察　　// 31

　　3.1　广东省安全应急与环保产业政策导向　　// 31
　　3.2　广东省安全应急与环保产业创新发展定位　　// 33
　　3.2.1　广东省创新企业　　// 33
　　3.2.2　广东省专利布局　　// 35
　　3.2.3　广东省创新人才　　// 40

　　3.3　广东省安全应急与环保产业创新发展洞察　　// 42
　　3.3.1　广东省产业链集聚结构　　// 42
　　3.3.2　广东省技术供应链分析　　// 45

第 4 章　广东省安全应急与环保产业创新发展路径建议　　// 48

　　4.1　产业布局优化路径　　// 48
　　4.2　知识产权工作建议　　// 49

图目录

图 1　安全应急与环保产业链结构图 ………………………………………………………… 9
图 2　全球节能环保市场规模现状及预测 …………………………………………………… 11
图 3　2011—2019 年我国节能环保财政支出变化情况 …………………………………… 13
图 4　"大气十条""水十条""土十条"等相关政策措施 ………………………………… 16
图 5　国内 31 省市安全应急与环保产业创新企业数量增长趋势 ………………………… 17
图 6　中国安全应急与环保产业特色企业数量分布情况（单位：家）…………………… 19
图 7　中国安全应急与环保产业重点企业专利技术布局情况 ……………………………… 19
图 8　中国安全应急与环保产业专利申请公开量增长趋势 ………………………………… 21
图 9　中国安全应急与环保产业发明专利申请公开量增长趋势 …………………………… 21
图 10　国内 31 省市安全应急与环保产业高价值专利数量分布情况 ……………………… 23
图 11　国内 31 省市安全应急与环保产业创新企业发明专利申请公开量增长趋势 ……… 23
图 12　国内 31 省市安全应急与环保产业高校发明专利申请公开量增长趋势 …………… 24
图 13　国内 31 省市安全应急与环保产业科研机构发明专利申请公开量增长趋势 ……… 24
图 14　国内 31 省市安全应急与环保产业涉及产学研合作申请专利数量分布情况 ……… 25
图 15　中国安全应急与环保产业产学研合作申请专利领域分布情况 …………………… 25
图 16　国内 31 省市安全应急与环保产业创新人才数量增长趋势 ………………………… 26
图 17　中国安全应急与环保产业特色人才数据分布情况（单位：人）…………………… 28

图 18	国内 31 省市安全应急与环保产业各机构类型创新人才数量分布情况（单位：人）	28
图 19	广东省安全应急与环保产业创新企业数量增长趋势	33
图 20	广东省安全应急与环保产业专利申请公开量增长趋势	35
图 21	广东省安全应急与环保产业发明专利申请公开量增长趋势	36
图 22	广东省安全应急与环保产业创新企业发明专利申请公开量增长趋势	38
图 23	广东省安全应急与环保产业高校发明专利申请公开量增长趋势	38
图 24	广东省安全应急与环保产业科研机构发明专利申请公开量增长趋势	39
图 25	广东省安全应急与环保产业产学研合作申请专利领域分布情况	39
图 26	广东省安全应急与环保产业海外布局专利领域分布情况	40
图 27	广东省安全应急与环保产业创新人才数量增长趋势	41
图 28	广东省安全应急与环保产业各机构类型创新人才数量分布情况（单位：人）	42
图 29	广东省安全应急与环保产业涉及转让专利领域分布情况	45
图 30	广东省安全应急与环保产业与外地进行专利转让活动情况（单位：件）	46
图 31	广东省安全应急与环保产业涉及许可专利领域分布情况	46
图 32	广东省安全应急与环保产业与外地进行专利许可活动情况（单位：件）	47
图 33	广东省安全应急与环保产业涉及质押专利领域分布情况	47

表目录

表 1　美、日、德在亚洲节能环保市场各领域所占份额 ··· 11
表 2　2019 年全球节能环保产业细分领域市场规模 ·· 12
表 3　我国安全应急产业主要相关政策 ·· 15
表 4　我国节能环保产业主要相关政策 ·· 16
表 5　国内 31 省市安全应急与环保产业创新企业数量 ·· 17
表 6　国内 31 省市安全应急与环保产业发明专利授权量 ·· 21
表 7　中国安全应急与环保产业产学研合作重点高校院所清单 ································ 25
表 8　国内 31 省市安全应急与环保产业创新人才数量分布情况 ······························ 26
表 9　国内 31 省市安全应急与环保产业链创新要素情况 ·· 29
表 10　国内 31 省市安全应急与环保产业链安全应急领域创新要素情况 ················ 29
表 11　国内 31 省市安全应急与环保产业链高效节能产业领域创新要素情况 ········ 29
表 12　国内 31 省市安全应急与环保产业链资源循环利用产业领域创新要素情况 ···· 30
表 13　广东省安全应急与环保产业主要相关政策 ·· 31

表 14	广东省各地市安全应急与环保产业创新企业数量情况	34
表 15	国内重点省市安全应急与环保产业特色企业数量分布情况对标比较	34
表 16	广东省各地市安全应急与环保产业发明专利授权量情况	36
表 17	国内重点省市安全应急与环保产业高价值专利数量分布情况对标比较	37
表 18	广东省安全应急与环保产业产学研合作重点高校院所清单	40
表 19	广东省各地市安全应急与环保产业创新人才数量情况	41
表 20	国内重点省市安全应急与环保产业特色人才数量分布情况对标比较	42
表 21	广东省安全应急与环保产业链创新要素情况	43
表 22	广东省安全应急与环保产业优势领域创新要素情况	43
表 23	广东省安全应急与环保产业潜力领域创新要素情况	43
表 24	广东省安全应急与环保产业薄弱领域创新要素情况	44
表 25	安全应急与环保产业链风险领域分布情况	45

第1章 引言

1.1 项目背景

2021年3月,《中华人民共和国国民经济和社会发展第十四个五年规划和2035年远景目标纲要》围绕"发展壮大战略性新兴产业"进行了专章论述,指出要着眼于抢占未来产业发展先机,培育先导性和支柱性产业,推动战略性新兴产业融合化、集群化、生态化发展,战略性新兴产业增加值占我国GDP比重超过17%。2021年9月,中共中央、国务院印发《知识产权强国建设纲要(2021—2035年)》,在"建设激励创新发展的知识产权市场运行机制"部分,明确要大力推动专利导航在传统优势产业、战略性新兴产业、未来产业发展中的应用。

习近平总书记对广东制造业发展高度重视、寄予厚望,明确要求广东加快推动制造业转型升级,建设世界级先进制造业集群。2020年5月,广东省人民政府出台《关于培育发展战略性支柱产业集群和战略性新兴产业集群的意见》,并进一步制订了20个战略性产业集群行动计划,最终形成"1+20"的政策体系,旨在推动广东省产业链、创新链、人才链、资金链、政策链相互贯通,加快建立具有国际竞争力的现代化产业体系。2021年4月,《广东省国民经济和社会发展第十四个五年规划和2035年远景目标纲要》在"总体要求"中提出,改造提升传统产业,做大做强战略性支柱产业,培育发展战略性新兴产业,加快发展现代服务业,推动产业基础高级化和产业链供应链现代化,提高产业现代化水平,打造新兴产业重要策源地、先进制造业和现代服务业基地,推动建设更具国际竞争力的现代产业体系。

针对"安全应急与环保产业",广东省工业和信息化厅等六部门于2020年9月印发了《广东省培育安全应急与环保战略性新兴产业集群行动计划(2021—2025年)》,提出到2025年,全省安全应急与环保产业发展质量明显提升,安全应急与绿色发展支撑保障能力显著增强,形成龙头带动、产业集聚、协同创新的安全应急与环保产业体系;并明确广东省市场监督管理局负责推动科技创新和成果转化,建立安全应急物资生产保供体系等重点任务中的相关工作。

为深入贯彻习近平新时代中国特色社会主义思想和党的十九大精神,认真落实中共中央、国务院关于发展壮大战略性新兴产业和知识产权强国建设及省委、省政府关于推进制造强省建设的工作部署,按照《广东省人民政府关于培育发展战略性支柱产业集群和战略性新兴产业集群的意见》《广东省培育安全应急与环保战略性新兴产业集群行动计划

（2021—2025年）》的工作安排，加快发展安全应急与环保战略性新兴产业集群，促进产业迈向全球价值链高端，开展安全应急与环保产业专利分析研究工作。基于产业专利导航创新决策理念，紧扣产业分析和专利分析两条主线，将专利信息与产业现状、发展趋势、政策环境、市场竞争等信息深度融合，基于知识产权产业金融大数据，深入研究广东省安全应急与环保产业发展现状，明晰产业发展方向，找准区域产业定位，分析存在制约发展的瓶颈问题和制度障碍，指出优化产业创新资源配置的具体路径，提出适用于本区域产业创新发展的相关建议，为广东省安全应急与环保产业发展规划、招商引资、人才引进等提供决策支撑。

1.2 产业链分类

安全应急与环保产业分为四大领域，包括安全应急领域、高效节能领域、先进环保领域、资源循环利用领域。进一步地，将安全应急与环保产业分为多个相关的三级分支：安全应急领域主要涉及安全应急技术装备、安全应急服务；高效节能领域主要涉及高效节能技术装备、高效节能产品、绿色节能建筑材料制造；先进环保领域主要涉及环境保护技术装备；资源循环利用领域主要涉及矿产资源与工业废弃资源利用、城乡生活垃圾与农林废弃资源利用、水及海水资源利用。对安全应急与环保产业再进行细分，可进一步细化至四个层级，共包括28个细分分类（见图1）。

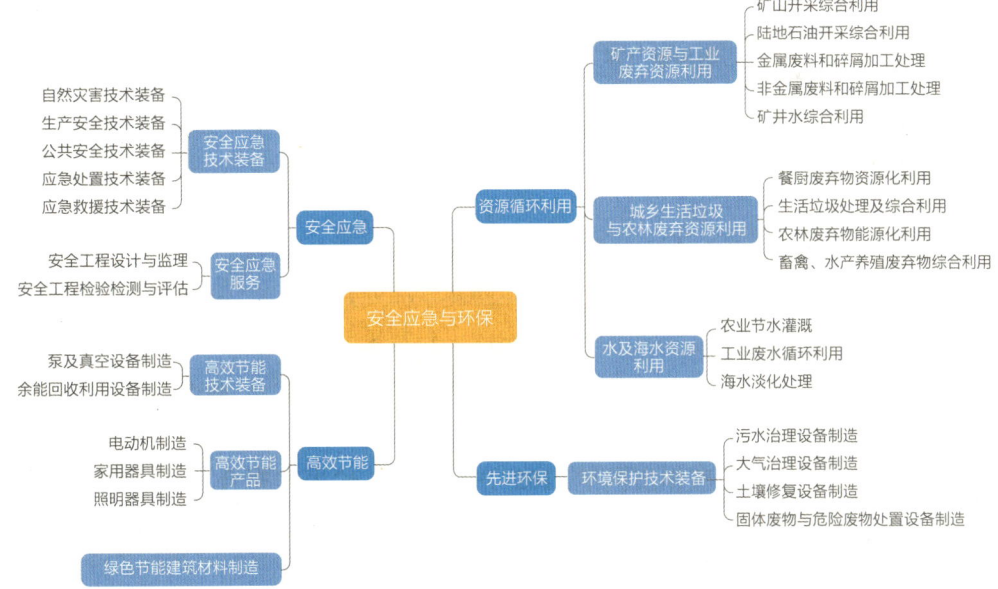

图1 安全应急与环保产业链结构图

第 2 章　安全应急与环保产业发展态势

2.1　全球安全应急与环保产业发展现状

2.1.1　全球安全应急与环保产业发展概况

全球安全应急产业经过多年的发展，呈现两极分化的局面。一方面，欧、美、日等国家或地区由于所处的地理位置比较特殊，因此历史上遭受的自然灾害比世界其他地区要多得多，所以，这些地区在很早以前就开始发展应急产业，应急产业的起步较早。另一方面，部分国家虽然处于自然灾害或者人为造成的灾难比较多的地带，但受制于国内经济发展水平和科技水平，应急产业的起步较晚，发展速度较慢。由于应急产业涉及的领域非常广泛，应急产业的发展水平实际上代表着整个相关产业的发展状况，因此大多数发展中国家应急产业的产业链体系不完备，发展比较落后。

从全球应急产业技术发展情况来看，美国、德国、日本的应急管理工作起步较早，加之应急产品和服务的市场化程度也较高，目前其已经形成较为系统和成熟的应急科技研发和支撑管理体系，整体应急科技水平发展较高，无论是应急救援和处置技术、应急管理系统技术，还是应急装备制造技术、应急培训演练技术等都较为先进，在世界上处于领先地位。

整体而言，发达国家的应急技术较为先进，很多技术装备对外出口，在世界应急市场占据绝对的份额。例如，德国的消防装备和危险化学品处置装备，美国的搜救装备和溢油处置装备，瑞士的医疗救援装备，美国、日本的工程救援装备，瑞典的破拆装备，俄罗斯的破冰除雪装备，荷兰的大功率供排水装备等，都是在救援中使用较多的先进应急装备。

而发展中国家的应急产业发展则相对较慢，虽然部分发展中国家的应急产业已经开始起步或者逐渐发展，但主要问题在于整个行业的产业链不够完整，应急产业体系不够完备。此外，由于大多数发展中国家的经济发展水平较低，导致其应急产业的科技水平也较低，行业的发展水平有待进一步提高。

早期工业发展带来的环保公害事件大量发生，舆论压力开始积累，以及 20 世纪 70 年代石油危机的爆发等，使人们看到不加节制耗费资源换取经济利益的恶果，各国开始提倡节约资源、提高能源效率、保护环境的可持续发展模式，节能环保产业也因此迅速崛起。总体来看，节能环保产业经历了限制—治理—综合防治—规划管理四个阶段。

经过多年发展，全球节能环保产业规模日益增长。至 2019 年，全球节能环保产业规模已达到 11682 亿美元，同比增长 3.60%。据赛迪研究院预测，2022 年，全球环保产业规模将达到 13191 亿美元，同比增长 4.5%，略高于 IMF 组织预测的 2022 年全球 GDP 增速（4.2%），节能环保产业发展与经济发展速度契合度高（见图 2）。❶

图 2　全球节能环保市场规模现状及预测*

欧、美、日等发达国家和地区的国内环保市场需求已逐渐趋于饱和，世界节能环保市场的开拓重心正向发展中国家转移，尤其是中国、印度、泰国等亚洲新兴市场潜力巨大。发达国家正积极布局亚洲等地区的节能环保市场，目前美、日、德三国在亚洲节能环保市场的大气污染控制、废水处理、固体废弃物处理等领域已占据较大份额（见表 1）。

表 1　美、日、德在亚洲节能环保市场各领域所占份额

国家或地区	大气污染控制	废水处理	固体废弃物处理
美国	30%	16%	28%
日本	31%	34%	48%
德国	13%	13%	6%

据国际能源署《世界能源展望 2020》报告中的预测，世界能源的需求增长将出现在中国、印度、南非等新兴市场，且远超欧、美、日等国家或地区，这将带动新兴国家节能产业的迅速发展壮大。上述原因造就全球节能环保产业新形势，产业布局结构开始重塑。

从各细分领域来看，全球节能产业发展迅猛，未来增速仍将提升。国际能源署数据统计显示，2010—2020 年，全球节能投资达 1.999 万亿美元，2020—2030 年预计达 5.586 万亿美元，投资规模成倍增长。其中，工业节能是潜力最大的领域，其次为石油消耗占比较大的交通运输业的节能，最后是住宅建筑节能。而随着新能源应用领域的开拓，以新能源汽车、太阳能建筑等为代表的应用领域的技术发展，使节能技术和产品逐渐与新能源技术融合，节能产业从"节流"发展模式转向"开源"发展模式，可再生能源的需求也随之上升。❷

在环保产业方面，全球各国对环境保护以及可持续发展重视程度日益增加，环保产业

---

❶ 资料来源：赛迪研究院。
❷ 资料来源：IEA。

* 基于每份报告的数据时间是 2021 年 12 月，横坐标轴处年份后面的字母 E 代表本年份对应的数据为预测数据，后文不一一说明。

规模稳步增长。2019 年，全球环保产业规模已经达到 11682 亿美元，同比增长 3.6%。细分领域中，水处理（含给水）领域规模最大，达到 6606.20 亿美元，占比 56.6%，固体废弃物处理和环境服务领域规模位列其后，三个领域合计规模超过 1 万亿美元，总占比为 88.9%（见表 2）。❶

表 2　2019 年全球节能环保产业细分领域市场规模

细分领域	市场规模占比
水处理（含给水）	56.6%
固体废弃物处理	26.2%
环境服务	6.1%
大气污染治理	5.1%
环境修复	4.9%
振动与噪声控制	1.1%

在资源循环利用产业方面，至 2010 年，全球再生资源产业规模已达 22000 亿美元，并以每年 14% 至 19% 的速度继续增长，增长速度远大于全球 GDP 的增长速度，是典型的朝阳产业。

从世界环保产业发展趋势看，环保装备将向成套化、尖端化、系列化方向发展，环保产业由终端控制向源流控制发展，其发展重点包括大气污染防治、水污染防治、固体废弃物处理与防治、振动与噪声控制等方面。此外，当前发达国家在国际贸易中设置"绿色壁垒"，给世界环保装备产业带来了巨大商机和挑战。

2.1.2　中国安全应急与环保产业发展概况

我国安全应急产业已经初步呈现出集群化分布特征，形成"两带一轴"（即东部发展带、西部崛起带、中部产业连接轴）的"两业"融合总体空间格局。❷

"东部发展带"即从松花江至粤港澳大湾区的产业带，其总体规模最大，是我国沿海经济带健康、安全、高质量发展的坚实保障。其中，江苏省和广东省产业规模最大，位居国内前列。"西部崛起带"即从新疆天山脚下到云贵高原的产业带，其未来发展空间最大，是我国西部安全应急产业对外发展和对内保障的大动脉。"中部产业连接轴"包括安徽、江西、湖北、湖南四省，产业定位的综合性最强，是推进"两带"发展、推动区域产业链形成和连通的重要桥梁。

经过多年的发展，我国应急产业发展力量不断壮大，部分地区打造区域性应急产业基地，产业规模呈现快速增长态势。据媒体报道统计，我国 2019 年应急产业市场规模已达 1.55 万亿元，2025 年将达 1.82 万亿元。随着我国经济发展、社会进步和公众安全意识的提高，社会各方对应急产品和服务的需求不断增长。由此看来，我国应急产业市场

---

❶ 资料来源：赛迪研究院。

❷ 资料来源：赛迪研究院。

潜力巨大。❶

虽然我国安全应急产业发展势头良好，但是也存在一些突出问题。例如：（1）关键应急装备发展缓慢。首先表现为科技含量不高，这主要是我国基础工业还不够发达，应急产业起步较晚的缘故。其次是自主创新能力不强，应急产品的科技研发力度不够，缺少核心竞争力；有些看似比较先进的国产装备，核心技术依附于国外，如航空应急救援、矿山井下关键救援、应急通信安全，生化、核辐射防护等装备生产都依附于国外进口。（2）应急产品市场不够成熟。首先表现为供求脱节，应急产品生产企业普遍反映，除了军队、武警、公安等少量用户，应急产品需求主体不明确，找不到有效客户。其次是产学脱节，企业与院校、科研机构之间缺乏协作沟通，科研成果不能转化为产品。

我国社会经济经过多年粗放式的发展，生态环境污染事件出现井喷式增长，呈现波及范围广、影响人群多、持续时间长等特点。与传统行业不同，节能环保行业依靠国家政策拉动和法规标准倒逼，产业市场规模与战略地位皆因国家节能环保目标而变动。至"十二五"我国明确提出单位国内生产总值能源消耗降低16%、单位国内生产总值二氧化碳排放降低17%、主要污染物排放总量显著减少等目标以来，节能环保产业得到了快速发展。

至2015年年底，我国环保系统机构总数为1.5万个，环保系统共有23.2万人，市场规模不断扩大。据预测，2022年我国节能环保产业产值将突破10万亿元，且近几年增速稳定在10%以上。❷

节能环保产业具有受国家的重视程度影响和政策引导的属性。"十二五"以来，在有关政策的指导下，我国大力推进节能减排，发展循环低碳经济，建设资源节约型、环境友好型社会，公共财政支出中节能环保支出由2011年的2640.98亿元上升到2019年的7443.57亿元，增长接近两倍（见图3）。

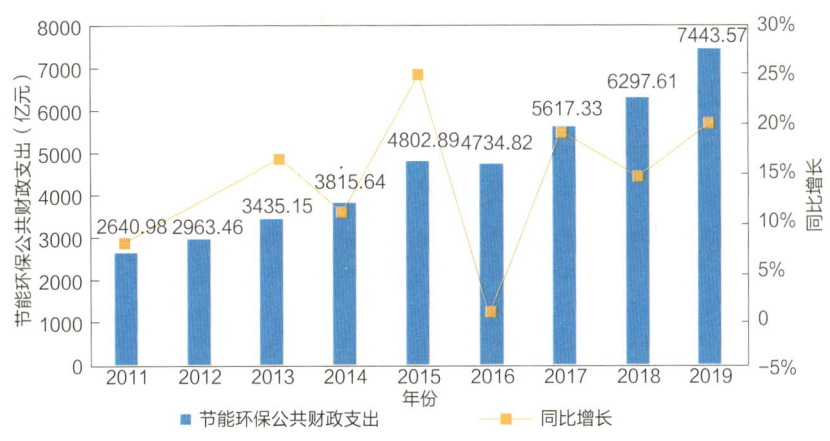

图3　2011—2019年我国节能环保财政支出变化情况

与传统产业不同，节能环保产业依靠国家政策拉动和法规标准倒逼，产业市场规模

---

❶ 数据来源：中商情报网。

❷ 资料来源：智研咨询。

与战略地位皆因国家节能环保目标而变动。根据《中华人民共和国国民经济和社会发展第十四个五年规划和 2035 年远景目标纲要》，"十四五"时期，我国将聚焦战略性新兴产业，构筑产业体系新支柱。根据《战略性新兴产业分类（2018）》，战略性新兴产业包括新一代信息技术、高端装备制造、新材料、新能源，以及节能环保等产业。

我国节能环保产业经过多年的发展，形成了自身的特点，主要体现在以下五个方面。

一是大型国有企业是主力，整体处于充分竞争，产业集中度较低。据有关数据统计，我国节能环保企业数量有 5 万～6 万家，规模企业约 3000 家，占比约 5%，产业竞争格局分散。另外，我国节能环保产业的发展与发达国家有着显著的区别，在我国，大型国有企业是"领头羊"，而国外主要是私营的跨国集团。这种不同主要由于以下几点原因。从我国节能环保产业的起源来看，受国家环保标准收紧的影响，大型国有企业最早开始出现关于节能环保领域的分工，随着工艺、环保要求的不断提高，节能环保领域出现分工的细化，进而演化发展成为企业的一个部门或是下属企业。从技术能力来看，由于大型国有企业出现该领域的分工，同时，聚集了较多从事该领域的专业技术人才，经过多年的发展已经在所属领域形成了比较强的技术优势。从国家扶持来看，长期以来国有大型企业一直是国家政策倾斜的对象，国家多方位的支持保障为大型国有企业节能环保产业的发展和壮大提供了良好的外部环境。较强的技术实力加上国家的大力扶持，使得目前大型国有企业占据我国节能环保市场的"大半江山"。

二是逐步形成了跨行业、跨区域的产业体系。节能环保产业产生之初都是附属于某一主体行业的，主要产品服务于主体行业的发展，它的命运与主体行业的兴衰息息相关。然而，随着市场的发展，跨行业、跨学科的需求不断增加，节能环保产业逐渐形成多学科、多专业的人才体系以适应市场需求。

三是我国环保产业总体规模仍旧偏小、创新能力不足。从环境技术和设备方面看，目前我国环保产业规模小，中小型企业多。技术创新能力不强，关键设备依赖进口。产品质量低，运行效果难以保证。环境服务业也存在同样的问题。

四是国内环保投资规模仍落后于发达国家，我国环保产业投资仍有很大的提升空间。

五是环保产业市场的决定因素不以技术为核心，而是人才、资本等其他因素。与其他传统产业相比，环保技术在环保产业的竞争格局中占比较小，这与环保产业的特点和发展阶段有关。

2.2　中国安全应急与节能环保产业政策环境

2.2.1　中国安全应急产业政策环境

安全应急产业是为突发事件的预防与应急准备、监测与预警、处置与救援等提供专用产品和服务的产业，具有覆盖面广、产业链长、涵盖领域多等特点。安全应急产业是国家综合实力和公共安全建设能力的重要体现，我国非常重视安全应急产业发展，自 2014 年起出台了多项应急产业相关政策（见表 3）。

表 3　我国安全应急产业主要相关政策

发布时间	政策名称	主要内容
2014 年	《国务院办公厅关于加快应急产业发展的意见》	部署了加快关键技术和装备研发、优化应急产业结构、推动产业集聚发展等重要任务，并提出了五条政策措施
2016 年	《中华人民共和国国民经济和社会发展第十三个五年规划纲要》	坚持以防为主、防抗救相结合，全面提高抵御气象、水旱、地震、地质、海洋等自然灾害综合防治能力。制定应急救援社会化有偿服务、物资装备征用补偿、救援人员人身安全保险和伤亡抚恤等政策
2017 年	《应急产业培育与发展行动计划（2017—2019 年）》	力争到 2019 年我国应急产业发展环境进一步优化，产业集聚发展水平进一步提高，规模明显壮大，培育 10 家左右具有核心竞争力的大型企业集团，建设 20 个左右特色突出的国家应急产业示范基地
2018 年	《工业和信息化部、应急管理部、财政部、科技部关于加快安全产业发展的指导意见》	明确了到 2025 年初步形成若干世界级先进安全装备制造集群的发展目标。为实现这一发展目标，制定了"5+N"计划，即健全技术创新、标准、投融资服务、产业链协作和政策五大支撑体系，建设 N 项试点示范工程
2020 年	《工业和信息化部关于进一步加强工业行业安全生产管理的指导意见》	强调要立足源头预防，指导工业行业加强安全生产管理，提升本质安全水平，并从健全完善工业行业安全生产管理责任体系、加强对工业行业安全生产工作的指导、推动安全应急产业加快发展、推动城镇人口密集区危险化学品生产企业搬迁改造、推动民爆行业安全发展、做好民机民船业安全监管工作等方面提出加强工业行业安全生产管理的意见
2021 年	《中华人民共和国国民经济和社会发展第十四个五年规划和 2035 年远景目标纲要》	完善国家应急管理体系。构建统一指挥、专常兼备、反应灵敏、上下联动的应急管理体制，优化国家应急管理能力体系建设，提高防灾减灾抗灾救灾能力。加强和完善航空应急救援体系与能力。科学调整应急物资储备品类、规模和结构，提高快速调配和紧急运输能力

2.2.2　中国节能环保产业政策环境

我国"十一五"开局之年就在《中华人民共和国国民经济和社会发展第十一个五年规划纲要》中明确提出了节能和环保的约束性目标，"十二五"以来又陆续在投资、税收、价格、财政等方面出台了针对性较强、效果显著的扶持政策和激励措施，有序、有效地引导和扶持节能环保产业发展，同时将节能环保作为战略性新兴产业之一。同时，地方政府配套出台包含促进清洁生产、节能、循环经济、低碳经济等多个地方性法规，以完备、完善节能环保产业法规及标准体系（见表 4）。

表 4 我国节能环保产业主要相关政策

发布时间	政策名称	核心内容
2013 年	《国务院关于加快发展节能环保产业的意见》	围绕重点领域，促进节能环保产业发展水平全面提升；发挥政府带动作用，引领社会资金投入节能环保工程建设；推广节能环保产品，扩大市场消费需求等
2016 年	国家发展改革委、科技部、工业和信息化部、环境保护部《"十三五"节能环保产业发展规划》	发展节能环保产业，加强大气、水、土壤等污染防治工作，推动节能环保产业和传统产业融合发展。同时提出到 2020 年，节能环保产业成为国民经济的一大支柱产业
2017 年	《工业和信息化部关于加快推进环保装备制造业发展的指导意见》	提出到 2020 年，行业创新能力明显提升，关键核心技术取得新突破，创新驱动的行业发展体系基本建成
2018 年	《中共中央、国务院关于全面加强生态环境保护坚决打好污染防治攻坚战的意见》	到 2020 年，生态环境质量总体改善，主要污染物排放总量大幅减少，环境风险得到有效管控，生态环境保护水平同全面建成小康社会目标相适应
2020 年	国家发展改革委、住房和城乡建设部、生态环境部《城镇生活垃圾分类和处理设施补短板强弱项实施方案》	明确到 2023 年，具备条件的地级以上城市基本建成分类投放、分类收集、分类运输、分类处理的生活垃圾分类处理系统
2021 年	国家发展改革委等《关于推进污水资源化利用的指导意见》	到 2025 年，全国污水收集效能显著提升，县城及城市污水处理能力基本满足当地经济社会发展需要，水环境敏感地区污水处理基本实现提标升级；全国地级及以上缺水城市再生水利用率达到 25% 以上，京津冀地区达到 35% 以上；工业用水重复利用、畜禽粪污和渔业养殖尾水资源化利用水平显著提升；污水资源化利用政策体系和市场机制基本建立
2021 年	《中华人民共和国国民经济和社会发展第十四个五年规划和 2035 年远景目标纲要》	推动绿色发展，促进人与自然和谐共生。坚持绿水青山就是金山银山理念，坚持尊重自然、顺应自然、保护自然，坚持节约优先、保护优先、自然恢复为主，实施可持续发展战略，完善生态文明领域统筹协调机制，构建生态文明体系，推动经济社会发展全面绿色转型，建设美丽中国

2015 年 1 月 1 日，修订后的《中华人民共和国环境保护法》施行。自此，国家相继出台"大气十条""水十条""土十条"等一系列相关政策措施（见图 4）。

污水处理
- 2016 年 12 月 25 日，第十二届全国人大常委会通过了《中华人民共和国环境保护税法》，从法律层面实现对环境保护的推动
- 2017 年 12 月 25 日，正式发布《中华人民共和国环境保护税法实施条例》

土地修复
- 2016 年 5 月，国务院印发《土壤污染防治行动计划》
- 2018 年 8 月 31 日，第十三届全国人大常委会第五次会议全票通过了《中华人民共和国土壤污染防治法》

大气污染防治
- 2013 年 9 月 12 日，国务院发布"史上最严"的大气污染防治国家标准——《大气污染防治行动计划》
- 2015 年 12 月，环保部、国家发改委、能源局印发《全面实施燃煤电厂超低排放和节能改造工作方案》
- 2016 年 12 月，国务院发布《"十三五"节能减排综合工作方案》，大气污染治理目标大幅提高

垃圾处理
- 2016 年 12 月 31 日，国家发改委与住建部联合发布《"十三五"全国城镇生活垃圾无害化处理设施建设规划》
- 2017 年 12 月，住建部发布《加快推进部分重点城市生活垃圾分类工作通知》
- 2018 年 8 月，住建部发布《城市生活垃圾分类工作考核暂行办法》

环境监测
- 2015 年 2 月，环保部发布《关于推进环境监测服务社会化的指导意见》，提出全面放开服务性监测市场
- 2015 年 7 月，国务院办公厅印发《生态环境监测网络建设方案》
- 2018 年 8 月，生态环境部同国家市场监督管理总局发布《环境空气质量标准》（GB 3095—2012）

智慧水务
- 2019 年，水利部先后印发了《水利业务需求分析报告》《加快推进智慧水利指导意见》《智慧水利总体方案》《水利网信水平提升三年行动方案（2019—2021 年）》，系统谋划了水利网信发展的时间表、路线图、任务书，旨在推动水务工作的信息化进程

垃圾发电
- 《中华人民共和国固体废物污染环境防治法》是我国防治固体废物污染环境的第一部专项法律
- 《中华人民共和国循环经济促进法》明确提出对利用余热、余压、煤层气、垃圾等低热值燃料的并网发电项目
- 《中华人民共和国可再生能源法》明确规定"将城市生活垃圾列为一种生物质燃料"

建筑节能
- 2020 年 8 月，住建部等联合颁发《关于加快新型建筑工业节能环保化发展的若干意见》，发展安全健康、环境友好、性能优良的新型建材，推进节能环保绿色建材认证和推广应用
- 2020 年 11 月 24 日，国家强制性规范《建筑节能与可再生能源利用通用规范》通过审查

图 4 "大气十条""水十条""土十条"等相关政策措施

2.3 中国安全应急与环保产业创新发展态势

2.3.1 中国创新企业

截至 2021 年 7 月，国内 31 省市安全应急与环保产业有专利申请活动的创新企业共 196977 家，近五年复合增速达 22.7%。其中，2018 年同比增速最快，同比增长 26.5%（见图 5）。

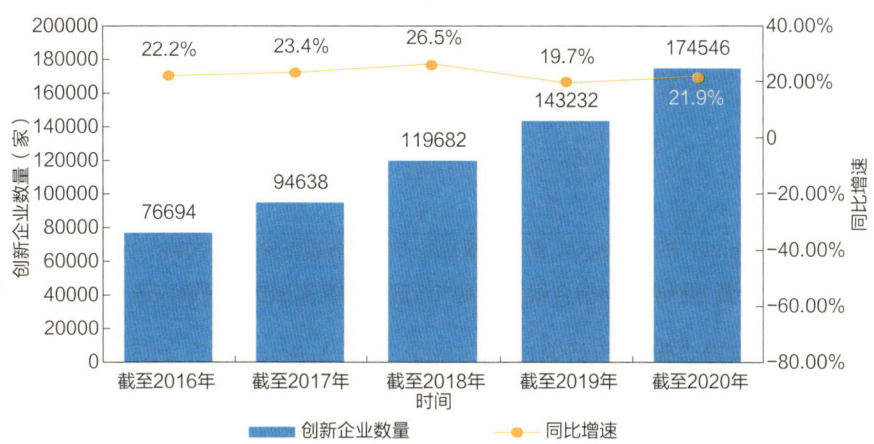

图 5　国内 31 省市安全应急与环保产业创新企业数量增长趋势

从地域分布情况来看，截至 2021 年 7 月，国内 31 省市安全应急与环保产业有专利申请活动的创新企业主要集中在东南沿海地区。其中，创新企业数量排名前五位的省市依次为江苏省（30443 家）、广东省（25525 家）、浙江省（18559 家）、山东省（14118 家）、安徽省（10980 家）（见表 5）。

表 5　国内 31 省市安全应急与环保产业创新企业数量

排名	省（自治区、直辖市）	创新企业数量（家）
1	江苏	30443
2	广东	25525
3	浙江	18559
4	山东	14118
5	安徽	10980
6	上海	9269
7	北京	8206
8	四川	7897
9	河南	6824
10	天津	6803

续表

排名	省（自治区、直辖市）	创新企业数量（家）
11	福建	6466
12	湖北	6462
13	湖南	5801
14	河北	5625
15	辽宁	4356
16	江西	3833
17	重庆	3823
18	陕西	3350
19	广西	2914
20	云南	2808
21	贵州	2723
22	山西	1964
23	黑龙江	1584
24	新疆	1287
25	内蒙古	1282
26	甘肃	1253
27	吉林	1242
28	宁夏	916
29	海南	576
30	青海	315
31	西藏	99

注：数据统计截至2021年7月。

截至2021年7月，在安全应急与环保产业创新企业中，国内31省市共有国家高新技术企业64504家，占总量（196977家）的32.7%；初创企业6075家，占总量的3.1%；隐形冠军企业1374家，占总量的0.7%；上市公司1972家，占总量的1.0%；独角兽企业35家，占总量的0.02%；专精特新企业11414家，占总量的5.8%（见图6）。

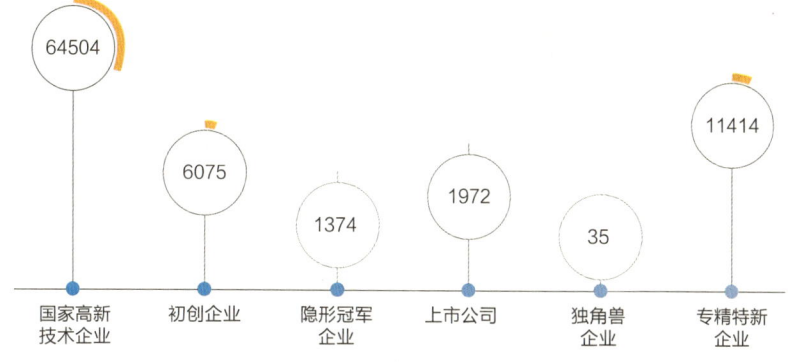

图 6　中国安全应急与环保产业特色企业数量分布情况（单位：家）

在安全应急与环保产业创新企业中，专利申请公开量较多的重点企业包括中国石油化工股份有限公司（5754件）、中国石油天然气集团有限公司（3845件）、珠海格力电器股份有限公司（3475件）、美的集团（3161件）、大唐环境产业集团股份有限公司（688件）、山东新希望六和集团有限公司（482件）、北京高能时代环境技术股份有限公司（397件）、大北农集团（99件）等。❶

从这八家重点企业在安全应急与环保产业布局专利的细分领域来看，以中国石油化工股份有限公司、中国石油天然气集团有限公司为代表的能源行业重点企业比较重视资源循环利用领域和安全应急领域，其重点细分领域为矿产资源与工业废弃资源利用、安全应急技术装备；珠海格力电器股份有限公司、美的集团代表的传统家电企业比较重视高效节能领域，其重点细分领域为高效节能产品和高效节能技术装备；大唐环境产业集团股份有限公司、北京高能时代环境技术股份有限公司等环保公司更加重视先进环保领域，对应的重点细分领域为环境保护技术装备。值得注意的是，上述能源和家电行业的四家重点企业也均在环境保护技术装备布局了一定数量的专利。而山东新希望六和集团有限公司、大北农集团则专注城乡生活垃圾与农林废弃资源利用（见图7）。

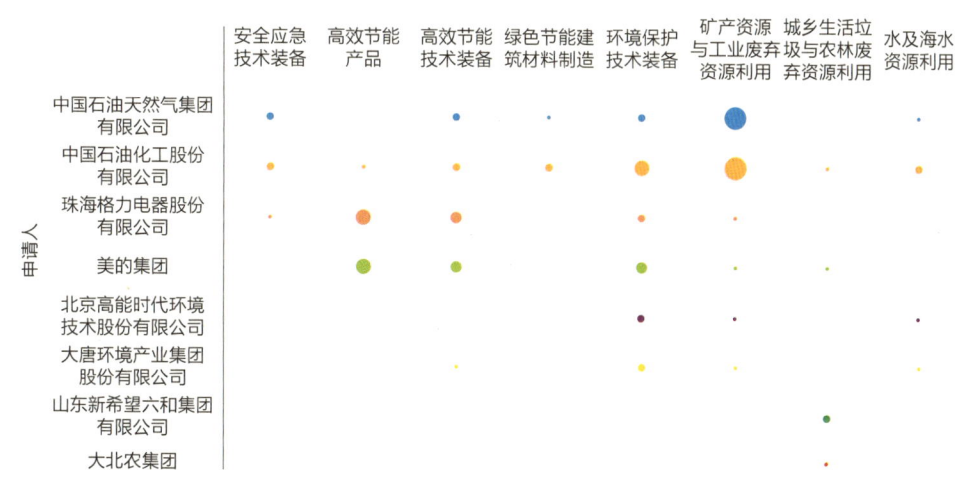

图 7　中国安全应急与环保产业重点企业专利技术布局情况

❶ 本处统计的专利申请公开量为申请人本身，不包含其分子公司。

【典型企业——中国石油天然气集团有限公司】

中国石油天然气集团有限公司（以下简称中国石油）是由中央直接管理的国有特大型央企，根据国务院机构改革方案，于1998年7月在原中国石油天然气总公司的基础上组建的特大型石油石化企业集团，是集油气业务、油田技术服务、石油工程建设、石油装备制造、金融服务和新能源开发于一体的综合性国际能源公司，在全球35个国家和地区开展油气业务。截至2020年，中国石油拥有84家科研院所，其中总部直属科研院所7家、企业科研院所77家；建成国家级研发机构21家，公司级重点实验室和试验基地54个，涵盖上、中、下游产业链。通过搭建企业两级人才培育平台，形成了一支以23名院士、23名"百千万人才工程"国家级人选、731名两级技术专家和1452名两级技能专家、30013名科研人员为主体的科技人才队伍。

中国石油低碳技术包括污泥资源化技术、钻井泥浆不落地工作液循环利用技术、油田开采节能技术、催化裂化烟气脱硫脱硝成套技术、二氧化碳驱油及埋存理论技术（CCUS技术）等。污泥资源化技术针对上、下游常规、含聚、稠油和炼化三泥，以燃料化、调制收油为核心，集成创新了含油污泥分质处理集成技术系列。目前已建成辽河油田3万t/年稠油污泥脱水示范工程、华北油田6000t/年落地油泥处理示范工程等；钻井泥浆不落地工作液循环利用技术在南方油田、西南油气田、长庆油田、大港油田、华北油田、吉林油田等进行了示范应用，实现了钻井废弃物减量化、无害化处理和资源化利用；油田开采节能技术方面，已研发出新型加热炉、全自动正压高效燃烧器、新型数字化抽油机、等壁厚定子螺杆泵等系列新产品，攻克抽油机动态控制、低温不加热集输、螺杆泵直驱等新技术，创新加热炉提效、抽油机数字化改造等关键技术，突破了高含水油田机采系统效率较低的技术瓶颈和采出液技术处理需要高于40℃的界限，配套形成高含水、低渗透、稠油热采节能节水新技术系列。催化裂化烟气脱硫脱硝成套技术实现了"零压降"湿法脱硫工艺的突破，并已在企业催化裂化烟气脱硫脱硝装置上成功应用。二氧化碳驱油及埋存理论技术（CCUS技术）方面，目前已在吉林油田建成国内首个二氧化碳分离、捕集和驱油等全产业链CCUS基地，累计封存二氧化碳190万t，《CO_2驱油及埋存配套技术及应用》获得国家能源局技术进步一等奖。

2.3.2 中国专利布局

截至2021年7月，中国安全应急与环保产业专利申请公开量共1252686件，占中国专利申请公开总量（33757841件）的3.7%，近五年复合增速达14.0%。中国安全应急与环保产业专利授权量共772235件，占安全应急与环保产业全国专利申请公开总量的61.6%；有效专利量为505987件（见图8）。

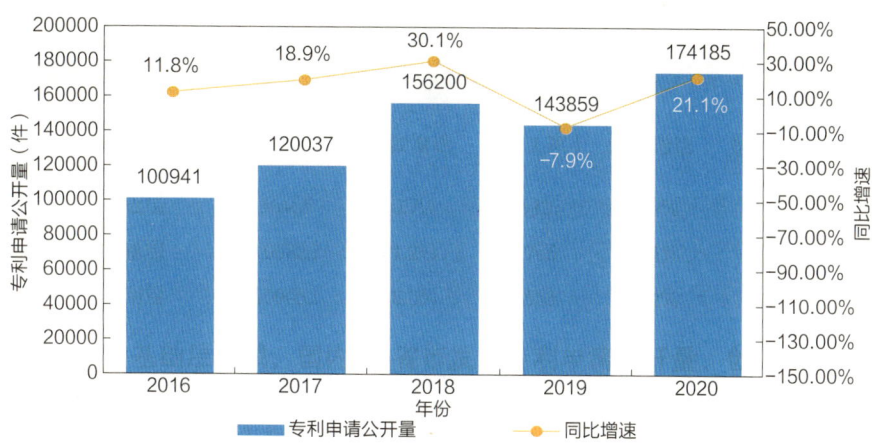

图 8　中国安全应急与环保产业专利申请公开量增长趋势

截至 2021 年 7 月，中国安全应急与环保产业发明专利申请公开量为 683886 件，占中国安全应急与环保产业专利申请公开总量（1252686 件）的 54.6%，近五年复合增速达 6.4%。其中，2017 年同比增速最快，同比增长 27.3%（见图 9）。

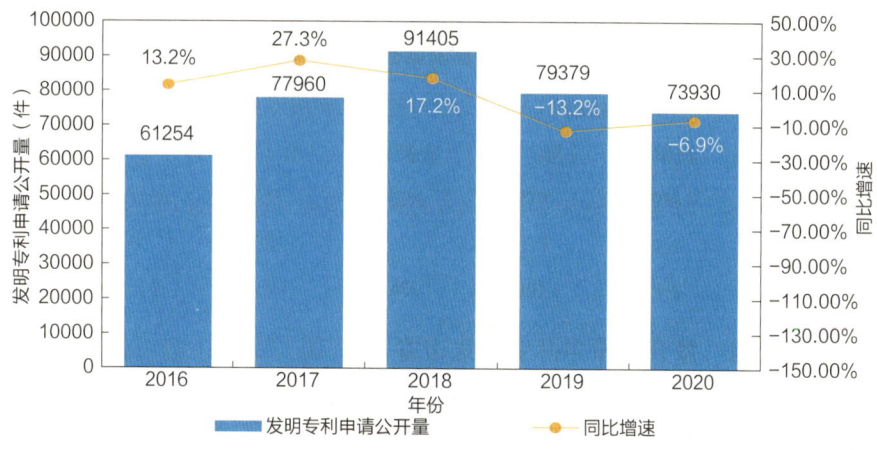

图 9　中国安全应急与环保产业发明专利申请公开量增长趋势

从地域分布情况来看，截至 2021 年 7 月，中国安全应急与环保产业发明专利授权量共 203435 件，主要集中在北京市、江苏省、广东省等经济较发达的地区。其中，发明专利授权量排名前五位的省市依次为北京市（22604 件）、江苏省（20381 件）、广东省（16109 件）、浙江省（14651 件）、山东省（13881 件）（见表 6）。

表 6　国内 31 省市安全应急与环保产业发明专利授权量

排名	省（自治区、直辖市）	发明专利授权量（件）
1	北京	22604
2	江苏	20381
3	广东	16109
4	浙江	14651

续表

排名	省（自治区、直辖市）	发明专利授权量（件）
5	山东	13881
6	上海	8616
7	安徽	7611
8	湖南	6717
9	四川	6693
10	湖北	6605
11	辽宁	5385
12	河南	4668
13	陕西	4597
14	福建	3995
15	天津	3352
16	河北	3125
17	重庆	3024
18	广西	2642
19	黑龙江	2576
20	云南	2383
21	山西	2057
22	江西	1820
23	吉林	1420
24	贵州	1402
25	甘肃	1174
26	内蒙古	974
27	新疆	894
28	宁夏	359
29	海南	313
30	青海	218
31	西藏	39

注：数据统计截至2021年7月。

截至2021年7月，中国安全应急与环保产业的有效发明专利共150759件，其中高价值专利数量为148998件。在中国安全应急与环保产业高价值专利中，在海外有同族专利权的有效发明专利共22496件，维持年限超过10年的有效发明专利共23569件，有质押融资活动的有效发明专利共2625件，获得中国专利奖的有效发明专利共385件。高价值专利数量排名前五位的省市依次为北京市（18096件）、江苏省（17116件）、广东省

（13067 件）、浙江省（10574 件）、山东省（10324 件）（见图 10）。

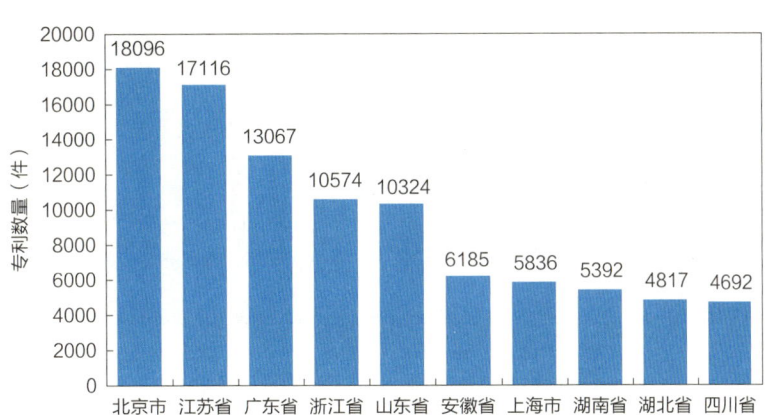

图 10　国内部分省市安全应急与环保产业高价值专利数量分布情况

截至 2021 年 7 月，国内 31 省市安全应急与环保产业创新企业发明专利申请公开量共 372144 件，占中国安全应急与环保产业发明专利申请公开总量（683886 件）的 54.5%，近五年复合增速达 7.7%。其中，2017 年同比增速最快，同比增长 35.7%（见图 11）。发明专利申请公开量较多的企业包括中国石油化工股份有限公司（4433 件）、中国石油天然气股份有限公司（2191 件）、珠海格力电器股份有限公司（2176 件）、中国石油天然气集团有限公司（691 件）、海尔智家股份有限公司（644 件）。

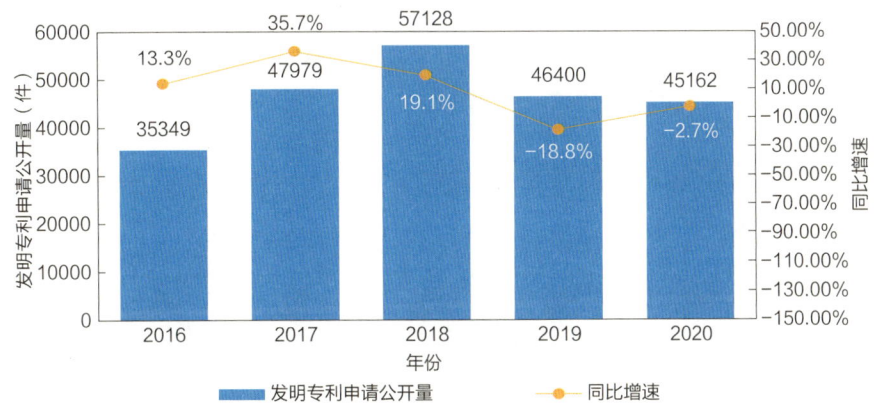

图 11　国内 31 省市安全应急与环保产业创新企业发明专利申请公开量增长趋势

截至 2021 年 7 月，国内 31 省市安全应急与环保产业高校发明专利申请公开量共 109174 件，占中国安全应急与环保产业发明专利申请公开总量（683886 件）的 16.0%，近五年复合增速达 10.4%。其中，2017 年同比增速最快，同比增长 34.0%（见图 12）。发明专利申请公开量较多的高校包括浙江大学（2418 件）、中南大学（1864 件）、昆明理工大学（1796 件）、清华大学（1684 件）、同济大学（1659 件）。

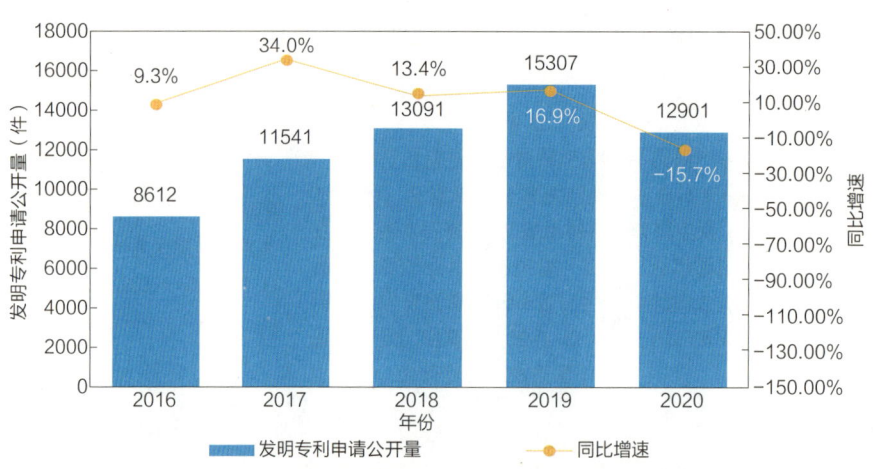

图 12 国内 31 省市安全应急与环保产业高校发明专利申请公开量增长趋势

截至 2021 年 7 月，国内 31 省市安全应急与环保产业科研机构发明专利申请公开量共 26531 件，占中国安全应急与环保产业发明专利申请公开总量（683886 件）的 3.9%，近五年复合增速达 9.6%。其中，2017 年同比增速最快，同比增长 42.8%（见图 13）。发明专利申请公开量较多的科研机构包括中国科学院过程工程研究所（945 件）、中国科学院生态环境研究中心（694 件）、中国环境科学研究院（516 件）、中国科学院广州能源研究所（340 件）、中国科学院大连化学物理研究所（277 件）。

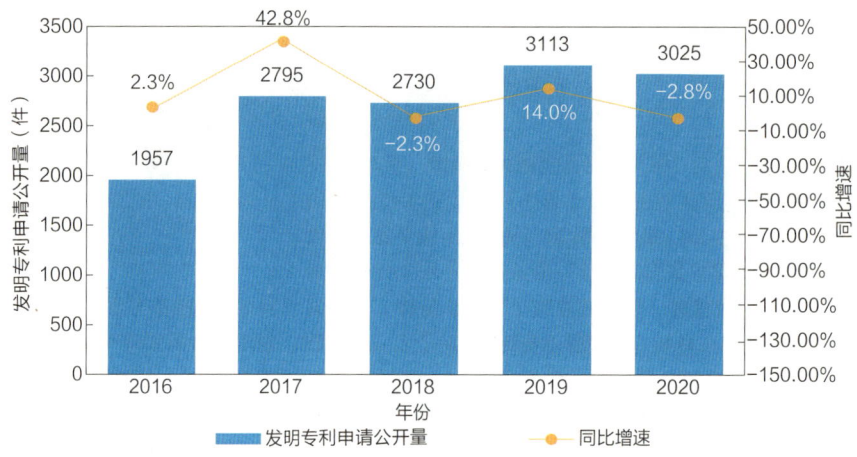

图 13 国内 31 省市安全应急与环保产业科研机构发明专利申请公开量增长趋势

截至 2021 年 7 月，在安全应急与环保产业中，全国涉及产学研合作申请的专利共有 17627 件，占中国安全应急与环保产业专利申请公开总量（1252686 件）的 1.4%。涉及产学研合作申请专利量排名前五位的省市依次为北京市（2901 件）、江苏省（2194 件）、广东省（1507 件）、山东省（1060 件）、上海市（1020 件）（见图 14）。

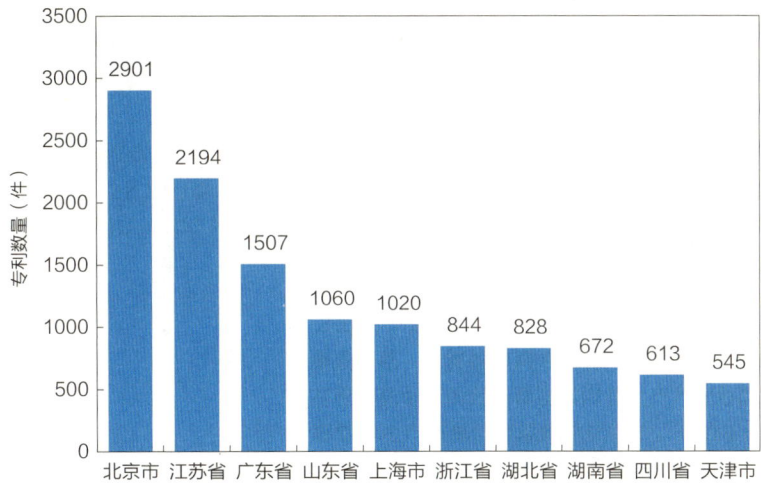

图 14　国内部分省市安全应急与环保产业涉及产学研合作申请专利数量分布情况

从安全应急与环保产业的各细分领域来看，全国涉及产学研合作申请的专利主要分布在污水治理设备制造、大气治理设备制造、矿山开采综合利用等领域，专利数量均超过1000件（见图15）。

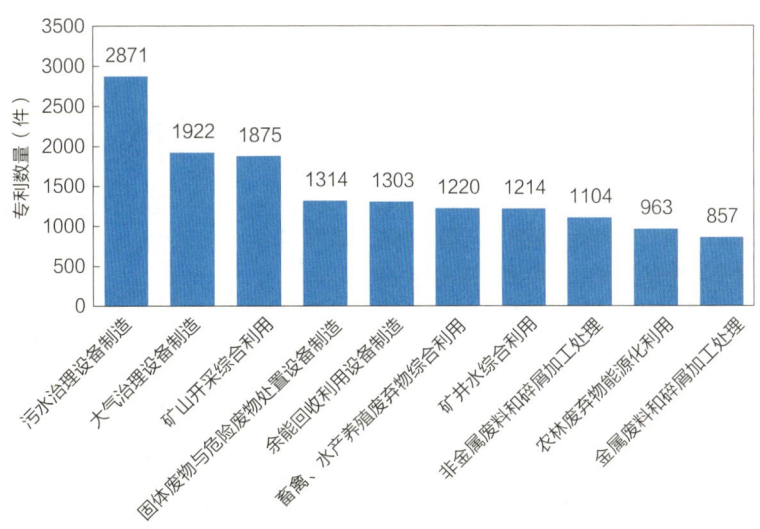

图 15　中国安全应急与环保产业产学研合作申请专利领域分布情况

从产学研合作的高校院所来看，清华大学、中南大学、华南理工大学、东南大学、浙江大学等和中国安全应急与环保产业的产学研合作较为密切，涉及产学研合作申请的专利数量分别为628件、384件、294件、283件、272件（见表7）。

表 7　中国安全应急与环保产业产学研合作重点高校院所清单

序号	高校院所	产学研合作申请的专利数量（件）
1	清华大学	628
2	中南大学	384

续表

序号	高校院所	产学研合作申请的专利数量（件）
3	华南理工大学	294
4	东南大学	283
5	浙江大学	272
6	南京工业大学	238
7	中国矿业大学	234
8	山东大学	234
9	重庆大学	213
10	上海交通大学	201

2.3.3 中国创新人才

截至 2021 年 7 月，国内 31 省市安全应急与环保产业有专利申请活动的创新人才共 1627369 人，近五年复合增速达 20.6%。其中，2018 年同比增速最快，同比增长 22.3%（见图 16）。

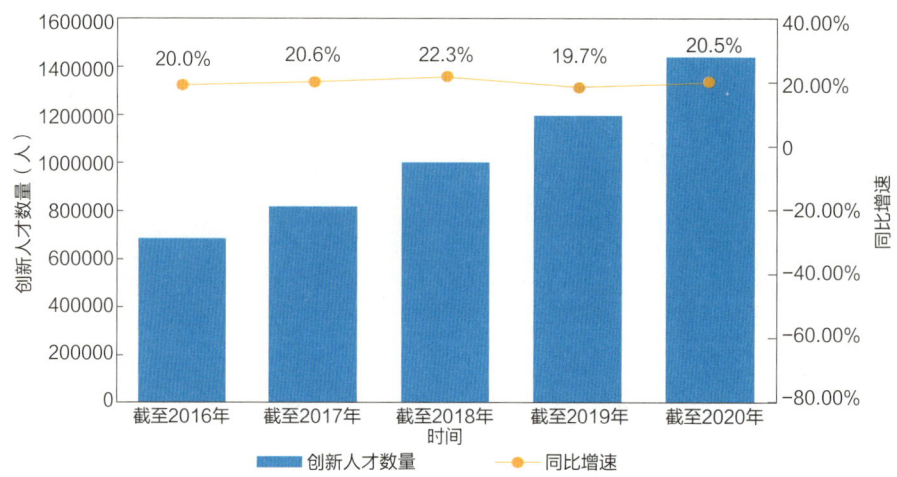

图 16 国内 31 省市安全应急与环保产业创新人才数量增长趋势

从地域分布情况来看，截至 2021 年 7 月，国内 31 省市安全应急与环保产业有专利申请活动的创新人才主要集中在江苏省、北京市、广东省等经济较发达的地区。其中，创新人才数量排名前五位的省市依次为江苏省（186689 人）、北京市（150239 人）、广东省（146072 人）、山东省（143993 人）、浙江省（108836 人）（见表 8）。

表 8 国内 31 省市安全应急与环保产业创新人才数量分布情况

排名	省（自治区、直辖市）	创新人才数量（人）
1	江苏	186689
2	北京	150239

续表

排名	省（自治区、直辖市）	创新人才数量（人）
3	广东	146072
4	山东	143993
5	浙江	108836
6	河南	86145
7	上海	71621
8	安徽	65951
9	四川	65318
10	湖北	64306
11	河北	53512
12	辽宁	52707
13	湖南	49584
14	陕西	48996
15	天津	43831
16	福建	37128
17	重庆	28719
18	黑龙江	28589
19	山西	28406
20	广西	26911
21	云南	26547
22	江西	24726
23	贵州	19117
24	甘肃	17806
25	吉林	17678
26	新疆	16464
27	内蒙古	16463
28	宁夏	7257
29	青海	4894
30	海南	4007
31	西藏	797

截至 2021 年 7 月，在安全应急与环保产业创新人才中，国内 31 省市共有国家高层次人才 60326 人，占国内创新人才总量（1627369 人）的 3.7%；技术高管 149164 人，占创新人才总量的 9.2%；科技企业家 98363 人，占创新人才总量的 6.0%（见图 17）。

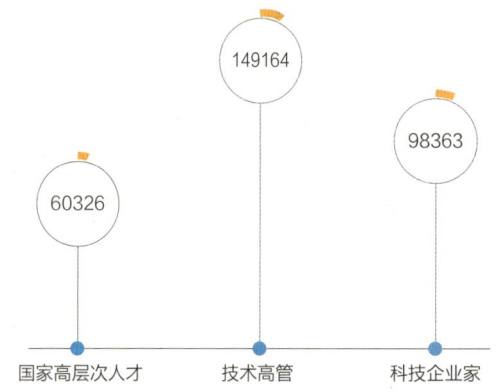

图 17 中国安全应急与环保产业特色人才数据分布情况（单位：人）

从各机构类型创新人才数量分布情况来看，国内 31 省市安全应急与环保产业企业的创新人才数量最多，共计 1029696 人，占人才总量的 63.3%。高校位居第二，创新人才数量共计 305812 人，占人才总量的 18.8%。科研机构创新人才共计 83533 人，事业单位创新人才共计 19398 人，分别占人才总量的 5.1% 和 1.2%（见图 18）。

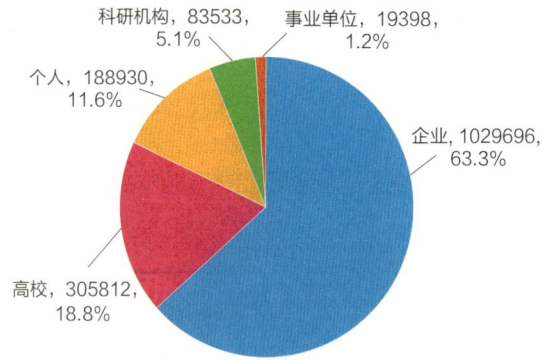

图 18 国内 31 省市安全应急与环保产业各机构类型创新人才数量分布情况（单位：人）

2.4 中国安全应急与环保产业热点及重点技术创新方向

从安全应急与环保产业链整体来看，国内 31 省市产业的发明专利申请公开总量共 624980 件，创新企业总量共 196977 家，创新人才总量共 1627369 人，近五年复合增速分别为 7.0%、22.7%、20.6%。

从产业链各领域来看，先进环保产业和安全应急领域发明专利申请公开量、创新企业数量、创新人才数量的近五年复合增速均高于整个安全应急与环保产业链平均水平，是产业布局的热点。高效节能产业、先进环保产业、资源循环利用产业发明专利申请公开量均在 17 万件以上，创新企业数量均在 8 万家以上，创新人才数量均在 56 万人以上，均在安全应急与环保领域中占比较高，是产业布局的重点（见表 9）。

表 9　国内 31 省市安全应急与环保产业链创新要素情况

产业链二级	发明专利申请公开		创新企业		创新人才	
	数量（件）	复合增速	数量（家）	复合增速	数量（人）	复合增速
安全应急	24526	19.4%	10982	28.2%	126444	27.1%
高效节能产业	179214	4.3%	87294	19.4%	566605	18.1%
先进环保产业	191504	18.1%	82001	30.2%	616834	25.4%
资源循环利用产业	288887	1.2%	83081	24.8%	671525	20.3%

在安全应急领域，国内 31 省市发明专利申请公开量、创新企业数量、创新人才数量的近五年复合增速分别为 19.4%、28.2%、27.1%。其中，安全应急服务细分领域发明专利申请公开量、创新企业数量、创新人才数量的近五年复合增速分别为 43.1%、54.4%、46.7%，均高于安全应急领域平均水平，属于热点细分领域。安全应急技术装备细分领域发明专利申请公开量、创新企业数量、创新人才数量分别为 24380 件、10886 家、125688 人，均在安全应急领域中占据了很大比例，属于重点细分领域（见表 10）。

表 10　国内 31 省市安全应急与环保产业链安全应急领域创新要素情况

细分领域		发明专利申请公开		创新企业		创新人才	
产业链二级	产业链三级	数量（件）	复合增速	数量（家）	复合增速	数量（人）	复合增速
安全应急	安全应急技术装备	24380	19.3%	10886	28.1%	125688	27.0%
	安全应急服务	153	43.1%	139	54.4%	870	46.7%

在高效节能产业领域，国内 31 省市发明专利申请公开量、创新企业数量、创新人才数量的近五年复合增速分别为 4.3%、19.4%、18.1%。其中，高效节能技术装备、绿色节能建筑材料制造细分领域发明专利申请公开量、创新企业数量、创新人才数量的近五年复合增速均高于高效节能产业领域平均水平，属于热点细分领域。绿色节能建筑材料制造细分领域创新企业数量、创新人才数量虽然略低于高效节能产业其他细分领域，但发明专利申请公开量高于高效节能产业其他细分领域，说明企业更加重视在绿色节能建筑材料制造细分领域的专利申请，因此属于重点细分领域（见表 11）。

表 11　国内 31 省市安全应急与环保产业链高效节能产业领域创新要素情况

细分领域		发明专利申请公开		创新企业		创新人才	
产业链二级	产业链三级	数量（件）	复合增速	数量（家）	复合增速	数量（人）	复合增速
高效节能产业	高效节能技术装备	54052	12.8%	44069	22.8%	254031	20.4%
	高效节能产品	58546	-5.3%	31423	15.1%	193211	14.1%
	绿色节能建筑材料制造	67844	6.1%	18918	22.2%	143324	21.4%

在资源循环利用产业领域，国内 31 省市发明专利申请公开量、创新企业数量、创新人才数量的近五年复合增速分别为 1.2%、24.8%、20.3%。其中，矿产资源与工业废弃资

源利用、水及海水资源利用细分领域发明专利申请公开量、创新企业数量、创新人才数量的近五年复合增速均高于或等于资源循环利用产业领域平均水平，属于热点细分领域。矿产资源与工业废弃资源利用细分领域发明专利申请公开量、创新企业数量、创新人才数量分别为 150320 件、58115 家、467990 人，均在资源循环利用产业各细分领域中排名第一，属于重点细分领域（见表 12）。

表 12 国内 31 省市安全应急与环保产业链资源循环利用产业领域创新要素情况

细分领域		发明专利申请公开		创新企业		创新人才	
产业链二级	产业链三级	数量（件）	复合增速	数量（家）	复合增速	数量（人）	复合增速
资源循环利用产业	矿产资源与工业废弃资源利用	150320	10.5%	58115	25.0%	467990	20.3%
	城乡生活垃圾与农林废弃资源利用	131989	−10.9%	26470	24.1%	187550	19.6%
	水及海水资源利用	27160	8.4%	14096	27.6%	111830	22.5%

第3章 广东省安全应急与环保产业创新发展定位与洞察

3.1 广东省安全应急与环保产业政策导向

为促进安全应急与环保产业的发展，广东省发布了《关于促进节能环保产业发展的意见》《关于加快应急产业发展的实施意见》等一系列政策。2020年5月，广东省人民政府发布《广东省人民政府关于培育发展战略性支柱产业集群和战略性新兴产业集群的意见》，将安全应急与环保产业集群列入十大战略性新兴产业集群，提出要在珠三角地区形成以技术研发和总部基地为核心的产业聚集带，在粤东粤西粤北地区形成以安全应急装备制造和资源综合利用为特色的产业聚集带，建成国内先进的产业集群。2020年9月，广东省工业和信息化厅、广东省发展和改革委员会、广东省科学技术厅、广东省生态环境厅、广东省应急管理厅等部门联合印发《广东省培育安全应急与环保战略性新兴产业集群行动计划（2021—2025年）》，对安全应急与环保产业进行了具体的部署（见表13）。

表13 广东省安全应急与环保产业主要相关政策

发布时间	发布单位	政策名称	相关内容
2012年	广东省人民政府办公厅	《关于加快我省环保产业发展意见的通知》	创新发展思路，拓展产业领域，扩大产业规模，凝聚产业优势，加快产业发展，不断提升我省环保产业的品牌影响力和整体竞争力。到2015年，环保产业产值年均增长20%以上，总产值达到5000亿元，培育10家以上环保企业上市，建立20家省级以上环保重点实验室、工程实验室及工程技术中心，形成100家具有核心竞争力的环保骨干企业
2012年	广东省人民政府办公厅	《广东省应急管理教学科研一体化扶持办法（试行）》	在我省的高等院校、科研院所和相关机构结合本单位在公共安全领域的学科优势，在教学实践中加大科研投入，教学与科研相结合，理论研究与公共安全产品研发相结合，以理论研究推动产品研发，以产品研发推动应急管理科技水平

续表

发布时间	发布单位	政策名称	相关内容
2014 年	广东省人民政府办公厅	《关于促进节能环保产业发展的意见》	鼓励支持节能环保企业进行知识产权创造、运用和保护。加强节能环保产业专利信息资源开发利用，在环保设备、废弃资源再生循环利用等产业领域组织有针对性的专利分析和预警研究，增强产业发展和创新的前瞻性。依托行业协会、龙头企业编制重点领域节能环保产品通用技术标准，指导相关领域节能环保装备逐步实现标准化，加快市场推广应用
2016 年	广东省人民政府办公厅	《关于加快应急产业发展的实施意见》	以企业为主体、以市场为导向，强化组织协调，集中发展重点领域应急产品，探索创新应急产业服务模式，不断优化应急产业发展环境，增强防范和处置突发事件的产业支撑能力，培育新的经济增长点，推动我省应急产业快速发展
2019 年	广东省发展和改革委员会	《广东省 2018 年国民经济和社会发展计划执行情况与 2019 年计划草案的报告》	树立系统统筹理念，加快产业结构、运输结构、能源结构调整，研究制定路线图、时间表，出台大力压减燃煤三年行动计划。以高污染行业为重点推动企业开展清洁化改造，新增省循环化改造试点园区 10 家。支持节能环保、清洁生产、清洁能源等绿色产业发展，推广一批先进成熟、经济适用的环保技术装备
2020 年	广东省人民政府	《广东省人民政府关于培育发展战略性支柱产业集群和战略性新兴产业集群的意见》	安全应急与环保产业集群。重点推动安全应急监测预警设备、救援特种装备、公共卫生等突发事件应急物资、高效节能电气设备、绿色建材、环境保护监测处理设备、固体废物综合利用、污水治理、安全应急与节能环保服务等跨行业、多领域协同发展。健全安全应急物资生产保供体系和绿色生产消费体系。在珠三角地区形成以技术研发和总部基地为核心的产业聚集带，在粤东粤西粤北地区形成以安全应急装备制造和资源综合利用为特色的产业聚集带，建成国内先进的产业集群
2020 年	广东省工业和信息化厅等六部门	《广东省培育安全应急与环保战略性新兴产业集群行动计划（2021—2025 年）》	推动产业集聚发展，培育一批安全应急与环保领域专业化园区。鼓励企业通过并购、重组等方式实现主业壮大，拓展产业链，打造龙头骨干企业。充分发挥省属、市属国有企业的导向作用，吸引和带动社会资本积极参与集群建设。推动安全应急与环保产业跨行业、多领域协同发展，提升集成化、系统化、智能化技术、装备、服务的供给能力和质量，为经济社会高质量发展提供支撑
2020 年	广东省人民政府	《中新广州知识城总体发展规划（2020—2035 年）》	加强绿色能源技术交流合作，加快节能环保产业与新一代信息技术、先进制造技术的深度融合，全面提升能源使用效率
2021 年	广东省人民政府	《广东省制造业数字化转型实施方案及若干政策措施》	安全应急与环保产业集群。研究建立危险化学品全生命周期信息监管系统，综合新一代信息技术进行全过程信息化管理和监控。开展"工业互联网＋安全生产"试点，围绕重点行业领域打造一批应用场景、工业 APP 和工业机理模型，推动企业构建快速感知、全面监测、超前预警、联动处置、系统评估等数字化能力体系，提升本质安全水平。推动数字技术与节能环保行业创新融合，推进能源清洁高效利用、高耗能设备节能改造及更新，助力实现"碳达峰、碳中和"目标

续表

发布时间	发布单位	政策名称	相关内容
2021年	广东省人民政府	《广东省加快先进制造业项目投资建设若干政策措施的通知》	聚焦安全应急与环保等十大战略性新兴产业集群，立足"招好商、招大商、精准招商、产业链招商"，积极引进产业带动性强、技术水平先进、绿色低碳的先进制造业项目。打造一批特色产业园区，省、市、县（区）加大对园区道路、管网、环保、通信等基础设施和公共服务平台建设支持力度，各地用地指标要优先保障园区建设需要
2021年	广东省人民政府	《广东省国民经济和社会发展第十四个五年规划和2035年远景目标纲要》	以珠三角地区为核心开展技术研发，依托粤东粤西粤北地区发展生产制造和综合示范。重点推动安全应急监测预警设备、救援特种装备、公共卫生等突发事件应急物资、高效节能电气设备、绿色建材、环境保护监测处理设备、固体废物综合利用、污水治理、安全应急与节能环保服务等跨行业、多领域协同发展

3.2 广东省安全应急与环保产业创新发展定位

3.2.1 广东省创新企业

截至2021年7月，广东省安全应急与环保产业有专利申请活动的创新企业共25525家，占国内31省市安全应急与环保产业创新企业总量（196977家）的13.0%，在国内31省市中仅次于江苏省，排名第二。近五年广东省安全应急与环保产业创新企业数量复合增速为26.7%，高出国内31省市整体复合增速（22.7%）4.0个百分点（见图19）。

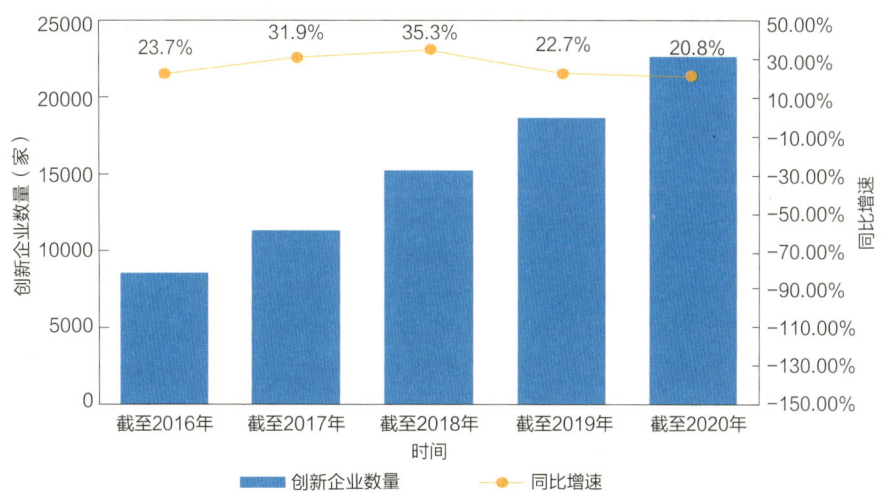

图19 广东省安全应急与环保产业创新企业数量增长趋势

从地域分布情况来看，截至2021年7月，广东省安全应急与环保产业有专利申请活动的创新企业主要集中在珠三角地区。其中，创新企业数量排名前五位的地市依次为深圳市（7436家）、广州市（5546家）、东莞市（3032家）、佛山市（3003家）、中山市（1454

家)(见表14)。

表 14 广东省各地市安全应急与环保产业创新企业数量情况

地区	创新企业数量（家）	省内排名	地区	创新企业数量（家）	省内排名
深圳市	7436	1	汕头市	219	12
广州市	5546	2	湛江市	206	13
东莞市	3032	3	梅州市	194	14
佛山市	3003	4	河源市	190	15
中山市	1454	5	茂名市	138	16
珠海市	1004	6	云浮市	110	17
惠州市	935	7	揭阳市	106	18
江门市	868	8	潮州市	93	19
肇庆市	385	9	阳江市	76	20
清远市	325	10	汕尾市	29	21
韶关市	273	11			

截至2021年7月，在安全应急与环保产业创新企业中，广东省共有国家高新技术企业10305家，占广东省安全应急与环保产业创新企业总量（25525家）的40.4%；初创企业964家，占创新企业总量的3.8%；隐形冠军企业107家，占创新企业总量的0.4%；上市公司363家，占创新企业总量的1.4%；独角兽企业9家，占创新企业总量的0.04%；专精特新企业484家，占创新企业总量的1.9%。

横向对标北京市、上海市、江苏省、浙江省等国内重点省市，在安全应急与环保产业创新企业中，广东省国家高新技术企业、初创企业、上市公司数量均在国内31省市中排名第一；隐形冠军企业、独角兽企业数量分别在国内31省市中排名第四和第二；专精特新企业数量在国内31省市中排名第八（见表15）。

表 15 国内重点省市安全应急与环保产业特色企业数量分布情况对标比较

国内31省市排名	1	5	7	2	3
省市	广东省	北京市	上海市	江苏省	浙江省
国家高新技术企业数量（家）	10305	3464	2721	10299	5563
国内31省市排名	1	3	5	2	4
省市	广东省	北京市	上海市	江苏省	浙江省
初创企业数量（家）	964	643	475	938	524
国内31省市排名	4	9	10	3	2
省市	广东省	北京市	上海市	江苏省	浙江省
隐形冠军企业数量（家）	107	56	55	132	133

续表

国内 31 省市排名	1	5	6	3	2
省市	广东省	北京市	上海市	江苏省	浙江省
上市公司数量（家）	363	139	121	254	255
国内 31 省市排名	2	3	1	4	4
省市	广东省	北京市	上海市	江苏省	浙江省
独角兽企业数量（家）	9	7	11	2	2
国内 31 省市排名	8	14	3	4	20
省市	广东省	北京市	上海市	江苏省	浙江省
专精特新企业数量（家）	484	288	924	830	178

3.2.2 广东省专利布局

截至 2021 年 7 月，广东省安全应急与环保产业专利申请公开量共 128971 件，占广东省专利申请公开总量（5302985 件）的 2.4%；近五年复合增速为 19.7%，高出全国复合增速（14.0%）5.7 个百分点。广东省安全应急与环保产业专利授权量共 87621 件，占广东省安全应急与环保产业专利申请公开总量的 67.9%；有效专利量为 61988 件（见图 20）。

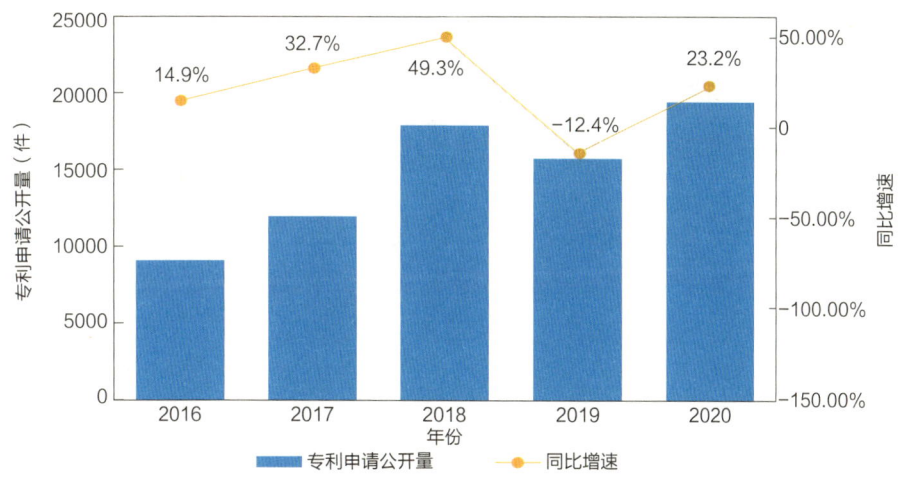

图 20 广东省安全应急与环保产业专利申请公开量增长趋势

截至 2021 年 7 月，广东省安全应急与环保产业发明专利申请公开量共 57459 件，占全国安全应急与环保产业专利申请公开量（128971 件）的 44.6%；近五年复合增速为 15.3%，高出全国复合增速（6.4%）8.9 个百分点（见图 21）。

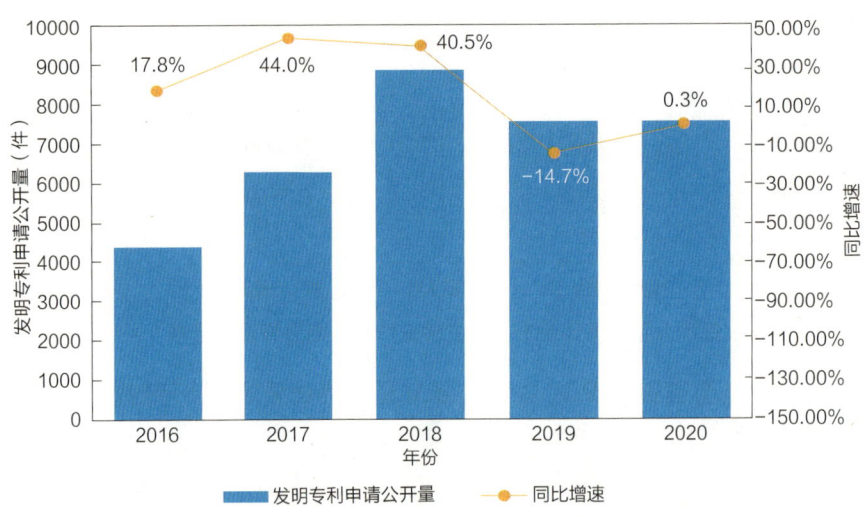

图 21　广东省安全应急与环保产业发明专利申请公开量增长趋势

截至 2021 年 7 月,广东省安全应急与环保产业发明专利授权量共 16109 件,占全国安全应急与环保产业发明专利授权总量(203435 件)的 7.9%,在国内 31 省市中排名第三,排名前二的省市分别为北京市(22604 件)和江苏省(20381 件)。

从地域分布情况来看,广东省安全应急与环保产业发明专利授权量主要集中在珠三角地区。其中,发明专利授权量排名前五位的地市依次为广州市(5083 件)、深圳市(4166 件)、佛山市(2038 件)、东莞市(1225 件)、珠海市(1180 件)(见表 16)。

表 16　广东省各地市安全应急与环保产业发明专利授权量情况

地区	发明专利授权量(件)	省内排名	地区	发明专利授权量(件)	省内排名
广州市	5083	1	肇庆市	126	12
深圳市	4166	2	韶关市	111	13
佛山市	2038	3	茂名市	84	14
东莞市	1225	4	潮州市	65	15
珠海市	1180	5	梅州市	64	16
中山市	586	6	揭阳市	54	17
惠州市	373	7	云浮市	50	18
江门市	309	8	河源市	33	19
湛江市	238	9	阳江市	29	20
清远市	145	10	汕尾市	15	21
汕头市	135	11			

截至 2021 年 7 月,广东省安全应急与环保产业的有效发明专利共 13185 件。其中,高价值专利共 13067 件,占全国安全应急与环保产业高价值专利总量(148998 件)的 8.8%,在国内 31 省市中排名第三。在广东省安全应急与环保产业高价值专利中,属于战

略性新兴产业的有效发明专利共 13059 件,在海外有同族专利权的有效发明专利共 766 件,维持年限超过 10 年的有效发明专利共 1740 件,有质押融资活动的有效发明专利共 307 件,获得中国专利奖的有效发明专利共 57 件。

横向对标北京市、上海市、江苏省、浙江省等国内重点省市,在安全应急与环保产业高价值专利中,广东省在海外有同族专利权的有效发明专利、获得中国专利奖的有效发明专利数量分别在国内 31 省市中排名第一和第二;属于战略性新兴产业的有效发明专利、维持年限超过 10 年的有效发明专利、有质押融资活动的有效发明专利数量均在国内 31 省市中排名第三(见表 17)。

表 17 国内重点省市安全应急与环保产业高价值专利数量分布情况对标比较

国内 31 省市排名	3	1	7	2	4
省市	广东省	北京市	上海市	江苏省	浙江省
属于战略性新兴产业的有效发明专利(件)	13059	18070	5831	17085	10569
国内 31 省市排名	1	3	6	2	5
省市	广东省	北京市	上海市	江苏省	浙江省
在海外有同族专利权的有效发明专利(件)	766	563	211	611	351
国内 31 省市排名	3	1	5	2	4
省市	广东省	北京市	上海市	江苏省	浙江省
维持年限超过 10 年的有效发明专利(件)	1740	3095	1058	1873	1141
国内 31 省市排名	3	5	13	2	4
省市	广东省	北京市	上海市	江苏省	浙江省
有质押融资活动的有效发明专利(件)	307	247	48	312	284
国内 31 省市排名	2	1	12	3	5
省市	广东省	北京市	上海市	江苏省	浙江省
获得中国专利奖的有效发明专利(件)	57	79	10	38	19

截至 2021 年 7 月,广东省安全应急与环保产业创新企业发明专利申请公开量共 38173 件,占广东省安全应急与环保产业发明专利申请公开总量(57459 件)的 66.4%;近五年复合增速为 17.1%,高出全国安全应急与环保产业创新企业发明专利申请公开量复合增速(7.7%)9.4 个百分点(见图 22)。发明专利申请公开量较多的创新企业包括珠海格力电器股份有限公司(2176 件)、广东美的制冷设备有限公司(432 件)、海洋王照明科技股份有限公司(407 件)等。

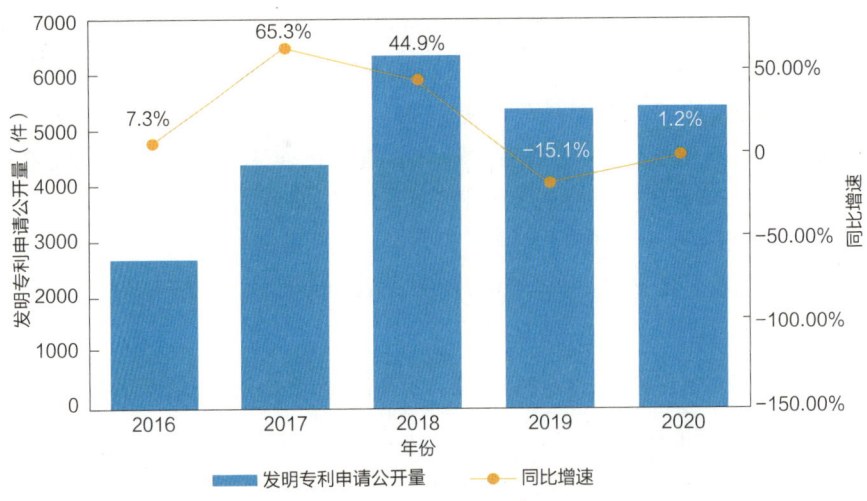

图 22　广东省安全应急与环保产业创新企业发明专利申请公开量增长趋势

截至 2021 年 7 月，广东省安全应急与环保产业高校发明专利申请公开量共 6009 件，占广东省安全应急与环保产业发明专利申请公开总量（57459 件）的 10.5%；近五年复合增速为 18.8%，高出全国安全应急与环保产业高校发明专利申请公开量复合增速（10.4%）8.4 个百分点（见图 23）。发明专利申请公开量较多的高校包括华南理工大学（1737 件）、广东工业大学（580 件）、中山大学（434 件）等。

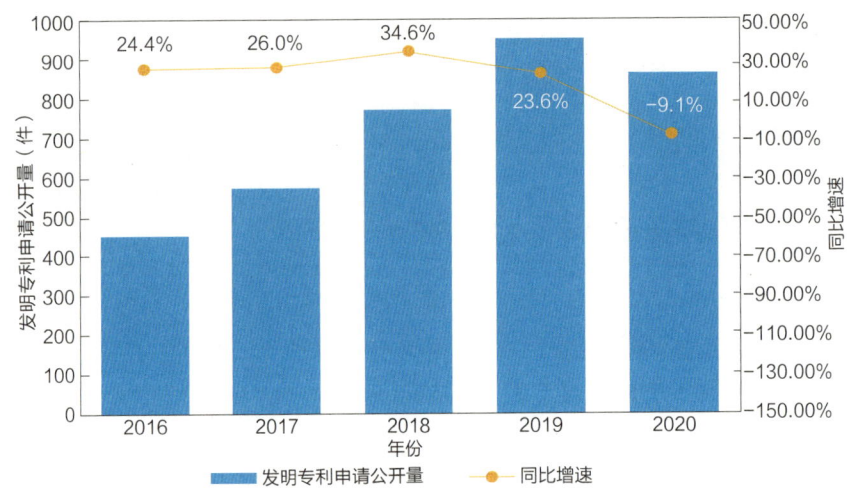

图 23　广东省安全应急与环保产业高校发明专利申请公开量增长趋势

截至 2021 年 7 月，广东省安全应急与环保产业科研机构发明专利申请公开量共 2422 件，占广东省安全应急与环保产业发明专利申请公开总量（57459 件）的 4.2%；近五年复合增速为 15.8%，高出全国安全应急与环保产业科研机构发明专利申请公开量复合增速（9.6%）6.2 个百分点（见图 24）。发明专利申请公开量较多的科研机构包括中国科学院广州能源研究所（340 件）、生态环境部华南环境科学研究所（137 件）、广东省农业科学院动物科学研究所（83 件）等。

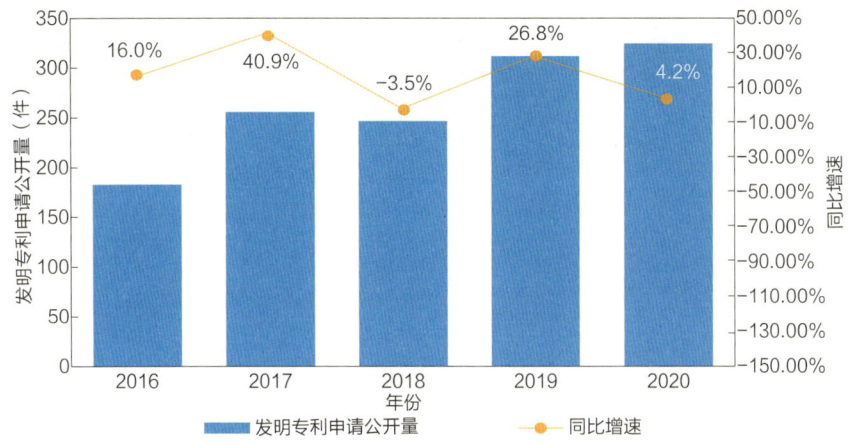

图24　广东省安全应急与环保产业科研机构发明专利申请公开量增长趋势

截至 2021 年 7 月，在安全应急与环保产业中，广东省涉及产学研合作申请的专利共 1507 件，占全国涉及产学研合作申请专利总量（17627 件）的 8.5%，在国内 31 省市中排名第三，排名前二的省市分别为北京市（2901 件）和江苏省（2194 件）。

从安全应急与环保产业的各细分领域来看，广东省涉及产学研合作申请的专利主要分布在污水治理设备制造领域，专利数量为 343 件。其次是畜禽、水产养殖废弃物综合利用和大气治理设备制造领域，专利数量分别为 181 件和 144 件（见图 25）。

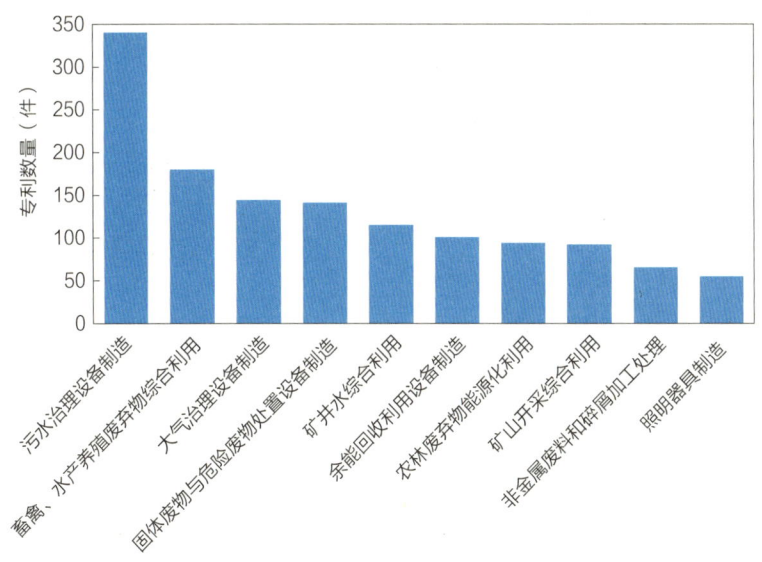

图25　广东省安全应急与环保产业产学研合作申请专利领域分布情况

从产学研合作的高校院所来看，华南理工大学、中山大学、广东工业大学、广东电网有限责任公司电力科学研究院、华南农业大学等与广东省安全应急与环保产业的产学研合作较为密切，涉及产学研合作申请的专利数量分别为 279 件、93 件、59 件、53 件、43 件（见表 18）。

表 18　广东省安全应急与环保产业产学研合作重点高校院所清单

序号	高校院所	产学研合作申请的专利数量（件）
1	华南理工大学	279
2	中山大学	93
3	广东工业大学	59
4	广东电网有限责任公司电力科学研究院	53
5	华南农业大学	43

截至 2021 年 7 月，在安全应急与环保产业中，国内 31 省市海外布局专利共 15064 件；其中，广东省海外布局专利共 3736 件，占国内 31 省市海外布局专利总量的 24.8%，在国内 31 省市中排名第一。广东省海外布局的区域主要包括美国（873 件）、欧洲（261 件）和日本（200 件）等。

从安全应急与环保产业的各细分领域来看，广东省海外布局专利主要分布在照明器具制造（1144 件）、余能回收利用设备制造（386 件）、污水治理设备制造（334 件）等领域（见图 26）。

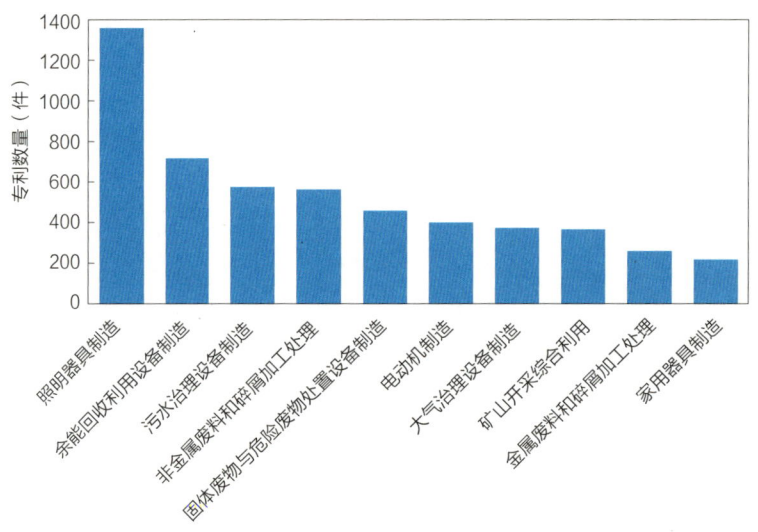

图 26　广东省安全应急与环保产业海外布局专利领域分布情况

3.2.3　广东省创新人才

截至 2021 年 7 月，广东省安全应急与环保产业有专利申请活动的创新人才共 146072 人，占国内 31 省市安全应急与环保产业创新人才总量（1627369 人）的 9.0%，在国内 31 省市中排名第三，排名前二的省市分别为江苏省（186689）和北京市（150239）。近五年广东省安全应急与环保产业创新人才数量复合增速为 23.1%，高出国内 31 省市整体复合增速（20.6%）2.5 个百分点（见图 27）。

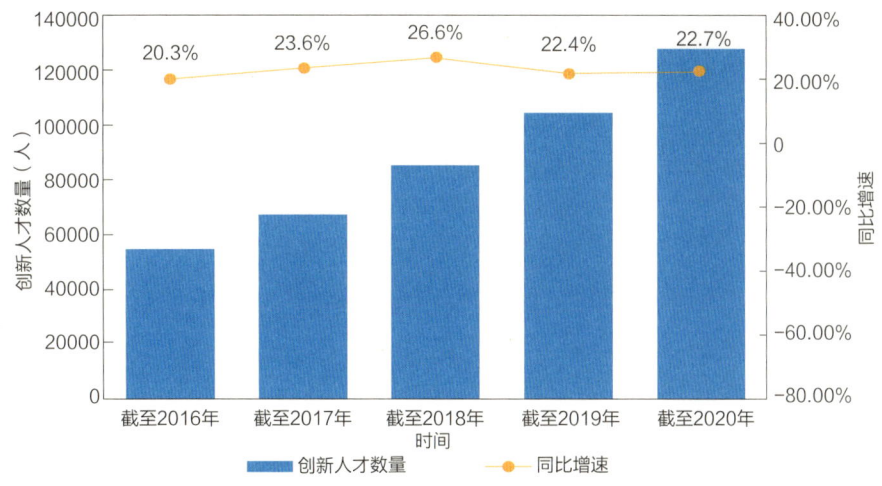

图 27 广东省安全应急与环保产业创新人才数量增长趋势

从地域分布情况来看，截至 2021 年 7 月，广东省安全应急与环保产业有专利申请活动的创新人才主要集中在珠三角地区。其中，创新人才数量排名前五位的地市依次为广州市（47134 人）、深圳市（36370 人）、佛山市（16259 人）、东莞市（10628 人）、珠海市（8177 人）（见表 19）。

表 19 广东省各地市安全应急与环保产业创新人才数量情况

地区	创新人才数量（人）	省内排名	地区	创新人才数量（人）	省内排名
广州市	47134	1	清远市	1521	12
深圳市	36370	2	茂名市	1366	13
佛山市	16259	3	汕头市	1315	14
东莞市	10628	4	梅州市	1182	15
珠海市	8177	5	河源市	768	16
中山市	5989	6	云浮市	732	17
惠州市	3788	7	揭阳市	629	18
江门市	3110	8	潮州市	593	19
湛江市	2461	9	阳江市	563	20
韶关市	2165	10	汕尾市	274	21
肇庆市	1667	11			

截至 2021 年 7 月，在安全应急与环保产业创新人才中，广东省共有国家高层次人才 4090 人，占广东省安全应急与环保产业创新人才总量（146072 人）的 2.8%；技术高管 19365 人，占创新人才总量的 13.3%；科技企业家 12867 人，占创新人才总量的 8.8%。

横向对标北京市、上海市、江苏省、浙江省等国内重点省市，在安全应急与环保产业创新人才中，广东省国家高层次人才数量在国内 31 省市中仅次于北京市和江苏省，排名第三；技术高管、科技企业家数量均在国内 31 省市中排名第二（见表 20）。

表 20 国内重点省市安全应急与环保产业特色人才数量分布情况对标比较

国内 31 省市排名	3	1	6	2	5
省市	广东省	北京市	上海市	江苏省	浙江省
国家高层次人才数量（人）	4090	8571	3368	6853	3514
国内 31 省市排名	2	7	6	1	3
省市	广东省	北京市	上海市	江苏省	浙江省
技术高管数量（人）	19365	6163	6289	24242	13770
国内 31 省市排名	2	7	6	1	3
省市	广东省	北京市	上海市	江苏省	浙江省
科技企业家数量（人）	12867	3742	4200	16408	9150

从各机构类型创新人才数量分布情况来看，广东省安全应急与环保产业企业的创新人才数量最多，共计 104171 人，占广东省安全应急与环保产业创新人才总量（146072 人）的 71.3%。高校的创新人才数量共计 15460 人，占广东省安全应急与环保产业创新人才总量的 10.6%。科研机构的创新人才共计 6644 人，事业单位的创新人才共计 1264 人，分别占广东省安全应急与环保产业创新人才总量的 4.5% 和 0.9%（见图 28）。

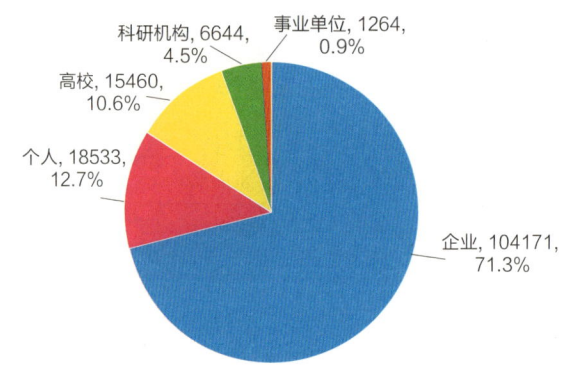

图 28 广东省安全应急与环保产业各机构类型创新人才数量分布情况（单位：人）

3.3 广东省安全应急与环保产业创新发展洞察

3.3.1 广东省产业链集聚结构

3.3.1.1 整体布局

广东省安全应急与环保产业链覆盖全面，在产业链各领域均有一定数量的创新企业、创新人才和发明专利布局，整体来看，产业链布局较为合理。

综合发明专利授权量、创新企业数量、创新人才数量及各自在国内 31 省市中的排名情况来看，广东省在高效节能产业领域具备一定的优势，发明专利授权量、创新企业数量、创新人才数量在国内 31 省市中均排名前两位。而广东省在资源循环利用产业领域，发明专利授权量在国内 31 省市中排名第五，创新人才数量在国内 31 省市中排名第四，技术有待进一步的积累（见表 21）。

表 21　广东省安全应急与环保产业链创新要素情况

产业链二级	发明专利授权		创新企业		创新人才	
	数量（件）	国内 31 省市排名	数量（家）	国内 31 省市排名	数量（人）	国内 31 省市排名
安全应急	501	4	1397	2	9151	4
高效节能产业	7301	1	13087	2	62522	2
先进环保产业	4444	4	9664	2	54854	3
资源循环利用产业	5356	5	8234	2	46442	4

3.3.1.2　优势环节

综合广东省安全应急与环保产业各细分领域发明专利授权量、创新企业数量、创新人才数量及各自在国内 31 省市的排名情况来看，广东省在高效节能产品细分领域发明专利授权量、创新企业数量、创新人才数量均在国内 31 省市中排名第一，优势明显。同时，广东省在安全应急服务细分领域专利授权量、创新企业数量、创新人才数量均在国内 31 省市中排名第三，也具备一定的优势（见表 22）。

表 22　广东省安全应急与环保产业优势领域创新要素情况

细分领域 产业链三级	发明专利授权		创新企业		创新人才	
	数量（件）	国内排名	数量（家）	国内排名	数量（人）	国内排名
安全应急服务	2	3	16	3	85	3
高效节能产品	4353	1	7284	1	33848	1

3.3.1.3　潜力环节

综合广东省安全应急与环保产业各细分领域发明专利申请公开量、创新企业数量、创新人才数量及各自的近五年复合增速来看，广东省在安全应急技术装备、绿色节能建筑材料制造、环境保护技术装备、矿产资源与工业废弃资源利用细分领域发明专利申请公开量的近五年复合增速均在 21% 以上，创新企业数量的近五年复合增速均在 30% 以上，创新人才数量的近五年复合增速均在 27% 以上，且均高于安全应急与环保产业链整体水平，发展势头良好，未来潜力较大（见表 23）。

表 23　广东省安全应急与环保产业潜力领域创新要素情况

细分领域 产业链三级	发明专利申请公开		创新企业		创新人才	
	数量（件）	复合增速	数量（家）	复合增速	数量（人）	复合增速
安全应急技术装备	2102	33.3%	1385	34.2%	9077	33.1%
绿色节能建筑材料制造	5628	21.9%	2193	30.4%	11967	27.8%
环境保护技术装备	18380	25.9%	9664	37.5%	54854	30.6%

续表

细分领域	发明专利申请公开		创新企业		创新人才	
产业链三级	数量（件）	复合增速	数量（家）	复合增速	数量（人）	复合增速
矿产资源与工业废弃资源利用	10963	22.5%	6138	33.1%	31184	26.3%

3.3.1.4 薄弱环节

综合广东省安全应急与环保产业各细分领域发明专利授权量、创新企业数量、创新人才数量及各自在国内 31 省市的排名情况来看，广东省在高效节能技术装备、城乡生活垃圾与农林废弃资源利用领域发明专利授权量在国内 31 省市中排名第五，创新人才数量在国内 31 省市中均排名第三，创新企业数量在国内 31 省市中分别排名第二、第三；在水及海水资源利用领域专利授权量在国内 31 省市中排名第四，创新企业数量在国内 31 省市中排名第二，创新人才数量在国内 31 省市中排名第五，排名相对靠后，技术有待积累（见表 24）。

表 24 广东省安全应急与环保产业薄弱领域创新要素情况

细分领域	发明专利授权		创新企业		创新人才	
产业链三级	数量（件）	国内排名	数量（家）	国内排名	数量（人）	国内排名
高效节能技术装备	1417	5	4610	2	20208	3
城乡生活垃圾与农林废弃资源利用	1771	5	2209	3	14473	3
水及海水资源利用	671	4	1458	2	7999	5

3.3.1.5 风险环节

在新兴技术和新增需求的带动下，安全应急与环保产业正处于新的发展阶段，中国市场地位突出，是国外公司专利布局的重点方向。通过分析国外在华发明专利申请公开量的增速，并结合国内外专利权人在华有效发明专利量的对比，有助于判断产业链各技术领域是否面临风险。

截至 2021 年 7 月，在安全应急与环保产业中，国外在华发明专利申请公开量共 54316 件，占全国安全应急与环保产业发明专利申请公开总量（683886 件）的 7.9%，近五年复合增速为 -2.6%，低于全国复合增速（6.4%）9.0 个百分点。国外专利权人在华有效发明专利量为 18604 件，占全国安全应急与环保产业有效发明专利总量（150759 件）的 12.3%。

在安全应急与环保产业链整体国外在华发明专利申请公开量的近五年复合增速整体呈现负增长的情况下，高效节能技术装备、城乡生活垃圾与农林废弃资源利用细分领域国外在华发明专利申请公开量的近五年复合增速分别为 5.6%、1.3%，发明专利申请公开量呈现出增长的趋势，需进行关注（见表 25）。

表 25 安全应急与环保产业链风险领域分布情况

细分领域 产业链三级	领域国外在华发明专利申请公开量近五年复合增速	领域国外专利权人在华有效发明专利（件）	领域中国全部有效发明专利（件）	风险领域
安全应急技术装备	−2.6%	107	6583	否
安全应急服务	—	2	22	否
高效节能技术装备	5.6%	2916	15510	是
高效节能产品	−12.7%	4206	19083	否
绿色节能建筑材料制造	0	634	14976	否
环境保护技术装备	−1.8%	4405	44615	否
矿产资源与工业废弃资源利用	−1.8%	6574	47591	否
城乡生活垃圾与农林废弃资源利用	1.3%	287	15028	是
水及海水资源利用	−6.8%	113	6837	否

3.3.2 广东省技术供应链分析

3.3.2.1 技术转移情况

截至 2021 年 7 月，在安全应急与环保产业中，全国涉及转让的专利共 81579 件；其中，广东省涉及转让的专利共 14256 件，占全国涉及转让专利总量的 17.5%，在国内 31 省市中排名第二，排名第一的是江苏省（14733 件）。

从安全应急与环保产业的各细分领域来看，广东省涉及转让的专利主要分布在照明器具制造（2663 件）、污水治理设备制造（2657 件）、固体废物与危险废物处置设备制造（1402 件）等领域（见图 29）。

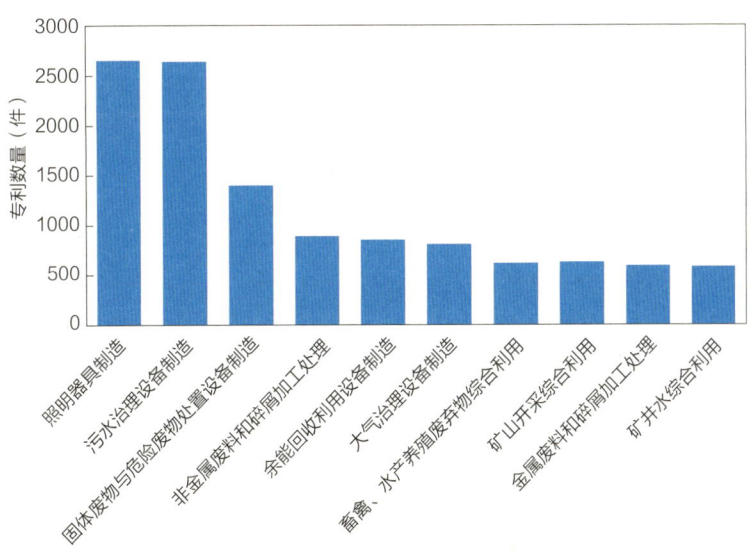

图 29 广东省安全应急与环保产业涉及转让专利领域分布情况

广东省安全应急与环保产业的专利转让活动主要发生在省内，共涉及专利7236件。在与外地进行的专利转让活动方面，广东省向外地转让的专利共3626件，转让专利的受让人主要分布在江苏省（656件）、浙江省（415件）、安徽省（247件）；广东省从外地受让的专利共4972件，受让专利的转让人主要分布在浙江省（1124件）、江苏省（601件）、福建省（386件）（见图30）。

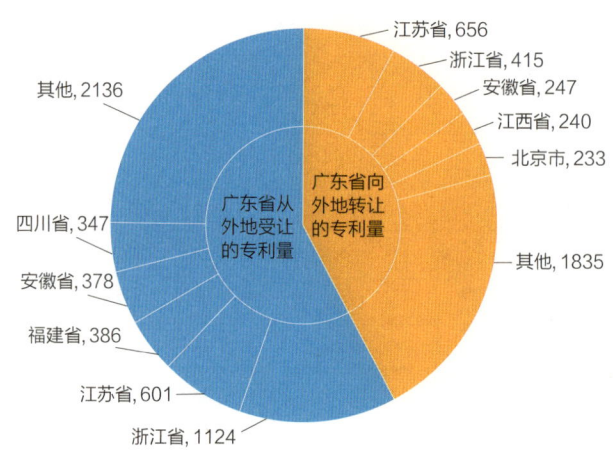

图30 广东省安全应急与环保产业与外地进行专利转让活动情况（单位：件）

3.3.2.2 专利许可情况

截至2021年7月，在安全应急与环保产业中，全国涉及许可的专利共7740件；其中，广东省涉及许可的专利共1284件，占全国涉及许可专利总量的16.6%，在国内31省市中排名第二，排名第一的是江苏省（1601件）。

从安全应急与环保产业的各细分领域来看，广东省涉及许可的专利主要分布在照明器具制造（452件）、污水治理设备制造（162件）、余能回收利用设备制造（95件）等领域（见图31）。

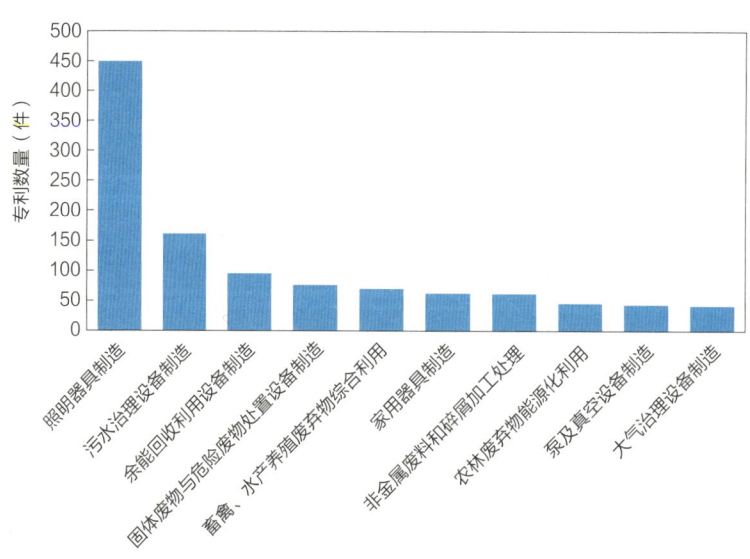

图31 广东省安全应急与环保产业涉及许可专利领域分布情况

广东省安全应急与环保产业的专利许可活动主要发生在省内，共涉及专利776件。在与外地进行的专利许可活动方面，广东省对外地许可的专利共250件，许可专利的被许可人主要分布在江西省（28件）、江苏省（25件）、湖北省（21件）；广东省被外地许可的专利共273件，被许可专利的许可人主要分布在湖南省（32件）、浙江省（23件）、北京市（21件）（见图32）。

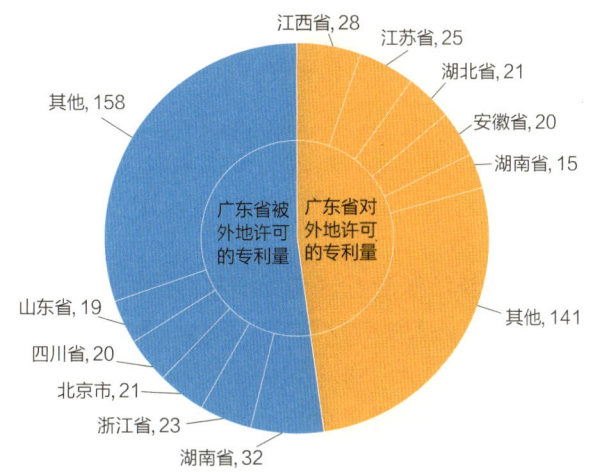

图32 广东省安全应急与环保产业与外地进行专利许可活动情况（单位：件）

3.3.2.3 专利质押情况

截至2021年7月，在安全应急与环保产业中，全国涉及质押的专利共7281件；其中，广东省涉及质押的专利共1047件，占全国涉及质押的专利总量的14.4%，在国内31省市中排名第一。

从安全应急与环保产业的各细分领域来看，广东省涉及质押的专利主要分布在污水治理设备制造（188件）、照明器具制造（176件）、余能回收利用设备制造（104件）等领域（见图33）。

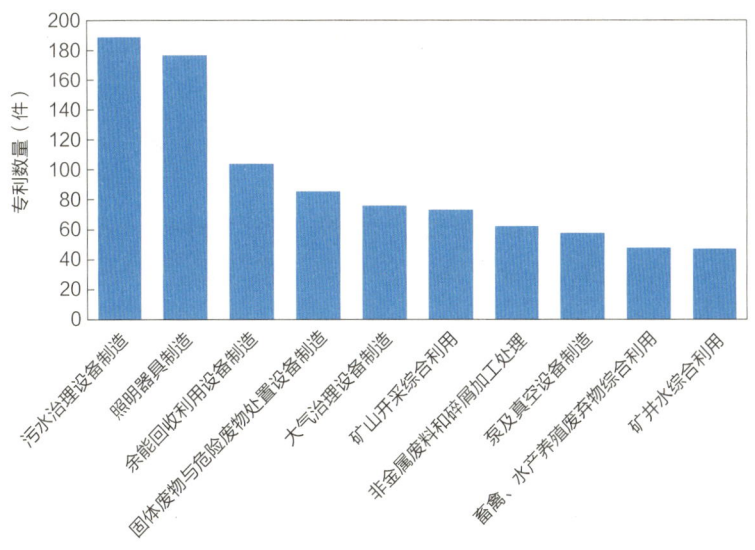

图33 广东省安全应急与环保产业涉及质押专利领域分布情况

第4章 广东省安全应急与环保产业创新发展路径建议

广东省 2019 年安全应急与环保产业规模约 2500 亿元，其中安全应急产业约 600 亿元，节能环保产业约 1900 亿元。人民群众对安全应急、生态环境的期望日益增长，企业安全应急与节能环保意识和需求明显增强，市场需求持续扩大。行业龙头纷纷抢占产业技术制高点，产业链上下游的企业正加速在安全应急与环保产业的技术布局，集聚了雄厚的技术实力。同时，广东省汇聚了大量安全应急与环保领域的高端人才，以华南理工大学、中国科学院广州能源研究所等为代表的高校院所为本地提供了丰富的产学研资源，这些得天独厚的条件都将加速广东省安全应急与环保产业的发展。广东省雄厚丰沛的企业、人才资源和持续扩大的市场需求为广东省发展安全应急与环保产业提供了"常量"，而在物联网、大数据、人工智能等领域的创新应用与深度融合，是带动安全应急与环保产业发展取得突破的关键"变量"。广东省应稳住常量，抓好变量，把握安全应急与环保产业发展的战略性机遇，推动安全应急与环保产业快速发展，逐步形成具有国际竞争力的安全应急与环保产业集群。

4.1 产业布局优化路径

以"固链、强链、补链、延链"为重点，以提升区域产业技术创新能力和核心竞争力为目标，基于知识产权大数据情报分析，对产业链的构成和产业融合载体分布情况进行梳理，引导创新资源向产业链上下游集聚，打造安全应急与环保产业发展高地。对于本地产业优势细分领域，主要通过研发创新、核心技术攻关、专利布局以及技术合作等手段巩固区域产业优势。对于本地产业链劣势环节，可考虑结合政策驱动、人才引进、对外合作等加以提升。

首先，实施固链工程。广东省安全应急与环保产业基础设施完善、产业链覆盖全面，产业链整体保持较快增长。建议广东省继续保持区域产业优势，在安全应急服务、高效节能产品等产业环节不断有所突破，抢占产业技术高地和话语权。

其次，实施强链工程。继续增强安全应急技术装备、绿色节能建筑材料制造、环境保护技术装备、矿产资源与工业废弃资源利用等产业潜力环节，加大扶持力度，不断提升广东省安全应急与环保产业的竞争实力。

再次,实施补链工程。针对广东省安全应急与环保产业的薄弱环节,在高效节能技术装备、城乡生活垃圾与农林废弃资源利用、水及海水资源利用等领域加大研发投入,同时可以考虑引进国内外行业巨头进行落户研发,补齐区域短板。

最后,实施延链工程。进一步加深与物联网、大数据、人工智能等新兴产业的结合,突破应用场景瓶颈,延展产业链条,扩大产业规模。

大力培育一批具有较强国内和国际竞争力的行业龙头骨干企业,构建以链主企业引领、大中小企业融通发展的产业形态。鼓励省内龙头骨干企业对标国际一流企业,加强技术研发、人才引进和重大研发平台建设,提升核心竞争力,引领产业集群式发展。针对具有较好成长潜力的中小企业,可从政策、税收、知识产权等方面予以支持,加快它们的成长速度,建议每一个企业集中优势资源,选择一到两个技术点进行研发,在各自的领域实现突破,打造一批"专精特新"企业。

抓住建设粤港澳大湾区和支持深圳建设中国特色社会主义先行示范区的重大机遇,集聚和配置全球智慧和资源,积极引进境外产业投资、先进技术和商业模式,开拓"一带一路"沿线市场,提升集群竞争力。在珠三角地区形成以技术研发和总部基地为核心的产业聚集带,在粤东粤西粤北地区形成以安全应急装备制造和资源综合利用为特色的产业聚集带,建成国内先进的产业集群。

实施创新驱动发展战略,根本在于增强自主创新能力,人才是创新的根基,创新驱动实质上是人才驱动,科技创新最重要、最核心、最根本的是人才问题。只有拥有一流的创新人才,才能产生一流的创新成果,才能拥有创新的主导权。企业最具有创新能力的核心人员一般占研发人员的2%,也就是说这2%的核心人员是引领推动产业发展的"关键少数",是全球安全应急与环保产业角逐的焦点。建议广东省人才工作要进一步聚焦到"2%"高端人才层面,建立起"引""稳""培""鉴"相结合的人才机制,打造创新人才高地。

一是"引",在人才引进中加强行业领军人才、技术高管及科技企业家等人才的引进力度;二是"稳",加强人才大数据的建设与运用水平,构建安全应急与环保产业创新人才数据库,实时监测广东省高层次人才发展动态,稳定核心技术人才,减少高端人才外流;三是"培",深化产教融合,加强安全应急与环保专业学科建设,依托重点高校、研究机构等创新载体,推动安全应急与环保领域高端人才及团队的引进和聚集,推动职业院校与企业合作,鼓励骨干企业与高等院校开展协同育人;四是"鉴",有效利用知识产权大数据建立发现高端科技人才、评价人才和跟踪人才机制,绘制全球高端人才图谱,落实人才引进中的知识产权评价和鉴定机制。

4.2 知识产权工作建议

加快培育建设创新中心、研究中心、重点实验室等重大创新平台。实施技术攻关,加强基础技术和前沿技术研究,突破具有自主知识产权的关键核心技术、关键共性技术、先进基础工艺。建立以企业为核心的创新体系,引导企业加强与高校、科研院所、金融机构、民间组织的合作,加强与省内的华南理工大学、中国科学院广州能源研究所,省外的清华大学、中国科学院过程工程研究所等优势高校院所的产学研合作,组成产业技术创新联盟,建设一批产学研用有机结合、引领示范作用显著的科技协同创新平台,推进产业链协同创新。

加大在关键原材料、核心工艺、装备、关键零部件等核心技术领域的专利布局力度,建立产业细分领域专利数据库,开展安全应急与环保产业高价值专利培育。实施技术标准战略,以安全应急、节能环保领域强制性标准为基础,推动地方标准、行业标准、团体标准建设,抢占制高点,引领产业发展,鼓励安全应急与环保产业企业加大标准必要专利的布局申请力度,提升产业竞争力。

建议打造安全应急与环保领域的以知识产权数据为核心价值导向的产业知识产权运营平台,建设知识产权要素齐全、高技术产业创新生态健全、实现"知识产权+产业+资本+机构+人才"一体化融合发展的国家级产业知识产权运营平台,成为引领区域产业创新发展的重要智库力量,建设形成技术、资本、人才等要素精准对接、智能匹配的知识产权要素市场,形成专利组合运营资产,发展专利运营业态,建立以市场为导向的科技成果转化体系,促进高校院所知识产权运营和科技成果转化,注重科技成果适用性与经济性的契合,实现产学研用协同推进。发挥财政资金的引导带动作用,引导社会资金和金融资本支持产业集群创新发展,投资孵化一批区域重点产业高价值专利项目,引进一批拥有核心专利技术的高端人才创业项目,培育一批具有核心专利竞争力的科创企业,护航区域科创企业上市发展。

加强知识产权保护维权,完善专利预警机制,建议广东省在高效节能技术装备、城乡生活垃圾与农林废弃资源利用等产业链风险环节,加大专利布局力度,加强技术积累和挖掘,坚持创新导向和质量导向,提高专利布局数量。同时,作为我国外贸第一大省,广东省尤其还应注重知识产权的海外布局工作,建议企业在"走出去"的过程中,可根据经营业务范围在海外潜在市场围绕自身的优势技术,进行多角度、多层次的知识产权海外布局,形成对自身权益最大的保护,以应对国际竞争。

广东省半导体及集成电路产业专利统计分析报告

广东省知识产权保护中心
2021 年 12 月

目 录

第1章 引言 // 56

1.1 项目背景　// 56
1.2 产业链分类　// 57

第2章 半导体及集成电路产业发展态势 // 58

2.1 半导体及集成电路产业发展现状　// 58
2.1.1 全球半导体及集成电路产业发展概况　// 58
2.1.2 我国半导体及集成电路产业发展概况　// 59

2.2 政策环境　// 60
2.2.1 全球政策环境　// 60
2.2.2 中国政策环境　// 61
2.2.3 广东政策环境　// 65

2.3 产业竞争格局　// 66

第3章 中国半导体及集成电路产业创新发展态势 // 68

3.1 中国创新企业　// 68
3.2 中国专利布局　// 69
3.3 中国创新人才　// 71

C O N T E N T S

第 4 章　从关键技术看产业技术发展方向　// 74

  4.1　量子芯片领域的发展现状　// 74
  4.2　量子芯片领域的专利布局情况　// 75
  4.3　量子芯片技术洞察　// 76

第 5 章　广东省半导体及集成电路产业创新发展定位　// 78

  5.1　广东省创新企业　// 78
  5.2　广东省专利布局　// 79
  5.3　广东省创新人才　// 80
  5.4　广东省技术合作情况分析　// 81
  5.5　广东省产业链集聚结构　// 82
    5.5.1　优势环节分析　// 82
    5.5.2　不足环节分析　// 83
    5.5.3　潜力环节分析　// 83
    5.5.4　风险环节分析　// 84

第 6 章　广东省半导体及集成电路产业创新发展路径建议　// 86

  6.1　产业布局优化路径　// 86
  6.2　知识产权风险防控建议　// 87

图目录

图 1	半导体及集成电路产业链结构图	57
图 2	半导体大类市场划分	59
图 3	半导体强国和地区的典型政策	60
图 4	中国半导体及集成电路创新企业数量增长情况	68
图 5	中国半导体及集成电路产业创新企业数量排名前10的省市（单位：家）	69
图 6	中国半导体及集成电路产业的发明专利申请公开量增长趋势	69
图 7	中国半导体及集成电路产业发明专利申请公开排名前10的省市（单位：件）	70
图 8	中国半导体及集成电路产业创新人才数量增长情况	72
图 9	中国半导体及集成电路产业创新人才数量排名前10的省市（单位：人）	72
图 10	量子芯片相关专利技术分布（单位：件）	76
图 11	广东省各市创新企业分布情况	78
图 12	广东省各市半导体及集成电路产业累计发明专利申请公开量的分布情况	79
图 13	全国各省份半导体及集成电路产业涉及产学研合作申请的专利分布	81
图 14	广东省半导体及集成电路产业产学研合作申请的专利在细分产业的分布	81
图 15	广东半导体及集成电路产业不同产学研合作申请模式的专利分布	82

表目录

表 1　中国半导体及集成电路产业相关政策 ·· 62
表 2　各省市半导体及集成电路产业相关政策 ······································ 64
表 3　广东省半导体及集成电路产业相关政策 ······································ 65
表 4　中国半导体及集成电路产业链的创新资源分布情况 ······················ 71
表 5　国内 31 省市与海外来华在中国的专利布局对比情况 ···················· 71
表 6　经典计算机与量子计算机的对比 ·· 74
表 7　IPC 小类释义 ··· 76
表 8　广东省半导体及集成电路领域高价值专利中的代表性专利 ············ 79
表 9　广东省在半导体及集成电路产业链的优势领域创新要素分布 ········· 82
表 10　广东省在半导体及集成电路产业链的不足领域创新要素分布 ······· 83
表 11　广东省在半导体及集成电路产业链的潜力产业增速情况 ············· 83
表 12　半导体及集成电路产业链专利预警分析 ··································· 84

第1章 引言

1.1 项目背景

2021年3月,《中华人民共和国国民经济和社会发展第十四个五年规划和2035年远景目标纲要》围绕"发展壮大战略性新兴产业"进行了专章论述,指出要着眼于抢占未来产业发展先机,培育先导性和支柱性产业,推动战略性新兴产业融合化、集群化、生态化发展,战略性新兴产业增加值占GDP比重超过17%。2021年9月,中共中央、国务院印发《知识产权强国建设纲要(2021—2035年)》,在"建设激励创新发展的知识产权市场运行机制"部分,明确要大力推动专利导航在传统优势产业、战略性新兴产业、未来产业发展中的应用。

习近平总书记对广东制造业发展高度重视、寄予厚望,明确要求广东加快推动制造业转型升级,建设世界级先进制造业集群。2020年5月,广东省人民政府出台《关于培育发展战略性支柱产业集群和战略性新兴产业集群的意见》,并进一步制订了20个战略性产业集群行动计划,最终形成"1+20"的政策体系,旨在推动广东省产业链、创新链、人才链、资金链、政策链相互贯通,加快建立具有国际竞争力的现代化产业体系。2021年4月,《广东省国民经济和社会发展第十四个五年规划和2035年远景目标纲要》在"总体要求"中提出,改造提升传统产业,做大做强战略性支柱产业,培育发展战略性新兴产业,加快发展现代服务业,推动产业基础高级化和产业链供应链现代化,提高产业现代化水平,打造新兴产业重要策源地、先进制造业和现代服务业基地,推动建设更具国际竞争力的现代产业体系。

针对"半导体及集成电路产业",广东省发展改革委等三部门于2020年9月印发了《广东省培育半导体及集成电路战略性新兴产业集群行动计划(2021—2025年)》,提出规模快速增长、创新能力明显提升、布局更加完善的工作目标,并明确广东省市场监督管理局负责保障产业链供应链安全稳定等重点任务中的相关工作。

为深入贯彻习近平新时代中国特色社会主义思想和党的十九大精神,认真落实中共中央、国务院关于发展壮大战略性新兴产业和知识产权强国建设及省委、省政府关于推进制造强省建设的工作部署,按照《广东省人民政府关于培育发展战略性支柱产业集群和战略性新兴产业集群的意见》《广东省培育半导体及集成电路战略性新兴产业集群行动计划(2021—2025年)》的工作安排,加快发展半导体及集成电路战略性新兴产业集群,促进产业迈向全球价值链高端,开展半导体及集成电路产业专利分析研究工作。基于产业专利导航创新决策理念，紧扣产业分析和专利分析两条主线，将专利信息与产业现状、发展趋势、政策环境、市场竞争等信息深度融合，基于知识产权产业金融大数据，深入研究广东省半导体及集成电路产业发展现状，明晰产业发展方向，找准区域产业定位，分析存在制约发展的瓶颈问题和制度障碍，指出优化产业创新资源配置的具体路径，提出适用于本区域产业创新发展的相关建议，为广东省半导体及集成电路产业发展规划、招商引资、人才引进等提供决策支撑。

1.2 产业链分类

半导体及集成电路产业可分为四大领域，包括分立器件、光电器件、集成电路、传感器。进一步将半导体及集成电路产业分为多个相关的三级分支：分立器件主要涉及二极管、三极管、晶闸管、MOSFET、IGBT；光电器件主要涉及发光二极管、半导体激光器、光电探测器；集成电路主要涉及芯片设计、制造设备、材料、单项制造工艺、集成制造、封测；传感器主要涉及 MEMS 传感器等（见图 1）。

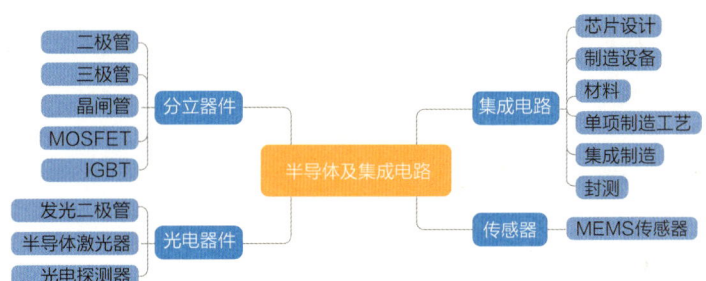

图 1 半导体及集成电路产业链结构图

第 2 章　半导体及集成电路产业发展态势

2.1　半导体及集成电路产业发展现状

2.1.1　全球半导体及集成电路产业发展概况

半导体及集成电路产业是当今信息技术产业高速发展的基础和源动力，已经高度渗透与融合到国民经济和社会发展的每个领域，其技术水平和发展规模已成为衡量一个国家产业竞争力和综合国力的重要标志之一。

半导体行业变迁既是一部宏观经济要素周期史，又是一部内部技术变革驱动史，二者的双重作用推动半导体行业不断快速发展，并呈现由美国向日本，再由日本向韩国、中国台湾地区，最后朝着中国大陆不断转移的趋势。

从历史进程看，在全球范围内，半导体产业发生过两次明显的转移：第一次是 20 世纪 70 年代，从美国转向日本；第二次是 80 年代转向韩国与中国台湾地区；第三次转移是 1990 年到 2000 年，移动通信的出现对半导体器件的性能、功耗和集成度提出了更高的要求，加上技术更新速度加快，产业链专业化分工的趋势愈发明显。此外，2010 年之后兴起的物联网、人工智能、云计算等概念进一步拓宽了半导体器件的应用领域，中国依托庞大的消费市场正在逐步承接全球集成电路产业链的第三次转移。

过去 20 年半导体市场经历了数次跌宕起伏，2000 年的互联网泡沫破裂导致产业有两年的调整，通过积聚能量之后直至 2004 年时再次跃起。此后由于 12 英寸硅片的导入，产业开始又一轮的产能扩充竞赛，直至 2008 年全球金融危机的爆发。全球半导体市场在 2008 年出现了负增长，2009 年上半年更大幅下滑了 25%。随着终端电子产品市场如苹果的 iPhone、iPad 等兴起，2010 年半导体业进入又一个历史性的高点，半导体市场在 2016 年之前一直徘徊在 3000 亿美元左右，到 2017 年突破了 4000 亿美元。❶

半导体按照功能划分为分立器件、集成电路、传感器和光电器件四大类。根据 WSTS 数据，2018 年集成电路、光电器件、分立器件和传感器的全球市场规模分别为 3933 亿美元、380 亿美元、241 亿美元和 134 亿美元，占半导体市场整体规模的比例分别约为 83.9%、8.1%、5.1% 和 2.9%。在这四大类中，集成电路是半导体最主要的门类，分立器件、传感器

---

❶ 资料来源：SEMI，中信证券。

和光电器件虽应用广泛，但实际需求与单价均与集成电路差距较大（见图 2）。❶

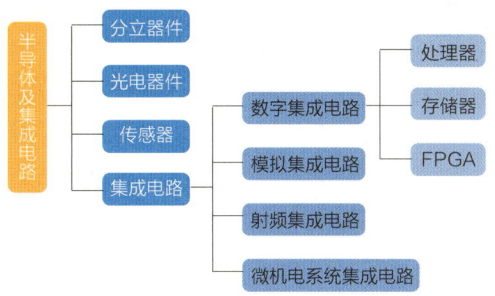

图 2　半导体大类市场划分

在集成电路产业中，存储芯片是集成电路产业的温度计和风向标，占集成电路市场整体规模的比例达 35%。存储 IC 按照信息保存类别可分为易失性存储器和非易失性存储器。前者主要包括静态随机存储器（DRAM）、动态随机存储器（SRAM），在外部电源切断后，存储器内的数据也随之消失；后者从早期的不可擦除 PROM 到光可擦除 EPROM、电可擦除 EEPROM，发展到现在主流的 Flash，在外部电源切断后能够保持所存储的内容。按是否可以直接被 CPU 读取，可分为内存（主存，如 RAM）和外存（如 ROM，硬盘等）。

2018 年全球半导体存储器市场规模达 1579.67 亿美元，占全球集成电路市场规模的比例为 40.17%。其中 DRAM（动态随机存储器）占 58%，Flash（闪存）占 41%（NAND Flash 占 40%，NOR Flash 占 1%），其他占 1% 左右。

2.1.2　我国半导体及集成电路产业发展概况

我国半导体产业经历了四个阶段，具体可分为：

（1）产业开拓期间。1956 年是中国现代科学技术发展史上具有里程碑意义的一年。1956 年年初，党中央发出了"向科学进军"的伟大号召，把半导体技术列为国家四大紧急措施之一。

（2）产业调整发展期。1960 年，中国科学院成立半导体研究所，在产业调整发展期，国家通过成立管理机构、促进相关企业发展等方式来促进半导体产业发展。1999 年，国内第一条 8 英寸生产线建成投产。

（3）全面发展期。2000 年，国家发布了《鼓励软件产业和集成电路产业发展的若干政策》，加大了对集成电路的扶持力度，集成电路产业获得快速发展。同样在 2000 年，中芯国际成立。

（4）自 2014 年开始，国家集成电路产业进入了快速发展期。2014 年，《国家集成电路产业发展推进纲要》正式公布，提出到 2030 年，集成电路产业链主要环节达到国际先进水平，一批企业进入国际第一梯队，实现跨越发展，正式拉开我国集成电路产业发展的新阶段。

目前中国已成为全球最大的电子产品生产消费市场，对半导体产品的需求大。2019

---

❶ 资料来源：万和证券、平安证券、《集成电路产业全书》。

年，中国大陆地区的半导体销售额占全球的 35%，且销售额的增速持续高于国际市场，中国已经成为全球最具活力和前景的半导体产品市场。根据 WSTS 统计，2019 年全球半导体市场销售额 4121 亿美元，同比下降 12.1%。根据中国半导体行业协会统计，2019 年中国集成电路产业销售额为 7562.3 亿元，同比增长 15.8%。其中，设计业销售额为 3063.5 亿元，同比增长 21.6%；制造业销售额为 2149.1 亿元，同比增长 18.2%；封装测试业销售额为 2349.7 亿元，同比增长 7.1%。

虽然我国半导体销售额全球占比约三分之一，但存在供需明显不匹配的问题，且产业链上游供需不匹配的情况更加明显。根据 BCG 报告，剔除中国工厂为外国企业的制造活动，中国企业产能可满足全球半导体需求的 23%。中国的半导体产业（没有外国半导体公司在中国建造的制造厂）只覆盖了 14% 的国内需求。根据《制造强国计划》，预计到 2025 年，中国半导体自给率提高到 25% 至 40%。

在一系列政策措施扶持下，我国集成电路行业保持快速发展的势头，产业规模持续扩大，技术水平显著提升。目前中国集成电路产业布局主要集中在以北京为核心的京津冀地区、以上海为核心的长三角、以深圳为核心的珠三角及以四川、重庆、陕西、湖北、湖南等为代表的中西部地区，各地区的发展侧重点不同。

中国企业快速崛起，但总体规模小且自给率低。我国的集成电路设计产业虽起步较晚，但凭借着巨大的市场需求、经济的稳定发展和有利的政策环境等众多优势条件，已成为全球集成电路设计行业市场增长的主要增长极。2018 年我国 IC 设计行业销售额达 2519 亿元，以 2010 年数据为基数，8 年间复合增长率达 27.36%，远超全球复合增速 19.79 个百分点，但整体市场规模相对较小，总体规模合计才可匹及美国一家百亿美元规模的企业。

2.2 政策环境

2.2.1 全球政策环境

美、欧、日、韩等半导体制造强国和地区通过发布相关政策和技术路线图、成立基金等方式加快半导体产业的布局，进一步强化政府对产业的支撑力度，巩固其先发优势和竞争地位（见图 3）。

图 3　半导体强国和地区的典型政策

20世纪50年代，美国基于支持国防业和宇航业的目的与发展需要，半导体技术逐渐发展。美国是半导体技术的发源地，而亚洲是半导体产业发展最为迅速的区域。日本在1957年制定《日本电子工业振兴临时措施法》（简称"电振法"），其颁布实施有效地促进了日本企业在学习美国先进技术的基础上，积极发展本国的半导体及集成电路产业；我国在1956年制定《1956—1967年科学技术发展远景规划纲要》，将半导体技术列为四大科研重点之一，明确提出在12年内可以制备和改进各种半导体器材、器件的目标。

韩国政府通过多种渠道培养和促使韩国大企业进入半导体领域，1976年成立了韩国电子技术学院（KIET），主要职责是"计划与协调半导体R&D、进口、吸收和传播国外技术，为韩国企业提供技术支持，进行市场调研"。1982年，韩国政府启动"长期半导体产业促进计划"，为四大主要半导体企业提供了大量的财政、税收优惠。1986年，韩国政府制订了半导体信息技术开发方向的投资计划，每年向半导体产业投资近亿美元。印度近几年积极实施半导体集成电路鼓励政策，投入30亿美元的国家工程，首先在国内建集成电路测试厂，再建了200mm和300mm晶圆厂。2007年2月，印度政府实施半导体产业投资奖励条例，投资企业10年内可享受投资额20%～25%的补助，同时还享有减免税收、无息贷款等优惠措施。新加坡和中国台湾地区也很早开始高度重视半导体产业的发展，在税收、研发及培训、政府补助、融资等方面制定了相当优惠的政策，极大地推进了半导体集成电路产业的发展。

2.2.2 中国政策环境

集成电路产业是电子信息产业的基础和核心，是支撑经济社会发展和保障国家安全的战略性、基础性和先导性产业。1956年国务院制定的《1956—1967年科学技术发展远景规划纲要》中，已将半导体技术列为四大科研重点之一，明确提出"在12年内可以制备和改进各种半导体器材、器件"的目标。但半导体产业链复杂、技术难度高、需要资金巨大，且当时国内外特定的社会环境，中国在资金、人才及体制等各方面困难较多，导致中国半导体的发展举步维艰。

20世纪70年代中期到80年代初期则是攻关阶段，国家组织了大规模集成电路的三次会战和三次攻关，取得了成绩，但实际收效不大。90年代，我国先后实施"908"工程和"909"工程，建立了六英寸晶圆示范线、集成电路封装示范生产线和一批集成电路设计企业。2000年，国务院下发《鼓励软件产业和集成电路产业发展若干政策》；国内众多芯片制造企业、封装测试企业先后成立；2011年，国务院又下发《进一步鼓励软件产业和集成电路产业发展的若干政策》（见表1）。

真正的转折点是2008年国家科技重大专项启动。先有研发投入作为积累，建立起可以支撑产业快速发展的技术体系；又有国家集成电路产业投资基金支撑集成电路产业做海外并购，做引进吸收和消化创新，效果明显。

表 1　中国半导体及集成电路产业相关政策

时间	发文机构	文件名称	主要内容
1956 年	国务院	《1956—1967 年科学技术发展远景规划纲要》	将半导体技术列为四大科研重点之一，明确提出在 12 年内可以制备和改进各种半导体器材、器件的目标
2006 年	国务院	《国家中长期科学和技术发展规划纲要（2006—2020 年）》	将集成电路相关的 01、02 专项作为 16 个重大专项的前两位
2011 年	国务院	《进一步鼓励软件产业和集成电路产业发展的若干政策》	从财税、投融资、研究开发、进出口、人才、知识产权、市场等方面支持集成电路的发展，进一步优化了我国软件产业和集成电路
2012 年	工业和信息化部	《集成电路产业"十二五"发展规划》	培育 5～10 家销售收入超过 20 亿元的骨干设计企业，1 家进入全球设计企业前十位；1～2 家销售收入超过 200 亿元的骨干芯片制造企业；2～3 家销售收入超过 70 亿元的骨干封测企业，进入全球封测业前十位；形成一批创新活力强的中小企业
2014 年	国务院、科技部	《极大规模集成电路制造装备及成套工艺》（02 专项）	开展极大规模集成电路制造装备、成套工艺和材料技术攻关，掌握制约产业发展的核心技术，形成自主知识产权
2014 年	国务院	《国家集成电路产业发展推进纲要》	到 2020 年，集成电路产业与国际先进水平的差距逐步缩小，全行业销售收入年均增速超过 20%。16/14nm 制造工艺实现规模量产。设立国家产业投资基金。主要吸引各类资金，重点支持集成电路制造领域，兼顾设计、封装测试、装备、材料环节。支持设立地方性集成电路产业投资基金
2015 年	工业和信息化部	《2015 年工业强基专项行动实施方案》	通过 10 年左右的努力，力争实现 70% 的核心基础零部件（元器件）、关键基础材料自主保障，部分达到国际领先水平
2015 年	国务院	《中国制造 2025》	将集成电路及专用装备作为"新一代信息技术产业"纳入大力推动突破发展的重点领域。形成关键制造装备供货能力
2015 年	科技部	《科技部重点支持集成电路重点专项》	"核心电子器件、高端通用芯片及基础软件产品"和"极大规模集成电路制造装备及成套工艺"列为国家重点科技专项
2015 年	工业和信息化部	《集成电路产业"十三五"发展规划》	2020 年实现销售收入 9300 亿元；通用微处理器、存储器等核心产品形成自主设计与生产能力；16/14nm 制造工艺实现量产，封装测试技术进入全球第一梯队，关键装备和材料进入国际采购体系
2015 年	工业和信息化部	工业和信息化部贯彻落实《国务院关于积极推进"互联网 +"行动的指导意见》的行动计划（2015—2018 年）	实施"芯火"计划，开发自动化测试工具集和跨平台应用开发工具系统，提升集成电路设计与芯片应用公共服务能力，加快核心芯片产业化
2016 年	国务院	《国家创新驱动发展战略纲要》	加大集成电路等自主软硬件产品和网络安全技术攻关和推广力度；攻克集成电路装备等方面的关键核心技术

续表

时间	发文机构	文件名称	主要内容
2016 年	国务院	《"十三五"国家科技创新规划》	支持面向集成电路等优势产业领域建设若干科技创新平台;推动我国信息光电子器件技术和集成电路设计达到国际先进水平
2016 年	质检总局、国家标准委、工业和信息化部	《装备制造业标准化和质量提升规划》	加快完善集成电路标准体系,推进高密度封装、三维微组装、处理器、高端存储器、网络安全、信息通信网络等领域集成电路重大创新技术标准制修订,开展集成电路设计平台、IP核等方面的标准研究
2016 年	国务院	《"十三五"国家战略性新兴产业发展规划》	启动集成电路重大生产力布局规划工程。加快先进制造工艺、存储器、特色工艺等生产线建设,提升安全可靠 CPU、数模/模数转换芯片、数字信号处理芯片等关键产品设计开发能力和应用水平,推动封装测试、关键装备和材料等产业快速发展。到 2020 年,战略性新兴产业增加值(含半导体产业)占国内生产总值比重达到 15%
2016 年	发展改革委、工业和信息化部	《信息产业发展指南》	着力提升集成电路设计水平;建设技术先进、安全可靠的集成电路产业体系;重点发展 12 英寸集成电路成套生产线设备
2016 年	国务院	《"十三五"国家信息化规划》	大力推进集成电路创新突破。加大面向新型计算、5G、智能制造、工业互联网、物联网的芯片设计研发部署,推进 32/28nm、16/14nm 工艺生产线建设,加快 10/7nm 工艺技术研发
2017 年	科技部	《国家高新技术产业开发区"十三五"发展规划》	优化产业结构,推进集成电路及专用装备关键核心技术突破和应用
2017 年	工业和信息化部	《智能传感器产业三年行动指南(2017—2019 年)》	为了紧抓产业发展的战略机遇期,聚焦智能终端、物联网、智能制造、汽车电子等重点应用领域,有效提升中高端产品供给能力,推动我国智能传感器产业加快发展。涵盖智能传感器模拟与数字/数字与模拟转换(AD/DA)、专用集成电路(ASIC)、软件算法等的软硬集成能力大幅攀升
2018 年	国务院	《关于深化"互联网+先进制造业"发展工业互联网的指导意见》	推动固定资产加速折旧、企业研发费用加计扣除、软件和集成电路产业企业所得税优惠等政策落实
2018 年	工业和信息化部	《2018 年工业通信业标准化工作要点》	加强集成电路军民通用标准的推广应用
2018 年	工业和信息化部、发展改革委	《扩大和升级信息消费三年行动计划(2018—2020 年)》	加大资金支持力度,支持信息消费前沿技术研发,拓展各类新型产品和融合应用
2019 年	国务院	《国务院关于印发进一步鼓励软件产业和集成电路产业发展若干政策的通知》	对集成电路设计和软件企业继续实施 2011 年《国务院关于印发进一步鼓励软件产业和集成电路产业发展若干政策的通知》中明确的免除前两年所得税,后三年所得税减半政策

续表

时间	发文机构	文件名称	主要内容
2020年	国务院	《新时期促进集成电路产业和软件产业高质量发展若干政策》	制定出台财税、投融资、研究开发、进出口、人才、知识产权、市场应用、国际合作八个方面的政策措施
2020年	财政部、税务总局、发展改革委、工业和信息化部	《财政部、税务总局、发展改革委、工业和信息化部关于促进集成电路产业和软件产业高质量发展企业所得税政策的公告》	国家鼓励的集成电路设计、装备、材料、封装、测试企业和软件企业,自获利年度起,第一年至第二年免征企业所得税,第三年至第五年按照25%的法定税率减半征收企业所得税

随着 2014 年 6 月国务院《国家集成电路产业发展推进纲要》的颁布实施,全国发展集成电路热情高涨,各地针对当地的实际情况制定了相应的集成电路产业相关发展及扶持政策,发展方向各有侧重,发展目标也已进一步明确(见表 2)。

表 2　各省市半导体及集成电路产业相关政策

省市	发布时间	文件名称	主要内容
北京	2014年	《北京市进一步促进软件产业和集成电路产业发展的若干政策》	促进北京市集成电路产业的新发展,在产业用地和公共租赁住房等方面提供支持,另外还提供研发支持、给予代建厂房或贴息支持
北京	2017年	《北京市加快科技创新发展集成电路产业的指导意见》	到 2020 年,建成具有国际影响力的集成电路产业技术创新基地
天津	2016年	《滨海新区加快发展集成电路设计产业的意见》	到 2020 年,集成电路设计产业集群发展格局基本形成,建成三个产业集聚载体,打造两个重点公共服务平台
上海	2017年	《关于本市进一步鼓励软件产业和集成电路产业发展的若干政策》	对符合条件的项目,由市、区两级财政根据相关规定,给予一定支持,设立产业基金
上海	2017年	《上海市集成电路设计企业工程产品首轮流片专项支持办法》	给予符合条件的企业安排专项资金扶持,专项支持资金采用后补贴方式安排使用
浙江	2017年	《关于加快集成电路产业发展的实施意见》	提出力争到 2020 年,全省集成电路及相关产业业务收入突破 1000 亿元,把浙江省打造成国内领先的集成电路设计强省和国家重要的集成电路产业基地
安徽	2018年	《安徽省半导体产业发展规划(2018—2021年)》	到 2021 年,安徽省半导体产业规模力争达到 1000 亿元,半导体产业链相关企业达到 300 家,芯片设计、制造、封装和测试、装备和材料龙头企业各 2~3 家
安徽	2018年	《2018 年省重大前期工作项目推进计划》	2018 年该省重大前期工作项目中,也有集成电路相关项目

续表

省市	发布时间	文件名称	主要内容
江西	2018年	《关于印发2018年全省工业投资预期目标和"三百"重大工业项目计划的通知》	公布众多集成电路相关项目
陕西	2018年	《陕西省2018年重点建设项目计划》	包含有集成电路项目
重庆	2018年	《重庆市加快集成电路产业发展若干政策》	包括平台支持、研发支持、投资支持、企业培育、人才支持、服务保障

2.2.3 广东政策环境

进入2020年以来,广东省发布若干半导体产业方面的新政策,目标是到2025年形成一批销售收入超10亿元和3家以上销售收入超100亿元的设计企业,EDA软件实现国产化,高端通用芯片设计能力明显提升,芯片设计水平整体进入国际先进行列,将珠三角地区建设成为具有国际影响力的半导体及集成电路产业集聚区,推动制造业高质量发展(见表3)。

表3 广东省半导体及集成电路产业相关政策

发布时间	文件名称	主要内容
2018年	《广州市加快IAB产业发展五年行动计划(2018—2022年)》	广州市IAB产业重点发展领域包括集成电路,重点发展汽车电子、射频无线通信、高端装备等产业所需的关键芯片,积极引进国内外知名企业来穗布局集成电路制造产业
2018年	《广州市人民政府关于加快工业和信息化产业发展的扶持意见》	对集成电路企业流片费用,包括IP(知识产权模块)授权或购置、掩模版制作、流片加工费等给予补助;支持提供IP复用、共享设计与测试分析工具等服务的第三方平台建设。对符合条件的集成电路企业,按不高于单个项目投资额的30%给予补助,最高不超过500万元
2018年	《坪山区关于促进集成电路第三代半导体产业发展的若干措施》	进一步优化坪山区集成电路上下游产业布局,谋划第三代半导体产业发展,切实抢占新一轮集成电路、第三代半导体产业发展的制高点
2018年	《广州市加快发展集成电路产业的若干措施》	为实体经济发展注入"芯"动能,促进产业转型升级发展,在"四个走在全国前列"中勇当排头兵
2019年	《深圳市进一步推动集成电路产业发展五年行动计划(2019—2023年)》	以补短板、扬长板、抢未来、强生态的思路为引领,以产业链协同创新为动力,以整机和系统应用为牵引,更加着力补齐芯片制造业和先进封测业产业链缺失环节,更加聚焦提升芯片设计业能级和技术水平,更加注重前瞻布局第三代半导体,更加努力优化产业生态系统,加快关键核心技术攻关
2019年	《关于加快集成电路产业发展的若干措施》	支持健全完善产业链,支持核心技术攻关,支持新技术新产品研发应用,支持加大投融资力度

续表

发布时间	文件名称	主要内容
2020 年	《广东省加快半导体及集成电路产业发展的若干意见》	加快广东省半导体及集成电路产业发展，提升产业核心竞争力，把珠三角地区建设成为具有国际影响力的半导体及集成电路产业集聚区
2020 年	《珠海高新区加快推进集成电路设计产业发展扶持办法（试行）》	在集成电路设计领域培育若干个国内外知名龙头企业，扶持一批"专、精、特、新"中小型科技企业，打造集成电路产业生态链
2020 年	《广东省人民政府关于培育发展战略性支柱产业集群和战略性新兴产业集群的意见》	发展半导体与集成电路战略性新兴产业集群。积极发展第三代半导体芯片，加快推进 EDA 软件国产化，布局建设较大规模特色工艺制程生产线和先进工艺制程生产线，积极发展先进封装测试
2020 年	《广东省培育半导体及集成电路战略性新兴产业集群行动计划（2021—2025 年）》	到 2025 年，设计行业骨干企业研发投入强度超过 20%，全行业研发投入强度超过 5%，发明专利密度和质量位居全国前列

在广东省半导体及集成电路产业发展过程中，需要符合现有的广东省政府的相关政策规定与发展基础，在制定新的发展路径与规划时，要尊重已有的政策规划，在现有对半导体及集成电路产业发展路径的基础之上继续推进并且进步创新。

2.3 产业竞争格局

全球 EDA 软件格局可以分为三个梯队，第一梯队是国际三巨头 Synopsys、Cadence 和 Mentor Graphic，拥有完整的全流程产品，并且在部分领域具有绝对优势，约占据全球市场的 80%；第二梯队是 ANSYS、华大九天、Silvaco 等在局部领域技术领先的企业，拥有特定领域的全流程产品，约占全球市场的 15%；第三梯队是广立微电子、Jedat 等以点工具为主的企业。

全球 EDA 软件供应三巨头 Synopsys、Cadence 和 Mentor Graphic 通过技术并购、加大投入研发以及加强合作等方式逐步构建行业垄断地位。

晶圆代工行业市场集中度高，根据 IC insights 公布的数据，在全球晶圆代工行业中，排行前五位的晶圆代工厂占据了 88% 的市场份额，排行前十位的晶圆代工厂占据了 96% 的市场份额。仅台积电一家就以 113.5 亿美元的营收占据了全球晶圆代工厂 53.9% 的市场份额。此外，营收超 10 亿美元的除了台积电，还有三星、格罗方德、联电，中芯国际距离 10 亿美元营收也仅一步之遥。

技术壁垒构成了集成电路制造企业的护城河，晶圆制造厂在先进制程研发方面进行深入布局。由于联电和格芯都先后宣布放弃 7nm 及以下更先进制程的研发，目前仍在继续进行更先进制程研发的晶圆制造厂只剩下台积电、三星、英特尔和中芯国际。

在全球半导体封测市场，中国台湾、中国大陆以及美国三足鼎立。2019 年中国台湾占据半壁江山，市场份额为 43.9%，排名前十的企业中有六家来自中国台湾；中国大陆的企业近年来通过收购快速壮大，市场份额为 20.1%，相较于以往份额有较大的提升；美国仅有安靠一家排名前十，市场份额为14.6%。我国IC封装业起步早、发展快，但目前仍以传统封装为主。虽然近年来中国本土先进封测四强（长电、通富、华天、晶方）通过自主研发和兼并收购，已基本形成先进封装的产业化能力，但总体先进封装技术水平与国际领先水平还有一定的差距。

美国、日本、荷兰是集成电路设备制造的强国。其中，美国主要在等离子刻蚀设备、离子注入机、外延生长系统、化学气相沉积（CVD）设备、溅射设备、退火设备、镀铜设备、去胶设备、掩模制造设备、工艺检测设备、圆片清洗设备等方面占据优势；日本主要在光刻机、涂胶设备、显影设备、封装及测试设备、氧化/LPCVD设备、等离子刻蚀设备、化学气相沉积设备、检验设备、传送装置等方面具有优势；荷兰则在高端光刻机方面居于国际领先地位。

全球半导体设备企业的发展自20世纪60年代开始，经历50余年，由全盛时期的数百家通过并购整合等措施缩减至目前的数十家，其中排名前十位的企业占据了约80%的市场份额，细分领域的垄断程度越来越高，形成"大者恒大"的局面。全球圆片制造设备商主要包括Applied Materials、ASML、Tokyo Electron、Lam Research、KLA-Tencor、Screen Semiconductor Solutions、Hitachi High-Technologies、Nikon、Hitachi Kokusai、ASM International等，主要分布在美国、日本、荷兰等国家。

半导体硅片行业具有技术难度高、投资规模大、研发周期长、客户认证周期长等特点，行业进入壁垒较高，从业者少且聚拢，行业格局逐渐出清，前五大厂商市场份额合计占比93%。

在化学机械抛光（CMP）耗材中，抛光液和抛光垫占比较高，分别为49%和33%。抛光液的全球产业格局主要分布在国外，国内缺乏世界级的龙头企业。抛光液28nm及以上产品市场主要被日本的Fujimi、Himonoto Kenmazai，美国的Cabot、杜邦、Rodel、Eka，韩国的ACE等公司垄断，占据全球高端市场份额90%以上，其中Cabot多年占据市场份额首位。在国内，Cabot占领约64%的市场份额，国内CMP龙头安集科技占领22%的份额，其余为中小厂商。

光刻胶行业被日本和美国公司垄断，日本厂商占主导地位。全品类光刻胶市场中，全球前五大厂商占据了光刻胶市场87%的份额。日本光刻胶企业在全球光刻胶市场中占据绝对的支配地位，日本四家厂商东京应化、JSR、信越化学、富士胶片占据了72%的市场份额。

经过多年的发展和兼并收购，全球工业气体市场已经形成了少数几家气体生产企业占据全球市场大多数份额的市场格局。空气化工、普莱克斯、林德集团、液化空气和大阳日酸五大公司控制着全球90%以上的市场份额，形成寡头垄断的局面。在国内市场，海外几大气体巨头控制了88%的份额。

第 3 章　中国半导体及集成电路产业创新发展态势

3.1　中国创新企业

截至 2021 年 7 月底,中国半导体及集成电路产业有发明专利申请活动的创新企业共计 67632 家,近五年复合增速达 17.7%。高出全球创新企业数量的平均增速(11.6%)6.1 个百分点。其中,2018 年同比增速最快,同比增长 20.2%(见图 4)。

图 4　中国半导体及集成电路创新企业数量增长情况

从 31 省市分布来看,中国半导体及集成电路产业创新企业主要分布在长三角、珠三角地区,创新企业数量排名前五位的省市分别为广东省(10358 家)、江苏省(9785 家)、上海市(4725 家)、北京市(4618 家)、浙江省(4504 家)。其中,广东省的创新企业数量在全国排名第一(见图 5)。

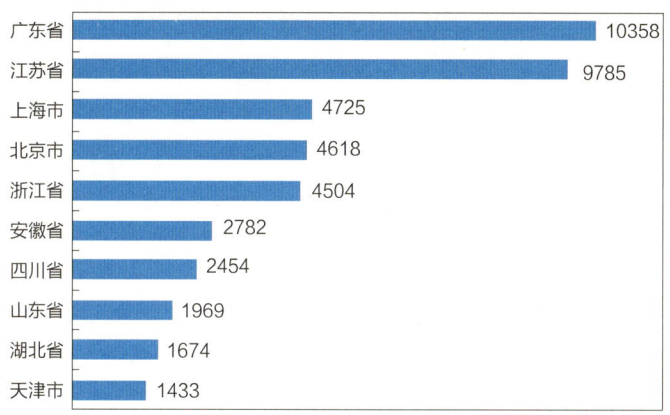

图 5 中国半导体及集成电路产业创新企业数量排名前 10 的省市（单位：家）

截至 2021 年 7 月底，全国半导体及集成电路产业的高新技术企业共 41089 家，占全国半导体及集成电路产业创新企业总数的 60.8%。全国半导体及集成电路产业的上市公司达 1575 家，占总数的 2.3%。

截至 2021 年 7 月底，全国半导体及集成电路产业的初创企业数量为 7638 家，占全国半导体及集成电路产业创新企业总数的 11.3%；隐形冠军企业数量达 958 家，占全国半导体及集成电路产业创新企业总数的 1.4%。此外，全国半导体及集成电路产业共有独角兽企业 102 家。

3.2　中国专利布局

截至 2021 年 7 月底，中国半导体及集成电路产业累计发明专利申请公开量为 577556 件，全球排名第一，占全球半导体及集成电路产业发明专利申请公开总量的 29.8%。近五年复合增速达 11.8%，高出全球复合增速（4.8%）7 个百分点。其中，2017 年同比增速最快，同比增长 21.4%（见图 6）。

图 6　中国半导体及集成电路产业的发明专利申请公开量增长趋势

从中国半导体及集成电路产业累计发明专利申请公开量的分布情况来看，广东省、北京市、江苏省、上海市、浙江省排名前五位。其中，广东省累计发明专利申请公开量为62929件，排名全国第一，占全国半导体及集成电路产业累计发明专利申请公开量（577556件）的比重为10.9%，近五年复合增速为20.7%，高出全国复合增速（11.8%）8.9个百分点（见图7）。

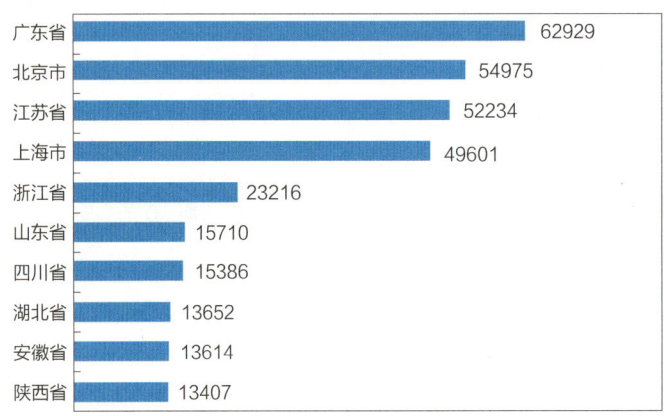

图7　中国半导体及集成电路产业发明专利申请公开量排名前10的省市（单位：件）

中国半导体及集成电路产业累计有效发明专利192450件，有效发明专利主要集中于上海市（15865件）、北京市（15750件）、广东省（13486件）、江苏省（10957件）和浙江省（13752件）等省市。其中，广东省累计有效发明专利量为13486件，排名全国第三。

中国半导体及集成电路产业的累计发明授权专利253853件，发明授权专利主要集中于北京市（26775件）、上海市（23291件）、广东省（22989件）、江苏省（16439件）、浙江省（8687件）等省市。其中，广东省累计发明授权专利量为22989件，排名全国第三。

中国半导体及集成电路产业累计高被引专利数量为2840件，高被引专利数量主要集中于北京市（450件）、上海市（301件）、广东省（275件）、江苏省（235件）和浙江省（144件）等省市。其中，广东省累计高被引专利数量为275件，排名全国第三。

中国半导体及集成电路产业累计产学研合作专利共有10974件，主要集中于北京市（2670件）、广东省（1526件）、上海市（964件）、江苏省（939件）和浙江省（506件）等省市，其中，广东省累计产学研合作专利量为1526件，排名全国第二。

在中国半导体及集成电路产业链中，芯片设计的累计发明专利申请公开量约为32.7万件，专利布局量最大；其次是封测，累计发明专利申请公开量约为12.3万件；制造设备约为8.0万件，单项制造工艺约为6.5万件，材料约为4.2万件（见表4）。可以看出，芯片设计领域受关注度较高，研发投入力度较大。从创新人才数量及创新企业数量来看，芯片设计领域也同样排名第一。

表 4 中国半导体及集成电路产业链的创新资源分布情况

产业链二级	产业链三级	累计发明专利申请公开量（件）	发明专利申请公开量近五年复合增速	创新人才数量（人）	创新企业数量（家）
集成电路	芯片设计	327153	11.7%	578175	44539
	制造设备	80095	10.3%	157887	11920
	材料	42438	6.0%	71953	4946
	单项制造工艺	64588	5.8%	103370	6114
	集成制造	31553	7.8%	61525	5030
	封测	123327	14.4%	286191	21482
分立器件		18566	5.3%	29249	2701
光电器件		24835	16.5%	46760	3794
传感器		15785	16.3%	44055	5147

近五年，中国的光电器件、传感器领域的发明公开复合增速均在 15% 以上，封测领域的发明公开复合增速也达到了 14.4%。除分立器件外的其他领域的专利公开量均在 2020 年达到峰值。

从发明专利申请公开量的近五年复合增速来看，国内 31 省市增速排名前五的产业分别是光电器件（18.7%）、传感器（17.0%）、封测（16.4%）、芯片设计（13.4%）、制造设备（11.0%）。整体来看，海外来华的发明专利申请公开量的近五年复合增速相对平缓，海外来华在所有 9 个产业的专利布局增速均低于国内 31 省市（见表 5）。

表 5 国内 31 省市与海外来华在中国的专利布局对比情况

产业链二级	产业链三级	国内 31 省市			海外来华		
		累计发明专利申请公开量（件）	同比增速	五年复合增速	累计发明专利申请公开量（件）	同比增速	五年复合增速
集成电路	芯片设计	204641	3.9%	13.4%	101440	4.8%	7.3%
	制造设备	57547	6.2%	11.0%	18811	8.9%	6.9%
	材料	28156	2.7%	7.6%	12169	−7.5%	0
	单项制造工艺	41396	6.0%	6.5%	19486	−4.8%	1.8%
	集成制造	21069	10.8%	9.4%	8179	−2.6%	1.9%
	封测	85941	14.4%	16.4%	29295	5.7%	7.5%
光电器件		16031	12.1%	18.7%	7869	3.8%	10.3%
传感器		12868	0.9%	17.0%	2821	15.0%	11.5%
分立器件		11741	−3.6%	7.9%	5461	−0.3%	−1.1%

3.3 中国创新人才

截至 2021 年 7 月底，中国半导体及集成电路产业创新人才共 98.6 万人。近五年中国半导体及集成电路产业创新人才数量快速增长，复合增速达15.7%，高出全球半导体及集成电路产业创新人才数量平均增速（8.3%）7.4个百分点，从每年的同比增速来看，增速比较平稳（见图8）。

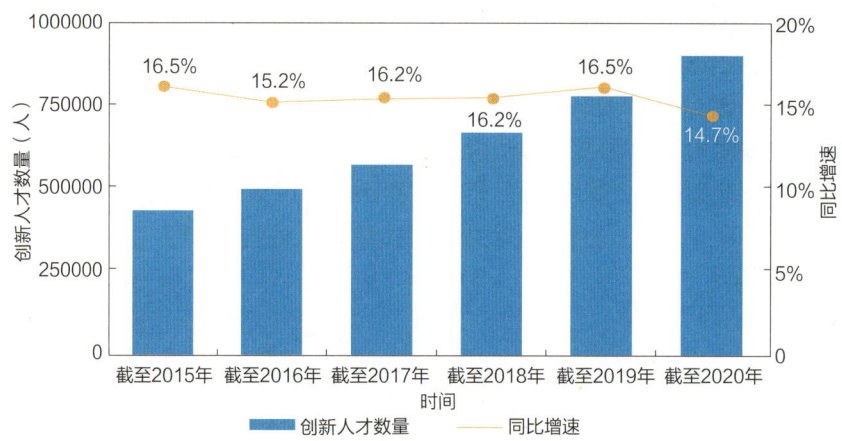

图8 中国半导体及集成电路产业创新人才数量增长情况

从中国创新人才分布来看，中国从事半导体及集成电路产业创新人才主要分布在北京市（103864人）、广东省（97181人）、江苏省（83488人）、上海市（58996人）、浙江省（42286人）（见图9）。其中，广东省的半导体及集成电路创新人才数量在全国排名第二，占中国半导体及集成电路产业创新人才总量的9.9%。

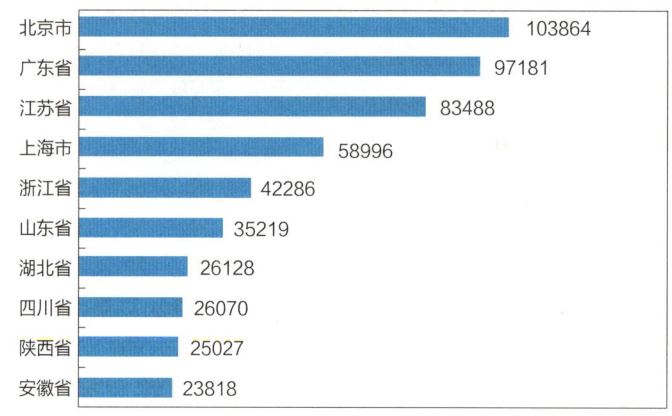

图9 中国半导体及集成电路产业创新人才数量排名前10的省市（单位：人）

在国家高层次人才方面，中国半导体及集成电路产业共有国家高层次人才45629人。从省市分布情况来看，国家高层次人才主要集中于北京市（8594人）、江苏省（4841人）、上海市（3751人）、广东省（3483人）和陕西省（2698人）。其中，广东省的国家高层次人才在全国31省市中排名第四。

在技术高管方面，中国半导体及集成电路产业共有技术高管70493人。从省市分布情况来看，技术高管主要集中于广东省、江苏省、浙江省、北京市和上海市，合计共44800人，占中国半导体及集成电路产业技术高管总数的63.6%。其中，广东省共有技术高管

17009 人，在全国 31 省市中排名第一。

在科技企业家方面，中国半导体及集成电路产业共有科技企业家 44334 人。从省市分布情况来看，科技企业家同样也主要集中于广东省、江苏省、浙江省、上海市和北京市，合计共 28133 人，占中国半导体及集成电路产业科技企业家总数的 63.5%。其中，广东省共有科技企业家 10862 人，在全国 31 省市中排名第一。

第4章 从关键技术看产业技术发展方向

4.1 量子芯片领域的发展现状

量子芯片,是将量子线路集成于基片上以承载量子信息处理的功能。从量子芯片研究的物理机制上看,主要包括超导、电子自旋、光子、金刚石中的氮空位中心和离子阱五种量子比特芯片。目前,这五种量子比特芯片的发展各具特色,总体向固态化、长相干时间和多量子比特方向发展。目前,基于超导约瑟夫森结体系的技术路线颇受关注,但近年来基于半导体的门控量子点技术发展迅速,未来的量子计算机究竟采取哪种技术路线尚未定论。

量子芯片是量子计算机的核心,由其组成的量子计算机的运算能力超过任何经典的电子计算机,其计算能力在经典计算机上呈指数级增长。为什么量子计算有这样的优势?这是由于量子比特可以同时处于比特0和比特1的状态,量子门操纵它时,实际上同时操纵了其中的比特0和比特1的状态,即操纵1个量子比特的量子计算机可以同时操纵2个状态。为什么说量子计算就可以实现并行运算,而经典计算机中的传统比特(Bit)位的一位只能编码一个状态?这是因为量子计算可以在一个量子位上,操控2个比特位,因此当一个量子计算机同时操控 N 个量子比特的时候,它实际上能够同时操控 $2N$ 个状态,其中每个状态都是一个 N 位的经典比特,QPU算力随比特数 n 的增长呈幂指数 $2n$ 增长,这就是量子计算机的并行计算能力(见表6)。

但是由于量子存在相干时间,超过相干时间后,其计算就会出错,因此目前量子芯片的发展还不能实现在通用领域应用,要想应用量子计算机解决任何可解的问题,在各个领域获得应用,必须满足两个基本条件,一是量子比特数要达到几万到几百万量级,二是要采用可行的"纠错容错技术"。

表6 经典计算机与量子计算机的对比

	经典计算机	量子计算机
物理机制	电子管、晶体管	超导、电子自旋、光子和离子阱等
信息量单位	比特	量子比特
应用领域	通用领域	特定领域
运算能力	运算准确度高,但算力较弱	运算能力超强,但容易出错

未来在量子技术发展成熟之后，量子计算机的应用将十分广泛，例如可以应用在破译密码、搜索问题、药品研发、量子机器学习以及量子计算与经典计算联合应用等诸多方面。而目前仅量子保密通信技术在党政军及金融领域得到应用。我国于 2016 年成功发射了"墨子号"卫星，2017 年建成"京沪干线"，构成了天地一体化量子通信网络的雏形，也标志着我国率先进入广域网阶段。

目前，对量子计算的研究团队主要集中在有资金实力的龙头企业和各大科研院所中。在龙头企业方面，大型 IT 公司，例如谷歌、IBM、微软、英特尔，以及国内的腾讯、阿里巴巴、百度、华为，几乎都会涉及量子计算，并且全球已经有上百家的量子计算创业公司，发展非常迅速，也已经有非常好的成果展现。在科研院所方面，中国科学技术大学在该领域的研究处于世界领先水平，该校拥有包括潘建伟、郭光灿、郭国平和陆朝阳在内的世界顶尖级研究团队。2010 年 4 月，在国际权威学术期刊《自然》子刊《自然—通讯》创刊号上，发表了郭光灿院士领导的中科院量子信息重点实验室关于经典关联和量子关联在消相干环境中演化的实验研究成果。2016 年 12 月，潘建伟团队首次实现了 10 个光子比特和 10 个超导量子比特的纠缠。2017 年 5 月，潘建伟、陆朝阳团队宣布造出了世界上第一台光量子计算机。2019 年 8 月，潘建伟团队实现了 24 位量子比特处理器，并进行多体量子系统模拟。

4.2 量子芯片领域的专利布局情况

截至 2021 年 7 月底，量子芯片领域的全球累计专利申请公开量约有 8359 件，中国累计专利申请公开量约为 1310 件。从公开趋势来看，早期全球专利公开主要集中于欧美及日本，且年专利公开量增长缓慢，2009 年开始，无论全球还是中国年专利公开量均呈现快速增长趋势，且两者趋势基本保持一致，可见中国专利公开情况是影响全球专利公开趋势变化的主要因素。

从国内 31 省市和海外在华专利布局对比情况来看，近十年来，国内 31 省市在华专利布局量远高于海外在华专利布局量，且差距还在不断拉大，可见，量子芯片相关技术在国内的受关注程度在不断提高。

从技术分布情况来看，量子芯片相关专利技术主要涉及光学元件、系统或仪器（G02B），用于控制光的强度、颜色、相位、偏振或方向的器件或装置（G02F），半导体器件以及其他类目中不包括的电固体器件（H01L），占总公开量的 57.8%（见图 10 和表 7）。

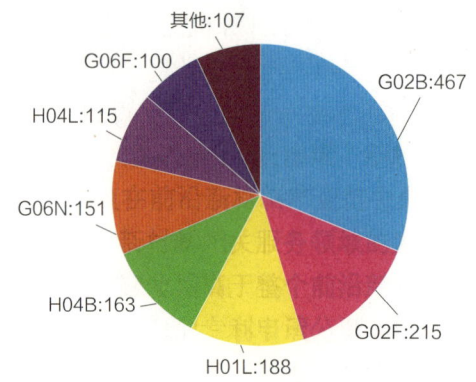

图 10　量子芯片相关专利技术分布（单位：件）

表 7　IPC 小类释义

IPC	释义
G02B	光学元件、系统或仪器
G02F	用于控制光的强度、颜色、相位、偏振或方向的器件或装置
H01L	半导体器件；其他类目中不包括的电固体器件
H04B	传输
G06N	基于特定计算模型的计算机系统
H04L	数字信息的传输，例如电报通信
G06F	电数字数据处理

从申请人地域分布情况来看，全球量子芯片相关专利申请主要来源于美国、中国、日本、欧洲。其中，中国在全球累计公开专利数量达 1310 件，占全球累计专利申请公开量的 15.7%，在全球排名第二。从申请人类型方面分析，我国企业、高校院所占据技术研发优势地位，实力显著，代表申请人有华为技术有限公司、合肥本源量子计算科技有限责任公司、上海交通大学、东南大学等；科研单位研发实力相对高校偏弱，代表科研单位有中国科学院半导体研究所、中国科学院上海微系统与信息技术研究所。因此，促进科研单位科研成果转化、加强产学研合作对于我国量子芯片产业发展十分重要。美国在全球累计公开专利数量 3249 件，在全球排名第一，占全球累计专利申请公开量的 38.9%，代表企业有 IBM 公司、Luxtera 公司、Intel 公司。日本在全球累计公开专利数量 990 件，在全球排名第三，占全球累计专利申请公开量的 11.8%，代表企业有 NEC、富士株式会社、佳能株式会社等。

4.3　量子芯片技术洞察

超导量子芯片经历了提高量子比特相干时间的电路结构创新之后，近几年实现了可扩展性的系列创新，成为量子芯片中发展最快的技术。这些创新包括：用于超导量子计算系统的逻辑量子比特，10 量子比特的纠缠、并行逻辑工作的超导固态电路，3D 集成的超导量子比特，采用量子退火算法的 2000 量子比特的量子处理器和计算应用及 50 个量子比特的超导量子芯片等。

在研究成果方面，继2017年11月IBM公司宣布开发出50个量子比特的超导量子芯片样品之后，2018年在CES会上，英特尔公司公布了具有49个量子比特的超导量子测试芯片，均采用了量子逻辑门算法，其每个量子比特之间均具有叠加态的关联。2019年，谷歌公司在 Nature 杂志报道了采用54个量子比特的超导量子处理器Sycamore，其能够在200s内完成一项生成随机数的任务。

电子自旋量子比特，采用磁场中电子的上自旋态和下自旋态分别为0和1，或两者同时存在的叠加态。

1998年，D.Lossa等人提出了在量子点的半导体结构中俘获单个电子、利用电子的自旋作为量子比特的理论模型。2006年，L.Vandersype采用半导体纳米结构首次实现单一自旋电子控制，2010年后，电子自旋量子比特的研究已以硅基自旋量子比特为重点。2018年，英特尔公司的R.Pillarisetty等人采用直径300mm的先进半导体制造工艺技术实现了自旋量子比特器件的集成。

光子量子比特是以一个光子的水平极化模式或垂直极化模式分别为0和1位，而其他偏振态如π/4极化、椭圆偏振和圆偏振都是0和1的叠加态。近几年光子量子芯片技术向多光子纠缠和多维量子光子学电路的大规模集成方向发展。

2020年12月4日，《科学》杂志发表成果：中国科学技术大学潘建伟、陆朝阳等学者组成的研究团队，构建了76个光子的量子计算原型机"九章"。计算玻色采样问题，"九章"处理5000万个样本只需200s，而目前世界最快的超级计算机需要6亿年。这是我国首次实现"量子计算优越性"，这一突破也使我国成为全球第二个实现"量子计算优越性"的国家。

金刚石中的氮空位中心量子比特的电子自旋三重基态（3A）和第一激发自旋三重态（3E）为0和1，而其他能级态为叠加态。

金刚石中的氮空位中心是原子级的固态器件，两个氮空位中心实现耦合的距离约为10nm，直接耦合氮空位中心的制造技术目前仍然是个挑战。该原子级的固态器件近两年的发展仍以金刚石单晶材料的模式进入量子信息处理的各领域为主，包括量子计算混合系统、量子传感和量子网络应用等，同时在提高收集效率的纳米器件方面也有新进展，包括金刚石圆心光栅、嵌入式等离子纳米天线和金刚石集成量子光子芯片。

离子阱量子比特以离子的基态和激发态为0和1，而实现量子计算的态是量子寄存器的宏观叠加态。

为集成更多的离子阱量子比特，离子阱量子比特从采用真空离子阱向采用固态的表面离子阱转变。为了适应大型的离子阱量子计算机的需要，设计了结形的表面电极新结构来操控离子阱内的多个离子的位置。2018年12月，IonQ公司首次报道了离子阱基的商用量子计算机，其具有室温下工作且保真度高等特点。

第5章 广东省半导体及集成电路产业创新发展定位

5.1 广东省创新企业

截至2021年7月底,广东省半导体及集成电路产业有发明专利申请活动的创新企业共计10358家,占全国半导体及集成电路产业创新企业(67632家)的比重为15.3%。广东省的相关创新企业数量的近五年复合增速为25.8%,高出全国增速(17.7%)8.1个百分点。从各市来看,广东省半导体及集成电路产业有发明专利申请活动的创新企业主要分布在深圳市、广州市和东莞市,分别有5249家、1944家和959家,分别占广东省半导体及集成电路产业创新企业总数的50.7%、18.8%和9.3%(见图11)。

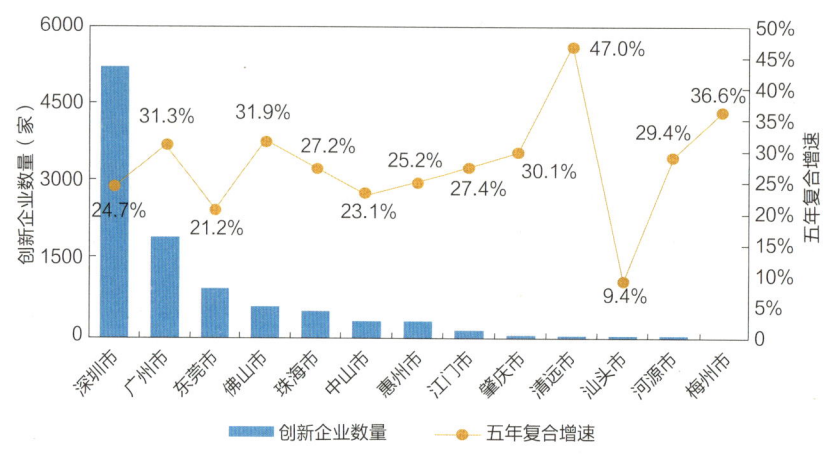

图11 广东省各市创新企业分布情况

从创新企业增速情况来看,清远市近五年的复合增速为47.0%,排名居于广东省各市之首。广东省半导体及集成电路产业的龙头企业主要分布在深圳市、广州市,包括华为技术有限公司、比亚迪股份有限公司、鸿富锦精密工业(深圳)有限公司、广东电网有限责任公司、威创集团股份有限公司等。

截至2021年7月底,广东省半导体及集成电路产业高新技术企业共10283家,占全国半导体及集成电路产业高新技术企业总数的25.0%,在全国31省市中排名第一。上市公司达378家,占全国半导体及集成电路产业上市公司总数的24.0%,在全国31省市中排名第一。

从初创企业数量来看,广东省半导体及集成电路产业共有初创企业1656家,占全国半导体及集成电路产业初创企业总数的21.6%,在全国31省市中排名第一。此外,广东省半导体及集成电路产业隐形冠军企业数量为113家,在全国排名第一。广东省半导体及集成电路产业独角兽企业数量为12家,在全国31省市中排名第三,仅次于北京市(36家)、上海市(26家)。

5.2 广东省专利布局

截至2021年7月底,广东省半导体及集成电路产业累计发明专利申请公开量为62929件。广东省近五年复合增速为20.7%,高出全国复合增速(11.8%)8.9个百分点。

从广东省半导体及集成电路产业的累计发明专利申请公开量分布情况来看,发明专利主要集中于深圳市(34339件)、广州市(11880件)、东莞市(5388件)、佛山市(3228件)以及珠海市(3173件),其中深圳市的累计发明专利申请公开量排名全省第一,占广东省的比重达54.6%。

从广东省各地市半导体及集成电路产业发明专利申请公开量的增速来看,近五年复合增长速度最快的是清远市,近五年复合增速高达42.4%(见图12)。

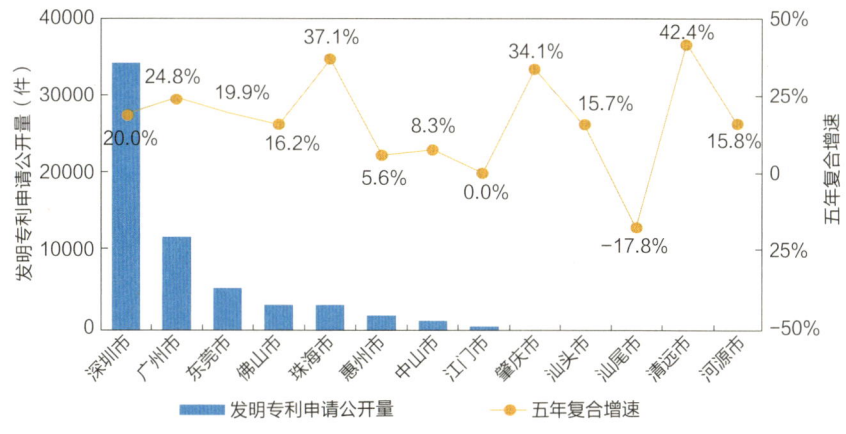

图12 广东省各市半导体及集成电路产业累计发明专利申请公开量的分布情况

从发明专利授权量来看,广东省半导体及集成电路产业累计发明专利授权量为22989件,在全国31省市中排名第三。从有效发明专利量来看,广东省半导体及集成电路产业累计有效发明专利量为13486件,在全国31省市中排名第三。广东省半导体及集成电路领域高价值专利中的代表性专利见表8。

表8 广东省半导体及集成电路领域高价值专利中的代表性专利

序号	标题	申请号	申请日	当前权利人	第一发明人
1	一种触摸屏终端的近场通信方法、系统及触摸屏终端	CN201210337236.5	2012/09/04	深圳市汇顶科技股份有限公司	冉锐

续表

序号	标题	申请号	申请日	当前权利人	第一发明人
2	联网软件集成方法及装置	CN201410479924.4	2014/09/18	中兴通讯股份有限公司	白春生
3	支持多种接口的半导体存储方法及装置	CN02114882.1	2002/02/09	深圳市朗科科技股份有限公司	邓国顺
4	用于移动设备的射频IC卡装置	CN200710124354.7	2009/12/23	国民技术股份有限公司	余运波
5	LED灯及其灯丝	CN200710124354.7	2013/06/17	深圳市源磊科技有限公司	冯云龙
6	BGA植球工艺	CN201210346219.8	2016/05/04	奈电软性科技电子（珠海）有限公司	刘惠民
7	一种具有通讯功能的RFID射频车牌	CN201510000566.9	2015/01/04	深圳市骄冠科技实业有限公司	焦林
8	一种YAG晶片式白光发光二极管及其封装方法	CN200510102388.7	2005/12/19	中山大学，广州半导体材料研究所，佛山市国星光电股份有限公司	苏锵
9	一种三相电源输入缺相检测电路	CN200710124003.6	2007/10/16	深圳市汇川控制技术有限公司	廖湘衡
10	一种倒装LED芯片的封装方法	CN201010204860.9	2010/06/21	深圳雷曼光电科技股份有限公司	李漫铁

从高被引专利量来看，广东省半导体及集成电路产业累计高被引专利数量为275件，占全国半导体及集成电路产业累计高被引专利数量（2840件）的9.7%，在全国排名第三。

从产学研合作来看，广东省半导体及集成电路产业累计产学研合作专利数量为1526件，占全国半导体及集成电路产业累计产学研合作专利数量（10974件）的13.9%，在全国排名第二。

5.3 广东省创新人才

从广东省各城市来看，广东省从事半导体及集成电路产业创新人才共97181人，主要分布在深圳市（47729人）、广州市（24933人）和东莞市（6062人），分别占广东省半导体及集成电路产业创新人才总量的49.1%、25.7%和6.2%。

从增速来看，2020年广东省从事半导体及集成电路产业创新人才同比增速19.6%，近五年复合增速21.7%。在广东省内各市中，近五年复合增速最高的是珠海市（31.6%）。

广东省从事半导体及集成电路产业创新人才中，发明专利申请量较多的工程师包括海洋王照明科技股份有限公司的周明杰、华南理工大学的李国强和大族激光科技产业集团股份有限公司的高云峰等。

在国家高层次人才方面，广东省半导体及集成电路产业共有国家高层次人才3483人，占全国半导体及集成电路产业国家高层次人才（45629人）的比重为7.6%。在全国31省市中排名第四。

在技术高管方面，广东省半导体及集成电路产业共有技术高管 17009 人，占全国半导体及集成电路产业技术高管总人数（70493 人）的比重为 24.1%。在全国 31 省市中排名第一。

在科技企业家方面，广东省半导体及集成电路产业共有科技企业家 10862 人，占全国半导体及集成电路产业科技企业家总人数（44334 人）的比重为 24.5%。在全国 31 省市中排名第一。

5.4 广东省技术合作情况分析

在半导体及集成电路产业中，在全国涉及产学研合作申请的专利共有 10974 件，其中，广东省涉及产学研合作申请的专利共有 1526 件，排名第二，占全国的比重为 13.9%；排名第一的为北京市，其产学研合作申请的专利共有 2670 件（见图 13）。

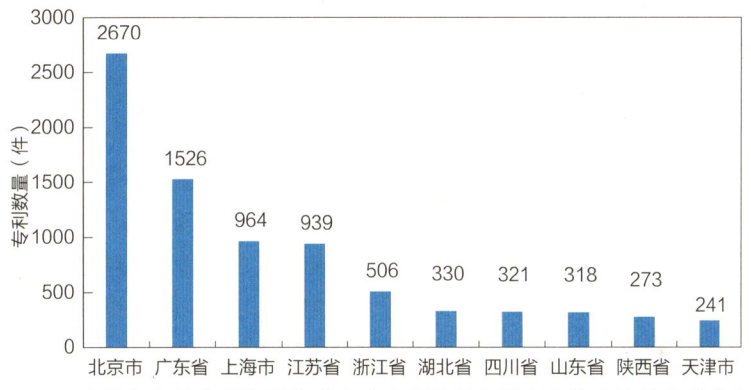

图 13　全国各省份半导体及集成电路产业涉及产学研合作申请的专利分布

从半导体及集成电路细分产业来看，全国半导体及集成电路产业产学研合作申请在芯片设计（4470 件）领域分布最多，排名第一；其次为封测（3765 件）领域；再者为制造设备（1568 件）领域。广东省涉及产学研合作申请的专利主要分布在芯片设计（767 件）、封测（496 件）和制造设备（138 件）领域，在分立器件、光电器件、集成制造等分支领域产学研合作申请占比较少（见图 14）。

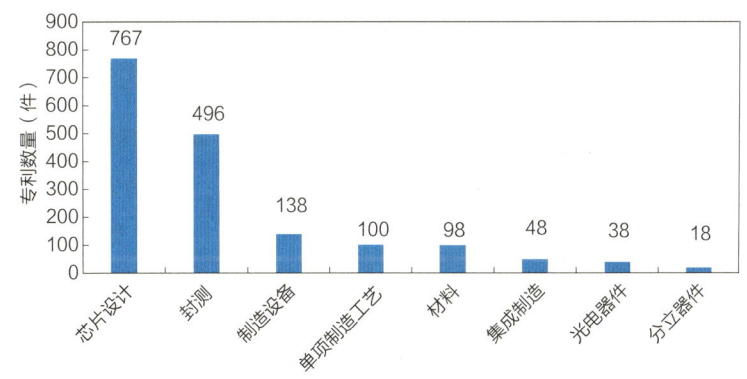

图 14　广东省半导体及集成电路产业产学研合作申请的专利在细分产业的分布

从广东省半导体及集成电路产学研合作申请专利的申请人合作模式来看，企业、院校之间合作申请最多，涉及853件专利，占产学研合作申请总量的55.9%；其次是企业、科研机构之间的合作（613件）以及企业、院校、科研机构之间的合作（53件）。具体的合作模式见图15。

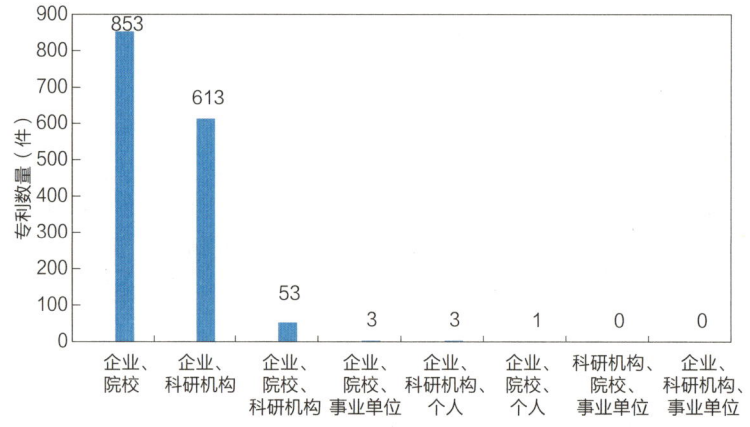

图15 广东半导体及集成电路产业不同产学研合作申请模式的专利分布

广东省半导体及集成电路产业产学研合作类型多样，主要涉及校企合作、科研机构与企业合作，以及这三者之间的合作等类型。在不同的产学研技术合作中，也有相应的技术领域的偏重，其中在占比最大的校企合作中，集成电路封测涉及的合作专利有384件；在科研机构与企业的合作中，芯片设计领域占比较多，合作申请专利为418件；在企业、院校、科研机构三者的合作申请中，同样是芯片设计（23件）的技术合作占比最多。

5.5 广东省产业链集聚结构

5.5.1 优势环节分析

广东省半导体及集成电路产业及其细分领域的优势环节包括：芯片设计、封测、制造设备、分立器件、光电器件和传感器，这6个细分产业的累计发明专利公开量、创新人才数量、创新企业数量均在全国各省市中排前四名，是优势环节。其中，芯片设计的累计发明专利公开量、创新人才人数、创新企业数量在全国各省市均排名第一；封测的累计发明专利公开量在全国各省市排名第一，创新企业数量、创新人才人数在全国各省市均排名第二（见表9）。

表9 广东省在半导体及集成电路产业链的优势领域创新要素分布

产业领域	优势产业 细分领域	累计发明专利公开量 数量（件）	国内排名	创新人才 数量（人）	国内排名	创新企业 数量（家）	国内排名
集成电路	芯片设计	40124	1	61098	1	7228	1
	封测	13886	1	30763	2	3347	2
	制造设备	6331	4	12626	4	1669	2

续表

优势产业		累计发明专利公开量		创新人才		创新企业	
产业领域	细分领域	数量（件）	国内排名	数量（人）	国内排名	数量（家）	国内排名
分立器件		1150	4	2081	4	393	2
光电器件		2701	4	4856	4	589	2
传感器		1144	4	3009	3	1415	2

5.5.2 不足环节分析

从细分产业链环节来看，单项制造工艺、材料以及集成制造领域为不足产业。具体来讲，单项制造工艺、材料、集成制造领域的累计发明专利公开量均在全国各省市中排第五名，同时单项制造工艺的创新人才数量也在全国各省市中排第五名（见表10）。可以通过引进或者与龙头企业合作来针对不足环节进行补链。

表10 广东省在半导体及集成电路产业链的不足领域创新要素分布

不足产业		累计发明专利公开量		创新人才		创新企业	
产业领域	细分领域	数量（件）	国内排名	数量（人）	国内排名	数量（家）	国内排名
集成电路	单项制造工艺	3386	5	4843	5	515	2
	材料	3049	5	4378	4	481	2
	集成制造	1969	5	4278	4	692	1

5.5.3 潜力环节分析

综合分析广东省半导体及集成电路产业各细分产业环节在创新企业规模、累计发明专利公开量和创新人才数量的近五年复合增速水平，可以看出，增长较快的潜力产业包括：封测、制造设备、集成制造、分立器件、光电器件和传感器，以上细分产业总体保持了较为突出的发展势头，未来潜力较大。

其中，传感器、分立器件、光电器件领域的发明专利公开量近五年复合增速分别是34.6%、31.6%、26.9%，远高于全国发明专利公开量近五年复合增速14.7%，为最具发展潜力的三大产业（见表11）。

表11 广东省在半导体及集成电路产业链的潜力产业增速情况

潜力产业		累计发明专利公开量		创新人才		创新企业	
产业领域	细分领域	数量（件）	五年复合增速	数量（人）	五年复合增速	数量（家）	五年复合增速
集成电路	封测	13886	22.6%	30763	25.0%	3347	25.7%
	制造设备	6331	22.1%	12626	23.2%	1669	25.0%
	集成制造	1969	24.9%	4278	23.9%	692	26.8%
分立器件		1150	31.6%	2081	26.5%	393	26.6%

续表

潜力产业		累计发明专利公开量		创新人才		创新企业	
产业领域	细分领域	数量（件）	五年复合增速	数量（人）	五年复合增速	数量（家）	五年复合增速
光电器件		2701	26.9%	4856	23.2%	589	18.4%
传感器		1144	34.6%	3009	31.1%	1415	39.3%

5.5.4 风险环节分析

伴随着半导体及集成电路产业的快速发展，加之中国突出的市场地位，中国成为欧洲、日本及美国等各大半导体及集成电路巨头公司专利布局的重点方向。通过分析国外在华发明专利申请公开量的增速，有助于判断产业链各细分领域是否存在潜在的安全风险。为有效判别产业是否存在潜在专利风险，我们将使用产业知识产权风险判别模型开展风险识别工作。

针对半导体及集成电路产业链，风险判别模型中的重点产业国外在华发明专利申请公开量增速采用的指标是半导体及集成电路产业链整体的国外在华2015—2020年的发明专利申请公开量的五年复合增速（7.1%），当某细分领域国外在华发明专利申请公开量的五年复合增速大于或等于产业链整体的国外在华2015—2020年的发明专利申请公开量的五年复合增速时，则判定该细分领域为风险产业。

基于专利大数据的产业知识产权风险判别模型分析，在半导体及集成电路细分产业链中，有4个细分领域存在潜在的安全风险，分别为光电器件、封测、芯片设计以及传感器。

从产业知识产权风险判别结果来看，国外申请人在华申请的发明专利中，光电器件领域高于半导体及集成电路产业整体3.2%。说明就近五年的整体情况来看，国外申请人在光电器件领域有较高的布局倾向，布局速度远高于半导体及集成电路产业整体，需引起相关利害主体的高度重视。另外，封测、芯片设计领域分别高于半导体及集成电路产业整体0.4%、0.2%，也需引起我国相关利害主体多加关注（见表12）。

需要说明的是，由于产业知识产权风险判别模型是以国外来华增速数据为基础进行数据分析的，所以得出的风险产业结果并不代表国内相关产业处于弱势，仅说明国外申请人在这一领域着重布局，增速较快，需要引起我国多加注意。

表12 半导体及集成电路产业链专利预警分析

产业领域	细分领域	细分领域国外在华发明专利申请公开量近五年复合增速	产业整体国外在华发明专利申请公开量近五年复合增速	差值	是否为风险产业
集成电路	芯片设计	7.3%	7.1%	0.2%	是
	封测	7.5%	7.1%	0.4%	是
	制造设备	6.9%	7.1%	−0.2%	否
	单项制造工艺	1.8%	7.1%	−5.3%	否

续表

产业领域	细分领域	细分领域国外在华发明专利申请公开量近五年复合增速	产业整体国外在华发明专利申请公开量近五年复合增速	差值	是否为风险产业
集成电路	材料	0	7.1%	−7.1%	否
	集成制造	6.9%	7.1%	−0.2%	否
光电器件		10.3%	7.1%	3.2%	是
传感器		7.1%	7.1%	0	是
分立器件		−1.1%	7.1%	−8.2%	否

第6章 广东省半导体及集成电路产业创新发展路径建议

广东省在半导体及集成电路产业方面基础雄厚，产业链上下游均有企业覆盖，并且广东省汇聚了大量全国半导体及集成电路的高端人才，这些得天独厚的条件将加速广东省半导体及集成电路的发展。广东省雄厚丰沛的企业、人才资源和相对完整的产业链且各关键环节的行业龙头企业布局等为广东省发展半导体及集成电路产业提供了"常量"，而广东省集成电路设计、制造工艺、集成电路材料的研发新进展和新发现是半导体及集成电路产业发展取得突破的关键"变量"。广东省应稳住常量，抓好变量，把握半导体及集成电路产业发展的战略性机遇，推动半导体及集成电路产业快速发展，打造半导体及集成电路产业发展高地。

广东省委、省政府高度重视半导体及集成电路产业发展，正在研究制定出台《广东省强芯工程实施指南》，强调按照国家统筹布局，发挥市场应用优势，坚持差异化发展，以重大项目、重大平台为抓手，加快构建广东省集成电路产业"四梁八柱"，在基金、平台、大学和园区等支撑性方面打造产业"四梁"，从制造、设计、封测、材料、装备、零部件、工具和应用等专业领域构建"八柱"，力争把广东打造成我国集成电路第三极。

6.1 产业布局优化路径

从产业细分的角度来看，广东省在多数细分领域中处于优势地位，在企业、人才、专利方面领先明显。建议首先，实施固链工程，广东省在发展半导体及集成电路产业方面的基础完善，建议保持并增强芯片设计、封测、制造设备、分立器件、光电器件和传感器这6个优势产业的优势地位，并不断有所突破，抢占全球集成电路设计方面的技术高地和话语权。

其次，实施补链工程，针对广东省半导体及集成电路产业的薄弱环节，即单项制造工艺、材料以及集成制造领域，加大研发投入，同时可以考虑引进国内外行业巨头落户广东省进行研发。例如，引进一批集成电路制造和材料领域的全球领先企业，可重点关注台积电、中芯国际、华虹半导体、住友电工、富士胶片电子材料、江苏南大光电材料等。

再次，实施延链工程，针对广东省半导体及集成电路产业链下游，扩大广东省半导体及集成电路产业的应用范围，突破应用场景瓶颈，延展产业链链条，扩大产业规模，推进广东省国民经济和产业发展的优化布局。

对于本土产业优势细分领域和环节，主要通过研发创新、专利布局以及技术合作等手段巩固区域产业优势。对于本土产业链劣势环节，可考虑结合政策驱动、人才引进、对外合作等加以提升。

关于企业培育路径，对于处于产业链不同环节的企业，鼓励区域内部整合；对于区域内特定环节具有较强创新实力和发展潜力的企业，进行重点支持和培育。关于企业引进与合作路径，对于区域的薄弱或空白技术领域，考虑引进国内外在该技术领域具有领先创新实力的企业或者与其开展合作。

企业最具有创新能力的核心人员一般占研发人员的2%，也就是说这2%的核心人员是引领推动产业发展的"关键少数"，是全球半导体产业角逐的焦点。建议广东省人才工作要进一步聚焦到2%高端人才层面。有效利用知识产权大数据发现高端人才，编制主导产业人才地图，加大海外柔性引才用才力度。优化调整高层次人才科技贡献奖补政策，加大对产业紧缺的外籍高端人才奖补力度。探索以薪资待遇、股权分红、任职经历等社会化评价作为人才认定的重要标准。

高校是城市创新发展的原动力，推动高校周边半导体及集成电路产业集聚发展和协同发展，依托科研院所、龙头企业和产业园区等创建产学研创新发展平台，搭建技术研发平台、成果转换平台、产业孵化平台等，建成若干政府引导、企业主导、产学研用协同新模式的半导体—集成电路大学科技园、产业孵化器和创新创业园的产业空间新格局。建立科学家、企业家、投资人的信息互动平台和信用机制，提高产业、企业、资本的匹配效率。加强现有科技创新平台和新型研发机构的广泛应用，发挥现有创新创业平台的价值，赋能半导体及集成电路产业科技创新。

具体包括，解决集成电路政策碎片化问题；加强规划布局，警惕投资风险；加强对集成电路产业的人才培养和引进；持续支持国产替代的应用相关政策支持；使政府补助、税收优惠政策具有普惠性。

加强以产业数据、专利数据为基础的新兴产业专利导航决策机制，实施区域规划类、产业规划类和企业运营类专利导航，加强未来产业关键技术布局。综合运用专利数据和产业数据，借助大数据技术手段，构建重点产业发展方向分析、区域产业发展定位分析和产业发展路径导航分析逻辑模型。在摸清产业发展方向基础上，立足广东省半导体及集成电路产业发展定位，提出适用于广东省的产业发展路径建议，为广东省产业发展规划的编制、招商引资、人才引进、企业发展提供决策支撑。

6.2 知识产权风险防控建议

产业安全关乎国家安全，建议加强我国半导体及集成电路重点产业的专利布局，建立预警机制。如存在安全风险的光电器件、封测、芯片设计以及传感器领域，尤其是光电器件领域需重点加强。

半导体及集成电路产业人才流动频繁，专利无效、诉讼纠纷、投资烂尾事件频发，半导体及集成电路产业是知识产权纠纷主要战场，集成电路设计、封测、设备等领域纠纷案件高发。2019 年，我国新增集成电路相关企业超过 5.3 万家，增速高达 33.0%，为历年最高，仅 2020 年上半年，已有落地半导体项目超 140 个，上半年落地项目总投资额已超 3070 亿元。然而，在投资热度高涨的同时，在短短一年多时间里，分布于我国江苏、四川、湖北、贵州、陕西 5 省的 6 个百亿级半导体项目先后停摆，造成国有资产损失。造成产业投资"烂尾"现象是由人才、技术、资本、投资者、政府等多方原因导致的。从知识产权的角度，在重大项目立项之前，通过开展知识产权分析评议，识别知识产权风险，降低投资风险。加强现有重大科技项目及招商引进项目的知识产权评议和风险防控，预警预防重大知识产权风险，助力产业发展决策的科学性和及时性。

广东省超高清视频显示产业专利统计分析报告

广东省知识产权保护中心
2021年12月

目 录

第 1 章 引言 // 96

    1.1 项目背景   // 96
    1.2 产业链分类   // 97

第 2 章 超高清视频显示产业发展态势 // 98

    2.1 全球超高清视频显示产业发展现状   // 98
    2.1.1 全球超高清视频显示产业发展概况   // 98
    2.1.2 中国超高清视频显示产业发展概况   // 100
    2.1.3 广东省超高清视频显示产业发展概况   // 101
    2.2 中国超高清视频显示产业政策环境   // 101
    2.3 中国超高清视频显示产业创新发展态势   // 105
    2.3.1 中国创新企业   // 105
    2.3.2 中国专利布局   // 109
    2.3.3 中国创新人才   // 114
    2.4 中国超高清视频显示产业热点及重点技术创新方向   // 116

CONTENTS

第 3 章 广东省超高清视频显示产业创新发展定位与洞察 // 119

3.1 广东省超高清视频显示产业政策导向 // 119
3.2 广东省超高清视频显示产业创新发展定位 // 120
3.2.1 广东省创新企业 // 120
3.2.2 广东省专利布局 // 122
3.2.3 广东省创新人才 // 128

3.3 广东省超高清视频显示产业创新发展洞察 // 130
3.3.1 广东省产业链集聚结构 // 130
3.3.2 广东省技术供应链分析 // 133

第 4 章 广东省超高清视频显示产业创新发展路径建议 // 136

4.1 产业布局优化路径 // 136
4.2 知识产权工作建议 // 138

图目录

图 1　超高清视频显示产业链结构图 …………………………………………………… 97

图 2　国内 31 省市超高清视频显示产业创新企业数量增长趋势 …………………… 106

图 3　中国超高清视频显示产业特色企业数量分布情况（单位：家）……………… 107

图 4　中国超高清视频显示产业重点企业专利技术布局情况 ………………………… 108

图 5　中国超高清视频显示产业专利申请公开量增长趋势 …………………………… 109

图 6　中国超高清视频显示产业发明专利申请公开量增长趋势 ……………………… 109

图 7　国内 31 省市超高清视频显示产业高价值专利数量分布情况 ………………… 111

图 8　国内 31 省市超高清视频显示产业创新企业发明专利申请公开量增长趋势 … 111

图 9　国内 31 省市超高清视频显示产业高校发明专利申请公开量增长趋势 ……… 112

图 10　国内 31 省市超高清视频显示产业科研机构发明专利申请公开量增长趋势 … 112

图 11　国内 31 省市超高清视频显示产业产学研合作申请专利数量分布情况 ……… 113

图 12　中国超高清视频显示产业产学研合作申请专利领域分布情况 ………………… 113

图 13　国内 31 省市超高清视频显示产业创新人才数量增长趋势 …………………… 114

图 14　中国超高清视频显示产业特色人才数据分布情况（单位：人）……………… 116

图 15　国内 31 省市超高清视频显示产业各机构类型创新人才数量分布情况（单位：人）…… 116

图 16	广东省超高清视频显示产业创新企业数量增长趋势	121
图 17	广东省超高清视频显示产业专利申请公开量增长趋势	123
图 18	广东省超高清视频显示产业发明专利申请公开量增长趋势	123
图 19	广东省超高清视频显示产业创新企业发明专利申请公开量增长趋势	125
图 20	广东省超高清视频显示产业高校发明专利申请公开量增长趋势	126
图 21	广东省超高清视频显示产业科研机构发明专利申请公开量增长趋势	126
图 22	广东省超高清视频显示产业产学研合作申请专利领域分布情况	127
图 23	广东省超高清视频显示产业海外布局专利领域分布情况	128
图 24	广东省超高清视频显示产业创新人才数量增长趋势	128
图 25	广东省超高清视频显示产业各机构类型创新人才数量分布情况（单位：人）	130
图 26	广东省超高清视频显示产业涉及转让专利领域分布情况	133
图 27	广东省超高清视频显示产业与外地进行专利转让活动情况（单位：件）	133
图 28	广东省超高清视频显示产业涉及许可专利领域分布情况	134
图 29	广东省超高清视频显示产业与外地进行专利许可活动情况（单位：件）	134
图 30	广东省超高清视频显示产业涉及质押专利领域分布情况	135

表目录

表1　全球超高清视频产业发展历程 ··· 98
表2　中国超高清视频显示产业主要相关政策 ·· 102
表3　中国部分省份超高清视频显示产业主要相关政策 ······························· 103
表4　国内31省市超高清视频显示产业创新企业数量分布情况 ····················· 106
表5　国内31省市超高清视频显示产业发明专利授权量分布情况 ·················· 110
表6　中国超高清视频显示产业产学研合作重点高校院所清单 ····················· 113
表7　国内31省市超高清视频显示产业创新人才数量分布情况 ····················· 114
表8　国内31省市超高清视频显示产业链创新要素情况 ····························· 117
表9　国内31省市超高清视频显示产业链上游创新要素情况 ························ 117
表10　国内31省市超高清视频显示产业链中游创新要素情况 ······················ 117
表11　国内31省市超高清视频显示产业链下游创新要素情况 ······················ 118
表12　广东省超高清视频显示产业主要政策 ·· 119

表 13	广东省各地市超高清视频显示产业创新企业数量情况	121
表 14	国内重点省市超高清视频显示产业特色企业数量分布情况对标比较	122
表 15	广东省各地市超高清视频显示产业发明专利授权量情况	124
表 16	国内重点省市超高清视频显示产业高价值专利数量分布情况对标比较	124
表 17	广东省超高清视频显示产业产学研合作重点高校院所清单	127
表 18	广东省各地市超高清视频显示产业创新人才数量情况	129
表 19	国内重点省市超高清视频显示产业特色人才数量分布情况对标比较	129
表 20	广东省超高清视频显示产业链创新要素情况	130
表 21	广东省超高清视频显示产业优势领域创新要素情况	131
表 22	广东省超高清视频显示产业潜力领域创新要素情况	131
表 23	广东省超高清视频显示产业薄弱领域创新要素情况	131
表 24	超高清视频显示产业链风险领域分布情况	132

第1章 引言

1.1 项目背景

2021年3月,《中华人民共和国国民经济和社会发展第十四个五年规划和2035年远景目标纲要》围绕"发展壮大战略性新兴产业"进行了专章论述,指出要着眼于抢占未来产业发展先机,培育先导性和支柱性产业,推动战略性新兴产业融合化、集群化、生态化发展,战略性新兴产业增加值占GDP比重超过17%。2021年9月,中共中央、国务院印发《知识产权强国建设纲要(2021—2035年)》,在"建设激励创新发展的知识产权市场运行机制"部分,明确要大力推动专利导航在传统优势产业、战略性新兴产业、未来产业发展中的应用。

习近平总书记对广东制造业发展高度重视、寄予厚望,明确要求广东加快推动制造业转型升级,建设世界级先进制造业集群。2020年5月,广东省人民政府出台《关于培育发展战略性支柱产业集群和战略性新兴产业集群的意见》,并进一步制订了20个战略性产业集群行动计划,最终形成"1+20"的政策体系,旨在推动广东省产业链、创新链、人才链、资金链、政策链相互贯通,加快建立具有国际竞争力的现代化产业体系。2021年4月,《广东省国民经济和社会发展第十四个五年规划和2035年远景目标纲要》在"总体要求"中提出,改造提升传统产业,做大做强战略性支柱产业,培育发展战略性新兴产业,加快发展现代服务业,推动产业基础高级化和产业链供应链现代化,提高产业现代化水平,打造新兴产业重要策源地、先进制造业和现代服务业基地,推动建设更具国际竞争力的现代产业体系。

针对"超高清视频显示产业",广东省工业和信息化厅等五部门于2020年9月印发了《广东省发展超高清视频显示战略性支柱产业集群加快建设超高清视频产业发展试验区行动计划(2021—2025年)》,提出到2025年,广东建设超高清视频产业发展试验区成效明显,成为全国超高清视频显示产业发展先行区、示范区,形成规模领先、创新引领、结构优化的产业生态体系,打造具有全球竞争力的超高清视频显示产业集群。并明确广东省市场监督管理局负责构建全产业链生态,提升产业技术与服务平台创新能力等重点任务和补链强链工程、标准先行工程等重点工程中的相关工作。

为深入贯彻习近平新时代中国特色社会主义思想和党的十九大精神,认真落实中共中央、国务院关于发展壮大战略性新兴产业和知识产权强国建设及省委、省政府关于推进制造强省建设的工作部署,按照《广东省人民政府关于培育发展战略性支柱产业集群和战略性新兴产业集群的意见》《广东省发展超高清视频显示战略性支柱产业集群加快建设超高清视频产业发展试验区行动计划（2021—2025年）》的工作安排，加快发展超高清视频显示战略性支柱产业集群，促进产业迈向全球价值链高端，开展超高清视频显示产业专利分析研究工作。基于产业专利导航创新决策理念，紧扣产业分析和专利分析两条主线，将专利信息与产业现状、发展趋势、政策环境、市场竞争等信息深度融合，基于知识产权产业金融大数据，深入研究广东省超高清视频显示产业发展现状，明晰产业发展方向，找准区域产业定位，分析存在制约发展的瓶颈问题和制度障碍，指出优化产业创新资源配置的具体路径，提出适用于本区域产业创新发展的相关建议，为广东省超高清视频显示产业发展规划、招商引资、人才引进等提供决策支撑。

1.2 产业链分类

超高清视频显示产业分为三大领域，其中，产业链上游对应基础层领域，产业链中游对应传输层领域，产业链下游对应应用层领域。进一步将超高清视频显示产业分为多个相关的三级分支：上游基础层主要涉及感光器件、芯片、显示设备；中游传输层主要涉及卫星传输、互联网传输、有线电视传输、地面广播设备；下游应用层主要涉及终端呈现设备、安防监控、文教娱乐、医疗健康、智慧交通、工业制造。对上、中、下游三级产业再进行细分，可进一步细化至四个层级，上游共包括6个细分分类，中游共包括3个细分分类，下游包括4个细分分类（见图1）。

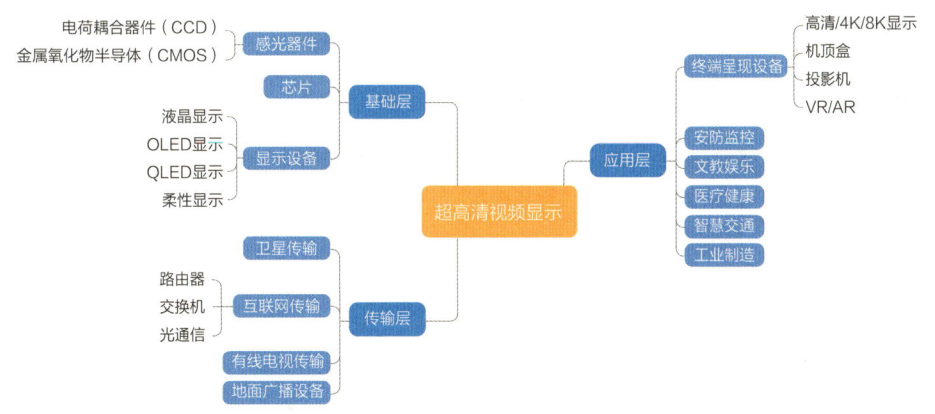

图1　超高清视频显示产业链结构图

第 2 章　超高清视频显示产业发展态势

2.1　全球超高清视频显示产业发展现状

2.1.1　全球超高清视频显示产业发展概况

美国、日本、韩国、欧洲等国家或地区在多年前已经开始了超高清视频产业领域的布局，相比之下，我国在超高清视频领域起步较晚。纵观国际超高清视频产业发展历程，由于国情和技术的差异，不同国家在超高清视频产业中有着各自的优势和特点。日韩两国起步较早，引领产业标准的形成与发展以及技术优势，尤其是日本，在超高清视频的技术与品牌上处于全球领先地位。而欧洲、美国等地区则在频道建设以及内容制作方面具备明显优势，其中美国的国际联盟组织影响力巨大。❶ 全球超高清视频产业发展历程详见表1。

表 1　全球超高清视频产业发展历程

时间	国家	主要内容
2008 年	日本	2008 年国际广播电视博览会 NHK 电视台实现了全球首次公众实时超高清电视系统的演示
2012 年	韩国	韩国电视台 KBS、MBC、SBS 和 EBS 使用 66 频道试播 4K 节目
2012 年	日本	进行了超高清电视试播，其 7680×4320 分辨率随后经国际电联 ITU 推进成为国际超高清电视标准
2012 年	英国	伦敦奥运会期间，BBC、NHK 和 OBS 共同开展超高清节目直播及录制
2013 年	法国	法国卫星运营商 Eutelsat Communications 推出了欧洲首个 4K 电视频道
2013 年	日本	日本 NHK 在戛纳电影节展映全球首部 8K 电影短片《珍馐美味》，该片使用 8K 分辨率拍摄、制作、放映
2014 年	韩国	韩国正式开播 4K 超高清频道 UMAX UHD，Netflix 推出了超高清版本的《纸牌屋》和多部纪录片；全球第一个 4K UHD 频道 UMAX 在韩国开播，同年 6 月，KT Skylife 公司推出韩国第二个 4K 超高清频道 Sky UHD，并计划于 2015 年正式全面实现商用
2014 年	日本、英国	世界杯期间，日本 NHK 进行了 8 场卫星传输测试，英国 BBC 采用超高清格式转播了 18 场比赛

---

❶　资料来源：国盛证券。

续表

时间	国家	主要内容
2014 年	日本	发布超高清电视（4K/8K）发展路线图，提出 2020 年东京奥运会普及 8K 电视节目；NTT Plala 宣布正式推出旗下的首个 4K 电视频道，成为日本首个正式提供 60 帧超高清 4K 视频的服务商
2015 年	美国	全球首个超高清频道 NASA UHD 开播，信号覆盖欧洲、南美和北美，该频道由和谐公司负责制作，与美国航空航天局共同运营
2016 年	欧洲	欧洲超高清电视标准（UHD-1 Phase2）获得批准
2016 年	巴西	里约奥运会用 8K 画质直播了开幕式和闭幕式，以及部分田径和游泳比赛
2017 年	韩国	地面广播商 KBS、MBC、SBS 在首尔都市圈开播 4K 超高清频道
2017 年	美国	《银河护卫队 2》成为全球首部 8K 电影
2018 年	英国	BBC 播出首部以 4K 超高清 HDR 制作的纪录片《蓝色星球 2》
2018 年	日本	NHK 正式开播 4K 和 8K 卫星电视（BS）频道，BS8K 是世界首个 8K 频道
2018 年	日本	NHK 和日本电台采用 8K 技术对平昌冬奥会进行了实时转播
2018 年	美国	世界首部 3D/4K/120 帧规格的电影《比利·林恩的中场战事》上映

美国在核心技术研究、软件开发、超高清视频内容方面优势明显。美国拥有多个超高清视频领域行业组织，包括超高清联盟（UHD Alliance）、超高清论坛（UHD Forum）、蓝光光盘协会（BDA）等，在技术创新、标准制定、评测认证及生态体系建立等方面有较高主导权。蓝光光盘协会在 2015 年发布了 4K 蓝光视频格式，后来出现了多部好莱坞 4K 蓝光影碟，丰富了超高清视频内容。在 4K 电视频道方面，推出了一系列点播、推送和直播等电视业务。欧洲卫星公司 SES 的 4K 频道，以及亚马逊的 4K 直播均带动了超高清视频内容的发展。美国消费者技术协会在 2019 年宣布了 8K 超高清电视的行业认定标准和官方认定标识，并从 2020 年启用型号产品。好莱坞等影视基地在 2019 年提供了超 30 部超高清作品，提升了内容丰富度。

欧洲注重从超高清视频内容端发力。因为欧盟地区各国国情和网络建设水平差异较大，所以以依靠行业组织从内容部分推动超高清产业为主。根据 HIS 预测，2021 年，欧洲将有 22 个 4K 超高清频道，相当于北美的 16 个与日本的 6 个之和，频道数量优势明显。❶

日本在 4K/8K 感光器件、高端光学镜头和机内光学器件、专业编解码器等核心器件、电影摄影机、电视直播摄像机、专业视频监视器、高端视频制作系统等超高清视频核心元器件及前端设备方面处于全球领先地位。日本在 2014 年和 2016 年就已经分别成功试播 4K 和 8K 超高清节目。2018 年 12 月，日本启用卫星播送 4K、8K 电视信号，并于 2019 年为次年东京奥运会 8K 直播做积极准备。在终端方面，如夏普、索尼、松下等日本企业都在加快研发，并推出了多款 4K、8K 超高清电视。根据日本电子情报技术产业协会（JEITA）数据，截至 2018 年 3 月，日本 4K 电视的出货量约为 408 万台，占所有电视出货

---

❶ 资料来源：东莞证券。

量的 35.3% 左右。❶

韩国在超高清显示面板、电视和网络建设等方面占据优势。韩国在超高清赛道上起步较早，于 2012 年就领先全球进行了 UHDTV 传输试验和试验广播，并于 2014 年 4 月开播了全球第一个 4K 频道 UMAX。从 2017 年年中起，韩国三大电视台 KBS、MBC、SBS 就开启了 UHD 电视服务，向首尔及首都圈部分地区传输 UHD 节目信号。除了频道建设方面，韩国的面板企业三星和 LGD 在高端面板的技术、市场上均有明显的优势地位，如 LGD 的超高清 OLED 电视和三星的 HDR MU 系列电视，均在高端电视市场上有突出竞争优势。❷

2.1.2 中国超高清视频显示产业发展概况

2019 年，围绕超高清视频标准，工信部、国家广电总局已征集标准提案 30 多项；中国超高清视频产业联盟已发布《超高清电视机技术规范》等四项标准、《4K 超高清视频质量评测技术规范》等三项测试认证规范，进一步促进了超高清视频市场规范化。自《超高清视频产业发展行动计划（2019—2022 年）》发布实施两年以来，超高清视频产业链各环节持续发力，产业市场规模快速增长。根据赛迪研究院智库研究资料显示，2020 年，超高清视频产业总规模达 1.8 万亿元，其中超高清视频核心环节直接销售收入超过 8100 亿元；行业应用规模超过 9800 亿元，其硬件直接销售收入约 900 亿元，解决、集成方案等超过 8900 亿元。❸

国内企业目前能自主推出 4K/8K 摄像机、8K 采编播系统和非线性编辑系统等，并主导设计、集成建造了全球首台 "5G+8K" 超高清视频全业务转播车，内容制作工具也在不断丰富，为超高清视频内容供给提供了充分的软硬件条件。随着 4K 电影及 4K/8K 点播频道的陆续增多、超高清影院和"超高清"小镇的建设、4K/8K 直播活动的开展等，消费者能接触到更多超高清视频内容，对超高清如临其境般的体验更深刻，也对超高清有了更多认知。但整体而言，由于超高清视频产业链各环节还需要进一步磨合，探索更多商业模式，提升技术水平，降低各环节的生产制作成本，才能促进超高清内容进一步丰富，从而带动超高清视频产业进一步提速发展。未来随着优质 4K/8K 超高清内容继续丰富，将有更多消费者有机会获得极致的视觉体验，带动消费者对超高清视频内容的需求再度攀升，超高清视频产业供给端有望进一步发力，整个超高清视频产业链有望形成良性循环。❹

5G 在带宽、延时等关键性能指标上相较于 4G 显著提升，在传输速率方面，5G 提升了 10～20 倍，在用户体验速率方面提升了 10～100 倍。而超高清视频的典型特征就是大数据、高速率，按照主流的 H.265、AVS2 标准，4K、8K 视频传输速率（码率）至少为 12～40Mbps、48～160Mbps，4G 网络已无法完全满足其网络流量、存储空间和回传时延等技术指标要求，5G 网络良好的承载力成为解决该场景需求的有效手段。目前我国已经进入 5G 的快速发展期，超高清视频对传输网络大流量、高速率、低时延的需求与

---

❶ 资料来源：东莞证券。
❷ 资料来源：东莞证券。
❸ 资料来源：赛迪研究院智库。
❹ 资料来源：东莞证券。

5G 网络建设高度吻合。5G+超高清视频，能够丰富业务场景。"5G+4K""5G+8K"与其他行业的深度融合，将创新超高清视频应用场景，加速超高清视频市场规模的扩大，目前"5G+4/8K"已经在智能安防、广播电视、新媒体直播等领域得到应用。随着 4K/8K 在教育、医疗、家居、广播等领域应用的快速推进，超高清视频行业将迎来黄金发展期。❶

2.1.3 广东省超高清视频显示产业发展概况

超高清视频对满足人民日益增长的美好生活需要、驱动以视频为核心的行业智能化转型、促进我国信息产业和文化产业整体实力提升具有重大意义。广东省在全国率先发力 4K 超高清视频产业取得积极成效，且广东省的 4K 超高清视频产业示范区和 4K 电视全国广播影视产业示范区处于全国领先地位，并开通全国第一个省级 4K 频道。目前已经集聚形成了广州、深圳、惠州 3 个产值超千亿元的超高清视频产业集群。此外，广东省多个 4K 超高清项目正在加速建设，包括粤港澳大湾区 4K 产业基地、中国移动超高清视频实验室、中国联通超高清视频技术研发中心等。2020 年 10 月 22 日，国家广电总局批复同意设立"中国（广州）超高清视频创新产业示范园区"。2021 年 5 月 20 日，总投资 350 亿元的广州华星超高清新型显示"T9"项目落户广州，该项目的落户将加快推动广州市打造"世界显示之都"。❷

2.2 中国超高清视频显示产业政策环境

超高清视频是继视频数字化、高清化之后的新一轮重大技术革新，将带动视频采集、制作、传输、呈现、应用等产业链各环节发生深刻变革。加快发展超高清视频产业，对满足人民日益增长的美好生活需要、驱动以视频为核心的行业智能化转型、促进我国信息产业和文化产业整体实力提升具有重大意义。为了推动产业链核心环节向中高端迈进，加快建设超高清视频产业集群，建立完善产业生态体系，2019 年 2 月，工信部、国家广电总局、中央电视台联合印发《超高清视频产业发展行动计划（2019—2022 年）》，明确将按照"4K 先行，兼顾 8K"的总体技术路线，大力推进超高清视频产业发展和相关领域的应用。为了进一步梳理超高清视频产业发展重点，2019 年 12 月，工信部编制了《超高清视频标准体系建设指南（2019 版）》，进一步明确了超高清视频产业链重点环节，加快行业发展。2020 年 5 月，工信部联合国家广电总局发布了《超高清视频标准体系建设指南（2020 版）》，更加细分地明确了超高清视频产业链的重点行业应用环节，明确产业发展目标（见表 2）。

---

❶ 资料来源：国海证券、川财证券。

❷ 资料来源：东吴证券、银河证券、信达证券。

表 2　中国超高清视频显示产业主要相关政策

发布时间	部门	政策名称	政策内容
2017 年	国家广电总局	《关于规范和促进 4K 超高清电视发展的通知》	规范和促进 4K 超高清电视健康有序发展
2019 年	国家发展和改革委员会、工信部等	《进一步优化供给推动消费平稳增长，促进形成强大国内市场的实施方案（2019 年）》	加大对中央和地方电视台 4K 电视频道开播支持力度，有条件的地方可对超高清电视、VR/AR 等设备产品推广予以补贴
2019 年	工信部、国家广电总局、中央电视台	《超高清视频产业发展行动计划（2019—2022 年）》	通过设立超高清视频产业投资基金等方式，扶持超高清视频产业链中薄弱环节。预计 2020 年 4K 电视终端销量占比超 40%，4K 超高清视频用户数达 1 亿；2022 年 4K 电视终端全面普及，8K 电视终端销量占比超 5%，超高清视频用户数达 2 亿。产业整体规模超过 4 万亿元
2019 年	工信部	《超高清视频标准体系建设指南（2019 版）》	到 2020 年，制定急需国家标准或行业标准 20 项以上，重点研制基础通用、内容制播、终端呈现、行业应用等关键技术标准及测试标准；到 2022 年，制定标准 50 项以上，重点推进广播电视、文教娱乐、工业制造等重点领域行业应用的标准化工作
2020 年	中宣部、国家广电总局等	《全国有线电视网络整合发展实施方案》	以行政推动力 + 市场化形式，中国广电牵头主导，联合省网公司、战略投资者共同组建中国广电网络股份有限公司，进行国网整合。同时建立具有广电特色的 5G 网络，实现"全国一网"和 5G 的融合发展。保证省网公司在"十三五"末进入股份公司，同时要求完成"一省一网"整合
2020 年	国家发展和改革委员会、工信部	《关于组织实施 2020 年新型基础设施建设工程（宽带网络和 5G 领域）的通知》	5G+ 智慧教育应用示范。基于 5G、VR/AR、4K/8K 超高清视频等技术，打造百校千课万人优秀案例，探索 5G 在远程教育、智慧课堂 / 教室、校园安全等场景下应用，重点开展 5G+ 高清远程互动教学、AR/VR 沉浸式教学、全息课堂、远程督导、高清视频安防监控等业务
2020 年	工信部、国家广电总局	《超高清视频标准体系建设指南（2020 版）》	到 2020 年，初步形成超高清视频标准体系，制定急需标准 20 项以上，重点研制基础通用、内容制播、终端呈现、行业应用等关键技术标准及测试标准。到 2022 年，进一步完善超高清视频标准体系，制定标准 50 项以上，重点推进广播电视、文教娱乐、安防监控、医疗健康、智能交通、工业制造等重点行业应用的标准化工作

续表

发布时间	部门	政策名称	政策内容
2020年	国家广电总局	《广播电视技术迭代实施方案（2020—2022年）》	指出利用3年左右时间，通过实施广播电视技术迭代，加快重塑广电媒体新生态，加速重构现代传播新格局。加快发展高清/超高清视频和5G高新视频，推动高标清同播向高清化发展，逐步关停标清频道。完善4K/8K超高清视频技术标准体系，推进5G高新视频落地应用，推出高新视频新产品和新应用

为了更好落实《超高清视频产业发展行动计划（2019—2022年）》，切实推动超高清视频产业发展，各地迅速响应，结合本地产业发展实际情况，纷纷出台了各有特色的地方行动计划。截至2020年2月，广东、北京、上海、安徽、四川、湖南、重庆、江苏、浙江、福建等省市相继制定出台差异化的产业发展行动计划（见表3）。2020年4月，工信部与国家广电总局联合发布《部（局）省市共同推动超高清视频产业发展工作方案》，梳理了两部门及上述省市重点工作任务，涵盖核心芯片和关键器件开发量产、重点制播设备系统产业化、终端产品普及推广、超高清视频与5G协同、4K频道开办、广播电视等重点行业应用、标准体系建立、创新服务平台建设、国际交流合作等多个方面。

表3　中国部分省份超高清视频显示产业主要相关政策

时间	省市	政策名称	政策内容
2019年	广东省	《广东省超高清视频产业发展行动计划（2019—2022年）》	到2022年，超高清视频产业总规模超8000亿元，4K、8K电视终端销量占电视总销量的比例分别超过50%、3.6%；调整现有4个以上频道采取4K超高清方式播出，提供8套以上4K超高清电视频道传输服务，4K超高清节目储备达25000小时，4K用户数达2300万户，全省80%以上家庭可以收看4K电视节目；有线电视和IPTV4K超高清内容服务平台和集成播控平台建设基本完成
2019年	北京市	《北京市超高清视频产业发展行动计划（2019—2022年）》	支持建设超高清视频（北京）制作技术协同中心、超高清电视应用创新实验室，打造领先的内容集成分发交易平台；到2020年年底，完成有线电视光纤行政村全覆盖、IPTV光纤用户带宽普遍达到200M、有线电视网络落地8套以上4K超高清频道、北京4K电视用户达到500万、影视制作机构创作生产4K超高清节目累计达到6000小时
2019年	上海市	《上海市超高清视频产业发展行动计划（2019—2022年）》	2020年开通1个4K超高清视频综合性公益频道，到2022年再开通4个4K专业付费频道。至2022年，产业规模超过4000亿元，形成具有核心竞争力的产业生态圈，将实现芯片、器件和设备突破性研发，累计专利申请至少3000项，超高清视频自制内容储备量至少5000小时，多渠道4K版权内容总库存量将突破5万小时

续表

时间	省市	政策名称	政策内容
2019 年	安徽省	《安徽省超高清视频产业发展行动方案（2019—2022 年）》	按照"4K 先行、兼顾 8K"的总体技术路线，大力发展超高清视频产业和行业应用，加快推进超高清视频产业集群和示范省建设。到 2022 年，全省超高清视频产业体系总体规模超过 3000 亿元，4K 产业生态基本完善，8K 显示器件、集成电路、应用终端等关键技术产品研发和产业化取得突破，在国内外市场占据重要市场份额。超高清视频内容资源不断丰富，网络承载能力显著提高，支撑服务体系基本健全。超高清视频与 AI、5G、AR/VR 等融合创新应用带来的民生提质、经济获益成效显著
2020 年	四川省	《四川省超高清视频产业发展行动计划（2019—2022 年）》	到 2022 年，超高清视频产业总体规模超过 3500 亿元。从核心关键器件突破、前端设备提升、终端设备产业化、传输网络改造升级、超高清内容建设、行业试点示范等 6 大方面提出产业发展重点任务。加快广电有线电视网络改造、建设 5G 移动通信网络、推动通信网络设施 IPv6 升级。建设国家超高清视听创新基地、超高清视听内容创新云平台，扶持一批反映四川省传统文化的 4K 超高清视频创作生产
2019 年	湖南省	《湖南省超高清视频产业发展行动计划（2019—2022 年）》	到 2022 年，打造具有国际竞争力的"中国 V 谷"，构建"制造＋内容＋传输＋应用"的全产业链体系。超高清视频产业总规模超过 2000 亿元，集聚内容制作、文化创意、软硬件研制及应用服务企业 5000 家以上。建设 1～3 家国家级创新平台，力争开通 1 个以上 4K 超高清频道，有线电视网络和 IPTV 平台提供 10 套以上 4K 直播频道传输业务和点播业务。超高清视频内容储备超过 20000 小时，符合国标的 4K 节目储备量达 5000 小时，超高清视频内容制作能力达到 1000 小时/年
2019 年	重庆市	《重庆市超高清视频产业发展行动计划（2019—2022 年）》	到 2022 年，超高清视频产业迅速发展，全市超高清视频总体产业规模达到 3000 亿元，其中骨干制造企业实现产值超过 1500 亿元，成为全国重要的 4K 面板、4K 终端产品、4K 芯片生产基地，产业配套体系建设实现突破，聚集一批具有较强竞争力的超高清视频产业龙头企业，打造 2～3 个产业配套好、辐射带动能力强的产业基地。开播 2～3 个 4K 超高清电视频道，提供 5 套以上 4K 超高清电视频道传输服务，4K 超高清节目储备超 5000 小时，符合 HDR、50 帧/秒技术标准的 4K 节目提供量达 1500 小时，4K 用户数达 600 万户，实现全市 60% 以上家庭可以收看 4K 电视节目，4K/8K 内容极大丰富。全面实现光纤到户，推进 5G 应用于超高清视频传输，实现超高清视频业务与 5G 的协同发展
2020 年	江苏省	《江苏省超高清视频产业发展行动计划》	到 2022 年年底，4K/8K 编解码芯片、专业视频处理芯片、光学镜头等核心元器件和电致发光量子点（EL-QLED）、微发光二极管（Micro-LED）、印刷显示等新一代显示技术取得突破并实现产业化，打造一批超高清视频知名企业和知名品牌。有条件的市（县）开播 4K 超高清直播频道和点播业务，频道数量和内容供给能力进一步提升，符合高动态范围、宽色域、高帧率要求的 4K 超高清视频收视用户终端达到 1600 万。文化娱乐、安防监控、医疗健康、智慧交通、智能制造等领域的超高清视频新业务、新应用蓬勃发展

续表

时间	省市	政策名称	政策内容
2019 年	浙江省	《浙江省超高清视频产业发展行动计划（2019—2022 年）》	按照"4K 先行、兼顾 8K"的总体技术路线，大力推进超高清视频产业发展和相关领域应用。到 2022 年，浙江省超高清视频产业规模达 3000 亿元左右。在关键核心技术领域创新取得显著突破，超高清视频内容制作能力大幅提升，节目资源不断丰富，行业应用国际领先，产业生态体系基本形成，成为全国超高清视频产业应用示范基地
2019 年	福建省	《福建省超高清视频产业发展行动计划（2019—2022 年）》	到 2022 年，超高清视频产业总体规模超 3000 亿元。壮大光电显示及集成电路、计算机和网络通信两个千亿产业集群规模；培育形成具有较强竞争力的超高清视频内容生产产业集群。打造超高清视频内容制作生产基地，实现规模化供给。开通省级 4K 超高清电视试验频道，适时开展 8K 超高清电视制播试验。有线电视网络和 IPTV 平台提供 8 套以上 4K 超高清电视频道传输服务，4K 超高清视频内容储存超过 20000 小时，符合国标的 4K 超高清节目储备量达 5000 小时，超高清视频内容制作能力达到 1000 小时／年。围绕"双 G 双提、同网同速"行动，完善光网覆盖，加快 5G 商用部署。到 2020 年，全省 100 M 以上宽带接入用户达 1500 万户，占比达 85%；全省城市重点区域及公共交通路段实现 5G 覆盖。到 2022 年，全省 100 M 以上宽带接入用户达 1700 万户，占比达 90%；全省广电网络光纤到户改造率达 80%，4K 超高清电视用户数达 500 万户；全省重点城镇及以上地区基本实现 5G 网络覆盖，有力支撑 4K、8K 等超高清视频业务加快发展。重点领域创新应用形成突出特色。培育超高清视频重大场景示范工程，在广播电视、工业制造、智能交通安防、医疗健康等领域实现超高清视频规模化应用，打造一批可复制、可推广的场景应用典型，加快超高清视频产业迭代创新和融合发展。探索 5G 应用于超高清视频传输，实现超高清视频业务与 5G 的协同发展

2.3 中国超高清视频显示产业创新发展态势

2.3.1 中国创新企业

截至 2021 年 7 月，国内 31 省市超高清视频显示产业有专利申请活动的创新企业共 68291 家，近五年复合增速达 26.4%。其中，2018 年同比增速最快，同比增长 31.3%（见图 2）。

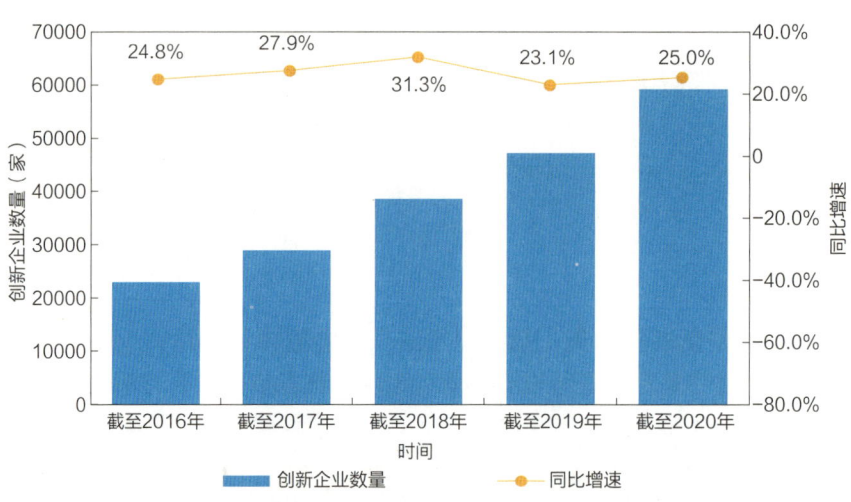

图 2 国内 31 省市超高清视频显示产业创新企业数量增长趋势

从地域分布情况来看，截至 2021 年 7 月，国内 31 省市超高清视频显示产业有专利申请活动的创新企业主要集中在广东省、江苏省、北京市等经济较发达地区。其中，创新企业数量排名前五位的省市依次为广东省（16196 家）、江苏省（9569 家）、北京市（5719 家）、上海市（5151 家）和浙江省（5142 家）（见表 4）。

表 4 国内 31 省市超高清视频显示产业创新企业数量分布情况

排名	省（自治区、直辖市）	创新企业数量（家）
1	广东	16196
2	江苏	9569
3	北京	5719
4	上海	5151
5	浙江	5142
6	四川	3193
7	安徽	2724
8	山东	2550
9	天津	2335
10	湖北	2333
11	福建	2180
12	河南	1487
13	陕西	1439
14	湖南	1173
15	重庆	1031
16	河北	1010
17	辽宁	903
18	江西	780

续表

排名	省（自治区、直辖市）	创新企业数量（家）
19	广西	535
20	云南	446
21	山西	412
22	贵州	393
23	黑龙江	340
24	吉林	306
25	甘肃	236
26	海南	223
27	新疆	181
28	宁夏	178
29	内蒙古	168
30	青海	64
31	西藏	30

截至 2021 年 7 月，在超高清视频显示产业创新企业中，国内 31 省市共有国家高新技术企业 27415 家，占国内 31 省市超高清视频显示产业创新企业总量（68291 家）的 40.1%；初创企业 5788 家，占创新企业总量的 8.5%；隐形冠军企业 556 家，占创新企业总量的 0.8%；上市公司 1106 家，占创新企业总量的 1.6%；独角兽企业 90 家，占创新企业总量的 0.1%；专精特新企业 3523 家，占创新企业总量的 5.2%（见图 3）。

图 3　中国超高清视频显示产业特色企业数量分布情况（单位：家）

在超高清视频显示产业创新企业中，专利申请公开量较多的重点企业包括京东方科技集团股份有限公司（13141 件）、华为技术有限公司（6412 件）、TCL 华星光电技术有限公司（5100 件）、中兴通讯股份有限公司（4789 件）、武汉华星光电技术有限公司（2244 件）等。[1]

---

[1] 本处统计的专利申请公开量为申请人本身，不包含其分子公司的专利申请公开量。

从这五家重点企业在超高清视频显示产业布局专利的细分领域来看，京东方科技集团股份有限公司、TCL华星光电技术有限公司和武汉华星光电技术有限公司更加重视产业链上游，即基础层；华为技术有限公司和中兴通讯股份有限公司则更加重视产业链中游和下游，即传输层和应用层。在产业链上游，显示设备是最为重点的细分领域，京东方科技集团股份有限公司、TCL华星光电技术有限公司和武汉华星光电技术有限公司都在显示设备细分领域布局了大量的专利；在产业链中游，互联网传输是最为重点的细分领域，两家重视产业链中游的企业均在互联网传输领域有较多的专利布局；在产业链下游，终端呈现设备是最为重点的细分领域（见图4）。

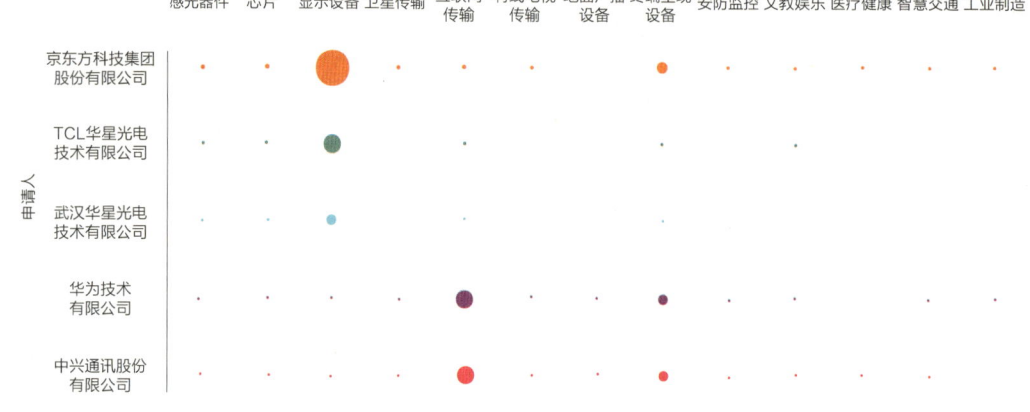

图4 中国超高清视频显示产业重点企业专利技术布局情况

【典型企业——京东方科技集团股份有限公司】

京东方科技集团股份有限公司（BOE）创立于1993年4月，是一家为信息交互和人类健康提供智慧端口产品和专业服务的物联网公司。形成了以半导体显示事业为核心，Mini LED、传感器及解决方案、智慧系统创新、智慧医工事业融合发展的"1+4+N"航母事业群。作为全球显示产业龙头企业，目前全球每四个智能终端就有一块显示屏来自BOE，其超高清、柔性、微显示等解决方案已广泛应用于国内外知名品牌。全球市场调研机构Omdia数据显示，2020年，BOE在智能手机液晶显示屏、平板电脑显示屏、笔记本电脑显示屏、显示器显示屏、电视显示屏等五大应用领域出货量均位列全球第一。

BOE在北京、合肥、成都、重庆、福州、绵阳、武汉、昆明、苏州、鄂尔多斯、固安等地拥有多个制造基地，子公司遍布美国、德国、英国、法国、瑞士、日本、韩国、新加坡、印度、俄罗斯、巴西、阿联酋等19个国家和地区，服务体系覆盖欧、美、亚、非等全球主要地区。

截至2020年，BOE累计可使用专利超7万件，在年度新增专利申请中，发明专利超90%，海外专利超过35%，覆盖美国、欧洲、日本、韩国等多个国家和地区，已连续多年在世界知识产权组织（WIPO）专利排名中位列全球前十。

2.3.2 中国专利布局

截至 2021 年 7 月,中国超高清视频显示产业专利申请公开量共 540960 件,占中国专利申请公开总量(33757841 件)的 1.6%,近五年复合增速达 15.2%。中国超高清视频显示产业专利授权量共 332804 件,占超高清视频显示产业全国专利申请公开总量的 61.5%;有效专利量为 232317 件(见图 5)。

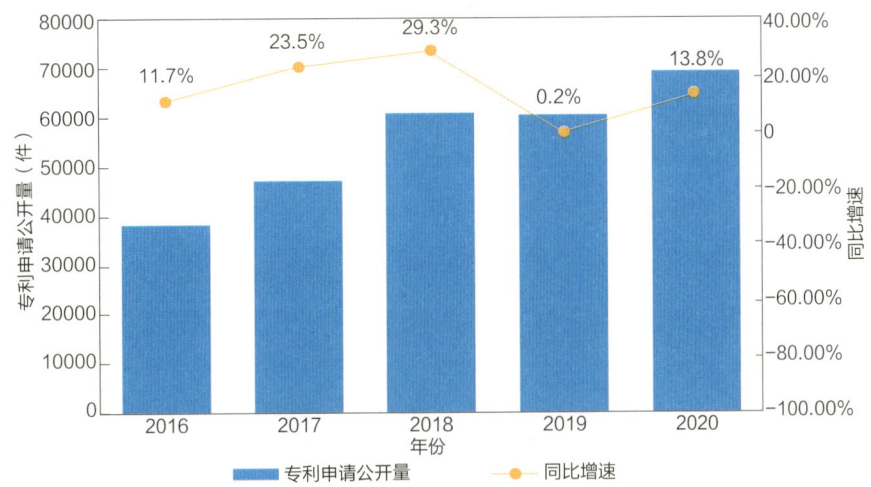

图 5 中国超高清视频显示产业专利申请公开量增长趋势

截至 2021 年 7 月,中国超高清视频显示产业发明专利申请公开量为 367253 件,占中国超高清视频显示产业专利申请公开总量(540960 件)的 67.9%,近五年复合增速达 12.0%。其中,2017 年同比增速最快,同比增长 27.7%(见图 6)。

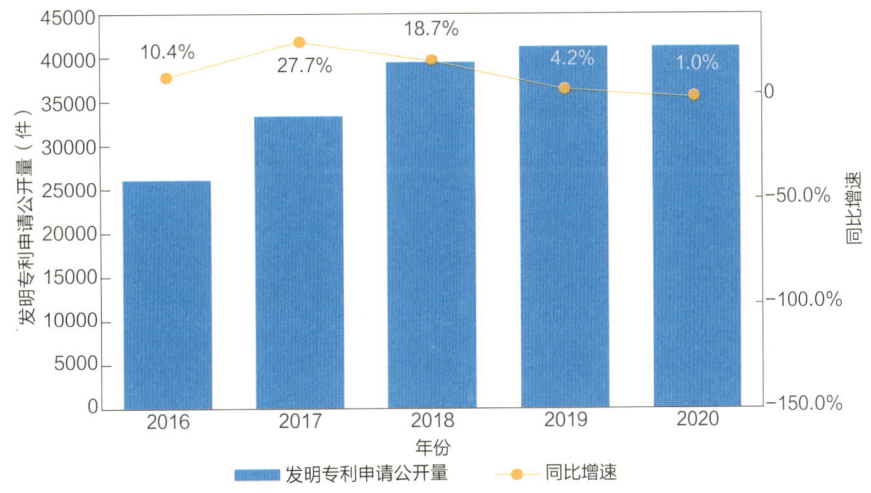

图 6 中国超高清视频显示产业发明专利申请公开量增长趋势

从地域分布情况来看,截至 2021 年 7 月,中国超高清视频显示产业发明专利授权量共 159097 件,主要集中在广东省、北京市、江苏省等经济较发达的地区。其中,国内 31 省市中发明专利授权量排名前五位的省市依次为广东省(24461 件)、北京市(21378 件)、江苏省（9105 件）、上海市（8144 件）和浙江省（6511 件）（见表 5）。

表 5　国内 31 省市超高清视频显示产业发明专利授权量分布情况

排名	省（自治区、直辖市）	发明专利授权量（件）
1	广东	24461
2	北京	21378
3	江苏	9105
4	上海	8144
5	浙江	6511
6	湖北	5537
7	四川	3561
8	山东	3081
9	陕西	2922
10	福建	2353
11	安徽	1836
12	重庆	1269
13	湖南	1219
14	天津	1120
15	河南	1038
16	辽宁	973
17	河北	815
18	黑龙江	794
19	吉林	737
20	广西	427
21	江西	306
22	山西	297
23	云南	155
24	贵州	132
25	甘肃	85
26	内蒙古	69
27	新疆	47
28	海南	38
29	宁夏	28
30	青海	15
31	西藏	8

截至 2021 年 7 月，中国超高清视频显示产业的有效发明专利共 122385 件，其中高

价值专利数量为 117667 件。在中国超高清视频显示产业高价值专利中，属于战略性新兴产业的有效发明专利共有 111855 件，在海外有同族专利权的有效发明专利共有 51758 件，维持年限超过 10 年的有效发明专利共有 29573 件，有质押融资活动的有效发明专利共有 1109 件，获得中国专利奖的有效发明专利共有 146 件。高价值专利数量排名前五位的省市依次为广东省（18780 件）、北京市（17407 件）、江苏省（7877 件）、上海市（5849 件）和浙江省（5538 件）（见图 7）。

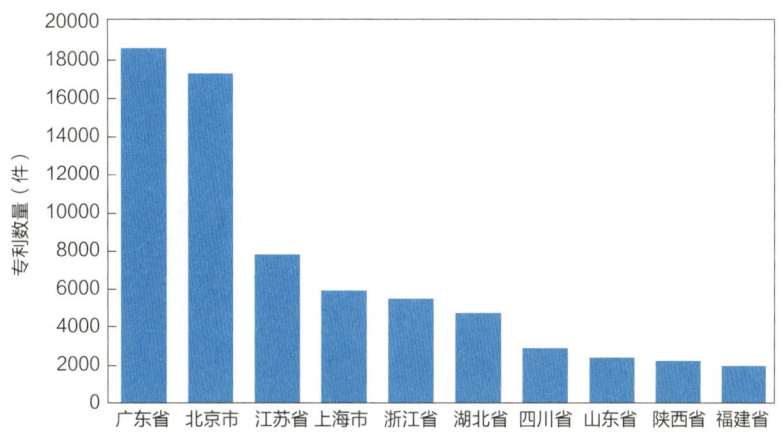

图 7　国内部分省市超高清视频显示产业高价值专利数量分布情况

截至 2021 年 7 月，国内 31 省市超高清视频显示产业创新企业发明专利申请公开量共 193189 件，占中国超高清视频显示产业发明专利申请公开总量（367253 件）的 52.6%。近五年复合增速达 13.9%。其中，2017 年同比增速最快，同比增长 33.0%（见图 8）。发明专利申请公开量较多的企业包括京东方科技集团股份有限公司（11041 件）、华为技术有限公司（6591 件）、TCL 华星光电技术有限公司（4940 件）、中兴通讯股份有限公司（4645 件）、友达光电股份有限公司（3310 件）。

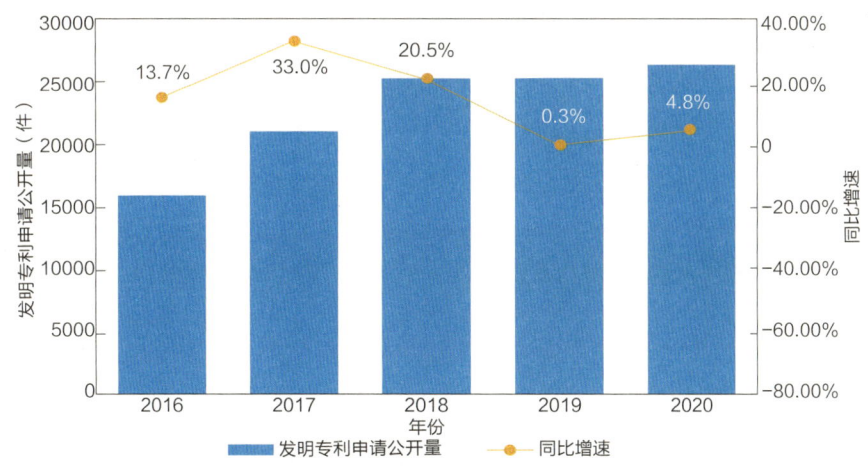

图 8　国内 31 省市超高清视频显示产业创新企业发明专利申请公开量增长趋势

截至 2021 年 7 月，国内 31 省市超高清视频显示产业高校发明专利申请公开量共

44473 件，占中国超高清视频显示产业发明专利申请公开总量（367253 件）的 12.1%。近五年复合增速达 14.5%。其中，2017 年同比增速最快，同比增长 49.2%（见图 9）。发明专利申请公开量较多的高校包括西安电子科技大学（1448 件）、清华大学（1297 件）、北京邮电大学（1183 件）、北京航空航天大学（1144 件）、电子科技大学（1130 件）。

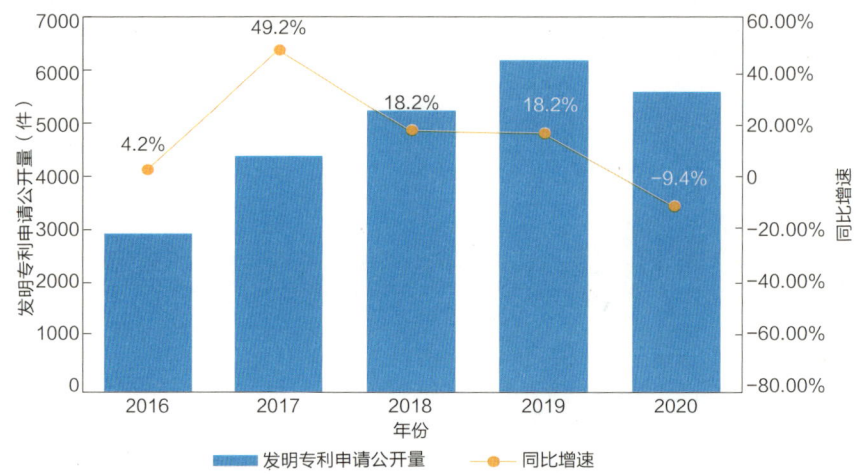

图 9　国内 31 省市超高清视频显示产业高校发明专利申请公开量增长趋势

截至 2021 年 7 月，国内 31 省市超高清视频显示产业科研机构发明专利申请公开量共 9222 件，占中国超高清视频显示产业发明专利申请公开总量（367253 件）的 2.5%。近五年复合增速达 16.2%。其中，2017 年同比增速最快，同比增长 51.6%（见图 10）。发明专利申请公开量较多的科研机构包括中国科学院半导体研究所（489 件）、中国科学院长春光学精密机械与物理研究所（408 件）、中国科学院微电子研究所（210 件）、中国科学院计算技术研究所（183 件）、西安空间无线电技术研究所（180 件）。

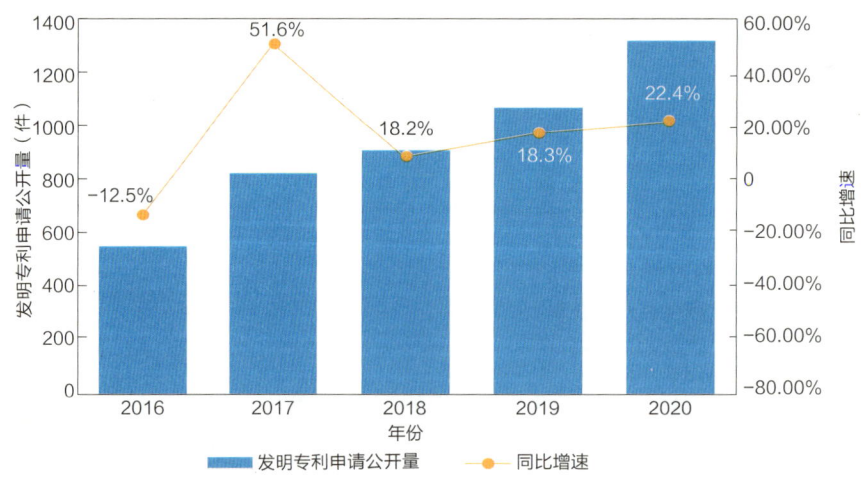

图 10　国内 31 省市超高清视频显示产业科研机构发明专利申请公开量增长趋势

截至 2021 年 7 月，在超高清视频显示产业中，全国涉及产学研合作申请的专利共有 5067 件，占中国超高清视频显示产业专利申请公开总量（540960 件）的 0.9%。涉及产学研合作申请专利量排名前五位的省市依次为北京市（1144件）、广东省（741件）、江苏省（599件）、上海市（296件）和浙江省（258件）（见图11）。

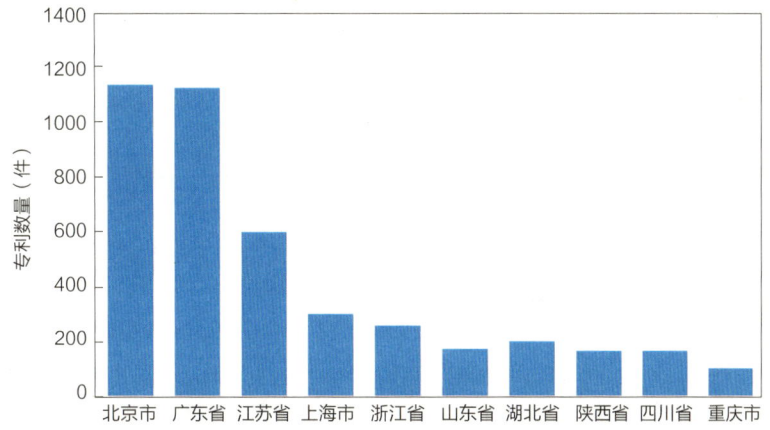

图11 国内部分省市超高清视频显示产业产学研合作申请专利数量分布情况

从超高清视频显示产业的各细分领域来看，全国涉及产学研合作申请的专利主要分布在互联网传输领域和终端呈现设备领域，两者专利数量均超过了1000件（见图12）。

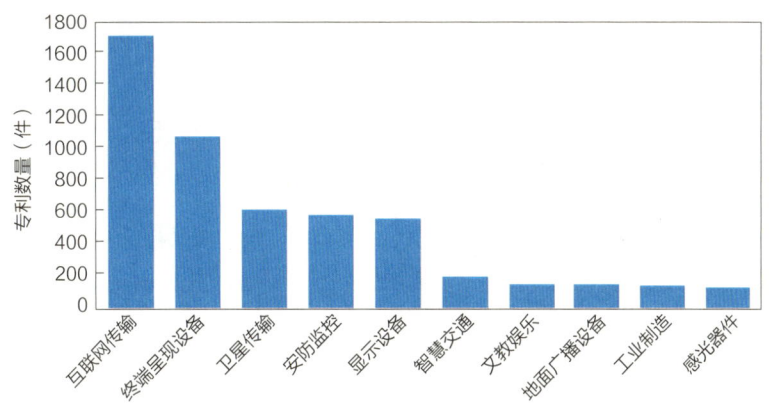

图12 中国超高清视频显示产业产学研合作申请专利领域分布情况

从产学研合作的高校院所来看，清华大学、北京邮电大学、上海交通大学、浙江大学、电子科技大学等与中国超高清视频显示产业的产学研合作较为密切，涉及产学研合作申请的专利数量分别为335件、164件、119件、95件、85件（见表6）。

表6 中国超高清视频显示产业产学研合作重点高校院所清单

序号	高校院所	产学研合作申请的专利数量（件）
1	清华大学	335
2	北京邮电大学	164
3	上海交通大学	119
4	浙江大学	95

续表

序号	高校院所	产学研合作申请的专利数量（件）
5	电子科技大学	85
6	东南大学	84
7	华南师范大学	79
8	华南理工大学	74
9	中国电子科技集团公司第五十四研究所	63
10	武汉大学	63

2.3.3 中国创新人才

截至 2021 年 7 月，国内 31 省市超高清视频显示产业有专利申请活动的创新人才共 632723 人，近五年复合增速达 22.5%。其中，2018 年同比增速最快，同比增长 24.3%（见图 13）。

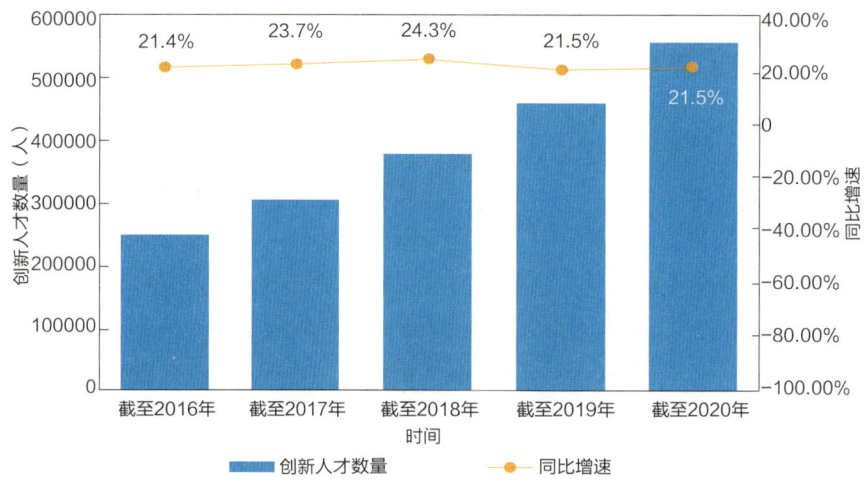

图 13　国内 31 省市超高清视频显示产业创新人才数量增长趋势

从地域分布情况来看，截至 2021 年 7 月，国内 31 省市超高清视频显示产业有专利申请活动的创新人才主要集中在广东省、北京市、江苏省等经济较发达的地区。其中，创新人才数量排名前五位的省市依次为广东省（105730 人）、北京市（95388 人）、江苏省（70045 人）、上海市（42862 人）和浙江省（37600 人）（见表 7）。

表 7　国内 31 省市超高清视频显示产业创新人才数量分布情况

排名	省（自治区、直辖市）	创新人才数量（人）
1	广东	105730
2	北京	95388
3	江苏	70045
4	上海	42862

续表

排名	省（自治区、直辖市）	创新人才数量（人）
5	浙江	37600
6	山东	32683
7	湖北	27585
8	四川	27199
9	陕西	22261
10	安徽	21231
11	河南	19981
12	福建	15448
13	辽宁	12559
14	湖南	12471
15	河北	11775
16	重庆	10829
17	黑龙江	8208
18	吉林	7034
19	广西	6692
20	江西	6364
21	山西	5334
22	云南	5322
23	天津	5184
24	贵州	4176
25	甘肃	2984
26	内蒙古	2317
27	新疆	2227
28	宁夏	1350
29	海南	1201
30	青海	691
31	西藏	168

截至2021年7月，在超高清视频显示产业创新人才中，国内31省市共有国家高层次人才29123人，占国内31省市超高清视频显示产业创新人才总量（632723人）的4.6%；技术高管49204人，占创新人才总量的7.8%；科技企业家31845人，占创新人才总量的5.0%（见图14）。

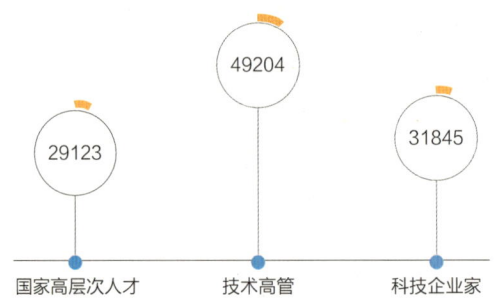

图 14 中国超高清视频显示产业特色人才数据分布情况（单位：人）

从各机构类型创新人才数量分布情况来看，国内 31 省市超高清视频显示产业企业的创新人才数量最多，共计 414662 人，占国内 31 省市超高清视频显示产业创新人才总量的 65.5%。高校的创新人才数量位居其次，共计 137602 人，占国内 31 省市超高清视频显示产业创新人才总量的 21.7%。科研机构创新人才共计 31579 人，事业单位创新人才共计 10243 人，分别占国内 31 省市超高清视频显示产业创新人才总量的 5.0% 和 1.6%（见图 15）。

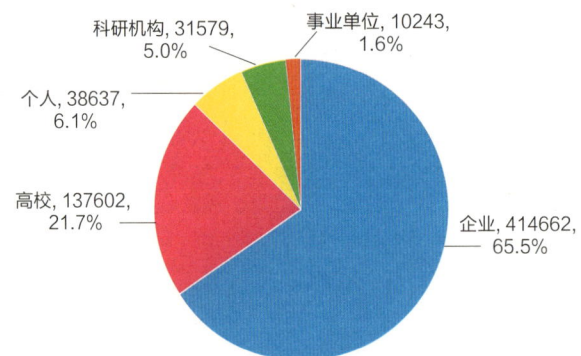

图 15 国内 31 省市超高清视频显示产业各机构类型创新人才数量分布情况（单位：人）

2.4 中国超高清视频显示产业热点及重点技术创新方向

从产业链整体来看，国内 31 省市超高清视频显示产业的发明专利申请公开总量共 264280 件，创新企业总量共 68291 家，创新人才总量共 632723 人，近五年复合增速分别为 13.8%、26.4%、22.5%。

从产业链上中下游来看，产业链下游应用层领域发明专利申请公开量、创新企业数量、创新人才数量的近五年复合增速均高于整个超高清视频显示产业链平均水平，是产业布局的热点，同时产业链下游应用层领域的发明专利申请公开量、创新企业数量、创新人才数量在整个超高清视频显示产业链中占比均为最高，还是产业布局的重点；另外，产业链中游传输层的发明专利申请公开量、创新企业数量、创新人才数量在整个超高清视频显示产业链中占比较高，也是产业布局的重点（见表 8）。

表8 国内31省市超高清视频显示产业链创新要素情况

细分领域		发明专利申请公开		创新企业		创新人才	
产业链上中下	产业链二级	数量（件）	复合增速	数量（家）	复合增速	数量（人）	复合增速
上游	基础层	56405	10.7%	7582	21.9%	67310	20.2%
中游	传输层	105820	11.2%	29766	22.5%	297290	20.0%
下游	应用层	109052	18.0%	44553	30.2%	335841	25.9%

在产业链上游基础层领域，国内31省市发明专利申请公开量、创新企业数量、创新人才数量的近五年复合增速分别为10.7%、21.9%、20.2%。其中，显示设备细分领域发明专利申请公开量的近五年复合增速虽然略低于基础层领域平均水平，但创新企业数量和创新人才数量的近五年复合增速均高出基础层领域平均水平，属于热点细分领域。芯片细分领域创新企业数量的近五年复合增速虽然略低于基础层领域平均水平，但发明专利申请公开量和创新人才数量的近五年复合增速均高出或持平于基础层领域平均水平，也属于热点细分领域。显示设备细分领域在发明专利申请公开量、创新企业数量、创新人才数量上均有大量积累，同时也属于重点细分领域（见表9）。

表9 国内31省市超高清视频显示产业链上游创新要素情况

细分领域		发明专利申请公开		创新企业		创新人才	
产业链二级	产业链三级	数量（件）	复合增速	数量（家）	复合增速	数量（人）	复合增速
基础层	感光器件	6091	19.2%	1279	19.9%	11251	18.9%
	芯片	2028	28.5%	1080	19.2%	5934	20.2%
	显示设备	48821	9.4%	5901	22.5%	53277	20.8%

在产业链中游传输层领域，国内31省市发明专利申请公开量、创新企业数量、创新人才数量的近五年复合增速分别为11.2%、22.5%、20.0%。其中，卫星传输、地面广播设备细分领域发明专利申请公开量、创新企业数量、创新人才数量的近五年复合增速均高于传输层领域平均水平，属于热点细分领域。互联网传输细分领域发明专利申请公开量、创新企业数量、创新人才数量在传输层领域中均占比最高，属于重点细分领域（见表10）。

表10 国内31省市超高清视频显示产业链中游创新要素情况

细分领域		发明专利申请公开		创新企业		创新人才	
产业链二级	产业链三级	数量（件）	复合增速	数量（家）	复合增速	数量（人）	复合增速
传输层	卫星传输	23198	22.5%	8595	27.6%	80580	27.0%
	互联网传输	78031	7.6%	21321	21.8%	206134	18.2%
	有线电视传输	2177	3.6%	2105	13.2%	11034	14.2%
	地面广播设备	4073	16.9%	1794	23.9%	17787	25.9%

在产业链下游应用层领域，国内31省市发明专利申请公开量、创新企业数量、创新人才数量的近五年复合增速分别为18.0%、30.2%、25.9%。其中，安防监控、医疗健康、

智慧交通细分领域发明专利申请公开量、创新企业数量、创新人才数量的近五年复合增速均高于应用层领域平均水平，属于热点细分领域。安防监控细分领域的发明专利申请公开量、创新企业数量、创新人才数量在应用层领域均占比较高，同时也属于重点细分领域。另外，终端呈现设备细分领域在发明专利申请公开量、创新企业数量、创新人才数量上均具有大量积累，也属于重点细分领域（见表11）。

表11 国内31省市超高清视频显示产业链下游创新要素情况

细分领域		发明专利申请公开		创新企业		创新人才	
产业链二级	产业链三级	数量（件）	复合增速	数量（家）	复合增速	数量（人）	复合增速
应用层	终端呈现设备	55366	15.4%	16725	28.1%	152635	25.1%
	安防监控	32463	19.9%	22949	32.4%	132146	27.4%
	文教娱乐	15013	16.3%	9065	28.0%	46746	24.2%
	医疗健康	2675	26.3%	1897	31.8%	10700	29.3%
	智慧交通	8371	27.7%	5415	34.1%	34039	29.9%
	工业制造	4405	20.3%	3695	22.3%	22082	20.5%

第 3 章　广东省超高清视频显示产业创新发展定位与洞察

3.1　广东省超高清视频显示产业政策导向

为了促进和支持超高清视频显示产业稳定发展，广东省发布了《广东省超高清视频产业发展行动计划（2019—2022年）》等一系列政策。2020年5月，广东省人民政府发布《广东省人民政府关于培育发展战略性支柱产业集群和战略性新兴产业集群的意见》，将超高清视频显示产业集群列入十大战略性支柱产业集群，提出要巩固国内领先优势，打造具有全球竞争力的超高清视频显示产业集群的目标。同年9月，广东省工业和信息化厅、广东省发展和改革委员会、广东省科学技术厅、广东省广播电视局、广东省通信管理局等部门联合印发《广东省发展超高清视频显示战略性支柱产业集群加快建设超高清视频产业发展试验区行动计划（2021—2025年）》，对超高清视频显示产业作出了具体规划（见表12）。

表 12　广东省超高清视频显示产业主要政策

发布时间	政策名称	政策内容
2018年	《推动广东省 4K 超高清电视应用与产业发展合作备忘录》	力争用 3 年左右时间，广东省人民政府和国家广播电视总局共同推进全国 4K 超高清应用与产业发展取得显著成效，将广东省打造成以促进 4K 超高清电视应用与产业发展为重点的全国广播影视产业试验田和示范区，为全国 4K 超高清电视发展和广播影视业转型升级积累经验、探索路径。2020 年年底前，4K 超高清节目储备超过 12000 小时，其中符合 HDR、50 帧技术标准的 4K 节目提供量达 3000 小时。全省 4K 电视用户超 2000 万户，其中支持 HDR、50 帧以上的机顶盒用户达 600 万户，支持 AVS2 的机顶盒用户达 500 万户，实现全省 70% 以上用户可收看 4K 电视节目。探索提供 8K 节目服务

续表

发布时间	政策名称	政策内容
2019年	《广东省超高清视频产业发展行动计划（2019—2022年）》	到2022年，超高清视频产业总规模超8000亿元，4K、8K电视终端销量占电视总销量的比例分别超过50%、3.6%；调整现有4个以上频道采取4K超高清方式播出，提供8套以上4K超高清电视频道传输服务，4K超高清节目储备超25000小时，4K用户数达2300万户；全省80%以上家庭可以收看4K电视节目，有线电视和IPTV4K超高清内容服务平台和集成播控平台建设基本完成
2020年	《广东省人民政府关于培育发展战略性支柱产业集群和战略性新兴产业集群的意见》	支持发展OLED、AMOLED、MicroLED、QLED、印刷显示、量子点、柔性显示、石墨烯显示等新型显示产业。推进摄录设备、核心芯片、内容制作、编解码、信号传输、终端显示等关键技术取得突破。以建设超高清视频显示产业发展试验区为契机，促进珠三角核心区超高清视频产业各有侧重、紧密协作，带动沿海经济带和北部生态发展区配套发展上下游产业。巩固国内领先优势，打造具有全球竞争力的超高清视频显示产业集群
2020年	《广东省发展超高清视频显示战略性支柱产业集群加快建设超高清视频产业发展试验区行动计划（2021—2025年）》	到2025年，广东建设超高清视频产业发展试验区成效明显，成为全国超高清视频显示产业发展先行区、示范区，形成规模领先、创新引领、结构优化的产业生态体系，打造具有全球竞争力的超高清视频显示产业集群。超高清视频显示产业不断发展壮大，上下游产业营业收入超过1万亿元，建成3个以上超高清视频产业集群。4K/8K电视机年产量达5000万台，4K/8K电视终端占比超过80%，超高清节目内容储备超过3万小时，成为全球重要的超高清视频全产业链生产制造基地、超高清视频内容制作交易集散地。超高清视频显示产业创新体系逐步完善，前端摄录设备、核心芯片、新型显示等关键环节取得突破，前沿新型产品发展活跃，公共服务能力显著增强，产业链协同创新发展。力争打造2个国家级制造业创新中心，重点龙头企业研发投入强度超过6%。创建5个左右省超高清视频产业园区，建设100个以上超高清视频应用示范项目，形成完善的超高清视频产业链体系，终端整机制造水平进一步提高，前端设备制造能力提升，配套产业同步完善，视频内容供给丰富，网络传输能力增强，行业应用普遍推广，产业链各环节相互促进、协同发展，建立完善的超高清视频产业生态

3.2 广东省超高清视频显示产业创新发展定位

3.2.1 广东省创新企业

截至2021年7月，广东省超高清视频显示产业有专利申请活动的创新企业共16196家，占国内31省市超高清视频显示产业创新企业总量（68291家）的23.7%，在国内31省市中排名第一。近五年广东省超高清视频显示产业创新企业数量复合增速为29.8%，高出国内31省市整体复合增速（26.4%）3.4个百分点（见图16）。

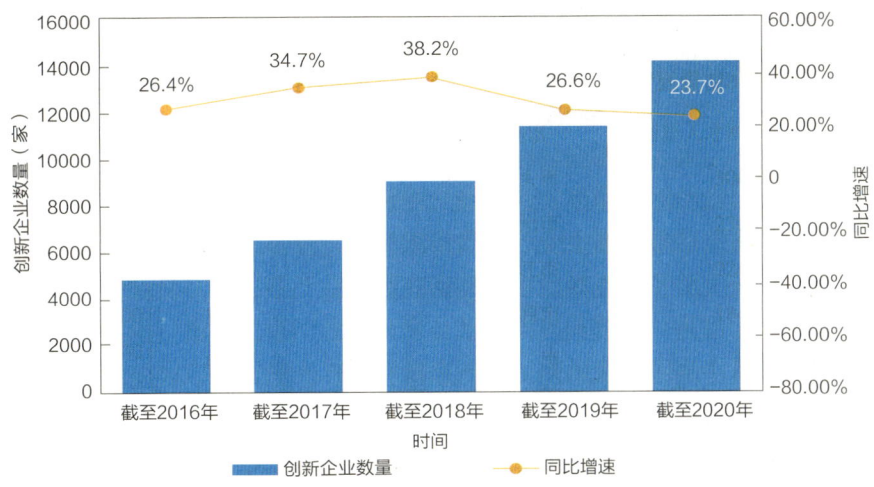

图 16 广东省超高清视频显示产业创新企业数量增长趋势

从地域分布情况来看，截至 2021 年 7 月，广东省超高清视频显示产业有专利申请活动的创新企业主要集中在珠三角地区。其中，创新企业数量排名前五位的地市依次为深圳市（9019 件）、广州市（3415 件）、东莞市（1284 件）、佛山市（658 件）、珠海市（500 件）（见表 13）。

表 13 广东省各地市超高清视频显示产业创新企业数量情况

地区	创新企业数量（家）	省内排名	地区	创新企业数量（家）	省内排名
深圳市	9019	1	河源市	57	12
广州市	3415	2	汕头市	56	13
东莞市	1284	3	梅州市	33	14
佛山市	658	4	湛江市	31	15
珠海市	500	5	揭阳市	25	16
中山市	387	6	潮州市	15	17
惠州市	382	7	云浮市	15	17
江门市	136	8	阳江市	15	17
肇庆市	72	9	汕尾市	14	20
韶关市	63	10	茂名市	13	21
清远市	63	10			

截至 2021 年 7 月，在超高清视频显示产业创新企业中，广东省共有国家高新技术企业 7066 家，占广东省超高清视频显示产业创新企业总量（16196 家）的 43.6%；初创企业 1244 家，占创新企业总量的 7.7%；隐形冠军企业 63 家，占创新企业总量的 0.4%；上市公司 274 家，占创新企业总量的 1.7%；独角兽企业 11 家，占创新企业总量的 0.1%；专精特新企业 225 家，占创新企业总量的 1.4%。

横向对标北京市、上海市、江苏省、浙江省等国内重点省市，在超高清视频显示产业创新企业中，广东省国家高新技术企业、初创企业、隐形冠军企业、上市公司数量均在国内 31 省市中排名第一；独角兽企业数量在国内 31 省市中位列北京市、上海市之后，排名第三；专精特新企业数量在国内 31 省市中排名第七（见表 14）。

表 14　国内重点省市超高清视频显示产业特色企业数量分布情况对标比较

国内 31 省市排名	1	3	5	2	4
省市	广东省	北京市	上海市	江苏省	浙江省
国家高新技术企业数量（家）	7066	2968	1792	3581	1812
国内 31 省市排名	1	2	3	4	5
省市	广东省	北京市	上海市	江苏省	浙江省
初创企业数量（家）	1244	1185	742	738	455
国内 31 省市排名	1	2	6	4	3
省市	广东省	北京市	上海市	江苏省	浙江省
隐形冠军企业数量（家）	63	53	41	47	52
国内 31 省市排名	1	2	5	3	4
省市	广东省	北京市	上海市	江苏省	浙江省
上市公司数量（家）	274	162	90	126	106
国内 31 省市排名	3	1	2	4	5
省市	广东省	北京市	上海市	江苏省	浙江省
独角兽企业数量（家）	11	33	25	7	5
国内 31 省市排名	7	4	1	3	14
省市	广东省	北京市	上海市	江苏省	浙江省
专精特新企业数量（家）	225	319	578	358	67

3.2.2　广东省专利布局

截至 2021 年 7 月，广东省超高清视频显示产业专利申请公开量共 103827 件，占广东省专利公开总量（5302985 件）的 2.0%；近五年复合增速为 22.2%，高出全国复合增速（15.2%）7.0 个百分点。广东省超高清视频显示产业专利授权量共 67420 件，占广东省超高清视频显示产业专利申请公开总量的 64.9%；有效专利量为 49713 件（见图 17）。

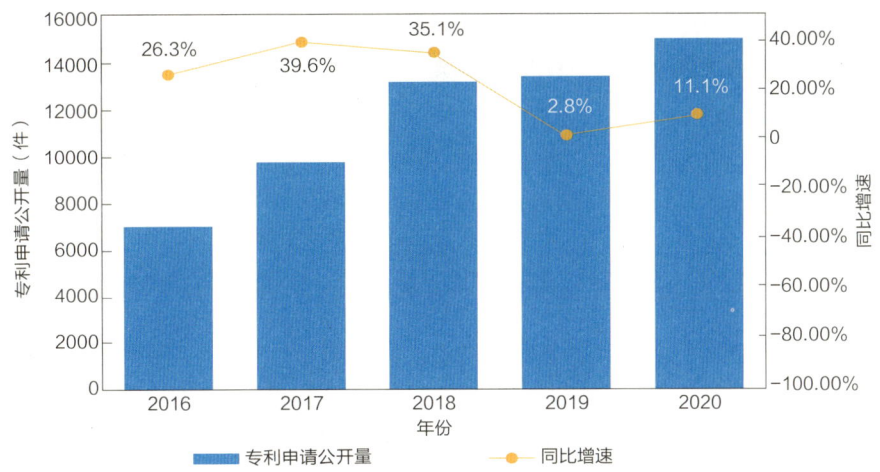

图 17　广东省超高清视频显示产业专利申请公开量增长趋势

截至 2021 年 7 月，广东省超高清视频显示产业发明专利申请公开量共 60868 件，占广东省超高清视频显示产业专利申请公开量（103827 件）的 58.6%，近五年复合增速为 18.2%，高出全国复合增速（12.0%）6.2 个百分点（见图 18）。

图 18　广东省超高清视频显示产业发明专利申请公开量增长趋势

截至 2021 年 7 月，广东省超高清视频显示产业发明专利授权量共 24461 件，占全国超高清视频显示产业发明专利授权总量（159097 件）的 15.4%，在国内 31 省市中排名第一。

从地域分布情况来看，广东省超高清视频显示产业发明专利授权量主要集中在珠三角地区。其中，发明专利授权量排名前五位的地市依次为深圳市（18947 件）、广州市（2640 件）、东莞市（1197 件）、惠州市（542 件）、珠海市（360 件）（见表 15）。

表 15　广东省各地市超高清视频显示产业发明专利授权量情况

地区	发明专利授权量（件）	省内排名	地区	发明专利授权量（件）	省内排名
深圳市	18947	1	河源市	26	11
广州市	2640	2	潮州市	18	12
东莞市	1197	3	肇庆市	17	13
惠州市	542	4	茂名市	9	14
珠海市	360	5	清远市	8	15
佛山市	320	6	梅州市	7	16
汕尾市	138	7	湛江市	6	17
中山市	99	8	云浮市	3	18
汕头市	69	9	韶关市	3	18
江门市	51	10	揭阳市	1	20

截至 2021 年 7 月，广东省超高清视频显示产业的有效发明专利共 19905 件。其中，高价值专利共 18780 件，占全国超高清视频显示产业高价值专利总量（117667 件）的 16.0%，在国内 31 省市中排名第一。在广东省超高清视频显示产业高价值专利中，属于战略性新兴产业的有效发明专利共 17770 件，在海外有同族专利权的有效发明专利共 7458 件，维持年限超过 10 年的有效发明专利共 3791 件，有质押融资活动的有效发明专利共 444 件，获得中国专利奖的有效发明专利共 42 件。

横向对标北京市、上海市、江苏省、浙江省等国内重点省市，在超高清视频显示产业高价值专利中，广东省属于战略性新兴产业的有效发明专利、在海外有同族专利权的有效发明专利、维持年限超过 10 年的有效发明专利、有质押融资活动的有效发明专利、获得中国专利奖的有效发明专利数量均在国内 31 省市中排名第一（见表 16）。

表 16　国内重点省市超高清视频显示产业高价值专利数量分布情况对标比较

国内 31 省市排名	1	2	4	3	5
省市	广东省	北京市	上海市	江苏省	浙江省
属于战略性新兴产业的有效发明专利（件）	17770	16951	5739	7730	5481

国内 31 省市排名	1	2	4	5	6
省市	广东省	北京市	上海市	江苏省	浙江省
在海外有同族专利权的有效发明专利（件）	7458	4700	964	725	349

国内 31 省市排名	1	2	4	3	5
省市	广东省	北京市	上海市	江苏省	浙江省
维持年限超过 10 年的有效发明专利（件）	3791	2208	889	1181	772

国内 31 省市排名	1	2	8	3	4
省市	广东省	北京市	上海市	江苏省	浙江省

续表

有质押融资活动的有效发明专利（件）	444	158	31	138	65
国内31省市排名	1	2	8	3	5
省市	广东省	北京市	上海市	江苏省	浙江省
获得中国专利奖的有效发明专利（件）	42	28	3	25	8

截至2021年7月，广东省超高清视频显示产业创新企业发明专利申请公开量共54341件，占广东省超高清视频显示产业发明专利申请公开总量（60868件）的89.3%；近五年复合增速为19.0%，高出全国超高清视频显示产业创新企业发明专利申请公开量复合增速（13.9%）5.1个百分点（见图19）。发明专利申请公开量较多的创新企业包括华为技术有限公司（6591件）、TCL华星光电技术有限公司（4940件）、中兴通讯股份有限公司（4645件）等。

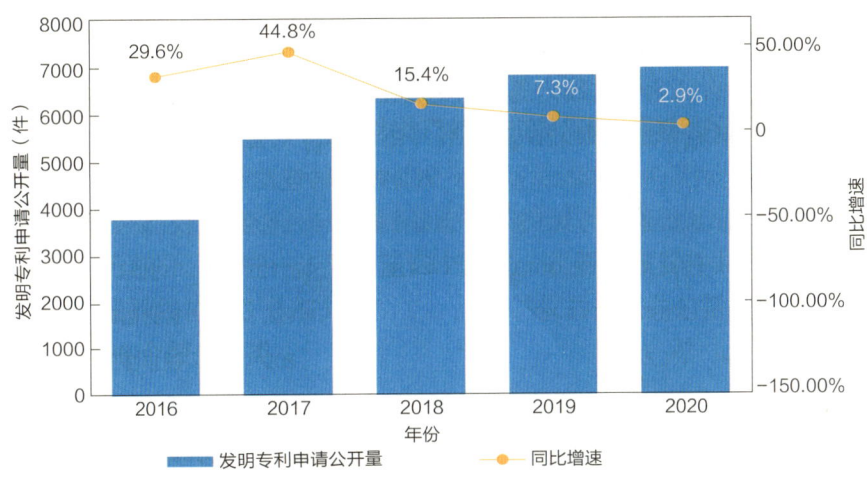

图19　广东省超高清视频显示产业创新企业发明专利申请公开量增长趋势

截至2021年7月，广东省超高清视频显示产业高校发明专利申请公开量共3234件，占广东省超高清视频显示产业发明专利申请公开总量（60868件）的5.3%；近五年复合增速为19.8%，高出全国超高清视频显示产业高校发明专利申请公开量复合增速（14.5%）5.3个百分点（见图20）。发明专利申请公开量较多的高校包括华南理工大学（613件）、中山大学（509件）、广东工业大学（329件）等。

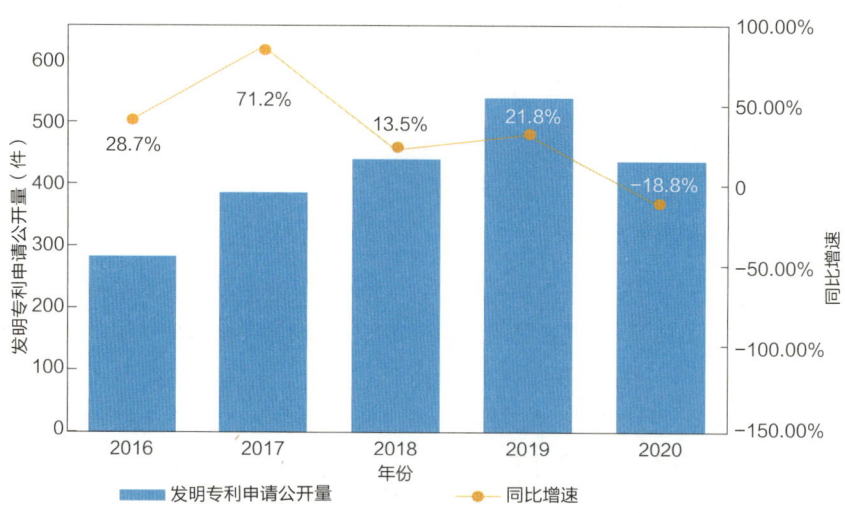

图20　广东省超高清视频显示产业高校发明专利申请公开量增长趋势

截至 2021 年 7 月，广东省超高清视频显示产业科研机构发明专利申请公开量共 744 件，占广东省超高清视频显示产业发明专利申请公开总量（60868 件）的 1.2%；近五年复合增速为 9.5%，低于全国超高清视频显示产业科研机构发明专利申请公开量复合增速（16.2%）6.7 个百分点（见图 21）。发明专利申请公开量较多的深圳先进技术研究院（93 件）、中国科学院深圳先进技术研究院（73 件）、深圳光启高等理工研究院（41 件）等。

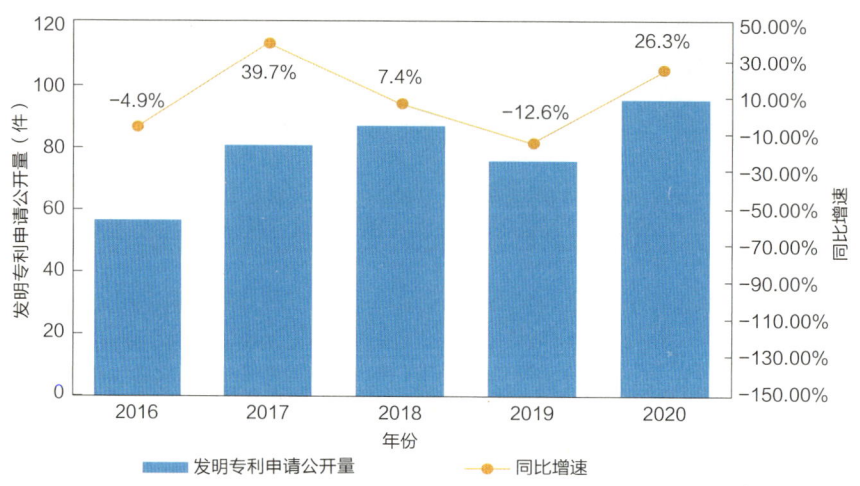

图21　广东省超高清视频显示产业科研机构发明专利申请公开量增长趋势

截至 2021 年 7 月，在超高清视频显示产业中，广东省涉及产学研合作申请的专利共 741 件，占全国涉及产学研合作申请专利总量（5067 件）的 14.6%，在国内 31 省市中仅次于北京市排名第二。

从超高清视频显示产业的各细分领域来看，广东省涉及产学研合作申请的专利主要分布在互联网传输领域，专利数量为 327 件。其次是终端呈现设备和显示设备领域，专利数量分别为 124 件和 93 件（见图 22）。

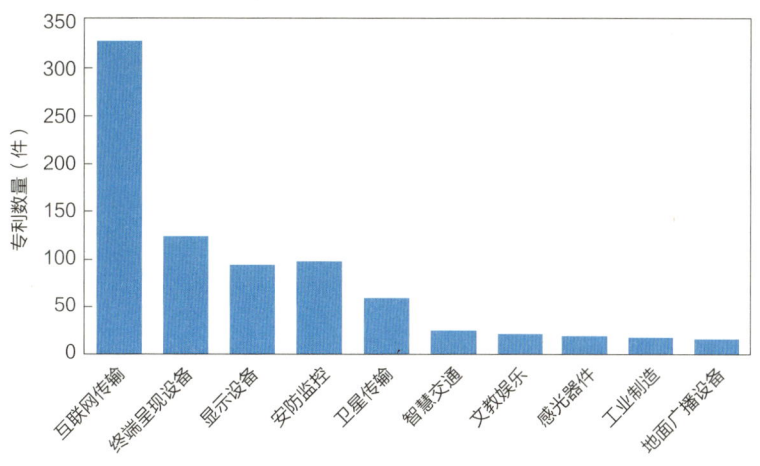

图 22　广东省超高清视频显示产业产学研合作申请专利领域分布情况

从产学研合作的高校院所来看，华南师范大学、华南理工大学、中山大学、深圳光启高等理工研究院、深圳市国华光电研究院等在广东省超高清视频显示产业中的产学研合作较为密切，涉及产学研合作申请的专利数量分别为 77 件、74 件、55 件、52 件、41 件（见表 17）。

表 17　广东省超高清视频显示产业产学研合作重点高校院所清单

序号	高校院所	产学研合作申请的专利数量（件）
1	华南师范大学	77
2	华南理工大学	74
3	中山大学	55
4	深圳光启高等理工研究院	52
5	深圳市国华光电研究院	41

截至 2021 年 7 月，在超高清视频显示产业中，国内 31 省市海外布局专利共 58332 件；其中，广东省海外布局专利共 29658 件，占国内 31 省市海外布局专利总量的 50.8%，在国内 31 省市中排名第一。广东省海外布局的区域主要包括美国（7482 件）、欧洲（3311 件）和日本（1198 件）等。

从超高清视频显示产业的各细分领域来看，广东省海外布局专利主要分布在互联网传输（11172 件）、显示设备（10645 件）、终端呈现设备（5727 件）等领域（见图 23）。

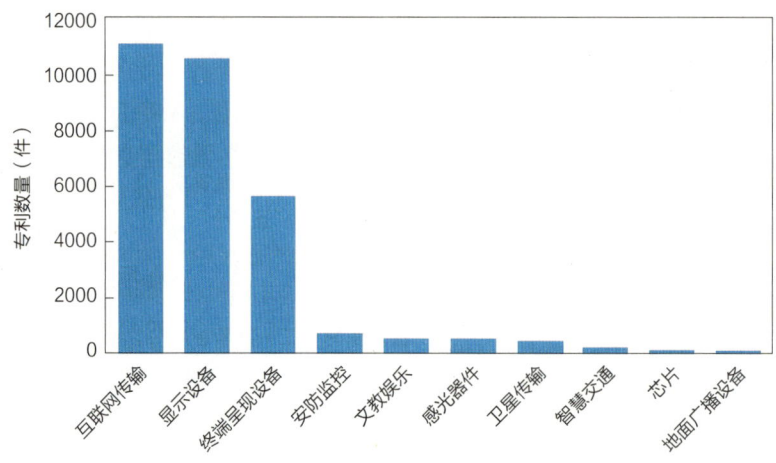

图 23 广东省超高清视频显示产业海外布局专利领域分布情况

3.2.3 广东省创新人才

截至 2021 年 7 月,广东省超高清视频显示产业有专利申请活动的创新人才共 105730 人,占国内 31 省市超高清视频显示产业创新人才总量(632723 人)的 16.7%,在国内 31 省市中排名第一。近五年广东省超高清视频显示产业创新人才数量复合增速为 21.5%,低于国内 31 省市整体复合增速(22.5%)1.0 个百分点(见图 24)。

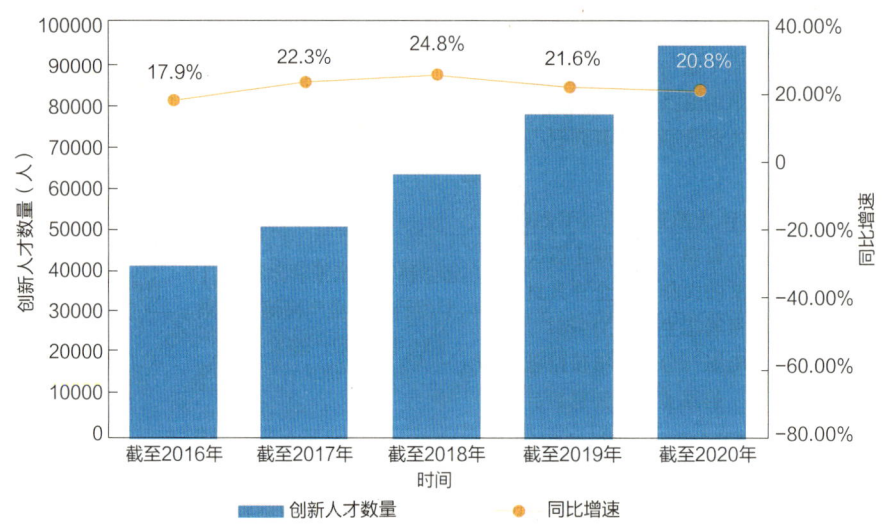

图 24 广东省超高清视频显示产业创新人才数量增长趋势

从地域分布情况来看,截至 2021 年 7 月,广东省超高清视频显示产业有专利申请活动的创新人才主要集中在珠三角地区。其中,创新人才数量排名前五位的地市依次为深圳市(58170 人)、广州市(25705 人)、东莞市(6009 人)、佛山市(3392 人)、珠海市(3240 人)(见表 18)。

表 18　广东省各地市超高清视频显示产业创新人才数量情况

地区	创新人才数量（人）	省内排名	地区	创新人才数量（人）	省内排名
深圳市	58170	1	河源市	306	12
广州市	25705	2	肇庆市	304	13
东莞市	6009	3	清远市	300	14
佛山市	3392	4	韶关市	299	15
珠海市	3240	5	梅州市	280	16
惠州市	3076	6	茂名市	188	17
中山市	1815	7	潮州市	144	18
江门市	753	8	揭阳市	134	19
汕尾市	654	9	阳江市	121	20
汕头市	571	10	云浮市	108	21
湛江市	338	11			

截至 2021 年 7 月，在超高清视频显示产业创新人才中，广东省共有国家高层次人才 2436 人，占广东省超高清视频显示产业创新人才总量（105730 人）的 2.3%；技术高管 12257 人，占创新人才总量的 11.6%；科技企业家 8061 人，占创新人才总量的 7.6%。

横向对标北京市、上海市、江苏省、浙江省等国内重点省市，在超高清视频显示产业创新人才中，广东省国家高层次人才数量在国内 31 省市中仅次于北京市和江苏省，排名第三；技术高管、科技企业家数量均在国内 31 省市中排名第一（见表 19）。

表 19　国内重点省市超高清视频显示产业特色人才数量分布情况对标比较

国内 31 省市排名	3	1	4	2	7
省市	广东省	北京市	上海市	江苏省	浙江省
国家高层次人才数量（人）	2436	5947	2138	3309	1549
国内 31 省市排名	1	4	5	2	3
省市	广东省	北京市	上海市	江苏省	浙江省
技术高管数量（人）	12257	3940	3397	7352	3735
国内 31 省市排名	1	3	5	2	4
省市	广东省	北京市	上海市	江苏省	浙江省
科技企业家数量（人）	8061	2310	2110	4821	2438

从各机构类型创新人才数量分布情况来看，广东省超高清视频显示产业企业的创新人才数量最多，共计 88416 人，占广东省超高清视频显示产业创新人才总量（105730 人）的 83.6%。高校的创新人才数量位居其次，共计 8600 人，占广东省超高清视频显示产业创新人才总量的 8.1%。科研机构的创新人才共计 2380 人，事业单位的创新人才共计 740 人，分别占广东省超高清视频显示产业创新人才总量的 2.3% 和 0.7%（见图 25）。

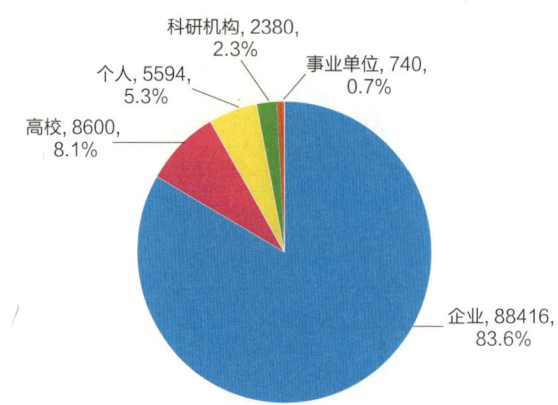

图25 广东省超高清视频显示产业各机构类型创新人才数量分布情况（单位：人）

3.3 广东省超高清视频显示产业创新发展洞察

3.3.1 广东省产业链集聚结构

3.3.1.1 整体布局

广东省超高清视频显示产业链覆盖全面，并且在中国超高清视频显示产业布局的热点和重点环节具有众多的企业和人才，布局了大量发明专利，整体来看，产业链布局合理。

综合发明专利授权量、创新企业数量、创新人才数量及各自在国内31省市中的排名情况来看，广东省在超高清视频显示产业链下游优势明显，发明专利授权量、创新企业数量和创新人才数量均在国内31省市中排名第一。而在产业链上游的发明专利授权数量、产业链中游的创新人才数量均在国内31省市中排名第二，仍有进一步上升的空间（见表20）。

表20 广东省超高清视频显示产业链创新要素情况

产业链上中下游	产业链二级	发明专利授权		创新企业		创新人才	
		数量（件）	国内31省市排名	数量（家）	国内31省市排名	数量（人）	国内31省市排名
上游	基础层	6765	2	2250	1	17250	1
中游	传输层	10404	1	6435	1	45707	2
下游	应用层	7820	1	10356	1	54588	1

3.3.1.2 优势环节

综合广东省超高清视频显示产业各细分领域发明专利授权量、创新企业数量、创新人才数量及各自在国内31省市的排名情况来看，广东省在芯片、互联网传输、有线电视传输、终端呈现设备、安防监控、文教娱乐、医疗健康、智慧交通细分领域的发明专利授权量、创新企业数量、创新人才数量均在国内31省市中排名第一，优势明显。显示设备细分领域的发明专利授权量、创新企业数量均在国内31省市中排名第二，创新人才数量在国内31省市中排名第一，也具备一定优势（见表21）。

表 21 广东省超高清视频显示产业优势领域创新要素情况

细分领域	发明专利授权		创新企业		创新人才	
产业链三级	数量（件）	国内排名	数量（家）	国内排名	数量（人）	国内排名
芯片	185	1	350	1	1509	1
显示设备	6275	2	2192	2	14977	1
互联网传输	9167	1	4759	1	34553	1
有线电视传输	151	1	450	1	1830	1
终端呈现设备	5027	1	4363	1	26094	1
安防监控	1486	1	4685	1	20216	1
文教娱乐	1038	1	2544	1	9524	1
医疗健康	124	1	468	1	1850	1
智慧交通	381	1	1179	1	4912	1

3.3.1.3 潜力环节

综合广东省超高清视频显示产业各细分领域发明专利申请公开量、创新企业数量、创新人才数量及各自的近五年复合增速来看，广东省在卫星传输、地面广播设备、工业制造细分领域发明专利申请公开量的近五年复合增速均在 19% 以上，创新企业数量的近五年复合增速均在 22% 以上，创新人才数量的近五年复合增速均在 25% 以上，发展势头良好，未来潜力较大（见表 22）。

表 22 广东省超高清视频显示产业潜力领域创新要素情况

细分领域	发明专利申请公开		创新企业		创新人才	
产业链三级	数量（件）	复合增速	数量（家）	复合增速	数量（人）	复合增速
卫星传输	3492	31.2%	8595	27.6%	9756	28.4%
地面广播设备	461	31.0%	1794	23.9%	1630	27.5%
工业制造	619	19.5%	3695	22.3%	2486	25.5%

3.3.1.4 薄弱环节

综合广东省超高清视频显示产业各细分领域发明专利授权量、创新企业数量、创新人才数量及各自在国内 31 省市中的排名情况来看，广东省在感光器件领域发明专利授权量和创新人才数量均排在国内 31 省市中第四位（见表 23），稍显不足，但其发明专利申请公开量的近五年复合增速高达 62.3%，具有良好的发展势头。

表 23 广东省超高清视频显示产业薄弱领域创新要素情况

细分领域	发明专利授权		创新企业		创新人才	
产业链三级	数量（件）	国内排名	数量（家）	国内排名	数量（人）	国内排名
感光器件	348	4	260	2	1451	4

3.3.1.5 风险环节

在新兴技术和新增需求的带动下，超高清视频显示产业正处于新的发展阶段，中国市场地位突出,是国外公司专利布局的重点方向。通过分析国外在华发明专利申请公开量的增速,并结合国内外专利权人在华有效发明专利量的对比,有助于判断产业链各技术领域是否面临风险,具体分析模型为:

当某细分领域国外在华发明专利申请公开量的近五年复合增速大于或等于产业链整体国外在华发明专利申请公开量的近五年复合增速,或者某细分领域国外专利权人在华有效发明专利量大于该细分领域国内专利权人在华有效发明专利量时,则判定该细分领域为风险产业。

截至2021年7月,在超高清视频显示产业中,国外在华发明专利申请公开量共5419件,占全国超高清视频显示产业发明专利申请公开总量(41504件)的13.1%,近五年复合增速为4.6%,低于全国复合增速(12.0%)7.4个百分点。国外专利权人在华有效发明专利量为33286件,占全国超高清视频显示产业有效发明专利总量(122385件)的27.2%。

从超高清视频显示产业的各细分领域来看,感光器件、芯片、卫星传输、地面广播设备、终端呈现设备、医疗健康、智慧交通细分领域国外在华发明专利申请公开量的近五年复合增速大于超高清视频显示产业链整体国外在华发明专利申请公开量的近五年复合增速,属于风险细分领域。其中,感光器件、医疗健康细分领域国外专利权人在华有效发明专利量同时也大于国内专利权人在华有效发明专利量,需要重点关注(见表24)。

表24 超高清视频显示产业链风险领域分布情况

细分领域	细分领域国外在华发明专利申请公开量近五年复合增速		细分领域国外专利权人在华有效发明专利		风险领域
产业链三级	复合增速	大于或等于产业链整体国外在华发明专利申请公开量近五年复合增速	数量(件)	大于细分领域国内专利权人有效发明专利量	
感光器件	8.4%	是	3466	是	是
芯片	4.7%	是	321	否	是
显示设备	3.6%	否	14011	否	否
卫星传输	10.5%	是	904	否	是
互联网传输	1.3%	否	7990	否	否
有线电视传输	-2.8%	否	211	否	否
地面广播设备	7.4%	是	185	否	是
终端呈现设备	9.4%	是	4109	否	是
安防监控	-2.7%	否	1083	否	否
文教娱乐	-0.4%	否	799	否	否
医疗健康	8.1%	是	450	是	是
智慧交通	16.7%	是	715	否	是
工业制造	0.4%	否	253	否	否

3.3.2 广东省技术供应链分析
3.3.2.1 技术转移情况

截至 2021 年 7 月，在超高清视频显示产业中，全国涉及转让的专利共 40439 件；其中，广东省涉及转让的专利共 9606 件，占全国涉及转让专利总量的 23.8%，在国内 31 省市中排名第一。

从超高清视频显示产业的各细分领域来看，广东省涉及转让的专利主要分布在互联网传输（3096 件）、显示设备（1971 件）、终端呈现设备（1914 件）等领域（见图 26）。

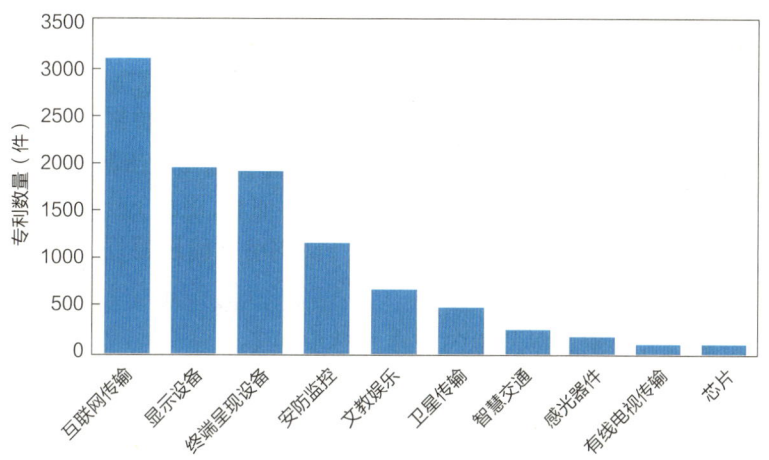

图 26　广东省超高清视频显示产业涉及转让专利领域分布情况

广东省超高清视频显示产业的专利转让活动主要发生在省内，共涉及专利 5236 件。在与外地进行的专利转让活动方面，广东省向外地出让的专利共 2582 件，出让专利的受让人主要分布在江苏省（676 件）、北京市（217 件）、浙江省（213 件）；广东省从外地受让的专利共 2764 件，受让专利的出让人主要分布在江苏省（523 件）、北京市（375 件）、浙江省（325 件）（见图 27）。

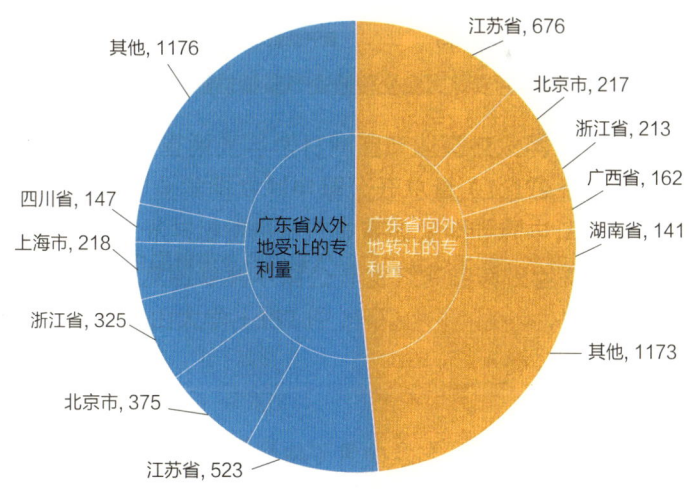

图 27　广东省超高清视频显示产业与外地进行专利转让活动情况（单位：件）

3.3.2.2 专利许可情况

截至 2021 年 7 月，在超高清视频显示产业中，全国涉及许可的专利共 3249 件；其中，广东省涉及许可的专利共 845 件，占全国涉及许可专利总量的 26.0%，在国内 31 省市中排名第二，排名第一的是北京市（992 件）。

从超高清视频显示产业的各细分领域来看，广东省涉及许可的专利主要分布在互联网传输（281 件）、终端呈现设备（189 件）、显示设备（114 件）等领域（见图 28）。

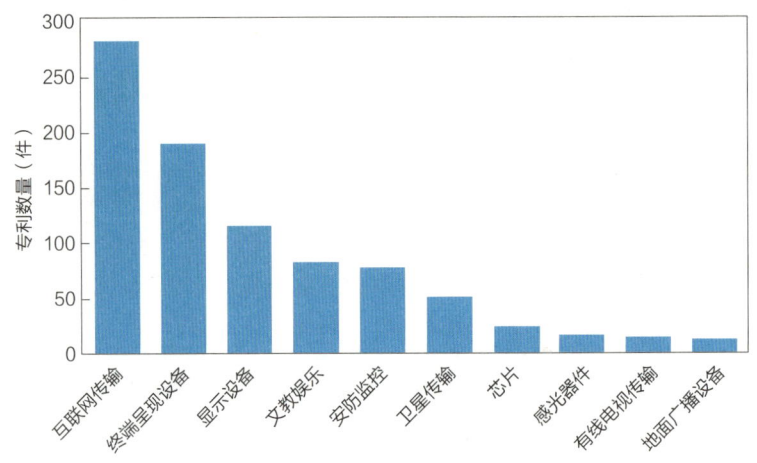

图 28 广东省超高清视频显示产业涉及许可专利领域分布情况

广东省超高清视频显示产业的专利许可活动主要发生在省内，共涉及专利 474 件。在与外地进行的专利许可活动方面，广东省对外地许可的专利共 159 件，许可专利的被许可人主要分布在陕西省（29 件）、北京市（20 件）、国外（14 件）；广东省被外地许可的专利共 214 件，被许可专利的许可人主要分布在国外（57 件）、台湾省（29 件）、北京市（17 件）（见图 29）。

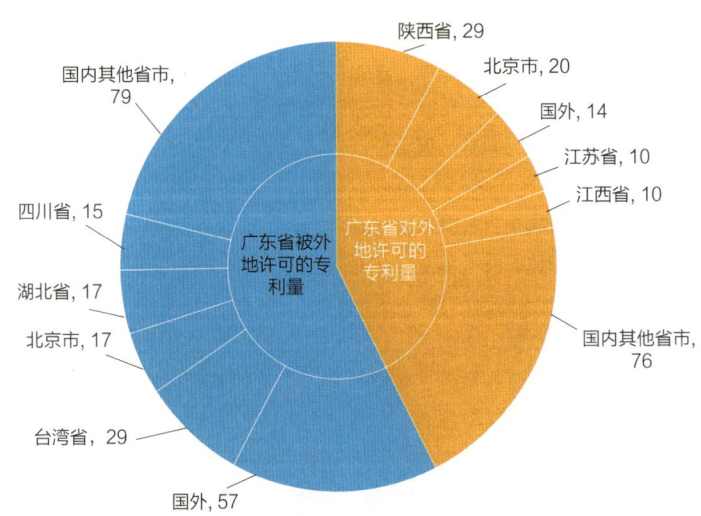

图 29 广东省超高清视频显示产业与外地进行专利许可活动情况（单位：件）

3.3.2.3 专利质押情况

截至 2021 年 7 月,在超高清视频显示产业中,全国涉及质押的专利共 2653 件;其中,广东省涉及质押的专利共 838 件,占全国涉及质押的专利总量的 31.6%,在国内 31 省市中排名第一。

从超高清视频显示产业的各细分领域来看,广东省涉及质押的专利主要分布在显示设备(270 件)、终端呈现设备(173 件)、互联网传输(156 件)等领域(见图 30)。

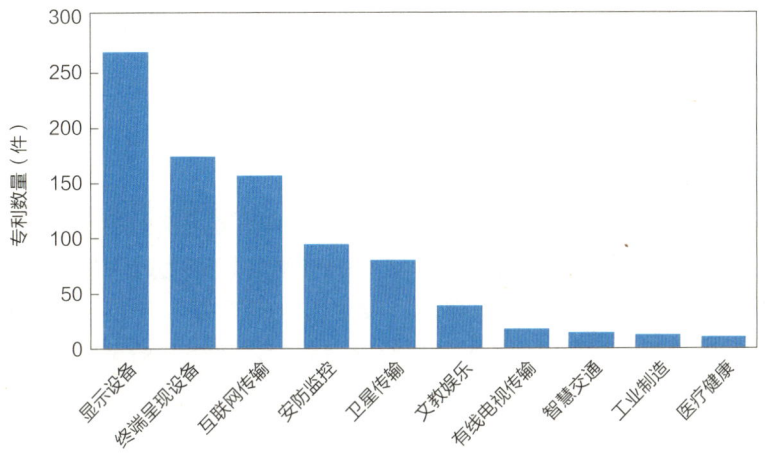

图 30 广东省超高清视频显示产业涉及质押专利领域分布情况

第4章 广东省超高清视频显示产业创新发展路径建议

超高清视频和新型显示技术不断升级发展，超高清视频成为信息呈现、传播、存储的重要载体，超高清视频显示产业成为推动网络技术、先进制造和信息消费发展的有力支撑。广东省在全国率先发力4K产业取得显著成效，成功举办中国超高清视频（4K）产业发展大会、世界超高清视频（4K/8K）产业发展大会，成功开播全国首个省级4K频道，获得工业和信息化部、国家广播电视总局联合授予全国首个"超高清视频产业发展试验区"，4K电视机产量、机顶盒产量、电视面板产能均位居全国前列。以京东方、华为等为代表的行业龙头纷纷抢占产业技术制高点，产业链上下游的企业正加速在超高清视频显示产业的技术布局，集聚了雄厚的技术实力。同时，广东省汇聚了大量超高清视频显示领域的高端人才，以中山大学、华南理工大学等为代表的高校院所为本地提供了丰富的产学研资源，这些得天独厚的条件都将加速广东省超高清视频显示产业的发展。广东省雄厚丰沛的企业、人才资源和完整的产业链布局为广东省发展超高清视频显示产业提供了"常量"，而AI、5G等新兴技术的加速融合，是带动超高清视频显示产业发展取得突破的关键"变量"。广东省应稳住常量，抓好变量，把握超高清视频显示产业发展的战略性机遇，推动超高清视频显示产业快速发展，形成规模领先、创新引领、结构优化的产业生态体系，打造具有全球竞争力的超高清视频显示产业集群。

4.1 产业布局优化路径

以"固链、强链、补链、延链"为重点，以提升区域产业技术创新能力和核心竞争力为目标，基于知识产权大数据情报分析，对产业链的构成和产业融合载体分布情况进行梳理，引导创新资源向产业链上下游集聚，打造超高清视频显示产业发展高地。对于本地产业优势细分领域，主要通过研发创新、核心技术攻关、专利布局以及技术合作等手段巩固区域产业优势。对于本地产业链劣势环节，可考虑结合政策驱动、人才引进、对外合作等加以提升。

首先，实施固链工程。广东省超高清视频显示产业基础设施完善、产业链覆盖全面。建议广东省继续巩固国内领先优势，在芯片、显示设备、互联网传输、有线电视传输、终端呈现设备、安防监控、文教娱乐、医疗健康、智慧交通等产业环节不断有所突破，抢占产业技术高地和话语权。以建设超高清视频显示产业发展试验区为契机，促进珠三角核心区超高清视频产业各有侧重、紧密协作，带动沿海经济带和北部生态发展区配套发展上下游产业。

其次，实施强链工程。继续增强卫星传输、地面广播设备、工业制造等产业潜力环节，不断提升广东省超高清视频显示产业的竞争实力。

再次，实施补链工程。针对广东省超高清视频显示产业链的薄弱环节，在感光器件等领域加大研发投入，同时可以考虑引进国内外行业巨头进行落户研发。

最后，实施延链工程。针对广东省超高清视频显示产业链特点，促进AI、5G等新兴技术与超高清视频显示产业的深度融合，大力挖掘文教娱乐、安防监控、医疗影像、工业制造、时尚创意、商业展示等重点行业超高清视频应用场景，突破产业瓶颈，延展产业链条，扩大产业规模。

以粤港澳大湾区建设为契机，深化同香港、澳门超高清视频显示产业的相关合作，加快推进超高清视频显示产业一体化布局和各类高端要素对接，协同促进超高清视频显示产业高质量发展。借助粤港澳大湾区优质资源，促进珠三角核心区超高清视频产业各有侧重、紧密协作。依托广州、佛山、惠州打造世界级超高清视频显示产业集群，广州重点发展新型显示制造、内容制作产业等，打造世界显示之都、超高清视频应用示范区、超高清视频产业内容制作基地；佛山积极发展超高清应用产品生产；惠州重点发展终端垂直一体化制造，推广扩大超高清视频示范应用。深圳以建设中国特色社会主义先行示范区为契机，重点发展核心器件、整机产品、关键技术及标准等，建设具有全球影响力的超高清视频技术创新策源地。珠海、中山、东莞根据各自产业特点发展特色产业，带动汕头、湛江等沿海经济带地市和韶关、梅州等北部生态发展区地市配套发展超高清视频上下游产业。

兼顾超高清视频显示产业链布局和企业特色，提高各项知识产权政策的针对性，因企施策，分类指导，引导企业建立以质量为导向的知识产权创造机制，建立与市场控制需要相匹配的专利布局，着重加强美国、欧洲等主要出口市场的海外布局，加强标准必要专利培育，加快培育超高清视频显示产业知识产权优势企业。在超高清视频显示领域，除了"头部企业"之外，注重有价值、有前途的技术型初创企业，进一步扩展产业链掌控能力。组建省超高清视频产业联盟，联合省内相关行业协会，坚持"引进来"和"走出去"相结合的原则，充分发挥其整合行业资源的优势，推进技术、资金、人才等资源互动，引进国际领先企业前端摄像设备先进技术，加强节目内容版权的国际合作。举办世界超高清视频产业发展大会，拓宽国际交流与合作渠道，加强与超高清视频产业发达国家和地区、跨国公司及产业联盟的交流合作，支持国内外相关企业共同推动超高清视频产业发展。

企业最具有创新能力的核心人员一般占研发人员的2%，也就是说这2%的核心人员是引领推动产业发展的"关键少数"，是全球超高清视频显示产业角逐的焦点。建议广东省人才工作要进一步聚焦到"2%"高端人才层面。有效利用知识产权大数据发现高端人才，编制超高清视频显示产业人才地图，加大海外柔性引才用才力度，鼓励企业在全球建设"人才飞地"。优化调整高层次人才科技贡献奖补政策，加大对超高清视频显示产业紧缺高端人才的奖补力度。探索以薪资待遇、股权分红、任职经历等社会化评价作为人才认定的重要标准。支持中山大学、华南理工大学等高校借鉴海外先进学科建设经验,加强超高清视频相关学科专业建设。推动职业院校与企业合作,培育超高清视频产业技能型、应用型人才。支持行业协会建立超高清视频人才培育体系,加大本地人才培养力度,对节目内容、终端生产等环节提供人才培养和职业教育等服务。

4.2 知识产权工作建议

本着市场占领、专利先行的理念,广东省应鼓励、支持超高清视频显示产业集群企业加大在区域相对薄弱环节的专利布局力度。积极推进超高清视频在核心芯片、节目内容制作、音视频编解码、信号传输、终端显示及监测监管等关键技术环节取得突破,形成一批拥有自主知识产权的技术创新成果。鼓励企业、高等院校、科研院所、知识产权服务机构、产业联盟、行业协会作为建设主体,建立高价值专利培育中心,加速高价值专利的产出运营。支持粤港澳大湾区掌握核心技术的上下游企业组建标准联盟和团体,在超高清音视频编解码、信号传输、产品与服务测试、信息安全与保护等关键环节设立专利池,降低国外超高清专利等知识产权使用成本。鼓励企事业单位积极参与超高清视频产业标准制定,加大标准必要专利的布局申请力度。打造具有湾区特色的超高清视频产业标准体系,建立具有国际竞争力的行业标准。

建议推进广东省知识产权数据支持中心建设,全面掌控全球产业创新动态和专利竞争情报,及时掌握超高清视频显示产业竞争与合作态势,预警防范重大知识产权风险,助力产业发展决策的科学性和及时性。同时面向广东省超高清视频显示企业主动分发专利竞争情报,提高广东省企业创新与竞争洞察力。同时,加强以产业数据、专利数据为基础的新兴产业专利导航决策机制,实施区域规划类、产业规划类和企业运营类专利导航,加强超高清视频显示产业关键技术布局。综合运用专利数据和产业数据,借助大数据技术手段,构建超高清视频显示产业发展方向分析、区域产业发展定位分析和产业发展路径导航分析逻辑模型。在摸清超高清视频显示产业发展方向基础上,立足广东省超高清视频显示产业发展定位,提出适用于广东省的产业发展路径建议,为广东省超高清视频显示产业发展规划的编制、招商引资、人才引进、企业发展提供决策支撑。

广东省高端装备制造产业专利统计分析报告

广东省知识产权保护中心
2021 年 12 月

目 录

第1章 引言 // 144

    1.1 项目背景　　// 144
    1.2 产业链分类　　// 145

第2章 高端装备制造产业发展态势 // 146

    2.1 高端装备制造产业发展现状　　// 146
    2.1.1 全球高端装备制造产业发展概况　　// 146
    2.1.2 我国高端装备制造产业发展概况　　// 147
    2.2 政策环境　　// 148
    2.2.1 全球政策环境　　// 148
    2.2.2 中国政策环境　　// 149
    2.2.3 广东政策环境　　// 152
    2.3 产业竞争格局分析　　// 153

第3章 中国高端装备制造产业创新发展态势 // 155

    3.1 中国创新企业　　// 155
    3.2 中国专利布局　　// 156
    3.3 中国创新人才　　// 159

第4章 从关键技术看产业技术发展方向　// 161

4.1 多轴联动数控机床领域的发展现状　// 162
4.2 多轴联动数控机床领域的专利布局情况　// 163
4.3 多轴联动数控机床技术洞察　// 164

第5章 广东省高端装备制造产业创新发展定位　// 166

5.1 广东省创新企业　// 166
5.2 广东省专利布局　// 167
5.3 广东省创新人才　// 168
5.4 广东省产业链集聚结构　// 169
　5.4.1 优势环节分析　// 169
　5.4.2 不足环节分析　// 170
　5.4.3 潜力环节分析　// 171
　5.4.4 风险环节分析　// 172

第6章 广东省智能装备制造产业创新发展路径建议　// 174

6.1 产业布局建议　// 174
6.2 产业知识产权风险防控建议　// 176

图目录

图 1　高端装备制造产业链结构图 ·· 145
图 2　中国高端装备制造主要产业规模及预测 ··· 148
图 3　中国高端装备制造产业创新企业数量增长情况 ··· 155
图 4　中国高端装备制造产业创新企业数量排名前 10 的省市（单位：家） ····· 156
图 5　中国高端装备制造产业的发明专利申请公开量增长趋势 ························· 156
图 6　中国高端装备制造产业发明专利申请公开量排名前 10 的省市（单位：件） ····· 157
图 7　中国高端装备制造产业创新人才数量增长情况 ··· 159
图 8　中国高端装备制造产业创新人才数量排名前 10 的省市（单位：人） ····· 160
图 9　多轴联动数控机床相关专利技术分布 ··· 163
图 10　广东省各市创新企业分布情况 ··· 166
图 11　广东省各市高端装备制造产业累计发明专利申请公开量的分布情况 ····· 167

表目录

表 1 发达国家和新兴经济体在高端装备制造领域的战略布局 ········ 149
表 2 中国高端装备制造产业相关政策 ········ 149
表 3 各省市高端装备制造产业相关政策 ········ 151
表 4 广东省高端装备制造产业相关政策 ········ 152
表 5 中国高端装备制造产业链的创新资源分布情况 ········ 157
表 6 国内 31 省市与海外来华在中国的专利布局对比情况 ········ 158
表 7 IPC 小类释义 ········ 163
表 8 广东省高端装备制造领域高价值专利中的代表性专利 ········ 168
表 9 广东省在高端装备制造产业链的优势领域创新要素分布 ········ 170
表 10 广东省在高端装备制造产业链的不足领域创新要素分布 ········ 171
表 11 广东省在高端装备制造产业链的潜力产业增速情况 ········ 171
表 12 高端装备制造产业链专利预警分析 ········ 172

第1章 引言

1.1 项目背景

2021年3月,《中华人民共和国国民经济和社会发展第十四个五年规划和2035年远景目标纲要》围绕"发展壮大战略性新兴产业"进行了专章论述,指出要着眼于抢占未来产业发展先机,培育先导性和支柱性产业,推动战略性新兴产业融合化、集群化、生态化发展,战略性新兴产业增加值占GDP比重超过17%。2021年9月,中共中央、国务院印发《知识产权强国建设纲要(2021—2035年)》,在"建设激励创新发展的知识产权市场运行机制"部分,明确要大力推动专利导航在传统优势产业、战略性新兴产业、未来产业发展中的应用。

习近平总书记对广东制造业发展高度重视、寄予厚望,明确要求广东加快推动制造业转型升级,建设世界级先进制造业集群。2020年5月,广东省人民政府出台《关于培育发展战略性支柱产业集群和战略性新兴产业集群的意见》,并进一步制订了20个战略性产业集群行动计划,最终形成"1+20"的政策体系,旨在推动广东省产业链、创新链、人才链、资金链、政策链相互贯通,加快建立具有国际竞争力的现代化产业体系。2021年4月,《广东省国民经济和社会发展第十四个五年规划和2035年远景目标纲要》在"总体要求"中提出,改造提升传统产业,做大做强战略性支柱产业,培育发展战略性新兴产业,加快发展现代服务业,推动产业基础高级化和产业链供应链现代化,提高产业现代化水平,打造新兴产业重要策源地、先进制造业和现代服务业基地,推动建设更具国际竞争力的现代产业体系。

针对"高端装备制造产业",广东省工业和信息化厅等五部门于2020年9月印发了《广东省培育高端装备制造战略性新兴产业集群行动计划(2021—2025年)》,提出到2025年,将广东省打造成全国高端数控机床、海洋工程装备、航空装备、卫星及应用、轨道交通装备等高端装备制造的重要基地。并明确广东省市场监督管理局负责突破产业发展瓶颈和短板,构建产业创新平台和创新体系,加强质量品牌建设,增强知识产权综合实力等重点任务中的相关工作。

为深入贯彻习近平新时代中国特色社会主义思想和党的十九大精神,认真落实中共中央、国务院关于发展壮大战略性新兴产业和知识产权强国建设及省委、省政府关于推进制造强省建设的工作部署,按照《广东省人民政府关于培育发展战略性支柱产业集群和战略性新兴产业集群的意见》《广东省培育高端装备制造战略性新兴产业集群行动计划

（2021—2025年）》的工作安排，加快发展高端装备制造战略性新兴产业集群，促进产业迈向全球价值链高端，开展高端装备制造产业专利分析研究工作。基于产业专利导航创新决策理念，紧扣产业分析和专利分析两条主线，将专利信息与产业现状、发展趋势、政策环境、市场竞争等信息深度融合，基于知识产权产业金融大数据，深入研究广东省高端装备制造产业发展现状，明晰产业发展方向，找准区域产业定位，分析存在制约发展的瓶颈问题和制度障碍，指出优化产业创新资源配置的具体路径，提出适用于本区域产业创新发展的相关建议，为广东省高端装备制造产业发展规划、招商引资、人才引进等提供决策支撑。

1.2 产业链分类

高端装备制造产业分为六大领域，包括智能制造装备、航空装备、航天装备、轨道交通装备、海洋工程装备、集成电路装备。进一步将高端装备制造产业分为多个相关的三级分支：智能制造装备主要涉及机器人制造、高端数控机床、重大成套设备制造、增材设备制造、智能关键基础零部件制造；航空装备主要涉及航空器装备制造、航空相关设备制造、航空通信导航设备；航天装备主要涉及卫星装备制造、飞船制造、火箭制造；轨道交通装备主要涉及铁路车辆、城市轨道交通车辆、轨道交通车辆零部件、轨道交通通信系统、信号与控制系统；海洋工程装备主要涉及海洋工程装备制造、深海石油钻探设备制造、海洋相关设备制造；集成电路装备主要涉及集成电路制造设备等（见图1）。

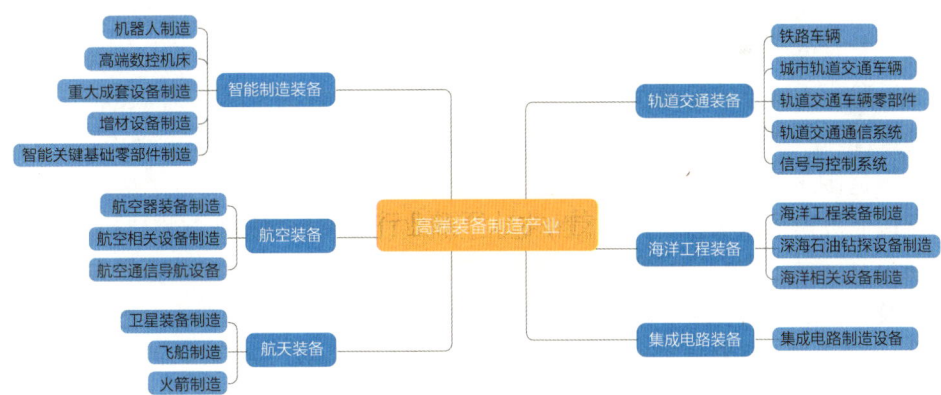

图1　高端装备制造产业链结构图

第 2 章　高端装备制造产业发展态势

2.1　高端装备制造产业发展现状

2.1.1　全球高端装备制造产业发展概况

高端装备制造业又称先进装备制造业，是指生产制造高技术、高附加值的先进工业设施设备的行业。高端装备主要包括传统产业转型升级和战略性新兴产业发展所需的高技术高附加值装备。高端装备制造业是以高新技术为引领，处于价值链高端和产业链核心环节，决定着整个产业链综合竞争力的战略性新兴产业，是现代产业体系的脊梁，是推动工业转型升级的引擎。大力培育和发展高端装备制造业，是提升国家产业核心竞争力的必然要求，是抢占未来经济和科技发展制高点的战略选择，对于加快转变经济发展方式、实现由制造业大国向强国转变具有重要战略意义。

从经济发展规律角度看，一个国家或地区在工业化中后期向后工业化阶段转变的过程中，以煤炭、有色、钢铁为代表的传统重工业向以高技术、高端装备等为代表的新兴产业转变。现阶段，全球主要发达国家纷纷将高端装备制造作为着力点，加大战略布局力度，抢占全球科技和产业竞争的制高点，重塑国家竞争优势。

从全球范围来看，高端装备制造产业中有两个细分行业达到了万亿量级。其中，航空装备制造业规模在 2017 年达到 30594 亿元，轨道交通装备制造业规模达到 14336 亿元。未来 20 年，受航空运输与轨道交通运输行业等下游需求影响，市场预测航空装备制造业及轨道交通装备制造业这两个行业仍将持续上升。机床、海工、机器人制造三个行业发展态势各异。2017 年全球机床产业（切削 + 成形）规模为 5902 亿元，全球机床行业在经历快速增长后近年来增势趋缓。海洋工程装备制造业 2017 年全球规模在 3380 亿元，全球海洋工程装备近年来进入深层次调整状态，市场需求低迷，产业发展面临极大挑战。机器人行业全球规模 1095 亿元，规模相对较小，全球产业仍处于起步阶段，但受美欧日等发达国家和地区的普遍关注，未来发展潜力巨大。

欧洲、美国高端装备制造产业布局较为全面，实力出众；俄罗斯、日本、中国在少数高端装备制造细分产业上处于领先地位。具体来看，美国在航空、卫星、海洋工程、智能制造装备产业处于国际领先地位；欧洲在高端装备制造产业五大领域发展较为全面，实力雄厚；俄罗斯在航空与卫星制造业拥有深厚的积淀；日本在轨道交通装备与智能制造装备产业处于优势地位；我国在轨道交通装备与卫星制造业上有一定的产业优势。

高端装备制造产业的国际分工呈现龙头企业主导产业发展，无形生产控制有形生产，知识技术创新能力强的国家主宰和控制知识技术创新能力弱的国家等特点，从而形成由欧美日发达国家、新兴经济体、欠发达及落后国家共同构成的中心—边缘环状国际分工格局。欧美等发达国家处于高端装备产业核心层，拥有强大的产业发展基础，先进的技术研发水平和资本运作能力，制定产业标准的话语权，企业品牌、设计与全球销售的控制权，在产业分工中获得较高利润回报。如德国、美国、日本等核心层发达国家，掌控核心技术与关键零部件高附加值环节。新兴经济体处于高端装备产业中间层，以劳动密集型为主，依靠廉价的劳动力要素参与国际代工或以贸易方式切入全球价值链，从事全球价值链低端的加工、制造、生产和装配环节，缺乏高端装备制造的核心技术，产业利润微薄，长期被锁定在全球价值链的中低端环节。欠发达及落后国家以出口矿产、初级原材料为主，处于全球产业链的最底层。

2.1.2　我国高端装备制造产业发展概况

近年来我国企业在政府政策的支持下不断加强技术创新和技术改造，整体技术水平持续提升，开发出了一大批具有自主知识产权的高端装备。然而在高端电力装备、工程机械、数控机床等诸多主机领域高速发展的同时，许多关键零部件和配套产品发展滞后，严重依赖进口。我国自主品牌的高端装备制造业核心竞争力不强，中低端产能过剩、竞争尤为激烈，高端环节被国外品牌掌控。由于创新能力薄弱，不少企业甚至重点企业的研发实验条件普遍较差，创新能力难以达到预期水平。我国工业创新能力不足的问题也日益凸显。近几年，我国科技转化率不足15%，远低于发达国家40%~50%的水平，技术仍有较大的提升空间。面对技术层面创新能力不足的问题，需进一步完善产业集群创新生态环境，把创新摆在制造业发展全局的核心位置，强化核心企业扶持力度，加大核心企业装备研发的投入。

据2019年艾瑞集团发布的《中国制造：2019科创板创新科技产业发展研究报告》显示，预计到2021年，我国高端装备制造主要产业规模将达到1.7万亿元；到2022年，将达到1.9万亿元；到2023年，将达到2.1万亿元（见图2）。在我国高端装备制造主要行业市场规模结构方面，高铁制造业在产业结构中的占比一直很高，其他行业如数控机床、深海石油钻采、工业机器人、卫星、航空等在产业结构中的占比一直较低，值得注意的是，航空制造业近几年的占比一直在增加，而深海石油钻采近几年占比下降明显。我国除了高铁产业相对成熟、产业体系相对完善外，其他产业仍处在成长期，个别产业处在试验阶段，一旦正式实现规模化量产，产生的商业价值巨大。

图 2　中国高端装备制造主要产业规模及预测

在新一轮科技革命推动下，我国高端装备制造企业已经逐步进入高铁、航空航天、卫星通信、智能制造等高附加值产业环节，推动技术创新和产业变革，打破发达国家掌控的全球价值链固化状态，重塑世界高端装备产业链和价值链，崛起成为一支最重要的国际力量。

2.2　政策环境

2.2.1　全球政策环境

世界各国都将发展高端装备产业核心技术提升为国家发展战略的核心层面，先后出台各类相关辅助政策措施，激励本国制造产业的换代升级，以谋求在新一轮产业革命角逐中占据有利地位，确保其在全球价值链分工中占有一席之地。发达国家积极推动新兴技术与装备制造业的融合发展，推动工业制造技术的高端化与智能化；通过重构制造业产业链条，让更多的高附加值生产制造环节回归本土，提高本国工业经济与竞争实力。当前，美国、德国、日本等制造业传统强国，已经从自身的优势领域中切入到新一轮的工业革命中，引导生产方法与模式的创新，以确保在未来全球产业体系与全球价值链分工体系中继续保持领导地位。例如，美国积极推动国家制造业创新网络建设，以技术创新的先发优势继续保持其全球领先地位；德国积极制定高科技战略，确定了五大领域的关键技术和十大未来项目。新兴国家通过国家政策大力推动先进制造业发展，积极抢占未来高端装备制造业的巨大市场，逐步进入价值链的核心层，冲击全球制造业传统格局。如巴西公布了"工业强国计划"，印度颁布了"国家制造业政策"等（见表1）。此外，泰国、印尼和越南等国家依靠资源、劳动力等比较优势，开始在中低端制造业上发力，以更低廉的成本参与劳动密集型制造产业。

表 1 发达国家和新兴经济体在高端装备制造领域的战略布局

国家		主要政策	主要内容
发达国家	美国	《先进制造伙伴关系计划》《先进制造业国家战略计划》《制造业创新网络计划》	推动新一代信息技术、快速成型制造、智能制造、生物制造等领域处于领先地位
	德国	"工业 4.0"战略	工业生产制造由自动化向智能化和网络化方向升级
	日本	产业结构蓝图确定 10 个尖端技术领域	加快发展协同式机器人、无人化工厂
	英国	《英国制造 2050》《英国发展先进制造业的主要策略和行动计划》	聚焦"高价值制造"战略
	法国	《新工业法国计划》	优化制造业布局
	韩国	"领先的创新者战略"	促进制造业与信息技术相融合
新兴经济体	巴西	"工业强国计划"	推动先进制造业发展
	印度	"国家制造业政策"	推动先进制造业发展

2011 年 6 月，美国正式启动包括工业机器人在内的《先进制造伙伴计划》，2012 年 2 月又出台《先进制造业国家战略计划》，提出通过加强研究和试验（R&E）税收减免、扩大和优化政府投资、建设"智能"制造技术平台以加快智能制造的技术创新，同年又设立美国制造业创新网络，并先后设立增材制造创新研究院和数字化制造与设计创新研究院。德国通过政府、弗劳恩霍夫研究所和各州政府合作，投资于数控机床、制造和工程自动化行业应用制造研究。日本早在 1990 年就倡导"智能制造系统 IMS"国际合作研究计划。许多发达国家如美国、加拿大、澳大利亚等参加了该项计划。该计划共计划投资 10 亿美元，对 100 个项目实施前期科研计划。近年又提出通过加快发展协同式机器人、无人化工厂提升制造业的国际竞争力。德国于 2013 年正式实施以智能制造为主体的"工业 4.0"战略，巩固其制造业领先地位，且有望与中国"互联网+"在开发利用网络化、数字化、智能化等技术方面进行合作。

2.2.2 中国政策环境

高端装备制造产业是工业化发展的高级阶段，是具有高技术含量和高附加值的产业。我国高端装备制造产业的发展正处于起步阶段，近年来，国家制定了一系列的规划、行动计划或者具体的政策措施来推动重点行业和领域的发展，加快建设制造强国（见表 2）。

表 2 中国高端装备制造产业相关政策

发布时间	发文机构	文件名称	主要内容
2020 年	国务院	《2020 年政府工作报告》	推动制造业升级和新兴产业发展，提高科技创新支撑能力。加强新型基础设施建设，发展新一代信息网络，拓展 5G 应用等
2020 年	财政部、工信部等	《重大技术装备进口税收政策管理办法》	对符合规定条件的企业及核电项目业主为生产国家支持发展的重大技术装备或产品而确有必要进口的部分关键零部件及原材料，免征关税和进口环节增值税

续表

发布时间	发文机构	文件名称	主要内容
2019年	国家发改委等	《关于推动先进制造业和现代服务业深度融合发展的实施意见》	推进建设智能工厂；加快工业互联网创新应用；深化制造业服务业和互联网融合发展，大力发展"互联网+"，激发发展活力和潜力，营造融合发展新生态。突破工业机理建模、数字孪生、信息物理系统等关键技术。深入实施工业互联网创新发展战略，加快构建标识解析、安全保障体系，发展面向重点行业和区域的工业互联网平台
2019年	国家税务总局	《关于做好2019年深化增值税改革工作的通知》	制造业等行业增值税税率由16%降至13%。将交通运输业、建筑业等行业现行10%增值税税率降至9%，保持6%一档的税率不变
2019年	国务院	《2019年政府工作报告》	推动传统产业改造提升，促进先进制造业和现代服务业融合发展，拓展"智能+"培育新一代信息技术、高端装备等新兴产业集群
2018年	国家统计局	《战略性新兴产业分类（2018）》	战略性新兴产业包括新一代信息技术产业、高端装备制造、数字创意相关服务、环保产业等九大领域
2018年	工信部、国家发改委等	《促进大中小企业融通发展三年行动计划》	围绕绿色制造、生物医药、新材料等重点领域开展国际经济技术交流和跨境撮合，吸引高端制造业、境外原创技术孵化落地，推动龙头企业延伸产业链
2018年	国家标准委、工信部	《关于组织开展2018年国家高端装备制造业标准化试点工作的通知》	通过加快高端装备制造业技术标准的研制，完善技术标准体系，强化标准的实施，支撑企业自主品牌建设，形成一批高端装备制造业标准化示范的典型企业和园区，促进装备制造业由大变强
2017年	国家发改委	《增强制造业核心竞争力三年行动计划（2018—2020年）》	到"十三五"末，智能机器人、智能汽车等制造业重点领域突破一批关键技术实现产业化
2017年	工信部	《高端智能再制造行动计划（2018—2020年）》	到2020年，突破一批制约我国高端智能再制造发展的拆解、检测、成形加工等关键共性技术，智能检测、成形加工技术达到国际先进水平；发布50项高端智能再制造管理、技术、装备及评价等标准
2016年	国务院	《"十三五"国家战略性新兴产业发展规划》	增材制造（3D打印）、机器人与智能制造、超材料与纳米材料等领域技术不断取得重大突破，推动传统工业体系分化变革，将重塑制造业国际分工格局
2015年	国务院	《中国制造2025》	到2020年，基本实现工业化，制造业大国地位进一步巩固，制造业信息化水平大幅提升。掌握一批重点领域关键核心技术。到2025年，制造业整体素质大幅提升。到2035年，我国制造业整体达到世界制造强国阵营中等水平
2010年	国务院	《国务院关于加快培育和发展战略性新兴产业的决定》	到2020年，战略性新兴产业增加值占国内生产总值的比重力争达到15%左右，节能环保、新一代信息技术、生物、高端装备制造产业成为国民经济的支柱产业

近年来，战略性新兴产业在政策支持下逆势增长，成为推动经济加速回暖的重要因素。除了北京、上海、广东等发达地区出台相关高端装备制造产业政策之外，河南、云南、西安等地出台相关政策方案，蓄势打造万亿级先进制造业，并重点面向新一代信息技术、高端装备、新能源汽车、航空制造等领域培育新兴产业集群（见表3）。

表3 各省市高端装备制造产业相关政策

省市	时间	文件名称	主要内容
上海	2020年	《上海市经济信息化委关于开展2020年度上海市高端智能装备首台突破专项申报工作的通知》	对首台突破项目，采取无偿资助方式，每个项目支持比例不超过首台装备销售合同金额的30%。对被评为国际首台装备项目，按合同金额的20%~30%比例进行支持，支持金额不超过3000万元；对被评为国内首台装备项目，按合同金额的10%比例进行支持，支持金额不超过1000万元
上海	2020年	《关于加快推进农业机械化和农机装备产业转型升级的实施意见》	到2025年，农机装备结构科学合理。主要农作物耕种收综合机械化率达到98%以上，蔬菜生产"机器换人"初步实现，设施菜田绿叶菜生产机械化水平达到60%
上海	2018年	《全力打响"上海制造"品牌加快迈向全球卓越制造基地三年行动计划（2018—2020年）》	以龙头企业为引领，建设20个工业互联网平台，争取3家左右制造企业进入世界500强。做大"独角兽"企业，使上海制造创新力更强
上海	2017年	《上海促进高端装备制造业发展"十三五"规划》	2020年，开发一批标志性、带动性强的重点产品和装备，突破一批关键技术和核心部件，实现一批高端装备的工程化、产业化应用，力争把上海高端装备制造业打造成为对接国家"一带一路"战略的国际装备产能合作主力军
北京	2019年	《轨道交通直流牵引供电系统保护装置技术规范》	促进本市轨道交通直流牵引供电系统保护装置规范设置，更好地引导轨道交通直流牵引供电系统保护装置设计、施工、监理、生产及检验、材料采购招、投标、验收及运营维护管理，提升轨道交通运营服务水平
北京	2019年	《关于组织开展2019年高端装备制造产业发展资金（支持工作母机产品应用推广专题）项目申报工作的通知》	原申报通知中申报材料第四点调整为"合同签订时间应在2017年6月17日至2019年9月30日期间，且包含技术合同，如无单独技术合同，则应提供能够反映装备技术要求、核心技术参数的佐证材料复印件"
河南	2020年	《推动制造业高质量发展实施方案》	明确努力建成全国先进制造业强省，到2025年，产业基础能力和产业链现代化水平达到国内一流，形成数个万亿级产业集群、一批千亿级新兴产业集群和百亿级企业
云南	2020年	《加快构建现代化产业体系的决定》	提出重点培育先进制造业等五大万亿级支柱产业，到2025年，主营业务收入达到1.5万亿元
天津	2020年	《天津市海洋装备产业发展五年行动计划（2020—2024年）》	到2024年，市海洋装备产业将累计培育形成年收入超100亿元企业2家、超50亿元企业3家、超10亿元企业10家
重庆	2020年	《重庆市促进软件和信息服务业高质量发展行动计划（2020—2022年）》	到2022年，成功创建中国软件名城，打造2个中国软件名园、1个国家数字服务出口基地。软件业务收入达3000亿元，年均增长超过20%

续表

	时间	文件名称	主要内容
浙江	2020年	《浙江省"4+1"重大项目建设计划 2020 年实施计划》	全面推进省市县长项目工程，突出高端制造业和高新技术产业，招引落地一批引领性、前瞻性、标志性重大产业项目。2020 年，全省交通投资，高新技术与产业投资，生态环保、城市更新和水利设施投资，民间项目投资增长 10%
湖北	2018年	《武汉市实施"万千百工程"推进制造业高质量发展行动方案》	重点布局智能装备、商业航天与临空制造、高技术船舶与海洋工程装备、轨道交通装备、先进电力装备与智能电网等细分领域，推进国家商业航天基地建设，争创国家数字化设计与制造创新中心，全方位提高装备制造业智能制造水平，建成国内一流的高端装备制造产业集群
江苏	2017年	《关于金融支持高端装备制造业发展的意见》	逐步提高高端装备制造业贷款占全部贷款比例，力争 3 年内每年提高 1~2 个百分点。对高端装备制造业企业特别是技术升级改造项目，及时优先给予支持

2.2.3 广东政策环境

高端装备制造产业是广东省重点培育发展的十大战略性新兴产业集群之一，广东省政府先后印发了《广东省先进制造业发展"十三五"规划》《广东省培育高端装备制造战略性新兴产业集群行动计划（2021—2025 年）》等政策性文件，均明确了大力发展高端装备制造产业创新发展的政策措施（见表 4）。

表 4 广东省高端装备制造产业相关政策

时间	文件名称	主要内容
2020 年	《广东省培育高端装备制造战略性新兴产业集群行动计划（2021—2025 年）》	在高端装备制造领域承担一批国家级项目，建成若干国家级、省级创新中心和实验室，推动一批重点领域核心技术和关键零部件取得重大突破；到 2025 年，高端装备制造产业营业收入达 3000 亿元以上，年均增长达到 10% 以上；培育一批具有国际影响力和自有品牌价值的行业领军企业和"专精特新"企业；形成一批关键核心领域高价值专利
2019 年	《深圳市工业和信息化局关于 2020 年新兴产业扶持计划（高端装备制造、生物医药、新材料、人工智能、物联网）申报指南的通知》	产业链关键环节提升项目。事后资助，按经专业审计机构专项审计后确认费用的 30% 给予资助，单个项目资助金额不超过 1000 万元。项目总投资由建设投资、研发费用和流动资金构成，其中建设投资不低于项目总投资的 50%
2018 年	《深圳市战略性新兴产业发展专项资金扶持政策》	鼓励企业加快工艺、技术、产品高效转化，建设中试基地和中试生产线，予以最高 1000 万元支持
2017 年	《广东省先进制造业发展"十三五"规划》	在产业发展重点部分，广东省先进制造业未来重点发展 6 大产业、23 个细分领域。6 大产业分别是高端电子信息制造业、先进装备制造业、石油化工产业、先进轻纺制造业、新材料制造业、生物医药及高性能医疗器械产业

2.3　产业竞争格局分析

全球高端装备制造产业主要由欧美国家及日本主导，中国在轨道交通装备制造行业较为领先。航空装备制造业集中度很高，干线飞机市场长期被波音及空客两家公司垄断；轨道交通装备制造业市场主要被中国中车、加拿大的庞巴迪、法国的阿尔斯通、德国的西门子以及日本的日立和川崎重工占据；数控机床行业市场主要被中、德、日、美、意相关公司所占据，中国核心竞争力不足；机器人行业基本由瑞典ABB、德国库卡、日本发那科和安川机电四家公司主导，领先明显。

航空装备制造业相较于其他细分行业全球规模最大，我国在全球的占比却最低。从航空装备制造业全球分布来看，其产业集中度很高，整机制造主要集中于欧美。民用干线飞机市场长期被波音和空客垄断，双方竞争激烈，形成了相对稳定的竞争平衡态势。2016年，全球干线飞机交付量中，波音交付748架，空客交付688架，庞巴迪交付7架，波音和空客占比99.5%。2017年我国航空装备制造业的产业规模约为2227亿元，仅占全球总规模的7.27%，且我国航空装备制造业中，民用干线飞机、航空发动机等核心部件等仍然依赖进口，技术工艺水平与主要竞争对手差距较大。

轨道交通装备制造业呈现集聚态势，中国轨交装备发展整体处于领先地位，具有突出的全球竞争力。全球轨道交通装备制造业主要集中分布于中国、欧洲、美国、日本等地区。行业内领先的代表企业有中国中车、加拿大的庞巴迪、法国的阿尔斯通、德国的西门子以及日本的日立和川崎重工等。我国轨道交通装备制造业为后起之秀，但如今已领跑全球，2017年，我国轨道交通装备制造业市场规模约4870.4亿元，占据全球约34%的市场份额。由于背靠中国这一巨大市场，中国中车营业收入在2017年达到2110亿元，显著高于行业内其他主要竞争对手，是全球规模最大、品种最全、技术领先的轨道交通装备供应商。

在机床行业中，德、日等传统制造大国优势依然明显，中国虽然具有世界规模最大的机床制造能力，但高端数控产品与核心零部件制造能力严重不足，企业生存环境严峻。2017年，全球机床行业的产业规模为873亿美元，其中，中国机床制造行业的规模为245亿美元，占据全球28.06%的市场份额。排名第二位的日本为133亿美元，排名第三位的德国为129亿美元，排名第四位的意大利为60.3亿美元，排名第五位的美国为58.4亿美元，以上五国占全球产量的71.67%。此外，近年来机床行业的产品不断升级创新，德国工业4.0、中国制造2025等都将高档数控机床作为重点发展领域。

海洋工程装备制造业受到石油价格波动的影响，具有明显的周期属性，当前仍然处于低潮期。从全球格局看，韩国、日本和新加坡的海洋工程装备建造能力仍处于领先地位。2017年，我国海洋工程专用设备制造行业实现销售收入975.78亿元，较2016年同比增长7.65%，规模约为全球海洋工程装备制造业规模的28.87%。

机器人应用范围和领域不断拓展，销量保持稳定增长态势。目前全球机器人行业仍然处于起步阶段，2017年全球工业机器人销售额达到162亿美元，预计未来2~3年内全球工业机器人销量将继续保持较快增长态势，2019年全球投入使用的工业机器人数量有望达到260万台，其中新增使用140万台。当前，全球机器人行业由欧洲与日本企业主导，代表性企业包括瑞典 ABB、德国库卡、日本发那科和安川机电，被誉为工业机器人四大家族。2017 年，中国工业机器人市场需求规模达到 42.2 亿美元，占全球 26.05% 的市场份额，但高端机器人核心零部件主要依赖进口，国产化率较低。基于机器人制造在未来社会中的重要作用，机器人制造产业已成为大国间的又一竞争领域。

第 3 章 中国高端装备制造产业创新发展态势

3.1 中国创新企业

截至 2021 年 6 月底,中国高端装备制造产业创新企业共计 61102 家,近五年复合增速达 22%,高出全球创新企业数量的平均增速(8.1%)13.9 个百分点。其中,2018 年同比增速最快,同比增长 25.5%(见图 3)。

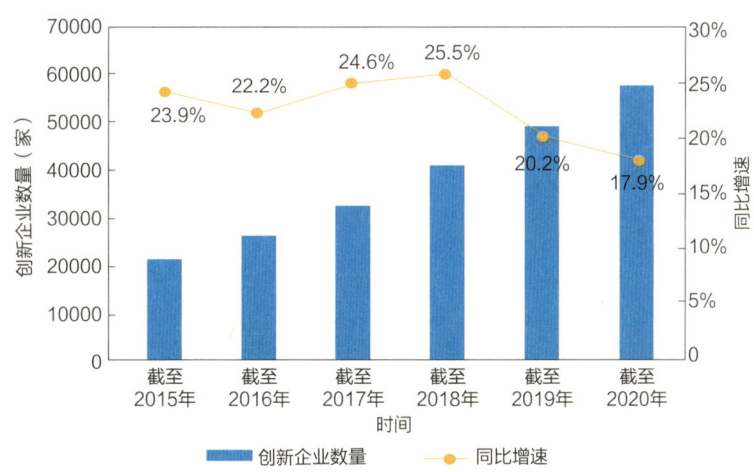

图 3 中国高端装备制造产业创新企业数量增长情况

从 31 省市分布来看,中国高端装备制造产业创新企业主要分布在长三角、珠三角、京津冀地区,其中,全国创新企业数量排名前五位的省市分别为江苏省(10045 家)、广东省(7631 家)、浙江省(5555 家)、安徽省(3399 家)、北京市(3198 家)。其中,广东省的创新企业数量在全国排名第二(见图 4)。

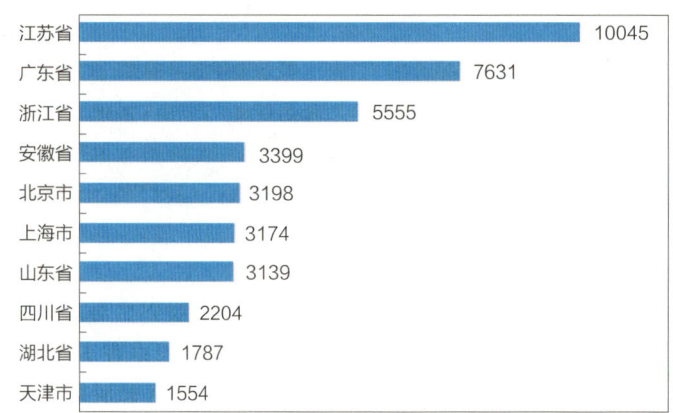

图 4　中国高端装备制造产业创新企业数量排名前 10 的省市（单位：家）

截至 2021 年 6 月底，全国高端装备制造产业的高新技术企业共 43087 家，占全国高端装备制造产业创新企业总数的 70.5%。全国高端装备制造产业的上市公司达 1486 家，占总数的 2.4%。

截至 2021 年 6 月底，全国高端装备制造产业的初创企业数量为 5136 家，占全国高端装备制造产业创新企业总数的 8.4%。全国隐形冠军企业数量为 1097 家，占全国高端装备制造产业创新企业总数的 1.8%。此外，全国共有独角兽企业 50 家。

3.2　中国专利布局

截至 2021 年 6 月底，中国高端装备制造产业累计发明专利申请公开量为 363786 件，全球排名第一。近五年复合增速达 17.5%，高出全球复合增速（9.0%）8.5 个百分点。其中，2017 年同比增速最快，同比增长 36.0%（见图 5）。

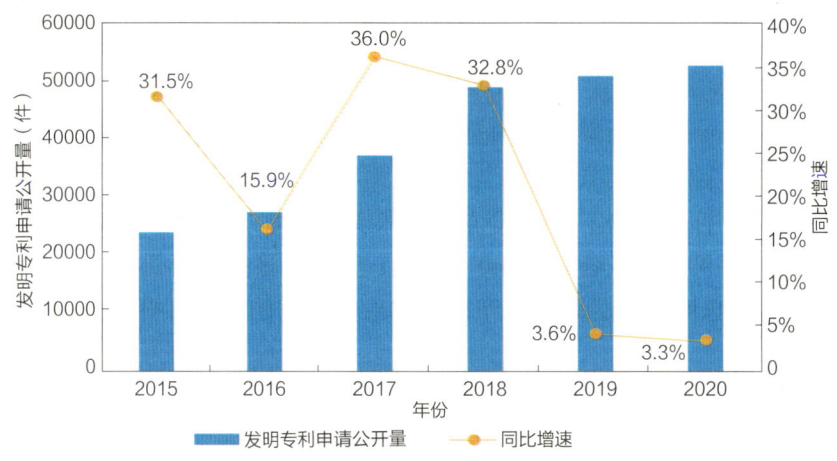

图 5　中国高端装备制造产业的发明专利申请公开量增长趋势

从中国高端装备制造产业累计发明专利申请公开量的分布情况来看，发明专利申请公开量主要集中于江苏省、北京市、广东省、上海市、浙江省。其中，广东省的发明专利申请公开量为 35449 件，排名全国第三（见图 6）。

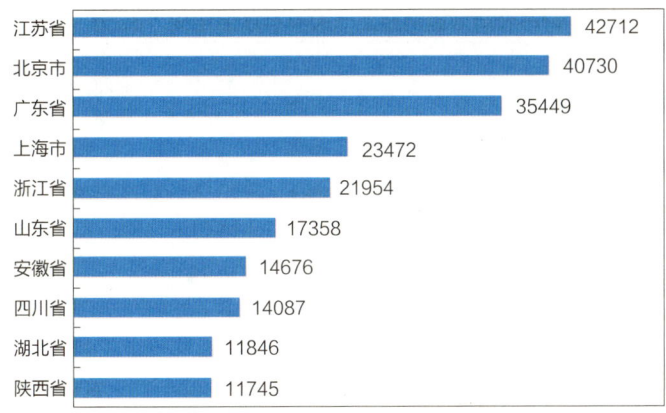

图6 中国高端装备制造产业发明专利申请公开量排名前10的省市（单位：件）

中国高端装备制造产业累计发明专利授权量为133841件，中国高端装备制造产业累计有效发明专利量为107561件，主要集中于北京市、江苏省、广东省、上海市和浙江省等省市。

中国高端装备制造产业累计高被引专利数量为2564件，高被引专利数量主要集中于北京市（479件）、上海市（258件）、江苏省（233件）、广东省（225件）和浙江省（140件）等省市。其中，广东省累计高被引专利数量为225件，排名全国第四。

中国高端装备制造产业累计产学研合作专利数量为9089件，主要集中于北京市（2021件）、广东省（1039件）、江苏省（789件）、上海市（719件）和山东省（542件）等省市。其中，广东省累计产学研合作专利数量为1039件，排名全国第二。

在中国高端装备制造产业链中，机器人制造的累计发明专利申请公开量约为6.9万件，专利布局量最大；其次是高端数控机床，累计发明专利申请公开量约为4.2万件；集成电路制造设备约为3.6万件，卫星装备制造约为3.0万件，深海石油钻探设备制造约为2.8万件。可以看出，机器人制造领域受关注度较高，研发投入力度较大。从创新人才数量及创新企业数量来看，机器人制造领域也同样是排名第一（见表5）。

表5 中国高端装备制造产业链的创新资源分布情况

产业链二级	产业链三级	累计发明专利申请公开量（件）	发明专利申请公开量近五年复合增速	创新人才数量（人）	创新企业数量（家）
智能制造装备	机器人制造	69120	28.9%	135263	16109
	高端数控机床	42385	20.5%	86866	12651
	重大成套设备制造	25961	-2.6%	60055	7880
	智能关键基础零部件制造	9503	5.8%	26903	3607
	增材设备制造	8099	26.0%	13044	1514
集成电路装备	集成电路制造设备	35806	4.0%	64413	3756
航天装备	卫星装备制造	30220	18.6%	76469	6975
	飞船制造	5217	26.9%	14896	553
	火箭制造	2239	23.5%	7008	225

续表

产业链二级	产业链三级	累计发明专利申请公开量（件）	发明专利申请公开量近五年复合增速	创新人才数量（人）	创新企业数量（家）
航空装备	航空器装备制造	21521	40.0%	45145	4159
	航空相关设备制造	16523	21.9%	39145	3033
	航空通信导航设备	8806	14.6%	24538	1628
海洋工程装备	海洋相关设备制造	13686	13.5%	31677	3042
	海洋工程装备制造	22046	16.5%	50413	3928
	深海石油钻探设备制造	28421	11.2%	83160	4035
轨道交通装备	轨道交通车辆零部件	16178	16.9%	34578	2633
	铁路车辆	7737	12.6%	17841	1457
	信号与控制系统	6426	23.0%	17807	1259
	轨道交通通信系统	5600	18.7%	16859	1479
	城市轨道交通车辆	2940	21.9%	7159	551

近五年，中国的航空器装备制造、机器人制造、飞船制造、增材设备制造领域的发明公开复合增速均在25%以上。其中，机器人制造领域的专利公开量在2018年达到峰值；航空器装备制造领域近五年复合增速达40.0%，增速远高于其他细分领域。

从发明专利申请公开量的近五年复合增速来看，国内31省市增速排名前五的产业分别是航空器装备制造（39.9%）、机器人制造（30.0%）、飞船制造（28.7%）、信号与控制系统（26.1%）、增材设备制造（25.6%）。整体来看，海外来华的发明专利申请公开量的近五年复合增速相对平缓，但在增材设备制造领域海外来华的发明专利申请公开量的近五年复合增速（52.0%）远高于国内31省市（25.6%）。从同比增速来看，海外来华在增材设备制造、集成电路制造设备、航空器装备制造、航空相关设备制造、航空通信导航设备、铁路车辆的专利布局速度超过国内31省市（见表6）。

表6 国内31省市与海外来华在中国的专利布局对比情况

产业链二级	产业链三级	国内31省市			海外来华		
		累计发明专利申请公开量（件）	同比增速	五年复合增速	累计发明专利申请公开量（件）	同比增速	五年复合增速
智能制造装备	机器人制造	64003	1.7%	30.0%	4904	-11.7%	15.5%
	高端数控机床	38713	18.0%	20.6%	3475	-16.9%	19.6%
	重大成套设备制造	23499	-6.4%	-2.1%	2336	-29.6%	-10.7%
	智能关键基础零部件制造	8244	7.2%	7.5%	1235	-18.9%	-9.3%
	增材设备制造	7290	-10.9%	25.6%	585	38.7%	52.0%
集成电路装备	集成电路制造设备	25315	-3.4%	4.2%	9328	2.3%	2.5%

续表

产业链二级	产业链三级	国内 31 省市			海外来华		
		累计发明专利申请公开量（件）	同比增速	五年复合增速	累计发明专利申请公开量（件）	同比增速	五年复合增速
航天装备	卫星装备制造	26657	10.2%	19.8%	3103	2.0%	4.1%
	飞船制造	4782	17.0%	28.7%	426	−11.1%	2.0%
	火箭制造	2106	0.5%	24.4%	133	0	−2.6%
航空装备	航空器装备制造	20192	−1.5%	39.9%	1255	21.7%	41.2%
	航空相关设备制造	13582	−2.5%	21.5%	2902	23.1%	24.2%
	航空通信导航设备	7468	0.7%	14.7%	1317	6.8%	14.4%
海洋工程装备	深海石油钻探设备制造	25401	11.1%	12.7%	3006	−11.8%	−8.3%
	海洋工程装备制造	20091	7.3%	17.8%	1816	0	−2.4%
	海洋相关设备制造	13202	−5.1%	13.6%	423	−41.8%	7.8%
轨道交通装备	轨道交通车辆零部件	13567	10.8%	19.1%	2599	−5.7%	1.7%
	铁路车辆	6692	6.8%	13.3%	1041	7.9%	4.3%
	信号与控制系统	5598	13.6%	26.1%	823	−12.7%	0.3%
	轨道交通通信系统	5234	−1.6%	20.1%	359	−26.9%	−7.5%
	城市轨道交通车辆	2724	0.7%	23.0%	212	−33.3%	−1.9%

3.3 中国创新人才

截至 2021 年 6 月底，中国高端装备制造产业创新人才共 71.8 万人。近五年中国高端装备制造产业创新人才数量快速增长，复合增速达 21.9%，高出全球高端装备制造产业创新人才数量平均增速（8.6%）13.3 个百分点，从每年的同比增速来看，同比增速略有波动（见图 7）。

图 7 中国高端装备制造产业创新人才数量增长情况

从中国创新人才分布来看，中国从事高端装备制造产业的创新人才主要分布在北京市（98292人）、江苏省（72716人）、广东省（57157人）、上海市（43953人）、山东省（43277人）。其中，广东省的高端装备制造产业创新人才数量在全国排名第三，占中国高端装备制造产业创新人才总量的8.0%（见图8）。

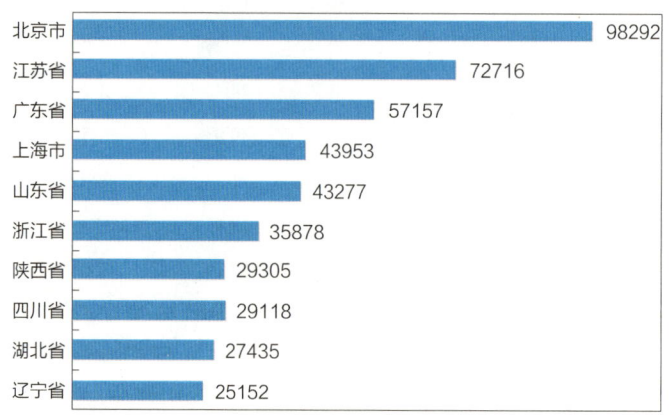

图8 中国高端装备制造产业创新人才数量排名前10的省市（单位：人）

在国家高层次人才方面，中国高端装备制造产业共有国家高层次人才44291人。从省市分布情况来看，国家高层次人才主要集中于北京市（7413人）、江苏省（4599人）、上海市（3304人）、广东省（2691人）和山东省（2651人）。其中，广东省的国家高层次人才在全国31省市中排名第四。

在技术高管方面，中国高端装备制造产业共有技术高管69053人。从省市分布情况来看，技术高管主要集中于江苏省、广东省、浙江省、山东省和安徽省，合计共39477人，占中国高端装备制造产业技术高管总数的57.2%。其中，广东省共有技术高管11791人，在全国31省市中排名第二。

在科技企业家方面，中国高端装备制造产业共有科技企业家47376人。从省市分布情况来看，科技企业家主要集中于江苏省、广东省、浙江省、山东省和安徽省，合计共27808人，占中国高端装备制造产业科技企业家总数的58.7%。其中，广东省共有科技企业家8416人，在全国31省市中排名第二。

第4章 从关键技术看产业技术发展方向

机床行业为装备制造业提供生产设备，是装备制造业的工作母机，下游涵盖传统机械工业、汽车工业、电力设备、铁路机车、船舶、国防工业、航空航天工业、石油化工、工程机械、电子信息技术工业以及其他加工工业。机床行业的上游主要是基础材料及零部件，其中包括结构件、铸铁、钢铁、数控系统、驱动系统、传动系统等。

机床的一般产品寿命约为10年，在2011年全球机床消费量和产值达到顶峰后回落，此后进入长达十年的下行周期。根据Gardner公司数据，2019年全球机床消费为821亿美元，比2018年减少131亿美元，同比下降13.8%，是2010年以来最低点。与消费类似，2019年全球机床产量为842亿美元，比2018年减少129亿美元，同比下降13.3%，也是2010年以来的最低水平。目前全球机床行业仍处于周期底部。我国机床行业正处于存量替换的高峰期以及产业结构的调整升级阶段，整机及核心零部件国产化水平逐渐提升，数控化作为行业的升级趋势，发展空间广阔，新周期或已启动。

我国数控机床行业存在明显的供需矛盾，主要体现在低档数控机床的产能过剩和高档数控机床的供应不足而导致供给侧结构性失衡。中国数控机床行业自20世纪90年代末快速发展至今，已经由过去的开发增量发展到现在的优化存量阶段，比如近年来对数控机床需求占比最大的汽车、航空航天和模具等领域都向着轻质化、多构型化及低成本制造等方面发展，新材料的运用越来越广泛，对数控机床的加工能力也提出越来越高的要求。但是，我国机床行业已经形成了以中、低档机床为主的生产体系，由于低档数控机床行业门槛低，进入企业众多，而近几年低档数控机床市场有效需求不足，该领域已经出现产能过剩的现象。

另外，中国制造业正处于"两化"融合发展、推动产业结构调整升级的关键时期，以中高档数控机床为核心的智能制造装备产业在中国产业结构调整、工业两化融合发展中发挥重要作用。随着国民经济的发展以及产业结构的升级，中高档数控机床的应用愈发普及，产品需求越来越大，供给却难以满足需求。

对于中低档数控机床而言，机械电气部件以及数控系统现已基本能够实现国产化，各类部件均有多个供应商配套供应，基本不存在"卡脖子"问题，国内数控机床先进企业实现国产化产品性能、质量与国际先进企业相比无明显差异。

对于高档数控机床而言，从国内高端数控机床以及配套供应链发育程度来看，除五轴联动数控机床部分部件存在"卡脖子"以外，其他高端数控机床部件以及数控系统基本能够实现国产化，但部分核心关键部件的加工精度、可靠性不足以及数控系统功能相对落后，国产化数控机床的性能、质量暂无法达到国外先进企业水平。

目前，五轴联动数控机床是解决航空发动机叶轮、叶盘、叶片、船用螺旋桨等关键工业产品加工的唯一手段。

五轴联动数控机床能够加工一般三轴联动机床不能加工或者无法一次装夹加工完成的连续光滑的自由曲面。例如航空发动机转子、大型发电机转子、大型船舶螺旋桨等。由于五轴联动数控机床在加工过程中刀具相对于工件的角度可以随时调整，避免了刀具的加工干涉，可以完成三轴联动机床不能完成的许多复杂的加工。

五轴联动数控机床可以提高自由空间曲面的加工精度、加工效率和加工质量。相对于三轴数控机床加工一般的型腔复杂的工件，五轴联动数控机床可以在一次装夹中完成加工，并且由于五轴联动数控机床加工时可以随时调整位姿角，五轴联动数控机床可以以更好的角度加工工件，避免了多次装夹，大大提高了加工效率、加工质量和加工精度。

五轴联动数控机床的工作效率显著提升。在传统三轴数控机床加工过程中，大量的时间被消耗在搬运工件、上下料、安装调整等时间上。五轴联动数控机床可以完成数台三轴数控机床才能完成的加工任务，大大节省了占地空间和工件在不同加工单元之间运转的时间和花费，工作效率显著提升，相当于普通三轴数控机床的 2~3 倍。

4.1 多轴联动数控机床领域的发展现状

多轴联动技术是高端数控机床的核心技术之一。多轴联动是指数控机床各进给轴（包括直线坐标进给轴和回转坐标进给轴）在数控装置控制下按照程序指令同时运动。高档数控机床一般都具有 3 轴或 3 轴以上联动控制功能，多为 4 轴联动或 5 轴联动。

工业上需要加工复杂的曲面，舰艇、飞机、火箭、卫星、飞船中许多关键零件的材料、结构、加工工艺都有一定的特殊性和加工难度，用传统加工方法无法达到要求，必须采用多轴联动、高速、高精度的数控机床才能满足加工要求。以五轴联动加工中心为代表的高档数控机床作为难度最大、应用范围最广的数控机床技术，在加工方面有着不可替代的优点，符合未来机床的发展趋势，被认为是航空航天、船舶、精密仪器、发电等行业加工关键部件的最重要加工工具。在飞机典型结构件、航天复杂与精密结构件、飞航导弹发动机零部件等领域实现批量示范应用，为大飞机、新型战机、探月工程等国家重大专项和重点工程提供了关键制造装备。

目前数控机床产业呈现出高端技术垄断的格局，核心技术被控制在特定国家、特定公司的手中，关键零部件大多来自德国、日本的相关企业。技术的差距体现在稳定性、可靠性、效率、精度等各方面。德国重视数控机床和配套件的高、精、尖和实用性，各种功能部件研发生产高度专业化，在质量、性能上位居世界前列；日本重点发展数控系统，机床企业注重向上游材料、部件布局，一体化开发核心产品；美国在数控机床设计、制造和基础科研方面具有较强的竞争力。由于中国数控机床行业起步较晚，中国企业在行业竞争中往往是靠"量"来取胜，产品附加值较低，在核心技术方面与西方制造强国和日本之间还存在着较大的差距，暂时还未能在世界高端数控机床市场取得优势。

4.2 多轴联动数控机床领域的专利布局情况

截至 2021 年 6 月底，多轴联动数控机床技术领域的全球累计专利申请公开量约有 1.1 万件，中国累计专利申请公开量约为 5368 件。从公开趋势来看，早期全球专利公开主要集中于欧美及日本，且年专利公开量增长缓慢，中国相关人员于 1991 年提出第一件相关专利申请。2009 年开始，无论全球还是中国年专利公开量均呈现快速增长趋势，且两者趋势基本保持一致，可见中国专利公开情况是影响全球专利公开趋势变化的主要因素。

从国内 31 省市和海外在华专利布局对比情况来看，近十年来，国内 31 省市在华专利布局量远高于海外在华专利布局量，且差距还在不断拉大，可见，多轴联动数控机床相关技术在国内的受关注程度在不断提高。深究发现，近十年，海外在华专利主要是由发那科株式会社、三菱电机株式会社、德克尔·马霍普夫龙滕有限责任公司等各国业内巨头布局的，由此可见，受海外中小企业战略选择及国内技术壁垒影响，我国市场主要受海外业内巨头的关注。

从技术分布情况来看，多轴联动数控机床相关专利技术主要涉及一般的控制或调节系统或其功能单元，或用于这种系统或单元的监视或测试装置（G05B），以及机床的零件、部件或附件，或以特殊零件或部件的结构为特征的通用机床，或不针对某一特殊金属加工用途的金属加工机床的组合或联合（B23Q），两者占总公开量的 56.3%（见图 9、表 7）。

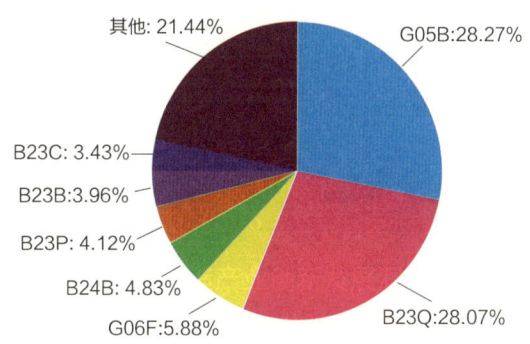

图 9 多轴联动数控机床相关专利技术分布

表 7 IPC 小类释义

G05B	一般的控制或调节系统或其功能单元，或用于这种系统或单元的监视或测试装置
B23Q	机床的零件、部件或附件，或以特殊零件或部件的结构为特征的通用机床，或不针对某一特殊金属加工用途的金属加工机床的组合或联合
G06F	电数字数据处理
B24B	用于磨削或抛光的机床、装置或工艺，或磨具磨损表面的修理或调节，或磨削、抛光剂或研磨剂的进给
B23P	金属的其他加工、组合加工或万能机床
B23B	车削或镗削
B23C	铣削

从申请人地域分布情况来看，全球多轴联动数控机床相关专利申请主要来源于中国、美国、日本、德国、英国。首先，中国在全球累计公开专利数量达 5458 件，占全球累计专利申请公开量的 51.6%，在全球排名第一位。中国不同于其他国家的是，高校、科研院所占据技术研发优势地位，实力显著，代表高校有华中科技大学、大连理工大学、上海交通大学等，而企业研发实力相对高校偏弱，代表企业有成都飞机工业有限责任公司、科德数控股份有限公司、佛山市普拉迪数控科技有限公司，因此，促进高校科研成果转化、加强产学研合作对于我国多轴联动数控机床产业发展十分重要。其次，美国在全球累计公开专利数量 1807 件，在全球排名第二，占全球累计专利申请公开量的 17.1%，代表企业有波音公司、通用电气公司、赫克公司。再次，日本在全球累计公开专利数量 1288 件，在全球排名第三，占全球累计专利申请公开量的 12.1%，代表企业有发那科株式会社、三菱电机株式会社、牧野机床公司。值得注意的是，虽然日本专利公开总量排在全球第三位，但从重点申请人的角度来看，日本几大龙头公司却处于全球申请人排名前列，发那科株式会社更是居于首位，专利公开量遥遥领先。可见日本在该领域的专利技术集中掌握在龙头企业手里，相对而言，中国该技术领域专利申请人较为分散。

4.3 多轴联动数控机床技术洞察

数控机床的大脑就是数控系统，数控系统的性能和功能与机床本身的设计和制造品质一同影响着数控机床的性能和功能，在多轴联动数控机床中也是这样。就目前阶段而言，数控系统起码应具有以下基本要素：多通道、多轴联动（至少五轴），具有刀具的空间补偿及优化功能，具有全闭环或者是双闭环进行控制的能力，其插补周期应该小于 0.5ms，其前瞻功能的控制能力大于 1000 程序段，其在数据运算与交换上满足单位小于 1nm。未来，多轴联动数控机床要向着高速、高精度、智能化、复合化的方向发展。

目前，国际上多轴联动数控机床技术领域的难点主要有：对控制器、伺服系统要求非常严格；编程抽象、操作困难；后置处理器进一步开发；对 CAD/CAM 系统的要求；刀具半径补偿问题；双摆角数控万能铣头等核心部件开发难度大；投资巨大等。此外，我国目前虽已基本解决有无问题，但仍面临主机大而不强，高档数控系统和关键功能部件发展滞后，技术服务能力不足等问题。

未来多轴联动数控机床领域的技术发展方向主要是，数控装置、系统革新，优化数控加工检测、补偿，优化刀具路径轨迹生成，优化加工参数选取，优化加工模拟、仿真，优化后置处理技术、零件三维建模技术等。此外，我国还应将重点放在多轴、多通道，高精度插补、动态补偿以及智能化编程的研究中，进而让多轴联动数控机床在实际应用中能够实现自主监控、维护、重组、优化等功能。

从专利布局的角度来看，多轴联动数控机床的技术创新方向也都主要集中在上述的重点发展方向上。将多轴联动数控机床的重点技术方向及其技术方案具体解读如下：

（1）数控装置或系统。

数控装置具有组间利用共通数据的存储部、程序解析部以及根据共通数据 1 值或 2 值进行不同动作的插补处理部，其能够对一台多轴多系统 NC 工作机械进行控制，将多个工件独立地并列加工。

数控装置具有多种计算单元以及将 3 直线轴和 3 旋转轴向通过修正量加法运算单元求出的位置驱动的单元，其即使在以刀具侧面进行的加工或钻孔加工中，也能按照指令所指示的刀具位置和刀具姿态（方向）进行加工。

（2）刀具路径轨迹生成。

根据曲面形状、最陡梯度路径及残留高度等信息生成二维区域填充曲线，然后首尾相连并映射到空间曲面，所得刀具轨迹长度变短，且其转向的次数减少为以前的八成左右，而且加工质量优于大部分方法。

通过描画扫掠面几何元素和零件几何模型之间的交点的连续曲线来生成交点曲线，并作为刀具路径，该方法和系统显著优于已知方法和系统。

（3）加工参数选取。

参数设定装置以及参数设定方法具备机械结构文件、参数生成单元及参数设定单元，其能够容易地设定驱动机械的参数，大幅减少作业者的时间。

根据最弱轴的伺服参数及各轴机械参数，计算其他轴伺服参数，并都输入相应轴，使各轴闭环频响一致，保证机床多轴联动精度，提高调试效率和准确性。

（4）加工检测或补偿。

由铣刀朝向和实际尺寸差以及端侧铣削的面法线和环周铣削的面法线确定校正向量，并以此校正尺寸差。因而，即使存在尺寸差，也能生成精确和高品质的表面。

根据逆向雅可比矩阵，在内环对轮廓误差进行预测补偿，在外环对轮廓误差进行反馈补偿，显著提高了五轴加工轨迹轮廓精度。

（5）后置处理。

将机床软件生成的数控程序点反算到编程坐标系的点位，再顺算到其他系统的机床，实现代码在各类系统的机床上通用。

后处理器装置具有特征形状识别部、区间设定部及动作生成部，特征形状的信息包含信息集合（a）以及（b）中的至少一个。后处理器装置能够生成适合特征形状的加工处理的加工程序。

第 5 章　广东省高端装备制造产业创新发展定位

5.1　广东省创新企业

截至 2021 年 6 月底，广东省高端装备制造产业有发明专利申请活动的创新企业共计 7631 家，占全国高端装备制造产业创新企业（61102 家）的比重为 12.5%。广东省的相关创新企业数量的近五年复合增速为 33.9%，高出全国增速（22.0%）11.9 个百分点。从各市来看，广东省高端装备制造产业有发明专利申请活动的创新企业主要分布在深圳市、广州市和东莞市，分别有 2864 家、1425 家和 1059 家，分别占广东省高端装备制造产业创新企业总数的 37.5%、18.7% 和 13.9%。

广东省高端装备制造产业的龙头企业主要分布在深圳市、广州市，包括大族激光科技产业集团股份有限公司、大疆创新科技有限公司、研祥智能科技股份有限公司、广州市昊志机电股份有限公司、深圳市英威腾电气股份有限公司等。

从创新企业增速情况来看，清远市近五年的复合增速为 53.2%，排名居于广东省各市之首（见图 10，具体数据缺失）。2020 年清远市高端装备制造产业创新企业数量为 63 家，同比增长 59.5%，增速在广东省各市中排名第一。

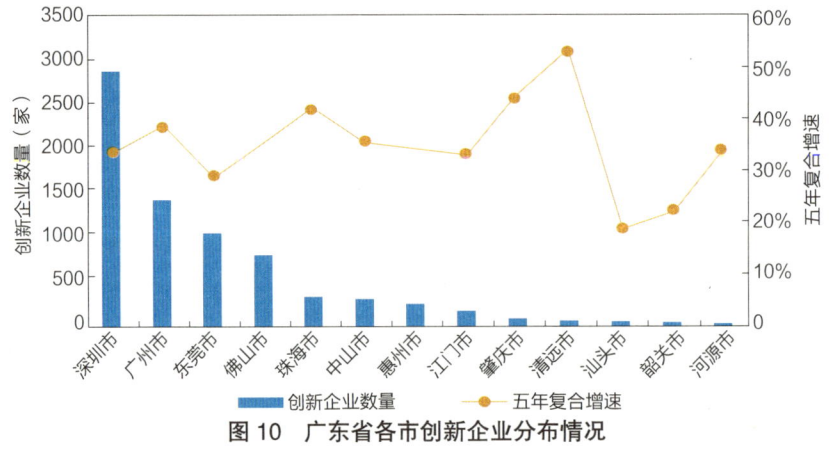

图 10　广东省各市创新企业分布情况

截至 2021 年 6 月底，广东省高端装备制造产业高新技术企业共 7655 家，占全国高端装备制造产业高新技术企业总数的 17.8%，在全国 31 省市中排名第一。上市公司达 280 家，占全国高端装备制造产业上市公司总数的 18.8%，在全国 31 省市中排名第一。

从初创企业数量来看,广东省高端装备制造产业共有初创企业969家,占全国高端装备制造产业初创企业总数的18.9%,在全国31省市中排名第一。此外,广东省高端装备制造产业隐形冠军企业数量为97家,在全国排名第四,仅次于浙江省(142家)、江苏省(123家)、山东省(102家)。广东省高端装备制造产业独角兽企业数量为10家,在全国31省市中排名第三,仅次于北京市(19家)、上海市(14家)。

5.2 广东省专利布局

截至2021年6月底,广东省高端装备制造产业累计发明专利申请公开量为35449件。近五年复合增速为30.1%,高出全国复合增速(17.5%)12.6个百分点。

从广东省各地市来看,广东省高端装备制造产业累计发明专利申请公开量主要分布在深圳市(14214件),占广东省的比重达40.1%。从广东省各地市高端装备制造产业发明专利申请公开量的增速来看,近五年复合增长速度最快的是肇庆市,其近五年复合增速高达96.1%(见图11)。

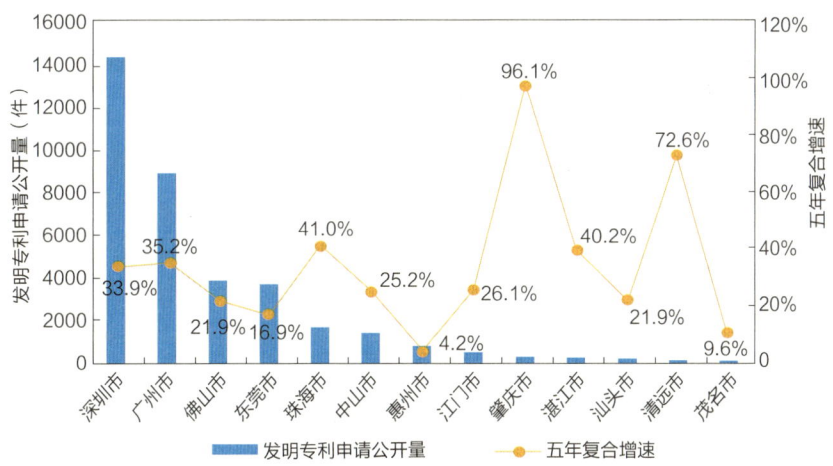

图11 广东省各市高端装备制造产业累计发明专利申请公开量的分布情况

从广东省高端装备制造产业的累计发明专利申请公开量分布情况来看,发明专利主要集中于深圳市(14214件)、广州市(8833件)、佛山市(3828件)、东莞市(3733件)以及珠海市(1727件),其中深圳市的累计发明专利申请公开量排名全省第一(见图11)。

从发明专利授权量来看,广东省高端装备制造产业累计发明专利授权量为9545件,在全国31省市中排名第三。从有效发明专利量来看,广东省高端装备制造产业累计有效发明专利量为8019件,在全国31省市中排名第三。

从高被引专利量来看,广东省高端装备制造产业累计高被引专利数量为225件,占全国高端装备制造产业累计高被引专利数量(2564件)的8.8%,在全国排名第四。广东省高端装备制造领域高价值专利中的代表性专利,可详见表8。

从产学研合作来看,广东省高端装备制造产业累计产学研合作专利数量为1039件,占全国高端装备制造产业累计产学研合作专利数量(9089件)的11.4%,在全国排名第二。

表 8　广东省高端装备制造领域高价值专利中的代表性专利

序号	标题	申请号	申请日	当前权利人	第一发明人
1	多旋翼无人机、动力系统、电调、电调的控制方法及系统	CN201680002639.0	2016/12/28	深圳市大疆创新科技有限公司	刘万启
2	一种数控设备	CN201210013794.6	2012/01/16	广东省仁丰五金电器有限公司	杨东佐
3	登机桥辅助支撑装置和带有该装置的登机桥及其控制方法	CN200410004652.9	2004/02/26	深圳中集天达空港设备有限公司；中国国际海运集装箱（集团）股份有限公司	沈鸿生
4	3D 打印机及其采用的镜头模组	CN201480080208.7	2014/12/03	大族激光科技产业集团股份有限公司	李家英
5	无人飞行器的机架、无人飞行器及其使用方法	CN201680004362.5	2016/04/01	深圳市大疆创新科技有限公司	邓雨眠
6	旋翼组件及具有旋翼组件的无人飞行器	CN201580066433.X	2015/09/25	深圳市大疆创新科技有限公司	耶方明
7	多工位传递机械手机构	CN201580080083.2	2015/12/31	深圳市大富精工有限公司	何自坚
8	一种微型钻头及加工此微型钻头的方法	CN201010134295.3	2010/03/22	深圳市金洲精工科技股份有限公司	厉学广
9	一种轨道交通调度的方法及服务器、系统	CN201610538585.1	2016/07/08	深圳市海能达技术服务有限公司	李鹏
10	轨道车辆	CN201610838452.6	2016/09/21	比亚迪股份有限公司	任林

5.3　广东省创新人才

从广东省各城市来看，广东省从事高端装备制造产业创新人才共 57157 人，主要分布在深圳市（19906 人）、广州市（17625 人）和佛山市（4659 人），分别占广东省高端装备制造产业创新人才总量的 34.8%、30.8% 和 8.2%。

从增速来看，2020 年广东省从事高端装备制造产业创新人才同比增速 26.3%，近五年复合增速 34.6%。在广东省内各市中，同比增速最高的是韶关市（54.2%），其次是清远市（53.8%）。近五年复合增速最高的是肇庆市（61.4%），其次是梅州市（60.2%）。

广东省从事高端装备制造产业创新人才中，发明专利申请量较多的工程师包括大族激光科技产业集团股份有限公司的高云峰、深圳市奥拓电子股份有限公司的吴涵渠和深圳市创世纪机械有限公司的夏军等。

在国家高层次人才方面，广东省高端装备制造产业共有国家高层次人才 2691 人，占全国高端装备制造产业国家高层次人才（44291人）的比重为6.1%。在全国31省市中排名第四。

在技术高管方面，广东省高端装备制造产业共有技术高管11791人，占全国高端装备制造产业技术高管总人数（69053人）的比重为17.1%。在全国31省市中排名第二。

在科技企业家方面，广东省高端装备制造产业共有科技企业家8416人，占全国高端装备制造产业科技企业家总人数（47376人）的比重为17.8%。在全国31省市中排名第二。

5.4 广东省产业链集聚结构

5.4.1 优势环节分析

广东省高端装备制造产业细分领域的优势环节包括：在智能制造装备产业中，机器人制造、高端数控机床、重大成套设备制造、增材设备制造、智能关键基础零部件制造的累计发明专利授权量、创新人才数量、创新企业数量均在全国各省市中排前五名，是优势环节。其中，增材设备制造的累计发明专利授权量、创新人才数量、创新企业数量在全国各省市均排名第一；机器人制造的累计发明专利授权量、创新企业数量在全国各省市均排名第二，创新人才数量在全国各省市排名第一；高端数控机床的累计发明专利授权量、创新人才数量、创新企业数量在全国各省市均排名第二。在集成电路装备产业中，集成电路制造设备的累计发明专利授权量、创新人才数量在全国各省市均排名第四，创新企业数量在全国各省市排名第二，也是优势环节。在航天装备产业中，卫星装备制造的累计发明专利授权量在全国各省市排名第二，创新人才数量在全国各省市排名第三，创新企业数量在全国各省市排名第一，也是优势环节。在航空装备产业中，航空器装备制造、航空通信导航设备的累计发明专利授权量、创新人才数量、创新企业数量均在全国各省市中排前五名，是优势环节。其中，航空器装备制造的累计发明专利授权量、创新人才数量在全国各省市均排名第二，创新企业数量在全国各省市排名第一。在海洋工程装备产业中，海洋相关设备制造的累计发明专利授权量、创新人才数量在全国各省市均排名第四，创新企业数量在全国各省市排名第二，也是优势环节。在轨道交通装备产业中，轨道交通通信系统、信号与控制系统的累计发明专利授权量、创新人才数量、创新企业数量均在全国各省市中排前五名，也是优势环节（见表9）。

此外，综合累计发明专利授权量、创新人才数量、创新企业数量、累计高被引专利数量、维持在五年以上的专利数量以及上市企业数量来看，在航空装备方面，航空相关设备制造的累计高被引专利数量、维持在五年以上的专利数量和上市企业数量均为全国前三；且航空相关设备制造的累计发明专利授权量、工程师数量和创新企业数量均排名在全国前七，也均属于优势环节（见表9）。

表9 广东省在高端装备制造产业链的优势领域创新要素分布

优势产业		累计发明专利授权量		创新人才		创新企业	
产业领域	细分领域	数量（件）	国内排名	数量（人）	国内排名	数量（家）	国内排名
智能制造装备	机器人制造	2594	2	18401	1	2893	2
	高端数控机床	1382	2	8262	2	1659	2
	重大成套设备制造	798	3	3557	4	706	2
	增材设备制造	295	1	1826	1	260	1
	智能关键基础零部件制造	273	4	1379	5	243	3
集成电路装备	集成电路制造设备	921	4	3814	4	409	2
航天装备	卫星装备制造	1079	2	7202	3	1029	1
航空装备	航空器装备制造	801	2	5722	2	656	1
	航空相关设备制造	250	7	2326	5	313	2
	航空通信导航设备	304	3	1756	3	233	2
海洋工程装备	海洋相关设备制造	290	4	2708	4	366	2
轨道交通装备	轨道交通通信系统	199	2	1339	4	174	2
	信号与控制系统	177	3	1050	5	99	3
优势产业		高被引专利		维持在五年以上的专利		上市企业	
产业领域	细分领域	数量（件）	国内排名	数量（件）	国内排名	数量（家）	国内排名
航空装备	航空相关设备制造	3	3	408	2	17	1

5.4.2 不足环节分析

从细分产业链环节来看，广东省的飞船制造、火箭制造、深海石油钻探设备制造、铁路车辆、城市轨道交通车辆为不足产业。具体地，在航天装备领域，飞船制造的累计发明专利授权量只有56件，在全国各省市内排名第七；创新人才数量在全国各省市内排名第八。火箭制造的累计发明专利授权量仅有7件，在全国各省市内排名第十二，技术有待积累；创新人才数量在全国各省市内排名第十三。在海洋工程装备领域，深海石油钻探设备制造的累计发明专利授权量在全国各省市内排名第十四，创新人才数量在全国各省市内排名第十三。在轨道交通装备领域，铁路车辆的累计发明专利授权量只有81件，在全国各省市内排名第十二；创新人才数量在全国各省市内排名第十五。城市轨道交通车辆的累计发明专利授权量只有62件，在全国各省市内排名第七；创新人才数量在全国各省市内排名第八（见表10）。

表 10　广东省在高端装备制造产业链的不足领域创新要素分布

不足产业		累计发明专利授权量		创新人才		创新企业	
产业领域	细分领域	数量（件）	国内排名	数量（人）	国内排名	数量（家）	国内排名
航天装备	飞船制造	56	7	372	8	46	2
	火箭制造	7	12	62	13	10	5
海洋工程装备	深海石油钻探设备制造	160	14	1548	13	171	6
轨道交通装备	铁路车辆	81	12	424	15	65	6
	城市轨道交通车辆	62	7	273	8	36	4

5.4.3　潜力环节分析

综合分析广东省高端装备制造产业各细分产业环节在创新企业规模、企业累计发明专利授权量和创新人才数量的近五年复合增速水平，可以看出，增长较快的潜力产业包括：智能制造装备领域的增材设备制造、机器人制造，航天装备领域的飞船制造，航空装备领域的航空器装备制造、航空通信导航设备，轨道交通装备领域的铁路车辆、城市轨道交通车辆、轨道交通车辆零部件、轨道交通通信系统。以上细分产业总体保持了较为突出的发展势头，未来潜力较大。

其中，增材设备制造、航空器装备制造、航空通信导航设备领域的发明专利授权量近五年复合增速分别是 130.5%、84.6%、64.4%，远高于全国发明专利授权量近五年复合增速 14.7%，为最具发展潜力的三大产业（见表 11）。

表 11　广东省在高端装备制造产业链的潜力产业增速情况

潜力产业		累计发明专利授权量		创新人才		创新企业	
二级产业名称	三级产业名称	数量（件）	五年复合增速	数量（人）	五年复合增速	数量（家）	五年复合增速
智能制造装备	机器人制造	2594	37.9%	18401	53.2%	2893	49.6%
	增材设备制造	295	130.5%	1826	66.9%	260	67.6%
航空装备	航空器装备制造	801	84.6%	5722	69.7%	656	63.8%
	航空通信导航设备	304	64.4%	1756	44.3%	233	34.2%
航天装备	飞船制造	56	53.4%	372	53.1%	46	47.6%
轨道交通装备	轨道交通车辆零部件	314	51.6%	1360	34.0%	155	26.5%
	铁路车辆	81	47.6%	424	34.2%	65	37.0%
	城市轨道交通车辆	62	47.6%	273	43.8%	36	38.9%
	轨道交通通信系统	199	42.0%	1339	27.9%	174	26.6%
智能制造装备	机器人制造	2594	37.9%	18401	53.2%	2893	49.6%

5.4.4 风险环节分析

伴随着高端装备制造产业的快速发展,加之中国突出的市场地位,中国成为欧洲、日本及美国等各大高端装备制造巨头公司专利布局的重点方向。通过分析国外在华发明专利申请公开量的增速,有助于判断产业链各细分领域是否存在潜在的安全风险。为有效判别产业是否存在潜在专利风险,我们将使用产业知识产权风险判别模型开展风险识别工作。

针对高端装备制造产业链,风险判别模型中的重点产业国外在华发明专利申请公开量增速采用的指标是高端装备制造产业链整体的国外在华 2015—2020 年的发明专利申请公开量的五年复合增速(8.6%),当某细分领域国外在华发明专利申请公开量的五年复合增速大于或等于产业链整体的国外在华 2015—2020 年的发明专利申请公开量的五年复合增速时,则判定该细分领域为风险产业。

基于专利大数据的产业知识产权风险判别模型分析,在高端装备制造细分产业链中,有 6 个细分领域存在潜在的安全风险,分别为机器人制造、高端数控机床、增材设备制造、航空器装备制造、航空相关设备制造以及航空通信导航设备领域。

从产业知识产权风险判别结果来看,国外申请人在华申请的发明专利中,增材设备制造领域的近五年复合增速高于高端装备制造产业整体达 43.4%,航空器装备制造领域高于高端装备制造产业整体达 32.6%。说明就近五年的整体情况来看,国外申请人在这两个细分领域有高度的布局倾向,布局速度远高于高端装备制造产业整体,需引起相关利害主体的高度重视。另外,航空相关设备制造、高端数控机床、机器人制造、航空通信导航设备领域分别高于高端装备制造产业整体的 15.6%、11.0%、6.9%、5.8%,也需我国相关利害主体多加关注(见表 12)。

需要说明的是,由于产业知识产权风险判别模型是以国外来华增速数据为基础进行数据分析的,所以得出的风险产业结果并不代表国内相关产业处于弱势,仅说明国外申请人在这一领域着重布局,增速较快,需要我国多加注意。

表 12 高端装备制造产业链专利预警分析

细分领域	细分领域国外在华发明专利申请公开量近五年复合增速	产业整体国外在华发明专利申请公开量近五年复合增速	差值	是否为风险产业
机器人制造	15.54%	8.6%	6.9%	是
高端数控机床	19.63%		11.0%	是
重大成套设备制造	−10.72%		−19.3%	否
智能关键基础零部件制造	−9.35%		−17.9%	否
增材设备制造	51.97%		43.4%	是
集成电路制造设备	2.48%		−6.1%	否
卫星装备制造	4.14%		−4.5%	否
飞船制造	1.99%		−6.6%	否
火箭制造	−2.64%		−11.2%	否
航空器装备制造	41.16%		32.6%	是

续表

细分领域	细分领域国外在华发明专利申请公开量近五年复合增速	产业整体国外在华发明专利申请公开量近五年复合增速	差值	是否为风险产业
航空相关设备制造	24.21%	8.6%	15.6%	是
航空通信导航设备	14.44%		5.8%	是
深海石油钻探设备制造	−8.31%		−16.9%	否
海洋工程装备制造	−2.39%		−11.0%	否
海洋相关设备制造	7.78%		−0.8%	否
轨道交通车辆零部件	1.70%		−6.9%	否
铁路车辆	4.33%		−4.3%	否
信号与控制系统	0.29%		−8.3%	否
轨道交通通信系统	−7.46%		−16.1%	否
城市轨道交通车辆	−1.89%		−10.5%	否

第6章 广东省智能装备制造产业创新发展路径建议

广东省高端装备制造产业在国内具备比较优势，产业链覆盖面全且分布较为合理，企业、人才、专利等科创资源丰富，尤其是创新企业。建议实施强链、补链、延链工程，持续优化产业链结构。推动高校、科研院所科创资源利用，加强产学研合作，开展高端装备制造产业关键技术协同创新。积极落实《支持"专精特新"中小企业挂牌上市融资服务方案》，推动潜力"专精特新"中小企业上市，为制造业高质量发展提供重要金融支撑。大力引进培育高端装备制造相关高端人才，"引""稳""培""鉴"相结合建设"2%"人才高地。抓紧粤港澳大湾区建设机遇，深化粤港澳合作，协同推进高端装备制造产业发展。加强我国高端装备制造产业专利布局，建立预警机制，保障产业链安全。加强现有重大项目的知识产权分析评议和风险防控。

6.1 产业布局建议

从产业细分的角度来看，广东省在多数细分领域中处于优势地位，在企业、人才、专利方面领先明显。建议首先，实施固链工程，做强优势环节，优化产业布局，继续巩固和加强以增材设备制造、机器人制造、高端数控机床、卫星装备制造、航空器装备制造为代表的13个优势产业的领先地位，抢占全球高端装备制造技术高地，争夺行业话语权。其次，实施补链工程，针对广东省高端装备制造产业链的不足环节，如飞船制造、火箭制造、深海石油钻探设备制造、铁路车辆、城市轨道交通车辆，结合本省发展规划，积极对外协商，引进国内外相关行业巨头在广东省落户研发。例如，引进一批铁路车辆、城市轨道交通车辆领域的全球领先企业，可重点关注中国中车、庞巴迪、阿尔斯通、西门子、日立和川崎重工等。最后，实施延链工程，针对广东省高端装备制造产业链下游，扩大高端装备市场应用范围，延展产业链链条，扩大产业规模，推进广东省国民经济和产业发展的优化布局。

工业和信息化部、发展改革委、科技部、财政部联合印发的《高端装备创新工程实施指南》提出，高端装备制造业发展的总体要求是：坚持"政府引导与市场机制相结合、自主创新与开放合作相结合、重点突破与夯实基础相结合"的原则，加强组织领导和政策推动,加大资金支持力度,创新资金支持方式,切实重视落实高端装备的国产化依托工程,促进产学研用协同创新,统筹研发、制造、应用各环节,突破一批关键技术和核心部件,开发一批标志性、带动性强的重点产品和装备,实现一批重大装备的工程化、产业化应用,打造中国制造业"新名片",带动我国制造业水平的全面提升。建立以企业为主体、市场为导向、产学研深度融合的技术创新体系。产学研合作是企业发展的内在需求,是增强企业自主创新能力、提高市场竞争力的重要途径。广东省应依托在高端装备制造领域的高校、科研院所资源,加强产学研合作,进行产业关键技术协同创新。

高校、科研院所、企业是区域创新发展的"三驾马车",依托高校、科研院所、龙头企业和产业园区等创新资源创建产学研创新发展平台,搭建技术研发平台、成果转化平台、产业孵化平台等,建成若干政府主导、学研单位及业内龙头引领、企业为主的产业空间新格局。广东省的部分高等院校及科研院所也为本地区产学研合作做出了良好的示范,比如,广东工业大学佛山数控装备研究院主要瞄准珠江西岸先进装备制造业需求,围绕机器人、精密装备、3D打印等智能制造领域,进行关键技术与产品研发和企业服务,已培育孵化80多个高端创业项目,吸引社会投资资金超3亿元,注册实体公司60多家,研发创新产品超过60项,申请专利超400件,服务地方企业超500家,已实现技术服务收入超亿元。

随着高端装备制造产业的快速发展,德国、日本、美国等高端装备制造产业巨头纷纷将目光投向以中国为代表的新兴市场,通常采用"产品未动,专利先行"的方式进入中国市场,由于专利权的排他性,专利已然成为国际巨头抢占市场的重要武器。在全球化的今天,在中美贸易摩擦的背景下,建议加大对国内高校、科研院所高端装备制造的科创资源挖掘和利用,针对我国不足环节和风险环节,筛选高校及科研院所专利运营的试点技术领域,以试点技术领域的高校及科研院所的专利资产作为专利池,根据高校团队、科研院所团队及其研究领域细分专利池为专利包,并根据供需进行专利包与企业的配对,实现以特定技术领域的学研(高校、科研院所)专利包为纽带,连接创新供给侧(高校、科研院所)和需求侧(相关企业)。

上市公司是区域产业高质量发展的排头兵,是新技术、新业态、新经济的重要开拓者。一是建议采用大数据手段精准识别潜力"专精特新"中小企业,尤其是通过知识产权产业金融大数据手段,运用企业科创能力评价模型,开展"专精特新"中小企业科创实力评价,准确掌握"专精特新"中小企业科技创新状况,为潜力"专精特新"中小企业的发现、培育、成熟、上市奠定良好的基础。二是建议加强拟上市"专精特新"中小企业的IPO知识产权辅导,助力企业对内做好知识产权规划工作,构建技术研发体系,在技术研发过程中,规避现有技术,避免侵权风险,同时还要开展专利挖掘,启示技术创新,保持专利申请的持续性,彰显技术创新能力。在专利申请过程中,从技术攻防及市场选择的角度进行知识产权整体布局,形成契合公司战略的专利组合。此外,还应完善公司知识产权管理制度,注意自身知识产权的管理和维护工作,避免因管理失误造成无谓的损失。对外做好知识产权风险的防范和预警工作,通过知识产权尽职调查分析风险来源,评估危害程度以及发生的可能性,特别是针对公司的主营业务在IPO前开展专利比对分析,排查商标、专利侵权风险,制定风险应对预案,保障企业顺利上市。围绕制造强省建设目标,以上市公司为平台、并购重组为手段，提升上市公司发展水平，做强产业链，做深价值链，提高广东省高端装备制造产业核心竞争力。

企业最具有创新能力的核心人员一般占研发人员的2%，换言之，这2%的核心人员是引领推动产业发展的"关键少数"，是全球高端装备制造产业角逐的焦点。建议广东省的人才工作进一步聚焦到这"2%"的高端人才层面，从以下四个方面入手。一是"引"，加强创新创业基础条件建设，配套相关人才政策，吸引国内外高层次优秀人才，在人才引进中加强对行业领军人才、技术高管及科技企业家等人才的引进力度。二是"稳"，加强人才大数据的建设与运用，构建高端装备制造产业创新人才数据库，实时监测广东省高层次人才发展动态，稳定核心技术人才，减少高端人才外流。三是"培"，依托广东省高等院校的科教资源，深化产教融合，建立起学历教育与职业教育相结合的人才培养模式，协同培养创新型科技工程师，大力支持创新型科技工程师申报广东省及国家的相关人才培养计划和科研攻关计划。四是"鉴"，有效利用知识产权大数据建立发现人才、评价人才、跟踪人才机制，绘制全球高端人才图谱，落实人才引进中的知识产权评价和鉴定机制。

在粤港澳大湾区建设的大机遇下，广东省应深化同香港、澳门的高端装备制造相关合作，加快推进高端装备制造产业一体化布局和各类高端要素对接，协同促进高端装备制造产业发展。粤港澳大湾区具备良好的高端装备制造产业集群，广东省重点省市应统筹利用粤港澳和国际国内科技创新资源，围绕高端装备制造产业发展完善科技创新链，加快形成以创新为驱动、以科技为引领的经济体系和发展模式，推动互联网、大数据、人工智能和实体经济深入融合。同时还应注意制度的差异，化制度差异为制度优势，注重政策的互补，进一步完善产业政策、人才政策、科技政策，学习先进地区经验。充分发挥产业集聚对区域创新的积极作用，推动区域内企业交流，促进行业内隐性知识扩散，激发区域企业技术创新，进而实现以区域创新带动广东省高端装备制造产业发展。以广州、佛山、深圳、东莞、中山为核心的智能制造装备产业集聚区，以广州、深圳、珠海、中山、阳江为核心的海洋工程装备产业集聚区，以广州、深圳、珠海为核心的航空装备产业集聚区，以江门为核心的轨道交通装备产业集聚区，在科技创新发展中，应主动发挥引领作用，推动粤港澳大湾区高端装备制造产业高质量发展。

6.2 产业知识产权风险防控建议

产业安全关乎国家安全，建议加强我国高端装备制造以下重点产业的专利布局，建立预警机制。如智能制造装备产业中存在安全风险的机器人制造、高端数控机床、增材设备制造领域，航空装备产业中存在安全风险的航空器装备制造、航空相关设备制造、航空通信导航设备领域，尤其是增材设备制造、航空器装备制造领域，需重点加强。

建议加强现有重大科技项目及招商引进项目的知识产权分析评议和风险防控，预警防范重大知识产权风险，助力高端装备制造产业发展决策的科学性和及时性。如加强重大项目的人才流动尽职调查，避免因人才流动造成的侵权风险。加强重点产业的知识产权侵权风险排查工作，避免无效宣告事件的发生。加强海外知识产权风险排查工作，重点针对美国337调查条款，做好知识产权储备和风险防控工作。

广东省激光与增材制造产业专利统计分析报告

广东省知识产权保护中心
2021 年 12 月

目 录

第1章 引言 // 184

    1.1 项目背景 // 184
    1.2 产业链分类 // 185

第2章 激光与增材制造产业发展态势 // 186

    2.1 全球激光与增材制造产业发展现状 // 186
        2.1.1 全球激光与增材制造产业发展概况 // 186
        2.1.2 中国激光与增材制造产业发展概况 // 188
    2.2 中国激光与增材制造产业政策环境 // 191
    2.3 中国激光与增材制造产业创新发展态势 // 193
        2.3.1 中国创新企业 // 193
        2.3.2 中国专利布局 // 196
        2.3.3 中国创新人才 // 201
    2.4 中国激光与增材制造产业热点及重点技术创新方向 // 204

第 3 章　广东省激光与增材制造产业创新发展定位与洞察　// 207

3.1　广东省激光与增材制造产业政策导向　// 207
3.2　广东省激光与增材制造产业创新发展定位　// 209
3.2.1　广东省创新企业　// 209
3.2.2　广东省专利布局　// 210
3.2.3　广东省创新人才　// 216

3.3　广东省激光与增材制造产业创新发展洞察　// 218
3.3.1　广东省产业链集聚结构　// 218
3.3.2　广东省技术供应链分析　// 222

第 4 章　广东省激光与增材制造产业创新发展路径建议　// 225

4.1　产业布局优化路径　// 225
4.2　知识产权工作建议　// 226

图目录

图 1　激光与增材制造产业链结构图 ………………………………………………… 185
图 2　2009—2020 年全球增材制造产值 ……………………………………………… 186
图 3　2019 年全球 3D 打印产业结构 ………………………………………………… 187
图 4　2019 年全球 3D 打印产业规模区域分布 ……………………………………… 187
图 5　工业中 3D 打印应用行业分布 ………………………………………………… 188
图 6　2025 年全球 3D 打印材料行业产品结构预测 ………………………………… 188
图 7　2019 年中国 3D 打印产业规模区域分布 ……………………………………… 189
图 8　中国 3D 打印设备市场竞争格局 ……………………………………………… 189
图 9　2019 年 5 月—2020 年 5 月中国 3D 打印机进口均价 ………………………… 190
图 10　2019 年 5 月—2020 年 5 月中国 3D 打印机出口均价 ………………………… 190
图 11　中国 3D 打印行业下游应用领域分布情况 …………………………………… 191
图 12　国内 31 省市激光与增材制造产业创新企业数量增长趋势 ………………… 193
图 13　中国激光与增材制造产业特色企业数量分布情况（单位：家） …………… 195
图 14　中国激光与增材制造产业重点企业专利技术布局情况 ……………………… 195
图 15　中国激光与增材制造产业专利申请公开量增长趋势 ………………………… 196
图 16　中国激光与增材制造产业发明专利申请公开量增长趋势 …………………… 197
图 17　国内 31 省市激光与增材制造产业高价值专利数量分布情况 ……………… 198
图 18　国内 31 省市激光与增材制造产业创新企业发明专利申请公开量增长趋势 … 199
图 19　国内 31 省市激光与增材制造产业高校发明专利申请公开量增长趋势 …… 199
图 20　国内 31 省市激光与增材制造产业科研机构发明专利申请公开量增长趋势 … 200

图 21　国内 31 省市激光与增材制造产业产学研合作申请专利数量分布情况 …………… 200
图 22　中国激光与增材制造产业产学研合作申请专利领域分布情况 …………………… 201
图 23　国内 31 省市激光与增材制造产业创新人才数量增长趋势 ………………………… 202
图 24　中国激光与增材制造产业特色人才数据分布情况（单位：人）…………………… 203
图 25　国内 31 省市激光与增材制造产业各机构类型创新人才数量分布情况（单位：人）… 204
图 26　广东省激光与增材制造产业创新企业数量增长趋势 ………………………………… 209
图 27　广东省激光与增材制造产业专利申请公开量增长趋势 ……………………………… 211
图 28　广东省激光与增材制造产业发明专利申请公开量增长趋势 ………………………… 211
图 29　广东省激光与增材制造产业创新企业发明专利申请公开量增长趋势 ……………… 213
图 30　广东省激光与增材制造产业高校发明专利申请公开量增长趋势 …………………… 214
图 31　广东省激光与增材制造产业科研机构发明专利申请公开量增长趋势 ……………… 214
图 32　广东省激光与增材制造产业产学研合作申请专利领域分布情况 …………………… 215
图 33　广东省激光与增材制造产业海外布局专利领域分布情况 …………………………… 216
图 34　广东省激光与增材制造产业创新人才数量增长趋势 ………………………………… 216
图 35　广东省激光与增材制造产业各机构类型创新人才数量分布情况（单位：人）…… 218
图 36　广东省激光与增材制造产业涉及转让专利领域分布情况 …………………………… 222
图 37　广东省激光与增材制造产业与外地进行专利转让活动情况（单位：件）………… 223
图 38　广东省激光与增材制造产业涉及许可专利领域分布情况 …………………………… 223
图 39　广东省激光与增材制造产业与外地进行专利许可活动情况（单位：件）………… 224
图 40　广东省激光与增材制造产业涉及质押专利领域分布情况 …………………………… 224

表目录

表号	标题	页码
表1	我国激光与增材制造产业相关政策	192
表2	国内31省市激光与增材制造产业创新企业数量分布情况	193
表3	国内31省市激光与增材制造产业发明专利授权量分布情况	197
表4	中国激光与增材制造产业产学研合作重点高校院所清单	201
表5	国内31省市激光与增材制造产业创新人才数量分布情况	202
表6	国内31省市激光与增材制造产业链创新要素情况	204
表7	国内31省市激光与增材制造产业链上游创新要素情况	205
表8	国内31省市激光与增材制造产业链中游辅助配件领域创新要素情况	205
表9	国内31省市激光与增材制造产业链中游3D打印设备领域创新要素情况	206
表10	国内31省市激光与增材制造产业链下游创新要素情况	206
表11	广东省激光与增材制造产业相关政策	207
表12	广东省各地市激光与增材制造产业创新企业数量情况	209

表 13	国内重点省市激光与增材制造产业特色企业数量分布情况对标比较	210
表 14	广东省各地市激光与增材制造产业发明专利授权量情况	212
表 15	国内重点省市激光与增材制造产业高价值专利数量分布情况对标比较	212
表 16	广东省激光与增材制造产业产学研合作重点高校院所清单	215
表 17	广东省各地市激光与增材制造产业创新人才数量情况	217
表 18	国内重点省市激光与增材制造产业特色人才数量分布情况对标比较	217
表 19	广东省激光与增材制造产业链创新要素情况	218
表 20	广东省激光与增材制造产业优势领域创新要素情况	219
表 21	广东省激光与增材制造产业潜力领域创新要素情况	220
表 22	广东省激光与增材制造产业薄弱领域创新要素情况	220
表 23	激光与增材制造产业链风险领域分布情况	221

第1章 引言

1.1 项目背景

2021年3月,《中华人民共和国国民经济和社会发展第十四个五年规划和2035年远景目标纲要》围绕"发展壮大战略性新兴产业"进行了专章论述,指出要着眼于抢占未来产业发展先机,培育先导性和支柱性产业,推动战略性新兴产业融合化、集群化、生态化发展,战略性新兴产业增加值占GDP比重超过17%。2021年9月,中共中央、国务院印发《知识产权强国建设纲要(2021—2035年)》,在"建设激励创新发展的知识产权市场运行机制"部分,明确要大力推动专利导航在传统优势产业、战略性新兴产业、未来产业发展中的应用。

习近平总书记对广东制造业发展高度重视、寄予厚望,明确要求广东加快推动制造业转型升级,建设世界级先进制造业集群。2020年5月,广东省人民政府出台《关于培育发展战略性支柱产业集群和战略性新兴产业集群的意见》,并进一步制定了20个战略性产业集群行动计划,最终形成"1+20"的政策体系,旨在推动广东省产业链、创新链、人才链、资金链、政策链相互贯通,加快建立具有国际竞争力的现代化产业体系。2021年4月,《广东省国民经济和社会发展第十四个五年规划和2035年远景目标纲要》在"总体要求"中提出,改造提升传统产业,做大做强战略性支柱产业,培育发展战略性新兴产业,加快发展现代服务业,推动产业基础高级化和产业链供应链现代化,提高产业现代化水平,打造新兴产业重要策源地、先进制造业和现代服务业基地,推动建设更具国际竞争力的现代产业体系。

针对"激光与增材制造产业",广东省科学技术厅等五部门于2020年9月印发了《广东省培育激光与增材制造战略性新兴产业集群行动计划(2021—2025年)》,提出到2025年,全省激光与增材制造产业规模与创新能力迈上新台阶,取得一批重大标志性成果,培育一批具有全球影响力的龙头骨干企业,打造创新引领、结构优化的生态体系,稳步提升在全球产业链、价值链中的地位,逐步形成具有国际竞争力的激光与增材制造产业集群。并明确广东省市场监督管理局负责培育优势企业、加速产业集群发展,加强应用推广、助力产业全面发展,深化开放合作、构建全球创新网络等重点任务以及强链补链工程、应用示范工程、质量品牌培育工程、知识产权提升工程等重点工程中的相关工作。

为深入贯彻习近平新时代中国特色社会主义思想和党的十九大精神,认真落实中共中央、国务院关于发展壮大战略性新兴产业和知识产权强国建设及省委、省政府关于推进制造强省建设的工作部署，按照《广东省人民政府关于培育发展战略性支柱产业集群和战略性新兴产业集群的意见》《广东省培育激光与增材制造战略性新兴产业集群行动计划（2021—2025年）》的工作安排，加快发展激光与增材制造战略性新兴产业集群，促进产业迈向全球价值链高端，开展激光与增材制造产业专利分析研究工作。基于产业专利导航创新决策理念，紧扣产业分析和专利分析两条主线，将专利信息与产业现状、发展趋势、政策环境、市场竞争等信息深度融合，基于知识产权产业金融大数据，深入研究广东省激光与增材制造产业发展现状，明晰产业发展方向，找准区域产业定位，分析存在制约发展的瓶颈问题和制度障碍，指出优化产业创新资源配置的具体路径，提出适用于本区域产业创新发展的相关建议，为广东省激光与增材制造产业发展规划、招商引资、人才引进等提供决策支撑。

1.2 产业链分类

激光与增材制造产业分为四大领域，其中，产业链上游对应3D打印材料领域，产业链中游对应辅助配件领域、3D打印设备领域，产业链下游对应3D打印应用及服务领域。进一步将激光与增材制造产业分为多个相关的三级分支：上游3D打印材料主要涉及光敏树脂材料、金属粉末材料、复合粉末材料、高分子粉末材料；中游辅助配件主要涉及软件、扫描设备、控制电路、激光器、打印喷头、振镜系统，3D打印设备主要涉及熔融沉积成型3D打印机（FDM）、光固化成型3D打印机（SLA）、数字光处理3D打印机（DLP）、三维打印黏结成型打印机（3DP）、选择性激光烧结/熔化成型3D打印机（SLS/SLM）、激光熔覆成型3D打印机（LMD）、电子束熔化成型3D打印机（EBM）、3D生物打印机；下游3D打印应用及服务主要涉及云服务平台、航空航天、铸造模具、生物医疗、教育培训、建筑打印。对上、中、下游三级产业再进行细分，可进一步细化至四个层级，上游还包括6个细分分类（见图1）。

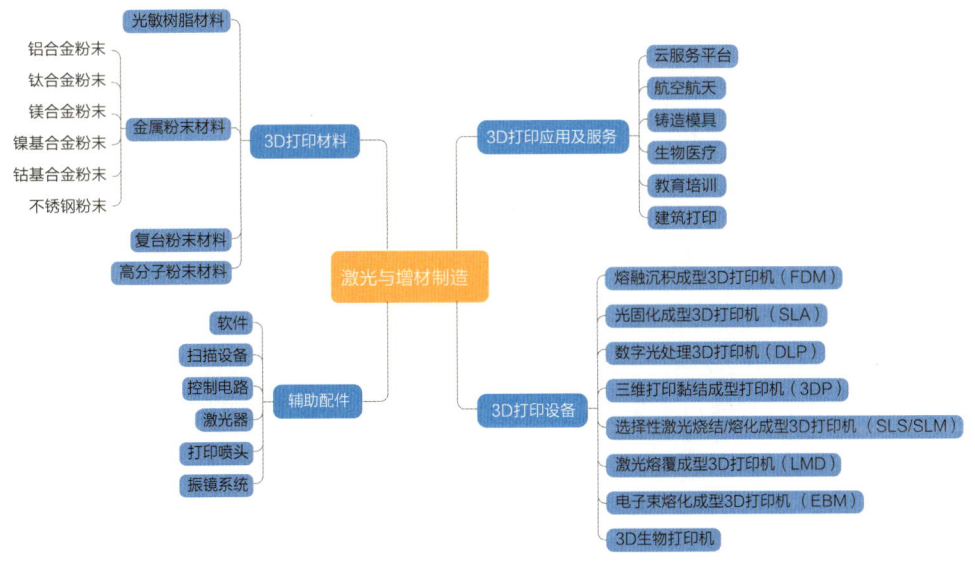

图1　激光与增材制造产业链结构图

第 2 章　激光与增材制造产业发展态势

2.1　全球激光与增材制造产业发展现状

2.1.1　全球激光与增材制造产业发展概况

3D 打印技术起源于美国，在 20 世纪 80 年代进入实质性应用阶段，经过 30 多年发展，增材制造产业正从起步期迈入成长期，呈现出快速增长的态势。根据全球增材制造行业咨询公司沃勒斯统计显示，全球增材制造产值（包括产品和服务）从 2009 年的 10.70 亿美元增长到 2019 年的 118.67 亿美元，十年间增长超过 10 倍，年复合增长率高达 27.2%。2020 年，即使是在新冠疫情的影响下，全球增材制造行业仍增长了 7.5%，产值达到近 128 亿美元。根据 HUBS《增材制造趋势报告 2021》，预计未来三年，3D 打印市场将继续保持增势，到 2026 年有望达到 372 亿美元（见图 2，具体数据缺失）。❶

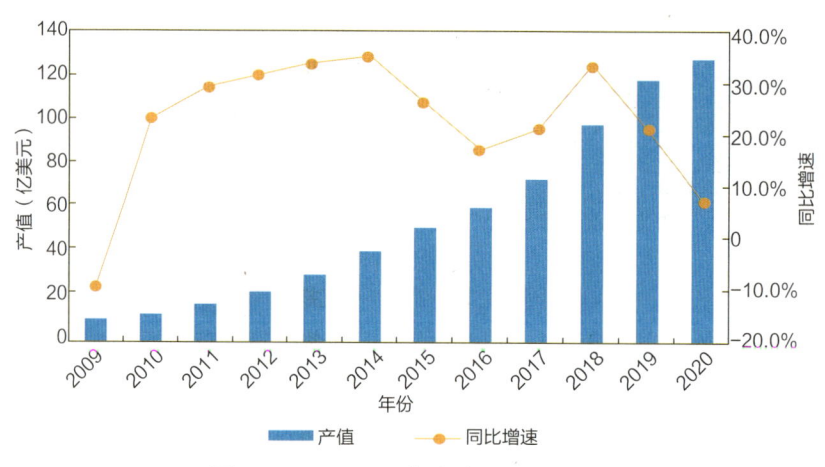

图 2　2009—2020 年全球增材制造产值

根据 2020 年 3 月赛迪研究院顾问发布的《2019 年全球及中国 3D 打印行业数据》，2019 年，全球 3D 打印产业结构中，3D 打印设备占主导地位，产业规模占比 44.3%；其次是 3D 打印服务，产业规模占比 31.6%；3D 打印材料产业规模占比 24.1%（见图 3）。❷

---

❶ 资料来源：沃勒斯、东北证券。
❷ 资料来源：赛迪研究院顾问。

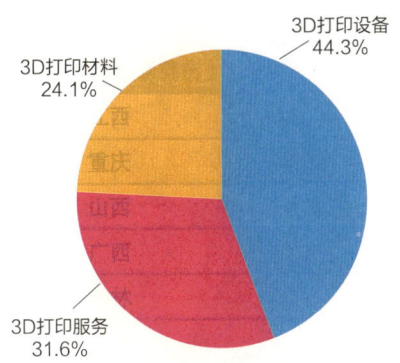

图 3　2019 年全球 3D 打印产业结构

2019 年，美国 3D 打印产业规模占全球比重 40.4%。德国是仅次于美国的世界第二大 3D 打印设备供应商，也是仅次于美国的第二大 3D 打印材料和服务的提供者，产业规模占全球比重约 22.5%。中国整体产业规模略低于德国，占全球比重约 18.6%。日本和英国在 3D 打印材料和设备领域也有一定规模，分别占全球产业规模的 8.2% 和 6.3%（见图 4）。❶

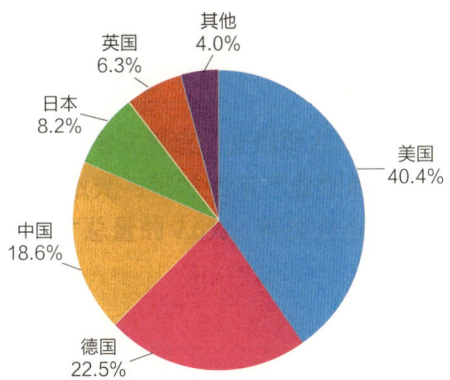

图 4　2019 年全球 3D 打印产业规模区域分布

沃勒斯《沃勒斯报告 2020》的问卷调查显示，目前工业中使用 3D 打印最多的行业为汽车工业（16.4%）、消费电子（15.4%）和航空航天（14.7%）。从 3D 打印的用途来看，将 3D 打印作为终端产品进行使用的占比最大，达 30.9%；用于原型制造的占比为 24.6%（见图 5）。3D 打印已经实现了从快速原型制造向快速制造的转变。由于 3D 打印科技工具应用方向逐步转向最终产品生产应用，金属打印材料将会占有越来越多的市场份额，金属材料份额比重 2025 年将超过 60%（见图 6）。❷

---

❶ 资料来源：赛迪研究院顾问。

❷ 资料来源：沃勒斯，前瞻产业研究院。

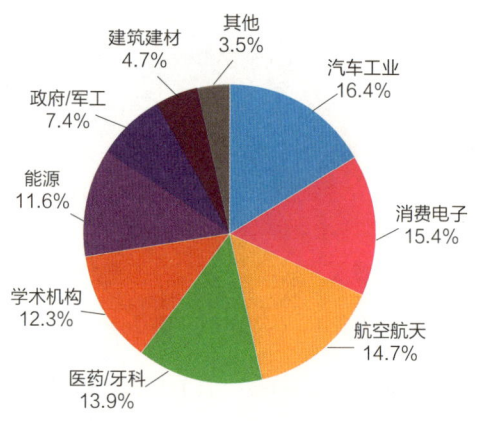

图 5 工业中 3D 打印应用行业分布

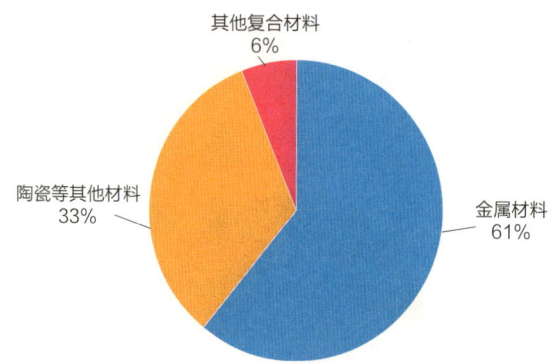

图 6 2025 年全球 3D 打印材料行业产品结构预测

2.1.2 中国激光与增材制造产业发展概况

2017—2020 年，我国 3D 打印产业规模逐年增加。根据 2020 年 3 月赛迪研究院顾问发布的《2019 年全球及中国 3D 打印行业数据》，2019 年，中国 3D 打印产业规模达 157.47 亿元，较 2018 年增加 31.1%。其中，3D 打印设备产业规模 70.86 亿元，占比最高，达 45.0%；3D 打印服务产业规模 45.67 亿元，占比 29.0%；3D 打印材料产业规模 40.94 亿元，占比 26.0%。

预计到 2022 年，中国 3D 打印产业规模将达到 348.46 亿元，保持 28.6% 的快速增长。其中，3D 打印设备产业规模为 153.67 亿元，占比依旧最高，但小幅下降至 44.1%；3D 打印服务产业规模为 121.26 亿元，占比扩大至 34.8%；3D 打印材料产业规模为 73.53 亿元，占比下降至 21.1%。❶

从区域分布情况来看，2019 年，我国 3D 打印产业规模主要分布在中南、华东和华北地区。其中，中南和华东地区由于 3D 打印设备与服务能力突出，产业规模分别位居全国第一、第二，分别占比 37.2% 和 32.6%。华北地区则由于 3D 打印材料和服务能力突出，

---

❶ 资料来源：赛迪研究院顾问。

产业规模位居全国第三，占比 12.4%（见图 7）。❶

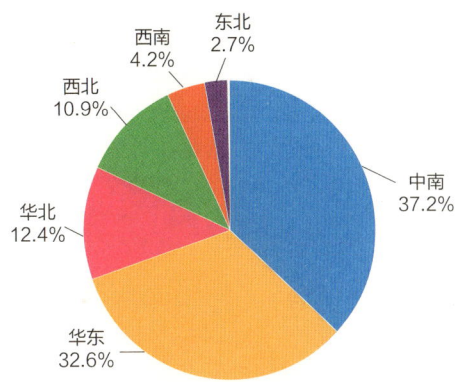

图 7　2019 年中国 3D 打印产业规模区域分布

2016 年以来，越来越多的外国企业看好中国的市场，纷纷进驻中国，与中国本地企业竞争中国 3D 打印市场份额，2016 年以后进入中国的外国公司占全部 3D 打印行业外国公司的 46.9%。根据 3D 科学谷的市场调研，当前中国市场的主流 3D 打印设备品牌包括联泰、Stratasys、EOS、GE、3D Systems、华曙、铂力特和惠普等。其中，联泰的市场占比最大，达 16.4%，其次为 Stratasys 和 EOS，分别占比 14.8% 和 13.1%。Stratasys、EOS、GE、3D Systems、惠普五家外国企业的市场占比近半，达 49.2%（见图 8）。❷

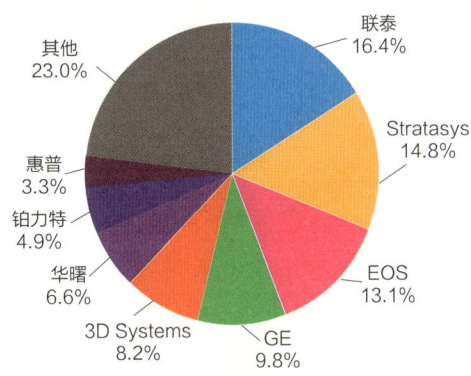

图 8　中国 3D 打印设备市场竞争格局

3D 打印机随用途的不同，价位也不同。一般商用打印机价位较高，从几万到几十万不等；国内购物网站上已经可以购买到廉价的 3D 打印机，价格在 3000～5000 元不等。据中国石油和化学工业联合会统计，2019 年 5 月—2020 年 5 月中国 3D 打印机进口均价呈波动下降趋势。2020 年 5 月中国 3D 打印机进口均价为 4314 美元 / 台，环比下降 20%（见图 9）。出口均价为 186 美元 / 台，环比上升 13%（见图 10）。可知中国 3D 打印机进出口均价差距较大，进口均价约为出口均价的 23 倍，进口产品以高端商用产品为主。❸

---

❶ 资料来源：赛迪研究院顾问。

❷ 资料来源：3D 科学谷。

❸ 资料来源：中国石油和化学工业联合会、前瞻产业研究院。

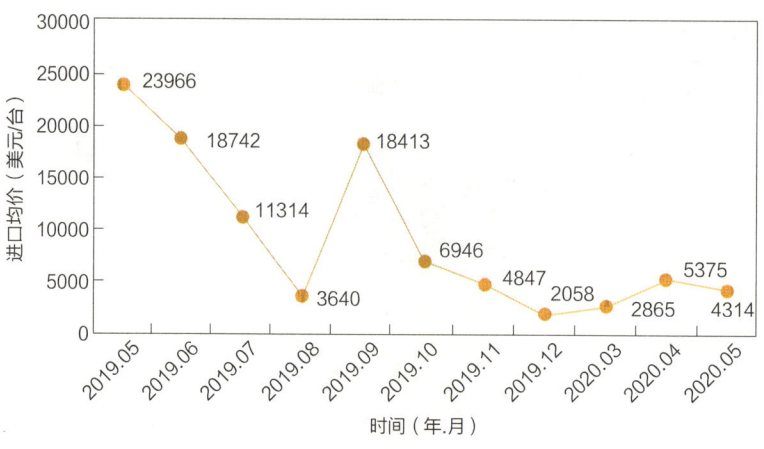

图 9　2019 年 5 月—2020 年 5 月中国 3D 打印机进口均价

图 10　2019 年 5 月—2020 年 5 月中国 3D 打印机出口均价

从下游应用市场来看，工业机械和航空航天是我国 3D 打印技术最主要的应用领域，分别占比 21% 和 20%；此外，3D 打印技术还在医疗、消费品/电子、汽车和科研等领域有诸多应用（见图 11）。❶

---

❶　资料来源：前瞻产业研究院。

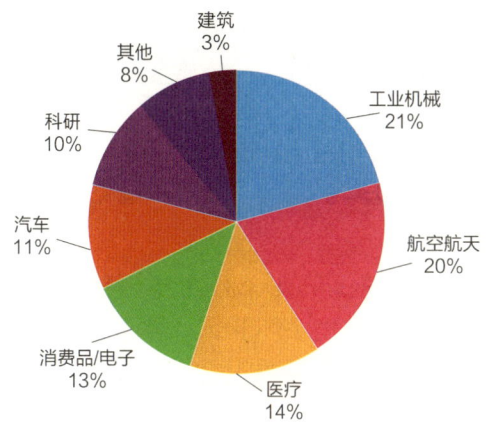

图 11　中国 3D 打印行业下游应用领域分布情况

非金属 3D 打印通常使用塑料、树脂材料等，金属 3D 打印通常使用各类合金粉末和线材。相比传统制造模式，非金属 3D 打印的优势主要在于无模化和可定制，但受限于材料性能，其主要用于样品和模具的生产；而金属 3D 打印除了具备无模化可定制优势外，在打印效率和打印质量上相比传统金属加工工艺均有较为明显的提升，甚至能够完成传统工艺无法制造的高复杂度、高精密度零部件的打印，具有更大的发展潜力。由于更高的技术含量、制造难度和不可替代性，金属 3D 打印设备单价较高，而金属材料凭借更优秀的耐热、高强和耐用性能，极大拓宽了 3D 打印的应用范围，在航空航天、医疗的义齿和植入体制造、汽车等应用领域具有广阔前景。❶

2.2　中国激光与增材制造产业政策环境

增材制造被誉为能够引领产业变革的颠覆性技术之一，在个性化定制、复杂结构部件制备等方面具有显著优势，正在对传统制造工艺流程、工厂生产加工模式及整个制造业产业链产生重要影响。为抢抓新一轮科技革命和产业变革的重大机遇，加快推进我国增材制造产业健康有序发展，我国政府近年来出台了一系列政策。2013 年，工业和信息化部印发《信息化和工业化深度融合专项行动计划（2013—2018 年）》，提出要加快增材制造等先进制造技术在生产过程中应用。2016 年，国务院印发《"十三五"国家战略性新兴产业发展规划》，提出要打造增材制造产业链。对于增材制造产业发展的具体计划，国家相关部门也制定了《国家增材制造产业发展推进计划（2015—2016 年）》《增材制造产业发展行动计划（2017—2020 年）》等，明确了行动目标和重点任务，为增材制造产业的发展指明了道路（见表 1）。

---

❶ 资料来源：东方证券研究所。

表1 我国激光与增材制造产业相关政策

时间	单位	文件	相关内容
2013年	工业和信息化部	《信息化和工业化深度融合专项行动计划（2013—2018年）》	加快增材制造等先进制造技术在生产过程中应用。拓宽增材制造（3D打印）技术在工业产品研发设计中的应用范围，推进增材制造在航空航天和医疗等领域的率先应用
2015年	工业和信息化部、国家发展和改革委员会、财政部	《国家增材制造产业发展推进计划（2015—2016年）》	到2016年，初步建立较为完善的增材制造产业体系，整体技术水平保持与国际同步，在航空航天等直接制造领域达到国际先进水平，在国际市场上占有较大的市场份额
2015年	国务院	《中国制造2025》	组织研发具有深度感知、智慧决策、自动执行功能的高档数控机床、工业机器人、增材制造装备等智能制造装备；加快增材制造等技术和装备在生产过程中的应用；加快增材制造等前沿技术和装备的研发。围绕重点行业转型升级和新一代信息技术、智能制造、增材制造、新材料、生物医药等领域创新发展的重大共性需求，形成一批制造业创新中心（工业技术研究基地）；实现生物3D打印等新技术的突破和应用
2016年	中共中央、国务院	《国家创新驱动发展战略纲要》	推动增材制造装备等发展
2016年	国务院	《"十三五"国家战略性新兴产业发展规划》	打造增材制造产业链；开发低成本增材制造材料；利用增材制造等新技术，加快组织器官修复和替代材料及植介入医疗器械产品创新和产业化
2017年	国家发展和改革委员会	《战略性新兴产业重点产品和服务指导目录（2016版）》	将增材制造列为战略性新兴产业重点产品和服务
2017年	科技部	《"十三五"先进制造技术领域科技创新专项规划》	"十三五"期间，先进制造领域重点从"系统集成、智能装备、制造基础和先进制造科技创新示范工程"四个层面，围绕包括增材制造在内的13个主要方向开展重点任务部署
2017年	工业和信息化部等十二部门	《增材制造产业发展行动计划（2017—2020年）》	到2020年，增材制造产业年销售收入超过200亿元，年均增速在30%以上。关键核心技术达到国际同步发展水平，工艺装备基本满足行业应用需求，生态体系建设显著完善，在部分领域实现规模化应用，国际发展能力明显提升
2018年	国家知识产权局	《知识产权重点支持产业目录（2018年本）》	将增材制造、激光制造、3D打印材料、3D生物打印列入知识产权重点支持产业目录
2019年	国家发展和改革委员会	《产业结构调整指导目录（2019年本）》	将建材产业中适用于增材制造的陶瓷前驱体，医药产业中增材制造技术开发与应用，机械产业中增材制造装备和专用材料、应用于铸造生产的3D打印和砂型切削快速成型技术与装备，有色金属产业中3D打印用高端金属粉末材料，汽车产业中3D打印成型等先进成形技术应用列为鼓励类

续表

时间	单位	文件	相关内容
2020年	国家标准化管理委员会等六部门	《增材制造标准领航行动计划（2020—2022年）》	到2022年，立足国情、对接国际的增材制造新型标准体系基本建立。增材制造专用材料、工艺、设备、软件、测试方法、服务等领域"领航"标准数量达到80~100项，形成一大批具有竞争性、引领性的团体标准，标准对增材制造技术创新和产业发展的引领作用充分发挥。推动2~3项我国优势增材制造技术和标准制定为国际标准，增材制造国际标准转化率达到90%，增材制造标准国际竞争力不断提升

2.3 中国激光与增材制造产业创新发展态势

2.3.1 中国创新企业

截至2021年7月，国内31省市激光与增材制造产业有专利申请活动的创新企业共28791家，近五年复合增速达23.8%。其中，2017年同比增速最快，同比增长28.3%（见图12）。

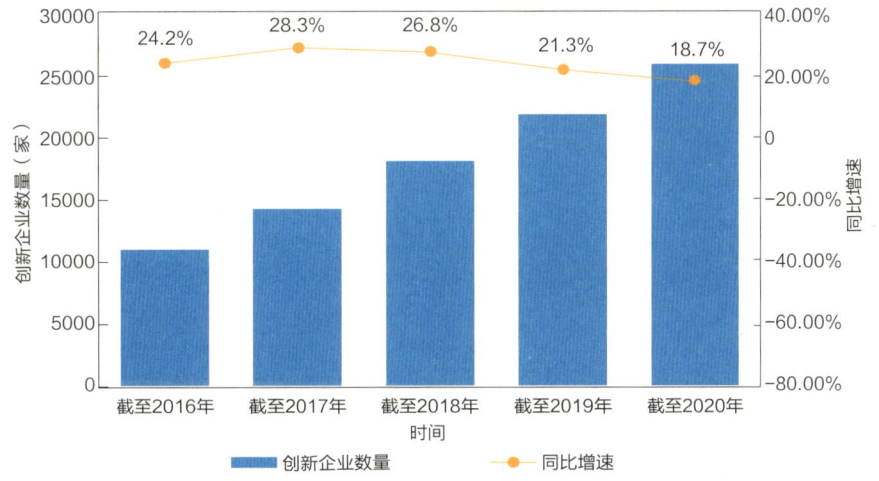

图12 国内31省市激光与增材制造产业创新企业数量增长趋势

从地域分布情况来看，截至2021年7月，国内31省市激光与增材制造产业有专利申请活动的创新企业主要集中在东南沿海地区。其中，创新企业数量排名前五位的省市依次为江苏省（5193家）、广东省（4047家）、浙江省（2603家）、安徽省（1997家）和山东省（1821家）（见表2）。

表2 国内31省市激光与增材制造产业创新企业数量分布情况

排名	省（自治区、直辖市）	创新企业数量（家）
1	江苏	5192
2	广东	4047

续表

排名	省（自治区、直辖市）	创新企业数量（家）
3	浙江	2603
4	安徽	1997
5	山东	1821
6	上海	1698
7	北京	1652
8	四川	1065
9	河南	1026
10	湖北	926
11	福建	852
12	湖南	810
13	辽宁	735
14	天津	633
15	陕西	586
16	河北	569
17	江西	443
18	重庆	394
19	广西	324
20	山西	240
21	贵州	223
22	黑龙江	162
23	云南	162
24	吉林	139
25	内蒙古	138
26	宁夏	116
27	甘肃	113
28	新疆	91
29	海南	32
30	青海	26
31	西藏	5

截至2021年7月，在激光与增材制造产业创新企业中，国内31省市共有国家高新技术企业12102家，占国内31省市激光与增材制造产业创新企业总量（28791家）的42.0%；初创企业2403家，占创新企业总量的8.3%；隐形冠军企业528家，占创新企业总量的1.8%；上市公司780家，占创新企业总量的2.7%；独角兽企业37家，占创新企业总量的0.1%；专精特新企业2598家，占创新企业总量的9.0%（见图13）。

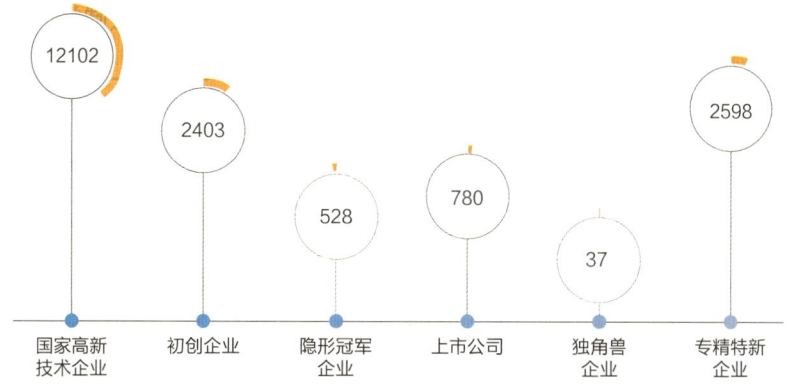

图 13　中国激光与增材制造产业特色企业数量分布情况（单位：家）

在激光与增材制造产业创新企业中，专利申请公开量较多的重点企业包括中国石油化工股份有限公司（551 件）、珠海天威飞马打印耗材有限公司（233 件）、湖南华曙高科技有限责任公司（216 件）、西安铂力特增材技术股份有限公司（204 件）、共享智能装备有限公司（198 件）、成都新柯力化工科技有限公司（182 件）等。❶

从这六家重点企业在激光与增材制造产业布局专利的细分领域来看，打印喷头是最为重点的细分领域，每家重点企业都在打印喷头领域布局了较多数量的专利。同时，光敏树脂材料、软件也是重点的细分领域，每家重点企业都在光敏树脂材料、软件领域布局了一定数量的专利。此外，六家重点企业中，除共享智能装备有限公司外，其余五家重点企业都在选择性激光烧结 / 熔化成型 3D 打印机（SLS/SLM）领域布局了较多数量的专利，因此选择性激光烧结 / 熔化成型 3D 打印机（SLS/SLM）领域也是重点的细分领域（见图 14）。

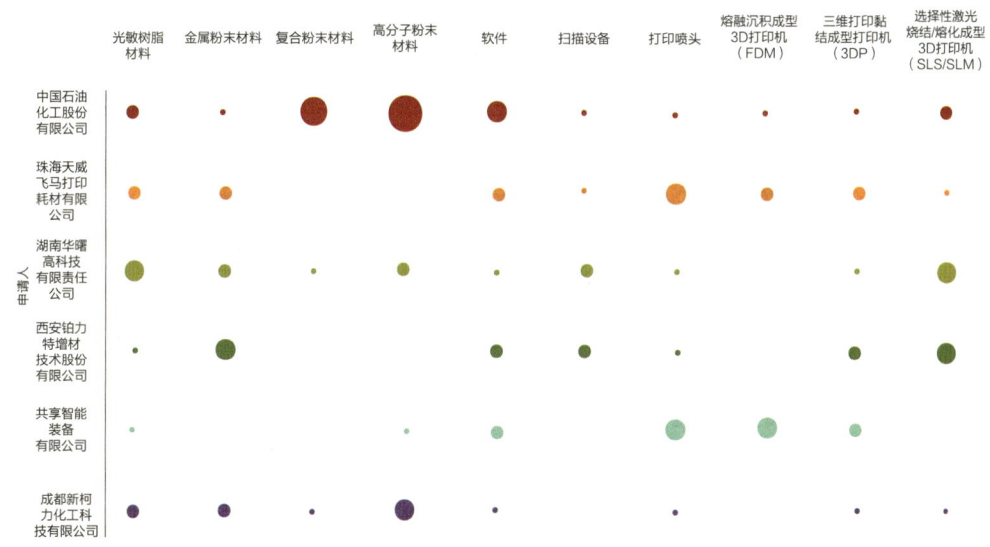

图 14　中国激光与增材制造产业重点企业专利技术布局情况

---

❶ 本处统计的专利申请公开量为申请人本身，不包含其分子公司。

【典型企业——湖南华曙高科技有限责任公司】

湖南华曙高科技有限责任公司（以下简称华曙高科）成立于2009年，是工业级3D打印领航企业，是工业和信息化部颁布的3D打印智能制造试点示范项目企业，拥有高分子复杂结构增材制造国家工程实验室、国际视野的研发体系和全球销售服务网络。

华曙高科位于湖南省长沙市国家高新技术产业开发区，拥有3D打印产业园、研发生产基地和现代化的生产车间，现有员工超过400人，其中研发人员超过40%。华曙高科目前共申请专利近350项，获得专利授权超百项。自主知识产权处于国内领先水平，并通过ISO 9001—2008等质量管理体系认证，已逐步建设成为集3D打印设备研发制造、3D打印材料研发生产以及客户支持为一体的全产业链格局。

秉承着与客户深度合作、共生共荣的理念，华曙高科为航空航天、医疗（含口腔）、汽车、首饰、教育机构、电动工具、原型制作、设计创意等行业提供高质量的选择性激光烧结和选择性激光熔融技术增材制造设备、材料、软件和服务。

2.3.2 中国专利布局

截至2021年7月，中国激光与增材制造产业专利申请公开量共202548件，占中国专利申请公开总量（33757841件）的0.6%，近五年复合增速达14.3%。中国激光与增材制造产业专利授权量共93413件，占激光与增材制造产业全国专利申请公开总量的46.1%；有效专利量为69725件（见图15）。

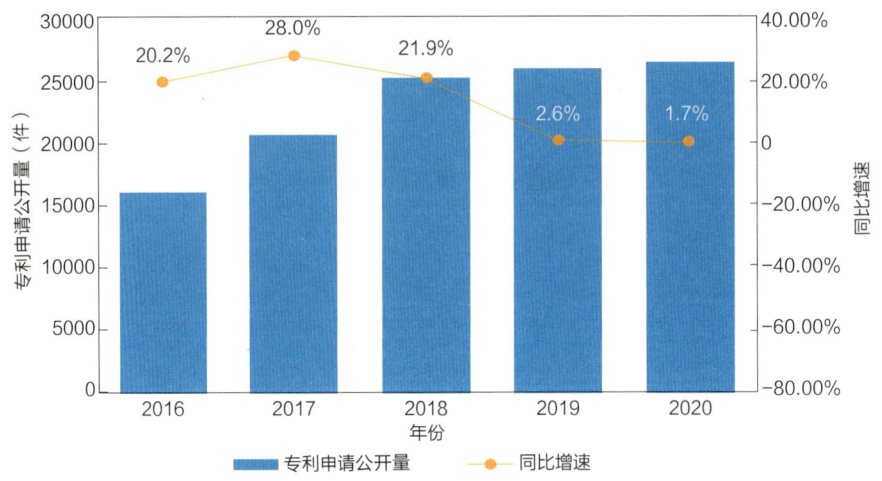

图15 中国激光与增材制造产业专利申请公开量增长趋势

截至2021年7月，中国激光与增材制造产业发明专利申请公开量为180032件，占中国激光与增材制造产业专利申请公开总量（202548件）的88.9%，近五年复合增速达12.5%。其中，2017年同比增速最快，同比增长30.7%（见图16）。

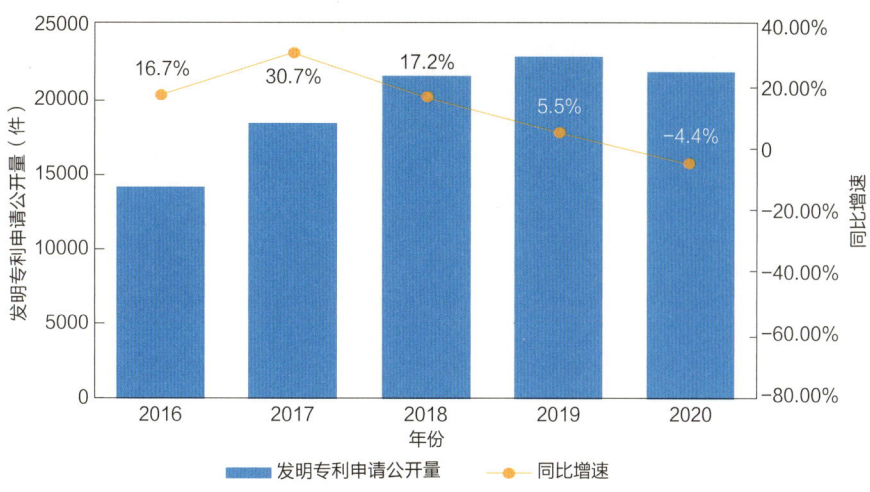

图 16 中国激光与增材制造产业发明专利申请公开量增长趋势

从地域分布情况来看,截至 2021 年 7 月,中国激光与增材制造产业发明专利授权量共 70897 件,主要集中在北京市、江苏省、广东省等经济较发达的地区。其中,发明专利授权量排名前五位的省市依次为北京市（7112 件）、江苏省（5653 件）、广东省（5289 件）、浙江省（4139 件）和上海市（3695 件）（见表 3）。

表 3 国内 31 省市激光与增材制造产业发明专利授权量分布情况

排名	省（自治区、直辖市）	专利授权量
1	北京	7112
2	江苏	5653
3	广东	5289
4	浙江	4139
5	上海	3695
6	山东	3216
7	陕西	2870
8	湖北	2598
9	辽宁	2141
10	安徽	2087
11	湖南	2029
12	四川	2018
13	河南	1928
14	福建	1213
15	黑龙江	1064
16	天津	971
17	河北	948
18	山西	724

续表

排名	省（自治区、直辖市）	专利授权量
19	广西	678
20	江西	645
21	重庆	583
22	吉林	553
23	云南	414
24	贵州	275
25	甘肃	243
26	宁夏	243
27	内蒙古	204
28	新疆	126
29	青海	46
30	海南	38
31	西藏	1

截至 2021 年 7 月，中国激光与增材制造产业的有效发明专利共 53419 件，其中高价值专利数量为 51589 件。在中国激光与增材制造产业高价值专利中，属于战略性新兴产业的有效发明专利共有 51068 件，在海外有同族专利权的有效发明专利共有 12809 件，维持年限超过 10 年的有效发明专利共有 8803 件，有质押融资活动的有效发明专利共有 791 件，获得中国专利奖的有效发明专利共有 89 件。高价值专利数量排名前五位的省市依次为北京市（5084 件）、江苏省（4966 件）、广东省（4422 件）、浙江省（3208 件）和山东省（2276 件）（见图 17）。

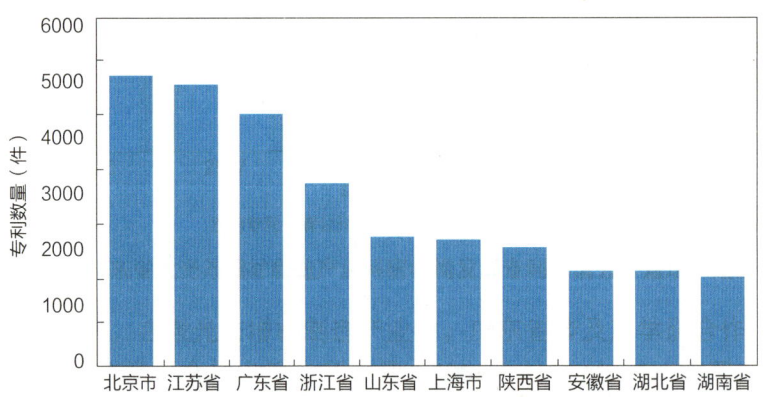

图 17　国内部分省市激光与增材制造产业高价值专利数量分布情况

截至 2021 年 7 月，国内 31 省市激光与增材制造产业创新企业发明专利申请公开量共 79293 件，占中国激光与增材制造产业发明专利申请公开总量（180032 件）的 44.0%。近五年复合增速达 13.4%。其中，2017 年同比增速最快，同比增长 35.8%（见图 18）。发明专利申请公开量较多的企业包括中国石油化工股份有限公司（538 件）、石家庄诚志永华显示材料有限公司（390 件）、宝山钢铁股份有限公司（338 件）、江苏和成显示科技有限公司（316 件）、北京八亿时空液晶科技股份有限公司（292 件）。

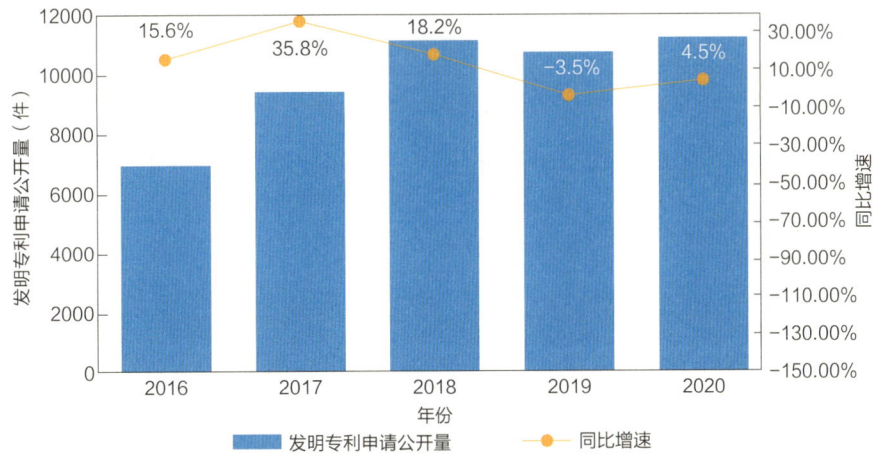

图 18 国内 31 省市激光与增材制造产业创新企业发明专利申请公开量增长趋势

截至 2021 年 7 月，国内 31 省市激光与增材制造产业高校发明专利申请公开量共 45460 件，占中国激光与增材制造产业发明专利申请公开总量（180032 件）的 25.3%。近五年复合增速达 13.8%。其中，2017 年同比增速最快，同比增长 33.9%（见图 19）。发明专利申请公开量较多的高校包括中南大学（1186 件）、哈尔滨工业大学（1088 件）、浙江大学（1065 件）、北京科技大学（989 件）、西安交通大学（946 件）。

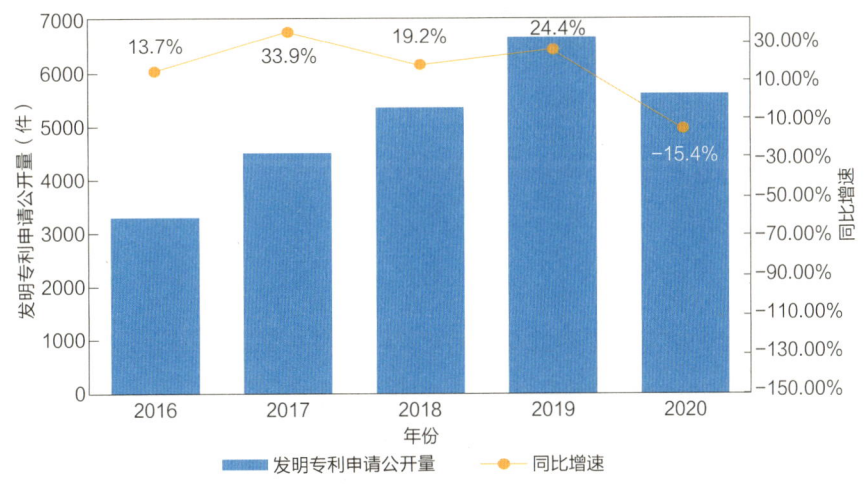

图 19 国内 31 省市激光与增材制造产业高校发明专利申请公开量增长趋势

截至 2021 年 7 月，国内 31 省市激光与增材制造产业科研机构发明专利申请公开量共 8712 件，占中国激光与增材制造产业发明专利申请公开总量（180032 件）的 4.8%。近五年复合增速达 16.8%。其中，2017 年同比增速最快，同比增长 50.1%（见图 20）。发明专利申请公开量较多的科研机构包括中国科学院上海硅酸盐研究所（865件）、中国科学院金属研究所（485件）、中国科学院化学研究所（282件）、中国科学院宁波材料技术与工程研究所（260件）、航天特种材料及工艺技术研究所（203件）。

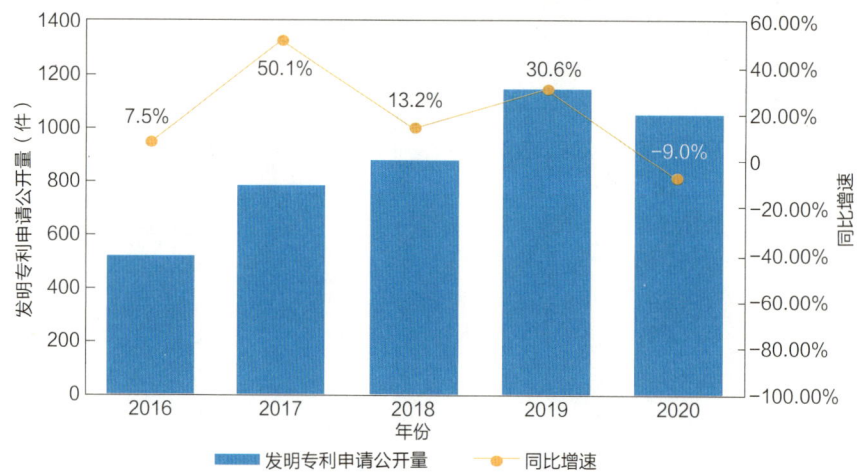

图20　国内31省市激光与增材制造产业科研机构发明专利申请公开量增长趋势

截至2021年7月，在激光与增材制造产业中，全国涉及产学研合作申请的专利共有4054件，占中国激光与增材制造产业专利申请公开总量（202548件）的2.0%。涉及产学研合作申请专利量排名前五位的省市依次为北京市（650件）、广东省（459件）、江苏省（385件）、上海市（281件）和山东省（222件）（见图21）。

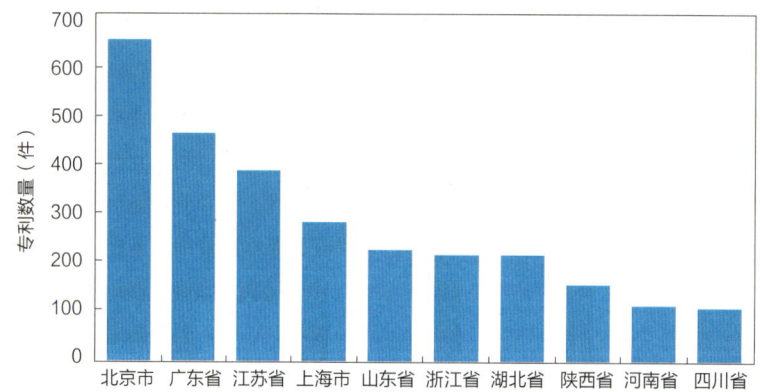

图21　国内31省市激光与增材制造产业产学研合作申请专利数量分布情况

从激光与增材制造产业的各细分领域来看，全国涉及产学研合作申请的专利分布较多的领域为金属粉末材料领域和软件领域，两者专利数量均超过了700件（见图22）。

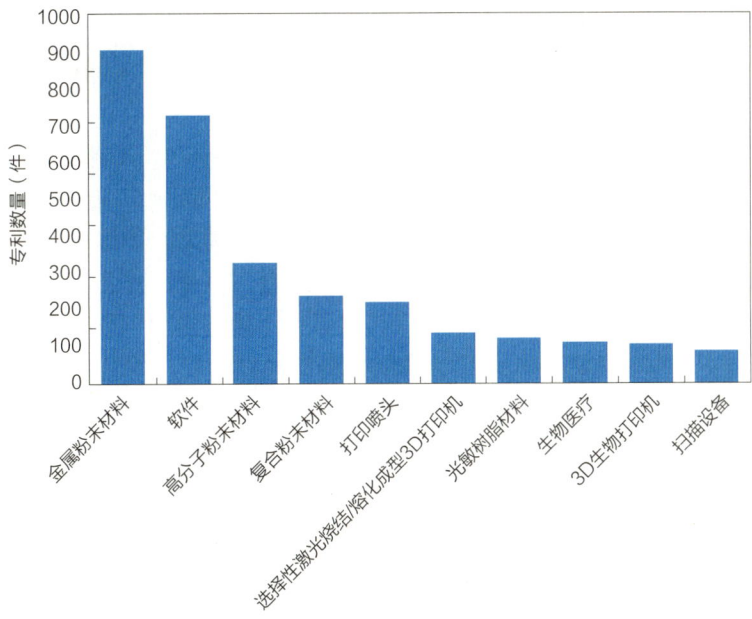

图 22　中国激光与增材制造产业产学研合作申请专利领域分布情况

从产学研合作的高校院所来看，清华大学、西安交通大学、浙江大学、武汉科技大学、上海交通大学等在中国激光与增材制造产业中的产学研合作较为密切，涉及产学研合作申请的专利数量分别为 127 件、117 件、95 件、88 件、87 件（见表 4）。

表 4　中国激光与增材制造产业产学研合作重点高校院所清单

序号	高校院所	产学研合作申请的专利数量（件）
1	清华大学	127
2	西安交通大学	117
3	浙江大学	95
4	武汉科技大学	88
5	上海交通大学	87
6	中南大学	77
7	北京科技大学	76
8	华中科技大学	63
9	华南理工大学	62
10	东华大学	57

2.3.3　中国创新人才

截至 2021 年 7 月，国内 31 省市激光与增材制造产业有专利申请活动的创新人才共 297134 人，近五年复合增速达 22.7%。其中，2017 年同比增速最快，同比增长 24.6%（见图 23）。

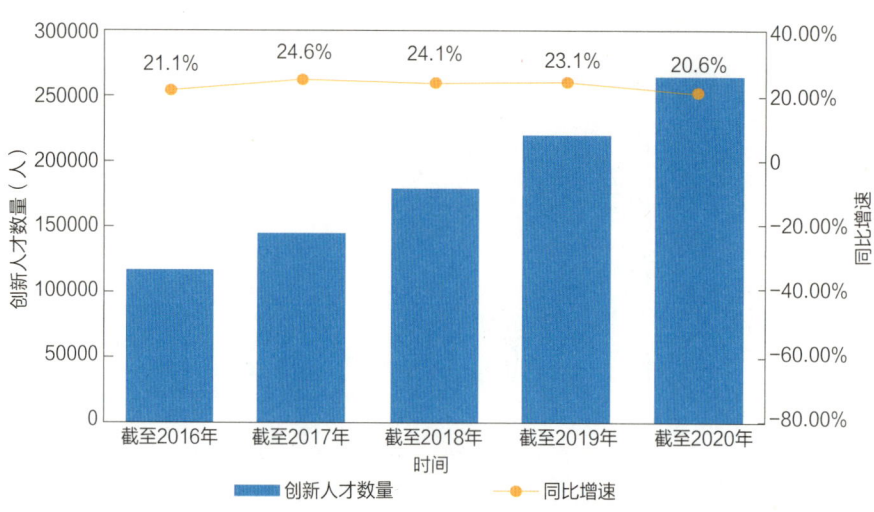

图 23　国内 31 省市激光与增材制造产业创新人才数量增长趋势

从地域分布情况来看，截至 2021 年 7 月，国内 31 省市激光与增材制造产业有专利申请活动的创新人才主要集中在江苏省、北京市、广东省等经济较发达地区。其中，创新人才数量排名前五位的省市依次为江苏省（34876 人）、北京市（34463 人）、广东省（31119 人）、上海市（19462 人）和山东省（18830 人）（见表 5）。

表 5　国内 31 省市激光与增材制造产业创新人才数量分布情况

排名	省（自治区、直辖市）	创新人才数量（人）
1	江苏	34876
2	北京	34463
3	广东	31119
4	上海	19462
5	山东	18830
6	浙江	18479
7	陕西	14021
8	湖北	13597
9	四川	12459
10	河南	12338
11	辽宁	11453
12	安徽	11311
13	湖南	9157
14	天津	6614
15	河北	6296
16	福建	6184
17	黑龙江	5314

续表

排名	省（自治区、直辖市）	创新人才数量（人）
18	江西	4380
19	重庆	4079
20	山西	3785
21	广西	3663
22	吉林	3416
23	云南	2906
24	贵州	2157
25	甘肃	2040
26	内蒙古	1988
27	宁夏	1268
28	新疆	1137
29	青海	400
30	海南	325
31	西藏	22

截至2021年7月，在激光与增材制造产业创新人才中，国内31省市共有国家高层次人才27028人，占国内31省市激光与增材制造产业创新人才总量（297134人）的9.1%；技术高管22481人，占创新人才总量的7.6%；科技企业家14015人，占创新人才总量的4.7%（见图24）。

图24 中国激光与增材制造产业特色人才数据分布情况（单位：人）

从各机构类型创新人才数量分布情况来看，国内31省市激光与增材制造产业企业的创新人才数量最多，共计151752人，占国内31省市激光与增材制造产业创新人才总量的51.1%。高校的创新人才数量位居其次，共计104506人，占国内31省市激光与增材制造产业创新人才总量的35.2%。科研机构的创新人才共计20891人，事业单位的创新人才共计4991人，分别占国内31省市激光与增材制造产业创新人才总量的7.0%和1.7%（见图25）。

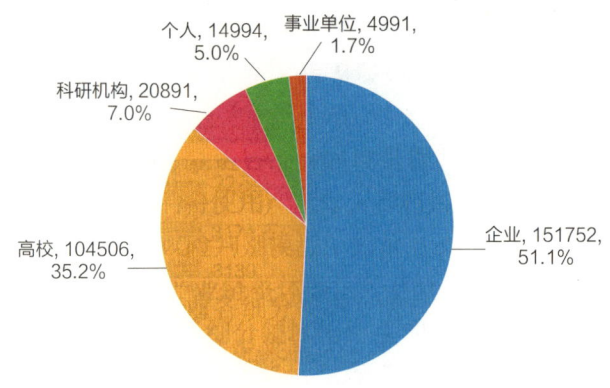

图 25　国内 31 省市激光与增材制造产业各机构类型创新人才数量分布情况（单位：人）

2.4　中国激光与增材制造产业热点及重点技术创新方向

从激光与增材制造产业链整体来看，国内 31 省市产业的发明专利申请公开总量共 147037 件，创新企业总量共 28791 家，创新人才总量共 297134 人，近五年复合增速分别为 12.8%、23.8%、22.7%。

从产业链上中下游来看，产业链中游辅助配件、3D 打印设备领域和产业链下游 3D 打印应用及服务领域发明专利申请公开量、创新企业数量、创新人才数量的近五年复合增速均高于整个激光与增材制造产业链平均水平，是产业布局的热点。产业链上游 3D 打印材料领域的发明专利申请公开量、创新企业数量、创新人才数量在整个激光与增材制造产业链中占比均为最高，是产业布局的重点（见表 6）。

表 6　国内 31 省市激光与增材制造产业链创新要素情况

产业链上中下游	产业链二级	发明专利申请公开		创新企业		创新人才	
		数量（件）	复合增速	数量（家）	复合增速	数量（人）	复合增速
上游	3D 打印材料	109704	6.0%	20874	19.6%	201560	17.7%
中游	辅助配件	33543	37.3%	8253	49.1%	96850	46.4%
	3D 打印设备	24171	30.8%	5099	55.3%	54247	60.3%
下游	3D 打印应用及服务	7006	33.8%	1704	67.2%	21683	68.3%

在产业链上游 3D 打印材料领域，国内 31 省市发明专利申请公开量、创新企业数量、创新人才数量的近五年复合增速分别为 6.0%、19.6%、17.7%。其中，光敏树脂材料细分领域的发明专利申请公开量、创新企业数量、创新人才数量的近五年复合增速分别为 33.4%、59.8%、62.0%，均远高于 3D 打印材料领域其他细分领域，属于热点细分领域。金属粉末材料细分领域的发明专利申请公开量、创新企业数量、创新人才数量的近五年复合增速均高于 3D 打印材料领域平均水平，也属于热点细分领域。同时，金属粉末材料细分领域的发明专利申请公开量、创新企业数量、创新人才数量在 3D 打印材料领域均占比最高，还属于重点细分领域（见表 7）。

表 7 国内 31 省市激光与增材制造产业链上游创新要素情况

细分领域		发明专利申请公开		创新企业		创新人才	
产业链二级	产业链三级	数量（件）	复合增速	数量（家）	复合增速	数量（人）	复合增速
3D 打印材料	光敏树脂材料	3376	33.4%	874	59.8%	7912	62.0%
	金属粉末材料	30868	10.8%	6475	21.9%	67300	21.1%
	复合粉末材料	6821	5.6%	1773	26.4%	16904	22.9%
	高分子粉末材料	12955	5.1%	3919	22.8%	25700	21.1%

在产业链中游辅助配件领域，国内 31 省市发明专利申请公开量、创新企业数量、创新人才数量的近五年复合增速分别为 37.3%、49.1%、46.4%。其中，扫描设备、激光器细分领域发明专利申请公开量的近五年复合增速虽然略低于辅助配件领域平均水平，但创新企业数量和创新人才数量的近五年复合增速均远高出辅助配件领域平均水平，属于热点细分领域。软件细分领域的发明专利申请公开量、创新企业数量、创新人才数量在辅助配件领域的占比均大幅度高于其他细分领域，属于重点细分领域（见表 8）。

表 8 国内 31 省市激光与增材制造产业链中游辅助配件领域创新要素情况

细分领域		发明专利申请公开		创新企业		创新人才	
产业链二级	产业链三级	数量（件）	复合增速	数量（家）	复合增速	数量（人）	复合增速
辅助配件	软件	27264	40.5%	6704	48.6%	82423	44.9%
	扫描设备	2397	35.0%	655	67.0%	7714	78.0%
	控制电路	2051	18.9%	933	65.3%	7017	70.6%
	激光器	794	32.1%	305	69.6%	2877	72.4%
	打印喷头	5613	20.8%	1987	65.6%	16267	69.6%
	振镜系统	661	17.7%	398	38.6%	2620	33.3%

在产业链中游 3D 打印设备领域，国内 31 省市发明专利申请公开量、创新企业数量、创新人才数量的近五年复合增速分别为 30.8%、55.3%、60.3%。其中，各个细分领域的发明专利申请公开量、创新企业数量、创新人才数量的近五年复合增速均较高，3D 打印设备全领域处于蓬勃发展的阶段，特别是数字光处理 3D 打印机（DLP）细分领域的发明专利申请公开量、创新企业数量、创新人才数量的近五年复合增速分别为 57.7%、82.1%、87.9%，均位列 3D 打印设备领域中各细分领域的前二位，且近五年发明专利活跃度❶也达到了 79.8%，是最为热点的细分领域。另外，激光熔覆成型 3D 打印机（LMD）细分领域的发明专利申请公开量、创新企业数量、创新人才数量的近五年复合增速分别为 42.0%、86.2%、71.1%，均处于 3D 打印设备领域中各细分领域的前列，也是热点的细分领域。3D 生物打印机细分领域的发明专利申请公开量、创新企业数量、创新人才数量在 3D 打印设

---

❶ 发明专利活跃度，该指数旨在量化某技术领域在近些年的活跃程度，具体计算方法为近五年的发明专利申请公开量占总发明专利申请公开量的比重。

备领域均占比最高，属于重点细分领域（见表9）。

表9 国内31省市激光与增材制造产业链中游3D打印设备领域创新要素情况

细分领域		发明专利申请公开		创新企业		创新人才	
产业链二级	产业链三级	数量（件）	复合增速	数量（家）	复合增速	数量（人）	复合增速
3D打印设备	熔融沉积成型3D打印机（FDM）	1015	29.8%	301	68.8%	3614	68.7%
	光固化成型3D打印机（SLA）	1531	34.7%	531	68.9%	4363	74.8%
	数字光处理3D打印机（DLP）	683	57.7%	209	82.1%	2365	87.9%
	三维打印黏结成型打印机（3DP）	1129	38.1%	411	81.8%	3894	77.4%
	选择性激光烧结/熔化成型3D打印机（SLS/SLM）	2709	37.6%	543	60.0%	7533	65.2%
	激光熔覆成型3D打印机（LMD）	477	42.0%	133	86.2%	1849	71.1%
	电子束熔化成型3D打印机（EBM）	1092	45.6%	230	60.3%	3493	69.6%
	3D生物打印机	3566	33.7%	656	69.8%	10827	67.2%

在产业链下游3D打印应用及服务领域，国内31省市发明专利申请公开量、创新企业数量、创新人才数量的近五年复合增速分别为33.8%、67.2%、68.3%。其中，铸造模具细分领域的发明专利申请公开量、创新企业数量、创新人才数量的近五年复合增速分别为45.5%、76.1%、84.9%，均在3D打印应用及服务各细分领域排名第一，属于热点细分领域。生物医疗细分领域创新人才数量的近五年复合增速虽然略低于3D打印应用及服务领域平均水平，但发明专利申请公开量、创新企业数量的近五年复合增速均高于3D打印应用及服务领域平均水平，也属于热点细分领域。同时，生物医疗细分领域的发明专利申请公开量、创新企业数量、创新人才数量在3D打印应用及服务领域均占比最高，还属于重点细分领域（见表10）。

表10 国内31省市激光与增材制造产业链下游创新要素情况

细分领域		发明专利申请公开		创新企业		创新人才	
产业链二级	产业链三级	数量（件）	复合增速	数量（家）	复合增速	数量（人）	复合增速
3D打印应用及服务	云服务平台	296	27.7%	139	60.0%	1055	79.5%
	航空航天	540	33.4%	170	63.7%	2396	76.3%
	铸造模具	1108	45.5%	477	76.1%	3885	84.9%
	生物医疗	3934	34.6%	720	71.2%	11776	67.6%
	教育培训	1000	32.4%	346	73.1%	4593	66.3%
	建筑打印	866	26.0%	282	71.8%	2273	66.9%

第3章 广东省激光与增材制造产业创新发展定位与洞察

3.1 广东省激光与增材制造产业政策导向

广东省是国内最大的激光与增材制造产业集聚区，产业规模、企业数量、有效专利量等均居全国首位，但也存在部分领域高度依赖进口、技术应用有待深化等问题。2020年5月，广东省人民政府发布《广东省人民政府关于培育发展战略性支柱产业集群和战略性新兴产业集群的意见》，将激光与增材制造产业集群列入十大战略性新兴产业集群，提出要巩固国内领先优势，形成具有国际竞争力的激光与增材制造产业集群。2020年9月，为加快培育激光与增材制造战略性新兴产业集群，促进产业由中低端向中高端转型，广东省科技厅牵头联合省发展改革委、工业和信息化厅、商务厅、市场监管局等单位发布了《广东省培育激光与增材制造战略性新兴产业集群行动计划（2021—2025年）》，对激光与增材制造产业进行了具体的部署（见表11）。

表11 广东省激光与增材制造产业相关政策

时间	单位	文件	相关内容
2016年	广东省人民政府办公厅	《广东省工业企业创新驱动发展工作方案（2016—2018年）》	加强战略性新技术的前瞻部署，依托龙头骨干企业，在增材制造装备等具有颠覆性创新领域实施重大技术创新专项，力争突破一批关键核心技术产业化应用，掌握新兴产业发展主动权
2016年	广东省人民政府	《广东省系统推进全面创新改革试验行动计划》	瞄准国际产业变革方向和竞争制高点，着力培育增材制造（3D打印）等新兴产业
2016年	广东省人民政府	《关于深化广东省级财政科技计划（专项、基金等）管理改革的实施方案》	在增材制造（3D打印）技术等领域组织实施重大科技专项，着力突破一批关键核心技术，研发推广一批重大战略产品，培育发展一批大型骨干企业和新兴产业集群，构建一批支撑引领相关产业持续发展的技术创新体系

续表

时间	单位	文件	相关内容
2017 年	广东省人民政府办公厅	《广东省战略性新兴产业发展"十三五"规划》	针对临床治疗需求，推进增材制造（3D 打印）技术等新技术的应用；进一步推进增材制造装备等关键技术装备发展；积极发展金属及高分子增材制造材料；在增材制造（3D 打印）技术等领域实施重大科技专项，加快突破一批产业关键核心技术，培育一批新兴产业技术创新源
2017 年	广东省人民政府	《广东省落实〈工业和信息化部广东省人民政府合作框架协议〉实施方案》	在增材制造等领域建设 20 个左右省级制造业创新中心，并争创国家级制造业创新中心
2017 年	广东省人民政府	《广东省沿海经济带综合发展规划（2017—2030 年）》	大力发展增材制造装备
2019 年	广东省发展改革委	《广东省发展改革委关于进一步明确我省优先发展产业的通知》	将增材制造装备列入省优先发展产业
2020 年	广东省人民政府	《广东省人民政府关于培育发展战略性支柱产业集群和战略性新兴产业集群的意见》	重点发展前沿/领先原创性技术、高性能激光器与装备、增材制造装备与系统、应用技术与服务等，突破基础与专用材料、关键器件、装备与系统等关键共性技术。促进以广州、深圳为核心，珠海、佛山、惠州、东莞、中山、江门等地各具特色的产业集聚区，在航空航天、电子信息、汽车、船舶、核电、模具、新能源、量子信息、医疗器械、文化创意等领域实现产业创新应用与融合。巩固国内领先优势，形成具有国际竞争力的激光与增材制造产业集群
2020 年	广东省科技厅等五部门	《广东省培育激光与增材制造战略性新兴产业集群行动计划（2021—2025 年）》	到 2025 年，广东省激光与增材制造产业规模与创新能力迈上新台阶，取得一批重大标志性成果，培育一批具有全球影响力的龙头骨干企业，打造创新引领、结构优化的生态体系，稳步提升在全球产业链、价值链中的地位，逐步形成具有国际竞争力的激光与增材制造产业集群
2021 年	广东省人民政府	《广东省加快先进制造业项目投资建设若干政策措施》	聚焦十大战略性支柱产业集群和激光与增材制造等十大战略性新兴产业集群，立足"招好商、招大商、精准招商、产业链招商"，积极引进产业带动性强、技术水平先进、绿色低碳的先进制造业项目
2021 年	广东省人民政府	《广东省国民经济和社会发展第十四个五年规划和 2035 年远景目标纲要》	以广州、深圳为核心，以珠海、佛山、惠州、东莞、中山、江门等地为重要节点，重点发展前沿/领先原创性技术、高性能激光器与装备、增材制造装备与系统、应用技术与服务等，突破基础与专用材料、关键器件、装备与系统等关键共性技术

3.2 广东省激光与增材制造产业创新发展定位

3.2.1 广东省创新企业

截至2021年7月,广东省激光与增材制造产业有专利申请活动的创新企业共4047家,占国内31省市激光与增材制造产业创新企业总量(28791家)的14.1%,在国内31省市中仅次于江苏省排名第二。近五年广东省激光与增材制造产业创新企业数量复合增速为32.7%,高出国内31省市整体复合增速(23.8%)8.9个百分点(见图26)。

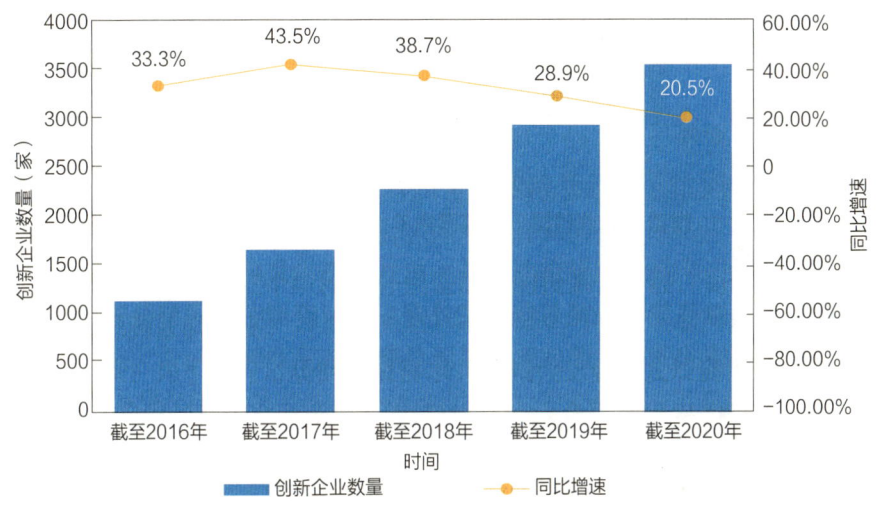

图26 广东省激光与增材制造产业创新企业数量增长趋势

从地域分布情况来看,截至2021年7月,广东省激光与增材制造产业有专利申请活动的创新企业主要集中在珠三角地区。其中,创新企业数量排名前五位的地市依次为深圳市(1424家)、广州市(824家)、佛山市(502家)、东莞市(493家)、珠海市(143家)(见表12)。

表12 广东省各地市激光与增材制造产业创新企业数量情况

地区	创新企业数量(家)	省内排名	地区	创新企业数量(家)	省内排名
深圳市	1424	1	韶关市	35	12
广州市	824	2	潮州市	32	13
佛山市	502	3	河源市	30	14
东莞市	493	4	阳江市	20	15
珠海市	143	5	梅州市	19	16
中山市	128	6	揭阳市	17	17
惠州市	103	7	湛江市	11	18
江门市	97	8	云浮市	9	19
肇庆市	68	9	茂名市	6	20
清远市	59	10	汕尾市	5	21
汕头市	45	11			

截至 2021 年 7 月，在激光与增材制造产业创新企业中，广东省共有国家高新技术企业 1975 家，占广东省激光与增材制造产业创新企业总量（4047 家）的 48.8%；初创企业 453 家，占创新企业总量的 11.2%；隐形冠军企业 34 家，占创新企业总量的 0.8%；上市公司 147 家，占创新企业总量的 3.6%；独角兽企业 8 家，占创新企业总量的 0.2%；专精特新企业 134 家，占创新企业总量的 3.3%。

横向对标北京市、上海市、江苏省、浙江省等国内重点省市，在激光与增材制造产业创新企业中，广东省初创企业和上市公司数量在国内 31 省市中排名第一；国家高新技术企业和独角兽企业数量排名第二；隐形冠军企业和专精特新企业数量在国内 31 省市中分别排名第五和第六（见表 13）。

表 13 国内重点省市激光与增材制造产业特色企业数量分布情况对标比较

国内 31 省市排名	2	4	7	1	3
省市	广东省	北京市	上海市	江苏省	浙江省
国家高新技术企业数量（家）	1975	883	650	2159	1041
国内 31 省市排名	1	2	4	3	5
省市	广东省	北京市	上海市	江苏省	浙江省
初创企业数量（家）	453	394	228	339	191
国内 31 省市排名	5	7	4	3	2
省市	广东省	北京市	上海市	江苏省	浙江省
隐形冠军企业数量（家）	34	25	36	57	61
国内 31 省市排名	1	4	6	2	3
省市	广东省	北京市	上海市	江苏省	浙江省
上市公司数量（家）	147	75	51	106	91
国内 31 省市排名	2	1	3	6	4
省市	广东省	北京市	上海市	江苏省	浙江省
独角兽企业数量（家）	8	12	6	2	3
国内 31 省市排名	6	7	3	4	11
省市	广东省	北京市	上海市	江苏省	浙江省
专精特新企业数量（家）	134	113	241	235	82

3.2.2 广东省专利布局

截至 2021 年 7 月，广东省激光与增材制造产业专利申请公开量共 20472 件，占广东省专利公开总量（5302985 件）的 0.4%；近五年复合增速为 25.6%，高出全国复合增速（14.3%）11.3 个百分点（见图 27）。广东省激光与增材制造产业专利授权量共 9582 件，占广东省激光与增材制造产业专利申请公开总量的 46.8%；有效专利量为 8087 件。

图 27　广东省激光与增材制造产业专利申请公开量增长趋势

截至 2021 年 7 月，广东省激光与增材制造产业发明专利申请公开量共 16179 件，占广东省激光与增材制造产业专利申请公开量（20472 件）的 79.0%；近五年复合增速为 24.3%，高出全国复合增速（12.5%）11.8 个百分点（见图 28）。

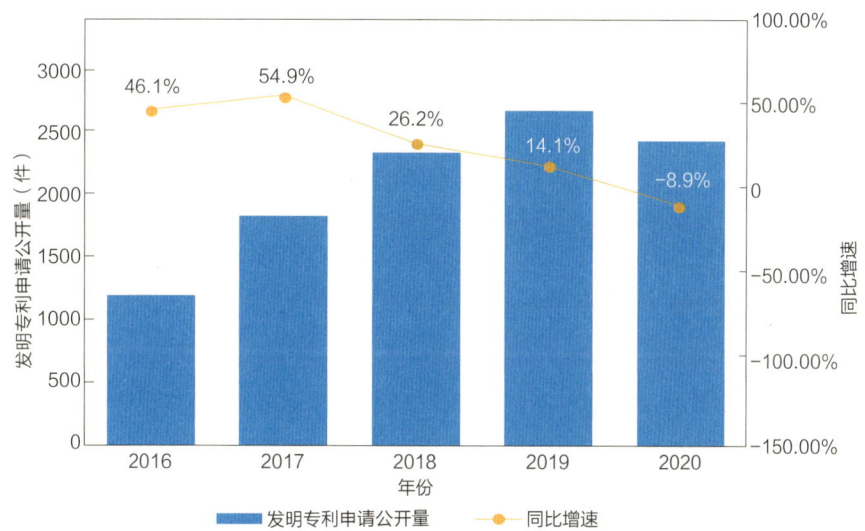

图 28　广东省激光与增材制造产业发明专利申请公开量增长趋势

截至 2021 年 7 月，广东省激光与增材制造产业发明专利授权量共 5289 件，占全国激光与增材制造产业发明专利授权总量（70897 件）的 7.5%，在国内 31 省市中排名第三，排名前二的分别是北京市（7112）和江苏省（5653）。

从地域分布情况来看，广东省激光与增材制造产业发明专利授权量主要集中在珠三角地区。其中，发明专利授权量排名前五位的地市依次为广州市（1700 件）、深圳市（1645 件）、佛山市（519 件）、东莞市（495 件）、珠海市（197 件）（见表 14）。

表 14 广东省各地市激光与增材制造产业发明专利授权量情况

地区	发明专利授权量（件）	省内排名	地区	发明专利授权量（件）	省内排名
广州市	1700	1	韶关市	51	12
深圳市	1645	2	清远市	42	13
佛山市	519	3	梅州市	19	14
东莞市	495	4	揭阳市	18	15
珠海市	197	5	湛江市	17	16
肇庆市	141	6	河源市	15	17
江门市	105	7	阳江市	12	18
中山市	97	8	茂名市	6	19
潮州市	78	9	云浮市	5	20
惠州市	65	10	汕尾市	1	21
汕头市	61	11			

截至 2021 年 7 月，广东省激光与增材制造产业的有效发明专利共 4647 件。其中，高价值专利共 4422 件，占全国激光与增材制造产业高价值专利总量（51589 件）的 8.6%，在国内 31 省市中排名第三，排名前二的分别是北京市（5084 件）和江苏省（4966 件）。在广东省激光与增材制造产业高价值专利中，属于战略性新兴产业的有效发明专利共 4365 件，在海外有同族专利权的有效发明专利共 397 件，维持年限超过 10 年的有效发明专利共 471 件，有质押融资活动的有效发明专利共 111 件，获得中国专利奖的有效发明专利共 10 件。

横向对标北京市、上海市、江苏省、浙江省等国内重点省市，在激光与增材制造产业高价值专利中，广东省在海外有同族专利权的有效发明专利、有质押融资活动的有效发明专利数量在国内 31 省市中排名第一。属于战略性新兴产业的有效发明专利、维持年限超过 10 年的有效发明专利、获得中国专利奖的有效发明专利数量均在国内 31 省市中排名第三（见表 15）。

表 15 国内重点省市激光与增材制造产业高价值专利数量分布情况对标比较

国内 31 省市排名	3	1	6	2	4
省市	广东省	北京市	上海市	江苏省	浙江省
属于战略性新兴产业的有效发明专利（件）	4365	5002	2206	4945	3185
国内 31 省市排名	1	2	4	3	5
省市	广东省	北京市	上海市	江苏省	浙江省
在海外有同族专利权的有效发明专利（件）	397	256	100	230	87
国内 31 省市排名	3	1	4	2	5
省市	广东省	北京市	上海市	江苏省	浙江省
维持年限超过 10 年的有效发明专利（件）	471	670	411	477	319

续表

国内 31 省市排名	1	9	7	5	4
省市	广东省	北京市	上海市	江苏省	浙江省
有质押融资活动的有效发明专利（件）	111	32	42	59	80
国内 31 省市排名	3	1	9	4	5
省市	广东省	北京市	上海市	江苏省	浙江省
获得中国专利奖的有效发明专利（件）	10	12	3	9	7

截至 2021 年 7 月，广东省激光与增材制造产业创新企业发明专利申请公开量共 10752 件，占广东省激光与增材制造产业发明专利申请公开总量（16179 件）的 66.5%；近五年复合增速为 26.8%，高出全国激光与增材制造产业创新企业发明专利申请公开量复合增速（13.4%）13.4 个百分点（见图 29）。发明专利申请公开量较多的创新企业包括金发科技股份有限公司（185 件）、腾讯科技（深圳）有限公司（201 件）、比亚迪股份有限公司（197 件）等。

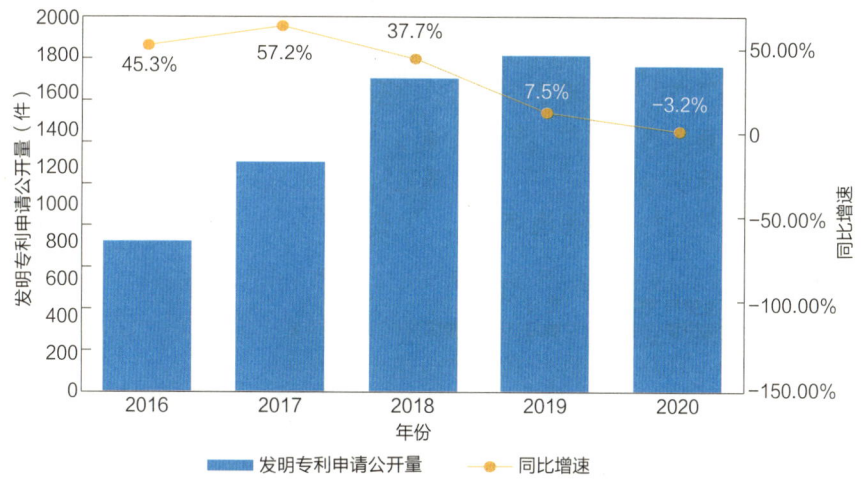

图 29　广东省激光与增材制造产业创新企业发明专利申请公开量增长趋势

截至 2021 年 7 月，广东省激光与增材制造产业高校发明专利申请公开量共 2949 件，占广东省激光与增材制造产业发明专利申请公开总量（16179 件）的 18.2%；近五年复合增速为 32.0%，高出全国激光与增材制造产业高校发明专利申请公开量复合增速（13.8%）18.2 个百分点（见图 30）。发明专利申请公开量较多的高校包括华南理工大学（892 件）、广东工业大学（498 件）、中山大学（157 件）等。

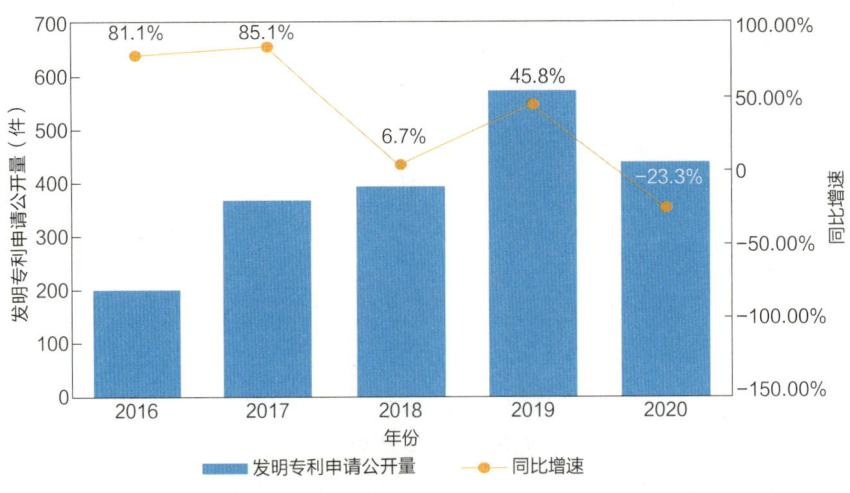

图 30　广东省激光与增材制造产业高校发明专利申请公开量增长趋势

截至 2021 年 7 月，广东省激光与增材制造产业科研机构发明专利申请公开量共 971 件，占广东省激光与增材制造产业发明专利申请公开总量（16179 件）的 6.0%；近五年复合增速为 15.0%，低于全国激光与增材制造产业科研机构发明专利申请公开量复合增速（16.8%）1.8 个百分点（见图 31）。发明专利申请公开量较多的科研机构包括中国科学院深圳先进技术研究院（214 件）、广东省材料与加工研究所（66 件）、广东省新材料研究所（32 件）等。

图 31　广东省激光与增材制造产业科研机构发明专利申请公开量增长趋势

截至 2021 年 7 月，在激光与增材制造产业中，广东省涉及产学研合作申请的专利共 459 件，占全国涉及产学研合作申请专利总量（4054 件）的 11.3%，在国内 31 省市中仅次于北京市排名第二。

从激光与增材制造产业的各细分领域来看，广东省涉及产学研合作申请的专利主要分布在软件领域，专利数量为 106 件。其次是金属粉末材料和打印喷头领域，专利数量分别为 72 件和 52 件（见图 32）。

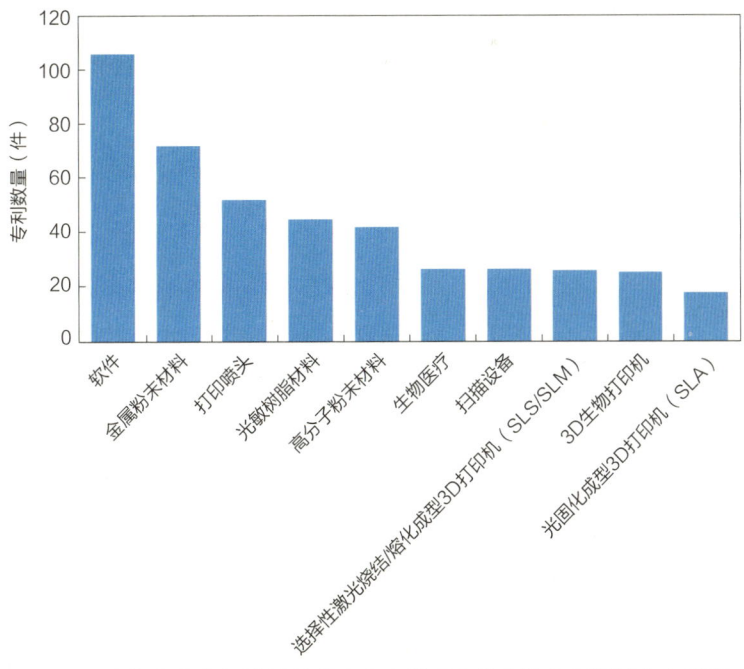

图 32　广东省激光与增材制造产业产学研合作申请专利领域分布情况

从产学研合作的高校院所来看,华南理工大学、深圳市光韵达增材制造研究院、东莞理工学院、华南农业大学、深圳光启高等理工研究院等在广东省激光与增材制造产业中的产学研合作较为密切,涉及产学研合作申请的专利数量分别为62件、37件、26件、26件、17件(见表16)。

表16　广东省激光与增材制造产业产学研合作重点高校院所清单

序号	高校院所	产学研合作申请的专利数量(件)
1	华南理工大学	62
2	深圳市光韵达增材制造研究院	37
3	东莞理工学院	26
4	华南农业大学	26
5	深圳光启高等理工研究院	17

截至2021年7月,在激光与增材制造产业中,国内31省市海外布局专利共4969件;其中,广东省海外布局专利共1320件,占国内31省市海外布局专利总量的26.6%,在国内31省市中排名第一。广东省海外布局的区域主要包括美国(289件)、欧洲(82件)和日本(67件)等。

从激光与增材制造产业的各细分领域来看,广东省海外布局专利主要分布在软件(481件)、高分子粉末材料(125件)、金属粉末材料(118件)等领域(见图33)。

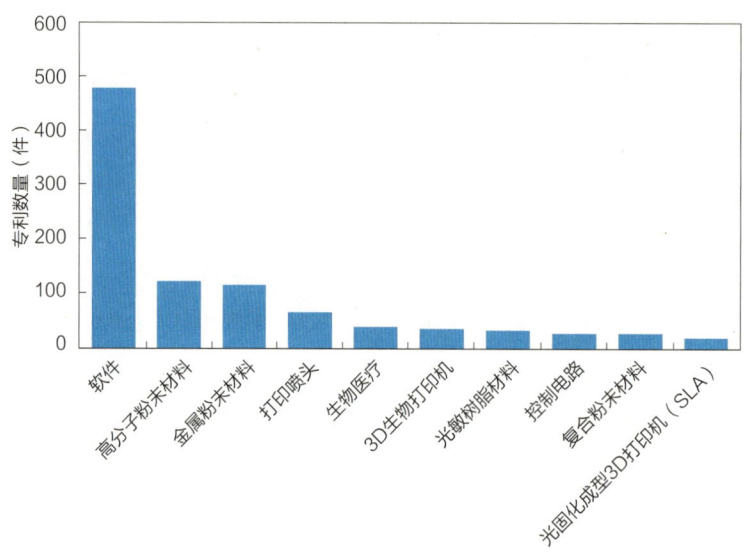

图 33 广东省激光与增材制造产业海外布局专利领域分布情况

3.2.3 广东省创新人才

截至 2021 年 7 月，广东省激光与增材制造产业有专利申请活动的创新人才共 31119 人，占国内 31 省市激光与增材制造产业创新人才总量（297134 人）的 10.5%，在国内 31 省市中排名第三，排名前二的分别为江苏省（34876 人）和北京市（34463 人）。近五年广东省激光与增材制造产业创新人才数量复合增速为 30.7%，高出国内 31 省市整体复合增速（22.7%）8.0 个百分点（见图 34）。

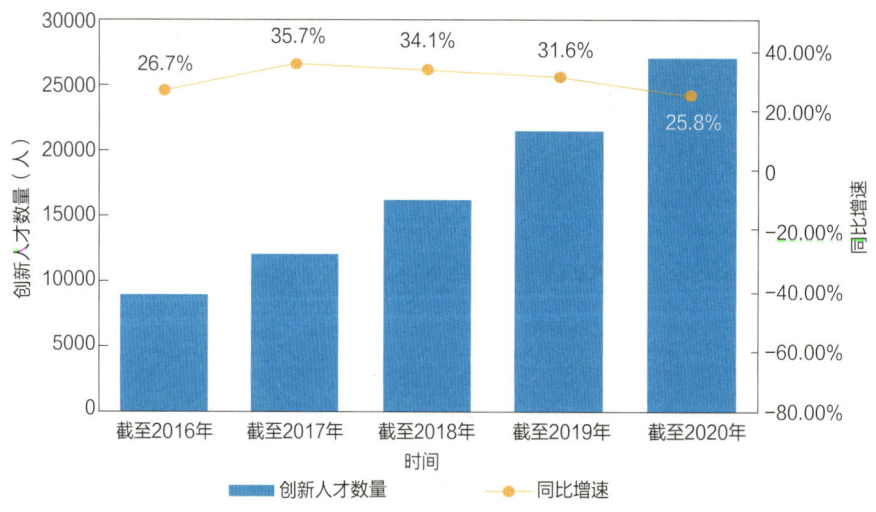

图 34 广东省激光与增材制造产业创新人才数量增长趋势

从地域分布情况来看，截至 2021 年 7 月，广东省激光与增材制造产业有专利申请活动的创新人才主要集中在珠三角地区。其中，创新人才数量排名前五位的地市依次为广州市（10555 人）、深圳市（9611 人）、佛山市（3042 人）、东莞市（2321 人）、珠海市

（1046人）（见表17）。

表17　广东省各地市激光与增材制造产业创新人才数量情况

地区	创新人才数量（人）	省内排名	地区	创新人才数量（人）	省内排名
广州市	10555	1	汕头市	306	12
深圳市	9611	2	潮州市	230	13
佛山市	3042	3	湛江市	224	14
东莞市	2321	4	河源市	184	15
珠海市	1046	5	茂名市	150	16
肇庆市	709	6	阳江市	138	17
中山市	618	7	梅州市	109	18
江门市	582	8	揭阳市	86	19
清远市	438	9	云浮市	45	20
惠州市	412	10	汕尾市	39	21
韶关市	347	11			

截至2021年7月，在激光与增材制造产业创新人才中，广东省共有国家高层次人才1819人，占广东省激光与增材制造产业创新人才总量（31119人）的5.8%；技术高管3379人，占创新人才总量的10.9%；科技企业家2098人，占创新人才总量的6.7%。

横向对标北京市、上海市、江苏省、浙江省等国内重点省市，在激光与增材制造产业创新人才中，广东省国家高层次人才数量在国内31省市中排名第四；技术高管、科技企业家数量均在国内31省市中排名第二（见表18）。

表18　国内重点省市激光与增材制造产业特色人才数量分布情况对标比较

国内31省市排名	4	1	3	2	7
省市	广东省	北京市	上海市	江苏省	浙江省
国家高层次人才数量（人）	1819	4081	2086	2644	1450
国内31省市排名	2	7	6	1	3
省市	广东省	北京市	上海市	江苏省	浙江省
技术高管数量（人）	3379	1165	1175	4295	2108
国内31省市排名	2	7	6	1	3
省市	广东省	北京市	上海市	江苏省	浙江省
科技企业家数量（人）	2098	653	751	2725	1344

从各机构类型创新人才数量分布情况来看，广东省激光与增材制造产业企业的创新人才数量最多，共计19691人，占广东省激光与增材制造产业创新人才总量（31119人）的63.3%。高校的创新人才数量位居其次，共计6842人，占广东省激光与增材制造产业创新人才总量的22.0%。科研机构的创新人才共计2371人，事业单位的创新人才共计622人，

分别占广东省激光与增材制造产业创新人才总量的 7.6% 和 2.0%（见图 35）。

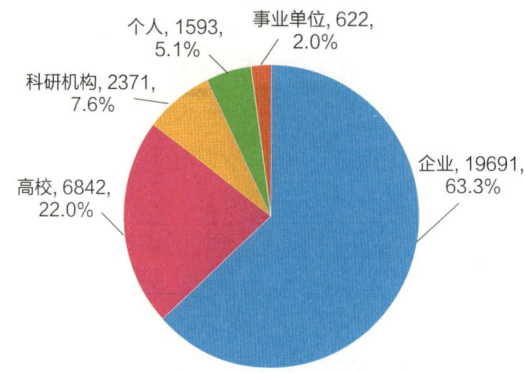

图 35　广东省激光与增材制造产业各机构类型创新人才数量分布情况（单位：人）

3.3　广东省激光与增材制造产业创新发展洞察

3.3.1　广东省产业链集聚结构

3.3.1.1　整体布局

广东省激光与增材制造产业链覆盖全面，并且在激光与增材制造产业的上中下游，均具有较多的企业和人才，布局了一定数量的发明专利，整体来看，产业链布局合理。

综合发明专利授权量、创新企业数量、创新人才数量及各自在国内 31 省市中的排名情况来看，广东省在激光与增材制造产业链中游的 3D 打印设备领域、产业链下游优势明显，发明专利授权量、创新企业数量和创新人才数量均在国内 31 省市中排名第一。而产业链上游的发明专利授权数量、创新人才数量均在国内 31 省市中排名第三，创新企业数量在国内 31 省市中排名第二，仍有进一步上升的空间（见表 19）。

表 19　广东省激光与增材制造产业链创新要素情况

产业链上中下游	产业链二级	发明专利授权		创新企业		创新人才	
		数量（件）	国内 31 省市排名	数量（家）	国内 31 省市排名	数量（人）	国内 31 省市排名
上游	3D 打印材料	3860	3	2384	2	17795	3
中游	辅助配件	1271	2	1688	1	13241	2
	3D 打印设备	995	1	1130	1	8096	1
下游	3D 打印应用及服务	293	1	323	1	2948	1

3.3.1.2　优势环节

综合广东省激光与增材制造产业各细分领域发明专利授权量、创新企业数量、创新人才数量及各自在国内 31 省市的排名情况来看，广东省在光敏树脂材料、控制电路、打印喷头、振镜系统、光固化成型 3D 打印机（SLA）、数字光处理 3D 打印机（DLP）、三维打印黏结成型打印机（3DP）、3D 生物打印机、生物医疗细分领域的发明专利授权量、创新企业数量、创新人才数量均在国内 31 省市中排名第一,优势明显。高分子粉末材料、扫描设备、激光器、熔融沉积成型 3D 打印机(FDM)、选择性激光烧结 / 熔化成型 3D 打印机(SLS/SLM)、云服务平台、铸造模具、教育培训细分领域的发明专利授权量、创新企业数量、创新人才数量均在国内 31 省市中排名前二,也具备一定的优势(见表 20)。

表 20　广东省激光与增材制造产业优势领域创新要素情况

细分领域 产业链三级	发明专利授权		创新企业		创新人才	
	数量(件)	国内排名	数量(家)	国内排名	数量(人)	国内排名
光敏树脂材料	207	1	226	1	1529	1
高分子粉末材料	745	1	620	2	3537	2
扫描设备	102	3	131	1	996	1
控制电路	98	1	218	1	1086	1
激光器	36	1	61	1	384	2
打印喷头	221	1	436	1	2295	1
振镜系统	38	1	118	1	676	1
熔融沉积成型 3D 打印机(FDM)	56	1	65	1	446	2
光固化成型 3D 打印机(SLA)	100	1	159	1	936	1
数字光处理 3D 打印机(DLP)	36	1	58	1	484	1
三维打印黏结成型打印机(3DP)	47	1	81	1	542	1
选择性激光烧结 / 熔化成型 3D 打印机(SLS/SLM)	107	2	106	1	948	1
3D 生物打印机	191	1	133	1	1606	1
云服务平台	15	2	25	1	179	1
铸造模具	36	2	86	1	525	1
生物医疗	214	1	145	1	1789	1
教育培训	34	2	59	1	511	2

3.3.1.3　潜力环节

综合广东省激光与增材制造产业各细分领域发明专利申请公开量、创新企业数量、创新人才数量及各自的近五年复合增速来看,广东省在软件、建筑打印细分领域发明专利申请公开量的近五年复合增速均在 38% 以上,创新企业数量的近五年复合增速均在 57% 以上,创新人才数量的近五年复合增速均在 55% 以上,发展势头良好,未来潜力很大。另外,虽然金属粉末材料细分领域发明专利申请公开量的近五年复合增速略低于激光与增材制造产业的平均水平,但创新企业数量、创新人才数量的近五年复合增速均高于激光与增材制造产业的平均水平,也具备一定的发展势头,未来潜力较大(见表 21)。

表 21　广东省激光与增材制造产业潜力领域创新要素情况

细分领域	发明专利申请公开		创新企业		创新人才	
产业链三级	数量（件）	复合增速	数量（家）	复合增速	数量（人）	复合增速
金属粉末材料	2080	24.2%	606	38.4%	4627	32.5%
软件	4364	46.7%	1314	57.4%	10900	55.1%
建筑打印	66	38.0%	43	104.8%	257	58.9%

3.3.1.4　薄弱环节

综合广东省激光与增材制造产业各细分领域发明专利授权量、创新企业数量、创新人才数量及各自在国内 31 省市中的排名情况来看，广东省在激光熔覆成型 3D 打印机（LMD）领域，发明专利授权数量在国内 31 省市中排名第七，创新企业数量、创新人才数量均在国内 31 省市中排名第四；在航空航天领域，发明专利授权数量在国内 31 省市中排名第五，创新人才数量在国内 31 省市中排名第六，排名相对靠后。激光熔覆成型 3D 打印机（LMD）、航空航天领域的技术还有待积累和发掘。此外，广东省在电子束熔化成型 3D 打印机（EBM）领域的发明专利授权数量在国内 31 省市中排名第四，也存在一定不足（见表 22）。

表 22　广东省激光与增材制造产业薄弱领域创新要素情况

细分领域	发明专利授权		创新企业		创新人才	
产业链三级	数量（件）	国内排名	数量（家）	国内排名	数量（人）	国内排名
激光熔覆成型 3D 打印机（LMD）	10	7	10	4	122	4
电子束熔化成型 3D 打印机（EBM）	46	4	38	2	488	2
航空航天	10	5	24	2	179	6

3.3.1.5　风险环节

在新兴技术和新增需求的带动下，激光与增材制造产业正处于新的发展阶段，中国市场地位突出，是国外公司专利布局的重点方向。通过分析国外在华发明专利申请公开量的增速，并结合国内外专利权人在华有效发明专利量的对比，有助于判断产业链各技术领域是否面临风险，具体分析模型为：

当某细分领域国外在华发明专利申请公开量的近五年复合增速、2020 年同比增速均大于或等于产业链整体国外在华发明专利申请公开量的近五年复合增速，或者某细分领域国外专利权人在华有效发明专利量大于该细分领域国内专利权人在华有效发明专利量时，则判定该细分领域为风险产业。

截至 2021 年 7 月，在激光与增材制造产业中，国外在华发明专利申请公开量共 31650 件，占全国激光与增材制造产业发明专利申请公开总量（180032 件）的 17.6%，近五年复合增速为 11.2%，低于全国复合增速（12.5%）1.3 个百分点。国外专利权人在华有效发明专利量为 11236 件，占全国激光与增材制造产业有效发明专利总量（53419 件）的 21.0%。

从激光与增材制造产业的各细分领域来看，光敏树脂材料、软件、控制电路、打印喷头、数字光处理 3D 打印机（DLP）、3D 生物打印机、航空航天、生物医疗、教育培训、建筑打印细分领域国外在华发明专利申请公开量的近五年复合增速、2020年同比增速均大于激光与增材制造产业链整体国外在华发明专利申请公开量的近五年复合增速、2020年同比增速,属于风险细分领域(见表23)。

表23 激光与增材制造产业链风险领域分布情况

细分领域	细分领域国外在华发明专利申请公开量增速			细分领域国外专利权人在华有效发明专利		风险领域
产业链三级	近五年复合增速	2020年同比增速	均高于激光与增材制造产业国外在华发明专利申请公开量平均增速	数量(件)	多于细分领域国内专利权人在华有效发明专利	
光敏树脂材料	36.1%	31.8%	是	221	否	是
金属粉末材料	11.0%	−10.8%	否	1487	否	否
复合粉末材料	−0.3%	3.3%	否	297	否	否
高分子粉末材料	4.2%	4.2%	否	3141	否	否
软件	31.8%	8.6%	是	707	否	是
扫描设备	60.5%	−7.2%	否	95	否	否
控制电路	54.9%	14.7%	是	209	否	是
激光器	71.9%	−31.8%	否	32	否	否
打印喷头	39.9%	12.6%	是	170	否	是
振镜系统	—	200.0%	否	11	否	否
熔融沉积成型3D打印机(FDM)	93.3%	−10.0%	否	35	否	否
光固化成型3D打印机(SLA)	40.6%	−12.0%	否	38	否	否
数字光处理3D打印机(DLP)	43.1%	50.0%	是	14	否	是
三维打印黏结成型打印机(3DP)	41.5%	0	否	28	否	否
选择性激光烧结/熔化成型3D打印机(SLS/SLM)	37.0%	−18.0%	否	151	否	否
激光熔覆成型3D打印机(LMD)	32.0%	−63.6%	否	8	否	否
电子束熔化成型3D打印机(EBM)	38.0%	−4.8%	否	78	否	否
3D生物打印机	55.2%	31.7%	是	55	否	是
云服务平台	0	0	否	3	否	否
航空航天	51.6%	45.5%	是	11	否	是
铸造模具	41.9%	−41.0%	否	46	否	否

续表

细分领域	细分领域国外在华发明专利申请公开量增速		细分领域国外专利权人在华有效发明专利		风险领域
产业链三级	近五年复合增速	2020年同比增速	均高于激光与增材制造产业国外在华发明专利申请公开量平均增速	数量（件）	多于细分领域国内专利权人在华有效发明专利	
生物医疗	58.0%	28.3%	是	58	否	是
教育培训	93.3%	80.0%	是	25	否	是
建筑打印	71.9%	66.7%	是	11	否	是

3.3.2 广东省技术供应链分析

3.3.2.1 技术转移情况

截至2021年7月，在激光与增材制造产业中，全国涉及转让的专利共14013件；其中，广东省涉及转让的专利共2424件，占全国涉及转让专利总量的17.3%，在国内31省市中排名第二，排名第一的是江苏省（2774件）。

从激光与增材制造产业的各细分领域来看，广东省涉及转让的专利主要分布在金属粉末材料（380件）、软件（344件）、高分子粉末材料（241件）等领域（见图36）。

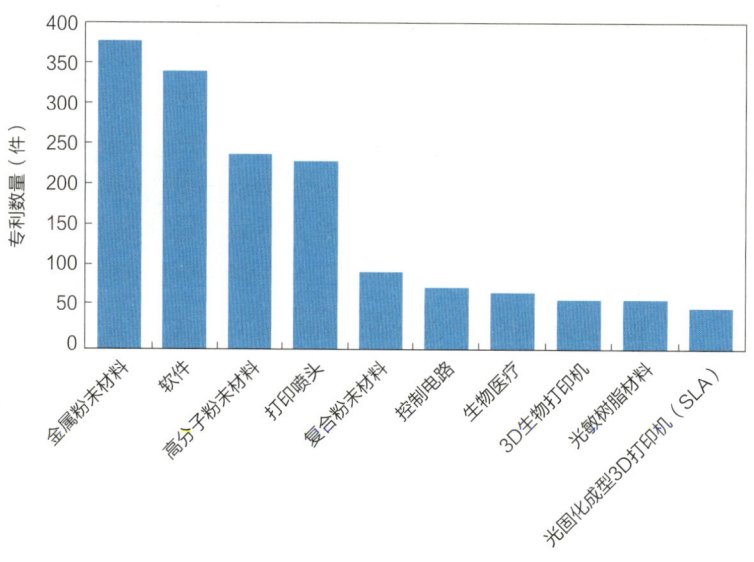

图36　广东省激光与增材制造产业涉及转让专利领域分布情况

广东省激光与增材制造产业的专利转让活动主要发生在省内，共涉及专利1327件。在与外地进行的专利转让活动方面，广东省向外地出让的专利共549件，出让专利的受让人主要分布在江苏省（132件）、浙江省（73件）、安徽省（33件）；广东省从外地受让的专利共805件，受让专利的出让人主要分布在浙江省（139件）、江苏省（119件）、安徽省（73件）（见图37）。

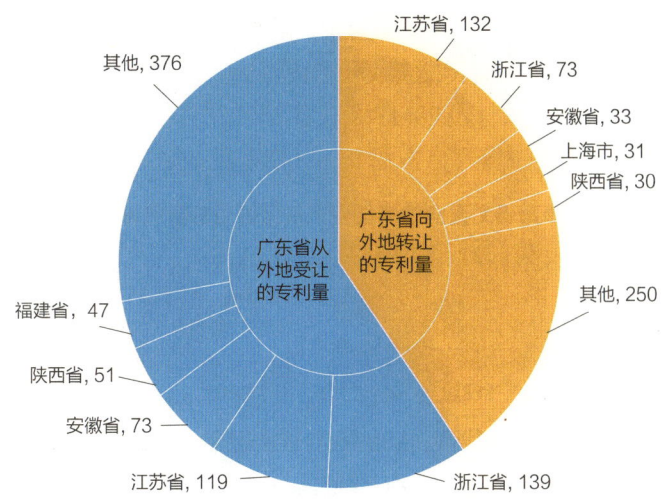

图 37　广东省激光与增材制造产业与外地进行专利转让活动情况（单位：件）

3.3.2.2　专利许可情况

截至 2021 年 7 月，在激光与增材制造产业中，全国涉及许可的专利共 1158 件；其中，广东省涉及许可的专利共 186 件，占全国涉及许可专利总量的 16.1%，在国内 31 省市中排名第二，排名第一的是江苏省（266 件）。

从激光与增材制造产业的各细分领域来看，广东省涉及许可的专利主要分布在高分子粉末材料（39 件）、金属粉末材料（20 件）、软件（14 件）等领域（见图 38）。

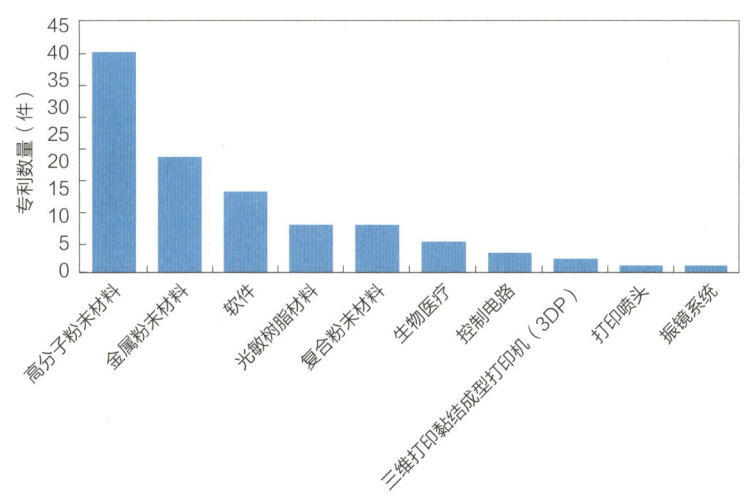

图 38　广东省激光与增材制造产业涉及许可专利领域分布情况

广东省激光与增材制造产业的专利许可活动主要发生在省内，共涉及专利 105 件。在与外地进行的专利许可活动方面，广东省对外地许可的专利共 28 件，许可专利的被许可人主要分布在江西省（4 件）、江苏省（3 件）、广西壮族自治区（2 件）；广东省被外地许可的专利共 56 件，被许可专利的许可人主要分布在国外（14 件）、北京市（6 件）、江苏省（6 件）（见图 39）。

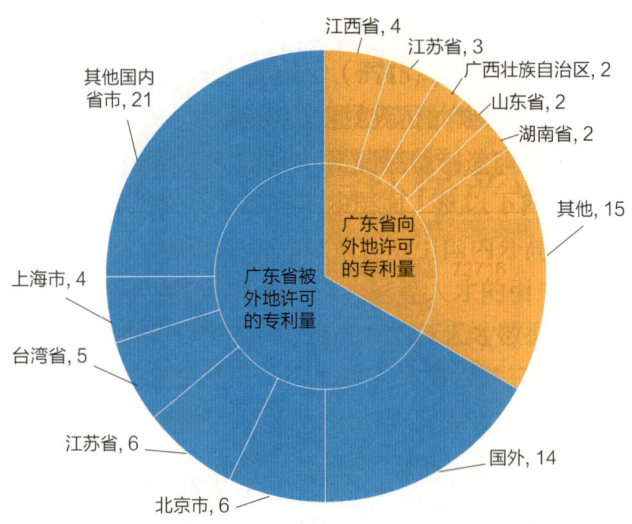

图 39 广东省激光与增材制造产业与外地进行专利许可活动情况（单位：件）

3.3.2.3 专利质押情况

截至 2021 年 7 月，在激光与增材制造产业中，全国涉及质押的专利共 997 件；其中，广东省涉及质押的专利共 150 件，占全国涉及质押的专利总量的 15.0%，在国内 31 省市中排名第二，排名第一的是安徽省（176 件）。

从激光与增材制造产业的各细分领域来看，广东省涉及质押的专利主要分布在高分子粉末材料（40 件）、金属粉末材料（18 件）、软件（14 件）等领域（见图 40）。

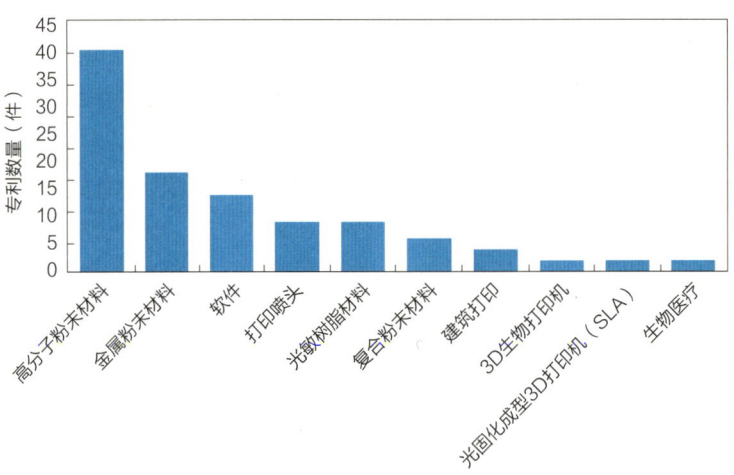

图 40 广东省激光与增材制造产业涉及质押专利领域分布情况

第4章 广东省激光与增材制造产业创新发展路径建议

广东省作为国内最大的激光与增材制造产业集聚区，产业基础雄厚，初步形成了激光与增材制造材料、扫描振镜、激光器、整机装备、应用开发、公共服务平台等协同发展的产业链，整个产业已成为驱动广东省迈向"制造强省"的核心动力源泉。行业龙头纷纷抢占产业技术制高点，产业链上下游的企业正加速在激光与增材制造产业的技术布局，集聚了雄厚的技术实力。同时，广东省汇聚了大量激光与增材制造领域的高端人才，以华南理工大学、广东工业大学等为代表的高校院所为本地提供了丰富的产学研资源，这些得天独厚的条件都将加速广东省激光与增材制造产业的发展。广东省雄厚丰沛的企业、人才资源为广东省发展激光与增材制造产业提供了"常量"，而在航空航天、电子信息、汽车、船舶等领域的创新应用与融合，是带动激光与增材制造产业发展取得突破的关键"变量"。广东省应稳住常量，抓好变量，把握激光与增材制造产业发展的战略性机遇，推动激光与增材制造产业快速发展，逐步形成具有国际竞争力的激光与增材制造产业集群。

4.1 产业布局优化路径

以"固链、强链、补链、延链"为重点，以提升区域产业技术创新能力和核心竞争力为目标，基于知识产权大数据情报分析，对产业链的构成和产业融合载体分布情况进行梳理，引导创新资源向产业链上下游集聚，打造激光与增材制造产业发展高地。对于本地产业优势细分领域，主要通过研发创新、核心技术攻关、专利布局以及技术合作等手段巩固区域产业优势。对于本地产业链劣势环节，可考虑结合政策驱动、人才引进、对外合作等加以提升。

首先，实施固链工程。广东省激光与增材制造产业基础设施完善、产业链覆盖全面，产业链整体保持较快增长。建议广东省继续保持区域产业优势，在光敏树脂材料、高分子粉末材料、扫描设备、控制电路、激光器、打印喷头、振镜系统、熔融沉积成型3D打印机（FDM）、光固化成型3D打印机（SLA）、数字光处理3D打印机（DLP）、三维打印黏结成型打印机（3DP）、选择性激光烧结/熔化成型3D打印机（SLS/SLM）、3D生物打印机、云服务平台、铸造模具、生物医疗、教育培训等产业环节不断有所突破，抢占产业技术高地和话语权。

其次，实施强链工程。继续增强金属粉末材料、软件、建筑打印等产业潜力环节，加大扶持力度，不断提升广东省激光与增材制造产业的竞争实力。

再次，实施补链工程。针对广东省激光与增材制造产业的薄弱环节，在激光熔覆成型3D打印机（LMD）、电子束熔化成型3D打印机（EBM）、航空航天等领域加大研发投入，同时可以考虑引进国内外行业巨头进行落户研发，补齐区域短板。

最后，实施延链工程。进一步加深与汽车、模具、核电、船舶等传统产业以及新一代信息技术、智能机器人、医疗健康等新兴产业的结合，突破应用场景瓶颈，延展产业链条，扩大产业规模。

大力培育一批具有国际影响力的行业龙头企业，构建以链主企业引领、大中小企业融通发展的产业形态。鼓励省内龙头骨干企业对标国际一流企业，加强技术研发、人才引进和重大研发平台建设，提升核心竞争力，引领产业集群式发展。针对具有较好成长潜力的中小企业，可从政策、税收、知识产权等方面予以支持，加快它们的成长速度，建议每一个企业集中优势资源，选择一到两个技术点进行研发，在各自的领域实现突破，打造一批"专精特新"的"小巨人"、"单项冠军"和"瞪羚"企业。同时，把握粤港澳大湾区建设和深入实施"一带一路"倡议的重大机遇，加强与国际、港澳地区的交流与合作，推进技术、人才、资金等资源互动，提升全球资源聚合能力，鼓励企业开展跨地域并购、创业投资，做大做强产业链条。

实施创新驱动发展战略，根本在于增强自主创新能力，人才是创新的根基，创新驱动实质上是人才驱动，科技创新最重要、最核心、最根本的是人才问题。只有拥有一流的创新人才，才能产生一流的创新成果，才能拥有创新的主导权。企业最具有创新能力的核心人员一般占研发人员的2%，也就是说这2%的核心人员是引领推动产业发展的"关键少数"，是全球激光与增材制造产业角逐的焦点。建议广东省人才工作要进一步聚焦到"2%"高端人才层面，建立起"引""稳""培""鉴"相结合的人才培养机制，打造创新人才高地。

一是"引"，在人才引进中加强行业领军人才、技术高管及科技企业家等人才的引进力度；二是"稳"，加强人才大数据的建设与运用水平，构建激光与增材制造产业创新人才数据库，实时监测广东省高层次人才发展动态，稳定核心技术人才，减少高端人才外流；三是"培"，深化产教融合，依托全国和广东省高校科教资源，建立学历教育与职业教育相结合的人才培养模式，协同培养创新型科技工程师人才；四是"鉴"，有效利用知识产权大数据建立发现高端科技人才、评价人才和跟踪人才机制，绘制全球高端人才图谱，落实人才引进中的知识产权评价和鉴定机制。

4.2 知识产权工作建议

积极开展激光与增材制造领域的前沿性、原创性技术研究，围绕光纤器件、激光泵浦源、扫描振镜、激光加工头等关键零部件，以及超短脉冲/超大功率/超大能量激光器、新型智能化/高精度增材制造高端装备等的研制与应用，组织实施一批重大科研项目，加强产学研合作力度，着力建设激光与增材制造高水平创新研究院、技术创新中心、制造业创新中心、新型研发机构、重点实验室、工程实验室、工程技术研发中心、企业技术中心等创新平台，提升原始创新能力。大力支持创新型企业、高校院所等围绕激光与增材制造关键零部件、核心技术、重大装备等开展高价值专利培育，并促进科技成果的转化运营。

目前，制约我国产业科技成果转化、知识产权运营、产业链强链补链、招商引资、人才引进等产业发展的关键是信息不对称，创新供给侧、产业需求端、资本赋能方三者之间存在严重的结构洞，即存在找不到、看不懂、风险大等问题。建议打造以知识产权数据为核心价值导向的激光与增材制造产业知识产权运营中心，建设知识产权要素齐全，高技术产业创新生态健全，实现"知识产权＋产业＋资本＋机构＋人才"一体化融合发展的国家级产业知识产权运营平台，成为引领区域产业创新发展的重要智库力量，建设形成技术、资本、人才等要素精准对接、智能匹配的知识产权要素市场，形成若干细分领域专利池、专利组合运营资产，加强知识产权大数据对知识产权运营、科技成果转化、产业链招商、企业培育、核心技术攻关的情报支撑作用，导航区域产业高质量发展。

建立专利预警机制，建议广东省在光敏树脂材料、软件、控制电路、打印喷头、数字光处理3D打印机（DLP）、3D生物打印机、航空航天、生物医疗、教育培训、建筑打印等产业链风险环节，加大专利布局力度，加强技术积累和挖掘，坚持创新导向和质量导向，提高专利布局数量。同时，作为我国外贸第一大省，广东省尤其还应注重知识产权的海外布局工作，建议企业在"走出去"的过程中，可根据经营业务范围在海外潜在市场围绕自身的优势技术，进行多角度、多层次的专利布局，形成对自身权益最大的保护。

广东省精密仪器设备产业专利统计分析报告

广东省知识产权保护中心
2021年12月

目 录

第1章 引言 // 236

    1.1 项目背景 // 236
    1.2 产业链分类 // 237

第2章 精密仪器设备产业发展态势 // 238

    2.1 全球精密仪器设备产业发展现状 // 238
    2.1.1 全球精密仪器设备产业发展概况 // 238
    2.1.2 中国精密仪器设备产业发展概况 // 240
    2.2 中国精密仪器设备产业政策环境 // 242
    2.3 中国精密仪器设备产业创新发展态势 // 243
    2.3.1 中国创新企业 // 243
    2.3.2 中国专利布局 // 246
    2.3.3 中国创新人才 // 251
    2.4 中国精密仪器设备产业热点及重点技术创新方向 // 254

CONTENTS

第 3 章 广东省精密仪器设备产业创新发展定位与洞察　　// 256

　　3.1　广东省精密仪器设备产业政策导向　　// 256
　　3.2　广东省精密仪器设备产业创新发展定位　　// 257
　　　　3.2.1　广东省创新企业　　// 257
　　　　3.2.2　广东省专利布局　　// 259
　　　　3.2.3　广东省创新人才　　// 265
　　3.3　广东省精密仪器设备产业创新发展洞察　　// 267
　　　　3.3.1　广东省产业链集聚结构　　// 267
　　　　3.3.2　广东省技术供应链分析　　// 270

第 4 章 广东省精密仪器设备产业创新发展路径建议　　// 274

　　4.1　产业布局优化路径　　// 274
　　4.2　知识产权工作建议　　// 275

图目录

图 1　精密仪器设备产业链结构图 ··· 237
图 2　2015—2017 年中国精密仪器行业产能 ································· 240
图 3　2015—2017 年中国精密仪器行业产量 ································· 240
图 4　2017—2019 年中国精密仪器行业市场规模 ·························· 241
图 5　国内 31 省市精密仪器设备产业创新企业数量增长趋势 ········· 243
图 6　中国精密仪器设备产业特色企业数量分布情况（单位：家） ···· 245
图 7　中国精密仪器设备产业典型企业专利技术布局情况 ·············· 245
图 8　中国精密仪器设备产业专利申请公开量增长趋势 ················· 246
图 9　中国精密仪器设备产业发明专利申请公开量增长趋势 ·········· 247
图 10　国内 31 省市精密仪器设备产业高价值专利数量分布情况 ······ 248
图 11　国内 31 省市精密仪器设备产业创新企业发明专利申请公开量增长趋势 ··· 249
图 12　国内 31 省市精密仪器设备产业高校发明专利申请公开量增长趋势 ········ 249
图 13　国内 31 省市精密仪器设备产业科研机构发明专利申请公开量增长趋势 ··· 250
图 14　国内 31 省市精密仪器设备产业产学研合作申请专利数量分布情况 ········ 250
图 15　中国精密仪器设备产业产学研合作申请专利领域分布情况 ·············· 251
图 16　国内 31 省市精密仪器设备产业创新人才数量增长趋势 ·················· 252
图 17　中国精密仪器设备产业特色人才数据分布情况（单位：人） ············· 253

图 18　国内 31 省市精密仪器设备产业各机构类型创新人才数量分布情况（单位：人）……………… 254
图 19　广东省精密仪器设备产业创新企业数量增长趋势 ……………………………………………… 258
图 20　广东省精密仪器设备产业专利申请公开量增长趋势 …………………………………………… 260
图 21　广东省精密仪器设备产业发明专利申请公开量增长趋势 ……………………………………… 260
图 22　广东省精密仪器设备产业创新企业发明专利申请公开量增长趋势 …………………………… 262
图 23　广东省精密仪器设备产业高校发明专利申请公开量增长趋势 ………………………………… 263
图 24　广东省精密仪器设备产业科研机构发明专利申请公开量增长趋势 …………………………… 263
图 25　广东省精密仪器设备产业产学研合作申请专利领域分布情况 ………………………………… 264
图 26　广东省精密仪器设备产业海外布局专利领域分布情况 ………………………………………… 265
图 27　广东省精密仪器设备产业创新人才数量增长趋势 ……………………………………………… 265
图 28　广东省精密仪器设备产业各机构类型创新人才数量分布情况（单位：人）………………… 267
图 29　广东省精密仪器设备产业涉及转让专利领域分布情况 ………………………………………… 271
图 30　广东省精密仪器设备产业与外地进行专利转让活动情况（单位：件）……………………… 271
图 31　广东省精密仪器设备产业涉及许可专利领域分布情况 ………………………………………… 272
图 32　广东省精密仪器设备产业与外地进行专利许可活动情况（单位：件）……………………… 272
图 33　广东省精密仪器设备产业涉及质押专利领域分布情况 ………………………………………… 273

表目录

表 1　我国精密仪器设备产业部分相关政策 ……………………………………………… 242
表 2　国内 31 省市精密仪器设备产业创新企业数量分布情况 ………………………… 243
表 3　国内 31 省市精密仪器设备产业发明专利授权量分布情况 ……………………… 247
表 4　中国精密仪器设备产业产学研合作重点高校院所清单 ………………………… 251
表 5　国内 31 省市精密仪器设备产业创新人才数量分布情况 ………………………… 252
表 6　国内 31 省市精密仪器设备产业链创新要素情况 ………………………………… 254
表 7　国内 31 省市精密仪器设备产业链科学测量仪器领域创新要素情况 …………… 255
表 8　国内 31 省市精密仪器设备产业链风能领域创新要素情况 ……………………… 255
表 9　广东省精密仪器设备产业相关政策 ……………………………………………… 256
表 10　广东省各地市精密仪器设备产业创新企业数量情况 …………………………… 258
表 11　国内重点省市精密仪器设备产业特色企业数量分布情况对标比较 …………… 259

表 12	广东省各地市精密仪器设备产业发明专利授权量情况	261
表 13	国内重点省市精密仪器设备产业高价值专利数量分布情况对标比较	261
表 14	广东省精密仪器设备产业产学研合作重点高校院所清单	264
表 15	广东省各地市精密仪器设备产业创新人才数量情况	266
表 16	国内重点省市精密仪器设备产业特色人才数量分布情况对标比较	266
表 17	广东省精密仪器设备产业链创新要素情况	267
表 18	广东省精密仪器设备产业链细分领域创新要素情况	268
表 19	广东省精密仪器设备产业优势领域创新要素情况	268
表 20	广东省精密仪器设备产业潜力领域创新要素情况	269
表 21	广东省精密仪器设备产业薄弱领域创新要素情况	269
表 22	精密仪器设备产业链风险领域分布情况	270

第1章 引言

1.1 项目背景

2021年3月,《中华人民共和国国民经济和社会发展第十四个五年规划和2035年远景目标纲要》围绕"发展壮大战略性新兴产业"进行了专章论述,指出要着眼于抢占未来产业发展先机,培育先导性和支柱性产业,推动战略性新兴产业融合化、集群化、生态化发展,战略性新兴产业增加值占GDP比重超过17%。2021年9月,中共中央、国务院印发《知识产权强国建设纲要(2021—2035年)》,在"建设激励创新发展的知识产权市场运行机制"部分,明确要大力推动专利导航在传统优势产业、战略性新兴产业、未来产业发展中的应用。

习近平总书记对广东制造业发展高度重视、寄予厚望,明确要求广东加快推动制造业转型升级,建设世界级先进制造业集群。2020年5月,广东省人民政府出台《关于培育发展战略性支柱产业集群和战略性新兴产业集群的意见》,并进一步制订了20个战略性产业集群行动计划,最终形成"1+20"的政策体系,旨在推动广东省产业链、创新链、人才链、资金链、政策链相互贯通,加快建立具有国际竞争力的现代化产业体系。2021年4月,《广东省国民经济和社会发展第十四个五年规划和2035年远景目标纲要》在"总体要求"中提出,改造提升传统产业,做大做强战略性支柱产业,培育发展战略性新兴产业,加快发展现代服务业,推动产业基础高级化和产业链供应链现代化,提高产业现代化水平,打造新兴产业重要策源地、先进制造业和现代服务业基地,推动建设更具国际竞争力的现代产业体系。

针对"精密仪器设备产业",广东省科学技术厅等五部门于2020年9月印发了《广东省培育精密仪器设备战略性新兴产业集群行动计划(2021—2025年)》,提出到2025年,全省精密仪器设备产业通过突破技术短板、完善产业体系、促进高质量发展,成为世界知名的精密仪器设备产业创新、研发和生产基地,基本建成产业结构布局合理、自主创新能力突出、具有核心国际竞争力的世界级现代化产业集群。并明确广东省市场监督管理局负责重点突破核心技术和关键零部件短板、大力完善产业支撑体系、提升质量打造著名品牌、加强产业国际市场拓展和投资合作等重点任务和短板技术与关键零部件重点突破工程、优势特色产品水平提升与应用工程、创新驱动型现代产业体系整合构建工程、质量提升与品牌培育工程、知识产权高质量发展工程等重点工程中的相关工作。

为深入贯彻习近平新时代中国特色社会主义思想和党的十九大精神,认真落实中共中央、国务院关于发展壮大战略性新兴产业和知识产权强国建设及省委、省政府关于推进制造强省建设的工作部署,按照《广东省人民政府关于培育发展战略性支柱产业集群和战略性新兴产业集群的意见》《广东省培育精密仪器设备战略性新兴产业集群行动计划(2021—2025年)》的工作安排,加快发展精密仪器设备战略性新兴产业集群,促进产业迈向全球价值链高端,开展精密仪器设备产业专利分析研究工作。基于产业专利导航创新决策理念,紧扣产业分析和专利分析两条主线,将专利信息与产业现状、发展趋势、政策环境、市场竞争等信息深度融合,基于知识产权产业金融大数据,深入研究广东省精密仪器设备产业发展现状,明晰产业发展方向,找准区域产业定位,分析存在制约发展的瓶颈问题和制度障碍,指出优化产业创新资源配置的具体路径,提出适用于本区域产业创新发展的相关建议,为广东省精密仪器设备产业发展规划、招商引资、人才引进等提供决策支撑。

1.2 产业链分类

精密仪器设备产业分为四大领域,包括仪器仪表器件、工业自动化测控仪器、专用领域仪器仪表、科学测量仪器。进一步将精密仪器设备产业分为多个相关的三级分支:仪器仪表器件主要涉及仪器仪表零部件;工业自动化测控仪器主要涉及自动化仪器仪表;专用领域仪器仪表主要涉及环境监测专用仪器、导航专用仪器、地球探测仪器(大地、地质、地震矿产等)、核子及核辐射测量仪器、天文天体观测仪器、气象学专用仪器、海洋探测仪器、医疗诊疗仪器;科学测量仪器主要涉及分析仪器、物理性能测试仪器、计量仪器。对三级产业再进行细分,可进一步细化至四个层级,仪器仪表器件共包括7个细分分类,工业自动化测控仪器共包括3个细分分类,专用领域仪器仪表共包括5个细分分类,科学测量仪器共包括20个细分分类(见图1)。

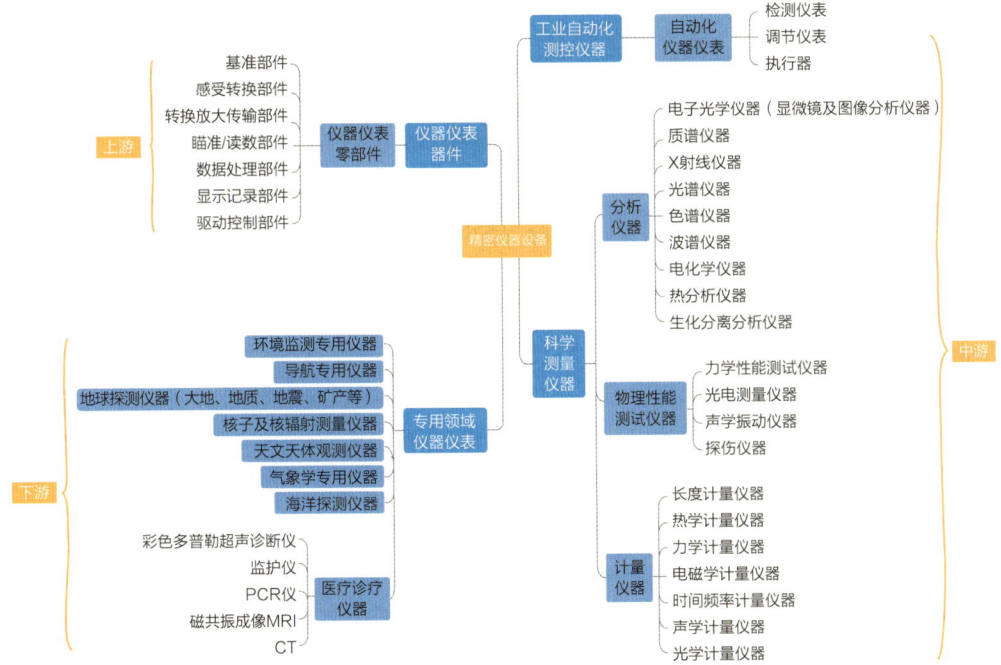

图 1　精密仪器设备产业链结构图

第 2 章　精密仪器设备产业发展态势

2.1　全球精密仪器设备产业发展现状

2.1.1　全球精密仪器设备产业发展概况

精密仪器与装备涉及众多学科且相互交叉，这些领域包括但不限于精密机械、光学技术、电子技术、材料科学、通信与控制技术。

精密机械：在机械支撑方面，轴承是最基础的部件产品，从轴承行业的产品结构来看，中国占大多数的是技术含量比较低的通用轴承，而作为主机重点配套的高精度高技术含量的轴承，无论是产品种类还是技术含量都暂时无法与国外的企业相比。在精密传动方面，精密仪器核心部件通常需要精确定位和快速调整，产业中广泛应用的高精度丝杠仍大范围依赖进口。在工业机器人中，减速机占据整体成本的35%，目前世界75%的精密减速器市场被日本的哈默纳科和纳博特斯克公司占据。在机械加工方面，超精密加工的精度已经进入纳米阶段，美国有30多家公司研制和生产各类超精密加工机床，美国劳伦斯利佛摩尔国家实验室、摩尔公司等在国际超精密加工技术领域久负盛名；日本有20多家超精密加工机床研制公司；德国、瑞士精密加工设备世界闻名；英国也已成立国家纳米技术战略委员会。

光学技术：光学技术在精密仪器与装备中应用广泛，许多精密仪器测量依赖光学技术。激光器是一种理想的测量用光源，2016年中国产业市场规模在236亿元左右，但在精密仪器与装备领域所需要的高性能激光器仍主要依赖进口。光学系统的创新设计不断提高仪器系统的整体性能，如今光学设计主要工具软件，包括成像、照明、仿真等基本被国外产品所垄断。光电探测器方面，国内高性能探测器市场大都被国外所占领，在雪崩探测器、CCD 探测器、CMOS 探测器方面，国内企业都难以与国际巨头正面抗衡。2015年时CMOS成像器件的全球市场达到103亿美元，索尼集团、三星公司等占据了高端消费市场，中国的格科威依靠成本优势，在低端市场占有较大份额，而 Dalsa、Hamamatsu 等则占据着高端科研市场。

电子技术：模拟集成电路（IC）市场较分散，包含的产品种类很多，中国虽然是最大的电子设备生产国，但没有一家企业的市场销售额能够位列全球前十，ADC/DAC 是模拟与数字世界的桥梁，也是示波器等仪器的核心元件，国内 ADC 在采样速度、分辨率等方面与国外有较大差距，与之相关的诸多高端电子测量仪器长期被国外把持。在数字计算机领域，中国的超级计算机已经多年位居世界排行榜首，通用 CPU 被 Intel、AMD 等公司垄断，嵌入式处理英国 ARM 一家独大，美国高通公司、苹果公司、三星集团、台湾联发科技股份有限公司等全面把持移动处理器市场。可编程逻辑处理器是目前工业控制的核心器件，2014 年全球 FPGA 市场总规模达到 50 亿美元，中国就达到 15 亿美元，占全球市场的近三分之一，Xilinx、Altera、Lattice、Microsemi 所占市场份额高达 98% 以上。在存储产品方面，中国每年进口的大量集成电路芯片中四分之一为存储器。在电子显示方面，虽然中国目前是世界最大的显示器生产厂商，但由于 TFT 液晶材料的高技术壁垒，导致中高端液晶材料市场多年来一直处于垄断状态。目前默克、智索（Chisso）和 DIC 三家垄断 TFT 液晶市场，市场份额分别为 50%、40% 和 6%。

材料科学：在精密仪器与装备中，材料的性能具有决定性的影响。既包括发光材料、光学传输材料、光电转换材料等功能性材料，也包含用于构建仪器本体的结构材料。目前大口径地基望远镜反射镜材料主要有德国肖特的微晶玻璃和康宁的 ULE 玻璃两类，中国用于天文观测的望远镜与国际天文观测水平差距明显。在结构材料方面，碳纤维是尖端武器装备必不可少的战略基础材料。中国虽然产量不小，但产品应用主要集中在低端产品领域，航空航天领域应用仅占 2%，难以满足高端产品中的碳纤维需求。

通信与控制技术：早期数字技术与通信手段不成熟时，侦察卫星通常采用返回式，将拍摄的胶片送回地面，进行冲洗后获得感兴趣地区的图像信息。随着数字技术发展和通信带宽的提高，现有传输型卫星只需要将数据下传来获得图像信息，数据时效性大幅提高，同时侦察卫星的工作寿命也从数月提升至数年，有了十余倍的提高；控制技术不仅控制着仪器与装备的运行过程，在提高精密仪器与装备的性能方面也发挥着重要作用，控制技术的新突破总是带来整体性能的进一步提升。从经典 PID、超前滞后理论，到现代的鲁棒控制和自适应控制理论，到当代的随机系统理论和网络化系统等理论，再到神经网络、模糊控制、深度学习等智能控制理论。❶

分析精密仪器设备产业部分产品在全球市场的规模和特点，以质谱仪、监护仪、实验室分析仪器、基因测序仪为例：2020 年全球质谱仪市场规模已超 72 亿美元，预计 2021 年达到 77.26 亿美元，2015—2026 年均复合增速约为 7.9%。目前，我国质谱仪市场进口产品占有率约为 90%，随着技术和经济的发展，未来国产替代空间较大；2019 年全球（不含日本）监护仪产品市场规模达到了 36.8 亿美元，预计 2025 年可以增长到 316.2 亿元，年复合增长率（CAGR）为 3.8%；2004—2020 年全球实验室分析仪器的市场规模不断增长，2019 年全球实验室分析仪器市场规模约为 656 亿元。北美、欧洲、中国以及日本是全球科学仪器市场的主要消费地区，近年来，中国是全球实验室分析仪器市场增长最快的地区，2019 年中国实验室分析仪器市场规模占全球的比重将增加至 15%，美国、德国和日本等国家因经济发达、社会医疗保健体系健全，其监护仪市场持续增长；全球基因测序仪市场规模从 2013 年的 20 亿美元增长到 2017 年的 33.1 亿美元，年均复合增长率达到 13.4%。❷

精密仪器与装备自身发展正不断表现出极端化、智能化、集成化、快速化、精细化、

---

❶ 资料来源：《广东省培育精密仪器设备战略性新兴产业集群行动计划（2021—2025 年）》，贾平《中国部分精密仪器与装备发展现状及展望》，贾平《浅析我国精密仪器与装备的现状和发展》。

❷ 资料来源：华创证券、中研普华产业研究院、前瞻产业研究院、中商产业研究院。

网络化等趋势。即系统规模方面，大型化、微型化并重；仪器测量、设备运行等方面，加入更多智能化手段，需要人为干预的步骤减少，同时具有更多的智能化功能；集成的功能越来越丰富，实现一机多能；运行速度越来越快；测量精度、装备制造精密度等方面要求越来越高，部分指标甚至已经开始接近目前的物理极限；物联网应用将越来越多，仪器、装备间的交流、协同越来越多。❶

2.1.2 中国精密仪器设备产业发展概况

中国精密仪器行业2015—2017年产能分别为1.50亿台、1.73亿台、1.90亿台，2017年同比增长9.8%（见图2）；2015—2017年产量分别为0.84亿台、0.97亿台、1.07亿台，2017年同比增长10.3%，均保持较快增长的趋势（见图3）。

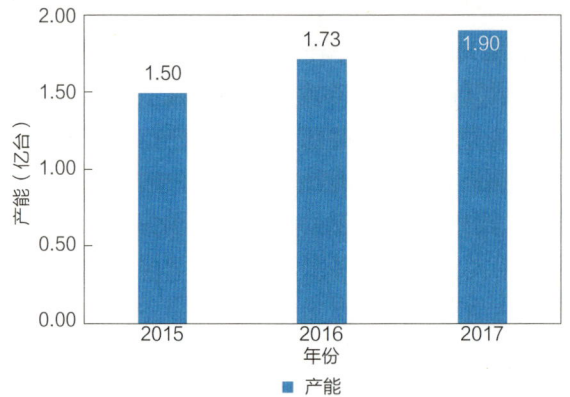

图2　2015—2017年中国精密仪器行业产能

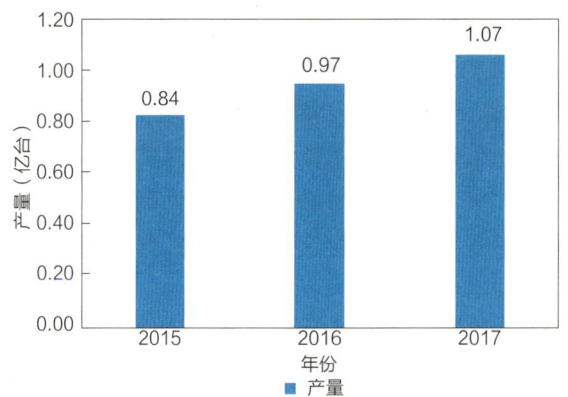

图3　2015—2017年中国精密仪器行业产量

中国精密仪器行业2017—2019年市场规模分别为4546亿元、4937亿元、5664亿元，2019年同比增长13.9%，市场规模快速增长（见图4）。❷

---

❶ 资料来源：江苏省机械工程学会《2020精密仪器行业发展现状及前景分析》。

❷ 资料来源：中研普华产业研究院。

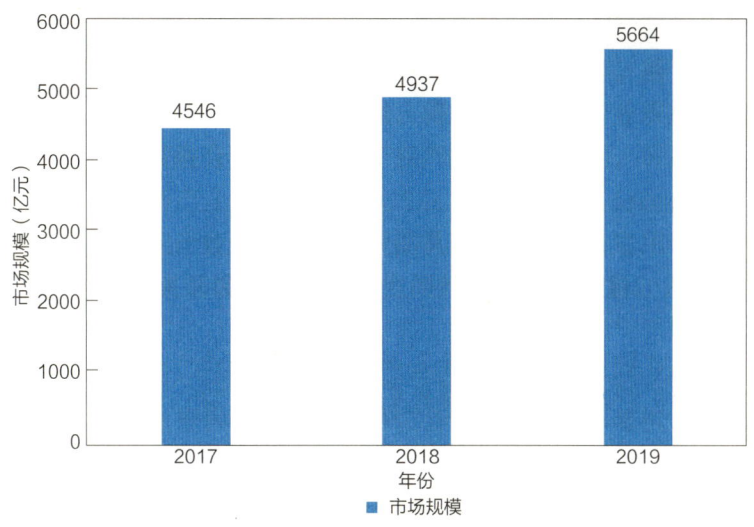

图4 2017—2019年中国精密仪器行业市场规模

精密仪器的发展经历了三个阶段，分别是简单的投影仪阶段、高精度二维影像测量仪阶段与高端三坐标测量机阶段。

简单的投影仪：为了适应市场的发展需求，为现代工业的发展提供检测的依据，20世纪90年代，精密检测仪器正式进入中国市场，成为一个新兴的以检测为主的产业。其主要的性能指标包括光输出、水平扫描频率（行频）、垂直扫描频率（场频）、视频带宽、分辨率、CRT管的聚焦性能、会聚，是一种早期的光学仪器。

高精度二维影像测量仪：随着社会的不断发展，简单的投影仪已经无法满足市场和行业的需求，在这种情况下，二次元影像测量仪就成为行业发展的必然产品。影像测量仪是一种由高分辨率CCD彩色摄像器、连续变倍物镜、彩色显示器、视频十字线发生器、精密光学尺、多功能数据处理器、2D数据测量软件与高精密工作台结构组成的高精度光学影像测量仪器。采用彩色CCD摄像机；由二坐标工作台、光栅尺与数据箱组成数字测量及数据处理系统；该仪器具有多种数据处理、显示、输入、输出功能；与电脑连接后，采用专门测量软件可对测量图形进行处理。

高端三坐标测量机：进入21世纪，更多的产品需要提供三维检测，才能更好地为现代社会的发展提供服务，国内的精密检测企业就在二次元影像仪的基础上研发生产了三坐标测量机，从而实现更高端的产品的三维检测任务。❶

2019年3月，美国杂志公布了2018年全球仪器公司排行榜，前20强中有8家是美国公司，7家来自欧洲，5家公司位于日本，中国没有一家公司入选，这种情况早在2008年就已经出现。比如纳米和零件的信息处理，需要更高的纳米核尺度的测量仪器，仪器、仪表行业一直受到国内外人士的重视，20世纪90年代初，美国商务部国家标准局在评估仪器仪表的影响时指出，虽然美国仪器仪表工业总产值仅占中国城市工业总产值的40%，但其对美国国民经济改善的影响力实际超过60%。相比而言，2017—2019年，国内主要仪器仪表出口交货值平均时间约为1000亿元人民币，进口率常年超过1000亿美元，我国在

---

❶ 资料来源：刘帅男等《精密仪器的发展综述》。

精密仪器仪表行业遭受巨大损失。[1]

2.2 中国精密仪器设备产业政策环境

精密仪器设备产业对各行各业科学研究以及技术创新有着引领作用，是国家重点鼓励发展的领域。随着其应用领域的不断拓宽，近年来，为促进精密仪器设备产业快速、持续、健康发展，我国政府相继出台一系列产业政策，引导行业良性发展（见表1）。

表1 我国精密仪器设备产业部分相关政策

时间	单位	文件	相关内容
2016年	中共中央、国务院	《国家创新驱动发展战略纲要》	适应大科学时代创新活动的特点，针对国家重大战略需求，建设一批具有国际水平，突出学科交叉和协同创新的国家实验室。研发高端科研仪器设备，提高科研装备自给水平
2016年	中国仪器仪表行业协会（编制）	《仪器仪表行业"十三五"发展规划建议》	以国家重点产业安全、自主、可控为契机，推进重点产品核心技术自主化进程，力争基本形成国家大型工程项目、重点应用领域自控系统和精密测试仪器的基本保障能力和重大科技项目所需自控系统和精密测试仪器的基础支撑能力
2016年	国务院	《"十三五"国家科技创新规划》	突破微流控芯片、单分子检测、自动化核酸检测等关键技术，开发全自动核酸检测系统、医用生物质谱仪、高通量液相悬浮芯片、快速病理诊断系统等重大产品，研发一批重大疾病早期诊断和精确治疗诊断试剂以及适合基层医疗机构的高精度诊断产品，提升我国体外诊断产业竞争力
2016年	国务院	《"十三五"国家战略性新兴产业发展规划》	加强先进适用环保装备在冶金、化工、建材、食品等重点领域应用，加速发展体外诊断仪器、设备、试剂等新产品
2017年	国家发展和改革委员会	《战略性新兴产业重点产品和服务指导目录（2016年版）》	将智能化实验分析仪器、在线分析仪器列为智能制造装备产业，大力发展医用质谱分析仪
2018年	国家统计局	《战略性新兴产业分类（2018）》	将"实验分析仪器制造"列入"高端装备制造业"行业大类
2018年	科技部	《科技部关于发布国家重点研发计划重大科学仪器设备开发重点专项2018年度项目申报指南的通知》	强化技术创新和产品可靠性、稳定性实验，引入重要用户应用示范、拓展产品应用领域，大幅提升我国科学仪器行业可持续发展能力和核心竞争力
2019年	国家发展和改革委员会	《产业结构调整指导目录（2019年版）》	将"药品、食品、生化检验用高端质谱仪、色谱仪、光谱仪、X射线仪、核磁共振波谱仪、自动生化检测系统及自动取样系统和样品处理系统"列为鼓励类行业

---

[1] 资料来源：《比芯片处境更可怕，高端科研仪器依赖进口，国产崛起东风已至》。

续表

时间	单位	文件	相关内容
2020年	科技部等5部门	《加强"从0到1"基础研究工作方案》	加强重大科技基础设施和高端通用科学仪器的设计研发，聚焦高端通用和专业重大科学仪器设备研发、工程化和产业化研究，推动高端科学仪器设备产业快速发展

2.3 中国精密仪器设备产业创新发展态势

2.3.1 中国创新企业

截至2021年7月，国内31省市精密仪器设备产业有专利申请活动的创新企业共207805家，近五年复合增速达25.7%。其中，2018年同比增速最快，同比增长29.7%（见图5）。

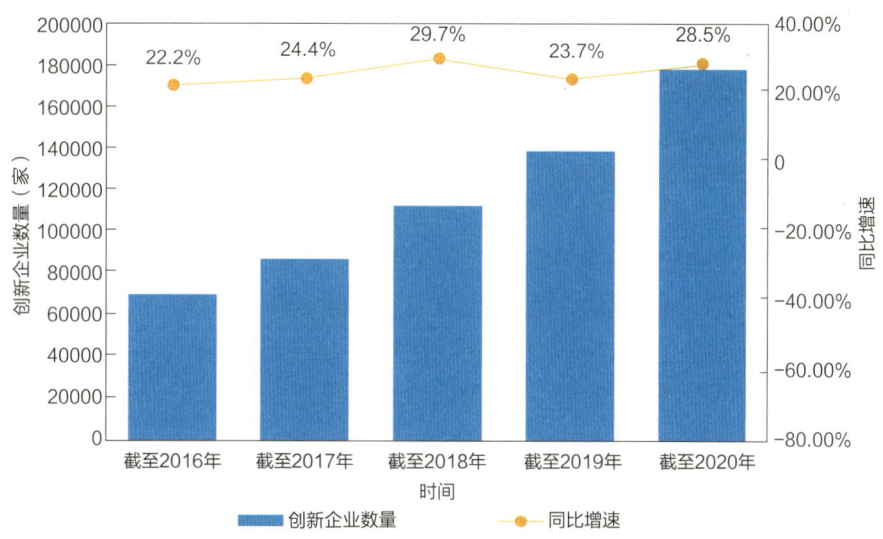

图5 国内31省市精密仪器设备产业创新企业数量增长趋势

从地域分布情况来看，截至2021年7月，国内31省市精密仪器设备产业有专利申请活动的创新企业主要集中在东南沿海地区。其中，创新企业数量排名前五位的省市依次为江苏省（36517家）、广东省（34629家）、浙江省（20613家）、上海市（13202家）、山东省（11529家）（见表2）。

表2 国内31省市精密仪器设备产业创新企业数量分布情况

排名	省（自治区、直辖市）	创新企业数量（家）
1	江苏	36517
2	广东	34629
3	浙江	20613
4	上海	13202

续表

排名	省（自治区、直辖市）	创新企业数量（家）
5	山东	11529
6	北京	11345
7	安徽	8831
8	四川	8022
9	天津	7679
10	湖北	7177
11	福建	6306
12	河南	6075
13	河北	4624
14	湖南	4182
15	陕西	4130
16	辽宁	4116
17	重庆	4059
18	江西	3162
19	广西	1612
20	山西	1487
21	云南	1486
22	黑龙江	1315
23	贵州	1297
24	吉林	1226
25	甘肃	750
26	内蒙古	743
27	新疆	720
28	宁夏	550
29	海南	503
30	青海	243
31	西藏	66

截至2021年7月，在精密仪器设备产业创新企业中，国内31省市共有国家高新技术企业83289家，占国内31省市精密仪器设备产业创新企业总量（207805家）的40.1%；初创企业10199家，占创新企业总量的4.9%；隐形冠军企业1720家，占创新企业总量的0.8%；上市公司2456家，占创新企业总量的1.2%；独角兽企业89家，占创新企业总量的0.04%；专精特新企业12496家，占创新企业总量的6.0%（见图6）。

图6 中国精密仪器设备产业特色企业数量分布情况（单位：家）

在精密仪器设备产业创新企业中，专利申请公开量较多的企业包括中国电力科学研究院有限公司（2279件）、上海联影医疗科技股份有限公司（1489件）、鸿富锦精密工业（深圳）有限公司（1347件）、深圳迈瑞生物医疗电子股份有限公司（1249件）、中芯国际集成电路制造（上海）有限公司（632件）、聚光科技（杭州）股份有限公司（361件）等。❶

从这六家企业在精密仪器设备产业布局专利的细分领域来看，计量仪器是最为重点的细分领域，每家企业都在计量仪器领域布局了大量的专利。中国电力科学研究院有限公司、鸿富锦精密工业（深圳）有限公司还在仪器仪表零部件领域布局有一定数量专利；而中芯国际集成电路制造（上海）有限公司、聚光科技（杭州）股份有限公司在注重计量仪器领域的同时，也非常重视物理性能测试仪器，该两个细分领域专利数量在企业内占比均较高；深圳迈瑞生物医疗电子股份有限公司、上海联影医疗科技股份有限公司在医疗诊疗仪器方面也有大量专利布局（见图7）。

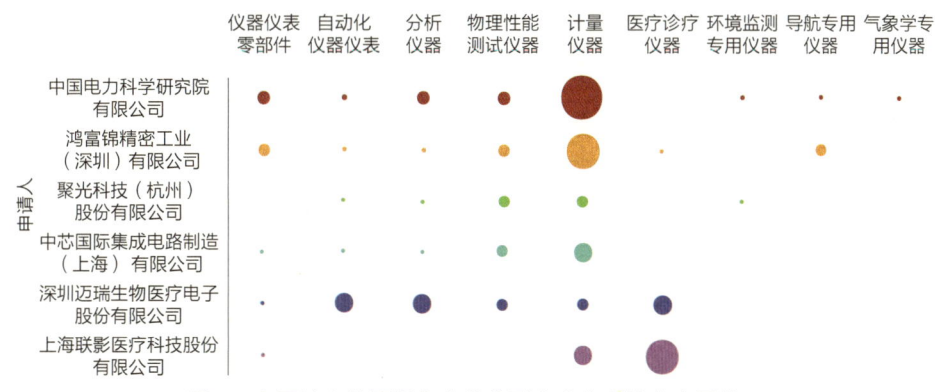

图7 中国精密仪器设备产业典型企业专利技术布局情况

【典型企业——聚光科技（杭州）股份有限公司】

聚光科技（杭州）股份有限公司（以下简称聚光科技）成立于2002年，并于2011年

---

❶ 本处统计的专利申请公开量为申请人本身，不包含其分子公司。

上市。为国内高端分析仪器领军企业，企业的主营业务是研发、生产和销售应用于环境监测、工业过程分析、实验室仪器等领域的仪器仪表；以检测、信息化软件技术和产品为核心，为环境保护、工业过程、水利水务等领域提供分析测量、信息化、运维服务及治理的综合解决方案。聚光科技拥有超1000人的研发团队，截至2020年年末，相关产品已取得授权发明专利234项，已授权实用新型429项，登记计算机软件著作权786项。

根据2020年年报显示，聚光科技业务分为四大类：（1）仪器、相关软件及耗材；（2）运营服务、检测服务及咨询服务；（3）环保设备及工程；（4）其他主营业务。四项业务分别占总营收的60.1%、11.1%、26.0%、2.8%。

聚光科技研发累计投入20亿元，已在光谱、色谱、质谱、湿化学、生物等方面开发出70余项技术平台，并针对细分市场推出差异化产品，应用于工业、环保、水利水务、实验室、临床医药等30余个细分领域。2020年重点加强了半导体和生命科学行业的布局。

2.3.2 中国专利布局

截至2021年7月，中国精密仪器设备产业专利申请公开量共1649790件，占中国专利申请公开总量（33757841件）的4.9%，近五年复合增速达20.3%（见图8）。中国精密仪器设备产业专利授权量共1108066件，占精密仪器设备产业全国专利申请公开总量的67.2%；有效专利量为744038件。

图 8 中国精密仪器设备产业专利申请公开量增长趋势

截至2021年7月，中国精密仪器设备产业发明专利申请公开量为855630件，占中国精密仪器设备产业专利申请公开总量（1649790件）的51.9%，近五年复合增速达16.2%。其中，2017年同比增速最快，同比增长26.1%（见图9）。

图 9 中国精密仪器设备产业发明专利申请公开量增长趋势

从地域分布情况来看，截至 2021 年 7 月，中国精密仪器设备产业发明专利授权量共 313906 件，主要集中在北京市、江苏省、广东省等经济较发达的地区。其中，发明专利授权量排名前五位的省市依次为北京市（45685 件）、江苏省（26910 件）、广东省（24804 件）、上海市（18133 件）和浙江省（17209 件）（见表 3）。

表 3 国内 31 省市精密仪器设备产业发明专利授权量分布情况

排名	省（自治区、直辖市）	专利授权量（件）
1	北京	45685
2	江苏	26910
3	广东	24804
4	上海	18133
5	浙江	17209
6	山东	13298
7	湖北	9766
8	四川	9609
9	陕西	9337
10	安徽	7424
11	辽宁	6485
12	湖南	5851
13	天津	5176
14	黑龙江	5066
15	重庆	4861
16	河南	4816
17	福建	4375
18	吉林	3751
19	河北	3187

续表

排名	省（自治区、直辖市）	专利授权量（件）
20	山西	2249
21	广西	1841
22	云南	1758
23	江西	1454
24	甘肃	1140
25	贵州	945
26	新疆	518
27	内蒙古	478
28	宁夏	282
29	海南	221
30	青海	125
31	西藏	13

截至 2021 年 7 月，中国精密仪器设备产业的有效发明专利共 243734 件，其中高价值专利数量为 192715 件。在中国精密仪器设备产业高价值专利中，属于战略性新兴产业的有效发明专利共有 169070 件，在海外有同族专利权的有效发明专利共有 58660 件，维持年限超过 10 年的有效发明专利共有 39434 件，有质押融资活动的有效发明专利共有 1957 件，获得中国专利奖的有效发明专利共有 382 件。高价值专利数量排名前五位的省市依次为北京市（28200 件）、江苏省（16614 件）、广东省（16550 件）、上海市（10463 件）和浙江省（9805 件）（见图 10）。

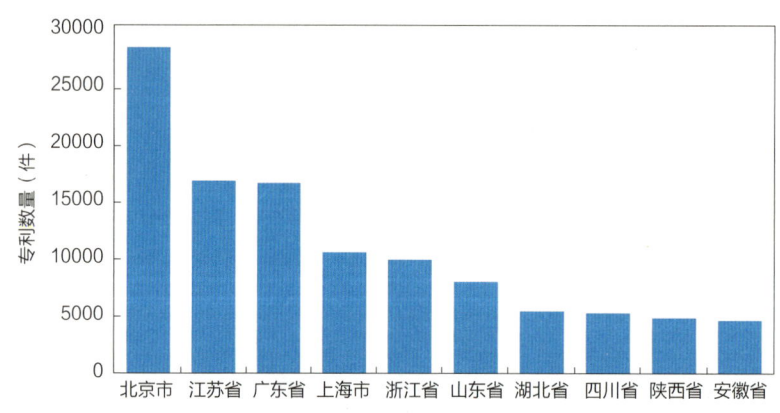

图 10　国内部分省市精密仪器设备产业高价值专利数量分布情况

截至 2021 年 7 月，国内 31 省市精密仪器设备产业创新企业发明专利申请公开量共 388687 件，占中国精密仪器设备产业发明专利申请公开总量（855630 件）的 45.4%。近五年复合增速达 18.4%。其中，2018 年同比增速最快，同比增长 30.2%（见图 11）。发明专利申请公开量较多的企业包括国家电网有限公司（6365 件）、中国石油化工股份有限公司（3414 件）、中国石油天然气股份有限公司（2292 件）、中国石油天然气集团有限公司

（2040 件）、中国电力科学研究院有限公司（1907 件）。

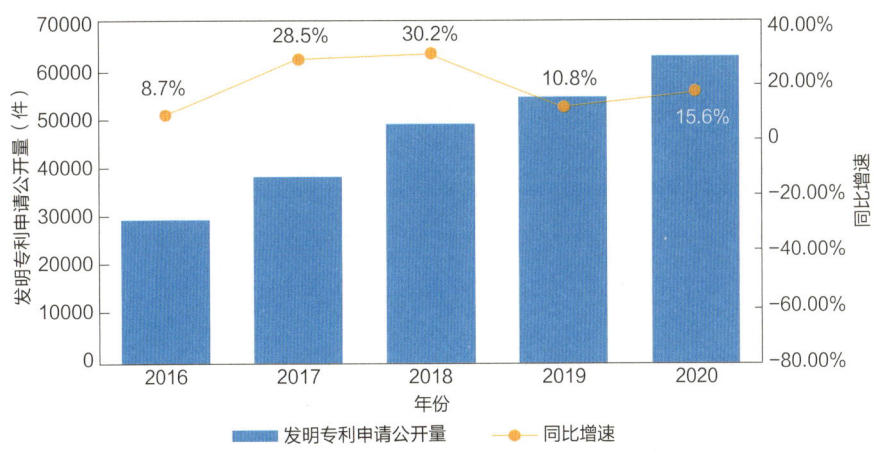

图 11　国内 31 省市精密仪器设备产业创新企业发明专利申请公开量增长趋势

截至 2021 年 7 月，国内 31 省市精密仪器设备产业高校发明专利申请公开量共 198811 件，占中国精密仪器设备产业发明专利申请公开总量（855630 件）的 23.2%。近五年复合增速达 16.0%。其中，2017 年同比增速最快，同比增长 38.4%（见图 12）。发明专利申请公开量较多的高校包括浙江大学（5383 件）、清华大学（4636 件）、天津大学（4084 件）、哈尔滨工业大学（3534 件）、北京航空航天大学（3510 件）。

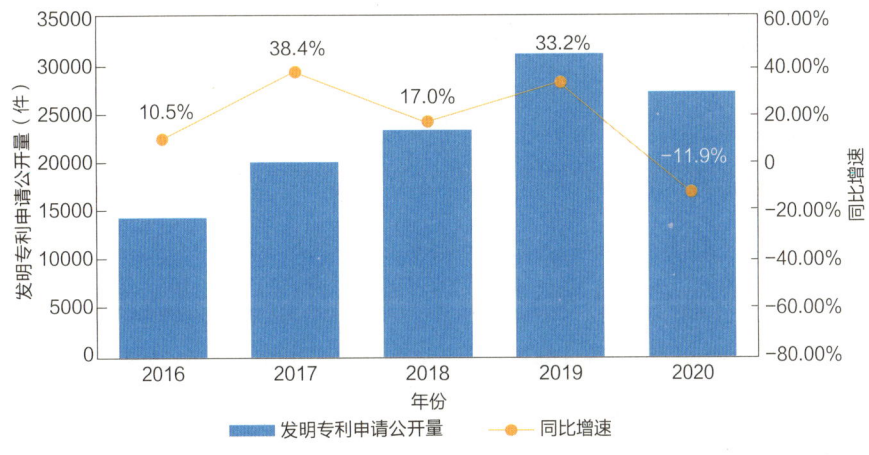

图 12　国内 31 省市精密仪器设备产业高校发明专利申请公开量增长趋势

截至 2021 年 7 月，国内 31 省市精密仪器设备产业科研机构发明专利申请公开量共 58168 件，占中国精密仪器设备产业发明专利申请公开总量（855630 件）的 6.8%。近五年复合增速达 17.5%。其中，2017 年同比增速最快，同比增长 33.0%（见图 13）。发明专利申请公开量较多的科研机构包括中国科学院长春光学精密机械与物理研究所（1625 件）、中国科学院合肥物质科学研究院（1262 件）、中国科学院大连化学物理研究所（1057 件）、中国科学院上海技术物理研究所（775 件）、中国科学院西安光学精密机械研究所（691 件）。

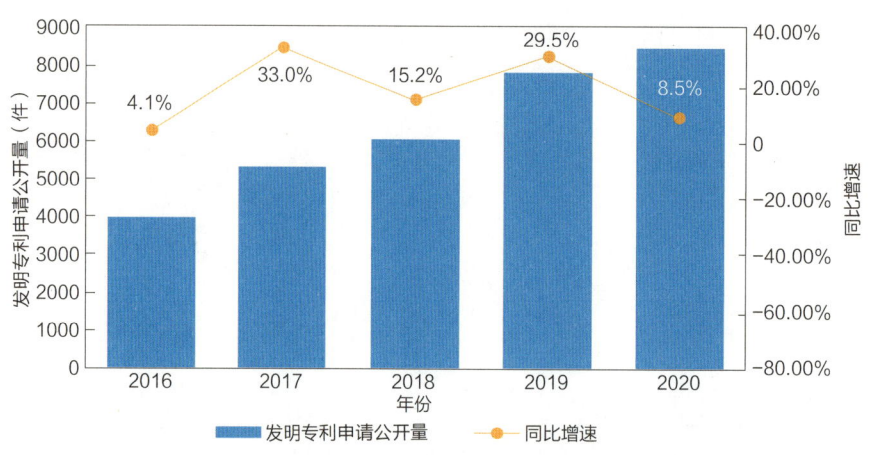

图 13　国内 31 省市精密仪器设备产业科研机构发明专利申请公开量增长趋势

截至 2021 年 7 月，在精密仪器设备产业中，全国涉及产学研合作申请的专利共有 28006 件，占中国精密仪器设备产业专利申请公开总量（1649790 件）的 1.7%。涉及产学研合作申请专利量排名前五位的省市依次为北京市（6866 件）、广东省（2838 件）、江苏省（2520 件）、上海市（1701 件）和湖北省（1416 件）（见图 14）。

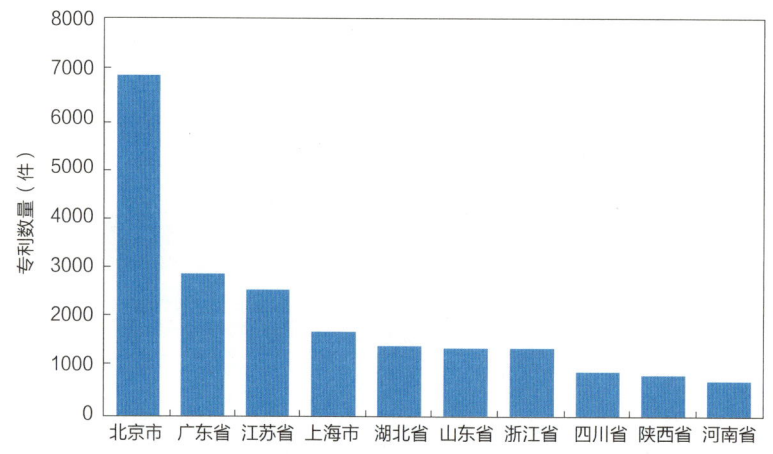

图 14　国内部分省市精密仪器设备产业产学研合作申请专利数量分布情况

从精密仪器设备产业的各细分领域来看，全国涉及产学研合作申请的专利主要分布在计量仪器、物理性能测试仪器和分析仪器领域，专利数量均超过了 4000 件（见图 15）。

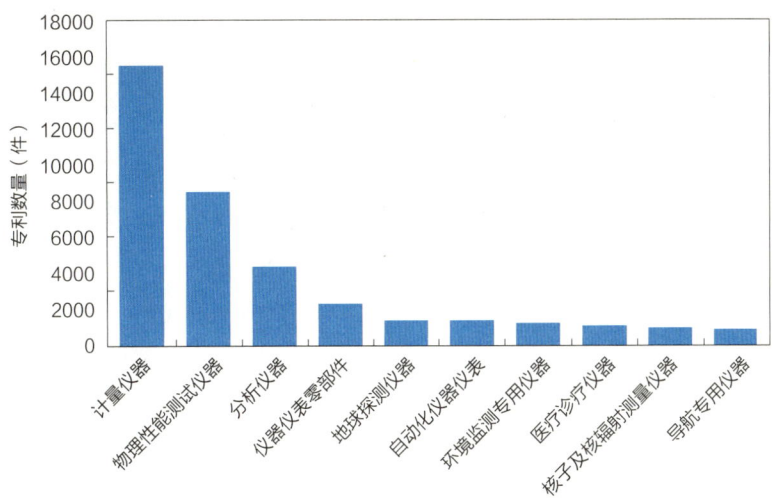

图 15　中国精密仪器设备产业产学研合作申请专利领域分布情况

从产学研合作的高校院所来看,清华大学、西安交通大学、华北电力大学、上海交通大学、重庆大学等在中国精密仪器设备产业中的产学研合作较为密切,涉及产学研合作申请的专利数量分别为 1991 件、840 件、570 件、568 件、495 件(见表 4)。

表 4　中国精密仪器设备产业产学研合作重点高校院所清单

序号	高校院所	产学研合作申请的专利数量(件)
1	清华大学	1991
2	西安交通大学	840
3	华北电力大学	570
4	上海交通大学	568
5	重庆大学	495
6	浙江大学	493
7	武汉大学	480
8	华中科技大学	413
9	华南理工大学	376
10	东南大学	366

2.3.3　中国创新人才

截至 2021 年 7 月,国内 31 省市精密仪器设备产业有专利申请活动的创新人才共 2448255 人,近五年复合增速达 22.5%。其中,2018 年同比增速最快,同比增长 23.6%(见图 16)。

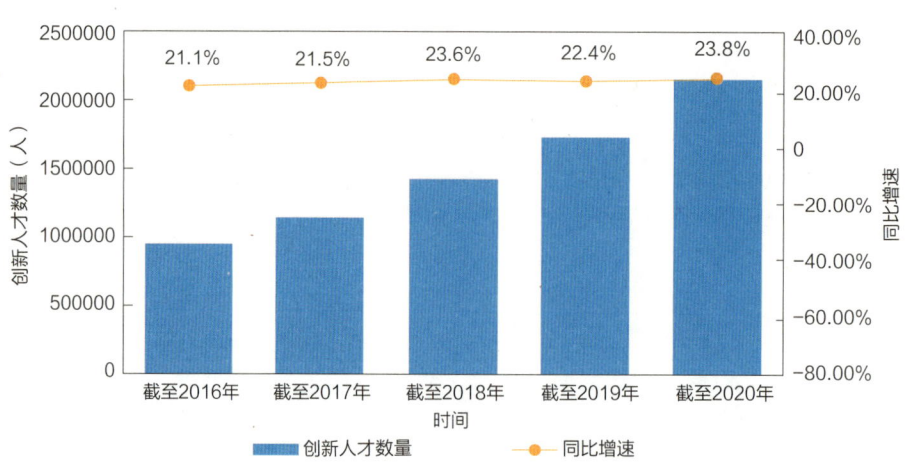

图 16　国内 31 省市精密仪器设备产业创新人才数量增长趋势

从地域分布情况来看，截至 2021 年 7 月，国内 31 省市精密仪器设备产业有专利申请活动的创新人才主要集中在北京市、江苏省、广东省等经济较发达的地区。其中，创新人才数量排名前五位的省市依次为北京市（293470 人）、江苏省（270733 人）、广东省（252262 人）、山东省（199323 人）和浙江省（160884 人）（见表 5）。

表 5　国内 31 省市精密仪器设备产业创新人才数量分布情况

排名	省（自治区、直辖市）	创新人才数量（人）
1	北京	293470
2	江苏	270733
3	广东	252262
4	山东	199323
5	浙江	160884
6	上海	146536
7	河南	107926
8	湖北	103789
9	四川	97214
10	陕西	89577
11	安徽	83682
12	辽宁	72328
13	天津	67495
14	河北	64657
15	湖南	56337
16	福建	49469
17	重庆	47311
18	黑龙江	45929

续表

排名	省（自治区、直辖市）	创新人才数量（人）
19	吉林	34552
20	山西	31803
21	广西	31314
22	云南	30388
23	江西	29286
24	贵州	26131
25	甘肃	20266
26	新疆	17799
27	内蒙古	16629
28	宁夏	8238
29	青海	6213
30	海南	5057
31	西藏	713

截至2021年7月，在精密仪器设备产业创新人才中，国内31省市共有国家高层次人才106166人，占国内31省市精密仪器设备产业创新人才总量（2448255人）的4.3%；技术高管155634人，占创新人才总量的6.4%；科技企业家98934人，占创新人才总量的4.0%（见图17）。

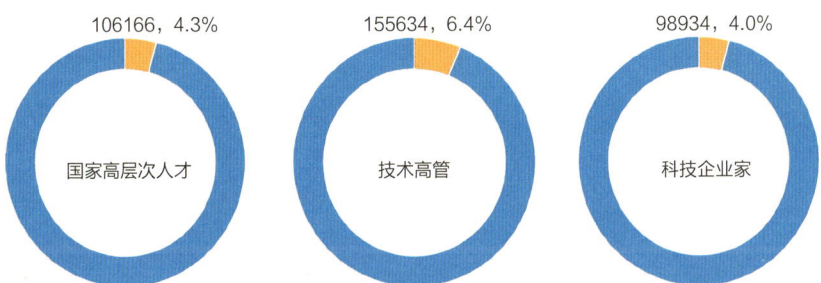

图17　中国精密仪器设备产业特色人才数据分布情况（单位：人）

从各机构类型创新人才数量分布情况来看，国内31省市精密仪器设备产业企业的创新人才数量最多，共计1435073人，占国内31省市精密仪器设备产业创新人才总量的58.6%。高校的创新人才数量位居其次，共计527678人，占国内31省市精密仪器设备产业创新人才总量的21.6%。科研机构创新人才共计166274人，事业单位创新人才共计104495人，分别占国内31省市精密仪器设备产业创新人才总量的6.8%和4.3%（见图18）。

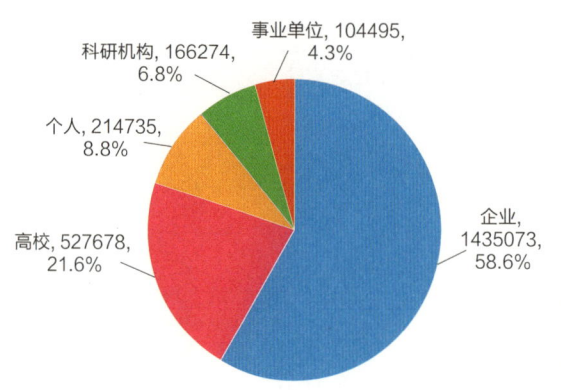

图 18　国内 31 省市精密仪器设备产业各机构类型创新人才数量分布情况（单位：人）

2.4　中国精密仪器设备产业热点及重点技术创新方向

从精密仪器设备产业链整体来看，国内 31 省市产业的发明专利申请公开总量共716171 件，创新企业总量共 207805 家，创新人才总量共 1487169 人，近五年复合增速分别为 17.4%、25.7%、23.6%。

从产业链各领域来看，专用领域仪器仪表领域发明专利申请公开量、创新企业数量、创新人才数量的近五年复合增速分别为 20.4%、30.5%、26.7%，均高于整个精密仪器设备产业链平均水平，属于产业布局的热点。另外，仪器仪表器件领域创新企业数量的近五年增速虽然低于整个精密仪器设备产业链平均水平，但发明专利申请公开量和创新人才数量的近五年增速均高出整个精密仪器设备产业链平均水平，也是产业布局的热点。科学测量仪器领域发明专利申请公开量、创新企业数量、创新人才数量分别为 546474 件、174191家、1194260 人，均远高于精密仪器设备产业链中其他领域，属于产业布局的重点（见表 6）。

表 6　国内 31 省市精密仪器设备产业链创新要素情况

产业链二级	发明专利申请公开		创新企业		创新人才	
	数量（件）	复合增速	数量（家）	复合增速	数量（人）	复合增速
仪器仪表器件	70486	25.7%	28282	23.6%	215320	26.2%
工业自动化测控仪器	39265	15.3%	29253	21.6%	108690	21.7%
科学测量仪器	546474	16.7%	174191	25.8%	1194260	23.3%
专用领域仪器仪表	177393	20.4%	57300	30.5%	417303	26.7%

在科学测量仪器领域，国内 31 省市发明专利申请公开量、创新企业数量、创新人才数量的近五年复合增速分别为 16.7%、25.8%、23.3%。其中，分析仪器细分领域发明专利申请公开量、创新企业数量、创新人才数量的近五年复合增速分别为 19.7%、28.6%、25.0%，均在科学测量仪器各细分领域中排名第一，属于热点细分领域。另外，物理性能测试仪器细分领域创新人才数量的近五年增速虽然低于科学测量仪器领域平均水平 0.1 个

百分点，但发明专利申请公开量和创新企业数量的近五年增速均高出科学测量仪器领域平均水平，也属于热点细分领域。计量仪器细分领域发明专利申请公开量、创新企业数量、创新人才数量分别为 389278 件、137038 家、1471489 人，均在科学测量仪器各细分领域中排名第一，属于重点细分领域（见表 7）。

表7　国内 31 省市精密仪器设备产业链科学测量仪器领域创新要素情况

细分领域		发明专利申请公开		创新企业		创新人才	
产业链二级	产业链三级	数量（件）	复合增速	数量（家）	复合增速	数量（人）	复合增速
科学测量仪器	分析仪器	108894	19.7%	57838	28.6%	527177	25.0%
	物理性能测试仪器	201575	17.5%	62958	28.2%	708731	23.2%
	计量仪器	389278	16.1%	137038	25.1%	1471489	22.0%

在专用领域仪器仪表领域，国内 31 省市发明专利申请公开量、创新企业数量、创新人才数量的近五年复合增速分别为 20.4%、30.5%、26.7%。其中，导航专用仪器、气象学专用仪器、海洋探测仪器细分领域发明专利申请公开量、创新企业数量、创新人才数量的近五年复合增速均高于专用领域仪器仪表领域平均水平，属于热点细分领域。环境监测专用仪器、导航专用仪器、地球探测仪器（大地、地质、地震、矿产等）、核子及核辐射测量仪器、医疗诊疗仪器细分领域发明专利申请公开量、创新企业数量、创新人才数量在专用领域仪器仪表领域中占比均比较高，属于重点细分领域（见表 8）。

表8　国内 31 省市精密仪器设备产业链风能领域创新要素情况

细分领域		发明专利申请公开		创新企业		创新人才	
产业链二级	产业链三级	数量（件）	复合增速	数量（家）	复合增速	数量（人）	复合增速
专用领域仪器仪表	环境监测专用仪器	39973	17.3%	23571	35.4%	187687	28.4%
	导航专用仪器	44365	25.7%	13230	32.8%	136345	31.2%
	地球探测仪器（大地、地质、地震、矿产等）	26284	19.0%	9697	29.6%	97946	24.7%
	核子及核辐射测量仪器	11850	16.7%	3336	23.5%	43415	20.7%
	天文天体观测仪器	888	13.2%	215	22.8%	3489	18.6%
	气象学专用仪器	6093	30.8%	2692	31.1%	31237	29.5%
	海洋探测仪器	3034	30.9%	927	42.3%	13948	32.4%
	医疗诊疗仪器	49180	19.4%	13196	26.2%	214648	22.2%

第 3 章　广东省精密仪器设备产业创新发展定位与洞察

3.1　广东省精密仪器设备产业政策导向

精密仪器设备产业是广东省战略性新兴产业之一，初步构建了产品门类品种比较齐全、具有一定生产规模和研发应用能力、以民营企业为主力军的产业体系。为加快发展精密仪器设备战略性新兴产业集群，促进产业迈向全球价值链高端，广东省发布了《广东省智能制造发展规划（2015—2025 年）》等一系列政策。2020 年 5 月，广东省人民政府发布《广东省人民政府关于培育发展战略性支柱产业集群和战略性新兴产业集群的意见》，将精密仪器设备产业集群列入十大战略性新兴产业集群，提出要培育形成一批国内领先、具有主导地位和国际影响力的自主品牌产品，基本建成结构布局合理、自主创新能力突出、重点领域优势明显的产业集群。2020 年 9 月，广东省科学技术厅、广东省发展和改革委员会、广东省工业和信息化厅、广东省商务厅、广东省市场监督管理局联合印发《广东省培育精密仪器设备战略性新兴产业集群行动计划（2021—2025 年）》，对加快发展精密仪器设备产业进行了详细部署（见表 9）。

表 9　广东省精密仪器设备产业相关政策

时间	单位	文件	相关内容
2009 年	广东省人民政府办公厅	《广东省装备制造业调整和振兴规划实施意见》	重点发展通用仪器仪表业的工业自动控制系统装置、智能化电工仪器仪表和试验机；专用仪器仪表业的电工电气行业专用检测仪器设备、汽车仪器仪表和环境监测仪器仪表；光学仪器
2015 年	广东省人民政府	《广东省智能制造发展规划（2015—2025 年）》	重点发展数字化医疗影像设备、分析系统、诊断系统、检测系统等设备，发展新型医用诊断仪器与设备、医用电子监护仪器与设备
2016 年	广东省经济和信息化委	《中小企业公共技术服务示范平台管理办法》（已失效）	与高等学校、科研院所、企业等建立了长期合作关系。具备条件的应开放大型、精密仪器设备与中小微企业共享

续表

时间	单位	文件	相关内容
2016年	广东省人民政府办公厅	《加快海关特殊监管区域整合优化实施方案》	着力打造国际贸易展示平台、区域物流枢纽、保税加工基地和国际酒类、生物医药、精密仪器及电子元器件、高端消费品、航空标准件等交易中心
2019年	广东省工业和信息化厅	《广东省工业和信息化厅中小企业公共服务示范平台认定管理办法》	具备条件的应开放大型、精密仪器设备与中小企业共享；年开展技术洽谈、产品检测与质量品牌诊断、技术推广、项目推介和知识产权等服务活动3次以上
2020年	广东省人民政府	《广东省人民政府关于培育发展战略性支柱产业集群和战略性新兴产业集群的意见》	精密仪器设备产业集群。在工业自动化测控仪器与系统、大型精密科学测试分析仪器、高端信息计测与电测仪器等领域取得传感、测量、控制、数据采集等核心技术突破与产业化应用，打造贯穿创新链、产业链的创新生态系统
2020年	广东省科学技术厅等5部门	《广东省培育精密仪器设备战略性新兴产业集群行动计划（2021—2025年）》	到2025年，广东省精密仪器设备产业通过突破技术短板、完善产业体系、促进高质量发展，成为世界知名的精密仪器设备产业创新、研发和生产基地，基本建成产业结构布局合理、自主创新能力突出、具有核心国际竞争力的世界级现代化产业集群
2020年	中共广东省委	《广东省国民经济和社会发展第十四个五年规划和二〇三五年远景目标的建议》	加快培育半导体与集成电路、高端装备制造、智能机器人、精密仪器设备等十大战略性新兴产业集群
2021年	广东省人民政府	《广东省加快先进制造业项目投资建设若干政策措施》	支持各地结合产业发展实际和特色，因地制宜、分类施策，聚焦新一代电子信息等十大战略性支柱产业集群和精密仪器设备等十大战略性新兴产业集群，立足招好商、招大商、精准招商、产业链招商，积极引进产业带动性强、技术水平先进、绿色低碳的先进制造业项目

3.2 广东省精密仪器设备产业创新发展定位

3.2.1 广东省创新企业

截至2021年7月，广东省精密仪器设备产业有专利申请活动的创新企业共34629家，占国内31省市精密仪器设备产业创新企业总量（207805家）的16.7%，在国内31省市中仅次于江苏省排名第二。近五年广东省精密仪器设备产业创新企业数量复合增速为33.1%，高出国内31省市整体复合增速（25.7%）7.4个百分点（见图19）。

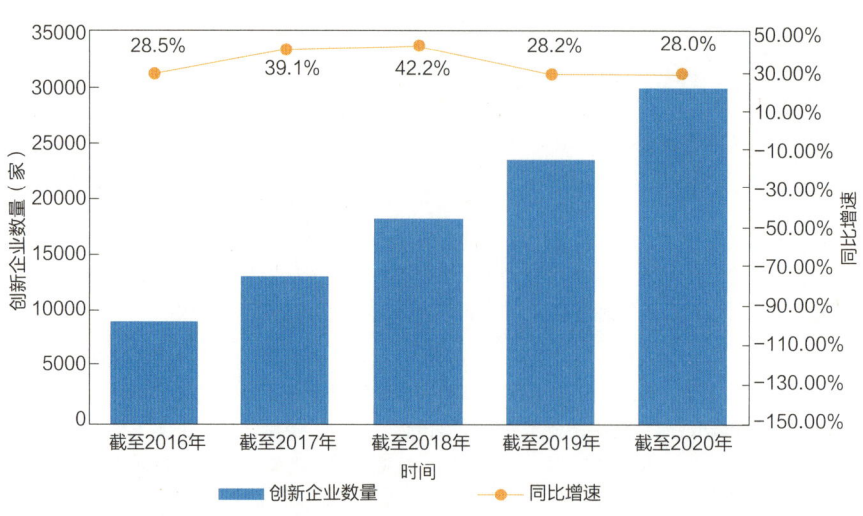

图 19 广东省精密仪器设备产业创新企业数量增长趋势

从地域分布情况来看，截至 2021 年 7 月，广东省精密仪器设备产业有专利申请活动的创新企业主要集中在珠三角地区。其中，创新企业数量排名前五位的地市依次为深圳市（14705 家）、广州市（6820 家）、东莞市（4415 家）、佛山市（2460 家）、珠海市（1464 家）（见表 10）。

表 10 广东省各地市精密仪器设备产业创新企业数量情况

地区	创新企业数量（家）	省内排名	地区	创新企业数量（家）	省内排名
深圳市	14705	1	韶关市	180	12
广州市	6820	2	河源市	172	13
东莞市	4415	3	梅州市	153	14
佛山市	2460	4	湛江市	117	15
珠海市	1464	5	揭阳市	76	16
中山市	1246	6	茂名市	75	17
惠州市	1201	7	云浮市	59	18
江门市	755	8	潮州市	40	19
肇庆市	284	9	阳江市	38	20
汕头市	227	10	汕尾市	27	21
清远市	225	11			

截至 2021 年 7 月，在精密仪器设备产业创新企业中，广东省共有国家高新技术企业 15818 家，占广东省精密仪器设备产业创新企业总量（34629 家）的 45.7%；初创企业 1930 家，占创新企业总量的 5.6%；隐形冠军企业 144 家，占创新企业总量的 0.4%；上市公司 472 家，占创新企业总量的 1.4%；独角兽企业 15 家，占创新企业总量的 0.04%；专精特新企业 637 家，占创新企业总量的 1.8%。

横向对标北京市、上海市、江苏省、浙江省等国内重点省市，在精密仪器设备产业创新企业中，广东省国家高新技术企业、初创企业、上市公司数量均在国内 31 省市中排名第一；隐形冠军企业、独角兽企业数量分别在国内 31 省市中排名第四和第三；专精特新企业数量在国内 31 省市中排名第六（见表 11）。

表 11　国内重点省市精密仪器设备产业特色企业数量分布情况对标比较

国内 31 省市排名	1	4	5	2	3
省市	广东省	北京市	上海市	江苏省	浙江省
国家高新技术企业数量（家）	15818	5484	4483	14171	7510
国内 31 省市排名	1	3	4	2	5
省市	广东省	北京市	上海市	江苏省	浙江省
初创企业数量（家）	1930	1443	1098	1621	925
国内 31 省市排名	4	5	8	3	1
省市	广东省	北京市	上海市	江苏省	浙江省
隐形冠军企业数量（家）	144	97	79	161	197
国内 31 省市排名	1	4	5	2	3
省市	广东省	北京市	上海市	江苏省	浙江省
上市公司数量（家）	472	212	187	347	323
国内 31 省市排名	3	1	2	4	4
省市	广东省	北京市	上海市	江苏省	浙江省
独角兽企业数量（家）	15	31	21	6	6
国内 31 省市排名	6	8	2	4	17
省市	广东省	北京市	上海市	江苏省	浙江省
专精特新企业数量（家）	637	532	1377	1064	269

3.2.2　广东省专利布局

截至 2021 年 7 月，广东省精密仪器设备产业专利申请公开量共 194711 件，占广东省专利公开总量（5302985 件）的 3.7%；近五年复合增速为 29.3%，高出全国复合增速（20.3%）9.0 个百分点（见图 20）。广东省精密仪器设备产业专利授权量共 132401 件，占广东省精密仪器设备产业专利申请公开总量的 68.0%；有效专利量为 101979 件。

图 20　广东省精密仪器设备产业专利申请公开量增长趋势

截至 2021 年 7 月，广东省精密仪器设备产业发明专利申请公开量共 87114 件，占广东省精密仪器设备产业专利申请公开量（194711 件）的 44.7%，近五年复合增速为 25.2%，高出全国复合增速（16.2%）9.0 个百分点（见图 21）。

图 21　广东省精密仪器设备产业发明专利申请公开量增长趋势

截至 2021 年 7 月，广东省精密仪器设备产业发明专利授权量共 24804 件，占全国精密仪器设备产业发明专利授权总量（313906 件）的 7.9%，在国内 31 省市中仅次于江苏省排名第二。

从地域分布情况来看，广东省精密仪器设备产业发明专利授权量主要集中在珠三角地区。其中，发明专利授权量排名前五位的地市依次为深圳市（11019 件）、广州市（7429 件）、东莞市（1886 件）、佛山市（1459 件）、珠海市（1107 件）（见表 12）。

表 12 广东省各地市精密仪器设备产业发明专利授权量情况

地区	发明专利授权量（件）	省内排名	地区	发明专利授权量（件）	省内排名
深圳市	11019	1	湛江市	83	12
广州市	7429	2	韶关市	40	13
东莞市	1886	3	梅州市	32	14
佛山市	1459	4	清远市	31	15
珠海市	1107	5	河源市	30	16
惠州市	603	6	揭阳市	25	17
中山市	436	7	潮州市	21	18
江门市	206	8	汕尾市	18	19
汕头市	156	9	阳江市	17	20
肇庆市	102	10	云浮市	5	21
茂名市	99	11			

截至 2021 年 7 月，广东省精密仪器设备产业的有效发明专利共 21489 件。其中，高价值专利共 16550 件，占全国精密仪器设备产业高价值专利总量（192715 件）的 8.6%，在国内 31 省市中排名第三。在广东省精密仪器设备产业高价值专利中，属于战略性新兴产业的有效发明专利共 15471 件，在海外有同族专利权的有效发明专利共 2096 件，维持年限超过 10 年的有效发明专利共 2595 件，有质押融资活动的有效发明专利共 317 件，获得中国专利奖的有效发明专利共 65 件。

横向对标北京市、上海市、江苏省、浙江省等国内重点省市，在精密仪器设备产业高价值专利中，广东省属于战略性新兴产业的有效发明专利数量在国内 31 省市中排名第三；在海外有同族专利权的有效发明专利、有质押融资活动的有效发明专利数量在国内 31 省市中均排名第一；维持年限超过 10 年的有效发明专利、获得中国专利奖的有效发明专利数量在国内 31 省市中均排名第二（见表 13）。

表 13 国内重点省市精密仪器设备产业高价值专利数量分布情况对标比较

国内 31 省市排名	3	1	4	2	5
省市	广东省	北京市	上海市	江苏省	浙江省
属于战略性新兴产业的有效发明专利（件）	15471	26517	9670	15613	9227
国内 31 省市排名	1	2	4	3	5
省市	广东省	北京市	上海市	江苏省	浙江省
在海外有同族专利权的有效发明专利（件）	2096	1950	662	1049	418
国内 31 省市排名	2	1	3	4	5
省市	广东省	北京市	上海市	江苏省	浙江省
维持年限超过 10 年的有效发明专利（件）	2595	4763	2219	2112	1210

续表

国内 31 省市排名	1	4	5	2	3
省市	广东省	北京市	上海市	江苏省	浙江省
有质押融资活动的有效发明专利（件）	317	203	128	265	224
国内 31 省市排名	2	1	6	3	5
省市	广东省	北京市	上海市	江苏省	浙江省
获得中国专利奖的有效发明专利（件）	65	98	17	46	19

截至 2021 年 7 月，广东省精密仪器设备产业创新企业发明专利申请公开量共 64968 件，占广东省精密仪器设备产业发明专利申请公开总量（87114 件）的 74.6%；近五年复合增速为 26.5%，高出全国精密仪器设备产业创新企业发明专利申请公开量复合增速（18.4%）8.1 个百分点。发明专利申请公开量较多的创新企业包括深圳市海川实业股份有限公司（1506 件）、鸿富锦精密工业（深圳）有限公司（1284 件）、珠海格力电器股份有限公司（1231 件）等（见图 22）。

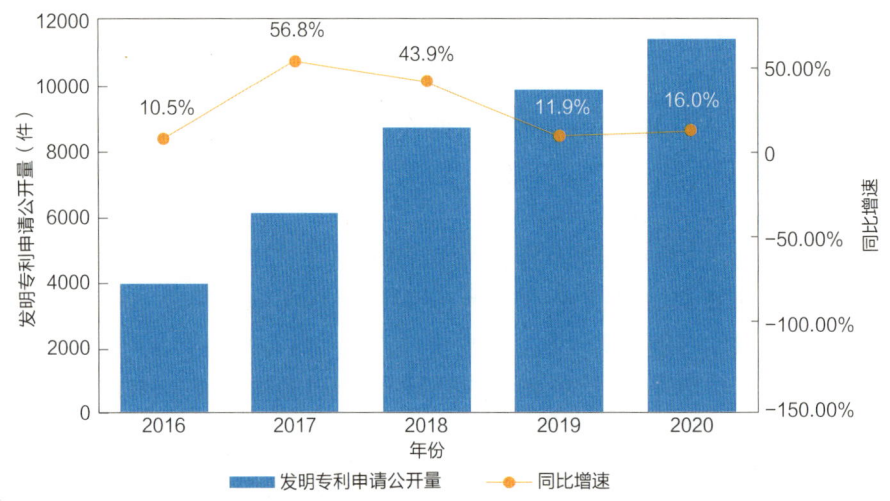

图 22　广东省精密仪器设备产业创新企业发明专利申请公开量增长趋势

截至 2021 年 7 月，广东省精密仪器设备产业高校发明专利申请公开量共 10705 件，占广东省精密仪器设备产业发明专利申请公开总量（87114 件）的 12.3%；近五年复合增速为 27.9%，高出全国精密仪器设备产业高校发明专利申请公开量复合增速（16.0%）11.9 个百分点（见图 23）。发明专利申请公开量较多的高校包括华南理工大学（2060 件）、广东工业大学（1140 件）、深圳大学（914 件）等。

图 23 广东省精密仪器设备产业高校发明专利申请公开量增长趋势

截至 2021 年 7 月,广东省精密仪器设备产业科研机构发明专利申请公开量共 4069 件,占广东省精密仪器设备产业发明专利申请公开总量(87114 件)的 4.7%;近五年复合增速为 21.9%,高出全国精密仪器设备产业科研机构发明专利申请公开量复合增速(17.5%)4.4 个百分点(见图 24)。发明专利申请公开量较多的科研机构包括中国科学院深圳先进技术研究院(1083 件)、中国科学院南海海洋研究所(110 件)、工业和信息化部电子第五研究所(102 件)等。

图 24 广东省精密仪器设备产业科研机构发明专利申请公开量增长趋势

截至 2021 年 7 月,在精密仪器设备产业中,广东省涉及产学研合作申请的专利共 2838 件,占全国涉及产学研合作申请专利总量(28006 件)的 10.1%,在国内 31 省市中仅次于北京市排名第二。

从精密仪器设备产业的各细分领域来看,广东省涉及产学研合作申请的专利主要分布在计量仪器领域,专利数量为 1761 件。其次是物理性能测试仪器、分析仪器领域,专利数量分别为 730 件和 423 件(见图 25)。

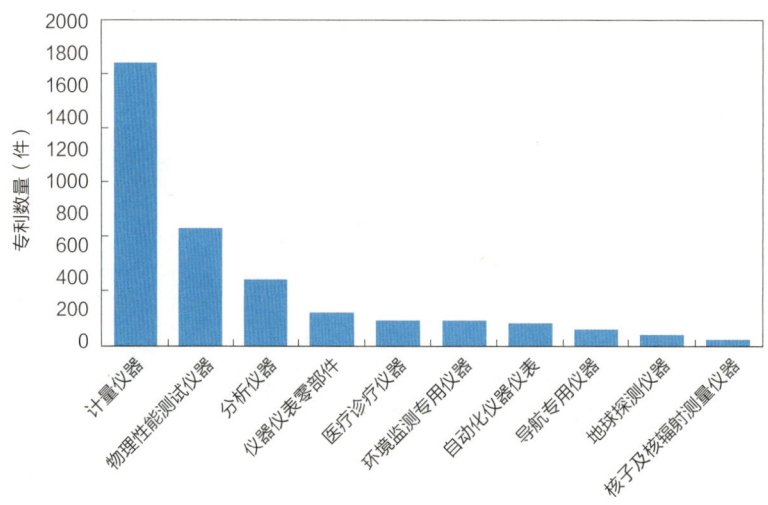

图 25　广东省精密仪器设备产业产学研合作申请专利领域分布情况

从产学研合作的高校院所来看,华南理工大学、广东电网有限责任公司电力科学研究院、西安交通大学、武汉大学、清华大学等在广东省精密仪器设备产业中的产学研合作较为密切,涉及产学研合作申请的专利数量分别为 366 件、228 件、121 件、113 件、104 件（见表 14）。

表 14　广东省精密仪器设备产业产学研合作重点高校院所清单

序号	高校院所	产学研合作申请的专利数量（件）
1	华南理工大学	366
2	广东电网有限责任公司电力科学研究院	228
3	西安交通大学	121
4	武汉大学	113
5	清华大学	104

截至 2021 年 7 月,在精密仪器设备产业中,国内 31 省市海外布局专利共 29752 件;其中,广东省海外布局专利共 9806 件,占国内 31 省市海外布局专利总量的 33.0%,在国内 31 省市中排名第一。广东省海外布局的区域主要包括美国（2808 件）、欧洲（713 件）和日本（387 件）等。

从精密仪器设备产业的各细分领域来看,广东省海外布局专利主要分布在计量仪器（5243 件）、物理性能测试仪器（1529 件）、医疗诊疗仪器（1350 件）等领域（见图 26）。

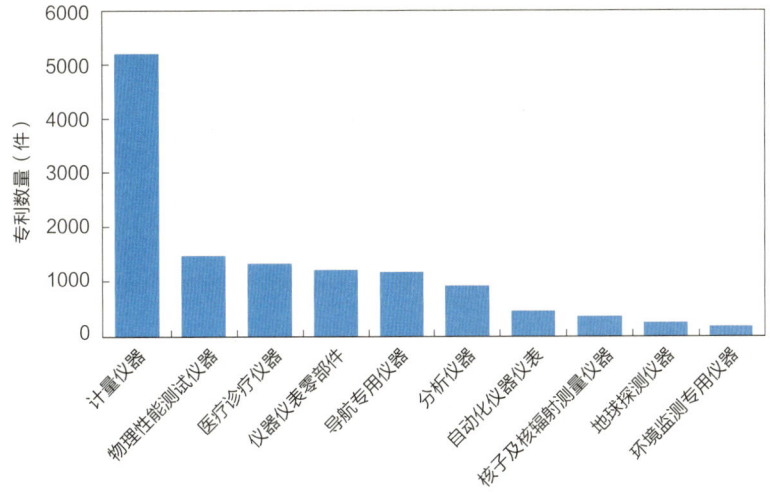

图 26　广东省精密仪器设备产业海外布局专利领域分布情况

3.2.3　广东省创新人才

截至 2021 年 7 月,广东省精密仪器设备产业有专利申请活动的创新人才共 252262 人,占国内 31 省市精密仪器设备产业创新人才总量(2448255 人)的 10.3%,在国内 31 省市中排名第三,排名前二的省市分别为北京市(293470 人)和江苏省(270733 人)。近五年广东省精密仪器设备产业创新人才数量复合增速为 27.8%,高出国内 31 省市整体复合增速(22.5%)5.3 个百分点(见图 27)。

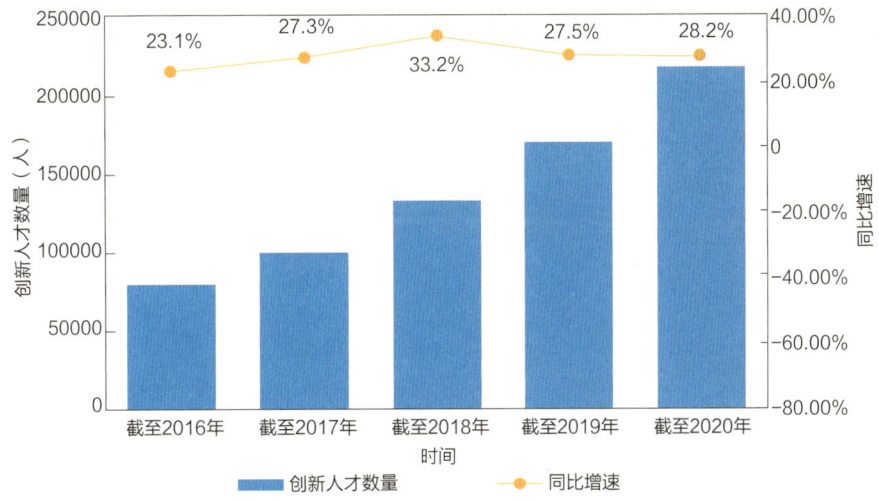

图 27　广东省精密仪器设备产业创新人才数量增长趋势

从地域分布情况来看,截至 2021 年 7 月,广东省精密仪器设备产业有专利申请活动的创新人才主要集中在珠三角地区。其中,创新人才数量排名前五位的地市依次为深圳市(90502 人)、广州市(81354 人)、东莞市(19349 人)、佛山市(16104 人)、珠海市(12779 人)(见表 15)。

表 15 广东省各地市精密仪器设备产业创新人才数量情况

地区	创新人才数量（人）	省内排名	地区	创新人才数量（人）	省内排名
深圳市	90502	1	肇庆市	1688	12
广州市	81354	2	梅州市	1330	13
东莞市	19349	3	清远市	1282	14
佛山市	16104	4	茂名市	1170	15
珠海市	12779	5	河源市	901	16
惠州市	6606	6	云浮市	668	17
中山市	6584	7	阳江市	573	18
江门市	3871	8	汕尾市	538	19
湛江市	2276	9	揭阳市	525	20
汕头市	2224	10	潮州市	488	21
韶关市	2027	11			

截至 2021 年 7 月，在精密仪器设备产业创新人才中，广东省共有国家高层次人才 6912 人，占广东省精密仪器设备产业创新人才总量（252262 人）的 2.7%；技术高管 27630 人，占创新人才总量的 11.0%；科技企业家 17734 人，占创新人才总量的 7.0%。

横向对标北京市、上海市、江苏省、浙江省等国内重点省市，在精密仪器设备产业创新人才中，广东省国家高层次人才数量在国内 31 省市中排名第四；技术高管、科技企业家数量均在国内 31 省市中排名第二（见表 16）。

表 16 国内重点省市精密仪器设备产业特色人才数量分布情况对标比较

国内 31 省市排名	4	1	3	2	5
省市	广东省	北京市	上海市	江苏省	浙江省
国家高层次人才数量（人）	6912	18900	7947	11225	5892
国内 31 省市排名	2	6	4	1	3
省市	广东省	北京市	上海市	江苏省	浙江省
技术高管数量（人）	27630	8635	9118	28690	15610
国内 31 省市排名	2	5	4	1	3
省市	广东省	北京市	上海市	江苏省	浙江省
科技企业家数量（人）	17734	5019	5712	18767	10164

从各机构类型创新人才数量分布情况来看，广东省精密仪器设备产业企业的创新人才数量最多，共计 187346 人，占广东省精密仪器设备产业创新人才总量（252262 人）的 74.3%。高校的创新人才数量位居其次，共计 27240 人，占广东省精密仪器设备产业创新人才总量的 10.8%。科研机构的创新人才共计 11974 人，事业单位的创新人才共计 9192 人，分别占广东省精密仪器设备产业创新人才总量的 4.7% 和 3.6%（见图 28）。

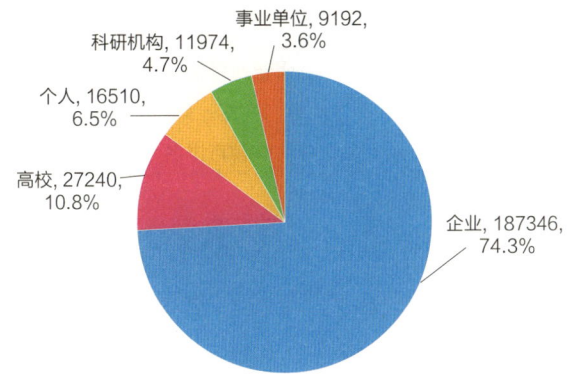

图28 广东省精密仪器设备产业各机构类型创新人才数量分布情况（单位：人）

3.3 广东省精密仪器设备产业创新发展洞察

3.3.1 广东省产业链集聚结构

3.3.1.1 整体布局

广东省精密仪器设备产业链覆盖全面，在产业链各细分领域均有一定数量的创新企业、创新人才和发明专利布局，整体来看，产业链布局合理。

综合发明专利授权量、创新企业数量、创新人才数量及各自在国内31省市中的排名情况来看，广东省在仪器仪表零部件、分析仪器、物理性能测试仪器、计量仪器、导航专用仪器、医疗诊疗仪器细分领域具备一定的优势，在天文天体观测仪器、海洋探测仪器细分领域的技术有待积累（见表17）。

综合发明专利申请公开量、创新企业数量、创新人才数量及各自的近五年复合增速来看，广东省精密仪器设备产业链整体保持较快增长，发明专利申请公开量、创新企业数量、创新人才数量的近五年复合增速分别达25.2%、33.1%、27.8%。从精密仪器设备产业各细分领域来看，广东省在环境监测专用仪器、地球探测仪器（大地、地质、地震、矿产等）、气象学专用仪器细分领域具有较大的发展潜力（见表18）。

表17 广东省精密仪器设备产业链创新要素情况

产业链二级	发明专利授权		创新企业		创新人才	
	数量（件）	国内31省市排名	数量（家）	国内31省市排名	数量（人）	国内31省市排名
仪器仪表器件	2922	2	5000	1	33037	3
工业自动化测控仪器	1158	4	3766	2	18822	3
科学测量仪器	18933	3	29140	2	204164	3
专用领域仪器仪表	6005	2	9782	1	67676	3

表 18　广东省精密仪器设备产业链细分领域创新要素情况

细分领域		发明专利授权		创新企业		创新人才	
产业链二级	产业链三级	数量（件）	国内31省市排名	数量（家）	国内31省市排名	数量（人）	国内31省市排名
仪器仪表器件	仪器仪表零部件	2922	2	5000	1	33037	3
工业自动化测控仪器	自动化仪器仪表	1158	4	3766	2	18822	3
科学测量仪器	分析仪器	2928	3	9075	2	51047	3
	物理性能测试仪器	5599	3	9603	2	65673	3
	计量仪器	15055	3	23562	2	161805	3
专用领域仪器仪表	环境监测专用仪器	952	4	3206	2	17839	3
	导航专用仪器	1979	2	2726	1	17251	2
	地球探测仪器（大地、地质、地震、矿产等）	504	4	1681	1	7563	3
	核子及核辐射测量仪器	283	5	409	2	3517	4
	天文天体观测仪器	8	10	32	1	134	9
	气象学专用仪器	113	4	362	2	2390	3
	海洋探测仪器	56	9	129	2	1312	3
	医疗诊疗仪器	2174	1	2817	1	22873	2

3.3.1.2　优势环节

综合广东省精密仪器设备产业各细分领域发明专利授权量、创新企业数量、创新人才数量及各自在国内31省市的排名情况来看，广东省在导航专用仪器、医疗诊疗仪器细分领域创新企业数量均在国内31省市中排名前一，创新人才数量均在国内31省市中排名前二，发明专利授权量在国内31省市中分别排名第二、第一，具有较大的优势。同时，广东省在仪器仪表零部件、分析仪器、物理性能测试仪器、计量仪器细分领域发明专利授权量、创新企业数量、创新人才数量均在国内31省市中排名前三，也具备一定的优势（见表19）。

表 19　广东省精密仪器设备产业优势领域创新要素情况

细分领域	发明专利授权		创新企业		创新人才	
产业链三级	数量（件）	国内排名	数量（家）	国内排名	数量（人）	国内排名
仪器仪表零部件	2922	2	5000	1	33037	3
分析仪器	2928	3	9075	2	51047	3
物理性能测试仪器	5599	3	9603	2	65673	3
计量仪器	15055	3	23562	2	161805	3
导航专用仪器	1979	2	2726	1	17251	2
医疗诊疗仪器	2174	1	2817	1	22873	2

3.3.1.3 潜力环节

综合广东省精密仪器设备产业各细分领域发明专利申请公开量、创新企业数量、创新人才数量及各自的近五年复合增速来看,广东省在地球探测仪器(大地、地质、地震、矿产等)、气象学专用仪器细分领域发明专利申请公开量的近五年复合增速均在 37% 以上,创新企业数量的近五年复合增速均在 36% 以上,创新人才数量的近五年复合增速均在 37% 以上,发展势头良好,具有很大的发展潜力。环境监测专用仪器创新企业数量和创新人才数量的近五年复合增速分别为 41.9%、34.7%,也具有较大的发展潜力(见表 20)。

表 20　广东省精密仪器设备产业潜力领域创新要素情况

细分领域	发明专利申请公开		创新企业		创新人才	
产业链三级	数量(件)	复合增速	数量(家)	复合增速	数量(人)	复合增速
环境监测专用仪器	4014	24.9%	3206	41.9%	17839	34.7%
地球探测仪器(大地、地质、地震、矿产等)	1840	37.6%	1681	37.3%	7563	37.1%
气象学专用仪器	472	40.0%	362	36.0%	2390	38.9%

3.3.1.4 薄弱环节

综合广东省精密仪器设备产业各领域发明专利授权量、创新企业数量、创新人才数量及各自在国内 31 省市的排名情况来看,广东省在天文天体观测仪器、海洋探测仪器细分领域发明专利授权量在国内 31 省市中分别排名第十、第九,排名靠后,且发明专利授权量均不足 60 件,技术有待积累(见表 21)。

表 21　广东省精密仪器设备产业薄弱领域创新要素情况

细分领域	发明专利授权		创新企业		创新人才	
产业链三级	数量(件)	国内排名	数量(家)	国内排名	数量(人)	国内排名
天文天体观测仪器	8	10	32	1	134	9
海洋探测仪器	56	9	129	2	1312	3

3.3.1.5 风险环节

在新兴技术和新增需求的带动下,精密仪器设备产业正处于新的发展阶段,中国市场地位突出,是国外公司专利布局的重点方向。通过分析国外在华发明专利申请公开量的增速,并结合国内外专利权人在华有效发明专利量的对比,有助于判断产业链各技术领域是否面临风险,具体分析模型为:

当某领域国外在华发明专利申请公开量的近五年复合增速大于或等于产业链整体国外在华发明专利申请公开量的近五年复合增速,或者某领域国外专利权人在华有效发明专利量大于该细分领域国内专利权人在华有效发明专利量时,则判定该领域为风险产业。

截至 2021 年 7 月,在精密仪器设备产业中,国外在华发明专利申请公开量共 129891 件,占全国精密仪器设备产业发明专利申请公开总量(855630 件)的 15.2%,近五年复合增速为 –7.1%,低于全国复合增速(16.2%)23.3 个百分点。国外专利权人在华有效发明专利量为 50576 件,占全国精密仪器设备产业有效发明专利总量(243734 件)的 20.8%。

从精密仪器设备产业的各细分领域来看，仪器仪表零部件、物理性能测试仪器、计量仪器、环境监测专用仪器、导航专用仪器、气象学专用仪器细分领域国外在华发明专利申请公开量的近五年复合增速大于精密仪器设备产业链整体国外在华发明专利申请公开量的近五年复合增速，属于风险细分领域（见表22）。

表22 精密仪器设备产业链风险领域分布情况

细分领域	领域国外在华发明专利申请公开量近五年复合增速		领域国外专利权人在华有效发明专利		风险领域
产业链三级	复合增速	大于或等于产业链整体国外在华发明专利申请公开量近五年复合增速	数量（件）	大于细分领域国内专利权人有效发明专利量	
仪器仪表零部件	10.7%	是	6325	否	是
自动化仪器仪表	5.2%	否	4890	否	否
分析仪器	6.4%	否	6277	否	否
物理性能测试仪器	8.7%	是	10535	否	是
计量仪器	7.8%	是	24751	否	是
环境监测专用仪器	8.9%	是	957	否	是
导航专用仪器	12.5%	是	3022	否	是
地球探测仪器（大地、地质、地震、矿产等）	−1.8%	否	1300	否	否
核子及核辐射测量仪器	−0.5%	否	1904	否	否
天文天体观测仪器	−7.8%	否	14	否	否
气象学专用仪器	18.1%	是	153	否	是
海洋探测仪器	−12.9%	否	10	否	否
医疗诊疗仪器	3.5%	否	8648	否	否

3.3.2 广东省技术供应链分析

3.3.2.1 技术转移情况

截至2021年7月，在精密仪器设备产业中，全国涉及转让的专利共85977件；其中，广东省涉及转让的专利共15248件，占全国涉及转让专利总量的17.7%，在国内31省市中排名第一。

从精密仪器设备产业的各细分领域来看，广东省涉及转让的专利主要分布在计量仪器（8790件）、物理性能测试仪器（2734件）、分析仪器（2020件）等领域（见图29）。

广东省精密仪器设备产业专利统计分析报告

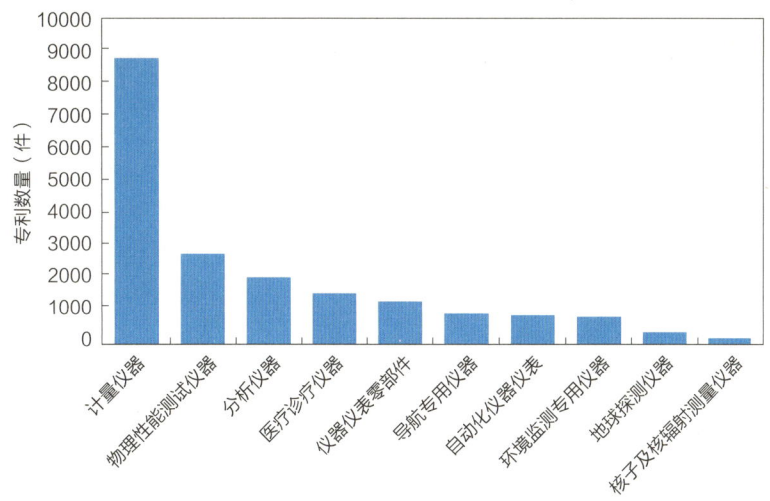

图 29　广东省精密仪器设备产业涉及转让专利领域分布情况

广东省精密仪器设备产业的专利转让活动主要发生在省内，共涉及专利 8898 件。在与外地进行的专利转让活动方面，广东省向外地转让的专利共 3639 件，转让专利的受让人主要分布在江苏省（746 件）、浙江省（365 件）、北京市（344 件）；广东省从外地受让的专利共 4075 件，受让专利的转让人主要分布在浙江省（770 件）、江苏省（494 件）、北京市（441 件）（见图 30）。

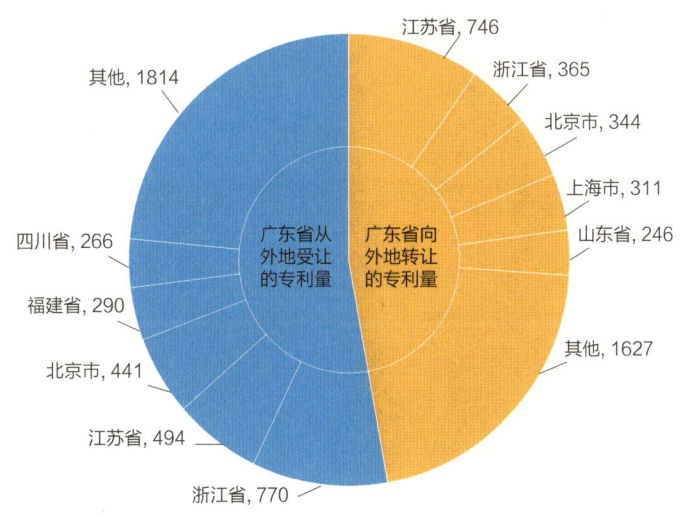

图 30　广东省精密仪器设备产业与外地进行专利转让活动情况（单位：件）

3.3.2.2　专利许可情况

截至 2021 年 7 月，在精密仪器设备产业中，全国涉及许可的专利共 7412 件；其中，广东省涉及许可的专利共 1173 件，占全国涉及许可专利总量的 15.8%，在国内 31 省市中排名第二，排名第一的是江苏省（1721 件）。

从精密仪器设备产业的各细分领域来看，广东省涉及许可的专利主要分布在计量仪器（663 件）、分析仪器（207 件）、物理性能测试仪器（188 件）等领域（见图 31）。

271

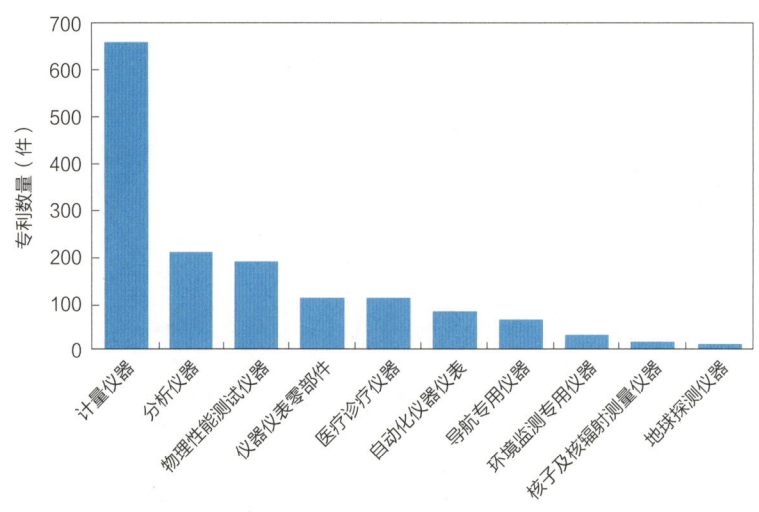

图 31　广东省精密仪器设备产业涉及许可专利领域分布情况

广东省精密仪器设备产业的专利许可活动主要发生在省内，共涉及专利 623 件。在与外地进行的专利许可活动方面，广东省对外地许可的专利共 229 件，许可专利的被许可人主要分布在福建省（33 件）、浙江省（26 件）、江苏省（24 件）；广东省被外地许可的专利共 333 件，被许可专利的许可人主要分布在国外（92 件）、上海市（31 件）、湖北省（30 件）（见图 32）。

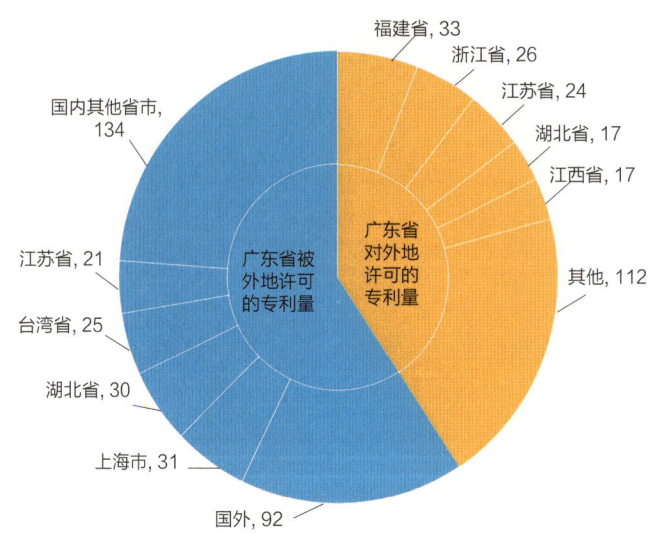

图 32　广东省精密仪器设备产业与外地进行专利许可活动情况（单位：件）

3.3.2.3　专利质押情况

截至 2021 年 7 月，在精密仪器设备产业中，全国涉及质押的专利共 6861 件；其中，广东省涉及质押的专利共 1153 件，占全国涉及质押的专利总量的 16.8%，在国内 31 省市中排名第一。

从精密仪器设备产业的各细分领域来看，广东省涉及质押的专利主要分布在计量仪器（661 件）、物理性能测试仪器（263 件）、分析仪器（152 件）等领域（见图 33）。

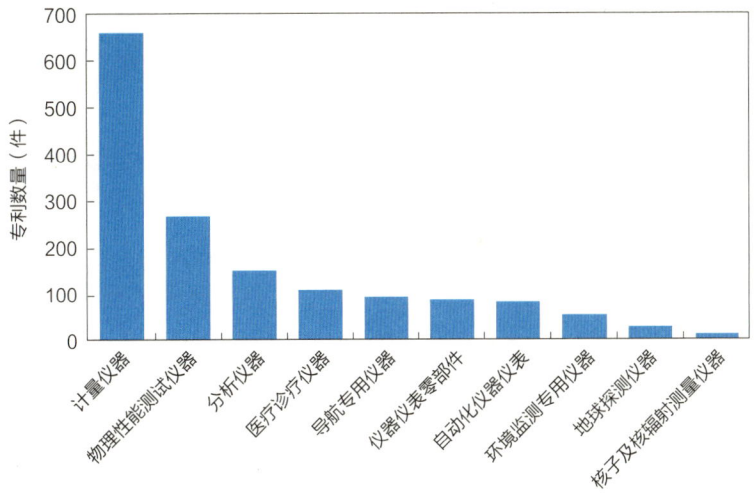

图 33　广东省精密仪器设备产业涉及质押专利领域分布情况

第4章 广东省精密仪器设备产业创新发展路径建议

广东省精密仪器设备产业已经初步构建了产品门类品种比较齐全、具有一定生产规模和研发应用能力、以民营企业为主力军的产业体系，形成了以广州、深圳、珠海、佛山、东莞、中山为主的产业布局，涌现出一批上市公司、"小巨人""单项冠军"等龙头骨干企业。行业龙头纷纷抢占产业技术制高点，产业链上下游的企业正加速在精密仪器设备产业的技术布局，集聚了雄厚的技术实力。同时，广东省汇聚了大量精密仪器设备领域的高端人才，以华南理工大学、中国科学院深圳先进技术研究院等为代表的高校院所为本地提供了丰富的产学研资源，这些得天独厚的条件都将加速广东省精密仪器设备产业的发展。广东省雄厚丰沛的企业人才资源为广东省发展精密仪器设备产业提供了"常量"，而在新一代信息技术、智能制造、生物医药、节能环保、新能源、新材料等领域的创新应用与融合，是带动精密仪器设备产业发展取得突破的关键"变量"。广东省应稳住常量，抓好变量，利用重大工程建设与传统产业转型升级的市场需求，把握精密仪器设备产业发展的战略性机遇，推动精密仪器设备产业快速发展，逐步形成具有国际竞争力的精密仪器设备产业集群。

4.1 产业布局优化路径

以"固链、强链、补链、延链"为重点，以提升区域产业技术创新能力和核心竞争力为目标，基于知识产权大数据情报分析，对产业链的构成和产业融合载体分布情况进行梳理，引导创新资源向产业链上下游集聚，打造精密仪器设备产业发展高地。对于本地产业优势细分领域，主要通过研发创新、核心技术攻关、专利布局以及技术合作等手段巩固区域产业优势。对于本地产业链劣势环节，可考虑结合政策驱动、人才引进、对外合作等加以提升。

首先，实施固链工程。广东省精密仪器设备产业基础设施完善、产业链覆盖全面，产业链整体保持较快增长。建议广东省继续保持区域产业优势，在仪器仪表零部件、分析仪器、物理性能测试仪器、计量仪器、导航专用仪器、医疗诊疗仪器等产业环节不断有所突破，抢占产业技术高地和话语权。

其次，实施强链工程。继续增强环境监测专用仪器、地球探测仪器（大地、地质、地震、矿产等）、气象学专用仪器等产业潜力环节，加大扶持力度，不断提升广东省精密仪器设备产业的竞争实力。

再次，实施补链工程。针对广东省精密仪器设备产业的薄弱环节，在天文天体观测仪器、海洋探测仪器等领域加大研发投入，同时可以考虑引进国内外行业巨头进行落户研发，补齐区域短板。

最后，实施延链工程。进一步加深与新一代信息技术、智能制造、生物医药、节能环保、新能源、新材料、汽车等新兴产业的结合，突破应用场景瓶颈，延展产业链条，扩大产业规模。

大力培育一批具有国际影响力的行业龙头企业，构建以链主企业引领、大中小企业融通发展的产业形态。鼓励省内龙头骨干企业对标国际一流企业，加强技术研发、人才引进和重大研发平台建设，提升核心竞争力，引领产业集群式发展。支持龙头骨干企业在国际创新资源集聚地区建设海外创新中心，积极融入国际价值链高端。针对具有较好成长潜力的中小企业，可从政策、税收、知识产权等方面予以支持，加快它们的成长速度，建议每一个企业集中优势资源，选择一到两个技术点进行研发，在各自的领域实现突破，打造一批"专精特新"的"小巨人""单项冠军"和"独角兽"企业。以珠三角为核心重点发展中高端产品，辐射带动粤东、粤北错位有序发展，形成高中低端互补的区域协同发展布局，打造贯穿创新链、产业链的创新生态系统。

实施创新驱动发展战略，根本在于增强自主创新能力，人才是创新的根基，创新驱动实质上是人才驱动，科技创新最重要、最核心、最根本的是人才问题。只有拥有一流的创新人才，才能产生一流的创新成果，才能拥有创新的主导权。企业最具有创新能力的核心人员一般占研发人员的2%，也就是说这2%的核心人员是引领推动产业发展的"关键少数"，是全球精密仪器设备产业角逐的焦点。建议广东省人才工作要进一步聚焦"2%"高端人才层面，建立起"引""稳""培""鉴"相结合的人才机制，打造创新人才高地。

一是"引"，在人才引进中加强行业领军人才、技术高管及科技企业家等人才的引进力度；二是"稳"，加强人才大数据的建设与运用水平，构建精密仪器设备产业创新人才数据库，实时监测广东省高层次人才发展动态，稳定核心技术人才，减少高端人才外流；三是"培"，深化产教融合，加强精密仪器设备专业学科建设，依托重点高校、研究机构等创新载体，推动精密仪器设备领域高端人才及团队的引进和聚集，推动职业院校与企业合作，鼓励骨干企业与高等院校开展协同育人；四是"鉴"，有效利用知识产权大数据建立发现高端科技人才、评价人才和跟踪人才机制，绘制全球高端人才图谱，落实人才引进中的知识产权评价和鉴定机制。

4.2 知识产权工作建议

支持精密仪器设备高水平研究机构、重点实验室、工程研究中心、公共技术服务平台、重大仪器科学园、大型仪器共享中心、产业计量测试中心等各类创新载体和专业园区（中心）建设。对标国际先进水平，针对优势特色领域应用和关键技术问题，分类制定技术短板突破计划，大力实施重点领域研发攻关，重点围绕产业发展急需、进口依赖程度大、基础条件较好、能较快达到国际先进水平的核心技术和关键零部件，集中力量打造拥有自主知识产权的高新技术产品。

进一步完善以企业为主体、市场为导向、产学研用相结合的创新体系，高水平建设一批技术研发、成果转化、标准化等支撑平台，加强与省内的华南理工大学、中国科学院深圳先进技术研究院，省外的清华大学、浙江大学、中国科学院长春光学精密机械与物理研究所等优势高校院所的产学研合作，推动高等院校、科研院所、技术机构、生产企业等建立产业技术创新联盟，协同承接国家重大专项成果转化，共同开展关键共性技术研发、应用基础与前沿技术研究，突破国外相关领域的技术垄断。

支持知识产权服务机构开展精密仪器设备产业专利导航，引导重点企业围绕精密仪器关键零部件和核心技术开展高价值专利培育。实施技术标准战略，扶持有条件的企业主导或参与国内、国际标准的制定，抢占制高点，引领产业发展，鼓励精密仪器设备产业企业加大标准必要专利的布局申请力度，提升产业竞争力。

建议打造精密仪器设备领域的以知识产权数据为核心价值导向的产业知识产权运营平台，建设知识产权要素齐全，高技术产业创新生态健全，实现"知识产权＋产业＋资本＋机构＋人才"一体化融合发展的国家级产业知识产权运营平台，成为引领区域产业创新发展的重要智库力量，建设形成技术、资本、人才等要素精准对接、智能匹配的知识产权要素市场，形成若干细分领域专利池、专利组合运营资产，发展专利运营业态，促进高校院所知识产权运营和科技成果转化，鼓励社会资本参与产业园区建设运营，投资孵化一批区域重点产业高价值专利项目，引进一批拥有核心专利技术的高端人才创业项目，涌现出一大批具有核心专利竞争力的科创企业，护航区域科创企业上市发展，积极打造贯穿创新链、产业链、资金链的精密仪器设备创新生态系统。

开展精密仪器设备产业关键技术领域发明专利优先审查和专利快速预审、确权、维权和协同保护工作。强化专利预警机制，建议广东省在仪器仪表零部件、物理性能测试仪器、计量仪器、环境监测专用仪器、导航专用仪器、气象学专用仪器等产业链风险环节，加大专利布局力度，加强技术积累和挖掘，坚持创新导向和质量导向，提高专利布局数量。支持和鼓励具有自主知识产权、高技术含量、高附加值的产品出口，支持企业在"走出去"的过程中，进行多角度、多层次的知识产权海外布局，强化知识产权护航产业参与国际竞争的能力。

广东省绿色石化产业专利统计分析报告

广东省知识产权保护中心
2021年12月

目 录

第1章　引言　// 284

　　1.1　项目背景　// 284
　　1.2　产业链分类　// 285

第2章　绿色石化产业发展态势　// 286

　　2.1　全球绿色石化产业发展现状　// 286
　　2.1.1　全球绿色石化产业发展概况　// 286
　　2.1.2　中国绿色石化产业发展概况　// 287
　　2.2　中国绿色石化产业政策环境　// 289
　　2.3　中国绿色石化产业创新发展态势　// 291
　　2.3.1　中国创新企业　// 291
　　2.3.2　中国专利布局　// 294
　　2.3.3　中国创新人才　// 299
　　2.4　中国绿色石化产业热点及重点技术创新方向　// 302

CONTENTS

第 3 章　广东省绿色石化产业创新发展定位与洞察　// 305

  3.1　广东省绿色石化产业政策导向　// 305
  3.2　广东省绿色石化产业创新发展定位　// 306
   3.2.1　广东省创新企业　// 306
   3.2.2　广东省专利布局　// 308
   3.2.3　广东省创新人才　// 314
  3.3　广东省绿色石化产业创新发展洞察　// 316
   3.3.1　广东省产业链集聚结构　// 316
   3.3.2　广东省技术供应链分析　// 319

第 4 章　广东省绿色石化产业创新发展路径建议　// 323

  4.1　产业布局优化路径　// 323
  4.2　知识产权工作建议　// 325

图目录

图 1 绿色石化产业链结构图 ··· 285
图 2 2019 年世界各地区炼油能力占比 ·· 287
图 3 2019 年世界各地区乙烯产能占比 ·· 287
图 4 国内 31 省市绿色石化产业创新企业数量增长趋势 ·· 291
图 5 中国绿色石化产业特色企业数量分布情况（单位：家） ································· 293
图 6 中国绿色石化产业重点企业专利技术布局情况 ··· 293
图 7 中国绿色石化产业专利申请公开量增长趋势 ··· 294
图 8 中国绿色石化产业发明专利申请公开量增长趋势 ·· 295
图 9 国内 31 省市绿色石化产业高价值专利数量分布情况 ······································ 296
图 10 国内 31 省市绿色石化产业创新企业发明专利申请公开量增长趋势 ·············· 297
图 11 国内 31 省市绿色石化产业高校发明专利申请公开量增长趋势 ····················· 297
图 12 国内 31 省市绿色石化产业科研机构发明专利申请公开量增长趋势 ·············· 298
图 13 国内 31 省市绿色石化产业产学研合作申请专利数量分布情况 ····················· 298
图 14 中国绿色石化产业产学研合作申请专利领域分布情况 ·································· 299
图 15 国内 31 省市绿色石化产业创新人才数量增长趋势 ······································· 300
图 16 中国绿色石化产业特色人才数据分布情况（单位：人） ······························· 301

图 17　国内 31 省市绿色石化产业各机构类型创新人才数量分布情况（单位：人） …………… 302
图 18　广东省绿色石化产业创新企业数量增长趋势 ……………………………………………… 307
图 19　广东省绿色石化产业专利申请公开量增长趋势 …………………………………………… 309
图 20　广东省绿色石化产业发明专利申请公开量增长趋势 ……………………………………… 309
图 21　广东省绿色石化产业创新企业发明专利申请公开量增长趋势 …………………………… 311
图 22　广东省绿色石化产业高校发明专利申请公开量增长趋势 ………………………………… 312
图 23　广东省绿色石化产业科研机构发明专利申请公开量增长趋势 …………………………… 312
图 24　广东省绿色石化产业产学研合作申请专利领域分布情况 ………………………………… 313
图 25　广东省绿色石化产业海外布局专利领域分布情况 ………………………………………… 314
图 26　广东省绿色石化产业创新人才数量增长趋势 ……………………………………………… 314
图 27　广东省绿色石化产业各机构类型创新人才数量分布情况（单位：人） ………………… 316
图 28　广东省绿色石化产业涉及转让专利领域分布情况 ………………………………………… 320
图 29　广东省绿色石化产业与外地进行专利转让活动情况（单位：件） ……………………… 320
图 30　广东省绿色石化产业涉及许可专利领域分布情况 ………………………………………… 321
图 31　广东省绿色石化产业与外地进行专利许可活动情况（单位：件） ……………………… 321
图 32　广东省绿色石化产业涉及质押专利领域分布情况 ………………………………………… 322

表目录

表1　2019年我国化工新材料行业部分产品表观消费量及自给率 ········· 289
表2　我国石化产业主要相关政策 ········· 289
表3　国内31省市绿色石化产业创新企业数量分布情况 ········· 291
表4　国内31省市绿色石化产业发明专利授权量分布情况 ········· 295
表5　中国绿色石化产业产学研合作重点高校院所清单 ········· 299
表6　国内31省市绿色石化产业创新人才数量分布情况 ········· 300
表7　国内31省市绿色石化产业链创新要素情况 ········· 302
表8　国内31省市绿色石化产业链上游创新要素情况 ········· 303
表9　国内31省市绿色石化产业链中游创新要素情况 ········· 303
表10　国内31省市绿色石化产业链下游创新要素情况 ········· 304
表11　广东省石化产业主要相关政策 ········· 305
表12　广东省各地市绿色石化产业创新企业数量情况 ········· 307

表 13	国内重点省市绿色石化产业特色企业数量分布情况对标比较	308
表 14	广东省各地市绿色石化产业发明专利授权量情况	310
表 15	国内重点省市绿色石化产业高价值专利数量分布情况对标比较	310
表 16	广东省绿色石化产业产学研合作重点高校院所清单	313
表 17	广东省各地市绿色石化产业创新人才数量情况	315
表 18	国内重点省市绿色石化产业特色人才数量分布情况对标比较	315
表 19	广东省绿色石化产业链细分领域创新要素情况	316
表 20	广东省绿色石化产业优势领域创新要素情况	317
表 21	广东省绿色石化产业薄弱领域创新要素情况	317
表 22	广东省绿色石化产业潜力领域创新要素情况	318
表 23	绿色石化产业链风险领域分布情况	319

第 1 章 引言

1.1 项目背景

2021 年 3 月,《中华人民共和国国民经济和社会发展第十四个五年规划和 2035 年远景目标纲要》围绕"发展壮大战略性新兴产业"进行了专章论述,指出要着眼于抢占未来产业发展先机,培育先导性和支柱性产业,推动战略性新兴产业融合化、集群化、生态化发展,战略性新兴产业增加值占 GDP 比重超过 17%。2021 年 9 月,中共中央、国务院印发《知识产权强国建设纲要(2021—2035 年)》,在"建设激励创新发展的知识产权市场运行机制"部分,明确要大力推动专利导航在传统优势产业、战略性新兴产业、未来产业发展中的应用。

习近平总书记对广东制造业发展高度重视、寄予厚望,明确要求广东加快推动制造业转型升级,建设世界级先进制造业集群。2020 年 5 月,广东省人民政府出台《关于培育发展战略性支柱产业集群和战略性新兴产业集群的意见》,并进一步制订了 20 个战略性产业集群行动计划,最终形成"1+20"的政策体系,旨在推动广东省产业链、创新链、人才链、资金链、政策链相互贯通,加快建立具有国际竞争力的现代化产业体系。2021 年 4 月,《广东省国民经济和社会发展第十四个五年规划和 2035 年远景目标纲要》在"总体要求"中提出,改造提升传统产业,做大做强战略性支柱产业,培育发展战略性新兴产业,加快发展现代服务业,推动产业基础高级化和产业链供应链现代化,提高产业现代化水平,打造新兴产业重要策源地、先进制造业和现代服务业基地,推动建设更具国际竞争力的现代产业体系。

针对"绿色石化产业",广东省工业和信息化厅等六部门于 2020 年 9 月印发了《广东省发展绿色石化战略性支柱产业集群行动计划(2021—2025 年)》,提出到 2025 年,全省石化产业发展质量效益再上新台阶,综合实力、可持续发展能力显著增强,在全球价值链地位明显提升,世界级绿色石化产业集群基本形成,迈入世界级绿色石化产业集群行列。并明确广东省市场监督管理局负责强化应用引领、延伸产业链条,完善创新体系、提升产业竞争力,注重安全环保、促进绿色发展等重点任务和产业竞争力提升工程等重点工程中的相关工作。

为深入贯彻习近平新时代中国特色社会主义思想和党的十九大精神,认真落实中共中央、国务院关于发展壮大战略性新兴产业和知识产权强国建设及省委、省政府关于推进制造强省建设的工作部署,按照《广东省人民政府关于培育发展战略性支柱产业集群和战略性新兴产业集群的意见》《广东省发展绿色石化战略性支柱产业集群行动计划（2021—2025年）》的工作安排，加快发展绿色石化战略性支柱产业集群，促进产业迈向全球价值链高端，开展绿色石化产业专利分析研究工作。基于产业专利导航创新决策理念，紧扣产业分析和专利分析两条主线，将专利信息与产业现状、发展趋势、政策环境、市场竞争等信息深度融合，基于知识产权产业金融大数据，深入研究广东省绿色石化产业发展现状，明晰产业发展方向，找准区域产业定位，分析存在制约发展的瓶颈问题和制度障碍，指出优化产业创新资源配置的具体路径，提出适用于本区域产业创新发展的相关建议，为广东省绿色石化产业发展规划、招商引资、人才引进等提供决策支撑。

1.2 产业链分类

绿色石化产业分为四大领域，其中，产业链上游对应炼油（炼化）领域，产业链中游对应基础化工领域，产业链下游对应合成材料与化工新材料领域、高端精细化工产品领域。进一步将绿色石化产业分为多个相关的三级分支：上游炼油（炼化）主要涉及液化石油气（LGP/LNG）、成品油、化工轻油、其他石油产品；中游基础化工主要涉及乙炔、乙烯、丙烯、芳烃；下游合成材料与化工新材料主要涉及日用化工、功能性膜材料、合成材料，高端精细化工产品主要涉及电子化学品、工程塑料、高性能纤维。对上、中、下游三级产业再进行细分，可进一步细化至四个层级，上游共包括14个细分分类，中游共包括6个细分分类，下游共包括27个细分分类（见图1）。

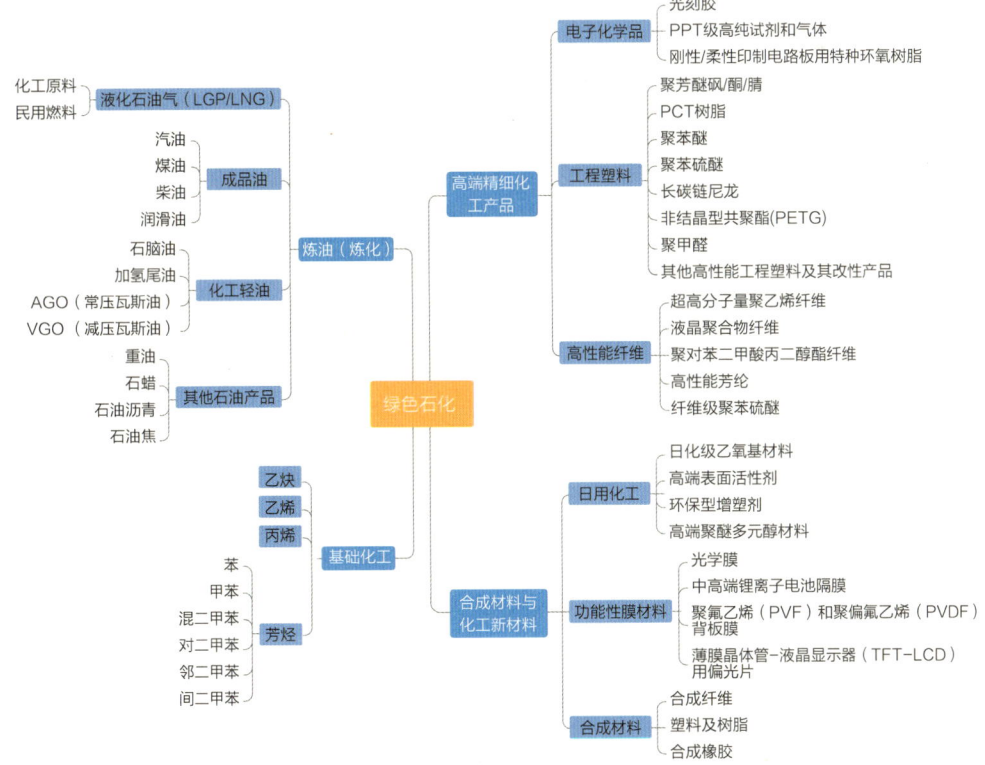

图 1　绿色石化产业链结构图

第 2 章 绿色石化产业发展态势

2.1 全球绿色石化产业发展现状

2.1.1 全球绿色石化产业发展概况

2020 年,世界炼油能力增速明显放缓,总能力升至 51.09 亿吨/年,仅净增 2790 万吨/年。受油品需求严重萎缩影响,世界原油加工量从 2019 年的 8170 万桶/日骤减至约 7440 万桶/日,降幅达 8.9%。中国成为全球唯一原油加工量增长的国家,而欧洲、美洲、亚太、中东地区分别下降 13.3%、13.6%、11.7% 和 11.2%。全球炼厂产能平均利用率从过去 20 年 80%~90% 的运行区间,下降至 72% 左右,创历史最低。2020 年,世界乙烯需求总量约 1.72 亿吨,仅增 150 万吨,增幅为 1%,明显低于往年。世界乙烯产能升至 1.97 亿吨/年,新增 700 万吨/年,增幅为 3.4%。全球乙烯产能中,油基乙烯占比约为 48%;乙烷基乙烯占比约为 30%,较上年提高 1.3 个百分点。世界乙烯装置平均开工率从上年的 90% 降至 85% 左右。

2021 年,预计世界新增炼油能力约 4685 万吨/年,炼油总能力达 51.6 亿吨/年。世界炼油业总体运行情况将好于 2020 年,但产能利用率难以恢复到新冠疫情暴发之前的水平。预计乙烯新增产能约 950 万吨/年,世界乙烯总产能将突破 2 亿吨/年大关。在产能大幅增加而需求恢复缓慢的情况下,世界乙烯行业运行情况仍不容乐观。❶

2019 年,亚太地区炼油能力占全球的 35.0%(见图 2),其中,中国炼油能力占全球的 16.0%;亚太地区乙烯产能占全球的 35.4%(见图 3),其中,中国乙烯产能占全球的 16.3%。疫情防控期间,燃料消耗量大幅下降,炼油利润持续低位徘徊,炼油行业竞争进一步加剧,部分装置老旧、适应性差、抗风险能力弱的中小型炼厂或面临永久关停,行业整合加速。关停的炼厂主要在北美和欧洲,而亚洲炼厂关停较少,尤其是中国、印度、中东等国家和地区炼化产能建设依然火热。2020 年,世界新增炼油能力大部分来自以中国为代表的新兴经济体和以沙特、科威特为代表的中东产油国,约占 80% 以上,炼油产能正在加速东移。2020 年,世界新增乙烯产能的 64% 来自中国。2021 年,预计世界新增炼油能力将主要来自中东地区,新增乙烯产能主要来自中国、美国和印度。❷

---

❶ 资料来源:刘朝全等,《2020 年国内外油气行业发展概述及 2021 年展望》。

❷ 资料来源:英国石油公司(BP);徐海丰,《2019 年世界乙烯行业发展状况与趋势》;中国石油集团经济技术研究院、中国石油报、中国石化报;刘朝全等,《2020 年国内外油气行业发展概述及 2021 年展望》。

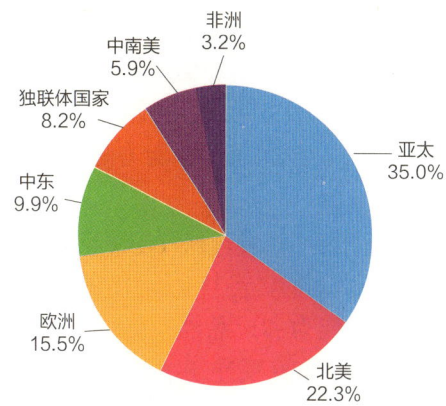

图 2　2019 年世界各地区炼油能力占比

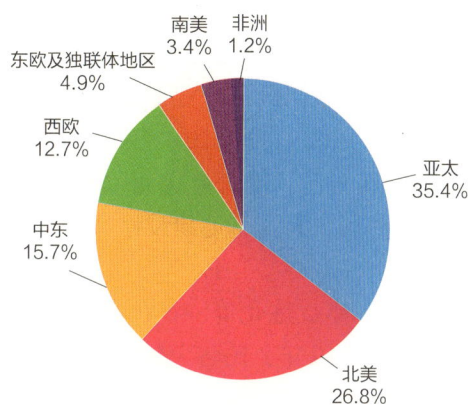

图 3　2019 年世界各地区乙烯产能占比

近年来，一方面，全球炼油总产能增长已经趋于平稳甚至停滞，包括我国在内的亚太等部分地区产能已经过剩；另一方面，由于发展中国家经济持续增长和人民生活水平的提高，石化行业仍有较大发展空间，尤其是乙烯、丙烯、芳烃等基础有机化工原料产能不足，化工产品尤其是高端化工产品需求增长。IEA 预测，未来 10 年，塑料行业将成为全球石油需求的主流，而过去 10 年，全球石油需求的主流是运输燃料。

一些炼油商希望通过增加石化品产量来冲破黯淡前景，炼油向化工转型的趋势更加明显。近年来全球投产和新建的炼化项目绝大部分为大型炼化一体化项目，单独的炼油项目很少。如 2019 年 1 月底投产的马来西亚 1500 万吨 / 年的 RAPID 炼化一体化项目，聚烯烃、合成橡胶等石化产品能力高达 360 万吨 / 年；2019 年 3 月全面投产的 2000 万吨 / 年恒力石化，可将 70% 的原油转变成芳烃高端石化产品，其余生产汽油、柴油等副产品。❶

2.1.2　中国绿色石化产业发展概况

2020 年，中国炼油能力持续较快增长，当年净增 2580 万吨 / 年，总能力升至 8.9 亿吨 / 年；原油加工量达 6.74 亿吨，同比增长 3.4%；成品油实际产量 4.26 亿吨，同比下降

---

❶ 资料来源：李雪静，《全球炼化一体化发展新趋势》。

2.1%。国内新增乙烯产能451.5万吨/年，总产能至3518万吨/年，同比增长14.7%。新增产能中以轻烃为原料的乙烯产能大增200万吨/年。受新冠疫情影响，估计全年乙烯产量为2129万吨，同比增长3.8%，较2019年增速降低7.7个百分点。国内对二甲苯（PX）总产能达到2553万吨。目前，中国炼油、乙烯能力稳居世界第二，PX产能位居世界第一。

2021年，中国炼油能力增长将暂时放缓，预计净增能力770万吨/年，总炼能维持在8.9亿吨/年；国内千万吨级炼厂数量将增至33座，其中民营企业所属增至3座。原油加工量将首破7亿吨大关，国内炼油能力和成品油产量过剩仍将很严重。2021年将是我国乙烯工业史上产能建成投运最多的一年，预计新增乙烯能力915万吨/年，总产能将突破4400万吨/年，但是创效能力亟待提高。预计2021年中国PX总产能将达到3133万吨，同比增长22.72个百分点；PX总产量达2351.75万吨，同比增长19.81%，国内PX自供水平稳步提升。❶

"十三五"规划提出的打造"七大石化基地"，极大地推动了国内的一体化炼油项目的发展，结合当前新上马的炼油项目，我国炼化行业"基地化、园区化、一体化"发展理念和"三圈三带"基础炼化格局基本形成。截至2019年年底，环渤海湾、长三角、珠三角合计占炼油总能力比例接近70%，占乙烯能力比例超过50%，占PX能力比例超过70%。炼化行业向海发展特点明显，沿海国家石化基地建设稳步推进，临港大型炼化项目和轻烃综合利用项目快速发展。❷

2017年，浙石化、恒力石化和盛虹炼化等一批民营大炼化项目获批，民营企业作为主力登上了国内炼油产业的舞台。2019年，民营大炼化项目陆续投产，中石油、中石化两大央企在我国原油加工量、乙烯产量和PX产量中占比分别为65%、68%和44%，比2015年分别下降9、13和18个百分点。2020年，民营乙烯产能达873.5万吨/年，占比升至24.8%，同比提高2.4个百分点；中国石油、中国石化、中国海油合计产能占比则从2019年的74.9%降至57.1%。随着民营炼化企业的进一步崛起和做大做强，国内炼油业的竞争格局正在发生深刻变化。❸

2020年7月，石油和化学工业规划院发布了《石化和化工行业"十四五"规划指南》，提出未来我国石化行业需求增速放缓，但结构性短缺依然存在：成品油和部分有机原料产品在满足国内市场需求基础上出口持续增长，而部分资源依赖型基础原材料和合成材料产品净进口量仍处于高位。目前，中石油和中石化的存量炼厂的平均成品油收率分别为66%和57%，恒力石化和浙石化的成品油收率分别下降至50%和42%，而新规划的裕龙岛炼化项目更是只有12%。中石油和中石化也在持续投资对存量产能进行产品结构改造，希望将成品油尽量转化为化工品。未来几年，"减油增化"将是国内炼化行业的主旋律。❹

---

❶ 资料来源：刘朝全等，《2020年国内外油气行业发展概述及2021年展望》、卓创资讯。

❷ 资料来源：石油和化学工业规划院。

❸ 资料来源：刘朝全等，《2020年国内外油气行业发展概述及2021年展望》、石油和化学工业规划院、东方证券研究所。

❹ 资料来源：石油和化学工业规划院、东方证券研究所。

化工新材料市场前景好，发展成长性好，技术含量高，是我国传统石化和化工产业转型升级和发展的重要方向。目前我国化工新材料产品产值 0.8 万亿元，市场规模约 1.3 万亿元，近 5 年年均增速超过 10%，预计 2025 年，化工新材料市场规模将达到 2.2 万亿元。虽然化工新材料行业是我国化学工业体系中市场需求增长最快的领域，但同时也是我国化学工业体系中自给率最低、最急需发展的领域。国内化工新材料产品供应短缺、大量进口，2019 年净进口额约 0.5 万亿元（见表 1）。❶

表 1　2019 年我国化工新材料行业部分产品表观消费量及自给率

序号	门类	表观消费量（万吨）	自给率
一	高性能树脂	2231	58%
1	高端聚烯烃	1200	41%
2	工程塑料	554	60%
3	聚氨酯（原料计）	291	114%
4	氟硅树脂	46	108%
5	其他高性能树脂	141	67%
二	高性能合成橡胶	338	70%
1	特种合成橡胶	254	70%
2	热塑性弹性体	84	69%
三	高性能纤维	94	64%
四	功能性膜材料	55	85%
五	电子化学品	353	70%

2.2　中国绿色石化产业政策环境

石化产业是国民经济重要的支柱产业，产品覆盖面广，资金技术密集，产业关联度高，对稳定经济增长、改善人民生活、保障国防安全具有重要作用。改革开放以来，我国石化产业发展取得了长足进步，但仍存在产能结构性过剩、自主创新能力不强、产业布局不合理、安全环保压力加大等问题。为促进石化产业持续健康发展，我国政府近年来出台了一系列政策，内容涵盖产业结构调整优化、绿色发展、安全生产等多个方面（见表 2）。

表 2　我国石化产业主要相关政策

时间	单位	文件	相关内容
2009 年	国务院办公厅	《石化产业调整和振兴规划》	2009—2011 年，石化产业保持平稳较快增长。2009 年力争实现平稳运行，经过三年调整和振兴，到 2011 年，产业结构趋于合理，发展方式明显转变，综合实力显著提高

---

❶　资料来源：石油和化学工业规划院。

续表

时间	单位	文件	相关内容
2013年	工业和信息化部	《关于石化和化学工业节能减排的指导意见》	优化调整产业结构，提高产品质量水平；推动节能减排技术研发和推广；加快低碳能源的开发利用，积极发展低碳技术；夯实节能减排管理基础；推动信息化和智能化建设；加强企业能效对标达标工作；落实大气污染防治计划，推进重点领域治污减排工作；全面推行循环经济和清洁生产；推进企业责任关怀行动；加强行业节水工作；开展资源节约型、环境友好型企业创建活动
2016年	国务院办公厅	《关于石化产业调结构促转型增效益的指导意见》	努力化解过剩产能；统筹优化产业布局；改造提升传统产业；促进安全绿色发展；健全完善创新体系；推动企业兼并重组；加强国际产能合作
2016年	工业和信息化部	《石化和化学工业发展规划（2016—2020年）》	实施创新驱动发展战略；促进传统行业转型升级；发展化工新材料；促进两化深度融合；强化危化品安全管理；规范化工园区建设；推进重大项目建设；扩大国际合作
2017年	国家安全监管总局	《危险化学品安全生产"十三五"规划》	全力推动危险化学品安全综合治理工作；有效遏制较大及以上危险化学品生产安全事故；强力推进危险化学品企业安全生产主体责任落实；健全危险化学品安全监管体制机制；完善危险化学品安全法规标准；提高危险化学品安全科技支撑能力；强化危险化学品安全人才培养；推动危险化学品安全文化建设
2017年	环境保护部等六部门	《"十三五"挥发性有机物污染防治工作方案》	重点推进石化、化工、包装印刷、工业涂装等重点行业以及机动车、油品储运销等交通源VOCs污染防治，实施一批重点工程。各地应结合自身产业结构特征、VOCs排放来源等，确定本地VOCs控制重点行业；充分考虑行业产能利用率、生产工艺特征以及污染物排放情况等，结合环境空气质量季节性变化特征，研究制定行业生产调控措施
2017年	国家发展改革委、工业和信息化部	《关于促进石化产业绿色发展的指导意见》	优化调整产业布局；规范化工园区发展；加快行业升级改造；大力发展绿色产品；提升科技支撑能力；健全行业绿色标准
2020年	中共中央办公厅、国务院办公厅	《关于全面加强危险化学品安全生产工作的意见》	强化安全风险管控；强化全链条安全管理；强化企业主体责任落实；强化基础支撑保障；强化安全监管能力
2020年	工业和信息化部、应急管理部	《"工业互联网+安全生产"行动计划（2021—2023年）》	围绕化工、钢铁、有色、石油、石化、矿山、建材、民爆、烟花爆竹等重点行业，制定"工业互联网+安全生产"行业实施指南。建设面向重点行业的工业互联网平台，开发安全生产模型库、工具集和工业APP，培育一批行业系统解决方案提供商和服务团队
2021年	全国人民代表大会	《中华人民共和国国民经济和社会发展第十四个五年规划和2035年远景目标纲要》	改造提升传统产业，推动石化、钢铁、有色、建材等原材料产业布局优化和结构调整。推动煤炭等化石能源清洁高效利用，推进钢铁、石化、建材等行业绿色化改造

2016年，国务院办公厅印发了《关于石化产业调结构促转型增效益的指导意见》，提出要牢固树立创新、协调、绿色、开放、共享的新发展理念，推进供给侧结构性改革，积极开拓市场，坚持创新驱动，改善发展环境，着力去产能、降消耗、减排放，补短板、调布局、促安全，推动石化产业提质增效、转型升级和健康发展。

2017年，国家发展改革委、工业和信息化部印发了《关于促进石化产业绿色发展的指导意见》，提出要深入推进石化产业供给侧结构性改革，以"布局合理化、产品高端化、资源节约化、生产清洁化"为目标，优化产业布局，调整产业结构，加强科技创新，完善行业绿色标准，建立绿色发展长效机制，推动石化产业绿色可持续发展。绿色发展是石化产业高质量发展的必然选择。

2.3 中国绿色石化产业创新发展态势

2.3.1 中国创新企业

截至2021年7月，国内31省市绿色石化产业有专利申请活动的创新企业共49012家，近五年复合增速达21.0%。其中，2017年同比增速最快，同比增长24.5%（见图4）。

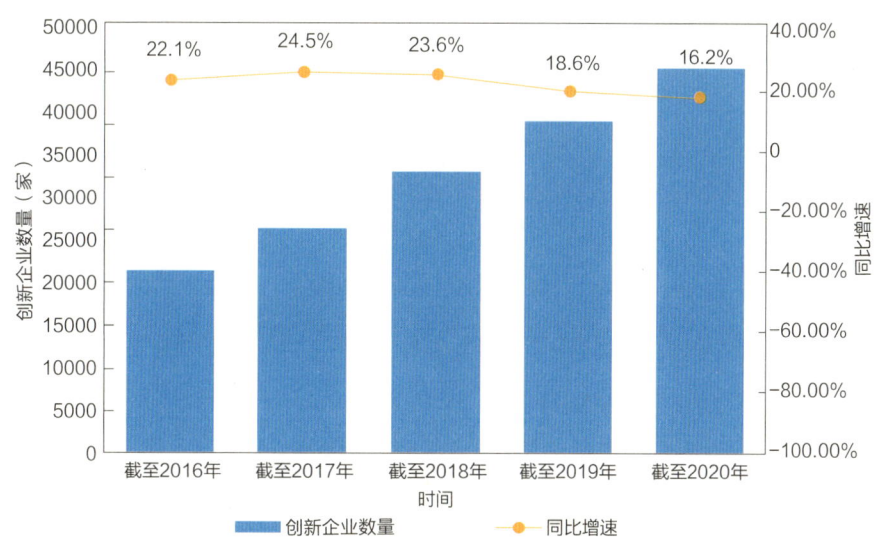

图4 国内31省市绿色石化产业创新企业数量增长趋势

从地域分布情况来看，截至2021年7月，国内31省市绿色石化产业有专利申请活动的创新企业主要集中在东南沿海地区。其中，创新企业数量排名前五位的省市依次为江苏省（9766家）、广东省（7933家）、浙江省（4867家）、安徽省（3779家）和山东省（3165家）（见表3）。

表3 国内31省市绿色石化产业创新企业数量分布情况

排名	省（自治区、直辖市）	创新企业数量（家）
1	江苏	9766
2	广东	7933

续表

排名	省（自治区、直辖市）	创新企业数量（家）
3	浙江	4867
4	安徽	3779
5	山东	3165
6	上海	2914
7	北京	1799
8	福建	1685
9	四川	1519
10	湖北	1386
11	天津	1345
12	河南	1179
13	湖南	1027
14	辽宁	924
15	河北	914
16	江西	729
17	陕西	703
18	重庆	660
19	广西	507
20	贵州	342
21	山西	297
22	云南	281
23	吉林	259
24	黑龙江	238
25	新疆	214
26	甘肃	186
27	内蒙古	180
28	宁夏	137
29	海南	77
30	青海	52
31	西藏	18

截至2021年7月，在绿色石化产业创新企业中，国内31省市共有国家高新技术企业19143家，占国内31省市绿色石化产业创新企业总量（49012家）的39.1%；初创企业2810家，占创新企业总量的5.7%；隐形冠军企业714家，占创新企业总量的1.5%；上市公司1022家，占创新企业总量的2.1%；独角兽企业17家，占创新企业总量的0.03%；专精特新企业4038家，占创新企业总量的8.2%（见图5）。

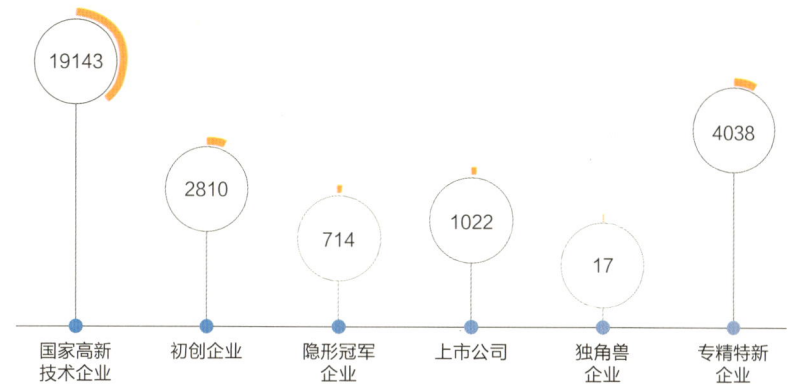

图 5　中国绿色石化产业特色企业数量分布情况（单位：家）

在绿色石化产业创新企业中，专利申请公开量较多的重点企业包括中国石油化工股份有限公司（9586 件）、京东方科技集团股份有限公司（3601 件）、TCL 华星光电技术有限公司（2464 件）、中芯国际集成电路制造（上海）有限公司（2365 件）、中国石油天然气股份有限公司（1465 件）等。❶

从这五家重点企业在绿色石化产业布局专利的细分领域来看，中国石油化工股份有限公司和中国石油天然气股份有限公司更加重视产业链上游和中游，即炼油（炼化）和基础化工；而京东方科技集团股份有限公司、TCL 华星光电技术有限公司和中芯国际集成电路制造（上海）有限公司则更加重视产业链下游，即合成材料与化工新材料和高端精细化工产品。在产业链上游，成品油是最为重点的细分领域，在产业链中游，芳烃是最为重点的细分领域，中国石油化工股份有限公司和中国石油天然气股份有限公司都在成品油和芳烃领域布局了大量的专利。在产业下游，功能性膜材料和电子化学品是最为重点的细分领域，三家重视产业下游的企业均在功能性膜材料和电子化学品领域有较多的专利布局（见图 6）。

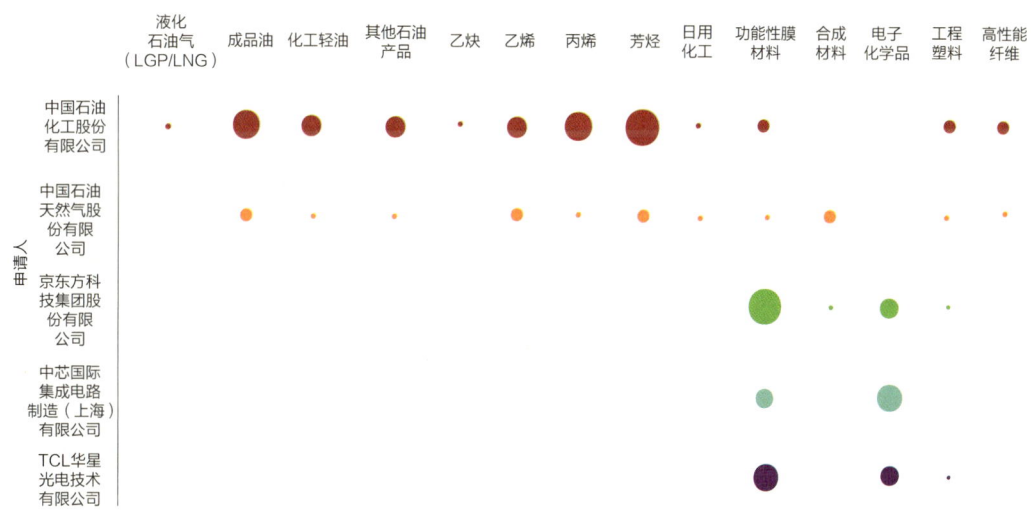

图 6　中国绿色石化产业重点企业专利技术布局情况

---

❶ 本处统计的专利申请公开量为申请人本身，不包含其分子公司。

【典型企业——中国石油化工股份有限公司】

中国石油化工股份有限公司是国家独资设立的中国石油化工集团下属公司，连续多年位居中国企业 500 强之首，中国石油化工股份有限公司以"为美好生活加油"为企业使命，"打造世界领先洁净能源化工公司"为企业愿景。中国石油化工股份有限公司旗下共有 13 家从事油田勘探开发的分子公司、40 家从事炼油化工的分子公司和 8 家研究院。

中国石油化工股份有限公司是中国最大的一体化能源化工公司之一，主要从事石油与天然气勘探开发、开采、管道运输、销售；石油炼制、石油化工、化纤、化肥及其他化工生产与产品销售、储运；石油、天然气、石油产品、石油化工及其他化工产品和其他商品、技术的进出口、代理进出口业务；技术、信息的研究、开发、应用；同时也是中国最大的石油产品（包括汽油、柴油、航空煤油等）和主要石化产品（包括合成树脂、合成纤维单体及聚合物、合成纤维、合成橡胶、化肥和中间石化产品）生产商和供应商，还是中国第二大原油生产商。

中国石油化工股份有限公司，连续多年国内发明专利授权量均位居全国企业前三名。研究与开发方向共有四个领域，分别为油气勘探开发技术领域、炼油技术领域、化工技术领域和公用工程技术领域。

2.3.2 中国专利布局

截至 2021 年 7 月，中国绿色石化产业专利申请公开量共 401383 件，占中国专利申请公开总量（33757841 件）的 1.2%，近五年复合增速达 4.4%（见图 7）。中国绿色石化产业专利授权量共 196056 件，占绿色石化产业全国专利申请公开总量的 48.8%；有效专利量为 142655 件。

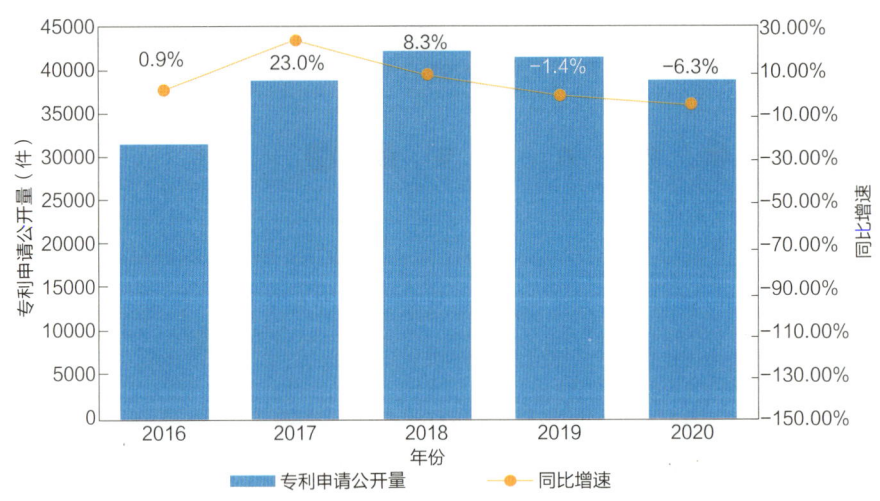

图 7 中国绿色石化产业专利申请公开量增长趋势

截至 2021 年 7 月，中国绿色石化产业发明专利申请公开量为 350821 件，占中国绿色石化产业专利申请公开总量（401383 件）的 87.4%，近五年复合增速达 2.8%。其中，2017 年同比增速最快，同比增长 23.7%（见图 8）。

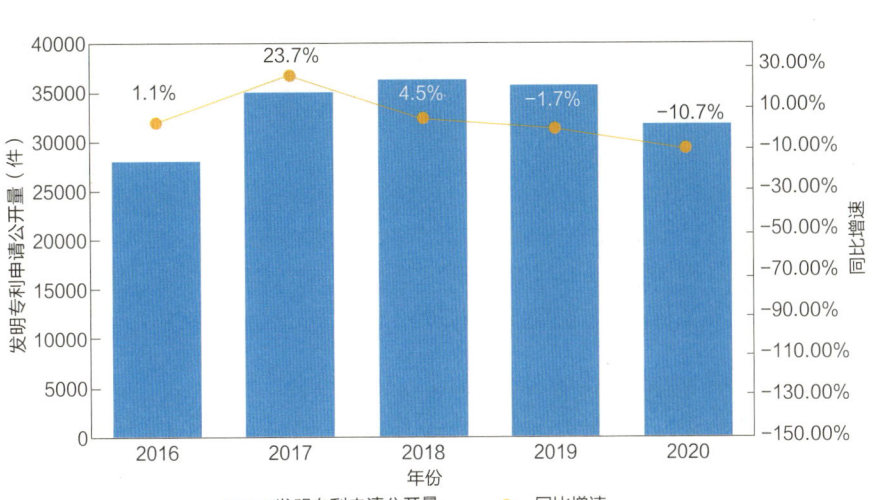

图 8　中国绿色石化产业发明专利申请公开量增长趋势

从地域分布情况来看，截至 2021 年 7 月，中国绿色石化产业发明专利授权量共 145494 件，主要集中在北京市、广东省、江苏省等经济较发达的地区。其中，发明专利授权量排名前五位的省市依次为北京市（17750 件）、广东省（11718 件）、江苏省（11439 件）、上海市（10559 件）、浙江省（6383 件）（见表 4）。

表 4　国内 31 省市绿色石化产业发明专利授权量分布情况

排名	省（自治区、直辖市）	专利授权量（件）
1	北京	17750
2	广东	11718
3	江苏	11439
4	上海	10559
5	浙江	6383
6	山东	4697
7	安徽	3287
8	湖北	2859
9	福建	2630
10	四川	2478
11	辽宁	2338
12	陕西	1883
13	天津	1785
14	河南	1687
15	湖南	1546
16	吉林	1232
17	河北	1027

续表

排名	省（自治区、直辖市）	专利授权量（件）
18	山西	976
19	黑龙江	858
20	广西	731
21	重庆	682
22	江西	625
23	甘肃	522
24	云南	345
25	贵州	277
26	新疆	217
27	内蒙古	167
28	宁夏	104
29	海南	95
30	青海	36
31	西藏	8

截至2021年7月，中国绿色石化产业的有效发明专利共110245件，其中高价值专利数量为102200件。在中国绿色石化产业高价值专利中，属于战略性新兴产业的有效发明专利共有96021件，在海外有同族专利权的有效发明专利共有38973件，维持年限超过10年的有效发明专利共有29486件，有质押融资活动的有效发明专利共有1628件，获得中国专利奖的有效发明专利共有242件。高价值专利数量排名前五位的省市依次为北京市（13140件）、江苏省（9479件）、广东省（9230件）、上海市（7332件）和浙江省（4934件）（见图9）。

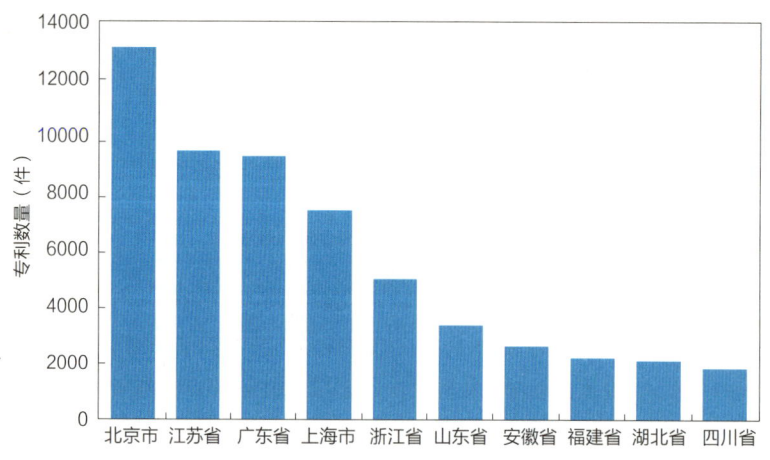

图9 国内部分省市绿色石化产业高价值专利数量分布情况

截至2021年7月，国内31省市绿色石化产业创新企业发明专利申请公开量共178122件，占中国绿色石化产业发明专利申请公开总量（350821件）的50.8%。近五年复合增速达2.9%。其中，2017年同比增速最快，同比增长29.9%（见图10）。发明专利申请公开量较多的企业包括中国石油化工股份有限公司（9654件）、京东方科技集团股份有限公司（3019件）、TCL华星光电技术有限公司（2418件）、中芯国际集成电路制造（上海）有限公司（2305件）、中国石油天然气股份有限公司（1384件）等。

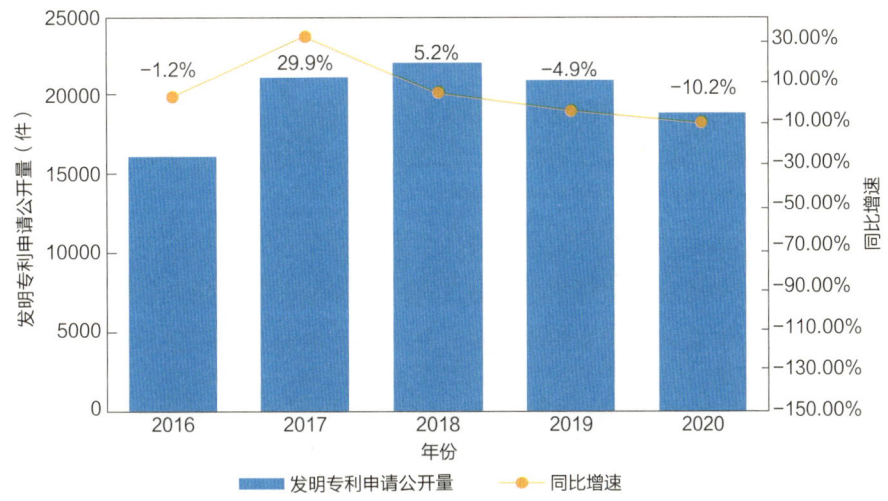

图10　国内31省市绿色石化产业创新企业发明专利申请公开量增长趋势

截至2021年7月，国内31省市绿色石化产业高校发明专利申请公开量共39246件，占中国绿色石化产业发明专利申请公开总量（350821件）的11.2%。近五年复合增速达6.8%。其中，2017年同比增速最快，同比增长36.3%（见图11）。发明专利申请公开量较多的高校包括东华大学（1267件）、浙江大学（914件）、北京化工大学（866件）、华南理工大学（849件）、广西大学（710件）。

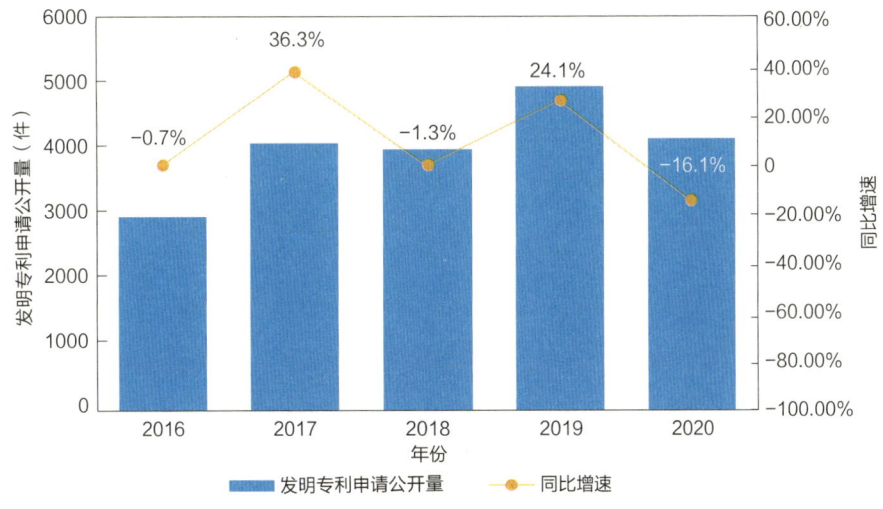

图11　国内31省市绿色石化产业高校发明专利申请公开量增长趋势

截至 2021 年 7 月，国内 31 省市绿色石化产业科研机构发明专利申请公开量共 10965 件，占中国绿色石化产业发明专利申请公开总量（350821 件）的 3.1%。近五年复合增速达 11.8%。其中，2017 年同比增速最快，同比增长 21.7%（见图 12）。发明专利申请公开量较多的科研机构包括中国科学院大连化学物理研究所（868 件）、中国科学院微电子研究所（602 件）、中国科学院化学研究所（517 件）、中国科学院长春应用化学研究所（489 件）、中国科学院宁波材料技术与工程研究所（471 件）等。

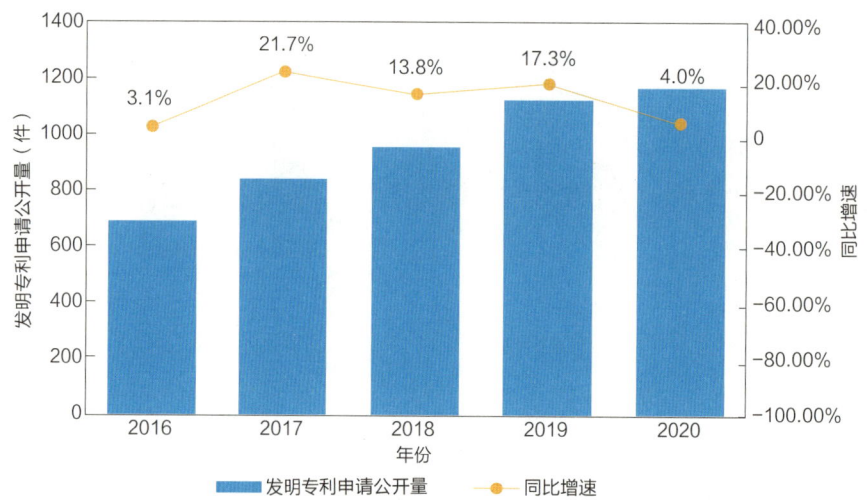

图 12　国内 31 省市绿色石化产业科研机构发明专利申请公开量增长趋势

截至 2021 年 7 月，在绿色石化产业中，全国涉及产学研合作申请的专利共有 5848 件，占中国绿色石化产业专利申请公开总量（401383 件）的 1.5%。涉及产学研合作申请专利量排名前五位的省市依次为北京市（1302 件）、江苏省（726 件）、上海市（536 件）、广东省（465 件）和浙江省（328 件）（见图 13）。

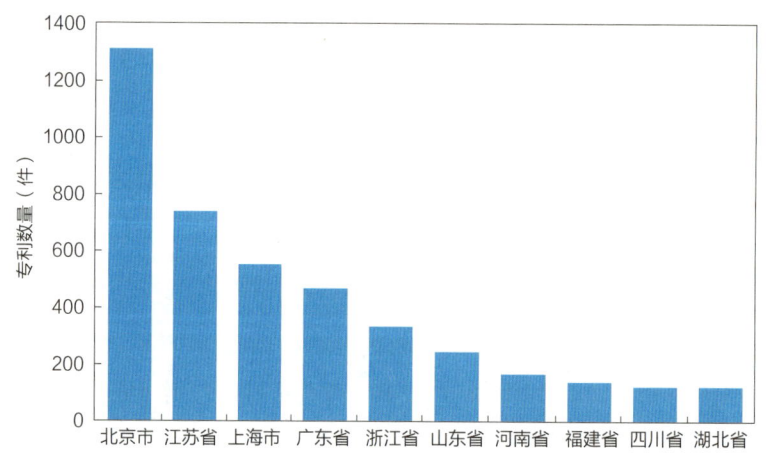

图 13　国内部分省市绿色石化产业产学研合作申请专利数量分布情况

从绿色石化产业的细分支领域来看，全国涉及产学研合作申请的专利主要分布在合成材料、功能性膜材料和电子化学品等领域，专利数量均超过了 500 件（见图 14）。

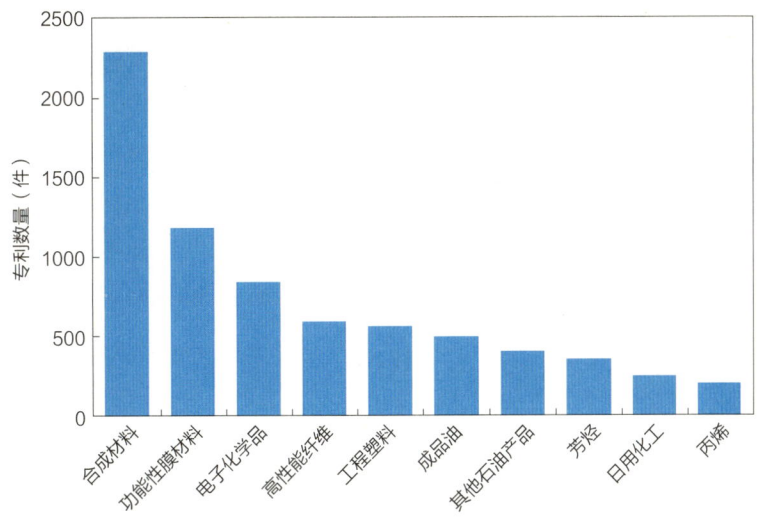

图 14　中国绿色石化产业产学研合作申请专利领域分布情况

从产学研合作的高校院所来看，清华大学、东华大学、华东理工大学、北京低碳清洁能源研究所、北京化工大学等在中国绿色石化产业的产学研合作较为密切，涉及产学研合作申请的专利数量分别为 281 件、263 件、190 件、152 件和 107 件（见表 5）。

表 5　中国绿色石化产业产学研合作重点高校院所清单

序号	高校院所	产学研合作申请的专利数量（件）
1	清华大学	281
2	东华大学	263
3	华东理工大学	190
4	北京低碳清洁能源研究所	152
5	北京化工大学	107
6	中国石油大学（华东）	99
7	浙江大学	91
8	中国科学院大连化学物理研究所	91
9	华南理工大学	91
10	苏州大学	82

2.3.3　中国创新人才

截至 2021 年 7 月，国内 31 省市绿色石化产业有专利申请活动的创新人才共 407370 人，近五年复合增速达 17.3%。其中，2017 年同比增速最快，同比增长 18.6%（见图 15）。

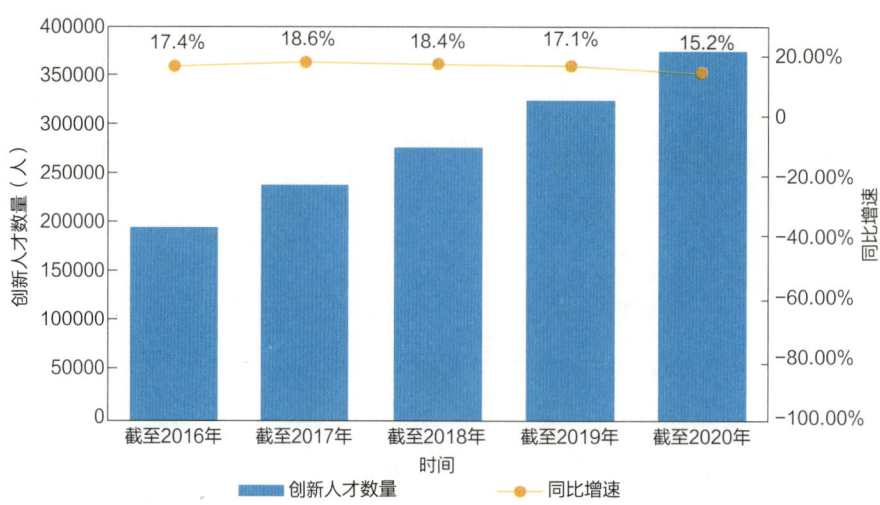

图 15　国内 31 省市绿色石化产业创新人才数量增长趋势

从地域分布情况来看，截至 2021 年 7 月，国内 31 省市绿色石化产业有专利申请活动的创新人才主要集中在江苏省、广东省、北京市等经济较发达地区。其中，创新人才数量排名前五位的省市依次为江苏省（59137 人）、广东省（47070 人）、北京市（46027 人）、上海市（30740 人）和浙江省（29230 人）（见表 6）。

表 6　国内 31 省市绿色石化产业创新人才数量分布情况

排名	省（自治区、直辖市）	创新人才数量（人）
1	江苏	59137
2	广东	47070
3	北京	46027
4	上海	30740
5	浙江	29230
6	山东	29079
7	安徽	18593
8	湖北	14311
9	河南	13488
10	四川	13198
11	辽宁	11950
12	福建	11521
13	陕西	11434
14	天津	11245
15	湖南	8913
16	河北	8383
17	吉林	5490

续表

排名	省（自治区、直辖市）	创新人才数量（人）
18	黑龙江	5010
19	重庆	4955
20	山西	4922
21	江西	4762
22	广西	4152
23	甘肃	3117
24	云南	2939
25	贵州	2764
26	新疆	2104
27	内蒙古	1851
28	宁夏	1037
29	海南	645
30	青海	525
31	西藏	111

截至2021年7月，在绿色石化产业创新人才中，国内31省市共有国家高层次人才27247人，占国内31省市绿色石化产业创新人才总量（407370人）的6.7%；技术高管37508人，占创新人才总量的9.2%；科技企业家23592人，占创新人才总量的5.8%（见图16）。

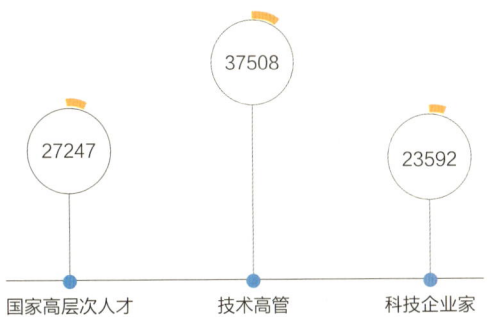

图16　中国绿色石化产业特色人才数据分布情况（单位：人）

从各机构类型创新人才数量分布情况来看，国内31省市绿色石化产业企业的创新人才数量最多，共计260198人，占国内31省市绿色石化产业创新人才总量的63.9%。高校的创新人才数量位居其次，共计92014人，占国内31省市绿色石化产业创新人才总量的22.6%。科研机构创新人才共计22852人，事业单位创新人才共计4011人，分别占国内31省市绿色石化产业创新人才总量的5.6%和1.0%（见图17）。

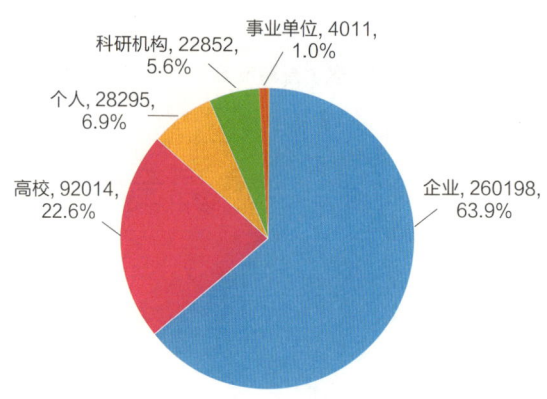

图17 国内31省市绿色石化产业各机构类型创新人才数量分布情况（单位：人）

2.4 中国绿色石化产业热点及重点技术创新方向

从产业链整体来看，国内31省市绿色石化产业的发明专利申请公开总量共255567件，创新企业总量共49012家，创新人才总量共407370人，近五年复合增速分别为2.9%、21.0%、17.3%。

从产业链上中下游来看，产业链下游的高端精细化工产品领域发明专利申请公开量、创新企业数量、创新人才数量的近五年复合增速均高于整个绿色石化产业链平均水平，是产业布局的热点。合成材料与化工新材料领域发明专利申请公开量的近五年复合增速虽然略低于整个绿色石化产业链平均水平，但创新企业数量和创新人才数量的近五年复合增速均高于整个绿色石化产业链平均水平，也是产业布局的热点。此外，这两个领域的发明专利申请公开量、创新企业数量、创新人才数量在整个绿色石化产业链中的占比均较高，也是产业布局的重点（见表7）。

表7 国内31省市绿色石化产业链创新要素情况

产业链上中下游	产业链二级	发明专利申请公开		创新企业		创新人才	
		数量（件）	复合增速	数量（家）	复合增速	数量（人）	复合增速
上游	炼油（炼化）	38872	-4.0%	8970	19.2%	69026	14.5%
中游	基础化工	14815	5.9%	1890	15.3%	31526	13.2%
下游	合成材料与化工新材料	179411	2.5%	38357	21.7%	290088	18.4%
	高端精细化工产品	82907	6.3%	16843	23.3%	137506	19.0%

在产业链上游炼油（炼化）领域，国内31省市发明专利申请公开量、创新企业数量、创新人才数量的近五年复合增速分别为-4.0%、19.2%、14.5%。其中，其他石油产品细分领域发明专利申请公开量、创新企业数量、创新人才数量的近五年复合增速分别为6.0%、20.2%、15.6%，均高于炼油（炼化）领域平均水平，属于热点细分领域。成品油细分领域发明专利申请公开量、创新企业数量、创新人才数量在炼油（炼化）领域中占比均最高，

属于重点细分领域。其他石油产品细分领域的发明专利申请公开量、创新企业数量、创新人才数量在炼油（炼化）领域中占比也均较高，也属于重点细分领域（见表8）。

表8 国内31省市绿色石化产业链上游创新要素情况

细分领域		发明专利申请公开		创新企业		创新人才	
产业链二级	产业链三级	数量（件）	复合增速	数量（家）	复合增速	数量（人）	复合增速
炼油（炼化）	液化石油气（LGP/LNG）	389	-9.9%	188	19.3%	1512	13.9%
	成品油	27985	-6.8%	6333	18.8%	41735	14.4%
	化工清油	2464	-1.4%	400	15.0%	5285	10.1%
	其他石油产品	8934	6.0%	2725	20.2%	25785	15.6%

在产业链中游基础化工领域，国内31省市发明专利申请公开量、创新企业数量、创新人才数量的近五年复合增速分别为5.9%、15.3%、13.2%。其中，乙炔、丙烯细分领域发明专利申请公开量、创新企业数量、创新人才数量的近五年复合增速均高于基础化工领域平均水平，属于热点细分领域。乙烯细分领域创新企业数量和创新人才数量的近五年复合增速虽然略低于基础化工领域平均水平，但发明专利申请公开量的近五年复合增速高出基础化工领域平均水平4.7个百分点，也属于热点细分领域。芳烃细分领域的发明专利申请公开量、创新企业数量、创新人才数量在基础化工领域中占比均为最高，属于重点细分领域。乙烯、丙烯细分领域的发明专利申请公开量、创新企业数量、创新人才数量在基础化工领域中占比也均相对较高，也属于重点细分领域（见表9）。

表9 国内31省市绿色石化产业链中游创新要素情况

细分领域		发明专利申请公开		创新企业		创新人才	
产业链二级	产业链三级	数量（件）	复合增速	数量（家）	复合增速	数量（人）	复合增速
基础化工	乙炔	384	11.4%	200	16.7%	2118	18.8%
	乙烯	4469	10.6%	541	14.7%	10186	12.9%
	丙烯	4238	10.2%	445	16.1%	8314	14.7%
	芳烃	9013	3.7%	1296	15.4%	21121	13.0%

在产业链下游合成材料与化工新材料领域，国内31省市发明专利申请公开量、创新企业数量、创新人才数量的近五年复合增速分别为2.5%、21.7%、18.4%。其中，功能性膜材料细分领域发明专利申请公开量、创新人才数量的近五年复合增速均高于合成材料与化工新材料领域平均水平，属于热点细分领域。功能性膜材料、合成材料细分领域的发明专利申请公开量、创新企业数量、创新人才数量在合成材料与化工新材料领域中占比均比较高，属于重点细分领域（见表10）。

在产业链下游高端精细化工产品领域，国内31省市发明专利申请公开量、创新企业数量、创新人才数量的近五年复合增速分别为6.3%、23.3%、19.0%。其中，电子化学品细分领域创新企业数量的近五年复合增速虽然略低于高端精细化工产品领域平均水平，但发明专利申请公开量和创新人才数量的近五年复合增速均高于高端精细化工产品领域平均水平,属于热点细分领域。高性能纤维细分领域创新企业数量和创新人才数量的近五年复合增速虽然略低于高端精细化工产品领域平均水平,但发明专利申请公开量的近五年复合增速高出高端精细化工产品领域平均水平 3.8 个百分点,也属于热点细分领域。电子化学品、工程塑料细分领域的发明专利申请公开量、创新企业数量、创新人才数量在高端精细化工产品领域中占比均比较高,属于重点细分领域(见表 10)。

表 10 国内 31 省市绿色石化产业链下游创新要素情况

细分领域		发明专利申请公开		创新企业		创新人才	
产业链二级	产业链三级	数量(件)	复合增速	数量(家)	复合增速	数量(人)	复合增速
合成材料与化工新材料	日用化工	22576	−7.5%	5545	21.9%	32438	16.2%
	功能性膜材料	49964	8.4%	13966	21.1%	113422	19.0%
	合成材料	107699	1.9%	21806	22.4%	156320	18.7%
高端精细化工产品	电子化学品	30853	14.1%	5684	22.7%	58690	19.7%
	工程塑料	32112	−2.8%	7308	25.6%	46415	19.6%
	高性能纤维	21467	10.1%	5474	22.6%	40705	18.1%

第3章 广东省绿色石化产业创新发展定位与洞察

3.1 广东省绿色石化产业政策导向

石油和化工产业是广东省重要支柱产业之一,资金、技术、人才密集,产业关联度高,产业链条长,在全省工业经济体系中占有重要地位。为支持石化产业的发展,广东省发布了《广东省石化工业 2005—2010 年发展规划》等一系列政策。2020 年 5 月,广东省人民政府发布《广东省人民政府关于培育发展战略性支柱产业集群和战略性新兴产业集群的意见》,将绿色石化产业集群列入十大战略性支柱产业集群,提出要推动石化产业绿色化、智能化改造,提升安全环保水平,打造国内领先、世界一流的绿色石化产业集群。2020 年 9 月,广东省工业和信息化厅、广东省发展和改革委员会、广东省科学技术厅等部门联合印发《广东省发展绿色石化战略性支柱产业集群行动计划(2021—2025 年)》,对加快发展绿色石化产业进行了详细部署(见表 11)。

表 11 广东省石化产业主要相关政策

时间	单位	文件	相关内容
2005 年	广东省人民政府	《广东省石化工业 2005—2010 年发展规划》	2005—2010 年规划投资 1800 亿元,重点新建、扩建 5 个炼油项目、5 个乙烯项目和 5 个石化基地
2010 年	广东省人民政府办公厅	《珠江三角洲产业布局一体化规划(2009—2020 年)》	以园区化、规模化、集约化为导向,依托炼油和乙烯炼化一体化龙头项目,大力发展精细化工等石化中下游产业,延伸产业链。积极勘探开采海洋油气资源。打造世界先进水平的特大型石油化工产业基地
2011 年	广东省人民政府	《粤东地区经济社会发展规划纲要(2011—2015 年)》	石化产业要延伸产业链,集约发展炼油,依托炼油项目择机发展乙烯,加快发展精细化工产业,培育形成若干高技术含量、高附加值的精细化工产业集群
2012 年	广东省人民政府办公厅	《工业转型升级规划主要目标和重点任务分工落实方案》	加快启动和实施一批基础好、带动性强的重点项目,切实加快石化炼化一体化珠三角产业区等重点领域、项目建设,力争在转型升级的关键环节上取得突破
2015 年	广东省人民政府	《广东省工业转型升级攻坚战三年行动计划(2015—2017 年)》	全面推动工业锅炉污染整治,强化石油炼制、化工等重点行业有机废气排放的综合治理。推动企业开展清洁生产审核,重点推进钢铁、建材、化工、石化、有色金属等五大行业企业开展清洁生产审核

续表

时间	单位	文件	相关内容
2017 年	广东省人民政府	《广东省沿海经济带综合发展规划（2017—2030 年）》	依托港口资源优势，加快建设惠州、湛江、茂名、揭阳四大炼化一体化基地，适度提高炼油、乙烯生产能力，提升油品质量和标准，重点发展对二甲苯、环氧乙烷等有机化工原料，延伸发展高端聚烯烃塑料、高端工程塑料、高性能特种橡胶，提高化工新材料整体自给率，加快精细化工的绿色工艺和产品开发，大力发展高纯电子化学品、高端表面活性剂、高端加工助剂等精细化工产品，提升高附加值、高技术、低污染的精细化工产品在石化产业中的比重，打造各具特色的精细化工产业链。进一步优化石化产业布局，推动广州石化搬迁，提升珠海高栏港、江门银洲湖等精细化工基地发展水平
2019 年	广东省人民政府	《广东省重大工程建设项目总指挥部组建方案》	设立总指挥部、总指挥部办公室和专项指挥部，共同推动重大项目建设，包括惠州市重大石化项目建设指挥部、湛江市重大石化项目建设指挥部、揭阳市重大石化项目建设指挥部
2020 年	广东省人民政府	《广东省人民政府关于培育发展战略性支柱产业集群和战略性新兴产业集群的意见》	充分发挥广东沿海"两种资源、两个市场"优势，扩大提升炼油化工规模和水平，延伸中下游产业链条，提升有机原料、电子化学品等高端精细化工产品和高性能合成材料、功能性材料、可降解材料等化工新材料占比，推动石化产业绿色化、智能化改造，提升安全环保水平。打造以湛江、茂名、广州、惠州、揭阳等为核心的沿海石化产业带，形成"一带、两翼、五基地、多园区协同发展"特色产业布局。打造国内领先、世界一流的绿色石化产业集群
2020 年	广东省工业和信息化厅等六部门	《广东省发展绿色石化战略性支柱产业集群行动计划（2021—2025 年）》	到 2025 年，广东省石化产业发展质量效益再上新台阶，综合实力、可持续发展能力显著增强，在全球价值链地位明显提升，世界级绿色石化产业集群基本形成，迈入世界级绿色石化产业集群行列
2021 年	广东省人民政府	《广东省国民经济和社会发展第十四个五年规划和 2035 年远景目标纲要》	立足沿海石化产业带，逐步形成东西两翼地区产业链上游原材料向珠三角地区产业链下游精深加工供给，珠三角地区精细化工产品和化工新材料向东西两翼地区供给的循环体系。提升有机原料、电子化学品等高端精细化工产品和高性能合成材料、功能性材料、可降解材料等化工新材料占比。加快石化产业集群建设，推动传统石化产业向新型绿色石化产业升级转变

3.2　广东省绿色石化产业创新发展定位

3.2.1　广东省创新企业

截至 2021 年 7 月，广东省绿色石化产业有专利申请活动的创新企业共 7933 家，占国内 31 省市绿色石化产业创新企业总量（49012 家）的 16.2%，在国内 31 省市中仅次于江苏省，排名第二。近五年广东省绿色石化产业创新企业数量复合增速为25.6%，高出国内31省市整体复合增速（21.0%）4.6个百分点（见图18）。

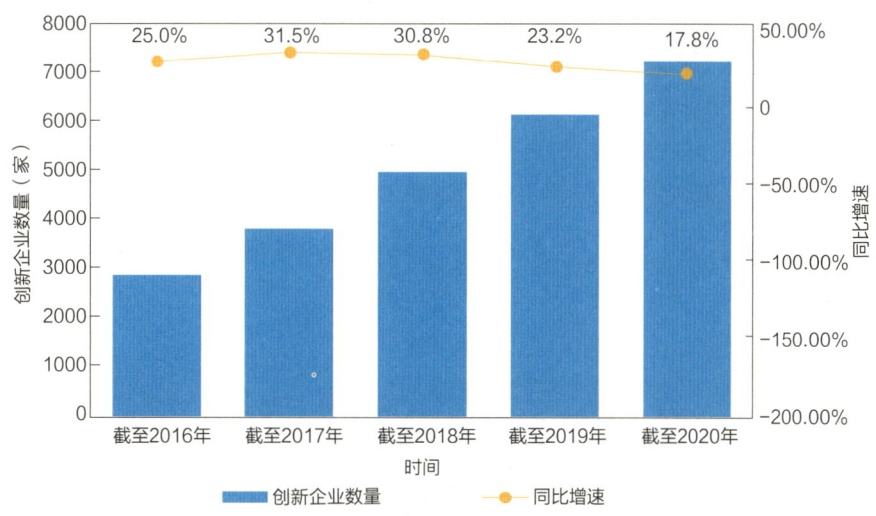

图18 广东省绿色石化产业创新企业数量增长趋势

从地域分布情况来看，截至2021年7月，广东省绿色石化产业有专利申请活动的创新企业主要集中在珠三角地区。其中，创新企业数量排名前五位的地市依次为深圳市（2612家）、东莞市（1417家）、广州市（1362家）、佛山市（699家）和惠州市（445家）（见表12）。

表12 广东省各地市绿色石化产业创新企业数量情况

地区	创新企业数量（家）	省内排名	地区	创新企业数量（家）	省内排名
深圳市	2612	1	韶关市	67	12
东莞市	1417	2	河源市	60	13
广州市	1362	3	茂名市	45	14
佛山市	699	4	揭阳市	39	15
惠州市	445	5	梅州市	37	16
中山市	305	6	湛江市	18	17
珠海市	255	7	潮州市	17	18
江门市	214	8	阳江市	11	19
汕头市	135	9	云浮市	11	19
肇庆市	107	10	汕尾市	8	21
清远市	103	11			

截至2021年7月，在绿色石化产业创新企业中，广东省共有国家高新技术企业3701家，占广东省绿色石化产业创新企业总量（7933家）的46.7%；初创企业512家，占创新企业总量的6.5%；隐形冠军企业60家，占创新企业总量的0.8%；上市公司205家，占创新企业总量的2.6%；独角兽企业6家，占创新企业总量的0.1%；专精特新企业219家，

占创新企业总量的 2.8%。

横向对标北京市、上海市、江苏省、浙江省等国内重点省市，在绿色石化产业创新企业中，广东省上市公司、独角兽企业数量均在国内 31 省市中排名第一；国家高新技术企业、初创企业数量在国内 31 省市中仅次于江苏省，排名第二；隐形冠军企业数量在国内 31 省市中排名第四；专精特新企业数量在国内 31 省市中排名第六（见表 13）。

表 13　国内重点省市绿色石化产业特色企业数量分布情况对标比较

国内 31 省市排名	2	7	6	1	3
省市	广东省	北京市	上海市	江苏省	浙江省
国家高新技术企业数量（家）	3701	763	877	3862	1891
国内 31 省市排名	2	5	4	1	3
省市	广东省	北京市	上海市	江苏省	浙江省
初创企业数量（家）	512	227	238	578	265
国内 31 省市排名	4	8	7	2	3
省市	广东省	北京市	上海市	江苏省	浙江省
隐形冠军企业数量（家）	60	28	36	81	78
国内 31 省市排名	1	6	5	2	3
省市	广东省	北京市	上海市	江苏省	浙江省
上市公司数量（家）	205	57	77	160	137
国内 31 省市排名	1	3	2	4	4
省市	广东省	北京市	上海市	江苏省	浙江省
独角兽企业数量（家）	6	3	4	1	1
国内 31 省市排名	6	16	3	4	13
省市	广东省	北京市	上海市	江苏省	浙江省
专精特新企业数量（家）	219	84	372	362	100

3.2.2　广东省专利布局

截至 2021 年 7 月，广东省绿色石化产业专利申请公开量共 42371 件，占广东省专利公开总量（5302985 件）的 0.8%；近五年复合增速为 12.3%，高出全国复合增速（4.8%）7.5 个百分点（见图 19）。广东省绿色石化产业专利授权量共 21946 件，占广东省绿色石化产业专利申请公开总量的 51.8%；有效专利量为 17227 件。

图 19　广东省绿色石化产业专利申请公开量增长趋势

截至 2021 年 7 月，广东省绿色石化产业发明专利申请公开量共 32143 件，占广东省绿色石化产业专利申请公开量（42371 件）的 75.9%，近五年复合增速为 11.2%，高出全国复合增速（2.9%）8.3 个百分点（见图 20）。

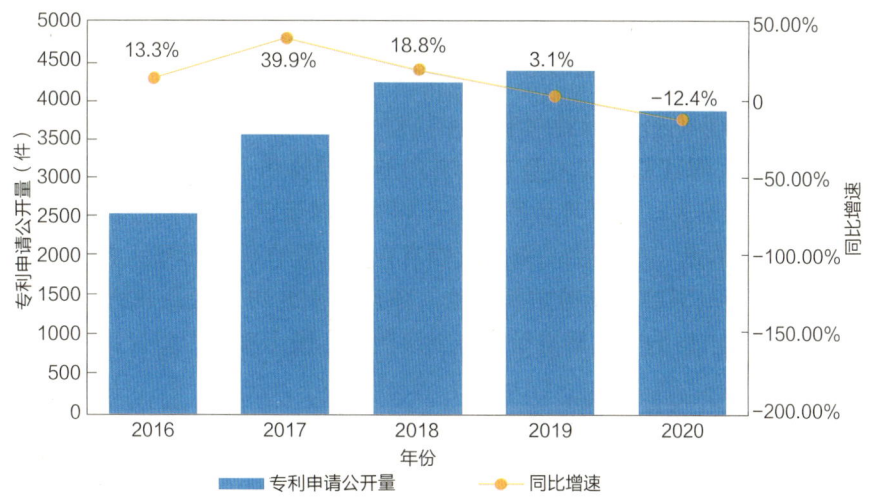

图 20　广东省绿色石化产业发明专利申请公开量增长趋势

截至 2021 年 7 月，广东省绿色石化产业发明专利授权量共 11718 件，占全国绿色石化产业发明专利授权总量（90941 件）的 12.9%，在国内 31 省市中仅次于北京市，排名第二。

从地域分布情况来看，广东省绿色石化产业发明专利授权量主要集中在珠三角地区。其中，发明专利授权量排名前五位的地市依次为深圳市（4551 件）、广州市（3018 件）、东莞市（1587 件）、佛山市（701 件）和惠州市（376 件）（见表 14）。

表 14 广东省各地市绿色石化产业发明专利授权量情况

地区	发明专利授权量（件）	省内排名	地区	发明专利授权量（件）	省内排名
深圳市	4551	1	汕尾市	64	12
广州市	3018	2	韶关市	64	12
东莞市	1587	3	揭阳市	58	14
佛山市	701	4	茂名市	52	15
惠州市	376	5	湛江市	49	16
珠海市	292	6	河源市	33	17
中山市	231	7	潮州市	23	18
江门市	203	8	梅州市	16	19
汕头市	184	9	阳江市	9	20
肇庆市	102	10	云浮市	7	21
清远市	98	11			

截至 2021 年 7 月，广东省绿色石化产业的有效发明专利共 10022 件。其中，高价值专利共 9230 件，占全国绿色石化产业高价值专利总量（66524 件）的 13.9%，在国内 31 省市中，仅次于北京市和江苏省，排名第三。在广东省绿色石化产业高价值专利中，属于战略性新兴产业的有效发明专利共 9040 件，在海外有同族专利权的有效发明专利共 1741 件，维持年限超过 10 年的有效发明专利共 1276 件，有质押融资活动的有效发明专利共 393 件，获得中国专利奖的有效发明专利共 50 件。

横向对标北京市、上海市、江苏省、浙江省等国内重点省市，在绿色石化产业高价值专利中，广东省有质押融资活动的有效发明专利、获得中国专利奖的有效发明专利数量均在国内 31 省市中排名第一；在海外有同族专利权的有效发明专利在国内 31 省市中仅次于北京市，排名第二；属于战略性新兴产业的有效发明专利在国内 31 省市中仅次于北京市和江苏省，排名第三；维持年限超过 10 年的有效发明专利在国内 31 省市中排名第四（见表 15）。

表 15 国内重点省市绿色石化产业高价值专利数量分布情况对标比较

国内 31 省市排名	3	1	4	2	5
省市	广东省	北京市	上海市	江苏省	浙江省
属于战略性新兴产业的有效发明专利（件）	9040	11932	7182	9302	4868
国内 31 省市排名	2	1	4	3	8
省市	广东省	北京市	上海市	江苏省	浙江省
在海外有同族专利权的有效发明专利（件）	1741	1744	556	592	136
国内 31 省市排名	4	1	2	3	5
省市	广东省	北京市	上海市	江苏省	浙江省
维持年限超过 10 年的有效发明专利（件）	1276	4231	1917	1491	551

续表

国内31省市排名	1	6	7	5	3
省市	广东省	北京市	上海市	江苏省	浙江省
有质押融资活动的有效发明专利（件）	393	92	91	144	174
国内31省市排名	1	2	6	3	5
省市	广东省	北京市	上海市	江苏省	浙江省
获得中国专利奖的有效发明专利（件）	50	46	13	34	16

截至2021年7月，广东省绿色石化产业创新企业发明专利申请公开量共25556件，占广东省绿色石化产业发明专利申请公开总量（32143件）的79.5%；近五年复合增速为12.2%，高出全国绿色石化产业创新企业发明专利申请公开量复合增速（2.9%）9.3个百分点（见图21）。发明专利申请公开量较多的创新企业包括TCL华星光电技术有限公司（2418件）、金发科技股份有限公司（683件）、深圳市华星光电半导体显示技术有限公司（533件）等。

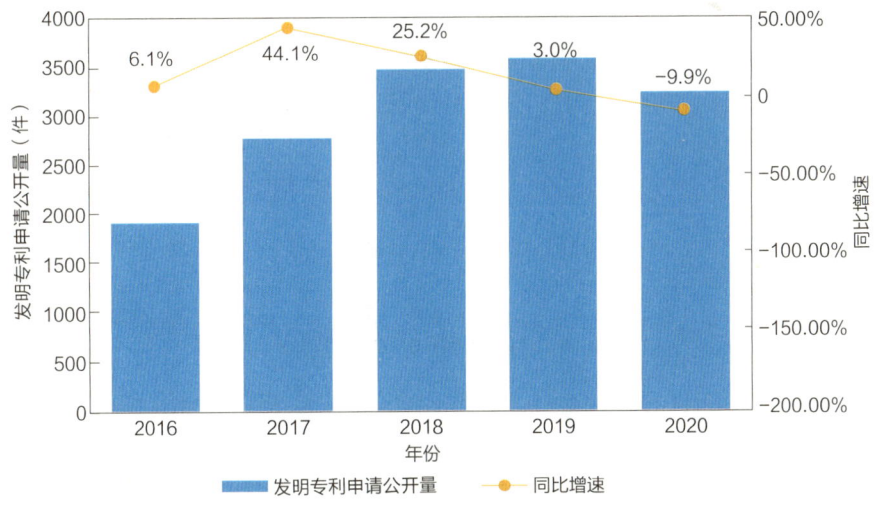

图21　广东省绿色石化产业创新企业发明专利申请公开量增长趋势

截至2021年7月，广东省绿色石化产业高校发明专利申请公开量共2757件，占广东省绿色石化产业发明专利申请公开总量（32143件）的8.6%；近五年复合增速为15.0%，高出全国绿色石化产业高校发明专利申请公开量复合增速（6.8%）8.2个百分点（见图22）。发明专利申请公开量较多的高校包括华南理工大学（849件）、中山大学（287件）、广东工业大学（270件）等。

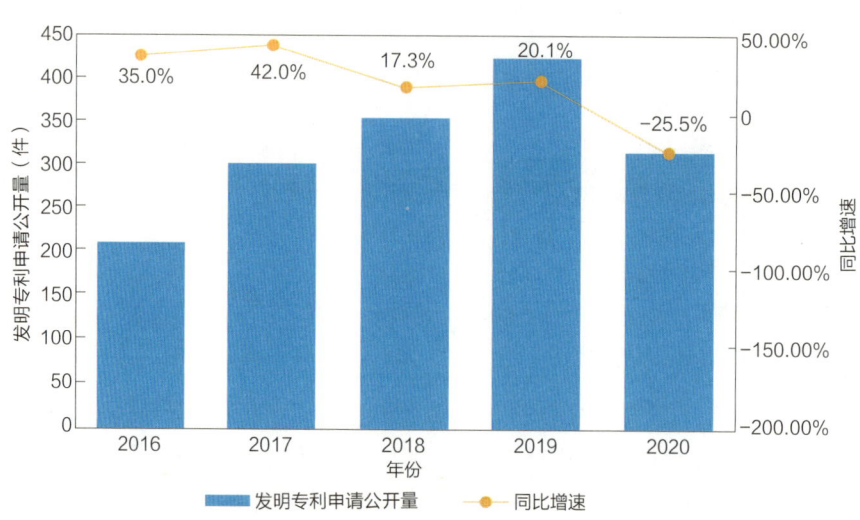

图 22　广东省绿色石化产业高校发明专利申请公开量增长趋势

截至 2021 年 7 月，广东省绿色石化产业科研机构发明专利申请公开量共 892 件，占广东省绿色石化产业发明专利申请公开总量（32143 件）的 2.8%；近五年复合增速为 33.2%，高出全国绿色石化产业科研机构发明专利申请公开量复合增速（11.8%）21.4 个百分点（见图 23）。发明专利申请公开量较多的科研机构包括深圳先进技术研究院（99 件）、中国科学院广州能源研究所（94 件）、中国科学院广州化学研究所（92 件）等。

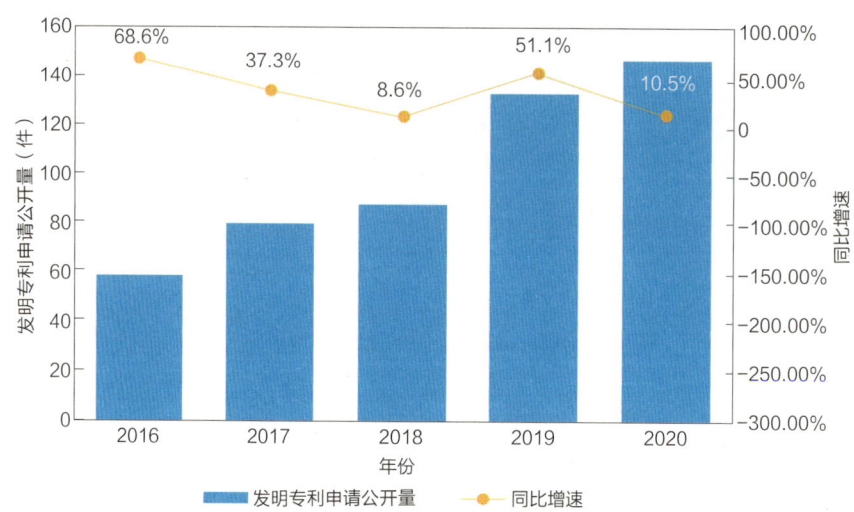

图 23　广东省绿色石化产业科研机构发明专利申请公开量增长趋势

截至 2021 年 7 月，在绿色石化产业中，广东省涉及产学研合作申请的专利共 465 件，占全国涉及产学研合作申请专利总量（5004 件）的 9.3%，在国内 31 省市中排名第四。

从绿色石化产业的各细分领域来看，广东省涉及产学研合作申请的专利主要分布在合成材料领域，专利数量为 238 件。其次是功能性膜材料和电子化学品领域，专利数量分别为 104 件和 85 件（见图 24）。

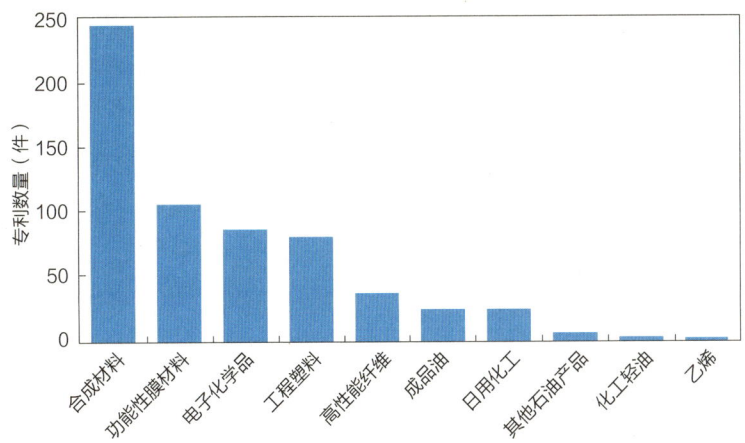

图 24 广东省绿色石化产业产学研合作申请专利领域分布情况

从产学研合作的高校院所来看，华南理工大学、华南师范大学、中山大学、广东工业大学、东莞理工学院等在广东省绿色石化产业的产学研合作较为密切，涉及产学研合作申请的专利数量分别为 89 件、37 件、36 件、16 件、10 件（见表 16）。

表 16 广东省绿色石化产业产学研合作重点高校院所清单

序号	高校院所	产学研合作申请的专利数量（件）
1	华南理工大学	89
2	华南师范大学	37
3	中山大学	36
4	广东工业大学	16
5	东莞理工学院	10

截至 2021 年 7 月，在绿色石化产业中，国内 31 省市海外布局专利共 18664 件；其中，广东省海外布局专利共 5991 件，占国内 31 省市海外布局专利总量的 32.1%，在国内 31 省市中排名第一。广东省海外布局的区域主要包括美国（1694 件）、日本（249 件）和欧洲（81 件）等。

从绿色石化产业的各细分领域来看，广东省海外布局专利主要分布在功能性膜材料（3978 件）、电子化学品（1339 件）、合成材料（955 件）等领域（见图 25）。

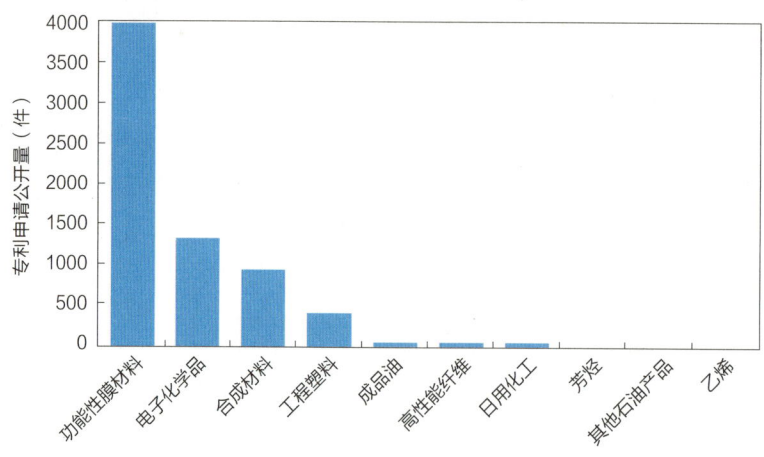

图 25 广东省绿色石化产业海外布局专利领域分布情况

3.2.3 广东省创新人才

截至 2021 年 7 月，广东省绿色石化产业有专利申请活动的创新人才共 47070 人，占国内 31 省市绿色石化产业创新人才总量（407370 人）的 11.6%，在国内 31 省市中仅次于江苏省，排名第二。近五年广东省绿色石化产业创新人才数量复合增速为 21.1%，高出国内 31 省市整体复合增速（17.3%）3.8 个百分点（见图 26）。

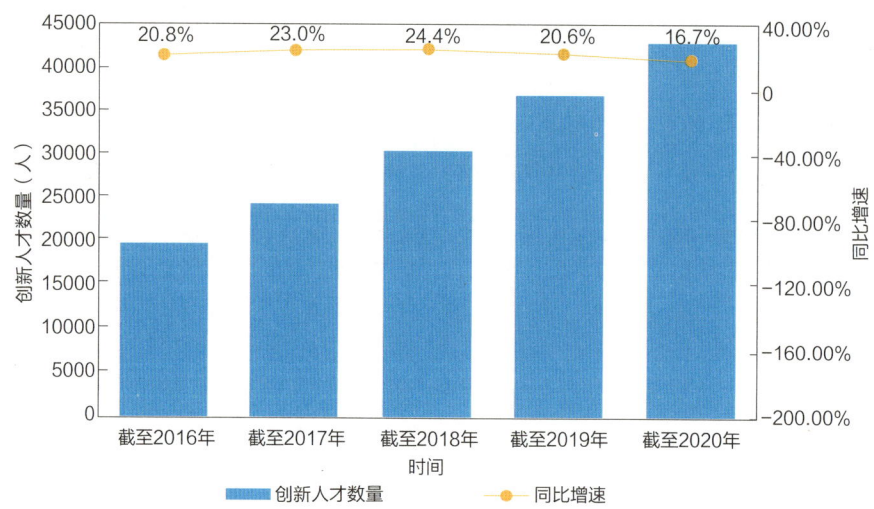

图 26 广东省绿色石化产业创新人才数量增长趋势

从地域分布情况来看，截至 2021 年 7 月，广东省绿色石化产业有专利申请活动的创新人才主要集中在珠三角地区。其中，创新人才数量排名前五位的地市依次为深圳市（15565 人）、广州市（11616 人）、东莞市（5822 人）、佛山市（3396 人）和惠州市（2409 人）（见表 17）。

表 17　广东省各地市绿色石化产业创新人才数量情况

地区	创新人才数量（人）	省内排名	地区	创新人才数量（人）	省内排名
深圳市	15565	1	茂名市	495	12
广州市	11616	2	汕尾市	384	13
东莞市	5822	3	韶关市	369	14
佛山市	3396	4	河源市	266	15
惠州市	2409	5	湛江市	246	16
珠海市	1698	6	揭阳市	236	17
中山市	1410	7	梅州市	161	18
江门市	979	8	潮州市	138	19
汕头市	777	9	云浮市	54	20
肇庆市	570	10	阳江市	40	21
清远市	554	11			

截至 2021 年 7 月，在绿色石化产业创新人才中，广东省共有国家高层次人才 2099 人，占广东省绿色石化产业创新人才总量（47070 人）的 4.5%；技术高管 6179 人，占创新人才总量的 13.1%；科技企业家 3925 人，占创新人才总量的 8.3%。

横向对标北京市、上海市、江苏省、浙江省等国内重点省市，在绿色石化产业创新人才中，广东省国家高层次人才数量在国内 31 省市中排名第四；技术高管、科技企业家数量在国内 31 省市中仅次于江苏省，均排名第二（见表 18）。

表 18　国内重点省市绿色石化产业特色人才数量分布情况对标比较

国内 31 省市排名	4	1	3	2	5
省市	广东省	北京市	上海市	江苏省	浙江省
国家高层次人才数量（人）	2099	3862	2438	3105	1777
国内 31 省市排名	2	8	6	1	3
省市	广东省	北京市	上海市	江苏省	浙江省
技术高管数量（人）	6179	1229	2054	7819	3951
国内 31 省市排名	2	8	6	1	3
省市	广东省	北京市	上海市	江苏省	浙江省
科技企业家数量（人）	3925	751	1330	5060	2398

从各机构类型创新人才数量分布情况来看，广东省绿色石化产业企业的创新人才数量最多，共计 35651 人，占广东省绿色石化产业创新人才总量（47070 人）的 75.7%。高校的创新人才数量位居其次，共计 6337 人，占广东省绿色石化产业创新人才总量的 13.5%。科研机构的创新人才共计 1984 人，事业单位的创新人才共计 378 人，分别占广东省绿色石化产业创新人才总量的 4.2% 和 0.8%（见图 27）。

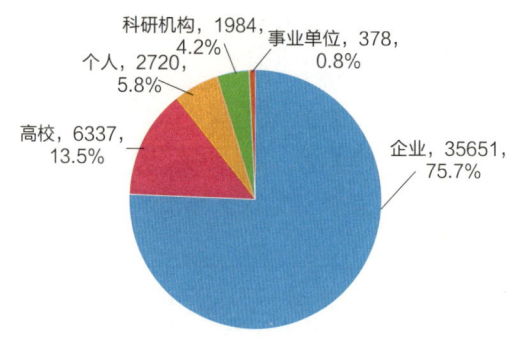

图27 广东省绿色石化产业各机构类型创新人才数量分布情况（单位：人）

3.3 广东省绿色石化产业创新发展洞察

3.3.1 广东省产业链集聚结构

3.3.1.1 整体布局

广东省绿色石化产业链覆盖全面，在产业链各细分领域均有创新企业、创新人才和发明专利布局。

综合绿色石化产业各细分领域发明专利授权量、创新企业数量、创新人才数量及各自在国内31省市的排名情况来看，广东省在成品油、日用化工、功能性膜材料、合成材料、电子化学品、工程塑料细分领域具备一定优势，在液化石油气（LGP/LNG）、化工轻油、乙炔细分领域的技术有待积累（见表19）。

综合发明专利申请公开量、创新企业数量、创新人才数量及各自的近五年复合增速来看，广东省绿色石化产业链整体保持较快增长，发明专利申请公开量、创新企业数量、创新人才数量的近五年复合增速分别达11.2%、25.6%、21.1%。从绿色石化产业各细分领域来看，广东省在其他石油产品、乙烯、丙烯、芳烃、高性能纤维细分领域具有较大的发展潜力。

表19 广东省绿色石化产业链细分领域创新要素情况

细分领域 产业链三级	发明专利授权		创新企业		创新人才	
	数量（件）	国内排名	数量（家）	国内排名	数量（人）	国内排名
液化石油气（LGP/LNG）	6	6	7	10	26	16
成品油	652	4	644	2	3045	4
化工轻油	19	9	20	7	116	12
其他石油产品	97	11	174	4	1144	8
乙炔	3	11	3	19	19	21
乙烯	42	9	25	7	293	9
丙烯	30	9	16	11	197	10
芳烃	94	10	53	9	702	9
日用化工	787	1	847	2	3697	2

续表

细分领域	发明专利授权		创新企业		创新人才	
产业链三级	数量（件）	国内排名	数量（家）	国内排名	数量（人）	国内排名
功能性膜材料	3800	1	3168	1	18953	1
合成材料	4893	2	3050	2	16573	2
电子化学品	1921	4	1329	1	9402	1
工程塑料	1910	1	1154	2	6258	2
高性能纤维	425	6	523	3	2468	6

3.3.1.2 优势环节

综合广东省绿色石化产业各细分领域发明专利授权量、创新企业数量、创新人才数量及各自在国内31省市的排名情况来看，广东省在日用化工、功能性膜材料、合成材料、工程塑料细分领域的发明专利授权量、创新企业数量、创新人才数量均在国内31省市中排名前二，优势明显。此外，广东省在电子化学品细分领域的创新企业数量和创新人才数量均在国内31省市中排名第一，发明专利授权量在国内31省市中排名第四；成品油细分领域的创新企业数量在国内31省市中排名第二，发明专利授权量、创新人才数量均在国内31省市中排名第四，也具备一定优势（见表20）。

表20 广东省绿色石化产业优势领域创新要素情况

细分领域	发明专利授权		创新企业		创新人才	
产业链三级	数量（件）	国内排名	数量（家）	国内排名	数量（人）	国内排名
成品油	652	4	644	2	3045	4
日用化工	787	1	847	2	3697	2
功能性膜材料	3800	1	3168	1	18953	1
合成材料	4893	2	3050	2	16573	2
电子化学品	1921	4	1329	1	9402	1
工程塑料	1910	1	1154	2	6258	2

3.3.1.3 薄弱环节

综合广东省绿色石化产业各细分领域发明专利授权量、创新企业数量、创新人才数量及各自在国内31省市的排名情况来看，广东省在液化石油气（LGP/LNG）、化工轻油、乙炔细分领域的发明专利授权量较少，均未超过20件，创新企业数量和创新人才数量在国内31省市中的排名也均位于第七名之后，技术有待积累（见表21）。

表21 广东省绿色石化产业薄弱领域创新要素情况

细分领域	发明专利授权		创新企业		创新人才	
产业链三级	数量（件）	国内排名	数量（家）	国内排名	数量（人）	国内排名
液化石油气（LGP/LNG）	6	6	7	10	26	16
化工轻油	19	9	20	7	116	12

续表

细分领域	发明专利授权		创新企业		创新人才	
产业链三级	数量（件）	国内排名	数量（家）	国内排名	数量（人）	国内排名
乙炔	3	11	3	19	19	21

3.3.1.4 潜力环节

综合广东省绿色石化产业各细分领域发明专利申请公开量、创新企业数量、创新人才数量及各自的近五年复合增速来看，广东省在其他石油产品、乙烯、高性能纤维细分领域的发明专利申请公开量近五年复合增速均在 19% 以上，创新企业数量近五年复合增速均在 25% 以上，创新人才数量近五年复合增速均在 21% 以上，发展势头良好，未来潜力较大；丙烯、芳烃细分领域的发明专利申请公开量近五年复合增速均在 33% 以上，创新企业数量的近五年复合增速均在 18% 以上，创新人才数量的近五年复合增速均在 21% 以上，也具有较大的发展潜力（见表 22）。

表 22　广东省绿色石化产业潜力领域创新要素情况

细分领域	发明专利申请公开		创新企业		创新人才	
产业链三级	数量（件）	复合增速	数量（家）	复合增速	数量（人）	复合增速
其他石油产品	324	27.7%	174	29.2%	1144	24.9%
乙烯	86	19.1%	25	25.6%	293	21.5%
丙烯	62	35.1%	16	18.0%	197	29.4%
芳烃	233	33.1%	53	18.9%	702	21.1%
高性能纤维	1248	36.1%	523	31.3%	2468	28.9%

3.3.1.5 风险环节

在新兴技术和新增需求的带动下，绿色石化产业正处于新的发展阶段，中国市场地位突出，是国外公司专利布局的重点方向。通过分析国外在华发明专利申请公开量的增速，并结合国内外专利权人在华有效发明专利量的对比，有助于判断产业链各技术领域是否面临风险，具体分析模型为：

当某细分领域国外在华发明专利申请公开量的近五年复合增速大于或等于产业链整体国外在华发明专利申请公开量的近五年复合增速，或者某细分领域国外专利权人在华有效发明专利量大于该细分领域国内专利权人在华有效发明专利量时，则判定该细分领域为风险产业。

截至 2021 年 7 月，在绿色石化产业中，国外在华发明专利申请公开量共 85956 件，占全国绿色石化产业发明专利申请公开总量（350821 件）的 24.5%，近五年复合增速为 2.4%，低于全国复合增速。国外专利权人在华有效发明专利量为 31907 件，占全国绿色石化产业有效发明专利总量（110245 件）的 28.9%。

从绿色石化产业的各细分领域来看，功能性膜材料、电子化学品、高性能纤维细分领域国外在华发明专利申请公开量的近五年复合增速大于绿色石化产业链整体国外在华发明专利申请公开量的近五年复合增速，属于风险细分领域（见表 23）。

表 23　绿色石化产业链风险领域分布情况

细分领域	细分领域国外在华发明专利申请公开量近五年复合增速		细分领域国外专利权人在华有效发明专利		风险领域
产业链三级	复合增速	大于或等于产业链整体国外在华发明专利申请公开量近五年复合增速	数量（件）	大于细分领域国内专利权人有效发明专利量	
液化石油气（LGP/LNG）	0	否	6	否	否
成品油	-4.0%	否	2115	否	否
化工轻油	0	否	251	否	否
其他石油产品	-5.2%	否	339	否	否
乙炔	-27.5%	否	18	否	否
乙烯	-8.7%	否	182	否	否
丙烯	-6.1%	否	186	否	否
芳烃	-3.9%	否	609	否	否
日用化工	1.9%	否	2259	否	否
功能性膜材料	2.8%	是	10867	否	是
合成材料	2.0%	否	7638	否	否
电子化学品	5.4%	是	9648	否	是
工程塑料	0.2%	否	2711	否	否
高性能纤维	5.1%	是	1235	否	是

3.3.2　广东省技术供应链分析

3.3.2.1　技术转移情况

截至 2021 年 7 月，在绿色石化产业中，全国涉及转让的专利共 32714 件；其中，广东省涉及转让的专利共 5070 件，占全国涉及转让专利总量的 15.5%，在国内 31 省市中排名第二，排名第一的是江苏省（5715 件）。

从绿色石化产业的各细分领域来看，广东省涉及转让的专利主要分布在合成材料（1869 件）、功能性膜材料（1840 件）、电子化学品（778 件）等领域（见图 28）。

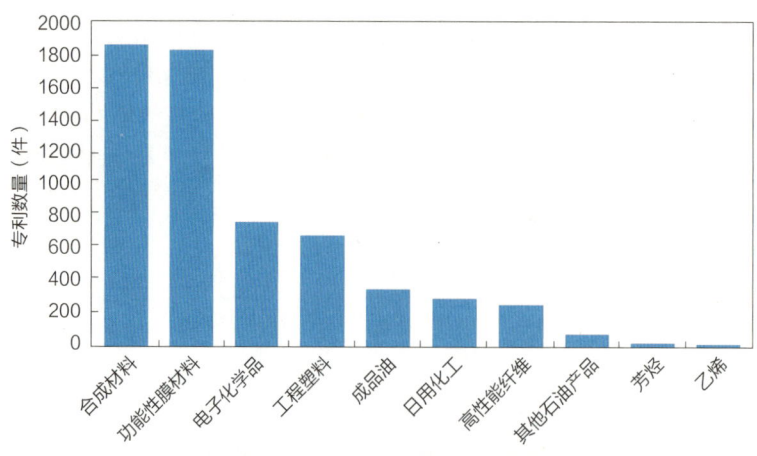

图 28 广东省绿色石化产业涉及转让专利领域分布情况

广东省绿色石化产业的专利转让活动主要发生在省内，共涉及专利 2510 件。在与外地进行的专利转让活动方面，广东省向外地转让的专利共 1279 件，转让专利的受让人主要分布在江苏省（312 件）、安徽省（132 件）、浙江省（120 件）；广东省从外地受让的专利共 1801 件，受让专利的转让人主要分布在江苏省（339 件）、浙江省（237 件）、上海市（182 件）（见图 29）。

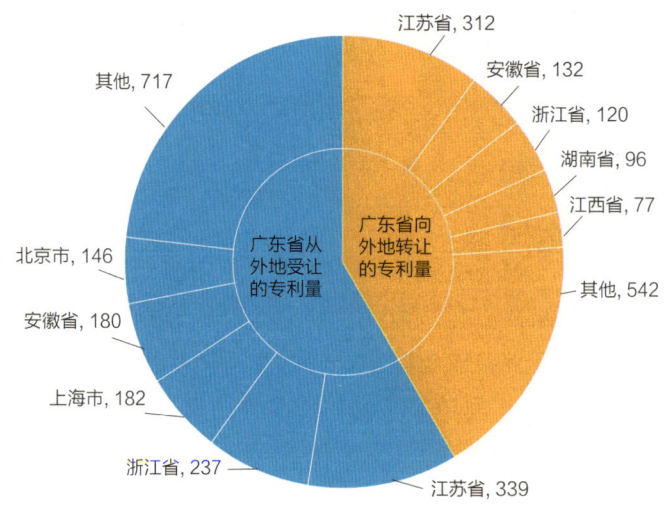

图 29 广东省绿色石化产业与外地进行专利转让活动情况（单位：件）

3.3.2.2 专利许可情况

截至 2021 年 7 月，在绿色石化产业中，全国涉及许可的专利共 2752 件；其中，广东省涉及许可的专利共 752 件，占全国涉及许可专利总量的 27.3%，在国内 31 省市中排名第一。

从绿色石化产业的各细分领域来看，广东省涉及许可的专利主要分布在成品油（337 件）、合成材料（174 件）、功能性膜材料（162 件）等领域（见图 30）。

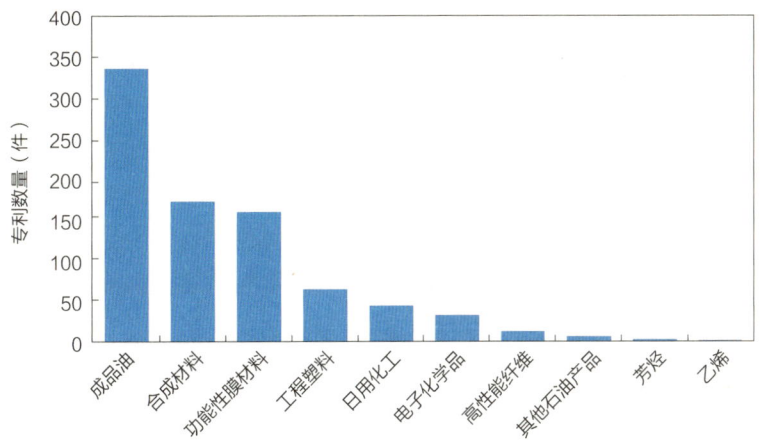

图30 广东省绿色石化产业涉及许可专利领域分布情况

广东省绿色石化产业的专利许可活动中，省内共涉及专利211件。在与外地进行的专利许可活动方面，广东省对外地许可的专利共101件，许可专利的被许可人主要分布在江苏省（11件）、四川省（9件）、湖南省（9件）；广东省被外地许可的专利共446件，被许可专利的许可人主要分布在国外（344件）、北京市（12件）、台湾省（11件）（见图31）。

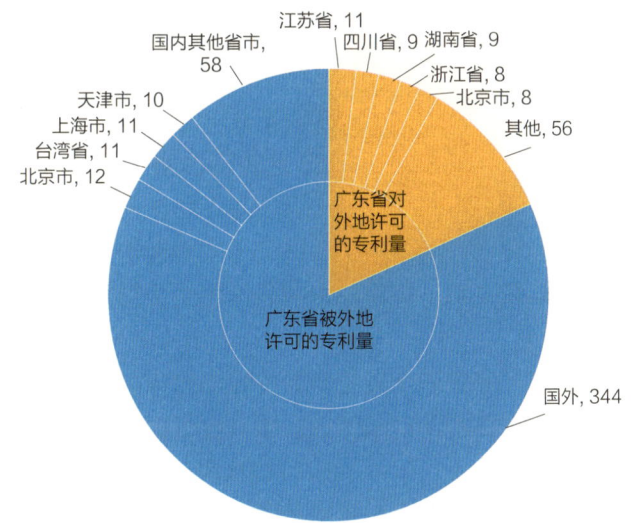

图31 广东省绿色石化产业与外地进行专利许可活动情况（单位：件）

3.3.2.3 专利质押情况

截至2021年7月，在绿色石化产业中，全国涉及质押的专利共2480件；其中，广东省涉及质押的专利共623件，占全国涉及质押的专利总量的25.1%，在国内31省市中排名第一。

从绿色石化产业的各细分领域来看，广东省涉及质押的专利主要分布在合成材料（331件）、工程塑料（207件）、功能性膜材料（197件）等领域（见图32）。

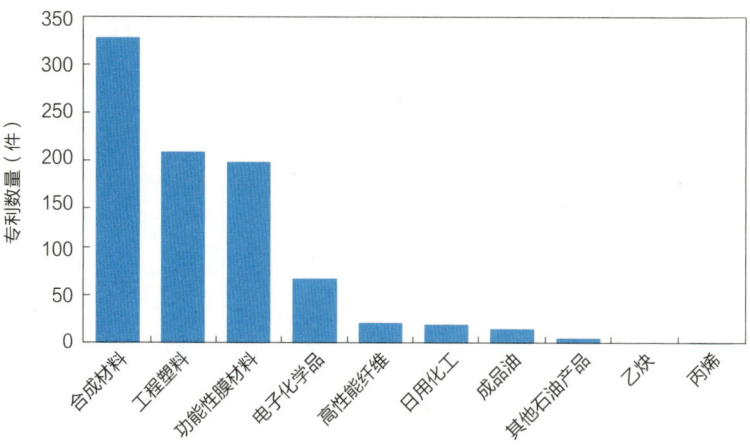

图 32　广东省绿色石化产业涉及质押专利领域分布情况

第4章 广东省绿色石化产业创新发展路径建议

广东省石化产业健康稳步发展，逐渐形成炼化、基础化工、合成材料、精细化工等产业链一体化发展格局，沿海石化产业经济带基本成形，成为我国重要的石化基地之一。广东省在绿色石化产业方面基础雄厚，拥有广州、惠州大亚湾、湛江东海岛、茂名、揭阳大南海等五大炼化一体化基地，珠海高栏港精细化工基地和若干化工园区，以中石化、金发科技等为代表的行业龙头纷纷抢占产业技术制高点，产业链上下游的企业正加速在绿色石化产业的技术布局，集聚了雄厚的技术实力。同时，广东省汇聚了大量石化领域的高端人才，以华南理工大学、中山大学等为代表的高校院所为本地提供了丰富的产学研资源，这些得天独厚的条件都将加速广东省绿色石化产业的发展。广东省雄厚丰沛的企业、人才资源为广东省发展绿色石化产业提供了"常量"，而节能环保、绿色安全等先进技术的加速融合，是带动绿色石化产业发展取得突破的关键"变量"。广东省应稳住常量，抓好变量，把握绿色石化产业发展的战略性机遇，推动绿色石化产业快速发展，打造世界级绿色石化产业集群。

4.1 产业布局优化路径

以"固链、强链、补链、延链"为重点，以提升区域产业技术创新能力和核心竞争力为目标，基于知识产权大数据情报分析，对产业链的构成和产业融合载体分布情况进行梳理，引导创新资源向产业链上下游集聚，打造绿色石化产业发展高地。对于本地产业优势细分领域，主要通过研发创新、核心技术攻关、专利布局以及技术合作等手段巩固区域产业优势。对于本地产业链劣势环节，可考虑结合政策驱动、人才引进、对外合作等加以提升。

首先，实施固链工程。广东省绿色石化产业基础设施完善、产业链覆盖全面，产业链整体保持较快增长。建议广东省继续保持区域产业优势，在成品油、日用化工、功能性膜材料、合成材料、电子化学品、工程塑料等产业环节不断有所突破，抢占产业技术高地和话语权。

其次，实施强链工程。继续增强乙烯、丙烯、芳烃、高性能纤维、其他石油产品等产业潜力环节，加大扶持力度，不断提升广东省绿色石化产业的竞争实力。

再次，实施补链工程。针对广东省绿色石化产业的薄弱环节，在液化石油气（LGP/LNG）、化工轻油、乙炔等领域加大研发投入、加强专利布局，同时可以考虑与国内外行业巨头开展技术合作,补齐区域短板。

最后,实施延链工程。围绕新一代电子信息、高端装备制造、现代轻工纺织等先进制造业和战略性新兴产业的应用,结合上中游产品特点,延伸中下游石化产业链条,促进化工产品精深加工,发展工程塑料、电子化学品、功能性膜材料、高性能纤维等高端精细化学品和化工新材料,提升高端精细化工产品和化工新材料占比,推动广东省石化产业高质量发展。

建议广东省在实施雁阵培育计划中,根据绿色石化产业技术创新情况将本地企业分为多个梯队,整合区域企业网络,完善产业链生态体系。充分利用广东省绿色石化产业优势,将中石化、金发科技等龙头企业作为头雁,依托产业生态,把新的优质群雁企业吸引进来,互相借力,带动广东省上下游产业链集群发展。对于处于产业链不同环节的企业,鼓励区域内部整合,特定环节较强的企业可以强强联合。鼓励和支持优势企业特别是上市公司加大兼并重组、跨国并购力度,提高产业集中度和资源配置效率,培育一批具有国际竞争力的行业龙头企业。积极引导龙头企业建立协同制造体系,带动中小企业加快发展,培育特色骨干企业。完善企业服务体系,培育单项冠军、隐形冠军企业,加快企业向"专精特新"发展。

把握我国深入实施"一带一路"倡议的重大机遇,依托广东省对外开放水平高的基础,统筹利用好两种资源、两个市场,聚焦强链补链延链,加强与巴斯夫集团、埃克森美孚公司等大型跨国化工企业的合作,进一步加大"引进来"和"走出去"步伐,拓展合作模式,提升国际合作的水平和层次,增强企业国际竞争力。

实施创新驱动发展战略,根本在于增强自主创新能力,人才是创新的根基,创新驱动实质上是人才驱动,科技创新最重要、最核心、最根本的是人才问题。只有拥有一流的创新人才,才能产生一流的创新成果,才能拥有创新的主导权。企业最具有创新能力的核心人员一般占研发人员的2%,也就是说这2%的核心人员是引领推动产业发展的"关键少数",是全球绿色石化产业角逐的焦点。建议广东省人才工作要进一步聚焦到"2%"高端人才层面,建立起"引""稳""培""鉴"相结合的人才培养机制,打造创新人才高地。

一是"引",在人才引进中加强行业领军人才、技术高管及科技企业家等人才的引进力度;二是"稳",加强人才大数据的建设与运用水平,构建绿色石化产业创新人才数据库,实时监测广东省高层次人才发展动态,稳定核心技术人才,减少高端人才外流;三是"培",深化产教融合,依托全国和广东省高校科教资源,建立学历教育与职业教育相结合的人才培养模式,协同培养创新型科技工程师人才;四是"鉴",有效利用知识产权大数据建立发现高端科技人才、评价人才和跟踪人才机制,绘制全球高端人才图谱,落实人才引进中的知识产权评价和鉴定机制。

同时,重点抓好石化专业学科建设,强化高等院校(含技工院校)与石化企业之间的合作,鼓励石化骨干企业与高等院校开展协同育人,夯实石化产业人才基础。依托高等院校、科研院所、重大科技基础设施、基础研究机构等国际一流创新载体,支持引进和聚集全球绿色石化高端创新人才团队,为石化产业发展提供强大创新资源。

4.2 知识产权工作建议

实施产业创新能力提升工程。加快培育石化企业技术中心、制造业创新中心、工程（技术）研究中心、重点实验室等一批重大创新平台，提升研发基础设施水平。鼓励外资企业、境外知名大学与石化企业加强合作，促进国际先进技术成果转移转化。鼓励企业、高校、科研院所、知识产权服务机构、产业联盟、行业协会等作为建设主体，建设高价值专利培育中心，加速产业高价值专利的产出运营。实施标准化建设提升工程。鼓励企事业单位主导和参与制（修）订石化领域的国际标准、国家标准和行业标准。鼓励行业协会等社会团体制定和推广实施先进团体标准。鼓励石化企业加大标准必要专利的布局申请力度，提升产业竞争力。

目前，制约我国产业科技成果转化、知识产权运营、产业链强链补链、招商引资、人才引进等产业发展的关键是信息不对称，创新供给侧、产业需求端、资本赋能方三者之间存在严重的结构洞，即存在找不到、看不懂、风险大等问题。因此，建议打造绿色石化领域的以知识产权数据为核心价值导向的产业知识产权运营平台，建设知识产权要素齐全，高技术产业创新生态健全，实现"知识产权+产业+资本+机构+人才"一体化融合发展的国家级产业知识产权运营平台，成为引领区域产业创新发展的重要智库力量，建设形成技术、资本、人才等要素精准对接、智能匹配的知识产权要素市场，形成若干细分领域专利池、专利组合运营资产，许可、交易、转让的专利运营业态活跃，促进高校院所知识产权运营和科技成果转化，投资孵化一批区域重点产业高价值专利项目，引进一批拥有核心专利技术的高端人才创业项目，涌现出一大批具有核心专利竞争力的科创企业，护航区域科创企业上市发展，导航区域产业高质量发展。

建立专利预警机制，建议广东省在功能性膜材料、电子化学品、高性能纤维等产业链风险环节，加大专利布局力度，加强技术积累和挖掘，坚持创新导向和质量导向，提高专利布局数量。同时，作为我国外贸第一大省，广东省尤其还应注重知识产权的海外布局工作，建议企业在"走出去"的过程中，可根据经营业务范围在海外潜在市场围绕自身的优势技术，进行多角度、多层次的专利布局，形成对自身权益最大的保护，以应对国际竞争。

广东省汽车产业专利统计分析报告

广东省知识产权保护中心
2021 年 12 月

目　录

第 1 章　引言　　// 332

　　1.1　项目背景　　// 332
　　1.2　产业链分类　　// 333

第 2 章　汽车产业发展态势　　// 334

　　2.1　产业发展现状　　// 334
　　　　2.1.1　全球汽车产业发展概况　　// 334
　　　　2.1.2　中国汽车产业发展概况　　// 334

　　2.2　政策环境　　// 336
　　　　2.2.1　全球政策环境　　// 336
　　　　2.2.2　中国政策环境　　// 336
　　　　2.2.3　广东政策环境　　// 339

第 3 章　中国汽车产业创新发展态势　　// 342

　　3.1　中国创新企业　　// 342
　　3.2　中国专利布局　　// 344
　　3.3　中国创新人才　　// 348

CONTENTS

第 4 章　从关键技术看产业技术发展方向　// 350

4.1　决策系统领域的发展现状　// 351
4.2　决策系统领域的专利布局情况　// 351
4.3　决策系统技术洞察　// 352

第 5 章　广东省汽车产业创新发展定位　// 355

5.1　广东省创新企业　// 355
5.2　广东省专利布局　// 356
5.3　广东省创新人才　// 357
5.4　广东省技术合作情况分析　// 358
5.5　广东省产业链集聚结构　// 359
　5.5.1　优势环节分析　// 359
　5.5.2　不足环节分析　// 360
　5.5.3　潜力环节分析　// 361
　5.5.4　风险环节分析　// 361

第 6 章　广东省汽车产业创新发展路径建议　// 364

6.1　产业布局优化路径　// 364
6.2　知识产权风险防控建议　// 365

图目录

图1 汽车产业链结构图 ……………………………………………………………… 333
图2 2019年及2020年全球主要国家和地区电动汽车交付量（单位：千辆）……… 341
图3 中国汽车创新企业数量增长情况 ……………………………………………… 342
图4 中国汽车创新企业数量排名前10省市（单位：家）………………………… 343
图5 中国汽车产业隐形冠军企业数量排名前10省市（单位：家）……………… 343
图6 中国汽车产业独角兽企业数量排名前10省市（单位：家）………………… 344
图7 中国汽车产业的发明专利申请公开量增长趋势 ……………………………… 344
图8 中国汽车产业累计发明专利申请公开量排名前10省市（单位：件）……… 345
图9 中国汽车产业创新人才数量增长情况 ………………………………………… 348
图10 中国汽车产业创新人才数量排名前10省市（单位：人）…………………… 348
图11 典型无人驾驶车辆系统架构 …………………………………………………… 351
图12 国内31省市和海外在华专利布局对比情况 …………………………………… 352
图13 广东省各市创新企业分布情况 ………………………………………………… 355
图14 广东省各市汽车产业累计发明专利申请公开量的分布情况 ………………… 356
图15 广东省各市从事汽车产业创新人才分布情况 ………………………………… 357
图16 全国各省市汽车产业涉及产学研合作申请的专利分布 ……………………… 358
图17 广东省汽车产业产学研合作申请专利在细分产业的分布 …………………… 358
图18 广东省汽车产业不同产学研合作申请模式的专利分布 ……………………… 359

表目录

表1　全球各国在汽车产业中的战略布局 …………………………………… 336
表2　中国汽车产业相关政策 ………………………………………………… 337
表3　各省市汽车产业相关政策 ……………………………………………… 338
表4　广东省汽车产业相关政策 ……………………………………………… 340
表5　中国汽车产业链的创新资源分布情况 ………………………………… 346
表6　国内31省市与海外来华在中国的专利布局对比情况 ………………… 347
表7　广东省各地市汽车产业发明专利公开量情况 ………………………… 356
表8　广东省在汽车产业链的优势领域创新要素分布 ……………………… 360
表9　广东省在汽车产业链的不足领域创新要素分布 ……………………… 361
表10　广东省在汽车产业链的潜力产业增速情况 …………………………… 361
表11　汽车产业链专利预警分析 ……………………………………………… 362

第 1 章　引言

1.1　项目背景

2021年3月,《中华人民共和国国民经济和社会发展第十四个五年规划和2035年远景目标纲要》围绕"发展壮大战略性新兴产业"进行了专章论述,指出要着眼于抢占未来产业发展先机,培育先导性和支柱性产业,推动战略性新兴产业融合化、集群化、生态化发展,战略性新兴产业增加值占GDP比重超过17%。2021年9月,中共中央、国务院印发《知识产权强国建设纲要(2021—2035年)》,在"建设激励创新发展的知识产权市场运行机制"部分,明确要大力推动专利导航在传统优势产业、战略性新兴产业、未来产业发展中的应用。

习近平总书记对广东制造业发展高度重视、寄予厚望,明确要求广东加快推动制造业转型升级,建设世界级先进制造业集群。2020年5月,广东省人民政府出台《关于培育发展战略性支柱产业集群和战略性新兴产业集群的意见》,并进一步制订了20个战略性产业集群行动计划,最终形成"1+20"的政策体系,旨在推动广东省产业链、创新链、人才链、资金链、政策链相互贯通,加快建立具有国际竞争力的现代化产业体系。2021年4月,广东省人民政府关于印发《广东省国民经济和社会发展第十四个五年规划和2035年远景目标纲要》的通知在"总体要求"中提出,改造提升传统产业,做大做强战略性支柱产业,培育发展战略性新兴产业,加快发展现代服务业,推动产业基础高级化和产业链供应链现代化,提高产业现代化水平,打造新兴产业重要策源地、先进制造业和现代服务业基地,推动建设更具国际竞争力的现代产业体系。

针对"汽车产业",广东省工业和信息化厅等五部门于2020年9月印发了《广东省发展汽车战略性支柱产业集群行动计划(2021—2025年)》,提出到2025年,汽车产业规模突破万亿、汽车品牌影响力显著提高、产业链配套能力显著提升、创新平台支撑能力显著增强。并明确广东省市场监督管理局负责实施品牌提升行动、打造全球知名品牌,持续深化产业合作、坚持传统与新能源汽车共同发展,加速国际化进程、增强全球化发展能力等重点任务和创新能力提升工程,产业链提升工程、品牌质量提升工程、汽车产业园及测试基地建设工程、新一轮开放合作工程等重点工程中的相关工作。

为深入贯彻习近平新时代中国特色社会主义思想和党的十九大精神,认真落实中共中央、国务院关于发展壮大战略性新兴产业和知识产权强国建设及省委、省政府关于推进制造强省建设的工作部署,按照《广东省人民政府关于培育发展战略性支柱产业集群和战略性新兴产业集群的意见》《广东省发展汽车战略性支柱产业集群行动计划（2021—2025年）》的工作安排，加快发展汽车战略性支柱产业集群，促进产业迈向全球价值链高端，开展汽车产业专利分析研究工作。基于产业专利导航创新决策理念，紧扣产业分析和专利分析两条主线，将专利信息与产业现状、发展趋势、政策环境、市场竞争等信息深度融合，基于知识产权产业金融大数据，深入研究广东省汽车产业发展现状，明晰产业发展方向，找准区域产业定位，分析存在制约发展的瓶颈问题和制度障碍，指出优化产业创新资源配置的具体路径，提出适用于本区域产业创新发展的相关建议，为广东省汽车产业发展规划、招商引资、人才引进等提供决策支撑。

1.2 产业链分类

汽车产业分为四大领域，其中，产业链上游对应传统汽车零部件领域、新能源汽车零部件领域、智能网联系统领域；产业链中游对应整车研发与生产领域、汽车开发测试领域；产业链下游对应汽车后市场服务领域。进一步将汽车产业分为多个相关的三级分支：上游传统汽车零部件主要涉及发动机系统、传动系统、转向系统、制动系统、行驶系统、汽车电子系统、汽车电气系统、车身及内外饰件，新能源汽车零部件主要涉及动力电池、电机、电控系统、热管理、电路系统，智能网联系统主要涉及感知系统、决策系统、执行系统、通信系统、智能驾驶舱、自动驾驶系统、系统网络运营服务；中游整车研发与生产主要涉及燃油车整车、新能源汽车整车；下游汽车后市场服务主要涉及充电技术及设施、出行服务、环卫服务、接驳服务、物流服务、汽车维修保养、汽车循环利用（见图1）。

图 1　汽车产业链结构图

第 2 章 汽车产业发展态势

2.1 产业发展现状

2.1.1 全球汽车产业发展概况

汽车工业具有集技术密集、资本密集、人才密集于一体的显著特点；其产业链之长、与上下游产业关联度之高，是其他工业产业所不具有的；同时，汽车产业因具有广泛的范围经济和显著的规模经济效应而成为国民经济的支柱产业，在国民经济中发挥着"牵一发而动全身"的支撑、带动作用。

经过 100 多年的发展，汽车制造已经形成了一条庞大的产业链，成为世界上规模最大、产值最高的重要产业之一，在全球制造业中占有相当大的比重。汽车产业对各国工业结构升级和相关产业发展有很强的带动作用，具有产业关联度高、涉及面广、技术要求高、综合性强、零部件数量多、附加值大等特点，同时具有明显的规模效应。

汽车产业对一国经济和一地经济能产生巨大的拉动效应，是"1∶10"的产业，即汽车工业每增加 1 个百分点的产出能够带动整个国民经济总体增加 10 个百分点的产业，汽车工业可以带动钢铁、冶金、橡胶、石化、塑料、玻璃、机械、电子等诸多相关行业，可以延伸到维修服务业、商业、保险业、交通运输业及路桥建筑等许多相关行业，可以吸纳各种新技术、新材料、新工艺、新装备，可以形成相当大的生产规模和市场规模，可以创造产生巨大的产值、利润和税收，可以提供众多的就业岗位。

从国际上来看，纵观汽车工业大国，大都是经济强国。美国、日本、法国、德国等汽车工业发达的国家，其汽车工业产值占本国国民经济总产值的比例均在 10% 以上。从我国的区域经济来看，一汽集团、上海汽车集团、东风汽车集团等所在的城市，均是以汽车产业为支柱产业，其汽车工业产值在本市总产值和国民经济总产值中都占有相当大的比例。

2.1.2 中国汽车产业发展概况

我国的汽车工业相比其他汽车工业发达国家发展相对较晚。我国汽车工业是在中外企业合资中不断融合发展的，完成了从最初年产不足万辆到年产超过 1000 万辆、2000 万辆的飞跃。随着全球分工体系的确立和汽车制造产业的转移，我国汽车工业准确把握住这一历史机遇实现跨越式发展，现已成为全球汽车工业体系的重要组成部分。同时，国内汽车企业在与国外优秀企业的合作中不断得到历练，积累了强大的汽车生产能力与经验，逐步实现由汽车生产大国向汽车产业强国的转变，成为推动我国汽车产业发展的中坚力量。随着我国经济的持续发展以及居民平均消费水平的提高，我国汽车产业在这几年获得了迅速的发展。

中国汽车企业以本国汽车工业发展为根本依托，不同企业在国内汽车市场中展开了激烈的竞争。相比其他国家，中国国内市场消费基数巨大，并且日益增长，强大的消费购买力支撑了国内汽车企业的发展。其他国家汽车销售已经趋于饱和状况，但是中国汽车企业的发展要根据国内经济发展状况、政策制定以及基础设施建设等进行分析，居民收入和消费能力都在影响着汽车企业经济效益的提升；中国居民消费能力不断增强，为汽车企业经济效益提供了保障。

近年来中国汽车制造业企业数量逐年增加，2018年中国共有汽车制造业企业15174个，较2017年增加了266个；2019年中国共有汽车制造业企业15485个，较2018年增加了311个。从区域市场来看，随着我国汽车零部件企业配套能力的逐步提高，以及配套体系的逐步完善，一批具备自主创新能力、产品竞争力较强的民营企业逐步脱颖而出，市场份额也逐渐扩大，并且形成了长三角、珠三角、东北、环渤海、华中、西南六大汽车产业带，产业规模化、集群化特征日趋凸显。

智研咨询发布的《2020—2026年中国汽车制造业行业市场调研分析及投资趋势预测报告》数据显示：近年来中国汽车制造业资产逐年攀升，2018年中国汽车制造业资产为79176亿元，较2017年增加了3043亿元；2019年中国汽车制造业资产为80788亿元，较2018年增加了1612亿元。

随着我国人均生活消费水平和GDP的增加，人们购车愿望十分强烈，消费能力的释放和市场的繁荣都表现出汽车市场的景气。2014—2017年中国汽车制造业营业收入逐年增加，2018年开始下滑，2018年中国汽车制造业营业收入为83373亿元，较2017年减少了1264亿元；2019年中国汽车制造业营业收入为80418亿元，较2018年减少了2955亿元。从汽车保有量来看，我国汽车行业仍存在较大增长空间。根据公安部统计，截至2019年年底，全国汽车保有量达2.6亿辆左右，而美国2016年汽车保有量就已达到2.64亿辆。在人均保有量方面，2018年我国千人汽车保有量为173辆左右，而同期美国千人汽车保有量已达837辆，日本为591辆，德国为589辆，与主要发达国家相差较大，且低于世界平均水平。随着城镇化进程的推进，未来我国汽车行业市场仍具有较大增长潜力。

在能源与环境面临严峻挑战的情况下，为更好地应对节能减排的需要，我国于21世纪初开始加大新能源汽车的研发投入。经过多年的努力，2008年我国新能源汽车有了实质性发展。为指导新能源汽车健康、快速地发展，近年来，国家颁布了一系列鼓励政策，给新能源汽车的发展指明了方向。

近年来，我国新能源汽车市场迅猛发展。2013年我国新能源汽车产量为1.75万辆，销量为1.76万辆；2018年我国新能源汽车产销量分别达到127.05万辆和125.62万辆，同比分别增长59.92%和61.74%；2013年至2018年产销量年均复合增长率分别达135.61%和134.81%。2020年中国新能源汽车零部件的创新企业为2.0万家，同比增长15.6%，五年复合增长率为22.3%；而2020年中国智能网联系统的创新企业达到了8.3万家，同比增长17.1%，五年复合增长率为20.5%。

2.2 政策环境

2.2.1 全球政策环境

全球经济下行、贸易竞争加剧等不确定性形势复杂严峻,以新技术、新供给创造新需求成为经济发展新模式。智能网联汽车作为前沿科技集聚的代表载体,已成为全球汽车产业发展的战略方向,世界各国争先围绕战略规划、法律法规、标准规范、研发创新等方面,制定滚动发展的综合性产业发展政策体系,力求在新一轮汽车产业变革中取得领先优势(见表1)。

表1 全球各国在汽车产业中的战略布局

国家	主要政策	主要内容
美国	《自动驾驶汽车4.0》	确立了自动驾驶汽车方面的核心技术原则,即保护用户和群体、促进市场的有效运行、各方工作协调一致
日本	《新一代汽车战略2010》	提出以混动为主,多技术同步发展的产业愿景
日本	《SIP(战略性创新创造项目)自动驾驶系统研究开发计划》	成立自动驾驶推进委员会,形成产学官一体的自动驾驶研发机制
德国	《国家电动汽车发展计划》	确定汽车产业电动化转型战略
德国	《自动化和互联化驾驶道德准则》	全球首个自动驾驶系统设计伦理要求
英国	《自动与电动汽车法案》	明确适用于自动驾驶汽车的保险和责任规则
欧盟	《地平线2020》	研发计划出资2亿欧元用于电池项目的研发,以共同应对全球竞争,减少欧洲车企对中日韩电池企业的依赖
欧盟	《通往自动化出行之路:欧盟未来出行战略》	到2030年完全进入自动驾驶社会
韩国	《2030未来汽车产业发展战略》	构建无人驾驶管理体系及路网系统,促进汽车产业转型

新能源汽车和智能网联汽车作为汽车工业、信息通信、人工智能、交通运输等多产业关联融合的重要载体,已成为汽车产业链升级、经济增长新功能培育壮大的重要方向,全球汽车强国纷纷制定兼顾创新支持与安全监管的综合性产业政策体系,积极抢占未来汽车产业制高点。总体上,国内外主要围绕新能源汽车和智能网联汽车研发设计、生产准入、销售流通、测试示范、报废回收等全生命周期环节,聚焦战略规划、研发创新、法律法规、标准规范等领域,推动产业政策的制定完善,加快构建支持新能源汽车和智能网联汽车高质量发展的政策环境体系。

2.2.2 中国政策环境

汽车产业是国民经济的战略性、支柱性产业,中国自加入世贸组织以来,汽车产业高速发展,对加快工业化进程、推动制造业创新发展、增加就业和促进消费升级发挥了不可替代的重要作用。在外贸领域,汽车产品进出口快速发展,对确定和巩固我国世界第一货物贸易大国的地位作出了积极贡献,当前我国正由贸易大国向贸易强国迈进,汽车产业将发挥更大的作用。因此从部委行动上升为国家战略,我国着力完善汽车产业顶层设计及基础支撑环境,逐步形成以发展规划及标准建设为核心的产业政策体系(见表2)。

表2 中国汽车产业相关政策

时间	发文机构	文件名称	主要内容
2021年	国家市场监管总局、国家标准化管理委员会	《乘用车燃料消耗量限值》	规定了燃用汽油或柴油燃料、最大设计总质量不超过3500kg的M1类车辆今后一个时期的燃料消耗量限值要求
2020年	国务院办公厅	《新能源汽车产业发展规划（2021—2035年）》	到2025年，我国新能源汽车市场竞争力明显增强，动力电池、驱动电机、车用操作系统等关键技术取得重大突破，安全水平全面提升
2020年	国家发改委等十一部委	《智能汽车创新发展战略》	以供给侧结构性改革为主线，以发展中国标准智能汽车为方向，以建设智能汽车强国为目标，以推动产业融合发展为途径，开创新模式，培育新业态，提升产业基础能力和产业链水平
2018年	工业和信息化部	《车联网（智能网联汽车）产业发展行动计划》	以网络通信技术、电子信息技术和汽车制造技术融合发展为主线，充分发挥我国网络通信产业的技术优势、电子信息产业的市场优势和汽车产业的规模优势，推动优化政策环境，加强跨行业合作，突破关键技术，夯实产业基础，形成深度融合、创新活跃、安全可信、竞争力强的车联网产业新生态
2018年	工业和信息化部	《道路机动车辆生产企业及产品准入管理办法》	鼓励道路机动车辆生产企业进行技术创新；鼓励道路机动车辆生产企业之间开展研发和产能合作，允许符合规定条件的道路机动车辆生产企业委托加工生产
2018年	国家发改委	《汽车产业投资管理规定》	加强汽车产业投资方向引导；严格控制新增传统燃油汽车产能；积极引导新能源汽车健康有序发展；加强关键零部件等投资项目管理；强化事中事后监管；完善产能监测与预警机制
2017年	工业和信息化部、国家标准化管理委员会	《国家车联网产业标准体系建设指南（智能网联汽车）》	到2020年，初步建立能够支撑辅助驾驶及低级别自动驾驶的智能网联汽车标准体系。制定30项以上智能网联汽车重点标准，涵盖功能安全、信息安全、人机界面等通用技术以及信息感知与交互、决策预警、辅助控制等核心
2017年	环境保护部（已撤销）	《机动车污染防治技术政策》	强化新车达标监管，重点加强重型柴油车生产、销售等环节监管。加强机动车检测与维护（I/M），重点加强高排放车辆、高使用强度车辆监管，确保上路车辆排放稳定达标。严格控制机动车颗粒物排放
2017年	工业和信息化部、国家发改委、科技部	《汽车产业中长期发展规划》	以新能源汽车和智能网联汽车为突破口，引领产业转型升级；以做强做大中国品牌汽车为中心，培育具有国际竞争力的企业集团
2016年	环境保护部（已撤销）	《轻型汽车污染物排放限值及测量方法（中国第六阶段）》	采用分步实施的方式，设置国六a和国六b两个排放限值方案，分别于2020年和2023年实施

续表

时间	发文机构	文件名称	主要内容
2016年	工业和信息化部、国家发改委、科技部、财政部	《工业强基工程实施指南（2016—2020年）》	针对新能源汽车、智能电网、轨道交通三大领域，重点支持IGBT设计、芯片制造、模块生产及IDM、上游材料、生产设备制造等环节，促进IGBT及相关产业的发展
2016年	汽车工业协会	《"十三五"汽车工业发展规划意见》	要求在"十三五"期间建立汽车产业创新体系，积极发展智能网联汽车，并提出了具有驾驶辅助功能的汽车，新车渗透率要达到50%

新能源汽车发展的政策红利将由国家转到地方，地方政府根据各地汽车产业特点和发展重点，出台扶持政策，政策可以指向研发、生产、销售、基础设施、回收再利用等领域。

目前国内多个省市先后出台智能网联汽车行业发展相关政策，针对发展方向及重点任务、配套措施等方面实施具体的举措，促进汽车企业积极进行智能网联汽车测试基地的建设及运营，助力区域智能网联汽车测试示范与应用服务快速发展（见表3）。

表3 各省市汽车产业相关政策

省市	时间	文件名称	主要内容
上海	2021年	《上海市加快新能源汽车产业发展实施计划（2021—2025年）》	从突破新能源汽车产业核心技术、打造完整产业生态、加快新技术示范应用、完善城市基础设施配套、健全制度体系五个方面，明确"十四五"期间本市新能源汽车产业发展总体目标，提出若干重点工作
上海	2018年	《上海市智能网联汽车道路测试管理办法（试行）》	为上海在全国率先实施智能网联汽车开放道路测试奠定了基础，将加快推动智能网联汽车从研发测试向示范应用和商业化推广转变
上海	2017年	《上海市智能网联汽车产业创新工程实施方案》	保持并巩固上海智能网联汽车在全国的领先地位，力争在局部领域达到全球领先水平，努力建成全国领先、世界一流的智能网联汽车产业集群
北京	2021年	《北京市智能网联汽车政策先行区总体实施方案》	抓住智能网联汽车发展战略机遇，加大政策先行先试力度，进一步细化工作方案，做好组织实施，针对智能网联汽车新技术、新产品、新模式应用推广等探索创新性监管措施；共同推进政策先行区建设，加快形成新型产业生态体系，实现智能网联汽车产业创新发展
北京	2020年	《北京市氢燃料电池汽车产业发展规划（2020—2025年）》	2025年前，北京将培育5到10家具有国际影响力的氢燃料电池汽车产业链龙头企业，力争实现氢燃料电池汽车累计推广量突破1万辆，氢燃料电池汽车全产业链累计产值突破240亿元
北京	2018年	《北京市智能网联汽车创新发展行动方案（2019年—2022年）》	围绕"车、路、云、网、图"五大关键要素，协同推进创新能力建设，打造北京智能网联汽车产业链的整体优势；建立一套测试与示范应用体系，形成研发、生产、服务、应用的良性互动，推动智能网联汽车产业和新型交通服务体系加速发展

续表

省市	时间	文件名称	主要内容
浙江	2021年	《浙江省新能源汽车产业发展"十四五"规划》	坚持产业集群发展，围绕整车制造优化布局产业链和创新链，着力打造环杭州湾汽车产业集群，积极建设温台沿海汽车产业带，特色推进各地方汽车产业协同发展，逐步形成"一湾一带多基地"的专业化、协作化、联动化的新能源汽车空间发展格局
安徽	2021年	《安徽省新能源汽车产业发展行动计划（2021—2023年）》	深入推进汽车产业供给侧结构性改革，优化产业链供应链布局和发展环境，提升产业基础高级化、产业链现代化水平，构建产业创新生态，推动安徽新能源汽车产业实现规模速度、质量效益双提升，加快推动新能源汽车产业高质量发展
安徽	2017年	《支持新能源汽车产业创新发展和推广应用若干政策》	支持研发创新、招大引强、企业成长、市场开拓，建设公共服务平台，加大公共领域的推广应用，实施出租车"油改电"换购计划，加快充电设施建设，营造低成本便利化的消费环境，加强推广应用的考核评估
辽宁	2021年	《沈阳市加快新能源汽车产业发展及推广应用实施方案》	明确推进新能源汽车产业取得重大进展、扩大新能源汽车应用规模、统筹推进新能源汽车基础设施建设、优化新能源汽车使用环境、完善产业扶持政策等重点任务；到2023年，全市新能源汽车产量达11万辆，推广应用总量达4万辆，公共充电终端达7000个
重庆	2018年	《重庆市加快新能源和智能网联汽车产业发展若干政策措施（2018—2022年）》	给予国家级制造业创新中心每年不高于3000万元的配套研发支持；支持相关领域的新技术开发和产品产业化，对单个项目补助金额不超过1000万元；能源和智能网联汽车企业享受重庆市人才支持政策，研发平台享受的政策支持可用于人才引进
重庆	2018年	《重庆市人民政府办公厅关于加快汽车产业转型升级的指导意见》	到2022年，年产汽车约320万辆，占全国汽车年产量的10%，实现产值约6500亿元，单车价值量实现大幅提升，其中年产新能源汽车约40万辆、智能网联汽车约120万辆，成为全国重要的新能源和智能网联汽车研发制造基地
吉林	2018年	《关于加快建设汽车零部件产业体系的政策措施》	加快推动吉林省汽车零部件产业体系建设，支持零部件企业与整车产业协同创新发展，大力提升本地化配套率，打造格局开放、国际先进的汽车零部件产业生态圈
陕西	2018年	《推动汽车产业加快发展的支持措施》	成立省汽车产业发展领导小组，设立省汽车产业发展专项资金，加大招商和扩能改造力度，加大金融支持力度，支持企业享受税收优惠政策，支持新能源与清洁能源汽车推广应用，优先保障汽车产业土地供给，加强人才保障，营造汽车产业发展氛围，推动陕西省汽车产业加快发展，尽快形成300万辆整车规模

2.2.3 广东政策环境

为加快数字化发展的战略部署，促进全省战略性支柱产业集群和战略性新兴产业集群高质量发展，广东省全面推进制造业数字化转型，其中汽车产业作为战略性支柱产业中重要的一环，具有坚实的发展基础和增长趋势，是广东经济的重要基础和支撑之一。为更好发挥政府作用，强化顶层设计，优化产业布局，提高要素配置效率，推动产业集群联动发展，广东省政府先后印发了《广东省人民政府关于加快新能源汽车产业创新发展的意见》《广东省发展汽车战略性支柱产业集群行动计划（2021—2025年）》等政策文件，同时各地级市政府也出台了一系列政策措施，以助力汽车产业创新发展（见表4）。

表4 广东省汽车产业相关政策

时间	文件名称	主要内容
2021年	《肇庆市推动新能源汽车及汽车零部件产业发展行动计划（2021—2025年）》	到2025年，肇庆新能源汽车及汽车零部件产业实现产值2000亿元；肇庆新能源汽车零部件企业具有与整车同步开发能力，新能源汽车关键零部件本地配套率超40%
2019年	《广东省发展汽车战略性支柱产业集群行动计划（2021—2025年）》	汽车产业规模突破万亿；汽车品牌国际影响力显著提高；产业链配套全球竞争力显著提升；创新平台支撑能力显著增强
2018年	《广东省人民政府关于加快新能源汽车产业创新发展的意见》	加快新能源汽车产业创新发展，促进汽车产业向电动化、智能化方向战略转型，持续增强新能源汽车产业核心竞争力
2017年	《广州市新能源汽车发展工作方案（2017—2020年）》	以纯电驱动为新能源汽车发展的主要战略取向，重点发展纯电动汽车、插电式混合动力（含增程式）汽车和燃料电池汽车，继续推进节能汽车发展，积极探索"新能源+智能网联"汽车试点

2.3 产业竞争格局

汽车产业发展至今，已经成为美国、日本、德国、法国等工业发达国家国民经济的支柱产业。这些国家凭借其先发优势和技术优势，已经形成较高的产业集中度，全球汽车制造市场主要由美国通用、美国福特、德国大众、日本丰田、韩国现代等十几家大型整车制造商主导。

随着全球经济下行压力增大，自2016年以来，全球汽车产量增速不断放缓，2019年产量出现下降；2020年，加上受新冠疫情的影响，全球汽车市场持续低迷，产量仅为7762.2万辆，较2019年的9217.6万辆下降了15.8%。

目前，全球发达国家的汽车市场已趋于饱和，一些劳动密集型、资源密集型的汽车制造产业已经由发达国家逐步向发展中国家转移。其中以中国、巴西和印度为代表的新兴市场汽车工业发展迅速，发展速度明显高于发达国家。因此，北美、西欧、日本等发达国家和地区的汽车厂商瞄准了新兴市场尤其是中国市场的巨大发展潜力与增长空间，通过资本和技术多种方式与国内企业合资或独资建厂，给中国汽车工业发展不仅带来了巨大的发展机遇，也带来了严峻的挑战。

在地区分布上，世界汽车主要生产地区也在发生转移，以中国、印度、巴西等为代表的新型汽车生产国的生产能力不断提高，所占市场份额不断扩大。2020年，亚洲和大洋洲汽车产量为4429万辆，欧洲汽车产量为1692.1万辆，美洲汽车产量为1569万辆，非洲汽车产量为72万辆。

2020年，汽车产量前五地区依次为中国、美国、日本、德国、韩国，产量分别为2522.52万辆、882.24万辆、806.76万辆、374.25万辆、350.68万辆；分别占全球汽车总产量的32.50%、11.37%、10.39%、4.82%、4.52%。

2020年，电动汽车全球销量取得了巨大增长，全球纯电动汽车（BEV）+插电式混合动力汽车（PHEV）的交付量为324万辆，而2019年同期为226万辆，同比增长43.3%。同期全球轻型车市场下降了14%，使电动车的全球市场份额从2019年的2.5%增长到2020年的4.2%（见图2）。

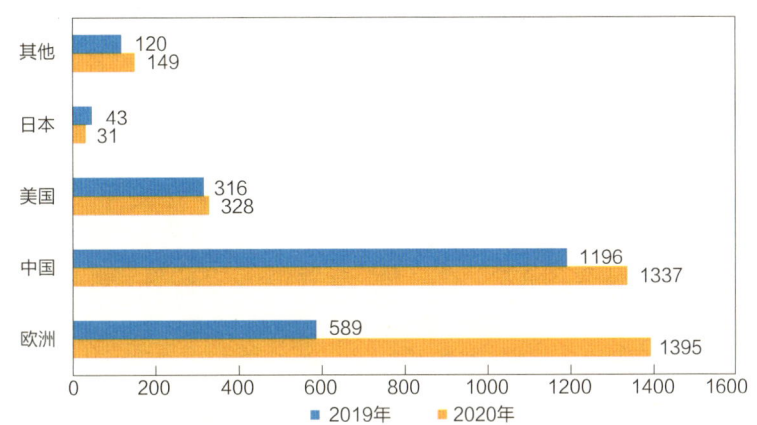

图2　2019年及2020年全球主要国家和地区电动汽车交付量（单位：千辆）

按照工信部2020年10月发布的数据，中国新能源汽车全产业链投资累计已超过2万亿元。截至2020年年底，中国新能源汽车保有量达到492万辆，占中国汽车总量的1.75%，占全球新能源汽车保有量的四成以上，稳居世界第一。由于我国坚持纯电驱动战略，纯电动汽车在我国汽车保有量当中占有较大比重。2020年，我国纯电动车保有量400万辆，占新能源汽车总量的81.32%。当前，由于科技和产业变革，我国新能源汽车已经成为汽车产业转型升级的中坚力量，新能源汽车增量连续三年超过100万辆，呈持续高速增长趋势。

第 3 章　中国汽车产业创新发展态势

3.1　中国创新企业

截至 2021 年 7 月底，中国汽车产业创新企业共计 131454 家，近五年复合增速达 20.2%，高于全球创新企业数量的平均增速（9.1%）11.1 个百分点。其中，2018 年同比增速最快，同比增长 23.3%（见图 3）。

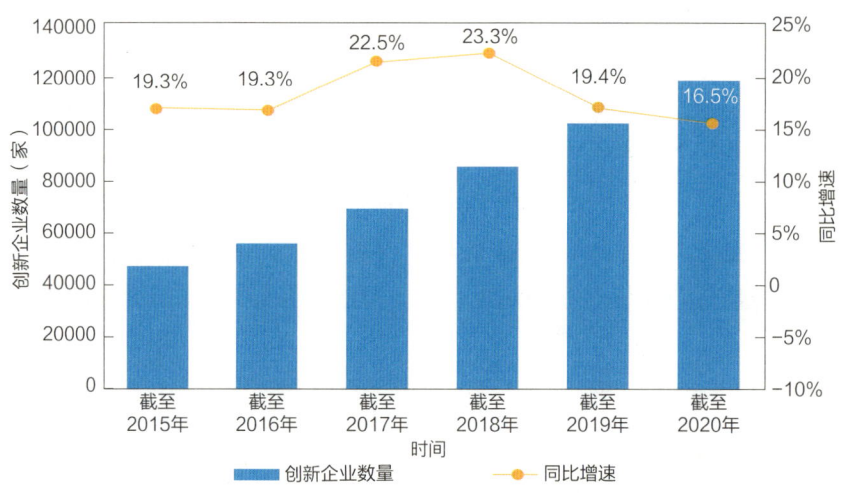

图 3　中国汽车创新企业数量增长情况

从各省市分布来看，中国汽车产业创新企业主要分布在沿海发达地区，创新企业数量排名前五位的省市分别为广东省（19705 家）、江苏省（19093 家）、浙江省（10491 家）、北京市（9002 家）、上海市（8892 家）（见图 4）。其中，广东省的创新企业数量在全国排名第一，占全国创新企业总数的 15.0%。

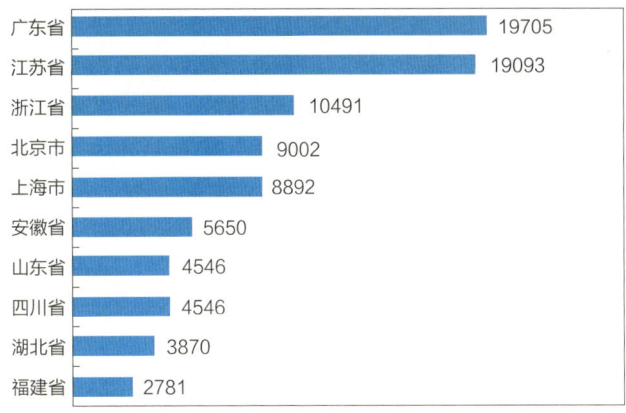

图 4　中国汽车创新企业数量排名前 10 省市（单位：家）

截至 2021 年 7 月底，全国汽车产业的高新技术企业共 68969 家，占全国汽车产业创新企业总数（131545 家）的 52.5%。全国汽车产业的上市公司达 2150 家，占全国汽车产业创新企业总数的 1.6%。

截至 2021 年 7 月底，全国汽车产业的初创企业数量为 11878 家，占全国汽车产业创新企业总数的 9.0%；隐形冠军企业数量达 1360 家，占全国汽车产业创新企业总数的 1.0%；独角兽企业 152 家，占全国汽车产业创新企业总数的 0.1%。其中，广东省拥有 130 家隐形冠军企业和 21 家独角兽企业，在全国 31 省市中均排名第三（见图 5 和图 6）。

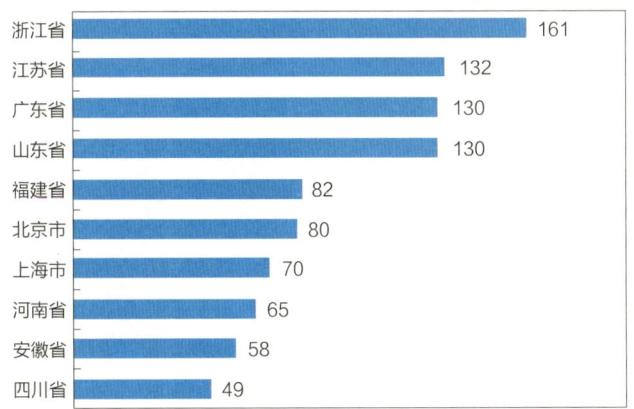

图 5　中国汽车产业隐形冠军企业数量排名前 10 省市（单位：家）

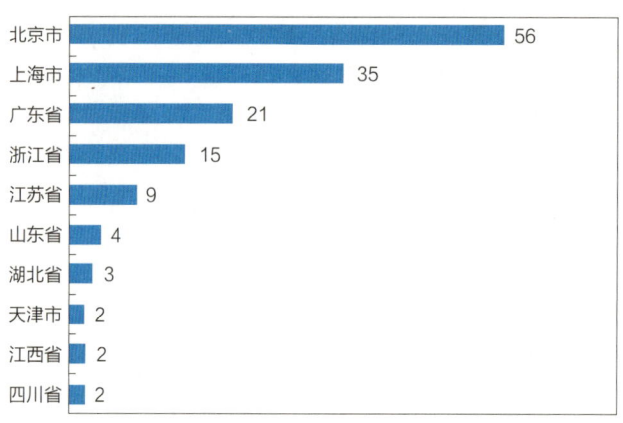

图 6　中国汽车产业独角兽企业数量排名前 10 省市（单位：家）

3.2　中国专利布局

截至 2021 年 7 月底，中国汽车产业累计发明专利申请公开量为 1422097 件，全球排名第二，占全球汽车产业累计发明专利申请公开总量的 17.9%。近五年复合增速达 17.3%，高出全球复合增速（7.2%）10.1 个百分点。其中，2017 年同比增速最快，同比增长 28.4%（见图 7）。

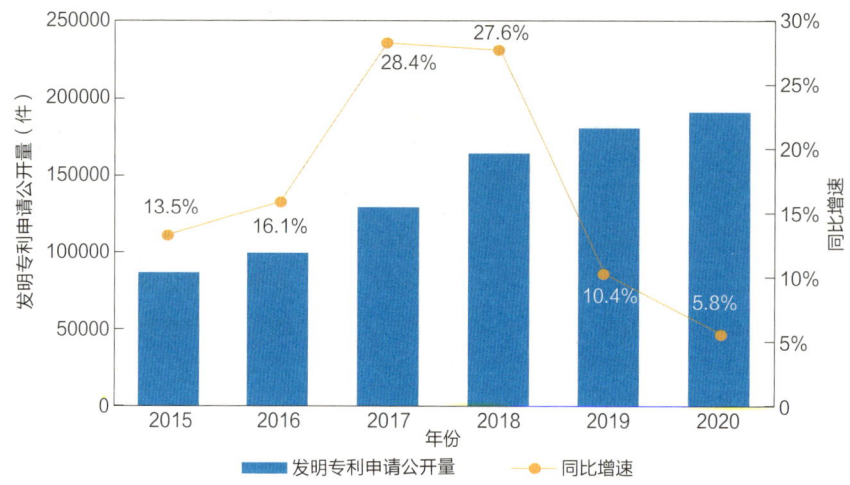

图 7　中国汽车产业的发明专利申请公开量增长趋势

从中国汽车产业的累计发明专利申请公开量的分布情况来看，累计发明专利申请公开量主要集中于广东省、北京市、江苏省、上海市、浙江省（见图 8）。其中，广东省累计发明专利申请公开量为 223349 件，排名全国第一，占全国汽车产业累计发明专利申请公开量（1422097 件）的 15.7%，近五年复合增速为 22.8%，高出全国复合增速（17.3%）5.5 个百分点。

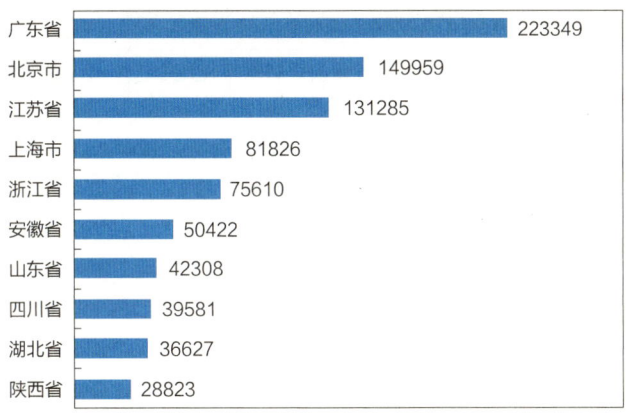

图 8　中国汽车产业累计发明专利申请公开量排名前 10 省市（单位：件）

中国汽车产业累计有效发明专利量为 444667 件，有效发明专利主要集中于广东省（70853 件）、北京市（55409 件）、江苏省（31206 件）、浙江省（24617 件）和上海市（22811 件）等省市。其中，广东省累计有效发明专利量排名全国第一，占全国累计有效发明专利量总数的 15.9%。

中国汽车产业累计发明专利授权量为 557511 件，授权发明专利主要集中于广东省（87280 件）、北京市（64714 件）、江苏省（33804 件）、浙江省（28100 件）和上海市（28077 件）等省市。其中，广东省累计发明专利授权量排名全国第一，占全国累计发明专利授权量总数的 15.7%。

中国汽车产业累计高被引专利数量为 6599 件，高被引专利主要集中于广东省（1141 件）、北京市（1045 件）、上海市（524 件）、江苏省（457 件）和浙江省（346 件）等省市。其中，广东省累计高被引专利数量排名全国第一，占全国累计高被引专利总数的 17.3%。

中国汽车产业累计产学研合作专利数量为 21086 件，主要集中于北京市（4201 件）、广东省（3228 件）、江苏省（2382 件）、上海市（1456 件）和浙江省（1024 件）等省市。其中，广东省累计产学研合作专利数量排名全国第二，占全国累计产学研合作专利总数的 15.3%。

在中国汽车产业链中，系统网络运营服务的累计发明专利申请公开量约为 55.1 万件，专利布局量最大；其次是决策系统，累计发明专利申请公开量约为 22.0 万件，动力电池约为 15.9 万件，车身及内外饰件约为 13.5 万件，汽车电子系统约为 12.8 万件。可以看出，系统网络运营服务领域受关注度较高，研发投入力度较大。从创新人才数量及创新企业数量来看，系统网络运营服务领域也同样是排名第一。近五年，中国的热管理、出行服务、物流服务领域的发明公开复合增速均在 40% 以上，汽车开发测试和决策系统领域的发明公开复合增速也超过了 30%（见表 5）。

表 5 中国汽车产业链的创新资源分布情况

产业链二级	产业链三级	累计发明专利申请公开量（件）	发明专利申请公开量近五年复合增速	创新人才数量（人）	创新企业数量（家）
传统汽车零部件	发动机系统	23593	9.6%	46146	4208
	传动系统	37049	5.4%	62651	5980
	转向系统	17520	12.3%	33326	3129
	制动系统	24592	11.7%	45463	4186
	行驶系统	52440	9.8%	85409	9740
	汽车电子系统	128292	21.6%	223692	17100
	汽车电气系统	57837	15.6%	103925	10253
	车身及内外饰件	135191	13.0%	214118	21605
新能源汽车零部件	动力电池	159006	23.0%	227072	16943
	电机	7383	15.0%	15289	1585
	电控系统	21878	10.4%	41071	4108
	热管理	1986	49.2%	5450	507
	电路系统	19961	17.8%	43732	4681
智能网联系统	感知系统	65746	22.8%	154286	13038
	决策系统	219764	32.2%	471309	31552
	执行系统	74025	15.9%	143685	11950
	通信系统	90951	20.0%	192150	19968
	智能驾驶舱	43157	22.5%	77356	5831
	自动驾驶系统	45934	22.6%	90269	7114
	系统网络运营服务	550553	11.3%	792617	55968
整车研发与生产	新能源汽车整车	43912	17.4%	77344	5761
汽车开发测试		579	33.0%	2233	232
汽车后市场服务	充电技术及设施	48012	22.5%	88586	9328
	出行服务	2221	42.1%	4914	665
	环卫服务	2392	16.6%	4487	659
	接驳服务	1024	21.3%	3213	609
	物流服务	23208	41.1%	50039	7449
	汽车维修保养	1506	22.3%	2998	684
	汽车循环利用	629	18.1%	1110	230

从发明专利申请公开量的近五年复合增速来看，国内31省市增速排名前五的产业分别是热管理（57.5%）、物流服务（41.3%）、出行服务（40.0%）、决策系统（36.7%）、智能驾驶舱（30.6%）。整体来看，海外来华的发明专利申请公开量的近五年复合增速相对平缓，海外来华在除了车身及内外饰件、转向系统和接驳服务以外的所有产业的专利布局速度均低于国内31省市（见表6）。

表6 国内31省市与海外来华在中国的专利布局对比情况

产业链二级	产业链三级	国内31省市			海外来华		
		累计发明专利申请公开量（件）	同比增速	五年复合增速	累计发明专利申请公开量（件）	同比增速	五年复合增速
传统汽车零部件	发动机系统	13860	12.7%	14.4%	9619	-2.7%	2.2%
	传动系统	21957	3.7%	8.1%	14851	-13.6%	0.1%
	转向系统	9547	-2.4%	11.6%	7899	18.8%	13.3%
	制动系统	15665	4.0%	13.8%	8829	8.6%	6.8%
	行驶系统	32278	10.2%	12.4%	19569	-5.8%	4.1%
	汽车电子系统	81085	16.0%	26.2%	46086	3.6%	13.1%
	汽车电气系统	37342	5.3%	18.8%	19881	1.5%	9.3%
	车身及内外饰件	90532	-4.6%	13.1%	43257	0	13.2%
新能源汽车零部件	动力电池	115507	3.8%	28.1%	41795	4.7%	8.6%
	电机	6345	1.1%	16.4%	984	26.1%	4.7%
	电控系统	15991	-3.6%	16.5%	5707	2.3%	-4.7%
	热管理	1677	7.6%	57.5%	299	35.6%	25.0%
	电路系统	12553	7.9%	22.3%	7217	3.0%	10.1%
智能网联系统	感知系统	54498	4.3%	23.8%	10996	7.4%	17.8%
	决策系统	169965	25.1%	36.7%	40585	17.5%	13.4%
	执行系统	51253	2.2%	18.8%	22333	-0.5%	9.3%
	通信系统	77882	10.3%	21.0%	12126	12.8%	14.6%
	智能驾驶舱	24421	16.7%	30.6%	18422	4.0%	12.8%
	自动驾驶系统	29954	14.1%	26.5%	15763	6.3%	15.4%
	系统网络运营服务	425503	1.5%	12.7%	114076	0.9%	5.1%
整车研发与生产	新能源汽车整车	26401	15.4%	24.4%	17321	5.2%	8.4%
汽车开发测试		545	30.2%	34.9%	34	0	0
汽车后市场服务	充电技术及设施	38829	4.4%	28.7%	8652	5.7%	0.2%
	出行服务	2116	-8.6%	40.0%	93	100.0%	—
	环卫服务	2359	19.9%	16.8%	33	50.0%	0
	接驳服务	967	-10.9%	20.9%	55	-28.6%	38.0%
	物流服务	21105	13.1%	41.3%	1985	0.5%	38.4%
	汽车维修保养	1207	28.0%	23.1%	272	9.5%	20.6%
	汽车循环利用	529	82.5%	23.0%	100	-20.0%	-16.7%

3.3 中国创新人才

截至 2021 年 7 月底，中国汽车产业创新人才共 200.2 万人。近五年中国汽车产业创新人才数量快速增长，复合增速达 19.1%，超过全球汽车产业创新人才数量平均增速（7.9%）11.2 个百分点，从每年的同比增速来看，增速比较平稳（见图 9）。

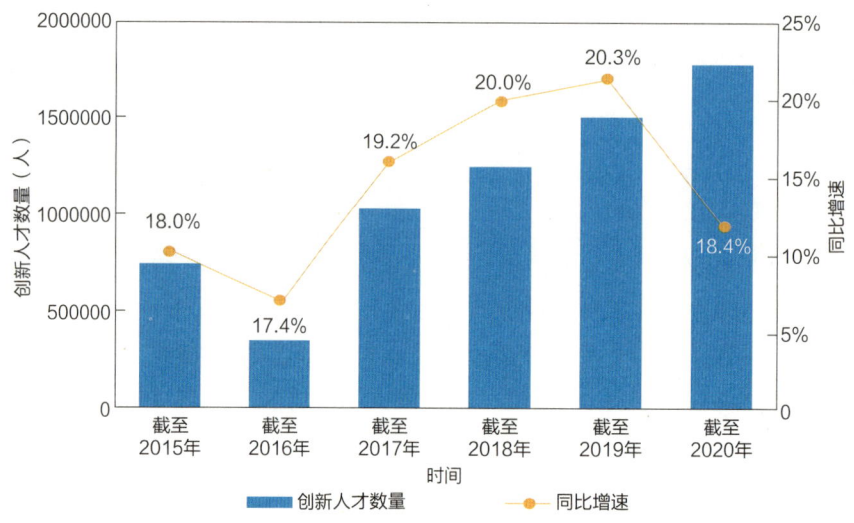

图 9 中国汽车产业创新人才数量增长情况

从国内 31 省市创新人才分布来看，从事汽车产业创新人才主要分布在广东省（227833 人）、北京市（222711 人）、江苏省（177255 人）、上海市（116402 人）、浙江省（101873 人）（见图 10）。其中，广东省的汽车创新人才数量在全国排名第一，占中国汽车产业创新人才总量的 11.4%。

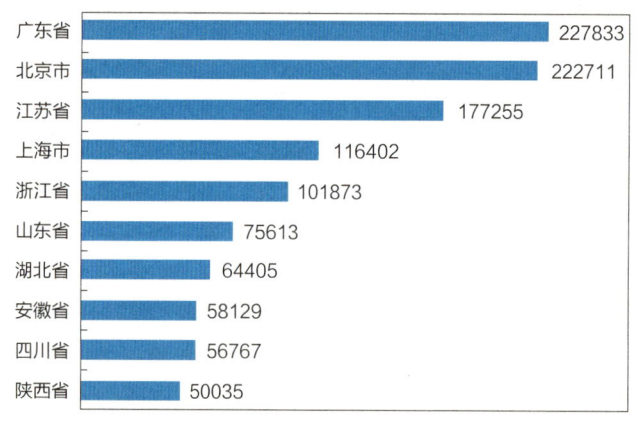

图 10 中国汽车产业创新人才数量排名前 10 省市（单位：人）

在国家高层次人才方面，中国汽车产业共有国家高层次人才 73984 人。从省市分布情况来看，国家高层次人才主要集中于北京市（13246 人）、江苏省（7972 人）、广东省（5943 人）、上海市（5604 人）和浙江省（4200 人）。其中，广东省的国家高层次人才在全国 31 省市中排名第三。

中国汽车产业共有技术高管 141917 人。从省市分布情况来看，技术高管主要集中于广东省、江苏省、浙江省、北京市和上海市，合计共 87546 人，占中国汽车产业技术高管总数的 61.7%。其中，广东省共有技术高管 30388 人，在全国 31 省市中排名第一。

中国汽车产业共有科技企业家 90968 人，从省市分布情况来看，科技企业家主要集中于广东省、江苏省、浙江省、上海市和北京市，合计共 56367 人，占中国汽车产业科技企业家总数的 62.0%。其中，广东省共有科技企业家 19764 人，在全国 31 省市中排名第一。

第 4 章　从关键技术看产业技术发展方向

智能网联汽车行业是汽车、电子、信息通信、道路交通运输等行业深度融合的新型产业，是全球创新热点和未来发展制高点。过去二十年，以互联网为代表的新信息技术已经彻底颠覆了人们的生活方式，未来二十年，智能网联汽车将彻底改变人们的出行方式。

智能网联汽车，即 ICV（Intelligent Connected Vehicle），是指搭载先进的车载传感器、控制器、执行器等装置，并融合现代通信与网络技术，实现车与 X（车、路、人、云端等）智能信息交换、共享，具备复杂环境感知、智能决策、协同控制等功能，可实现安全、高效、舒适、节能行驶，并最终可实现替代人来操作的新一代汽车。

据美国 IHS 预计，到 2035 年全球智能驾驶汽车销量将超过 1000 万辆；到 2022 年全球联网汽车的市场保有量将达 3.5 亿台，市场占比达到 24%；具有联网功能的新车销量将达到 9800 万台，市场占比达 94%。随着汽车联网技术的多样化和联网率的不断提升，车联网服务市场潜力将逐步释放。

从全球范围来看，美国、欧洲和日本等国家和地区起步较早，各国政府出台了相应的政策和计划来规划智能网联汽车及智能交通的发展。美国重点通过制定国家战略和法规，引导产业发展，发布的《美国自动驾驶汽车政策指南》引起了行业广泛关注；日本政府积极发挥跨部门协同作用，推动项目实施；欧盟则主要支持技术创新和成果转化，保持领先优势。

与传统汽车发达国家相比，我国发展智能网联汽车的空间巨大，具备较好的产业技术基础和市场、制度等优势。目前我国支撑汽车智能化、网联化发展的信息技术产业实力不断增强。移动互联网、大数据、云计算、通信设备等领域形成了一批国际领军企业，2016年华为海思、紫光展锐进入全球集成电路设计企业前 10 强，阿里、腾讯、百度、京东等 4 家企业进入全球互联网企业市值前 10 名，华为等通信设备制造商跻身世界第一阵营。

同时，中国是全球第一大汽车市场，随着新型工业化和城镇化推进，我国汽车市场将保持平稳增长，加之差异化、多元化的消费需求，新技术应用和新模式不断涌现，为中国品牌智能网联汽车提供了巨大的发展空间。

近年来，我国开始重视智能网联汽车的发展。国务院在 2015 年 5 月制定了明确的技术路线图："2020 年，初步形成以企业为主体、市场为导向、政产学研用紧密结合、跨产业协同发展的智能网联汽车自主创新体系，先进驾驶辅助系统自主份额达 50%，网联式驾驶辅助系统装配率达 10%，DA、PA 整车自主份额超过 40%；2025 年，基本建成自主的智能网联汽车产业链与智慧交通体系，ADAS 自主份额达 60%，网联式驾驶辅助系统装配率达到 30%，DA、PA、HA 整车自主份额达 50% 以上。"

2017 年 6 月 13 日，工信部、国家标准化管理委员会发布关于征求《国家车联网产业体系建设指南（智能网联汽车）（2017 年）》（征求意见稿）意见的通知。该征求意见稿对智能网联汽车标准体系制定的指导思想、基本原则、建设目标、构建方法、体系框架、标准内容、近期计划等做了详细阐述。

随着国家政策扶持力度的不断加大、相关技术的日趋成熟，我国智能网联汽车进入快速发展通道。结合国外技术发展路径和服务能力的提升，可以划分为三个阶段，第一阶段实现基础性联网信息服务，主要是定位导航、车载娱乐、远程管理和紧急救援等基本功能；第二阶段实现安全预警、高宽带业务和部分自动驾驶服务；第三阶段实现完全自动驾驶和全部联网。目前我国正处于第一阶段。

4.1 决策系统领域的发展现状

无人驾驶车辆是可以自主行驶的车辆，集成了环境感知、行为决策、路径规划、车辆控制等系统功能，能够综合环境及自车信息，实现类似人类驾驶的行为。其中，决策规划系统综合环境及自车信息，使无人车产生安全、合理的驾驶行为，指导运动控制系统对车辆进行控制，是无人驾驶的核心技术（见图 11）。

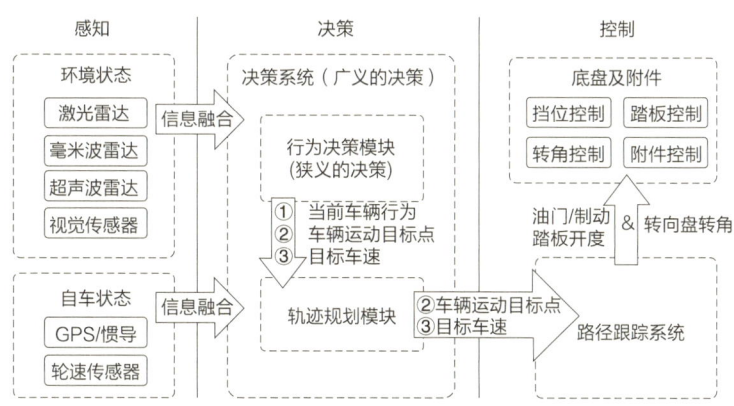

图 11 典型无人驾驶车辆系统架构

决策系统的目标是使无人车像熟练的驾驶员一样产生安全、合理的驾驶行为。其设计准则可总结为：良好的系统实时性；安全性最高优先级（车辆具备防碰撞、紧急避障、故障检测等功能）；合理的行车效率优先级；结合用户需求的决策能力（用户对全局路径变更、安全和效率优先级变更等）；乘员舒适性（车辆转向稳定性、平顺性等）。

4.2 决策系统领域的专利布局情况

截至 2021 年 7 月底，决策系统领域的全球累计专利申请公开量约有 26.6 万件，中国累计专利申请公开量约为 219764 件，占全球累计申请公开量的 82.5%。从公开趋势来看，全球除中国以外的其他国家和地区专利申请公开五年复合增速为57.1%，而中国的五年复合增速为32.2%，可见中国专利公开由于发展成熟，增速不及其他国家和地区。

从国内31省市和海外在华专利布局对比情况来看，自2014年以来，国内31省市在华专利布局量（179179件）远高于海外在华专利布局量（40585件），且差距还在不断拉大，可见，决策系统相关技术在国内的受关注程度在不断提高（见图12）。深究发现，驱动决策系统快速发展的因素包括政策支持、人工智能和通信技术发展及市场需求拉动。发改委、工信部、交通运输部的相关规划及政策配套，使我国智能网联汽车决策系统位处战略高度。传统汽车市场大、增长平稳，车厂亟须寻求新的盈利点，人工智能和通信技术不断升级演进，三大因素助推决策系统快速发展。

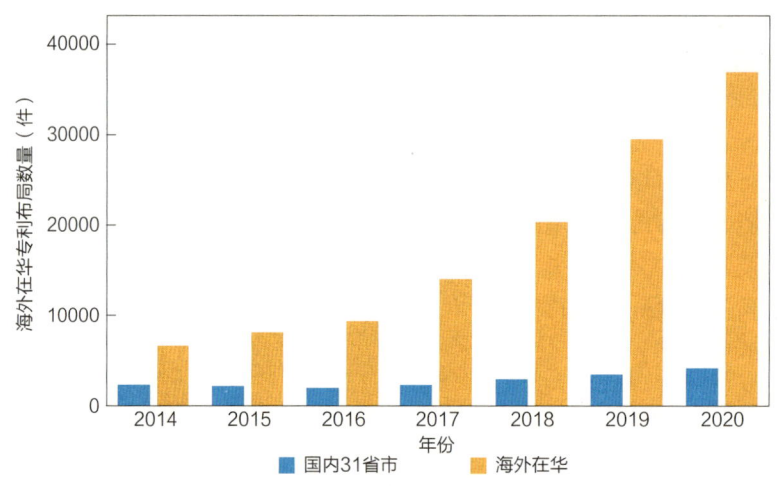

图12　国内31省市和海外在华专利布局对比情况

从申请人地域分布情况来看，全球决策系统相关专利申请主要来源于中国。首先，中国在全球累计公开专利数量达219764件，占全球累计专利申请公开量的82.5%，在全球排名第一。代表企业有华为技术有限公司、国家电网公司、北京百度网讯科技有限公司，代表高校/研究所有电子科技大学、浙江大学、西安电子科技大学。其次，美国在全球累计公开专利数量19438件，在全球排名第二，占全球累计专利申请公开量的7.3%，代表企业有国际商业机器公司、英特尔公司、微软技术许可有限责任公司。再次，日本在全球累计公开专利数量4994件，在全球排名第三，占全球累计专利申请公开量的1.9%，代表企业有日本电气株式会社、株式会社东芝、株式会社日立制作所。

4.3　决策系统技术洞察

基于规则的行为决策，即将无人驾驶车辆的行为进行划分，根据行驶规则、知识、经验、交通法规等建立行为规则库，根据不同的环境信息划分车辆状态，按照规则逻辑确定车辆行为的方法。其代表方法为有限状态机法，代表应用有智能先锋Ⅱ、红旗CA7460、Boss、Junior、Odin、Talos、Bertha等。基于规则的决策方法相对较为成熟，其在场景遍历广度上具备优势，逻辑可解释性强，易于根据场景分模块设计，国内外均有很多应用有限状态机的决策系统实例。然而其系统结构决定了其在场景遍历深度、决策正确率上存在一定的瓶颈，难以处理复杂工况。

基于学习算法的行为决策，即通过对环境样本进行自主学习，由数据驱动建立行为规则库，利用不同的学习方法与网络结构，根据不同的环境信息直接进行行为匹配，输出决策行为的方法，以深度学习的相关方法及决策树等各类机器学习方法为代表。代表应用有英伟达（NVIDIA）、Intel、Comma.ai、Mobileye、百度、Waymo、特斯拉等。基于学习算法的决策系统因具有场景遍历深度的优势，将被越来越多地用作决策系统的底层，即针对某一细分场景，采用学习算法增强算法的场景遍历深度，使其能够在环境细微变化中仍然保证较高的决策精度。然而其算法可解释性差、可调整性差、场景广度遍历不足等劣势导致了仅采用学习算法的决策系统仍存在应用局限，较难处理复杂的功能组合。

根据上述基于两种算法的优劣势，现阶段无人车决策系统的发展趋势可归纳为：

（1）采用基于规则算法的行为决策算法仍会在决策系统中广泛应用，将作为决策系统的顶层架构与某些具体问题的细分解决方案，并将更多地采用混联结构，发挥规则算法基于场景划分模块处理及针对具体问题细分处理时逻辑清晰、调整性强的优势，可同时兼顾场景遍历的广度与深度。采用该方法的研究重点将在于解决状态划分"灰色地带"的合理决策问题，以及行为规则库触发条件重叠等问题。

（2）无人车决策系统将更多地采用规则算法与学习算法结合的方式。顶层采用有限状态机，根据场景进行层级遍历；底层采用学习算法，基于具体场景分模块应用，可发挥学习算法优势，简化算法结构、增强场景遍历的深度，并可减小数据依赖量，保证决策结果的鲁棒性与正确性。采用该方法的研究重点在于如何合理对接有限状态机与学习算法模型，以及学习算法的过学习、欠学习等问题。

（3）端到端方法将更多作为决策子模块的解决方案，而非将决策系统作为一个整体进行端到端处理。通过这种方式可发挥学习算法的优势，将决策模块拆解也可提高系统的可解释性与可调节性。

（4）目前行为决策系统的设计准则主要考量安全与效率，对车辆特性与乘员舒适性考虑较少。在保证安全与效率的基础上，可通过加入对车辆动力学特性的考量，筛取更合理的驾驶数据等方式，对行为决策系统进行优化。

从专利布局的角度来看，决策系统的技术创新方向也都主要集中在上述两种算法的发展方向上。决策系统的重点技术方向及其技术方案具体解读如下：

（1）有限状态机法。

基于规则的行为决策方法中最具代表性的是有限状态机法，其因逻辑清晰、实用性强等特点得到广泛应用。有限状态机是一种离散输入、输出系统的数学模型。它由有限个状态组成，当前状态接收事件，并产生相应的动作，引起状态的转移。状态、事件、转移、动作是有限状态机的四大要素。

有限状态机的核心在于状态分解。根据状态分解的连接逻辑，将其分为串联式、并联式、混联式3种体系架构。

串联式结构的有限状态机系统，其子状态按照串联结构连接，状态转移大多为单向，不构成环路。并联式结构中各子状态输入、输出呈现多节点连接结构，根据不同输入信息,可直接进入不同子状态进行处理并提供输出。如果一个有限状态机系统下的子状态中既存在串联递阶,又存在并联连接,则称这个系统具有混联结构。

(2)深度学习方法。

深度学习方法因其在建模现实问题上极强的灵活性,近年来被许多专家、学者应用于无人车决策系统。NVIDIA 研发的无人驾驶车辆系统架构是一种典型架构,其采用端到端卷积神经网络进行决策处理,使决策系统大幅简化。系统直接输入由相机获得的各帧图像,经由神经网络决策后直接输出车辆目标转向盘转角。

该系统使用 NVIDIA DevBox 作处理器,用 Torch7 作为系统框架进行训练,工作时每秒处理 30 帧数据。图像输入到卷积神经网络(Convolutional Neural Networks,CNN)计算转向控制命令,将预测的转向控制命令与理想的控制命令相比较,然后调整 CNN 模型的权值使得预测值尽可能接近理想值。权值调整由机器学习库 Torch7 的反向传播算法完成。训练完成后,模型可以利用中心的单个摄像机数据生成转向控制命令。

(3)决策树法。

决策树法为机器学习理论中一种具有代表性的方法,中国科技大学的智能驾驶 II 号将其用于决策系统。其应用的 ID3 决策树法适用于多种具体工况,如路口、U 形弯工况等,其先由顶层有限状态机决策出具体场景,再进入决策树进行相应的计算。

以十字路口工况为例,首先确定当前工况的条件属性(即系统输入,如自车车速、干扰车车速等)和决策属性(即系统输出,如加速直行、停车让行等)。选取若干样本数据进行基于灰关联熵的条件属性影响分析,获得基于 ID3 算法的行为决策树。

该行为决策树即机器通过学习后自主获得的行为规则库的一种表现形式。无人车运行时,将驾驶环境信息转化成条件属性,交由决策树进行计算,最终得出决策指令,指导无人车的行为操作。

ID3 决策树法具有知识自动获取、准确表达、结构清晰简明的优点,其缺点同样明显,即对于大量数据获取的难度较大,数据可靠性不足,数据离散化处理后精度不足。

第 5 章　广东省汽车产业创新发展定位

5.1　广东省创新企业

截至 2021 年 7 月底，广东省汽车产业创新企业共计 19705 家，占全国汽车产业创新企业（131454 家）的比重为 15.0%。广东省的相关创新企业数量的近五年复合增速为 29.4%，高出全国增速（20.2%）9.2 个百分点。从各市来看，广东省汽车产业有发明专利申请活动的创新企业主要分布在深圳市、广州市和东莞市，分别有 9726 家、4149 家和 1788 家，分别占广东省汽车产业创新企业总数的 49.4%、21.1% 和 9.1%。从创新企业增速情况来看，清远市近五年的复合增速为 50.9%，排名居于广东省各市之首（见图 13）。

广东省汽车产业的龙头企业主要分布在深圳市和广州市，包括比亚迪股份有限公司、广州汽车集团股份有限公司以及广州小鹏汽车科技有限公司等。

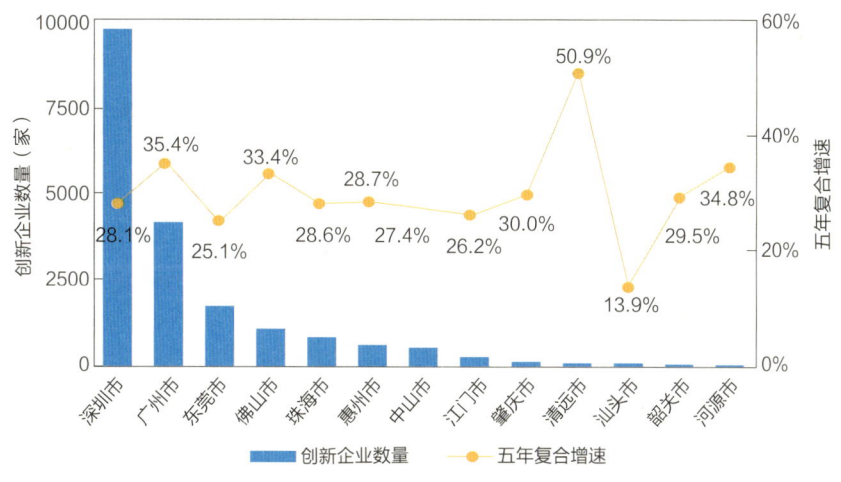

图 13　广东省各市创新企业分布情况

截至 2021 年 7 月底，广东省汽车产业高新技术企业共 15301 家，占全国汽车产业高新技术企业总数的 22.2%，在全国 31 省市中排名第一。上市公司 444 家，占全国汽车产业上市公司总数的 20.7%，同样在全国 31 省市中位列第一。

广东省汽车产业共有初创企业 3995 家，占全国汽车产业初创企业总数的 18.1%，在全国 31 省市中排名第二。此外，广东省汽车产业隐形冠军企业数量为 130 家，在全国 31 省市中排名第三；独角兽企业数量为 21 家。

5.2 广东省专利布局

截至 2021 年 7 月底,广东省汽车产业累计发明专利申请公开量为 223349 件,在全国 31 省市中排名第一;近五年复合增速为 22.8%,高出全国复合增速(17.3%)5.5 个百分点。

从广东省汽车产业的累计发明专利申请公开量分布情况来看,发明专利主要集中于深圳市(136422 件)、广州市(37121 件)、东莞市(18955 件)、珠海市(7738 件)以及佛山市(7695 件),其中深圳市的累计发明专利申请公开量排名全省第一,占广东省的比重达 61.1%。从广东省各地市汽车产业发明专利申请公开量的增速来看,近五年复合增长速度最快的是清远市,复合增速达 52.6%(见图 14 和表 7)。

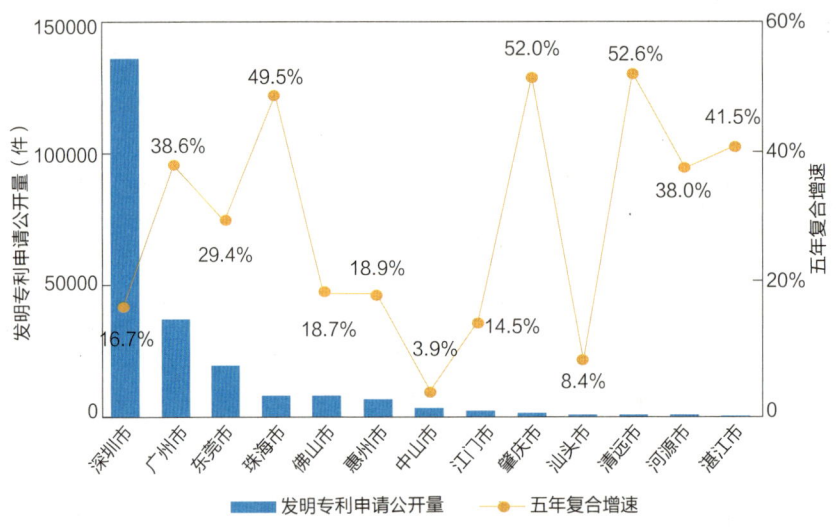

图 14 广东省各市汽车产业累计发明专利申请公开量的分布情况

表 7 广东省各地市汽车产业发明专利公开量情况

地区	发明专利公开量(件)	省内排名	地区	发明专利公开量(件)	省内排名
深圳市	136422	1	河源市	364	12
广州市	37121	2	湛江市	307	13
东莞市	18955	3	茂名市	304	14
珠海市	7738	4	韶关市	300	15
佛山市	7695	5	梅州市	209	16
惠州市	6279	6	汕尾市	197	17
中山市	3069	7	揭阳市	136	18
江门市	1798	8	云浮市	134	19
肇庆市	1035	9	潮州市	110	20
汕头市	623	10	阳江市	82	21
清远市	471	11			

从有效发明专利量来看，广东省汽车产业累计有效发明专利量为 70853 件，占全国汽车产业累计有效发明专利总量（444667 件）的 15.9%，在全国 31 省市中排名第一。

从发明专利授权量来看，广东省汽车产业累计发明专利授权量为 87280 件，占全国汽车产业累计发明专利授权总量（557511 件）的 15.7%，在全国 31 省市中排名第一。

广东省汽车产业累计高被引专利数量为 1141 件，占全国汽车产业累计高被引专利数量（6599 件）的 17.3%，在全国 31 省市中排名第一。

广东省汽车产业累计产学研合作专利数量为 3228 件，占全国汽车产业累计产学研合作专利数量（21086 件）的 15.3%，在全国 31 省市中排名第二。

5.3 广东省创新人才

从广东省各城市来看，广东省从事汽车产业创新人才共 227833 人，主要分布在深圳市（119614 人）、广州市（58026 人）和东莞市（13639 人），分别占广东省汽车产业创新人才总量的 52.5%、25.5% 和 6%。从增速来看，2020 年广东省从事汽车产业创新人才的同比增速为 20.3%，近五年复合增速为 22.9%。在广东省内各市中，近五年复合增速最高的是珠海市（36.1%）（见图 15）。

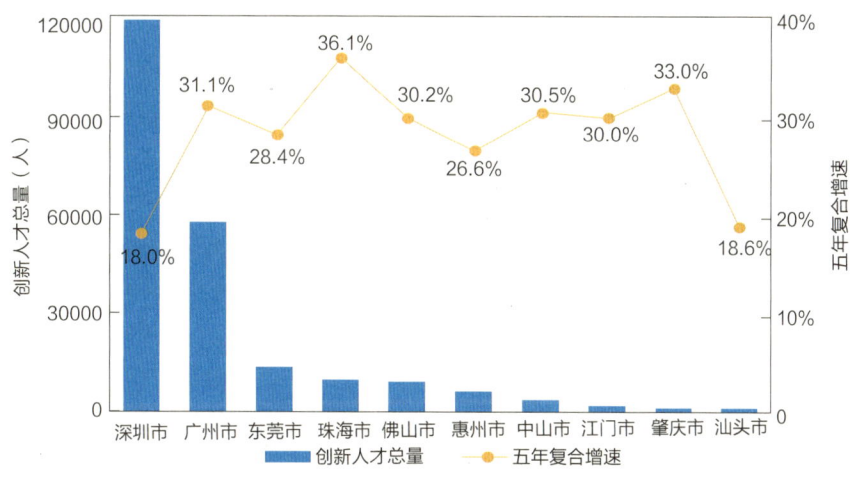

图 15 广东省各市从事汽车产业创新人才分布情况

广东省汽车产业共有国家高层次人才 5943 人，占全国汽车产业国家高层次人才（73984 人）的比重为 8%，在全国 31 省市中排名第三。

广东省汽车产业共有技术高管 30388 人，占全国汽车产业技术高管总人数（141917 人）的比重为 21.4%，在全国 31 省市中排名第一。

广东省汽车产业共有科技企业家 19764 人，占全国汽车产业科技企业家总人数（90968 人）的比重为 21.7%，在全国 31 省市中排名第一。

5.4 广东省技术合作情况分析

在汽车产业中，全国累计涉及产学研合作申请的专利共有 21086 件，其中，广东省累计涉及产学研合作申请的专利共有 3228 件，在全国 31 省市中排名第二，占全国的比重为 15.3%；排名第一的是北京市，累计产学研合作申请的专利共有 4201 件（见图 16）。

从汽车细分产业来看，全国汽车产业累计产学研合作申请专利在系统网络运营服务（7780 件）领域分布最多，排名第一；其次为决策系统（4535 件）领域；再次为动力电池（3351 件）领域。广东省汽车产业涉及产学研合作申请的专利主要分布在系统网络运营服务（1618 件）、决策系统（647 件）和动力电池（380 件）领域，在汽车维修保养、接驳服务、电机、电路系统、出行服务等分支领域产学研合作申请专利占比较少（见图 17）。

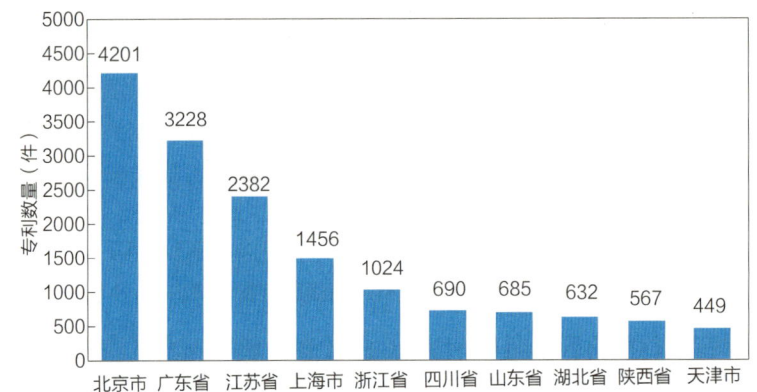

图 16 全国各省市汽车产业涉及产学研合作申请的专利分布

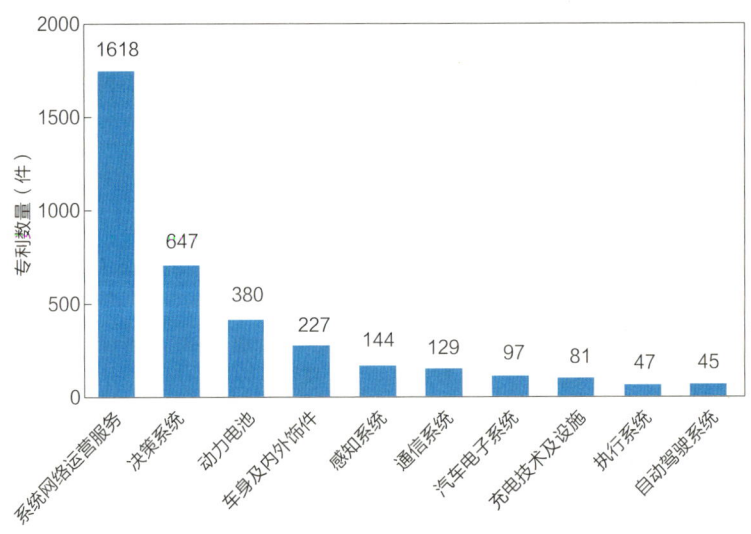

图 17 广东省汽车产业产学研合作申请专利在细分产业的分布

从广东省汽车产学研合作申请专利的申请人合作模式来看，企业、院校合作申请最多，涉及 1817 件专利，占产学研合作申请总量的 56.3%；其次是企业、科研机构的合作，涉及 1312 件专利，占产学研合作申请总量的 40.6%；其他合作模式的专利数量均小于 100 件（见图 18）。

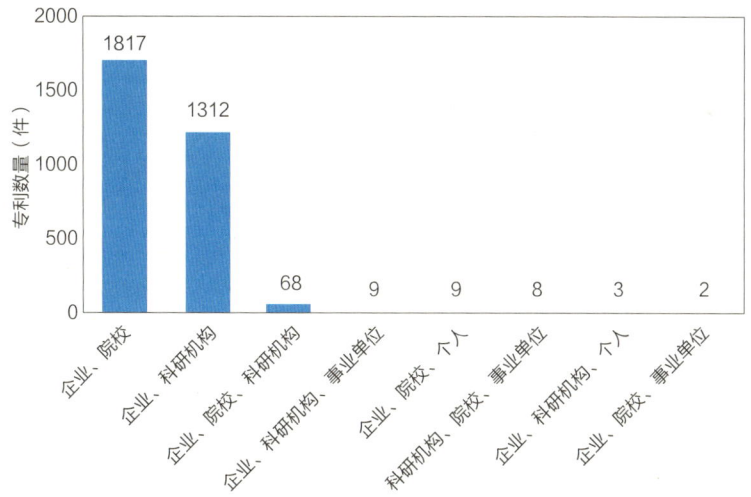

图 18　广东省汽车产业不同产学研合作申请模式的专利分布

广东省汽车产业产学研合作类型多样，主要涉及校企合作、科研机构与企业合作。在不同的产学研合作模式中，也有相应的技术领域的偏重，其中在占比最大的校企合作中，系统网络运营服务涉及的合作专利有 860 件；在科研机构与企业的合作中，同样是系统网络运营服务领域占比最高，合作申请专利为 714 件。

5.5　广东省产业链集聚结构

5.5.1　优势环节分析

广东省汽车产业细分领域的优势环节包括：在传统汽车零部件产业中，车身及内外饰件、汽车电子系统、汽车电气系统、转向系统的累计发明专利公开量、创新人才数量、创新企业数量均在全国各省市中排前五名，是优势环节。其中，车身及内外饰件的累计发明专利公开量、创新人才数量、创新企业数量在全国各省市中均排名第二；汽车电子系统、汽车电气系统的累计发明专利公开量在全国各省市中排名第一，创新企业数量和创新人才数量均在全国各省市中排名第二。在新能源汽车零部件产业中，五个子产业均为优势环节。其中，动力电池的累计发明专利公开量、创新人才数量、创新企业数量在全国各省市中均排名第一；在电控系统、电路系统、热管理中，累计发明专利公开量、创新人才数量、创新企业数量在全国各省市中均排名前二。在智能网联系统产业中，七个子产业的累计发明专利公开量、创新人才数量、创新企业数量在全国各省市中均排名前三，均为优势环节。其中，系统网络运营服务和智能驾驶舱的累计发明专利公开量、创新人才数量、创新企业数量在全国各省市中均排名第一。在整车研发与生产产业中，新能源汽车整车的累计发明专利公开量在全国各省市中排名第一，创新企业数量和创新人才数量均在全国各省市中排名第二，是优势环节。在汽车后市场服务产业中，有三个优势环节。其中，充电技术及设施和物流服务的累计发明专利公开量、创新企业数量在全国各省市中排名第一，创新人才数量在全国各省市中排名第二；出行服务的累计发明专利公开量、创新人才数量、创新企业数量在全国各省市中排名分列第二、第三、第一（见表 8）。

表 8 广东省在汽车产业链的优势领域创新要素分布

优势产业		累计发明专利公开量		创新人才		创新企业	
产业领域	细分领域	数量（件）	国内排名	数量（人）	国内排名	数量（家）	国内排名
传统汽车零部件	转向系统	796	5	1536	1	203	3
	汽车电子系统	12841	1	18686	2	2363	2
	汽车电气系统	5410	1	8201	2	1308	2
	车身及内外饰件	10060	2	15157	2	2369	2
新能源汽车零部件	动力电池	22512	1	26812	1	2700	1
	电机	796	5	1536	5	230	3
	电控系统	2185	2	3546	2	528	2
	热管理	269	1	493	1	54	2
	电路系统	1983	1	3757	1	652	2
智能网联系统	感知系统	7051	3	13511	3	1841	2
	决策系统	28660	1	52104	2	5030	1
	执行系统	6038	3	10545	3	1495	2
	通信系统	17784	1	27242	2	3480	1
	智能驾驶舱	3878	1	6330	1	868	1
	自动驾驶系统	4083	3	7592	3	992	2
	系统网络运营服务	128371	1	120493	1	9958	1
整车研发与生产	新能源汽车整车	3844	1	5816	2	729	2
汽车后市场服务	充电技术及设施	6169	1	9249	2	1496	1
	出行服务	304	2	575	3	124	1
	物流服务	3968	1	7627	2	1408	1

5.5.2 不足环节分析

从广东省汽车产业各细分产业环节来看，接驳服务和汽车循环利用为不足产业。具体地，在汽车后市场服务产业中，接驳服务的累计发明专利公开量只有 96 件，在全国各省市中排名第三；创新人才数量在全国各省市中排名第四。汽车循环利用的累计发明专利公开量仅有 35 件，在全国各省市中排名第六，技术有待积累；创新人才数量在全国各省市中排名第六；创新企业数量在全国各省市中排名第五（见表 9）。

表 9 广东省在汽车产业链的不足领域创新要素分布

不足产业		累计发明专利公开量		创新人才		创新企业	
产业领域	细分领域	数量（件）	国内排名	数量（人）	国内排名	数量（家）	国内排名
汽车后市场服务	接驳服务	96	3	288	4	60	3
	汽车循环利用	35	6	46	6	13	5

5.5.3 潜力环节分析

综合分析广东省汽车产业各细分产业环节在累计发明专利公开量、创新人才数量、创新企业数量的近五年复合增速水平，可以看出，增长较快的潜力产业包括：传统汽车零部件领域的汽车电子系统、汽车电气系统，新能源汽车零部件领域的热管理，智能网联系统领域的决策系统、感知系统、自动驾驶系统、智能驾驶舱，汽车后市场服务领域的充电技术及设施、物流服务、出行服务，以上细分产业总体保持了较为突出的发展势头，未来潜力较大。

其中，热管理、物流服务、决策系统领域的累计发明专利公开量近五年复合增速分别是 137.1%、49.6%、45.4%，远高于全国累计发明专利公开量近五年复合增速 14.7%，为最具发展潜力的三大产业（见表 10）。

表 10 广东省在汽车产业链的潜力产业增速情况

潜力产业		累计发明专利公开量		创新人才		创新企业	
产业领域	细分领域	数量（件）	近五年复合增速	数量（人）	近五年复合增速	数量（家）	近五年复合增速
传统汽车零部件	汽车电子系统	12841	32.0%	18686	33.8%	2363	34.1%
	汽车电气系统	5410	30.5%	8201	35.4%	1308	36.4%
新能源汽车零部件	热管理	269	137.1%	493	68.4%	54	60.0%
智能网联系统	决策系统	28660	45.4%	52104	33.7%	5030	31.6%
	感知系统	7051	32.1%	13511	36.8%	1841	36.0%
	自动驾驶系统	4083	36.5%	7592	35.5%	992	35.0%
	智能驾驶舱	3878	36.7%	6330	36.6%	868	35.5%
汽车后市场服务	充电技术及设施	6169	39.4%	9249	44.0%	1496	48.3%
	物流服务	3968	49.6%	7627	55.7%	1408	56.1%
	出行服务	304	39.6%	575	78.3%	124	70.1%

5.5.4 风险环节分析

通过分析国外在华发明专利申请公开量的增速，有助于判断产业链各细分领域是否存在潜在的安全风险。为有效判别产业是否存在潜在专利风险，我们将使用产业知识产权风险判别模型开展风险识别工作。

针对汽车产业链，风险判别模型中的重点产业国外在华发明专利申请公开量增速采用的指标是汽车产业链整体的国外在华2015—2020年的发明专利申请公开量的近五年复合增速（8.6%），当某细分领域国外在华发明专利申请公开量的近五年复合增速大于或等于产业链整体的国外在华2015—2020年的发明专利申请公开量的近五年复合增速时，则判定该细分领域为风险产业。

基于专利大数据的产业知识产权风险判别模型分析，在汽车细分产业链中，有17个细分领域存在潜在的安全风险，包括车身及内外饰件、动力电池、转向系统、热管理、电路系统等领域。

从产业知识产权风险判别结果来看，国外申请人在华申请的发明专利中，出行服务领域的近五年复合增速高于汽车产业整体达73.5%，物流服务领域高于汽车产业整体达29.8%，接驳服务领域高于汽车产业整体达29.4%。说明就近五年的整体情况来看，国外申请人在这三个细分领域有高度的布局倾向，布局速度远高于汽车产业整体，需引起相关利害主体的高度重视。另外，热管理、汽车维修保养、感知系统的近五年复合增速高于汽车产业整体较多，分别为16.4%、12.0%、9.2%，也需引起我国相关利害主体多加关注（见表11）。

需要说明的是，由于产业知识产权风险判别模型是以国外来华增速数据为基础进行数据分析的，所以得出的风险产业结果并不代表国内相关产业处于弱势，仅说明国外申请人在这一领域着重布局，增速较快，需要引起我国多加注意。

表11 汽车产业链专利预警分析

细分领域	细分领域国外在华发明专利申请公开量近五年复合增速	产业整体国外在华发明专利申请公开量近五年复合增速	差值	是否为风险产业
车身及内外饰件	13.2%	8.6%	4.6%	是
动力电池	8.6%	8.6%	0	是
发动机系统	2.2%	8.6%	−6.4%	否
电机	4.7%	8.6%	−3.9%	否
传动系统	0.1%	8.6%	−8.5%	否
转向系统	13.3%	8.6%	4.7%	是
电控系统	−4.7%	8.6%	−13.3%	否
制动系统	6.8%	8.6%	−1.8%	否
行驶系统	4.1%	8.6%	−4.5%	否
热管理	25.0%	8.6%	16.4%	是
电路系统	10.1%	8.6%	1.5%	是
汽车电子系统	13.1%	8.6%	4.5%	是
汽车电气系统	9.3%	8.6%	0.7%	是
汽车维修保养	20.6%	8.6%	12.0%	是
汽车循环利用	−16.7%	8.6%	−25.3%	否
通信系统	14.6%	8.6%	6.0%	是

续表

细分领域	细分领域国外在华发明专利申请公开量近五年复合增速	产业整体国外在华发明专利申请公开量近五年复合增速	差值	是否为风险产业
智能驾驶舱	12.8%	8.6%	4.2%	是
自动驾驶系统	15.4%	8.6%	6.8%	是
系统网络运营服务	5.1%	8.6%	−3.5%	否
新能源汽车整车	8.4%	8.6%	−0.2%	否
感知系统	17.8%	8.6%	9.2%	是
决策系统	13.4%	8.6%	4.8%	是
充电技术及设施	0.2%	8.6%	−8.4%	否
出行服务	82.1%	8.6%	73.5%	是
环卫服务	0	8.6%	−8.6%	否
执行系统	9.3%	8.6%	0.7%	是
接驳服务	38.0%	8.6%	29.4%	是
物流服务	38.4%	8.6%	29.8%	是

第 6 章　广东省汽车产业创新发展路径建议

6.1　产业布局优化路径

全球汽车产业的电动化、智能化、网联化、轻量化和共享化趋势带来了汽车产业的新变革、新需求，广东省雄厚丰沛的科教人才资源和完善的汽车产业链配套为广东省打造汽车产业集群提供了"常量"，而自动驾驶、网络运营服务等企业在广东的集聚发展，可能是带动汽车产业发展取得突破的关键"变量"。广东省应稳住常量，抓好变量，打造汽车产业发展高地。

根据广东省汽车产业发展现状、主要问题及未来目标，提出如下政策建议：

从产业细分的角度来看，广东省在多数细分领域中处于优势地位，在企业、人才、专利方面领先明显。建议首先，实施固链工程，做强优势环节，优化产业布局，继续巩固和加强以系统网络运营服务、决策系统、动力电池、车身及内外饰件为代表的20个优势产业的领先地位，抢占全球汽车技术高地，争夺行业话语权。其次，实施补链工程，针对广东省汽车产业链的不足环节，即接驳服务和汽车循环利用，结合本省发展规划，积极对外协商，引进国内外相关行业巨头在广东省落户研发。例如，引进一批接驳服务和汽车循环利用领域的全球领先企业。再次，实施延链工程，针对广东省汽车产业链下游，扩大市场应用范围，延展产业链链条，扩大产业规模，推进广东省国民经济和产业发展的优化布局。

兼顾汽车产业链布局和企业类型，提高各项知识产权政策的针对性，因企施策，分类指导，引导企业建立以质量为导向的知识产权创造机制，建立与市场控制需要相匹配的专利布局，着重加强美国、欧洲等主要出口市场的海外布局，加强标准必要专利培育，加快培育汽车产业知识产权优势企业。在汽车领域，除了"头部企业"，注重有价值有前途的技术型初创企业，进一步扩展产业链掌控能力。自动驾驶系统领域作为新能源汽车产业发展的战略制高点，引导企业加强产业链跨界合作，建议广东省凭借企业、人才、资本等要素角逐"中国自动驾驶第一省"，让广东再造一个万亿级产业。

企业最具有创新能力的核心人员一般占研发人员的2%，也就是说这2%的核心人员是引领推动产业发展的"关键少数"，是全球汽车产业角逐的焦点。建议广东省人才工作要进一步聚焦到"2%"高端人才层面。关注四个方面的内容，一是"引"，在人才引进中加强行业领军人才、技术高管及科技企业家等人才的引进力度。二是"稳"，及时关注广东省高层次人才动态，减少人才外流。三是"培"，深化产教融合，依托广东省高校科教资源，建立学历教育与职业教育相结合的人才培养模式，协同培养创新型科技工程师人才。四是"鉴"，有效利用知识产权大数据发现人才，绘制全球高端人才图谱，落实人才引进中的知识产权鉴定机制。

依托科研院所、龙头企业和产业园区等，创建产学研创新发展平台，搭建技术研发平台、成果转换平台、产业孵化平台等，打通专利转化通道，充分利用各方创新资源，进一步增强广东省汽车研发、设计、制造能力，提升产业创新能力。建立科学家、企业家、投资人的信息互动平台和信用机制，提高产业、企业、资本的匹配效率。建立新能源汽车创新服务体系，鼓励知识产权运营机构开展相关探索实践，在知识产权运营体系建设中给予专项支持。

建议政府持续加大引导和服务力度，清点、盘活高校沉睡专利，提高高校专利转化率。政府牵头组建广东省汽车产业共享专利池，先期将在广东高校相关专利资产纳入。一方面激活高校创新成果，为我国的科技创新与社会发展服务；另一方面由于汽车产业全球专利风险持续加大，广东已有比亚迪、广汽、小鹏汽车等企业涉及专利纠纷，通过建设产业共享专利池共同防御外部专利风险。

建议加强产业关键核心技术研发，加强动力电池、激光雷达、汽车芯片、车联网V2X通信、汽车轻量化、电池回收等产业链关键环节的知识产权培育，及时将研发创新成果产权化，积累一批原创性、标志性的科技创新成果，抢占产业技术竞争制高点。深入审视新能源汽车"三大电"的创新现状，尤其是动力电池领域的产业真实创新能力，加强锂电池正极材料、隔膜、燃料电池关键部件、下一代固态电池专利布局。

产业创新省份绝不是以市场换工厂，也不是仅仅拉动产能的组装厂，而是需要掌握核心技术的创新型企业，通过知识外溢和创新扩散带动产业能级提升。建议在产业链招商过程中，将企业研发创新能力加入"一揽子"考察，充分发挥知识产权在招商中的作用，依托专利大数据全球扫描、评价优质科技企业，精准引进具有核心技术的创新项目，项目引进中明确要求把研发真正落地在广东。加强企业技术创新能力分析评价，加强知识产权分析评议，监测在广东落地企业研发动态，尽可能避免研发外迁风险。

新能源汽车、自动驾驶、车联网等新兴行业与其他行业相比，创新难度大、风险高，需要长期研发投入和持续积累，创业企业需要更大的成长空间和包容支持，建议：一是广东省在设立新能源汽车产业发展基金过程中，探索基于企业知识产权价值发现的投贷联动模式，引导社会资本向广东汽车产业早期创业项目延伸；二是鼓励广东省汽车企业利用资本市场上市融资和再融资，尤其支持创新潜力大、拥有自主知识产权、具有一定规模的隐形冠军企业通过科创板挂牌上市。

6.2 知识产权风险防控建议

产业安全关乎国家安全，建议加强我国汽车重点产业的专利布局，建立预警机制。重点产业包括存在安全风险的车身及内外饰件、转向系统、汽车电子系统、汽车电气系统、热管理、电路系统、动力电池等17个领域，尤其是出行服务、接驳服务、物流服务领域需重点加强。

汽车产业专利诉讼纠纷活跃，智能网联系统将成为知识产权纠纷主要战场，自动驾驶系统、决策系统、感知系统等领域纠纷案件高发。建议加快推进广东省知识产权数据支持中心建设，全面掌控全球产业创新动态和专利竞争情报，尤其是关注整车厂、零部件巨头、科技公司、新造车势力、NPE等活动动态，及时掌握汽车产业竞争与合作态势，预警防范重大知识产权风险，助力产业发展决策的科学性和及时性。同时面向广东省汽车企业主动分发专利竞争情报，提高广东省企业创新与竞争洞察力。

广东省前沿新材料产业专利统计分析报告

广东省知识产权保护中心
2021 年 12 月

目 录

第 1 章 引言 // 374

    1.1 项目背景   // 374
    1.2 产业链分类   // 375

第 2 章 前沿新材料产业发展态势   // 377

    2.1 全球前沿新材料产业发展现状   // 377
        2.1.1 全球前沿新材料产业发展概况   // 377
        2.1.2 中国前沿新材料产业发展概况   // 381
    2.2 中国前沿新材料产业政策环境   // 383
    2.3 中国前沿新材料产业创新发展态势   // 385
        2.3.1 中国创新企业   // 385
        2.3.2 中国专利布局   // 388
        2.3.3 中国创新人才   // 393
    2.4 中国前沿新材料产业热点及重点技术创新方向   // 395

CONTENTS

第3章 广东省前沿新材料产业创新发展定位与洞察　　// 397

3.1 广东省前沿新材料产业政策导向　　// 397
3.2 广东省前沿新材料产业创新发展定位　　// 398
3.2.1 广东省创新企业　　// 398
3.2.2 广东省专利布局　　// 400
3.2.3 广东省创新人才　　// 405

3.3 广东省前沿新材料产业创新发展洞察　　// 407
3.3.1 广东省产业链集聚结构　　// 407
3.3.2 广东省技术供应链分析　　// 410

第4章 广东省前沿新材料产业创新发展路径建议　　// 414

4.1 产业布局优化路径　　// 414
4.2 知识产权工作建议　　// 415

图目录

图 1 前沿新材料产业链结构图 ······ 376
图 2 2015—2019 年全球功率半导体市场规模 ······ 378
图 3 2012—2019 年全球超导材料市场规模 ······ 378
图 4 2016—2019 年全球石墨烯产业市场规模 ······ 379
图 5 2015—2019 年全球锂离子电池产业规模 ······ 380
图 6 2012—2020 年全球复合材料产量规模及变化趋势 ······ 380
图 7 我国纳米材料市场规模 ······ 381
图 8 我国石墨烯市场规模 ······ 382
图 9 国内 31 省市前沿新材料产业创新企业数量增长趋势 ······ 385
图 10 中国前沿新材料产业特色企业数量分布情况（单位：家） ······ 386
图 11 中国前沿新材料产业重点企业专利技术布局情况 ······ 387
图 12 中国前沿新材料产业专利申请公开量增长趋势 ······ 388
图 13 中国前沿新材料产业发明专利申请公开量增长趋势 ······ 388
图 14 国内 31 省市前沿新材料产业高价值专利数量分布情况 ······ 390
图 15 国内 31 省市前沿新材料产业创新企业发明专利申请公开量增长趋势 ······ 390
图 16 国内 31 省市前沿新材料产业高校发明专利申请公开量增长趋势 ······ 391
图 17 国内 31 省市前沿新材料产业科研机构发明专利申请公开量增长趋势 ······ 391
图 18 国内 31 省市前沿新材料产业产学研合作申请专利数量分布情况 ······ 392
图 19 中国前沿新材料产业产学研合作申请专利领域分布情况 ······ 392

图 20	国内 31 省市前沿新材料产业创新人才数量增长趋势	393
图 21	中国前沿新材料产业特色人才数据分布情况（单位：人）	395
图 22	国内 31 省市前沿新材料产业各机构类型创新人才数量分布情况（单位：人）	395
图 23	广东省前沿新材料产业创新企业数量增长趋势	398
图 24	广东省前沿新材料产业专利申请公开量增长趋势	400
图 25	广东省前沿新材料产业发明专利申请公开量增长趋势	400
图 26	广东省前沿新材料产业创新企业发明专利申请公开量增长趋势	402
图 27	广东省前沿新材料产业高校发明专利申请公开量增长趋势	403
图 28	广东省前沿新材料产业科研机构发明专利申请公开量增长趋势	403
图 29	广东省前沿新材料产业产学研合作申请专利领域分布情况	404
图 30	广东省前沿新材料产业海外布局专利领域分布情况	405
图 31	广东省前沿新材料产业创新人才数量增长趋势	405
图 32	广东省前沿新材料产业各机构类型创新人才数量分布情况（单位：人）	407
图 33	广东省前沿新材料产业涉及转让专利领域分布情况	411
图 34	广东省前沿新材料产业与外地进行专利转让活动情况（单位：件）	411
图 35	广东省前沿新材料产业涉及许可专利领域分布情况	412
图 36	广东省前沿新材料产业与外地进行专利许可活动情况（单位：件）	412
图 37	广东省前沿新材料产业涉及质押专利领域分布情况	413

表目录

表 1　我国前沿新材料产业相关政策 ·· 383
表 2　各省市前沿新材料产业相关政策 ·· 384
表 3　国内 31 省市前沿新材料产业创新企业数量分布情况 ·················· 385
表 4　国内 31 省市前沿新材料产业发明专利授权量分布情况 ·············· 389
表 5　中国前沿新材料产业产学研合作重点高校院所清单 ···················· 393
表 6　国内 31 省市前沿新材料产业创新人才数量分布情况 ·················· 394
表 7　国内 31 省市前沿新材料产业链创新要素情况 ···························· 396
表 8　广东省前沿新材料产业相关政策 ·· 397
表 9　广东省各地市前沿新材料产业创新企业数量情况 ························ 398
表 10　国内重点省市前沿新材料产业特色企业数量分布情况对标比较 ···· 399

表 11	广东省各地市前沿新材料产业发明专利授权量情况	401
表 12	国内重点省市前沿新材料产业高价值专利数量分布情况对标比较	401
表 13	广东省前沿新材料产业产学研合作重点高校院所清单	404
表 14	广东省各地市前沿新材料产业创新人才数量情况	406
表 15	国内重点省市前沿新材料产业特色人才数量分布情况对标比较	406
表 16	广东省前沿新材料产业链创新要素情况	407
表 17	广东省前沿新材料产业优势领域创新要素情况	408
表 18	广东省前沿新材料产业潜力领域创新要素情况	409
表 19	广东省前沿新材料产业薄弱领域创新要素情况	409
表 20	前沿新材料产业链风险领域分布情况	410

第1章 引言

1.1 项目背景

2021年3月,《中华人民共和国国民经济和社会发展第十四个五年规划和2035年远景目标纲要》围绕"发展壮大战略性新兴产业"进行了专章论述,指出要着眼于抢占未来产业发展先机,培育先导性和支柱性产业,推动战略性新兴产业融合化、集群化、生态化发展,战略性新兴产业增加值占GDP比重超过17%。2021年9月,中共中央、国务院印发《知识产权强国建设纲要(2021—2035年)》,在"建设激励创新发展的知识产权市场运行机制"部分,明确要大力推动专利导航在传统优势产业、战略性新兴产业、未来产业发展中的应用。

习近平总书记对广东制造业发展高度重视、寄予厚望,明确要求广东加快推动制造业转型升级,建设世界级先进制造业集群。2020年5月,广东省人民政府出台《关于培育发展战略性支柱产业集群和战略性新兴产业集群的意见》,并进一步制订了20个战略性产业集群行动计划,最终形成"1+20"的政策体系,旨在推动广东省产业链、创新链、人才链、资金链、政策链相互贯通,加快建立具有国际竞争力的现代化产业体系。2021年4月,《广东省国民经济和社会发展第十四个五年规划和2035年远景目标纲要》在"总体要求"中提出,改造提升传统产业,做大做强战略性支柱产业,培育发展战略性新兴产业,加快发展现代服务业,推动产业基础高级化和产业链供应链现代化,提高产业现代化水平,打造新兴产业重要策源地、先进制造业和现代服务业基地,推动建设更具国际竞争力的现代产业体系。

针对"前沿新材料产业",广东省科学技术厅等五部门于2020年9月印发了《广东省培育前沿新材料战略性新兴产业集群行动计划(2021—2025年)》,提出到2025年建立起自主创新能力强、技术特色明显、规模化程度高、产业配套齐全、全国领先的产业体系,基本建成世界级前沿新材料创新中心、具有全球重要影响力的研发和制造高地。并明确广东省市场监督管理局负责突破核心技术重点任务和应用示范与推广工程、知识产权与标准体系工程等重点工程中的相关工作。

为深入贯彻习近平新时代中国特色社会主义思想和党的十九大精神,认真落实中共中央、国务院关于发展壮大战略性新兴产业和知识产权强国建设及省委、省政府关于推进制造强省建设的工作部署,按照《广东省人民政府关于培育发展战略性支柱产业集群和战略性新兴产业集群的意见》《广东省培育前沿新材料战略性新兴产业集群行动计划(2021—

2025 年)》的工作安排，加快发展前沿新材料战略性新兴产业集群，促进产业迈向全球价值链高端，开展前沿新材料产业专利分析研究工作。基于产业专利导航创新决策理念，紧扣产业分析和专利分析两条主线，将专利信息与产业现状、发展趋势、政策环境、市场竞争等信息深度融合，基于知识产权产业金融大数据，深入研究广东省前沿新材料产业发展现状，明晰产业发展方向，找准区域产业定位，分析存在制约发展的瓶颈问题和制度障碍，指出优化产业创新资源配置的具体路径，提出适用于本区域产业创新发展的相关建议，为广东省前沿新材料产业发展规划、招商引资、人才引进等提供决策支撑。

1.2　产业链分类

前沿新材料产业分为十三个领域，包括智能、仿生与超材料制造领域，纳米材料制造领域，高性能纤维领域，新型半导体材料领域，电子新材料及电子化学品领域，先进金属材料领域，新型复合材料领域，超导材料制造领域，3D 打印用材料制造领域，新能源材料制造领域，生物医用材料制造领域，石墨烯领域，新材料相关服务领域。进一步将前沿新材料产业分为多个相关的三级分支：智能、仿生与超材料制造主要涉及智能响应材料制造、仿生材料制造、超材料制造；纳米材料制造主要涉及碳基纳米材料制造、无机纳米材料制造、金属纳米材料制造、高分子纳米复合材料制造、纳米催化剂材料制造；高性能纤维主要涉及玻璃纤维及制品制造、高性能碳纤维及制品制造、有机纤维制造、生物基化学纤维制造；新型半导体材料主要涉及第一代半导体材料、第二代半导体材料、第三代半导体材料；电子新材料及电子化学品主要涉及光刻胶、光掩膜、抛光材料、湿电子化学品、电子特种气体、高储能和关键电子材料制造；先进金属材料主要涉及高性能铜箔、高性能钢材、高性能靶材；新型复合材料主要涉及高性能纤维复合材料、陶瓷基复合材料制造、碳碳复合材料制造、金属基复合材料制造；超导材料制造主要涉及低温超导材料制造、高温超导材料制造、超导磁体材料制造；3D 打印用材料制造主要涉及金属增材制造、高分子增材制造、陶瓷增材制造材料、医用增材制造专用材料；新能源材料制造主要涉及高效锂离子电池材料、燃料电池材料、储氢材料；生物医用材料制造主要涉及医用高分子材料、高端植介入医用材料、高端医用耗材及检测试剂；石墨烯主要涉及石墨烯粉体、石墨烯薄膜、石墨烯制备设备、氧化石墨烯；新材料相关服务主要涉及材料基因工程研发平台服务、材料测试验证评价平台服务（见图 1）。

图 1 前沿新材料产业链结构图

第 2 章　前沿新材料产业发展态势

2.1　全球前沿新材料产业发展现状

2.1.1　全球前沿新材料产业发展概况

新材料是历次工业革命的物质基础与先导。目前，随着全球新材料产业规模的不断增长，先进基础材料和关键战略材料已成为新材料产业支柱，而前沿新材料的研发应用，是新材料产业发展的风向标。根据前沿新材料产业的产业分类，前沿新材料可分为智能、仿生与超材料制造，纳米材料制造，高性能纤维，新型半导体材料，电子新材料及电子化学品，先进金属材料，新型复合材料，超导材料制造，3D 打印用材料制造，新能源材料制造，生物医用材料制造，石墨烯以及新材料相关服务。❶

超材料的研究和工程化应用在近年来得到了迅速发展，但目前主要应用于军事国防、部分公共设施等少数领域。超材料的重大科学价值及其在诸多应用领域呈现的革命性应用前景得到了世界各国政府、科技界、产业界以及国防部门的密切关注。美国国防部启动了关于超材料的多项研究计划，美国大型的半导体公司如英特尔、美国超威半导体（AMD）和国际商业机器公司（IBM）等也成立了联合基金资助相关研究。欧盟组织了 50 多位顶尖的科学家聚焦这一领域的研究，并给予高额经费支持。日本在经济低迷之际出台了一项研究计划，支持至少两个关于超材料技术的研究项目，每个项目的研究经费约为 30 亿日元。

根据新思界产业研究中心发布的《2021—2026 年超材料行业市场深度调研及投资前景预测分析报告》数据显示，2020 年全球超材料行业市场规模接近 15 亿元，同比增速超过 40%，行业正处于高速发展阶段。全球主要超材料企业有 Kymeta 公司（美国）、Metamaterial Technologies Inc.（加拿大）、Metamagnetics（美国）、Echodyne Inc.（美国）、Multiwave（欧洲）、Metashield LLC（美国）、Mediwise（英国）、深圳光启高等理工研究院（中国）等，当前全球超材料企业正在致力于研制新型超材料，将其应用于卫星通信、无线充电、声波塑造、安全检测集成电路检测等领域。

第一代半导体材料是以硅（Si）、锗（Ge）为主，带动了以集成电路为核心的微电子产业的快速发展，是目前最大宗的半导体材料，广泛应用于消费电子、通信、光伏、军事以及航空航天等多个领域。第二代半导体材料是以砷化镓（GaAs）、锑化铟（InSb）为主，主要被用于制作高频、高速以及大功率电子器件，在卫星通信、移动通信以及光通信等领域有较

---

❶ 资料来源：万联证券研究所。

为广泛的应用。以碳化硅（SiC）、氮化镓（GaN）、氧化锌（ZnO）、金刚石、氮化铝（AlN）为代表的宽禁带半导体材料，被称为第三代半导体材料，广泛应用于光电子器件、电力电子器件和微波射频器件领域，其中光电子占比最大但增长较慢，电力电子（即功率半导体）与微波射频为两大主要增长领域。

目前发展较为成熟的第三代半导体材料是碳化硅（SiC）和氮化镓（GaN），根据法国市场研究顾问机构 Yole Development 数据显示，2019 年全球功率半导体市场规模为 382 亿美元（见图 2）。

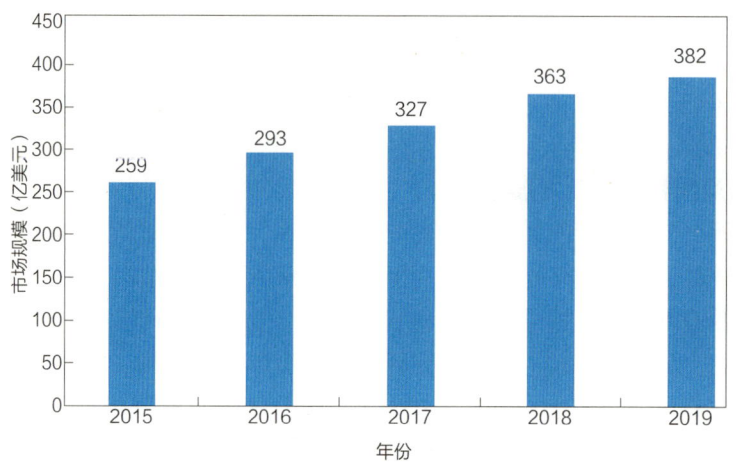

图 2　2015—2019 年全球功率半导体市场规模

根据欧洲超导行业协会（Conectus）数据显示，全球超导材料的市场规模近年来保持平稳增长，2012—2019 年复合年均增长率为 3.05%，2018 年其市场规模为 61.51 亿欧元（见图 3），其中，低温超导的市场份额高达 95.61%，高温超导材料的市场份额仅为 4.39%，但其增长速度较为迅速。目前，全球仅有英国、德国、日本和中国的少数企业掌握低温超导线生产技术，中国企业西部超导是全球唯一的铌钛（NbTi）锭棒、超导线材、超导磁体的全流程生产企业。

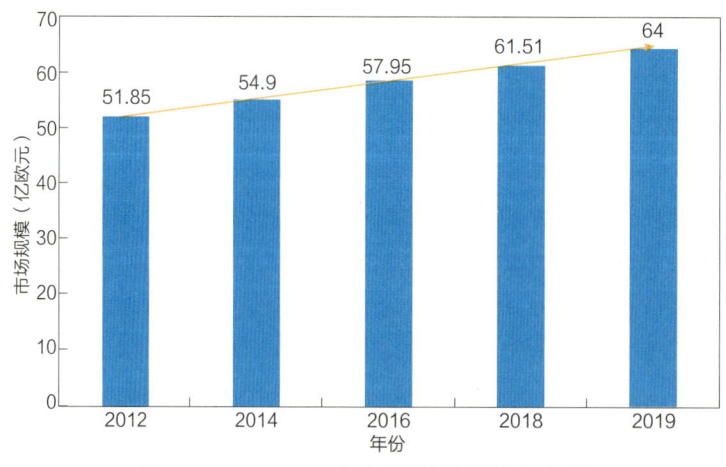

图 3　2012—2019 年全球超导材料市场规模

全球生物医用材料迅速发展，产业规模不断提高。根据市场调研机构MarketsandMarkets数据显示，2019年全球生物医用材料市场规模为1051.8亿美元，预计2024年将增长到2066.4亿美元，复合年增长率为14.5%。从地域分布来看，北美是最大的消费市场，欧盟次之，亚洲第三。从应用领域来看，骨科植入耗材占比最大，其次是心血管介入耗材领域。

随着石墨烯应用领域的不断拓展，全球石墨烯行业市场规模持续增长。2019年全球石墨烯行业市场规模为77亿美元，复合增长率为45.89%（见图4）。全球石墨烯产业中较为突出的国家有美国、日本、韩国和中国。其中，美国石墨烯产业布局呈现多元化，并且产业链相对完整，基本覆盖了从制备及应用研究→产品→下游应用的整个环节，科研院所与企业关系较为密切，科技成果转化速度也更快。美国涉足石墨烯的企业包括IBM、英特尔、波音、福特、美国纳米技术仪器公司、沃尔贝克公司等企业。值得注意的是，美国是当前全球石墨烯领域唯一有军队、国防部高程度支持研发与推广的国家，国防特色鲜明。欧洲石墨烯研究起步早且系统性强，但涉足下游应用的企业较少，导致产业化进程缓慢。日韩石墨烯产业的产学研合作紧密，依托三星、索尼、日立、东芝等龙头企业推动石墨烯产业全面发展。中国石墨烯产业引领全球石墨烯商业化，产业化进程不断推进。❶

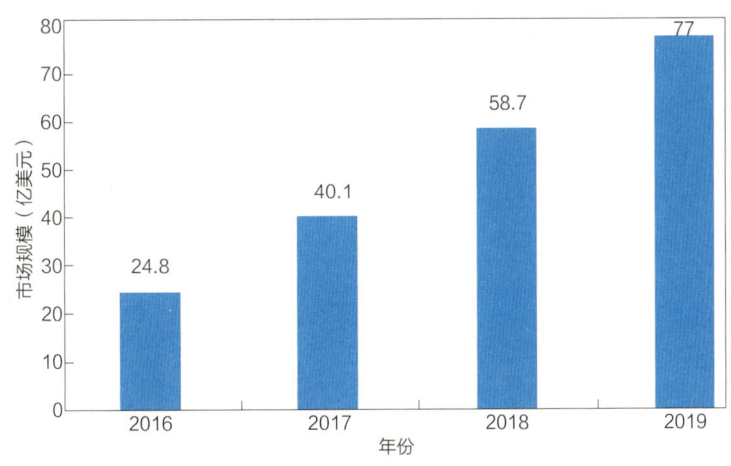

图4　2016—2019年全球石墨烯产业市场规模

全球锂离子电池产业主要集中在中、日、韩三国，2015—2019年全球锂离子电池产业规模年均复合增速达19%。从2015年开始，在中国大力发展新能源汽车的带动下，中国锂离子电池产业规模开始迅猛增长，2015年已经超过韩国、日本跃居至全球首位。但在2019年，全球动力电池市场需求增长乏力，全球锂离子电池市场格局基本保持不变，中国仍然保持领先地位，韩国在乏力追赶，日本趋于落后。2019年全球锂离子电池产业规模达到450亿美元，同比增长9%，增速仅为2018年的一半，增速呈现加速回落态势（见图5）❷。

---

❶ 资料来源：中国经济信息社。
❷ 资料来源：Sixlens根据公开数据整理。

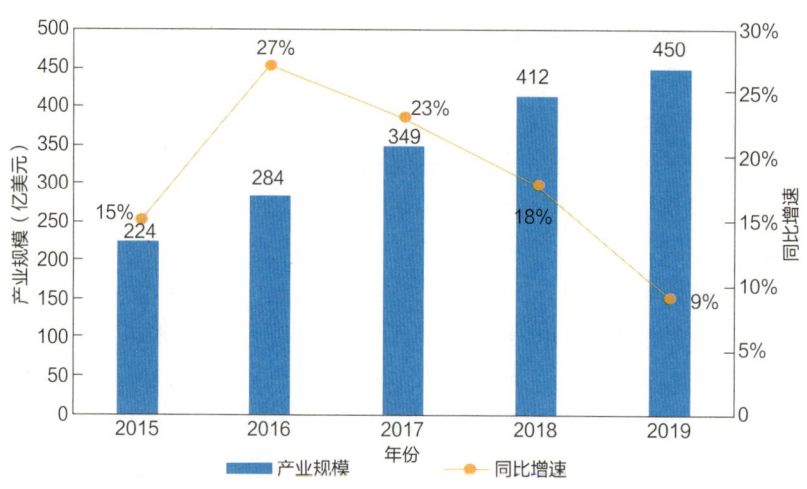

图 5　2015—2019 年全球锂离子电池产业规模

目前全球燃料电池生产企业主要集中在北美、欧洲、日韩等国家和地区，其中，日本在燃料电池产业的技术储备遥遥领先。据能源咨询公司 E4tech 统计，2019 年全球燃料电池的出货量达到 1.1GW，同比增速达到 40%。

2018 年以前，全球复合材料的年增长率一直保持 4% 以上的增长，但在 2018 年产量仅增长不到 1%，其中主要原因是受到中美贸易战的影响。中国是全球复合材料行业的最大生产国，关税政策导致产量下降。根据国家环境材料腐蚀网的统计，2018 年全球复合材料产量为 1140 万吨，结合 JEC、AVK、CCev 等多家机构的数据，估计 2019 年全球复合材料产量将保持 5% 的增长，达到 1197 万吨左右。2020 年受疫情影响，全球经济受挫，2020 年全球复合材料产量约为 1209 万吨（见图 6）。

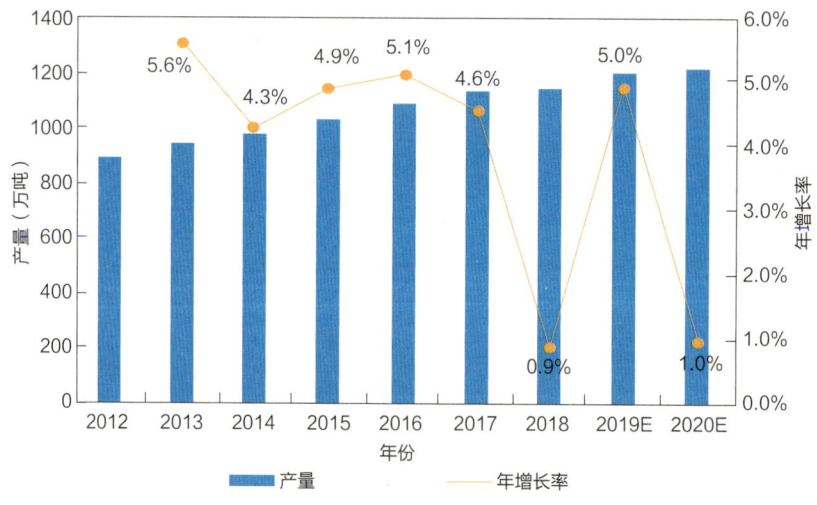

图 6　2012—2020 年全球复合材料产量规模及变化趋势

结合 Grand View Research 对全球复合材料年复合增长率 6.7% 的预测、CCev 对全球碳纤维复合材料的预测、AVK 对欧洲玻璃纤维复合材料的预测等数据资料，预计 2021—2026 年全球复合材料市场产生 6% 的年复合增长率，2026 年市场规模约达到 1359 亿美元。航空航天、国防和汽车行业对轻质材料需求的不断增长,同时,建筑、管道和储能行业对耐腐蚀、耐化学材料的需求,以及电力电气行业对复合材料的需求增长均推动了复合材料市场发展。❶

2.1.2 中国前沿新材料产业发展概况

第三代半导体、纳米材料、石墨烯、生物医用材料等是我国前沿新材料产业的热门领域,以下进行简要介绍。

据第三代半导体产业联盟 CASA 发布的《第三代半导体产业发展报告(2019)》数据显示,2019 年我国第三代半导体整体产值超过 7600 亿元,其中光电子(主要为 LED)为 7548 亿元,电力电子和微波射频产值约为 60 亿元。其中,碳化硅(SiC)、氮化镓(GaN)电力电子产值规模近 24 亿元,同比增长超过 80%。国内碳化硅产业起步较晚但布局完善,国内已完成 4 英寸量产,6 英寸的研发也已经完成,从事碳化硅晶片生长的企业包括露笑科技、天科合达和山东天岳等,从事外延片生长的企业包括瀚天天成和东莞天域等。在氮化镓制备技术方面我国仍有待提升,国内企业目前可以小批量生产 2 英寸衬底,具备了 4 英寸衬底生产能力,并开发出 6 英寸样品。

我国的纳米科技研究与国外几乎同时起步。近几年,我国纳米科学技术得到了较快速的发展,在前沿基础研究、应用技术与成果转化等方面均取得重要进展,跻身世界纳米科技大国,部分研究跃居国际领先水平,形成了以北京市和苏州市为中心的两个纳米产业集群。目前我国已实现商业化量产应用的纳米材料主要包括碳纳米管导电浆料、纳米钛酸钡粉体、纳米碳混悬液、石墨烯导电膜、量子点光转换膜等,分别应用于锂电池导电剂、陶瓷电容器制造、淋巴示踪、散热材料、显示产品等领域。根据中商产业研究院数据显示,我国纳米材料市场规模由 2016 年的 692.3 亿元增长至 2020 年的 1614.8 亿元,复合增长速度达到 23.6%(见图 7)。

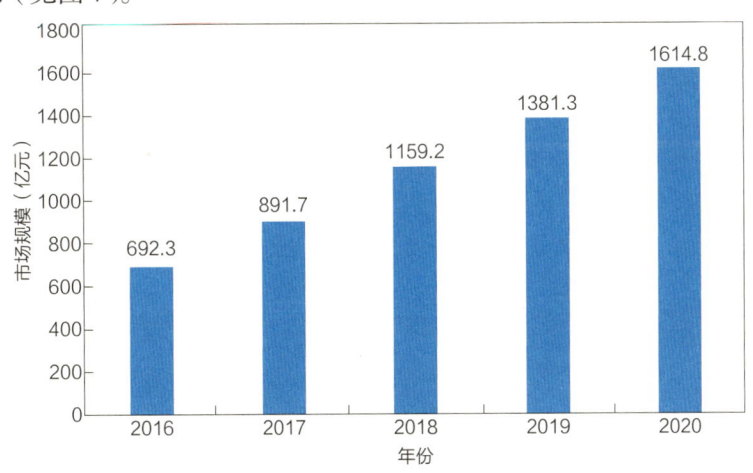

图 7 我国纳米材料市场规模

目前我国的纳米材料相关企业主要以低附加值产品生产为主,在高附加值纳米材料领域,

---

❶ 资料来源:前瞻产业研究院。

我国仅有极少数企业具有产业化生产能力，大部分产品还处于基础研究或应用研发阶段。❶

我国石墨烯市场规模近年来快速增长，2019 年市场规模达 163 亿元，约占全球石墨烯总市场规模的 30%，并有逐年提高的趋势（见图 8）。据 CGIA Research 数据显示，国内石墨烯应用最广泛的下游领域是新能源相关领域，市场份额占比高达 71.5%，也是驱动国内石墨烯市场规模不断增长的主要领域，此外，石墨烯在防腐涂料、复合材料、生物传感器等领域的市场份额占比也均超过了 7%。❷

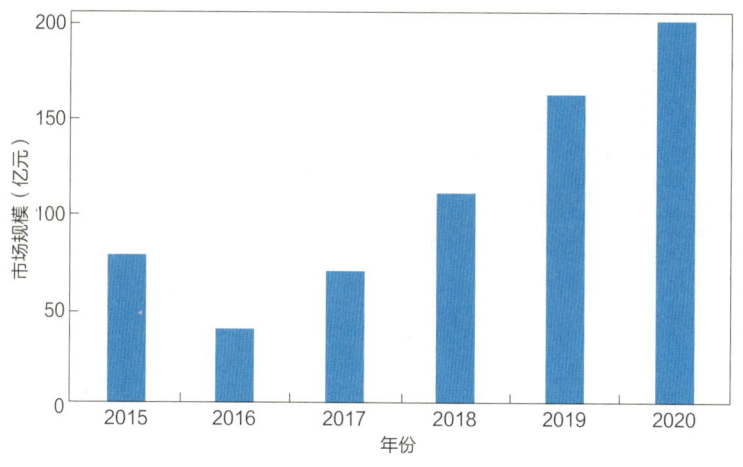

图 8　我国石墨烯市场规模

目前我国已基本形成了以长三角、珠三角和京津冀鲁区域为聚合区、多地分布式发展的石墨烯产业格局。大多数企业布局在石墨烯产业上游（石墨烯制备）及中游（石墨烯粉体、石墨烯薄膜），下游集中在锂电池材料。在石墨烯粉体方面，常州第六元素、青岛昊鑫、宁波墨西等多家企业已拥有国内领先的石墨烯粉体生产线。在石墨烯薄膜方面，长沙暖宇新材料科技公司年产量 100 万平方米的石墨烯膜生产线已开建，预计建成后将成为国内第二大石墨烯膜生产线。

我国生物医用材料研制和生产迅速发展并初具规模，2017—2019 年我国生物医用材料的市场规模从 1380.3 亿元增加至 1982.7 亿元，增速呈加快趋势，年均复合增长率为 12.8%。其中，低值医用耗材成为我国生物医用材料占比最大应用领域，心血管介入耗材、骨科植入耗材分别为我国生物医用材料占比第二大应用领域和第三大应用领域。从生物医用材料企业类型来看，三分之一以上的企业为低值医用耗材类企业；骨科材料类企业占比 20.8%，排名第二；心血管材料类企业占比 17.7%，排名第三。数据显示，2018 年中国骨科植入耗材市场规模 69.5 亿美元，进口产品市场占比 61%，国产产品占比仅 39%，其中，创伤类植入材料基本完成国产化，关节、脊柱类植入材料国外巨头占据优势。在国内，心血管介入市场主要集中在乐普、微创、吉威、美敦力、雅培等企业，市场集中度较高，市场份额前三的企业均为国产企业。目前国内心血管介入耗材仅冠脉药物支架基本完成了进口替代，其他心血管介入耗材进口率依然高达 80%～100%。

❶ 资料来源：中商产业研究院整理。

❷ 资料来源：中国经济信息社、国信证券经济研究所整理。

2.2 中国前沿新材料产业政策环境

新材料作为制造业的两大"底盘技术"之一，我国高度重视新材料产业发展。加快发展新材料，对推动技术创新、支撑产业升级、建设制造强国具有重要战略意义。自2009年中国明确将前沿新材料产业列为战略性新兴产业以来，推进前沿新材料产业发展的政策不断深化和落地，不断通过纲领性文件、指导性文件、规划发展目标与任务等构筑起新材料发展政策金字塔（见表1），予以全产业链、全方位的指导，为国家制造强国战略实施提供了有力支撑。2021年3月，第十三届全国人民代表大会审议通过的《中华人民共和国国民经济和社会发展第十四个五年规划和2035年远景目标纲要》提出，聚焦新一代信息技术、新能源、新材料等战略性新兴产业，加快关键核心技术创新应用，增强要素保障能力，培育壮大产业发展新动能。

表1 我国前沿新材料产业相关政策

时间	发文部门	文件	主要内容
2010年	国务院	《关于加快培育和发展战略性新兴产业的决定》	提升碳纤维、芳纶、超高分子量聚乙烯纤维等高性能纤维及其复合材料发展水平。开展纳米、超导、智能等共性基础材料研究
2013年	工业和信息化部	《关于加快推进碳纤维行业持续健康发展的指导意见（征求意见稿）》	加快技术进步，提升产业化发展水平；优化产业结构，规范碳纤维行业发展；建立标准体系，开拓和培育下游应用产业等
2015年	国务院	《中国制造2025》	高度关注颠覆性新材料对传统材料的影响，做好超导材料、纳米材料、石墨烯、生物基材料等战略前沿材料提前布局和研制
2016年	国务院	《"十三五"国家战略性新兴产业发展规划》	提高新材料基础支撑能力，以应用为牵引构建新材料标准体系，前瞻布局前沿新材料研发。到2020年，初步实现我国从材料大国向材料强国的战略性转变
2016年	工业和信息化部、国家发改委、科技部、财政部	《新材料产业发展指南》	加快推动先进基础材料工业转型升级，重点发展关键战略材料，布局前沿新材料
2017年	科技部	《"十三五"材料领域科技创新专项规划》	以超导材料、智能/仿生/超材料、极端环境材料等前沿新材料为突破口，抢占材料前沿制高点
2018年	工业和信息化部、财政部	《国家新材料产业资源共享平台建设方案》	到2020年，围绕先进基础材料、关键战略材料和前沿新材料等重点领域和新材料产业链各关键环节，基本形成多方共建、公益为主、高效集成的新材料产业资源共享服务生态体系
2021年	全国人民代表大会	《中华人民共和国国民经济和社会发展第十四个五年规划和2035年远景目标纲要》	聚焦新一代信息技术、新能源、新材料等战略性新兴产业，加快关键核心技术创新应用，增强要素保障能力，培育壮大产业发展新动能

从2016年开始，多个省市将前沿新材料产业纳入"十三五"战略性新兴产业发展规

划,部分省市更是出台了新材料产业发展专项规划(见表2)。2021年2月,浙江省《浙江省新材料产业发展"十四五"规划(征求意见稿)》出台,提出聚焦先进基础材料、关键战略材料和前沿新材料三大重点领域,力争到2025年,成为全球有重要影响力的新材料产业高地和国际一流的新材料科创高地。

表2 各省市前沿新材料产业相关政策

省市	时间	发布单位	政策名称	政策核心内容
上海	2016年	上海市经信委	《上海促进新材料发展"十三五"规划》	把满足战略性新兴产业和重大技术装备需求作为主攻方向,研发研制一批先进制造业需求和引领产业发展的前沿新材料
浙江	2016年	浙江省经信委	《浙江省新材料产业发展"十三五"规划》	在前沿新材料领域,加强基础研究与技术积累,注重原始创新,加快在前沿领域实现重大原创性突破。积极做好前沿新材料领域知识产权布局,围绕重点领域开展应用示范,逐步扩大前沿新材料的应用领域
	2018年	浙江省人民政府	《加快培育发展新动能行动计划》	加快发展石墨烯、增材制造、超导材料、先进高分子材料、高端结构材料等未来产业
	2021年	浙江省经信厅、浙江省发改委	《浙江省新材料产业发展"十四五"规划》	聚焦先进基础材料、关键战略材料和前沿新材料三大重点领域,打造成为全球有重要影响力的新材料产业高地和国际一流的新材料科创高地
四川	2017年	四川省人民政府	《四川省"十三五"战略性新兴产业发展规划》	突破发展前沿新材料,推进新型电子材料的研发和产业化,加强纳米材料技术研发等
天津	2018年	天津市人民政府办公厅	《天津市新材料产业发展三年行动计划(2018—2020年)》	实施前沿新材料培育工程。瞄准科技和产业前沿,加强前瞻性基础研究与应用创新,攻克一批核心关键技术,形成一批标志性前沿新材料创新成果与典型应用,抢占产业竞争制高点
山东	2018年	山东省人民政府	《山东省新材料产业发展专项规划(2018—2022年)》	到2022年,将石墨烯、3D打印材料、超高温材料、新兴功能材料等作为前沿新材料的发展重点,力求实现新的突破
	2020年	山东省发改委	《山东省战略性新兴产业集群发展工程实施方案(2020—2021年)》	重点推动新一代信息技术、生物医药、新材料等新兴产业集群延伸产业链
湖南	2021年	湖南制造强省建设领导小组办公室	《湖南省先进储能材料及动力电池产业链三年行动计划(2021—2023年)》	到2023年,将湖南打造成为全国产业集中、品类齐全、产业链完整的储能材料及动力电池产业研发和生产集聚区,逐步建成世界级先进制造业产业集群

2.3 中国前沿新材料产业创新发展态势

2.3.1 中国创新企业

截至 2021 年 7 月，国内 31 省市前沿新材料产业有专利申请活动的创新企业共 122000 家，近五年复合增速达 21.3%。其中，2018 年同比增速最快，同比增长 24.3%（见图 9）。

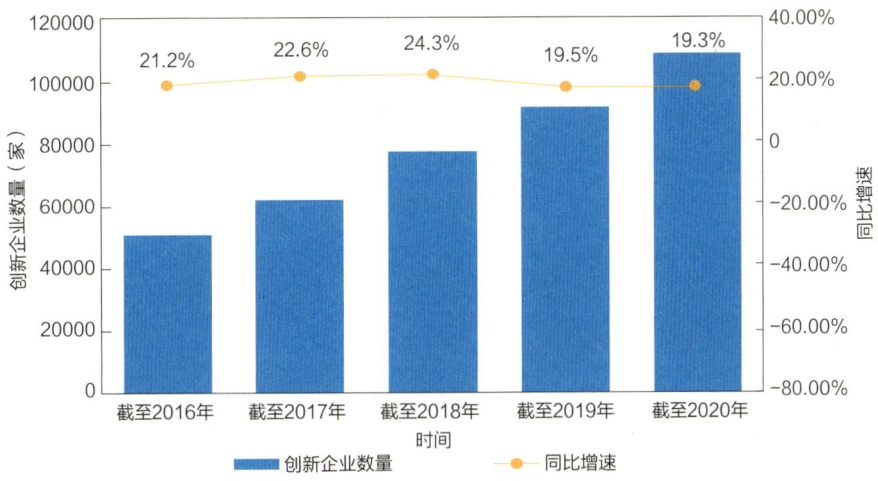

图 9 国内 31 省市前沿新材料产业创新企业数量增长趋势

从地域分布情况来看，截至 2021 年 7 月，国内 31 省市前沿新材料产业有专利申请活动的创新企业主要集中在东南沿海地区。其中，创新企业数量排名前五位的省市依次为江苏省（23302 家）、广东省（21580 家）、浙江省（12261 家）、上海市（7270 家）、安徽省（6992 家）（见表 3）。

表 3 国内 31 省市前沿新材料产业创新企业数量分布情况

排名	省（自治区、直辖市）	创新企业数量（家）
1	江苏	23302
2	广东	21580
3	浙江	12261
4	上海	7270
5	安徽	6992
6	山东	6959
7	北京	5243
8	福建	4086
9	四川	3941
10	湖北	3600
11	天津	3337
12	河南	3325

续表

排名	省（自治区、直辖市）	创新企业数量（家）
13	湖南	3042
14	河北	2399
15	辽宁	2364
16	江西	2196
17	陕西	1774
18	重庆	1773
19	广西	1139
20	贵州	836
21	山西	798
22	云南	747
23	吉林	658
24	黑龙江	620
25	内蒙古	456
26	甘肃	405
27	宁夏	361
28	新疆	350
29	海南	201
30	青海	140
31	西藏	37

截至 2021 年 7 月，在前沿新材料产业创新企业中，国内 31 省市共有国家高新技术企业 45367 家，占国内 31 省市前沿新材料产业创新企业总量（122000 家）的 37.2%；初创企业 6541 家，占创新企业总量的 5.4%；隐形冠军企业 1313 家，占创新企业总量的 1.1%；上市公司 1917 家，占创新企业总量的 1.6%；独角兽企业 39 家，占创新企业总量的 0.03%；专精特新企业 8514 家，占创新企业总量的 7.0%（见图 10）。

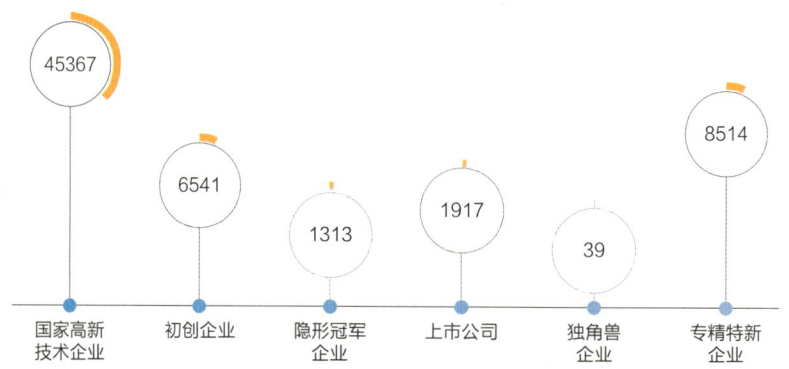

图 10 中国前沿新材料产业特色企业数量分布情况（单位：家）

在前沿新材料产业创新企业中，专利申请公开量较多的重点企业包括京东方科技集团股份有限公司、TCL华星光电技术有限公司、中芯国际集成电路制造（上海）有限公司、中国石油化工股份有限公司、海洋王照明科技股份有限公司、上海华力微电子有限公司等。从这六家重点企业在前沿新材料产业布局专利的细分领域来看，电子新材料及电子化学品是最为重点的细分领域，每家重点企业都在该细分领域布局了较多的专利。纳米材料制造、新型半导体材料也是较为重点的细分领域。六家重点企业中，均有超过半数的企业在纳米材料制造、新型半导体材料领域布局了一定数量的专利（见图11）。

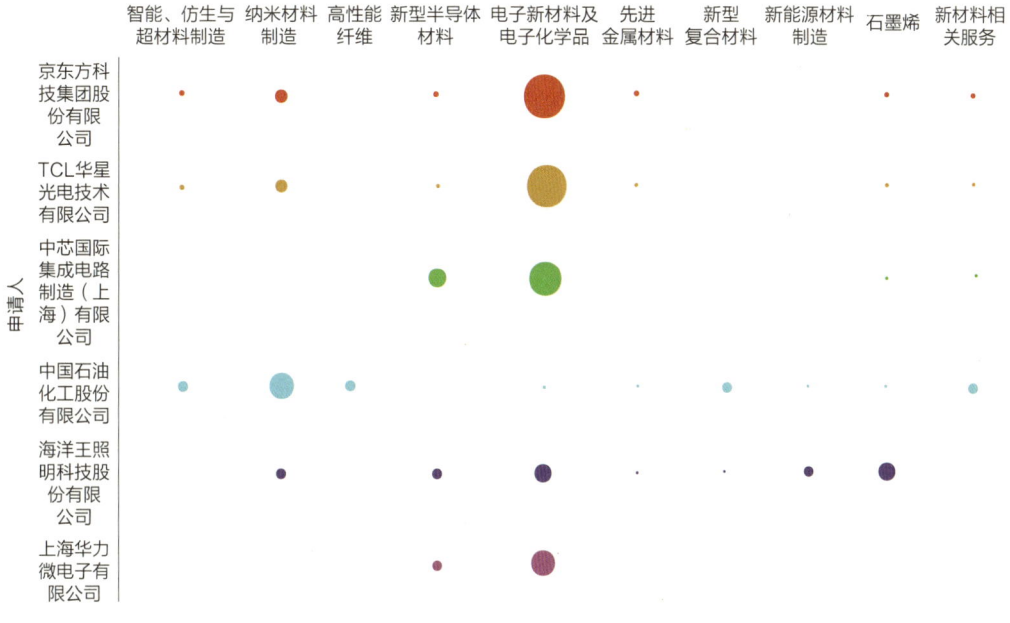

图11 中国前沿新材料产业重点企业专利技术布局情况

【典型企业——京东方科技集团股份有限公司】

京东方科技集团股份有限公司（BOE）创立于1993年4月，是一家为信息交互和人类健康提供智慧端口产品和专业服务的物联网公司，形成了以半导体显示事业为核心，传感器及解决方案、MLED、智慧系统创新、智慧医工事业融合发展的"1+4+N"航母事业群。

截至2020年，BOE累计可使用专利超7万件，在年度新增专利申请中，发明专利超90%，海外专利超过35%，覆盖美国、欧洲、日本、韩国等多个国家和地区。美国专利服务机构IFI Claims发布2020年度美国专利授权量统计报告，BOE全球排名跃升至第13位，美国专利授权量达2144件，连续3年跻身全球前20位；BOE已连续多年在世界知识产权组织（WIPO）专利排名中位列全球前十。

作为全球半导体显示产业龙头企业，BOE带领中国显示产业实现了从无到有、从有到大、从大到强。目前全球每四个智能终端就有一块显示屏来自BOE，超高清、柔性、微显示等解决方案已广泛应用于国内外知名品牌。全球市场调研机构 Omdia 数据显示，2020 年，BOE 在智能手机、平板电脑、笔记本电脑、显示器、电视五大应用领域显示屏出货量均位列全球第一。

2.3.2 中国专利布局

截至 2021 年 7 月，中国前沿新材料产业专利申请公开量共 1213149 件，占中国专利申请公开总量（33757841 件）的 3.6%，近五年复合增速达 11.2%（见图 12）。中国前沿新材料产业专利授权量共 651028 件，占前沿新材料产业全国专利申请公开总量的 53.7%；有效专利量为 457023 件。

图 12　中国前沿新材料产业专利申请公开量增长趋势

截至 2021 年 7 月，中国前沿新材料产业发明专利申请公开量为 962654 件，占中国前沿新材料产业专利申请公开总量（1213149 件）的 79.4%，近五年复合增速达 8.5%。其中，2017 年同比增速最快，同比增长 19.4%（见图 13）。

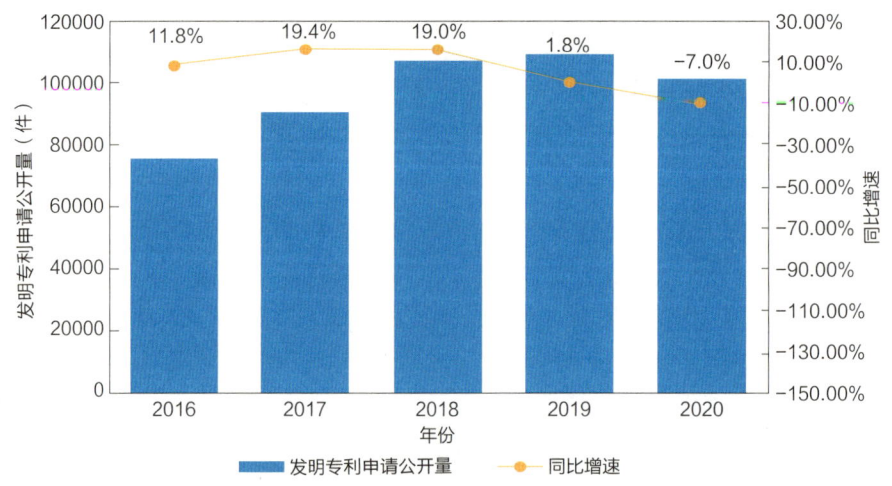

图 13　中国前沿新材料产业发明专利申请公开量增长趋势

从地域分布情况来看，截至 2021 年 7 月，中国前沿新材料产业发明专利授权量共 400533 件，主要集中在北京市、江苏省、广东省等经济较发达的地区。其中，发明专利授权量排名前五位的省市依次为北京市（38060 件）、江苏省（35512 件）、广东省（34836 件）、上海市（27046 件）、浙江省（21349 件）（见表 4）。

表 4　国内 31 省市前沿新材料产业发明专利授权量分布情况

排名	省（自治区、直辖市）	发明专利授权量（件）
1	北京	38060
2	江苏	35512
3	广东	34836
4	上海	27046
5	浙江	21349
6	山东	15526
7	湖北	12679
8	安徽	10588
9	辽宁	10299
10	四川	9826
11	陕西	9550
12	湖南	8670
13	福建	8146
14	河南	7674
15	天津	6173
16	河北	4747
17	黑龙江	4671
18	吉林	3793
19	重庆	3566
20	江西	3131
21	山西	2957
22	广西	2822
23	云南	2235
24	甘肃	1740
25	贵州	1414
26	内蒙古	1141
27	新疆	697
28	宁夏	504
29	海南	346
30	青海	292
31	西藏	24

截至 2021 年 7 月，中国前沿新材料产业的有效发明专利共 300045 件，其中高价值专利的数量为 298236 件。在中国前沿新材料产业高价值专利中，在海外有同族专利权的有效发明专利共有 82765 件，维持年限超过 10 年的有效发明专利共有 60628 件，有质押融资活动的有效发明专利共有 4038 件，获得中国专利奖的有效发明专利共有 564 件。高价值专利数量排名前五位的省市依次为江苏省（31093 件）、广东省（29760 件）、北京市（29010 件）、上海市（18818 件）、浙江省（16951 件）（见图 14）。

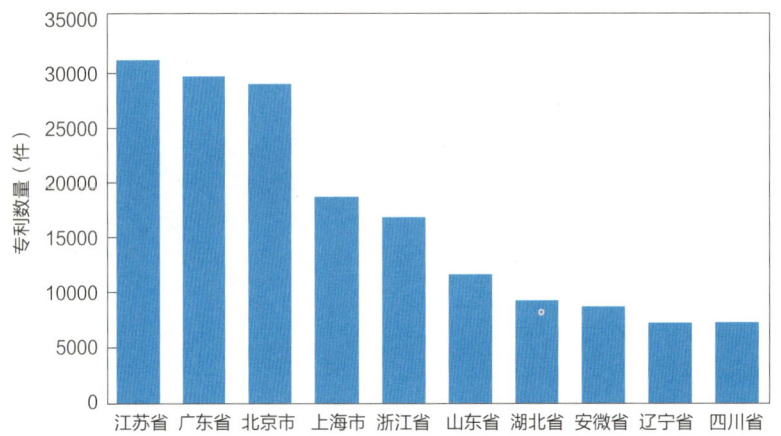

图 14　国内部分省市前沿新材料产业高价值专利数量分布情况

截至 2021 年 7 月，国内 31 省市前沿新材料产业创新企业发明专利申请公开量共 411967 件，占中国前沿新材料产业发明专利申请公开总量（962654 件）的 42.8%。近五年复合增速达 9.5%。其中，2017 年同比增速最快，同比增长 23.8%（见图 15）。发明专利申请公开量较多的企业包括京东方科技集团股份有限公司（4572 件）、TCL 华星光电技术有限公司（3962 件）、上海博德基因开发有限公司（3221 件）、中芯国际集成电路制造（上海）有限公司（2770 件）、中国石油化工股份有限公司（2345 件）。

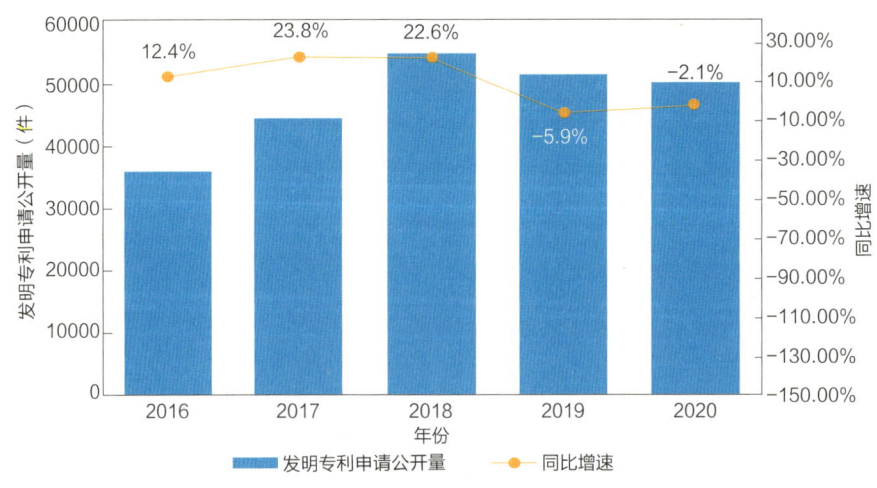

图 15　国内 31 省市前沿新材料产业创新企业发明专利申请公开量增长趋势

截至 2021 年 7 月，国内 31 省市前沿新材料产业高校发明专利申请公开量共 213863

件，占中国前沿新材料产业发明专利申请公开总量（962654件）的22.2%。近五年复合增速达11.1%。其中，2017年同比增速最快，同比增长33.1%（见图16）。发明专利申请公开量较多的高校包括浙江大学（5065件）、华南理工大学（4021件）、中南大学（3971件）、清华大学（3780件）、天津大学（3709件）。

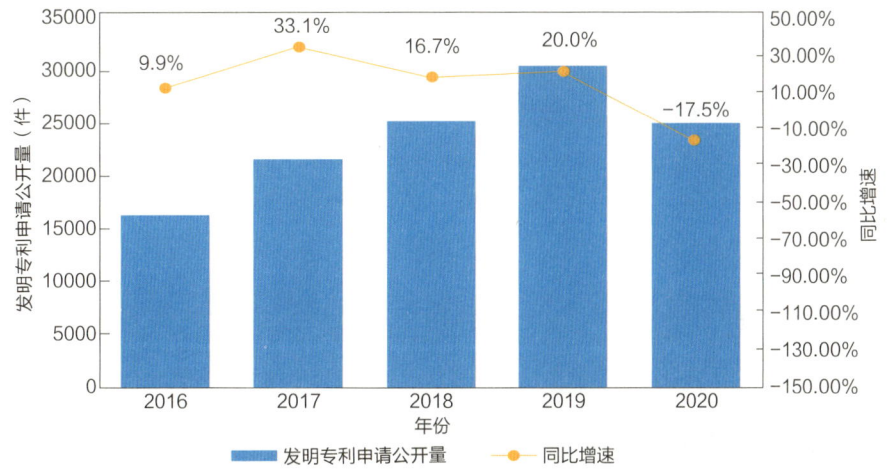

图16 国内31省市前沿新材料产业高校发明专利申请公开量增长趋势

截至2021年7月，国内31省市前沿新材料产业科研机构发明专利申请公开量共55410件，占中国前沿新材料产业发明专利申请公开总量（962654件）的5.8%。近五年复合增速达12.2%。其中，2017年同比增速最快，同比增长16.7%（见图17）。发明专利申请公开量较多的科研机构包括中国科学院大连化学物理研究所（2633件）、中国科学院金属研究所（2014件）、中国科学院上海硅酸盐研究所（1856件）、中国科学院宁波材料技术与工程研究所（1422件）、中国科学院化学研究所（1386件）。

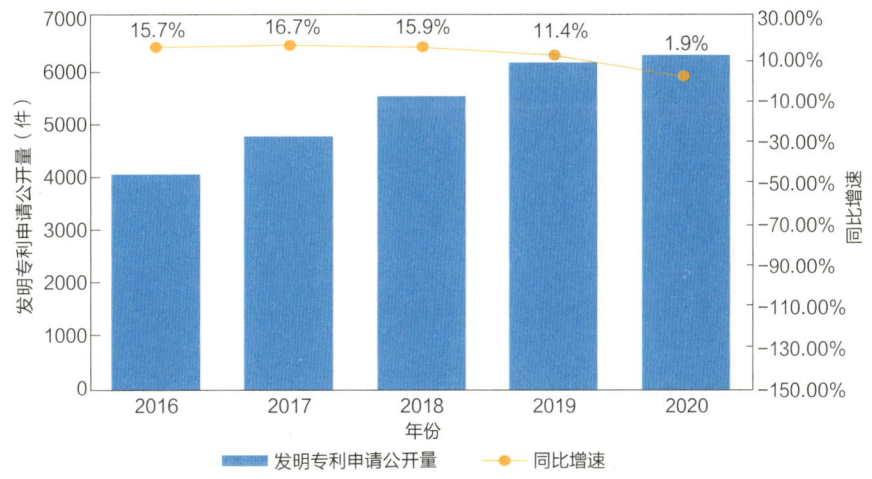

图17 国内31省市前沿新材料产业科研机构发明专利申请公开量增长趋势

截至2021年7月，在前沿新材料产业中，全国涉及产学研合作申请的专利共有21233件，占中国前沿新材料产业专利申请公开总量（1213149件）的1.8%。涉及产学研合作申请专利量排名前五位的省市依次为北京市（3690件）、广东省（2627件）、上海市（2149件）、江苏省（2000件）、浙江省（970件）（见图18）。

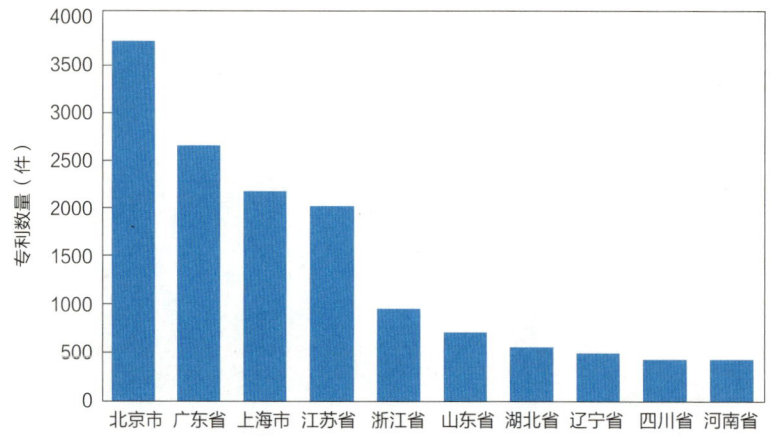

图18 国内部分省市前沿新材料产业产学研合作申请专利数量分布情况

从前沿新材料产业的细分支领域来看，全国涉及产学研合作申请的专利主要分布在高储能和关键电子材料制造、高分子纳米复合材料制造等十余个领域，专利数量均超过了500件（见图19）。

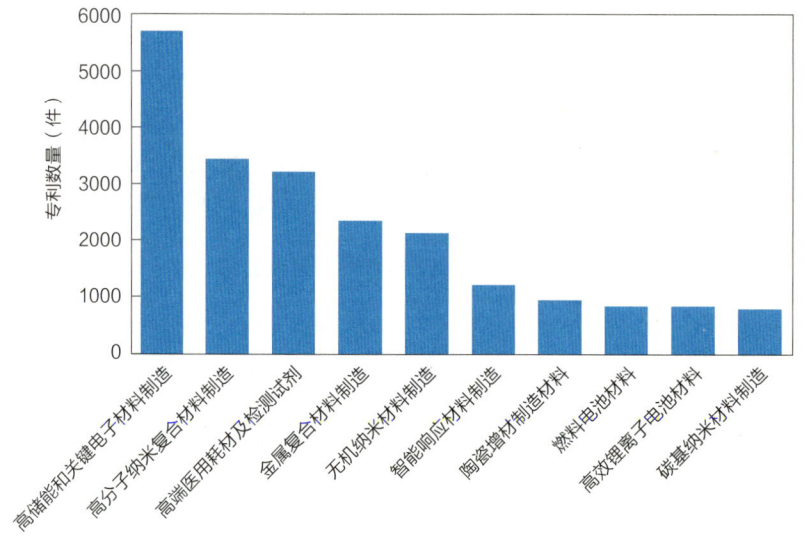

图19 中国前沿新材料产业产学研合作申请专利领域分布情况

从产学研合作的高校院所来看，清华大学、深圳光启高等理工研究院、复旦大学、上海交通大学、东华大学等在中国前沿新材料产业中的产学研合作较为密切，涉及产学研合作申请的专利数量分别为1224件、498件、452件、439件、425件（见表5）。

表 5　中国前沿新材料产业产学研合作重点高校院所清单

序号	高校院所	产学研合作申请的专利数量（件）
1	清华大学	1224
2	深圳光启高等理工研究院	498
3	复旦大学	452
4	上海交通大学	439
5	东华大学	425
6	浙江大学	311
7	华南理工大学	296
8	北京科技大学	259
9	中南大学	258
10	华东理工大学	220

2.3.3　中国创新人才

截至 2021 年 7 月，国内 31 省市前沿新材料产业有专利申请活动的创新人才共 1344218 人，近五年复合增速达 18.9%。其中，2018 年同比增速最快，达 19.9%（见图 20）。

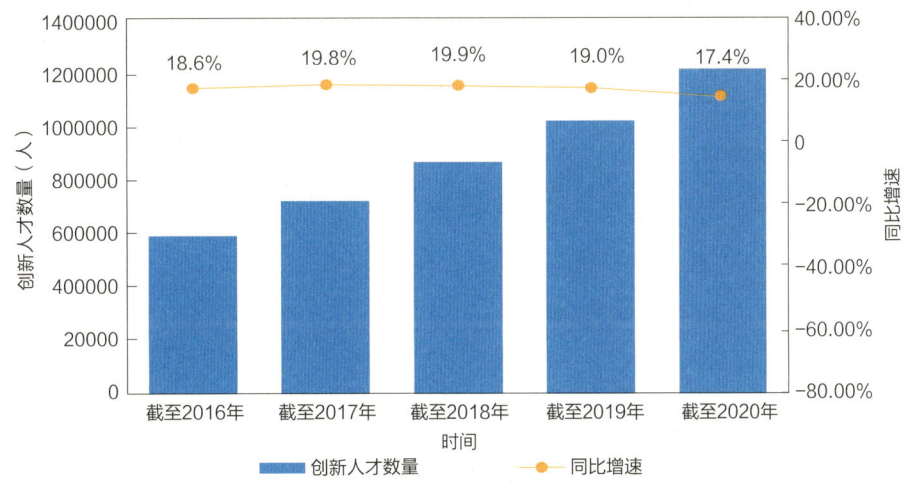

图 20　国内 31 省市前沿新材料产业创新人才数量增长趋势

从地域分布情况来看，截至 2021 年 7 月，国内 31 省市前沿新材料产业有专利申请活动的创新人才主要集中在江苏省、广东省、北京市等经济较发达地区。其中，创新人才数量排名前五位的省市依次为江苏省（179417 人）、广东省（157525 人）、北京市（134685 人）、上海市（97770 人）、浙江省（90108 人）（见表 6）。

表 6　国内 31 省市前沿新材料产业创新人才数量分布情况

排名	省（自治区、直辖市）	创新人才数量（人）
1	江苏	179417
2	广东	157525
3	北京	134685
4	上海	97770
5	浙江	90108
6	山东	87217
7	湖北	54576
8	河南	53598
9	安徽	49790
10	四川	48097
11	辽宁	42437
12	陕西	40993
13	湖南	37947
14	天津	35851
15	福建	34688
16	河北	30756
17	重庆	21166
18	黑龙江	20673
19	江西	20122
20	吉林	19364
21	广西	17291
22	云南	15398
23	山西	15174
24	甘肃	11138
25	贵州	10589
26	内蒙古	8330
27	新疆	6946
28	宁夏	3845
29	海南	2692
30	青海	2296
31	西藏	353

截至 2021 年 7 月，在前沿新材料产业创新人才中，国内 31 省市共有国家高层次人才 88678 人，占国内 31 省市前沿新材料产业创新人才总量（1344218 人）的 6.6%；技术高管 94438 人，占创新人才总量的 7.0%；科技企业家 60339 人，占创新人才总量的 4.5%（见图 21）。

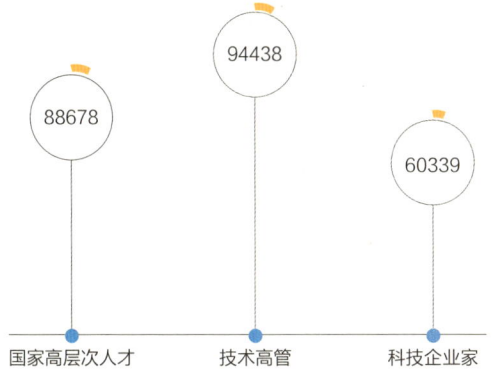

图 21　中国前沿新材料产业特色人才数据分布情况（单位：人）

从各机构类型创新人才数量分布情况来看，国内 31 省市前沿新材料产业企业的创新人才数量最多，共计 681553 人，占国内 31 省市前沿新材料产业创新人才总量（1344218 人）的 50.7%。高校的创新人才数量位居其次，共计 398318 人，占国内 31 省市前沿新材料产业创新人才总量的 29.6%。科研机构的创新人才共计 102005 人，事业单位的创新人才共计 62121 人，分别占国内 31 省市前沿新材料产业创新人才总量的 7.6% 和 4.6%（见图 22）。

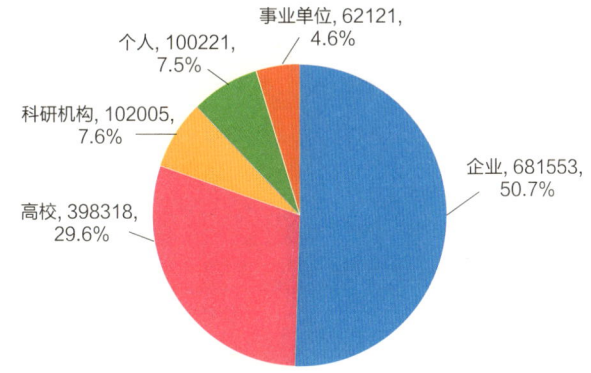

图 22　国内 31 省市前沿新材料产业各机构类型创新人才数量分布情况（单位：人）

2.4　中国前沿新材料产业热点及重点技术创新方向

从产业链整体来看，国内 31 省市前沿新材料产业的发明专利申请公开总量共 763021 件，创新企业总量共 122000 家，创新人才总量共 1344218 人，近五年复合增速分别为 9.3%、21.3%、18.9%。

从产业链各领域近五年复合增速来看，发明专利申请公开量近五年复合增速高于前沿新材料产业链平均水平的有高性能纤维、超导材料制造、新能源材料制造、生物医用材料制造、新材料相关服务领域，其中新能源材料制造领域近五年复合增速达 24.0%，增速远高于其他领域；创新企业数量近五年复合增速高于前沿新材料产业链平均水平的有纳米材料制造、高性能纤维、电子新材料及电子化学品、3D 打印用材料制造、新能源材料制造、生物医用材料制造、石墨烯、新材料相关服务领域，其中，石墨烯领域创新企业数量近五年复合增速在前沿新材料产业链中最高，为35.2%；创新人才数量近五年复合增速高于前沿新材料产业链平均水平的有纳米材料制造、电子新材料及电子化学品、3D打印用材料制造、新能源材料制造、生物医用材料制造、石墨烯、新材料相关服务领域，其中石墨烯领域创新人才数量近五年复合增速在前沿新材料产业链中最高，为27.5%。特别地，新能源材料制造、生物医用材料制造、新材料相关服务领域的发明专利申请公开量、创新企业数量、创新人才数量的近五年复合增速均高于整个前沿新材料产业链平均水平，属于产业布局的热点。另外，虽然石墨烯领域发明专利申请公开量的近五年复合增速略低于前沿新材料产业链平均水平，但其创新企业数量和创新人才数量的近五年复合增速均在产业链中最高，也属于产业布局的热点。

从产业链各领域数量来看，纳米材料制造领域的发明专利申请公开量、创新企业数量、创新人才数量分别为260223件、43272家、442124人，电子新材料及电子化学品领域的发明专利申请公开量、创新企业数量、创新人才数量分别为251286件、61645家、511926人，这两个领域均在前沿新材料产业链中占据了很高的比例，属于产业布局的重点（见表7）。

表7 国内31省市前沿新材料产业链创新要素情况

产业链二级	发明专利申请公开		创新企业		创新人才	
	数量（件）	复合增速	数量（家）	复合增速	数量（人）	复合增速
智能、仿生与超材料制造	51437	8.8%	9782	20.5%	104866	17.5%
纳米材料制造	260223	7.7%	43272	21.7%	442124	19.1%
高性能纤维	20553	10.3%	5252	22.2%	38625	17.9%
新型半导体材料	21697	6.7%	2733	17.9%	36527	15.0%
电子新材料及电子化学品	251286	9.2%	61645	22.6%	511926	19.9%
先进金属材料	30530	4.8%	7417	18.1%	66376	16.6%
新型复合材料	95711	5.5%	14744	18.7%	152182	16.8%
超导材料制造	268	12.1%	40	12.5%	685	9.1%
3D打印用材料制造	54184	8.4%	9463	21.4%	96325	19.3%
新能源材料制造	42173	24.0%	6488	27.4%	81103	24.6%
生物医用材料制造	122852	11.7%	14879	21.6%	298859	19.0%
石墨烯	16661	8.8%	2845	35.2%	39727	27.5%
新材料相关服务	19716	15.9%	6189	28.0%	83588	22.9%

第3章 广东省前沿新材料产业创新发展定位与洞察

3.1 广东省前沿新材料产业政策导向

前沿新材料是广东省重点培育发展的十大战略性新兴产业集群之一，广东省政府先后印发了《广东省人民政府关于培育发展战略性支柱产业集群和战略性新兴产业集群的意见》《广东省培育前沿新材料战略性新兴产业集群行动计划（2021—2025 年）》《广东省加快先进制造业项目投资建设若干政策措施》《广东省国民经济和社会发展第十四个五年规划和 2035 年远景目标纲要》等政策文件，均明确了支持加快前沿新材料产业创新发展的政策措施（见表8）。2020 年 9 月，《广东省培育前沿新材料战略性新兴产业集群行动计划（2021—2025 年）》围绕发展目标，制定了"五大重点任务"和"六大重点工程"。2021 年 4 月，前沿新材料产业纳入《广东省国民经济和社会发展第十四个五年规划和 2035 年远景目标纲要》。

表 8　广东省前沿新材料产业相关政策

时间	发布单位	政策名称	政策核心内容
2020 年	广东省人民政府	《广东省人民政府关于培育发展战略性支柱产业集群和战略性新兴产业集群的意见》	重点发展低维及纳米材料、先进半导体材料、电子新材料、先进金属材料、高性能复合材料、新能源材料、生物医用材料等前沿新材料。在广州、深圳、珠海、佛山、韶关、东莞、湛江、清远、潮州等地打造各具特色的前沿新材料集聚区，在若干领域实现引领全国发展
2020 年	广东省科技厅、广东省发改委、广东省工信厅、广东省商务厅、广东省市监局	《广东省培育前沿新材料战略性新兴产业集群行动计划（2021—2025 年）》	围绕发展目标，制定了"五大重点任务"和"六大重点工程"
2021 年	广东省人民政府	《广东省加快先进制造业项目投资建设若干政策措施》	聚焦前沿新材料、新能源、激光与增材制造等十大战略性新兴产业集群，立足"招好商、招大商、精准招商、产业链招商"，积极引进产业带动性强、技术水平先进、绿色低碳的先进制造业项目

续表

时间	发布单位	政策名称	政策核心内容
2021年	广东省人民政府	《广东省国民经济和社会发展第十四个五年规划和2035年远景目标纲要》	重点发展低维及纳米材料、先进半导体材料、电子新材料、先进金属材料、高性能复合材料、新能源材料、生物医用材料等前沿新材料

3.2 广东省前沿新材料产业创新发展定位

3.2.1 广东省创新企业

截至 2021 年 7 月，广东省前沿新材料产业有专利申请活动的创新企业共 23302 家，占国内 31 省市前沿新材料产业创新企业总量（122000 家）的 19.1%，在国内 31 省市中仅次于江苏省，排名第二。近五年广东省前沿新材料产业创新企业数量复合增速为 21.4%，高出国内 31 省市整体复合增速（21.3%）0.1 个百分点（见图 23）。

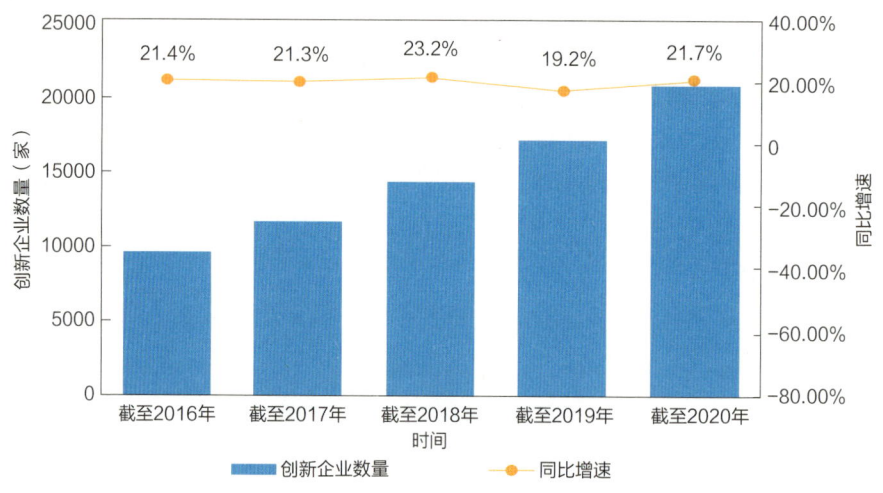

图 23 广东省前沿新材料产业创新企业数量增长趋势

从地域分布情况来看，截至 2021 年 7 月，广东省前沿新材料产业有专利申请活动的创新企业主要集中在珠三角地区。其中，创新企业数量排名前五位的地市依次为深圳市（8018 家）、广州市（3601 家）、东莞市（3227 家）、佛山市（2289 家）、惠州市（914 家）（见表 9）。

表 9 广东省各地市前沿新材料产业创新企业数量情况

地区	创新企业数量（家）	省内排名	地区	创新企业数量（家）	省内排名
深圳市	8018	1	韶关市	134	12
广州市	3601	2	河源市	124	13
东莞市	3227	3	梅州市	123	14
佛山市	2289	4	潮州市	103	15
惠州市	914	5	揭阳市	75	16

续表

地区	创新企业数量（家）	省内排名	地区	创新企业数量（家）	省内排名
中山市	849	6	茂名市	50	17
珠海市	710	7	云浮市	48	18
江门市	582	8	湛江市	46	19
肇庆市	288	9	阳江市	41	20
清远市	245	10	汕尾市	28	21
汕头市	195	11			

截至2021年7月，在前沿新材料产业创新企业中，广东省共有国家高新技术企业9358家，占广东省前沿新材料产业创新企业总量（23302家）的40.2%；初创企业1242家，占创新企业总量的5.3%；隐形冠军企业119家，占创新企业总量的0.5%；上市公司398家，占创新企业总量的1.7%；独角兽企业10家，占创新企业总量的0.04%；专精特新企业487家，占创新企业总量的2.1%。

横向对标北京市、上海市、江苏省、浙江省等国内重点省市，在前沿新材料产业创新企业中，广东省国家高新技术企业、初创企业、上市公司数量均在国内31省市中排名第一；隐形冠军企业数量在国内31省市中排名第四；独角兽企业数量在国内31省市中仅次于上海市，排名第二；专精特新企业数量在国内31省市中排名第六（见表10）。

表10 国内重点省市前沿新材料产业特色企业数量分布情况对标比较

国内31省市排名	1	5	6	2	3
省市	广东省	北京市	上海市	江苏省	浙江省
国家高新技术企业数量（家）	9358	2202	2160	8419	4305
国内31省市排名	1	3	4	2	5
省市	广东省	北京市	上海市	江苏省	浙江省
初创企业数量（家）	1242	681	643	1211	617
国内31省市排名	4	8	6	3	1
省市	广东省	北京市	上海市	江苏省	浙江省
隐形冠军企业数量（家）	119	57	69	127	148
国内31省市排名	1	6	4	2	3
省市	广东省	北京市	上海市	江苏省	浙江省
上市公司数量（家）	398	113	142	281	244
国内31省市排名	2	3	1	4	5
省市	广东省	北京市	上海市	江苏省	浙江省
独角兽企业数量（家）	10	6	12	3	2

续表

国内 31 省市排名	6	11	3	4	16
省市	广东省	北京市	上海市	江苏省	浙江省
专精特新企业数量（家）	487	272	872	704	192

3.2.2　广东省专利布局

截至 2021 年 7 月，广东省前沿新材料产业专利申请公开量共 145299 件，占广东省专利公开总量（5302985 件）的 2.7%；近五年复合增速为 18.2%，高出全国复合增速（11.2%）7.0 个百分点（见图 24）。广东省前沿新材料产业专利授权量共 85510 件，占广东省前沿新材料产业专利申请公开总量的 58.9%；有效专利量为 65208 件。

图 24　广东省前沿新材料产业专利申请公开量增长趋势

截至 2021 年 7 月，广东省前沿新材料产业发明专利申请公开量共 94625 件，占广东省前沿新材料产业专利申请公开量（145299 件）的 65.1%，近五年复合增速为 15.1%，高出全国复合增速（8.5%）6.6 个百分点（见图 25）。

图 25　广东省前沿新材料产业发明专利申请公开量增长趋势

截至2021年7月，广东省前沿新材料产业发明专利授权量共34836件，占全国前沿新材料产业发明专利授权总量（400533件）的8.7%，在国内31省市中排名第三，排名前两位的分别为北京市（38060件）和江苏省（35512件）。

从地域分布情况来看，广东省前沿新材料产业发明专利授权量主要集中在珠三角地区。其中，发明专利授权量排名前五位的地市依次为深圳市（14146件）、广州市（9987件）、东莞市（3203件）、佛山市（2329件）、惠州市（961件）（见表11）。

表11 广东省各地市前沿新材料产业发明专利授权量情况

地区	发明专利授权量（件）	省内排名	地区	发明专利授权量（件）	省内排名
深圳市	14146	1	潮州市	228	12
广州市	9987	2	韶关市	224	13
东莞市	3203	3	湛江市	160	14
佛山市	2329	4	河源市	127	15
惠州市	961	5	汕尾市	108	16
珠海市	758	6	揭阳市	106	17
中山市	637	7	梅州市	80	18
江门市	517	8	云浮市	62	19
肇庆市	451	9	茂名市	61	20
汕头市	375	10	阳江市	26	21
清远市	290	11			

截至2021年7月，广东省前沿新材料产业的有效发明专利共29902件。其中，高价值专利共29760件，占全国前沿新材料产业高价值专利总量（298236件）的10.0%，在国内31省市中排名第二。在广东省前沿新材料产业高价值专利中，在海外有同族专利权的有效发明专利共4221件，维持年限超过10年的有效发明专利共4043件，有质押融资活动的有效发明专利共804件，获得中国专利奖的有效发明专利共123件。

横向对标北京市、上海市、江苏省、浙江省等国内重点省市，在前沿新材料产业高价值专利中，广东省在海外有同族专利权的有效发明专利、有质押融资活动的有效发明专利、获得中国专利奖的有效发明专利数量均在国内31省市中排名第一。广东省属于战略性新兴产业的有效发明专利、维持年限超过10年的有效发明专利数量分别在国内31省市中排名第二和第三（见表12）。

表12 国内重点省市前沿新材料产业高价值专利数量分布情况对标比较

国内31省市排名	2	3	4	1	5
省市	广东省	北京市	上海市	江苏省	浙江省
属于战略性新兴产业的有效发明专利（件）	29737	28977	18780	31067	16945
国内31省市排名	1	2	4	3	7
省市	广东省	北京市	上海市	江苏省	浙江省

续表

在海外有同族专利权的有效发明专利（件）	4221	3434	1217	1632	452
国内31省市排名	3	1	2	4	5
省市	广东省	北京市	上海市	江苏省	浙江省
维持年限超过10年的有效发明专利（件）	4043	4922	4147	3651	1599
国内31省市排名	1	9	7	2	3
省市	广东省	北京市	上海市	江苏省	浙江省
有质押融资活动的有效发明专利（件）	804	132	165	474	472
国内31省市排名	1	3	6	2	4
省市	广东省	北京市	上海市	江苏省	浙江省
获得中国专利奖的有效发明专利（件）	123	64	30	74	43

截至2021年7月，广东省前沿新材料产业创新企业发明专利申请公开量共63898件，占广东省前沿新材料产业发明专利申请公开总量（94625件）的67.5%；近五年复合增速为14.5%，高出全国前沿新材料产业创新企业发明专利申请公开量复合增速（9.5%）5.0个百分点（见图26）。发明专利申请公开量较多的创新企业包括TCL华星光电技术有限公司（3962件）、比亚迪股份有限公司（1932件）、海洋王照明科技股份有限公司（1602件）等。

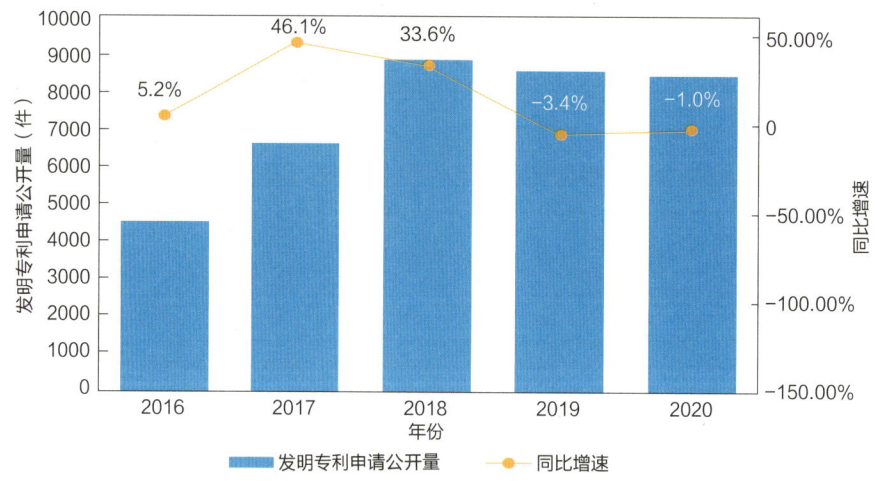

图26　广东省前沿新材料产业创新企业发明专利申请公开量增长趋势

截至2021年7月，广东省前沿新材料产业高校发明专利申请公开量共14953件，占广东省前沿新材料产业发明专利申请公开总量（94625件）的15.8%；近五年复合增速为24.5%，高出全国前沿新材料产业高校发明专利申请公开量复合增速（11.1%）13.4个百分点（见图27）。发明专利申请公开量较多的高校包括华南理工大学（4021件）、广东工业大学（1630件）、中山大学（1542件）等。

图 27 广东省前沿新材料产业高校发明专利申请公开量增长趋势

截至 2021 年 7 月，广东省前沿新材料产业科研机构发明专利申请公开量共 5486 件，占广东省前沿新材料产业发明专利申请公开总量（94625 件）的 5.8%；近五年复合增速为 27.7%，高出全国前沿新材料产业科研机构发明专利申请公开量复合增速（12.2%）15.5 个百分点（见图 28）。发明专利申请公开量较多的科研机构包括中国科学院深圳先进技术研究院（829 件）、深圳光启高等理工研究院（491 件）、中国科学院广州能源研究所（227 件）等。

图 28 广东省前沿新材料产业科研机构发明专利申请公开量增长趋势

截至 2021 年 7 月，在前沿新材料产业中，广东省涉及产学研合作申请的专利共 2627 件，占全国涉及产学研合作申请专利总量（21233 件）的 12.4%，在国内 31 省市中仅次于北京市，排名第二。

从前沿新材料产业的各细分领域来看，广东省涉及产学研合作申请的专利主要分布在高储能和关键电子材料制造领域，专利数量为 722 件。其次是超材料制造和高端医用耗材及检测试剂领域，专利数量分别为 480 件和 479 件（见图 29）。

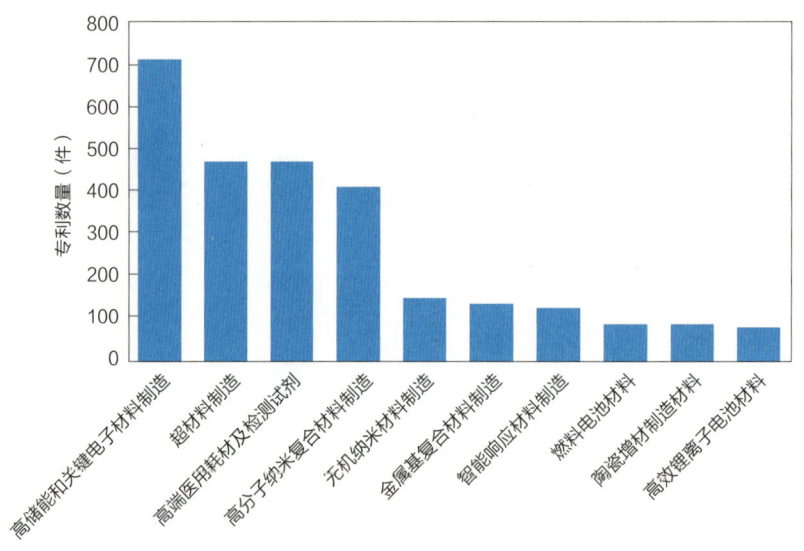

图 29 广东省前沿新材料产业产学研合作申请专利领域分布情况

从产学研合作的高校院所来看，深圳光启高等理工研究院、华南理工大学、深圳华大基因研究院、华南师范大学、中山大学等在广东省前沿新材料产业的产学研合作较为密切，涉及产学研合作申请的专利数量分别为 498 件、291 件、123 件、122 件、114 件（见表 13）。

表 13 广东省前沿新材料产业产学研合作重点高校院所清单

序号	高校院所	产学研合作申请的专利数量（件）
1	深圳光启高等理工研究院	498
2	华南理工大学	291
3	深圳华大基因研究院	123
4	华南师范大学	122
5	中山大学	114

截至 2021 年 7 月，在前沿新材料产业中，国内 31 省市海外布局专利共 49376 件；其中，广东省海外布局专利共 15639 件，占国内 31 省市海外布局专利总量的 31.7%，在国内 31 省市中排名第一。广东省海外布局的区域主要包括美国（4447 件）、欧洲（848 件）和日本（749 件）等。

从前沿新材料产业的各细分领域来看，广东省海外布局专利主要分布在高储能和关键电子材料制造（11683 件）、高端医用耗材及检测试剂（1328 件）、高分子纳米复合材料制造（884 件）等领域（见图 30）。

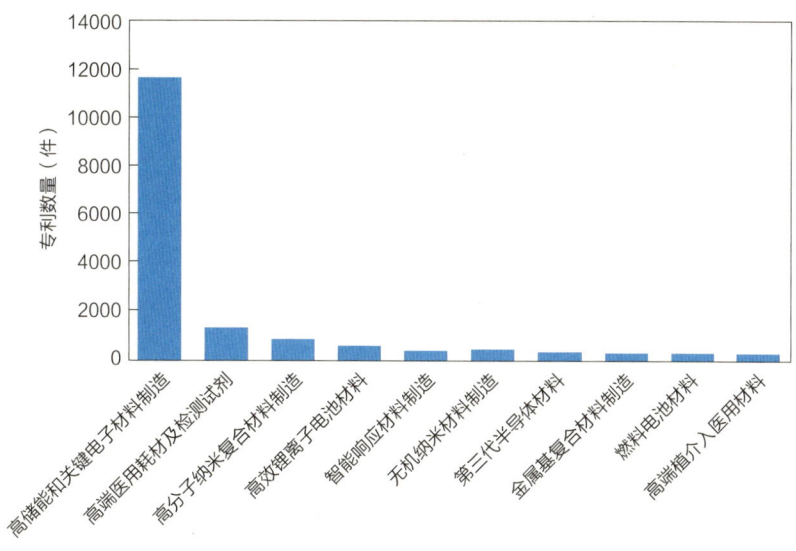

图 30　广东省前沿新材料产业海外布局专利领域分布情况

3.2.3　广东省创新人才

截至 2021 年 7 月，广东省前沿新材料产业有专利申请活动的创新人才共 157525 人，占国内 31 省市前沿新材料产业创新人才总量（1344218 人）的 11.7%，在国内 31 省市中仅次于江苏省排名第二。近五年广东省前沿新材料产业创新人才数量复合增速为 23.1%，高出国内 31 省市整体复合增速（18.9%）4.2 个百分点（见图 31）。

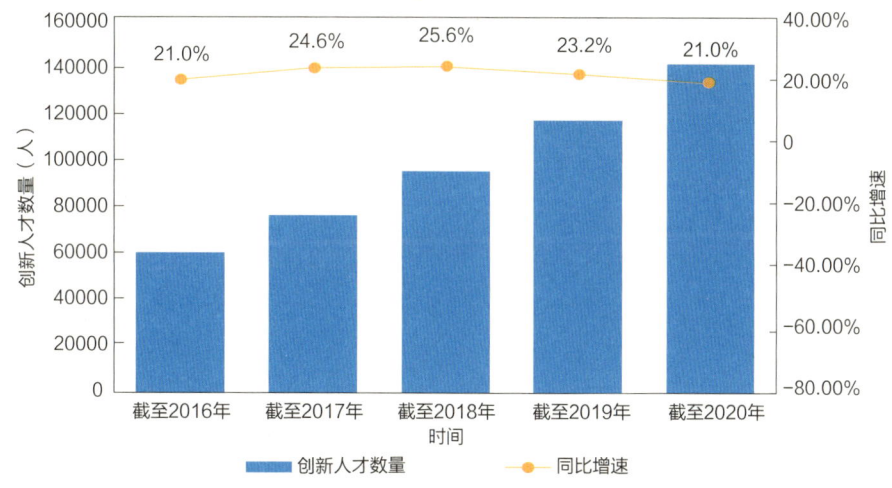

图 31　广东省前沿新材料产业创新人才数量增长趋势

从地域分布情况来看，截至 2021 年 7 月，广东省前沿新材料产业有专利申请活动的创新人才主要集中在珠三角地区。其中，创新人才数量排名前五位的地市依次为深圳市（53608 人）、广州市（47289 人）、东莞市（14816 人）、佛山市（12019 人）、惠州市（5371 人）（见表 14）。

405

表 14 广东省各地市前沿新材料产业创新人才数量情况

地区	创新人才数量（人）	省内排名	地区	创新人才数量（人）	省内排名
深圳市	53608	1	湛江市	1221	12
广州市	47289	2	韶关市	1209	13
东莞市	14816	3	潮州市	886	14
佛山市	12019	4	梅州市	742	15
惠州市	5371	5	河源市	686	16
珠海市	5000	6	茂名市	669	17
中山市	4286	7	汕尾市	604	18
江门市	2774	8	揭阳市	475	19
肇庆市	2192	9	云浮市	412	20
汕头市	1768	10	阳江市	288	21
清远市	1670	11			

截至 2021 年 7 月，在前沿新材料产业创新人才中，广东省共有国家高层次人才 6636 人，占广东省前沿新材料产业创新人才总量（157525 人）的 4.2%；技术高管 17338 人，占创新人才总量的 11.0%；科技企业家 11085 人，占创新人才总量的 7.0%。

横向对标北京市、上海市、江苏省、浙江省等国内重点省市，在前沿新材料产业创新人才中，广东省国家高层次人才数量在国内 31 省市中排名第四；技术高管、科技企业家数量均在国内 31 省市中排名第二（见表 15）。

表 15 国内重点省市前沿新材料产业特色人才数量分布情况对标比较

国内 31 省市排名	4	1	3	2	5
省市	广东省	北京市	上海市	江苏省	浙江省
国家高层次人才数量（人）	6636	13155	7485	9431	5142
国内 31 省市排名	2	7	6	1	3
省市	广东省	北京市	上海市	江苏省	浙江省
技术高管数量（人）	17338	3769	5005	18922	9698
国内 31 省市排名	2	7	6	1	3
省市	广东省	北京市	上海市	江苏省	浙江省
科技企业家数量（人）	11085	2279	3220	12366	6208

从各机构类型创新人才数量分布情况来看，广东省前沿新材料产业企业的创新人才数量最多，共计 102060 人，占广东省前沿新材料产业创新人才总量（157525 人）的 64.8%。高校的创新人才数量位居其次，共计 27058 人，占广东省前沿新材料产业创新人才总量的 17.2%。科研机构的创新人才共计 10038 人，事业单位的创新人才共计 7019 人，分别占广东省前沿新材料产业创新人才总量的 6.4% 和 4.5%（见图 32）。

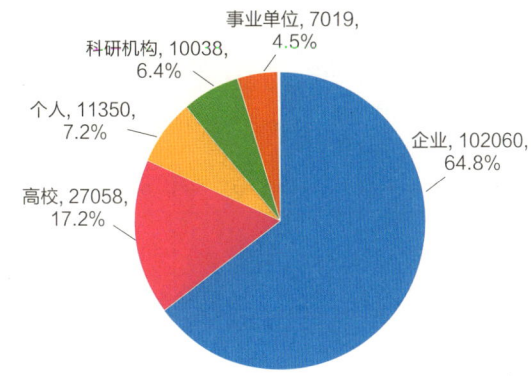

图 32 广东省前沿新材料产业各机构类型创新人才数量分布情况（单位：人）

3.3 广东省前沿新材料产业创新发展洞察

3.3.1 广东省产业链集聚结构

3.3.1.1 整体布局

广东省前沿新材料产业链覆盖全面，并且在中国前沿新材料产业布局的热点和重点环节具有大量的企业和人才，布局了一定数量的发明专利，整体来看，产业链布局较为合理。

综合发明专利授权量、创新企业数量、创新人才数量及各自在国内 31 省市中的排名来看，广东省在电子新材料及电子化学品、3D 打印用材料制造、新能源材料制造领域优势明显，发明专利授权量、创新企业数量和创新人才数量均在国内 31 省市中排名前二，尤其是电子新材料及电子化学品领域均排名第一；而在超导材料制造领域，广东省发明专利授权量、创新企业数量和创新人才数量均在国内 31 省市中排名相对靠后，需要加大发明专利申请的数量和质量，扶持创新企业，扩大创新人才规模（见表 16）。

表 16 广东省前沿新材料产业链创新要素情况

产业链二级	发明专利授权		创新企业		创新人才	
	数量（件）	国内31省市排名	数量（家）	国内31省市排名	数量（人）	国内31省市排名
智能、仿生与超材料制造	2573	1	1168	2	9508	3
纳米材料制造	9627	3	6331	2	42733	2
高性能纤维	421	5	514	3	2406	3
新型半导体材料	890	4	342	2	3244	4
电子新材料及电子化学品	16491	1	13521	1	79773	1
先进金属材料	831	6	750	3	4283	4
新型复合材料	2195	6	1303	4	8929	5

续表

产业链二级	发明专利授权		创新企业		创新人才	
	数量（件）	国内31省市排名	数量（家）	国内31省市排名	数量（人）	国内31省市排名
超导材料制造	1	10	2	8	12	8
3D打印用材料制造	1920	2	1241	2	10058	2
新能源材料制造	2349	2	1143	2	11402	1
生物医用材料制造	5217	2	2167	2	33289	3
石墨烯	571	4	436	2	3355	3
新材料相关服务	500	6	882	2	6655	3

3.3.1.2 优势环节

综合广东省前沿新材料产业各领域发明专利授权量、创新企业数量、创新人才数量及各自在国内31省市的排名情况来看，广东省在电子新材料及电子化学品、3D打印用材料制造、新能源材料制造领域的发明专利授权量、创新企业数量和创新人才数量均在国内31省市中排名前二，优势明显，尤其是电子新材料及电子化学品领域均排名榜首；此外，广东省在智能仿生与超材料制造领域的发明专利授权量、创新企业数量和创新人才数量在国内31省市中分别排名第一、第二、第三，也具备一定优势（见表17）。

表17 广东省前沿新材料产业优势领域创新要素情况

领域	发明专利授权		创新企业		创新人才	
产业链二级	数量（件）	国内排名	数量（家）	国内排名	数量（人）	国内排名
智能、仿生与超材料制造	2573	1	1168	2	9508	3
电子新材料及电子化学品	16491	1	13521	1	79773	1
3D打印用材料制造	1920	2	1241	2	10058	2
新能源材料制造	2349	2	1143	2	11402	1

3.3.1.3 潜力环节

综合广东省前沿新材料产业各领域发明专利申请公开量、创新企业数量、创新人才数量及各自的近五年复合增速来看，广东省在纳米材料制造、高性能纤维、生物医用材料制造、石墨烯、新材料相关服务的近五年复合增速均高于前沿新材料产业链平均水平，且发明专利申请公开量的近五年复合增速均在17%以上，创新企业数量的近五年复合增速均在27%以上，创新人才数量的近五年复合增速均在24%以上，体现出良好的发展势头，未来潜力较大（见表18）。

表 18　广东省前沿新材料产业潜力领域创新要素情况

领域	发明专利申请公开		创新企业		创新人才	
产业链二级	数量（件）	复合增速	数量（家）	复合增速	数量（人）	复合增速
纳米材料制造	26708	20.7%	6331	27.8%	42733	24.8%
高性能纤维	1224	36.8%	514	31.3%	2406	28.7%
生物医用材料制造	14686	17.8%	2161	28.4%	33289	24.5%
石墨烯	1666	28.1%	436	45.9%	3355	37.3%
新材料相关服务	1504	23.8%	882	33.3%	6655	28.8%

3.3.1.4　薄弱环节

综合广东省产业各领域发明专利授权量、创新企业数量、创新人才数量及各自在国内 31 省市排名情况来看，广东省在超导体材料领域的技术还有待积累和挖掘；此外，广东省在新型半导体材料领域的发明专利授权量和创新人才数量均在国内 31 省市中排名第四，稍显不足；先进金属材料领域的发明专利授权量、创新企业数量、创新人才数量在国内 31 省市中分别排名第六、第三、第四，新型复合材料领域的发明专利授权量、创新企业数量、创新人才数量在国内 31 省市中分别排名第六、第四、第五，存在一定不足（见表 19）。

表 19　广东省前沿新材料产业薄弱领域创新要素情况

领域	发明专利授权		创新企业		创新人才	
产业链二级	数量（件）	国内排名	数量（家）	国内排名	数量（人）	国内排名
新型半导体材料	890	4	342	2	3244	4
先进金属材料	831	6	750	3	4283	4
新型复合材料	2195	6	1303	4	8929	5
超导材料制造	1	10	2	8	12	8

3.3.1.5　风险环节

在新兴技术和新增需求的带动下，前沿新材料产业正处于新的发展阶段，中国市场地位突出，是国外公司专利布局的重点方向。通过分析国外在华发明专利申请公开量的增速，并结合国内外专利权人在华有效发明专利量的对比，有助于判断产业链中各技术领域是否面临风险，具体分析模型为：

当某细分领域国外在华发明专利申请公开量的近五年复合增速大于或等于产业链整体国外在华发明专利申请公开量的近五年复合增速，或者某细分领域国外专利权人在华有效发明专利量大于该细分领域国内专利权人在华有效发明专利量时，则判定该细分领域为风险产业。

截至 2021 年 7 月，在前沿新材料产业中，国外在华发明专利申请公开量共 183728 件，占全国前沿新材料产业发明专利申请公开总量（962654 件）的 19.1%，近五年复合增速为 4.1%，低于全国复合增速（8.5%）4.4 个百分点。国外专利权人在华有效发明专利量为 67256 件，占全国前沿新材料产业有效发明专利总量（300045 件）的 22.4%。

从前沿新材料产业的各细分领域来看，纳米材料制造、高性能纤维、3D 打印用材料制造、新能源材料制造、生物医用材料制造、新材料相关服务领域国外在华发明专利申请公开量的近五年复合增速大于前沿新材料产业链整体国外在华发明专利申请公开量的近五年复合增速，属于风险领域（见表 20）。

表 20　前沿新材料产业链风险领域分布情况

领域 产业链二级	细分领域国外在华发明专利申请公开量近五年复合增速		细分领域国外专利权人在华有效发明专利		风险领域
	复合增速	大于或等于产业链整体国外在华发明专利申请公开量近五年复合增速	数量（件）	大于细分领域国内专利权人有效发明专利量	
智能、仿生与超材料制造	3.1%	否	3651	否	否
纳米材料制造	4.4%	是	14160	否	是
高性能纤维	5.2%	是	1222	否	是
新型半导体材料	−1.2%	否	2875	否	否
电子新材料及电子化学品	3.0%	否	29333	否	否
先进金属材料	−1.5%	否	2207	否	否
新型复合材料	0.1%	否	7357	否	否
超导材料制造	0	否	25	否	否
3D 打印用材料制造	11.3%	是	2362	否	是
新能源材料制造	9.1%	是	8133	否	是
生物医用材料制造	4.3%	是	10155	否	是
石墨烯	−3.3%	否	414	否	否
新材料相关服务	10.1%	是	442	否	是

3.3.2　广东省技术供应链分析

3.3.2.1　技术转移情况

截至 2021 年 7 月，在前沿新材料产业中，全国涉及转让的专利共 91987 件；其中，广东省涉及转让的专利共 16902 件，占全国涉及转让专利总量的 18.4%，在国内 31 省市中排名第二，排名第一的是江苏省（17405 件）。

从前沿新材料产业的各细分领域来看，广东省涉及转让的专利主要分布在高储能和关键电子材料制造（9086 件）、高分子纳米复合材料制造（2766 件）、高端医用耗材及检测试剂（1453 件）等领域（见图 33）。

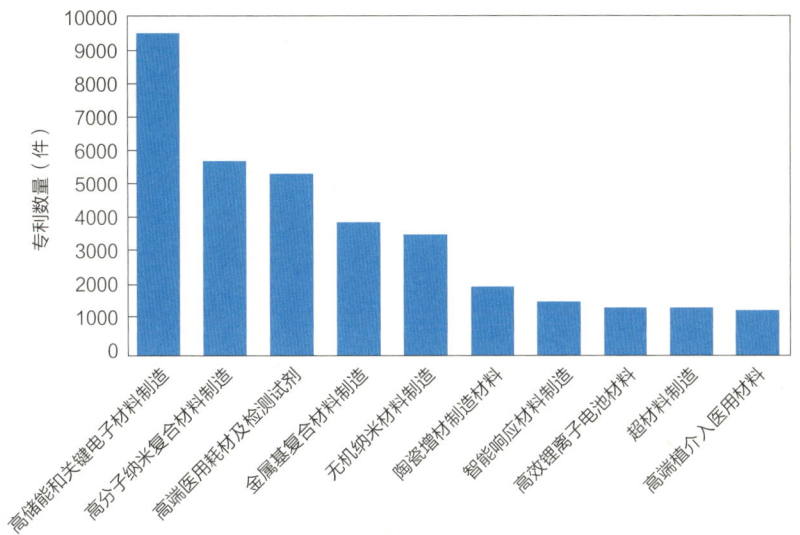

图 33 广东省前沿新材料产业涉及转让专利领域分布情况

广东省前沿新材料产业的专利转让活动主要发生在省内，共涉及专利 9091 件。在与外地进行的专利转让活动方面，广东省向外地转让的专利共 4393 件，转让专利的受让人主要分布在江苏省（1068 件）、浙江省（465 件）、安徽省（275 件）；广东省从外地受让的专利共 5313 件，受让专利的转让人主要分布在江苏省（860 件）、浙江省（702 件）、北京市（590 件）（见图 34）。

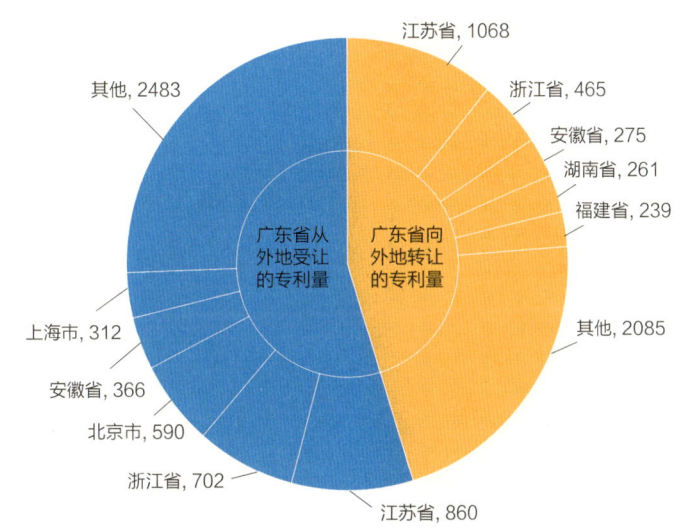

图 34 广东省前沿新材料产业与外地进行专利转让活动情况（单位：件）

3.3.2.2 专利许可情况

截至 2021 年 7 月，在前沿新材料产业中，全国涉及许可的专利共 7958 件；其中，广东省涉及许可的专利共 1503 件，占全国涉及许可专利总量的 18.9%，在国内 31 省市中排名第二，排名第一的是江苏省（1965 件）。

从前沿新材料产业的各细分领域来看，广东省涉及许可的专利主要分布在高储能和关

411

键电子材料制造（918件）、高分子纳米复合材料制造（304件）、高端医用耗材及检测试剂（126件）等领域（见图35）。

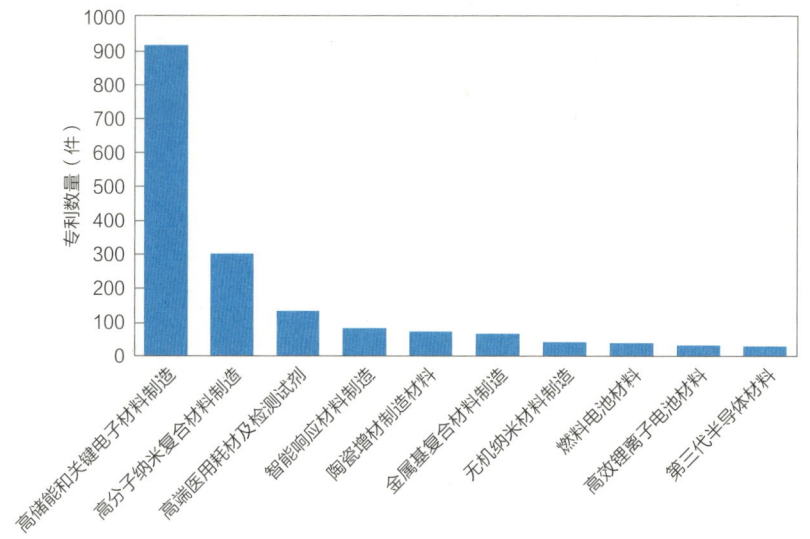

图35　广东省前沿新材料产业涉及许可专利领域分布情况

广东省前沿新材料产业的专利许可活动主要发生在省内，共涉及专利837件。在与外地进行的专利许可活动方面，广东省对外地许可的专利共320件，许可专利的被许可人主要分布在湖北省（38件）、湖南省（34件）、江西省（33件）；广东省被外地许可的专利共388件，被许可专利的许可人主要分布在上海市（48件）、四川省（37件）、北京市（36件）（见图36）。

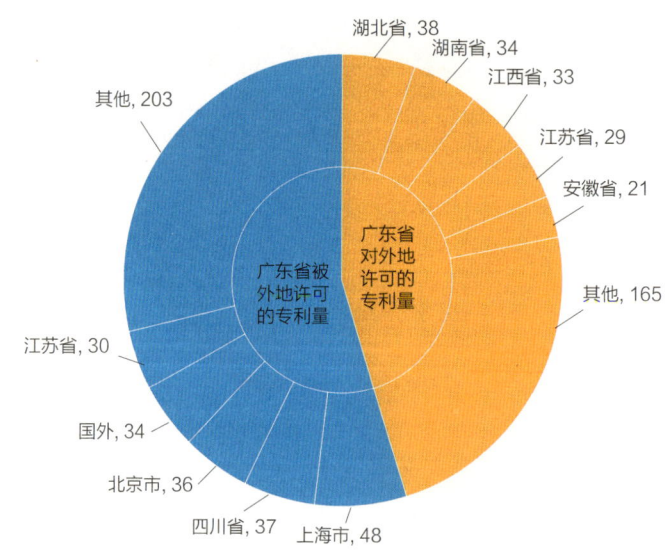

图36　广东省前沿新材料产业与外地进行专利许可活动情况（单位：件）

3.3.2.3　专利质押情况

截至2021年7月，在前沿新材料产业中，全国涉及质押的专利共6355件；其中，广东省涉及质押的专利共1315件，占全国涉及质押的专利总量的20.7%，在国内31省市中排名第一。

从前沿新材料产业的各细分领域来看,广东省涉及质押的专利主要分布在高储能和关键电子材料制造(758件)、高分子纳米复合材料制造(253件)、高端医用耗材及检测试剂(107件)等领域(见图37)。

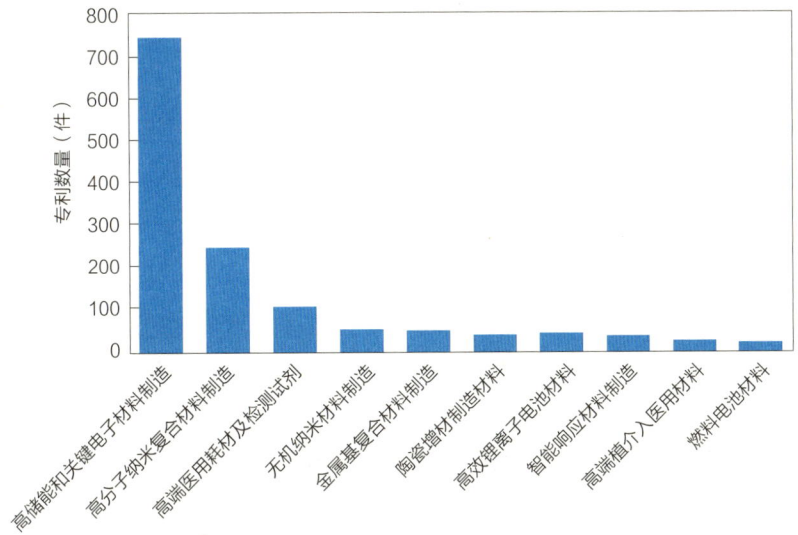

图37　广东省前沿新材料产业涉及质押专利领域分布情况

第4章　广东省前沿新材料产业创新发展路径建议

"十三五"期间，广东省前沿新材料产业发展迅速。2019年，广东省前沿新材料产业营业收入接近500亿元，产业技术水平和综合实力位居全国前列。支撑前沿新材料的重大科技基础设施带动创新要素快速集聚；创新活跃，新技术发展迅猛；骨干企业带动作用凸显，产业集聚态势初步形成；引领支撑高质量发展成效显著。行业龙头纷纷抢占产业技术制高点，产业链上下游的企业正加速在前沿新材料产业的技术布局，集聚了雄厚的技术实力。同时，广东省汇聚了大量前沿新材料领域的高端人才，以华南理工大学、中山大学、中国科学院深圳先进技术研究院等为代表的高校院所为本地提供了丰富的产学研资源，这些得天独厚的条件都将加速广东省前沿新材料产业的发展。广东省雄厚丰沛的企业、人才资源为广东省发展前沿新材料产业提供了"常量"，而在新一代电子信息、高端装备制造、新能源汽车、智能家电等领域的创新应用与融合，是带动前沿新材料产业发展取得突破的关键"变量"。广东省应稳住常量，抓好变量，把握前沿新材料产业发展的战略性机遇，推动前沿新材料产业快速发展，逐步形成具有国际竞争力的前沿新材料产业集群。

4.1　产业布局优化路径

以"固链、强链、补链、延链"为重点，以提升区域产业技术创新能力和核心竞争力为目标，基于知识产权大数据情报分析，对产业链的构成和产业融合载体分布情况进行梳理，引导创新资源向产业链上下游集聚，打造前沿新材料产业发展高地。对于本地产业优势细分领域，主要通过研发创新、核心技术攻关、专利布局以及技术合作等手段巩固区域产业优势。对于本地产业链劣势环节，可考虑结合政策驱动、人才引进、对外合作等加以提升。围绕关键材料和技术，发挥集中力量办大事的制度优势，组织产业链上下游企业开展全链条协同攻关，全链条部署，一体化实施。

首先，实施固链工程。广东省前沿新材料产业基础设施完善、产业链覆盖全面，产业链整体保持较快增长。建议广东省继续保持区域产业优势，在智能仿生与超材料制造、电子新材料及电子化学品、3D打印用材料制造、新能源材料制造等产业环节不断有所突破，抢占产业技术高地和话语权。

其次，实施强链工程。继续增强纳米材料制造、高性能纤维、生物医用材料制造、石墨烯、新材料相关服务等产业潜力环节，加大扶持力度，不断提升广东省前沿新材料产业的竞争实力。

再次，实施补链工程。针对广东省前沿新材料产业的薄弱环节，在新型半导体材料、先进金属材料、新型复合材料、超导材料制造等领域加大研发投入，同时可以考虑引进国内外行业巨头进行落户研发，补齐区域短板。

最后，实施延链工程。进一步加深与新一代电子信息、高端装备制造、新能源汽车、智能家电等本省优势产业的结合，突破应用场景瓶颈，延展产业链条，扩大产业规模。

大力培育一批具有国际影响力的行业龙头企业，构建以链主企业引领、大中小企业融通发展的产业形态。鼓励省内龙头骨干企业对标国际一流企业，加强技术研发、人才引进和重大研发平台建设，提升核心竞争力，引领产业集群式发展。针对具有较好成长潜力的中小企业，可从政策、税收、知识产权等方面予以支持，加快它们的成长速度，建议每一个企业集中优势资源，选择一到两个技术点进行研发，在各自的领域实现突破，打造一批"专精特新"的"小巨人""单项冠军"和"瞪羚"企业。鼓励终端应用龙头企业与材料生产企业开展合作，提高关键材料保障能力。

实施创新驱动发展战略，根本在于增强自主创新能力，人才是创新的根基，创新驱动实质上是人才驱动，科技创新最重要、最核心、最根本的是人才问题。只有拥有一流的创新人才，才能产生一流的创新成果，才能拥有创新的主导权。企业最具有创新能力的核心人员一般占研发人员的2%，也就是说这2%的核心人员是引领推动产业发展的"关键少数"，是全球前沿新材料产业角逐的焦点。建议广东省人才工作要进一步聚焦到"2%"高端人才层面，建立起"引""稳""培""鉴"相结合的人才培养机制，打造创新人才高地。

一是"引"，在人才引进中加强行业领军人才、技术高管及科技企业家等人才的引进力度；二是"稳"，加强人才大数据的建设与运用水平，构建前沿新材料产业创新人才数据库，实时监测广东省高层次人才发展动态，稳定核心技术人才，减少高端人才外流；三是"培"，深化产教融合，加强材料专业学科建设，依托重点高校、研究机构等创新载体，推动材料领域高端人才及团队的引进和聚集，推动职业院校与企业合作，鼓励骨干企业与高等院校开展协同育人；四是"鉴"，有效利用知识产权大数据建立发现高端科技人才、评价人才和跟踪人才机制，绘制全球高端人才图谱，落实人才引进中的知识产权评价和鉴定机制。

4.2 知识产权工作建议

围绕制造业高质量发展需求，以重大研发平台和重点企业为依托，发挥大科学装置、省实验室的优势，突破一批产业急需的战略性、前瞻性、颠覆性技术，获得一批产业带动性强、具有自主知识产权的关键技术和重点产品。实施技术攻关，通过与国际领先产品的对比研究，找准短板，加强基础技术研究，突破关键共性技术。加强与省内的华南理工大学、省外的清华大学等优势高校的产学研合作，组成产业技术创新联盟，共同开展关键共性技术研发、应用基础与前沿技术研究，突破国外相关领域的技术垄断。充分发挥知识产权与标准化专项资金引导、扶持作用，支持前沿新材料企业开展高价值专利培育布局和知识产权海外布局，提升前沿新材料产业发明专利申请质量。实施技术标准战略，抢占制高点，引领产业发展，鼓励前沿新材料企业加大标准必要专利的布局力度，提升产业竞争力。

建议打造前沿新材料领域的以知识产权数据为核心价值导向的产业知识产权运营平台，建设知识产权要素齐全，高技术产业创新生态健全，实现"知识产权+产业+资本+机构+人才"一体化融合发展的国家级产业知识产权运营平台，成为引领区域产业创新发展的重要智库力量，建设形成技术、资本、人才等要素精准对接、智能匹配的知识产权要素市场，深入开展前沿新材料产业专利导航，形成若干细分领域专利池、专利组合运营资产，许可、交易、转让的专利运营业态活跃，促进高校院所知识产权运营和科技成果转化，投资孵化一批区域重点产业高价值专利项目，引进一批拥有核心专利技术的高端人才创业项目，涌现一大批具有核心专利竞争力的科创企业，护航区域科创企业上市发展，导航区域产业高质量发展。支持龙头企业围绕石墨烯、超材料、新型显示、高温超导、非晶合金等领域开展专利导航，加强知识产权储备和运营。

强化专利预警机制，建议广东省在纳米材料制造、高性能纤维、3D打印用材料制造、新能源材料制造、生物医用材料制造、新材料相关服务等产业链风险环节，加大专利布局力度，加强技术积累和挖掘，坚持创新导向和质量导向，提高专利布局数量。同时，作为我国外贸第一大省，广东省尤其还应注重知识产权的海外布局工作，建议企业在"走出去"的过程中，可根据经营业务范围在海外潜在市场围绕自身的优势技术，进行多角度、多层次的专利布局，形成对自身权益最大的保护，以应对国际竞争。开展前沿新材料发明专利优先审查和专利快速保护工作，加强海外知识产权维权援助服务。

广东省区块链与量子信息产业专利统计分析报告

广东省知识产权保护中心
2021 年 12 月

目 录

第 1 章　引言　// 424

　　1.1　项目背景　// 424
　　1.2　产业链分类　// 425

第 2 章　区块链与量子信息产业发展态势　// 427

　　2.1　全球区块链与量子信息产业发展现状　// 427
　　2.1.1　全球区块链与量子信息产业发展概况　// 427
　　2.1.2　中国区块链与量子信息产业发展概况　// 431
　　2.2　中国区块链与量子信息产业政策环境　// 434
　　2.3　中国区块链与量子信息产业创新发展态势　// 437
　　2.3.1　中国创新企业　// 437
　　2.3.2　中国专利布局　// 441
　　2.3.3　中国创新人才　// 449
　　2.4　中国区块链与量子信息产业热点及重点技术创新方向　// 452

C O N T E N T S

第 3 章　广东省区块链与量子信息产业创新发展定位与洞察　// 458

 3.1　广东省区块链与量子信息产业政策导向　// 458
 3.2　广东省区块链与量子信息产业创新发展定位　// 460
  3.2.1　广东省创新企业　// 460
  3.2.2　广东省专利布局　// 463
  3.2.3　广东省创新人才　// 470

 3.3　广东省区块链与量子信息产业创新发展洞察　// 472
  3.3.1　广东省产业链集聚结构　// 472
  3.3.2　广东省技术供应链分析　// 476

第 4 章　广东省区块链与量子信息产业创新发展路径建议　// 481

 4.1　产业布局优化路径　// 481
 4.2　知识产权工作建议　// 483

图目录

图1 区块链与量子信息产业链结构图 …………………………………………… 426
图2 全球企业区块链解决方案支出 ……………………………………………… 428
图3 中国区块链解决方案支出 …………………………………………………… 431
图4 2014—2020年中国区块链相关注册企业数量及增长率 ………………… 432
图5 国内31省市区块链领域创新企业数量增长趋势 ………………………… 437
图6 国内31省市量子信息领域创新企业数量增长趋势 ……………………… 438
图7 中国区块链与量子信息产业特色企业数量分布情况（单位：家）……… 439
图8 中国区块链与量子信息产业重点企业专利技术布局情况 ……………… 440
图9 中国区块链领域专利申请公开量增长趋势 ……………………………… 442
图10 中国量子信息领域专利申请公开量增长趋势 …………………………… 443
图11 中国区块链与量子信息产业发明专利申请公开量增长趋势 …………… 443
图12 国内31省市区块链与量子信息产业高价值专利数量分布情况 ………… 445
图13 国内31省市区块链与量子信息产业创新企业发明专利申请公开量增长趋势 … 446
图14 国内31省市区块链与量子信息产业高校发明专利申请公开量增长趋势 … 447
图15 国内31省市区块链与量子信息产业科研机构发明专利申请公开量增长趋势 … 447
图16 国内31省市区块链与量子信息产业产学研合作申请专利数量分布情况 … 448
图17 中国区块链领域产学研合作申请专利领域分布情况 …………………… 448
图18 中国量子信息领域产学研合作申请专利领域分布情况 ………………… 448
图19 国内31省市区块链领域创新人才数量增长趋势 ………………………… 449
图20 国内31省市量子信息领域创新人才数量增长趋势 ……………………… 450
图21 中国区块链与量子信息产业特色人才数据分布情况（单位：人）……… 451
图22 国内31省市区块链与量子信息产业各机构类型创新人才数量分布情况（单位：人）………… 452

图 23	广东省区块链领域创新企业数量增长趋势	461
图 24	广东省量子信息领域创新企业数量增长趋势	461
图 25	广东省区块链领域专利申请公开量增长趋势	463
图 26	广东省量子信息领域专利申请公开量增长趋势	464
图 27	广东省区块链与量子信息产业发明专利申请公开量增长趋势	464
图 28	广东省区块链与量子信息产业创新企业发明专利申请公开量增长趋势	466
图 29	广东省区块链与量子信息产业高校发明专利申请公开量增长趋势	467
图 30	广东省区块链与量子信息产业科研机构发明专利申请公开量增长趋势	467
图 31	广东省区块链领域产学研合作申请专利领域分布情况	468
图 32	广东省量子信息领域产学研合作申请专利领域分布情况	468
图 33	广东省区块链领域海外布局专利领域分布情况	469
图 34	广东省量子信息领域海外布局专利领域分布情况	469
图 35	广东省区块链领域创新人才数量增长趋势	470
图 36	广东省量子信息领域创新人才数量增长趋势	470
图 37	广东省区块链与量子信息产业各机构类型创新人才数量分布情况（单位：人）	472
图 38	广东省区块链领域涉及转让专利领域分布情况	477
图 39	广东省量子信息领域涉及转让专利领域分布情况	477
图 40	广东省区块链与量子信息产业与外地进行专利转让活动情况（单位：件）	478
图 41	广东省区块链领域涉及许可专利领域分布情况	478
图 42	广东省量子信息领域涉及许可专利领域分布情况	479
图 43	广东省区块链与量子信息产业与外地进行专利许可活动情况（单位：件）	479
图 44	广东省区块链与量子信息产业涉及质押专利领域分布情况	480

表目录

表 1　中国区块链产业相关政策 ……………………………………………………… 435
表 2　中国量子信息产业相关政策 ……………………………………………………… 436
表 3　国内 31 省市区块链与量子信息产业创新企业数量分布情况 ………………… 438
表 4　中国区块链与量子信息产业各技术分支专利申请公开量与专利授权量 ……… 441
表 5　国内 31 省市区块链与量子信息产业发明专利授权量分布情况 ……………… 444
表 6　中国区块链与量子信息领域部分高价值专利清单 ……………………………… 445
表 7　中国区块链与量子信息产业产学研合作重点高校院所清单 …………………… 449
表 8　国内 31 省市区块链与量子信息产业创新人才数量分布情况 ………………… 450
表 9　国内 31 省市区块链领域创新要素情况 ………………………………………… 452
表 10　国内 31 省市量子信息领域创新要素情况 ……………………………………… 453
表 11　国内 31 省市区块链领域区块链基础设施细分领域创新要素情况 …………… 453
表 12　国内 31 省市区块链领域区块链技术扩展细分领域创新要素情况 …………… 454
表 13　国内 31 省市区块链领域区块链应用细分领域创新要素情况 ………………… 454
表 14　国内 31 省市量子信息领域关键材料细分领域创新要素情况 ………………… 455
表 15　国内 31 省市量子信息领域器件细分领域创新要素情况 ……………………… 455
表 16　国内 31 省市量子信息领域控制与监视技术细分领域创新要素情况 ………… 455
表 17　国内 31 省市量子信息领域核心设备技术细分领域创新要素情况 …………… 456

表 18	国内 31 省市量子信息领域软件系统细分领域创新要素情况	456
表 19	国内 31 省市量子信息领域量子技术应用细分领域创新要素情况	457
表 20	广东省区块链与量子信息产业相关政策	458
表 21	广东省各地市区块链与量子信息产业创新企业数量情况	462
表 22	国内重点省市区块链与量子信息产业特色企业数量分布情况对标比较	462
表 23	广东省各地市区块链与量子信息产业发明专利授权量情况	465
表 24	国内重点省市区块链与量子信息产业高价值专利数量分布情况对标比较	465
表 25	广东省区块链与量子信息产业产学研合作重点高校院所清单	468
表 26	广东省各地市区块链与量子信息产业创新人才数量情况	471
表 27	国内重点省市区块链与量子信息产业特色人才数量分布情况对标比较	471
表 28	广东省区块链与量子信息产业链细分领域创新要素情况	472
表 29	广东省区块链与量子信息产业优势领域创新要素情况	473
表 30	广东省区块链与量子信息产业潜力领域创新要素情况	474
表 31	广东省区块链与量子信息产业薄弱领域创新要素情况	474
表 32	区块链领域风险领域分布情况	475
表 33	量子信息领域风险领域分布情况	476

第1章 引言

1.1 项目背景

2021年3月,《中华人民共和国国民经济和社会发展第十四个五年规划和2035年远景目标纲要》围绕"发展壮大战略性新兴产业"进行了专章论述,指出要着眼于抢占未来产业发展先机,培育先导性和支柱性产业,推动战略性新兴产业融合化、集群化、生态化发展,战略性新兴产业增加值占GDP比重超过17%。2021年9月,中共中央、国务院印发《知识产权强国建设纲要(2021—2035年)》,在"建设激励创新发展的知识产权市场运行机制"部分,明确要大力推动专利导航在传统优势产业、战略性新兴产业、未来产业发展中的应用。

习近平总书记对广东制造业发展高度重视、寄予厚望,明确要求广东加快推动制造业转型升级,建设世界级先进制造业集群。2020年5月,广东省人民政府出台《关于培育发展战略性支柱产业集群和战略性新兴产业集群的意见》,并进一步制订了20个战略性产业集群行动计划,最终形成"1+20"的政策体系,旨在推动广东省产业链、创新链、人才链、资金链、政策链相互贯通,加快建立具有国际竞争力的现代化产业体系。2021年4月,《广东省国民经济和社会发展第十四个五年规划和2035年远景目标纲要》在"总体要求"中提出,改造提升传统产业,做大做强战略性支柱产业,培育发展战略性新兴产业,加快发展现代服务业,推动产业基础高级化和产业链供应链现代化,提高产业现代化水平,打造新兴产业重要策源地、先进制造业和现代服务业基地,推动建设更具国际竞争力的现代产业体系。

针对"区块链与量子信息产业",广东省科学技术厅等七部门于2020年9月印发了《广东省培育区块链与量子信息战略性新兴产业集群行动计划(2021—2025年)》,提出到2025年,区块链产业进入爆发期,可信数据服务网络基础设施基本完善,形成区块链技术和应用创新产业集群国际化示范高地;建成广东"量子谷",打造世界一流的国际量子信息技术创新平台和我国量子信息产业南方基地,并明确广东省市场监督管理局负责标准规范"引领"工程等重点工程中的相关工作。

为深入贯彻习近平新时代中国特色社会主义思想和党的十九大精神,认真落实中共中央、国务院关于发展壮大战略性新兴产业和知识产权强国建设及省委、省政府关于推进制造强省建设的工作部署,按照《广东省人民政府关于培育发展战略性支柱产业集群和战略性新兴产业集群的意见》《广东省培育区块链与量子信息战略性新兴产业集群行动计划

（2021—2025年）》的工作安排，加快发展区块链与量子信息战略性新兴产业集群，促进产业迈向全球价值链高端，开展区块链与量子信息产业专利分析研究工作。基于产业专利导航创新决策理念，紧扣产业分析和专利分析两条主线，将专利信息与产业现状、发展趋势、政策环境、市场竞争等信息深度融合，基于知识产权产业金融大数据，深入研究广东省区块链与量子信息产业发展现状，明晰产业发展方向，找准区域产业定位，分析存在制约发展的瓶颈问题和制度障碍，指出优化产业创新资源配置的具体路径，提出适用于本区域产业创新发展的相关建议，为广东省区块链与量子信息产业发展规划、招商引资、人才引进等提供决策支撑。

1.2　产业链分类

区块链与量子信息产业包括区块链和量子信息两个方面。在区块链方面，可分为三大领域，其中，产业链上游对应区块链基础设施领域，产业链中游对应区块链技术扩展领域，产业链下游对应区块链应用领域。进一步将区块链分为多个相关的四级分支：上游区块链基础设施主要涉及基础协议、矿机、路由器、匿名技术、底层平台；中游区块链技术扩展主要涉及智能合约、信息安全、云计算、数据服务；下游区块链应用主要涉及溯源、数字金融、法律、数字文娱、智慧医疗、社会公益、区块链政务。在量子信息方面，可分为六大领域，其中，产业链上游对应关键材料领域、器件领域，产业链中游对应控制与监测技术、核心设备领域、软件系统领域，产业链下游对应量子技术应用领域。进一步将量子信息分为多个相关的四级分支：上游关键材料主要涉及量子材料、半导体材料、光子材料，器件主要涉及雪崩二极管、单光子源（窄脉冲激光器）、随机数发生器、芯片，中游控制与监测技术主要涉及量子态操控、量子态检测，核心设备主要涉及量子通信设备、量子测量设备、量子计算机，软件系统主要涉及量子通信密钥分发/管理系统、量子计算应用软件，下游量子技术应用主要涉及量子金融、量子保密通信、量子化学模拟（见图1）。

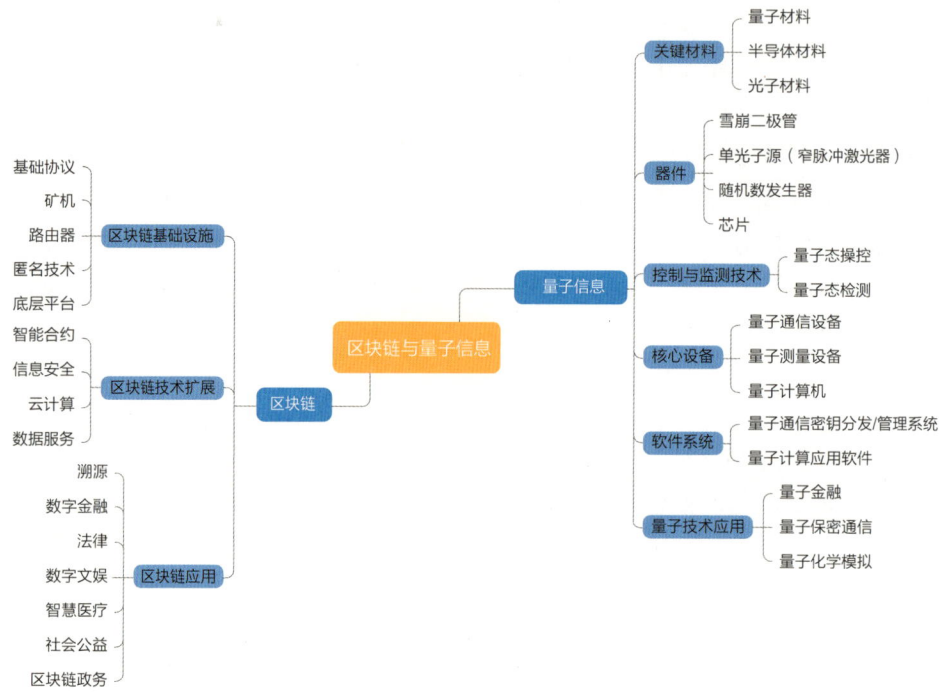

图 1　区块链与量子信息产业链结构图

第 2 章 区块链与量子信息产业发展态势

2.1 全球区块链与量子信息产业发展现状

2.1.1 全球区块链与量子信息产业发展概况

2008 年,中本聪发表了一篇《比特币:一种点对点的电子现金系统》的文章,被认为是基于分布式可信系统而形成的数字资产诞生的标志,作为其底层支撑技术的区块链开始进入大众视野,比特币也成为区块链第一个应用案例。根据国际标准化组织 ISO 发布的《区块链和分布式记账技术术语》(ISO 22739),区块链被定义为使用密码技术链接将共识确认过的区块按顺序追加而形成的分布式账本。

区块链的发展大致经历了三个阶段:第一阶段,2009 年至 2013 年为技术验证阶段,区块链被应用在比特币的交易信息加密传输上;第二阶段,2013 年至 2017 年,随着智能合约的提出,区块链进入可编程时期,升级为可记录程序计算结果,极大丰富了应用潜力,进入平台发展阶段;第三阶段,2017 年至今,区块链技术被应用于供应链管理、司法记录、数字版权、食药溯源、交通出行等多个领域,区块链与实体经济深度结合,被认为是区块链发展的产业应用阶段。[1]

目前,多国央行已开始研发、实验央行数字货币(Central Bank Digital Currencies, CBDC)。根据普华永道统计,自 2014 年以来,全球已有 60 多家央行开启 CBDC 的探索,而其中有超过 88% 的 CBDC 项目在试点或生产阶段使用区块链作为基础技术。[2] 在 2021 年 11 月的 Connect 2021 大会上,Facebook 正式宣布更名为 Meta,元宇宙的本质是建立在互联网基础上的虚拟社会,区块链可以用于保障用户虚拟资产、虚拟身份安全,进行价值交换,并保障规则透明,区块链将为元宇宙提供治理与激励的技术支撑。

根据 IDC 全球区块链市场支出规模数据,2020 年全球企业区块链市场规模预计达到 43 亿美元,相较 2019 年接近翻倍,由于疫情影响相比 2019 年增速有所下滑,但预计 2022 年上升至 117 亿美元,2017—2022 年复合增速达 73.2%(见图 2)。根据 IDC 对全球各地区区块链市场规模预测,美国、欧洲和中国在区块链支出方面排名前三。

---

[1] 资料来源:阿里研究院、蚂蚁研究院。

[2] 资料来源:东方证券。

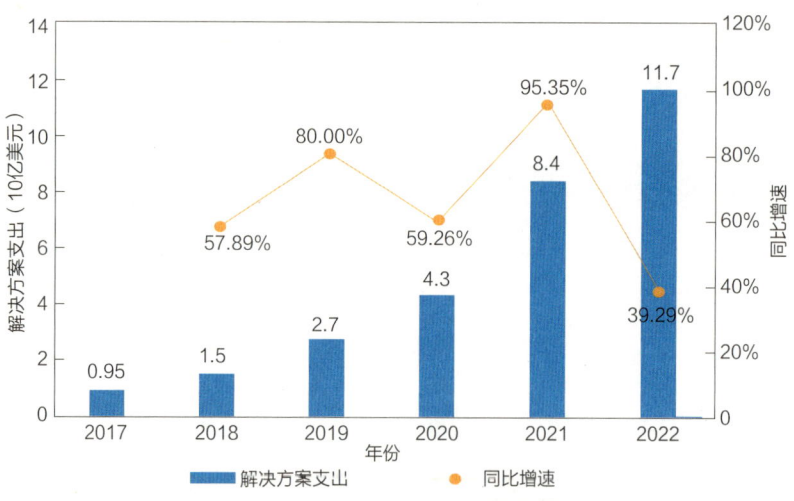

图2 全球企业区块链解决方案支出❶

目前区块链整体市场规模还比较小，对比全球整体ICT市场规模，主要分数据中心、设备、IT软件、IT服务、通信等细分领域，Gartner预计2020年全球IT支出总规模达到3.87万亿美元，IT软件和IT服务市场支出规模都在千亿美元以上，相比之下，区块链支出市场规模目前还处在10亿美元级别。对比IT软件市场规模数据和区块链市场规模数据，可以得到区块链渗透率变化曲线，目前区块链市场整体规模相比IT软件市场还较小，有非常大的成长空间，2017—2020年行业整体渗透率从0.27%不断提高接近1%水平，未来随着区块链技术的成熟和应用加速，行业渗透率也将继续快速提升。

以太坊作为全球最大规模的公链生态，一直在讨论如何升级、扩容，而对主网的改动难度较大，经过几年的发展，Layer2（二层网络）从理论雏形进入落地阶段。发展潜力最大的方案包括Optimistic Rollups和Zero-knowledge Rollups，Layer2对Dapp（去中心化应用）的发展推动效果明显。❷

DeFi（去中心化金融）在2020年实现爆发，市值持续突破，2021年10月22日，全球DeFi总锁仓量突破1500亿美元，创历史新高。❸ 从借贷、稳定币、去中心化交易所、衍生品、预言机等多个方面展开，其生态结构趋于完整，但潜在的安全问题和合规问题也随之暴露。❹

诞生于以太坊的非同质化通证（Non-Fungible Token，NFT）是一种架构在区块链技术上的，不可复制、篡改、分割的加密数字权益证明。从Roblox提出的关于"元宇宙"的8个关键特征来看，基于NFT的特性，从身份识别到经济体系乃至最终基于元宇宙的文明体系的形成，NFT都有望扮演关键基础设施的角色。2017年第一个真正意义上的NFT项目CryptoPunks诞生。根据Statista的数据，2018年，NFT的销售出现了短期的繁荣，随后于

---

❶ 资料来源：IDC、火币研究院。
❷ 资料来源：国盛证券。
❸ 资料来源：东方证券。
❹ 资料来源：清华大学互联网产业研究院、清华大学社会治理与发展研究院、中关村大数据产业联盟。

2019年进入泡沫化的谷底期,2020年市场略微回暖,2021年市场再次火热,交易额爆发式增长。在这一过程中,收藏品、艺术品及游戏场景在NFT销售总额中占比不断提升。❶

据DappRadar统计,到2021年上半年,NFT销售额已达25亿美元;据CoinGecko统计,NFT总市值已突破450亿美元;根据Cryptoslam的数据,截至2021年8月29日,NBA Top Shot累计销售额达7.01亿美元,拥有者达55万人;佳士得历史上首次拍卖的NFT作品《Everydays: The First 5000 Days》以6934.6万美元成交,成为在世艺术家成交作品第三高价。同时需要注意的是,目前NFT仍然存在炒作引起的价格泡沫等问题。❷

加密货币是区块链的典型应用,截至2021年10月,全球加密货币共有1.3万余种,总市值达2.6万亿美元。❸2021年5月21日,国务院金融稳定发展委员会召开第五十一次会议,称要打击比特币挖矿和交易行为。此后,中国各地政府关停、清退比特币矿场,并排查相关IP。2021年10月15日,加密货币被纳入美国货币监理署(OCC)2022财年年度银行监管运营计划,这也是数字货币首次被纳入美国货币监理署的年度银行监管运营计划。❹2021年10月28日,全球反洗钱机构金融行动特别工作组(FATF)发布了针对处理加密货币和虚拟资产的公司的最新指南,在纳入2021年4月的行业反馈后,此次公布的所谓虚拟资产服务提供商(VASP)的更新规则表明,对加密货币公司的监管即将到来,包括中心化和去中心化。❺

根据剑桥大学的统计,2021年5月,中国比特币挖矿算力排名全网第一(71EH/s,占44%);2021年6月,中国算力骤降;2021年7月,中国算力归零,美国升至第一(35EH/s,占35%),算力外迁已基本完成,美国、哈萨克斯坦、俄罗斯、柬埔寨成为矿业新中心。根据Coinhills数据,截至2021年10月15日,比特币兑法币交易占比中美元以298825枚日交易量、占全部交易的84%排名第一,韩元位居第二,为5%;欧元占比同为5%;排名四五位的分别为日元(5%)、英镑(0.45%)。美元在加密资产兑付、度量等层面有着绝对的影响力。随着加密货币产业链重心逐步向海外迁移,全球紧盯此类资产的资本逐步以美国、新加坡、迪拜等形成新的中心。2021年10月15日,美国首只比特币期货ETF获批,试水基于加密资产的标准化金融产品。美国证监会批准ETF巨头ProShares申请的比特币期货ETF上市,代码BITO。上市首日,BITO成交额接近10亿美元,仅次于贝莱德碳中和ETF,成为全球资本市场的焦点。❻

以量子计算、量子通信和量子测量为代表的量子信息技术作为量子科技领域的重要组成部分,近年来发展正逐步加速,将为推动基础科学研究探索、信息通信技术演进和数字经济产业发展注入新动能,已成为全球科技领域的关注焦点之一。量子信息三大领域科研探索和技术创新保持活跃,代表性研究成果和应用探索进展亮点纷呈,技术演进和应用发展趋势正逐步明晰。

❶ 资料来源:东方证券。
❷ 资料来源:国信证券。
❸ 资料来源:国信证券。
❹ 资料来源:东方证券。
❺ 资料来源:零壹智库。
❻ 资料来源:国盛证券。

量子计算以量子比特为基本单元，利用量子叠加和干涉等原理实现并行计算，能够在某些计算困难问题上提供指数级加速，是未来计算能力跨越式发展的重要方向。基于含噪声中等规模量子（NISQ）处理器和云接入等方式，在生物化学、大数据优化和机器学习等计算场景中探索"杀手级应用"将是近期的主要发展目标。可扩展可容错量子计算需要物理平台、纠错编码算法和调控系统等方面的进一步突破，仍是需要十年以上艰苦努力的远期目标。

量子通信利用量子叠加态及纠缠效应，在经典通信辅助下，进行量子态信息传输或密钥分发，在理论协议层面具有无法被窃听的信息安全性保证。基于QKD的量子保密通信是目前已经初步实用化的应用方向，应用和产业探索逐步展开，各方对应用前景的观点尚未统一。基于QT构建量子信息网络是未来量子通信研究与应用探索的重要方向，近期欧美大力布局规划推动研究与实验，但距离实用化仍有很长距离。

量子测量通过微观粒子系统调控和观测实现物理量测量，在精度、灵敏度和稳定性等方面比传统测量技术有数量级提升，在新一代定位、导航和授时系统，磁场和重力场高灵敏度监测系统和高精度目标识别系统等方向有望率先获得突破和应用，在航空航天、防务装备、地质勘测、基础科研和生物医疗等领域应用前景广泛。❶

量子信息技术具有重要科学与应用价值，可能引发对传统信息技术体系产生冲击和重构的颠覆性技术创新，各主要国家纷纷在量子信息技术领域加强布局规划并进一步加大支持投入力度，推出发展战略和研究应用项目规划。

欧盟除了2016年推出的"欧洲量子技术旗舰计划"，还通过调整其他计划（例如数字和太空计划）的支出，增加其可用资金，为实现未来的"量子互联网"远景奠定基础。2020年5月，欧盟"欧洲量子技术旗舰计划"的官网发布了《战略研究议程（SRA）》报告。10年内，估计欧盟在整个量子技术旗舰计划中的相关支出为30亿~40亿欧元。德国政府已经宣布，为应对新冠疫情冲击，将提供20亿欧元用于量子科技研究，为2018—2022年间计划用于量子研究的预算支出打下了基础。德国已经拥有强大的量子研究基础，例如马克斯·普朗克研究所、亥姆霍兹协会以及弗劳恩霍夫协会，这些领先的研究组织已经独立参与了多个国家的量子技术项目。2020年年初，法国推出了一项为量子技术构建一个国家战略的计划，此战略计划为科研和工业部署尖端量子计算基础设施投资。由于发生了COVID-19危机，该计划暂时被推迟。英国的NQTP被认为是世界上第一个以开拓最广泛的领域为目标的量子技术计划，该计划横跨量子计算、通信、计时、传感和成像等领域。如今，该计划已被世界各地的专注于量子研究的国家模仿。2014—2024年，NQTP第1和第2阶段（包括公共和私人资源）的计划支出约为10亿英镑。2017年，加拿大国家研究委员会（NRC）发起了一个名为Quantum Canada的计划，在2008—2018年，量子科学和技术投资超过10亿加元，D-Wave、Xanadu、1Qbit、Quantum Benchmark、CDL等总部位于加拿大或与加拿大有紧密联系的知名量子公司的数量众多。❷

美国国会2018年通过《国家量子行动计划》立法，预计五年投资12.75亿美元支持量子科技研究与应用，白宫成立国家量子协调办公室（NQCO），发布《量子信息科学国家战

---

❶ 资料来源：中国信息通信研究院。

❷ 资料来源：Fact Based Insight。

略概述》，对美国量子科技领域发展战略进行规划。2019 年以来，美国能源部（DoE）、国防部（DoD）、国家技术标准局（NIST）、国家科学基金会（NSF）等部门密集组织开展量子信息各领域调研，并相继发布《量子计算：进展与前景》《量子模拟：架构与机遇》《量子前沿报告》等十余项科学与技术报告，对量子计算、量子模拟、量子通信、量子精密测量和抗量子计算加密等各领域的发展现状、研究目标、路线图和应用产业发展路径等进行深入研讨和具体规划。2020 年 8 月，美国公布的《人工智能与量子信息科学研发总结：2020—2021 财年》报告显示，2020 年量子信息科学领域预算申请为 4.35 亿美元，实际执行为 5.79 亿美元，2021 年预算申请额度进一步提升至 6.99 亿美元，预计总体投资规模将大幅超出原有法案计划。同期，美国能源部宣布建设由其下属五个国家实验室牵头的五大联合研究中心，包括下一代量子科学与工程中心（Q-NEXT）、量子优势协同设计中心（C2QA）、超导量子材料和系统中心（SQMS）、量子系统加速器（QSA）和量子科学中心（QSC）。9 月，白宫科学技术政策办公室成立国家量子计划咨询委员会（NQIAC），国家技术标准局牵头成立量子经济发展联盟（QED-C），聚集管理部门、研究机构、科技企业、行业巨头和初创企业等 160 多个相关方。❶

2.1.2 中国区块链与量子信息产业发展概况

中国区块链产业政策引导性强，产业链齐备完整，在基础设施建设方面拥有可借鉴的经验和执行力，具有发展产业区块链的丰富场景和大量的科技后备人才。据不完全统计，全国共建立 30 多家区块链产业园，设立区块链产业基金，企业纷纷推出 BaaS 平台。❷ 根据 IDC 的预测，中国区块链市场和全球市场一样总体保持较高增速，2020 年并未出现增速明显下滑，预计 2022 年国内区块链市场规模达到 14.2 亿美元，2017—2022 年复合增速达 83.5%，高于全球增速近 10 个百分点（见图 3）。

图 3 中国区块链解决方案支出 ❸

---

❶ 资料来源：中国信息通信研究院。

❷ 资料来源：清华大学互联网产业研究院、清华大学社会治理与发展研究院、中关村大数据产业联盟。

❸ 资料来源：IDC、火币研究院。

根据国家互联网应急中心"区块链之家"网站数据显示，截至2020年年底，全国区块链相关注册企业达到6.4万余家，区块链相关注册企业涵盖范围包括工商注册名称或经营范围中涉及区块链、开展区块链相关业务、开展区块链相关岗位招聘等企业。其中，近95%的区块链企业成立于2014年之后，尤其是2016年以来，我国区块链企业注册数量快速增长。2017年注册企业数量是2016年的3倍，2018年注册企业数量是2017年的3倍，达到小高峰1.6万余家。进入2019年，区块链行业趋于冷静，企业注册数量有所减少。2020年，区块链从业热情空前高涨，新成立区块链企业数量大幅超越2018年的小高峰，达到2.4万余家（见图4）。❶

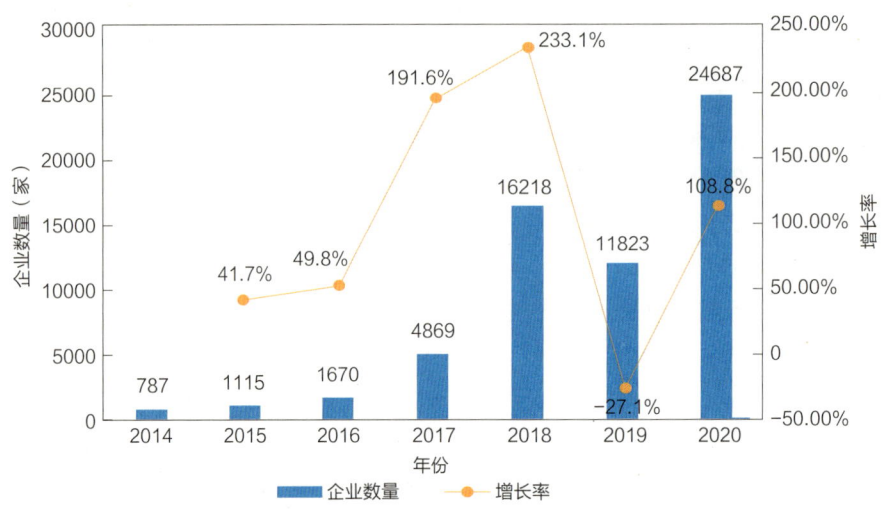

图4　2014—2020年中国区块链相关注册企业数量及增长率❷

根据Gartner在2020年发布的中国ICT技术成熟度曲线，区块链技术成熟度整体处于从"泡沫破裂低谷期"走向"稳步爬升复苏期"的阶段，这一阶段区块链的底层操作系统得到完善并日趋成熟，接下来行业发展阶段将走向应用普及率提高乃至生产高峰期，届时各行业的成熟区块链应用和商业模式也将涌现。

数字人民币是中国的中国商业数据中心（CBDC），是由人民银行发行，由指定运营机构参与运营并向公众兑换，以广义账户体系为基础，支持银行账户松耦合功能，与纸钞和硬币等价，并具有价值特征和法偿性的可控匿名的支付工具。数字人民币跳出了区块链应用"分布式、去中心化"的框架，在保障安全（中心化架构）的同时，最大化利用分布式及区块链技术的优势。❸ 根据中国人民银行数字人民币研发工作组2021年7月发布的《中国数字人民币的研发进展白皮书》，截至2021年6月30日，数字人民币试点场景超过132万，应用领域包括生活缴费、餐饮服务、交通出行、购物消费、政务服务等。数字人民币个人钱包开立数量达2087万余个、对公钱包开立数量达351万余个，累计交易笔数7075万余笔、金额约345亿元。

❶ 资料来源：清华大学互联网产业研究院、清华大学社会治理与发展研究院、中关村大数据产业联盟。
❷ 资料来源：区块链之家。
❸ 资料来源：东方证券。

目前中国NFT市场仍处于起步摸索阶段，阿里巴巴、腾讯、百度、网易等均有所布局，国内主流的NFT发售或交易平台主要包括阿里拍卖、支付宝上的蚂蚁链粉丝粒、腾讯的幻核、NFT中国。国内发行的NFT项目数量不多，但涉及的领域（影视、体育、游戏、音乐、文创等）以及映射的数字内容形式（音频、3D模型、动画等）较为多元。由于国内对虚拟资产相关业务的监管态度十分严厉，NFT在中国的发展路径将遵循不同于海外市场的商业模式，中国企业更多是从版权保护切入，发挥NFT数字产权证明功能，强调无币化NFT的探索。❶目前支付宝上的蚂蚁链粉丝粒、腾讯的幻核均使用非去中心化的联盟链，"NFT"字样均已改为"数字藏品"，都强调其不具备"虚拟货币"属性，且发行的藏品均未开放二手交易。

中国量子信息技术研究和发展一直受到国家层面的重视和支持，相关科技项目、样机研发和试点应用的布局和投入逐步增加。2006年出台的《国家中长期科学和技术发展规划纲要（2006—2020年）》已经将发展量子信息学、量子通信提升到国家战略层面，2020年10月，中共中央政治局就量子科技研究和应用前景举行集体学习。据国外媒体报道，中央和省级资金已经投入超15亿美元，2006—2020年，中国计划支出的10亿美元来自中央，5亿美元来自地方；到2022年，该投资将达到近150亿美元。阿里巴巴、腾讯、百度、华为均成立了量子实验室，中国联通成立了"量子加密通信联合实验室"，并成功完成了区块链BaaS+量子通信的验证测试。中国电信启动了"量子铸盾行动"，并发布了"量子城域网"方案。2021年以来，中国科学技术大学增设量子信息科学本科专业，清华大学成立量子信息"姚班"。2021年10月，工信部指导下筹备组建量子信息网络产业联盟（QIIA），推动量子信息技术创新、应用探索、标准测评和产业培育。前瞻产业研究院统计数据预测，2023年我国量子通信行业市场规模将超800亿元，2019—2023年均复合增长率约为17.31%。

在国家和高校、科研机构以及产业公司的科技工作者的共同努力下，中国量子信息三大领域总体发展态势良好，在科研与应用探索方面取得了诸多重要成果。我国于2016年8月成功发射世界首颗空间量子科学实验卫星"墨子号"，获得了千公里级星地量子密钥分发、量子隐形传态以及纠缠分发等多项具有国际领先水平的科学成果，拥有全球最大的已部署QKD量子通信网络；在量子保密通信京沪干线与"墨子号"量子卫星成功对接的基础上，于2021年1月构建出全球首个天地一体化广域量子通信网。2020年12月，潘建伟团队成功构建76个光子的量子计算原型机"九章"，使我国成为全球第二个实现"量子优越性"的国家；2021年2月，由合肥本源量子自主开发的首款国产量子计算机操作系统"本源司南"正式发布。2021年5月，潘建伟团队成功研制了62比特可编程超导量子计算原型机"祖冲之号"。中国科学技术大学已经成为世界上主要的量子研究中心。

总体而言，中国量子通信领域科研与国际水平基本保持同步，星地量子通信研究和示范应用探索处于领先；量子计算领域的前沿研究、样机研制和应用推广与欧美存在较大差距；量子测量领域的商用化和产业化仍有一定差距。中国在量子信息领域科研团队、研究人员和论文专利数量，知识产权布局和标准体系建设等方面具备较好的实践基础和发展条件，成为推动全球量子信息技术发展的重要力量之一。中国在重大项目组织协调方面具备

---

❶ 资料来源：天风证券。

集中力量办大事的体制优势，快速发展的经济水平、较为完备的工业体系和体量庞大的统一市场能够为量子信息技术的快速应用和产业发展提供有力支撑。此外，量子信息技术研究和应用发展仍具有明显的长期性和不确定性，技术壁垒和产业垄断暂未形成，准确把握机遇，凝聚各方共识，聚力加快发展，有望实现与国际先进水平的并跑领跑。

2021年5月28日，习近平总书记在中国科学院第二十次院士大会、中国工程院第十五次院士大会和中国科协第十次全国代表大会上表示，要在事关发展全局和国家安全的基础核心领域，瞄准人工智能、量子信息、集成电路、先进制造、生命健康、脑科学、生物育种、空天科技、深地深海等前沿领域，前沿部署一批战略性、储备性技术研发项目，瞄准未来科技和产业发展的制高点。2021年11月18日，中共中央政治局召开会议审议《国家安全战略（2021—2025年）》，会议强调，要强化科技自立自强作为国家安全和发展的战略支撑作用。

信息安全是国家安全的重要组成部分，网络空间已成为国家"第五疆域"。新时代的国防信息化对于安全保密的投入逐年增加，国防领域的大量应用场景对量子通信技术有相关的需求，包括全军共用基础系统和军兵种专用系统、战略保障体系和战术支撑体系等。

2021年11月，美国商务部工业和安全局将包括12家中国实体在内的27家实体新增列入"实体清单"进行出口管制。其中，包括合肥微尺度物质科学国家研究中心、科大国盾量子技术股份有限公司（以下简称国盾量子）、上海国盾量子信息技术有限公司（以下简称上海国盾）三家量子计算相关企业。

确保数字或技术主权已成为欧盟目标中越来越重要的一部分，这包括限制中美两国利益的依赖性和影响力，这样的限制为未来计划开展中的包容性和灵活性带来了不确定性。在2020年下半年，担任欧盟轮值主席国的德国再次强调量子技术在数据主权等方面的重要作用，并且对非欧盟国家的相关高科技公司进行了更严格的限制。EuroQCI汇集了25个欧盟国家、欧盟委员会和欧洲航天局，其具体目标是建立泛欧量子通信基础设施，Thierry Breton（欧盟专员，前ATOS首席执行官）强调另一个重要的目标是"促进欧洲世界级量子通信技术产业的发展，从而增强我们在这一关键领域的技术主权"。欧盟委员会敦促成员国合作并开发欧盟首台量子计算机，以减少其对非欧洲技术的依赖。

2.2 中国区块链与量子信息产业政策环境

一方面，国家积极支持区块链技术和应用发展。2019年10月24日，中共中央政治局就区块链技术发展现状和趋势进行第十八次集体学习，中共中央总书记习近平在主持学习时强调，区块链技术的集成应用在新的技术革新和产业变革中起着重要作用。我们要把区块链作为核心技术自主创新的重要突破口，明确主攻方向，加大投入力度，着力攻克一批关键核心技术，加快推动区块链技术和产业创新发展。2020年4月20日，国家发展改革委首次将新型基础设施范围框定在信息基础设施、融合基础设施和创新基础设施三方面，其中，以人工智能、云计算、区块链等为代表的新技术基础设施，属于新型基础设施中的信息基础设施，这也是区块链技术基础设施首次被国家层面明确为新型基础设施。2021年10月18日，中共中央政治局就推动我国数字经济健康发展进行第三十四次集体学习，中共中央总书记习近平在主持学习时强调,近年来,互联网、大数据、云计算、人工智能、区块链等技术加速创新,日益融入经济社会发展各领域全过程,数字经济发展速度之快、辐射范围之广、影响程度之深前所未有,正在成为重组全球要素资源、重塑全球经济结构、改变全球竞争格局的关键力量。要站在统筹中华民族伟大复兴战略全局和世界百年未有之大变局的高度,统筹国内国际两个大局、发展安全两件大事,充分发挥海量数据和丰富应用场景优势,促进数字技术与实体经济深度融合,赋能传统产业转型升级,催生新产业新业态新模式,不断做强做优做大我国数字经济。

另一方面,国家不断加强防范加密资产交易相关风险。2021年9月24日,人民银行、网信办等十部门发布《关于进一步防范和处置虚拟货币交易炒作风险的通知》(以下简称"九二四")。上述政策,被认为是自2013年人民银行、工信部等五部门发布《关于防范比特币风险的通知》,2017年9月4日人民银行、网信办等七部门发布《关于防范代币发行融资风险的公告》(简称"九四")后,中国加密资产监管史上最严厉的政策,"九二四"相较"九四"有以下特征:监管形势更严峻;监管部门更多,最高法、最高检、公安部、外汇局入局,定性更严厉;涉及的监管原因更多;监管举措更多;涉及业态更多;涉及营业行为更多(见表1)。[1]

表1 中国区块链产业相关政策

时间	发布机构	名称	相关内容
2013年	中国人民银行等五部门	《关于防范比特币风险的通知》	明确比特币是一种特定的虚拟商品,不具有与货币等同的法律地位,不能且不应作为货币在市场上流通使用。但是,比特币交易作为一种互联网上的商品买卖行为,普通民众在自担风险的前提下拥有参与的自由。 规定各金融机构和支付机构不得以比特币为产品或服务定价,不得买卖或作为中央对手买卖比特币,不得直接或间接为客户提供其他与比特币相关的服务
2017年	中国人民银行等七部门	《关于防范代币发行融资风险的公告》	明确代币发行融资本质上是一种未经批准非法公开融资的行为,涉嫌非法发售代币票券、非法发行证券以及非法集资、金融诈骗、传销等违法犯罪活动。 规定任何组织和个人不得非法从事代币发行融资活动
2020年	工业互联网专项工作组	《工业互联网创新发展行动计划(2021—2023年)》	构建基于标识解析的区块链基础设施,支持各地部署不少于20个融合节点,提供基于区块链的标识资源分配、管理、互操作等基础服务
2021年	全国人民代表大会	《中华人民共和国国民经济和社会发展第十四个五年规划和2035年远景目标纲要》	培育壮大人工智能、大数据、区块链、云计算、网络安全等新兴数字产业,提升通信设备、核心电子元器件、关键软件等产业水平
2021年	工业和信息化部、中央网信办	《关于加快推动区块链技术应用和产业发展的指导意见》	发挥区块链在产业变革中的重要作用,促进区块链和经济社会深度融合,加快推动区块链技术应用和产业发展

---

[1] 资料来源:国盛证券。

续表

时间	发布机构	名称	相关内容
2021年	国家发展改革委等十一部门	《关于整治虚拟货币"挖矿"活动的通知》	虚拟货币"挖矿"活动被正式列为淘汰类产业
2021年	中国人民银行等十部门	《关于进一步防范和处置虚拟货币交易炒作风险的通知》	明确比特币、以太币等虚拟货币不具有与法定货币等同的法律地位;相关业务活动属于非法金融活动;境外虚拟货币交易所通过互联网向我国境内居民提供服务同样被定性为非法金融活动
2021年	中央网信办、中央宣传部、国务院办公厅等十八个部门和单位	《关于组织申报区块链创新应用试点的通知》	提出在实体经济、社会治理、民生服务、金融科技等四个大类十六个领域,组织开展国家区块链创新应用试点行动

2006年,《国家中长期科学和技术发展规划纲要（2006—2020年）》首次将发展量子信息学、量子通信提升到国家战略层面;2011—2016年,《中华人民共和国国民经济和社会发展第十二个五年规划纲要》《中华人民共和国国民经济和社会发展第十三个五年规划纲要》《"十三五"国家基础研究专项规划》都将量子信息技术摆在关键技术攻关、基础研究突破的首要位置。2020年10月,中共中央政治局就量子科技研究和应用前景举行第二十四次集体学习。中共中央总书记习近平在主持学习时强调,当今世界正经历百年未有之大变局,科技创新是其中一个关键变量。我们要于危机中育先机、于变局中开新局,必须向科技创新要答案。要充分认识推动量子科技发展的重要性和紧迫性,加强量子科技发展战略谋划和系统布局,把握大趋势,下好先手棋。2021年3月,《中华人民共和国国民经济和社会发展第十四个五年规划和2035年远景目标纲要》将"量子信息"作为事关国家安全和发展全局的基础核心领域,提出要在"十四五"期间瞄准量子信息领域实施一批具有前瞻性、战略性的国家重大科技项目（见表2）。

表2 中国量子信息产业相关政策

时间	发布机构	名称	相关内容
2006年	国务院	《国家中长期科学和技术发展规划纲要（2006—2020年）》	在基础研究"重大科学计划"中提出"发展量子信息学、关联电子学、量子通信、受限小量子体系及人工带隙系统,构建未来信息技术理论基础"
2016年	中共中央、国务院	《国家创新驱动发展战略纲要》	将"量子信息"列入"引领产业变革的颠覆性技术",提出要高度关注、前瞻布局,力争实现"弯道超车"
2018年	国务院	《关于全面加强基础科学研究的若干意见》	加强基础前沿科学研究,围绕宇宙演化、物质结构、生命起源、脑与认知等开展探索,加强对量子科学、脑科学、合成生物学、空间科学、深海科学等重大科学问题的超前部署。 拓展实施国家重大科技项目,加快实施量子通信与量子计算机、脑科学与类脑研究等"科技创新2030-重大项目",推动对其他重大基础前沿和战略必争领域的前瞻部署

续表

时间	发布机构	名称	相关内容
2021年	全国人民代表大会	《中华人民共和国国民经济和社会发展第十四个五年规划和2035年远景目标纲要》	聚焦量子信息、光子与微纳电子、网络通信、人工智能、生物医药、现代能源系统等重大创新领域组建一批国家实验室，重组国家重点实验室，形成结构合理、运行高效的实验室体系。 瞄准人工智能、量子信息、集成电路、生命健康、脑科学、生物育种、空天科技、深地深海等前沿领域，实施一批具有前瞻性、战略性的国家重大科技项目。 在类脑智能、量子信息、基因技术、未来网络、深海空天开发、氢能与储能等前沿科技和产业变革领域，组织实施未来产业孵化与加速计划，谋划布局一批未来产业

2.3 中国区块链与量子信息产业创新发展态势

2.3.1 中国创新企业

截至 2021 年 7 月，国内 31 省市区块链与量子信息产业有专利申请活动的创新企业共 8475 家，近五年复合增速达 43.2%。其中，2018 年同比增速最快，同比增长 53.8%。

截至 2021 年 7 月，国内 31 省市区块链领域有专利申请活动的创新企业共 4081 家，近五年复合增速达 102.5%。其中，2018 年同比增速最快，同比增长 178.3%（见图 5）。

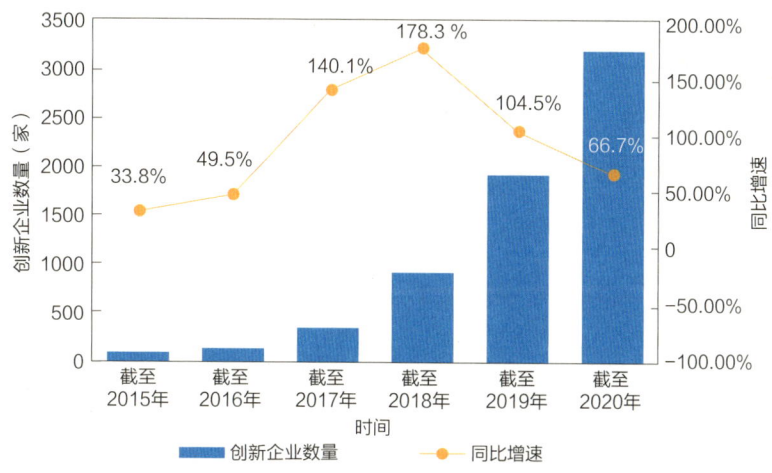

图 5　国内 31 省市区块链领域创新企业数量增长趋势

截至 2021 年 7 月，国内 31 省市量子信息领域有专利申请活动的创新企业共 4636 家，近五年复合增速达 29.8%。其中，2017 年同比增速最快，同比增长 35.4%（见图 6）。

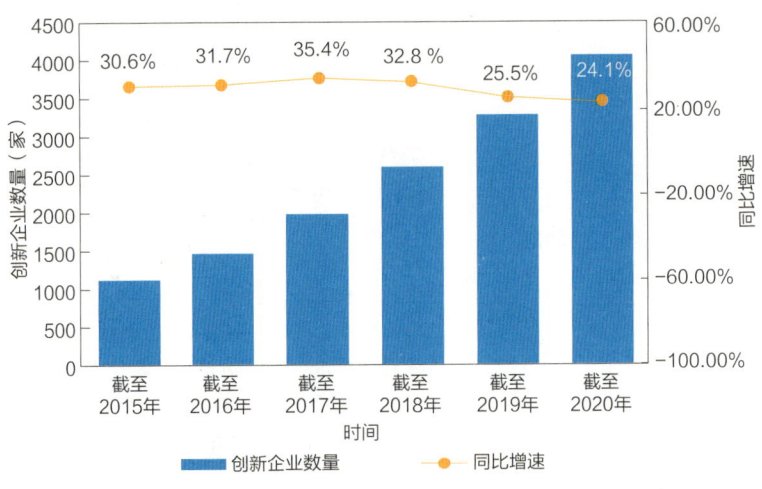

图 6 国内 31 省市量子信息领域创新企业数量增长趋势

从地域分布情况来看，截至 2021 年 7 月，国内 31 省市区块链与量子信息产业有专利申请活动的创新企业主要集中在广东省、江苏省、北京市等经济较发达地区。其中，创新企业数量排名前五位的省市依次为广东省（1646 家）、江苏省（1347 家）、北京市（995 家）、上海市（733 家）和浙江省（689 家）（见表 3）。

表 3 国内 31 省市区块链与量子信息产业创新企业数量分布情况

排名	省（自治区、直辖市）	创新企业数量（家）
1	广东	1646
2	江苏	1347
3	北京	995
4	上海	733
5	浙江	689
6	山东	419
7	四川	397
8	安徽	308
9	福建	286
10	湖北	236
11	湖南	236
12	河南	149
13	陕西	144
14	天津	136
15	重庆	129
16	辽宁	98
17	河北	97
18	江西	66

续表

排名	省（自治区、直辖市）	创新企业数量（家）
19	贵州	61
20	黑龙江	58
21	山西	57
22	广西	56
23	云南	42
24	吉林	37
25	内蒙古	29
26	宁夏	25
27	海南	21
28	甘肃	19
29	新疆	14
30	青海	10
31	西藏	2

截至2021年7月，在区块链与量子信息产业创新企业中，国内31省市共有国家高新技术企业3565家，占国内31省市区块链与量子信息产业创新企业总量（8475家）的42.1%；初创企业1294家，占创新企业总量的15.3%；隐形冠军企业159家，占创新企业总量的1.9%；上市公司309家，占创新企业总量的3.6%；独角兽企业46家，占创新企业总量的0.5%；专精特新企业623家，占创新企业总量的7.4%（见图7）。

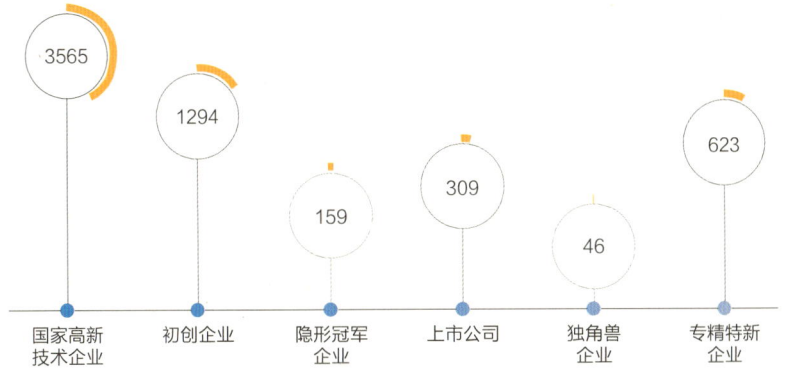

图7 中国区块链与量子信息产业特色企业数量分布情况（单位：家）

在区块链与量子信息产业创新企业中，区块链领域专利申请公开量较多的重点企业包括腾讯科技（深圳）有限公司（1060件）、支付宝（杭州）信息技术有限公司（706件）、深圳前海微众银行股份有限公司（237件）、中国银行股份有限公司（226件）、中国工商银行股份有限公司（221件）等；量子信息领域专利申请公开量较多的重点企业包括科大国盾量子技术股份有限公司（174件）、合肥本源量子计算科技有限责任公司（123件）、安徽问天量子科技股份有限公司（115件）、中国电子科技集团公司电子科学研究院（88

件)、山东量子科学技术研究院有限公司(35件)等。❶

从这十家重点企业在区块链与量子信息产业布局专利的细分领域来看,区块链领域重点企业在产业链上中下游均有一定数量的专利布局。在产业链上游(区块链基础设施),匿名技术和底层平台为重点的细分领域;在产业链中游(区块链技术扩展),智能合约、信息安全、数据服务为重点的细分领域;在产业链下游(区块链应用),数字金融为重点的细分领域。而量子信息领域的重点企业更加重视产业链中下游,即核心设备、软件系统、量子技术应用,核心设备对应的重点细分领域为量子通信设备,软件系统对应的重点细分领域为量子通信密钥分发/管理系统,量子技术应用对应的重点细分领域为量子保密通信(见图8)。

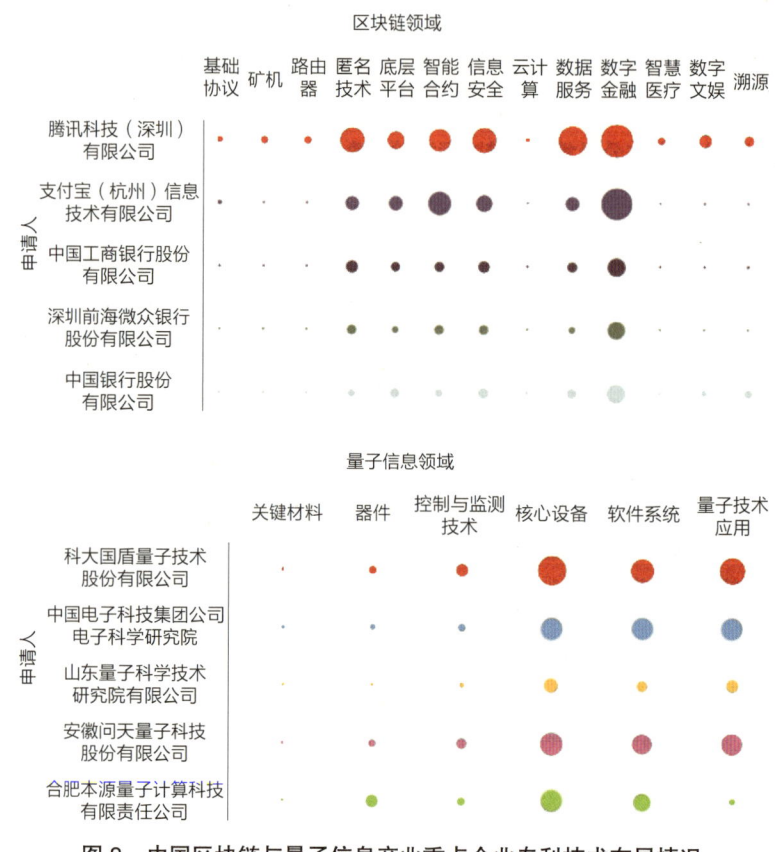

图8　中国区块链与量子信息产业重点企业专利技术布局情况

【典型企业——科大国盾量子技术股份有限公司】

科大国盾量子技术股份有限公司(以下简称国盾量子)成立于2009年,主要从事量子保密通信产品的研发、生产、销售及技术服务,企业布局量子计算等领域科研仪器的研发、生产和集成服务。国盾量子技术起源于中国科学技术大学,目前已逐步成长为全球少

---

❶ 本处统计的为申请人本身,不包含其分子公司的专利申请公开量。

数具有大规模量子保密通信网络设计、供货和部署全能力的企业之一，为各类光纤量子保密通信网络以及"星地一体"广域量子保密通信网提供软硬件产品，推动量子保密通信网络和经典通信网络的无缝衔接，为政务、金融、电力、国防等各行业和领域的客户提供量子安全应用解决方案。

截至2020年年底，国盾量子拥有国内外量子保密通信技术相关专利240多项及多项非专利技术，先后承担科技部863计划、多个省市自主创新专项、省市科技重大专项等项目，并作为量子技术国内外标准制定主力，牵头国内外标准项目13项，参与27项。

国盾量子深入研究光量子的产生、调制、传输、交换、接收、探测等操控技术，发展了高速精密的诱骗态量子光源、高效率低噪声的近红外与可见光波段单光子探测器、信道/终端光量子抗干扰技术等，开发出成熟应用的千兆级速率光量子产生、调制解调和探测等设备；国盾量子组织开发了体系化量子保密通信网络支撑系统，包括量子网络管理系统、量子密钥管理服务系统，推出凝聚产业链的开放性平台产品——量子安全服务移动引擎（QSS-ME）。

2.3.2 中国专利布局

截至2021年7月，中国区块链与量子信息产业专利申请公开量共67778件，占中国专利申请公开总量（33757841件）的0.2%，近五年复合增速达40.1%。中国区块链与量子信息产业专利授权量共24469件，占区块链与量子信息产业全国专利申请公开总量的36.1%；有效专利量为20141件。中国区块链与量子信息产业各技术分支专利申请公开量与专利授权量情况详见表4。

表4 中国区块链与量子信息产业各技术分支专利申请公开量与专利授权量

技术分支			专利申请公开量（件）	专利授权量（件）
产业链二级	产业链三级	产业链四级		
区块链	区块链基础设施	基础协议	1425	330
		矿机	1734	432
		路由器	572	227
		匿名技术	4878	1051
		底层平台	7356	1201
	区块链技术扩展	智能合约	6838	1104
		信息安全	10334	1825
		云计算	1403	255
		数据服务	7601	1314
	区块链应用	溯源	2983	382
		数字金融	14933	2465
		法律	1187	191
		数字文娱	1416	244
		智慧医疗	1449	174

续表

技术分支			专利申请公开量（件）	专利授权量（件）
产业链二级	产业链三级	产业链四级		
区块链	区块链应用	社会公益	200	17
		区块链政务	427	44
量子信息	关键材料	量子材料	26054	12226
		半导体材料	1712	906
		光子材料	116	63
	器件	雪崩二极管	35	16
		单光子源（窄脉冲激光器）	168	107
		随机数发生器	523	227
		芯片	2763	1434
	控制与监测技术	量子态操控	673	368
		量子态检测	1109	674
	核心设备	量子通信设备	4268	2083
		量子测量设备	1687	899
		量子计算机	2427	1428
	软件系统	量子通信密钥分发/管理系统	1839	904
		量子计算应用软件	1094	280
	量子技术应用	量子金融	140	25
		量子保密通信	2682	1293
		量子化学模拟	177	76

截至2021年7月，中国区块链领域专利申请公开量共27855件，近五年复合增速为158.3%。其中，2017年同比增速最快，同比增长406.3%（见图9）。中国区块链领域专利授权量共4889件，占全国区块链领域专利申请公开量的17.6%；有效专利量为4777件。

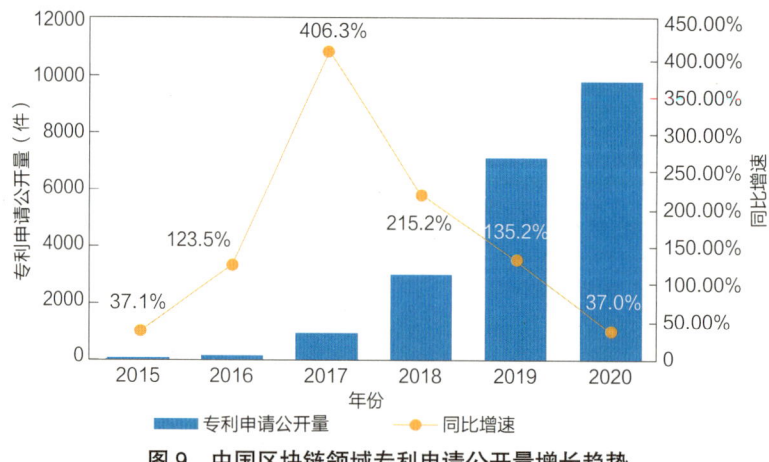

图9 中国区块链领域专利申请公开量增长趋势

截至2021年7月，中国量子信息领域专利申请公开量共40064件，近五年复合增速为 15.8%。其中，2017 年复合增速最快，同比增长 36.5%（见图 10）。中国量子信息领域专利授权量共 19610 件，占全国量子信息领域专利申请公开量的 48.9%；有效专利量为 15394 件。

图 10　中国量子信息领域专利申请公开量增长趋势

截至 2021 年 7 月，中国区块链与量子信息产业发明专利申请公开量为 62512 件，占中国区块链与量子信息产业专利申请公开总量（67778 件）的 92.2%，近五年复合增速达 41.9%。其中，2019 年同比增速最快，同比增长 64.2%（见图 11）。

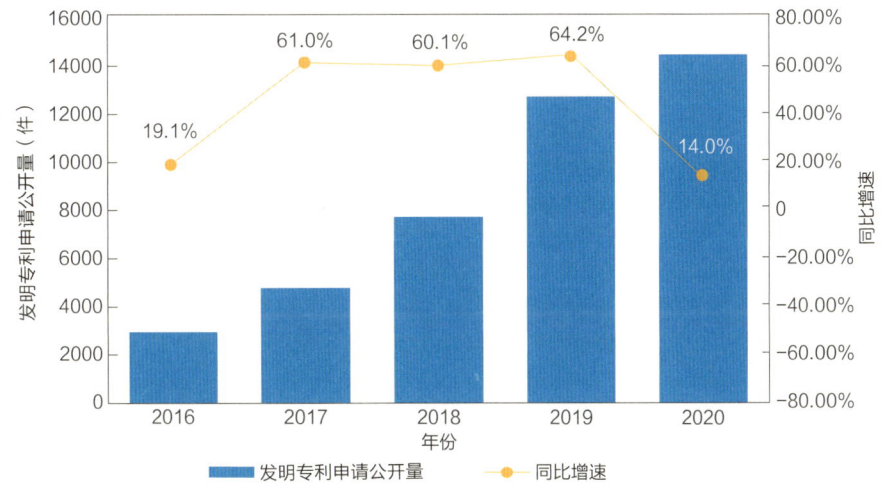

图 11　中国区块链与量子信息产业发明专利申请公开量增长趋势

从地域分布情况来看，截至 2021 年 7 月，中国区块链与量子信息产业发明专利授权量共 19203 件，主要集中在北京市、广东省、江苏省等经济较发达的地区。其中，发明专利授权量排名前五位的省市依次为北京市（3205 件）、广东省（2221 件）、江苏省（1926 件）、浙江省（1698 件）和上海市（1593 件）（见表 5）。

表5 国内31省市区块链与量子信息产业发明专利授权量分布情况

排名	省（自治区、直辖市）	发明专利授权量（件）
1	北京	3205
2	广东	2221
3	江苏	1926
4	浙江	1698
5	上海	1593
6	山东	884
7	四川	742
8	陕西	698
9	湖北	612
10	安徽	538
11	湖南	419
12	福建	415
13	黑龙江	314
14	辽宁	287
15	河南	285
16	天津	263
17	山西	247
18	吉林	246
19	重庆	236
20	河北	149
21	广西	125
22	江西	118
23	甘肃	74
24	云南	71
25	贵州	31
26	宁夏	22
27	新疆	22
28	内蒙古	18
29	海南	12
30	青海	3
31	西藏	2

截至2021年7月，中国区块链与量子信息产业的有效发明专利共16475件，其中高价值专利数量为14816件。在中国区块链与量子信息产业高价值专利中，属于战略性新兴产业的有效发明专利共有14390件，在海外有同族专利权的有效发明专利共有2092件，

维持年限超过 10 年的有效发明专利共有 930 件，有质押融资活动的有效发明专利共有 90 件，获得中国专利奖的有效发明专利共有 19 件。高价值专利数量排名前五位的省市依次为北京市（2475 件）、广东省（1988 件）、江苏省（1485 件）、浙江省（1373 件）和上海市（1042 件）（见图 12）。中国区块链与量子信息领域部分高价值专利清单详见表 6。

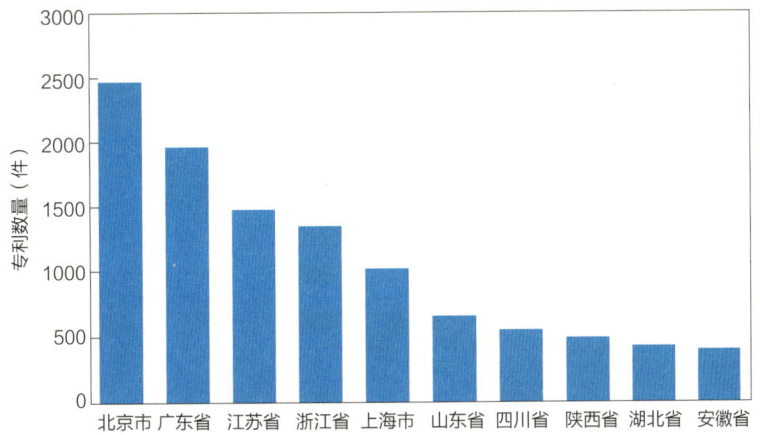

图 12　国内部分省市区块链与量子信息产业高价值专利数量分布情况

表 6　中国区块链与量子信息领域部分高价值专利清单

专利申请号	专利名称	原始申请人	高价值专利标签
CN201610960002	基于区块链交易的权限管制方法及系统	上海亿账通区块链科技有限公司	中国专利奖、战略性新兴产业、维持年限超过十年
CN201210154659	一种可信冗余容错计算机系统	中国人民解放军第二炮兵装备研究院第四研究所	中国专利奖、战略性新兴产业
CN200410074520	NGN 网络传送层业务实现方法和系统	华为技术有限公司	战略性新兴产业、海外有同族专利、维持年限超过十年
CN200510053885	用于在点对点互连上广播消息的技术	英特尔公司	战略性新兴产业、海外有同族专利、维持年限超过十年
CN200680048750	对多个物理层连接使用单个逻辑链路的通信方法和装置	高通股份有限公司	战略性新兴产业、海外有同族专利、维持年限超过十年
CN200510034934	锂离子电池复合碳负极材料及其制备方法	贝特瑞新材料集团股份有限公司	中国专利奖、战略性新兴产业、海外有同族专利、维持年限超过十年
CN201110053727	一种高端容错计算机系统及实现方法	浪潮（北京）电子信息产业有限公司	中国专利奖、战略性新兴产业、海外有同族专利、维持年限超过十年
CN200710119474	采用全光学膜体系的垂直结构发光二极管制作方法	中国科学院半导体研究所	中国专利奖、战略性新兴产业、维持年限超过十年

续表

专利申请号	专利名称	原始申请人	高价值专利标签
CN201010550203	一种基于现场可编程门阵列和微处理器的合并单元	中国西电电气股份有限公司	中国专利奖、战略性新兴产业、维持年限超过十年
CN201110170292	基于量子集控站的光量子通信组网结构及其通信方法	科大国盾量子技术股份有限公司	中国专利奖、战略性新兴产业、维持年限超过十年

截至2021年7月，国内31省市区块链与量子信息产业创新企业发明专利申请公开量共30632件，占中国区块链与量子信息产业发明专利申请公开总量（62512件）的49.0%。近五年复合增速达66.4%。其中，2017年同比增速最快，同比增长107.1%（见图13）。发明专利申请公开量较多的企业包括腾讯科技（深圳）有限公司（1070件）、支付宝（杭州）信息技术有限公司（706件）、平安科技（深圳）有限公司（649件）、杭州复杂美科技有限公司（428件）、TCL科技集团股份有限公司（410件）。

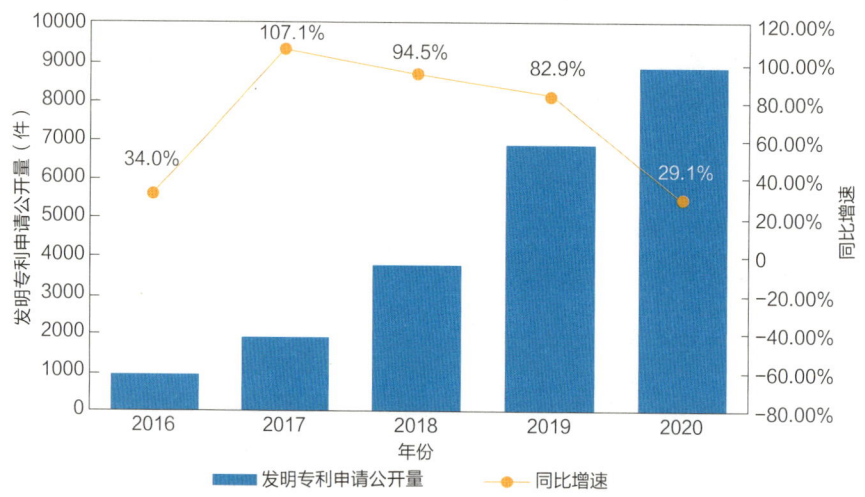

图13 国内31省市区块链与量子信息产业创新企业发明专利申请公开量增长趋势

截至2021年7月，国内31省市区块链与量子信息产业高校发明专利申请公开量共19441件，占中国区块链与量子信息产业发明专利申请公开总量（62512件）的31.1%。近五年复合增速达21.9%。其中，2017年同比增速最快，同比增长46.6%（见图14）。发明专利申请公开量较多的高校包括浙江大学（483件）、清华大学（426件）、电子科技大学（358件）、西安电子科技大学（354件）、天津大学（331件）。

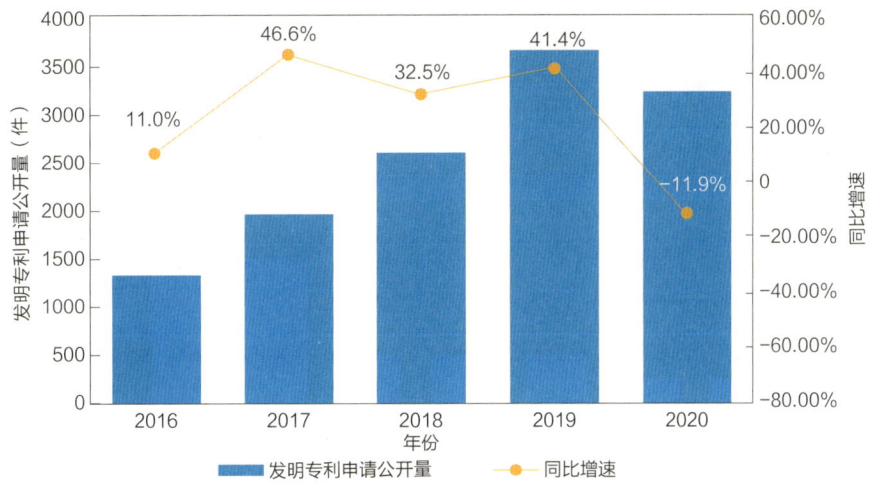

图 14　国内 31 省市区块链与量子信息产业高校发明专利申请公开量增长趋势

截至 2021 年 7 月，国内 31 省市区块链与量子信息产业科研机构发明专利申请公开量共 4170 件，占中国区块链与量子信息产业发明专利申请公开总量（62512 件）的 6.7%。近五年复合增速达 15.0%。其中，2017 年同比增速最快，同比增长 38.3%（见图 15）。发明专利申请公开量较多的科研机构包括中国科学院上海微系统与信息技术研究所（328 件）、中国科学院半导体研究所（183 件）、中国科学院上海技术物理研究所（144 件）、中国科学院宁波材料技术与工程研究所（130 件）、中国科学院物理研究所（124 件）。

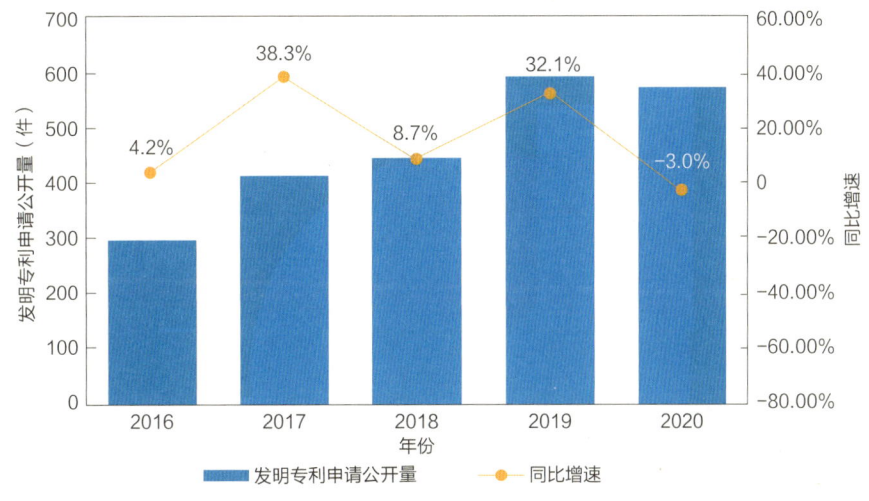

图 15　国内 31 省市区块链与量子信息产业科研机构发明专利申请公开量增长趋势

截至 2021 年 7 月，在区块链与量子信息产业中，全国涉及产学研合作申请的专利共有 1223 件，占中国区块链与量子信息产业专利申请公开总量（67778 件）的 1.8%。涉及产学研合作申请专利量排名前五位的省市依次为北京市（246 件）、广东省（159 件）、江苏省（130 件）、浙江省（93 件）和上海市（79 件）（见图 16）。

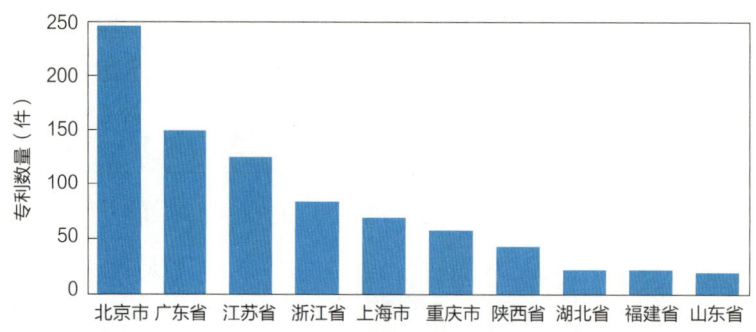

图 16　国内部分省市区块链与量子信息产业产学研合作申请专利数量分布情况

从区块链与量子信息产业的各细分领域来看，区块链方面全国涉及产学研合作申请的专利主要分布在数字金融、信息安全、智能合约等领域，专利数量均超过 100 件（见图17）；量子信息方面全国涉及产学研合作申请的专利主要分布在量子材料领域，专利数量为 646 件（见图 18）。

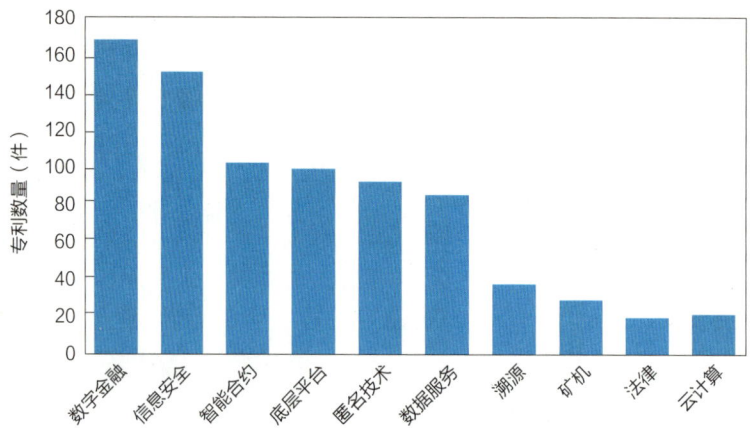

图 17　中国区块链领域产学研合作申请专利领域分布情况

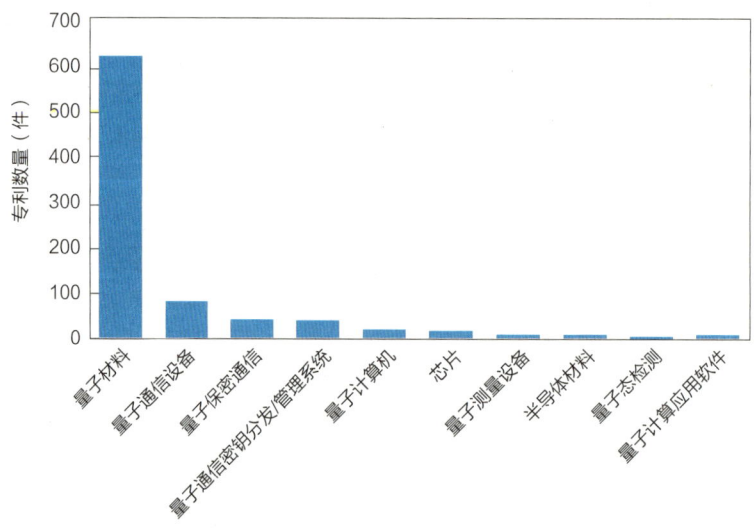

图 18　中国量子信息领域产学研合作申请专利领域分布情况

从产学研合作的高校院所来看，北京邮电大学、浙江大学、中国科学院重庆绿色智能技术研究院、清华大学、西安电子科技大学等在中国区块链与量子信息产业中的产学研合作较为密切，涉及产学研合作申请的专利数量分别为56件、51件、50件、44件、36件（见表7）。

表7　中国区块链与量子信息产业产学研合作重点高校院所清单

序号	高校院所	产学研合作申请的专利数量（件）
1	北京邮电大学	56
2	浙江大学	51
3	中国科学院重庆绿色智能技术研究院	50
4	清华大学	44
5	西安电子科技大学	36
6	上海交通大学	32
7	华南师范大学	25
8	华北电力大学	21
9	中国科学院上海微系统与信息技术研究所	18
10	电子科技大学	18

2.3.3　中国创新人才

截至2021年7月，国内31省市区块链与量子信息产业有专利申请活动的创新人才共114836人，近五年复合增速达33.3%。其中，2019年同比增速最快，同比增长39.3%。

截至2021年7月，国内31省市区块链领域有专利申请活动的创新人才共35708人，近五年复合增速达95.0%。其中，2018年同比增速最快，达152.4%（见图19）。

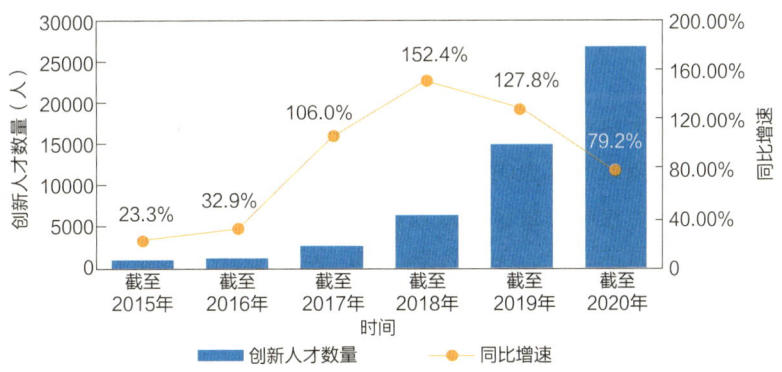

图19　国内31省市区块链领域创新人才数量增长趋势

截至2021年7月，国内31省市量子信息领域有专利申请活动的创新人才共79799人，近五年复合增速达26.3%。其中，2017年同比增速最快，达30.3%（见图20）。

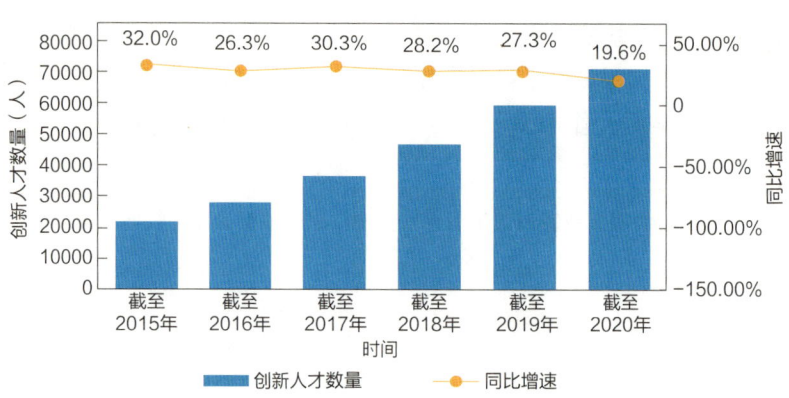

图 20　国内 31 省市量子信息领域创新人才数量增长趋势

从地域分布情况来看，截至 2021 年 7 月，国内 31 省市区块链与量子信息产业有专利申请活动的创新人才主要集中在北京市、广东省、江苏省等经济较发达地区。其中，创新人才数量排名前五位的省市依次为北京市（17796 人）、广东省（14759 人）、江苏省（14307 人）、上海市（8785 人）和浙江省（7403 人）（见表 8）。

表 8　国内 31 省市区块链与量子信息产业创新人才数量分布情况

排名	省（自治区、直辖市）	创新人才数量（人）
1	北京	17796
2	广东	14759
3	江苏	14307
4	上海	8785
5	浙江	7403
6	山东	5905
7	陕西	4863
8	四川	4529
9	安徽	4055
10	湖北	3986
11	河南	3275
12	湖南	3145
13	福建	2806
14	天津	2614
15	辽宁	2392
16	黑龙江	2135
17	重庆	1830
18	吉林	1705
19	山西	1470
20	河北	1462

续表

排名	省（自治区、直辖市）	创新人才数量（人）
21	广西	1246
22	江西	1114
23	云南	918
24	甘肃	791
25	贵州	494
26	内蒙古	310
27	新疆	290
28	宁夏	235
29	海南	187
30	青海	82
31	西藏	20

截至 2021 年 7 月，在区块链与量子信息产业创新人才中，国内 31 省市共有国家高层次人才 16163 人，占国内 31 省市区块链与量子信息产业创新人才总量（114836 人）的 14.1%；技术高管 6085 人，占创新人才总量的 5.3%；科技企业家 3706 人，占创新人才总量的 3.2%（见图 21）。

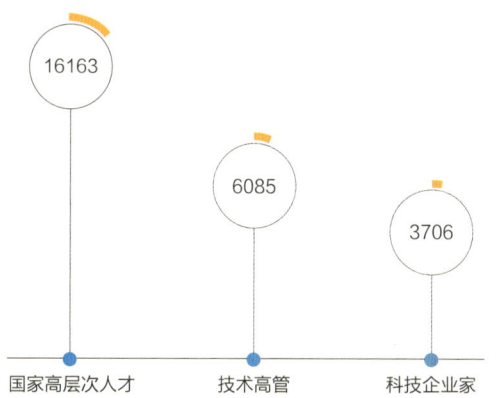

图 21　中国区块链与量子信息产业特色人才数据分布情况（单位：人）

从各机构类型创新人才数量分布情况来看，国内 31 省市区块链与量子信息产业高校的创新人才数量最多，共计 52784 人，占国内 31 省市区块链与量子信息产业创新人才总量的 46.0%。企业的创新人才数量位居其次，共计 46940 人，占国内 31 省市区块链与量子信息产业创新人才总量的 40.9%。科研机构创新人才共计 10592 人，事业单位创新人才共计 1080 人，分别占国内 31 省市区块链与量子信息产业创新人才总量的 9.2% 和 0.9%（见图 22）。

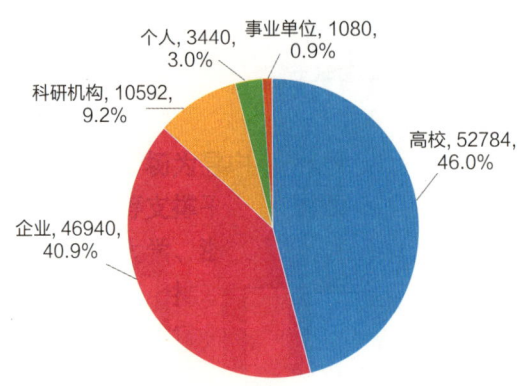

图 22　国内 31 省市区块链与量子信息产业各机构类型创新人才数量分布情况（单位：人）

2.4　中国区块链与量子信息产业热点及重点技术创新方向

从区块链领域整体来看，国内 31 省市产业的发明专利申请公开总量共 25443 件，创新企业总量共 4081 家，创新人才总量共 35708 人，近三年复合增速分别为 116.3%、111.7%、117.6%。

从各细分领域来看，区块链技术扩展细分领域发明专利申请公开量、创新企业数量、创新人才数量的近三年复合增速分别为 127.3%、127.4%、137.5%，均高出整个区块链领域平均水平，属于领域布局的热点。同时，区块链技术扩展细分领域发明专利申请公开量、创新企业数量、创新人才数量分别为 17471 件、3280 家、27905 人，均高于区块链领域中其他细分领域，还属于领域布局的重点（见表 9）。

表 9　国内 31 省市区块链领域创新要素情况

产业链三级	发明专利申请公开		创新企业		创新人才	
	数量（件）	复合增速	数量（家）	复合增速	数量（人）	复合增速
区块链基础设施	11889	111.7%	2597	109.7%	21462	112.2%
区块链技术扩展	17471	127.3%	3280	127.4%	27905	137.5%
区块链应用	17098	113.4%	3109	122.5%	25181	143.9%

从量子信息领域整体来看，国内 31 省市产业的发明专利申请公开总量共 32304 件，创新企业总量共 4636 家，创新人才总量共 79799 人，近三年复合增速分别为 7.9%、27.4%、25.0%。

从各细分领域来看，软件系统、量子技术应用细分领域发明专利申请公开量、创新企业数量、创新人才数量的近三年复合增速均高出整个量子信息领域平均水平，属于产业布局的热点。关键材料细分领域发明专利申请公开量、创新企业数量、创新人才数量分别为 22983 件、3177 家、55578 人，均远高于量子信息领域中其他细分领域，属于产业布局的重点（见表 10）。

表 10 国内 31 省市量子信息领域创新要素情况

产业链三级	发明专利申请公开		创新企业		创新人才	
	数量（件）	复合增速	数量（家）	复合增速	数量（人）	复合增速
关键材料	22983	4.9%	3177	29.6%	55578	25.5%
器件	2520	14.0%	853	21.8%	9029	22.0%
控制与监测技术	1240	15.7%	125	30.6%	3472	23.1%
核心设备	6195	19.5%	702	27.4%	14922	26.7%
软件系统	2276	33.5%	246	54.1%	5457	44.5%
量子技术应用	2388	23.4%	236	55.7%	4688	42.4%

在区块链领域区块链基础设施细分领域，国内 31 省市发明专利申请公开量、创新企业数量、创新人才数量的近三年复合增速分别为 111.7%、109.7%、112.2%。其中，底层平台技术分支创新企业数量的近三年复合增速虽然略低于区块链基础设施细分领域平均水平，但发明专利申请公开量、创新人才数量的近三年复合增速均高于区块链基础设施细分领域平均水平，属于热点技术分支。同时底层平台技术分支发明专利申请公开量、创新企业数量、创新人才数量在区块链基础设施细分领域中均占比最高，还属于重点技术分支。另外，矿机、匿名技术技术分支发明专利申请公开量的近三年复合增速虽然略低于区块链基础设施细分领域平均水平，但创新企业数量和创新人才数量的近三年复合增速均高出区块链基础设施细分领域平均水平，也属于热点细分领域（见表 11）。

表 11 国内 31 省市区块链领域区块链基础设施细分领域创新要素情况

细分领域		发明专利申请公开		创新企业		创新人才	
产业链三级	产业链四级	数量（件）	复合增速	数量（家）	复合增速	数量（人）	复合增速
区块链基础设施	基础协议	1310	87.0%	488	92.8%	3497	87.9%
	矿机	1628	99.1%	498	122.0%	3883	147.1%
	路由器	517	67.2%	205	67.7%	1592	58.6%
	匿名技术	4594	108.7%	1021	138.4%	9231	160.4%
	底层平台	7017	124.2%	1955	107.2%	14514	113.3%

在区块链领域区块链技术扩展细分领域，国内 31 省市发明专利申请公开量、创新企业数量、创新人才数量的近三年复合增速分别为 127.3%、127.4%、137.5%。其中，智能合约技术分支发明专利申请公开量、创新企业数量、创新人才数量的近三年复合增速分别为 140.1%、163.4%、190.3%，均高于区块链技术扩展细分领域平均水平，属于热点技术分支。信息安全技术分支发明专利申请公开量、创新企业数量、创新人才数量分别为 9627 件、2298 家、18420 人，均高于区块链技术扩展细分领域中其他技术分支，属于重点技术分支（见表 12）。

表 12 国内 31 省市区块链领域区块链技术扩展细分领域创新要素情况

细分领域		发明专利申请公开		创新企业		创新人才	
产业链三级	产业链四级	数量（件）	复合增速	数量（家）	复合增速	数量（人）	复合增速
区块链技术扩展	智能合约	6289	140.1%	1376	163.4%	11625	190.3%
	信息安全	9627	114.3%	2298	126.0%	18420	141.8%
	云计算	1345	136.1%	544	135.9%	3385	136.3%
	数据服务	7186	145.9%	1829	127.1%	14194	137.0%

在区块链领域区块链应用细分领域，国内 31 省市发明专利申请公开量、创新企业数量、创新人才数量的近三年复合增速分别为 113.4%、122.5%、143.9%。其中，溯源、智慧医疗、社会公益、区块链政务技术分支发明专利申请公开量、创新企业数量、创新人才数量的近三年复合增速均高于区块链应用细分领域平均水平，属于热点技术分支。数字金融技术分支发明专利申请公开量、创新企业数量、创新人才数量分别为 13361 件、2378 家、19254 人，均在区块链应用细分领域中排名第一，属于重点技术分支（见表 13）。

表 13 国内 31 省市区块链领域区块链应用细分领域创新要素情况

细分领域		发明专利申请公开		创新企业		创新人才	
产业链三级	产业链四级	数量（件）	复合增速	数量（家）	复合增速	数量（人）	复合增速
区块链应用	溯源	2852	154.9%	1067	157.1%	7303	184.6%
	数字金融	13361	101.7%	2378	119.1%	19254	143.4%
	法律	1069	104.6%	415	141.5%	2709	139.7%
	数字文娱	1339	170.3%	495	116.4%	2725	126.1%
	智慧医疗	1394	198.6%	418	161.5%	2908	188.2%
	社会公益	180	185.8%	94	136.1%	522	183.3%
	区块链政务	418	212.4%	186	205.8%	1120	210.2%

在量子信息领域关键材料细分领域，国内 31 省市发明专利申请公开量、创新企业数量、创新人才数量的近三年复合增速分别为 4.9%、29.6%、25.5%。其中，光子材料技术分支发明专利申请公开量、创新企业数量、创新人才数量的近三年复合增速分别为 34.7%、91.3%、30.2%，均高于关键材料细分领域平均水平，属于热点技术分支。量子材料技术分支发明专利申请公开量、创新企业数量、创新人才数量分别为 21804 件、3068 家、53311 人，均在关键材料细分领域中占据了极大的比例，属于重点技术分支（见表 14）。

表 14　国内 31 省市量子信息领域关键材料细分领域创新要素情况

细分领域		发明专利申请公开		创新企业		创新人才	
产业链三级	产业链四级	数量（件）	复合增速	数量（家）	复合增速	数量（人）	复合增速
关键材料	量子材料	21804	4.5%	3068	29.9%	53311	26.1%
	半导体材料	1340	14.9%	163	21.6%	3252	18.7%
	光子材料	93	34.7%	9	91.3%	419	30.2%

在量子信息领域器件细分领域，国内 31 省市发明专利申请公开量、创新企业数量、创新人才数量的近三年复合增速分别为 14.0%、21.8%、22.0%。其中，随机数发生器技术分支发明专利申请公开量、创新企业数量、创新人才数量的近三年复合增速分别为 20.4%、66.0%、44.2%，均远高于器件细分领域平均水平，属于热点技术分支。芯片技术分支发明专利申请公开量、创新企业数量、创新人才数量分别为 1963 件、764 家、7530 人，均在器件细分领域中占据了极大的比例，属于重点技术分支（见表 15）。

表 15　国内 31 省市量子信息领域器件细分领域创新要素情况

细分领域		发明专利申请公开		创新企业		创新人才	
产业链三级	产业链四级	数量（件）	复合增速	数量（家）	复合增速	数量（人）	复合增速
器件	雪崩二极管	22	−30.7%	7	51.8%	78	29.3%
	单光子源（窄脉冲激光器）	113	23.6%	39	20.0%	540	20.6%
	随机数发生器	424	20.4%	74	66.0%	1009	44.2%
	芯片	1963	12.7%	764	20.0%	7530	20.1%

在量子信息领域控制与监测技术细分领域，国内 31 省市发明专利申请公开量、创新企业数量、创新人才数量的近三年复合增速分别为 15.7%、30.6%、23.1%。其中，量子态检测技术分支发明专利申请公开量、创新企业数量、创新人才数量的近三年复合增速分别为 16.9%、54.0%、31.1%，均高于控制与监测技术细分领域平均水平，属于热点技术分支。同时，量子态检测技术分支发明专利申请公开量、创新企业数量、创新人才数量分别为 781 件、77 家、1998 人，均在控制与监测技术细分领域中占据了较大的比例，还属于重点技术分支（见表 16）。

表 16　国内 31 省市量子信息领域控制与监测技术细分领域创新要素情况

细分领域		发明专利申请公开		创新企业		创新人才	
产业链三级	产业链四级	数量（件）	复合增速	数量（家）	复合增速	数量（人）	复合增速
控制与监测技术	量子态操控	490	16.3%	57	14.5%	1364	16.2%
	量子态检测	781	16.9%	77	54.0%	1998	31.1%

在量子信息领域核心设备细分领域，国内 31 省市发明专利申请公开量、创新企业数

量、创新人才数量的近三年复合增速分别为 19.5%、27.4%、26.7%。其中，量子通信设备技术分支发明专利申请公开量、创新企业数量、创新人才数量的近三年复合增速分别为 29.7%、49.8%、36.2%，均高于核心设备细分领域平均水平，属于热点技术分支。同时，量子通信设备技术分支发明专利申请公开量、创新企业数量、创新人才数量分别为 3347 件、307 家、6877 人，均在核心设备细分领域中占据了较大的比例，还属于重点技术分支（见表 17）。

表 17　国内 31 省市量子信息领域核心设备技术细分领域创新要素情况

细分领域		发明专利申请公开		创新企业		创新人才	
产业链三级	产业链四级	数量（件）	复合增速	数量（家）	复合增速	数量（人）	复合增速
核心设备	量子通信设备	3347	29.7%	307	49.8%	6877	36.2%
	量子测量设备	1424	9.3%	137	26.7%	4968	25.0%
	量子计算机	1536	7.0%	315	16.2%	3904	16.9%

在量子信息领域软件系统细分领域，国内 31 省市发明专利申请公开量、创新企业数量、创新人才数量的近三年复合增速分别为 33.5%、54.1%、44.5%。其中，量子计算应用软件技术分支发明专利申请公开量、创新企业数量、创新人才数量的近三年复合增速分别为 57.0%、64.0%、46.6%，均高于软件系统细分领域平均水平，属于热点技术分支。量子通信密钥分发/管理系统技术分支发明专利申请公开量、创新企业数量、创新人才数量分别为 1431 件、161 家、3030 人，均在软件系统细分领域中占据了较大的比例，属于重点技术分支（见表 18）。

表 18　国内 31 省市量子信息领域软件系统细分领域创新要素情况

细分领域		发明专利申请公开		创新企业		创新人才	
产业链三级	产业链四级	数量（件）	复合增速	数量（家）	复合增速	数量（人）	复合增速
软件系统	量子通信密钥分发/管理系统	1431	25.0%	161	51.8%	3030	45.0%
	量子计算应用软件	925	57.0%	119	64.0%	2749	46.6%

在量子信息领域量子技术应用细分领域，国内 31 省市发明专利申请公开量、创新企业数量、创新人才数量的近三年复合增速分别为 23.4%、55.7%、42.4%。其中，量子金融技术分支发明专利申请公开量、创新企业数量、创新人才数量的近三年复合增速分别为 27.3%、128.9%、64.0%，均在量子技术应用细分领域各技术分支中排名第一，属于热点技术分支。量子保密通信技术分支发明专利申请公开量、创新企业数量、创新人才数量分别为 2158 件、204 家、3958 人，均在量子技术应用细分领域中占据了很大的比例，属于重点技术分支（见表 19）。

表 19　国内 31 省市量子信息领域量子技术应用细分领域创新要素情况

细分领域		发明专利申请公开		创新企业		创新人才	
产业链三级	产业链四级	数量（件）	复合增速	数量（家）	复合增速	数量（人）	复合增速
量子技术应用	量子金融	132	27.3%	42	128.9%	275	64.0%
	量子保密通信	2158	24.5%	204	54.4%	3958	45.8%
	量子化学模拟	165	17.6%	16	51.8%	621	27.0%

第 3 章　广东省区块链与量子信息产业创新发展定位与洞察

3.1　广东省区块链与量子信息产业政策导向

2020年5月，广东省人民政府发布《关于培育发展战略性支柱产业集群和战略性新兴产业集群的意见》，将区块链与量子信息产业集群列入十大战略性新兴产业集群，提出推动区块链技术和产业发展走在全国前列，打造全国量子信息产业高地。2020年9月，为加快培育区块链与量子信息战略性新兴产业集群，广东省市场监督管理局等七部门联合发布了《广东省培育区块链与量子信息战略性新兴产业集群行动计划（2021—2025年）》，对区块链与量子信息产业进行了具体的部署。2021年4月，《广东省国民经济和社会发展第十四个五年规划和2035年远景目标纲要》进一步强调了区块链与量子信息产业集群的培育重点。2021年以来，广东省围绕数字化发展、制造业升级等发布了系列文件，其中均对区块链与量子信息有所涉及（见表20）。

表 20　广东省区块链与量子信息产业相关政策

时间	发布机构	名称	相关核心内容
2018年	广东省人民政府	《关于强化实施创新驱动发展战略进一步推进大众创业万众创新深入发展的实施意见》	鼓励中小微企业和创业者围绕农业、制造业、服务业的数字化、网络化、智能化转型升级，开发基于互联网、大数据、人工智能、区块链等信息技术的创新应用解决方案
2018年	广东省人民政府办公厅	《深化中国（广东）自由贸易试验区制度创新实施意见》	在合法合规前提下，加快区块链、大数据技术在金融领域的研究和运用。研究出台支持区块链、大数据技术发展的相关政策措施
2018年	广东省人民政府	《关于进一步促进科技创新的若干政策措施》	鼓励有条件的地级以上市大力发展金融科技产业，吸引金融科技企业和人才落户，对云计算、大数据、区块链、人工智能等新技术在金融领域的应用予以支持

续表

时间	发布机构	名称	相关核心内容
2020 年	广东省人民政府	《关于培育发展战略性支柱产业集群和战略性新兴产业集群的意见》	区块链与量子信息产业集群。突破共识机制、智能合约、加密算法、跨链等关键核心技术，开发自主可控的区块链底层架构，推进可信服务网络基础设施建设；聚焦自主可控和互联互通等关键要素，完善标准体系；强化区块链技术在数字政府、智慧城市、智能制造等领域应用；在广州、深圳、珠海、佛山、东莞等地打造全国领先的产业集聚区、创新引领区、应用先行区，推动区块链技术和产业发展走在全国前列。开展量子计算、量子精密测量与计量、量子网络等新兴技术研发与应用，建立先进科学仪器与"卡脖子"设备研发平台，打造全国量子信息产业高地
2020 年	广东省市场监督管理局等七部门	《广东省培育区块链与量子信息战略性新兴产业集群行动计划（2021—2025 年）》	到 2025 年，区块链产业进入爆发期，可信数据服务网络基础设施基本完善，形成区块链技术和应用创新产业集群国际化示范高地；建成广东"量子谷"，打造世界一流的国际量子信息技术创新平台和我国量子信息产业南方基地
2020 年	广东省人民政府办公厅	《广东省推进新型基础设施建设三年实施方案（2020—2022 年）》	聚焦人工智能、区块链等新一代通用信息技术，构建开放协同的新技术基础设施集群。推动形成安全可控的区块链支撑体系，支持建设一批区块链基础架构、安全保护、跨链互操作、链上链下数据协同、监管等区块链基础平台型重大项目，鼓励领军企业建设自主区块链底层技术平台和开源平台，聚集区块链开发者和用户资源。推进"区块链+"，争取国家级区块链行业平台落户广东。支持省信息技术领域创新平台加大区块链投入力度，到 2022 年建设 5 个左右省级区块链创新平台
2020 年	广东省人民政府	《广东省建设国家数字经济创新发展试验区工作方案》	加快建设人工智能、区块链等新一代通用信息技术生态体系。支持建设一批区块链基础架构、安全保护、跨链互操作、链上链下数据协同、监管等区块链基础平台型重大项目，鼓励区块链领军企业建设自主区块链底层技术平台和开源平台。支持广州建设国家区块链发展先行示范区，支持打造广州、深圳、珠海、佛山、东莞等区块链产业集聚区。 在新一代通信网络、8K、量子信息、类脑计算等前沿技术领域启动一批基础性、前瞻性重大专项。支持在区块链与量子信息、半导体及集成电路等领域开展高价值专利培育布局
2021 年	广东省人民政府	《广东省人民政府关于加快数字化发展的意见》	加快培育区块链产业，加快打造国家级区块链发展先行示范区，突破一批区块链底层核心技术，打造若干安全、自主可控的联盟链底层平台，推动区块链与实体经济、数字产业、民生服务、社会治理等领域深度融合。 加快布局 6G、太赫兹、8K、量子信息、类脑计算、神经芯片、DNA 存储等前沿技术。前瞻布局量子信息产业，加速突破关键核心技术，拓展在保障基础设施安全运行、信息与网络安全、公共服务、数字货币等关键领域的应用

续表

时间	发布机构	名称	相关核心内容
2021年	广东省人民政府	《广东省国民经济和社会发展第十四个五年规划和2035年远景目标纲要》	区块链与量子信息产业集群。重点推动广州、深圳、珠海、佛山、东莞等区域联动,开展量子计算、量子精密测量与计量、量子网络等技术研发与应用。突破共识机制、智能合约、加密算法、跨链等关键核心技术,开发自主可控的区块链底层架构,强化区块链技术在数字政府、智慧城市、智能制造等领域应用
2021年	广东省人民政府	《广东省制造业数字化转型实施方案(2021—2025年)》	区块链与量子信息产业集群。加快推动区块链与量子信息产业集群赋能制造业数字化转型,推动区块链技术与智能制造、金融、供应链、电子存证、产品溯源、数字版权等应用领域的深度融合,打造特色鲜明、亮点突出、可复制推广的区块链典型应用案例。充分发挥量子计算、量子通信、量子精密测量与计量等量子信息关键技术在制造业数字化转型过程中的支撑和引领作用,实现高性能计算、信息安全存储和传输等技术应用,有效提升高端产品设计、制造控制、物流和供应链优化等环节效率
2021年	广东省人民政府	《广东省数据要素市场化配置改革行动方案》	完善数据安全技术体系。构建云网数一体化协同安全保障体系,运用可信身份认证、数据签名、接口鉴权、数据溯源等数据保护措施和区块链等新技术,强化对算力资源和数据资源的安全防护,提高数据安全保障能力
2021年	广东省人民政府	《广东省制造业高质量发展"十四五"规划》	区块链与量子信息。突破共识机制、智能合约、加密算法、跨链等关键核心技术,开发自主可控的区块链底层架构,推进可信服务网络基础设施建设;聚焦自主可控和互联互通等关键要素,加快推动区块链标准与技术规范发展,完善标准体系。丰富国产区块链的应用生态,强化区块链技术在数字政府、智慧城市、智能制造等领域应用。开展量子计算、量子精密测量与计量、量子网络等新兴技术研发与应用,建立先进科学仪器与"卡脖子"设备研发平台。到2025年,区块链产业进入爆发期,可信数据服务网络基础设施基本完善,形成区块链技术和应用创新产业集群国际化示范高地;建成广东"量子谷",打造世界一流的国际量子信息技术创新中心和我国量子信息产业南方基地

3.2 广东省区块链与量子信息产业创新发展定位

3.2.1 广东省创新企业

截至 2021 年 7 月,广东省区块链与量子信息产业有专利申请活动的创新企业共 1646 家,占国内 31 省市区块链与量子信息产业创新企业总量(8475 家)的 19.4%,在国内 31 省市中排名第一。近五年广东省区块链与量子信息产业创新企业数量复合增速为 55.6%,高出国内 31 省市整体复合增速(43.2%)12.4 个百分点。

截至 2021 年 7 月,广东省区块链领域有专利申请活动的创新企业共 997 家,占国内

31 省市区块链领域创新企业总量（4081 家）的 24.4%，在国内 31 省市中排名第一。近五年广东省区块链领域创新企业数量复合增速为 107.2%，高出国内 31 省市整体复合增速（102.5%）4.7 个百分点（见图 23）。

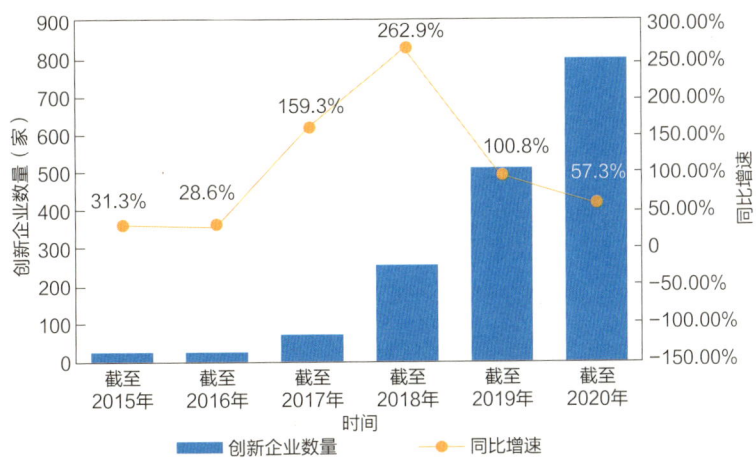

图 23　广东省区块链领域创新企业数量增长趋势

截至 2021 年 7 月，广东省量子信息领域有专利申请活动的创新企业共 696 家，占国内 31 省市量子信息领域创新企业总量（4636 家）的 15.0%，在国内 31 省市中仅次于江苏省，排名第二。近五年广东省量子信息领域创新企业数量复合增速为 36.2%，高出国内 31 省市整体复合增速（29.8%）6.4 个百分点（见图 24）。

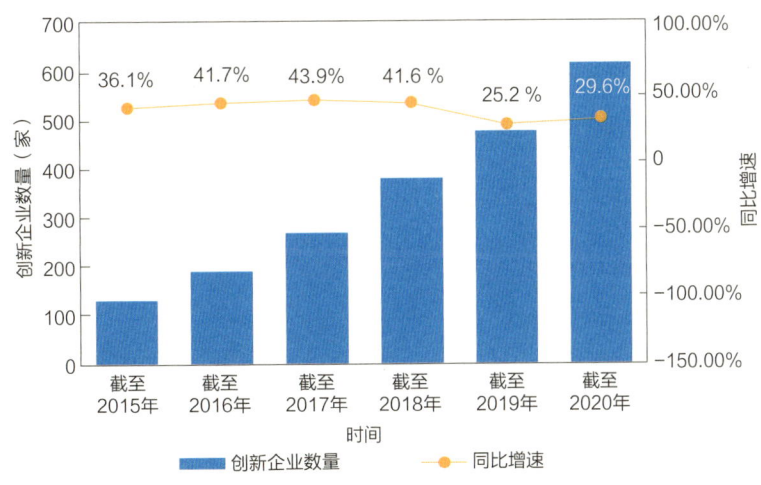

图 24　广东省量子信息领域创新企业数量增长趋势

从地域分布情况来看，截至 2021 年 7 月，广东省区块链与量子信息产业有专利申请活动的创新企业主要集中在珠三角地区。其中，创新企业数量排名前五位的地市依次为深圳市（857 家）、广州市（422 家）、东莞市（122 家）、佛山市（90 家）、珠海市（58 家）（见表 21）。

表 21 广东省各地市区块链与量子信息产业创新企业数量情况

地区	创新企业数量（家）	省内排名	地区	创新企业数量（家）	省内排名
深圳市	857	1	江门市	10	10
广州市	422	2	汕头市	6	11
东莞市	122	3	韶关市	6	11
佛山市	90	4	茂名市	4	13
珠海市	58	5	湛江市	3	14
中山市	24	6	梅州市	2	15
惠州市	19	7	阳江市	2	15
肇庆市	14	8	汕尾市	2	15
清远市	11	9	河源市	1	18

截至 2021 年 7 月，在区块链与量子信息产业创新企业中，广东省共有国家高新技术企业 685 家，占广东省区块链与量子信息产业创新企业总量（1646 家）的 41.6%；初创企业 261 家，占创新企业总量的 15.9%；隐形冠军企业 20 家，占创新企业总量的 1.2%；上市公司 73 家，占创新企业总量的 4.4%；独角兽企业 5 家，占创新企业总量的 0.30%；专精特新企业 41 家，占创新企业总量的 2.5%。

横向对标北京市、上海市、江苏省、浙江省等国内重点省市，在区块链与量子信息产业创新企业中，广东省国家高新技术企业、隐形冠军企业、上市公司数量均在国内 31 省市中排名第一；初创企业数量在国内 31 省市中仅次于北京市，排名第二；独角兽企业数量在国内 31 省市中排名第四；专精特新企业数量在国内 31 省市中排名第六（见表 22）。

表 22 国内重点省市区块链与量子信息产业特色企业数量分布情况对标比较

国内 31 省市排名	1	2	5	3	4
省市	广东省	北京市	上海市	江苏省	浙江省
国家高新技术企业数量（家）	685	557	261	526	272
国内 31 省市排名	2	1	3	4	5
省市	广东省	北京市	上海市	江苏省	浙江省
初创企业数量（家）	261	274	168	139	126
国内 31 省市排名	1	3	6	3	1
省市	广东省	北京市	上海市	江苏省	浙江省
隐形冠军企业数量（家）	20	16	10	16	20
国内 31 省市排名	1	2	5	3	4
省市	广东省	北京市	上海市	江苏省	浙江省
上市公司数量（家）	73	50	22	40	28

续表

国内31省市排名	4	1	1	5	3
省市	广东省	北京市	上海市	江苏省	浙江省
独角兽企业数量（家）	5	14	14	2	6
国内31省市排名	6	3	1	4	9
省市	广东省	北京市	上海市	江苏省	浙江省
专精特新企业数量（家）	41	71	72	65	22

3.2.2 广东省专利布局

截至 2021 年 7 月，广东省区块链与量子信息产业专利申请公开量共 11260 件，占广东省专利公开总量（5302985 件）的 0.2%；近五年复合增速为 81.3%，高出全国复合增速（40.1%）41.2 个百分点。广东省区块链与量子信息产业专利授权量共 2866 件，占广东省区块链与量子信息产业专利申请公开总量的 25.5%；有效专利量为 2669 件。

截至 2021 年 7 月，广东省区块链领域专利申请公开量共 7343 件，近五年复合增速为 153.2%，低于全国复合增速（158.3%）5.1 个百分点（见图 25）。广东省区块链领域专利授权量共 1170 件，占广东省区块链领域专利申请公开总量的 15.9%；有效专利量为 1134 件。

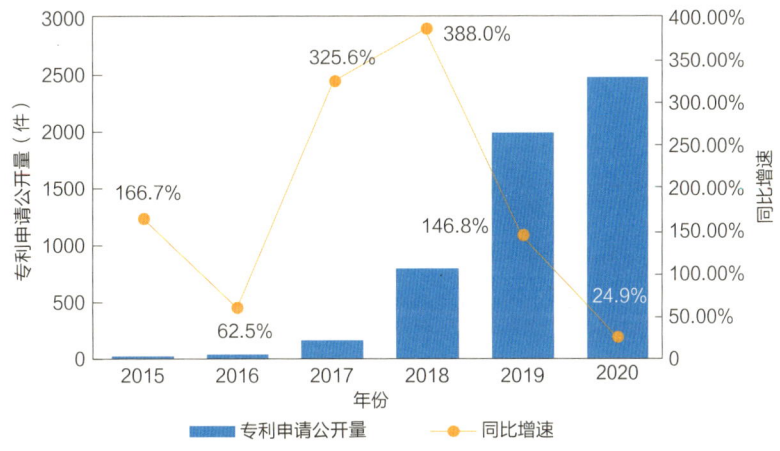

图 25　广东省区块链领域专利申请公开量增长趋势

截至 2021 年 7 月，广东省量子信息领域专利申请公开量共 3926 件，近五年复合增速为 39.4%，高于全国复合增速（15.8%）23.6 个百分点。广东省量子信息领域专利授权量共 1698 件，占广东省量子信息领域专利申请公开总量的 43.2%；有效专利量为 1537 件（见图 26）。

图 26 广东省量子信息领域专利申请公开量增长趋势

截至 2021 年 7 月,广东省区块链与量子信息产业发明专利申请公开量共 10615 件,占广东省区块链与量子信息产业专利申请公开量(11260 件)的 94.3%,近五年复合增速为 84.1%,高出全国复合增速(41.9%)42.2 个百分点(见图 27)。

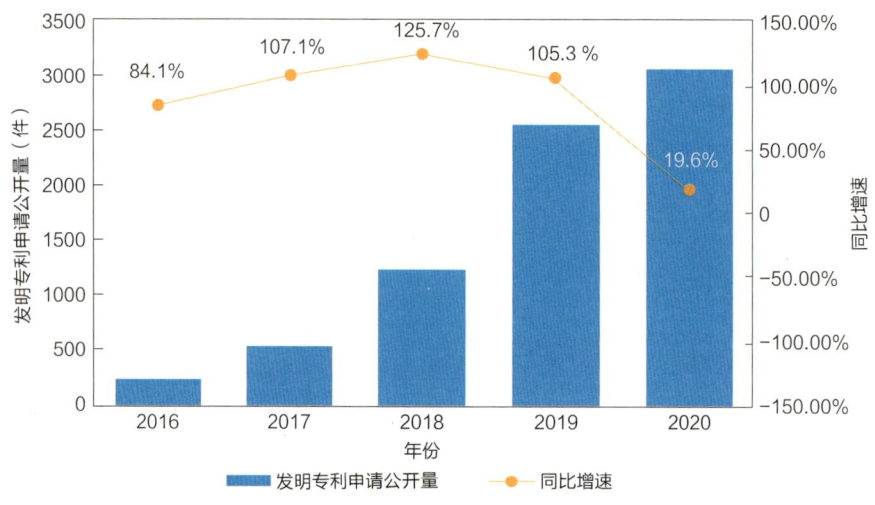

图 27 广东省区块链与量子信息产业发明专利申请公开量增长趋势

截至 2021 年 7 月,广东省区块链与量子信息产业发明专利授权量共 2221 件,占全国区块链与量子信息产业发明专利授权总量(19203 件)的 11.6%,在国内 31 省市中仅次于北京市,排名第二。

从地域分布情况来看,广东省区块链与量子信息产业发明专利授权量主要集中在珠三角地区。其中,发明专利授权量排名前五位的地市依次为深圳市(1411 件)、广州市(481 件)、惠州市(116 件)、东莞市(72 件)、佛山市(52 件)(见表 23)。

表 23　广东省各地市区块链与量子信息产业发明专利授权量情况

地区	发明专利授权量（件）	省内排名	地区	发明专利授权量（件）	省内排名
深圳市	1411	1	汕头市	8	9
广州市	481	2	清远市	7	11
惠州市	116	3	湛江市	4	12
东莞市	72	4	茂名市	3	13
佛山市	52	5	河源市	3	13
珠海市	28	6	韶关市	2	15
中山市	14	7	梅州市	2	15
肇庆市	9	8	潮州市	1	17
江门市	8	9			

截至 2021 年 7 月，广东省区块链与量子信息产业的有效发明专利共 2116 件。其中，高价值专利共 1988 件，占全国区块链与量子信息产业高价值专利总量（14816 件）的 13.4%，在国内 31 省市中排名第二。在广东省区块链与量子信息产业高价值专利中，属于战略性新兴产业的有效发明专利共 1940 件，在海外有同族专利权的有效发明专利共 335 件，维持年限超过 10 年的有效发明专利共 104 件，有质押融资活动的有效发明专利共 16 件，获得中国专利奖的有效发明专利共 3 件。

横向对标北京市、上海市、江苏省、浙江省等国内重点省市，在区块链与量子信息产业高价值专利中，广东省在海外有同族专利权的有效发明专利数量在国内 31 省市中排名第一；属于战略性新兴产业的有效发明专利、维持年限超过 10 年的有效发明专利、有质押融资活动的有效发明专利、获得中国专利奖的有效发明专利数量均在国内 31 省市中排名第二（见表 24）。

表 24　国内重点省市区块链与量子信息产业高价值专利数量分布情况对标比较

国内 31 省市排名	2	1	5	3	4
省市	广东省	北京市	上海市	江苏省	浙江省
属于战略性新兴产业的有效发明专利（件）	1940	2420	1022	1472	1363
国内 31 省市排名	1	2	3	5	4
省市	广东省	北京市	上海市	江苏省	浙江省
在海外有同族专利权的有效发明专利（件）	335	163	97	64	80
国内 31 省市排名	2	1	3	6	4
省市	广东省	北京市	上海市	江苏省	浙江省
维持年限超过 10 年的有效发明专利（件）	104	151	74	35	38
国内 31 省市排名	2	4	—	1	6

续表

省市	广东省	北京市	上海市	江苏省	浙江省
有质押融资活动的有效发明专利（件）	16	8	—	23	5
国内31省市排名	2	1	—	4	4
省市	广东省	北京市	上海市	江苏省	浙江省
获得中国专利奖的有效发明专利（件）	3	4	—	1	1

截至2021年7月，广东省区块链与量子信息产业创新企业发明专利申请公开量共8484件，占广东省区块链与量子信息产业发明专利申请公开总量（10615件）的79.9%；近五年复合增速为96.5%，高出全国区块链与量子信息产业创新企业发明专利申请公开量复合增速（66.4%）30.1个百分点（见图28）。发明专利申请公开量较多的创新企业包括腾讯科技（深圳）有限公司（1070件）、平安科技（深圳）有限公司（649件）、TCL科技集团股份有限公司（410件）等。

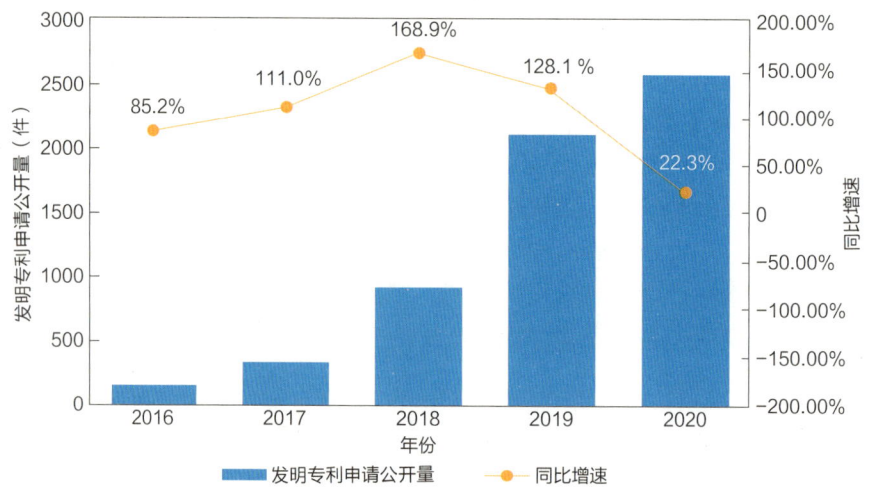

图28 广东省区块链与量子信息产业创新企业发明专利申请公开量增长趋势

截至2021年7月，广东省区块链与量子信息产业高校发明专利申请公开量共1491件，占广东省区块链与量子信息产业发明专利申请公开总量（10615件）的14.0%；近五年复合增速为52.9%，高出全国区块链与量子信息产业高校发明专利申请公开量复合增速（21.9%）31.0个百分点（见图29）。发明专利申请公开量较多的高校包括华南理工大学（239件）、广东工业大学（231件）、华南师范大学（155件）等。

图 29　广东省区块链与量子信息产业高校发明专利申请公开量增长趋势

截至 2021 年 7 月，广东省区块链与量子信息产业科研机构发明专利申请公开量共 245 件，占广东省区块链与量子信息产业发明专利申请公开总量（10615 件）的 2.3%；近五年复合增速为 67.0%，高出全国区块链与量子信息产业科研机构发明专利申请公开量复合增速（15.0%）52.0 个百分点（见图 30）。发明专利申请公开量较多的科研机构包括中国科学院深圳先进技术研究院（56 件）、肇庆市华师大光电产业研究院（12 件）、深圳清华大学研究院（11 件）等。

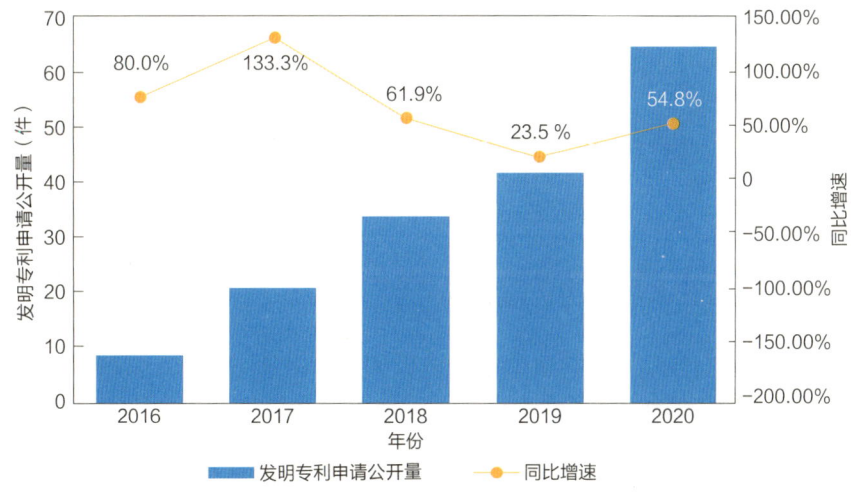

图 30　广东省区块链与量子信息产业科研机构发明专利申请公开量增长趋势

截至 2021 年 7 月，在区块链与量子信息产业中，广东省涉及产学研合作申请的专利共 159 件，占全国涉及产学研合作申请专利总量（1223 件）的 13.0%，在国内 31 省市中仅次于北京市排名第二。

从广东省区块链与量子信息产业的各细分领域来看，区块链方面涉及产学研合作申请的专利主要分布在数字金融领域，专利数量为 38 件；其次是信息安全和底层平台领域，专利数量分别为 31 件和 18 件（见图 31）。量子信息方面涉及产学研合作申请的专利主要分布在量子材料（54件）、量子通信设备（25件）、量子保密通信（18件）等领域（见图32）。

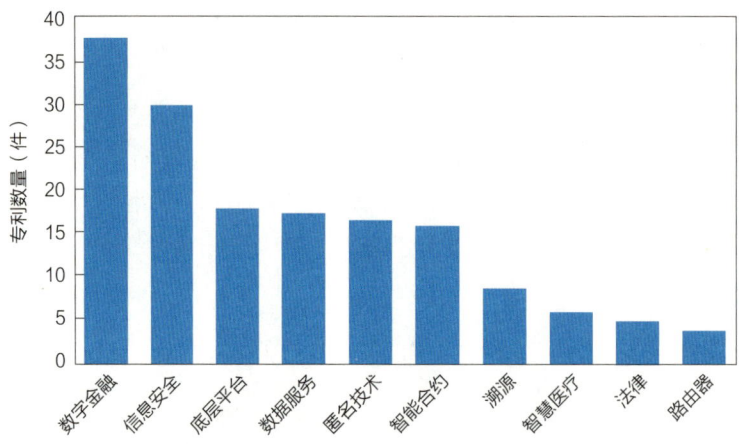

图31　广东省区块链领域产学研合作申请专利领域分布情况

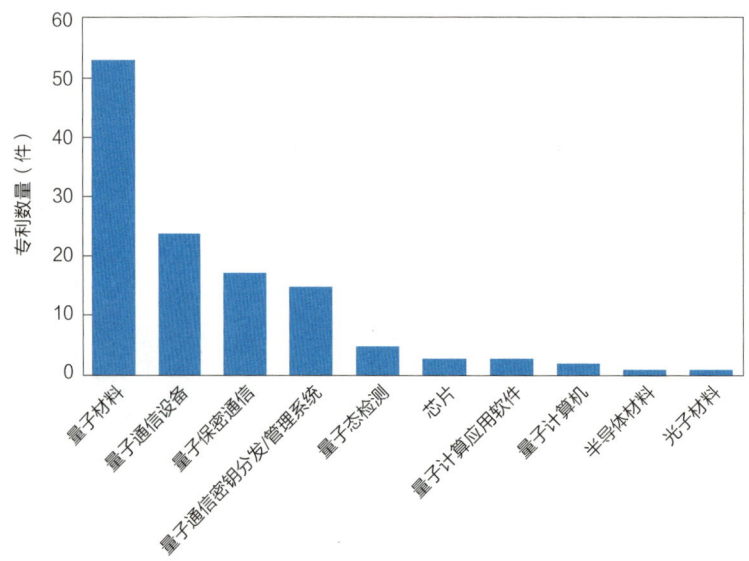

图32　广东省量子信息领域产学研合作申请专利领域分布情况

从产学研合作的高校院所来看，华南师范大学、华南理工大学、深圳光启高等理工研究院、北京邮电大学、深圳市怡化金融智能研究院等在广东省区块链与量子信息产业中的产学研合作较为密切，涉及产学研合作申请的专利数量分别为25件、9件、7件、7件、6件（见表25）。

表25　广东省区块链与量子信息产业产学研合作重点高校院所清单

序号	高校院所	产学研合作申请的专利数量（件）
1	华南师范大学	25
2	华南理工大学	9
3	深圳光启高等理工研究院	7

续表

序号	高校院所	产学研合作申请的专利数量（件）
4	北京邮电大学	7
5	深圳市怡化金融智能研究院	6

截至2021年7月，在区块链与量子信息产业中，国内31省市海外布局专利共3022件；其中，广东省海外布局专利共1390件，占国内31省市海外布局专利总量的46.0%，在国内31省市中排名第一。广东省海外布局的区域主要包括美国（245件）、欧洲（126件）和日本（51件）等。

从广东省区块链与量子信息产业的各细分领域来看，区块链方面海外布局专利主要分布在数字金融（451件）、信息安全（246件）、数据服务（224件）等领域（见图33）；量子信息方面海外布局专利主要分布在量子材料（205件）、量子通信设备（95件）、半导体材料（80件）等领域（见图34）。

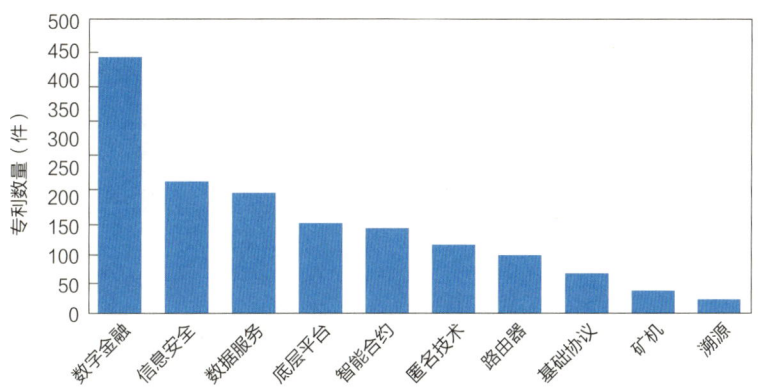

图33　广东省区块链领域海外布局专利领域分布情况

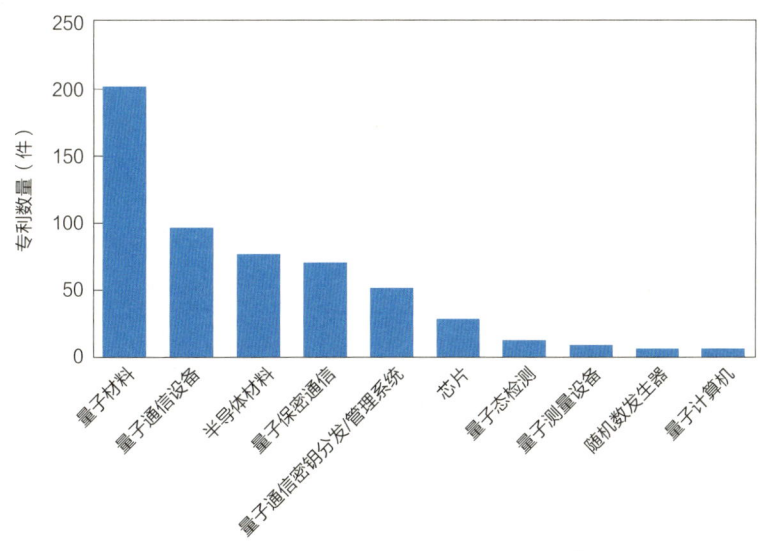

图34　广东省量子信息领域海外布局专利领域分布情况

3.2.3 广东省创新人才

截至2021年7月,广东省区块链与量子信息产业有专利申请活动的创新人才共14759人,占国内31省市区块链与量子信息产业创新人才总量(114836人)的12.9%,在国内31省市中仅次于北京市排名第二。近五年广东省区块链与量子信息产业创新人才数量复合增速为52.2%,高出国内31省市整体复合增速(33.3%)18.9个百分点。

截至2021年7月,广东省区块链领域有专利申请活动的创新人才共8204人,占国内31省市区块链领域创新人才总量(35708人)的23.0%,在国内31省市中排名第一。近五年广东省区块链领域创新人才数量复合增速为91.1%,低于国内31省市整体复合增速(95.0%)3.9个百分点(见图35)。

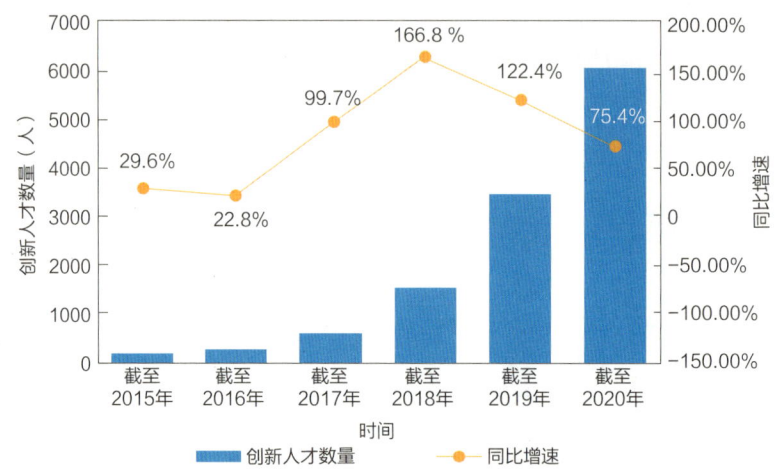

图35 广东省区块链领域创新人才数量增长趋势

截至2021年7月,广东省量子信息领域有专利申请活动的创新人才共6621人,占国内31省市量子信息领域创新人才总量(79799人)的8.3%,在国内31省市中位列于江苏省、北京市之后,排名第三。近五年广东省量子信息领域创新人才数量复合增速为36.6%,高出国内31省市整体复合增速(26.3%)10.3个百分点(见图36)。

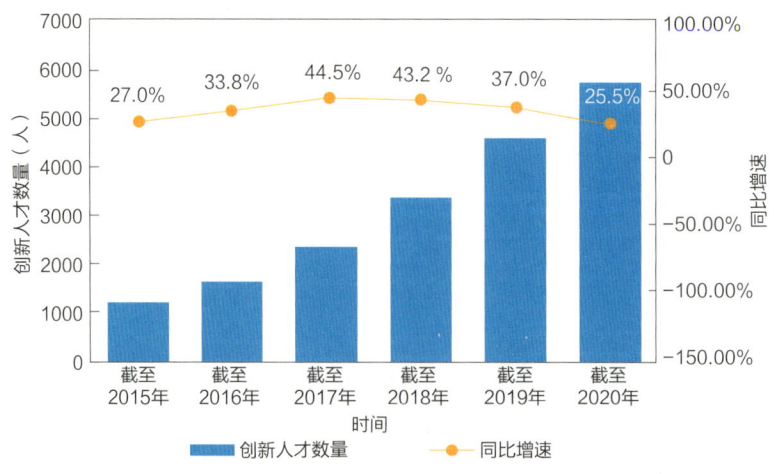

图36 广东省量子信息领域创新人才数量增长趋势

从地域分布情况来看，截至2021年7月，广东省区块链与量子信息产业有专利申请活动的创新人才主要集中在珠三角地区。其中，创新人才数量排名前五位的地市依次为深圳市（7857人）、广州市（4645人）、东莞市（567人）、佛山市（510人）、珠海市（333人）（见表26）。

表26　广东省各地市区块链与量子信息产业创新人才数量情况

地区	创新人才数量（人）	省内排名	地区	创新人才数量（人）	省内排名
深圳市	7857	1	湛江市	63	11
广州市	4645	2	汕头市	51	12
东莞市	567	3	清远市	51	12
佛山市	510	4	韶关市	25	14
珠海市	333	5	梅州市	22	15
惠州市	180	6	阳江市	12	16
中山市	147	7	潮州市	10	17
江门市	139	8	河源市	9	18
肇庆市	86	9	汕尾市	8	19
茂名市	74	10	云浮市	3	20

截至2021年7月，在区块链与量子信息产业创新人才中，广东省共有国家高层次人才1053人，占广东省区块链与量子信息产业创新人才总量（14759人）的7.1%；技术高管1248人，占创新人才总量的8.5%；科技企业家768人，占创新人才总量的5.2%。

横向对标北京市、上海市、江苏省、浙江省等国内重点省市，在区块链与量子信息产业创新人才中，广东省国家高层次人才数量在国内31省市中排名第四；技术高管、科技企业家数量均在国内31省市中排名第一（见表27）。

表27　国内重点省市区块链与量子信息产业特色人才数量分布情况对标比较

国内31省市排名	4	1	3	2	6
省市	广东省	北京市	上海市	江苏省	浙江省
国家高层次人才数量（人）	1053	2587	1265	1902	844
国内31省市排名	1	3	4	2	5
省市	广东省	北京市	上海市	江苏省	浙江省
技术高管数量（人）	1248	660	473	1038	522
国内31省市排名	1	3	5	2	4
省市	广东省	北京市	上海市	江苏省	浙江省
科技企业家数量（人）	768	398	295	627	291

从各机构类型创新人才数量分布情况来看，广东省区块链与量子信息产业企业的创新人才数量最多，共计9691人，占广东省区块链与量子信息产业创新人才总量（14759人）

的 65.7%。高校的创新人才数量位居其次，共计 3772 人，占广东省区块链与量子信息产业创新人才总量的 25.6%。科研机构的创新人才共计 762 人，事业单位的创新人才共计 80 人，分别占广东省区块链与量子信息产业创新人才总量的 5.2% 和 0.5%（见图 37）。

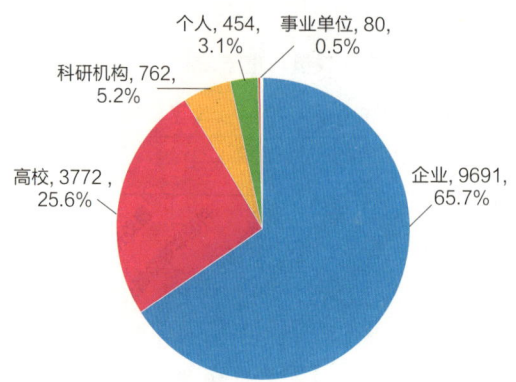

图 37　广东省区块链与量子信息产业各机构类型创新人才数量分布情况（单位：人）

3.3　广东省区块链与量子信息产业创新发展洞察

3.3.1　广东省产业链集聚结构

3.3.1.1　整体布局

广东省区块链与量子信息产业链覆盖全面，在产业链各细分领域均布局了一定数量的发明专利，拥有一定数量的创新企业和创新人才，整体来看，产业链布局合理。

综合发明专利授权量、创新企业数量、创新人才数量及各自在国内 31 省市中的排名情况来看，广东省在区块链各细分领域优势明显，创新企业数量均在国内 31 省市中排名第一，发明专利授权量和创新人才数量均在国内 31 省市中排名第二。而在量子信息领域中的控制与监测技术、核心设备、软件系统细分领域的发明专利授权量均在国内 31 省市中排名第五，仍有进一步上升的空间（见表 28）。

表 28　广东省区块链与量子信息产业链细分领域创新要素情况

细分领域	发明专利授权		创新企业		创新人才	
产业链三级	数量（件）	国内 31 省市排行	数量（家）	国内 31 省市排行	数量（人）	国内 31 省市排行
区块链基础设施	532	2	624	1	4413	2
区块链技术扩展	682	2	791	1	6129	2
区块链应用	577	2	774	1	5524	2
关键材料	852	4	482	2	4742	3
器件	104	2	113	3	724	4
控制与监测技术	38	5	20	1	240	5
核心设备	176	5	111	2	1141	4

续表

细分领域	发明专利授权		创新企业		创新人才	
产业链三级	数量（件）	国内31省市排行	数量（家）	国内31省市排行	数量（人）	国内31省市排行
软件系统	63	5	35	2	415	4
量子技术应用	83	4	32	3	403	4

3.3.1.2 优势环节

综合广东省区块链与量子信息产业各技术分支发明专利授权量、创新企业数量、创新人才数量及各自在国内31省市的排名情况来看，广东省在数据服务、数字文娱、智慧医疗、社会公益、区块链政务、量子化学模拟技术分支发明专利授权量、创新企业数量、创新人才数量均在国内31省市中排名第一，优势明显。另外，广东省在基础协议、矿机、路由器、匿名技术、底层平台、智能合约、信息安全、云计算、溯源、数字金融、法律、半导体材料技术分支发明专利授权量、创新企业数量、创新人才数量均在国内31省市中排名前三，也具备一定的优势。整体来看，广东省在区块链领域的各技术分支均具备优势，但在量子信息领域，只有量子化学模拟技术分支具备优势（见表29）。

表29 广东省区块链与量子信息产业优势领域创新要素情况

技术分支	发明专利授权		创新企业		创新人才	
产业链四级	数量（件）	国内31省市排名	数量（家）	国内31省市排名	数量（人）	国内31省市排名
基础协议	78	1	98	2	707	1
矿机	66	2	127	1	826	1
路由器	70	1	45	2	375	2
匿名技术	243	1	223	1	1716	2
底层平台	208	2	463	1	2845	2
智能合约	181	3	317	1	2143	2
信息安全	346	2	560	1	3752	2
云计算	33	2	133	1	658	1
数据服务	371	1	434	1	3529	1
溯源	60	2	235	1	1270	2
数字金融	440	3	602	1	4069	2
法律	30	2	86	2	498	2
数字文娱	63	1	134	1	834	1
智慧医疗	61	1	112	1	802	1
社会公益	4	1	19	1	110	1
区块链政务	11	1	46	1	267	1
半导体材料	148	1	40	1	456	3

续表

技术分支	发明专利授权		创新企业		创新人才	
产业链四级	数量（件）	国内31省市排名	数量（家）	国内31省市排名	数量（人）	国内31省市排名
量子化学模拟	10	1	6	1	98	1

3.3.1.3 潜力环节

综合广东省区块链与量子信息产业各技术分支发明专利申请公开量、创新企业数量、创新人才数量及各自的近三年复合增速来看，广东省在量子态检测、量子通信设备、量子通信密钥分发/管理系统、量子保密通信技术分支的发明专利申请公开量近三年复合增速均在26%以上，创新企业数量近三年复合增速均在50%以上，创新人才数量近三年复合增速均在41%以上，发展势头良好，未来潜力较大（见表30）。

表30 广东省区块链与量子信息产业潜力领域创新要素情况

技术分支	发明专利申请公开		创新企业		创新人才	
产业链四级	数量（件）	复合增速	数量（家）	复合增速	数量（人）	复合增速
量子态检测	51	26.0%	10	115.4%	138	52.6%
量子通信设备	285	51.0%	44	69.6%	594	53.4%
量子通信密钥分发/管理系统	132	48.1%	19	50.4%	240	45.1%
量子保密通信	179	39.1%	24	58.7%	298	41.7%

3.3.1.4 薄弱环节

综合广东省区块链与量子信息产业各技术分支发明专利授权量、创新企业数量、创新人才数量及各自在国内31省市中的排名情况来看，广东省在雪崩二极管技术分支还未有发明专利授权，创新企业和创新人才也均为个位数，技术有待发展。另外，广东省在随机数发生器、量子计算机、量子计算应用软件技术分支虽然创新企业数量均在国内31省市中排名前二，但发明专利授权量均在国内31省市中排名第八或第九，排名靠后，技术有待积累（见表31）。

表31 广东省区块链与量子信息产业薄弱领域创新要素情况

技术分支	发明专利授权		创新企业		创新人才	
产业链四级	数量（件）	国内31省市排名	数量（家）	国内31省市排名	数量（人）	国内31省市排名
雪崩二极管	—	—	1	2	6	7
随机数发生器	7	9	8	2	63	7
量子计算机	26	9	60	1	289	5
量子计算应用软件	11	8	20	1	209	3

3.3.1.5 风险环节

在新兴技术和新增需求的带动下，区块链与量子信息产业正处于新的发展阶段，中国市场地位突出，是国外公司专利布局的重点方向。通过分析国外在华发明专利申请公开量的增速，并结合国内外专利权人在华有效发明专利量的对比，有助于判断产业链各技术领域是否面临风险，具体分析模型为：

当某领域国外在华发明专利申请公开量的近五年复合增速大于或等于产业链整体国外在华发明专利申请公开量的近三年复合增速，或者某领域国外专利权人在华有效发明专利量大于该细分领域国内专利权人在华有效发明专利量时，则判定该领域为风险产业。

截至 2021 年 7 月，在区块链领域中，国外在华发明专利申请公开量共 1923 件，占全国区块链领域发明专利申请公开总量（27492 件）的 7.0%，近三年复合增速为 115.2%，低于全国复合增速（116.5%）1.3 个百分点。国外专利权人在华有效发明专利量为 397 件，占全国区块链领域有效发明专利总量（4448 件）的 8.9%。

从区块链领域的各技术分支来看，基础协议、矿机、智能合约、信息安全、数字金融技术分支国外在华发明专利申请公开量的近三年复合增速大于区块链领域整体国外在华发明专利申请公开量的近三年复合增速，属于风险技术分支（见表 32）。

表 32 区块链领域风险领域分布情况

技术分支	领域国外在华发明专利申请公开量近三年复合增速		领域国外专利权人在华有效发明专利		风险领域
产业链四级	复合增速	大于或等于产业链整体国外在华发明专利申请公开量近三年复合增速	数量（件）	大于细分领域国内专利权人有效发明专利量	
基础协议	233.2%	是	21	否	是
矿机	135.1%	是	6	否	是
路由器	—	否	14	否	否
匿名技术	52.8%	否	72	否	否
底层平台	95.3%	否	62	否	否
智能合约	214.1%	是	126	否	是
信息安全	122.4%	是	138	否	是
云计算	—	否	3	否	否
数据服务	72.0%	否	72	否	否
溯源	86.6%	否	11	否	否
数字金融	139.4%	是	270	否	是
法律	—	否	23	否	否
数字文娱	—	否	9	否	否
智慧医疗	—	否	2	否	否
社会公益	—	否	0	否	否
区块链政务	—	否	0	否	否

截至 2021 年 7 月，在量子信息领域中，国外在华发明专利申请公开量共 2628 件，占全国量子信息领域发明专利申请公开总量（35159 件）的 7.5%，近三年复合增速为 16.0%，高出全国复合增速（8.2%）7.8 个百分点。国外专利权人在华有效发明专利量为 875 件，占全国量子信息领域有效发明专利总量（12055 件）的 7.3%。

从量子信息领域的各技术分支来看，光子材料、芯片、量子态操控、量子通信设备、量子计算机、量子计算应用软件技术分支国外在华发明专利申请公开量的近三年复合增速大于量子信息领域整体国外在华发明专利申请公开量的近三年复合增速，属于风险技术分支（见表 33）。

表 33 量子信息领域风险领域分布情况

技术分支	领域国外在华发明专利申请公开量近三年复合增速		领域国外专利权人在华有效发明专利		风险领域
产业链四级	复合增速	大于或等于产业链整体国外在华发明专利申请公开量近三年复合增速	数量（件）	大于细分领域国内专利权人有效发明专利量	
量子材料	2.4%	否	520	否	否
半导体材料	12.8%	否	73	否	否
光子材料	44.2%	是	5	否	是
雪崩二极管	—	否	2	否	否
单光子源（窄脉冲激光器）	—	否	1	否	否
随机数发生器	10.1%	否	9	否	否
芯片	80.0%	是	33	否	是
量子态操控	26.0%	是	18	否	是
量子态检测	—	否	52	否	否
量子通信设备	26.7%	是	88	否	是
量子测量设备	4.6%	否	40	否	否
量子计算机	98.6%	是	74	否	是
量子通信密钥分发/管理系统	−20.6%	否	30	否	否
量子计算应用软件	146.6%	是	10	否	是
量子金融	—	否	0	否	否
量子保密通信	−4.1%	否	40	否	否
量子化学模拟	—	否	2	否	否

3.3.2 广东省技术供应链分析

3.3.2.1 技术转移情况

截至 2021 年 7 月，在区块链与量子信息产业中，全国涉及转让的专利共 4513 件；其中，广东省涉及转让的专利共 861 件，占全国涉及转让专利总量的 19.1%，在国内 31 省市中排名第一。

从区块链与量子信息产业的各细分领域来看,在区块链方面,广东省涉及转让的专利主要分布在数字金融(202件)、信息安全(146件)、数据服务(142件)等领域(见图38);在量子信息方面,广东省涉及转让的专利主要分布在量子材料(278件)、量子通信设备(97件)、量子保密通信(80件)等领域(见图39)。

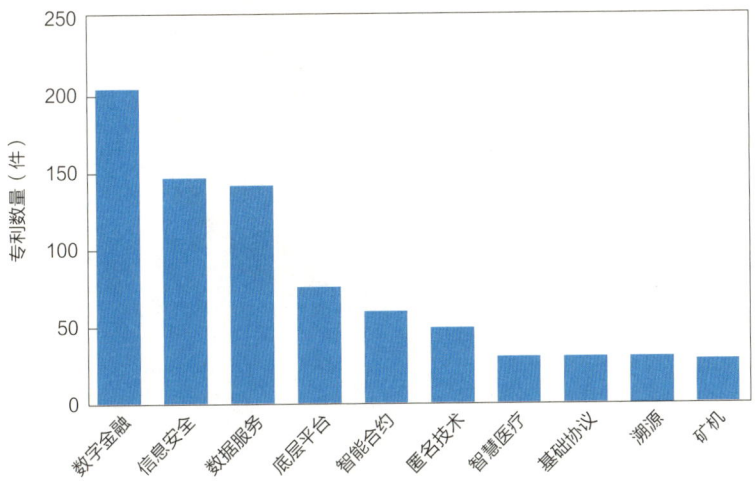

图38 广东省区块链领域涉及转让专利领域分布情况

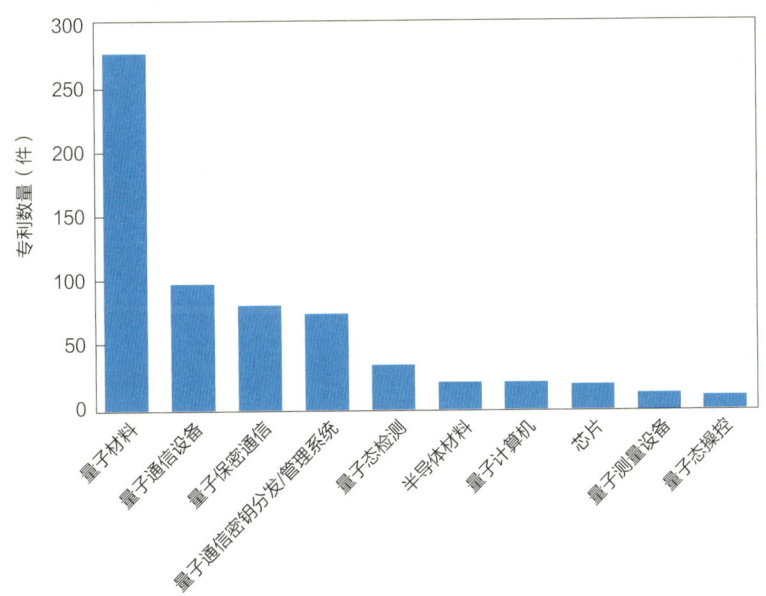

图39 广东省量子信息领域涉及转让专利领域分布情况

广东省区块链与量子信息产业的专利转让活动主要发生在省内,共涉及专利374件。在与外地进行的专利转让活动方面,广东省向外地转让的专利共247件,转让专利的受让人主要分布在上海市(42件)、江苏省(39件)、安徽省(23件);广东省从外地受让的专利共304件,受让专利的转让人主要分布在福建省(58件)、江苏省(50件)、浙江省

（31件）（见图40）。

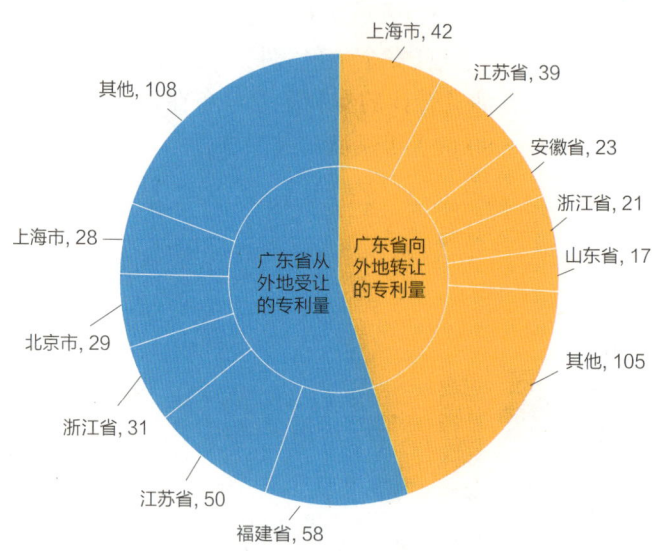

图40 广东省区块链与量子信息产业与外地进行专利转让活动情况（单位：件）

3.3.2.2 专利许可情况

截至2021年7月，在区块链与量子信息产业中，全国涉及许可的专利共208件；其中，广东省涉及许可的专利共63件，占全国涉及许可专利总量的30.3%，在国内31省市中排名第一。

从区块链与量子信息产业的各细分领域来看，在区块链方面，广东省涉及许可的专利主要分布在匿名技术（18件）、数字金融（18件）、信息安全（10件）等领域（见图41）；在量子信息方面，广东省涉及许可的专利主要分布在量子材料（15件）、芯片（6件）、量子通信设备（2件）等领域（见图42）。

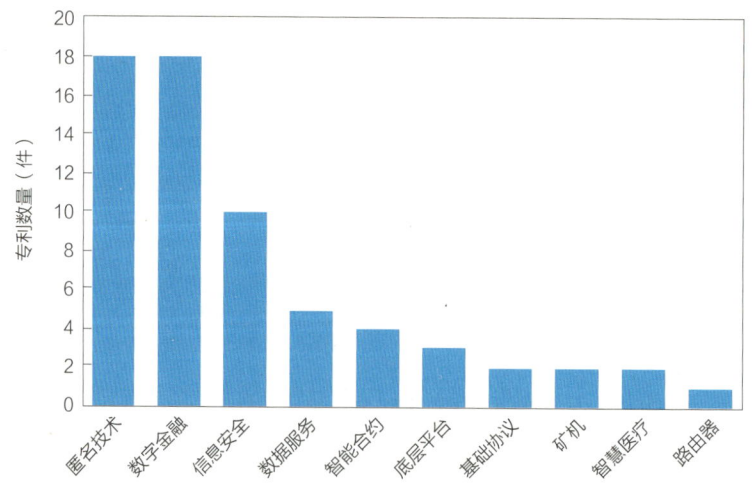

图41 广东省区块链领域涉及许可专利领域分布情况

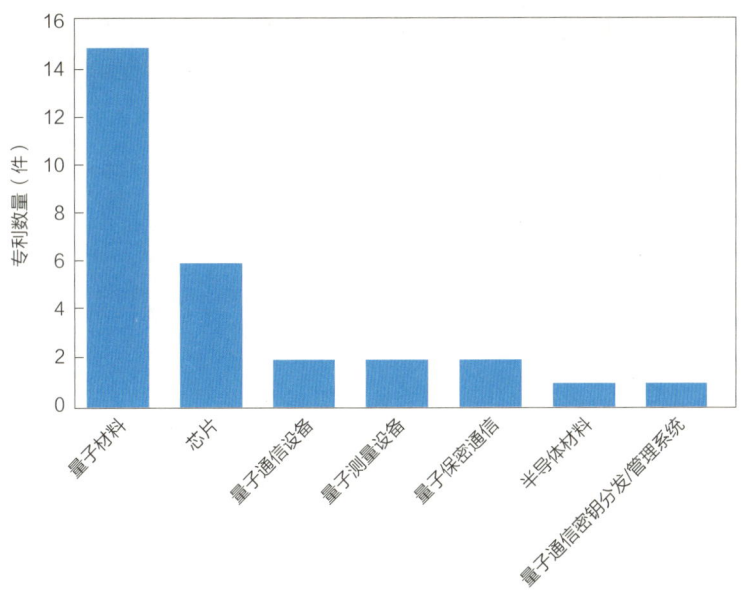

图 42　广东省量子信息领域涉及许可专利领域分布情况

广东省区块链与量子信息产业的专利许可活动中，省内共涉及专利 12 件。在与外地进行的专利许可活动方面，广东省对外地许可的专利共 6 件，许可专利的被许可人主要分布在陕西省（2 件）、天津市（1 件）、湖南省（1 件）；广东省被外地许可的专利共 44 件，被许可专利的许可人主要分布在北京市（33 件）、上海市（6 件）、河南省（2 件）（见图 43）。

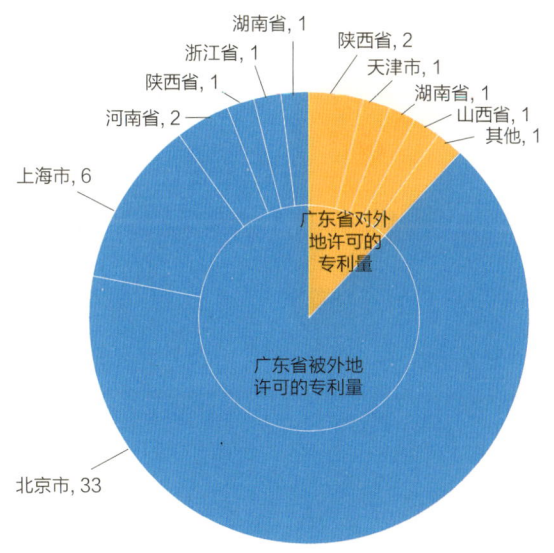

图 43　广东省区块链与量子信息产业与外地进行专利许可活动情况（单位：件）

3.3.2.3　专利质押情况

截至 2021 年 7 月，在区块链与量子信息产业中，全国涉及质押的专利共 123 件；其中，广东省涉及质押的专利共 20 件，占全国涉及质押的专利总量的 16.3%，在国内 31 省市中排名第二,排名第一的是江苏省(24件)。

从区块链与量子信息产业的各细分领域来看,广东省涉及质押的专利主要分布在量子材料(9件)、芯片(3件)、量子计算机(2件)等领域(见图44)。

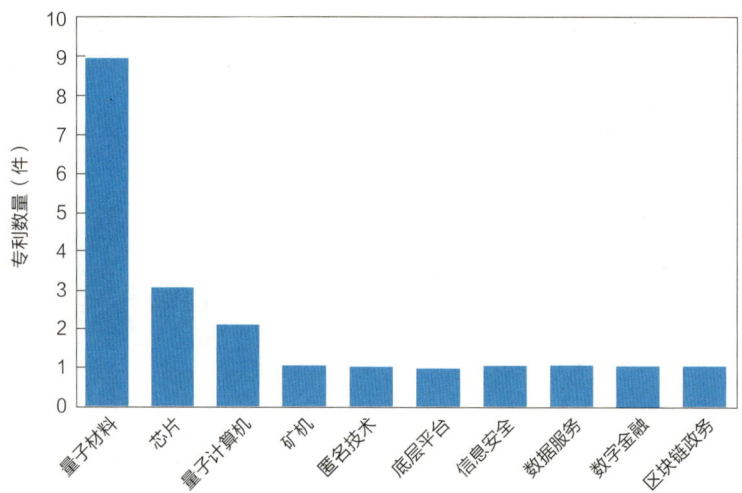

图44 广东省区块链与量子信息产业涉及质押专利领域分布情况

第4章 广东省区块链与量子信息产业创新发展路径建议

广东省已初步形成了覆盖区块链全产业链条的产业技术图谱，区块链服务为政务、民生、金融等提供有力支撑，涌现出一批龙头企业及细分领域优势企业；量子信息产业已初步建立具有一定研发和生产规模的产业体系，行业龙头企业已初步完成技术与产业布局。行业龙头纷纷抢占产业技术制高点，产业链上下游的企业正加速在区块链与量子信息产业的技术布局，集聚了雄厚的技术实力。同时，广东省汇聚了大量区块链与量子信息领域的高端人才，以华南理工大学、中国科学院深圳先进技术研究院等为代表的高校院所为本地提供了丰富的产学研资源，这些得天独厚的条件都将加速广东省区块链与量子信息产业的发展。广东省雄厚丰沛的企业、人才资源为广东省发展区块链与量子信息产业提供了"常量"，而特色产业应用的打造与跨行业的融合发展，是带动区块链与量子信息产业发展取得突破的关键"变量"。广东省应稳住常量，抓好变量，把握区块链与量子信息产业发展的战略性机遇，推动区块链与量子信息产业快速发展，逐步形成具有国际竞争力的区块链与量子信息产业集群。

4.1 产业布局优化路径

以"固链、强链、补链、延链"为重点，以提升区域产业技术创新能力和核心竞争力为目标，基于知识产权大数据情报分析，对产业链的构成和产业融合载体分布情况进行梳理，引导创新资源向产业链上下游集聚，打造区块链与量子信息产业发展高地。对于本地产业优势细分领域，主要通过研发创新、核心技术攻关、专利布局以及技术合作等手段巩固区域产业优势。对于本地产业链劣势环节，可考虑结合政策驱动、人才引进、对外合作等加以提升。

首先，实施固链工程。广东省区块链与量子信息产业基础设施完善、产业链覆盖全面，产业链整体保持较快增长。建议广东省继续保持区域产业优势，在基础协议、矿机、路由器、匿名技术、底层平台、智能合约、信息安全、云计算、数据服务、溯源、数字金融、法律、数字文娱、智慧医疗、社会公益、区块链政务、半导体材料、量子化学模拟等产业环节不断有所突破，抢占产业技术高地和话语权。

其次，实施强链工程。继续增强量子态检测、量子通信设备、量子通信密钥分发/管理系统、量子保密通信等产业潜力环节，加大扶持力度，不断提升广东省区块链与量子信息产业的竞争实力。

再次，实施补链工程。针对广东省区块链与量子信息产业的薄弱环节，如雪崩二极管、随机数发生器、量子计算机、量子计算应用软件等领域，加大研发投入，同时可以考虑靶向引进国内外行业巨头进行落户研发，补齐区域短板。

最后，实施延链工程。进一步加深区块链与实体经济、数字经济、民生服务、社会治理、数字政府、智慧城市、智能制造等领域深度融合，拓展量子信息技术在保障国家重大基础设施绝对安全运行、信息与网络安全、量子人工智能、国防服务、政务服务、工业服务、金融服务、教育服务等社会关键领域的产业应用，突破应用场景瓶颈，延展产业链条，扩大产业规模。

鼓励省内龙头骨干企业对标国际一流企业，加强技术研发、人才引进和重大研发平台建设，提升核心竞争力，引领产业集群式发展。针对具有较好成长潜力的中小企业，可从政策、税收、知识产权等方面予以支持，加快它们的成长速度，建议每一个企业集中优势资源，选择一到两个技术点进行研发，在各自的领域实现突破，孵化一批行业细分领域的"专精特新"企业，培育一批掌握关键核心技术的"瞪羚""独角兽"企业。

建设加速器、产业园、离岸孵化器等产业载体，探索产业新技术、新模式、新业态，加快创新要素在集群内、区域内有序流动和应用，打造集孵化、加速、集聚、监管等于一体的全生命周期产业生态培育体系，打通产业创新链、应用链、价值链，形成产业技术体系完备、大中小企业融通发展、特色优势鲜明的创新型产业集群，打造全国领先的产业集聚区、创新引领区、应用先行区。

实施创新驱动发展战略，根本在于增强自主创新能力，人才是创新的根基，创新驱动实质上是人才驱动，科技创新最重要、最核心、最根本的是人才问题。只有拥有一流的创新人才，才能产生一流的创新成果，才能拥有创新的主导权。企业最具有创新能力的核心人员一般占研发人员的2%，也就是说这2%的核心人员是引领推动产业发展的"关键少数"，是全球区块链与量子信息产业角逐的焦点。依托"珠江人才计划""广东特支计划"等人才工程，加大领军人才和团队的引进力度，建立起"引""稳""培""鉴"相结合的人才机制，打造创新人才高地。

一是"引"，在人才引进中加强对行业领军人才、技术高管及科技企业家等人才的引进力度；二是"稳"，加强人才大数据的建设与运用水平，构建区块链与量子信息产业创新人才数据库，实时监测广东省高层次人才发展动态，稳定核心技术人才，减少高端人才外流；三是"培"，深化产教融合，加强区块链与量子信息专业学科建设，依托重点高校、研究机构等创新载体，推动区块链与量子信息领域高端人才及团队的引进和聚集，推动职业院校与企业合作，鼓励骨干企业与高等院校开展协同育人；四是"鉴"，有效利用知识产权大数据建立发现高端科技人才、评价人才和跟踪人才机制，绘制全球高端人才图谱，落实人才引进中的知识产权评价和鉴定机制。

推进可信数据服务网络基础设施建设，研发满足高性能、安全性、扩展性、合规性需求的自主可控、互联互通的区块链底层技术开源平台，为各领域应用解决方案的开发、部署提供安全可靠、融通互信的底层基础支撑。提升广州区块链国际创新中心、黄埔链谷等载体产业孵化能力，探索建设粤港澳大湾区区块链离岸孵化器，打造特色孵化品牌。大力发展区块链行业相关产业联盟、咨询评估、安全服务、技术标准等机构。强化越秀国际区块链产业园、深圳南山科技园等区块链产业园服务能力，加速产业链上下游企业的入驻，推动产业集聚发展。建立审慎包容的区块链产业发展安全监督保障体系，引导区块链产业安全有序发展。

4.2 知识产权工作建议

加快培育建设创新中心、研究中心、孵化平台、中试平台、新型研发机构、重点实验室等重大创新平台，形成完善的产业技术创新体系。积极对接国家战略，争取承担国家重大科技专项，实施技术攻关，突破一批底层核心技术、组件化通用技术、细分行业专用技术、关键核心材料和仪器装备。促进研发机构、企业、行业组织与政府协同创新，加强与省内的华南理工大学、华南师范大学，省外的清华大学、中国科学技术大学等优势高校院所的产学研合作，组成产业技术创新联盟，协同推进技术攻关、成果转化、应用推广一体化衔接发展。提升区块链与量子信息产业发明专利申请质量，加大在关键原材料、核心工艺、装备、关键零部件等核心技术领域的高价值专利布局力度。注意专利保护客体的合规性，避免非正常专利申请。健全区块链与量子信息技术标准体系和技术规范，抢占制高点，引领产业发展，鼓励区块链与量子信息企业加大标准必要专利的布局申请力度，提升产业竞争力。

建议打造区块链与量子信息领域的以知识产权数据为核心价值导向的产业知识产权运营平台，建设知识产权要素齐全，高技术产业创新生态健全，实现"知识产权＋产业＋资本＋机构＋人才"一体化融合发展的国家级产业知识产权运营平台，成为引领区域产业创新发展的重要智库力量，建设形成技术、资本、人才等要素精准对接、智能匹配的知识产权要素市场，形成若干细分领域专利池、专利组合运营资产，许可、交易、转让的专利运营业态活跃，促进高校院所知识产权运营和科技成果转化。

充分发挥广东省创新创业基金作用，为企业提供天使投资、股权投资、投后增值等多层次服务，投资孵化一批区域重点产业高价值专利项目，引进一批拥有核心专利技术的高端人才创业项目，涌现出一大批具有核心专利竞争力的科创企业，护航区域科创企业上市发展，推进创新链、产业链、资金链、政策链与人才链深度融合。

加强专利保护力度，完善专利预警机制，建议广东省在基础协议、矿机、智能合约、信息安全、数字金融等产业链风险环节，加大专利布局力度，加强技术积累和挖掘，坚持创新导向和质量导向，提高专利布局数量。同时，作为我国外贸第一大省，广东省尤其还应注重知识产权的海外布局工作，建议企业在"走出去"的过程中，可根据经营业务范围在海外潜在市场围绕自身的优势技术，进行多角度、多层次的知识产权海外布局，形成对自身权益最大的保护，以应对国际竞争。

粤知丛书

广东省战略性产业集群专利全景分析报告汇编

———（下）———

广东省知识产权保护中心 　组织编写

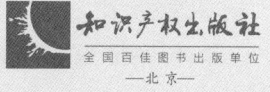
知识产权出版社
全国百佳图书出版单位
—北京—

图书在版编目（CIP）数据

广东省战略性产业集群专利全景分析报告汇编．下／广东省知识产权保护中心组织编写．—北京：知识产权出版社，2023.8

ISBN 978-7-5130-8793-3

Ⅰ．①广… Ⅱ．①广… Ⅲ．①产业集群—专利—研究报告—广东 Ⅳ．① G306.72

中国国家版本馆 CIP 数据核字（2023）第 141907 号

内容提要

本书聚焦广东省重点培育发展的战略性产业集群（十大战略性支柱产业和十大战略性新兴产业集群）相关产业和技术领域，解读各产业的区域分布、创新实力与发展优势，为知识产权反映区域创新，为支撑发展、服务政府决策提供数据基础。本书着重调研并分析广东省战略性"双十"产业集群发展历程、政策现状，开展产业集群全景分析。从产业创新发展视角，运用区域专利导航方法，从企业、资本、技术、人才四大维度，深度分析产业链结构的合理性，识别关键环节、优势环节、机遇环节和瓶颈环节，全景刻画广东省20个战略性产业集群的创新水平、产业结构和空间布局等，并提出产业创新发展目标、产业链优化整合路径建议。

责任编辑：张利萍　李芸杰	责任校对：王　岩
封面设计：杨杨工作室·张冀	责任印制：刘译文

广东省战略性产业集群专利全景分析报告汇编（下）

广东省知识产权保护中心　组织编写

出版发行：知识产权出版社有限责任公司	网　　址：http://www.ipph.cn
社　　址：北京市海淀区气象路50号院	邮　　编：100081
责编电话：010-82000860转8387	责编邮箱：65109211@qq.com
发行电话：010-82000860转8101/8102	发行传真：010-82000893 / 82005070 / 82000270
印　　刷：三河市国英印务有限公司	经　　销：新华书店、各大网上书店及相关专业书店
开　　本：787mm×1092mm　1/16	总 印 张：61.5
版　　次：2023年8月第1版	印　　次：2023年8月第1次印刷
总 字 数：1490千字	总 定 价：580.00元（上、下册）

ISBN 978-7-5130-8793-3

出版权专有　侵权必究

如有印装质量问题，本社负责调换。

广东省软件与信息服务产业专利统计分析报告

广东省知识产权保护中心
2021 年 12 月

目　录

第1章　引言　// 490

    1.1　项目背景　// 490
    1.2　产业链分类　// 491

第2章　软件与信息服务产业发展态势　// 492

    2.1　软件与信息服务产业发展现状　// 492
        2.1.1　全球软件与信息服务产业发展概况　// 492
        2.1.2　中国软件与信息服务产业发展概况　// 493
        2.1.3　广东省软件与信息服务产业发展概况　// 495
    2.2　政策环境　// 497
        2.2.1　全球政策环境　// 497
        2.2.2　中国政策环境　// 498
        2.2.3　广东省政策环境　// 500
    2.3　产业竞争格局　// 501

第3章　中国软件与信息服务产业创新发展态势　// 503

    3.1　中国创新企业　// 503
    3.2　中国专利布局　// 504
    3.3　中国创新人才　// 508

CONTENTS

第4章　从关键技术看产业技术发展方向　// 510

4.1　区块链　// 510
4.1.1　区块链技术领域的发展现状　// 511
4.1.2　区块链技术领域的专利布局情况　// 512
4.1.3　区块链技术洞察　// 513

4.2　人工智能　// 513

第5章　广东省软件与信息服务产业创新发展定位　// 515

5.1　广东省创新企业　// 515
5.2　广东省专利布局　// 516
5.3　广东省创新人才　// 517
5.4　广东省产业链集聚结构　// 518
5.4.1　优势环节分析　// 518
5.4.2　不足环节分析　// 519
5.4.3　潜力环节分析　// 520
5.4.4　风险环节分析　// 520

第6章　广东省软件与信息服务产业创新发展路径建议　// 522

6.1　产业布局优化路径　// 522
6.2　知识产权风险防控建议　// 524

图目录

图1　软件与信息服务产业链结构图 ……………………………………………… 491

图2　2001—2020年我国软件与信息服务产业收入趋势图 ……………………… 494

图3　2020年前十位省市软件业务收入增长情况 ………………………………… 496

图4　2020年前十位中心城市软件业务收入增长情况 …………………………… 496

图5　中国软件与信息服务产业创新企业数量增长情况 ………………………… 503

图6　中国软件与信息服务产业创新企业数量排名前10省市（单位：家）…… 504

图7　中国软件与信息服务产业发明专利申请公开量增长趋势 ………………… 504

图8　中国软件与信息服务产业发明专利申请公开量排名前10省市（单位：件）…… 505

图9　国内各省市软件与信息服务产业高价值专利数量分布情况 ……………… 506

图10　中国软件与信息服务产业创新人才数量增长情况 ………………………… 508

图11　中国软件与信息服务产业创新人才数量排名前10省市（单位：人）…… 508

图12　区块链相关专利技术分布（单位：件）…………………………………… 512

图13　广东省各市创新企业分布情况 ……………………………………………… 515

图14　广东省各市软件与信息服务产业累计发明专利申请公开量的分布情况 … 516

图15　广东省各市从事软件与信息服务产业创新人才分布情况 ………………… 518

表目录

表1 中国软件与信息服务产业部分相关政策 …………………………………………… 498
表2 广东省软件与信息服务产业部分相关政策 ………………………………………… 500
表3 中国软件与信息服务产业链的创新资源分布情况 ………………………………… 506
表4 国内31省市与海外来华在中国的专利布局对比情况 …………………………… 507
表5 广东省软件与信息服务领域高价值专利中的代表性专利 ………………………… 517
表6 广东省在软件与信息服务产业链的优势领域创新要素分布 ……………………… 519
表7 广东省在软件与信息服务产业链的不足领域创新要素分布 ……………………… 519
表8 广东省在软件与信息服务产业链的潜力产业增速情况 …………………………… 520
表9 软件与信息服务产业链专利预警分析 ……………………………………………… 521

第 1 章　引言

1.1　项目背景

2021年3月,《中华人民共和国国民经济和社会发展第十四个五年规划和2035年远景目标纲要》围绕"发展壮大战略性新兴产业"进行了专章论述,指出要着眼于抢占未来产业发展先机,培育先导性和支柱性产业,推动战略性新兴产业融合化、集群化、生态化发展,战略性新兴产业增加值占我国GDP比重超过17%。2021年9月,中共中央、国务院印发《知识产权强国建设纲要(2021—2035年)》,在"建设激励创新发展的知识产权市场运行机制"部分,明确要大力推动专利导航在传统优势产业、战略性新兴产业、未来产业发展中的应用。

习近平总书记对广东制造业发展高度重视、寄予厚望,明确要求广东加快推动制造业转型升级,建设世界级先进制造业集群。2020年5月,广东省人民政府出台《关于培育发展战略性支柱产业集群和战略性新兴产业集群的意见》,并进一步制订了20个战略性产业集群行动计划,最终形成"1+20"的政策体系,旨在推动广东省产业链、创新链、人才链、资金链、政策链相互贯通,加快建立具有国际竞争力的现代化产业体系。2021年4月,《广东省国民经济和社会发展第十四个五年规划和2035年远景目标纲要》在"总体要求"中提出,改造提升传统产业,做大做强战略性支柱产业,培育发展战略性新兴产业,加快发展现代服务业,推动产业基础高级化和产业链供应链现代化,提高产业现代化水平,打造新兴产业重要策源地、先进制造业和现代服务业基地,推动建设更具国际竞争力的现代产业体系。

针对"软件与信息服务产业",广东省工业和信息化厅等六部门于2020年9月印发了《广东省发展软件与信息服务战略性支柱产业集群行动计划(2021—2025年)》,提出到2025年,广东省软件业务收入达到2万亿元,保持全国领先地位,创新能力和综合实力取得显著提升,基本建立起自主可控的信息技术产业体系,打造具有国际竞争力的软件与信息服务产业发展高地。

为深入贯彻习近平新时代中国特色社会主义思想和党的十九大精神,认真落实中共中央、国务院关于发展壮大战略性新兴产业和知识产权强国建设及省委、省政府关于推进制造强省建设的工作部署,按照《广东省人民政府关于培育发展战略性支柱产业集群和战略性新兴产业集群的意见》《广东省发展软件与信息服务战略性支柱产业集群行动计划(2021—2025年)》的工作安排,加快发展软件与信息服务战略性支柱产业集群,促进产业迈向全球价值链高端，开展软件与信息服务产业专利分析研究工作。基于产业专利导航创新决策理念，紧扣产业分析和专利分析两条主线，将专利信息与产业现状、发展趋势、政策环境、市场竞争等信息深度融合，基于知识产权产业金融大数据，深入研究广东省软件与信息服务产业发展现状，明晰产业发展方向，找准区域产业定位，分析存在制约发展的瓶颈问题和制度障碍，指出优化产业创新资源配置的具体路径，提出适用于本区域产业创新发展的相关建议，为广东省软件与信息服务产业发展规划、招商引资、人才引进等提供决策支撑。

1.2 产业链分类

软件与信息服务产业分为四大领域，包括软件产品、新兴技术软件、信息技术服务、网络与信息安全。进一步将软件与信息服务产业分为多个相关的三级分支：软件产品主要涉及基础软件、工业软件、嵌入式软件；新兴技术软件主要涉及大数据、云计算、区块链、人工智能、VR/AR；信息技术服务主要涉及信息系统集成服务、服务外包；网络与信息安全主要涉及信息安全技术、网络与信息安全设备。对三级产业再进行细分，可进一步细化至4个层级，软件产品共包括10个细分分类，信息技术服务共包括5个细分分类，网络与信息安全共包括11个细分分类（见图1）。

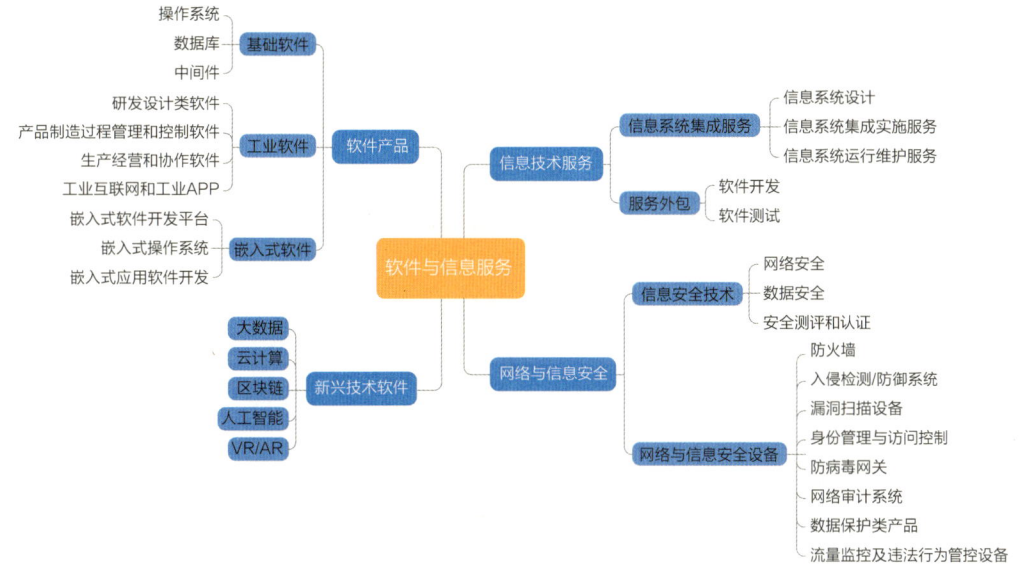

图1 软件与信息服务产业链结构图

第 2 章 软件与信息服务产业发展态势

2.1 软件与信息服务产业发展现状

2.1.1 全球软件与信息服务产业发展概况

软件与信息服务产业是指利用计算机、通信网络等技术对信息进行生产、收集、处理、加工、存储、运输、检索和利用,并提供信息服务的业务活动。高端软件和新兴信息服务产业是国家战略性新兴产业,其业务形态主要但不限于:信息技术咨询、信息技术系统集成、软硬件开发、信息技术外包(ITO)和业务流程外包(BPO)。软件与信息服务产业是关系国民经济和社会发展全局的基础性、战略性、先导性产业,具有技术更新快、产品附加值高、应用领域广、渗透能力强、资源消耗低、人力资源利用充分等突出特点,对经济社会发展具有重要的支撑和引领作用。发展和提升软件与信息服务产业,对于推动信息化和工业化深度融合,培育和发展战略性新兴产业,建设创新型国家,加快经济发展方式转变和产业结构调整,提高国家信息安全保障能力和国际竞争力具有重要意义。

伴随信息通信技术的迅速发展和应用的不断深化,软件与网络深度耦合,软件与硬件、应用和服务紧密融合,软件与信息服务产业加快向网络化、服务化、体系化和融合化方向演进。产业技术创新加速,商业模式变革方兴未艾,新兴应用层出不穷,将推动产业融合发展和转型升级。

当前,全球软件与信息服务产业正处于产业恢复和发展阶段,信息技术的市场需求在全球范围内持续上升,年增长率均保持在 3%~5%。2013 年全球信息技术行业支出达到 3.673 万亿美元,2014 年这一数值达到 3.711 万亿美元,同比增长 1.03%。2015 年全球信息技术行业支出达到 3.41 万亿美元,较 2014 年减少 8.02%;2016 年全球信息技术支出总额保持稳定,总额与 2015 年基本持平。从信息技术行业支出的细分领域来看,2016 年的信息技术服务支出和企业软件支出较 2015 年分别增长 3.67% 和 5.82%。2017 年下半年,信息技术服务和商业服务的全球收入总计为 5020 亿美元,同比增长 3.6%。物联网、云计算、大数据、人工智能等新技术在未来将成为驱动信息技术支出增长的主要力量。[1]

目前,美国、欧洲各国仍是世界软件产业发展主体,技术优势明显。全球百强软件企业有一半以上分布在美国,英国和德国分列第二、三位,其余上榜企业也以欧洲国家居多。美国是当今信息产业最发达的国家,其强大的计算机技术、通信技术以及网络技术带动了软件

---

[1] 资料来源:北京市知识产权保护中心《软件和信息服务领域专利导航报告》。

与信息服务产业的快速发展,其信息技术服务业发展的特点是产业日益发展壮大,互联网用户增长趋缓,数据库服务快速发展,信息服务体系形式多样。作为现代信息技术革命的发源地,美国具有世界领先的现代信息技术产品生产企业,如 IBM、Intel、苹果、戴尔、惠普等一批享誉世界的信息产品生产企业。与此同时,也产生了一批世界顶级的软件、信息技术服务企业,如微软、Oracle、Google、Facebook、雅虎等。因此,美国发展软件与信息服务产业具有独特的先天优势。❶

欧洲地区各国凭借独特优势推动信息服务业发展,例如英国的信息服务市场比较发达,是欧盟最大的信息通信产业基地,拥有 8000 多家企业,雇员超过 100 万人,英国同时是世界信息通信产业的创新中心之一。爱尔兰被誉为"欧洲硅谷",已成为欧洲最大的软件业出口国;2015 年,爱尔兰计算机服务业出口额达到 636.4 亿美元,远超欧洲其他各国;通过承接国际外包特别是来自欧洲其他国家的外包合同,爱尔兰培育了实力强大的软件与信息服务产业集群。德国作为欧洲大陆软件业的领头羊,软件厂商数量居欧洲各国之首,其软件市场是欧盟范围内最大的市场,规模约占欧盟市场的 1/4;从世界范围看,德国也一直保持着世界最大软件供应商和解决方案提供商之一的地位;德国 SAP 公司是全球最大的企业管理和协同化电子商务解决方案供应商、全球第三大独立软件供应商,同时也是世界上最大的商业应用、企业资源规划(ERP)解决方案和独立软件的供应商,在全球企业应用软件的市场占有率高达三成以上。❷

2.1.2　中国软件与信息服务产业发展概况

相对于美国、日本、英国、德国等发达地区,我国的软件与信息服务产业起步较晚,但是发展速度较快。从产业发展角度来看,我国软件与信息服务产业主要经历了启蒙、起步、快速发展和规模化发展四个阶段,各阶段的主要特点如下:第一阶段为启蒙阶段,在这一阶段,国内软件主要依赖于计算机硬件,尚未形成独立产业;第二阶段为起步阶段,国内软件产品门类不断完善,软件产业初具雏形;第三阶段为快速发展阶段,软件与信息服务业快速发展形成产业;第四阶段为规模化发展阶段,软件与信息服务产业规模不断扩大,产业促进政策也相继出台,发展环境不断完善,对人才的吸引力也显著增强。❸

近年来,随着我国工业化进程的加快及信息化投入的逐年增加,我国软件与信息服务产业总体保持平稳较快发展,已经成为我国的基础性和战略性产业,在促进国民经济和社会发展信息化、实现我国"工业 4.0"战略中占据着举足轻重的地位。统计数据显示,2001—2020 年,我国软件与信息服务产业业务收入的复合增长率达到 26.1%(见图 2),显著高于同期我国 GDP 的增速,在国民经济中的地位进一步提升。❹

---

❶ 资料来源:北京市知识产权保护中心《软件和信息服务领域专利导航报告》。
❷ 资料来源:北京市知识产权保护中心《软件和信息服务领域专利导航报告》。
❸ 资料来源:陈新河《中国软件和信息服务业发展历史》。
❹ 数据来源:工信部、国家统计局。

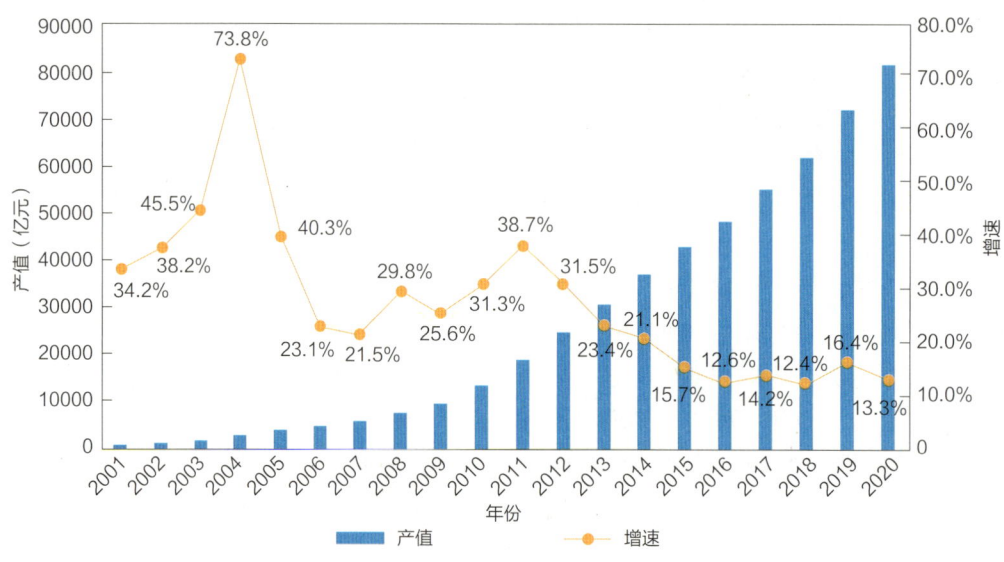

图2 2001—2020年我国软件与信息服务产业收入趋势图

2020年,在新冠疫情进入常态化防控、经济下行压力增大的背景下,我国软件与信息服务产业呈持续平稳发展态势,工信部公开的《2020年软件和信息技术服务业统计公报》显示:2020年我国软件和信息技术服务业规模产值达到81616亿元,同比增长13.3%。从分领域情况看,软件产品收入实现较快增长,2020年软件产品实现收入22758亿元,同比增长10.1%,占全行业比重为27.9%。其中,工业软件产品实现收入1974亿元,增长11.2%,为支撑工业领域的自主可控发展发挥重要作用。信息技术服务加快云化发展,2020年信息技术服务实现收入49868亿元,同比增长15.2%,增速高出全行业平均水平1.9个百分点,占全行业收入比重为61.1%。其中,电子商务平台技术服务收入9095亿元,同比增长10.5%;云服务、大数据服务共实现收入4116亿元,同比增长11.1%。信息安全产品和服务收入增速略有回落,2020年信息安全产品和服务实现收入1498亿元,同比增长10.0%,增速较上年回落2.4个百分点。嵌入式系统软件收入增长加快,2020年嵌入式系统软件实现收入7492亿元,同比增长12.0%,增速较上年提高4.2个百分点,占全行业收入比重为9.2%。嵌入式系统软件已成为产品和装备数字化改造、各领域智能化增值的关键性带动技术。

软件与信息服务产业在产业升级及政策支持下呈现加速发展的态势,并随着经济转型、产业升级、"两化融合"、"互联网+"行动计划、大数据战略、建设网络强国等国家战略深入推进以及新一代信息技术的快速演进、传统产业的信息化需求不断得到激发,强劲的软件和信息技术服务需求应运而生;与此同时,伴随着人力资源成本的持续上涨和提升核心竞争力的压力,软件和信息技术服务的价值日益凸显,这也将促进中国的软件与信息服务产业的加速发展。

在消费互联网领域,中国已经在全球范围内建立先发优势,形成了一批具有代表性的平台企业,在改造经济系统的同时为消费者提供了便利。然而在产业互联网领域,中美之间却存在较大差距。在工业设计和生产控制等核心基础领域,国外软件巨头几乎完全垄断了中国市场。在中国工业化转型初期,国内大部分企业习惯于"拿来主义",直接订购国外成熟的基础软件而不进行研发，缺乏对工业生产自主可控重要性的认识。长此以往，中国工业化进程中积累的基础数据和应用数据不仅无法得到合理利用，反而还会造成关键数据的向外流失。如果中国工业生产仍然严重依赖于国外软件，那么在软件订阅模式的兴起之下，各类生产进程将更易受阻。因此，实现基础软件自主可控是当前中国软件升级的首要任务。随着我国在软件与信息服务产业短板显现，国产化软硬件替代的呼声空前高涨，给国内软硬件自主研发企业带来了良好的发展环境和实在的政策扶持。

在基础操作系统领域，我国的操作系统国产化浪潮从二十年前就开始了，不过进展十分缓慢。近几年，市场上涌现出了一批以 Linux 为主要构架的国产操作系统，如中标麒麟、银河麒麟、深度 Deepin、华为鸿蒙等。

在大数据领域，目前国内优秀的数据库公司包括达梦数据库、阿里的 OceanBase、华为的 GaussDB、南大通用、金仓数据库等。除了数据库，数据分析和 BI（商业智能）工具的国产化也非常重要，因为 BI 能够直接接触企业/组织的核心信息和数据。国外 BI 厂商起步早，国外市场长期由 Tableau、微软 PowerBI 等大厂牢牢把持着，但是在国内，近年国产厂商帆软发展迅猛，其自研的 FineBI 在产品上已经不输国外，在本土化服务、市场占有率上可以说扛起了 BI 工具的国产化大旗。❶

在办公软件领域，WPS 作为中国唯一能和微软 Office 抗衡的国产办公软件，加上雷军主导的 All in 移动的战略，如今 WPS 在移动端的市场份额已经高达 90%，实现弯道超车。在专业报表工具领域，国外厂商起步很早，例如 IBM 旗下的 Cognos、SAP 旗下的 BO 报表。但随着数据可视化的兴起，对报表工具的要求越来越高，专业报表行业迎来大洗牌。国内厂商帆软趁势快速崛起，FineReport 在功能、收费、服务上比国外厂商都更具优势。

ERP 是企业经营管理的核心系统，不过当前的高端 ERP 软件市场仍被国外厂商牢牢把持着，仅 SAP、Oracle 两家就占了国内市场的半壁江山。无论是出于价格还是安全考虑，ERP 的国产化替代都是势在必行的。当前国内的 ERP 头部公司，比如用友、金蝶，已经具备一定实力，并能实现多个 SAP、Oracle 替换案例落地。现在国内 ERP 厂商正加速云化产品研发，利用云的新一代架构优势，缩短与国外厂商在产品性能上的差距。

当前的国产替代浪潮是风险更是机会，国产厂商应抓住这一机会，提高自主研发能力，在关键领域突破国外厂商的封锁，实现国产化产品的平稳替代。

2.1.3　广东省软件与信息服务产业发展概况

广东省软件与信息服务产业综合实力和发展规模连续多年位居全国前列，已形成以广州、深圳两个中国软件名城为中心、珠三角地区为主体的产业发展格局。创新能力和综合实力不断提升，软件著作权登记量、PCT（专利合作条约）申请量多年排名全国第一。产业结构不断优化，云计算、大数据、人工智能、工业互联网等新技术新业态快速发展和融合创新，涌现出一批细分领域领军企业和国家级试点示范应用，产业加快向网络化、平台化、服务化、智能化、生态化演进。2019 年，广东省软件业务收入 11875 亿元，同比增长 11.1%，18 家企业入选中国软件业务收入前百家企业名单，16 家企业入选中国互联网百强企业名单。

---

❶ 资料来源：IDC 中国。

工信部公开的《2020年软件和信息技术服务业统计公报》显示：2020年主要软件大省的发展保持稳中向好态势。软件业务收入前十名的省市中，广东省共完成收入13510.0亿元，排第二位（见图3）。❶

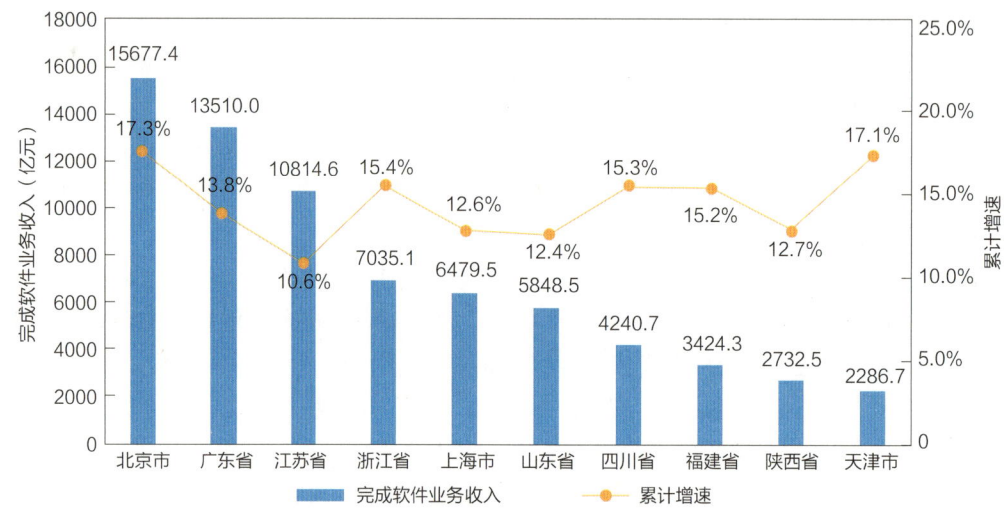

图3 2020年前十位省市软件业务收入增长情况

重点城市软件业集聚发展态势更加明显。2020年，全国4个直辖市和15个副省级中心城市实现软件业务收入59636亿元，其中深圳市和广州市完成软件业务收入分别是7911.7亿元和4887.0亿元，分别位于第一位和第四位（见图4）。❷

图4 2020年前十位中心城市软件业务收入增长情况

---

❶ 资料来源：工信部、广东省工业和信息化厅。

❷ 资料来源：工信部。

2.2 政策环境

2.2.1 全球政策环境

随着全球信息化的兴起，世界经济已经从工业经济时代进入以信息通信技术为基础的信息经济时代。软件行业作为信息产业的核心和国民经济信息化的基础，越来越受到世界各国的高度重视。世界各国开始采取重要手段和战略举措来发展软件与信息技术服务产业。

云计算的概念最早是在 2000 年左右出现的，近两年云计算的概念渐趋被大家理解。金融危机后，云计算、物联网带动了信息产业的创新和发展，推动经济逐步走出低谷。各国均采取了重要手段和战略举措，认可云计算是抢占未来信息化制高点的重要途径和战略制高点。

云计算在美国政府的 IT 政策和战略中扮演越来越重要的角色，政府正大力推进云计算计划。2009 年 9 月，美国政府宣布一项长期的云计算政策，美国白宫则在 2010 年预算申请文件中将云计算列为促进美国政府技术基础设施建设的重要技术。另外，在 2009 年年底，美国国防部与惠普达成合作，惠普将助美国国防部建立庞大的云计算基础设施。同时为推动云计算的应用和服务，美国联邦政府 CIO 还成立了云计算工作组，并任命了云计算 CTO 协调云计算产业和政府服务。韩国的广播通信委员会于 2009 年 12 月底公布《搞活云计算综合计划》，决定在 2014 年之前向云计算领域投入约 36 亿元人民币促进云计算的发展。英国在 2009 年 10 月率先发布《数字英国报告》，明确提出政府要建立统一的政府云。另外，2010 年年初，欧盟专家小组在一份关于云计算未来的报告中，建议欧盟及其成员国为云计算的研究和技术开发提供激励，并制定适当的管理框架促进云计算的应用，共同推动云计算服务。日本在推动云计算服务时，发布云计算国家策略，于 2010 年年初设立云计算特区，广泛招揽国内外企业构筑国内最大功能的数据库。

自 2016 年以来，全球各主要国家先后发布国家级人工智能战略。2016 年，美国、英国、中国发布国家级人工智能战略。2017 年，阿联酋、芬兰、加拿大、日本、新加坡发布国家人工智能战略。截至 2020 年 7 月，全球已有 38 个国家制定国家层面的人工智能战略政策、产业规划文件。此外，阿根廷、爱尔兰、巴西、印度尼西亚等国的国家级 AI 战略文件也在制定过程中，预计 2020 年发布。

2019 年 2 月，美国前总统特朗普签署了"维持美国在人工智能领域的领先地位"的第 13859 号行政命令。2020 年 2 月，美国白宫科技政策办公室（OSTP）发布《美国人工智能行动：第一年度报告》，从投资 AI 研发、释放 AI 资源、消除 AI 创新障碍、培训 AI 人才、打造支持美国 AI 创新的国际环境、致力在政府服务和任务中打造可信的 AI 等方面，总结了特朗普签署"维护美国 AI 领导力的行政命令"一年后，在实施"美国人工智能行动"方面取得的重大进展。

俄罗斯总统普京曾表示，领导人工智能的国家将成为"世界统治者"，近年来，俄罗斯已增加了对人工智能技术的投资。2019 年 10 月，普京签署批准《关于发展俄罗斯人工智能》命令，以及《俄罗斯 2030 年前国家人工智能发展战略》。战略提出俄罗斯发展人工智能的基本原则、总体目标、主要任务、工作重点及实施机制，旨在促进俄罗斯在人工智能领域的快速发展，谋求在人工智能领域的世界领先地位。包括强化人工智能领域科学研究，为用户提升信息和计算资源的可用性，完善人工智能领域人才培养体系等。

2019年4月，欧盟人工智能高级别专家组正式发布了《可信赖的人工智能伦理准则》。同时欧盟委员会还发布了《建立以人为本的可信人工智能》的政策文件。根据准则，可信赖的人工智能应该是合法的、合乎伦理的、稳健的。2020年2月，欧盟委员会在布鲁塞尔发布《人工智能白皮书》，旨在促进欧洲在人工智能领域的创新能力，推动道德和可信赖人工智能的发展。白皮书提出一系列人工智能研发和监管的政策措施，并提出构建"卓越生态系统"和"信任生态系统"。

2.2.2 中国政策环境

发展和提升软件与信息服务产业，对于推动我国信息化和工业化深度融合，培育和发展战略性新兴产业，加快经济发展方式转变和产业结构调整，提高国家信息安全保障能力和国际竞争力具有重要意义。为了鼓励软件与信息服务产业发展，国务院及有关部门先后颁布了一系列优惠政策，从制度层面提供了保障行业蓬勃发展的优良环境。从2000年的《鼓励软件产业和集成电路产业发展的若干政策》，到2020年的《国务院关于印发新时期促进集成电路产业和软件产业高质量发展若干政策的通知》，这些政策的颁布和执行，有效地推动企业走上产业化、规模化的道路（见表1）。

表1 中国软件与信息服务产业部分相关政策

时间	发布机构	政策名称	主要内容
2000年	国务院	《鼓励软件产业和集成电路产业发展的若干政策》	内容涉及软件和信息服务产业的投融资、税务"两免三减半"、产业技术、出口、收入分配、人才吸引和培养、采购等相关政策
2001年	原信息产业部和原国家发展计划委员会	《国家软件产业基地管理办法》（试行）	批准了北京、上海、大连、济南、西安等11个重点软件园作为国家级软件产业基地
2002年	国务院信息化工作办公室	《振兴软件产业行动纲要（2002年至2005年）》	加大对软件产业发展的支持力度
2004年	科技部、发展改革委、商务部等五部门	《关于进一步提高我国软件企业技术创新能力的实施意见》	从加大研发投入、加强标准制定、产业基地建设、鼓励创新合作等方面提出相应的鼓励措施
2007年	商务部	《关于促进电子商务规范发展的意见》	针对电子商务领域的信息传播、交易行为、商品配送行为、规范发展提出具体规范措施
2012年	国务院	《"十二五"国家战略性新兴产业发展规划》	提出要加强基础软件、云计算软件等关键软件的开发，推动大型信息资源库的建设，促进信息系统集成服务向产业链前后端延伸，促进信息化与工业化的深度融合，促进信息服务出口等相关意见
2012年	国务院	《国务院关于大力推进信息化发展和切实保障信息安全的若干意见》	提出实施"宽带中国"工程、推动信息化和工业化深度融合、加快社会领域信息化、推进农业农村信息化、保障重点领域信息安全、完善政策措施等相关政策

续表

时间	发布机构	政策名称	主要内容
2012年	财政部、国家税务总局	《关于进一步鼓励软件产业和集成电路产业发展企业所得税政策的通知》	对集成电路设计企业和符合条件的软件企业实行相关的税收减免政策
2013年	工业和信息化部、发展改革委等五部门	《工业和信息化部发展改革委、国土资源部、电监会、能源局关于数据中心建设布局的指导意见》	对数据中心布局作出导向,并提出各项保障措施
2014年	国务院办公厅	《国务院办公厅关于促进地理信息产业发展的意见》	提出要推动重点领域快速发展、优化产业发展环境、推进科技创新和对外合作、加强财税支持、健全产业发展保障的意见
2015年	国务院	《国务院关于促进云计算创新发展培育信息产业新业态的意见》	提出要增强云计算服务能力、提升云计算自主创新能力、探索电子政务云计算发展新模式等
2016年	中共中央、国务院	《国家创新驱动发展战略纲要》	提出到2020年进入创新型国家行列、2030年跻身创新型国家前列、2050年建成世界科技创新强国"三步走"目标
2016年	国务院	《"十三五"国家战略性新兴产业发展规划》	提出要推动信息技术产业跨越发展,拓展网络经济新空间,大力发展基础软件和高端信息技术服务的目标
2017年	工业和信息化部	《软件和信息技术服务业发展规划(2016—2020年)》	到2020年,产业规模进一步扩大,业务收入突破8万亿元,其中信息安全产品收入达到2000亿元;创新体系进一步完备,基础软件协同创新取得突破;融合支撑效益进一步突显,工业软件和系统解决方案基本满足智能制造关键环节的应用需求,工业信息安全保障体系不断完善;培育壮大一批龙头企业,扶持一批创新活跃、发展潜力大的中小企业;基本形成具有国际竞争力的产业生态体系
2020年	国务院	《国务院关于印发新时期促进集成电路产业和软件产业高质量发展若干政策的通知》	从财税、投融资、研究开发、进出口、人才、知识产权、市场应用、国际合作八个方面进一步优化软件产业发展环境,深化产业国际合作,提升产业创新能力和发展质量,全面扶持国产软件发展
2021年	工业和信息化部	《"十四五"软件和信息技术服务业发展规划》	提出"产业基础实现新提升、产业链达到新水平、生态培育获得新发展、产业发展取得新成效"的"四新"发展目标。"十四五"期间制定125项重点领域国家标准。到2025年,工业APP要突破100万个。建设2~3个有国际影响力的开源社区,高水平建成20家中国软件名园。规模以上企业软件业务收入突破14万亿元,年均增长12%以上。产业链短板弱项得到有效解决,基础软件、工业软件等关键软件供给能力显著提升,形成具有生态影响力的新兴领域软件产品

2.2.3 广东省政策环境

软件与信息服务产业是支撑经济社会发展的基础性、先导性、战略性产业,是国际科技竞争和经济发展的重要战略制高点。作为全国软件大省之一,广东省软件与信息服务产业综合实力和发展规模连续多年位居全国前列。为了促进和支持软件与信息服务产业稳定发展,广东省发布了《广东省关于扶持软件产业发展的实施意见》等一系列政策。2020年5月,广东省人民政府发布《广东省人民政府关于培育发展战略性支柱产业集群和战略性新兴产业集群的意见》,将软件与信息服务产业集群列入十大战略性支柱产业集群,提出要打造国内领先、具有国际竞争力的软件与信息服务产业发展高地。同年9月,广东省工业和信息化厅、广东省发展和改革委员会、广东省科学技术厅、广东省商务厅、广东省政务服务数据管理局、广东省通信管理局联合印发《广东省发展软件与信息服务战略性支柱产业集群行动计划(2021—2025年)》,对软件与信息服务产业作出了具体规划(见表2)。

表2 广东省软件与信息服务产业部分相关政策

时间	政策名称	主要内容
2001年	《广东省关于扶持软件产业发展的实施意见》	提到要加快建设软件产业基地、建设软件大省。建立多渠道的投融资体系,加大对软件产业的投入。鼓励软件的出口加工及国际经济技术合作与交流,采取多种有效措施培养和引进各类软件人才。加强知识产权管理和保护,营造有利于软件产业发展的环境
2008年	《广东省国家税务局、广东省信息产业厅关于进一步鼓励和加快我省软件产业发展加强软件产品增值税管理的通知》	对集成电路设计企业和符合条件的软件企业实行相关的税收减免政策
2013年	《广东省人民政府关于印发广东省信息化发展规划纲要(2013—2020年)的通知》	到2017年,软件和信息服务业总收入比2015年翻一番,突破1.5万亿元
2018年	《广东省人民政府关于印发广东省新一代人工智能发展规划的通知》	积极谋划新一代人工智能产业在时间和空间上的系统性战略布局,明确分三步走,逐步将广东打造成为国际先进的新一代人工智能产业发展战略高地,为打造国家科技产业创新中心、实施粤港澳大湾区建设战略、奋力实现"四个走在全国前列"提供强大支撑
2019年	《广东省人民政府印发关于进一步促进科技创新若干政策措施的通知》	在建设规划、用地审批、资金安排、人才政策等方面对促进科技创新做出重点支持
2020年	《广东省人民政府关于培育发展战略性支柱产业集群和战略性新兴产业集群的意见》	提出加快研发具有自主知识产权的操作系统、数据库、中间件、办公软件等基础软件,重点突破CAD、EDA等工业软件,推动大数据、人工智能、区块链等新兴平台软件实现突破和创新应用。强化广州、深圳等中国软件名城的产业集聚效应和辐射带动作用,支持珠海、佛山、惠州、东莞、云浮等地市大力发展特色软件产业,加强新一代信息技术与优势特色产业的创新应用,加快培育自主软件产业生态。打造国内领先、具有国际竞争力的软件和信息服务产业发展高地

续表

时间	政策名称	主要内容
2020 年	《广东省发展软件与信息服务战略性支柱产业集群行动计划（2021—2025 年）》	提出提升产业创新能力、优化产业发展布局、培育特色产业园区等六大重点任务，以及基础软件建设工程、工业软件突破工程、新兴技术培育工程等八大重点工程
2021 年	《广东省国民经济和社会发展第十四个五年规划和 2035 年远景目标纲要》	指出了"十四五"时期广东需重点突破的四条产业链短板环节。包括信息技术产业链中的基础软件及操作系统、EDA 工具软件，装备制造产业链中的数控系统、工业软件

2.3　产业竞争格局

全球软件与信息服务产业主要由北美地区、欧洲地区、亚洲地区所主导。软件产品领域核心操作系统、中间件和数据库都为美国企业所占领；全球网络安全行业市场主要被北美地区所占据，其次是西欧和亚太地区；人工智能行业发展最为迅速的地区是北美、亚洲、欧洲，美国企业占据人工智能市场较大份额；全球云计算市场主要被亚马逊、微软、阿里、谷歌四巨头所占据；软件外包行业主要由国际巨头所主导，不论在市场份额还是在技术研发拓展方面，国际巨头均处于领先地位。

全球软件市场形成了以美国、欧洲、印度、日本、中国等为主的国际软件产业分工体系，全球软件产业链的上游、中游和下游链条分布逐渐明晰。而软件产品领域核心操作系统、中间件和数据库都为美国企业所占领。从操作系统来说，XP 等 Windows 系列占据市场份额的绝大部分，达 87.9%；其次是苹果的 MacOS 市场份额，占比达 9.7% 左右。近年来，国产 Linux 操作系统在易用性等方面基本具备 XP 替代能力，但还存在生态环境差等各种问题。数据库是软件产业中的核心子系统之一，具有极高的壁垒和用户黏性。在全球数据库软件市场，美国公司占据了大部分市场份额。据统计，2019 年 5 月，根据 DB-Engines 公布最新的排名，甲骨文公司旗下的 Oracle 和 MySQL 分别得分 1285.55、1218.96，包揽前两名。

北美地区继续占据全球网络安全市场的最大份额，其次仍然为西欧和亚太地区。其中，以美国、加拿大为主的北美地区 2019 年网络安全市场规模为 581.75 亿美元，同比增长 11.87%，增速超过西欧地区跃居全球第一，市场规模占全球的比重为 46.76%。以英国、德国、芬兰等国为主的西欧地区网络安全市场规模为 306.79 亿美元，同比增长 5.43%，市场规模占全球的比重为 24.66%。中国、日本、澳大利亚等亚太地区网络安全市场规模为 268.09 亿美元，同比增长 8.62%，市场规模占全球的比重为 21.55%。拉丁美洲、中东和南美、东欧网络安全市场规模占全球的比重分别为 2.60%、1.46%、1.40%。

近年来，人工智能在北美洲、亚洲、欧洲地区发展愈演愈烈。北美、亚洲和欧洲是全球人工智能发展最为迅速的地区。截至 2019 年年底，北美地区活跃人工智能企业 2472 家，超级独角兽企业 78 家；亚洲地区活跃人工智能企业 1667 家，超级独角兽企业 8 家；欧洲地区活跃人工智能企业 1149 家，超级独角兽企业 8 家。全球人工智能企业竞争以科技巨头为主，其中美国人工智能企业占据市场较大份额。科技巨头是行业内最重要的力量，具备数据、技术、资本等优势，结合自主研发和兼并收购共同发力，将在AI领域进行全方位跨层次布局，引领行业发展。其中，具有综合数据优势的互联网企业如Google、百度等，全面布局人工智能行业。基于场景的互联网企业如Facebook、苹果、亚马逊、阿里巴巴、腾讯等，将人工智能与自身业务深度结合，不断提升产品功能和用户体验；传统科技巨头企业，如IBM、微软等，面向企业级用户搭建智能平台系统。

从全球公有云IaaS头部厂商市场份额来看，由于IaaS模式需要大量资本开支和研发投入，生态、规模效应显著。全球前四位格局稳定，亚马逊、微软、阿里、谷歌市场份额从2018年的75.3%提升到2019年77.0%。其中，阿里云全球市场份额从2018年的7.7%上升至2019年的9.1%，进一步拉开与第四名谷歌的差距，挤压亚马逊的份额。根据Gartner发布的最新云厂商产品评估报告，作为国内唯一入选的云厂商，阿里云在计算大类中，以92.3%的高得分率拿下全球第一，并且刷新了该项目的历史最佳成绩。此外，在存储和IaaS基础能力大类中，阿里云也位列全球第二。

国内软件技术外包行业起步较晚，发展水平与发达国家尚存在较大差距，国际巨头仍占据主导地位，不论在市场份额还是在技术研发拓展方面均处于领先地位。在营业收入规模上，欧美发达国家中有多个服务商的营业收入超百亿美元，而国内较少有服务商营业收入超过百亿元人民币。在技术研发拓展方面，国内软件技术外包服务商的研发目前主要集中于接近市场应用的技术，而欧美发达国家服务商的研发主要着眼于面向未来的技术。因此，在经营规模与技术层次上，国内的软件技术外包服务商与国际巨头相比具有较大的成长空间。

我国2019年提出发展信创产业，作为新兴产业集群，"信创"概念的提出吸引了众多对于信创产业的关注。从波特五力竞争模型角度分析，目前我国信创产业正处在发展初期，综合各细分行业竞争局势来看，我国信创产业内企业竞争较为激烈。未来随着国家政策的大力扶持，各方企业资本均会关注到信创相关领域，因此行业新进入者威胁较大。信创产业链中，上游主要为硬件和软件领域，软硬件的研发设计均有较高的技术壁垒和渠道壁垒，除此之外，信创体系构建中软硬件适配生态建设也存在较大壁垒，因此信创产业对上游议价能力较弱。而产业链下游则主要为实际应用领域，不同细分行业产品同质化较重，竞争企业较多，因此信创产业对下游议价能力较强。

根据亿欧发布的报告，从竞争格局来看，我国信创产业已基本形成以华为、中国电子（CEC）、中国电科（CETC）、浪潮四大巨头布局的信创体系，其中华为主要立足于鲲鹏处理器，聚集外部上下游企业，形成鲲鹏信创生态体系；中国电子（CEC）、中国电科（CETC）、浪潮则侧重于自建生态与战略投资或战略合作相结合的方式，搭建稳固的自有生态。

第 3 章　中国软件与信息服务产业创新发展态势

3.1　中国创新企业

截至 2021 年 7 月底，中国软件与信息服务产业创新企业共计 88024 家，近五年复合增速达 24.4%，高出全球创新企业数量的平均增速（14.3%）10.1 个百分点。其中，2017 年同比增速最快，达 28.9%（见图 5）。

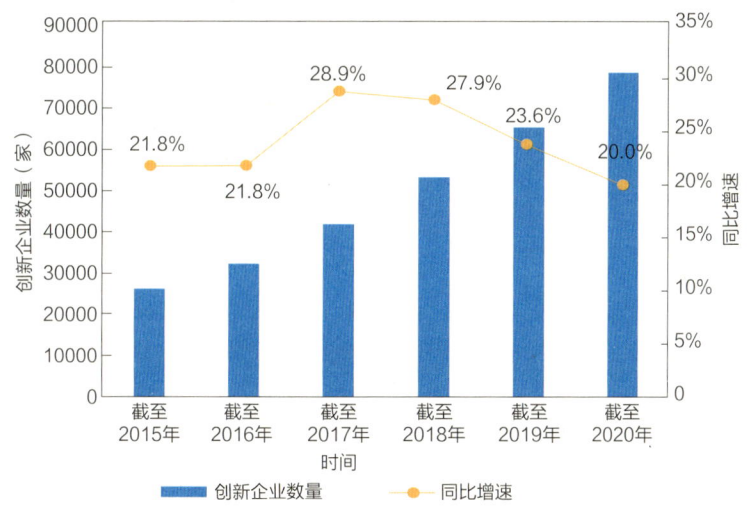

图 5　中国软件与信息服务产业创新企业数量增长情况

从 31 省市分布来看，中国软件与信息服务产业创新企业主要分布在珠三角、京津冀、长三角地区，其中，全国创新企业数量排名前五位的省市分别为广东省（15543 家）、北京市（10500 家）、江苏省（10178 家）、上海市（7982 家）、浙江省（5669 家）（见图 6）。其中，广东省的创新企业数量在全国排名第一。

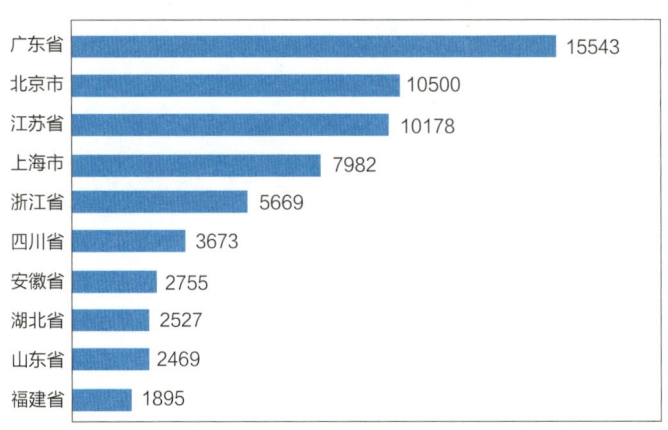

图6 中国软件与信息服务产业创新企业数量排名前10省市（单位：家）

截至2021年7月底，全国软件与信息服务产业的高新技术企业共36052家，占全国软件与信息服务产业创新企业总数（88024家）的41.0%；上市公司共1404家，占全国软件与信息服务产业创新企业总数的1.6%。

截至2021年7月底，全国软件与信息服务产业的初创企业数量为10592家，占全国软件与信息服务产业创新企业总数（88024家）的12.0%；全国隐形冠军企业数量共698家，占全国软件与信息服务产业创新企业总数的0.8%；此外，共有独角兽企业165家。

3.2 中国专利布局

截至2021年7月底，中国软件与信息服务产业累计发明专利申请公开量为948737件，全球排名第一。近五年复合增速达24.4%，高出全球复合增速（12.8%）11.6个百分点。其中，2017年同比增速最快，同比增长52.5%（见图7）。

图7 中国软件与信息服务产业发明专利申请公开量增长趋势

从中国软件与信息服务产业的累计发明专利申请公开量的分布情况来看，主要集中于广东省、北京市、江苏省、上海市、浙江省。其中，广东省累计发明专利申请公开量为196404件，排名全国第一（见图8）。

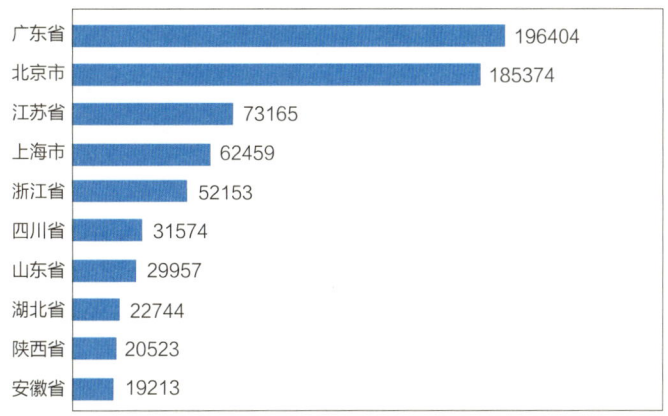

图8　中国软件与信息服务产业发明专利申请公开量排名前10省市（单位：件）

中国软件与信息服务产业累计有效发明专利量为253169件，有效发明专利主要集中于北京市（57937件）、广东省（53303件）、江苏省（15670件）、浙江省（15454件）和上海市（12345件）等省市。其中，广东省累计有效发明专利量为53303件，排名全国第二。

中国软件与信息服务产业累计发明专利授权量为305246件，授权发明专利主要集中于北京市（66436件）、广东省（62869件）、江苏省（17280件）、浙江省（16169件）和上海市（15071件）等省市。其中，广东省累计发明专利授权量为62869件，排名全国第二。

中国软件与信息服务产业累计高被引专利数量为3425件，高被引专利主要集中于北京市（938件）、广东省（786件）、上海市（279件）、江苏省（194件）和浙江省（181件）等省市。其中，广东省累计高被引专利数量为786件，排名全国第二。

中国软件与信息服务产业累计产学研合作专利数量为14996件，主要集中于北京市（3727件）、广东省（2980件）、江苏省（1386件）、浙江省（912件）和上海市（860件）等省市。其中，广东省累计产学研合作专利数量为2980件，排名全国第二。

截至2021年7月底，中国软件与信息服务产业有效发明专利共253169件，其中高质量专利数量为251095件。在中国软件与信息服务产业高质量专利中，在海外有同族专利权的有效发明专利共有62525件，维持年限超过十年的有效发明专利共有43997件，有质押融资活动的有效发明专利共有2192件，获得中国专利奖的有效发明专利共有277件。高价值专利数量排名前五位的省市依次为北京市（57518件）、广东省（52992件）、江苏省（15575件）、浙江省（15355件）、上海市（12266件）（见图9）。

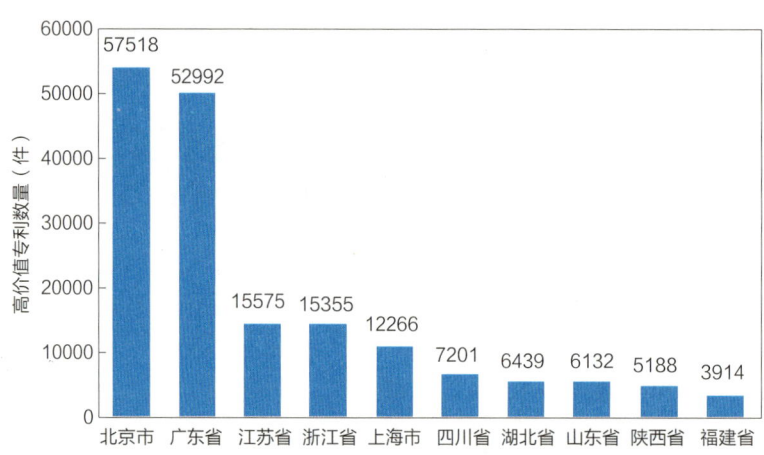

图 9　国内各省市软件与信息服务产业高价值专利数量分布情况

截至 2021 年 7 月底，在软件与信息服务产业中，全国涉及转让的专利共 70388 件；其中，广东省涉及转让的专利共 17414 件，占全国涉及转让专利总量的 24.7%，在国内 31 省市中排名第一。

截至 2021 年 7 月底，在软件与信息服务产业中，全国涉及许可的专利共 3955 件；其中，广东省涉及许可的专利共 1216 件，占全国涉及许可专利总量的 30.7%，在国内 31 省市中排名第一。

截至 2021 年 7 月底，在软件与信息服务产业中，全国涉及质押的专利共 3200 件；其中，广东省涉及质押的专利共 868 件，占全国涉及质押专利总量的 27.1%，在国内 31 省市中排名第二，仅次于北京市（883 件）。

在中国软件与信息服务产业链中，服务外包的累计发明专利申请公开量约为 86.0 万件，专利布局量最大；其次是网络与信息安全设备，累计发明专利申请公开量约为 19.5 万件；信息安全技术约为 8.2 万件；基础软件约为 7.0 万件；云计算约为 4.4 万件（见表 3）。可以看出，服务外包领域受关注度较高，研发投入力度较大。从创新人才数量及创新企业数量来看，服务外包领域也同样是最多的。

表 3　中国软件与信息服务产业链的创新资源分布情况

产业链二级	产业链三级	累计发明专利申请公开量（件）	发明专利申请公开量近五年复合增速	创新人才数量（人）	创新企业数量（家）
软件产品	基础软件	70285	-6.0%	156774	13624
	工业软件	10264	24.2%	32820	4599
	嵌入式软件	24229	9.7%	66159	7406
新兴技术软件	大数据	19389	37.8%	57593	6957
	云计算	43941	22.3%	94065	12277
	区块链	21746	498.8%	29727	3520
	人工智能	10573	37.9%	32711	3139
	VR/AR	16069	8.9%	36323	3221

续表

产业链二级	产业链三级	累计发明专利申请公开量（件）	发明专利申请公开量近五年复合增速	创新人才数量（人）	创新企业数量（家）
网络与信息安全	信息安全技术	82389	20.8%	171850	16103
网络与信息安全	网络与信息安全设备	195419	18.9%	338562	28875
信息技术服务	信息系统集成服务	1032	−2.8%	4336	514
信息技术服务	服务外包	860195	24.2%	1334319	83495

近五年，中国的区块链、人工智能、大数据领域的发明专利申请公开量复合增速均在35%以上。其中，区块链领域近五年复合增速达498.8%，增速远高于其他细分领域。其次是人工智能领域，近五年复合增速为37.9%（见表3）。由此可知，区块链和人工智能是近年来我国软件与信息服务产业发展最快的产业链，是产业技术发展的热点方向，因此在本报告第4章中将区块链和人工智能作为关键技术展开描述。

从发明专利申请公开量的近五年复合增速来看，国内31省市增速排名前五的产业分别是区块链（489.7%）、大数据（38.4%）、人工智能（36.8%）、服务外包（26.0%）、工业软件（25.0%）。整体来看，海外来华的发明专利申请公开量的近五年复合增速相对平缓，但在人工智能和信息系统集成服务领域，海外来华的发明专利申请公开量的近五年复合增速高于国内31省市。从同比增速来看，海外来华在嵌入式软件、人工智能、信息系统集成服务领域的专利布局速度高于国内31省市（见表4）。

表4 国内31省市与海外来华在中国的专利布局对比情况

产业链二级	产业链三级	国内31省市			海外来华		
		累计发明专利申请公开量（件）	同比增速	五年复合增速	累计发明专利申请公开量（件）	同比增速	五年复合增速
软件产品	基础软件	60236	6.0%	−5.2%	8312	−12.3%	−14.6%
软件产品	工业软件	9726	1.7%	25.0%	483	−13.6%	9.1%
软件产品	嵌入式软件	22994	−3.7%	9.9%	991	25.8%	6.7%
新兴技术软件	大数据	18818	9.9%	38.4%	528	−8.9%	12.0%
新兴技术软件	云计算	41820	16.5%	23.6%	1737	−5.6%	6.5%
新兴技术软件	区块链	20111	35.3%	489.7%	1552	−20.8%	249.2%
新兴技术软件	人工智能	9341	13.2%	36.8%	1124	17.0%	45.6%
新兴技术软件	VR/AR	13344	4.5%	11.5%	2490	−6.5%	−3.5%
网络与信息安全	信息安全技术	75005	12.7%	21.8%	6879	−18.7%	7.4%
网络与信息安全	网络与信息安全设备	166808	5.8%	20.3%	26589	−12.6%	8.0%
信息技术服务	信息系统集成服务	1013	−22.8%	−2.8%	19	0	0
信息技术服务	服务外包	736088	13.0%	26.0%	113105	−1.9%	9.1%

3.3 中国创新人才

截至 2021 年 7 月底,中国软件与信息服务产业创新人才共 141.6 万人,全球排名第一。其中,广东省的创新人才数量在全国排名第二。近五年中国软件与信息服务产业创新人才数量快速增长,复合增速达 23.0%,高出全球软件与信息服务产业创新人才数量平均增速(12.6%)10.4 个百分点,从每年的同比增速来看,增速较为平稳(见图 10)。

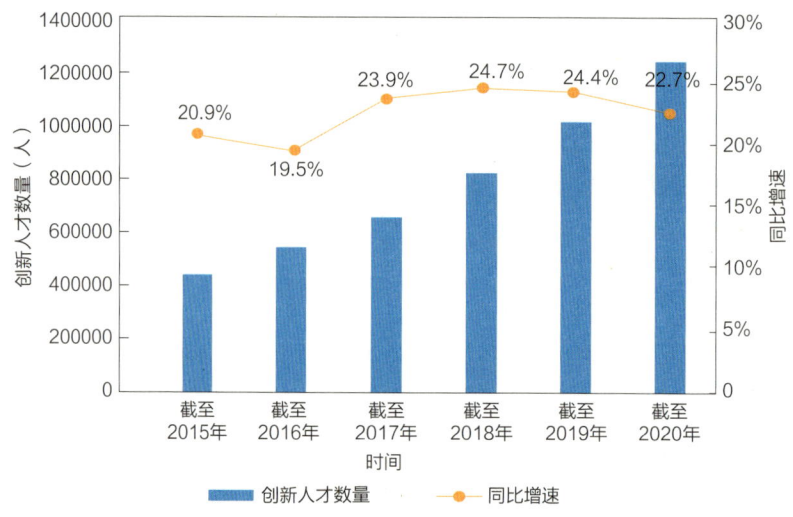

图 10　中国软件与信息服务产业创新人才数量增长情况

从中国创新人才分布来看,中国从事软件与信息服务产业的创新人才主要分布在北京市(253467 人)、广东省(206688 人)、江苏省(117275 人)、上海市(92715 人)、浙江省(74226 人)。其中,广东省的软件与信息服务产业创新人才数量在全国排名第二,占中国软件与信息服务产业创新人才总量 141.6 万人的 14.6%(见图 11)。

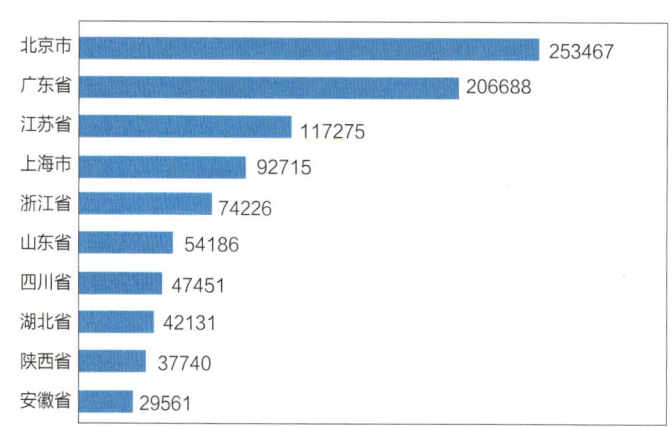

图 11　中国软件与信息服务产业创新人才数量排名前 10 省市(单位:人)

在国家高层次人才方面,中国软件与信息服务产业共有国家高层次人才 51670 人。从省市分布情况来看,国家高层次人才主要集中于北京市(11468 人)、江苏省(5333 人)、广东省（4286人）、上海市（3645人）和陕西省（3093人），其中，广东省的国家高层次人才在全国31省市中排名第三。

在技术高管方面，中国软件与信息服务产业共有技术高管72184人。从省市分布情况来看，技术高管主要集中于广东省、江苏省、北京市、上海市和浙江省，共计47900人，占中国软件与信息服务产业技术高管总数的66.4%，其中，广东省共有技术高管16477人，在全国31省市中排名第一。

在科技企业家方面，中国软件与信息服务产业共有科技企业家45043人。从省市分布情况来看，科技企业家同样主要集中于广东省、江苏省、北京市、上海市和浙江省，共计29672人，占中国软件与信息服务产业科技企业家总数的65.9%，其中，广东省共有科技企业家10380人，在全国31省市中排名第一。

第4章 从关键技术看产业技术发展方向

4.1 区块链

区块链本质上是一个去中心化的分布式账本数据库，目的是解决交易信任问题。广义来看，区块链技术是利用块链式数据结构验证与存储数据、利用分布式节点共识算法生成和更新数据、利用密码学方式保证数据传输和访问的安全、利用自动化脚本代码组成的智能合约来编程和操作数据的一种全新的分布式基础架构与计算范式。狭义来看，区块链是一种按照时间顺序将数据区块以顺序相连的方式组合成的链式数据结构，并以密码学方式保证的不可篡改和不可伪造的分布式账本。

区块链产业链上游主要包括硬件基础设施和底层技术平台层，该层包括矿机、芯片等硬件企业，以及基础协议、底层基础平台等企业；中游企业聚焦于区块链通用应用及技术扩展平台，包括智能合约、快速计算、信息安全、数据服务、分布式存储等企业；下游企业聚焦于服务最终的用户（个人、企业、政府），根据最终用户的需要定制各种不同种类的区块链行业应用，主要面向金融、供应链管理、医疗、能源等领域。

区块链发展经历了从1.0到3.0三个阶段：区块链1.0，即以可编程数字加密货币体系为主要特征的区块链模式，主要体现在比特币应用上；区块链2.0，即依托智能合约、以可编程金融系统为主要特征的区块链模式，区块链技术被运用在金融或经济市场，延伸到股票、债券、期货、贷款、按揭、产权、智能资产等合约上；区块链3.0，即广泛创新应用阶段，主要是广泛应用于某些全球性的公共服务上，能够满足更加复杂的商业逻辑。

数据显示，2019年，全球区块链产业规模呈现稳定增长，达到24.5亿美元，产业年度增速为30.6%。从国家来看，美国仍处于全球区块链产业的领导地位，规模为7.3亿美元，占全球区块链产业规模的29.9%；中国在全球区块链产业中占比为12.1%，位居第二。我国区块链产业受国家政策的积极影响，2019年的产业规模达20.8亿元（人民币），同比增长179.5%。其中，广东省区块链产业规模达到1.7亿元，占中国区块链产业规模的8.1%，位居国内第一。

区块链在我国的应用主要集中在金融行业、政务服务和产品溯源三个领域，单从金融行业看，区块链应用的场景主要包括跨境支付、保险理赔、证券交易、票据等。从服务企业的发展规模上看，近一半的企业集中在北上广及浙江四省市。企业服务应用主要集中在底层区块链架设和基础设施搭建，为互联网及传统企业提供数据上链服务，包括数据服务、BaaS（Blockchain as a Service）平台、电子存证云服务等。从政策出台上看，截至

2019年上半年，国家及各部委出台的相关区块链政策已达12项，各省市地区陆续发布大量的政策性指导文件，北京、上海、广州、浙江等全国超过30个省市地区发布政策指导文件。在近年两会期间，各地代表所提相关"区块链"的提案，已达34条。

区块链技术创新和应用研发蓬勃发展。国内区块链企业初具规模，互联网巨头提前布局区块链。我国已具备核心技术的区块链底层平台。区块链标准研制已走在世界前列，区块链技术已经在银行、保险、供应链、电子票据、司法存证等领域得到了应用验证。高校及研发机构区块链研究和服务基础坚实。北京、上海、深圳等地先后成立了一系列区块链联盟，促进区块链的发展。我国目前有62家区块链研究院，分布在15个城市。国内已有10所高校开展了区块链课程。截至2019年5月，全国已成立区块链产业园22家。区块链应用呈现多元化，从金融延伸到实体领域。区块链技术开始与实体经济产业深度融合，形成一批"产业区块链"项目，迎来实体经济产业区块链"百花齐放"的时代。

根据2016年发布的《麦肯锡区块链报告》，未来五年区块链技术将颠覆众多行业，特别是金融、保险、证券行业。区块链技术自身的特征还可以帮助解决其他领域，比如供应链管理、物联网、医疗、军事、政务等方面的问题。同时，区块链技术也带来了商业的转型和创新，2012年开始全球行业巨头逐步跨入对区块链的研发上，与人工智能相似，很多IT巨头将区块链技术开源后通过云服务的形式提供给第三方使用，即BaaS（Blockchain as a Service），例如IBM公司的区块链服务，涵盖场景包括食品安全、全球贸易供应链、金融行业、保险行业、政府行业、物联网和广告出版等，此外还有微软的Ethereum、亚马逊和谷歌云服务等，这将给创业公司切入具体场景、建立行业壁垒的机会。

2019年10月24日，中共中央政治局就区块链技术发展现状和趋势进行第十八次集体学习。中共中央总书记习近平在主持学习时强调，区块链技术的集成应用在新的技术革新和产业变革中起着重要作用。由此可以看出我国在未来将抢占数字经济战略制高点的态度，同时也预示着未来10～20年中国经济发展大趋势。随着区块链技术以及应用的迅猛发展，尤其是现下区块链3.0在各个领域的应用，不仅实现了行业及企业的数字化发展，同时也催生了大量的创新创业的机会。互联网的普及以及在各行各业的渗透，颠覆了以往传统的商业模式，而伴随着区块链技术的成熟和区块链应用场景的普遍发展，越来越多的行业和领域参与到区块链革命中，未来企业的商业模式也必将面对新一轮的大变革，在加速我国数字化进程的同时也将推动我国的经济高质量的发展。

4.1.1 区块链技术领域的发展现状

区块链技术是分布式的网络数据管理技术，利用密码学技术和分布式共识协议保证网络传输与访问安全，实现数据多方维护、交叉验证、全网一致、不易篡改。作为新一代信息通信技术的重要演进，数据不可篡改、透明可追溯等特征，使得区块链技术正在成为解决产业链参与方互相信任的基础设施，其必将在全球经济复苏和数字经济发展中起到越来越重要的作用。

随着被正式划入新基建"国家队"，区块链正在迎来产业发展的新机遇。有研究认为，与产业互联网一样，与合作伙伴"共创"也是产业区块链发展的最佳路径。虽然有多个应用场景落地，但是区块链技术目前仍处于未成熟阶段，还存在大量技术、安全以及监管方面的问题有待解决。区块链技术若要进一步深入实际场景,必须克服其在技术、人才、开发成本和法律上的障碍,形成区块链研究与应用标准化体系,为学术研究和行业实践带来新的创新红利。2019 年下半年以来,党中央发布了一系列政策,培育区块链等数字经济发展新动能。毋庸置疑,区块链技术将是我国自主创新核心技术的重要突破口,是推动社会治理体系和治理能力现代化的重要动力。

4.1.2 区块链技术领域的专利布局情况

截至 2021 年 7 月底,区块链技术领域的全球累计专利申请公开量约有 5.6 万件,中国累计专利申请公开量约为 2.7 万件。从公开趋势来看,全球整体以及中国区块链技术的相关研发均于 2017 年开始进入技术成长期,专利公开量均呈现出逐年快速增长的趋势。2020 年中国专利公开量同比增速为 37.0%,低于全球专利公开量同比增速(49.0%)12 个百分点。

从国内 31 省市和海外在华专利布局对比情况来看,近几年来,国内 31 省市在华专利布局量一直高于海外在华专利布局量,自 2016 年开始,布局量差距不断拉大。可见,我国相关主体对区块链技术的研发力度在不断加大。相比 2019 年,2020 年海外在华专利布局量有所下降。

从技术分布情况来看,区块链相关专利技术主要涉及数字金融(29798 件)、数据服务(19628 件)、底层平台(14516 件)、信息安全(13916 件)以及智能合约(10476 件)(见图 12)。

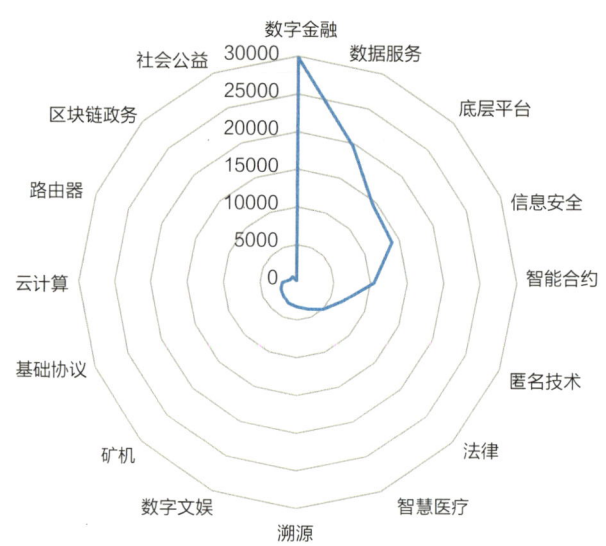

图 12 区块链相关专利技术分布(单位:件)

从申请人地域分布情况来看,全球区块链技术相关专利申请主要来源于中国、美国、韩国、德国、日本。首先,中国申请人在全球累计公开专利数量达 26952 件,占全球累计专利申请公开量(5.6 万件)的 48.5%,在全球排名第一位,领先十分明显,代表企业有阿里巴巴(3225 件)、腾讯科技(1192 件)、支付宝(833 件)、平安科技(731 件)、深圳壹账通（527 件）。其次，美国申请人在全球累计公开专利数量 8910 件，占全球累计专利申请公开量的 16.0%，在全球排名第二位，代表企业有国际商业机器（736 件）、万事达卡（409 件）、维萨国际（176 件）、美国银行（176 件）、英特尔（146 件）。再次，韩国申请人在全球累计公开专利数量 1390 件，占全球累计专利申请公开量的 2.5%，在全球排名第三位，代表企业有 Coinplug（111 件）、三星（67 件）、Netmarble（26 件）、Electronics & Telecommunications Research Institute（25 件）、Infobank（14 件）。

4.1.3 区块链技术洞察

区块链的专利布局主要倾向于提高区块链系统的安全性、提高用户使用的便利性、提高设备追溯的可靠性、提高各流通环节的信息透明度等方面。

百度专利 CN111737361A、全链通专利 CN111065101A、阿里巴巴专利 CN110445617A，均通过加解密或签名验证方法，提高区块链系统的安全性；江苏荣泽信息科技专利 CN111539755A、平安科技（深圳）专利 CN110278245A，均通过构建区块链网络与各 APP 对应关系，提高用户使用的便利性；广州粤建三和软件专利 CN111681016A、中国电力科学研究院专利 CN109344658A，均通过构建物理网络定义用户的访问策略，提高设备追溯的可靠性；PLATON CO LIMITED 专利 WO2020011154A1、阿里巴巴专利 CN110336797B，均通过认证追溯方法，提高各流通环节的信息透明度。

4.2 人工智能

人工智能芯片（AI 芯片）是整个 AIoT 体系架构底层设计的关键所在，AI 芯片主流的芯片架构主要分为 GPU、FPGA、ASIC 三大技术流派。其中，GPU（Graphics Processing Unit）擅长大规模并行运算，可平行处理海量信息，占领 AI 芯片的主要市场份额。英伟达占 GPU 市场份额的 70%~80%。

FPGA（Field Programmable Gate Array）芯片具有可硬件编程、配置高、灵活性和低能耗等优点。FPGA 技术壁垒高，市场呈双寡头垄断，赛灵思（Xilinx）和英特尔（Intel）合计占市场份额的近 90%。国内百度、阿里、京微齐力也在部署 FPGA 领域，但尚处于起步阶段。

ASIC（Application Specific Integrated Circuits）是面向特定用户需求设计的定制芯片，可满足多种终端运用。与 GPU 和 FPGA 形成确定产品不同，ASIC 仅是一种技术路线或方案，着力解决各应用领域突出问题及管理需求。谷歌 TPU 是主导者；国内初创芯片企业（如寒武纪、地平线）、互联网巨头（如百度、华为和阿里）在细分领域也有所建树。

物联网的感知交互能力基于底层 AI 算法，当前发展较快的主要 AI 算法包括计算机视觉、语音识别、自然语言处理（NLP）、机器学习等。物联网收集海量数据，数据用于底层算法模型训练，而训练后能力更强的模型又将赋能各类设备，形成 AIoT 的网联化、智能化应用闭环。

计算机视觉是使用计算机及相关设备对生物视觉的一种模拟，通过对采集的图片或视频进行处理以获得相应场景的三维信息，其是物联网设备获取信息的重要途径。计算机视觉主要应用在智能安防、自动驾驶、工业检测等领域。计算机视觉领域专利技术的布局倾向于交互能力、识别技术、捕获跟踪、提升准确性等方向。

语音识别是研究新一代语音识别框架，包括口语化语音识别、个性化语音识别、音视频融合、语音合成等技术的创新应用。语音＋物联网具有终端可得性、接入便利性、应用丰富性的特点，主要应用在教育、医疗、司法、车联网、家居等领域中。语音识别领域的专利布局重点在口语识别、语音合成等方面，通过这些技术手段，能够提高交互效率、音频质量。

自然语言处理（NLP）最常应用于知识图谱中的能力是对于自然语言中信息的抽取，基本能力包括分词、词性标注和句法分析等。NLP本质是一个文本处理＋机器学习的过程，技术复杂程度高及涵盖范围广，NLP以业务本身的需求为目标，可帮助决策者进行观察、决策、预测，能大大提高物联网智能化程度。自然语言处理的专利布局主要在语义理解、短文本分析、跨语言文本挖掘、人机对话等方面，通过这些技术手段，能够提高文本提取、新词发现、纠错能力以及识别准确度。

消费方面，主要以智慧出行、智能穿戴、智慧医疗、智能家居等与个人消费者的衣食住行相关。智能家居、智能可穿戴设备、车联网是消费物联网市场当前发展重点。对于参与企业而言，未来将会以智能硬件销售为基础，向消费者提供更多数据和连接服务，并且基于自身品牌搭建生态系统。

政策驱动应用主要指以政策为导向，政策驱动型应用包括智慧城市、公共事业、智慧安防、智慧能源、智慧消费、智慧停车等。这类应用以城市建设为主，目的是提高城市管理水平和效率。从城市管理者的角度，技术发展方向以计算机视觉、机器学习等技术为基础，围绕监管、调度、公共服务等领域，发展信息智能获取、智能预警监控、大数据分析预测等智能物联网技术。

产业驱动下的应用场景主要是指智慧工业。AIoT通过工业物联网平台整体输出会带来更明显的智能体验，包括对工业物联网的传感器感知赋能、优化OS与软件层分析决策能力和为自动化设备的执行提供控制能力。

第 5 章　广东省软件与信息服务产业创新发展定位

5.1　广东省创新企业

截至 2021 年 7 月底，广东省软件与信息服务产业创新企业共计 15543 家，占全国软件与信息服务产业创新企业（88024 家）的比重为 17.7%。广东省的相关创新企业数量的近五年复合增速为 33.5%，高出全国增速（24.4%）9.1 个百分点。从各市来看，广东省软件与信息服务产业创新企业主要分布在深圳市、广州市和东莞市，分别有 8364 家、4126 家和 724 家，分别占广东省软件与信息服务产业创新企业总数的 53.8%、26.5% 和 4.7%。

广东省软件与信息服务产业的龙头企业主要分布在深圳市和东莞市，包括华为技术有限公司、腾讯科技（深圳）有限公司、中兴通讯股份有限公司、平安科技（深圳）有限公司以及 OPPO 广东移动通信有限公司等。从创新企业增速情况来看，清远市近五年的复合增速为 89.6%，排名居于广东省各市之首（见图 13）。

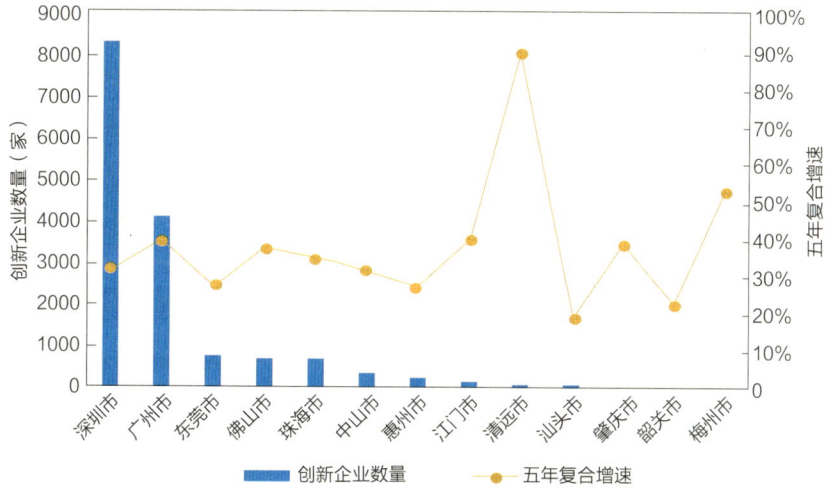

图 13　广东省各市创新企业分布情况

截至 2021 年 7 月底，广东省软件与信息服务产业高新技术企业共 8439 家，占全国软件与信息服务产业高新技术企业总数的 23.4%，在全国 31 省市中排名第一；上市公司达 335 家，占全国软件与信息服务产业上市公司总数的 23.9%，在全国 31 省市中排名第一。

从初创企业数量来看，广东省软件与信息服务产业共有初创企业 2239 家，占全国软件与信息服务产业初创企业总数的 21.1%，在全国 31 省市中排名第二，仅次于北京市

（2677 家）。此外，广东省软件与信息服务产业隐形冠军企业数量为 77 家，在全国 31 省市中排名第一。广东省软件与信息服务产业独角兽企业数量为 21 家，在全国 31 省市中排名第三，仅次于北京市（64 家）、上海市（36 家）。

5.2 广东省专利布局

截至 2021 年 7 月底，广东省软件与信息服务产业累计发明专利申请公开量为 196404 件，在全国 31 省市中排名第一。广东省近五年复合增速为 28.0%，高出全国复合增速（24.4%）3.6 个百分点。

从广东省各地市来看，广东省软件与信息服务产业累计发明专利申请公开量主要分布在深圳市（125501 件），占广东省软件与信息服务产业累计发明专利申请公开量的比重达 63.9%。从广东省各地市软件与信息服务产业发明专利申请公开量的增速来看，近五年复合增长速度最快的是清远市，复合增速高达 70.7%。从广东省软件与信息服务产业的累计发明专利申请公开量分布情况来看，发明专利主要集中于深圳市（125501 件）、广州市（36585 件）、东莞市（13909 件）、珠海市（7692 件）以及佛山市（5593 件），其中深圳市的累计发明专利申请公开量排名全省第一（见图 14）。

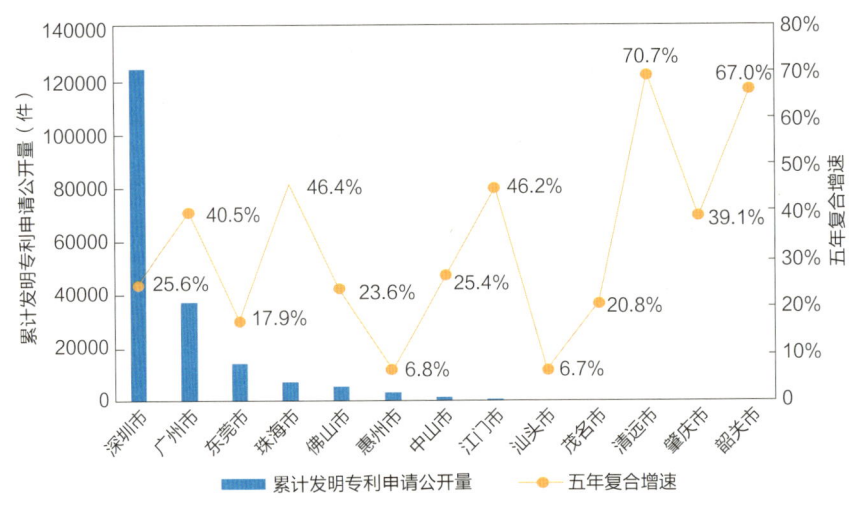

图 14　广东省各市软件与信息服务产业累计发明专利申请公开量的分布情况

从有效发明专利量来看，广东省软件与信息服务产业累计有效发明专利量为 53303 件，占全国软件与信息服务产业累计有效发明专利总量（253169 件）的 21.1%，在全国 31 省市中排名第二。

从发明专利授权量来看，广东省软件与信息服务产业累计发明专利授权量为 62869 件，占全国软件与信息服务产业累计发明专利授权总量（305246 件）的 20.6%，在全国 31 省市中排名第二。

从高被引专利量来看，广东省软件与信息服务产业累计高被引专利数量为 786 件，占全国软件与信息服务产业累计高被引专利数量（3425 件）的 22.9%，在全国 31 省市中排名第二。广东省软件与信息服务领域高价值专利中的代表性专利详见表5。

从产学研合作来看,广东省软件与信息服务产业累计产学研合作专利数量为2980件,占全国软件与信息服务产业累计产学研合作专利数量(14996件)的19.9%,在全国31省市中排名第二。

表5 广东省软件与信息服务领域高价值专利中的代表性专利

序号	标题	申请号	申请日	当前权利人	第一发明人
1	非确认模式下的上行加密参数同步方法和设备	CN201010590695.5	2010/12/03	诺基亚技术有限公司	郑潇潇
2	信息提示的方法、装置和终端设备	CN201110432256.6	2011/12/21	全球创新聚合有限责任公司	吴黄伟
3	导航区域识别和拓扑结构匹配以及相关联的系统和方法	CN201780096402.8	2017/11/24	深圳市大疆创新科技有限公司	邱凡
4	用于经由社交网络平台控制外围设备的方法和装置	CN201480049286.0	2014/03/12	腾讯科技(深圳)有限公司	林向耀
5	一种信息传输方法、装置和系统	CN201610017670.3	2016/01/11	中兴通讯股份有限公司	沙秀斌
6	一种基于人脸识别的关联信息推送设备及方法	CN201510819092.0	2015/11/23	深圳市商汤科技有限公司	张广程
7	一种移动电源的租借方法、系统及租借终端	CN201580000024.X	2015/02/14	深圳来电科技有限公司,北京博合智慧科技有限公司	袁冰松
8	一种随机接入网络的方法、终端和基站	CN201380003224.1	2013/08/14	华为技术有限公司	张向东
9	基于多帧图像的图像处理方法和装置	CN201910279856.X	2019/04/09	OPPO广东移动通信有限公司	黄杰文
10	一种互联网账号管理方法、管理器、服务器和系统	CN201380003091.8	2013/08/23	华为技术有限公司	徐志贤

5.3 广东省创新人才

从广东省各城市来看,广东省从事软件与信息服务产业创新人才共206688人,主要分布在深圳市(116209人)、广州市(57785人)和珠海市(8357人),分别占广东省软件与信息服务产业创新人才总量的56.2%、28.0%和4.0%(见图15)。从增速来看,2020年广东省从事软件与信息服务产业创新人才同比增速22.8%,近五年复合增速25.8%。在广东省内各市中,同比增速最高的是清远市(70.5%),近五年复合增速最高的同样是清远市(62.5%)。

广东省从事软件与信息服务产业创新人才中,发明专利申请量较多的工程师包括平安科技（深圳）有限公司的王健宗、国云科技股份有限公司的季统凯、平安科技（深圳）有限公司的肖京、OPPO广东移动通信有限公司的张海平等。

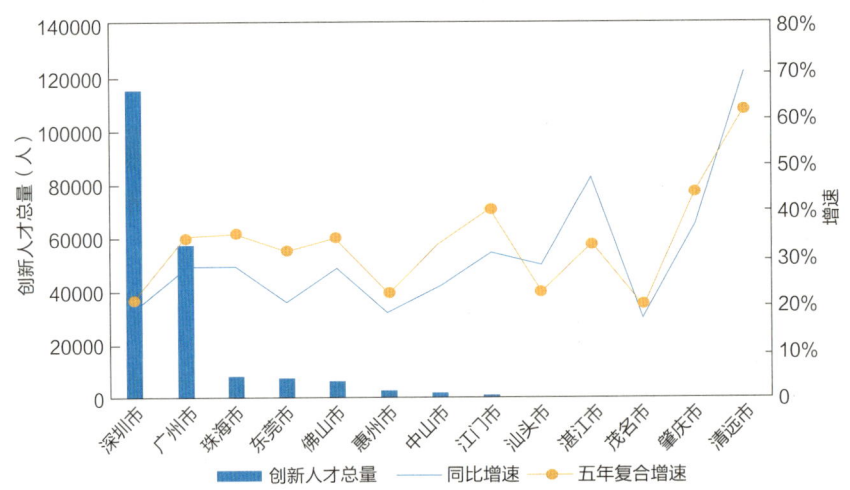

图 15　广东省各市从事软件与信息服务产业创新人才分布情况

在国家高层次人才方面，广东省软件与信息服务产业共有国家高层次人才4286人，占全国软件与信息服务产业国家高层次人才总人数（51670人）的比重为8.3%，在全国31省市中排名第三。

在技术高管方面，广东省软件与信息服务产业共有技术高管16477人，占全国软件与信息服务产业技术高管总人数（72184人）的比重为22.8%，在全国31省市中排名第一。

在科技企业家方面，广东省软件与信息服务产业共有科技企业家10380人，占全国软件与信息服务产业科技企业家总人数（45043人）的比重为23.0%，在全国31省市中排名第一。

5.4　广东省产业链集聚结构

5.4.1　优势环节分析

广东省软件与信息服务产业细分领域的优势环节包括：在软件产品产业中，基础软件、工业软件、嵌入式软件的累计发明专利公开量、创新人才数量、创新企业数量均在全国各省市中排前两名，是优势环节。其中，基础软件的累计发明专利公开量、创新人才数量在全国各省市中均排名第二，创新企业数量在全国各省市中排名第一；工业软件的累计发明专利公开量在全国各省市中排名第一，创新人才数量、创新企业数量在全国各省市中均排名第二；嵌入式软件的累计发明专利公开量、创新企业数量在全国各省市中均排名第一，创新人才数量在全国各省市中排名第二。在新兴技术软件产业中，大数据、云计算、区块链、人工智能、VR/AR的累计发明专利公开量、创新人才数量、创新企业数量均在全国各省市中排前两名，是优势环节。其中，大数据、云计算、区块链的累计发明专利公开量、创新企业数量在全国各省市中均排名第一，创新人才数量在全国各省市中排名第二；

人工智能的累计发明专利公开量、创新人才数量在全国各省市中均排名第二,创新企业数量在全国各省市中排名第一;VR/AR 的累计发明专利公开量在全国各省市中排名第一,创新人才数量、创新企业数量在全国各省市中均排名第二。在网络与信息安全产业中,信息安全技术、网络与信息安全设备的累计发明专利公开量、创新人才数量、创新企业数量均在全国各省市中排前两名,是优势环节。其中,信息安全技术的累计发明专利公开量、创新人才数量在全国各省市中均排名第二,创新企业数量在全国各省市中排名第一;网络与信息安全设备的累计发明专利公开量、创新企业数量在全国各省市中均排名第一,创新人才数量在全国各省市中排名第二。在信息技术服务产业中,服务外包的累计发明专利公开量、创新企业数量在全国各省市中均排名第一,创新人才数量在全国各省市中排名第二,也是优势环节(见表6)。

表6 广东省在软件与信息服务产业链的优势领域创新要素分布

优势产业		累计发明专利公开量		创新人才		创新企业	
产业领域	细分领域	数量(件)	国内排名	数量(人)	国内排名	数量(家)	国内排名
软件产品	基础软件	12436	2	22491	2	2331	1
	工业软件	1382	1	3726	2	705	2
	嵌入式软件	4205	1	9140	2	1334	1
新兴技术软件	大数据	3417	1	7706	2	1179	1
	云计算	8854	1	15681	2	2517	1
	区块链	5490	1	6195	2	828	1
	人工智能	1479	2	3418	2	546	1
	VR/AR	3620	1	5988	2	497	2
网络与信息安全	信息安全技术	17288	2	27920	2	2949	1
	网络与信息安全设备	46144	1	58751	2	5454	1
信息技术服务	服务外包	173390	1	193899	2	14755	1

5.4.2 不足环节分析

从细分产业链环节来看,信息系统集成服务为不足产业。具体地,在信息技术服务领域,信息系统集成服务的累计发明专利公开量只有115件,虽然在全国各省市中排名第三,但是在技术储备数量上有待积累,创新人才数量、创新企业数量同样在全国各省市中排名第三(见表7)。

表7 广东省在软件与信息服务产业链的不足领域创新要素分布

不足产业		累计发明专利公开量		创新人才		创新企业	
产业领域	细分领域	数量(件)	国内排名	数量(人)	国内排名	数量(家)	国内排名
信息技术服务	信息系统集成服务	115	3	455	3	66	3

5.4.3 潜力环节分析

综合分析广东省软件与信息服务产业各细分产业环节在累计发明专利公开量、创新人才数量和创新企业数量的近五年复合增速水平，可以看出，增长较快的潜力产业包括：新兴技术软件领域的区块链、人工智能、大数据、云计算，信息技术服务领域的服务外包，软件产品领域的工业软件，网络与信息安全领域的信息安全技术，以上细分产业总体保持了较为突出的发展势头，未来潜力较大。

其中，区块链、人工智能、大数据技术领域的累计发明专利公开量近五年复合增速分别是 349.2%、49.2%、43.9%，明显高于全国累计发明专利公开量近五年复合增速 29.1%，为最具发展潜力的三大产业（见表 8）。

表 8　广东省在软件与信息服务产业链的潜力产业增速情况

潜力产业		累计发明专利公开量		创新人才		创新企业	
产业领域	细分领域	数量（件）	五年复合增速	数量（人）	五年复合增速	数量（家）	五年复合增速
软件产品	工业软件	1382	24.6%	3726	32.9%	705	37.1%
新兴技术软件	大数据	3417	43.9%	7706	44.4%	1179	53.1%
	云计算	8854	23.2%	15681	35.8%	2517	44.3%
	区块链	5490	349.2%	6195	311.0%	828	266.6%
	人工智能	1479	49.2%	3418	41.3%	546	43.3%
网络与信息安全	信息安全技术	17288	21.2%	27920	26.3%	2949	33.6%
信息技术服务	服务外包	173390	28.5%	193899	26.2%	14755	33.3%

5.4.4 风险环节分析

进入 21 世纪以来，信息技术已逐渐成为推动国民经济发展和促进全社会生产效率提升的强大动力，软件与信息服务产业作为关系到国民经济和社会发展全局的基础性、战略性、先导性产业受到了越来越多国家和地区的重视。通过分析国外在华发明专利申请公开量的增速，有助于判断产业链各细分领域是否存在潜在的安全风险。为有效判别产业是否存在潜在专利风险，我们将使用产业知识产权风险判别模型开展风险识别工作。

针对软件与信息服务产业链，风险判别模型中的重点产业国外在华发明专利申请公开量增速采用的指标是软件与信息服务产业链整体的国外在华 2015—2020 年的发明专利申请公开量的五年复合增速（9.7%），当某细分领域国外在华发明专利申请公开量的五年复合增速大于或等于产业链整体的国外在华 2015—2020 年的发明专利申请公开量的五年复合增速时，则判定该细分领域为风险产业。

基于专利大数据的产业知识产权风险判别模型分析，在软件与信息服务细分产业链中，有 3 个细分领域存在潜在的安全风险，分别为区块链、人工智能以及大数据技术领域。

从产业知识产权风险判别结果来看，国外申请人在华申请的发明专利中，区块链技术领域的近五年复合增速高于软件与信息服务产业整体达 239.5%，人工智能技术领域高于软件与信息服务产业整体达 35.9%。这说明，就近五年的整体情况来看，国外申请人在这两个细分领域有高度的布局倾向，布局速度远高于软件与信息服务产业整体，需引起相关利害主体的高度重视。另外，大数据技术领域高于软件与信息服务产业整体 2.3%，也需我国相关利害主体多加关注（见表 9）。

需要说明的是，由于产业知识产权风险判别模型是以国外来华增速数据为基础进行数据分析的，所以得出的风险产业结果并不代表国内相关产业处于弱势，仅说明国外申请人在这一领域着重布局，专利布局增速较快，需要我国多加注意。

表 9　软件与信息服务产业链专利预警分析

产业领域	细分领域	细分领域国外在华发明专利申请公开量近五年复合增速	产业整体国外在华发明专利申请公开量近五年复合增速	差值	是否为风险产业
软件产品	基础软件	−14.6%	9.7%	−24.3%	否
	工业软件	9.1%	9.7%	−0.6%	否
	嵌入式软件	6.7%	9.7%	−3.0%	否
新兴技术软件	大数据	12.0%	9.7%	2.3%	是
	云计算	6.5%	9.7%	−3.2%	否
	区块链	249.2%	9.7%	239.5%	是
	人工智能	45.6%	9.7%	35.9%	是
	VR/AR	−3.5%	9.7%	−13.2%	否
网络与信息安全	信息安全技术	7.4%	9.7%	−2.3%	否
	网络与信息安全设备	8.0%	9.7%	−1.7%	否
信息技术服务	信息系统集成服务	0.0%	9.7%	−9.7%	否
	服务外包	9.1%	9.7%	−0.6%	否

第 6 章 广东省软件与信息服务产业创新发展路径建议

根据《广东省人民政府关于培育发展战略性支柱产业集群和战略性新兴产业集群的意见》《广东省发展软件与信息服务战略性支柱产业集群行动计划（2021—2025年）》的政策方向，基于知识产权产业金融大数据，深入研究广东省软件与信息服务产业发展现状，明晰产业发展方向，找准区域产业定位，分析存在制约发展的瓶颈问题和制度障碍，指出优化产业创新资源配置的具体路径，提出了以下适用于本区域产业创新发展的相关建议。

广东省在软件与信息服务产业大多数细分领域中处于优势地位，产业链覆盖面全且分布较为合理，企业、人才、专利等科创资源丰富，尤其是储备专利、创新企业。建议实施强链、补链、延链工程，持续优化产业链结构。推动高校、科研院所科创资源利用，加强产学研合作，开展软件与信息服务产业关键技术协同创新。积极落实《支持"专精特新"中小企业挂牌上市融资服务方案》，推动潜力"专精特新"中小企业上市，为软件与信息服务产业高质量发展提供重要金融支撑。大力实施"珠江人才计划"，引进培育软件与信息服务产业相关高端人才，"引""稳""培""鉴"相结合建设"2%"人才高地。抓紧粤港澳大湾区建设机遇，深化粤港澳合作，协同推进软件与信息服务产业发展。加强我国软件与信息服务产业专利布局，建立预警机制，保障产业链安全。加强现有重大项目的知识产权分析评议和风险防控。

6.1 产业布局优化路径

以"固链、强链、补链、延链"为重点，以提升区域产业技术创新能力和核心竞争力为目标，基于知识产权大数据情报分析，对产业链的构成和产业融合载体分布情况进行梳理，引导创新资源向产业链上下游集聚，打造安全应急与环保产业发展高地。对于本地产业优势细分领域，主要通过研发创新、核心技术攻关、专利布局以及技术合作等手段巩固区域产业优势。对于本地产业链劣势环节，可考虑结合政策驱动、人才引进、对外合作等加以提升。

从产业细分的角度来看，广东省在大多数细分领域中处于优势地位，在企业、人才、专利方面领先明显。建议如下：首先，实施固链工程，做强优势环节，优化产业布局，继续巩固和加强以服务外包、网络与信息安全设备、信息安全技术、基础软件、云计算为代表的 11 个优势产业的领先地位，抢占全球软件与信息服务产业技术高地，争夺行业话语权。

其次，实施强链工程。继续增强区块链、人工智能、大数据、云计算、信息技术服务等产业潜力环节，加大扶持力度，不断提升广东省软件与信息服务产业的竞争实力。

再次，实施补链工程，针对广东省软件与信息服务产业链的不足环节，如信息技术服务领域的信息系统集成服务，结合本省发展规划，积极对外协商，引进国内外相关行业巨头在广东省落户研发。例如，引进一批信息系统集成服务领域的全球领先企业，可重点关注 INPUT 公司、IBM 公司、讯飞超脑等。

最后，实施延链工程，针对广东省软件与信息服务产业链下游，扩大软件与信息服务市场应用领域，延展产业链链条，扩大产业规模，推进广东省国民经济和产业发展的优化布局。

高校、科研院所、企业是区域创新发展的"三驾马车"，依托高校、科研院所、龙头企业和产业园区等资源创建产学研创新发展平台，搭建技术研发平台、成果转化平台、产业孵化平台等，建成政府主导、学研单位及业内龙头引领、企业为主的产业空间新格局。广东省的部分高等院校及科研院所也为本地区产学研合作做出了良好的示范，比如，北京师范大学珠海校区信息技术与软件工程学院与全国 100 家企业共建产学研实习基地，成立人工智能产业学院，采用全周期工程教育新理念，实现人文教育、专业培养与工程训练三融合。在全球化和中美贸易摩擦加大的背景下，广东省应依托在软件与信息服务领域的高校、科研院所资源，加强产学研合作，进行产业关键技术协同创新。加大对国内高校、科研院所软件与信息服务相关科创资源的挖掘和利用，针对我国不足环节和风险环节，筛选高校及科研院所专利运营的试点技术领域，以试点技术领域的高校及科研院所的专利资产作为专利池，根据高校团队、科研院所团队及其研究领域细分专利池为专利包，并根据供需进行专利包与企业的配对，实现以特定技术领域的学研（高校、科研院所）专利包为纽带，连接创新供给侧（高校、科研院所）和需求侧（相关企业）。

上市公司是区域产业高质量发展的排头兵，是新技术、新业态、新经济的重要开拓者。一是建议采用大数据手段精准识别潜力"专精特新"中小企业，尤其是通过知识产权产业金融大数据手段，运用企业科创能力评价模型，开展"专精特新"中小企业科创实力评价，准确掌握"专精特新"中小企业科技创新状况，为潜力"专精特新"中小企业的发现、培育、成熟、上市奠定良好的基础。二是建议加强拟上市"专精特新"中小企业的 IPO 知识产权辅导，助力企业对内做好知识产权规划工作，构建技术研发体系，在技术研发过程中，规避现有技术，避免侵权风险，同时还要开展专利挖掘，启示技术创新，保持专利申请的持续性，彰显技术创新能力，在专利申请过程中，从技术攻防及市场选择的角度进行知识产权整体布局，形成契合公司战略的专利组合，此外，还应完善公司知识产权管理制度，注意自身知识产权的管理和维护工作，避免因管理失误造成无谓的损失；对外做好知识产权风险的防范和预警工作，通过知识产权尽职调查分析风险来源，评估危害程度以及发生的可能性，特别是针对公司的主营业务在 IPO 前开展专利比对分析，排查商标、专利侵权风险，制定风险应对预案，保障企业顺利上市。以上市公司为平台、并购重组为手段，提升上市公司发展水平，做强产业链，做深价值链，提高广东省软件与信息服务产业核心竞争力。

企业最具有创新能力的核心人员一般占研发人员的 2%，换言之，这 2% 的核心人员是引领推动产业发展的"关键少数"，是全球软件与信息服务产业角逐的焦点。建议广东省的人才工作进一步聚焦到这"2%"的高端人才层面，从以下四个方面入手。一是"引"，加强创新创业基础条件建设，配套相关人才政策，吸引国内外高层次优秀人才，在人才引进中加强对行业领军人才、技术高管及科技企业家等人才的引进力度。二是"稳"，加强人才大数据的建设与运用，构建软件与信息服务产业创新人才数据库，实时监测广东省高层次人才发展动态，稳定核心技术人才，减少高端人才外流。三是"培"，依托广东省高等院校的科教资源，深化产教融合，建立起学历教育与职业教育相结合的人才培养模式，协同培养创新型科技工程师，大力支持创新型科技工程师申报广东省及国家的相关人才培养计划和科研攻关计划。四是"鉴"，有效利用知识产权大数据建立发现人才、评价人才、跟踪人才机制，绘制全球高端人才图谱，落实人才引进中的知识产权评价和鉴定机制。

《粤港澳大湾区发展规划纲要》的发布使得粤港澳大湾区软件与信息服务产业的发展方向更加清晰，区域间的不同定位将促成创新发展的合力，避免湾区内的重复发展以及不良竞争。在粤港澳大湾区建设的大机遇下，首先，广东省应深化同香港、澳门地区的软件与信息服务相关合作，依托区内城市产业、资源优势，加快推进软件与信息服务产业一体化布局和各类高端要素对接，创新协同促进软件与信息服务产业发展。粤港澳大湾区具备良好的软件与信息服务产业集群，广东省重点地区应统筹利用粤港澳和国际国内科技创新资源，围绕软件与信息服务产业发展完善科技创新链，加快形成以创新为驱动、以科技为引领的经济体系和发展模式。同时还应注意制度的差异，化制度差异为制度优势，注重政策的互补，进一步完善产业政策、人才政策、科技政策。其次，充分发挥产业集聚对区域创新的积极作用，推动区域内企业交流，促进行业内隐性知识扩散，激发区域企业技术创新，进而实现以区域创新带动广东省产业发展。将广州市天河区建成粤港澳大湾区软件产业先导区，在科技创新发展中发挥引领作用，推动粤港澳大湾区软件与信息服务产业高质量发展。

6.2 知识产权风险防控建议

产业安全关乎国家安全，建议加强我国软件与信息服务以下重点产业的专利布局，建立产业专利风险预警机制。如新兴技术软件产业中存在潜在安全风险的区块链、人工智能、大数据等技术领域，尤其是区块链、人工智能技术领域，需重点加强。

建议加强现有重大科技项目及招商引进项目的知识产权分析评议和风险防控，预警防范重大知识产权风险，助力软件与信息服务产业发展决策的科学性和及时性。如加强重大项目的人才流动尽职调查，避免因人才流动造成的侵权风险。加强重点产业的知识产权侵权风险排查工作，避免无效宣告事件的发生。加强海外知识产权风险排查工作，重点针对美国 337 调查条款，做好知识产权储备和风险防控工作。

广东省生物医药与健康产业专利统计分析报告

广东省知识产权保护中心
2021 年 12 月

目 录

第1章 引言 // 530

1.1 项目背景 // 530
1.2 产业链分类 // 531
1.3 检索策略 // 532
    1.3.1 划定产业范畴 // 532
    1.3.2 构建检索式 // 532

第2章 生物医药与健康产业发展态势 // 533

2.1 生物医药与健康产业发展概况 // 533
    2.1.1 全球生物医药与健康产业发展概况 // 533
    2.1.2 我国生物医药与健康产业发展概况 // 535
2.2 政策环境 // 536
    2.2.1 全球政策环境 // 536
    2.2.2 中国政策环境 // 537
    2.2.3 广东省政策环境 // 539
2.3 产业竞争格局 // 541

第3章 中国生物医药与健康产业创新发展态势 // 544

3.1 中国创新企业 // 544
3.2 中国专利布局 // 545
3.3 中国创新人才 // 549

CONTENTS

第 4 章　从关键技术看产业技术发展方向　// 551

4.1　基因检测　// 551
4.1.1　基因检测领域的发展现状　// 551
4.1.2　基因检测领域的专利布局情况　// 553
4.1.3　基因检测技术洞察　// 555

4.2　细胞治疗技术　// 555
4.2.1　细胞治疗技术的发展现状　// 555
4.2.2　细胞治疗技术的专利布局情况　// 556
4.2.3　细胞治疗的关键技术解读　// 558

第 5 章　广东省生物医药与健康产业创新发展定位　// 559

5.1　广东省创新企业　// 559
5.2　广东省专利布局　// 560
5.3　广东省创新人才　// 562
5.4　广东省技术合作情况分析　// 563
5.5　广东省产业链集聚结构　// 565
5.5.1　优势环节分析　// 565
5.5.2　不足环节分析　// 566
5.5.3　潜力环节分析　// 566
5.5.4　风险环节分析　// 567

第 6 章　广东省生物医药与健康产业创新发展路径建议　// 569

6.1　产业布局优化路径　// 569
6.2　知识产权风险防控建议　// 571

图目录

图 1　生物医药与健康产业结构 …………………………………………………………… 531
图 2　2005—2020 年全球药品销售额及增长率 ………………………………………… 534
图 3　全球医疗器械市场规模 ……………………………………………………………… 534
图 4　2019 年全球医疗器械市场企业营收前十名 ……………………………………… 535
图 5　2011—2019 年中国医疗器械出口额 ……………………………………………… 536
图 6　全球生物药物市场规模 ……………………………………………………………… 541
图 7　中国生物医药与健康创新企业数量增长情况 …………………………………… 544
图 8　中国生物医药与健康产业创新企业数量排名前 10 省市 ……………………… 545
图 9　中国生物医药与健康产业的发明专利申请公开量增长趋势 …………………… 546
图 10　中国生物医药与健康产业累计发明专利申请公开量排名前 10 省市 ………… 546
图 11　中国生物医药与健康产业创新人才数量增长情况 …………………………… 549
图 12　中国生物医药与健康产业创新人才数量排名前 10 省市 ……………………… 549
图 13　国内 31 省市与海外来华在中国的发明专利布局对比（基因检测）………… 554
图 14　国内 31 省市的基因检测技术相关发明专利的技术领域分布 ………………… 554
图 15　国内 31 省市与海外来华在中国的发明专利布局对比（细胞治疗）………… 557
图 16　国内 31 省市的细胞治疗技术相关发明专利的技术领域分布 ………………… 557
图 17　广东省各市创新企业分布情况 …………………………………………………… 559
图 18　广东省各市生物医药与健康产业累计发明专利申请公开量的分布情况 …… 560
图 19　中国不同类型申请人发明专利申请公开量排名前列省市 …………………… 561
图 20　广东省各市从事生物医药与健康产业创新人才分布情况 …………………… 563
图 21　全国主要省市生物医药与健康产业涉及产学研合作申请的专利分布 ……… 563
图 22　广东省生物医药与健康产业累计产学研合作申请的专利在主要细分领域的分布（单位：件）… 564
图 23　广东省生物医药与健康产业不同产学研合作申请模式的专利分布 ………… 564

表目录

表1 中国生物医药与健康产业相关政策 ………………………………………… 537
表2 广东省生物医药与健康产业相关政策 ……………………………………… 539
表3 中国生物医药与健康产业链的创新资源分布情况 ………………………… 547
表4 国内31省市与海外来华在中国的专利布局对比情况 …………………… 548
表5 广东省生物医药与健康领域高价值专利中的代表性专利 ………………… 562
表6 广东省在生物医药与健康产业链的优势领域创新要素分布 ……………… 565
表7 广东省在生物医药与健康产业链的不足领域创新要素分布 ……………… 566
表8 广东省在生物医药与健康产业链的潜力产业增速情况 …………………… 566
表9 生物医药与健康产业链专利预警分析 ……………………………………… 567

第 1 章　引言

1.1　项目背景

2021年3月,《中华人民共和国国民经济和社会发展第十四个五年规划和2035年远景目标纲要》围绕"发展壮大战略性新兴产业"进行了专章论述,指出要着眼于抢占未来产业发展先机,培育先导性和支柱性产业,推动战略性新兴产业融合化、集群化、生态化发展,战略性新兴产业增加值占GDP比重超过17%。2021年9月,中共中央、国务院印发《知识产权强国建设纲要(2021—2035年)》,在"建设激励创新发展的知识产权市场运行机制"部分,明确要大力推动专利导航在传统优势产业、战略性新兴产业、未来产业发展中的应用。

习近平总书记对广东制造业发展高度重视、寄予厚望,明确要求广东加快推动制造业转型升级,建设世界级先进制造业集群。2020年5月,广东省人民政府出台《关于培育发展战略性支柱产业集群和战略性新兴产业集群的意见》,并进一步制订了20个战略性产业集群行动计划,最终形成"1+20"的政策体系,旨在推动广东省产业链、创新链、人才链、资金链、政策链相互贯通,加快建立具有国际竞争力的现代化产业体系。2021年4月,广东省人民政府印发《广东省国民经济和社会发展第十四个五年规划和2035年远景目标纲要》,在"总体要求"中提出,改造提升传统产业,做大做强战略性支柱产业,培育发展战略性新兴产业,加快发展现代服务业,推动产业基础高级化和产业链供应链现代化,提高产业现代化水平,打造新兴产业重要策源地、先进制造业和现代服务业基地,推动建设更具国际竞争力的现代产业体系。

针对"生物医药与健康产业",广东省科学技术厅等五部门于2020年9月印发了《广东省发展生物医药与健康战略性支柱产业集群行动计划(2021—2025年)》,提出到2025年,实现生物医药与健康产业规模、集聚效应、创新能力国内一流,体制机制、服务体系、市场竞争力国际领先,打造万亿级产业集群,加快进位赶超,建成具有国际影响力的产业高地;并明确广东省市场监督管理局负责多梯次企业集群建设工程、研发外包服务补强工程等重点工程中的相关工作。

为深入贯彻习近平新时代中国特色社会主义思想和党的十九大精神,认真落实中共中央、国务院关于发展壮大战略性新兴产业和建设知识产权强国,以及广东省委、省政府关于推进制造强省建设的工作部署,按照《广东省人民政府关于培育发展战略性支柱产业集群和战略性新兴产业集群的意见》《广东省发展生物医药与健康战略性支柱产业集群行动计划（2021—2025 年）》的工作安排，加快发展生物医药与健康战略性支柱产业集群，促进产业迈向全球价值链高端，开展生物医药与健康产业专利分析研究工作。基于产业专利导航创新决策理念，紧扣产业分析和专利分析两条主线，将专利信息与产业现状、发展趋势、政策环境、市场竞争等信息深度融合，基于知识产权产业金融大数据，深入研究广东省生物医药与健康产业发展现状，明晰产业发展方向，找准区域产业定位，分析存在制约发展的瓶颈问题和制度障碍，指出优化产业创新资源配置的具体路径，提出适用于本区域产业创新发展的相关建议，为广东省生物医药与健康产业发展规划、招商引资、人才引进等提供决策支撑。

1.2 产业链分类

生物医药与健康产业分为四大领域，包括药品、医疗器械、医疗技术、医疗服务。进一步地，将生物医药与健康产业分为多个相关的三级分支：药品包括新药研发、原料药、化学药品、现代中药、生物药品、制药设备、药用辅料及包装；医疗器械包括植入介入器械、体外诊断、诊断设备、治疗设备、康复设备、卫生材料及低价值医疗耗材、医用辅助设备；医疗技术包括基因技术、细胞技术、人工智能、医疗3D打印；医疗服务包括互联网医疗数据服务、医疗信息处理和存储支持服务、体检/健康管理、精准医疗、医疗美容、养生养老（见图1）。

图 1　生物医药与健康产业结构

1.3 检索策略

1.3.1 划定产业范畴

生命健康产业以生物技术和生命科学为基础，与每个人的生活息息相关。一般认为，生命健康产业是用之于人、服务于人、最终以人的健康为目的产业的集合。生命健康产业涉及医药产品、医疗器械、医疗服务、保健用品、营养食品、保健器具、健康养护、休闲健身、健康管理等多个与人类健康紧密相关的生产和服务领域。同时，互联网、人工智能、大数据技术与生物、医疗领域的结合，以及靶向治疗、基因检测等新型生物医疗技术的兴起，也为生命健康产业赋予了新动能，延展了产业的范畴。生命健康产业已成为全球发展潜力最大的未来产业之一，在国家大力加强战略性新兴产业的一系列政策引导和支持下，我国生命健康产业也面临良好的发展前景，未来成长空间可期。

1.3.2 构建检索式

分类号的选取。在分类表中找出所有相关的分类号，去掉不必要的分类号，形成初步检索式中的分类号集合，并适当使用通配符，避免错分到相近分类号的专利文献；进行检索结果验证，根据检索结果，增加或减少分类号；通过不断的检索结果反馈的过程完善检索式中的分类号。

关键词的选取。尽可能列出相关关键词，形成关键词集合；使用关键词进行检索，根据检索式取舍关键词后再次进行检索，对结果进行分析；通过不断的检索结果反馈的过程完善检索式中的关键词。

在检索过程中，为达到专业检索，需要结合分类号和关键词进行检索。例如，对于现代中药的检索，选取分类号 A61K、A61P、A61L、A61D 等，选取关键词中药、草药、中医药、中成药等，并且进行组合检索。

第 2 章　生物医药与健康产业发展态势

2.1　生物医药与健康产业发展概况

2.1.1　全球生物医药与健康产业发展概况

国务院在 2015 年发布的《中国制造 2025》中，将"生物医药及高性能医疗器械"纳入制造业发展的十大重点领域，鼓励企业加强创新，攻坚克难。生命健康产业关乎民生幸福与社会和谐，加快推进生命健康产业高质量发展，对增进人民健康福祉、推动技术创新、助力产业升级具有重要战略意义。

2020 年，肆虐全球的新冠疫情，给全球人类生命健康带来了严重威胁，也给各行各业带来了严峻挑战。受新冠疫情影响，全球前沿创新科技和资本不断加速注入生命健康产业，推动生命健康产业迎来跨越式发展。

根据蛋壳研究院发布的《2020 年 H1 全球医疗健康产业资本报告》，2020 年全球医疗健康产业融资总额创历史新高，同比增长 41%；其中，中国医疗健康产业融资总额也创历史新高，同比增长 58%。

根据动脉橙产业智库发布的《2020 年全球医疗健康产业资本报告》，2020 年，单笔融资超过 1 亿美元的有 205 起，同比增长近 80%。据统计，这 205 家公司融资总额高达 361.9 亿美元。这意味着在全球范围内，投入医疗健康产业一半左右的资金被不到 10% 的企业所占据。在新冠疫情的笼罩下，全球一级市场呈现出资金"抱团取暖"的趋势，市场分化进一步加剧。

近年来，全球医药市场的快速发展主要得益于两个方面：一方面，一些主要药品的专利陆续到期，使更多的仿制药能够进入市场；另一方面，新兴国家的经济快速增长拉动了这些国家的药品需求。

全球金融危机以前，随着全球经济一体化的发展、全球人口老龄化程度不断提高，全球药品销售额不断增加。2003—2009 年，全球药品销售额始终保持 7% 以上的增速；2012 年以来，国际金融危机的深度影响仍在继续，全球经济复苏未见明显好转，但金融资本的进入促进了药品需求的增长和医疗通道的改进，全球药品销售额开始实现恢复性增长，增速逐步上升；并且随着专利到期的药品数量锐减，创新药层出不穷且价格上涨，2020 年全球药品销售额达到 1.4 万亿美元，同比增长 7.7%（见图 2）。

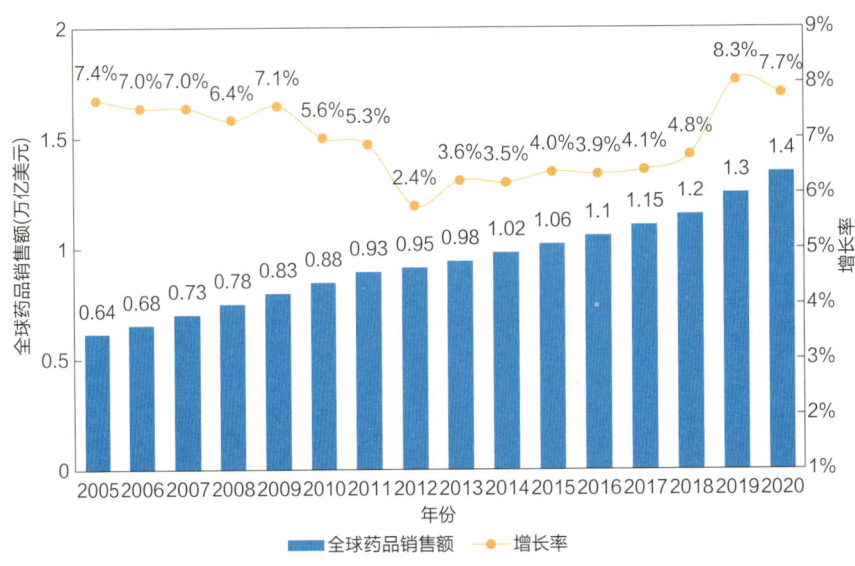

图2 2005—2020年全球药品销售额及增长率

2019年，全球医疗器械市场继续保持稳步增长，市场规模达到4529亿美元，同比增长5.87%。

2020年，新冠疫情在全球范围内暴发，使得监护仪、呼吸机、输注泵和医学影像业务所用的便携彩超、移动DR（移动数字化X线机）需求量大幅增长，全球各国的医用防护用品、核酸检测盒、ECMO等医疗器械订单量激增，销售价格出现较大幅度上涨，部分医疗器械持续脱销，市场规模进一步扩大（见图3）。

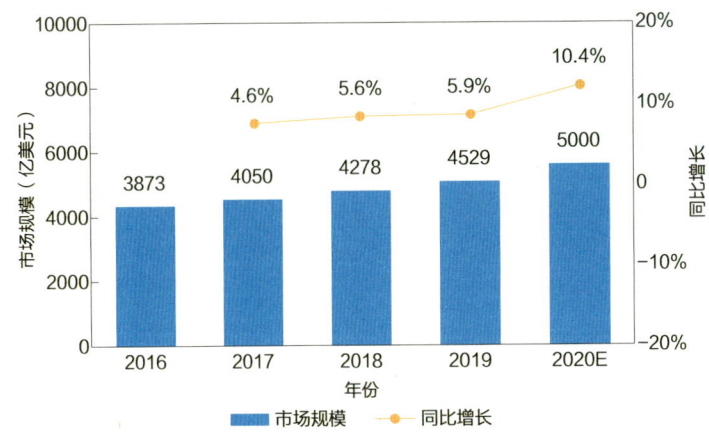

图3 全球医疗器械市场规模

2019年，IVD市场继续保持领先，市场规模约为588亿美元；心血管市场则以524亿美元的市场规模位居第二；影像、骨科、眼科市场紧随其后，分别位列第三、第四、第五。国外权威的第三方网站QMED最新发布的《2019年医疗器械企业百强榜单》显示，2019年全球医疗器械市场前十名企业总营收约为1944.3亿美元，占全球42.9%的市场份额。其中，美敦力以308.91亿美元的营收位居榜首，连续四年保持全球医疗器械领先地位

（见图4）。

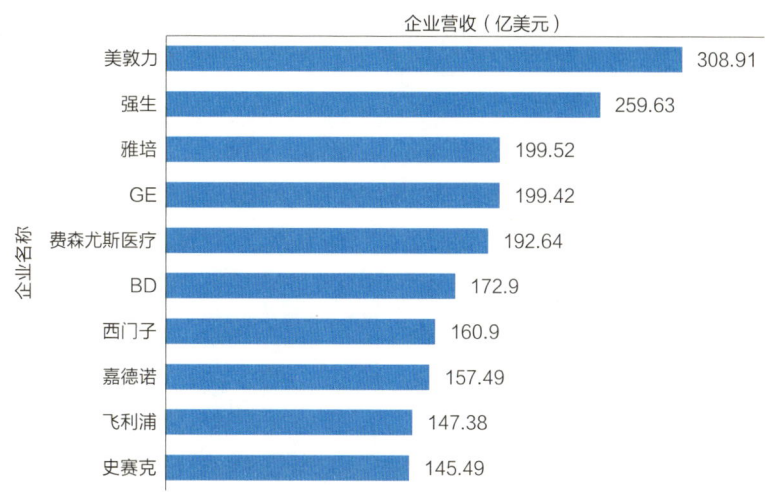

图4　2019年全球医疗器械市场企业营收前十名

2.1.2　我国生物医药与健康产业发展概况

我国大力鼓励医药行业发展，不断出台医药产业政策与配套措施，逐步推动医药行业朝着高质量、创新方向发展。据统计，2019年我国医药市场规模已达到1.64万亿元左右，预计到2023年将达到2.13万亿元。另据前瞻产业研究院预测，我国医药市场规模将以14%~17%的速度增长，预计到2025年将超过5.3万亿元。

我国医药行业的细分领域主要集中于化学药品制剂、中成药和化学药品原料药。中国医药企业管理协会的数据显示，2019年化学药品制剂制造的营收为8576.1亿元，同比上升11.5%，占当年医药工业营收的比重为32.8%。中成药生产，2019年实现营收4587亿元，同比上升7.5%，占当年医药工业营收的比重为17.5%。化学药品原料药制造，2019年实现营收3803.7亿元，同比上升5%，占当年医药工业营收的比重为14.6%。

我国医疗器械行业发展迅猛，产业发展保持着高速增长的态势，已初步建成专业门类齐全、产业链条完善、产业基础雄厚的产业体系。2019年，中国医疗器械市场规模为6290亿元，较2015年的3080亿元翻了一番。2020年，我国医疗器械产业保持快速增长，以上市企业为例，前三季度境内95家医疗器械A股上市企业总营收达1658.14亿元，同比增长52.25%。

从全国区域分布状况来看，中国医疗器械企业主要集中于广东省、山东省、浙江省、四川省、河南省、江苏省等省份；总体来说，沿海省域在医疗器械经营中占据相对优势，四川、河南、江西等内陆省份成为医疗器械产业转移、升级的重要区域。

我国医疗器械行业处于高速发展时期，国产医疗器械的进口替代从低端产品市场开始，已经渗透到高端产品市场。我国尽管在高端医疗器械产品研发方面仍存在一定的差距，但在部分领域，研发技术已居世界前列，如国内超声产品已实现了进口替代，目前在低端、中端、高端超声产品市场上国产超声产品销售额占比分别为76%、24%和4%。在同等技术条件下,"中国制造"的产品性价比远高于进口产品。在推进国内市场进口替代的进程中,国产医疗器械也在走向海外市场。从出口额来看,中国医疗器械出口额从2011年的157.11亿美元提升至2019年的287.02亿美元(见图5),复合增速达到约7.8%。中国医疗器械在全球已占有一席之地。❶

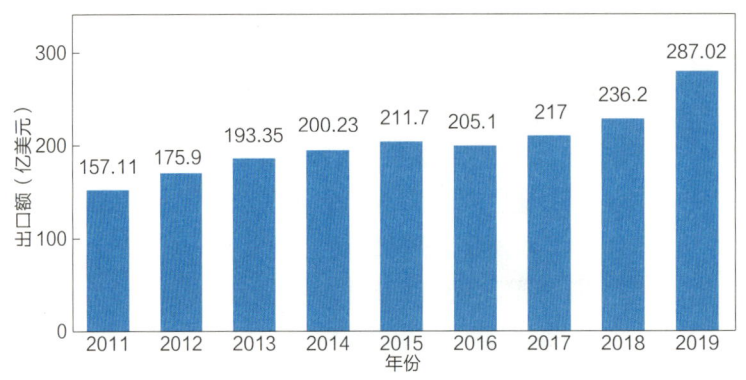

图5　2011—2019年中国医疗器械出口额

在中国生物医药与健康产业链中,治疗设备的累计发明专利申请公开量为39.6万件,专利布局量最大;其次是化学药品,累计发明专利申请公开量为30.0万件;其他的累计发明专利申请量分别有:原料药设备为28.3万件,新药研发为23.8万件,现代中药为18.6万件,体外诊断为13.6万件,生物药品为11.7万件。可以看出,治疗设备领域受关注度较高,研发投入力度较大。从创新人才数量及创新企业数量来看,治疗设备领域也同样是排名第一。

2.2　政策环境

2.2.1　全球政策环境

2019年,世界主要经济体加强生物科技领域战略布局,尤其是在生物经济方面提出国家级规划与路线图。美国将生物经济确定为联邦政府重点研发的关键领域之一;加拿大发布首个国家生物经济战略,以促进加拿大生物质和残余物的最大价值化利用,同时减少碳足迹,实现有效管理自然资源的目标;欧盟提出在2030年将生物基产品或可再生原料的份额增加到化学工业的有机化学品原材料和原料总量的25%;英国、意大利、奥地利也都发布国家生物经济战略,面向下一代生物经济提出战略部署和规划要点。此外,针对发展生物科学应对粮食安全、能源清洁增长和健康老龄化挑战的路线图——《英国生物科学前瞻》,英国发布生物科学领域《2019年交付计划》,详细阐述将要采取的行动,以支持交付目标的实现;日本提出到2030年建成世界最先进的生物经济社会;韩国旨在通过产业政策的根本性创新和率先投资,推动韩国生物医药与健康产业迅速发展并进入全球领先地位。

---

❶ 资料来源:《中国医疗器械蓝皮书(2019)》。

世界主要经济体在合成生物制造、基因编辑、生物医药等前沿交叉融合性生物科技方面加强项目部署和配套举措，积极驱动科技产业颠覆性变革；同时，世界主要经济体在生物传感器、生物成像技术，以及生物大数据基础设施建设方面也部署了多个项目，推动生物科技在应对医药、材料、能源、环境和气候变化等挑战方面发挥积极作用。

2.2.2 中国政策环境

健康是经济社会发展的基础条件，也是广大人民群众的共同追求。自1956年以来，我国颁布了一系列有关生命健康的政策。1956年，国务院制定的《1956—1967年科学技术发展远景规划》中，明确提出"医药卫生"是重点发展方向之一。2016年10月，中共中央、国务院发布的《"健康中国2030"规划纲要》提出，到2030年，促进全民健康的制度体系更加完善，健康领域发展更加协调，健康生活方式得到普及，健康服务质量和健康保障水平不断提高，健康产业繁荣发展，基本实现健康公平，主要健康指标进入高收入国家行列；到2050年，建成与社会主义现代化国家相适应的健康国家。2019年9月，国家发改委联合国家卫健委等多部门发布的《促进健康产业高质量发展行动纲要（2019—2022年）》提出，到2022年，基本形成内涵丰富、结构合理的健康产业体系，优质医疗健康资源覆盖范围进一步扩大，健康产业融合度和协同性进一步增强，健康产业科技竞争力进一步提升，人才数量和质量达到更高水平，形成若干有较强影响力的健康产业集群。2020年12月，国家卫健委发布的《关于深入推进"互联网+医疗健康""五个一"服务行动的通知》指出，持续推动"互联网+医疗健康"便民惠民服务向纵深发展，在全行业深化"五个一"服务行动。我国生物医药与健康产业相关政策见表1。

表1 中国生物医药与健康产业相关政策

时间	发文部门	文件	主要内容
1956年	国务院	《1956—1967年科学技术发展远景规划》	明确提出"医药卫生"是重点发展方向之一，并提出五个与医药卫生相关的重要科学技术任务
1978年	国务院	《1978—1985年全国科学技术发展规划纲要》	明确提出将"医药和环境保护方面"作为重点科学技术研究项目之一
2006年	国务院	《国家中长期科学和技术发展规划纲要（2006—2020年）》	将生命健康相关的"8、人口与健康"作为重点领域及其优先主题之一，此外，"生物技术"位列八个前沿技术的首位
2011年	科学技术部、卫生部等多部门	《医学科技发展"十二五"规划》	初步建立适合我国特点的具有开放联合、机制创新、集成攻关等特征的新型国家医学科技创新体系
2015年	国务院	《中国制造2025》	将"生物医药及高性能医疗器械"纳入大力推动突破发展的重点领域之一

续表

时间	发文部门	文件	主要内容
2016年	国务院	《关于促进医药产业健康发展的指导意见》	通过优化应用环境、强化要素支撑、调整产业结构、严格产业监管、深化开放合作，激发医药产业创新活力，降低医药产品从研发到上市全环节的成本，加快医药产品审批、生产、流通、使用领域体制机制改革，推动医药产业智能化、服务化、生态化，实现产业中高速发展和向中高端转型
2016年	国务院	《"十三五"国家科技创新规划》	将"重大新药创制"以及"艾滋病和病毒性肝炎等重大传染病防治"作为两个国家科技重大专项
2016年	中共中央、国务院	《"健康中国2030"规划纲要》	到2030年，促进全民健康的制度体系更加完善，健康领域发展更加协调，健康生活方式得到普及，健康服务质量和健康保障水平不断提高，健康产业繁荣发展，基本实现健康公平，主要健康指标进入高收入国家行列；到2050年，建成与社会主义现代化国家相适应的健康国家
2016年	工业和信息化部	《医药工业发展规划指南》	大力发展生物药和化学药新品种、优质中药、高性能医疗器械、新型辅料包材和制药设备
2016年	中华人民共和国中央人民政府	《中华人民共和国中医药法》	鼓励中医、西医相互学习，相互补充，协调发展，发挥各自优势，促进中西医结合
2016年	国家发改委	《"十三五"生物产业发展规划》	推广基因检测、细胞治疗、高性能影像设备、生物基材料、生物能源、中药标准化等新兴技术应用
2017年	科技部	《"十三五"医疗器械科技创新专项规划》	加速医疗器械产业整体向创新驱动发展的转型，完善医疗器械研发创新链条；突破一批前沿、共性关键技术和核心部件，开发一批进口依赖度高、临床需求迫切的高端、主流医疗器械和适宜基层的智能化、移动化、网络化产品，推出一批基于国产创新医疗器械产品的应用解决方案
2017年	科技部	《"十三五"健康产业科技创新专项规划》	重点发展创新药物、医疗器械、健康产品等三类产品，引领发展以"精准化、数字化、智能化、一体化"为方向的新型医疗健康服务模式
2017年	科技部	《"十三五"中医药科技创新专项规划》	建立更加协同、高效、开放的中医药科技创新体系，解决一批制约中医药发展的关键科学问题，突破一批制约中医药发展的关键核心技术
2019年	国家发改委、国家卫健委等多部门	《促进健康产业高质量发展行动纲要（2019—2022年）》	到2022年，基本形成内涵丰富、结构合理的健康产业体系，优质医疗健康资源覆盖范围进一步扩大，健康产业融合度和协同性进一步增强，健康产业科技竞争力进一步提升，人才数量和质量达到更高水平，形成若干有较强影响力的健康产业集群
2020年	国务院	《2020年政府工作报告》	对新冠肺炎实行甲类传染病管理，各地启动重大突发公共卫生事件一级响应；发展"互联网+医疗健康"；建设区域医疗中心；提高城乡社区医疗服务能力；推进分级诊疗；促进中医药振兴发展，加强中西医结合；构建和谐医患关系；严格食品药品监管，确保安全

续表

时间	发文部门	文件	主要内容
2020 年	中华人民共和国中央人民政府	《中华人民共和国基本医疗卫生与健康促进法》	医疗卫生与健康事业应当坚持以人民为中心,为人民健康服务。医疗卫生事业应当坚持公益性原则。国家和社会尊重、保护公民的健康权。国家实施健康中国战略,普及健康生活,优化健康服务,完善健康保障,建设健康环境,发展健康产业,提升公民全生命周期健康水平。国家建立健康教育制度,保障公民获得健康教育的权利,提高公民的健康素养
2020 年	国务院	《关于印发深化医药卫生体制改革 2020 年下半年重点工作任务的通知》	统筹推进深化医改与新冠肺炎疫情防治相关工作,把预防为主摆在更加突出位置,补短板、堵漏洞、强弱项,继续着力推动把以治病为中心转变为以人民健康为中心,深化医疗、医保、医药联动改革,继续着力解决看病难、看病贵问题
2020 年	国家卫健委	《关于深入推进"互联网+医疗健康""五个一"服务行动的通知》	持续推动"互联网+医疗健康"便民惠民服务向纵深发展,在全行业深化"五个一"服务行动
2020 年	国家中医药管理局	《关于印发中医药康复服务能力提升工程实施方案(2021—2025 年)的通知》	到 2025 年,依托现有资源布局建设一批中医康复中心,三级中医医院和二级中医医院设置康复(医学)科的比例分别达到 85% 和 70%,康复医院全部设置传统康复治疗室,鼓励其他提供康复服务的医疗机构普遍能够提供中医药康复服务
2020 年	国务院	《关于促进养老托育服务健康发展的意见》	地方各级政府要建立健全"一老一小"工作推进机制,结合实际落实本意见要求,以健全政策体系、扩大服务供给、打造发展环境、完善监管服务为着力点,促进养老托育健康发展,定期向同级人民代表大会常务委员会报告服务能力提升成效

2.2.3　广东省政策环境

2017 年以来,广东省发布若干生物医药与健康产业方面的新政策,目标是到 2025 年,实现生物医药与健康产业规模、集聚效应、创新能力国内一流,体制机制、服务体系、市场竞争力国际领先,打造万亿级产业集群,加快进位赶超,建成具有国际影响力的产业高地。表 2 列出了广东省生物医药与健康产业相关政策。

表 2　广东省生物医药与健康产业相关政策

时间	文件名称	主要内容
2017 年	《广东省卫生与健康"十三五"规划》	力争到 2018 年,非公立医疗机构床位数和服务量占总量 30% 左右,到 2020 年,全省健康服务业发展总规模达 10000 亿元左右
2017 年	《"健康广东 2030"规划》	到 2030 年,预防、治疗、康复、健康促进一体化的健康服务体系更加完善,全民健康素养水平显著提升,健康生活方式基本普及,居民主要健康影响因素得到有效控制,因重大慢性病导致的过早死亡率明显降低,人均健康预期寿命得到较大提高,居民主要健康指标水平进入高收入国家行列,健康公平基本实现

539

续表

时间	文件名称	主要内容
2018年	《广东省促进"互联网+医疗健康"发展行动计划（2018—2020年）》	到2020年，支持互联网医疗健康发展的政策体系基本建立，基础设施支撑体系逐步完善，医疗健康信息在政府、医疗卫生机构、居民之间共享应用，医疗健康服务供给更加优化可及、医疗健康服务更加智慧精准、医患关系更加和谐、医疗健康服务业全面发展，"互联网+医疗健康"走在全国前列
2020年	《广州市人民政府关于印发广州市加快生物医药产业发展若干规定（修订）的通知》	针对新药临床研发加大了支持力度，引导本地医疗机构加强对我市生物医药企业临床试验的支持；同时，增加对GCP机构和I期临床研究病房的支持，以及从支持研究型病房建设、改善研究者创新环境、促进科研成果转化以及支持离岗创业等业界反映最强烈的方面着手，增加有关政策措施，激发临床试验机构人才智力和活力
2020年	《关于促进生物医药创新发展的若干政策措施》	以广州、深圳市为核心，打造布局合理、错位发展、协同联动、资源集聚的广深港、广珠澳生物医药科技创新集聚区。强化再生医学与健康省实验室、生命信息与生物医药省实验室建设，赋予其人、财、物自主权，争取成为生命健康领域国家实验室的重要组成部分
2020年	《珠海市促进生物医药产业发展若干措施》	优化珠海市生物医药发展产业环境，聚焦生物医药重点领域和关键技术，强化创新引领，优化产业结构，着力提升生物医药科技和产业竞争力，培育千亿级生物医药产业集群
2020年	《广东省发展生物医药与健康战略性支柱产业集群行动计划（2021—2025年）》	到2025年，实现生物医药与健康产业规模、集聚效应、创新能力国内一流，体制机制、服务体系、市场竞争力国际领先，打造万亿级产业集群，加快进位赶超，建成具有国际影响力的产业高地
2021年	《深圳市促进生物医药产业集聚发展的若干措施》	加快深圳市生物医药产业高质量发展，聚焦行业痛点难点，着力提升产业原始创新能力，大力推动创新成果转化，积极布局产业应用基础平台，实现产业园区协同错位发展，集聚重大产业项目落地，建成具有全球影响力的产业创新发展策源地
2021年	《佛山市南海区促进生物医药产业发展扶持办法》	扶持政策吸引生物医药生产项目、机构、科研平台落户南海，形成生物医药产业集聚，推动辖区内生物医药领域的研发创新和行业发展，促进南海区生物医药科技和产业高质量发展
2021年	《广东省深化医药卫生体制改革近期重点工作任务》	推进全民健康信息化建设，加强互联网诊疗服务监管，加强医保信息化、标准化建设。深入推进"互联网+医疗健康""五个一"服务行动，改善群众服务体验

从政策补贴力度来看，深圳市和广州市排在广东省前列，其中深圳市注重的补贴范围包括药品–临床研究、资质认证、仿制药一致性评价、重点项目投资、上市持有人、委托研发、生产；广州市注重的补贴范围包括医疗器械–临床研究、医疗器械注册证、公共服务平台、产业化、重大推介交流。这两个城市在这方面几乎不分上下，但除了这些政策有优势之外，深圳市还有一些广州市没有的小众政策，如原辅料登记奖励、定制化综合保险产品、企业无废处理。

其他城市的优势在于：佛山市的技术改造；东莞市的特色园区建设以及引进新项目；珠海市补贴不高，但有个别小众政策亮点。

2.3 产业竞争格局

在药品方面，全球范围内，生物制药已经成为生命健康产业发展最快的细分领域之一，是持续高景气的朝阳产业。生物药物主要包括细胞因子、酶、抗体、疫苗、血液制品、激素等几大类。相对于常见的化学药物，生物药物具有分子更大、结构更复杂、研发生产壁垒更高、安全有效性更佳等特点。根据 Frost & Sullivan 预测，2021 年全球生物药物市场规模有望增至 3500 亿美元，占全球药品市场份额有望增至 25% 左右（见图 6）。❶

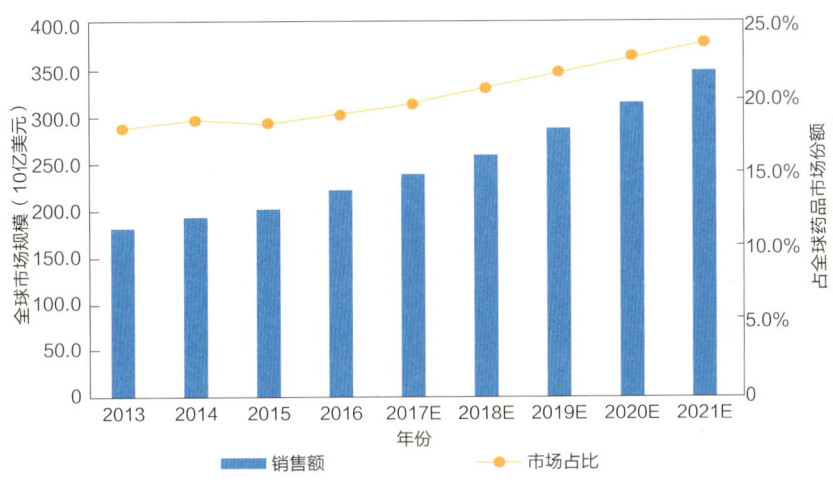

图 6 全球生物药物市场规模

2000 年之前，生物药物多为研发生产难度较小的酶、细胞因子、干扰素等；之后，研发生产难度更高的抗体、激素等药物的获批数量快速增加，尤其是治疗性单抗近年来实现爆发增长，引领了生物药物雄霸全球药品市场的新时代。从市场规模来看，根据 Frost & Sullivan 统计，全球单抗市场规模已由 2012 年的 673 亿美元增至 2016 年的 942 亿美元，复合增速达到 8.8%，预计未来将以 10% 左右的复合增速持续增长。

随着人们健康需求日益增加，医疗器械市场保持稳步增长。Evaluate MedTech 发布的《World Preview 2018，Outlook to 2024》显示，2017 年全球医疗器械市场销售额为 4050 亿美元，同比增长 4.6%；未来几年全球医疗器械市场将继续保持上涨态势，预计 2024 年销售额将达到 5945 亿美元，2017—2024 年复合增长率为 5.6%。

突如其来的新冠疫情使在线问诊需求大幅上升，政策对互联网医疗边界的界定、监管的落地为互联网医疗的发展创造了一个长期、良好、健康的环境。从全球范围看互联网医疗，亚洲呈现较高增速，欧美呈现中等增速，而南美与非洲呈现较低增速。亚洲呈现较高增速的原因是该地区较多的发展中国家医疗市场还存在较大的增长空间，目前对于互联网医疗的普及还处于初级阶段。另外，慢性病发病率不断上升、智能手机用户不断增加、医疗质量不断提高、偏远地区对自我保健的需求不断增加等都是推动互联网医疗市场增长的因素。

---

❶ 资料来源：Frost & Sullivan，东兴证券研究所。

互联网医疗主要包括远程医疗、移动医疗、云医疗等领域，其中远程医疗市场占据主导地位。2015年以来，全球远程医疗市场持续增长，据 Fortune Business 估计，2026年远程医疗市场将达到185.66亿美元，年复合增长率达到23.5%。其中，北美地区市场规模最大，2018年达到146亿美元，这主要得益于政府政策的支持，以及标准医疗体系的建立与不断完善。随着各种远程医疗产品的推出以及资本的进入，全球远程医疗市场竞争逐渐加剧。❶

受新冠疫情影响，在市场整体走低的情况下，医疗器械板块却逆势暴涨。据众成医械研究院统计，71家医疗器械企业中仅有4家企业出现亏损，其余全部实现盈利，并且有26家企业净利润增幅超过100%，行业板块总营收同比增长43.86%，总净利润同比增长340.53%。但在高速增长的背后，潜藏着医疗器械国际供应链的危机。我国医疗器械制造的某些核心零件仍然依赖进口，在此次新冠疫情中，暴露出了一些我国医疗器械供应链的短板。

国内医疗器械行业整体面临技术水平偏弱、产品竞争同质化等问题，再加上美国对华技术转移限制，"卡脖子"问题再次凸显。因此，加快自主创新、实现医疗器械的核心零件或高端医疗器械进口替代刻不容缓。

在呼吸机或ECMO方面，呼吸机或ECMO的关键核心零件都来自欧美。美敦力、迈科唯、理诺珐等国外生产商几乎包揽了全球的ECMO市场。即使迈瑞医疗、鱼跃医疗等国产品牌呼吸机实现了大量出口，但涡轮风机、高精度传感器、芯片等核心部件仍然依赖进口。中国医疗器械行业协会数据显示，2019年外国品牌呼吸机在国内市场占有率达75%以上，尤其是生产技术难度较高的有创呼吸机以进口品牌为主。

在医用口罩生产设备方面，熔喷布设备喷头依赖德国。熔喷布是医用口罩的核心原料，而熔喷布的质量关键在于熔喷布生产设备。大部分熔喷布生产设备的核心器件——喷头要从德国进口，国产喷头的稳定性存在一定问题。

在红外测温仪方面，红外测温仪的核心元件如红外传感器、芯片等主要来自日本等地，国产的品质很难达到市场要求。

在检测试剂方面，全自动免疫分析仪配套的试剂所需原材料进口的占比比较大，从德国和美国采购的抗原抗体占试剂成本的30%，磁珠也主要从日本进口，目前国产磁珠的稳定性达不到要求。

新药是药品中最具活力的部分，新药代表着制药工业的科研和生产技术水平，新药的发展直接影响着防病、治病的质量和进程，但我国创新药研发水平远远低于欧美发达国家。

从医药企业层面来看，新药研发成本巨大，中国许多医药企业投入研发的比值较低。根据价值线数据，选取在美股、A股（中国）上市的2019年的研发经费前30名的药企数据进行对比后发现，美股上市公司的投入是中国A股公司的100多倍。另外，根据媒体统计的不完全数据显示，在欧美国家，平均的研发投入比值为18%，有些药企甚至付出50%以上的营收来开发新药，而且往往是小企业。而很多中国A股药企的研发投入占比达不

---

❶ 资料来源：安信证券研究中心。

到10%，还有不少企业不到5%。不难发现，国内医药行业中，生存得最好的，大多靠的不是研发，而是销售最厉害的那一批企业。由于中国市场过于庞大，企业不用靠研制"救命药"就能生存，甚至生存得很好。在这种情况下，大量中国药企选择了一条与西方药企"差异化竞争"的道路，那就是不与西方药企进行直接硬碰硬竞争，而是生产低端药和保健药。

从医药科研机构层面来看，中国生命科学与生物技术领域的论文和专利数量呈迅猛增长态势，已连续八年名列全球第二。与之不相称的是中国科研机构的科技成果转化能力。我们发现了很多活性化合物、靶点和致病基因，却难以将这些成果转化为创新药。中国科研机构自身的成果转化能力也普遍偏弱。由于评价机制问题，多数科研人员对推动科技成果转化并不积极。

从政府层面来看，创新药的开发是个系统性问题，政策环境也在不同程度上造成了今天创新药难产的困局。我国在药品研发和仿制上走过很多弯路。2007年以前，中国的药品审批曾一度出现过快的跨越。在全球仿制药以8%的速度增长时，中国的仿制药增速达25%。之后，中国的新药审批开始变得异常严格，逐渐与国际接轨。但更加严格的审批并没有促进新药研发完全走上正轨，反倒加剧了部分药企在科研方面的懈怠，他们开始在剂型等方面做文章，甚至将主要精力投入更易获批的保健品上。

第 3 章　中国生物医药与健康产业创新发展态势

3.1　中国创新企业

截至 2021 年 7 月底,中国生物医药与健康产业有发明专利申请活动的创新企业共计 130929 家,近五年复合增速达 16.8%,高出全球创新企业数量的平均增速(7.8%)9 个百分点。其中,2018 年同比增速最快,同比增长 19.2%(见图 7)。

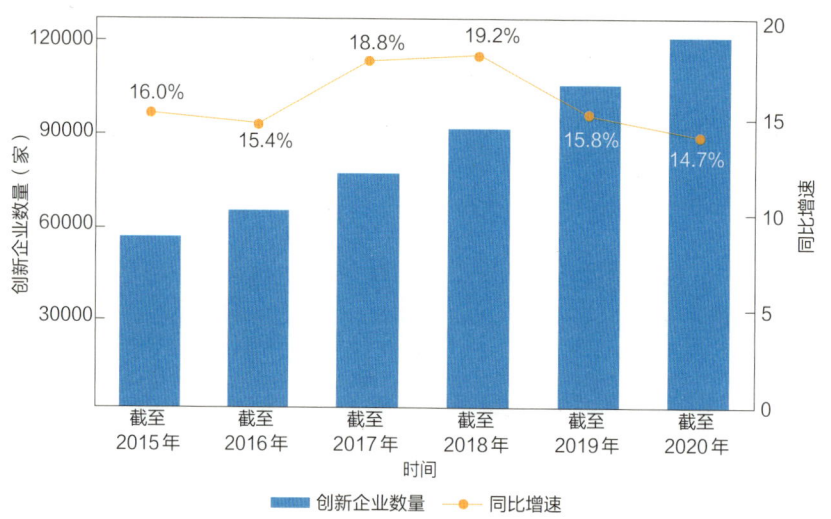

图 7　中国生物医药与健康创新企业数量增长情况

从全国 31 省市分布来看,中国生物医药与健康产业创新企业主要分布在长三角、珠三角地区,创新企业数量排名前五位的省市分别为广东省(13468 家)、江苏省(13334 家)、浙江省(7966 家)、上海市(6992 家)、北京市(6869 家)(见图 8)。其中,广东省的创新企业数量在全国排名第一。

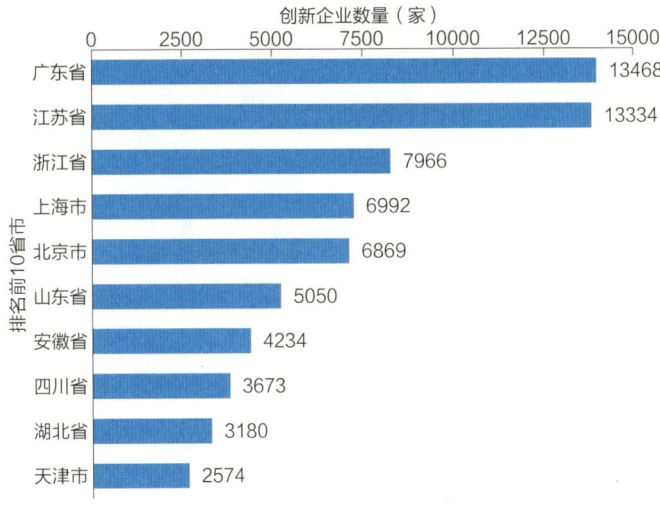

图 8　中国生物医药与健康产业创新企业数量排名前 10 省市

截至 2021 年 7 月底，全国生物医药与健康产业的高新技术企业共 38736 家，占全国生物医药与健康产业创新企业总数的 29.6%；全国生物医药与健康产业的上市公司达 1425 家，占总数的 1.1%；全国生物医药与健康产业的初创企业数量为 7196 家，占全国生物医药与健康产业创新企业总数的 5.5%；全国生物医药与健康产业的隐形冠军企业数量为 883 家，占全国生物医药与健康产业创新企业总数的 0.7%。此外，全国共有生物医药与健康产业独角兽企业 65 家。

3.2　中国专利布局

截至 2021 年 7 月底，中国生物医药与健康产业累计发明专利申请公开量为 1419982 件，全球排名第二，占全球生物医药与健康产业累计发明专利申请公开总量的 14.7%。近五年复合增速达 7.2%，高出全球复合增速（3.7%）3.5 个百分点。其中，2015 年同比增速最快，同比增长 25.9%；而 2019 年出现了负增长，同比增长 -2.5%（见图 9）。

从中国生物医药与健康产业的发明专利分布情况来看，发明专利主要集中于江苏省、山东省、广东省、北京市、上海市（见图 10）。其中，广东省累计发明专利申请公开量为 120753 件，排名全国第三，占全国生物医药与健康产业累计发明专利申请公开量的比重为 8.5%，近五年复合增速为 18.5%，高出全国复合增速（7.2%）11.3 个百分点。

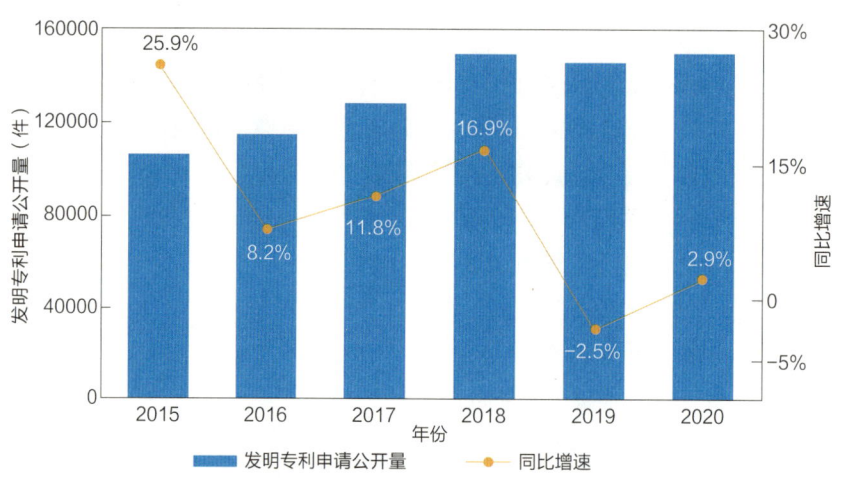

图 9 中国生物医药与健康产业的发明专利申请公开量增长趋势

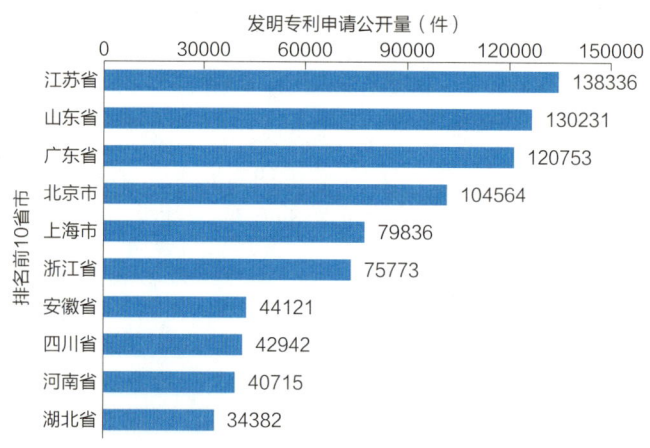

图 10 中国生物医药与健康产业累计发明专利申请公开量排名前 10 省市

中国生物医药与健康产业累计有效发明专利 314667 件，主要集中于北京市（30211 件）、江苏省（29161 件）、广东省（28739 件）、山东省（19422 件）和浙江省（17145 件）等省市，广东省排名全国第三。

中国生物医药与健康产业累计发明授权专利 463062 件，主要集中于北京市（42550 件）、江苏省（33675 件）、广东省（34759 件）、山东省（36087 件）和浙江省（23979 件）等省市，广东省排名全国第三。

中国生物医药与健康产业累计高被引专利数量为 5017 件，这些高被引专利主要集中于北京市（677 件）、山东省（390 件）、上海市（377 件）、江苏省（366 件）和广东省（355 件）等省市，广东省排名全国第五。

中国生物医药与健康产业累计产学研合作专利 25198 件，主要集中于北京市（2807 件）、广东省（2616 件）、上海市（2308 件）、江苏省（2039 件）和浙江省（1377 件）等省市，广东省排名全国第二。

在中国生物医药与健康产业链中，治疗设备的累计发明专利申请公开量约为 39.6 万件，专利布局量最大；其次是化学药品，累计发明专利申请公开量约为30.0万件，原料药约为28.3万件，新药研发约为23.8万件，现代中药约为18.6万件，体外诊断约为13.6万件，生物药品约为11.7万件（见表3）。可以看出，治疗设备领域受关注度较高，研发投入力度较大。从创新人才数量及创新企业数量来看，治疗设备领域同样也是排名第一。

表3　中国生物医药与健康产业链的创新资源分布情况

产业链二级	产业链三级	累计发明专利申请公开量（件）	发明专利申请公开量五年复合增速	创新人才数量（人）	创新企业数量（家）
药品	新药研发	237514	3.3%	423611	30189
	原料药	282858	3.6%	536980	31201
	化学药品	299917	0.7%	520520	31008
	现代中药	186407	−21.3%	171356	12368
	生物药品	116782	8.1%	273795	15046
	制药设备	102739	18.7%	186700	15438
	药用辅料及包装	70606	9.4%	149843	12544
医疗器械	植入介入器械	47220	14.6%	92458	7842
	体外诊断	135950	10.2%	303687	15799
	诊断设备	102739	18.7%	186700	15438
	治疗设备	395888	16.5%	582344	47739
	康复设备	21268	21.7%	39737	3565
	卫生材料及低价值医疗耗材	41556	12.4%	72611	7815
	医用辅助设备	14029	40.6%	25936	3535
医疗技术	基因技术	71865	9.9%	167412	6859
	细胞技术	19819	16.2%	49415	3673
	人工智能	19685	71.1%	55670	4313
	医疗3D打印	4193	35.9%	11669	757
医疗服务	互联网医疗数据服务	65819	38.3%	145885	14996
	医疗信息处理和存储支持服务	54703	26.6%	118632	10692
	体检/健康管理	2948	23.7%	7145	1304
	精准医疗	7779	25.8%	22190	1707
	医疗美容	9823	−3.9%	15540	2721
	养生养老	956	32.1%	2403	413

近五年，中国的人工智能、医用辅助设备领域的发明专利申请公开量复合增速均在40%以上，互联网医疗数据服务、医疗3D打印、养生养老领域的发明专利申请公开量复合增速也达到了30%以上，而现代中药和医疗美容领域的发明专利申请公开量复合增速为负。

从发明专利申请公开量的近五年复合增速来看，国内31省市排名前五位的产业分别是人工智能（72.6%）、医用辅助设备（42.9%）、互联网医疗数据服务（39.5%）、医疗3D打印（34.6%）、养生养老（32.1%）。整体来看，海外来华的发明专利申请公开量的近五年复合增速相对平缓，但制药设备、化学药品、新药研发、医疗美容、精准医疗领域的海外来华发明专利申请公开量的近五年复合增速高于国内31省市（见表4）。

表4 国内31省市与海外来华在中国的专利布局对比情况

产业链二级	产业链三级	国内31省市			海外来华		
		累计发明专利申请公开量（件）	同比增速	近五年复合增速	累计发明专利申请公开量（件）	同比增速	近五年复合增速
药品	新药研发	186600	1.9%	2.8%	49459	3.0%	5.3%
	原料药	205682	-2.2%	4.0%	75418	0.1%	1.3%
	化学药品	220660	-1.5%	0.5%	77415	-1.1%	0.8%
	现代中药	185644	-23.1%	-21.4%	495	0	0
	生物药品	80512	1.4%	8.9%	35505	4.7%	5.8%
	制药设备	43844	-7.0%	0.8%	2948	10.7%	9.0%
	药用辅料及包装	56714	8.8%	10.3%	13449	1.2%	4.1%
医疗器械	植入介入器械	29832	14.9%	18.4%	16712	2.5%	6.4%
	体外诊断	117790	-1.7%	11.2%	17338	-9.5%	0.5%
	诊断设备	68839	11.4%	23.4%	32546	3.6%	6.3%
	治疗设备	281703	9.8%	20.1%	109361	3.0%	5.5%
	康复设备	19049	17.9%	22.8%	1981	0.5%	11.3%
	卫生材料及低价值医疗耗材	27601	23.8%	15.7%	13558	14.3%	2.5%
	医用辅助设备	13165	90.7%	42.9%	841	-1.6%	4.4%
医疗技术	基因技术	64338	-2.7%	10.4%	7141	3.1%	4.8%
	细胞技术	15243	7.8%	16.6%	4313	12.2%	14.2%
	人工智能	18157	43.5%	72.6%	1428	90.3%	58.0%
	医疗3D打印	3934	-17.4%	34.6%	245	0	0
医疗服务	互联网医疗数据服务	58245	21.1%	39.5%	6955	23.4%	29.8%
	医疗信息处理和存储支持服务	41252	11.7%	32.1%	12832	6.5%	8.2%
	体检/健康管理	2740	3.8%	24.0%	162	0	0
	精准医疗	6114	2.9%	25.5%	1625	14.8%	27.8%
	医疗美容	7996	-23.7%	-4.5%	1760	-11.5%	-1.5%
	养生养老	941	18.8%	32.1%	10	0	0

3.3 中国创新人才

截至 2021 年 7 月底，中国生物医药与健康产业创新人才共 212.8 万人。近五年中国生物医药与健康产业创新人才数量快速增长，复合增速达 15.0%，高出全球生物医药与健康产业创新人才数量平均增速（6.2%）8.8 个百分点，从每年的同比增速来看，增速比较平稳（见图 11）。

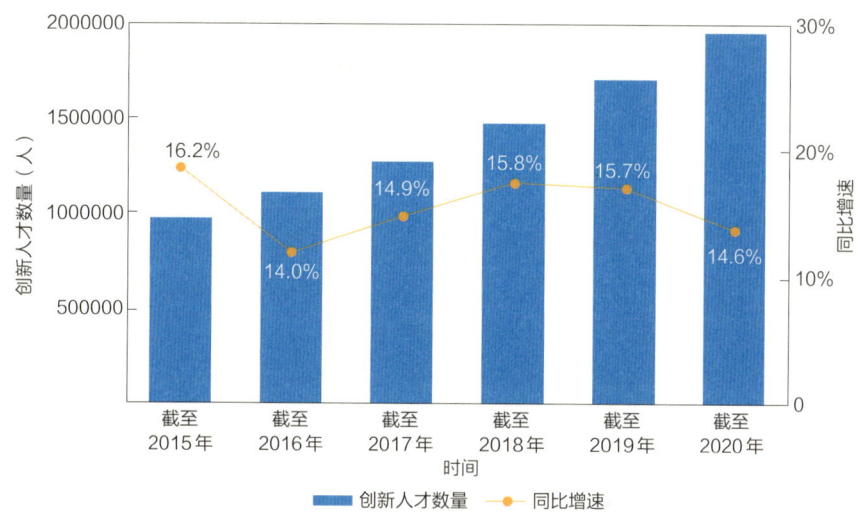

图 11　中国生物医药与健康产业创新人才数量增长情况

从中国创新人才分布来看，中国从事生物医药与健康产业的创新人才主要分布在江苏省（166505 人）、北京市（161361 人）、广东省（160254 人）、山东省（151385 人）、上海市（119546 人）（见图 12）。其中，广东省的生物医药与健康产业创新人才数量在全国排名第三，占中国生物医药与健康产业创新人才总量的 7.5%。

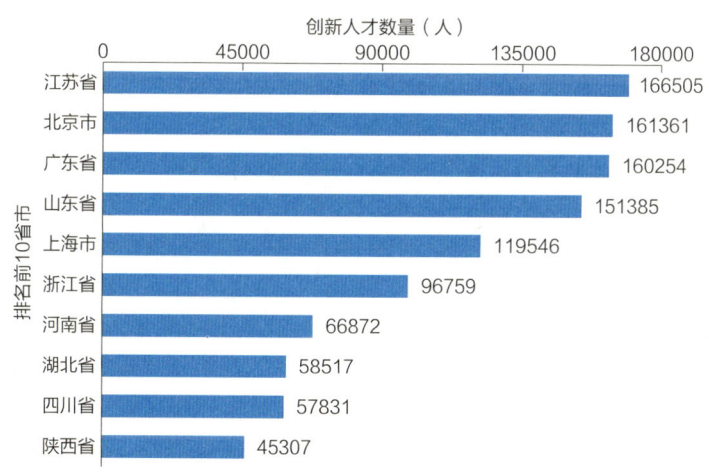

图 12　中国生物医药与健康产业创新人才数量排名前 10 省市

中国生物医药与健康产业共有国家高层次人才 103694 人。从省市分布情况来看，国家高层次人才主要集中于北京市（16209人）、江苏省（10572人）、上海市（8761人）、广东省（8049人）和浙江省（6241人），合计49832人，占中国生物医药与健康产业国家高层次人才总数的48.1%。其中，广东省的国家高层次人才在全国31省市中排名第四。

中国生物医药与健康产业共有技术高管107175人。从省市分布情况来看，技术高管主要集中于广东省、江苏省、浙江省、上海市和北京市，合计共59354人，占中国生物医药与健康产业技术高管总数的55.4%。其中，广东省共有技术高管18841人，在全国31省市中排名第一。

中国生物医药与健康产业共有科技企业家72427人。从省市分布情况来看，科技企业家主要集中于广东省、江苏省、浙江省、上海市和北京市，合计共39442人，占中国生物医药与健康产业科技企业家总数的54.5%。其中，广东省共有科技企业家12502人，在全国31省市中排名第一。

第4章 从关键技术看产业技术发展方向

4.1 基因检测

基因检测技术是通过血液、其他体液或细胞对DNA进行检测的技术,是取被检测者外周静脉血或其他组织细胞,扩增其基因信息后,通过特定设备对被检测者细胞中的DNA分子信息作检测,分析它所含有的基因类型和基因缺陷及其表达功能是否正常的一种方法。

4.1.1 基因检测领域的发展现状

目前应用较广的基因检测技术大致分为以下四类:以核酸扩增为基础的PCR(聚合酶链式反应)技术、以荧光杂交检测为基础的FISH(荧光原位杂交)技术、基因芯片技术、基因测序技术。

PCR技术是一种用于放大扩增特定的DNA片段的分子生物学技术,可看作是生物体外的特殊DNA复制。PCR的最大特点是能将微量的DNA大幅增加。

时至今日,PCR大致经历了三代发展历程。第一代PCR就是常见的定性PCR技术,它采用普通PCR仪来对靶基因进行扩增,采用琼脂糖凝胶电泳来对产物进行分析。第二代PCR就是荧光定量PCR技术(Real-Time PCR,qPCR),它通过在反应体系中加入能指示反应进程的荧光试剂来实时监测扩增产物的积累,借助荧光曲线的Cq值来定量起始靶基因的浓度。第三代PCR技术就是数字PCR(Digital PCR,dPCR,Dig-PCR),它是一种全新的对核酸进行检测和定量的方法;它采用直接计数目标分子而不再依赖任何校准物或外标,即可确定低至单拷贝的待检靶分子的绝对数目。

PCR技术发展的趋势之一是PCR仪器变得更加微型化,PCR芯片就是在这种趋势下诞生的。PCR芯片就是在微型的载体上进行PCR反应,是微型化的PCR仪。PCR芯片不仅节省了大量反应试剂而因此降低了实验成本,还有助于提高反应速度。

FISH技术是利用荧光标记的特异核酸探针与细胞内相应的靶DNA分子或RNA分子杂交,通过在荧光显微镜或共聚焦激光扫描仪下观察荧光信号,来确定与特异探针杂交后被染色的细胞或细胞器的形态和分布,或者是结合了荧光探针的DNA区域或RNA分子在染色体或其他细胞器中的定位。FISH技术具有灵敏度较高、成本较高的特点。

FISH广泛应用于各领域,尤其是基因和细胞领域,随着科技的迅速发展,FISH探针标记物越来越多,从单一荧光发展到多色荧光检测,应用范围也进一步扩大,不仅可以用于分裂相细胞，而且可以用于间期细胞检测，为 FISH 技术的临床应用打下了坚实的基础。

FISH 技术因其操作过程烦琐、对仪器设备要求较高、人工镜检劳动强度大严重影响了效率，未来的发展方向将基于微流控芯片技术，结合人工智能、嵌入式技术设计搭建自动实验装置，对芯片上的样本进行控制，直接进行样本处理实验和 FISH 染色实验。

基因芯片也称 DNA 微阵列，是生物芯片的一种。基因芯片技术原理最初是由核酸的分子杂交衍生而来的，即应用已知序列的核酸探针对未知序列的核酸序列进行杂交检测 DNA 芯片技术，实际上就是一种大规模集成的固相杂交。基因芯片技术是指在固相支持物上原位合成（situ synthesis）寡核苷酸或者直接将大量预先制备的 DNA 探针以显微打印的方式有序地固化于支持物表面，然后与标记的样品杂交；通过计算机对杂交信号的检测分析，得出样品的遗传信息（基因序列及表达的信息）。基因芯片技术具有高灵敏性、可靠性、高速性以及价格廉价的优点。

目前，基因芯片的发展趋势是高密度基因芯片。高密度基因芯片的探针数目在几万到上百万不等，主要应用于大规模的基因表达谱测定、药物研发和分子学研究等领域。

中国基因芯片行业虽然起步较晚，但是得益于国家相关政策支持和终端需求的不断扩大，现阶段，基因芯片行业已进入产业化探索阶段，市场规模持续增长。据华经产业研究院数据统计，2014—2018 年，中国基因芯片行业市场规模从 35.0 亿元增长至 95.1 亿元，年复合增长率为 28.4%；预计未来中国基因芯片行业市场规模仍将保持高速增长。

基因测序技术是指采用生物化学和光学技术结合，将 DNA 序列中 ATCG 四种碱基逐一转化为电化学信号，通过光学检测设备识读，报告图为四种颜色的峰谷图，根据信号强弱来识别四种碱基。基因测序技术的优势在于，可以逐一读出全部基因序列，双向测序是基因检测结果金标准，可以用于检测未知基因；缺点是测序对样本 DNA 浓度和纯度要求比较高，实验操作技术要求比较高，且每次实验只能检测一个位点或一段序列。基因测序技术大致经历了三代发展历程，如下：

（1）第一代基因测序技术。

第一代基因测序技术，即 Sanger 法，采用的是直接测序法，是 1975 年由桑格（Sanger）和考尔森（Coulson）提出的经典的链终止法。第一代基因测序技术代表为 ABI 公司 3700 系列荧光标记自动核酸分析仪，Sanger 法是测序技术的金标准，其测序长度可达 1000bp，准确性几乎 100%，但存在通量低、成本高、耗时长的不足，严重影响其大规模应用。人类基因组计划主要是基于第一代基因测序技术平台。

（2）第二代基因测序技术。

第二代基因测序技术（也称下一代测序 NGS，大规模平行测序 Massively Parallel Sequencing，高通量测序 High-throughput sequencing），是 2005 年以来发展的新一代测序技术。第二代基因测序技术的核心原理是边合成边测序，其基本步骤包括文库制备、单克隆 DNA 簇的产生和测序反应，可以同时并行分析阵列上的 DNA 样本。与第一代基因测序技术相比，第二代基因测序技术具有高通量、低读长、敏感性高、成本低的特点。第二代基因测序代表性平台主要包括 Roche 公司的 454 测序平台、Illumina 公司的 Solexa 测序平台、ABI 公司的 Solid 系统、Life Technologies 公司的 Ion Torrent 个人化操作基因组测序仪。第二代基因测序技术在大幅提高了测序速度的同时，还大大地降低了测序成本，并且保持了较高准确性。以前完成一个人类基因组的测序需要 3 年时间,而使用第二代基因测序技术则仅仅需要 1 周,但其序列读长方面比起第一代测序技术则要短很多,大多只有 100~150bp,这就意味着需要更严格复杂的序列拼接技术,不仅可能产生误差,也花费了部分时间。目前第二代基因测序技术是主流,占测序设备的 80% 以上。

(3)第三代基因测序技术。

第三代基因测序技术以纳米孔单分子测序技术为代表,最大的特点就是单分子测序,测序过程无须进行 PCR 扩增。基本原理是:DNA 聚合酶和模板结合,4 色荧色标记 4 种碱基(即 dNTP),在碱基配对阶段,不同碱基的加入,会发出不同光,根据光的波长与峰值可判断进入的碱基类型。该技术简化了样品处理过程,避免了扩增可能引入的错配,且不受鸟嘌呤和胞嘧啶或腺嘌呤和胸腺嘧啶含量的影响,具有速度快和长度长等优点,但通量较低,测序准确率较差,目前尚不成熟。第三代基因测序平台包括美国 Helicos 公司的 HeliScope 遗传分析系统和 Pacific 的 PacBio RS 单分子实时测序系统。

基因测序技术发展至今,经历了三次演变,每一代测序技术都各有优劣势,彼此之间互为补充,而不是相互替代。第二代基因测序技术是现在应用最广的技术,第三代基因测序技术目前暂时还处在基础科研阶段,还未走向临床运用。

4.1.2 基因检测领域的专利布局情况

截至 2020 年年底,基因检测技术领域的全球累计发明专利公开量共有约 271862 件,中国累计发明专利公开量共有约 73433 件。从公开趋势看,我国基因检测技术相关研发起步较晚,1990—2009 年,发明专利公开量一直较少,远落后于全球发明专利公开量;自 2010 年开始进入快速发展期,发明专利公开量呈现出逐年快速增长的趋势。

从国内 31 省市和海外来华发明专利布局对比情况看,2010 年以前,基因检测技术领域的国内发明专利公开数量高于海外来华发明专利公开数量,自 2010 年开始差距加大,我国基因检测技术的研发力度逐年加大(见图 13)。

从技术领域看,国内 31 省市的基因检测产业发明专利技术主要涉及聚合酶链式反应(PCR)、基因测序、基因芯片以及荧光原位杂交等技术和方法,占国内 31 省市发明总公开量的 73.6%,其中,聚合酶链式反应(PCR)占国内 31 省市发明总公开量的 49.5%(见图 14)。

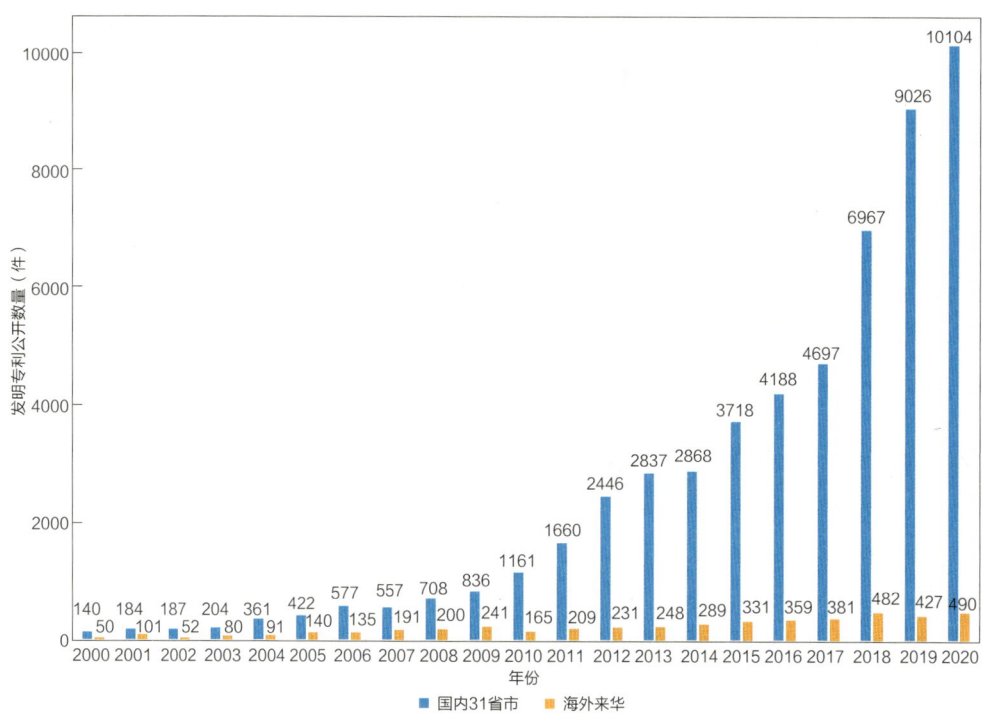

图 13 国内 31 省市与海外来华在中国的发明专利布局对比（基因检测）

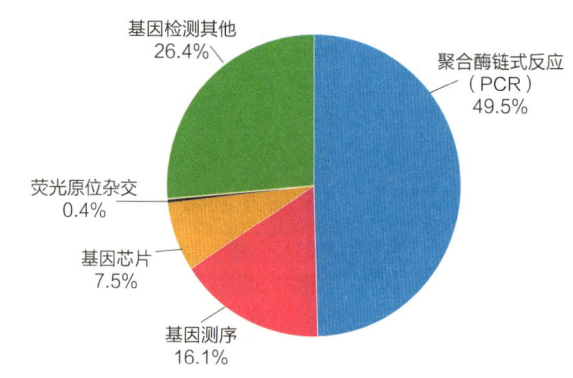

图 14 国内 31 省市的基因检测技术相关发明专利的技术领域分布

从申请人地域分布来看，全球基因检测技术的发明专利申请主要分布在中国、美国、欧洲、日本、韩国等国家和地区。其中，中国居首，累计发明专利公开量为 73433 件，约占全球发明累计专利公开量的 27.0%，代表企业有益善生物、芮屈生物、北京泱深生物、中山大学达安基因、深圳华大基因、博奥生物等。美国次之，累计发明专利公开量为 45830 件，约占全球累计专利公开量的 16.9%，代表企业有陶氏杜邦公司、BD 公司（碧迪公司）、雅培公司、强生公司等。欧洲再次之，累计发明专利公开量为 22329 件，约占全球累计专利公开量的 8.2%，代表企业有罗氏公司、赛诺菲公司、阿克苏诺贝尔公司、生物梅里埃公司、诺华公司、拜耳公司、阿斯利康、西门子公司、飞利浦公司、葛兰素史克等。

4.1.3 基因检测技术洞察

基因检测的关键技术主要涉及以下几个方面：提高 PCR 检测效率、提高基因测序仪的准确性、提高基因芯片检测的稳定性、提高 FISH 检测技术的特异性等。

4.2 细胞治疗技术

细胞治疗是指利用患者自体或异体的成体细胞或干细胞，采用生物工程方法获取和／或通过体外扩增、特殊培养等处理后，使这些细胞具有增强免疫、杀死病原体和肿瘤细胞、促进组织器官再生和机体康复等治疗功效，从而达到治疗疾病的目的。

4.2.1 细胞治疗技术的发展现状

细胞治疗按照引入细胞的种类可以分为干细胞治疗和免疫细胞治疗。

（1）干细胞治疗。

目前，干细胞治疗在人类疾病治疗中的地位和价值已经初步显现，干细胞治疗尤其在以下几种疾病方面研究较多，一是神经系统疾病如脑瘫、脊髓损伤、运动神经元病、帕金森病、脑出血、脑梗塞后遗症、脑外伤后遗症等；二是免疫系统疾病如糖尿病、皮肌炎、肌无力、血管病变、硬化病、白血病等；三是其他疾病如肝病、肝硬化、股骨头坏死等。

我国干细胞基础研究走在全球前列，但在干细胞临床研究方面仍较缓慢。

截至 2018 年 8 月，我国在 clinicaltrials 注册干细胞临床试验 467 项，更多的干细胞研究可能没有注册。我国尽管尚无干细胞药物上市，但国家高度重视干细胞科技的发展，干细胞被纳入《"十三五"国家战略性新兴产业发展规划》《"健康中国 2030"规划纲要》。2018 年 6 月，国家食品药品监督管理总局药品审评中心受理了《人牙髓间充质干细胞注射液》与《注射用人肌母细胞》的干细胞疗法的临床注册申报。这有利于推进干细胞技术从实验室走向临床应用及市场。

截至 2018 年 8 月，我国共有 27 个干细胞临床研究项目备案，其中有 21 项使用的细胞类型为间充质干细胞，5 项为胚胎干细胞，1 项为支气管基底层细胞，涉及重度溃疡性结肠炎、银屑病、骨修复、空鼻综合征、子宫内膜瘢痕化及薄型内膜所致不孕症、狼疮性肾炎、视神经脊髓炎、失代偿期乙型肝炎肝硬化、神经病理性疼痛、半月板损伤等多种疾病，部分临床研究项目目前已经取得不错的进展。

（2）免疫细胞治疗。

免疫细胞治疗，也称为过继细胞疗法，是指通过采集人体自体或异体免疫细胞，经过体外培养，使其数量成千倍增多，或增加靶向性杀伤功能，然后输送到患者体内，从而来杀灭血液及组织中的病原体、癌细胞、突变的细胞。

免疫细胞治疗在癌症治疗上的应用主要通过过继性免疫细胞疗法实现，以提高肿瘤细胞的免疫原性和对效应细胞杀伤的敏感性，激发和增强机体抗肿瘤免疫应答。目前获批的 CAR-T 疗法均为自体 CAR-T，针对的适应症主要为血液恶性肿瘤，未来通用型／异体 CAR-T 和实体瘤适应症的拓展将成为发展趋势。

免疫细胞治疗法可简单分为上游免疫细胞的提取和细胞存储、中游的细胞技术研发以及下游与临床应用相结合的细胞诊疗。由于目前免疫细胞疗法仍处于临床试验阶段，因此，中下游的结合非常紧密，未来随着产业的日趋成熟，产业链的细分专注龙头将会凸显。细胞存储又被称为"细胞银行"，是细胞治疗行业最基础、最前端的业务，更是细胞治疗行业的资源库。细胞存储业务包括免疫细胞、干细胞的提取、分离、存储等。免疫细胞治疗的中游是技术研发，主要有细胞的增殖、细胞制剂研发，并为科研组织和个人提供细胞，从而用于疾病的发病机制研究和新药研发。免疫细胞治疗产业链的下游是细胞治疗，也就是临床应用。开展下游产业的模式一般有两种：一种为三甲医院自行开展此业务；另一种为三甲医院和细胞治疗的公司合作，企业提供技术服务和技术支持，医院提供临床平台进而实施治疗行为。

根据所使用的效应细胞来源，免疫细胞治疗（ACI）可以分为两类：非特异性 ACI 和特异性 ACI。非特异性 ACI 使用的免疫效应细胞主要为外周血中经淋巴细胞或细胞因子刺激后诱导产生的免疫细胞；由于这类细胞不具备特异性，仅用于辅助治疗。特异性 ACI 的效应细胞来源为经肿瘤抗原刺激后，由特定协同刺激因子诱导产生的免疫细胞；特异性 ACI 中主要的效应细胞为 CD8+T 细胞和 CD4+T 细胞，这类细胞在特异性识别肿瘤抗原后，可以通过促细胞溶解或分泌细胞因子对肿瘤细胞进行杀伤；特异性 ACI 在临床中已取得令人瞩目的结果，成为部分晚期或对其他疗法无应答的患者的治疗选项。目前，特异性 ACI 疗法主要有三种类型：肿瘤浸润淋巴细胞（TIL）、T 细胞受体（TCR）T 细胞和嵌合抗原受体 CAR-T 细胞；TCR-T 和 CAR-T 已成为全球免疫细胞疗法的研究热点。

从各国的 CAR-T 和 TCR-T 疗法的临床研究数量来看，美国处于领先地位，美国食品药品监督管理局（FDA）已于 2017 年批准两款 CAR-T 产品的上市申请，分别是诺华的 CD19 CAR-T 细胞疗法 Kymriah、凯特药业的 CD-19 CAR 细胞疗法 Yescarta。目前，中国的 CAR-T 和 TCR-T 疗法仍然处于临床研究阶段；虽然中国国内首个 CAR-T 细胞治疗产品上市申请获受理，但首个 CAR-T 细胞治疗产品并不是中国自主研发出来的。2020 年 2 月，中国国家药品监督管理局已正式受理复星凯特公司 CAR-T 细胞治疗产品益基利仑赛注射液（暂定）的新药上市申请，用于治疗二线或以上系统性治疗后复发或难治性大 B 细胞淋巴瘤成人患者；CAR-T 细胞治疗产品益基利仑赛注射液是复星凯特从美国 Kite Pharma（吉利德科学旗下公司）引进 YESCARTA 技术，同时获得授权在中国进行本地化生产的靶向 CD19 自体 CAR-T 细胞治疗产品。❶

4.2.2 细胞治疗技术的专利布局情况

截至 2020 年年底，细胞治疗技术领域的全球发明专利公开量共有约 122907 件，中国发明专利公开量共有约 17839 件。从公开趋势看，我国细胞治疗技术相关研发起步较晚，1990—2014 年，发明专利公开量一直较少，远落后于全球发明专利公开量；自 2015 年开始进入快速发展期，发明专利公开量呈现逐年快速增长的趋势。

从国内 31 省市和海外来华发明专利布局对比情况看，2010 年以前，细分治疗技术领域的国内发明专利公开数量与海外来华发明专利公开数量相差不大，自 2010 年开始差距

---

❶ 资料来源：上海证券研究所。

加大，我国细胞治疗技术的研发力度逐年增加（见图15）。

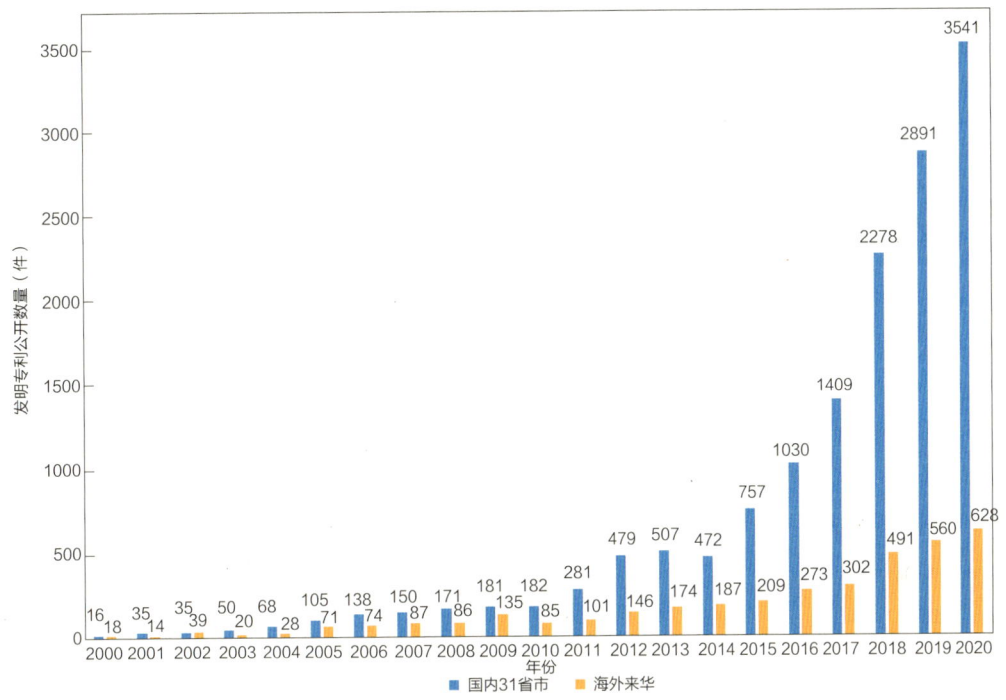

图15 国内31省市与海外来华在中国的发明专利布局对比（细胞治疗）

从技术领域看，国内31省市的细胞治疗产业发明专利技术主要涉及干细胞、CAR-T、TCR-T、T细胞其他（除CAR-T、TCR-T之外）以及肿瘤浸润淋巴细胞（TIL）等技术和方法，占国内31省市发明总公开量的89.2%，其中，干细胞占国内31省市发明专利总公开量的68.1%。

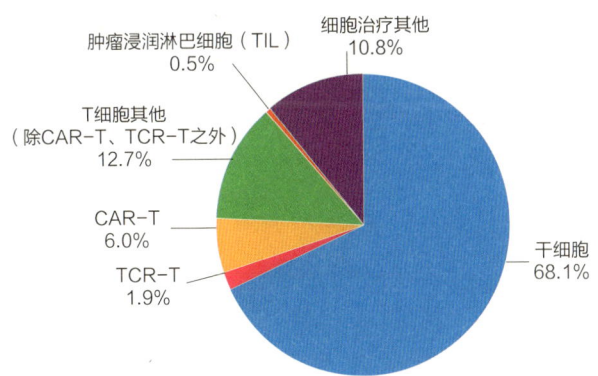

图16 国内31省市的细胞治疗技术相关发明专利的技术领域分布❶

从申请人地域分布来看，全球细胞治疗技术的发明专利申请主要分布在美国、中国、

---

❶ "细胞治疗其他"是指除干细胞、CAR-T、TCR-T、T细胞其他（除CAR-T、TCR-T之外）以及肿瘤浸润淋巴细胞（TIL）之外的细胞治疗技术。

欧洲、日本、韩国等国家。其中，美国居首，美国发明专利公开量为20826件，约占全球发明专利公开量的16.9%，代表企业有强生公司、安进公司、辉瑞公司、新基公司、百时美施贵宝公司等。中国次之，中国发明专利公开量为17839件，约占全球发明专利公开量的14.5%，代表企业有广州赛莱拉干细胞、深圳爱生再生医学、银丰生物、安徽惠恩生物、北京鼎成肽源生物、博雅干细胞、协和干细胞基因工程、上海市干细胞等。欧洲再次之，欧洲发明专利公开量为10814件，约占全球发明专利公开量的8.8%，代表企业有诺华公司、罗氏公司、赛诺菲公司、默克公司、阿斯利康、拜耳公司、阿克苏诺贝尔公司、葛兰素史克等。

4.2.3 细胞治疗的关键技术解读

细胞治疗的关键技术主要涉及以下几个方面：提高干细胞的分化能力、减少干细胞移植出现的免疫排斥问题、提高CAR-T细胞对肿瘤细胞的识别性、提高TCR-T细胞疗法的安全性等。

第 5 章 广东省生物医药与健康产业创新发展定位

5.1 广东省创新企业

截至 2021 年 7 月底,广东省生物医药与健康产业有发明专利申请活动的创新企业共计 13468 家,占全国生物医药与健康产业创新企业(130929 家)的比重为 10.3%。广东省的相关创新企业数量的近五年复合增速为 31.6%,高出全国增速(16.8%)14.8 个百分点。从各市来看,广东省生物医药与健康产业有发明专利申请活动的创新企业主要分布在深圳市、广州市和佛山市,分别有 5082 家、4101 家和 1068 家,分别占广东省生物医药与健康产业创新企业总数的 37.7%、30.4% 和 7.9%。

广东省生物医药与健康产业的龙头企业主要分布在深圳市、广州市,包括深圳迈瑞生物医疗电子股份有限公司、深圳华大基因科技有限公司、深圳市帝迈生物技术有限公司、广州万孚生物技术股份有限公司、广州白云山中一药业有限公司等。从创新企业增速情况来看,清远市近五年的复合增速为 44.8%,排名居于广东省各市之首。2020 年清远市生物医药与健康产业创新企业数量为 106 家,同比增长 48.3%,增速在广东省各市中同样排名第一(见图 17)。

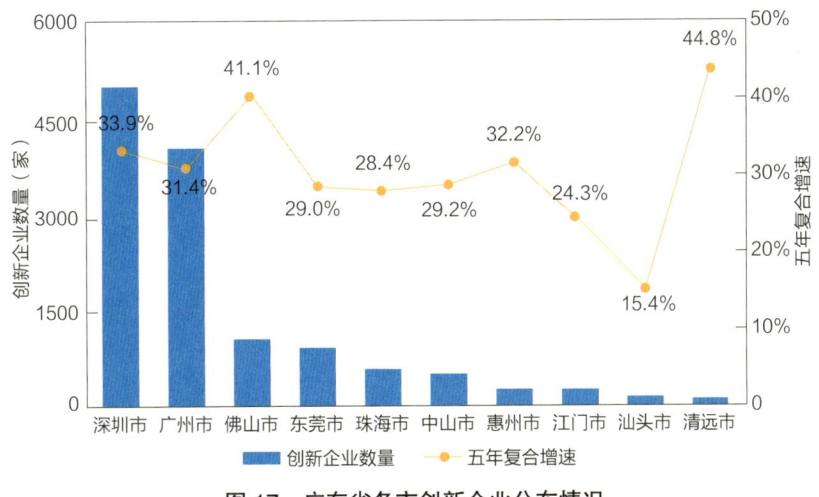

图 17 广东省各市创新企业分布情况

截至 2021 年 7 月底,广东省生物医药与健康产业高新技术企业共 7160 家,占全国生物医药与健康产业高新技术企业总数的 18.7%，在全国 31 省市中排名第一。上市公司达 249 家，占全国生物医药与健康产业上市公司总数的 17.5%，在全国 31 省市中排名第一。从初创企业数量来看，广东省生物医药与健康产业共有初创企业 1227 家，占全国生物医药与健康产业初创企业总数的 17.1%，在全国 31 省市中排名第一。此外，广东省生物医药与健康产业隐形冠军企业数量为 60 家，在全国 31 省市中排名第四，仅次于山东省（105 家）、江苏省（82 家）、浙江省（75 家）。广东省生物医药与健康产业独角兽企业数量为 14 家，在全国 31 省市中排名第二，仅次于北京市（24 家）。

5.2 广东省专利布局

截至 2021 年 7 月底，广东省生物医药与健康产业累计发明专利申请公开量共 120753 件，在全国 31 省市中排名第三，近五年复合增速为 18.5%，高出全国复合增速（7.2%）11.3 个百分点。

从广东省生物医药与健康产业的累计发明专利申请公开量分布情况来看，发明专利申请主要集中于广州市（46762 件）、深圳市（38691 件）、佛山市（9819 件）、东莞市（6703 件）以及珠海市（3952 件），广州市和深圳市的累计发明专利申请公开量占广东省的比重分别为 38.7% 和 32.0%。从广东省各地市生物医药与健康产业发明专利申请公开量的增速来看，近五年复合增长速度最快的是珠海市，其近五年复合增速达 35.6%（见图 18）。

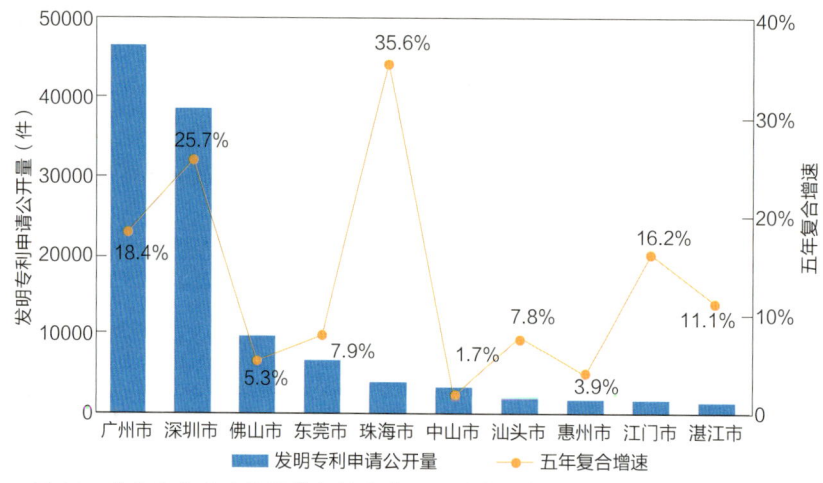

图 18　广东省各市生物医药与健康产业累计发明专利申请公开量的分布情况

从申请人类型上来看各省市发明专利分布，广东省企业、个人、科研院所的发明专利申请公开量在全国 31 省市中分列第二名、第三名、第三名。其中广东省企业的发明专利申请公开量达近 6.4 万件，仅比排名第一的江苏省少 3.2%；广东省科研院所的发明专利申请公开量超过 2.8 万件，仅相当于排名第一的北京市的 71.4%；广东省个人的发明专利申请公开量仅约 2.2 万件，不足排名第一的山东省的 1/3（见图 19）。

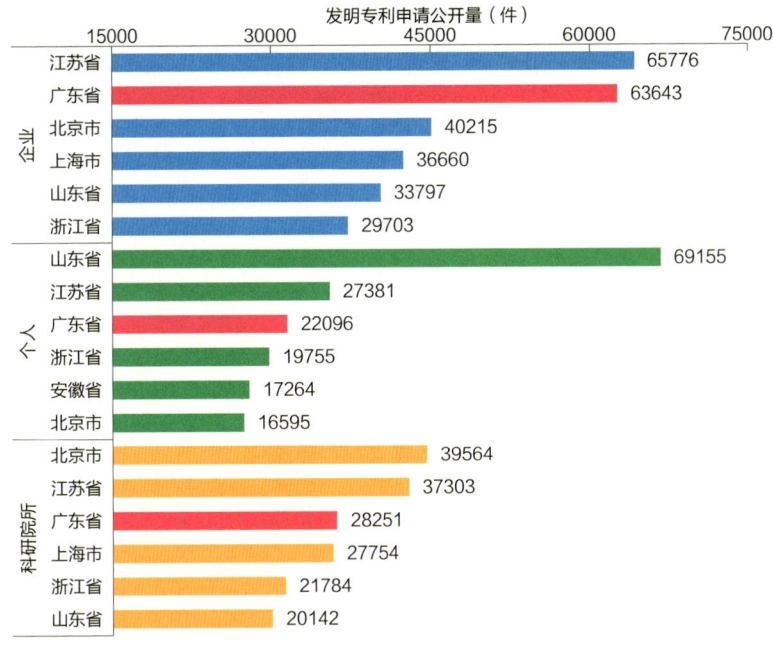

图 19　中国不同类型申请人发明专利申请公开量排名前列省市

广东省的创新企业数量与江苏省相差无几，企业的发明专利申请公开量也差距很小，因此广东省企业的创新水平没有明显低于江苏省；从科研院所来看，北京市和江苏省都是教育大省，拥有大量的优秀高校、科研院所，广东省科研院所的发明专利申请公开量与两者有一定的差距属于情理之中；与北京市、江苏省差距较大的是广东省个人的发明专利申请公开量，可能的原因是广东省个人申请人的专利保护意识不强、创新程度较低，以及对自身持有的创新技术有较强的保密意识，作为商业机密进行保护。

从有效发明专利量来看，广东省生物医药与健康产业累计有效发明专利量共28739件，占累计全国有效发明专利总量（314667件）的比重为9.1%，全国排名第三。

从发明授权量来看，广东省生物医药与健康产业累计发明授权量共34759件，占全国生物医药与健康产业累计发明授权总量（463062件）的7.5%，全国排名第三。

从高被引专利量来看，广东省生物医药与健康产业累计高被引专利数量为355件，占全国生物医药与健康产业累计高被引专利数量（5017件）的7.1%，全国排名第五。

从产学研合作来看，广东省生物医药与健康产业的累计产学研合作专利数量为2616件，占全国累计产学研合作专利数量（25198件）的10.4%，全国排名第二。

从专利许可来看，广东省生物医药与健康产业的专利许可共1362次（1069件），占全国累计专利许可次数15608次（11099件）的8.7%，全国排名第四；而广东省生物医药与健康产业被专利许可共1540次（1217件），占全国累计专利许可次数的9.9%，全国排名第二。

从专利质押来看，广东省生物医药与健康产业涉及专利质押次数为1842次（1061件），占全国生物医药与健康产业专利质押次数18033次（6839件）的10.2%，全国排名第一。

从专利转让来看,广东省生物医药与健康产业涉及专利出让25222次(14789件),占全国生物医药与健康产业专利转让次数221197次(131348件)的11.4%,全国排名第一;广东省生物医药与健康产业涉及专利受让26233次(15507件),占全国专利转让次数的11.9%,全国排名第二。广东省生物医药与健康领域高价值专利中的代表性专利见表5。

表5 广东省生物医药与健康领域高价值专利中的代表性专利

序号	标题	申请号	申请日	当前权利人	第一发明人
1	人尿激肽原酶在制备治疗和预防脑梗塞药物中的应用	CN02116783	2002/05/13	广东天普生化医药股份有限公司	傅和亮
2	复方青蒿素	CN03146951	2003/09/26	广东新南方青蒿药业股份有限公司	李国桥
3	消除彩色血流图像中速度异常点的方法	CN200510100147	2005/09/29	深圳迈瑞生物医疗电子股份有限公司	董永强
4	一种治疗糖尿病的药物组合物及其制备方法	CN200610075069	2006/03/31	广州白云山中一药业有限公司	邹章
5	一种短序列组装中构建图的方法及系统	CN200810218338	2008/12/12	深圳华大基因研究院	李瑞强
6	左心耳封堵器	CN201110146287	2011/06/01	先健科技(深圳)有限公司	李安宁
7	具有抑菌、吸湿和贡献钙离子的伤口敷料	CN201110433659	2011/12/21	佛山市优特医疗科技有限公司、南方医科大学珠江医院	王晓东
8	一种联动控制装置及采用其的血气分析仪	CN201210241945	2012/07/13	深圳市理邦精密仪器股份有限公司	黄高祥
9	一种美罗培南原料药、其制备方法及包含其的药物组合物	CN201210269067	2012/07/31	深圳市海滨制药有限公司、新乡海滨药业有限公司	任鹏
10	一种磁共振化学位移编码成像方法、装置及设备	CN201580001253	2015/12/30	中国科学院深圳先进技术研究院	郑海荣

5.3 广东省创新人才

从广东省各城市来看,广东省从事生物医药与健康产业创新人才共160254人,主要分布在广州市(72380人)、深圳市(49218人)和佛山市(8594人),分别占广东省生物医药与健康产业创新人才总量的45.2%、30.7%和5.4%。

从增速来看,2020年广东省从事生物医药与健康产业创新人才同比增速21.7%,近五年复合增速24.7%。在广东省内各市中,近五年复合增速最高的是佛山市(37.3%)(见图20)。

广东省从事生物医药与健康产业创新人才中,发明专利申请量较多的工程师包括未来穿戴技术有限公司的刘杰、广州宝胆医疗器械科技有限公司的乔铁和广州赛莱拉干细胞科技股份有限公司的陈海佳、葛啸虎、王一飞等。

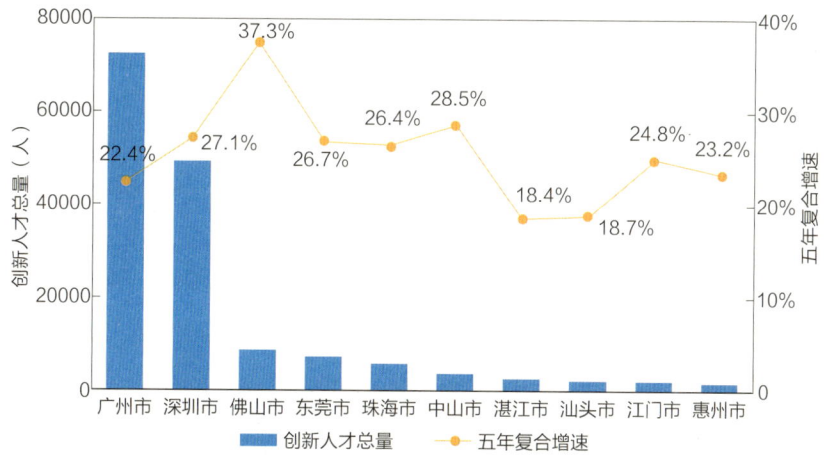

图 20 广东省各市从事生物医药与健康产业创新人才分布情况

广东省生物医药与健康产业共有国家高层次人才 8049 人，占全国生物医药与健康产业国家高层次人才（103694 人）的比重为 7.8%，在全国 31 省市中排名第四。

广东省生物医药与健康产业共有技术高管 18841 人，占全国生物医药与健康产业技术高管总人数（107175 人）的比重为 17.6%，在全国 31 省市中排名第一。

广东省生物医药与健康产业共有科技企业家 12502 人，占全国生物医药与健康产业科技企业家总人数（72427 人）的比重为 17.3%，在全国 31 省市中排名第一。

5.4 广东省技术合作情况分析

在生物医药与健康产业中，全国累计产学研合作申请的专利共有 25198 件，其中，广东省累计产学研合作申请的专利共有 2616 件，排名第二，占全国的比重为 10.4%，排名第一的为北京市，其累计产学研合作申请的专利共有 2807 件（见图 21）。

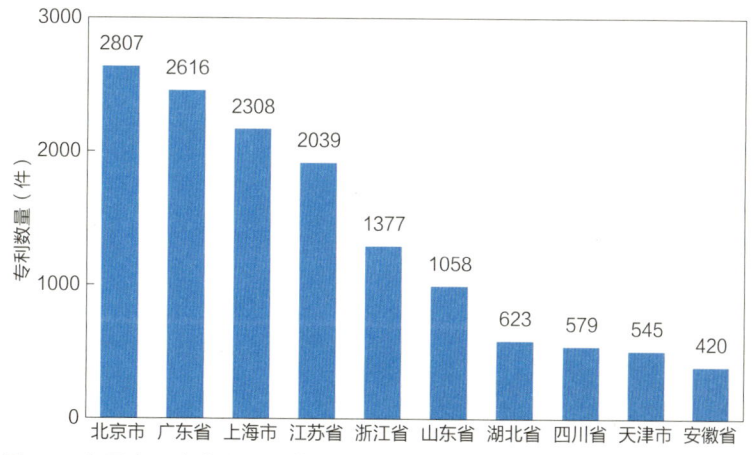

图 21 全国主要省市生物医药与健康产业涉及产学研合作申请的专利分布

从生物医药与健康产业细分领域来看，全国生物医药与健康产业累计产学研合作申请的专利在原料药（5271件）领域分布最多，排名第一；其次为新药研发（4739件）领域；再次为化学药品（4727件）领域。广东省累计产学研合作申请的专利主要分布在体外诊断（564件）、治疗设备（469件）和基因技术（383件）领域，在医疗美容、养生养老、体检/健康管理等分支领域累计产学研合作申请的专利占比较少（见图22）。

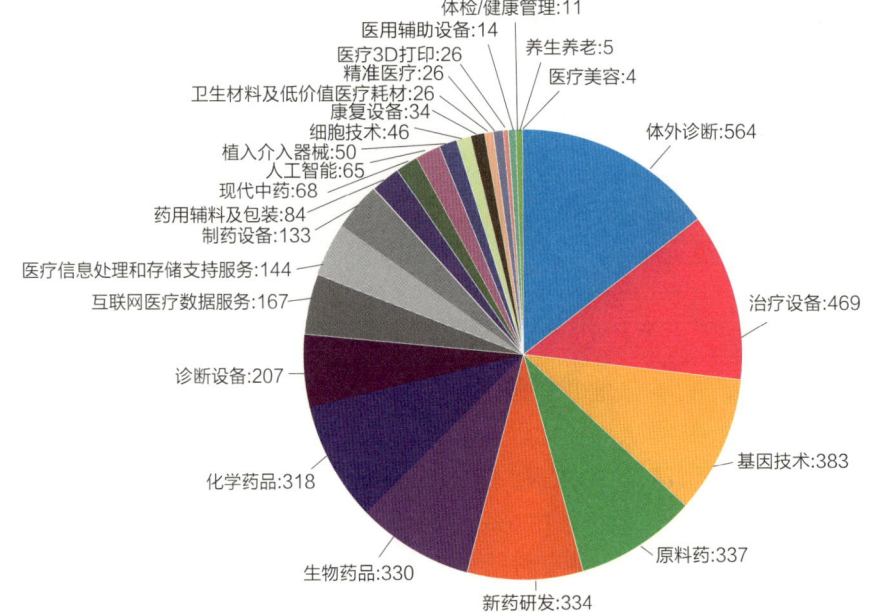

图22　广东省生物医药与健康产业累计产学研合作申请的专利在主要细分领域的分布（单位：件）

从广东省生物医药与健康产业产学研合作申请专利的申请人合作模式来看，企业、院校之间合作申请最多，涉及1330件专利，占产学研合作申请总量的50.8%；其次是企业、科研机构之间的合作（1098件）以及企业、院校、科研机构之间的合作（59件）（见图23）。

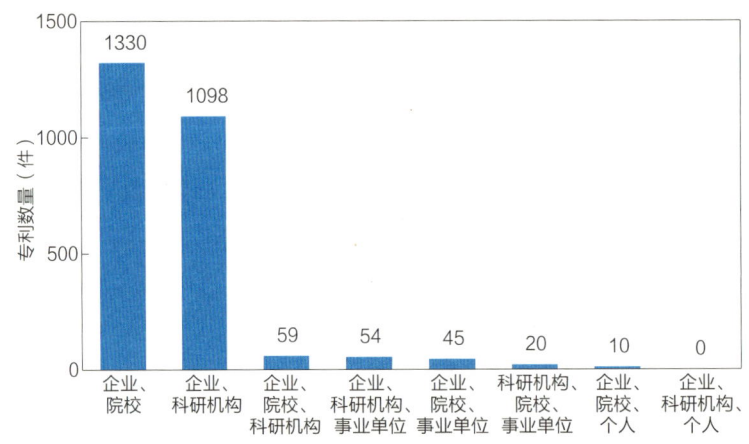

图23　广东省生物医药与健康产业不同产学研合作申请模式的专利分布

广东省生物医药与健康产业产学研合作类型多样，主要涉及校企合作、科研机构与企业合作。在不同的产学研技术合作中，也有相应的技术领域的偏重，其中在占比最大的校企合作中，医疗设备涉及的合作专利有 273 件；在科研机构与企业的合作中，体外诊断领域占比较多，合作申请专利为 315 件。

5.5 广东省产业链集聚结构

5.5.1 优势环节分析

广东省生物医药与健康产业细分领域的优势环节包括治疗设备、体外诊断、诊断设备、基因技术、药用辅料及包装等 18 个细分领域，这 18 个细分领域的累计发明专利公开量、创新人才数量、创新企业数量均在全国各省市中排前三名。其中，诊断设备、互联网医疗数据服务、医疗信息处理和存储支持服务、细胞技术、人工智能、医疗美容、精准医疗、医疗 3D 打印以及体检 / 健康管理这 9 个细分领域的累计发明专利公开量、创新人才数量、创新企业数量在全国各省市中均排名第一（见表 6）。

表 6　广东省在生物医药与健康产业链的优势领域创新要素分布

优势产业		累计发明专利公开量		创新人才		创新企业	
产业领域	细分领域	数量（件）	国内排名	数量（人）	国内排名	数量（家）	国内排名
药品	制药设备	3787	3	8584	1	783	1
	药用辅料及包装	5819	2	12193	2	1036	2
医疗器械	植入介入器械	3869	1	6581	3	719	1
	体外诊断	14239	3	29938	2	1610	2
	诊断设备	12993	1	20392	1	2297	1
	治疗设备	39201	1	47900	2	5845	1
	康复设备	2199	3	3400	3	510	1
	卫生材料及低价值医疗耗材	3280	2	5329	3	818	2
	医用辅助设备	1453	3	2329	3	505	2
医疗技术	基因技术	8079	2	17745	2	713	2
	细胞技术	2912	1	5309	1	435	1
	人工智能	3181	1	7375	1	706	1
	医疗 3D 打印	713	1	1683	1	133	1
医疗服务	互联网医疗数据服务	11085	1	21029	1	2924	1
	医疗信息处理和存储支持服务	8494	1	16435	1	1862	1
	体检 / 健康管理	607	1	1369	1	302	1
	精准医疗	1005	1	2772	1	204	1

续表

优势产业		累计发明专利公开量		创新人才		创新企业	
产业领域	细分领域	数量（件）	国内排名	数量（人）	国内排名	数量（家）	国内排名
医疗服务	医疗美容	1186	1	1921	1	475	1

5.5.2 不足环节分析

从细分产业链环节来看，原料药、现代中药、养生养老为不足产业。具体地，原料药和现代中药领域的累计发明专利公开量在全国各省市中仅排名第五；养生养老领域虽然在全国排名靠前，但是累计发明专利公开量只有 150 件，创新人才数量只有 333 人，创新企业数量只有 81 家。这些领域有待进一步积累相关专利、人才及创新企业（见表 7）。

表 7 广东省在生物医药与健康产业链的不足领域创新要素分布

不足产业		累计发明专利公开量		创新人才		创新企业	
产业领域	细分领域	数量（件）	国内排名	数量（人）	国内排名	数量（家）	国内排名
药品	原料药	17611	5	30947	2	2070	2
药品	现代中药	10894	5	11693	3	1384	1
医疗服务	养生养老	150	1	333	1	81	1

5.5.3 潜力环节分析

综合分析广东省生物医药与健康产业各细分领域环节在累计发明专利公开量、创新人才数量和创新企业数量的近五年复合增速水平，可以看出，增长较快的潜力产业包括：治疗设备、诊断设备、互联网医疗数据服务、医疗信息处理和存储支持服务、康复设备、人工智能、医用辅助设备、精准医疗、体检/健康管理、养生养老，以上细分领域总体保持了较为突出的发展势头，未来潜力较大。

其中，人工智能、医用辅助设备、互联网医疗数据服务的发明专利公开量近五年复合增速分别是 75.0%、53.6%、44.5%，远高于全国发明专利公开量近五年的复合增速 14.7%，为最具发展潜力的三大产业（见表 8）。

表 8 广东省在生物医药与健康产业链的潜力产业增速情况

潜力产业		累计发明专利公开量		创新人才		创新企业	
产业领域	细分领域	数量（件）	五年复合增速	数量（人）	五年复合增速	数量（家）	五年复合增速
医疗器械	诊断设备	12993	22.2%	20392	30.3%	2297	34.6%
医疗器械	治疗设备	39201	23.4%	47900	28.9%	5845	35.1%
医疗器械	康复设备	2199	28.6%	3400	41.9%	510	49.1%
医疗器械	医用辅助设备	1453	53.6%	2329	39.0%	505	47.7%
医疗技术	人工智能	3181	75.0%	7375	69.8%	706	70.6%

续表

产业领域	潜力产业	累计发明专利公开量		创新人才		创新企业	
	细分领域	数量（件）	五年复合增速	数量（人）	五年复合增速	数量（家）	五年复合增速
医疗服务	互联网医疗数据服务	11085	44.5%	21029	48.8%	2924	47.7%
	医疗信息处理和存储支持服务	8494	35.8%	16435	36.6%	1862	40.9%
	体检/健康管理	607	23.7%	1369	38.9%	302	54.0%
	精准医疗	1005	31.8%	2772	32.4%	204	35.6%
	养生养老	150	27.7%	333	36.6%	81	51.6%

5.5.4 风险环节分析

伴随着生物医药与健康产业的快速发展，加之突出的市场地位，中国成为欧洲、日本及美国等各大医药巨头公司专利布局的重点方向。通过分析国外在华发明专利申请公开量的增速，有助于判断产业链各细分领域是否存在潜在的安全风险。为有效判别产业是否存在潜在专利风险，我们将使用产业知识产权风险判别模型开展风险识别工作。

针对生物医药与健康产业链，风险判别模型中的重点产业国外在华发明专利申请公开量增速采用的指标是生物医药与健康产业链整体的国外在华 2015—2020 年的发明专利申请公开量的五年复合增速（4.6%），当某细分领域国外在华发明专利申请公开量的近五年复合增速大于或等于产业链整体的国外在华 2015—2020 年的发明专利申请公开量的五年复合增速时，则判定该细分领域为风险产业。

基于专利大数据的产业知识产权风险判别模型分析，在生物医药与健康细分产业链中，有新药研发、生物药品、制药设备、植入介入器械、诊断设备、治疗设备等 13 个细分领域存在潜在的安全风险。

从产业知识产权风险判别结果来看，国外申请人在华申请的发明专利中，人工智能领域的近五年复合增速高出生物医药与健康产业整体 53.4%，互联网医疗数据服务领域高出生物医药与健康产业整体 25.2%，精准医疗领域高出生物医药与健康产业整体 23.2%。说明就近五年的整体情况来看，国外申请人在这三个细分领域有较高的布局倾向，布局速度远高于生物医药与健康产业整体，需引起相关利害主体的高度重视。另外，细胞技术、康复设备领域分别高出生物医药与健康产业整体 9.6%、6.7%，也需引起我国相关利害主体多加关注（见表 9）。

表 9　生物医药与健康产业链专利预警分析

产业领域	细分领域	细分领域国外在华发明专利申请公开量近五年复合增速	产业链整体国外在华发明专利申请公开量近五年复合增速	差值	是否为风险产业
药品	新药研发	5.3%	4.6%	0.7%	是
	原料药	1.3%	4.6%	-3.3%	否

续表

产业领域	细分领域	细分领域国外在华发明专利申请公开量近五年复合增速	产业链整体国外在华发明专利申请公开量近五年复合增速	差值	是否为风险产业
药品	化学药品	0.8%	4.6%	−3.8%	否
	现代中药	0.0%	4.6%	−4.6%	否
	生物药品	5.8%	4.6%	1.2%	是
	制药设备	9.0%	4.6%	4.4%	是
	药用辅料及包装	4.1%	4.6%	−0.5%	否
医疗器械	植入介入器械	6.4%	4.6%	1.8%	是
	体外诊断	0.5%	4.6%	−4.1%	否
	诊断设备	6.3%	4.6%	1.7%	是
	治疗设备	5.5%	4.6%	0.9%	是
	康复设备	11.3%	4.6%	6.7%	是
	卫生材料及低价值医疗耗材	2.5%	4.6%	−2.1%	否
	医用辅助设备	4.4%	4.6%	−0.2%	否
医疗技术	基因技术	4.8%	4.6%	0.2%	是
	细胞技术	14.2%	4.6%	9.6%	是
	人工智能	58.0%	4.6%	53.4%	是
	医疗3D打印	0.0%	4.6%	−4.6%	否
医疗服务	互联网医疗数据服务	29.8%	4.6%	25.2%	是
	医疗信息处理和存储支持服务	8.2%	4.6%	3.6%	是
	体检/健康管理	0.0%	4.6%	−4.6%	否
	精准医疗	27.8%	4.6%	23.2%	是
	医疗美容	−1.5%	4.6%	−6.1%	否
	养生养老	0.0%	4.6%	−4.6%	否

需要说明的是，由于产业知识产权风险判别模型是以国外来华增速数据为基础进行数据分析的，所以得出的风险产业结果并不代表国内相关产业处于弱势，仅说明国外申请人在这一领域着重布局，专利布局增速较快，需要引起我国多加注意。

第6章 广东省生物医药与健康产业创新发展路径建议

近年来，广东省生物医药与健康产业规模稳步壮大，产业结构不断优化，创新能力不断增强，发展水平位居全国前列。但广东省生物医药与健康产业仍存在规模有待提升、集聚度不高、产业链不健全、关键技术与装备缺乏、龙头骨干企业和大型跨国企业较少、高端人才和高等级生物安全实验室偏少、体制机制有待优化等突出问题。同时，生物医药与健康产业作为全球新一轮科技革命和产业变革战略制高点，发达国家和兄弟省市纷纷加大支持力度，国内外竞争日趋激烈。

随着基因工程、细胞工程、生物芯片、基因测序、生物信息等技术广泛运用，生物医药与健康产业快速转型，发展前景广阔。广东省生物医药与健康产业发展基础雄厚，要紧紧抓住国家建设粤港澳大湾区和支持深圳建设中国特色社会主义先行示范区重大机遇，集聚资源、突出重点、发挥优势、补齐短板，推动生物医药与健康产业高质量发展。

6.1 产业布局优化路径

从产业细分的角度来看，广东省在多数细分领域中处于优势地位，在企业、人才、专利方面领先明显。建议首先，实施固链工程，广东省在发展生物医药与健康产业方面的基础完善，建议保持并增强治疗设备、体外诊断、诊断设备、基因技术、药用辅料及包装等18个领域的优势地位，并不断有所突破，抢占生物医药与健康产业的技术高地和话语权。

其次，实施补链工程，针对广东省生物医药与健康产业的薄弱环节，即原料药、现代中药、养生养老领域，加大研发投入，同时可以考虑引进国内外行业巨头落户广东省进行研发。

再次，实施延链工程，针对广东省生物医药与健康产业链下游，扩大广东省生物医药与健康产业的应用范围，突破应用场景瓶颈，延展产业链链条，扩大产业规模，推进广东省国民经济和产业发展的优化布局。

围绕创新链布局产业链，支持生物医药与健康企业加大研发投入，加强企业研发机构建设，推动医药健康创新成果快速转移转化，并促进产业转型升级。做大做强生物医药与健康龙头骨干企业和创新型企业，不断壮大集群企业队伍，构建线上线下相结合的大中小企业创新协同、产能共享、产业链供应链互通的新型产业生态。支持生物医药与健康重点企业瞄准产业链关键环节和核心技术实施兼并重组，加快产业链关键资源整合，培育一批"链主"企业和生态主导型企业。推动集群企业与信息服务、研发外包、智慧物流、现代供应链等服务业融合发展，提升生物医药与健康产业集群竞争力。

围绕产业链部署创新链，聚焦生物医药与健康领域技术前沿和产业创新发展需要，开展源头创新和底层基础性技术攻关，实现基础研究、应用基础研究、前沿技术开发、成果转化和产业化全创新链布局。围绕产业集群需求，建设一批新型基础设施和重大创新平台，提升产业技术创新能力。完善产业创新服务体系，加快生物医药专业孵化器、研发外包、检测检验等服务机构建设。加强产学研医合作，联合共建研究中心、实验室和临床医学研究中心等协同创新平台，推动研究成果从实验室走向市场，加快新技术、新产品转化应用。对接国内外高端生物医药创新资源，推动生物医药与健康领域国家重大科技项目和成果在广东先行先试和落地转化。

目前，虽然我国在生物医药与健康领域的论文与专利数量呈迅猛增长态势，但与之不相称的是我们的科技成果转化能力。我们发现了很多活性化合物、靶点和致病基因，却难以将这些成果转化为创新药。国内高校、科研机构自身的成果转化能力还普遍偏弱。

鉴于广东省拥有以中山大学、华南理工大学为首的优质的高校院所创新资源，除了要鼓励企业与高校院所在单独的技术、产品层面加强合作外，应推动高校院所周边生命健康产业集聚发展和协同发展，鼓励省内甚至省外高校、科研院所、龙头企业和产业园区等在浙江创建产学研协同创新发展平台，搭建技术研发平台、成果转化平台、产业孵化平台等，建成若干政府引导、企业主导、产学研用协同新模式的科技园、产业孵化器和创新创业园的产业空间新格局。建立科学家、企业家、投资人的信息互动平台和信用机制，提高产业、企业、资本的匹配效率，加强产业科技成果转化运用。

具体地，依托广州国际生物岛、深圳坪山国家生物产业基地、珠海金湾生物医药产业园、中山国家健康科技产业基地、佛山高新区医药健康产业园、东莞松山湖生物基地等已有规划的产业园区，对接产业链上下游国内外优质高校和企业，共建研发中心、重点实验室、公共服务平台、生产制造中心等，发挥校企双方或多方各自的竞争优势，加快建立"内循环"生态，打造生命健康创新应用中心和产业集群，探索生命健康产业及区域经济转型发展的新路径。具体包括：解决生物医药与健康政策碎片化问题；加强规划布局，警惕投资风险；加强对生物医药与健康产业的人才培养和引进；持续加大国产替代的应用相关政策支持力度；使政府补助、税收优惠政策具有普惠性。

完善以产业数据、专利数据为基础的新兴产业专利导航决策机制，实施区域规划类、产业规划类和企业运营类专利导航，加强未来产业关键技术布局。综合运用专利数据和产业数据，借助大数据技术手段，构建重点产业发展方向分析、区域产业发展定位分析和产业发展路径导航分析逻辑模型。在摸清产业发展方向基础上，立足广东省生物医药与健康产业发展定位，提出适用于广东省的产业发展路径建议，为广东省产业发展规划的编制、招商引资、人才引进、企业发展提供决策支撑。

6.2 知识产权风险防控建议

产业安全关乎国家安全，建议加强我国生物医药与健康产业以下重点领域的专利布局，建立预警机制。如存在安全风险的新药研发、生物药品、制药设备、植入介入器械、诊断设备、治疗设备等 13 个领域，尤其是人工智能、互联网医疗数据服务以及精准医疗领域，需重点加强。

建议加强现有重大科技项目及招商引进项目的知识产权评议和风险防控，预警防范重大知识产权风险，助力生物医药与健康产业发展决策的科学性和及时性。比如，加强知识产权侵权风险排查工作，减少无效宣告事件和专利诉讼纠纷事件的发生。此外，加强重大项目的人才流动尽职调查，避免因人才流动造成的侵权风险。

广东省数字创意产业专利统计分析报告

广东省知识产权保护中心
2021 年 12 月

目 录

第 1 章　引言　// 580

　　1.1　项目背景　// 580
　　1.2　产业范畴　// 581
　　1.3　产业链分类　// 581

第 2 章　数字创意产业发展态势　// 582

　　2.1　全球数字创意产业发展现状　// 582
　　2.1.1　全球数字创意产业发展概况　// 582
　　2.1.2　中国数字创意产业发展概况　// 583
　　2.1.3　广东省数字创意产业概况　// 586
　　2.2　中国数字创意产业政策环境　// 587
　　2.3　中国数字创意产业创新发展态势　// 589
　　2.3.1　中国创新企业　// 589
　　2.3.2　中国创新人才　// 598
　　2.4　中国数字创意产业热点及重点技术创新方向　// 600

第3章　广东省数字创意产业创新发展定位与洞察　// 603

3.1　广东省数字创意产业政策导向　// 603
3.2　广东省数字创意产业创新发展定位　// 605
3.2.1　广东省创新企业　// 605
3.2.2　广东省专利布局　// 607
3.2.3　广东省创新人才　// 612

3.3　广东省数字创意产业创新发展洞察　// 614
3.3.1　广东省产业链集聚结构　// 614
3.3.2　广东省技术供应链分析　// 617

第4章　广东省数字创意产业创新发展路径建议　// 620

4.1　产业布局优化路径　// 620
4.2　知识产权工作建议　// 621

图目录

图 1	数字创意产业结构	581
图 2	2016—2021年中国服务业增加值	584
图 3	2016—2021年中国文化创意和设计服务业营业收入	584
图 4	2016—2021年中国软件业务收入	584
图 5	中国游戏市场实际销售收入及增长率	585
图 6	2019年中国视频直播行业细分类别市场占有率统计情况	586
图 7	2019年广东省数字创意产业营业收入情况	587
图 8	国内31省市数字创意产业创新企业数量增长趋势	589
图 9	中国数字创意产业特色企业数量分布情况（单位：家）	591
图 10	中国数字创意产业重点企业专利技术布局情况	591
图 11	中国数字创意产业专利申请公开量增长趋势	593
图 12	中国数字创意产业发明专利申请公开量增长趋势	593
图 13	国内31省市数字创意产业高价值专利数量分布情况	595
图 14	国内31省市数字创意产业创新企业发明专利申请公开量增长趋势	595
图 15	国内31省市数字创意产业高校发明专利申请公开量增长趋势	596
图 16	国内31省市数字创意产业科研机构发明专利申请公开量增长趋势	596
图 17	国内31省市数字创意产业产学研合作申请专利数量分布情况	597
图 18	中国数字创意产业产学研合作申请专利领域分布情况	597

图 19　国内 31 省市数字创意产业创新人才数量增长趋势 ············· 598
图 20　中国数字创意产业特色人才数据分布情况（单位：人） ············· 600
图 21　国内 31 省市数字创意产业各机构类型创新人才数量分布情况（单位：人） ············· 600
图 22　广东省数字创意产业创新企业数量增长趋势 ············· 606
图 23　广东省数字创意产业专利申请公开量增长趋势 ············· 608
图 24　广东省数字创意产业发明专利申请公开量增长趋势 ············· 608
图 25　广东省数字创意产业创新企业发明专利申请公开量增长趋势 ············· 610
图 26　广东省数字创意产业高校发明专利申请公开量增长趋势 ············· 610
图 27　广东省数字创意产业科研机构发明专利申请公开量增长趋势 ············· 611
图 28　广东省数字创意产业产学研合作申请专利领域分布情况 ············· 611
图 29　广东省数字创意产业海外布局专利领域分布情况 ············· 612
图 30　广东省数字创意产业创新人才数量增长趋势 ············· 613
图 31　广东省数字创意产业各机构类型创新人才数量分布情况（单位：人） ············· 614
图 32　广东省数字创意产业涉及转让专利领域分布情况 ············· 617
图 33　广东省数字创意产业与外地进行专利转让活动情况（单位：件） ············· 617
图 34　广东省数字创意产业涉及许可专利领域分布情况 ············· 618
图 35　广东省数字创意产业与外地进行专利许可活动情况（单位：件） ············· 618
图 36　广东省数字创意产业涉及质押专利领域分布情况 ············· 619

表目录

表1 中国数字创意产业部分相关政策 ……………………………………………………… 587

表2 国内31省市数字创意产业创新企业数量分布情况 ………………………………… 590

表3 国内31省市数字创意产业发明专利授权量分布情况 ……………………………… 594

表4 中国数字创意产业产学研合作重点高校院所清单 ………………………………… 597

表5 国内31省市数字创意产业创新人才数量分布情况 ………………………………… 598

表6 国内31省市数字创意产业链创新要素情况 ………………………………………… 601

表7 国内31省市数字创意产业链数字文化创意技术设备技术分支创新要素情况 …… 601

表8 国内31省市数字创意产业链数字文化创意软件开发技术分支创新要素情况 …… 602

表9 广东省数字创意产业部分相关政策 ………………………………………………… 603

表10 广东省重点地市数字创意产业部分相关政策 ……………………………………… 604

表11 广东省各地市数字创意产业创新企业数量情况 …………………………………… 606

表 12	国内重点省市数字创意产业特色企业数量分布情况对标比较	607
表 13	广东省各地市数字创意产业发明专利授权量情况	608
表 14	国内重点省市数字创意产业高价值专利数量分布情况对标比较	609
表 15	广东省数字创意产业产学研合作重点高校院所清单	612
表 16	广东省各地市数字创意产业创新人才数量情况	613
表 17	国内重点省市数字创意产业特色人才数量分布情况对标比较	614
表 18	广东省数字创意产业链细分领域创新要素情况	615
表 19	广东省数字创意产业优势领域创新要素情况	615
表 20	广东省数字创意产业潜力领域创新要素情况	616
表 21	数字创意产业链风险领域分布情况	616

第 1 章　引言

1.1　项目背景

2021 年 3 月,《中华人民共和国国民经济和社会发展第十四个五年规划和 2035 年远景目标纲要》围绕"发展壮大战略性新兴产业"进行了专章论述,指出要着眼于抢占未来产业发展先机,培育先导性和支柱性产业,推动战略性新兴产业融合化、集群化、生态化发展,战略性新兴产业增加值占 GDP 比重超过 17%。2021 年 9 月,中共中央、国务院印发《知识产权强国建设纲要(2021—2035 年)》,在"建设激励创新发展的知识产权市场运行机制"部分,明确要大力推动专利导航在传统优势产业、战略性新兴产业、未来产业发展中的应用。

习近平总书记对广东制造业发展高度重视、寄予厚望,明确要求广东加快推动制造业转型升级,建设世界级先进制造业集群。2020 年 5 月,广东省人民政府出台《关于培育发展战略性支柱产业集群和战略性新兴产业集群的意见》,并进一步制订了 20 个战略性产业集群行动计划,最终形成"1+20"的政策体系,旨在推动广东省产业链、创新链、人才链、资金链、政策链相互贯通,加快建立具有国际竞争力的现代化产业体系。2021 年 4 月,《广东省国民经济和社会发展第十四个五年规划和 2035 年远景目标纲要》在"总体要求"中提出,改造提升传统产业,做大做强战略性支柱产业,培育发展战略性新兴产业,加快发展现代服务业,推动产业基础高级化和产业链供应链现代化,提高产业现代化水平,打造新兴产业重要策源地、先进制造业和现代服务业基地,推动建设更具国际竞争力的现代产业体系。

针对"数字创意产业",广东省工业和信息化厅等五部门于 2020 年 9 月印发了《广东省培育数字创意战略性新兴产业集群行动计划(2021—2025 年)》,提出以数字技术为核心驱动力,以高端化、专业化、国际化为主攻方向,巩固提升优势产业,提速发展新业态,打造全球数字创意产业发展高地。并明确广东省市场监督管理局负责数字技术创新应用工程、原创 IP 培育工程等重点工程中的相关工作。

为深入贯彻习近平新时代中国特色社会主义思想和党的十九大精神,认真落实中共中央、国务院关于发展壮大战略性新兴产业和知识产权强国建设及省委、省政府关于推进制造强省建设的工作部署,按照《广东省人民政府关于培育发展战略性支柱产业集群和战略性新兴产业集群的意见》《广东省培育数字创意战略性新兴产业集群行动计划(2021—2025 年)》的工作安排,加快发展数字创意战略性新兴产业集群,促进产业迈向全球价值链高端，开展数字创意产业专利分析研究工作。基于产业专利导航创新决策理念，紧扣产业分析和专利分析两条主线，将专利信息与产业现状、发展趋势、政策环境、市场竞争等信息深度融合，基于知识产权产业金融大数据，深入研究广东省数字创意产业发展现状，明晰产业发展方向，找准区域产业定位，分析存在制约发展的瓶颈问题和制度障碍，指出优化产业创新资源配置的具体路径，提出适用于本区域产业创新发展的相关建议，为广东省数字创意产业发展规划、招商引资、人才引进等提供决策支撑。

1.2 产业范畴

数字创意产业是现代信息技术与文化创意产业逐渐融合而产生的一种新经济形态，与传统文化创意产业以实体为载体进行艺术创作不同，数字创意是以CG（Computer Graphics）等现代数字技术为主要技术工具，强调依靠团队或个人通过技术、创意和产业化的方式进行数字内容开发、视觉设计、策划和创意服务等。数字创意产业的应用主要体现在会展领域、虚拟现实领域、产品可视化领域等。

1.3 产业链分类

数字创意产业分为四大领域，其中，产业链上游对应数字创意技术设备制造领域，产业链中游对应数字文化创意活动领域，产业链下游对应设计服务、数字创意与融合服务领域。进一步将数字创意产业分为多个相关的三级分支：上游数字创意技术设备制造主要涉及数字文化创意技术设备；中游数字文化创意活动主要涉及数字文化创意软件开发；下游设计服务主要涉及数字设计服务，数字创意与融合服务主要涉及广告服务、会展服务、旅游创意服务、电子出版物出版。对上、中、下游三级产业再进行细分，可进一步细化至四个层级，上游共包括四个细分分类，中游共包括三个细分分类，下游包括一个细分分类（见图1）。

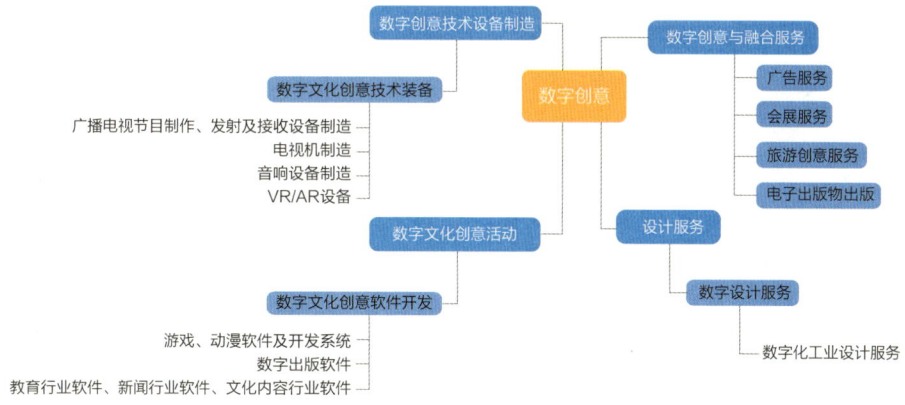

图1 数字创意产业结构

第 2 章 数字创意产业发展态势

2.1 全球数字创意产业发展现状

2.1.1 全球数字创意产业发展概况

目前全球处于数字技术与创意产业交汇的新拐点,动漫、游戏、影视、电子竞技等互动发展,欧、美、日、韩等国家和地区处于数字技术创新的前沿地带,并在文化创意产业布局深远,形成相对完善的数字创意产业链体系。芬兰政府于1997年组建了"文化产业委员会",检视全球和芬兰的文化产业发展状况,并与其他各部合作提出促进芬兰文化产业发展的行动方案;开展SISU计划,系统研究文化产业,并且加强各阶层的艺术、文化教育,支持传统文化。英国于1997年将"创意产业"列为国家重要政策;设立"产业任务小组",探讨并理清创意产业将遭遇的主要问题,维持其稳定成长所需的支助;根据产业特性提供适合的辅导工具,如评估产业的优先次序并全力促进推广与输出、为有意从事创意产业的青年提供支持与辅助、设立创意投资的财务支持,以及将智慧财产权下放给地方政府机构,以快速有效整合地方资源。美国重视版权产业发展,现已形成了全球范围最广、相关规定最为详尽的版权相关法律系统,并对违法行为进行有效制裁;实施数字化版权保护战略,为大众和版权产业界提供数字化版权保护;采取多方投资和多种经营的方式鼓励非文化部门和外来资本的投入;定期做系统性的文化产业调查,保证美国创意产业的创新性、连续性。日本将振兴和发展内容产业定位为国家战略,并于2003年设立"知识财产战略本部";针对数字内容事业的制作及投资给予税制上的优惠;支持高等教育机关进行企划制作人等人才培育计划;支持设立影像产业振兴机关;支持并加强普及新技术的研究开发,促进数字内容制作、流通等过程的数字化。韩国在金融风暴后将文化当成21世纪最重要的产业之一,设立推动文化创意产业发展的专属机构——文化产业局;设立"文化产业基金",提供新创文化企业贷款;通过《文化产业促进法》,设立官民共同投融资体制;政府以充足的经费从人才培育、研发到生产后的国际行销推广等各个环节来帮助文化厂商;设立一系列的游戏、IT等产业振兴院;集中培养急需复合型高级人才和院校培养文化创意专业学生相结合。❶

20世纪90年代,以皮克斯动画工作室出品的动画电影《玩具总动员》为契机,全世界的动画制作开始由赛璐珞的手工制作形式向电脑数字制作升级,并在21世纪初基本完

---

❶ 资料来源:艾瑞咨询。

成。而伴随着网络带宽的稳步提升和视频流媒体服务的发展，以及 4K 超高清显示设备的普及，动画如何实现从标清时代到超高清时代的过渡，已经成为产业不得不面对的挑战。以 4K 超高清制式和定格动画为代表，全世界正进行新一轮动画制作产业升级周期，而 AI 等新技术在动漫工业中的研发使用则是必然的趋势，因此技术也同样决定着未来中国动漫产业的发展方向。至 2019 年，全球动漫产业仍以美国、日本双头称霸。美国迪士尼 2019Q2 财报公布，其营业利润再创新高，漫威 IP 制作的《复仇者联盟四》全球吸金。日本方面，2013—2018 年，日本动画内容发行总收益不断上升，吉卜力工作室的影响不容小觑。

而纵观全球游戏行业情况，全球游戏行业市场规模持续增长。Newzoo 数据显示，2019 年全球游戏市场规模约为 1521 亿美元，2015—2019 年复合增长率达到 13.4%。其中，在 2019 年中国、美国和日本是全球收入排名前三位的游戏市场，三大游戏市场的市场规模总计约为 907 亿美元，约占全球游戏市场总规模的 60%。

随着移动互联网的普及，智能设备、带宽和移动基础设施的快速发展，尤其是 5G 网络的普及，视频行业将进一步保持增长态势。短视频和直播成为社交平台备受欢迎的视频形式。目前，短视频产业以中国为主，艾瑞咨询的数据显示，中国拥有全世界最多的短视频用户，约占 2019 年全球短视频平台用户数的 80%。从直播产业来看，2014—2016 年，国外视频领域兴起了一批直播平台，其中游戏直播平台 Twitch、综合直播平台 Periscope 和移动直播应用 Meerkat 占据强势地位。之后，Amazon 收购了 Twitch，Twitter 收购了 Periscope，而 Facebook、Google 等互联网巨头也纷纷推出直播应用，独立直播平台生存空间受到挤压，以 Meerkat 为代表的部分平台无法突破用户增长瓶颈，选择转型或放弃直播业务，直播行业资源逐步集中。面临巨头鼎立、日趋激烈的竞争，直播领域各玩家纷纷出招，通过社交属性、明星效应、内容创作等方面吸引用户，建立社交氛围与内容资源等方面的差异化优势，提高用户留存率与在线时长。此外，伴随着 VR 技术的逐步成熟，部分直播平台已开始尝试打造虚拟现实流媒体网站，帮助视频直播者创建 VR 沉浸式体验。

2.1.2　中国数字创意产业发展概况

数字创意产业是我国重点培育的五个产值规模达 10 万亿元的新支柱产业之一。近几年，我国数字创意产业发展态势良好。当前，国内尚缺乏权威统计数据反映数字创意产业整体经济规模，因此从现代服务业、文化创意和设计服务业以及信息技术服务业的发展中了解数字创意产业总体情况。

数字创意产业属于现代服务业中的新兴服务业。随着社会主义现代化建设的不断推进，我国的现代服务业也得到了长足的发展。2020 年，受新冠疫情的影响，全年规模以上服务业企业营业收入比上年增长 1.9%；服务业增加值为 55.40 万亿元，较 2019 年增长 3.5%（见图 2）。

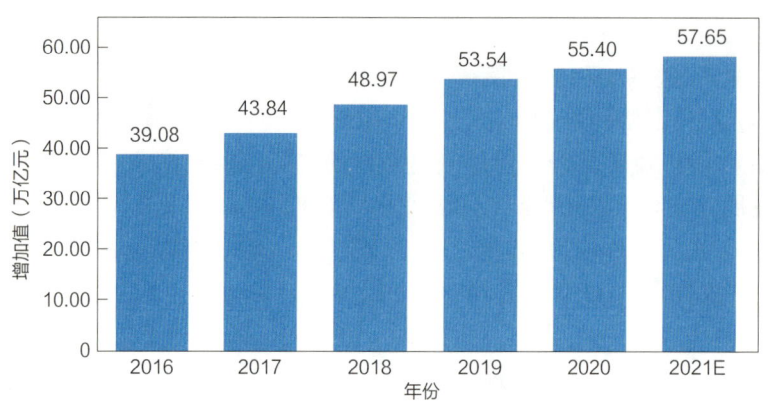

图 2　2016—2021 年中国服务业增加值

2016—2020 年文化创意和设计服务业增速平稳。2020 年，我国规模以上文化及相关产业实现营业收入 98514 亿元，其中，文化创意和设计服务业实现营业收入 15645 亿元，同比增长 27.4%（见图 3）。

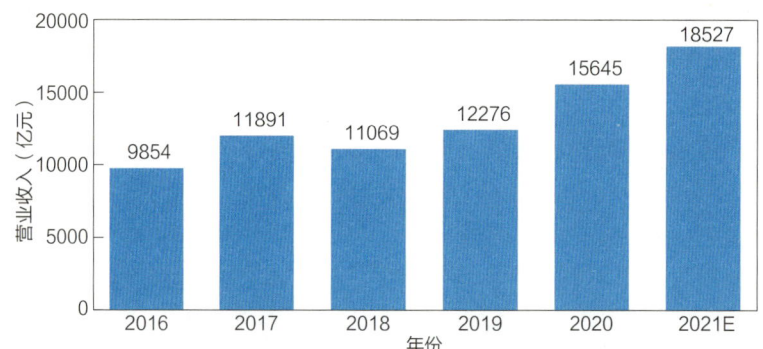

图 3　2016—2021 年中国文化创意和设计服务业营业收入

随着 5G、大数据、人工智能、工业互联网、车联网等新一代信息技术的发展应用，软件和信息技术服务业迎来更加广阔的发展空间，在推动经济高质量发展中发挥着重要的作用。2020 年，全国软件和信息技术服务业规模以上企业超 4 万家，累计完成软件业务收入 81616 亿元，同比增长 13.3%（见图 4）。2021 年 1—4 月，我国软件和信息技术服务业完成软件业务收入 25719 亿元，同比增长 25.0%。

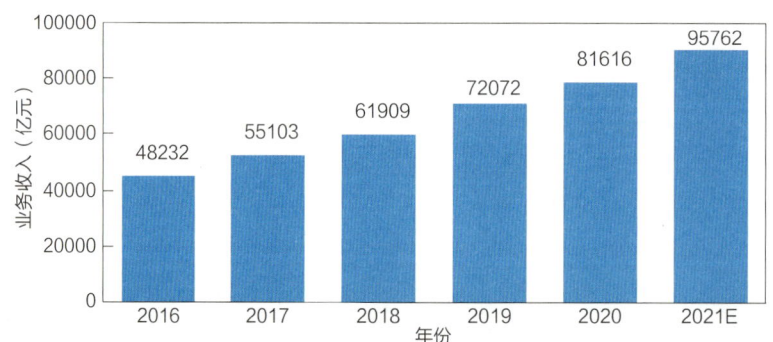

图 4　2016—2021 年中国软件业务收入

2020年是全面建成小康社会和"十三五"规划收官之年，也是谋划"十四五"的关键之年。游戏产业作为社会主义文化事业之一以及数字创意产业的重要组成部分，在2020年一系列的产业政策扶持和指导下，抵御住了疫情的冲击，稳中有升，为新时期高质量发展奠定了坚实基础。随着5G技术的发展，新一轮科技革命和产业变革正蓄势待发，云计算、VR等产业加速演进。技术赋能，产业升级，成为2020年中国游戏产业的重要标志。2020年，中国游戏市场销售收入增加，用户规模增长持续放缓，自主研发游戏收益良好。2020年，中国游戏市场实际销售收入2786.87亿元，比2019年增加了478.10亿元，同比增长20.71%（见图5）。❶

图5 中国游戏市场实际销售收入及增长率

中国动漫产业起步较早，最早于1926年诞生第一部动画片，并且从20世纪80年代开始，中国动漫市场迅速打开，但是中国动漫产业面临着国外作品的竞争和市场的洗礼。直到进入2010年，中国动漫在经济发展和技术进步的影响下，逐渐找到了适合自己发展的道路，燃起了新的希望。2015年开始，中国在线动漫产业进入行业发展早期带来的高速增长期，维持着较高的增长率。2018年后，借助优质动漫内容的进一步涌现，网络动漫市场进入稳步增长期，以用户付费为代表的增值服务增长强势，推动市场规模的增长。步入加速期后，借助海外的视频流媒体平台，中国动画作品的全球化传播进入了新的阶段，但这也意味着全球市场的动画作品也将面临更激烈的竞争，中国动漫全球化迎来机遇与挑战并存的时代。随着中国动漫产业的纵深发展，越来越多传统行业巨头将成为动漫产业玩家，而一些动漫产业的头部玩家的业务拓展到产业链上下游领域，全产业链企业将拔得头筹。从内容上看，国产非低幼向动画内容将迎来新一轮增长期，而AI算法等技术的研发将助力动漫生产半自动化的发展。从发展阶段看，以4K超高清制式和定格动画为代表，全世界正进行新一轮动画制作产业升级周期，而AI等新技术在动漫工业中的研发使用则是必然的趋势，因此技术也同样决定着未来中国动漫产业的发展方向。❷

---

❶ 资料来源：中国音数协游戏工委、中国游戏产业发展研究院。
❷ 资料来源：艾瑞咨询。

近年来，我国短视频行业发展迅速。截至目前，我国短视频行业已经经历了四个阶段，分别是蓄势期、转型期、爆发期和平稳期。目前处在平稳期，竞争格局逐渐稳定，短视频平台正在探索更多元化和更深层次的商业变现模式。

随着我国网络基础设施的不断完善和人们社交及娱乐需求的不断增长，视频直播行业持续渗透到人们的日常生活中来。中国的视频直播行业以泛娱乐为重心开始发展，并逐渐演变出其他类别。目前，在所有视频直播类别中，泛娱乐仍然是中国视频直播行业中最大的板块。2019 年，泛娱乐直播在视频直播行业中的市场占有率达到 66.9%（见图 6）。❶

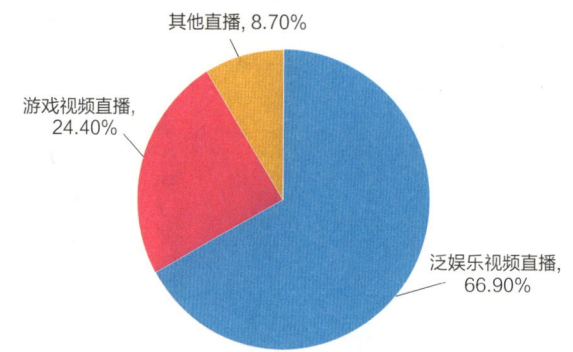

图 6　2019 年中国视频直播行业细分类别市场占有率统计情况

2.1.3　广东省数字创意产业概况

数字创意产业是以数字技术为主要驱动力，围绕文化创意内容进行创作、生产、传播和服务而融合形成的新经济形态，主要包括数字创意技术和设备、内容制作、设计服务、融合服务四大业态，呈现技术更迭快、生产数字化、传播网络化、消费个性化、产业市场化、内容规范化等特点。广东省数字创意产业规模和发展水平全国领先，游戏、动漫、电竞、数字音乐居全国首位，直播、短视频等新业态发展迅猛，数字技术加速渗透，国际化程度不断提高。据不完全统计，2019 年全省数字创意产业营业收入约 4200 亿元，其中，游戏产业约 1898 亿元，占全国 76.9%；动漫产业约 610 亿元，占全国 32.8%（见图 7）。拥有腾讯综合性国际巨头，网易游戏、三七互娱等游戏龙头企业和华强方特、奥飞娱乐等动漫领军企业，孵化培育了 YY、虎牙、网易 CC 等知名直播平台，酷狗、QQ 音乐等 5 家数字音乐平台入选全国前十。❷

---

❶ 资料来源：前瞻产业研究院。

❷ 资料来源：广东省人民政府网。

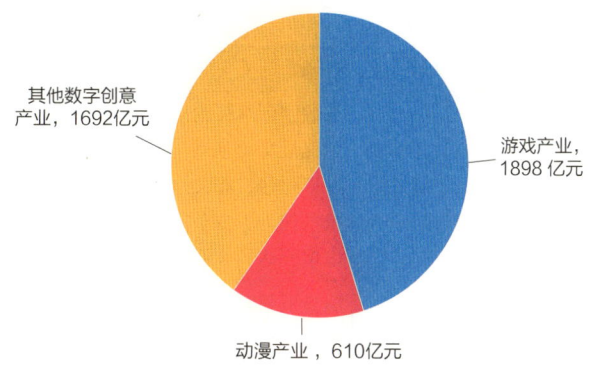

图 7　2019 年广东省数字创意产业营业收入情况

广东省数字创意产业集群发展优势明显：一是初步形成覆盖创作生产、传播运营、消费服务、衍生品制造等各环节的产业链，在不少细分领域建立领先优势，广州、深圳、珠海、汕头、东莞、佛山、中山等产业集聚地各具特色；二是数字技术、数字设备制造基础扎实，迭代升级快，具有快速渗透和有效支撑产业发展的较强能力；三是制造业和服务业发达，在快消品、教育、旅游等领域融合应用场景丰富，有利于培育形成新增长点。❶

2.2　中国数字创意产业政策环境

中国的数字创意产业虽然处于起步阶段，但借鉴欧、美、日、韩等国家和地区数字创意产业的发展经验，国内政府也纷纷出台相关政策，逐步形成以政府为引导、多方驱动企业参与的文化创意产业体系，为数字创意的发展提供良好的政策基础。2018 年 11 月，国家统计局发布《战略性新兴产业分类（2018）》（以下简称分类），明确将数字创意产业纳入战略性新兴产业。2020 年，国家发改委、科技部、工信部、财政部联合发布《关于扩大战略性新兴产业投资培育壮大新增长点增长极的指导意见》，鼓励数字创意产业与生产制造、文化教育、旅游体育、健康医疗与养老、智慧农业等领域融合发展，激发市场消费活力。建设一批数字创意产业集群，加强数字内容供给和技术装备研发平台，打造高水平直播和短视频基地、一流电竞中心、高沉浸式产品体验展示中心，提供 VR 旅游、AR 营销、数字文博馆、创意设计、智慧广电、智能体育等多元化消费体验（见表 1）。

表 1　中国数字创意产业部分相关政策

发布时间	发布单位	政策名称	相关内容
2016 年	工信部	《软件和信息技术服务业发展规划（2016—2020 年）》	加快发展面向移动智能终端、智能网联汽车、机器人等平台的移动支付、位置服务、社交网络服务、数字内容服务以及智能应用、虚拟现实等新型在线运营服务。加快培育面向数字化营销、互联网金融、电子商务、游戏动漫、人工智能等领域的技术服务平台和解决方案

❶　资料来源：广东省人民政府网。

续表

发布时间	发布单位	政策名称	相关内容
2016 年	国务院	《"十三五"国家战略性新兴产业发展规划》	将数字创意列为战略性新兴产业，提出以数字技术和先进理念推动文化创意与创新设计等产业加快发展，促进文化科技深度融合、相关产业相互渗透。到 2020 年，形成文化引领、技术先进、链条完整的数字创意产业发展格局，相关行业产值规模达到 8 万亿元
2017 年	文化部	《文化部"十三五"时期文化产业发展规划》	加快发展以文化创意内容为核心，依托数字技术进行创作、生产、传播和服务的数字文化产业，培育形成文化产业发展新亮点。提升动漫、游戏、创意设计、网络文化等新兴文化产业发展水平，大力培育基于大数据、云计算、物联网、人工智能等新技术的新型文化业态，形成文化产业新的增长点；鼓励文化与建筑、地产等行业结合，以文化创意为引领，加强文化传承与创新，建设有文化内涵的特色城镇，提升城市公共空间、文化街区、艺术园区等人文空间规划设计品质
2017 年	文化部	《关于推动数字文化产业创新发展的指导意见》	优化数字文化产业供给结构，提升数字文化产业文化内涵、技术水平和产品质量；依托文化文物单位馆藏文化资源开发数字文化产品，提高博物馆、图书馆、美术馆、文化馆等文化场馆的数字化智能化水平，创新交互体验应用，带动公共文化资源和数字技术融合发展
2018 年	国家统计局	《战略性新兴产业分类（2018）》	明确将数字创意产业纳入战略性新兴产业。数字创意产业包括四大部分：数字创意技术设备制造、数字文化创意活动、设计服务以及数字创意与服务融合
2019 年	科技部、中央宣传部、中央网信办、财政部、文化和旅游部、广播电视总局	《关于促进文化和科技深度融合的指导意见》	到 2025 年，基本形成覆盖重点领域和关键环节的文化和科技融合创新体系，实现文化和科技深度融合。并从加强文化共性关键技术研发、加强文化大数据体系建设、促进内容生产和传播手段现代化等八个方面提出文化和科技深度融合的重点任务
2020 年	文化和旅游部	《关于推动数字文化产业高质量发展的意见》	支持文化文物单位与融媒体平台、数字文化企业合作，运用 5G、VR/AR、人工智能、多媒体等数字技术开发馆藏资源，发展"互联网＋展陈"新模式，打造一批博物馆、美术馆数字化展示示范项目，开展虚拟讲解、艺术普及和交互体验等数字化服务，提升美育的普及性、便捷性。支持展品数字化采集、图像呈现、信息共享、按需传播、智慧服务等云展览共性、关键技术研究与应用
2020 年	中央文改领导小组	《关于做好国家文化大数据体系建设工作通知》	以旅游景区、游乐园、城市广场等为目标，建设具有一定空间规模的文化体验园，把地域文化、红色文化从博物馆和纪念馆"活化"到文化体验园，促进文化和旅游深度融合；以城市购物中心、中小学幼儿园、公共文化机构、城市社区等为目标，建设技术含量高、传播力强的文化体验馆，使其成为爱国主义教育、文化传承传播、大众学习鉴赏的重要场所，推动红色文化、传统文化进社区、进校园、进商场

续表

发布时间	发布单位	政策名称	相关内容
2020年	国家发改委、科技部、工信部、财政部	《关于扩大战略性新兴产业投资培育壮大新增长点增长极的指导意见》	鼓励数字创意产业与生产制造、文化教育、旅游体育、健康医疗与养老、智慧农业等领域融合发展，激发市场消费活力。建设一批数字创意产业集群，加强数字内容供给和技术装备研发平台，打造高水平直播和短视频基地、一流电竞中心、高沉浸式产品体验展示中心，提供VR旅游、AR营销、数字文博馆、创意设计、智慧广电、智能体育等多元化消费体验
2021年	全国人民代表大会	《中华人民共和国国民经济和社会发展第十四个五年规划和2035年远景目标纲要》	实施文化产业数字化战略，加快发展新型文化企业、文化业态、文化消费模式，壮大数字创意、网络视听、数字出版、数字娱乐、线上演播等产业

2.3 中国数字创意产业创新发展态势

2.3.1 中国创新企业

截至2021年7月，国内31省市数字创意产业有专利申请活动的创新企业共21625家，近五年复合增速达29.3%。其中，2018年同比增速最快，同比增长36.3%（见图8）。

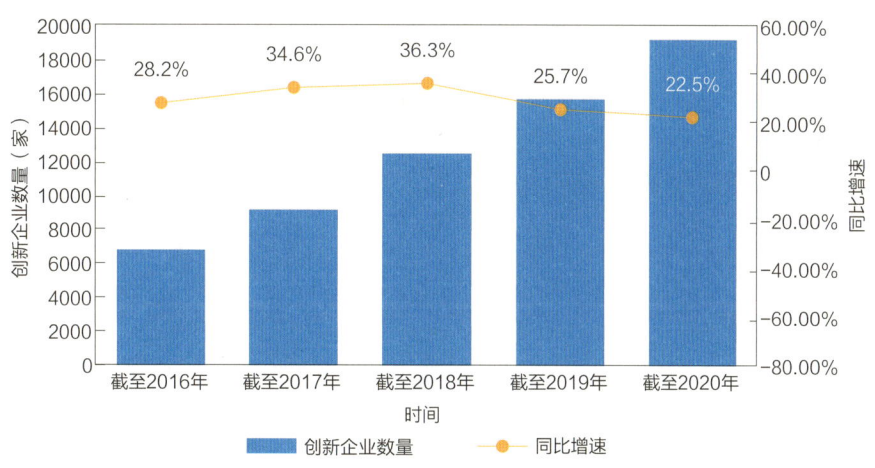

图8 国内31省市数字创意产业创新企业数量增长趋势

从地域分布情况来看，截至2021年7月，国内31省市数字创意产业有专利申请活动的创新企业主要集中在广东省、江苏省、北京市等经济较发达地区。其中，创新企业数量排名前五位的省市依次为广东省（6664家）、江苏省（2599家）、北京市（2091家）、上海市（1840家）和浙江省（1574家）（见表2）。

表2 国内31省市数字创意产业创新企业数量分布情况

排名	省（自治区、直辖市）	创新企业数量（家）
1	广东	6664
2	江苏	2599
3	北京	2091
4	上海	1840
5	浙江	1574
6	四川	892
7	安徽	754
8	福建	648
9	山东	591
10	天津	591
11	湖北	554
12	重庆	379
13	河南	369
14	陕西	354
15	湖南	328
16	江西	250
17	辽宁	228
18	河北	170
19	广西	132
20	贵州	105
21	吉林	84
22	山西	84
23	黑龙江	80
24	云南	78
25	海南	69
26	宁夏	43
27	甘肃	42
28	内蒙古	32
29	新疆	23
30	青海	11
31	西藏	4

截至2021年7月，在数字创意产业创新企业中，国内31省市共有国家高新技术企业8993家，占国内31省市数字创意产业创新企业总量（21625家）的41.6%；初创企业2579家，占创新企业总量的11.9%；隐形冠军企业198家，占创新企业总量的0.9%；上

市公司488家,占创新企业总量的2.3%;独角兽企业67家,占创新企业总量的0.3%;专精特新企业1101家,占创新企业总量的5.1%(见图9)。

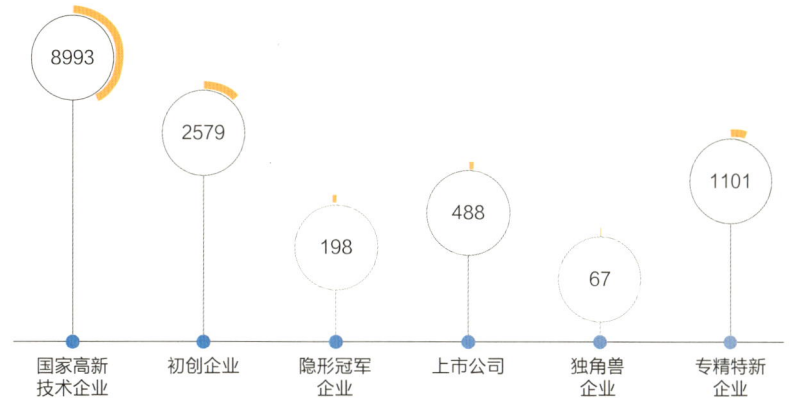

图9 中国数字创意产业特色企业数量分布情况(单位:家)

在数字创意产业创新企业中,专利申请公开量较多的重点企业包括华为技术有限公司(1817件)、网易(杭州)网络有限公司(1760件)、中兴通讯股份有限公司(1450件)、腾讯科技(深圳)有限公司(1059件)、视联动力信息技术股份有限公司(467件)、掌阅科技股份有限公司(163件)、苏州科达科技股份有限公司(105件)等。❶

从这七家重点企业在数字创意产业布局专利的细分领域来看,华为技术有限公司、中兴通讯股份有限公司更加重视产业链上游,即数字文化创意技术设备,同时在产业链下游的会展服务也布局有一定数量的专利;网易(杭州)网络有限公司、腾讯科技(深圳)有限公司更加重视产业链中游,即数字文化创意软件开发;而视联动力信息技术股份有限公司、苏州科达科技股份有限公司、掌阅科技股份有限公司,则更加关注产业链下游的会展服务和电子出版物出版(见图10)。

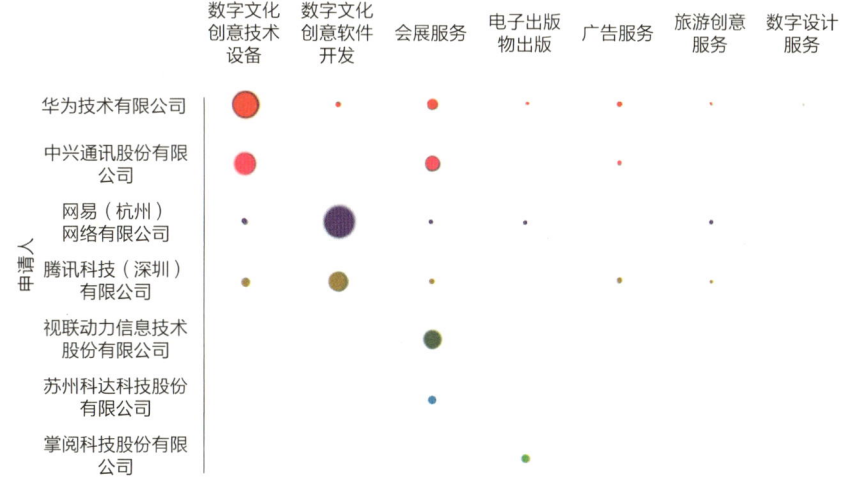

图10 中国数字创意产业重点企业专利技术布局情况

❶ 本处统计的专利申请公开量为申请人本身,不包含其分子公司。

【典型企业——网易（杭州）网络有限公司】

网易（杭州）网络有限公司（以下简称网易），1997年由丁磊先生在广州创办、2000年在美国 NASDAQ 股票交易所挂牌上市、2020年在香港联交所挂牌上市，是中国领先的互联网技术公司，在开发互联网应用、服务等方面始终保持中国业界领先地位。网易致力于利用最先进的互联网技术，加强人与人之间信息的交流和共享，为海量用户提供优质的产品和服务，以实现"网聚人的力量，以科技创新缔造美好生活"的使命愿景。截至2021年二季度，网易员工总数超30000名，国内主要集中在北京、广州、杭州、上海四地办公，在日本、韩国、新加坡、美国、加拿大、英国等地均设有分支机构。自2000年上市以来，网易公司一直保持着财务指标的稳健增长。网易是中国领先的互联网公司之一，是全球领先的在线游戏开发与发行公司，也是中国最大的电子邮件服务商，并拥有中国领先的自营品质电商品牌、中国领先的在线音乐平台、在线教育平台、资讯传媒平台，覆盖全中国超过10亿用户。

在游戏领域，网易2001年正式成立在线游戏事业部，与广大游戏热爱者一同成长。经过近20年的快速发展，网易已跻身全球七大游戏公司之一。作为中国领先的游戏开发公司，网易一直处于网络游戏自主研发领域的前端。网易游戏不仅将自身定位于游戏平台和服务提供商，而且和所有的玩家一样，是有血有肉的"游戏爱好者"。未来，网易游戏将继续秉持网易公司"以匠心，致创新"的理念，与全球众多的合作伙伴一起，为玩家打造能够共享、值得热爱的高品质游戏。

在教育领域，网易有道是一家以成就学习者"高效学习"为使命的智能学习公司。2019年10月，网易有道登陆纽交所（股票代码"DAO"），成为网易旗下首家独立上市公司。网易有道依托强大的互联网 AI 等技术手段，围绕学习场景，打造了一系列深受用户喜欢的学习产品和服务，包括素质教育、学科教育和成人终身教育等覆盖全年龄段的在线课程平台，以及有道词典、有道词典笔等软硬件学习工具。截至2020年年底，网易有道全线产品月活跃用户超1.2亿。

在音乐领域，网易云音乐于2013年4月正式上线，是网易旗下一款专注于发现和分享的音乐产品。网易云音乐以"传递音乐美好力量"为使命，引领音乐产品从"播放器时代"进入"在线社区时代"。2021年12月2日，网易云音乐正式在港交所上市，成为全球音乐社区第一股。网易云音乐是最受年轻用户喜爱的音乐平台之一。目前平台月活用户超1.84亿人，曲库数超6000万首，超9成活跃用户为90后、00后，用户增速及留存率均领先行业。网易云音乐也是中国领先的原创音乐平台，在业内首个发起原创音乐扶持，坚定助推中国原创音乐繁荣发展。目前平台入驻原创音乐人超30万，持续领先行业。

在传媒领域，网易新闻融合资讯平台及原创策划为一体，自1998年成立起始终保持市场领先地位。全天候24小时报道新闻热点及突发事件，信息触角遍布世界各地，重大报道从未缺席。2011年年初，网易新闻客户端正式上线，受众知名度、行业口碑、下载量、人均单日使用时长一直排名行业前列。网易文创是网易传媒集团在内容产业领域布局的、平行于网易新闻的创新内容品牌，以"陪伴用户，有用有趣"为出发点，聚焦有文化、有意思、有态度的原创内容生产。网易文创已形成了"文娱情感 IP+新商业新消费+版权经纪"的多元化发展路径。截至 2021 年第三季度，网易文创内容矩阵已覆盖 15 大平台、拥有超过 3.5 亿粉丝，并与 300+ 品牌主达成 800+ 项目合作。

截至 2021 年 7 月，中国数字创意产业专利申请公开量共 122283 件，占中国专利申请公开总量（33757841 件）的 0.4%，近五年复合增速达 21.4%（见图 11）。中国数字创意产业专利授权量共 69040 件，占数字创意产业全国专利申请公开总量的 56.5%；有效专利量为 44585 件。

图 11　中国数字创意产业专利申请公开量增长趋势

截至 2021 年 7 月，中国数字创意产业发明专利申请公开量为 86932 件，占中国数字创意产业专利申请公开总量（122283 件）的 71.1%，近五年复合增速达 18.1%。其中，2017 年同比增速最快，同比增长 46.3%（见图 12）。

图 12　中国数字创意产业发明专利申请公开量增长趋势

从地域分布情况来看，截至 2021 年 7 月，中国数字创意产业发明专利授权量共 33689

件，主要集中在广东省、北京市、浙江省等经济较发达的地区。其中，发明专利授权量排名前五位的省市依次为广东省（6301件）、北京市（4038件）、浙江省（1623件）、上海市（1426件）和江苏省（1351件）（见表3）。

表3 国内31省市数字创意产业发明专利授权量分布情况

排名	省（自治区、直辖市）	发明专利授权量（件）
1	广东	6301
2	北京	4038
3	浙江	1623
4	上海	1426
5	江苏	1351
6	山东	802
7	四川	711
8	陕西	689
9	湖北	424
10	福建	383
11	安徽	238
12	辽宁	228
13	天津	214
14	重庆	211
15	湖南	198
16	河南	129
17	吉林	101
18	黑龙江	84
19	广西	81
20	河北	71
21	江西	40
22	山西	40
23	云南	34
24	贵州	25
25	海南	25
26	宁夏	16
27	内蒙古	16
28	甘肃	12
29	新疆	9
30	青海	1
31	西藏	0

截至 2021 年 7 月，中国数字创意产业的有效发明专利共 23124 件，其中高价值专利数量为 22282 件。在中国数字创意产业高价值专利中，属于战略性新兴产业的有效发明专利共有 21295 件，在海外有同族专利权的有效发明专利共有 8989 件，维持年限超过 10 年的有效发明专利共有 6011 件，有质押融资活动的有效发明专利共有 208 件，获得中国专利奖的有效发明专利共有 29 件。高价值专利数量排名前五位的省市依次为广东省（4736 件）、北京市（3077 件）、浙江省（1292 件）、江苏省（1225 件）和上海市（925 件）（见图 13）。

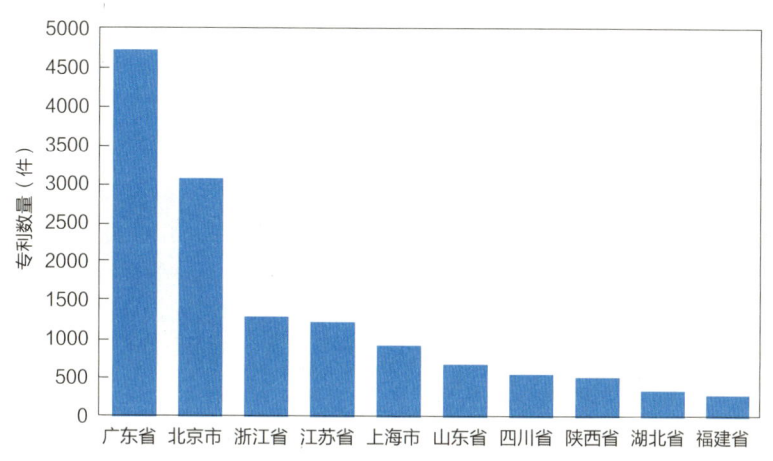

图 13　国内部分省市数字创意产业高价值专利数量分布情况

截至 2021 年 7 月，国内 31 省市数字创意产业创新企业发明专利申请公开量共 45570 件，占中国数字创意产业发明专利申请公开总量（86932 件）的 52.4%，近五年复合增速达 24.6%。其中，2017 年同比增速最快，同比增长 56.1%（见图 14）。发明专利申请公开量较多的企业包括网易（杭州）网络有限公司（1756 件）、华为技术有限公司（1801 件）、中兴通讯股份有限公司（1415 件）、腾讯科技（深圳）有限公司（1051 件）、上海乐金广电电子有限公司（519 件）。

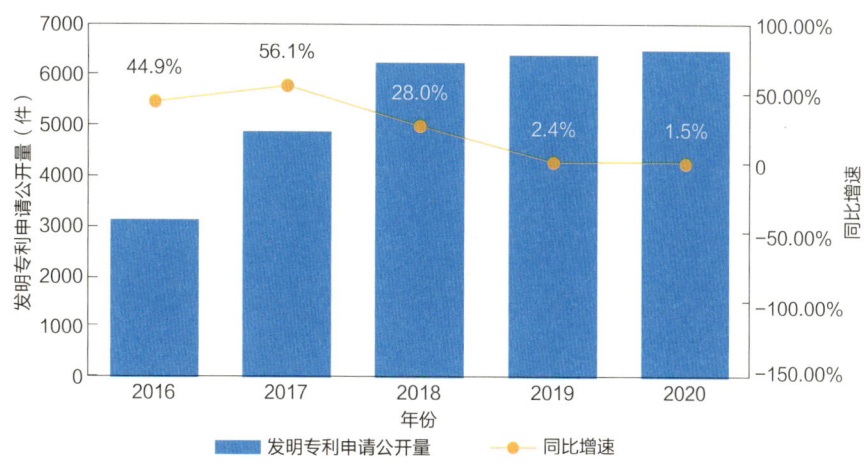

图 14　国内 31 省市数字创意产业创新企业发明专利申请公开量增长趋势

截至 2021 年 7 月，国内 31 省市数字创意产业高校发明专利申请公开量共 9417 件，占中国数字创意产业发明专利申请公开总量（86932 件）的 10.8%，近五年复合增速达 14.6%。其中，2017 年同比增速最快，同比增长 67.8%（见图 15）。发明专利申请公开量较多的高校包括西安电子科技大学（509 件）、清华大学（350 件）、浙江大学（317 件）、北京航空航天大学（191 件）、天津大学（174 件）。

图 15　国内 31 省市数字创意产业高校发明专利申请公开量增长趋势

截至 2021 年 7 月，国内 31 省市数字创意产业科研机构发明专利申请公开量共 1219 件，占中国数字创意产业发明专利申请公开总量（86932 件）的 1.4%，近五年复合增速达 13.9%。其中，2019 年同比增速最快，同比增长 58.3%（见图 16）。发明专利申请公开量较多的科研机构包括中国科学院自动化研究所（52 件）、中国科学院声学研究所（50 件）、中国科学院上海光学精密机械研究所（45 件）、中国科学院计算技术研究所（35 件）、深圳清华大学研究院（26 件）。

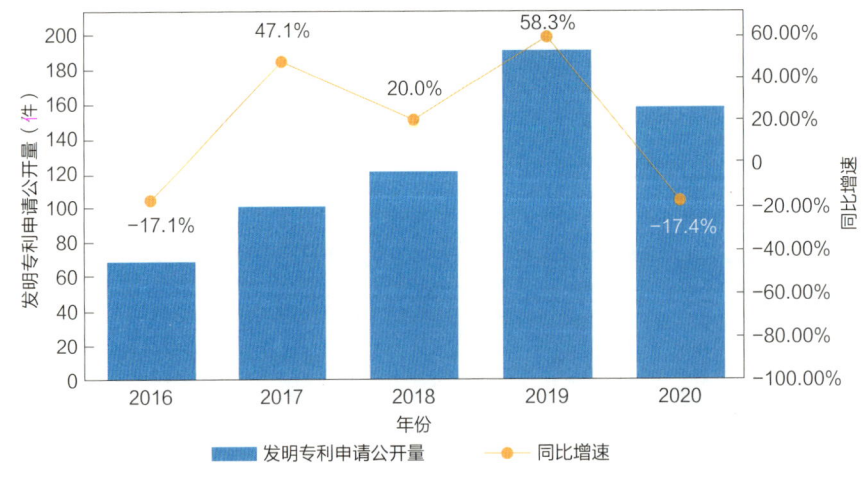

图 16　国内 31 省市数字创意产业科研机构发明专利申请公开量增长趋势

截至 2021 年 7 月，在数字创意产业中，全国涉及产学研合作申请的专利共有 966 件，占中国数字创意产业专利申请公开总量（122283 件）的 0.8%。涉及产学研合作申请专利量排名前五位的省市依次为北京市（244 件）、广东省（168 件）、江苏省（110 件）、浙江省（70 件）和上海市（57 件）（见图 17）。从数字创意产业的各细分领域来看，全国涉及产学研合作申请的专利主要分布在数字文化创意技术设备领域，专利数量为 636 件（见图 18）。

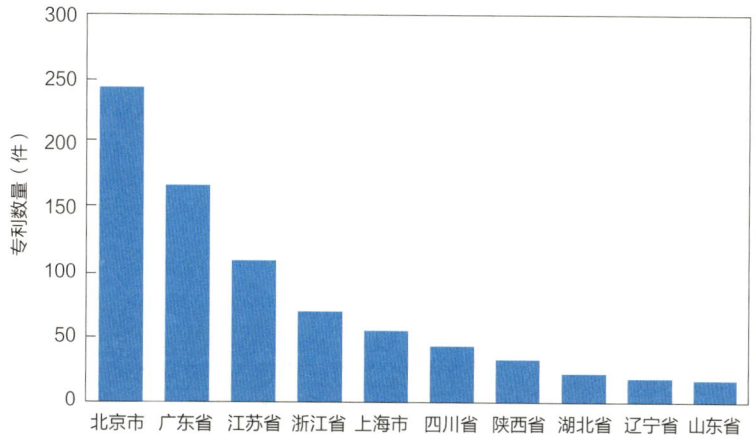

图 17　国内部分省市数字创意产业产学研合作申请专利数量分布情况

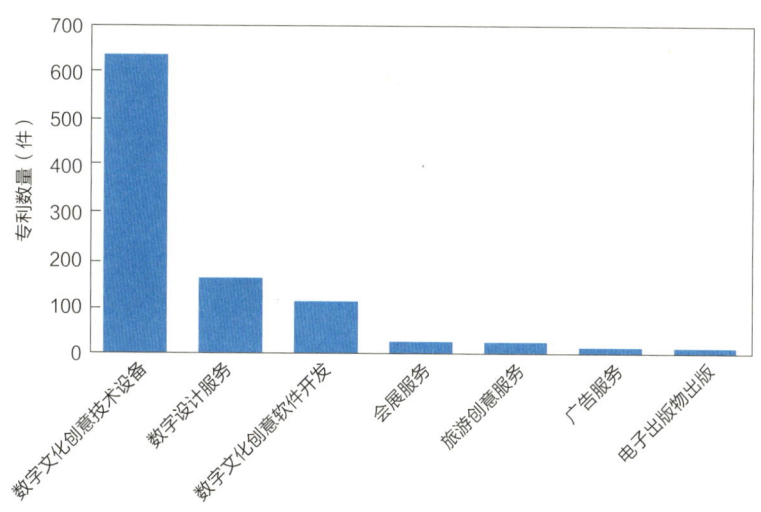

图 18　中国数字创意产业产学研合作申请专利领域分布情况

从产学研合作的高校院所来看，北京大学、浙江大学、清华大学、苏州大学、中山大学等在中国数字创意产业中的产学研合作较为密切，涉及产学研合作申请的专利数量分别为 86 件、40 件、38 件、29 件、26 件（见表 4）。

表 4　中国数字创意产业产学研合作重点高校院所清单

序号	高校院所	产学研合作申请的专利数量（件）
1	北京大学	86
2	浙江大学	40

续表

序号	高校院所	产学研合作申请的专利数量（件）
3	清华大学	38
4	苏州大学	29
5	中山大学	26
6	重庆大学	25
7	上海交通大学	21
8	深圳光启高等理工研究院	20
9	华南理工大学	19
10	北京理工大学	16

2.3.2 中国创新人才

截至 2021 年 7 月，国内 31 省市数字创意产业有专利申请活动的创新人才共 152187 人，近五年复合增速达 24.8%。其中，2018 年同比增速最快，同比增长 28.1%（见图 19）。

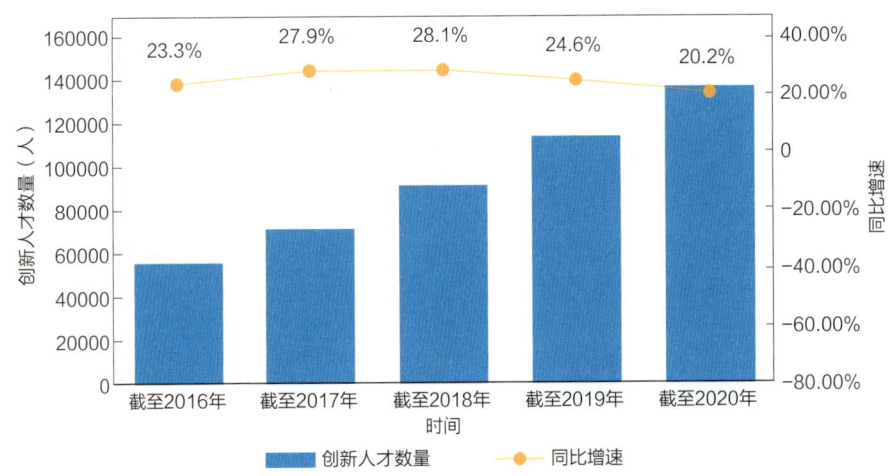

图 19 国内 31 省市数字创意产业创新人才数量增长趋势

从地域分布情况来看，截至 2021 年 7 月，国内 31 省市数字创意产业有专利申请活动的创新人才主要集中在广东省、北京市、江苏省等经济较发达的地区。其中，创新人才数量排名前五位的省市依次为广东省（34381 人）、北京市（22591 人）、江苏省（14468 人）、上海市（11427 人）和浙江省（10731 人）（见表 5）。

表 5 国内 31 省市数字创意产业创新人才数量分布情况

排名	省（自治区、直辖市）	创新人才数量（人）
1	广东	34381
2	北京	22591
3	江苏	14468

续表

排名	省（自治区、直辖市）	创新人才数量（人）
4	上海	11427
5	浙江	10731
6	山东	6872
7	四川	6074
8	陕西	5067
9	湖北	4922
10	安徽	4014
11	河南	3836
12	福建	3835
13	天津	2976
14	辽宁	2840
15	湖南	2804
16	重庆	2741
17	河北	1834
18	江西	1830
19	黑龙江	1687
20	吉林	1518
21	广西	1470
22	云南	997
23	贵州	840
24	山西	748
25	甘肃	520
26	内蒙古	421
27	海南	389
28	宁夏	319
29	新疆	285
30	青海	42
31	西藏	25

截至 2021 年 7 月，在数字创意产业创新人才中，国内 31 省市共有国家高层次人才 8886 人，占国内 31 省市数字创意产业创新人才总量（152187 人）的 5.8%；技术高管 14267 人，占创新人才总量的 9.4%；科技企业家 9600 人，占创新人才总量的 6.3%（见图 20）。

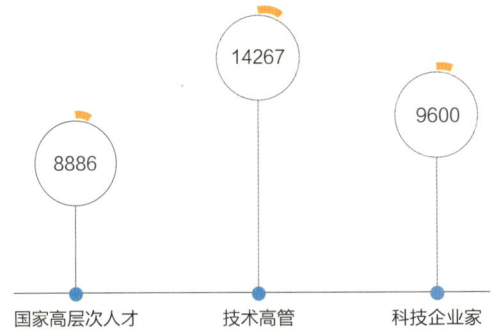

图 20　中国数字创意产业特色人才数据分布情况（单位：人）

从各机构类型创新人才数量分布情况来看，国内 31 省市数字创意产业企业的创新人才数量最多，共计 99628 人，占国内 31 省市数字创意产业创新人才总量（152187 人）的 65.5%。高校的创新人才数量位居其次，共计 33921 人，占国内 31 省市数字创意产业创新人才总量的 22.3%。科研机构的创新人才共计 5053 人，事业单位的创新人才共计 2162 人，分别占国内 31 省市数字创意产业创新人才总量的 3.3% 和 1.4%（见图 21）。

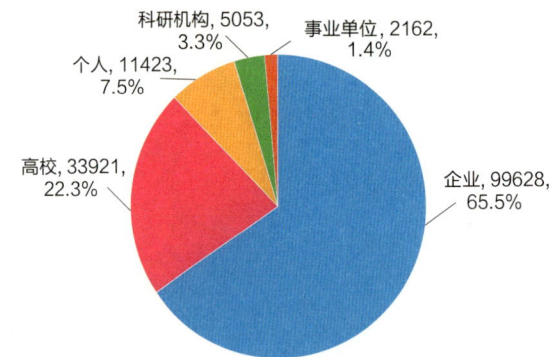

图 21　国内 31 省市数字创意产业各机构类型创新人才数量分布情况（单位：人）

2.4　中国数字创意产业热点及重点技术创新方向

从数字创意产业链整体来看，国内 31 省市产业的发明专利申请公开总量共 61645 件，创新企业总量共 21625 家，创新人才总量共 152187 人，近五年复合增速分别为 21.4%、29.3%、24.8%。

从产业链各细分领域来看，数字设计服务、旅游创意服务细分领域发明专利申请公开量、创新企业数量、创新人才数量的近五年复合增速均高出整个数字创意产业链平均水平，属于产业布局的热点。另外，数字文化创意软件开发细分领域创新企业数量的近五年复合增速虽略低于整个数字创意产业链平均水平 0.1 个百分点，但发明专利申请公开量、创新人才数量的近五年复合增速分别高出整个数字创意产业链平均水平 11.8、2.8 个百分点，也是产业布局的热点。数字文化创意技术设备细分领域发明专利申请公开量、创新企业数量、创新人才数量分别为 36577 件、14744 家、96960 人，均远高于数字创意产业链中其他细分领域,属于产业布局的重点(见表6)。

表6 国内31省市数字创意产业链创新要素情况

产业链三级	发明专利申请公开		创新企业		创新人才	
	数量(件)	复合增速	数量(家)	复合增速	数量(人)	复合增速
数字文化创意技术设备	36577	17.9%	14744	29.1%	96960	22.7%
数字文化创意软件开发	11046	33.2%	3290	29.2%	20142	27.6%
数字设计服务	5493	26.8%	2073	48.7%	19303	48.5%
广告服务	1852	−6.8%	1052	13.9%	5140	10.9%
会展服务	4420	25.1%	2009	27.8%	10533	22.9%
旅游创意服务	1894	22.2%	731	36.5%	4683	37.8%
电子出版物出版	1013	3.6%	386	13.4%	1887	14.2%

在数字文化创意技术设备细分领域,国内31省市发明专利申请公开量、创新企业数量、创新人才数量的近五年复合增速分别为17.9%、29.1%、22.7%。其中,VR/AR设备技术分支发明专利申请公开量、创新企业数量、创新人才数量的近五年复合增速分别为39.6%、53.1%、44.5%,均在数字文化创意技术设备细分领域各技术分支中排名第一,属于热点技术分支。音响设备制造技术分支发明专利申请公开量的近五年复合增速虽然略低于数字文化创意技术设备细分领域平均水平,但发明专利创新企业数量和创新人才数量的近五年复合增速均高于数字文化创意技术设备细分领域平均水平,也属于热点技术分支。同时,音响设备制造、VR/AR设备技术分支发明专利申请公开量、创新企业数量、创新人才数量,均在数字文化创意技术设备细分领域中占比较高,还属于重点技术分支(见表7)。

表7 国内31省市数字创意产业链数字文化创意技术设备技术分支创新要素情况

细分领域		发明专利申请公开		创新企业		创新人才	
产业链三级	产业链四级	数量(件)	复合增速	数量(家)	复合增速	数量(人)	复合增速
数字文化创意技术设备	广播电视节目制作、发射及接收设备制造	8741	−3.6%	2093	11.5%	19352	9.1%
	电视机制造	7140	6.3%	2110	28.4%	15127	21.0%
	音响设备制造	8910	17.6%	7979	29.3%	34333	23.6%
	VR/AR设备	12530	39.6%	4322	53.1%	33211	44.5%

在数字文化创意软件开发细分领域,国内31省市发明专利申请公开量、创新企业数量、创新人才数量的近五年复合增速分别为33.2%、29.2%、27.6%。其中,教育行业软件、新闻行业软件、文化内容行业软件技术分支发明专利申请公开量的近五年复合增速虽然低于数字文化创意软件开发细分领域平均水平,但创新企业数量、创新人才数量的近五年复合增速均远高于数字文化创意软件开发细分领域平均水平,属于热点技术分支。游戏、动漫软件及开发系统技术分支发明专利申请公开量、创新企业数量、创新人才数

量,均远超数字文化创意软件开发设备细分领域中其他技术分支,属于重点技术分支(见表8)。

表8 国内31省市数字创意产业链数字文化创意软件开发技术分支创新要素情况

细分领域		发明专利申请公开		创新企业		创新人才	
产业链三级	产业链四级	数量（件）	复合增速	数量（家）	复合增速	数量（人）	复合增速
数字文化创意软件开发	游戏、动漫软件及开发系统	9420	38.4%	2718	27.8%	16496	27.4%
	数字出版软件	749	—	226	20.5%	1331	16.6%
	教育行业软件、新闻行业软件、文化内容行业软件	879	24.6%	420	49.8%	2381	42.8%

第3章　广东省数字创意产业创新发展定位与洞察

3.1　广东省数字创意产业政策导向

数字创意产业是以数字技术为主要驱动力，围绕文化创意内容进行创作、生产、传播和服务而融合形成的新经济形态。为了加快培育数字创意战略性新兴产业集群，促进产业迈向全球价值链高端，2020年5月，广东省人民政府发布《广东省人民政府关于培育发展战略性支柱产业集群和战略性新兴产业集群的意见》，将数字创意产业集群列入十大战略性新兴产业集群，目的是打造全球数字创意产业高地。同年9月，广东省工业和信息化厅、中共广东省委宣传部、广东省文化和旅游厅、广东省广播电视局、广东省体育局联合印发《广东省培育数字创意战略性新兴产业集群行动计划（2021—2025年）》，对数字创意产业的发展作出了具体规划（见表9）。

表9　广东省数字创意产业部分相关政策

发布时间	发布单位	政策名称	相关内容
2020年	广东省人民政府	《广东省人民政府关于培育发展战略性支柱产业集群和战略性新兴产业集群的意见》	以数字技术为核心驱动力，以高端化、专业化、国际化为主攻方向，大力推进5G、AI、大数据、VR/AR等新技术深度应用，巩固提升游戏、动漫、设计服务等优势产业，提速发展电竞、直播、短视频等新业态，培育一批具有全球竞争力的数字创意头部企业和精品IP，高标准建设一批省级数字创意产业园等发展载体，形成以广州、深圳为核心引擎，珠海、汕头、佛山、东莞、中山等地特色集聚的"双核多点"发展格局，打造全球数字创意产业高地
2020年	广东省工业和信息化厅等五部门	《广东省培育数字创意战略性新兴产业集群行动计划（2021—2025年）》	一是5G、VR、AI等数字技术进步，推动数字内容加速向移动化、智能化、融合化方向发展，促进直播、短视频、电竞等新业态蓬勃发展，为数字创意产业带来持续的发展活力；二是新生代文化娱乐消费意愿较强，文化娱乐支出比重逐年提高，为数字创意产业发展提供了强劲的消费动力；三是随着数字创意企业国际化水平和能力的提高，"一带一路"沿线等国家及地区提供了广阔的国际市场空间

续表

发布时间	发布单位	政策名称	相关内容
2020年	广东省人民政府	《中新广州知识城总体发展规划（2020—2035年）》	科教服务与数字创意产业。创新各类科教服务业态，激活科教服务载体，造就推动知识创造和科技产业发展的新型服务环境。加快推动文化产业和数字化技术相结合，重点发展研发设计、动漫游戏、新媒体影视等，促进"互联网+文化创意"新业态，构建文化引领、技术先进、链条完整、融合发展的数字创意产业发展格局
2021年	广东省人民政府	《广东省制造业数字化转型实施方案及若干政策措施》	加快推动数字创意产业集群赋能制造业数字化转型，重点围绕电子信息、家电、服装、玩具等行业，以工业设计引领制造和消费，鼓励设计企业参与制造全流程协同创新，推动设计机构、设计企业走进产业集群，加强与制造业企业在品牌创新、技术研发、功能设计等方面深度合作，发展创意设计、仿真设计等高端综合设计服务。支持特色产业集群开展数字化营销，在线展示生产工艺流程，促进品牌形象塑造和在线引流销售。推动数字创意与生产制造融合渗透，发展基于精品IP（知识产权）形象授权的品牌塑造和服装、玩具等衍生品制造，提高产品附加值
2021年	广东省人民政府	《广东省国民经济和社会发展第十四个五年规划和2035年远景目标纲要》	以珠三角地区为核心，辐射带动粤东粤西粤北地区推广应用，大力推进5G、AI（人工智能）、大数据、VR/AR（虚拟现实/增强现实）等新技术深度应用，巩固提升游戏、动漫、设计服务等优势产业，提速发展电竞、直播、短视频等新业态，培育一批具有全球竞争力的数字创意头部企业和精品IP（知识版权）

广州市、深圳市充分利用产业集聚优势，积极出台相应政策，助力本市数字创意产业健康发展。2020年12月，广州市人民政府发布《广州市全面深化服务贸易创新发展试点实施方案》，表明要在数字创意产业加强国际合作。2021年，广州市人民政府相继发布《广州市建设国家数字经济创新发展试验区实施方案》《广州市加快培育建设国际消费中心城市实施方案》《广州市服务业发展"十四五"规划》等政策，对广州市数字创意产业的发展作出了具体规划。2018年11月，深圳市人民政府发布《深圳市关于进一步加快发展战略性新兴产业的实施方案》，明确要创建国家数字经济发展先导区，促进数字创意消费。2021年4月，深圳市人民政府发布《深圳市数字经济产业创新发展实施方案（2021—2023年）》，提出推动文化产业数字化、网络化发展，大力推动创意设计、影视动漫、新媒体及软件游戏、数字出版等行业发展（见表10）。

表10 广东省重点地市数字创意产业部分相关政策

地市	发布时间	发布单位	政策名称	相关内容
广州市	2020年	广州市人民政府	《广州市全面深化服务贸易创新发展试点实施方案》	加强数字创意和影视国际合作。推进中外数字创意、影视培训等合作。支持建设大湾区影视后期制作中心，引导设立电影发展基金，争取粤语电影、电视审批权限落地广东（广州）

续表

地市	发布时间	发布单位	政策名称	相关内容
广州市	2021 年	广州市人民政府	《广州市建设国家数字经济创新发展试验区实施方案》	推动数字创意产业集群化发展。高标准建设一批数字技术驱动型的数字创意产业园,培育一批具有全球竞争力的数字创意头部企业。强化技术攻关和数字文化产业装备制造发展,加快 VR/AR(虚拟现实/增强现实)、MR(混合现实)、全息成像、裸眼 3D 等数字创意关键应用技术攻关,大力发展 VR、可穿戴式、沉浸式等数字内容制作设备制造产业。重点推进花果山超高清视频产业特色小镇、广州国际媒体港、大湾区(花都湖)5G 高新视频数字创意产业基地等特色产业园区建设,做优做强 4K/8K 优质内容生产,推进 4K/8K 电视频道和节目制播系统建设。联动发挥全市各区互联网和数字创意集聚区作用,培育文商旅融合的数字创意新兴产业生态。发挥天河区国家文化出口基地以及龙头企业优势,促进粤港澳动漫游戏、网络文化、数字文化装备、数字艺术展示、数字印刷等数字创意产业合作
	2021 年	广州市人民政府	《广州市加快培育建设国际消费中心城市实施方案》	吸引人工智能、绿色环保、新能源汽车、数字创意等行业优质企业进驻和发展,培育发展高端消费品牌运营管理、客户管理、互联网服务等第三方服务专业主体,吸引中高端消费品牌企业设立总部
	2021 年	广州市人民政府办公厅	《广州市服务业发展"十四五"规划》	集聚发展游戏、动漫、电竞、视频、音乐、影视、文学等数字互娱产业,打造世界级数字音乐产业平台,建设全国数字文化产业新高地。以电竞赛事为带动,建设集文创、科技、新潮流、旅游消费于一体的"数字创意体验中心""全国电子竞技中心"
深圳市	2018 年	深圳市人民政府	《深圳市关于进一步加快发展战略性新兴产业的实施方案》	稳步提升工业设计能力,加速文化服务业企业数字化转型,创新服务内容和模式,促进数字创意消费,为数字经济拓展新空间
	2020 年	深圳市人民政府	《深圳市数字经济产业创新发展实施方案(2021—2023 年)》	推动文化产业数字化、网络化发展,建设和推广数字图书馆、数字博物馆、数字文化馆、数字美术馆、文体设施智慧服务平台等工程项目。支持数字内容原创研发,大力推动创意设计、影视动漫、新媒体及软件游戏、数字出版等行业发展,加快建设深港设计创意产业园,打造深港澳创意设计虚拟博物馆,联合打造粤港澳大湾区时尚品牌"世界橱窗"

3.2 广东省数字创意产业创新发展定位

3.2.1 广东省创新企业

截至 2021 年 7 月,广东省数字创意产业有专利申请活动的创新企业共 6664 家,占国内 31 省市数字创意产业创新企业总量（21625 家）的 30.8%，在国内 31 省市中排名第一。近五年广东省数字创意产业创新企业数量复合增速为 33.7%，高出国内 31 省市整体复合增速（29.3%）4.4 个百分点（见图 22）。

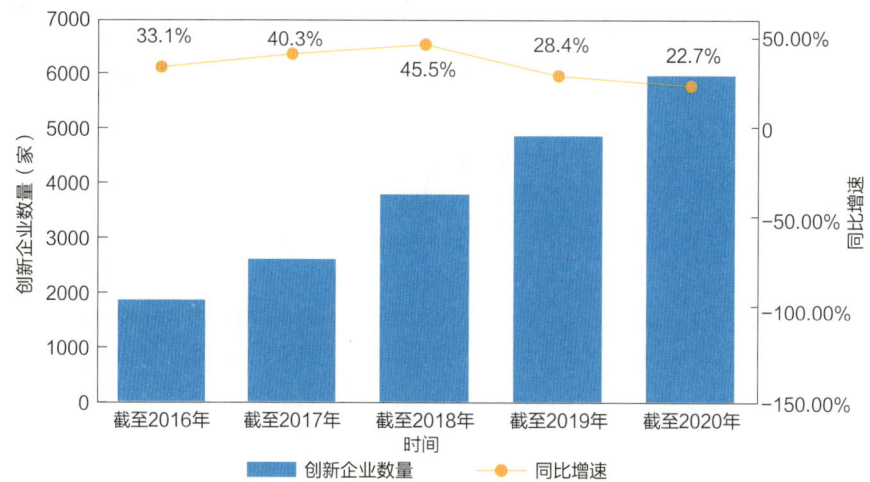

图 22　广东省数字创意产业创新企业数量增长趋势

从地域分布情况来看，截至 2021 年 7 月，广东省数字创意产业有专利申请活动的创新企业主要集中在珠三角地区。其中，创新企业数量排名前五位的地市依次为深圳市（3689 家）、广州市（1384 家）、东莞市（678 家）、佛山市（198 家）、惠州市（175 家）（见表 11）。

表 11　广东省各地市数字创意产业创新企业数量情况

地区	创新企业数量（家）	省内排名	地区	创新企业数量（家）	省内排名
深圳市	3689	1	梅州市	23	12
广州市	1384	2	河源市	14	13
东莞市	678	3	韶关市	12	14
佛山市	198	4	潮州市	9	15
惠州市	175	5	揭阳市	8	16
珠海市	171	6	云浮市	6	17
中山市	138	7	茂名市	6	17
江门市	74	8	汕尾市	4	19
汕头市	30	9	湛江市	3	20
清远市	28	10	阳江市	2	21
肇庆市	26	11			

截至 2021 年 7 月，在数字创意产业创新企业中，广东省共有国家高新技术企业 2814 家，占广东省数字创意产业创新企业总量（6664 家）的 42.2%；初创企业 605 家，占创新企业总量的 9.1%；隐形冠军企业 29 家，占创新企业总量的 0.4%；上市公司 127 家，占创

新企业总量的 1.9%；独角兽企业 9 家，占创新企业总量的 0.1%；专精特新企业 74 家，占创新企业总量的 1.1%。

横向对标北京市、上海市、江苏省、浙江省等国内重点省市，在数字创意产业创新企业中，广东省国家高新技术企业、初创企业、隐形冠军企业、上市公司数量均在国内 31 省市中排名第一；独角兽企业数量在国内 31 省市中排名第三；专精特新企业数量在国内 31 省市中排名第五（见表 12）。

表 12 国内重点省市数字创意产业特色企业数量分布情况对标比较

国内 31 省市排名	1	2	4	3	5
省市	广东省	北京市	上海市	江苏省	浙江省
国家高新技术企业数量（家）	2814	1128	691	998	579
国内 31 省市排名	1	2	3	4	5
省市	广东省	北京市	上海市	江苏省	浙江省
初创企业数量（家）	605	586	352	260	198
国内 31 省市排名	1	2	4	8	3
省市	广东省	北京市	上海市	江苏省	浙江省
隐形冠军企业数量（家）	29	28	15	8	22
国内 31 省市排名	1	2	5	3	3
省市	广东省	北京市	上海市	江苏省	浙江省
上市公司数量（家）	127	82	42	49	49
国内 31 省市排名	3	1	2	4	4
省市	广东省	北京市	上海市	江苏省	浙江省
独角兽企业数量（家）	9	27	15	4	4
国内 31 省市排名	5	2	1	3	10
省市	广东省	北京市	上海市	江苏省	浙江省
专精特新企业数量（家）	74	120	207	113	33

3.2.2 广东省专利布局

截至 2021 年 7 月，广东省数字创意产业专利申请公开量共 29681 件，占广东省专利申请公开总量（5302985 件）的 0.6%；近五年复合增速为 30.1%，高出全国复合增速（21.4%）8.7 个百分点（见图 23）。广东省数字创意产业专利授权量共 18839 件，占广东省数字创意产业专利申请公开总量的 63.5%；有效专利量为 13346 件。

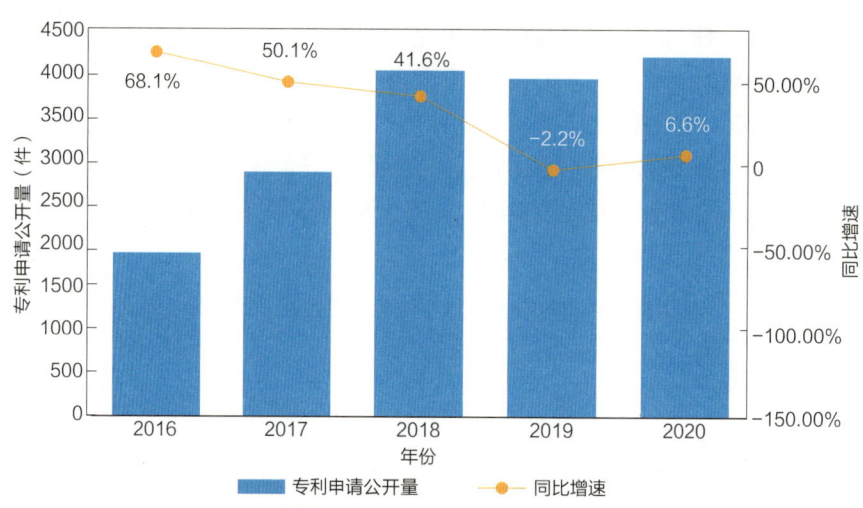

图 23 广东省数字创意产业专利申请公开量增长趋势

截至 2021 年 7 月，广东省数字创意产业发明专利申请公开量共 17143 件，占广东省数字创意产业专利申请公开量（29681 件）的 57.8%，近五年复合增速为 24.6%，高出全国复合增速（18.1%）6.5 个百分点（见图 24）。

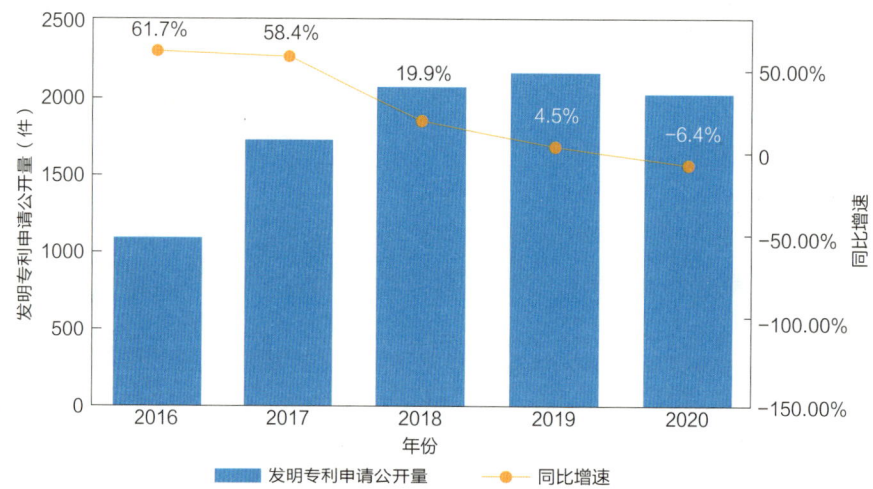

图 24 广东省数字创意产业发明专利申请公开量增长趋势

截至 2021 年 7 月，广东省数字创意产业发明专利授权量共 6301 件，占全国数字创意产业发明专利授权总量（33689 件）的 18.7%，在国内 31 省市中排名第一。

从地域分布情况来看，广东省数字创意产业发明专利授权量主要集中在珠三角地区。其中，发明专利授权量排名前五位的地市依次为深圳市（4768 件）、广州市（708 件）、东莞市（394 件）、惠州市（156 件）、珠海市（112 件）（见表 13）。

表 13 广东省各地市数字创意产业发明专利授权量情况

地区	发明专利授权量（件）	省内排名	地区	发明专利授权量（件）	省内排名
深圳市	4768	1	肇庆市	6	10
广州市	708	2	梅州市	5	11

续表

地区	发明专利授权量（件）	省内排名	地区	发明专利授权量（件）	省内排名
东莞市	394	3	汕尾市	5	11
惠州市	156	4	揭阳市	3	13
珠海市	112	5	潮州市	2	14
佛山市	73	6	湛江市	2	14
中山市	32	7	清远市	1	16
江门市	17	8	云浮市	1	16
汕头市	16	9			

截至2021年7月，广东省数字创意产业的有效发明专利共4895件。其中，高价值专利共4736件，占全国数字创意产业高价值专利总量（22282件）的21.3%，在国内31省市中排名第一。在广东省数字创意产业高价值专利中，属于战略性新兴产业的有效发明专利共4586件，在海外有同族专利权的有效发明专利共1435件，维持年限超过10年的有效发明专利共1302件，有质押融资活动的有效发明专利共54件，获得中国专利奖的有效发明专利共16件。

横向对标北京市、上海市、江苏省、浙江省等国内重点省市，在数字创意产业高价值专利中，广东省属于战略性新兴产业的有效发明专利、在海外有同族专利权的有效发明专利、维持年限超过10年的有效发明专利、有质押融资活动的有效发明专利、获得中国专利奖的有效发明专利数量均在国内31省市中排名第一（见表14）。

表14 国内重点省市数字创意产业高价值专利数量分布情况对标比较

国内31省市排名	1	2	5	4	3
省市	广东省	北京市	上海市	江苏省	浙江省
属于战略性新兴产业的有效发明专利（件）	4586	2991	911	1207	1279
国内31省市排名	1	2	4	5	3
省市	广东省	北京市	上海市	江苏省	浙江省
在海外有同族专利权的有效发明专利（件）	1435	395	131	117	133
国内31省市排名	1	2	3	4	5
省市	广东省	北京市	上海市	江苏省	浙江省
维持年限超过10年的有效发明专利（件）	1302	524	176	172	143
国内31省市排名	1	2	10	3	5
省市	广东省	北京市	上海市	江苏省	浙江省
有质押融资活动的有效发明专利（件）	54	37	3	34	13
国内31省市排名	1	2	—	—	4
省市	广东省	北京市	上海市	江苏省	浙江省
获得中国专利奖的有效发明专利（件）	16	7	—	—	1

截至 2021 年 7 月，广东省数字创意产业创新企业发明专利申请公开量共 15099 件，占广东省数字创意产业发明专利申请公开总量（17143 件）的 88.1%；近五年复合增速为 27.1%，高出全国数字创意产业创新企业发明专利申请公开量复合增速（24.6%）2.5 个百分点（见图 25）。发明专利申请公开量较多的创新企业包括华为技术有限公司（1801 件）、中兴通讯股份有限公司（1415 件）、腾讯科技（深圳）有限公司（1051 件）等。

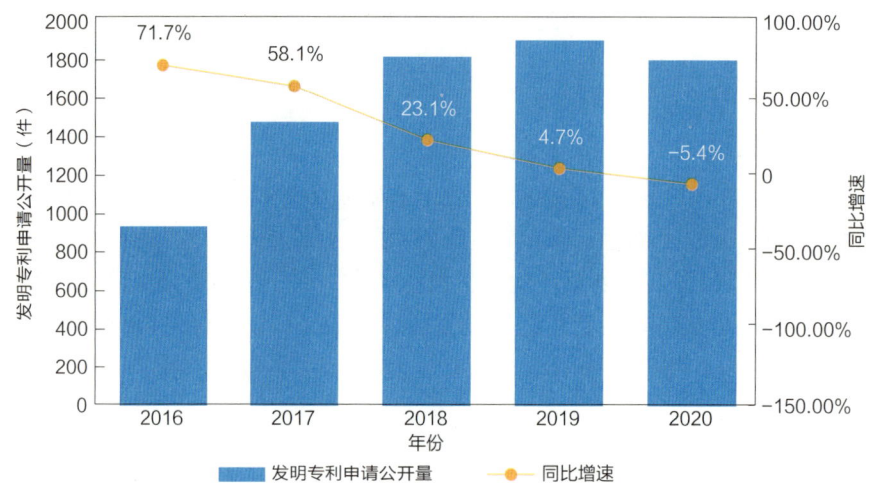

图 25　广东省数字创意产业创新企业发明专利申请公开量增长趋势

截至 2021 年 7 月，广东省数字创意产业高校发明专利申请公开量共 830 件，占广东省数字创意产业发明专利申请公开总量（17143 件）的 4.8%；近五年复合增速为 24.8%，高出全国数字创意产业高校发明专利申请公开量复合增速（14.6%）10.2 个百分点（见图 26）。发明专利申请公开量较多的高校包括华南理工大学（162 件）、中山大学（194 件）、广东工业大学（77 件）等。

图 26　广东省数字创意产业高校发明专利申请公开量增长趋势

截至 2021 年 7 月，广东省数字创意产业科研机构发明专利申请公开量共 215 件，占广东省数字创意产业发明专利申请公开总量（17143 件）的 1.3%；近五年复合增速为 1.8%，低于全国数字创意产业科研机构发明专利申请公开量复合增速（13.9%）12.1 个百分点（见图 27）。发明专利申请公开量较多的科研机构包括中国科学院深圳先进技术研究院（36 件）、深圳清华大学研究院（26 件）、中山大学深圳研究院（13 件）等。

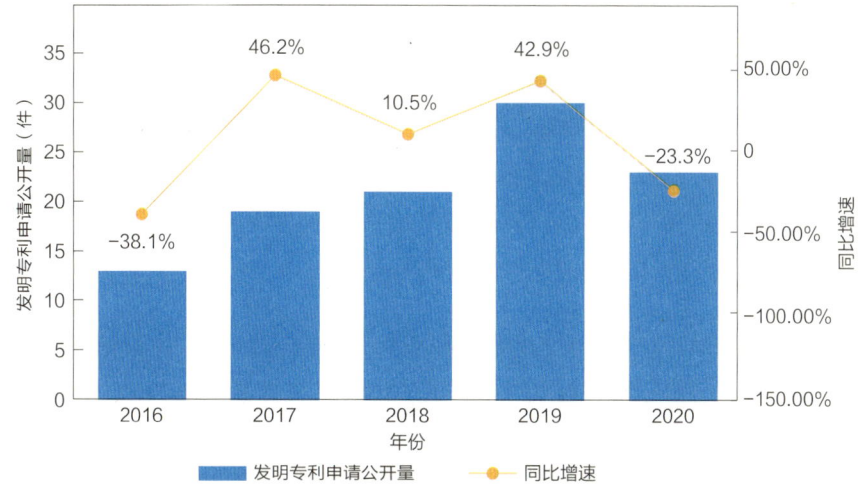

图 27　广东省数字创意产业科研机构发明专利申请公开量增长趋势

截至 2021 年 7 月，在数字创意产业中，广东省涉及产学研合作申请的专利共 168 件，占全国涉及产学研合作申请专利总量（966 件）的 17.4%，在国内 31 省市中排名第二。

从数字创意产业的各细分领域来看，广东省涉及产学研合作申请的专利主要分布在数字文化创意技术设备领域，专利数量为 124 件。其次是数字设计服务和数字文化创意软件开发领域，专利数量分别为 27 件和 9 件（见图 28）。

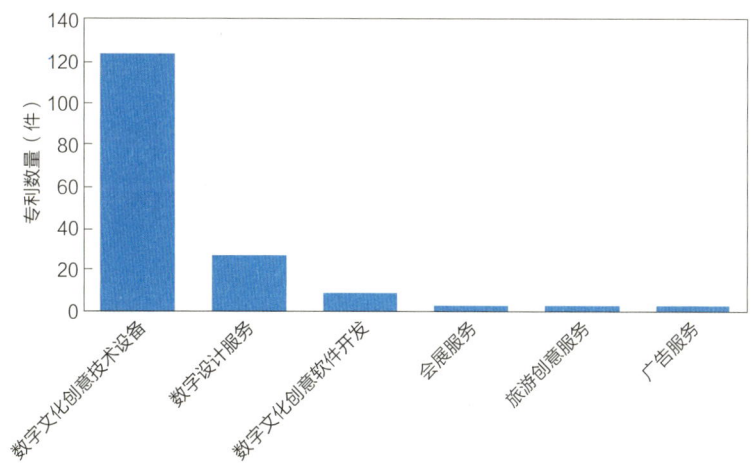

图 28　广东省数字创意产业产学研合作申请专利领域分布情况

从产学研合作的高校院所来看，中山大学、华南理工大学、东莞理工学院、清华大学深圳研究生院、深圳清华大学研究院等在广东省数字创意产业中的产学研合作较为密切，涉及产学研合作申请的专利数量分别为 26 件、19 件、8 件、7 件、7 件（见表 15）。

表 15 广东省数字创意产业产学研合作重点高校院所清单

序号	高校院所	产学研合作申请的专利数量（件）
1	中山大学	26
2	华南理工大学	19
3	东莞理工学院	8
4	清华大学深圳研究生院	7
5	深圳清华大学研究院	7

截至 2021 年 7 月，在数字创意产业中，国内 31 省市海外布局专利共 9520 件；其中，广东省海外布局专利共 6078 件，占国内 31 省市海外布局专利总量的 63.8%，在国内 31 省市中排名第一。广东省海外布局的区域主要包括美国（1371 件）、欧洲（843 件）和日本（249 件）等。

从数字创意产业的各细分领域来看，广东省海外布局专利主要分布在数字文化创意技术设备（4382 件）、会展服务（921 件）、数字文化创意软件开发（493 件）等领域（见图 29）。

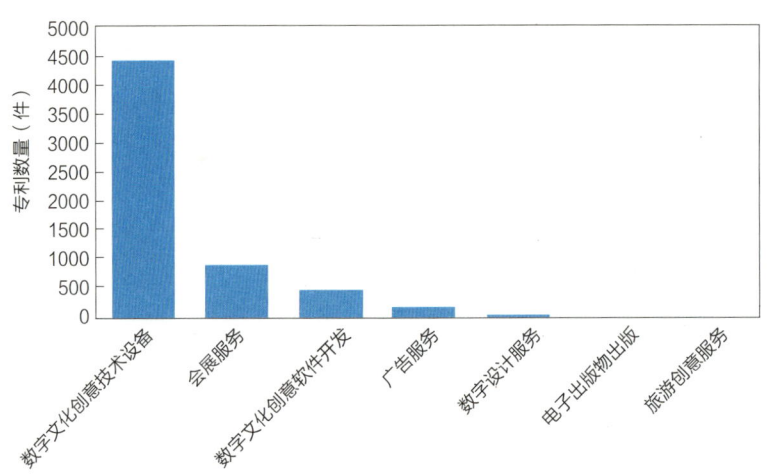

图 29 广东省数字创意产业海外布局专利领域分布情况

3.2.3 广东省创新人才

截至 2021 年 7 月，广东省数字创意产业有专利申请活动的创新人才共 34381 人，占国内 31 省市数字创意产业创新人才总量（152187 人）的 22.6%，在国内 31 省市中排名第一。近五年广东省数字创意产业创新人才数量复合增速为 22.3%，低于国内 31 省市整体复合增速（24.8%）2.5 个百分点（见图 30）。

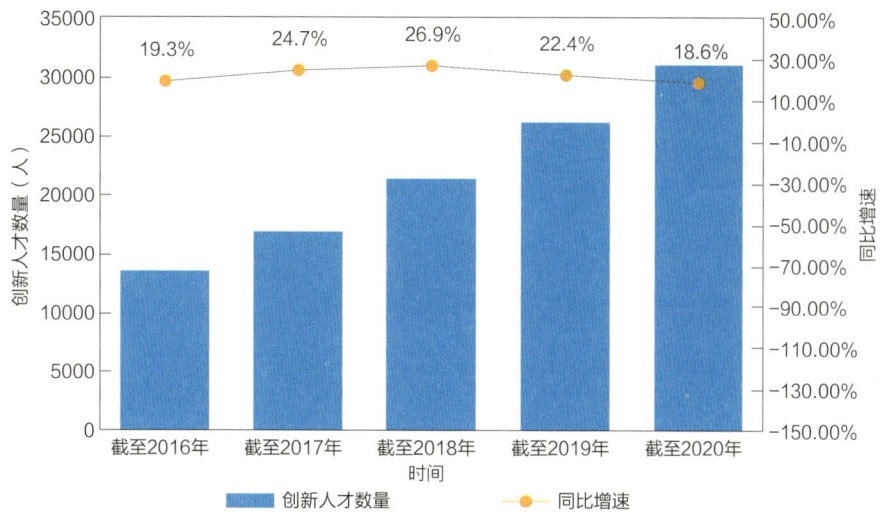

图 30　广东省数字创意产业创新人才数量增长趋势

从地域分布情况来看，截至 2021 年 7 月，广东省数字创意产业有专利申请活动的创新人才主要集中在珠三角地区。其中，创新人才数量排名前五位的地市依次为深圳市（19732 人）、广州市（7464 人）、东莞市（2300 人）、惠州市（1089 人）、珠海市（1039 人）（见表 16）。

表 16　广东省各地市数字创意产业创新人才数量情况

地区	创新人才数量（人）	省内排名	地区	创新人才数量（人）	省内排名
深圳市	19732	1	汕尾市	91	12
广州市	7464	2	湛江市	88	13
东莞市	2300	3	河源市	84	14
惠州市	1089	4	茂名市	84	14
珠海市	1039	5	潮州市	71	16
佛山市	880	6	清远市	70	17
中山市	640	7	揭阳市	52	18
汕头市	222	8	韶关市	50	19
江门市	192	9	云浮市	43	20
梅州市	108	10	阳江市	16	21
肇庆市	106	11			

截至 2021 年 7 月，在数字创意产业创新人才中，广东省共有国家高层次人才 881 人，占广东省数字创意产业创新人才总量（34381 人）的 2.6%；技术高管 4720 人，占创新人才总量的 13.7%；科技企业家 3313 人，占创新人才总量的 9.6%。

横向对标北京市、上海市、江苏省、浙江省等国内重点省市，在数字创意产业创新人才中，广东省国家高层次人才数量在国内 31 省市中仅次于北京市，排名第二；技术高管、科技企业家数量均在国内 31 省市中排名第一（见表 17）。

表 17　国内重点省市数字创意产业特色人才数量分布情况对标比较

国内31省市排名	2	1	5	3	6
省市	广东省	北京市	上海市	江苏省	浙江省
国家高层次人才数量（人）	881	1841	685	867	568
国内31省市排名	1	3	5	2	4
省市	广东省	北京市	上海市	江苏省	浙江省
技术高管数量（人）	4720	1277	1061	1812	1053
国内31省市排名	1	3	4	2	5
省市	广东省	北京市	上海市	江苏省	浙江省
科技企业家数量（人）	3313	727	707	1231	711

从各机构类型创新人才数量分布情况来看，广东省数字创意产业企业的创新人才数量最多，共计 28456 人，占广东省数字创意产业创新人才总量（34381 人）的 82.8%。高校的创新人才数量位居其次，共计 2539 人，占广东省数字创意产业创新人才总量的 7.4%。科研机构的创新人才共计 706 人，事业单位的创新人才共计 250 人，分别占广东省数字创意产业创新人才总量的 2.1% 和 0.7%（见图 31）。

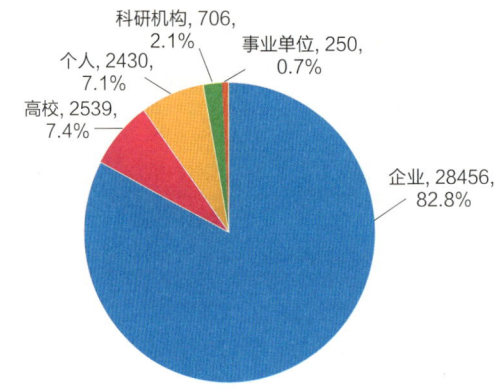

图 31　广东省数字创意产业各机构类型创新人才数量分布情况（单位：人）

3.3　广东省数字创意产业创新发展洞察

3.3.1　广东省产业链集聚结构

3.3.1.1　整体布局

广东省数字创意产业链覆盖全面，并且在产业链各细分领域都具备一定优势，尤其是在数字文化创意技术设备、数字文化创意软件开发、广告服务、会展服务细分领域优势显著。

综合发明专利申请公开量、创新企业数量、创新人才数量及各自的近五年复合增速来看，广东省数字创意产业链整体保持较快增长，发明专利申请公开量、创新企业数量、创新人才数量的近五年复合增速分别达 24.6%、33.7%、22.3%。从数字创意产业各细分领域来看，广东省在数字设计服务、旅游创意服务细分领域具有较大的发展潜力（见表18）。

表18 广东省数字创意产业链细分领域创新要素情况

细分领域 产业链三级	发明专利申请公开 数量（件）	国内31省市排名	创新企业 数量（家）	国内31省市排名	创新人才 数量（人）	国内31省市排名
数字文化创意技术设备	4450	1	4902	1	23329	1
数字文化创意软件开发	804	1	1126	1	5793	1
数字设计服务	177	2	384	1	2020	3
广告服务	154	1	228	1	1082	1
会展服务	666	1	519	1	2753	1
旅游创意服务	33	2	128	1	584	2
电子出版物出版	55	2	92	1	343	—

3.3.1.2 优势环节

综合广东省数字创意产业各细分领域发明专利授权量、创新企业数量、创新人才数量及各自在国内31省市的排名情况来看，广东省在数字创意产业的各细分领域都具备一定的优势。尤其是数字文化创意技术设备、数字文化创意软件开发、广告服务、会展服务细分领域，发明专利授权量、创新企业数量、创新人才数量均在国内31省市中排名第一，且数量均较多，优势显著（见表19）。

表19 广东省数字创意产业优势领域创新要素情况

细分领域 产业链三级	发明专利授权 数量（件）	国内31省市排名	创新企业 数量（家）	国内31省市排名	创新人才 数量（人）	国内31省市排名
数字文化创意技术设备	4450	1	4902	1	23329	1
数字文化创意软件开发	804	1	1126	1	5793	1
广告服务	154	1	228	1	1082	1
会展服务	666	1	519	1	2753	1

3.3.1.3 潜力环节

综合广东省数字创意产业各细分领域发明专利申请公开量、创新企业数量、创新人才数量及各自的近五年复合增速来看，广东省在数字设计服务、旅游创意服务细分领域的发明专利申请公开量近五年复合增速均在23%以上，创新企业数量近五年复合增速均在41%以上，创新人才数量近五年复合增速均在43%以上，发展势头良好，未来潜力较大（见表20）。

表 20　广东省数字创意产业潜力领域创新要素情况

细分领域	发明专利申请公开		创新企业		创新人才	
产业链三级	数量（件）	复合增速	数量（家）	复合增速	数量（人）	复合增速
数字设计服务	660	36.3%	384	55.3%	2020	55.1%
旅游创意服务	278	23.5%	128	41.9%	584	43.3%

3.3.1.4　风险环节

在新兴技术和新增需求的带动下，数字创意产业正处于新的发展阶段，中国市场地位突出，是国外公司专利布局的重点方向。通过分析国外在华发明专利申请公开量的增速，并结合国内外专利权人在华有效发明专利量的对比，有助于判断产业链各技术领域是否面临风险，具体分析模型为：

当某领域国外在华发明专利申请公开量的近五年复合增速大于或等于产业链整体国外在华发明专利申请公开量的近五年复合增速，或者某领域国外专利权人在华有效发明专利量大于该细分领域国内专利权人在华有效发明专利量时，则判定该领域为风险产业。

截至 2021 年 7 月，在数字创意产业中，国外在华发明专利申请公开量共 22425 件，占全国数字创意产业发明专利申请公开总量（86932 件）的 25.8%，近五年复合增速为 -5.8%，低于全国复合增速（18.1%）23.9 个百分点。国外专利权人在华有效发明专利量为 6462 件，占全国数字创意产业有效发明专利总量（23124 件）的 27.9%。

从数字创意产业的各细分领域来看，数字文化创意技术设备、数字文化创意软件开发、数字设计服务、旅游创意服务领域国外在华发明专利申请公开量的近五年复合增速大于数字创意产业链整体国外在华发明专利申请公开量的近五年复合增速，属于风险细分领域（见表 21）。

表 21　数字创意产业链风险领域分布情况

细分领域	领域国外在华发明专利申请公开量近五年复合增速		领域国外专利权人在华有效发明专利		风险领域
产业链三级	复合增速	大于或等于产业链整体国外在华发明专利申请公开量近五年复合增速	数量（件）	大于细分领域国内专利权人有效发明专利量	
数字文化创意技术设备	6.2%	是	4894	否	是
数字文化创意软件开发	9.5%	是	804	否	是
数字设计服务	26.9%	是	112	否	是
广告服务	-15.8%	否	232	否	否
会展服务	-5.2%	否	391	否	否
旅游创意服务	8.4%	是	24	否	是
电子出版物出版	-21.4%	否	38	否	否

3.3.2 广东省技术供应链分析
3.3.2.1 技术转移情况

截至 2021 年 7 月，在数字创意产业中，全国涉及转让的专利共 9248 件；其中，广东省涉及转让的专利共 2795 件，占全国涉及转让专利总量的 30.2%，在国内 31 省市中排名第一。

从数字创意产业的各细分领域来看，广东省涉及转让的专利主要分布在数字文化创意技术设备（2104 件）、数字文化创意软件开发（315 件）、会展服务（198 件）等领域（见图 32）。

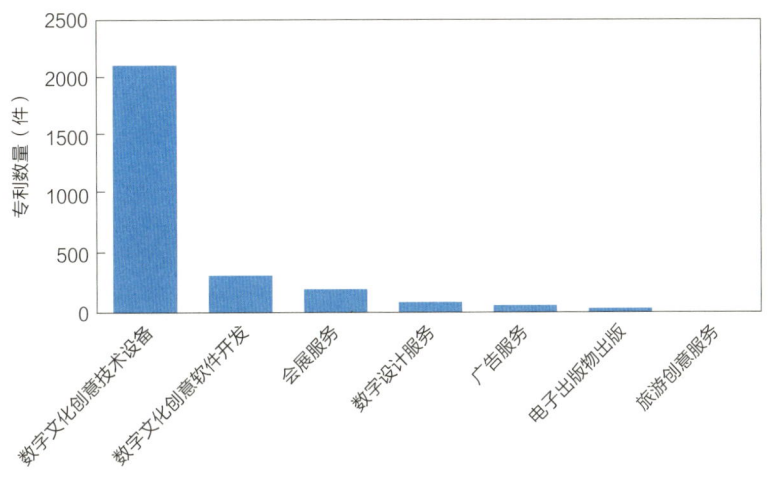

图 32 广东省数字创意产业涉及转让专利领域分布情况

广东省数字创意产业的专利转让活动主要发生在省内，共涉及专利 1697 件。在与外地进行的专利转让活动方面，广东省向外地转让的专利共 772 件，转让专利的受让人主要分布在江苏省（164 件）、国外（101 件）、浙江省（96 件）；广东省从外地受让的专利共 547 件，受让专利的转让人主要分布在北京市（113 件）、浙江省（83 件）、江苏省（83 件）（见图 33）。

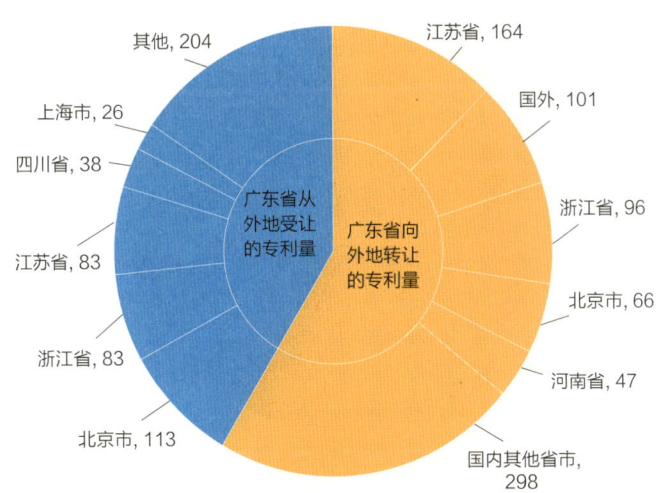

图 33 广东省数字创意产业与外地进行专利转让活动情况（单位：件）

3.3.2.2 专利许可情况

截至 2021 年 7 月，在数字创意产业中，全国涉及许可的专利共 719 件；其中，广东省涉及许可的专利共 413 件，占全国涉及许可专利总量的 57.4%，在国内 31 省市中排名第一。

从数字创意产业的各细分领域来看，广东省涉及许可的专利主要分布在数字文化创意技术设备（376 件）、数字文化创意软件开发（21 件）、会展服务（6 件）等领域（见图 34）。

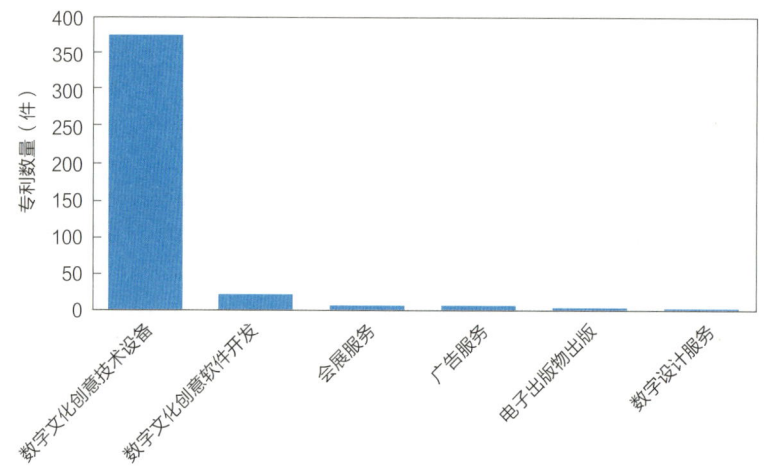

图 34　广东省数字创意产业涉及许可专利领域分布情况

广东省数字创意产业的专利许可活动中，省内共涉及专利 113 件。在与外地进行的专利许可活动方面，广东省对外地许可的专利共 92 件，许可专利的被许可人主要分布在国外（29 件）、北京市（23 件）、江苏省（12 件）；广东省被外地许可的专利共 208 件，被许可专利的许可人主要分布在国外（172 件）、上海市（7 件）、天津市（6 件）（见图 35）。

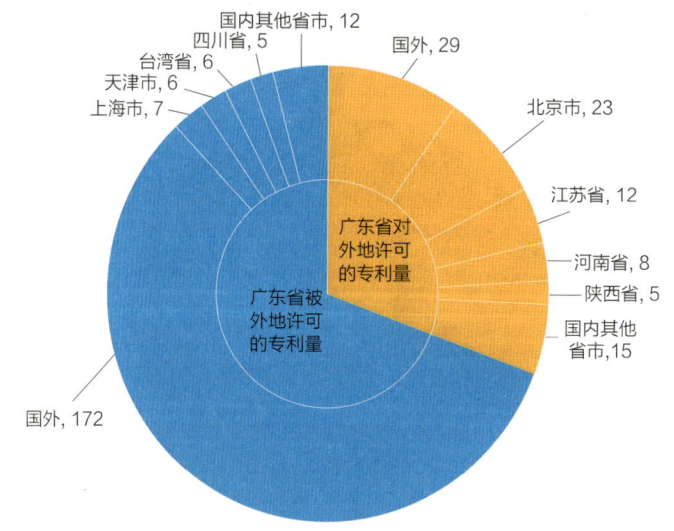

图 35　广东省数字创意产业与外地进行专利许可活动情况（单位：件）

3.3.2.3 专利质押情况

截至 2021 年 7 月，在数字创意产业中，全国涉及质押的专利共 433 件；其中，广东省涉及质押的专利共 118 件，占全国涉及质押的专利总量的 27.3%，在国内 31 省市中排名第一。

从数字创意产业的各细分领域来看，广东省涉及质押的专利主要分布在数字文化创意技术设备（88 件）、会展服务（14 件）、数字文化创意软件开发（11 件）等领域（见图 36）。

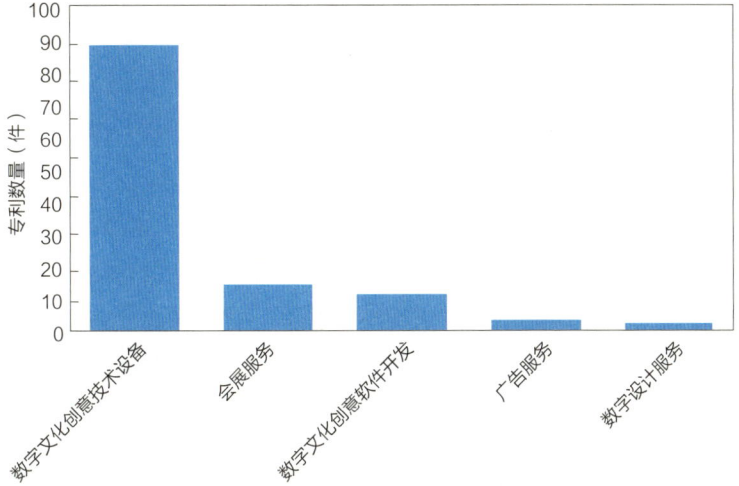

图 36　广东省数字创意产业涉及质押专利领域分布情况

第4章 广东省数字创意产业创新发展路径建议

广东省在数字创意产业方面基础雄厚，产业规模和发展水平全国领先，游戏、动漫、电竞、数字音乐居全国首位，直播、短视频等新业态发展迅猛，数字技术加速渗透，国际化程度不断提高。行业龙头纷纷抢占产业技术制高点，产业链上下游的企业正加速在数字创意产业的技术布局，集聚了雄厚的技术实力。同时，广东省汇聚了大量数字创意领域的高端人才，以华南理工大学、中山大学等为代表的高校院所为本地提供了丰富的产学研资源，这些得天独厚的条件都将加速广东省数字创意产业的发展。广东省雄厚丰沛的企业、人才资源为广东省发展数字创意产业提供了"常量"，而5G、VR、AI等新兴技术的深度融合，为广东省数字创意产业的发展提供了关键"变量"。广东省应稳住常量、抓好变量，把握数字创意产业发展的战略性机遇，推动数字创意产业快速发展，以高端化、专业化、国际化为主攻方向，打造全球数字创意产业发展高地。

4.1 产业布局优化路径

以"固链、强链、补链、延链"为重点，以提升区域产业技术创新能力和核心竞争力为目标，基于知识产权大数据情报分析，对产业链的构成和产业融合载体分布情况进行梳理，引导创新资源向产业链上下游集聚，打造数字创意产业发展高地。对于本地产业优势细分领域，主要通过研发创新、核心技术攻关、专利布局以及技术合作等手段巩固区域产业优势。对于本地产业链劣势环节，可考虑结合政策驱动、人才引进、对外合作等加以提升。

首先，实施固链工程。广东省数字创意产业基础设施完善、产业链覆盖全面，产业链整体保持较快增长。建议广东省继续保持区域产业优势，在数字文化创意技术设备、数字文化创意软件开发、广告服务、会展服务等产业环节不断有所突破，抢占产业技术高地和话语权。

其次，实施强链工程。继续增强数字设计服务、旅游创意服务等产业潜力环节，加大扶持力度，不断提升广东省数字创意产业的竞争实力。

再次，实施补链工程。针对广东省数字创意产业链的关键环节和"卡脖子"环节，在数字建模、数字特效等领域加大研发投入，同时可以考虑引进国内外行业头部企业进行落户研发。

最后，实施延链工程。促进5G、VR、AI、区块链等新兴技术与数字创意产业的深度融合，突破产业瓶颈，延展产业链条，扩大产业规模。

建议广东省在实施"雁阵培育"计划中，根据数字创意产业技术实力情况将本地企业分为多个梯队，整合区域企业网络，完善产业链生态体系。充分利用广东省数字创意产业优势，将腾讯、网易游戏、三七互娱、华强方特、奥飞娱乐等龙头企业作为"头雁"，依托产业生态和良好的营商环境，把新的优质群雁企业吸引进来，形成雁阵集群，互相借力，带动广东省上下游产业链集群发展。

对于处于产业链不同环节的企业，鼓励区域内部整合，特定环节较强的企业可以强强联合。鼓励企业通过并购扩大规模，优化资源配置，发挥规模效益。同质化企业采取横向并购，凸显规模效益的同时做强具体产业链环节；处于竞争优势的企业采取纵向并购产业链其他环节的高成长型企业，将产业链做长，打通企业的产业链，提高生产效率。加强大中小企业协同发展，鼓励中小企业走专精特新道路，培育一批细分领域单项冠军。打造数字创意线上线下企业孵化载体、众创空间，孵化一批优秀项目，促进大众创业、万众创新。

把握粤港澳大湾区建设和深入实施"一带一路"倡议的重大机遇，加强与国际、港澳地区的交流与合作，推进技术、人才、资金等资源互动，提升全球资源聚合能力。

广东省在发展数字创意产业的过程中，应加大人才培养引进力度，充分发挥高端人才的关键作用，形成人才集聚效应。一方面，要根据广东省数字创意产业发展实际，加大本地人才培养的力度；另一方面，要积极从国内外引进高端人才，引领区域产业创新发展。

建立起"引""稳""培""鉴"相结合的人才培养机制，打造创新人才高地。一是"引"，在人才引进中加强行业领军人才、技术高管及科技企业家等人才的引进力度；二是"稳"，加强人才大数据的建设与运用水平，构建数字创意产业创新人才数据库，实时监测广东省高层次人才发展动态，稳定核心技术人才，减少高端人才外流；三是"培"，鼓励高等院校、科研院所设立数字创意学院或开设有关专业学科，建设完善针对数字创意新技术、新模式、新业态的课程和实践能力教学体系，实施广东技工工程，共建校企联合研发中心和人才实训基地，开展协同育人和职业培训，推行企校双师联合培养为主的企业新型学徒制，培养数字创意技能人才；四是"鉴"，有效利用知识产权大数据建立发现高端科技人才、评价人才和跟踪人才机制，绘制全球高端人才图谱，落实人才引进中的知识产权评价和鉴定机制。

4.2 知识产权工作建议

围绕产业链部署创新链，实施重点科技专项，加快数字特效、图像渲染、VR、全息成像、裸眼 3D、区块链等重点领域关键核心技术攻关，加大空间和情感感知等基础性技术研发力度。推动数字电视（深圳）国家工程实验室、数字家庭互动应用国家地方联合工程实验室、广东省数字创意技术工程实验室等创新平台建设。鼓励省实验室加强智能科学、体验科学等基础研究和应用基础研究。支持重点围绕 VR 交互算法、显示光栅、传感追踪等技术领域开展高价值专利培育。支持企业建设数字创意产业知识产权运营中心，加强知识产权储备和运营。建立健全知识产权登记保护和快速维权机制，开展数字创意产业关键技术领域发明专利优先审查和专利快速预审、确权、维权和协同保护工作，提高数字创意产业和企业知识产权保护水平。

建立专利预警机制，建议广东省在数字文化创意技术设备、数字文化创意软件开发、数字设计服务、旅游创意服务等产业链风险环节，加大专利布局力度，加强技术积累和挖掘，坚持创新导向和质量导向，提高专利布局数量。

同时，作为我国外贸第一大省，广东省尤其还应注重知识产权的海外布局工作，建议企业在"走出去"的过程中，可根据经营业务范围在海外潜在市场围绕自身的优势技术，进行多角度、多层次的知识产权布局，支持企业开展专利海外布局和商标、工业品外观设计国际注册，增强国际竞争力。

以专利数据为纽带，关联融合产业、企业、人才、技术、金融资本等多维数据资源，构建全球科技竞合知识图谱数据库，开发全球产业科技发现与科创服务平台，打通创新供给侧、产业需求端、资本赋能方三者之间的数据孤岛。同时以产业科技大数据设施为基础，实施区域规划类、产业规划类和企业运营类专利导航，加强未来产业关键技术布局。综合运用专利数据和产业数据，借助大数据技术手段，构建重点产业发展方向分析、区域产业发展定位分析和产业发展路径导航分析逻辑模型。在摸清产业发展方向基础上，立足广东省数字创意产业发展定位，提出适用于广东省的产业发展路径建议，在产业规划、招商引资、人才引进、企业培育等方面，依托知识产权大数据全球扫描优质产业情报、科技企业和技术情报，精准发现、评价并引进具有核心技术的创新项目，为广东省产业链、供应链的安全稳定、自主可控提供情报支撑。

广东省先进材料产业专利统计分析报告

广东省知识产权保护中心
2021 年 12 月

目 录

第 1 章　引言　// 630

1.1　项目背景　// 630
1.2　产业链分类　// 631

第 2 章　先进材料产业发展态势　// 633

2.1　全球先进材料产业发展现状　// 633
2.1.1　全球先进材料产业发展概况　// 633
2.1.2　中国先进材料产业发展概况　// 635
2.2　中国先进材料产业政策环境　// 638
2.3　中国先进材料产业创新发展态势　// 640
2.3.1　中国创新企业　// 640
2.3.2　中国专利布局　// 644
2.3.3　中国创新人才　// 649
2.4　中国先进材料产业热点及重点技术创新方向　// 651

第 3 章　广东省先进材料产业创新发展定位与洞察　　// 656

3.1　广东省先进材料产业政策导向　　// 656
3.2　广东省先进材料产业创新发展定位　　// 657
3.2.1　广东省创新企业　　// 657
3.2.2　广东省专利布局　　// 659
3.2.3　广东省创新人才　　// 664
3.3　广东省先进材料产业创新发展洞察　　// 666
3.3.1　广东省产业链集聚结构　　// 666
3.3.2　广东省技术供应链分析　　// 669

第 4 章　广东省先进材料产业创新发展路径建议　　// 673

4.1　产业布局优化路径　　// 673
4.2　知识产权工作建议　　// 674

图目录

图1	先进材料产业结构	632
图2	2017年全球铝塑膜市场格局	635
图3	2018年我国主要稀土材料的产量情况	635
图4	全球钕铁硼下游应用消费结构	636
图5	我国电子玻璃市场规模	637
图6	我国电子玻璃产量	637
图7	国内31省市先进材料产业创新企业数量增长趋势	641
图8	中国先进材料产业特色企业数量分布情况（单位：家）	642
图9	中国先进材料产业重点企业专利技术布局情况	643
图10	中国先进材料产业专利申请公开量增长趋势	644
图11	中国先进材料产业发明专利申请公开量增长趋势	644
图12	国内31省市先进材料产业高价值专利数量分布情况	646
图13	国内31省市先进材料产业创新企业发明专利申请公开量增长趋势	646
图14	国内31省市先进材料产业高校发明专利申请公开量增长趋势	647
图15	国内31省市先进材料产业科研机构发明专利申请公开量增长趋势	647
图16	国内31省市先进材料产业产学研合作申请专利数量分布情况	648
图17	中国先进材料产业产学研合作申请专利领域分布情况	648
图18	国内31省市先进材料产业创新人才数量增长趋势	649

图 19　中国先进材料产业特色人才数据分布情况（单位：人）…………………………651
图 20　国内 31 省市先进材料产业各机构类型创新人才数量分布情况（单位：人）……651
图 21　广东省先进材料产业创新企业数量增长趋势………………………………………657
图 22　广东省先进材料产业专利申请公开量增长趋势……………………………………659
图 23　广东省先进材料产业发明专利申请公开量增长趋势………………………………659
图 24　广东省先进材料产业创新企业发明专利申请公开量增长趋势……………………661
图 25　广东省先进材料产业高校发明专利申请公开量增长趋势…………………………662
图 26　广东省先进材料产业科研机构发明专利申请公开量增长趋势……………………662
图 27　广东省先进材料产业产学研合作申请专利领域分布情况…………………………663
图 28　广东省先进材料产业海外布局专利领域分布情况…………………………………664
图 29　广东省先进材料产业创新人才数量增长趋势………………………………………664
图 30　广东省先进材料产业各机构类型创新人才数量分布情况（单位：人）…………666
图 31　广东省先进材料产业涉及转让专利领域分布情况…………………………………670
图 32　广东省先进材料产业与外地进行专利转让活动情况（单位：件）………………670
图 33　广东省先进材料产业涉及许可专利领域分布情况…………………………………671
图 34　广东省先进材料产业与外地进行专利许可活动情况（单位：件）………………671
图 35　广东省先进材料产业涉及质押专利领域分布情况…………………………………672

表目录

表 1 全球稀土资源战略储备概况 ………………………………………………… 633
表 2 我国先进材料产业相关政策 …………………………………………………… 639
表 3 各省市先进材料产业相关政策 ………………………………………………… 640
表 4 国内 31 省市先进材料产业创新企业数量分布情况 ………………………… 641
表 5 国内 31 省市先进材料产业发明专利授权量分布情况 ……………………… 645
表 6 中国先进材料产业产学研合作重点高校院所清单 …………………………… 649
表 7 国内 31 省市先进材料产业创新人才数量分布情况 ………………………… 650
表 8 国内 31 省市先进材料产业链创新要素情况 ………………………………… 652
表 9 国内 31 省市先进材料产业化工材料领域创新要素情况 …………………… 652
表 10 国内 31 省市先进材料产业绿色钢铁领域创新要素情况 ………………… 653
表 11 国内 31 省市先进材料产业有色金属及合金材料领域创新要素情况 …… 653
表 12 国内 31 省市先进材料产业无机非金属材料领域创新要素情况 ………… 654
表 13 国内 31 省市先进材料产业建筑材料领域创新要素情况 ………………… 654
表 14 国内 31 省市先进材料产业先进轻纺材料领域创新要素情况 …………… 654
表 15 国内 31 省市先进材料产业稀有稀土材料领域创新要素情况 …………… 655

表 16　国内 31 省市先进材料产业稀有稀土材料领域创新要素情况 …………………… 655
表 17　广东省先进材料产业相关政策 …………………………………………………… 656
表 18　广东省各地市先进材料产业创新企业数量情况 ………………………………… 657
表 19　国内重点省市先进材料产业特色企业数量分布情况对标比较 ………………… 658
表 20　广东省各地市先进材料产业发明专利授权量情况 ……………………………… 660
表 21　国内重点省市先进材料产业高价值专利数量分布情况对标比较 ……………… 660
表 22　广东省先进材料产业产学研合作重点高校院所清单 …………………………… 663
表 23　广东省各地市先进材料产业创新人才数量情况 ………………………………… 664
表 24　国内重点省市先进材料产业特色人才数量分布情况对标比较 ………………… 665
表 25　广东省先进材料产业链创新要素情况 …………………………………………… 666
表 26　广东省先进材料产业优势领域创新要素情况 …………………………………… 667
表 27　广东省先进材料产业潜力领域创新要素情况 …………………………………… 667
表 28　广东省先进材料产业薄弱领域创新要素情况 …………………………………… 667
表 29　先进材料产业链风险领域分布情况 ……………………………………………… 668

第 1 章　引言

1.1　项目背景

2021 年 3 月,《中华人民共和国国民经济和社会发展第十四个五年规划和 2035 年远景目标纲要》围绕"发展壮大战略性新兴产业"进行了专章论述,指出要着眼于抢占未来产业发展先机,培育先导性和支柱性产业,推动战略性新兴产业融合化、集群化、生态化发展,战略性新兴产业增加值占 GDP 比重超过 17%。2021 年 9 月,中共中央、国务院印发《知识产权强国建设纲要(2021—2035 年)》,在"建设激励创新发展的知识产权市场运行机制"部分,明确要大力推动专利导航在传统优势产业、战略性新兴产业、未来产业发展中的应用。

习近平总书记对广东制造业发展高度重视、寄予厚望,明确要求广东加快推动制造业转型升级,建设世界级先进制造业集群。2020 年 5 月,广东省人民政府出台《关于培育发展战略性支柱产业集群和战略性新兴产业集群的意见》,并进一步制定了 20 个战略性产业集群行动计划,最终形成"1+20"的政策体系,旨在推动广东省产业链、创新链、人才链、资金链、政策链相互贯通,加快建立具有国际竞争力的现代化产业体系。2021 年 4 月,《广东省国民经济和社会发展第十四个五年规划和 2035 年远景目标纲要》在"总体要求"中提出,改造提升传统产业,做大做强战略性支柱产业,培育发展战略性新兴产业,加快发展现代服务业,推动产业基础高级化和产业链供应链现代化,提高产业现代化水平,打造新兴产业重要策源地、先进制造业和现代服务业基地,推动建设更具国际竞争力的现代产业体系。

针对"先进材料产业",广东省工业和信息化厅等六部门于 2020 年 9 月印发了《广东省发展先进材料战略性支柱产业集群行动计划(2021—2025 年)》,提出到 2025 年,全省先进材料产业发展质量效益再上新台阶,综合实力、可持续发展能力显著增强,在全球价值链地位明显提升,全省形成 1 个年主营业务收入达 28000 亿元以上、工业增加值达 6475 亿元的先进材料产业集群,迈入世界级先进材料产业集群行列。并明确广东省市场监督管理局负责优化产业布局、打造特色优势明显的区域产业集群,完善创新体系、促进产业创新发展,注重环保节能、提升绿色发展水平等重点任务中的相关工作,以及新材料技术和标准化提升工程、创新能力提升工程等重点工程中的相关工作。

为深入贯彻习近平新时代中国特色社会主义思想和党的十九大精神,认真落实中共中央、国务院关于发展壮大战略性新兴产业和知识产权强国建设及省委、省政府关于推进制造强省建设的工作部署，按照《广东省人民政府关于培育发展战略性支柱产业集群和战略性新兴产业集群的意见》《广东省发展先进材料战略性支柱产业集群行动计划（2021—2025年）》的工作安排，加快发展先进材料战略性支柱产业集群，促进产业迈向全球价值链高端，开展先进材料产业专利分析研究工作。基于产业专利导航创新决策理念，紧扣产业分析和专利分析两条主线，将专利信息与产业现状、发展趋势、政策环境、市场竞争等信息深度融合，基于知识产权产业金融大数据，深入研究广东省先进材料产业发展现状，明晰产业发展方向，找准区域产业定位，分析存在制约发展的瓶颈问题和制度障碍，指出优化产业创新资源配置的具体路径，提出适用于本区域产业创新发展的相关建议，为广东省先进材料产业发展规划、招商引资、人才引进等提供决策支撑。

1.2 产业链分类

先进材料产业分为八大领域，包括化工材料、绿色钢铁、有色金属及合金材料、无机非金属材料、建筑材料、先进轻纺材料、稀有稀土材料、电子材料。进一步将先进材料产业分为多个相关的三级分支：化工材料主要涉及高性能树脂、涂料、专用化学产品材料；绿色钢铁主要涉及先进制造基础零部件用钢制造、高技术船舶及海洋工程用钢加工、交通运输用钢加工、能源石化用钢加工、先进建筑用钢加工、高性能钢及合金加工、先进钢铁材料制品制造；有色金属及合金材料主要涉及铝及铝合金制造、铜及铜合金制造、钛及钛合金制造、镁及镁合金制造、稀有金属材料制造、贵金属材料制造、稀土新材料制造、硬质合金及制品制造；无机非金属材料主要涉及特种玻璃制造、特种陶瓷制造、人工晶体制造、新型建筑材料制造、矿物功能材料制造；建筑材料主要涉及绿色节能建筑材料制造、水泥基材料制造、新型墙体材料制造、隔热隔音材料制造、轻质建筑材料制造；先进轻纺材料主要涉及有机纤维制造、生物基化学纤维制造；稀有稀土材料主要涉及稀土发光材料、稀土磁性材料；电子材料主要涉及高端电子化学品、电子陶瓷、电子玻璃（见图1）。

图1 先进材料产业结构

第 2 章 先进材料产业发展态势

2.1 全球先进材料产业发展现状

2.1.1 全球先进材料产业发展概况

新材料是历次工业革命的物质基础与先导。目前,随着全球新材料产业规模的不断增长,先进材料已成为新材料产业支柱之一。根据先进材料产业的产业分类,先进材料可分为建筑材料、绿色钢铁、有色金属、化工材料以及稀土材料❶。

稀土材料作为不可再生的稀缺性资源,素有"工业味精""新材料之母"等美誉,广泛应用于电子信息、石油化工、冶金、机械、能源等行业,被各国视为关系国家安全和发展的最重要战略资源之一。近年来,美国、欧盟、日本等几大经济体相继出台各类将稀土资源纳入国家战略资源储备的政策,试图建立本土稀土产业链,防止对中国出口稀土资源产生依赖(见表1)。❷

表 1 全球稀土资源战略储备概况

年份	国家	稀土战略资源储备
2006 年	日本	日本政府发布《国家能源资源战略新规划》,将稀土、铂、铟 3 种稀有金属列入储备对象,即将稀有金属储备种类扩展至 10 种
2008 年	美国	稀土材料被美国能源部列为"关键材料战略"
2010 年	美国	美国政府宣布在一个月内制定紧急计划,建立美国稀土供应多元化体系,摆脱对中国的依赖,恢复并扩大国内的稀土生产,同时向中国以外的国家提供资金与技术援助,并取得这些国家稀土矿产的稳定供应
2010 年	美国	美国众议员麦克·考夫曼提出了一项法案,要求国防部和其他联邦部门振兴美国的稀土工业,并呼吁建立国家的稀土储备
2010 年	欧盟	欧盟拟建立以混合碳酸稀土形式的稀土储备。该储备战略计划年收储 3000 吨碳酸稀土
2011 年	欧盟	欧委会:"欧盟首先还是要确保来自于拉丁美洲、非洲、俄罗斯等欧盟以外国家和地区的稀土资源供应,其次,要努力增加稀土资源储备,充分利用欧盟现有资源,努力降低对中国的稀土资源依赖。"

---

❶ 资料来源:万联证券研究所。
❷ 资料来源:根据公开数据整理。

续表

年份	国家	稀土战略资源储备
2011 年	中国	中国国务院发布《国务院关于促进稀土行业持续健康发展的若干意见》,并由工信部提出组建六大稀土集团的方案,中国首次启动国家稀土战略收储工作
2011 年	韩国	韩国政府计划大幅增加稀土战略储备,以应对日益激烈的全球资源竞争。政府已经重新评估稀土应急储备方案,把储备目标值提高为"到 2014 年,确保向国内企业提供 100 天的供应量"。韩国政府先前设定方案为"到 2016 年,确保 60 天的供应量"
2020 年	日本	日本政府将决定增加包括稀土在内的稀有金属的战略储备。政府将根据新制定的国际资源战略,将现行一律 60 天量的储备按种类增加,某些种类可能增至 180 天量

美国地质调查局(USGS)公布数据显示,全球稀土资源总储量约为 1.2 亿吨,其中中国储量为 4400 万吨,占比约 36.7%;越南储量 2200 万吨,占比约为 18.9%;巴西储量 2200 万吨,占比 18.9%;俄罗斯储量 1200 万吨,占比 10.3%。四国合计占全球总储量的近八成,资源分布集中度较高。

中国环氧树脂行业协会数据显示,全球环氧树脂主要分布在亚洲、西欧和美国,三个地区的环氧树脂产量占全球总产量的 90% 以上。近年来,全球环氧树脂企业兼并及投资活动较为活跃,经过一系列的兼并重组,核心生产技术集中在 Olin corporation(陶氏化学占 50.5% 股权)、迈图特种化工、亨斯迈等主要生产企业手中。中国环氧树脂生产商绝大多数以基础环氧树脂产品为主,国际大厂商由于具备提供综合性的专业领域环氧树脂系统产品的整体解决方案能力,因此占据了高端环氧树脂产品市场的大部分市场份额。环氧树脂高端产品及先进生产技术仍掌握在陶氏化学、迈图特种化工、亨斯迈等企业手中,这三家公司产能占世界环氧树脂总产能的 70% 以上。

聚酰亚胺(PI)薄膜是柔性显示的关键核心材料,工业上均采用 PI 材料作为液晶取向剂。由于 PI 薄膜的技术壁垒高,目前全球 PI 市场主要由国外少数美日韩企业所垄断,其中,美国杜邦、韩国 SKC Kolon PI、日本住友化学、宇部兴产株式会社、钟渊化学和东丽在耐高温电子级 PI(黄色)、光学级 PI(无色透明)的全球市场份额在 70% 以上。中国企业主要包括中国台湾的达迈科技和达胜科技,以及中国大陆的时代新材、丹邦科技、鼎龙股份和瑞华泰等。

高工产业研究院(GGII)发布的《新能源汽车产业链数据库》数据显示,2019 年全球新能源汽车动力电池装机量约 115.21GWh,同比增长 22%。铝塑膜作为软包锂电池五大材料之一,是软包锂电池中最关键的、技术壁垒最高的材料技术。2017 年,全球铝塑膜市场主要被日本和韩国少数企业垄断,其中,大日本印刷、昭和电工、日本 T&T 三家企业占据了全球 80% 以上的市场份额,韩国栗村化学占据了全球 9% 的市场份额(见图 2)。

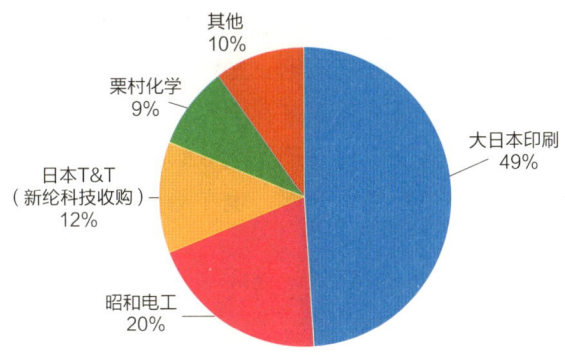

图 2　2017 年全球铝塑膜市场格局

2.1.2　中国先进材料产业发展概况

"十二五"以来，我国新材料产业规模快速增长。我国在先进基础材料中的金属材料、化工材料、建筑材料等传统领域已发展较为成熟，我国钢铁、有色金属、稀土金属、水泥、超硬材料、特种不锈钢等百余种材料产量达到世界第一位。中国新材料产业的快速发展不断推动产业结构优化，如高性能工模具钢、超高纯度氧化镁制备、电解铝、低环境负荷型水泥、全氟离子膜、聚烯烃催化剂等产业化关键技术的突破，促进了钢铁、有色金属、建材、石化等传统产业转型升级。

从上游稀土资源分布来看，我国稀土资源主要分布在内蒙古、江西、广西、四川、山东等地区，呈现"北轻南重"特点，轻稀土主要分布在内蒙古包头的白云鄂博矿区，离子型中重稀土则主要分布在江西赣州、福建龙岩等南方地区。整体来看，内蒙古包头、四川凉山、江西赣州三大稀土生产基地生产稀土占比分别为 58%、23% 和 7% 左右。

从中游稀土功能材料来看，稀土材料主要为稀土永磁材料、稀土抛光材料、稀土储氢材料等，目前稀土磁性材料对稀土原材料需求最大。据中国稀土行业协会统计，2018 年我国稀土永磁材料的产量为 15.5 万吨，大幅度领先稀土抛光材料和稀土储氢材料的产量（见图 3）。

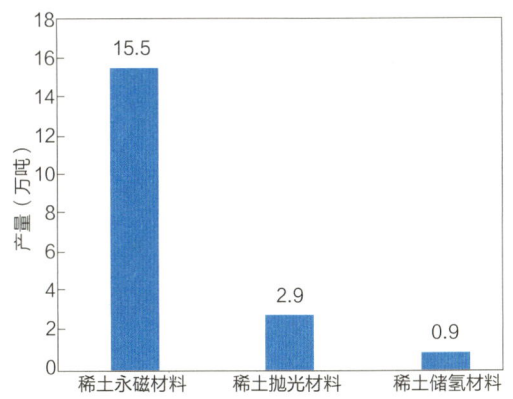

图 3　2018 年我国主要稀土材料的产量情况

稀土永磁材料目前已发展至第三代稀土永磁体钕铁硼，基本替代了第一、二代钐钴永磁材料，成为应用范围最广、发展速度最快、综合性能最优的磁性材料。我国稀土储量全球最高，美国地质调查局（USGS）数据显示，2019年全球稀土矿储量1.2亿吨，我国储量高达4400万吨，全球占比近37%。近年来我国稀土永磁材料产量增长迅猛。稀土行业协会数据显示，2010年我国稀土永磁材料产量为8.3万吨，2019年为18.0万吨，2010—2019年复合增速为8.1%。我国虽是稀土大国，也在稀土技术研发方面取得一些突破，但系统性研究、应用水平仍与国外有较大差距。

从下游应用消费结构来看，2018年全球高性能钕铁硼需求主要集中在汽车（50%）、风电（10%）和变频空调（9%）；汽车领域中，传统汽车占比38%，新能源汽车占比12%。（见图4）❶

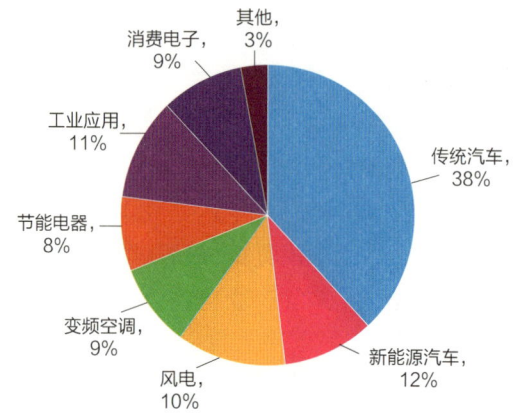

图4 全球钕铁硼下游应用消费结构

随着世界科技革命和产业变革的不断深化，以及我国"一带一路""中国制造2025""互联网+"等国家战略的深入实施，稀土材料将持续为新能源、新材料等战略性新兴产业、高技术产业发展注入发展新动能，稀土材料在国民经济和社会发展中的应用价值将进一步提升、作用将更加凸显。

电子玻璃包括显示玻璃、盖板玻璃等，是电子信息显示产业的核心材料，近年来智能手机、智能手表、工控屏、液晶显示屏等的广泛应用，对于电子玻璃的需求量也逐年增长，电子玻璃的市场规模也不断扩大。2000—2020年，我国手机产量从0.5亿台上升至14.7亿台，CAGR达18.1%。智能手机、平板电脑等下游产品产量增加，叠加手机大屏化、屏占比提高，带动电子玻璃需求增长。IDC数据显示，我国电子玻璃市场规模从2016年的727.93亿元增长到2019年的946.61亿元（见图5）。在供给端，2016—2019年我国电子玻璃行业产量整体呈波动式下降趋势，2019年产量达82590.5万平方米，同比下降2.36%（见图6）。全球电子玻璃市场长期被美国康宁（Corning）、日本旭硝子（AGC）、德国肖特（SCHOTT）、日本电气硝子（NEG）等国际玻璃龙头公司垄断，这些公司在显示玻璃和盖板玻璃方面都占据着绝对的市场份额。显示玻璃方面，美国康宁份额接近50%，日本旭硝子及电气硝子紧随其后，三家国际玻璃龙头公司市场占有率接近90%；高铝超薄电子玻璃由于其在抗划伤、韧性和硬度等方面优于普通钠钙玻璃，成为平板电脑、手机等电子产品

---

❶ 资料来源：安泰科、东吴证券研究所。

触摸屏首选盖板玻璃,在高铝盖板方面依然是美国康宁、日本旭硝子及德国肖特三家企业占据绝对主导。随着我国不断出台扶持政策推动行业发展,国内企业虽然起步较晚,但目前已有突破。如中国建材、彩虹股份在高世代(8.5世代)液晶玻璃的突破,南玻A、旭虹光电、旗滨集团等在高铝盖板领域的持续进步等,南玻部分产品性能已经接近美国康宁等高端产品,具备了进口替代基础。

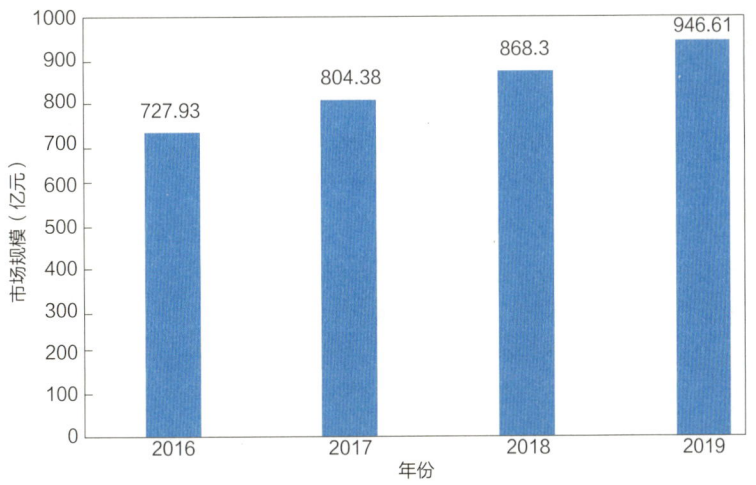

图5 我国电子玻璃市场规模

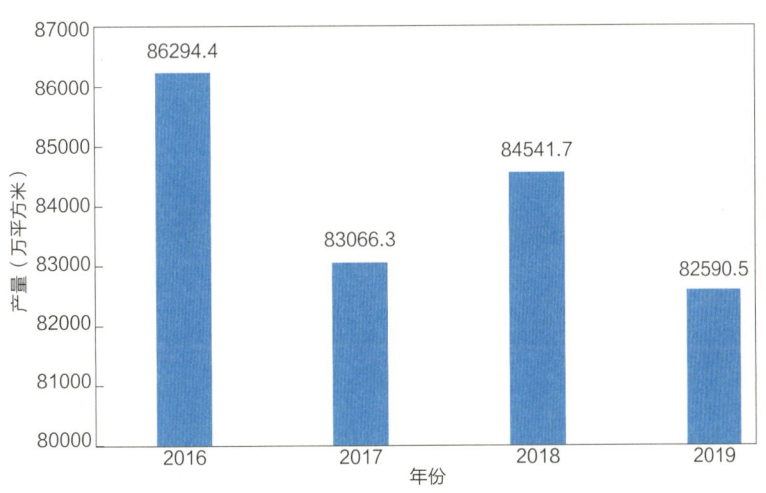

图6 我国电子玻璃产量

光学膜主要分为偏光片和背光模组中用光学膜,光学膜原材料为全球垄断生产,整体来看国内进口依存度较高。目前,全球光学膜产品基本由国外大公司生产,尤其是在高档光学膜产品市场。

在全球偏光片生产用光学薄膜领域,目前全球偏光片生产用光学薄膜主要被可乐丽、合成化学、富士胶片等日本企业所垄断,日本企业占据全球聚乙烯醇薄膜(PVA膜)和三醋酸纤维素薄膜(TAC膜)约80%的市场份额。在偏光片生产用光学薄膜领域,中国本土企业正逐渐打破日企独家垄断的局面。皖维高新PVA膜产品处于行业技术前沿,具备年产 500 万平方米 PVA 膜的生产能力，已进入部分偏光片生产企业供应链体系。中国乐凯集团已具备偏光片用 TAC 膜的生产能力，并实现部分代替进口，但 TAC 膜产品质量不够稳定，主要应用于中低端市场。2016 年，新纶科技与日本东山合作在常州工厂建设 TAC 项目，进入 TAC 膜产业，但日方技术提供方工艺并不领先，在 2018 年虽然实现商业化但效益不佳，在 2020 年，新纶科技终止了原规划投建的 3 条 TAC 功能膜生产线，这对 TAC 膜的国产化进程产生很大的影响。总体来看，目前国内产能相对较小，且主要分布于中低端市场，仍依赖于进口。

在背光模组用光学薄膜领域，目前背光模组用光学薄膜原材料为全球垄断生产，国内进口依存度较高，尤其是在高档光学膜产品市场，几乎都被日本的东丽、三菱树脂、东洋纺和韩国的 SKC、美国的 3M 等公司垄断。目前国内 70% 的背光模组厂商大多使用上述企业的产品。我国背光模组用光学薄膜产业还处于起步阶段，在原材料方面全部进口，在背光模组用光学薄膜产品方面，国内目前只有康得新、双星新材、激智科技等少数企业能够进入技术壁垒相对较高的背光模组用光学薄膜领域。

我国在聚酰亚胺（PI）薄膜领域已具备一定实力，但在高端 PI 薄膜市场国内企业还未形成核心竞争力，进口依存度较高。我国 PI 薄膜行业起步较晚，目前国内已有 70 多家聚酰亚胺（PI）薄膜制造企业，但是大多数企业规模不大，产能均在百吨级，发达国家已是千吨级规模。总体而言，我国聚酰亚胺薄膜产业及研发与国外先进水平存在着性能不佳、产品精度不足、工艺技术掌握不足等差距，发展之路任重道远。

近年来一批中国企业纷纷着手布局铝塑膜行业，2016 年，新纶科技以人民币 5.7 亿元收购日本 T&T（日本凸版印刷与东洋制罐合资成立）的锂电池铝塑膜软包业务，进入锂电池铝塑膜市场。道明光学在 2016 年四季度投产铝塑膜，3C 锂电池铝塑膜已实现量产，但动力电池铝塑膜目前还处于厂商测试评估期，此外紫江新材料也加大动力电池铝塑膜研发力度。但目前国内只有少数企业能批量生产，铝塑膜国产率仅为 5%。

目前，我国环氧树脂产品品种、质量及其应用都已进入成熟阶段，产能约占世界总产能的 45%，我国已成为世界上最大的产出国和消费市场。但国内环氧树脂生产商绝大多数以基础环氧树脂产品为主，与国外先进工艺相比尚有一定差距，高端环氧树脂产品市场仍由国际大厂商占据。

2.2 中国先进材料产业政策环境

新材料作为制造业的两大"底盘技术"之一，我国高度重视新材料产业的发展。加快发展新材料，对推动技术创新、支撑产业升级、建设制造强国具有重要战略意义。自 2009 年中国明确将新材料产业列为战略性新兴产业以来，推进新材料产业发展的政策不断深化和落地。不断通过纲领性文件、指导性文件、规划发展目标与任务等构筑起新材料发展政策金字塔，予以全产业链全方位的指导，为国家制造强国战略实施提供有力支撑（见表 2）。2021 年 3 月，第十三届全国人民代表大会审议通过的《中华人民共和国国民经济和社会发展第十四个五年规划和 2035 年远景目标纲要》提出，聚焦新一代信息技术、新能源、新材料等战略性新兴产业，加快关键核心技术创新应用，增强要素保障能力，培育壮大产业发展新动能。

表2 我国先进材料产业相关政策

时间	发文部门	文件	主要内容
2010年	国务院	《关于加快培育和发展战略性新兴产业的决定》	大力发展稀土功能材料、高性能膜材料、特种玻璃、功能陶瓷、半导体照明材料等新型功能材料。积极发展高品质特殊钢、新型合金材料、工程塑料等先进结构材料
2011年	国务院	《关于促进稀土行业持续健康发展的若干意见》	首次提出"国家实施稀土战略储备",并明确表示要建立稀土战略储备体系
2015年	国务院	《中国制造2025》	以特种金属功能材料、高性能结构材料、功能性高分子材料、特种无机非金属材料和先进复合材料为发展重点,加强基础研究和体系建设,突破产业化制备瓶颈
2016年	国务院	《"十三五"国家战略性新兴产业发展规划》	扩大高强轻合金、高性能纤维、特种合金、先进无机非金属材料、高品质特殊钢、新型显示材料、动力电池材料、绿色印刷材料等规模化应用范围,逐步进入全球高端制造业采购体系
2016年	工业和信息化部、国家发改委、科技部、财政部	《新材料产业发展指南》	加快推动先进基础材料工业转型升级,重点发展关键战略材料,布局前沿新材料
2017年	科技部	《"十三五"材料领域科技创新专项规划》	大力推进钢铁、有色、石化、轻工、纺织、建材等量大面广的基础性原材料技术提升,实现重点基础材料关键共性技术的重点突破
2018年	工业和信息化部、财政部	《国家新材料产业资源共享平台建设方案》	到2020年,围绕先进基础材料、关键战略材料和前沿新材料等重点领域和新材料产业链各关键环节,基本形成多方共建、公益为主、高效集成的新材料产业资源共享服务生态体系
2021年	全国人民代表大会	《中华人民共和国国民经济和社会发展第十四个五年规划和2035年远景目标纲要》	聚焦新一代信息技术、新能源、新材料等战略性新兴产业,加快关键核心技术创新应用,增强要素保障能力,培育壮大产业发展新动能

从2016年开始,多个省市将新材料产业纳入"十三五"战略性新兴产业发展规划,部分省市更是出台了新材料产业发展专项规划(见表3)。2021年2月,《浙江省新材料产业发展"十四五"规划(征求意见稿)》出台,提出聚焦先进基础材料、关键战略材料和前沿新材料三大重点领域,力争到2025年,成为全球有重要影响力的新材料产业高地和国际一流的新材料科创高地。

表3 各省市先进材料产业相关政策

省市	时间	发布单位	政策名称	政策核心内容
上海	2017年	上海市经信委	《上海促进新材料发展"十三五"规划》	巩固发展一批具有优势基础和规模的先进基础材料，着力提升上海新材料产业发展水平和产业核心竞争力，实现创新成果和创新人才的双跨越
四川	2017年	四川省人民政府	《四川省"十三五"战略性新兴产业发展规划》	稳步发展先进金属材料，大力发展先进高分子材料
天津	2018年	天津市人民政府办公厅	《天津市新材料产业发展三年行动计划（2018—2020年）》	实施先进基础材料提升工程。以性能优异、量大面广且"一材多用"的基础材料高端品种为突破口，大力发展高性能、差别化、功能化的先进基础材料，推进传统材料工业转型升级和可持续发展
浙江	2016年	浙江省经信委	《浙江省新材料产业发展"十三五"规划》	加快推动基础材料工业转型升级，大力推进材料生产过程的智能化和绿色化改造，重点突破材料性能及成分控制、生产加工及应用等工艺技术，不断优化品种结构，提高质量稳定性和服役寿命，降低生产成本，提高先进基础材料国际竞争力
浙江	2018年	浙江省人民政府	《浙江省加快培育发展新动能行动计划》	建设中心城市科技城、宁波新材料科技城：主攻前沿新材料、磁性材料、高性能金属材料、合成新材料，建设国际一流、国内领先的新材料创新中心和宁波创新驱动先行区、新兴产业引领区、高端人才集聚区、生态智慧新城区
浙江	2021年	浙江省经信厅	《浙江省新材料产业发展"十四五"规划（征求意见稿）》	聚焦先进基础材料、关键战略材料和前沿新材料三大重点领域，打造成为全球有重要影响力的新材料产业高地和国际一流的新材料科创高地
山东	2018年	山东省人民政府	《山东省新材料产业发展专项规划（2018—2022年）》	对航空航天铝材、先进化工材料等，要进一步提升技术档次和市场拓展能力，保持行业领先水平，提高国际竞争力；对有一定基础、发展水平不高的聚酯纤维、高性能轨道交通用钢等，实行专项引领和全面扶持，促进发展提升，尽早达到优势产业水平
山东	2020年	山东省发改委	《山东省战略性新兴产业集群发展工程实施方案（2020—2021年）》	重点推动新一代信息技术、生物医药、新材料等新兴产业集群延伸产业链

2.3 中国先进材料产业创新发展态势

2.3.1 中国创新企业

截至2021年7月，国内31省市先进材料产业有专利申请活动的创新企业共152429家，近五年复合增速达20.6%。其中，2018年同比增速最快，同比增长23.5%（见图7）。

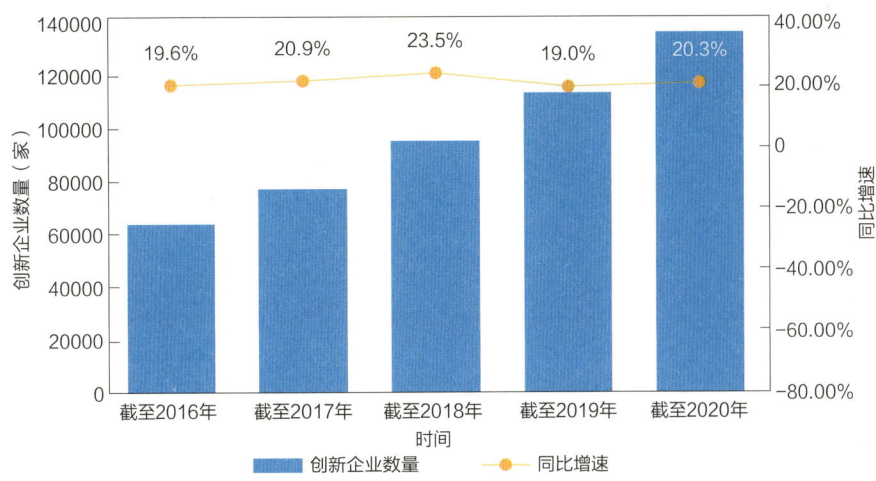

图 7　国内 31 省市先进材料产业创新企业数量增长趋势

从地域分布情况来看，截至 2021 年 7 月，国内 31 省市先进材料产业有专利申请活动的创新企业主要集中在东南沿海地区。其中，创新企业数量排名前五位的省市依次为江苏省（29517 家）、广东省（22015 家）、浙江省（16396 家）、山东省（9551 家）和安徽省（9300 家）（见表 4）。

表 4　国内 31 省市先进材料产业创新企业数量分布情况

排名	省（自治区、直辖市）	创新企业数量（家）
1	江苏	29517
2	广东	22015
3	浙江	16396
4	山东	9551
5	安徽	9300
6	上海	7793
7	北京	5184
8	四川	4938
9	湖北	4818
10	天津	4804
11	福建	4637
12	河南	4593
13	河北	3983
14	湖南	3753
15	辽宁	3547
16	江西	2856
17	重庆	2808
18	陕西	2311

续表

排名	省（自治区、直辖市）	创新企业数量（家）
19	广西	1559
20	贵州	1319
21	山西	1258
22	云南	1135
23	黑龙江	891
24	吉林	883
25	内蒙古	706
26	新疆	637
27	甘肃	597
28	宁夏	443
29	海南	253
30	青海	178
31	西藏	42

截至2021年7月，在先进材料产业创新企业中，国内31省市共有国家高新技术企业56807家，占国内31省市先进材料产业创新企业总量（152429家）的37.3%；初创企业5661家，占创新企业总量的3.7%；隐形冠军企业1532家，占创新企业总量的1.0%；上市公司2025家，占创新企业总量的1.3%；独角兽企业25家，占创新企业总量的0.02%；专精特新企业10398家，占创新企业总量的6.8%（见图8）。

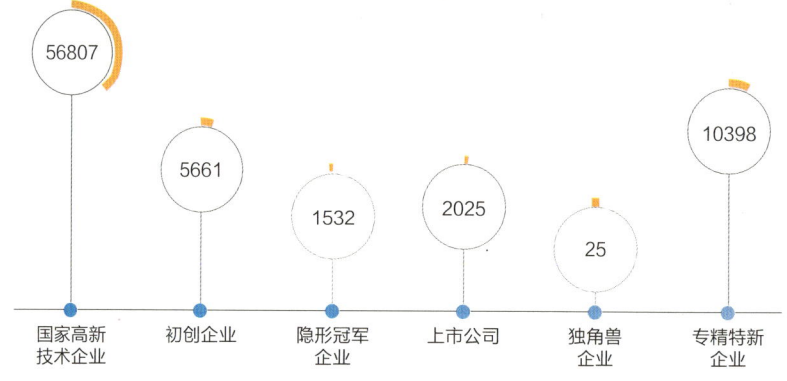

图8　中国先进材料产业特色企业数量分布情况（单位：家）

在先进材料产业创新企业中，专利申请公开量较多的重点企业包括中国石油化工股份有限公司（5766件）、宝山钢铁股份有限公司（2078件）、京东方科技集团股份有限公司（1662件）、海洋王照明科技股份有限公司（1647件）、中芯国际集成电路制造（上海）有限公司（1638件）、鞍钢股份有限公司（1520件）等。❶

---

❶ 本处统计的专利申请公开量为申请人本身，不包含其分子公司。

从这六家重点企业在先进材料产业布局专利的细分领域来看，有色金属及合金材料是最为重点的细分领域，除中芯国际集成电路制造（上海）有限公司外的其他五家重点企业都在有色金属及合金材料领域布局了较多的专利。无机非金属材料也是较为重点的细分领域，除鞍钢股份有限公司外的其他五家重点企业都在无机非金属材料细分领域有一定数量的专利布局。化工材料是非传统钢铁行业的另一个布局重点，六家重点企业中，中国石油化工股份有限公司、京东方科技集团股份有限公司、海洋王照明科技股份有限公司、中芯国际集成电路制造（上海）有限公司四家非传统钢铁企业都在化工材料领域有一定比例的专利布局（见图9）。

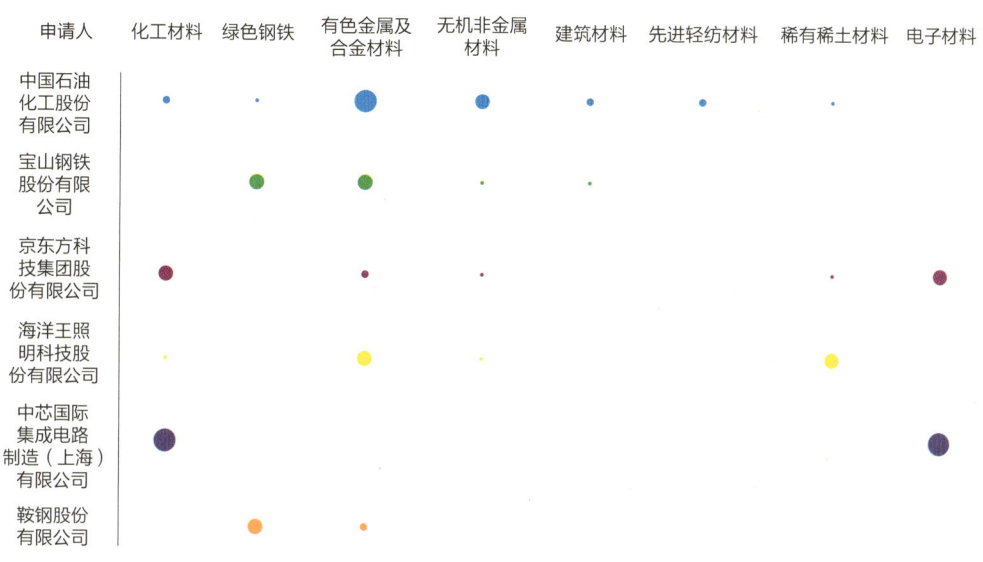

图9 中国先进材料产业重点企业专利技术布局情况

【典型企业——宝山钢铁股份有限公司】

宝山钢铁股份有限公司（以下简称宝钢股份）是全球领先的现代化钢铁联合企业，是《财富》世界500强中国宝武钢铁集团有限公司的核心企业。宝钢股份以"成为全球最具竞争力的钢铁企业和最具投资价值的上市公司"为愿景。2000年2月，宝钢股份由上海宝钢集团公司独家创立。2017年2月，完成吸收合并武钢股份后，宝钢股份拥有上海宝山、武汉青山、湛江东山、南京梅山等主要制造基地，在全球上市钢铁企业中粗钢产量排名第二、汽车板产量排名第一、取向电工钢产量排名第一，是全球碳钢品种最为齐全的钢铁企业之一。宝钢股份注重创新能力的培育，积极开发应用先进制造和节能环保技术，建立了覆盖全国、遍及世界的营销和加工服务网络。公司自主研发的新一代汽车高强钢、取向电工钢、高等级家电用钢、能源海工用钢、桥梁用钢等高端产品处于国际先进水平。

宝钢股份全部装备技术建立在当代钢铁冶炼、冷热加工、液压传感、电子控制、计算机和信息通信等先进技术的基础上，具有大型化、连续化、自动化的特点。通过引进并对其不断进行技术改造，保持着世界最先进的技术水平。公司采用国际先进的质量管理，主要产品均获得国际权威机构认可。通过英国标准协会 ISO 9001 认证和复审，获美国 API 会标、日本 JIS 认可证书，通过了通用、福特、克莱斯勒等世界三大著名汽车厂的 QS 9000 贯标认证，得到中国、法国、美国、英国、德国、挪威、意大利七国船级社认可。

2.3.2 中国专利布局

截至 2021 年 7 月，中国先进材料产业专利申请公开量共 1123373 件，占中国专利申请公开总量（33757841 件）的 3.3%，近五年复合增速达 9.9%（见图 10）。中国先进材料产业专利授权量共 625031 件，占中国先进材料产业专利申请公开总量的 55.6%；有效专利量为 428758 件。

图 10　中国先进材料产业专利申请公开量增长趋势

截至 2021 年 7 月，中国先进材料产业发明专利申请公开量为 827308 件，占中国先进材料产业专利申请公开总量（1123373 件）的 73.6%，近五年复合增速达 5.7%。其中，2017 年同比增速最快，同比增长 19.3%（见图 11）。

图 11　中国先进材料产业发明专利申请公开量增长趋势

从地域分布情况来看，截至 2021 年 7 月，中国先进材料产业发明专利授权量共

328966 件，主要集中在江苏省、北京市、广东省等经济较发达的地区。其中，发明专利授权量排名前五位的省市依次为江苏省（32508 件）、北京市（29335 件）、广东省（24223 件）、上海市（19805 件）和浙江省（19191 件）（见表 5）。

表 5　国内 31 省市先进材料产业发明专利授权量分布情况

排名	省（自治区、直辖市）	发明专利授权量（件）
1	江苏	32508
2	北京	29335
3	广东	24223
4	上海	19805
5	浙江	19191
6	山东	14287
7	安徽	11087
8	辽宁	10509
9	湖北	9637
10	湖南	8524
11	陕西	8220
12	四川	8084
13	河南	7185
14	福建	6489
15	天津	5128
16	河北	4882
17	黑龙江	3787
18	山西	3455
19	重庆	3451
20	吉林	3255
21	江西	2821
22	广西	2808
23	云南	2434
24	贵州	1699
25	甘肃	1594
26	内蒙古	1187
27	新疆	646
28	宁夏	512
29	海南	216
30	青海	214
31	西藏	28

截至 2021 年 7 月，中国先进材料产业的有效发明专利共 246653 件，其中高价值专利数量为 246012 件。在中国先进材料产业高价值专利中，在海外有同族专利权的有效发明专利共有 57999 件，维持年限超过 10 年的有效发明专利共有 47798 件，有质押融资活动的有效发明专利共有 4061 件，获得中国专利奖的有效发明专利共有 511 件。高价值专利数量排名前五位的省市依次为江苏省（28063 件）、北京市（22794 件）、广东省（20739 件）、浙江省（15114 件）和上海市（13679 件）（见图 12）。

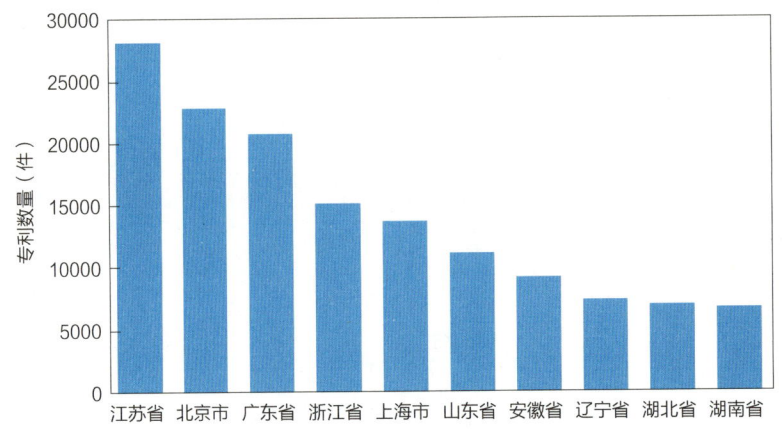

图 12　国内部分省市先进材料产业高价值专利数量分布情况

截至 2021 年 7 月，国内 31 省市先进材料产业创新企业发明专利申请公开量共 415806 件，占中国先进材料产业发明专利申请公开总量（827308 件）的 50.3%。近五年复合增速达 5.6%。其中，2017 年同比增速最快，同比增长 21.5%（见图 13）。发明专利申请公开量较多的企业包括中国石油化工股份有限公司（5923 件）、宝山钢铁股份有限公司（1812 件）、海洋王照明科技股份有限公司（1647 件）、中芯国际集成电路制造（上海）有限公司（1578 件）、京东方科技集团股份有限公司（1465 件）。

图 13　国内 31 省市先进材料产业创新企业发明专利申请公开量增长趋势

截至 2021 年 7 月，国内 31 省市先进材料产业高校发明专利申请公开量共 162651 件，占中国先进材料产业发明专利申请公开总量（827308 件）的 19.7%。近五年复合增速达 9.9%。其中，2017 年同比增速最快，同比增长 37.7%（见图 14）。发明专利申请公开量较多的高校包括中南大学（3292 件）、华南理工大学（3177 件）、北京工业大学（2718 件）、哈尔滨工业大学（2693 件）、北京科技大学（2677 件）。

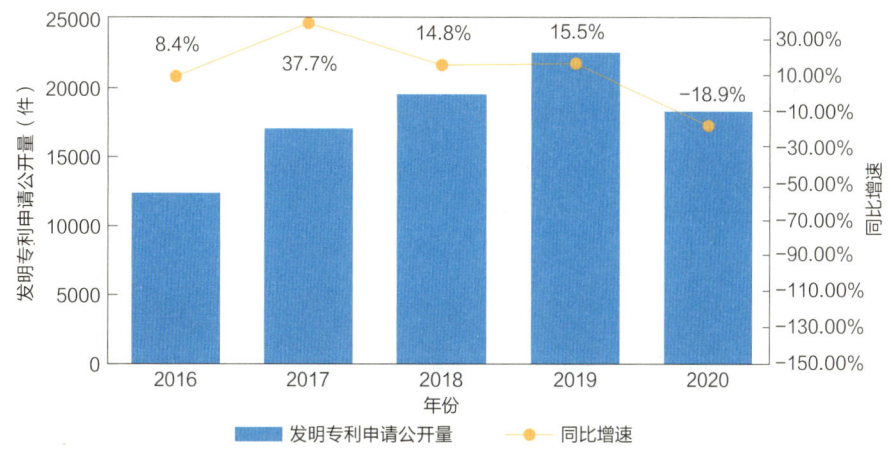

图 14　国内 31 省市先进材料产业高校发明专利申请公开量增长趋势

截至 2021 年 7 月，国内 31 省市先进材料产业科研机构发明专利申请公开量共 32678 件，占中国先进材料产业发明专利申请公开总量（827308 件）的 3.9%。近五年复合增速达 10.8%。其中，2017 年同比增速最快，同比增长 26.6%（见图 15）。发明专利申请公开量较多的科研机构包括中国科学院金属研究所（1571 件）、中国科学院大连化学物理研究所（1824 件）、中国科学院上海硅酸盐研究所（1076 件）、中国科学院福建物质结构研究所（947 件）、中国科学院长春应用化学研究所（935 件）。

图 15　国内 31 省市先进材料产业科研机构发明专利申请公开量增长趋势

截至 2021 年 7 月，在先进材料产业中，全国涉及产学研合作申请的专利共有 17407

件，占中国先进材料产业专利申请公开总量（1123373件）的1.5%。涉及产学研合作申请专利量排名前五位的省市依次为北京市（2900件）、江苏省（2027件）、上海市（1536件）、广东省（1467件）和浙江省（903件）（见图16）。

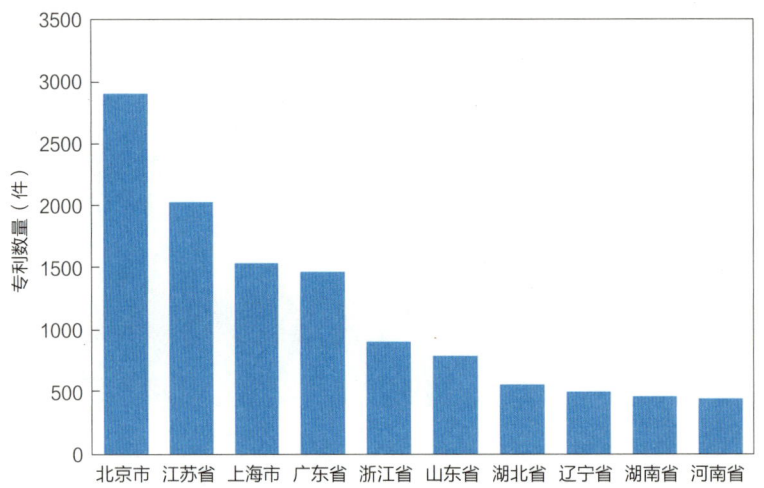

图16　国内部分省市先进材料产业产学研合作申请专利数量分布情况

从先进材料产业的各细分领域来看，全国涉及产学研合作申请的专利主要分布在矿物功能材料制造、贵金属材料制造、稀土新材料制造等细分领域，专利数量均超过1000件（见图17）。

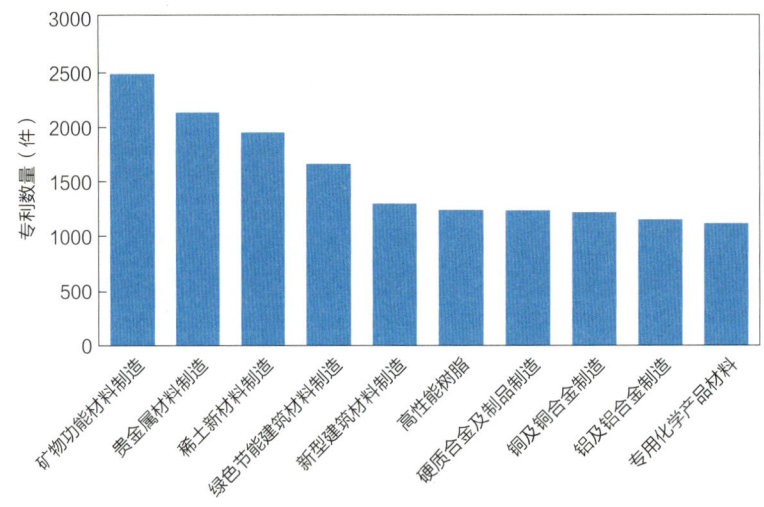

图17　中国先进材料产业产学研合作申请专利领域分布情况

从产学研合作的高校院所来看，清华大学、东华大学、华南理工大学、上海交通大学、中南大学等在中国先进材料产业中的产学研合作较为密切，涉及产学研合作申请的专利数量分别为568件、401件、341件、337件、330件（见表6）。

表6 中国先进材料产业产学研合作重点高校院所清单

序号	高校院所	产学研合作申请的专利数量（件）
1	清华大学	568
2	东华大学	401
3	华南理工大学	341
4	上海交通大学	337
5	中南大学	330
6	北京科技大学	297
7	华东理工大学	264
8	北京有色金属研究总院	242
9	南京工业大学	231
10	钢铁研究总院	230

2.3.3 中国创新人才

截至2021年7月，国内31省市先进材料产业有专利申请活动的创新人才共1338278人，近五年复合增速达18.3%。其中，2018年同比增速最快，同比增长19.5%（见图18）。

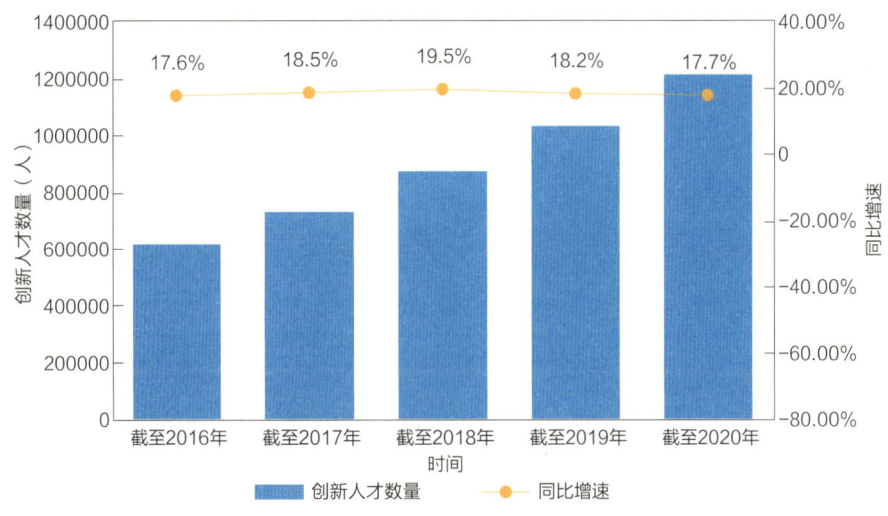

图18 国内31省市先进材料产业创新人才数量增长趋势

从地域分布情况来看，截至2021年7月，国内31省市先进材料产业有专利申请活动的创新人才主要集中在江苏省、广东省、北京市等经济较发达的地区。其中，创新人才数量排名前五位的省市依次为江苏省（180025人）、广东省（126762人）、北京市（117932人）、山东省（93349人）和浙江省（93079人）（见表7）。

表 7 国内 31 省市先进材料产业创新人才数量分布情况

排名	省（自治区、直辖市）	创新人才数量（人）
1	江苏	180025
2	广东	126762
3	北京	117932
4	山东	93349
5	浙江	93079
6	上海	80808
7	河南	61975
8	安徽	58041
9	湖北	54192
10	辽宁	50548
11	四川	47660
12	河北	43746
13	陕西	42217
14	湖南	39724
15	天津	36477
16	福建	30584
17	山西	21603
18	重庆	21475
19	黑龙江	20730
20	广西	17435
21	吉林	17276
22	云南	16716
23	贵州	12139
24	甘肃	11938
25	内蒙古	10290
26	新疆	7072
27	宁夏	3937
28	青海	2623
29	江西	2189
30	海南	2038
31	西藏	286

截至 2021 年 7 月，在先进材料产业创新人才中，国内 31 省市共有国家高层次人才 68253 人，占国内 31 省市先进材料产业创新人才总量（1338278 人）的 5.1%；技术高管 115956 人，占创新人才总量的 8.7%；科技企业家 73946 人，占创新人才总量的 5.5%（见图 19）。

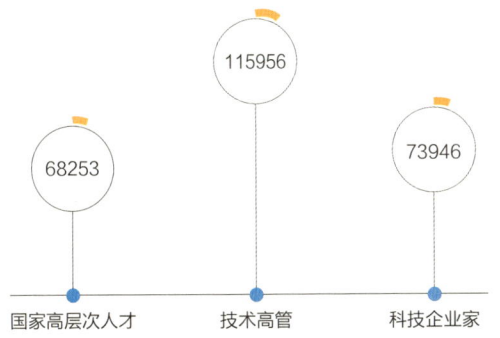

图 19 中国先进材料产业特色人才数据分布情况（单位：人）

从各机构类型创新人才数量分布情况来看，国内 31 省市先进材料产业企业的创新人才数量最多，共计 846983 人，占国内 31 省市先进材料产业创新人才总量的 63.3%。高校的创新人才数量位居其次，共计 323892 人，占国内 31 省市先进材料产业创新人才总量的 24.2%。科研机构创新人才共计 66908 人，事业单位创新人才共计 7587 人，分别占国内 31 省市先进材料产业创新人才总量的 5.0% 和 0.6%（见图 20）。

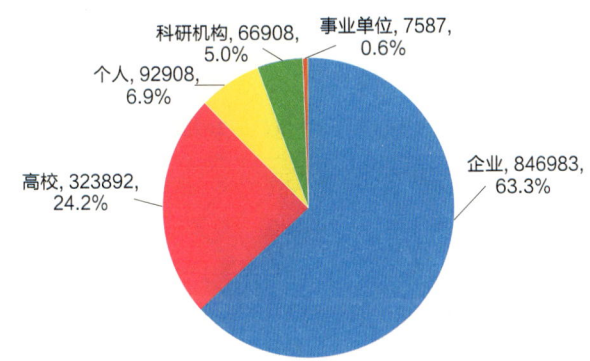

图 20 国内 31 省市先进材料产业各机构类型创新人才数量分布情况（单位：人）

2.4 中国先进材料产业热点及重点技术创新方向

从产业链整体来看，国内 31 省市先进材料产业的发明专利申请公开总量共 685958 件，创新企业总量共 152429 家，创新人才总量共 1338278 人，近五年复合增速分别为 6.0%、20.6%、18.3%。

从产业链各领域来看，无机非金属材料、建筑材料、先进轻纺材料领域发明专利申请公开量、创新企业数量、创新人才数量的近五年复合增速均高于整个先进材料产业链平均水平，是产业布局的热点。其中，无机非金属材料的发明专利申请公开量、创新企业数量、创新人才数量在整个先进材料产业链中占比均较高，也是产业布局的重点；另外化工材料、有色金属及合金材料领域在发明专利申请公开量、创新企业数量、创新人才数量上均有大量积累，属于产业布局的重点（见表8）。

表8 国内31省市先进材料产业链创新要素情况

产业链二级	发明专利申请公开		创新企业		创新人才	
	数量（件）	复合增速	数量（家）	复合增速	数量（人）	复合增速
化工材料	148936	2.8%	29884	21.6%	230877	18.9%
绿色钢铁	74086	5.2%	23626	19.7%	202132	17.8%
有色金属及合金材料	260855	7.5%	76133	20.5%	612367	17.9%
无机非金属材料	194909	6.2%	58177	22.8%	472641	20.4%
建筑材料	85723	8.9%	29154	24.4%	222975	23.3%
先进轻纺材料	16630	12.0%	3813	24.2%	27863	18.5%
稀有稀土材料	35268	10.3%	2951	15.5%	60588	19.8%
电子材料	23049	5.8%	4164	20.0%	43536	15.7%

在化工材料领域，国内31省市发明专利申请公开量、创新企业数量、创新人才数量的近五年复合增速分别为2.8%、21.6%、18.9%。其中，专用化学品产品材料细分领域创新企业数量的近五年复合增速虽然略低于化工材料领域平均水平0.1个百分点，但发明专利申请公开量和创新人才数量的近五年复合增速均高于化工材料领域平均水平，属于热点细分领域。高性能树脂细分领域发明专利申请公开量、创新企业数量、创新人才数量在化工材料领域中占比均最高，属于重点细分领域（见表9）。

表9 国内31省市先进材料产业化工材料领域创新要素情况

细分领域		发明专利申请公开		创新企业		创新人才	
产业链二级	产业链三级	数量（件）	复合增速	数量（家）	复合增速	数量（人）	复合增速
化工材料	高性能树脂	62791	−0.2%	14362	23.0%	94160	19.5%
	涂料	48818	0.6%	12169	21.8%	75855	19.0%
	专用化学产品材料	39860	12.6%	8021	21.5%	81168	19.4%

在绿色钢铁领域，国内31省市发明专利申请公开量、创新企业数量、创新人才数量的近五年复合增速分别为5.2%、19.7%、17.8%。其中，先进建筑用钢加工细分领域发明专利申请公开量、创新企业数量、创新人才数量的近五年复合增速均高于绿色钢铁领域平均水平，属于热点细分领域。先进制造基础零部件用钢制造领域创新企业数量的近五年复合增速与绿色钢铁领域平均水平持平，而发明专利申请公开量和创新人才数量的近五年复合增速均高于绿色钢铁领域平均水平，也属于热点细分领域。先进钢铁材料制品制造细分领域在发明专利申请公开量、创新企业数量、创新人才数量上均具有大量积累，属于重点细分领域（见表10）。

表 10　国内 31 省市先进材料产业绿色钢铁领域创新要素情况

细分领域		发明专利申请公开		创新企业		创新人才	
产业链二级	产业链三级	数量（件）	复合增速	数量（家）	复合增速	数量（人）	复合增速
绿色钢铁	先进制造基础零部件用钢制造	7002	12.3%	3322	19.7%	26786	19.9%
	高技术船舶及海洋工程用钢加工	701	7.3%	185	13.6%	2372	13.9%
	交通运输用钢加工	4692	9.5%	1054	15.1%	14125	16.8%
	能源石化用钢加工	11667	3.9%	3850	16.3%	39020	14.1%
	先进建筑用钢加工	14826	9.1%	7690	25.9%	62698	24.1%
	高性能钢及合金加工	22660	3.6%	5577	18.0%	47856	17.0%
	先进钢铁材料制品制造	29746	1.8%	10877	18.2%	79787	16.0%

在有色金属及合金材料领域，国内 31 省市发明专利申请公开量、创新企业数量、创新人才数量的近五年复合增速分别为 7.5%、20.5%、17.9%。其中，贵金属材料制造细分领域发明专利申请公开量、创新企业数量、创新人才数量的近五年复合增速均高于有色金属及合金材料领域平均水平，属于热点细分领域。同时，贵金属材料制造细分领域的发明专利申请公开量、创新企业数量、创新人才数量在有色金属及合金材料领域均占比较高，还属于重点细分领域。另外，铝及铝合金制造、硬质合金及制品制造细分领域发明专利申请公开量的近五年复合增速虽然略低于有色金属及合金材料领域平均水平，但创新企业数量和创新人才数量的近五年复合增速均高于有色金属及合金材料领域平均水平，也属于热点细分领域（见表 11）。

表 11　国内 31 省市先进材料产业有色金属及合金材料领域创新要素情况

细分领域		发明专利申请公开		创新企业		创新人才	
产业链二级	产业链三级	数量（件）	复合增速	数量（家）	复合增速	数量（人）	复合增速
有色金属及合金材料	铝及铝合金制造	43628	5.9%	18741	21.0%	120484	19.0%
	铜及铜合金制造	53694	4.7%	21078	19.9%	140072	17.4%
	钛及钛合金制造	12481	10.0%	3016	19.3%	34254	17.2%
	镁及镁合金制造	6795	5.8%	1457	19.1%	16353	16.4%
	稀有金属材料制造	20918	6.2%	6287	20.7%	58434	17.8%
	贵金属材料制造	75509	13.6%	24055	21.9%	195235	18.4%
	稀土新材料制造	64365	5.6%	10067	19.6%	122324	18.9%
	硬质合金及制品制造	44299	7.1%	25457	20.9%	160266	18.5%

在无机非金属材料领域，国内 31 省市发明专利申请公开量、创新企业数量、创新人才数量的近五年复合增速分别为 6.2%、22.8%、20.4%。其中，新型建设材料制造细分领域创新企业数量、创新人才数量的近五年复合增速均高于无机非金属材料领域平均水平，属于热点细分领域。矿物功能材料制造细分领域发明专利申请公开量、创新企业数量、创

新人才数量在建筑材料领域中均占比最高,属于重点细分领域(见表12)。

表12 国内31省市先进材料产业无机非金属材料领域创新要素情况

细分领域		发明专利申请公开		创新企业		创新人才	
产业链二级	产业链三级	数量(件)	复合增速	数量(家)	复合增速	数量(人)	复合增速
无机非金属材料	特种玻璃制造	12913	5.9%	7993	25.0%	39071	20.0%
	特种陶瓷制造	18240	4.7%	5435	20.1%	40123	16.6%
	人工晶体制造	16508	10.0%	3835	15.1%	41006	13.8%
	新型建筑材料制造	46752	5.8%	20798	26.3%	153729	25.2%
	矿物功能材料制造	103216	6.2%	27227	22.7%	228772	20.2%

在建筑材料领域,国内31省市发明专利申请公开量、创新企业数量、创新人才数量的近五年复合增速分别为8.9%、24.4%、23.3%。其中,新型墙体材料制造、隔热隔音材料制造细分领域发明专利申请公开量、创新企业数量、创新人才数量的近五年复合增速均高于建筑材料领域平均水平,属于热点细分领域。绿色节能建筑材料制造细分领域发明专利申请公开量、创新企业数量、创新人才数量在建筑材料领域中均占比最高,属于重点细分领域(见表13)。

表13 国内31省市先进材料产业建筑材料领域创新要素情况

细分领域		发明专利申请公开		创新企业		创新人才	
产业链二级	产业链三级	数量(件)	复合增速	数量(家)	复合增速	数量(人)	复合增速
建筑材料	绿色节能建筑材料制造	67844	6.1%	18918	22.2%	143324	21.4%
	水泥基材料制造	22349	9.7%	6058	23.1%	52711	22.9%
	新型墙体材料制造	10324	22.3%	6199	30.4%	48551	29.0%
	隔热隔音材料制造	12000	10.0%	11161	28.6%	58515	26.1%
	轻质建筑材料制造	7523	4.9%	6127	25.4%	31035	23.4%

在先进轻纺材料领域,有机纤维制造、生物基化学纤维制造细分领域发明专利申请公开量的近五年复合增速分别为15.0%、11.5%,创新企业数量的近五年复合增速分别为24.8%、25.1%,创新人才数量的近五年复合增速分别为18.4%、19.1%,皆高于先进材料产业的整体平均水平,均属于热点细分领域(见表14)。

表14 国内31省市先进材料产业先进轻纺材料领域创新要素情况

细分领域		发明专利申请公开		创新企业		创新人才	
产业链二级	产业链三级	数量(件)	复合增速	数量(家)	复合增速	数量(人)	复合增速
先进轻纺材料	有机纤维制造	9894	15.0%	2711	24.8%	18314	18.4%
	生物基化学纤维制造	10844	11.5%	2688	25.1%	17778	19.1%

在稀有稀土材料领域,国内31省市发明专利申请公开量、创新企业数量、创新人才数量的近五年复合增速分别为10.3%、15.5%、19.8%。其中,稀土发光材料细分领域发明

专利申请公开量、创新企业数量、创新人才数量的近五年复合增速均高于稀有稀土材料领域平均水平，属于热点细分领域。同时，稀土发光材料细分领域的发明专利申请公开量、创新企业数量、创新人才数量在稀有稀土材料领域均占比最高，还属于重点细分领域（见表15）。

表15 国内31省市先进材料产业稀有稀土材料领域创新要素情况

细分领域		发明专利申请公开		创新企业		创新人才	
产业链二级	产业链三级	数量（件）	复合增速	数量（家）	复合增速	数量（人）	复合增速
稀有稀土材料	稀土发光材料	32918	10.7%	2540	15.7%	56176	20.3%
	稀土磁性材料	2350	4.8%	428	14.6%	4596	14.6%

在电子材料领域，国内31省市发明专利申请公开量、创新企业数量、创新人才数量的近五年复合增速分别为5.8%、20.0%、15.7%。其中，电子陶瓷细分领域发明专利申请公开量的近五年复合增速虽然略低于电子材料领域平均水平，但创新企业数量和创新人才数量的近五年复合增速均高于电子材料领域平均水平，属于热点细分领域。高端电子化学品细分领域在发明专利申请公开量、创新企业数量、创新人才数量上均具有大量积累，属于重点细分领域（见表16）。

表16 国内31省市先进材料产业稀有稀土材料领域创新要素情况

细分领域		发明专利申请公开		创新企业		创新人才	
产业链二级	产业链三级	数量（件）	复合增速	数量（家）	复合增速	数量（人）	复合增速
电子材料	高端电子化学品	16651	6.4%	3004	19.8%	30181	15.2%
	电子陶瓷	6373	4.1%	1240	21.1%	13542	16.8%
	电子玻璃	29	24.6%	7	14.9%	80	9.6%

第3章 广东省先进材料产业创新发展定位与洞察

3.1 广东省先进材料产业政策导向

先进材料是广东省重点培育发展的十大战略性支柱产业集群之一，广东省政府先后印发了《广东省人民政府关于培育发展战略性支柱产业集群和战略性新兴产业集群的意见》《广东省发展先进材料战略性支柱产业集群行动计划（2021—2025年）》《广东省加快先进制造业项目投资建设若干政策措施》《广东省国民经济和社会发展第十四个五年规划和2035年远景目标纲要》等政策文件，均明确了支持加快先进材料产业创新发展的政策措施（见表17）。2020年5月，广东省人民政府提出未来五年迈入世界级先进材料产业集群行列；同年10月，《广东省发展先进材料战略性支柱产业集群行动计划（2021—2025年）》围绕发展目标，制定了"六大重点任务"和"六大重点工程"。2021年4月，先进材料产业纳入《广东省国民经济和社会发展第十四个五年规划和2035年远景目标纲要》。

表17 广东省先进材料产业相关政策

时间	发布单位	政策名称	政策核心内容
2020年	广东省人民政府	《广东省人民政府关于培育发展战略性支柱产业集群和战略性新兴产业集群的意见》	打造先进材料产业集群。推动现代建筑材料、绿色钢铁、有色金属、化工材料、稀土材料等先进材料向规模化、绿色化、高端化转型发展。巩固支撑经济社会发展的基础性地位，力争迈入世界级先进材料产业集群行列
2020年	广东省科技厅、广东省发改委、广东省工信厅、广东省商务厅、广东省生态环境厅、广东省市监局	《广东省发展先进材料战略性支柱产业集群行动计划（2021—2025年）》	围绕发展目标，制定"六大重点任务"和"六大重点工程"
2021年	广东省人民政府	《广东省加快先进制造业项目投资建设若干政策措施》	聚焦家电、汽车、先进材料等十大战略性支柱产业集群，立足"招好商、招大商、精准招商、产业链招商"，积极引进产业带动性强、技术水平先进、绿色低碳的先进制造业项目
2021年	广东省人民政府	《广东省国民经济和社会发展第十四个五年规划和2035年远景目标纲要》	打造先进材料产业集群。引导各地发挥区域优势和特色产业优势，推动现代建筑材料、金属材料、化工材料、稀土材料等向规模化、绿色化、高端化转型发展，完善产业链供应链，稳步提升关键技术水平和高端产品占比

3.2 广东省先进材料产业创新发展定位

3.2.1 广东省创新企业

截至 2021 年 7 月，广东省先进材料产业有专利申请活动的创新企业共 22015 家，占国内 31 省市先进材料产业创新企业总量（152429 家）的 14.4%，在国内 31 省市中仅次于江苏省，排名第二。近五年广东省先进材料产业创新企业数量复合增速为 28.2%，高出国内 31 省市整体复合增速（20.6%）7.6 个百分点（见图 21）。

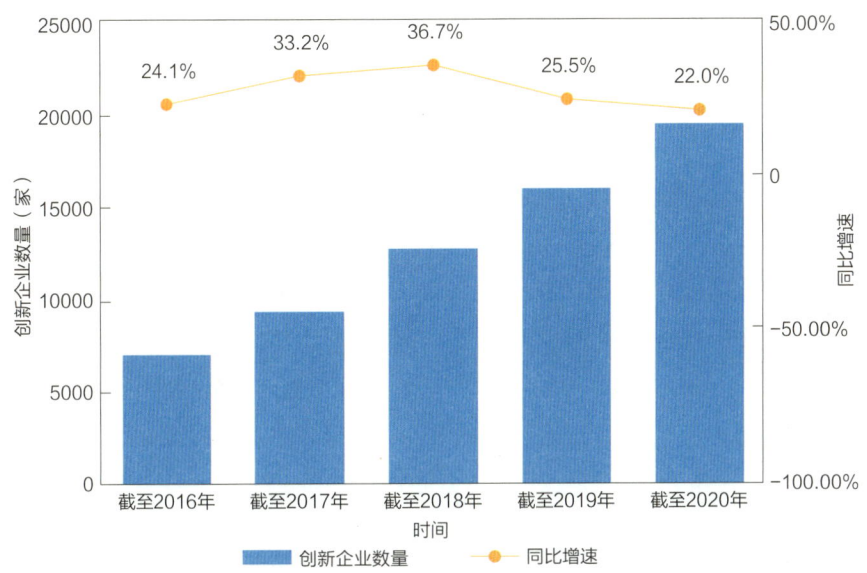

图 21　广东省先进材料产业创新企业数量增长趋势

从地域分布情况来看，截至 2021 年 7 月，广东省先进材料产业有专利申请活动的创新企业主要集中在珠三角地区。其中，创新企业数量排名前五位的地市依次为深圳市（6443 家）、东莞市（3908 家）、广州市（3655 家）、佛山市（2729 家）和惠州市（1065 家）（见表 18）。

表 18　广东省各地市先进材料产业创新企业数量情况

地区	创新企业数量（家）	省内排名	地区	创新企业数量（家）	省内排名
深圳市	6443	1	韶关市	221	12
东莞市	3908	2	河源市	150	13
广州市	3655	3	梅州市	148	14
佛山市	2729	4	揭阳市	94	15
惠州市	1065	5	阳江市	81	16
中山市	906	6	湛江市	77	17
江门市	770	7	云浮市	70	18
珠海市	730	8	潮州市	64	19

657

续表

地区	创新企业数量（家）	省内排名	地区	创新企业数量（家）	省内排名
肇庆市	360	9	茂名市	62	20
清远市	284	10	汕尾市	23	21
汕头市	256	11			

截至 2021 年 7 月，在先进材料产业创新企业中，广东省共有国家高新技术企业 9871 家，占广东省先进材料产业创新企业总量（22015 家）的 44.8%；初创企业 967 家，占创新企业总量的 4.4%；隐形冠军企业 116 家，占创新企业总量的 0.5%；上市公司 378 家，占创新企业总量的 1.7%；独角兽企业 5 家，占创新企业总量的 0.02%；专精特新企业 509 家，占创新企业总量的 2.3%。

横向对标北京市、上海市、江苏省、浙江省等国内重点省市，在先进材料产业创新企业中，广东省上市公司数量在国内 31 省市中排名第一；国家高新技术企业、初创企业数量在国内 31 省市中仅次于江苏省，排名第二；独角兽企业数量在国内 31 省市中仅次于上海市，排名第二；隐形冠军企业数量在国内 31 省市中排名第四；专精特新企业数量在国内 31 省市中排名第七（见表 19）。

表 19　国内重点省市先进材料产业特色企业数量分布情况对标比较

国内 31 省市排名	2	8	6	1	3
省市	广东省	北京市	上海市	江苏省	浙江省
国家高新技术企业数量（家）	9871	2232	2434	10954	5740
国内 31 省市排名	2	4	5	1	3
省市	广东省	北京市	上海市	江苏省	浙江省
初创企业数量（家）	967	504	440	1051	540
国内 31 省市排名	4	12	6	3	1
省市	广东省	北京市	上海市	江苏省	浙江省
隐形冠军企业数量（家）	116	46	74	151	181
国内 31 省市排名	1	6	5	2	3
省市	广东省	北京市	上海市	江苏省	浙江省
上市公司数量（家）	378	106	136	321	293
国内 31 省市排名	2	3	1	4	5
省市	广东省	北京市	上海市	江苏省	浙江省
独角兽企业数量（家）	5	4	6	3	2
国内 31 省市排名	7	16	3	4	15
省市	广东省	北京市	上海市	江苏省	浙江省

续表

专精特新企业数量（家）	509	223	922	804	237

3.2.2　广东省专利布局

截至 2021 年 7 月，广东省先进材料产业专利申请公开量共 105510 件，占广东省专利申请公开总量（5302985 件）的 2.0%；近五年复合增速为 19.7%，高出全国复合增速（10.5%）9.2 个百分点（见图 22）。广东省先进材料产业专利授权量共 61533 件，占广东省先进材料产业专利申请公开总量的 58.3%；有效专利量为 47575 件。

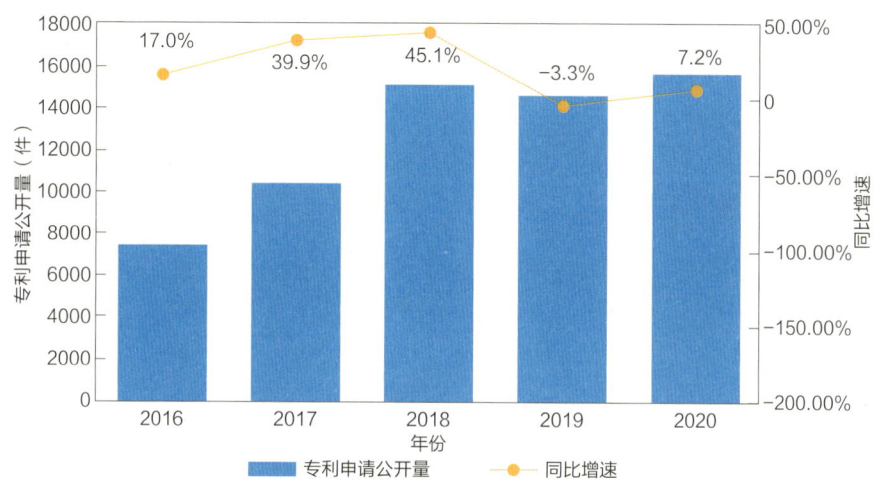

图 22　广东省先进材料产业专利申请公开量增长趋势

截至 2021 年 7 月，广东省先进材料产业发明专利申请公开量共 68200 件，占广东省先进材料产业专利申请公开量（105510 件）的 64.6%，近五年复合增速为 13.8%，高出全国复合增速（6.0%）7.8 个百分点（见图 23）。

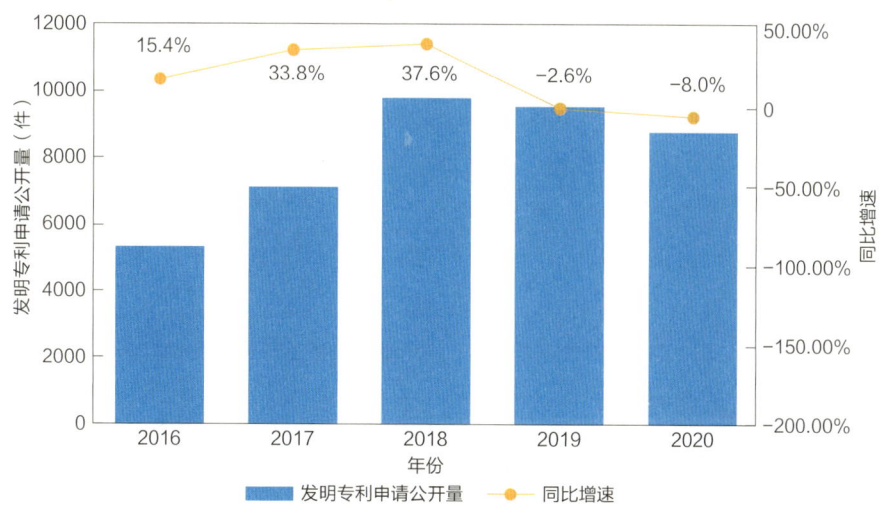

图 23　广东省先进材料产业发明专利申请公开量增长趋势

截至 2021 年 7 月，广东省先进材料产业发明专利授权量共 24223 件，占全国先进材料产业发明专利授权总量（247021 件）的 9.8%，在国内 31 省市中位列于江苏省、北京市之后，排名第三。

从地域分布情况来看，广东省先进材料产业发明专利授权量主要集中在珠三角地区。其中，发明专利授权量排名前五位的地市依次为广州市（7186 件）、深圳市（7134 件）、东莞市（3004 件）、佛山市（2140 件）和惠州市（795 件）（见表 20）。

表 20 广东省各地市先进材料产业发明专利授权量情况

地区	发明专利授权量（件）	省内排名	地区	发明专利授权量（件）	省内排名
广州市	7186	1	清远市	267	12
深圳市	7134	2	湛江市	134	13
东莞市	3004	3	梅州市	126	14
佛山市	2140	4	河源市	101	15
惠州市	795	5	潮州市	90	16
中山市	647	6	茂名市	90	16
江门市	639	7	揭阳市	89	18
珠海市	587	8	阳江市	46	19
肇庆市	429	9	汕尾市	38	20
汕头市	380	10	云浮市	31	21
韶关市	270	11			

截至 2021 年 7 月，广东省先进材料产业的有效发明专利共 20786 件。其中，高价值专利共 20739 件，占全国先进材料产业高价值专利总量（192503 件）的 10.8%，在国内 31 省市中位列于江苏省、北京市之后，排名第三。在广东省先进材料产业高价值专利中，属于战略性新兴产业的有效发明专利共 20739 件，在海外有同族专利权的有效发明专利共 1679 件，维持年限超过 10 年的有效发明专利共 2632 件，有质押融资活动的有效发明专利共 588 件，获得中国专利奖的有效发明专利共 81 件。

横向对标北京市、上海市、江苏省、浙江省等国内重点省市，在先进材料产业高价值专利中，广东省在海外有同族专利权、有质押融资活动、获得中国专利奖的有效发明专利数量均在国内 31 省市中排名第一；属于战略性新兴产业的有效发明专利在国内 31 省市中仅次于江苏省和北京市，排名第三；维持年限超过 10 年的有效发明专利在国内 31 省市中排名第四（见表 21）。

表 21 国内重点省市先进材料产业高价值专利数量分布情况对标比较

国内 31 省市排名	3	2	5	1	4
省市	广东省	北京市	上海市	江苏省	浙江省
属于战略性新兴产业的有效发明专利（件）	20739	22794	13679	28063	15114

国内31省市排名	1	2	4	3	5
省市	广东省	北京市	上海市	江苏省	浙江省
在海外有同族专利权的有效发明专利（件）	1679	1402	699	1109	293
国内31省市排名	4	1	3	2	5
省市	广东省	北京市	上海市	江苏省	浙江省
维持年限超过10年的有效发明专利（件）	2632	4459	3243	3405	1675
国内31省市排名	1	8	9	4	3
省市	广东省	北京市	上海市	江苏省	浙江省
有质押融资活动的有效发明专利（件）	588	140	123	439	505
国内31省市排名	1	3	5	2	6
省市	广东省	北京市	上海市	江苏省	浙江省
获得中国专利奖的有效发明专利（件）	81	69	33	73	25

截至2021年7月，广东省先进材料产业创新企业发明专利申请公开量共48176件，占广东省先进材料产业发明专利申请公开总量（68200件）的70.6%；近五年复合增速为14.6%，高出全国先进材料产业创新企业发明专利申请公开量复合增速（5.6%）9.0个百分点（见图24）。发明专利申请活动较为活跃的企业包括海洋王照明科技股份有限公司（1647件）、比亚迪股份有限公司（932件）、TCL华星光电技术有限公司（911件）等。

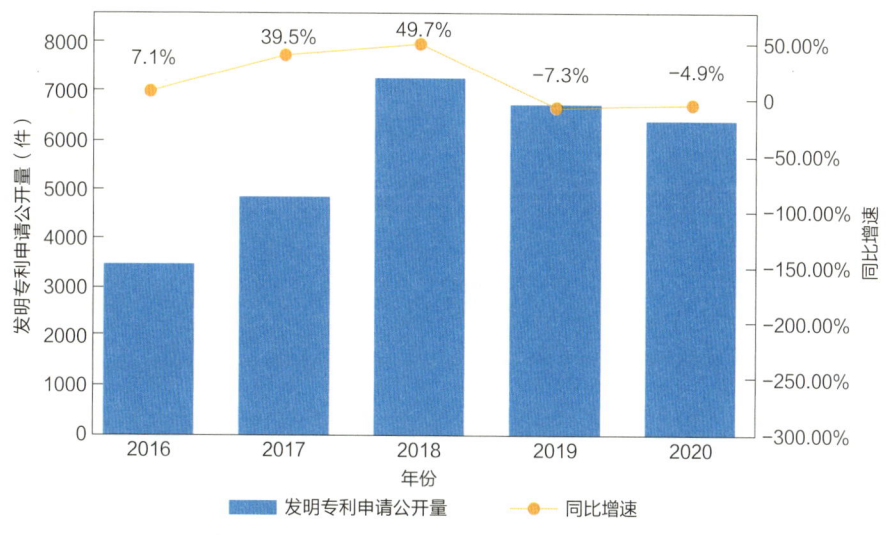

图24 广东省先进材料产业创新企业发明专利申请公开量增长趋势

截至2021年7月，广东省先进材料产业高校发明专利申请公开量共9754件，占广东省先进材料产业发明专利申请公开总量（68200件）的14.3%；近五年复合增速为22.0%，高出全国先进材料产业高校发明专利申请公开量复合增速（9.9%）12.1个百分点（见图25）。发明专利申请公开量较多的高校包括华南理工大学（3177件）、广东工业大学（1222件）、中山大学（756件）等。

图25　广东省先进材料产业高校发明专利申请公开量增长趋势

截至2021年7月，广东省先进材料产业科研机构发明专利申请公开量共2767件，占广东省先进材料产业发明专利申请公开总量（68200件）的4.1%；近五年复合增速为33.2%，高出全国先进材料产业科研机构发明专利申请公开量复合增速（11.8%）21.4个百分点（见图26）。发明专利申请公开量较多的科研机构包括深圳先进技术研究院（202件）、中国科学院深圳先进技术研究院（157件）、广东省材料与加工研究所（154件）等。

图26　广东省先进材料产业科研机构发明专利申请公开量增长趋势

截至2021年7月，在先进材料产业中，广东省涉及产学研合作申请的专利共1467件，占全国涉及产学研合作申请专利总量（17407件）的8.4%，在国内31省市中排名第四。

从先进材料产业的各细分领域来看，广东省涉及产学研合作申请的专利主要分布在矿物功能材料制造领域,专利数量为 219 件。其次是涂料和高性能树脂领域,专利数量分别为 177 件和 164 件(见图 27)。

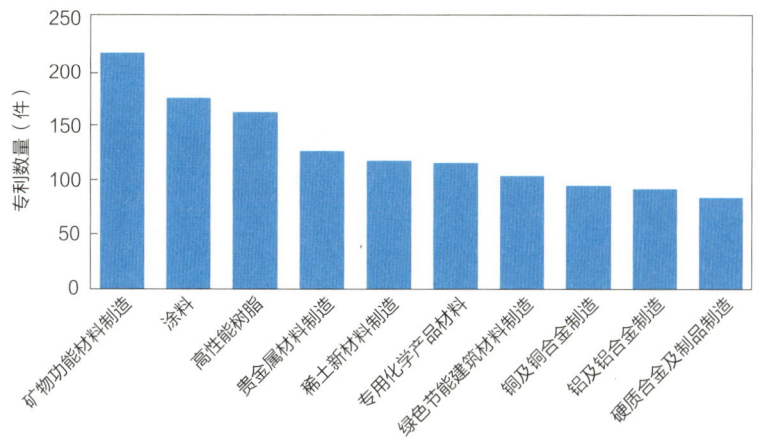

图 27　广东省先进材料产业产学研合作申请专利领域分布情况

从产学研合作的高校院所来看,华南理工大学、广东工业大学、中山大学、华南师范大学、东莞理工学院等在广东省先进材料产业中的产学研合作较为密切,涉及产学研合作申请的专利数量分别为 333 件、65 件、56 件、49 件、29 件(见表 22)。

表 22　广东省先进材料产业产学研合作重点高校院所清单

序号	高校院所	产学研合作申请的专利数量(件)
1	华南理工大学	333
2	广东工业大学	65
3	中山大学	56
4	华南师范大学	49
5	东莞理工学院	29

截至 2021 年 7 月,在先进材料产业中,国内 31 省市海外布局专利共 23082 件;其中,广东省海外布局专利共 6094 件,占国内 31 省市海外布局专利总量的 26.4%,在国内 31 省市中排名第一。广东省先进材料产业海外布局专利的区域主要包括美国(1541 件)、欧洲(485 件)和日本(416 件)等。

从先进材料产业的各细分领域来看,广东省海外布局专利主要分布在专用化学产品材料(1367 件)、稀土新材料制造(1248 件)、稀土发光材料(1040 件)等领域(见图 28)。

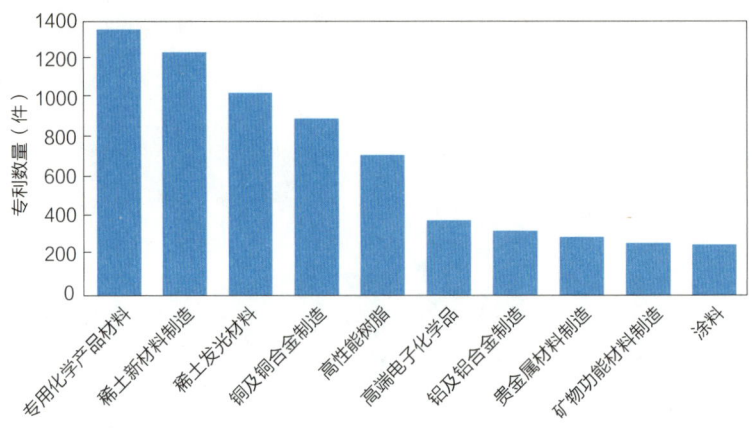

图 28　广东省先进材料产业海外布局专利领域分布情况

3.2.3　广东省创新人才

截至 2021 年 7 月，广东省先进材料产业有专利申请活动的创新人才共 126762 人，占国内 31 省市先进材料产业创新人才总量（1338278 人）的 9.5%，在国内 31 省市中仅次于江苏省，排名第二。广东省先进材料产业创新人才数量近五年复合增速为 23.6%，高出国内 31 省市整体复合增速（18.3%）5.3 个百分点（见图 29）。

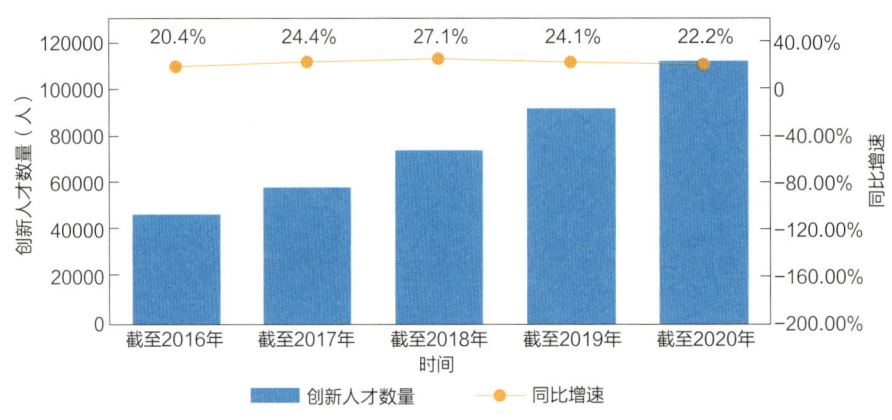

图 29　广东省先进材料产业创新人才数量增长趋势

从地域分布情况来看，截至 2021 年 7 月，广东省先进材料产业有专利申请活动的创新人才主要集中在珠三角地区。其中，创新人才数量排名前五位的地市依次为广州市（36277 人）、深圳市（34915 人）、东莞市（14177 人）、佛山市（11972 人）和惠州市（4832 人）（见表 23）。

表 23　广东省各地市先进材料产业创新人才数量情况

地区	创新人才数量（人）	省内排名	地区	创新人才数量（人）	省内排名
广州市	36277	1	汕头市	1675	12
深圳市	34915	2	梅州市	1072	13

续表

地区	创新人才数量（人）	省内排名	地区	创新人才数量（人）	省内排名
东莞市	14177	3	湛江市	926	14
佛山市	11972	4	茂名市	751	15
惠州市	4832	5	河源市	728	16
珠海市	4295	6	阳江市	506	17
中山市	3855	7	揭阳市	490	18
江门市	3341	8	潮州市	457	19
肇庆市	2390	9	汕尾市	370	20
韶关市	2070	10	云浮市	330	21
清远市	1697	11			

截至 2021 年 7 月，在先进材料产业创新人才中，广东省共有国家高层次人才 4544 人，占广东省先进材料产业创新人才总量（126762 人）的 3.6%；技术高管 17101 人，占创新人才总量的 13.5%；科技企业家 11104 人，占创新人才总量的 8.8%。

横向对标北京市、上海市、江苏省、浙江省等国内重点省市，在先进材料产业创新人才中，广东省国家高层次人才数量在国内 31 省市中排名第四；技术高管、科技企业家数量均在国内 31 省市中仅次于江苏省，排名第二（见表 24）。

表 24　国内重点省市先进材料产业特色人才数量分布情况对标比较

国内 31 省市排名	4	1	3	2	5
省市	广东省	北京市	上海市	江苏省	浙江省
国家高层次人才数量（人）	4544	9056	5182	7517	3930
国内 31 省市排名	2	8	6	1	3
省市	广东省	北京市	上海市	江苏省	浙江省
技术高管数量（人）	17101	3623	5214	23566	12696
国内 31 省市排名	2	10	6	1	3
省市	广东省	北京市	上海市	江苏省	浙江省
科技企业家数量（人）	11104	2116	3333	15569	8207

从各机构类型创新人才数量分布情况来看，广东省先进材料产业企业的创新人才数量最多，共计 92280 人，占广东省先进材料产业创新人才总量（126762 人）的 72.8%。高校的创新人才数量位居其次，共计 19179 人，占广东省先进材料产业创新人才总量的 15.1%。科研机构的创新人才共计 5732 人，事业单位的创新人才共计 628 人，分别占广东省先进材料产业创新人才总量的 4.5% 和 0.5%（见图 30）。

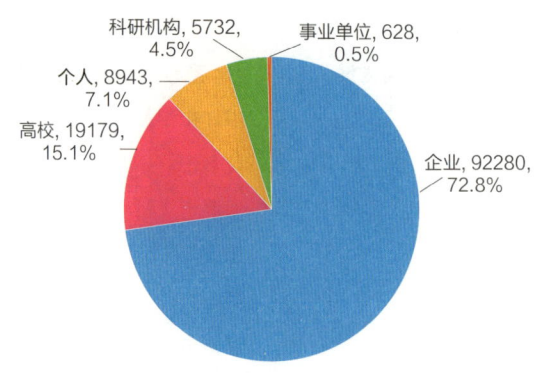

图 30　广东省先进材料产业各机构类型创新人才数量分布情况（单位：人）

3.3　广东省先进材料产业创新发展洞察

3.3.1　广东省产业链集聚结构

3.3.1.1　整体布局

广东省先进材料产业链覆盖全面，在中国先进材料产业布局的热点和重点环节，虽然发明专利授权量和创新人才数量上并未体现出明显的优势，但是在创新企业数量上，均位居国内 31 省市的前三，整体来看，产业链布局较为合理。

综合发明专利授权量、创新企业数量、创新人才数量及各自在国内 31 省市中的排名来看，广东省在先进材料产业中的化工材料、稀有稀土材料领域优势明显，发明专利授权量、创新企业数量和创新人才数量均在国内 31 省市中排名前二；而在绿色钢铁、先进轻纺材料领域，广东省发明专利授权量和创新人才数量均在国内 31 省市中排名相对靠后，需要提高发明专利申请的数量和质量，扩大创新人才规模（见表 25）。

表 25　广东省先进材料产业链创新要素情况

产业链二级	发明专利授权		创新企业		创新人才	
	数量（件）	国内排名	数量（家）	国内排名	数量（人）	国内排名
化工材料	7615	1	4908	1	30049	2
绿色钢铁	1360	9	2052	3	11686	5
有色金属及合金材料	10549	3	11924	2	59270	2
无机非金属材料	5102	4	7015	2	40951	3
建筑材料	1885	4	3425	2	18840	3
先进轻纺材料	328	6	367	2	1772	6
稀有稀土材料	1931	1	659	1	6948	2
电子材料	1034	4	960	2	5573	3

3.3.1.2　优势环节

综合广东省先进材料产业各领域发明专利授权量、创新企业数量、创新人才数量及各自在国内 31 省市的排名情况来看，广东省在化工材料、稀有稀土材料领域的发明专利授权量、创新企业数量均在国内 31 省市中排名第一，创新人才数量均在国内 31 省市中排名第二，具备一定的优势（见表 26）。

表 26 广东省先进材料产业优势领域创新要素情况

领域	发明专利授权		创新企业		创新人才	
产业链二级	数量（件）	国内排名	数量（家）	国内排名	数量（人）	国内排名
化工材料	7615	1	4908	1	30049	2
稀有稀土材料	1931	1	659	1	6948	2

3.3.1.3 潜力环节

综合广东省先进材料产业各领域发明专利申请公开量、创新企业数量、创新人才数量及各自的近五年复合增速来看，广东省在无机非金属材料、建筑材料、先进轻纺材料领域的近五年复合增速均高于整个先进材料产业链平均水平，且发明专利申请公开量的近五年复合增速均在 21% 以上，创新企业数量的近五年复合增速均在 30% 以上，创新人才数量的近五年复合增速均在 25% 以上，发展势头良好，未来潜力较大。有色金属及合金材料创新企业数量、创新人才数量的近五年复合增速分别为 29.2% 和 24.1%，也均高于整个先进材料产业链平均水平，具有较大的发展潜力（见表 27）。

表 27 广东省先进材料产业潜力领域创新要素情况

领域	发明专利申请公开		创新企业		创新人才	
产业链二级	数量（件）	复合增速	数量（家）	复合增速	数量（人）	复合增速
有色金属及合金材料	27317	9.7%	11924	29.2%	59270	24.1%
无机非金属材料	15688	21.0%	7051	30.2%	40951	25.5%
建筑材料	6859	24.7%	3425	33.7%	18840	29.8%
先进轻纺材料	1004	43.7%	367	35.2%	1772	31.3%

3.3.1.4 薄弱环节

综合广东省先进材料产业各领域发明专利授权量、创新企业数量、创新人才数量及各自在国内 31 省市中的排名情况来看，广东省在绿色钢铁、电子材料领域的技术还有待积累和挖掘（见表 28）。

表 28 广东省先进材料产业薄弱领域创新要素情况

领域	发明专利授权		创新企业		创新人才	
产业链二级	数量（件）	国内排名	数量（家）	国内排名	数量（人）	国内排名
绿色钢铁	1360	9	2052	3	11686	5
电子材料	1034	4	960	2	5573	3

3.3.1.5 风险环节

在新兴技术和新增需求的带动下，先进材料产业正处于新的发展阶段，中国市场地位突出，是国外公司专利布局的重点方向。通过分析国外在华发明专利申请公开量的增速，并结合国内外专利权人在华有效发明专利量的对比，有助于判断产业链中各技术领域是否面临风险。具体分析模型为：

当某细分领域国外在华发明专利申请公开量的近五年复合增速大于或等于产业链整体国外在华发明专利申请公开量的近五年复合增速，或者某细分领域国外专利权人在华有效发明专利量大于该细分领域国内专利权人有效发明专利量时，则判定该细分领域为风险产业。

截至 2021 年 7 月，在先进材料产业中，国外在华发明专利申请公开量共 131754 件，占全国先进材料产业发明专利申请公开总量（827308 件）的 15.9%，近五年复合增速为 3.1%，低于全国复合增速（5.7%）2.6 个百分点。国外专利权人在华有效发明专利量为 50146 件，占全国先进材料产业有效发明专利总量（246653 件）的 20.3%。

从先进材料产业的各细分领域来看，稀土新材料制造、特种陶瓷制造、人工晶体制造、有机纤维制造、生物基化学纤维制造、稀土发光材料、高端电子化学品、电子陶瓷细分领域国外在华发明专利申请公开量的近五年复合增速大于先进材料产业链整体国外在华发明专利申请公开量的近五年复合增速，属于风险细分领域（见表 29）。

表 29 先进材料产业链风险领域分布情况

细分领域 产业链三级	细分领域国外在华发明专利申请公开量近五年复合增速		细分领域国外专利权人在华有效发明专利		风险领域
	复合增速	大于或等于产业链整体国外在华发明专利申请公开量近五年复合增速	数量（件）	大于细分领域国内专利权人有效发明专利量	
高性能树脂	2.4%	否	3540	否	否
涂料	1.4%	否	4117	否	否
专用化学产品材料	4.9%	否	10317	否	否
先进制造基础零部件用钢制造	-9.1%	否	311	否	否
高技术船舶及海洋工程用钢加工	—	—	7	否	否
交通运输用钢加工	6.4%	否	1036	否	否
能源石化用钢加工	0.7%	否	1019	否	否
先进建筑用钢加工	-6.0%	否	68	否	否
高性能钢及合金加工	-3.6%	否	1015	否	否
先进钢铁材料制品制造	-2.8%	否	1898	否	否
铝及铝合金制造	-1.7%	否	1862	否	否
铜及铜合金制造	-1.1%	否	2933	否	否
钛及钛合金制造	0	否	461	否	否
镁及镁合金制造	0	否	182	否	否
稀有金属材料制造	-1.7%	否	1246	否	否
贵金属材料制造	-1.1%	否	5403	否	否
稀土新材料制造	5.8%	是	6396	否	是

续表

细分领域	细分领域国外在华发明专利申请公开量近五年复合增速		细分领域国外专利权人在华有效发明专利		风险领域
产业链三级	复合增速	大于或等于产业链整体国外在华发明专利申请公开量近五年复合增速	数量（件）	大于细分领域国内专利权人有效发明专利量	
硬质合金及制品制造	-0.6%	否	3538	否	否
特种玻璃制造	1.7%	否	1617	否	否
特种陶瓷制造	11.6%	是	1384	否	是
人工晶体制造	9.3%	是	3664	否	是
新型建筑材料制造	1.1%	否	405	否	否
矿物功能材料制造	2.5%	否	3418	否	否
绿色节能建筑材料制造	0	否	634	否	否
水泥基材料制造	0	否	129	否	否
新型墙体材料制造	-3.6%	否	48	否	否
隔热隔音材料制造	1.4%	否	192	否	否
轻质建筑材料制造	-4.4%	否	79	否	否
有机纤维制造	3.7%	是	415	否	是
生物基化学纤维制造	6.0%	是	412	否	否
稀土发光材料	10.7%	是	2822	否	是
稀土磁性材料	-6.0%	否	311	否	否
高端电子化学品	4.5%	是	6031	否	是
电子陶瓷	16.0%	是	1031	否	是
电子玻璃	-100.0%	否	3	否	否

3.3.2 广东省技术供应链分析

3.3.2.1 技术转移情况

截至 2021 年 7 月，在先进材料产业中，全国涉及转让的专利共 80432 件；其中，广东省涉及转让的专利共 12139 件，占全国涉及转让专利总量的 15.1%，在国内 31 省市中排名第二，排名第一的是江苏省（16063 件）。

从先进材料产业的各细分领域来看，广东省涉及转让的专利主要分布在铜及铜合金制造（1614 件）、矿物功能材料制造（1296 件）、贵金属材料制造（1176 件）等领域（见图 31）。

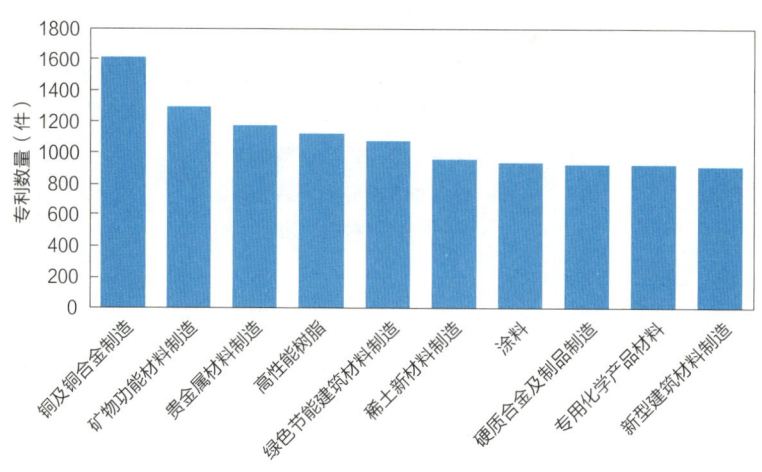

图 31　广东省先进材料产业涉及转让专利领域分布情况

广东省先进材料产业的专利转让活动主要发生在省内，共涉及专利 5854 件。在与外地进行的专利转让活动方面，广东省向外地转让的专利共 3187 件，转让专利的受让人主要分布在江苏省（767 件）、浙江省（356 件）、安徽省（227 件）；广东省从外地受让的专利共 4587 件，受让专利的转让人主要分布在江苏省（793 件）、浙江省（748 件）、安徽省（444 件）（见图 32）。

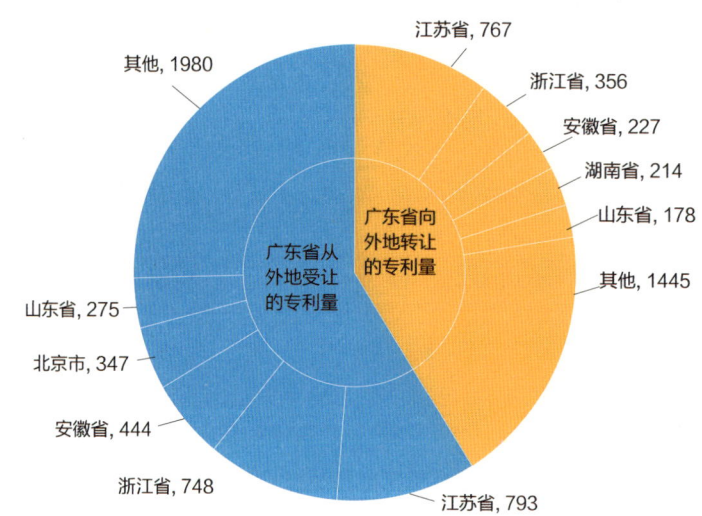

图 32　广东省先进材料产业与外地进行专利转让活动情况（单位：件）

3.3.2.2　专利许可情况

截至 2021 年 7 月，在先进材料产业中，全国涉及许可的专利共 7717 件；其中，广东省涉及许可的专利共 1168 件，占全国涉及许可专利总量的 15.1%，在国内 31 省市中排名第二，排名第一的是江苏省（2036 件）。

从先进材料产业的各细分领域来看，广东省涉及许可的专利主要分布在铜及铜合金制造（164 件）、高性能树脂（113 件）、矿物功能材料制造（109 件）等领域（见图 33）。

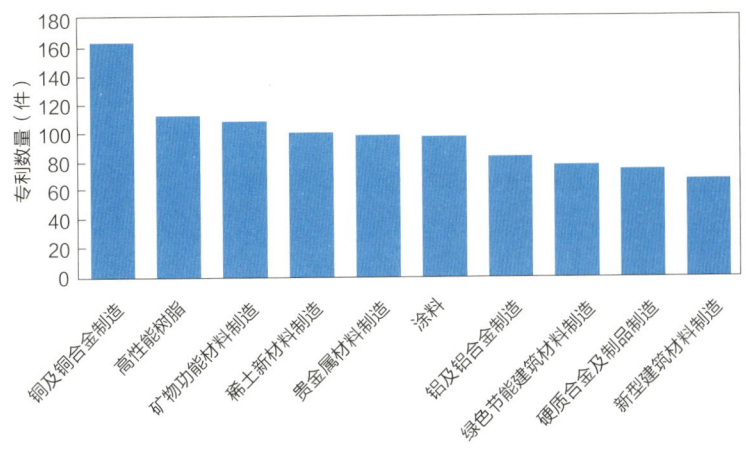

图 33　广东省先进材料产业涉及许可专利领域分布情况

广东省先进材料产业的专利许可活动主要发生在省内，共涉及专利 593 件。在与外地进行的专利许可活动方面，广东省对外地许可的专利共 223 件，许可专利的被许可人主要分布在江西省（31 件）、湖北省（17 件）、上海市（16 件）；广东省被外地许可的专利共 364 件，被许可专利的许可人主要分布在国外（98 件）、江苏省（25 件）、上海市（25 件）（见图 34）。

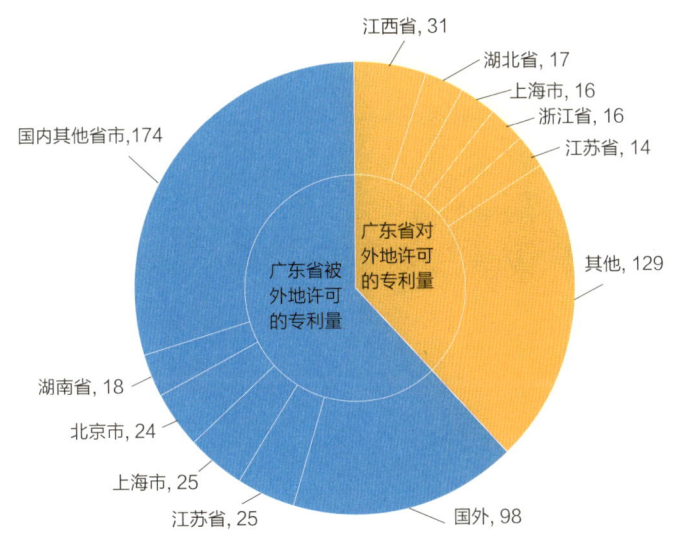

图 34　广东省先进材料产业与外地进行专利许可活动情况（单位：件）

3.3.2.3　专利质押情况

截至 2021 年 7 月，在先进材料产业中，全国涉及质押的专利共 7179 件；其中，广东省涉及质押的专利共 1067 件，占全国涉及质押的专利总量的 14.9%，在国内 31 省市中排名第一。

从先进材料产业的各细分领域来看，广东省涉及质押的专利主要分布在高性能树脂（209 件）、铜及铜合金制造（141 件）、贵金属材料制造（110 件）等领域（见图 35）。

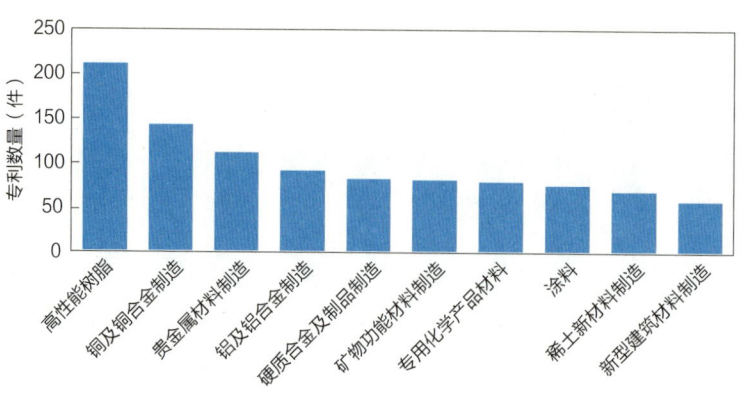

图 35　广东省先进材料产业涉及质押专利领域分布情况

第4章 广东省先进材料产业创新发展路径建议

广东省先进材料产业基础雄厚，呈现规模化、绿色化、高端化、智能化的发展趋势，省内已初步形成广州、深圳、珠海、佛山、韶关、河源、梅州、惠州、东莞、中山、阳江、湛江、茂名、肇庆、清远、云浮等先进材料产业基地。行业龙头纷纷抢占产业技术制高点，产业链上下游的企业正加速在先进材料产业的技术布局，集聚了雄厚的技术实力。同时，广东省汇聚了大量先进材料领域的高端人才，以华南理工大学、广东工业大学、中山大学等为代表的高校院所为本地提供了丰富的产学研资源，这些得天独厚的条件都将加速广东省先进材料产业的发展。广东省雄厚丰沛的企业、人才资源为广东省发展先进材料产业提供了"常量"，而新技术、新设备、新工艺等的加速融合，是带动先进材料产业发展取得突破的关键"变量"。广东省应稳住常量，抓好变量，把握先进材料产业发展的战略性机遇，推动先进材料产业快速发展，打造世界级先进材料产业集群。

4.1 产业布局优化路径

以"固链、强链、补链、延链"为重点，以提升区域产业技术创新能力和核心竞争力为目标，基于知识产权大数据情报分析，对产业链的构成和产业融合载体分布情况进行梳理，引导创新资源向产业链上下游集聚，打造先进材料产业发展高地。对于本地产业优势细分领域，主要通过研发创新、核心技术攻关、专利布局以及技术合作等手段巩固区域产业优势。对于本地产业链劣势环节，可考虑结合政策驱动、人才引进、对外合作等加以提升。

首先，实施固链工程。广东省先进材料产业基础设施完善、产业链覆盖全面，产业链整体保持较快增长。建议广东省继续保持区域产业优势，在化工材料、稀有稀土材料等产业环节不断有所突破，抢占产业技术高地和话语权。

其次，实施强链工程。继续增强有色金属及合金材料、无机非金属材料、建筑材料、先进轻纺材料等产业潜力环节，加大扶持力度，不断提升广东省先进材料产业的竞争实力。

再次，实施补链工程。针对广东省先进材料产业的薄弱环节，在绿色钢铁、电子材料等领域加大研发投入，同时可以考虑引进国内外行业巨头进行落户研发，补齐区域短板。

最后，实施延链工程。加速与绿色化、智能化等先进技术的融合，促进工业互联网、大数据、云计算、人工智能、5G等新一代信息技术和"新基建"产业技术创新基础设施在先进材料全产业链的集成运用，推动广东省先进材料产业高质量发展。

建议广东省在实施"雁阵"培育计划中，根据先进材料产业技术创新情况将本地企业分为多个梯队，整合区域企业网络，完善产业链生态体系。建立龙头骨干企业培育库，实行分级培育，构建省市区联动、分级培育的工作联动机制，积极将龙头企业培育成世界级企业。鼓励和支持优势企业加大兼并重组和向上下游产业链发展，提高产业集中度和资源配置效率，培育一批具有国际竞争力的龙头骨干企业。以建设粤港澳大湾区为契机，推进珠三角核心区高端先进材料产业带，带动粤东粤西粤北协同发展，打造一批规模大、实力强、主业突出、具有核心竞争力的区域产业集群。同时，利用粤港澳大湾区、"一带一路"区位优势，进一步加大"引进来"和"走出去"步伐，拓宽合作模式，提升国际合作的水平和层次，突破技术及贸易壁垒，增强企业国际竞争力。

实施创新驱动发展战略的根本在于增强自主创新能力，人才是创新的根基，创新驱动实质上是人才驱动，科技创新最重要、最核心、最根本的是人才问题。只有拥有一流的创新人才，才能产生一流的创新成果，才能拥有创新的主导权。企业最具有创新能力的核心人员一般占研发人员的2%，也就是说这2%的核心人员是引领推动产业发展的"关键少数"，是全球先进材料产业角逐的焦点。建议广东省人才工作要进一步聚焦到"2%"高端人才层面，建立起"引""稳""培""鉴"相结合的人才培养机制，打造创新人才高地。

一是"引"，在人才引进中加强行业领军人才、技术高管及科技企业家等人才的引进力度；二是"稳"，加强人才大数据的建设与运用水平，构建先进材料产业创新人才数据库，实时监测广东省高层次人才发展动态，稳定核心技术人才，减少高端人才外流；三是"培"，深化产教融合，加强材料专业学科建设，依托重点高校、研究机构等创新载体，推动材料领域高端人才及团队的引进和聚集，推动职业院校与企业合作，鼓励骨干企业与高等院校开展协同育人；四是"鉴"，有效利用知识产权大数据建立发现高端科技人才、评价人才和跟踪人才机制，绘制全球高端人才图谱，落实人才引进中的知识产权评价和鉴定机制。

4.2 知识产权工作建议

加快培育建设技术创新中心、制造业创新中心、工程（技术）研究中心、重点实验室等重大创新平台。实施技术攻关，通过与国际领先产品的对比研究，找准短板，加强基础技术研究，突破关键共性技术。加强与省内的华南理工大学、省外的清华大学等优势高校的产学研合作，组成产业技术创新联盟，共同开展关键共性技术研发、应用基础与前沿技术研究，突破国外相关领域的技术垄断。加大在关键原材料、核心工艺、装备、关键零部件等核心技术领域的专利布局力度，提升先进材料产业发明专利申请质量。实施技术标准战略，抢占制高点，引领产业发展，鼓励先进材料企业加大标准必要专利的布局申请力度，提升产业竞争力。

建议打造先进材料领域的以知识产权数据为核心价值导向的产业知识产权运营平台，建设知识产权要素齐全、高技术产业创新生态健全、实现"知识产权＋产业＋资本＋机构＋人才"一体化融合发展的国家级产业知识产权运营平台，成为引领区域产业创新发展的重要智库力量，建设形成技术、资本、人才等要素精准对接、智能匹配的知识产权要素市场，形成若干细分领域专利池、专利组合运营资产，许可、交易、转让的专利运营业态活跃，促进高校院所知识产权运营和科技成果转化，投资孵化一批区域重点产业高价值专利项目，引进一批拥有核心专利技术的高端人才创业项目，涌现出一大批具有核心专利竞争力的科创企业，护航区域科创企业上市发展，导航区域产业高质量发展。

建立专利预警机制，建议广东省在稀土新材料制造、特种陶瓷制造、人工晶体制造、有机纤维制造、生物基化学纤维制造、稀土发光材料、高端电子化学品、电子陶瓷等产业链风险环节，加大专利布局力度，加强技术积累和挖掘，坚持创新导向和质量导向，提高专利布局数量和质量。同时，作为我国外贸第一大省，广东省尤其还应注重知识产权的海外布局工作，建议企业在"走出去"的过程中，可根据经营业务范围在海外潜在市场围绕自身的优势技术，进行多角度、多层次的专利布局，形成对自身权益最大的保护，以应对国际竞争。

广东省现代农业与食品产业专利统计分析报告

广东省知识产权保护中心
2021年12月

目　录

第1章　引言　//684

　　1.1　项目背景　//684
　　1.2　产业链分类　//685

第2章　现代农业与食品产业发展态势　//687

　　2.1　全球现代农业与食品产业发展现状　//687
　　　2.1.1　全球现代农业与食品产业发展概况　//687
　　　2.1.2　中国现代农业与食品产业发展概况　//688
　　　2.1.3　广东省现代农业与食品产业发展概况　//689
　　2.2　中国现代农业与食品产业政策环境　//689
　　2.3　中国现代农业与食品产业创新发展态势　//689
　　　2.3.1　中国创新企业　//689
　　　2.3.2　中国专利布局　//693
　　　2.3.3　中国创新人才　//698
　　2.4　中国现代农业与食品产业热点及重点技术创新方向　//700

第3章　广东省现代农业与食品产业创新发展定位与洞察　// 702

- 3.1　广东省现代农业与食品产业政策导向　// 702
- 3.2　广东省现代农业与食品产业创新发展定位　// 704
  - 3.2.1　广东省创新企业　// 704
  - 3.2.2　广东省专利布局　// 706
  - 3.2.3　广东省创新人才　// 711
- 3.3　广东省现代农业与食品产业创新发展洞察　// 713
  - 3.3.1　广东省产业链集聚结构　// 713
  - 3.3.2　广东省技术供应链分析　// 716

第4章　广东省现代农业与食品产业创新发展路径建议　// 720

- 4.1　产业布局优化路径　// 720
- 4.2　知识产权工作建议　// 721

图目录

图 1　现代农业与食品产业结构 ··· 686
图 2　国内 31 省市现代农业与食品产业创新企业数量增长趋势 ······································ 690
图 3　中国现代农业与食品产业特色企业数量分布情况（单位：家） ······························· 691
图 4　中国现代农业与食品产业重点企业专利技术布局情况 ·· 692
图 5　中国现代农业与食品产业专利申请公开量增长趋势 ··· 693
图 6　中国现代农业与食品产业发明专利申请公开量增长趋势 ··· 693
图 7　国内 31 省市现代农业与食品产业高价值专利数量分布情况 ···································· 695
图 8　国内 31 省市现代农业与食品产业创新企业发明专利申请公开量增长趋势 ················· 695
图 9　国内 31 省市现代农业与食品产业高校发明专利申请公开量增长趋势 ······················· 696
图 10　国内 31 省市现代农业与食品产业科研机构发明专利申请公开量增长趋势 ··············· 696
图 11　国内 31 省市现代农业与食品产业产学研合作申请专利数量分布情况 ····················· 697
图 12　中国现代农业与食品产业产学研合作申请专利领域分布情况 ································· 697
图 13　国内 31 省市现代农业与食品产业创新人才数量增长趋势 ····································· 698
图 14　中国现代农业与食品产业特色人才数据分布情况（单位：人） ······························ 700
图 15　国内 31 省市现代农业与食品产业各机构类型创新人才数量分布情况（单位：人） ··· 700

图 16　广东省现代农业与食品产业创新企业数量增长趋势 …………………………………… 704
图 17　广东省现代农业与食品产业专利申请公开量增长趋势 ………………………………… 706
图 18　广东省现代农业与食品产业发明专利申请公开量增长趋势 …………………………… 706
图 19　广东省现代农业与食品产业创新企业发明专利申请公开量增长趋势 ………………… 708
图 20　广东省现代农业与食品产业高校发明专利申请公开量增长趋势 ……………………… 709
图 21　广东省现代农业与食品产业科研机构发明专利申请公开量增长趋势 ………………… 709
图 22　广东省现代农业与食品产业产学研合作申请专利领域分布情况 ……………………… 710
图 23　广东省现代农业与食品产业海外布局专利领域分布情况 ……………………………… 711
图 24　广东省现代农业与食品产业创新人才数量增长趋势 …………………………………… 711
图 25　广东省现代农业与食品产业各机构类型创新人才数量分布情况（单位：人）………… 713
图 26　广东省现代农业与食品产业涉及转让专利领域分布情况 ……………………………… 717
图 27　广东省现代农业与食品产业与外地进行专利转让活动情况（单位：件）……………… 717
图 28　广东省现代农业与食品产业涉及许可专利领域分布情况 ……………………………… 718
图 29　广东省现代农业与食品产业与外地进行专利许可活动情况（单位：件）……………… 718
图 30　广东省现代农业与食品产业涉及质押专利领域分布情况 ……………………………… 719

表目录

表1　国内31省市现代农业与食品产业创新企业数量分布情况 …… 690
表2　国内31省市现代农业与食品产业发明专利授权量分布情况 …… 694
表3　中国现代农业与食品产业产学研合作重点高校院所清单 …… 697
表4　国内31省市现代农业与食品产业创新人才数量分布情况 …… 698
表5　国内31省市现代农业与食品产业链创新要素情况 …… 701
表6　广东省现代农业与食品产业部分相关政策 …… 702
表7　广东省各地市现代农业与食品产业创新企业数量情况 …… 704
表8　国内重点省市现代农业与食品产业特色企业数量分布情况对标比较 …… 705
表9　广东省各地市现代农业与食品产业发明专利授权量情况 …… 707
表10　国内重点省市现代农业与食品产业高价值专利数量分布情况对标比较 …… 707

表 11	广东省现代农业与食品产业产学研合作重点高校院所清单	710
表 12	广东省各地市现代农业与食品产业创新人才数量情况	712
表 13	国内重点省市现代农业与食品产业特色人才数量分布情况对标比较	712
表 14	广东省现代农业与食品产业链创新要素情况	713
表 15	广东省现代农业与食品产业优势领域创新要素情况	714
表 16	广东省现代农业与食品产业潜力领域创新要素情况	715
表 17	广东省现代农业与食品产业薄弱领域创新要素情况	715
表 18	现代农业与食品产业链风险领域分布情况	716

第 1 章　引言

1.1　项目背景

2021 年 3 月,《中华人民共和国国民经济和社会发展第十四个五年规划和 2035 年远景目标纲要》围绕"发展壮大战略性新兴产业"进行了专章论述,指出要着眼于抢占未来产业发展先机,培育先导性和支柱性产业,推动战略性新兴产业融合化、集群化、生态化发展,战略性新兴产业增加值占 GDP 比重超过 17%。2021 年 9 月,中共中央、国务院印发《知识产权强国建设纲要(2021—2035 年)》,在"建设激励创新发展的知识产权市场运行机制"部分,明确要大力推动专利导航在传统优势产业、战略性新兴产业、未来产业发展中的应用。

习近平总书记对广东制造业发展高度重视、寄予厚望,明确要求广东加快推动制造业转型升级,建设世界级先进制造业集群。2020 年 5 月,广东省人民政府出台《关于培育发展战略性支柱产业集群和战略性新兴产业集群的意见》,并进一步制订了 20 个战略性产业集群行动计划,最终形成"1+20"的政策体系,旨在推动广东省产业链、创新链、人才链、资金链、政策链相互贯通,加快建立具有国际竞争力的现代化产业体系。2021 年 4 月,《广东省国民经济和社会发展第十四个五年规划和 2035 年远景目标纲要》在"总体要求"中提出,改造提升传统产业,做大做强战略性支柱产业,培育发展战略性新兴产业,加快发展现代服务业,推动产业基础高级化和产业链供应链现代化,提高产业现代化水平,打造新兴产业重要策源地、先进制造业和现代服务业基地,推动建设更具国际竞争力的现代产业体系。

针对"现代农业与食品产业",广东省农业农村厅等五部门于 2020 年 9 月印发了《广东省发展现代农业与食品战略性支柱产业集群行动计划(2021—2025 年)》,提出到 2025 年,集群规模(总产值)接近 2 万亿元,现代农业与食品产业产值分别接近 1 万亿元。并明确广东省市场监督管理局负责全面对标先进、补齐产业发展短板,强化科技支撑、促进产业创新发展,开拓营销市场、创响"粤字号"品牌等重点任务和市场体系建设提升工程、绿色安全保障工程等重点工程中的相关工作。

为深入贯彻习近平新时代中国特色社会主义思想和党的十九大精神,认真落实中共中央、国务院关于发展壮大战略性新兴产业和知识产权强国建设及省委、省政府关于推进制造强省建设的工作部署,按照《广东省人民政府关于培育发展战略性支柱产业集群和战略性新兴产业集群的意见》《广东省发展现代农业与食品战略性支柱产业集群行动计划

（2021—2025 年）》的工作安排，加快发展现代农业与食品战略性支柱产业集群，促进产业迈向全球价值链高端，开展现代农业与食品产业专利分析研究工作。基于产业专利导航创新决策理念，紧扣产业分析和专利分析两条主线，将专利信息与产业现状、发展趋势、政策环境、市场竞争等信息深度融合，基于知识产权产业金融大数据，深入研究广东省现代农业与食品产业发展现状，明晰产业发展方向，找准区域产业定位，分析存在制约发展的瓶颈问题和制度障碍，指出优化产业创新资源配置的具体路径，提出适用于本区域产业创新发展的相关建议，为广东省现代农业与食品产业发展规划、招商引资、人才引进等提供决策支撑。

1.2 产业链分类

现代农业与食品产业分为十五个领域，包括粮食领域、蔬菜领域、水果领域、畜禽领域、水产领域、精制食用植物油领域、食品领域、调味品领域、饮料领域、饲料领域、茶叶领域、中药领域、苗木花卉领域、现代种业领域、烟草领域。进一步将现代农业与食品产业分为多个相关的三级分支：粮食主要涉及农作物种植，粮食初加工，粮食精深加工，粮谷食品；蔬菜主要涉及蔬菜种植，蔬菜加工，蔬菜深加工；水果主要涉及水果种植，水果精深加工；畜禽主要涉及畜禽饲养，屠宰，肉制品及副产品加工；水产主要涉及水产品，水产养殖技术；精制食用植物油主要涉及食用植物油原材料，食用油压榨，食用油精炼；食品主要涉及焙烤食品，糖果、巧克力及蜜饯，方便食品，乳制品，罐头食品，营养食品，保健食品；调味品主要涉及酿造类调味品，腌菜类调味品，干货类调味品，水产类调味品，其他类调味品；饮料主要涉及饮料原材料，饮料成品；饲料主要涉及饲料原料，饲料生产；茶叶主要涉及茶叶种植，茶叶采摘及加工，茶叶深加工产物；中药主要涉及中药材种植、养殖与采集，中药材及中药饮片加工，中成药的生产，中药衍生品；苗木花卉主要涉及苗木种植，花卉种植；现代种业主要涉及植物种业，动物种业；烟草主要涉及烟草种植，烟草制品加工原料，烟草制品加工（见图 1）。

图 1 现代农业与食品产业结构

第 2 章　现代农业与食品产业发展态势

2.1　全球现代农业与食品产业发展现状

2.1.1　全球现代农业与食品产业发展概况

经过几十年的发展，美国现代农业产业园区已形成了生产水平专业化、产业布局区域化、服务经营一体化的格局，经营模式主要为家庭农场制。美国现代农业产业园区具有产业高度融合化以及技术集成化特征。在产业高度融合化方面，美国现代农业产业园区已建立农业生产、加工、销售、金融服务一体化的产业体系，同时以农业、地理、气象、生物等相关知识科普服务于大众，为大众提供一个"产销学"于一体的农业服务平台。此外，美国农业产业园区十分重视农业科技应用。2014 年的美国农业法案中明确提出构建农业技术创新与农业园区相结合的制度体系，并给予园区技术创新财政支持。美国政府对现代农业产业园区的大力扶持，助推美国农业科技的创新能力不断提升，进而推动现代农业产业园区的快速发展。在产业深度融合以及科技持续赋能下，美国现代农业产业园区将发展成为一个具有多功能、科技化、规模化的农业综合体。

日本现代农业产业园区主要位于城乡接合部，其通过土地流转，在城市周边形成规模化、产业化种养殖区域，同时植入文化、娱乐等元素，打造休闲田园特色吸引大众游览、消费。日本现代农业产业园区基于普通公园的管理模式进行经营管理，将农业生产、农业消费与农业旅游深度融合起来，实现综合农业的示范作用。日本现代农业产业园区是基于当地农业资源，以重点发展某一方面为主线，重点发展主题农业，并辅之发展与其相邻近的产业，从而实现产业资源整合，提升园区发展实力。例如园区若以鲜花种植为其主导产业，水稻、养殖、农产品加工将成为园区的辅助农业，同时增加旅游、商贸、地产、娱乐、会展、博览等形式的服务功能，在进行农业生产以及产业经营的同时，展现农业文化和农村生活，从而形成多功能、复合型、创新性产业综合体。❶

全球种业大致经历了三次不同侧重点的并购浪潮，2019 年是世界种业历史上第三次并购浪潮的分割线。第一次并购浪潮（1997—2000 年）以纵向并购为主，以孟山都为代表的农化集团对种业进行并购整合，实现了种子与农药的结合，转基因抗除草剂大豆、抗虫抗除草剂玉米和抗虫棉等科技进步成果的应用，要求种子与专用农药相结合是重要驱动要素；第二次并购浪潮（2004—2008 年）以横向并购为主，国际农化巨头混合兼并重组，并

---

❶ 资料来源：头豹研究院。

购标的由玉米、大豆种子企业向棉花、蔬菜水果等种子企业拓展，实现了不同种子作物之间的互补；第三次并购浪潮（2016—2019年）是在全球农产品价格下跌背景下，跨国资本推动国际农化巨头超大型并购与资源整合。第三次并购浪潮中，陶氏杜邦合并，分拆出农业事业部科迪华农业科技，于2019年6月在纽交所单独上市。中国化工收购先正达，拜耳收购孟山都，巴斯夫接手拜耳原有种子业务，形成以拜耳、科迪华农业、中化＋先正达、巴斯夫为首的四大集团。中国化工全球种业规模达到10%，拜耳和孟山都的全球份额达到40%，杜邦陶氏全球份额达到30%。全球种业美国、欧洲、中国三方各形成一家巨头，但是从各大企业占据的市场份额来看，全球种业行业则呈现明显的双寡头垄断格局，种子行业发展也呈现产业链一体化，并与农化等产业关联密切的特点。❶

2.1.2 中国现代农业与食品产业发展概况

根据《中国农业产业发展报告2020》，截至2019年年末，中国国民经济运行总体平稳，农业发展稳中有进、稳中向好，粮食产量连续五年站稳1.3万亿斤台阶，棉油糖生产保持稳定，果、菜、茶供应充足，生猪生产止降回升。2019年，稻谷、小麦和玉米产量分别达到2.10亿吨、1.34亿吨和2.57亿吨，三大谷物总消费量达到6.12亿吨，较2018年增长0.41%。贸易方面，稻米自出口九年来首次超过进口，小麦、玉米进口呈增长态势。大豆产量达到1810万吨，同比增长13.5%。受非洲猪瘟疫情影响，豆粕饲用消费同比下降11.47%；大豆进口量达到8851.1万吨，同比增加0.5%。马铃薯产量维持在1亿吨以上，出口总量超过50万吨；受自然灾害等不利因素影响，棉花单产同比下降3.1%，总产量下降3.5%，净进口量达到179.8万吨，同比增加16.2%；鲜、干水果及坚果净进口量由2018年的224万吨增至2019年的348万吨。由于非洲猪瘟疫情延续，2019年年末全国生猪存栏31041万头，同比下降27.5%。全年生猪出栏54419万头，同比下降21.6%。猪肉产量4255万吨，同比下降21.26%。2019年猪肉进口量210.8万吨，同比增长75%。❷

相较于发达国家，中国现代农业产业园区起步较晚，发展时间较短。在现代农业产业园区引导政策以及资金扶持政策大力扶持下，中国现代农业产业园区发展速度不断加快。截至2018年年末，中国现代农业产业园区共有62家被评为国家级现代农业产业园区。国家级现代农业产业园区审批建设，有益于示范带动省、市、县形成梯次推进的现代农业产业园建设体系，为农业农村现代化建设和乡村振兴提供有力支撑。当前中国现代农业园区的主要运营模式主要分为五大类型：理念主导型、文化创意型、产品导向型、市场拓展型、产业融合型。❸

我国种业发展起步较晚，直到中华人民共和国成立以后种业市场才初步形成并缓慢发展，最初我国种业市场采取封闭的发展模式，政府控制着种业市场的生产、经营等活动，我国种业市场经历了农户自留种阶段、四自一辅阶段、四化一供阶段，但随着经济发展、市场改革及外部环境的变化，封闭式的种业发展模式已不适应新形势的需要，2000年一系

---

❶ 资料来源：华安证券。
❷ 资料来源：《中国农业产业发展报告2020》。
❸ 资料来源：头豹研究院。

列种业政策的出台拉开了种业市场改革的序幕,至此我国种业市场进入了产业化、市场化发展的新阶段。21世纪初,我国成功加入世界贸易组织标志着种业市场的全面开放。❶

2.1.3 广东省现代农业与食品产业发展概况

近年来,广东省深入推进农业供给侧结构性改革,以"四区两带"农业发展格局为基础,聚焦农业优势产业区(带),聚力发展富民兴村产业,促进现代农业提质增效。截至2019年年底(下同),农林牧渔业总产值、增加值分别达7175.9亿元、4477.17亿元,均居全国第五位;水果、蔬菜、肉类、水产品等多种农产品产量及苗木花卉产值位居全国前列;饲料产量居全国第二位。食品产业发展态势向好,已形成了门类齐全、品种繁多、产品质量较高和经济效益较好、产业链较完整的产业体系。食品工业总产值6593.6亿元,居全国第四位,精制食用植物油、酱油、冷冻饮品、饮料产量位居全国首位,月饼生产和出口量连续13年居全国首位,是全国主要的饮料、糖果、米粉、酱油生产出口地区。现代农业与食品集群规模(总产值)达到1.38万亿元,为广东省全省经济社会发展提供了有力支撑。❷

2.2 中国现代农业与食品产业政策环境

农业是一个政策关联度极高的产业。2007年,中央发布以"积极发展现代农业"为主题的一号文件,正式将发展现代农业提升至新农村建设首要任务的高度,并在随后多年持续鼓励现代农业发展。

此外,根据《全国农业现代化规划(2016—2020年)》《乡村振兴战略规划(2018—2020年)》对我国现代农业发展的规划目标,2020—2035年将是中国现代农业加速发展机遇期,国家政策将继续给予一定倾斜,政策环境利于现代农业发展。

2.3 中国现代农业与食品产业创新发展态势

2.3.1 中国创新企业

截至2021年7月,国内31省市现代农业与食品产业有专利申请活动的创新企业共102098家,近五年复合增速达22.9%。其中,2017年同比增速最快,同比增长27.3%(见图2)。

---

❶ 资料来源:国金证券。

❷ 资料来源:广东省人民政府网。

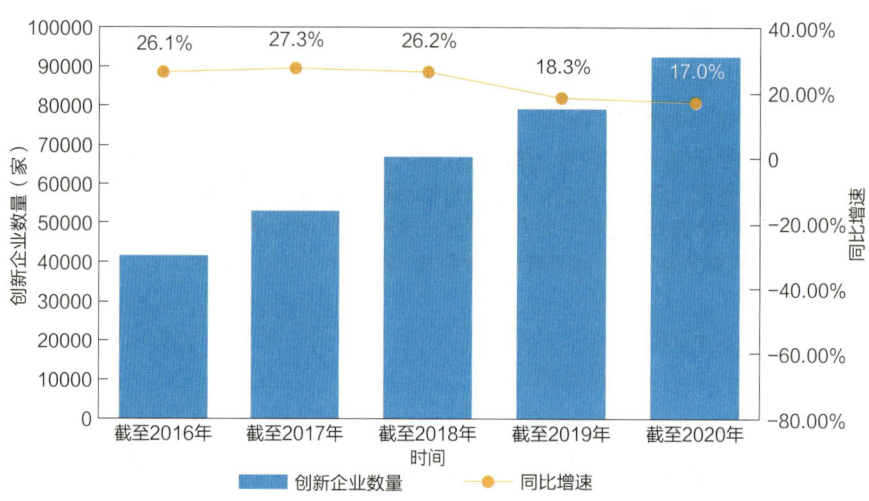

图 2　国内 31 省市现代农业与食品产业创新企业数量增长趋势

从地域分布情况来看，截至 2021 年 7 月，国内 31 省市现代农业与食品产业有专利申请活动的创新企业主要集中在东南沿海地区。其中，创新企业数量排名前五位的省市依次为广东省（10212 家）、江苏省（9650 家）、浙江省（7844 家）、安徽省（7261 家）、山东省（6981 家）（见表 1）。

表 1　国内 31 省市现代农业与食品产业创新企业数量分布情况

排名	省（自治区、直辖市）	创新企业数量（家）
1	广东	10212
2	江苏	9650
3	浙江	7844
4	安徽	7261
5	山东	6981
6	四川	4797
7	湖南	4588
8	福建	4582
9	云南	3985
10	河南	3710
11	贵州	3607
12	湖北	3453
13	北京	3189
14	上海	3118
15	重庆	3076
16	天津	2799
17	广西	2744
18	河北	2418

续表

排名	省（自治区、直辖市）	创新企业数量（家）
19	江西	2166
20	辽宁	1871
21	陕西	1732
22	甘肃	1412
23	黑龙江	1300
24	吉林	1014
25	山西	973
26	新疆	953
27	宁夏	819
28	内蒙古	774
29	海南	682
30	青海	347
31	西藏	145

截至2021年7月，在现代农业与食品产业创新企业中，国内31省市共有国家高新技术企业17821家，占国内31省市现代农业与食品产业创新企业总量（102098家）的17.5%；初创企业2285家，占创新企业总量的2.2%；隐形冠军企业370家，占创新企业总量的0.4%；上市公司613家，占创新企业总量的0.6%；独角兽企业9家，占创新企业总量的0.01%；专精特新企业5038家，占创新企业总量的4.9%（见图3）。

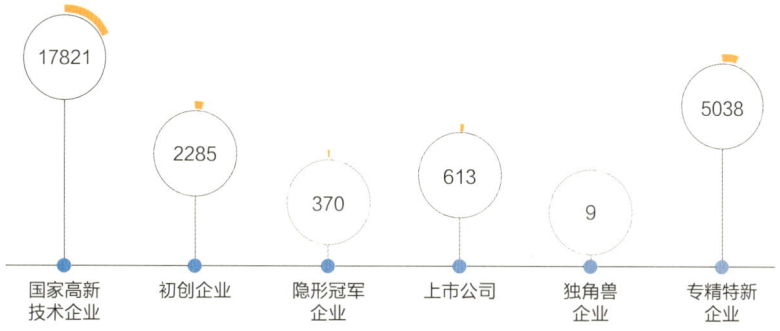

图3 中国现代农业与食品产业特色企业数量分布情况（单位：家）

截至2021年7月，在现代农业与食品产业创新企业中，专利申请公开量较多的重点企业包括内蒙古伊利实业集团股份有限公司（1163件）、内蒙古蒙牛乳业（集团）股份有限公司（838件）、山东新希望六和集团有限公司（761件）、天津生机集团股份有限公司（392件）、天津市晨辉饲料有限公司（306件）、天士力医药集团股份有限公司（219件）等。❶

从这六家重点企业在现代农业与食品产业布局专利的细分领域来看，内蒙古伊利实业

---

❶ 本处统计的专利申请公开量为申请人本身，不包含其分子公司。

集团股份有限公司、内蒙古蒙牛乳业（集团）股份有限公司的专利数量主要集中在食品领域，其重点细分领域为乳制品、糖果巧克力及蜜饯；天津生机集团股份有限公司、天士力医药集团股份有限公司更加重视中药领域，其重点细分领域为中药材及中药饮片加工、中成药的生产；天津市晨辉饲料有限公司、山东新希望六和集团有限公司重视饲料领域，其重点细分领域为饲料原料和饲料生产（见图4）。

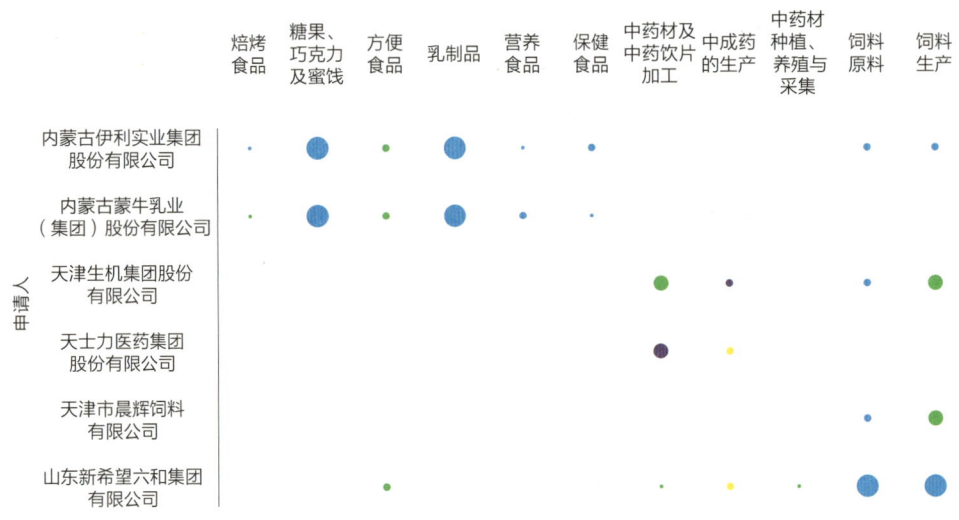

图 4　中国现代农业与食品产业重点企业专利技术布局情况

【典型企业——内蒙古蒙牛乳业（集团）股份有限公司】

内蒙古蒙牛乳业（集团）股份有限公司（以下简称蒙牛）1999年成立于内蒙古自治区，总部位于呼和浩特，是全球八强乳品企业，公司2004年在香港上市（股票代码2319.HK）。企业专注于乳制品，形成了包括液态奶、冰淇淋、奶粉、奶酪等品类在内的产品矩阵，除中国内地外，蒙牛产品还进入了东南亚、大洋洲、北美等区域的十余个国家和地区市场。2020年，公司营业收入760亿元，净利润35亿元。

蒙牛在国内建立了41座生产基地，在新西兰、印度尼西亚、澳大利亚建有海外生产基地，全球工厂总数达68座，年产能合计逾1000万吨。先后对富源国际、现代牧业、圣牧高科三家大型牧业集团进行战略投资。目前，在国内拥有合作牧场1000余家，日均收奶超1.8万吨，生鲜乳100%来自规模化、集约化牧场。同时，在澳大利亚拥有原料乳加工商BurraFoods、有机婴幼儿食品商贝拉米。

蒙牛拥有三家国际研发中心，在饲草料种植、养殖与加工、乳业基础科学、产品创新等领域开展联合攻关，在智能制造、原奶保鲜、益生菌、质控技术等领域取得进展，完善全产业链质量管理体系，用数字化、智能化手段覆盖养殖、加工、物流等各个环节。截至2021年7月，蒙牛在现代农业与食品产业的专利申请公开量共838件，其中发明专利申请公开量共731件。

2.3.2 中国专利布局

截至 2021 年 7 月,中国现代农业与食品产业专利申请公开量共 1027740 件,占中国专利申请公开总量（33757841 件）的 3.0%,近五年复合增速达 2.8%（见图 5）。中国现代农业与食品产业专利授权量共 440012 件,占现代农业与食品产业全国专利申请公开总量的 42.8%;有效专利量为 253040 件。

图 5 中国现代农业与食品产业专利申请公开量增长趋势

截至 2021 年 7 月,中国现代农业与食品产业发明专利申请公开量为 741774 件,占中国现代农业与食品产业专利申请公开总量（1027740 件）的 72.2%,近五年复合增速达 –6.2%。其中,2017 年同比增速最快,同比增长 14.9%（见图 6）。

图 6 中国现代农业与食品产业发明专利申请公开量增长趋势

从地域分布情况来看,截至 2021 年 7 月,中国现代农业与食品产业发明专利授权量共 154046 件,主要集中在东部地区。其中,发明专利授权量排名前五位的省市依次为山东省（16897 件）、浙江省（12008 件）、江苏省（11603 件）、广东省（11555 件）、北京市

（9433 件）（见表 2）。

表 2 国内 31 省市现代农业与食品产业发明专利授权量分布情况

排名	省（自治区、直辖市）	发明专利授权量（件）
1	山东	16897
2	浙江	12008
3	江苏	11603
4	广东	11555
5	北京	9433
6	安徽	8882
7	河南	6151
8	四川	5225
9	湖北	5130
10	上海	4821
11	湖南	4735
12	福建	4714
13	广西	4375
14	云南	4339
15	辽宁	3766
16	河北	3071
17	黑龙江	2962
18	贵州	2817
19	陕西	2723
20	吉林	2628
21	天津	2623
22	重庆	2470
23	江西	2105
24	山西	2049
25	内蒙古	1673
26	甘肃	1522
27	新疆	1323
28	海南	935
29	宁夏	575
30	青海	333
31	西藏	216

截至 2021 年 7 月，中国现代农业与食品产业的有效发明专利共 94822 件，其中高价

值专利数量为 70180 件。在中国现代农业与食品产业高价值专利中，属于战略性新兴产业的有效发明专利共 62992 件，在海外有同族专利权的有效发明专利共 6792 件，维持年限超过 10 年的有效发明专利共 17122 件，有质押融资活动的有效发明专利共 2310 件，获得中国专利奖的有效发明专利共 205 件。高价值专利数量排名前五位的省市依次为江苏省（6969 件）、广东省（6450 件）、山东省（5640 件）、北京市（4770 件）、浙江省（4709 件）（见图 7）。

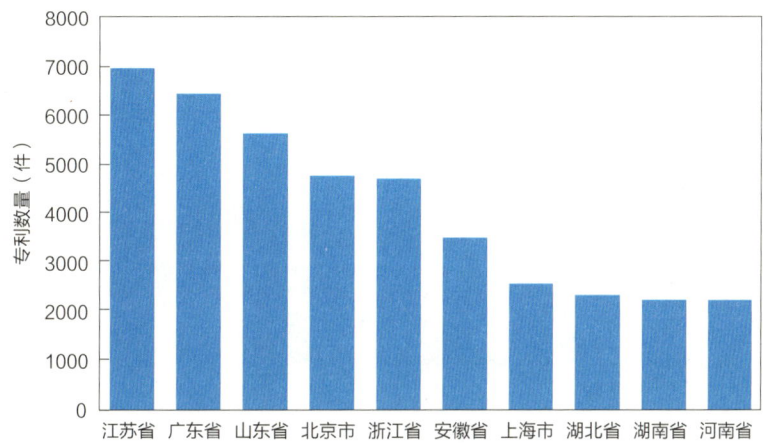

图 7　国内部分省市现代农业与食品产业高价值专利数量分布情况

截至 2021 年 7 月，国内 31 省市现代农业与食品产业创新企业发明专利申请公开量共 333987 件，占中国现代农业与食品产业发明专利申请公开总量（741774 件）的 45.0%。近五年复合增速为 –4.1%。其中，2017 年同比增速最快，同比增长 25.6%（见图 8）。发明专利申请公开量较多的企业包括湖北中烟工业有限责任公司（1063 件）、内蒙古伊利实业集团股份有限公司（1004 件）、光明乳业股份有限公司（781 件）、云南中烟工业有限责任公司（780 件）、内蒙古蒙牛乳业（集团）股份有限公司（731 件）。

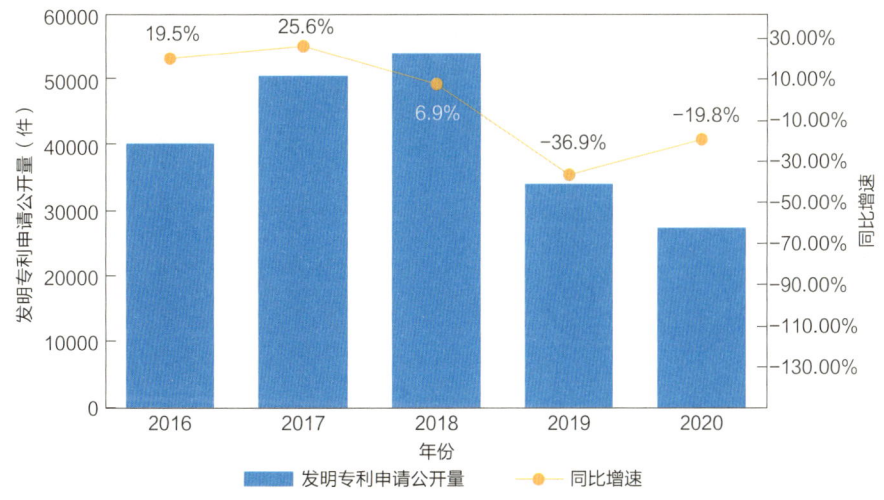

图 8　国内 31 省市现代农业与食品产业创新企业发明专利申请公开量增长趋势

截至 2021 年 7 月，国内 31 省市现代农业与食品产业高校发明专利申请公开量共 81363 件，占中国现代农业与食品产业发明专利申请公开总量（741774 件）的 11.0%。近五年复合增速达 4.1%。其中，2017 年同比增速最快，同比增长 32.5%（见图 9）。发明专利申请公开量较多的高校包括江南大学（2301 件）、浙江大学（1861 件）、中国农业大学（1510 件）、广西大学（1375 件）、华中农业大学（1258 件）。

图 9　国内 31 省市现代农业与食品产业高校发明专利申请公开量增长趋势

截至 2021 年 7 月，国内 31 省市现代农业与食品产业科研机构发明专利申请公开量共 46383 件，占中国现代农业与食品产业发明专利申请公开总量（741774 件）的 6.3%。近五年复合增速达 3.1%。其中，2017 年同比增速最快，同比增长 36.4%（见图 10）。发明专利申请公开量较多的科研机构包括江苏省农业科学院（907 件）、中国农业科学院农产品加工研究所（593 件）、浙江省农业科学院（525 件）、中国水产科学研究院黄海水产研究所（462 件）、中国水产科学研究院淡水渔业研究中心（414 件）。

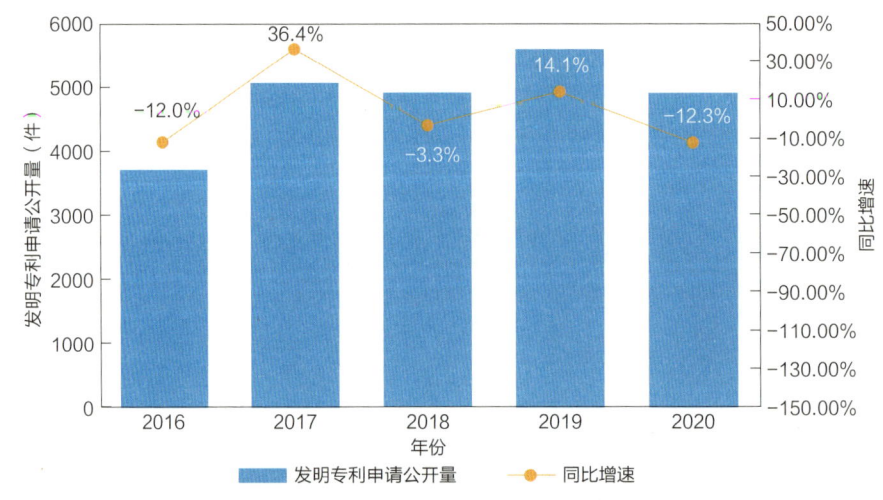

图 10　国内 31 省市现代农业与食品产业科研机构发明专利申请公开量增长趋势

截至 2021 年 7 月，在现代农业与食品产业中，全国涉及产学研合作申请的专利共有 11746 件，占中国现代农业与食品产业专利申请公开总量（1027740 件）的 1.1%。涉及产学研合作申请专利量排名前五位的省市依次为广东省（1396 件）、江苏省（1222 件）、山东省（1034 件）、云南省（700 件）、浙江省（688 件）（见图 11）。

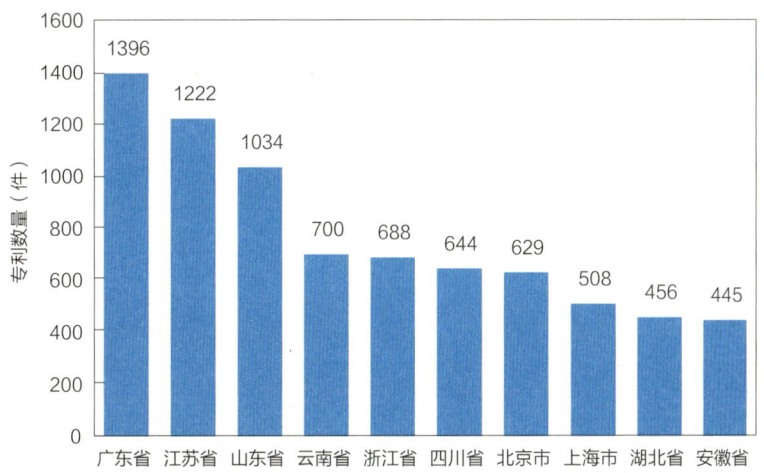

图 11　国内部分省市现代农业与食品产业产学研合作申请专利数量分布情况

从现代农业与食品产业的细分支领域来看，方便食品、饲料生产、保健食品领域在全国涉及产学研合作申请的专利较多，专利数量均超过了 1000 件（见图 12）。

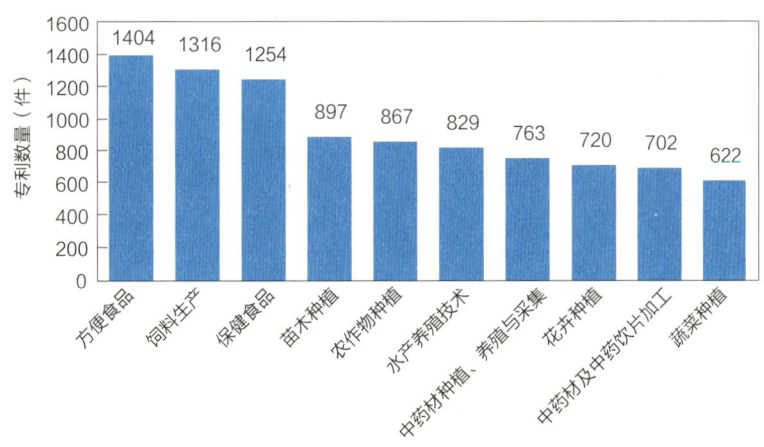

图 12　中国现代农业与食品产业产学研合作申请专利领域分布情况

从产学研合作的高校院所来看，江南大学、湖南农业大学、青岛农业大学、华南理工大学、四川农业大学等在中国现代农业与食品产业中的产学研合作较为密切，涉及产学研合作申请的专利数量分别为 510 件、175 件、173 件、168 件、139 件（见表 3）。

表 3　中国现代农业与食品产业产学研合作重点高校院所清单

序号	高校院所	产学研合作申请的专利数量（件）
1	江南大学	510

续表

序号	高校院所	产学研合作申请的专利数量（件）
2	湖南农业大学	175
3	青岛农业大学	173
4	华南理工大学	168
5	四川农业大学	139
6	浙江大学	131
7	云南农业大学	131
8	华中农业大学	131
9	河南农业大学	128
10	华南农业大学	127

2.3.3 中国创新人才

截至 2021 年 7 月，国内 31 省市现代农业与食品产业有专利申请活动的创新人才共 984067 人，近五年复合增速达 17.9%。其中，2017 年同比增速最快，同比增长 19.4%（见图 13）。

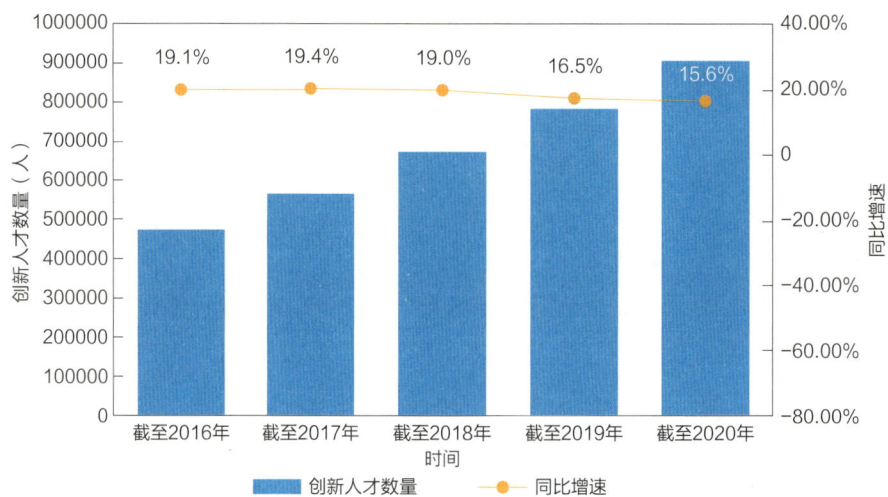

图 13 国内 31 省市现代农业与食品产业创新人才数量增长趋势

从地域分布情况来看，截至 2021 年 7 月，国内 31 省市现代农业与食品产业有专利申请活动的创新人才主要集中在东部地区。其中，创新人才数量排名前五位的省市依次为山东省（104862 人）、江苏省（80768 人）、广东省（75785 人）、河南省（61570 人）、浙江省（58397 人）（见表 4）。

表 4 国内 31 省市现代农业与食品产业创新人才数量分布情况

排名	省（自治区、直辖市）	创新人才数量（人）
1	山东	104862

续表

排名	省（自治区、直辖市）	创新人才数量（人）
2	江苏	80768
3	广东	75785
4	河南	61570
5	浙江	58397
6	北京	47585
7	安徽	43440
8	四川	39405
9	湖北	36269
10	云南	34838
11	湖南	33671
12	广西	31335
13	黑龙江	31032
14	福建	30330
15	河北	29806
16	辽宁	28828
17	上海	28639
18	贵州	23443
19	陕西	22730
20	吉林	20325
21	甘肃	19493
22	天津	19243
23	江西	17748
24	重庆	17272
25	山西	16755
26	新疆	15394
27	内蒙古	12592
28	宁夏	7171
29	海南	6544
30	青海	5149
31	西藏	1606

截至2021年7月，在现代农业与食品产业创新人才中，国内31省市共有国家高层次人才38144人，占国内31省市现代农业与食品产业创新人才总量（984067人）的3.9%；技术高管77789人，占创新人才总量的7.9%；科技企业家58189人，占创新人才总量的5.9%。

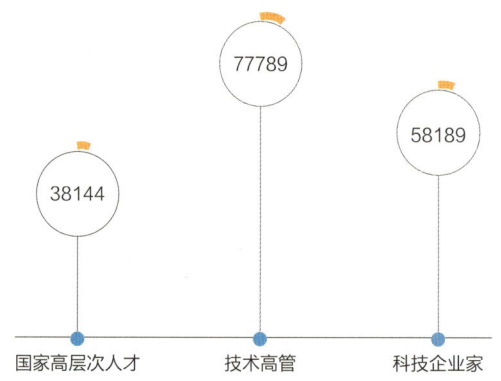

图 14 中国现代农业与食品产业特色人才数据分布情况（单位：人）

从各机构类型创新人才数量分布情况来看，国内 31 省市现代农业与食品产业企业的创新人才数量最多，共计 405563 人，占国内 31 省市现代农业与食品产业创新人才总量（984067 人）的 41.2%；个人类型和高校的创新人才数量位居其次，分别为 220839 人（占创新人才总量的 22.4%）、210889 人（占创新人才总量的 21.4%）。科研机构的创新人才共计 108591 人，事业单位的创新人才共计 38185 人，分别占国内 31 省市现代农业与食品产业创新人才总量的 11.0% 和 3.9%（见图 15）。

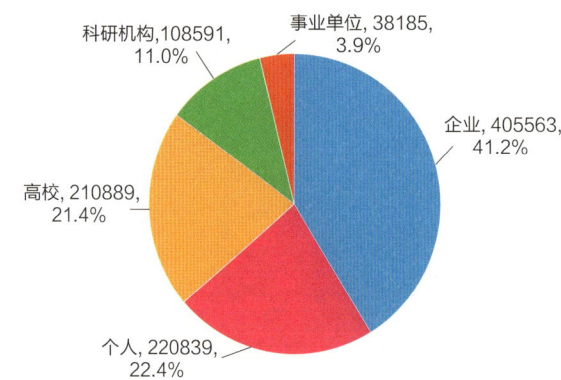

图 15 国内 31 省市现代农业与食品产业各机构类型创新人才数量分布情况（单位：人）

2.4 中国现代农业与食品产业热点及重点技术创新方向

从现代农业与食品产业链整体来看，国内 31 省市产业的发明专利申请公开总量共 716818 件，创新企业总量共 102098 家，创新人才总量共 984067 人，近五年复合增速分别为 −6.4%、22.9%、17.9%。

从产业链各领域近五年复合增速来看，粮食、畜禽、水产、精制食用植物油、现代种业、烟草领域发明专利申请公开量近五年复合增速为正，呈发展趋势。其中，畜禽领域发明专利申请公开量近五年复合增速最高，为 11.7%；其次是水产和粮食领域，发明专利申请公开量近五年复合增速分别为 7.3% 和 7.2%。蔬菜、水果、食品、调味品、饮料、饲料、茶叶、中药、苗木花卉领域发明专利申请公开量近五年复合增速为负，呈萎缩趋势。

其中，中药和调味品领域萎缩趋势最为明显，发明专利申请公开量近五年复合增速分别为 –16.4% 和 –16.3%；创新企业数量近五年复合增速高于现代农业与食品产业链整体水平的有粮食、蔬菜、水果、畜禽、水产、精制食用植物油、饲料、茶叶、苗木花卉、现代种业领域，其中粮食、畜禽、苗木花卉领域创新企业数量近五年复合增速均超过了30%，创新企业数量增长较快。创新人才数量近五年复合增速高于现代农业与食品产业链整体水平的有粮食、蔬菜、水果、畜禽、水产、精制食用植物油、食品、饲料、茶叶、苗木花卉领域，其中畜禽领域创新人才数量近五年复合增速最高，为 29.9%。特别地，粮食、畜禽、水产、精制食用植物油领域发明专利申请公开量近五年复合增速为正，且创新企业数量、创新人才数量的近五年复合增速高于现代农业与食品产业链整体水平，属于产业布局的热点。

从产业链各领域数量来看，食品、中药领域的发明专利申请公开量分别为 205113 件、204586 件，均远高于现代农业与食品产业中其他领域，同时食品、中药领域的创新企业数量、创新人才数量位列现代农业与食品产业中的前两位，属于产业布局的重点（见表5）。

表5　国内31省市现代农业与食品产业链创新要素情况

产业链二级	发明专利申请公开		创新企业		创新人才	
	数量（件）	复合增速	数量（家）	复合增速	数量（人）	复合增速
粮食	82712	7.2%	21154	33.0%	182156	24.3%
蔬菜	63023	–9.3%	15466	26.2%	112213	21.0%
水果	56859	–9.2%	13155	26.4%	97378	21.2%
畜禽	23052	11.7%	11496	33.5%	78310	29.9%
水产	23178	7.3%	6144	29.7%	53481	21.6%
精制食用植物油	10783	0.6%	3801	23.6%	21910	18.7%
食品	205113	–3.8%	33018	22.4%	232299	18.8%
调味品	59713	–16.3%	9784	19.3%	64581	15.6%
饮料	32392	–9.3%	6766	19.2%	49052	15.4%
饲料	80130	–9.7%	13983	24.0%	109288	19.6%
茶叶	55452	–7.9%	11957	25.4%	69667	20.7%
中药	204586	–16.4%	25150	21.5%	263415	14.1%
苗木花卉	71876	–0.8%	21868	31.9%	193431	24.9%
现代种业	12223	0.5%	2097	23.0%	36665	16.7%
烟草	15361	1.6%	2832	17.2%	46332	14.2%

第3章 广东省现代农业与食品产业创新发展定位与洞察

3.1 广东省现代农业与食品产业政策导向

现代农业是现代产业体系的基础。发展中国家发展现代农业，可以加快产业升级、解决就业问题、消灭贫困、缓解两极分化、促进社会公平、消除城乡差距、开发国内市场、形成可持续发展的经济增长点，是发展中国家农业发展的必由之路，是发展中国家实现赶超战略的主要着力点。为了促进和支持现代农业与食品产业稳定发展，广东省发布了《2021—2023年全省现代农业产业园建设工作方案》等一系列政策。2020年5月，广东省人民政府发布《广东省人民政府关于培育发展战略性支柱产业集群和战略性新兴产业集群的意见》，将现代农业和食品产业集群列入十大战略性支柱产业集群，提出要科学布局"一县一园、一镇一业、一村一品"现代农业产业平台，重点推进数字农业试验区等"三个创建"，推动数字农业产业园区等"八个一批培育"，打造综合效益和竞争力全国领先的产业集群。同年9月，广东省农业农村厅、广东省工业和信息化厅、广东省发展和改革委员会、广东省科学技术厅、广东省市场监督管理局等部门联合印发《广东省发展现代农业与食品战略性支柱产业集群行动计划（2021—2025年）》，对现代农业与食品产业做出了具体规划（见表6）。

表6 广东省现代农业与食品产业部分相关政策

时间	发布单位	政策名称	相关内容
2017年	广东省人民政府	《广东省推进农业供给侧结构性改革实施方案》	推进实施《广东省农业现代化"十三五"规划》和雷州半岛现代农业发展规划，编制出台全省农业现代化功能区划，引导各地立足资源禀赋，实行适区适种（养），合理布局优势特色产业，实现生产布局与环境资源相协调，形成珠三角都市农业区、潮汕平原精细农业区、粤西热带农业区、北部山地生态农业区以及南亚热带农业带、沿海蓝色农业带的"四区两带"区域农业发展格局，进一步优化农业产业结构

续表

时间	发布单位	政策名称	相关内容
2019年	广东省发展和改革委员会	《广东省2018年国民经济和社会发展计划执行情况与2019年计划草案的报告》	支持建设特色生态产业园区，积极发展现代农林业、生物医药、健康养生、绿色食品等产业。完善生态保护补偿转移支付办法，加大对生态地区的财力补偿，推进区域间生态保护补偿试点示范
2020年	广东省人民政府	《广东省人民政府关于培育发展战略性支柱产业集群和战略性新兴产业集群的意见》	重点发展粮食、岭南水果、蔬菜、畜禽、水产、南药、饲料、特色食品及饮料、花卉、茶叶、现代种业、调味品等产业。聚焦菠萝、荔枝、茶叶、柚子、生猪、深海网箱养殖等优势产业区（带），推动集群一二三产业融合创新发展。聚力发展烘焙、凉果、糖果、腊味、特殊膳食用等特色食品，加快发展中央厨房、即食食品、速冻快消食品等潜力新兴食品。科学布局"一县一园、一镇一业、一村一品"现代农业产业平台，重点推进数字农业试验区等"三个创建"，推动数字农业产业园区等"八个一批培育"，打造综合效益和竞争力全国领先的产业集群
2020年	广东省农业农村厅等五部门	《广东省发展现代农业与食品战略性支柱产业集群行动计划（2021—2025年）》	深化农业供给侧结构性改革，现代农业与食品产业向精细化管理、高质量发展转型。培育销售收入超百亿元的农业龙头企业7~8家，50亿~100亿元的10家，做优做强100家上市农业企业；培育发展营业收入超百亿元的食品企业7~8家，50亿~100亿元的10家，广州、深圳食品总部经济建设取得明显成效。出现一批创新能力突出、规模效益显著、辐射带动能力较强的行业领军企业
2021年	广东省人民政府	《广东省制造业数字化转型实施方案及若干政策措施》	鼓励区块链、大数据、物联网、遥感等技术在农业领域的应用与创新。加快自动化、智能化、单机多功能的食品生产及检测设备研发及应用推广，支持企业通过数字化管理带动生产流程化、标准化，提升生产效率。强化生产过程数据采集与分析，提升品质检测能力，通过工业互联网标识解析、二维码、数字标签等技术实现供应链优化和全流程溯源，提升产品品质和安全性。推动建立数字化仓储及物流配送体系。强化数字化营销与制造，提升柔性制造能力，缩短新产品研发上市周期
2021年	广东省政府办公厅	《2021—2023年全省现代农业产业园建设工作方案》	在第一轮产业园基本实现"一县一园一平台"基础上，打造产业园2.0版，以调结构、扩规模、抓龙头、创品牌、全链条、增效益为主攻方向，推动种养循环及规模化、加工集群化、科技集成化、营销品牌化、产业数字化，全面提升现代农业产质量效益。2021—2023年建设省级产业园100个左右
2021年	广东省人民政府	《广东省推进农业农村现代化"十四五"规划》	支持建设一批稳产保供现代农业产业园区，跨县域建设荔枝、菠萝、龙眼、香蕉等热带亚热带水果产业集群，建设全省深水网箱养殖优势区、渔港经济区，培育一批全国知名的"粤字号"特色农产品优势区，创建国家农业现代化示范区
2021年	广东省政府办公厅	《农业农村部、广东省人民政府共同推进广东乡村振兴战略实施2021年度工作要点》	发展农业优势特色产业，推动建设现代农业和食品等一批优势特色产业集群。建设沿海渔港和渔港经济区，提升渔业基础设施和装备水平。完善现代农业全产业链标准体系，推进农村一二三产业融合发展

3.2 广东省现代农业与食品产业创新发展定位

3.2.1 广东省创新企业

截至2021年7月，广东省现代农业与食品产业有专利申请活动的创新企业共10212家，占国内31省市现代农业与食品产业创新企业总量（102098家）的10.0%，在国内31省市中排名第一。广东省现代农业与食品产业创新企业数量近五年复合增速为30.9%，高出国内31省市整体复合增速（22.9%）8.0个百分点（见图16）。

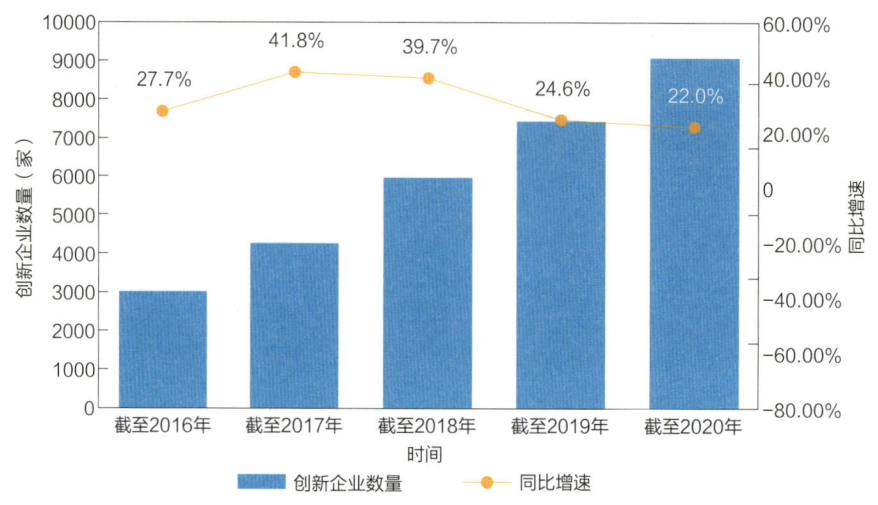

图16 广东省现代农业与食品产业创新企业数量增长趋势

从地域分布情况来看，截至2021年7月，广东省现代农业与食品产业有专利申请活动的创新企业主要集中在珠三角地区。其中，创新企业数量排名前五位的地市依次为广州市（2925家）、深圳市（2148家）、佛山市（977家）、东莞市（757家）、中山市（440家）（见表7）。

表7 广东省各地市现代农业与食品产业创新企业数量情况

地区	创新企业数量（家）	省内排名	地区	创新企业数量（家）	省内排名
广州市	2925	1	河源市	186	12
深圳市	2148	2	肇庆市	184	13
佛山市	977	3	茂名市	182	14
东莞市	757	4	清远市	176	15
中山市	440	5	韶关市	175	16
江门市	419	6	揭阳市	107	17
珠海市	356	7	潮州市	95	18
惠州市	334	8	阳江市	84	19
湛江市	220	9	云浮市	78	20
汕头市	199	10	汕尾市	28	21

地区	创新企业数量（家）	省内排名	地区	创新企业数量（家）	省内排名
梅州市	191	11			

截至 2021 年 7 月，在现代农业与食品产业创新企业中，广东省共有国家高新技术企业 2776 家，占广东省现代农业与食品产业创新企业总量（10212 家）的 27.2%；初创企业 332 家，占创新企业总量的 3.3%；隐形冠军企业 20 家，占创新企业总量的 0.2%；上市公司 103 家，占创新企业总量的 1.0%；独角兽企业 3 家，占创新企业总量的 0.03%；专精特新企业 117 家，占创新企业总量的 1.1%。

横向对标北京市、上海市、江苏省、浙江省等国内重点省市，在现代农业与食品产业创新企业中，广东省国家高新技术企业、初创企业、上市公司数量均在国内 31 省市中排名第一；隐形冠军企业数量在国内 31 省市中排名第四；独角兽企业数量在国内 31 省市中仅次于北京市，排名第二；专精特新企业数量在国内 31 省市中排名第十四（见表 8）。

表 8　国内重点省市现代农业与食品产业特色企业数量分布情况对标比较

国内 31 省市排名	1	6	13	2	4
省市	广东省	北京市	上海市	江苏省	浙江省
国家高新技术企业数量（家）	2776	937	539	1590	1168
国内 31 省市排名	1	3	4	2	5
省市	广东省	北京市	上海市	江苏省	浙江省
初创企业数量（家）	332	211	180	254	163
国内 31 省市排名	4	14	19	3	2
省市	广东省	北京市	上海市	江苏省	浙江省
隐形冠军企业数量（家）	20	11	7	23	25
国内 31 省市排名	1	5	6	3	2
省市	广东省	北京市	上海市	江苏省	浙江省
上市公司数量（家）	103	33	30	55	74
国内 31 省市排名	2	1	—	—	—
省市	广东省	北京市	上海市	江苏省	浙江省
独角兽企业数量（家）	3	5	—	—	—
国内 31 省市排名	14	21	8	9	26
省市	广东省	北京市	上海市	江苏省	浙江省
专精特新企业数量（家）	117	63	208	181	31

3.2.2 广东省专利布局

截至 2021 年 7 月,广东省现代农业与食品产业专利申请公开量共 75443 件,占广东省专利申请公开总量(5302985 件)的 1.4%;近五年复合增速为 17.1%,高出全国复合增速(2.8%)14.3 个百分点(见图 17)。广东省现代农业与食品产业专利授权量共 36213 件,占广东省现代农业与食品产业专利申请公开总量的 48.0%;有效专利量为 25193 件。

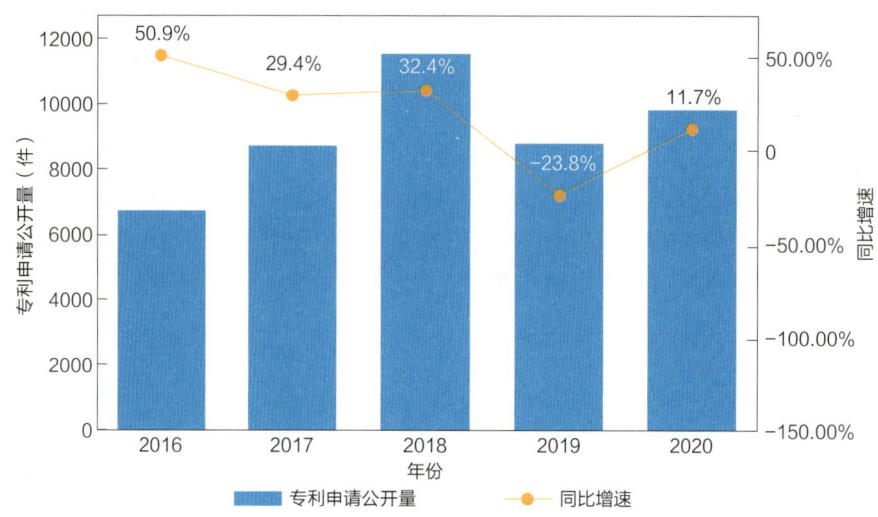

图 17 广东省现代农业与食品产业专利申请公开量增长趋势

截至 2021 年 7 月,广东省现代农业与食品产业发明专利申请公开量共 50785 件,占广东省现代农业与食品产业专利申请公开量(75443 件)的 67.3%,近五年复合增速为 8.0%,高出全国复合增速(-6.2%)14.2 个百分点(见图 18)。

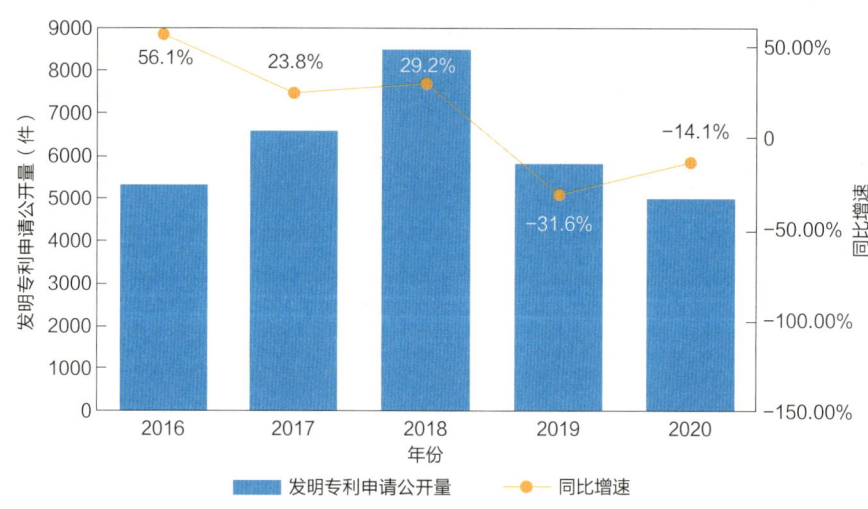

图 18 广东省现代农业与食品产业发明专利申请公开量增长趋势

截至 2021 年 7 月,广东省现代农业与食品产业发明专利授权量共 11555 件,占全国现代农业与食品产业发明专利授权总量(154046 件)的 7.5%,在国内 31 省市中排名第四,排名前三的省市依次为山东省(16897 件)、浙江省(12008 件)、江苏省(11603 件)。

从地域分布情况来看,广东省现代农业与食品产业发明专利授权量主要集中在珠三角地区。其中,发明专利授权量排名前五位的地市依次为广州市(5361件)、深圳市(1437件)、东莞市(1077件)、佛山市(718件)、湛江市(538件)(见表9)。

表9 广东省各地市现代农业与食品产业发明专利授权量情况

地区	发明专利授权量(件)	省内排名	地区	发明专利授权量(件)	省内排名
广州市	5361	1	梅州市	142	12
深圳市	1437	2	揭阳市	140	13
东莞市	1077	3	茂名市	96	14
佛山市	718	4	韶关市	90	15
湛江市	538	5	肇庆市	82	16
中山市	350	6	清远市	76	17
汕头市	296	7	河源市	62	18
江门市	284	8	云浮市	61	19
珠海市	278	9	阳江市	53	20
惠州市	233	10	汕尾市	31	21
潮州市	150	11			

截至2021年7月,广东省现代农业与食品产业的有效发明专利共8538件。其中,高价值专利共6450件,占全国现代农业与食品产业高价值专利总量(70180件)的9.2%,在国内31省市中排名第二。在广东省现代农业与食品产业高价值专利中,属于战略性新兴产业的有效发明专利共5858件,在海外有同族专利权的有效发明专利共303件,维持年限超过10年的有效发明专利共1621件,有质押融资活动的有效发明专利共165件,获得中国专利奖的有效发明专利共41件。

横向对标北京市、上海市、江苏省、浙江省等国内重点省市,在现代农业与食品产业高价值专利中,广东省在海外有同族专利权的有效发明专利、维持年限超过10年的有效发明专利、获得中国专利奖的有效发明专利数量均在国内31省市中排名第一;属于战略性新兴产业的有效发明专利数量在国内31省市中仅次于江苏省,排名第二;有质押融资活动的有效发明专利数量在国内31省市中排名第四(见表10)。

表10 国内重点省市现代农业与食品产业高价值专利数量分布情况对标比较

国内31省市排名	2	4	7	1	5
省市	广东省	北京市	上海市	江苏省	浙江省
属于战略性新兴产业的有效发明专利(件)	5858	4500	2341	6503	4409
国内31省市排名	1	3	6	2	4
省市	广东省	北京市	上海市	江苏省	浙江省
在海外有同族专利权的有效发明专利(件)	303	161	105	187	128

续表

国内31省市排名	1	2	6	3	5
省市	广东省	北京市	上海市	江苏省	浙江省
维持年限超过10年的有效发明专利（件）	1621	1340	676	1295	776
国内31省市排名	4	11	21	5	3
省市	广东省	北京市	上海市	江苏省	浙江省
有质押融资活动的有效发明专利（件）	165	75	33	125	173
国内31省市排名	1	3	17	2	5
省市	广东省	北京市	上海市	江苏省	浙江省
获得中国专利奖的有效发明专利（件）	41	19	3	23	13

截至2021年7月，广东省现代农业与食品产业创新企业发明专利申请公开量共25099件，占广东省现代农业与食品产业发明专利申请公开总量（50785件）的49.4%；近五年复合增速为13.8%，高出全国现代农业与食品产业创新企业发明专利申请公开量复合增速（-4.1%）17.9个百分点（见图19）。发明专利申请公开量较多的创新企业包括广东中烟工业有限责任公司（273件）、无限极（中国）有限公司（217件）、佛山市顺德区宝铜金属科技有限公司（166件）等。

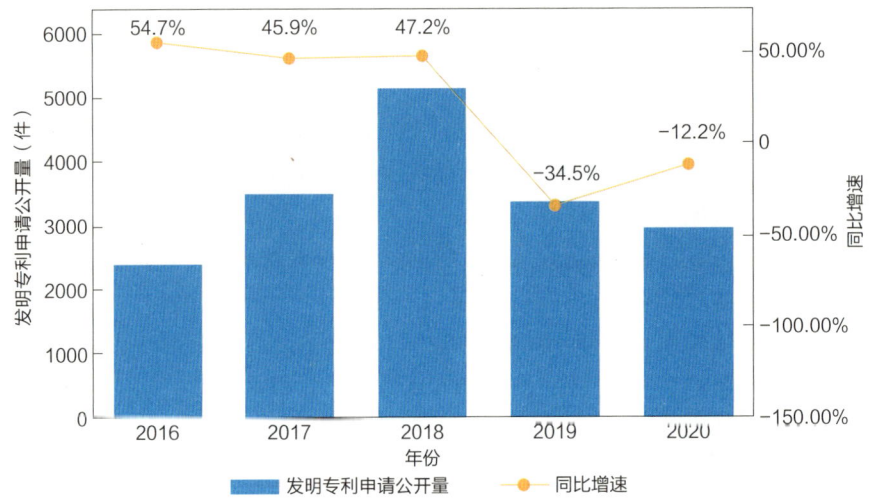

图19 广东省现代农业与食品产业创新企业发明专利申请公开量增长趋势

截至2021年7月，广东省现代农业与食品产业高校发明专利申请公开量共6013件，占广东省现代农业与食品产业发明专利申请公开总量（50785件）的11.8%；近五年复合增速为9.1%，高出全国现代农业与食品产业高校发明专利申请公开量复合增速（4.1%）5.0个百分点（见图20）。发明专利申请公开量较多的高校包括华南农业大学（1136件）、华南理工大学（929件）、佛山科学技术学院（528件）等。

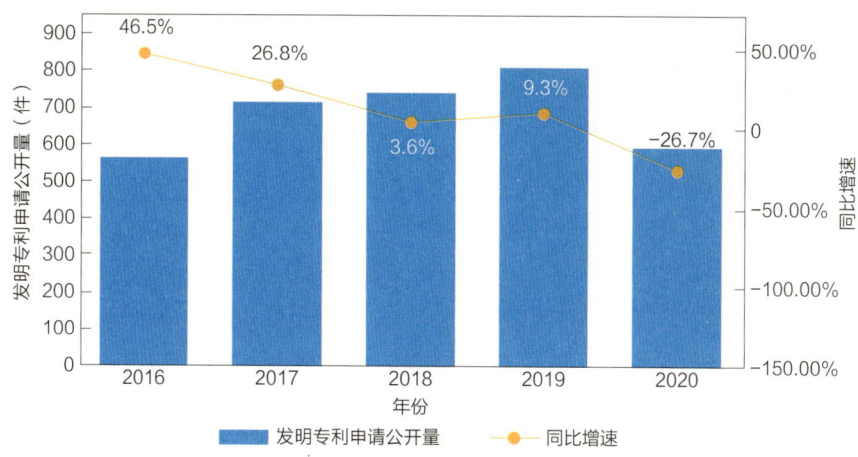

图 20 广东省现代农业与食品产业高校发明专利申请公开量增长趋势

截至 2021 年 7 月,广东省现代农业与食品产业科研机构发明专利申请公开量共 3112 件,占广东省现代农业与食品产业发明专利申请公开总量(50785 件)的 6.1%;近五年复合增速为 15.0%,高出全国现代农业与食品产业科研机构发明专利申请公开量复合增速(3.1%)11.9 个百分点。发明专利申请公开量较多的科研机构包括广东省农业科学院蚕业与农产品加工研究所(343 件)、中国水产科学研究院南海水产研究所(246 件)、中国科学院南海海洋研究所(191 件)等。

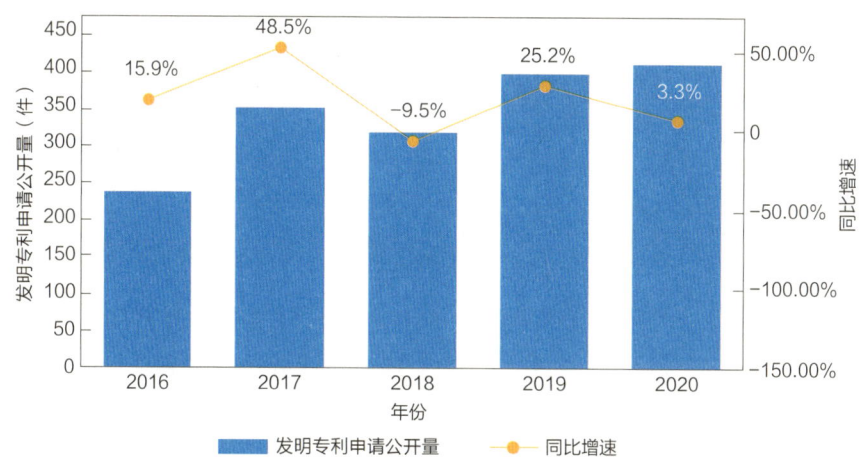

图 21 广东省现代农业与食品产业科研机构发明专利申请公开量增长趋势

截至 2021 年 7 月,在现代农业与食品产业中,广东省涉及产学研合作申请的专利共 1396 件,占全国涉及产学研合作申请专利总量(11746 件)的 11.9%,在国内 31 省市中排名第一。

从现代农业与食品产业的各细分领域来看,广东省涉及产学研合作申请的专利主要分布在保健食品领域,专利数量为 225 件。其次是饲料生产和水产养殖技术领域,专利数量分别为 215 件和 178 件(见图 22)。

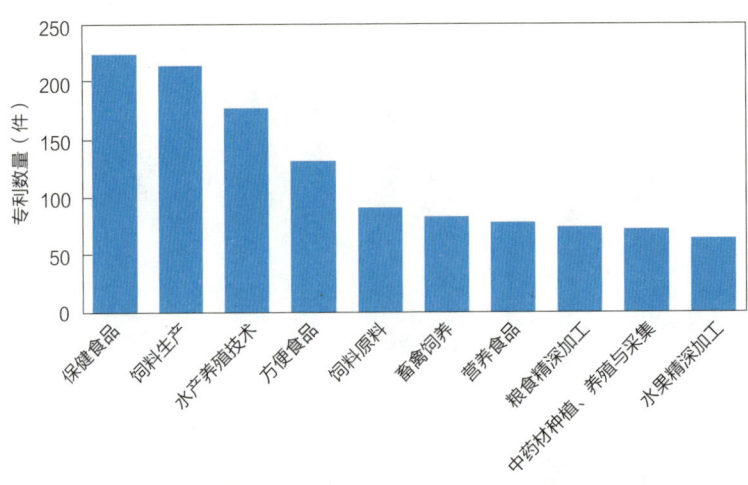

图 22　广东省现代农业与食品产业产学研合作申请专利领域分布情况

从产学研合作的高校院所来看，华南理工大学、华南农业大学、中山大学、仲恺农业工程学院、广东省农业科学院蚕业与农产品加工研究所等在广东省现代农业与食品产业中的产学研合作较为密切，涉及产学研合作申请的专利数量分别为 160 件、121 件、83 件、71 件、64 件（见表 11）。

表 11　广东省现代农业与食品产业产学研合作重点高校院所清单

序号	高校院所	产学研合作申请的专利数量（件）
1	华南理工大学	160
2	华南农业大学	121
3	中山大学	83
4	仲恺农业工程学院	71
5	广东省农业科学院蚕业与农产品加工研究所	64

截至 2021 年 7 月，在现代农业与食品产业中，国内 31 省市海外布局专利共 6556 件；其中，广东省海外布局专利共 1343 件，占国内 31 省市海外布局专利总量的 20.5%，在国内 31 省市中排名第一。广东省海外布局的区域主要包括美国（214 件）、欧洲（65 件）和日本（55 件）等。

从现代农业与食品产业的各细分领域来看，广东省海外布局专利主要分布在保健食品（235 件）、饲料生产（171 件）、方便食品（151 件）等领域（见图 23）。

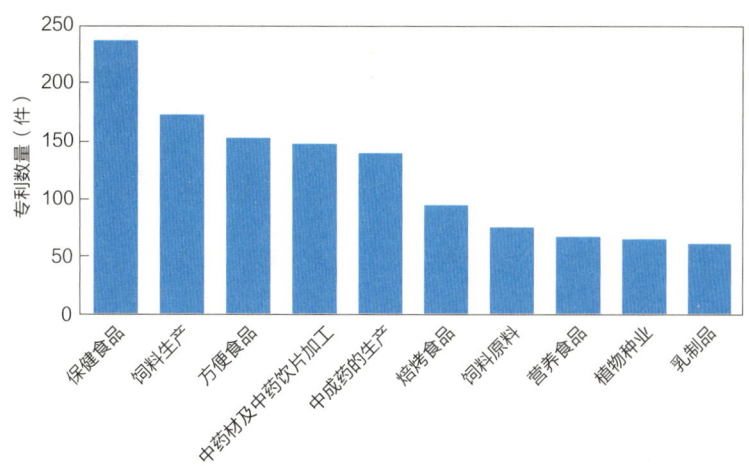

图 23　广东省现代农业与食品产业海外布局专利领域分布情况

3.2.3　广东省创新人才

截至 2021 年 7 月，广东省现代农业与食品产业有专利申请活动的创新人才共 75785 人，占国内 31 省市现代农业与食品产业创新人才总量（984067 人）的 7.7%，在国内 31 省市中排名第三，排名前两位的省市为山东省（104862 人）和江苏省（80768 人）。广东省现代农业与食品产业创新人才数量近五年复合增速为 22.1%，高出国内 31 省市整体复合增速（17.9%）4.2 个百分点（见图 24）。

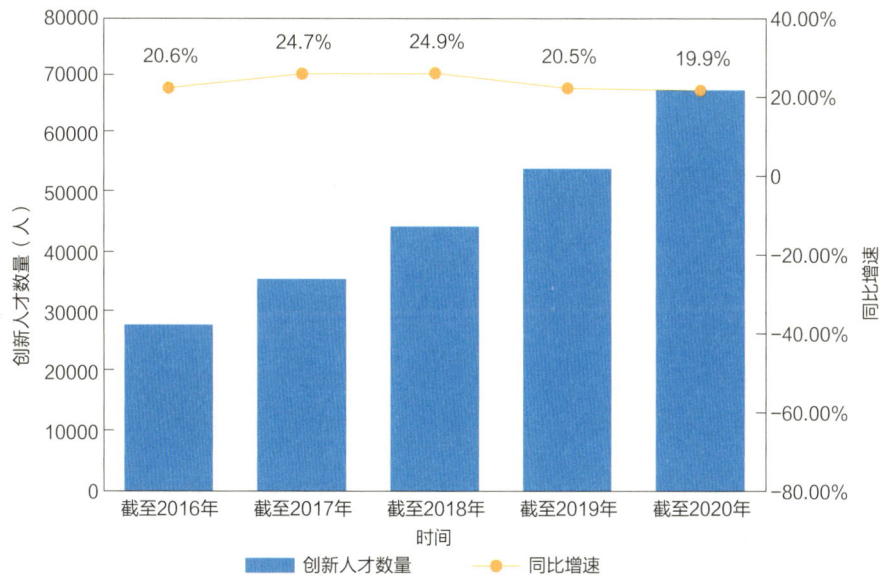

图 24　广东省现代农业与食品产业创新人才数量增长趋势

从地域分布情况来看，截至 2021 年 7 月，广东省现代农业与食品产业有专利申请活动的创新人才主要集中在珠三角地区。其中，创新人才数量排名前五位的地市依次为广州市（32334 人）、深圳市（11212 人）、佛山市（5990 人）、东莞市（3736 人）、湛江市（3585 人）（见表 12）。

表 12　广东省各地市现代农业与食品产业创新人才数量情况

地区	创新人才数量（人）	省内排名	地区	创新人才数量（人）	省内排名
广州市	32334	1	梅州市	1148	12
深圳市	11212	2	韶关市	1088	13
佛山市	5990	3	潮州市	1053	14
东莞市	3736	4	清远市	914	15
湛江市	3585	5	河源市	849	16
中山市	2510	6	肇庆市	803	17
珠海市	2155	7	云浮市	774	18
江门市	2006	8	揭阳市	734	19
惠州市	1749	9	阳江市	523	20
汕头市	1587	10	汕尾市	189	21
茂名市	1256	11			

截至 2021 年 7 月，在现代农业与食品产业创新人才中，广东省共有国家高层次人才 2821 人，占广东省现代农业与食品产业创新人才总量（75785 人）的 3.7%；技术高管 8023 人，占创新人才总量的 10.6%；科技企业家 5443 人，占创新人才总量的 7.2%。

横向对标北京市、上海市、江苏省、浙江省等国内重点省市，在现代农业与食品产业创新人才中，广东省国家高层次人才数量在国内 31 省市中排名第三；技术高管数量在国内 31 省市中仅次于江苏省排名第二；科技企业家数量在国内 31 省市中排名第一（见表 13）。

表 13　国内重点省市现代农业与食品产业特色人才数量分布情况对标比较

国内 31 省市排名	3	1	6	2	5
省市	广东省	北京市	上海市	江苏省	浙江省
国家高层次人才数量（人）	2821	4434	1876	4102	2486
国内 31 省市排名	2	16	17	1	4
省市	广东省	北京市	上海市	江苏省	浙江省
技术高管数量（人）	8023	2307	2098	6978	5504
国内 31 省市排名	1	13	15	2	4
省市	广东省	北京市	上海市	江苏省	浙江省
科技企业家数量（人）	5443	1559	1533	5457	4111

从各机构类型创新人才数量分布情况来看，广东省现代农业与食品产业企业的创新人才数量最多，共计 38874 人，占广东省现代农业与食品产业创新人才总量（75785 人）的 51.3%。高校的创新人才数量共计 13564 人，占广东省现代农业与食品产业创新人才总量的 17.9%。科研机构的创新人才共计 6717 人，事业单位的创新人才共计 2281 人，分别占

广东省现代农业与食品产业创新人才总量的 8.9% 和 3.0%。

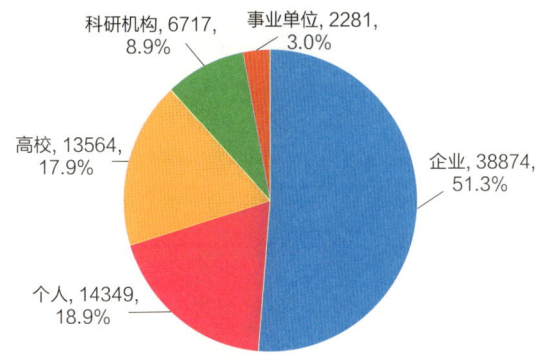

图 25　广东省现代农业与食品产业各机构类型创新人才数量分布情况（单位：人）

3.3　广东省现代农业与食品产业创新发展洞察

3.3.1　广东省产业链集聚结构
3.3.1.1　整体布局

广东省现代农业与食品产业链覆盖全面，在产业链各领域均有创新企业、创新人才和发明专利布局。

综合现代农业与食品各领域发明专利授权量、创新企业数量、创新人才数量及各自在国内31省市中的排名情况来看，广东省在水产、精制食用植物油、食品、饮料、饲料、茶叶、中药领域具备一定优势，在粮食、蔬菜、苗木花卉、烟草领域有待积累（见表14）。

综合发明专利申请公开量、创新企业数量、创新人才数量及各自的近五年复合增速来看，广东省现代农业与食品产业链保持较快增长，发明专利申请公开量、创新企业数量、创新人才数量的近五年复合增速分别达 8.0%、30.9%、22.1%。从广东省现代农业与食品产业各领域来看，广东省在畜禽领域具有较大的发展潜力。

表 14　广东省现代农业与食品产业链创新要素情况

产业链二级	发明专利授权		创新企业		创新人才	
	数量（件）	国内31省市排名	数量（家）	国内31省市排名	数量（人）	国内31省市排名
粮食	573	6	1320	4	8084	6
蔬菜	513	6	935	4	5647	5
水果	772	5	760	4	5826	4
畜禽	322	5	1124	1	5807	3
水产	680	3	766	2	5720	3
精制食用植物油	164	3	311	3	1760	3
食品	3516	1	3673	1	22419	1

续表

产业链二级	发明专利授权		创新企业		创新人才	
	数量（件）	国内31省市排名	数量（家）	国内31省市排名	数量（人）	国内31省市排名
调味品	830	2	680	4	4625	4
饮料	520	1	745	1	4457	1
饲料	1246	2	1106	3	9279	3
茶叶	750	2	1230	2	6290	1
中药	3368	3	2127	3	18034	3
苗木花卉	743	8	1715	4	12454	4
现代种业	432	3	140	3	2329	4
烟草	478	4	320	1	2473	6

3.3.1.2 优势环节

综合广东省现代农业与食品产业各领域发明专利授权量、创新企业数量、创新人才数量及各自在国内31省市的排名情况来看，广东省在食品、饮料领域的发明专利授权量、创新企业数量、创新人才数量均在国内31省市中排名第一，优势明显。同时，广东省在茶叶领域创新人才数量在国内31省市中排名第一，发明专利授权量、创新企业数量在国内31省市中排名第二，具备较大的优势。另外。广东省在水产、精制食用植物油、饲料、中药领域发明专利授权量、创新企业数量、创新人才数量均在国内31省市中排名前三，也具备一定的优势（见表15）。

表15 广东省现代农业与食品产业优势领域创新要素情况

领域 产业链二级	发明专利授权		创新企业		创新人才	
	数量（件）	国内排名	数量（家）	国内排名	数量（人）	国内排名
水产	680	3	766	2	5720	3
精制食用植物油	164	3	311	3	1760	3
食品	3516	1	3673	1	22419	1
饮料	520	1	745	1	4457	1
饲料	1246	2	1106	3	9279	3
茶叶	750	2	1230	2	6290	1
中药	3368	3	2127	3	18034	3

3.3.1.3 潜力环节

综合广东省现代农业与食品产业各细分领域发明专利申请公开量、创新企业数量、创新人才数量及各自的近五年复合增速来看，广东省在畜禽领域的发明专利申请公开量近五年复合增速为32.8%，创新企业数量近五年复合增速为46.8%，创新人才数量近五年复合增速为34.8%，均高于广东现代农业与食品产业链整体水平，发展势头良好，未来潜力较大（见表16）。

表 16　广东省现代农业与食品产业潜力领域创新要素情况

领域	发明专利申请公开		创新企业		创新人才	
产业链二级	数量（件）	复合增速	数量（家）	复合增速	数量（人）	复合增速
畜禽	1796	32.8%	1124	46.8%	5807	34.8%

3.3.1.4　薄弱环节

综合广东省现代农业与食品产业各领域发明专利授权量、创新企业数量、创新人才数量及各自在国内 31 省市的排名情况来看，广东省在苗木花卉领域发明专利授权量在国内 31 省市中排名第八，创新企业数量、创新人才数量在国内 31 省市中均排名第四，排名靠后，技术有待积累。同时，广东省在粮食、蔬菜领域发明专利授权量在国内 31 省市中均排名第六，创新企业数量在国内 31 省市中均排名第四，创新人才数量在国内 31 省市中分别排名第六、第五，排名比较靠后，技术也有待积累。另外，广东省在烟草领域虽然创新企业数量在国内 31 省市中排名第一，但发明专利授权量、创新人才数量在国内 31 省市中分别排名第四、第六，也需要对技术进行积累（见表 17）。

表 17　广东省现代农业与食品产业薄弱领域创新要素情况

领域	发明专利授权		创新企业		创新人才	
产业链二级	数量（件）	国内排名	数量（家）	国内排名	数量（人）	国内排名
粮食	573	6	1320	4	8084	6
蔬菜	513	6	935	4	5647	5
苗木花卉	743	8	1715	4	12454	4
烟草	478	4	320	1	2473	6

3.3.1.5　风险环节

在新兴技术和新增需求的带动下，现代农业与食品产业正处于新的发展阶段，中国市场地位突出，是国外公司专利布局的重点方向。通过分析国外在华发明专利申请公开量的增速，并结合国内外专利权人在华有效发明专利量的对比，有助于判断产业链各技术领域是否面临风险，具体分析模型为：

当某领域国外在华发明专利申请公开量的近五年复合增速大于或等于产业链整体国外在华发明专利申请公开量的近五年复合增速，或者某领域国外专利权人在华有效发明专利量大于该细分领域国内专利权人在华有效发明专利量时，则判定该领域为风险产业。

截至 2021 年 7 月，在现代农业与食品产业中，国外在华发明专利申请公开量共 23328 件，占全国现代农业与食品产业发明专利申请公开总量（741774 件）的 3.1%，近五年复合增速为 3.0%，高于全国复合增速（-6.2%）9.2 个百分点。国外专利权人在华有效发明专利量为 5417 件，占全国现代农业与食品产业有效发明专利总量（94822 件）的 5.7%。

从现代农业与食品产业的各细分领域来看，粮食、蔬菜、水果、畜禽、水产、食品、调味品领域国外在华发明专利申请公开量的近五年复合增速大于现代农业与食品产业链整体国外在华发明专利申请公开量的近五年复合增速，属于风险细分领域（见表 18）。

表 18 现代农业与食品产业链风险领域分布情况

领域 产业链二级	领域国外在华发明专利申请公开量近五年复合增速		领域国外专利权人在华有效发明专利		风险领域
	复合增速	大于或等于产业链整体国外在华发明专利申请公开量近五年复合增速	数量（件）	大于细分领域国内专利权人有效发明专利量	
粮食	12.2%	是	340	否	是
蔬菜	7.1%	是	123	否	是
水果	7.2%	是	308	否	是
畜禽	4.4%	是	281	否	是
水产	10.6%	是	139	否	是
精制食用植物油	−0.6%	否	268	否	否
食品	6.1%	是	130	否	是
调味品	5.7%	是	250	否	是
饮料	2.3%	否	369	否	否
饲料	2.4%	否	194	否	否
茶叶	1.8%	否	537	否	否
中药	−7.0%	否	2641	否	否
苗木花卉	1.1%	否	169	否	否
现代种业	−8.5%	否	589	否	否
烟草	−3.6%	否	237	否	否

3.3.2 广东省技术供应链分析

3.3.2.1 技术转移情况

截至 2021 年 7 月，在现代农业与食品产业中，全国涉及转让的专利共 49894 件；其中，广东省涉及转让的专利共 7668 件，占全国涉及转让专利总量的 15.4%，在国内 31 省市中排名第三，排名前两位的省市分别为江苏省（8485 件）和山东省（7742 件）。

从现代农业与食品产业的各细分领域来看，广东省涉及转让的专利主要分布在方便食品（1145 件）、中药材及中药饮片加工（1016 件）、饲料生产（823 件）等领域（见图 26）。

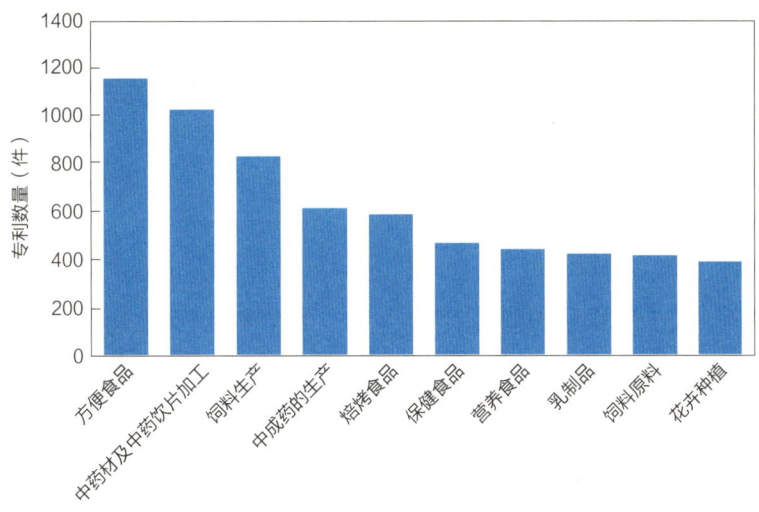

图 26 广东省现代农业与食品产业涉及转让专利领域分布情况

广东省现代农业与食品产业的专利转让活动主要发生在省内，共涉及专利 3488 件。在与外地进行的专利转让活动方面，广东省向外地转让的专利共 2510 件，转让专利的受让人主要分布在江苏省（524 件）、浙江省（352 件）、安徽省（169 件）；广东省从外地受让的专利共 2620 件，受让专利的转让人主要分布在浙江省（481 件）、安徽省（341 件）、江苏省（273 件）（见图 27）。

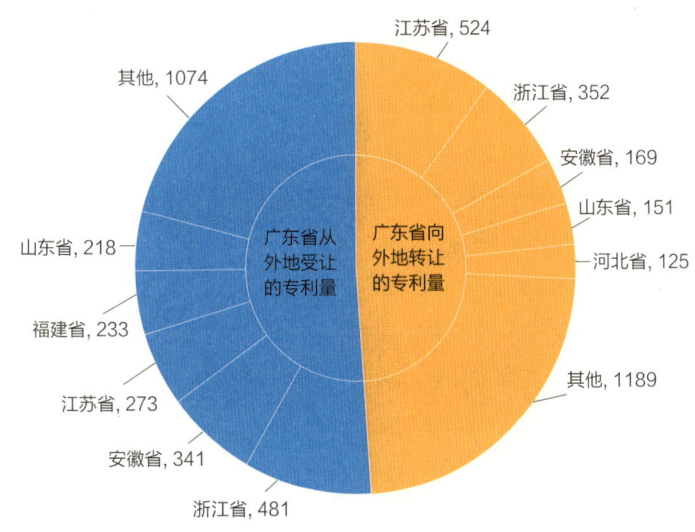

图 27 广东省现代农业与食品产业与外地进行专利转让活动情况（单位：件）

3.3.2.2 专利许可情况

截至 2021 年 7 月，在现代农业与食品产业中，全国涉及许可的专利共 3923 件；其中，广东省涉及许可的专利共 523 件，占全国涉及许可专利总量的 13.3%，在国内 31 省市中排名第二，排名第一的是江苏省（720 件）。

从现代农业与食品产业的各细分领域来看，广东省涉及许可的专利主要分布在方便食品（96 件）、饲料生产（76 件）、焙烤食品（63 件）等领域（见图 28）。

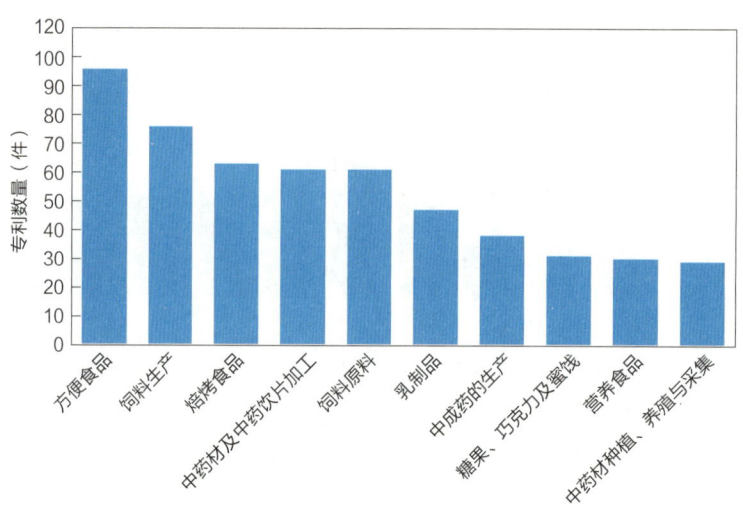

图 28　广东省现代农业与食品产业涉及许可专利领域分布情况

广东省现代农业与食品产业的专利许可活动主要发生在省内，共涉及专利 332 件。在与外地进行的专利许可活动方面，广东省对外地许可的专利共 73 件，许可专利的被许可人主要分布在湖南省（10 件）、安徽省（7 件）、江苏省（6 件）；广东省被外地许可的专利共 119 件，被许可专利的许可人主要分布在江苏省（23 件）、山东省（15 件）、北京市（10 件）（见图 29）。

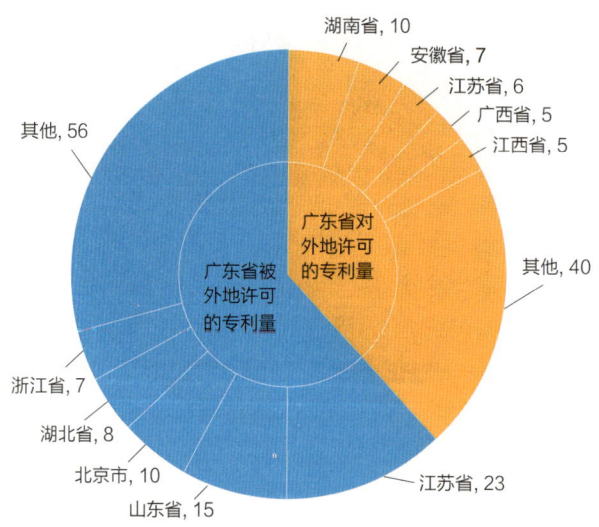

图 29　广东省现代农业与食品产业与外地进行专利许可活动情况（单位：件）

3.3.2.3　专利质押情况

截至 2021 年 7 月，在现代农业与食品产业中，全国涉及质押的专利共 4424 件；其中，广东省涉及质押的专利共 323 件，占全国涉及质押的专利总量的 7.3%，在国内 31 省市中排名第五，排名前三的省市依次为山东省（653 件）、安徽省（578 件）、福建省

（362件）。

从现代农业与食品产业的各细分领域来看，广东省涉及质押的专利主要分布在饲料生产（69件）、中药材及中药饮片加工（45件）、方便食品（37件）等领域（见图30）。

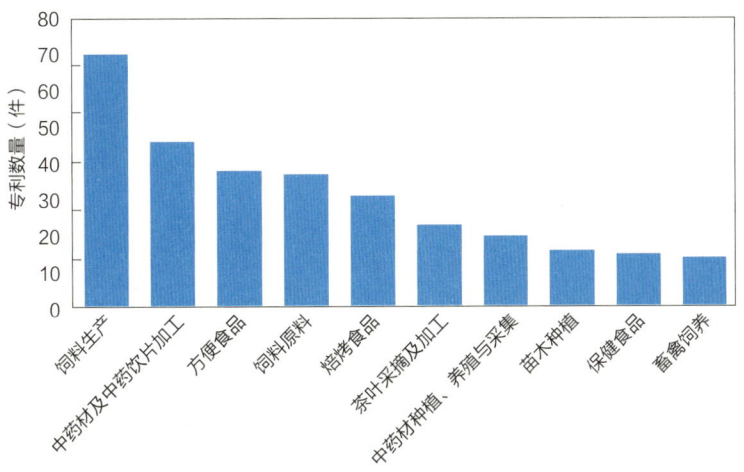

图30　广东省现代农业与食品产业涉及质押专利领域分布情况

第4章 广东省现代农业与食品产业创新发展路径建议

广东省大力实施乡村振兴战略，深入推进农业供给侧结构性改革，以"四区两带"农业发展格局为基础，聚焦农产品优势产业区（带），聚力发展富民兴村产业，促进现代农业与食品产业提质增效。集群效益初显，为广东省经济社会发展提供了有力支撑。产业链上下游的企业正加速在现代农业与食品产业的技术布局，集聚了雄厚的技术实力。同时，广东省汇聚了大量农业与食品领域的高端人才，以华南农业大学、华南理工大学等为代表的高校院所为本地提供了丰富的产学研资源，这些得天独厚的条件都将加速广东省现代农业与食品产业的发展。广东省独特的气候资源、生物资源与雄厚丰沛的企业资源、人才资源为广东省发展现代农业与食品产业提供了"常量"，而新技术、新装备、新工艺、新模式的充分运用，以及数字化、信息化、智能化的升级改造，是带动现代农业与食品产业发展取得突破的关键"变量"。广东省应稳住常量、抓好变量，把握现代农业与食品产业发展的战略性机遇，推动现代农业与食品产业快速发展，打造综合效益和竞争力全国领先的产业集群。

4.1 产业布局优化路径

以"固链、强链、补链、延链"为重点，以提升区域产业技术创新能力和核心竞争力为目标，基于知识产权大数据情报分析，对产业链的构成和产业融合载体分布情况进行梳理，引导创新资源向产业链上下游集聚，打造现代农业与食品产业发展高地。对于本地产业优势细分领域，主要通过研发创新、核心技术攻关、专利布局以及技术合作等手段巩固区域产业优势。对于本地产业链劣势环节，可考虑结合政策驱动、人才引进、对外合作等加以提升。

首先，实施固链工程。广东省现代农业与食品产业基础设施完善、产业链覆盖全面，产业链整体保持较快增长。建议广东省继续保持区域产业优势，在水产、精制食用植物油、食品、饮料、饲料、茶叶、中药等产业环节不断有所突破，抢占产业技术高地和话语权。

其次，实施强链工程。继续增强畜禽等产业潜力环节，加大扶持力度，不断提升广东省现代农业与食品产业的竞争实力。

再次，实施补链工程。针对广东省现代农业与食品产业的薄弱环节，在粮食、蔬菜、苗木花卉、烟草等领域加大研发投入，同时可以考虑引进国内外行业头部企业进行落户研发，补齐区域短板。

最后，实施延链工程。充分运用新技术、新装备、新工艺、新模式，加快数字化、信息化、智能化升级改造，推进物联网、区块链、人工智能及大数据技术在农业及食品生产各环节的集成应用，突破产业瓶颈，延展产业链条，扩大产业规模。

深化农业供给侧结构性改革，现代农业与食品产业向精细化管理、高质量发展转型。大力培育一批创新能力突出、规模效益显著、辐射带动能力较强的行业领军企业。支持骨干农业龙头企业立足农业优势产业区（带）布局，整合资源要素，在规模化基地建设、大型农机设备及加工设备购置、种养设施升级改造、冷链物流等环节谋划建设一批农业产业化重点项目。加大招商引资力度，重点在稳产保供、智慧农业、精深加工、现代种业、生物科技等领域引进省外大型农业企业。支持农业龙头企业牵头组建农业产业化联合体，完善订单带动、利润返还、股份合作、共设风险保障金等利益联结机制，带动家庭农场、农民合作社、小农户共享现代农业发展红利。加大林业龙头企业培育和扶持力度。鼓励食品加工类企业申报各级农业龙头企业，引导食品饮料行业骨干企业提高产业集中度和资源配置效率，支持现有总部型企业总部与制造环节分离，提升骨干企业品牌价值和市场影响力，培育壮大一批具有国际竞争力的世界级龙头企业。深化与"一带一路"沿线国家和地区、粤港澳大湾区的交流对接，提高对外合作水平，深度融入全球价值链和供应链体系。

实施创新驱动发展战略的根本在于增强自主创新能力，人才是创新的根基，创新驱动实质上是人才驱动，科技创新最重要、最核心、最根本的是人才问题。只有拥有一流的创新人才，才能产生一流的创新成果，才能拥有创新的主导权。企业最具有创新能力的核心人员一般占研发人员的2%，也就是说这2%的核心人员是引领推动产业发展的"关键少数"。建议广东省人才工作要进一步聚焦到"2%"高端人才层面，建立起"引""稳""培""鉴"相结合的人才培养机制，打造创新人才高地。

一是"引"，在人才引进中加强行业领军人才、技术高管及科技企业家等人才的引进力度。二是"稳"，加强人才大数据的建设与运用水平，构建现代农业与食品产业创新人才数据库，实时监测广东省高层次人才发展动态，稳定核心技术人才，减少高端人才外流。三是"培"，深化产教融合，依托全国和广东省高校科教资源，建立学历教育与职业教育相结合的人才培养模式，协同培养创新型科技工程师人才；鼓励本科高校、职业院校（含技工院校）与产业精准对接，增设相关学科、专业；与相关企业合作开展精准培养，探索"订单式"、现代学徒制和企业新型学徒制等人才培养模式。四是"鉴"，有效利用知识产权大数据建立发现高端科技人才、评价人才和跟踪人才机制，绘制全球高端人才图谱，落实人才引进中的知识产权评价和鉴定机制。

4.2 知识产权工作建议

坚持把创新作为驱动现代农业与食品产业发展的第一动力。加强关键核心技术攻关，提高关键环节和技术领域创新能力。积极组建和推动建设重大研发创新平台。高标准建设国家及省级实验室、技术创新中心等科技创新载体。完善以企业为主体、市场为导向、产学研相结合的产业技术创新体系。企业与高等院校、科研机构深度合作，能够减少技术创新的盲目性，缩短新产品从研究开发到进入市场的周期，使科技成果更好地转化为现实生产力，促进产业的发展。在产学研合作方面，广东省可鼓励企业充分利用本地的高校、科研资源，加强与华南农业大学、华南理工大学等本地高校院所、科研团队的深度合作，联合开展技术攻关，补齐区域创新链短板。此外，广东省还可积极与国内其他地区优秀的高校院所进行合作，如在现代农业与食品领域产学研合作较为密切的江南大学、中国农业大学等，驱动科技创新。

本着市场占领、专利先行的理念，广东省应鼓励、支持现代农业与食品产业企业加大在区域产业相对薄弱环节，如粮食、蔬菜、苗木花卉、烟草等领域的专利布局力度，加强技术积累和挖掘，坚持创新导向和质量导向，提高专利布局数量。在高价值专利培育布局方面，支持企业对接知识产权服务，推进专利融入企业研发全链条，建设高价值专利培育布局中心，聚焦关键领域开展高价值专利培育布局，形成一批产业核心技术专利组合。面向企业提供重点领域专利优先审查服务，加快高质量专利获权。制定推广高价值专利培育布局工作地方标准，提升专利培育布局水平。

建立专利预警机制，建议广东省在粮食、蔬菜、水果、畜禽、水产、食品、调味品等产业链风险环节，加大专利布局力度，加强技术积累和挖掘，坚持创新导向和质量导向，提高专利布局数量。同时，作为我国外贸第一大省，广东省尤其还应注重知识产权的海外布局工作，建议企业在"走出去"的过程中，可根据经营业务范围在海外潜在市场围绕自身的优势技术，进行多角度、多层次的专利布局，形成对自身权益最大的保护。

以专利数据为纽带，关联融合产业、企业、人才、技术、金融资本等多维数据资源，构建全球科技竞合知识图谱数据库，开发全球产业科技发现与科创服务平台，打通创新供给侧、产业需求端、资本赋能方三者之间的数据孤岛。同时以产业科技大数据设施为基础，实施区域规划类、产业规划类和企业运营类专利导航，加强未来产业关键技术布局。综合运用专利数据和产业数据，借助大数据技术手段，构建重点产业发展方向分析、区域产业发展定位分析和产业发展路径导航分析逻辑模型。在摸清产业发展方向基础上，立足广东省现代农业与食品产业发展定位，提出适用于广东省的产业发展路径建议，在产业规划、招商引资、人才引进、企业培育等方面，依托知识产权大数据扫描全球优质产业情报、科技企业和技术情报，精准发现、评价并引进具有核心技术的创新项目，为广东省产业链、供应链的安全稳定、自主可控提供情报支撑。

广东省现代轻工纺织产业专利统计分析报告

广东省知识产权保护中心
2021 年 12 月

目 录

第1章 引言 // 730

    1.1 项目背景 // 730
    1.2 产业链分类 // 731

第2章 现代轻工纺织产业发展态势 // 733

    2.1 全球现代轻工纺织产业发展现状 // 733
        2.1.1 全球现代轻工纺织产业发展概况 // 733
        2.1.2 中国现代轻工纺织产业发展概况 // 734
        2.1.3 广东省现代轻工纺织产业发展概况 // 736
    2.2 中国现代轻工纺织产业政策环境 // 736
    2.3 中国现代轻工纺织产业创新发展态势 // 738
        2.3.1 中国创新企业 // 738
        2.3.2 中国专利布局 // 741
        2.3.3 中国创新人才 // 747
    2.4 中国现代轻工纺织产业热点及重点技术创新方向 // 749

第3章　广东省现代轻工纺织产业创新发展定位与洞察　// 754

  3.1　广东省现代轻工纺织产业政策导向　// 754
  3.2　广东省现代轻工纺织产业创新发展定位　// 755
  3.2.1　广东省创新企业　// 755
  3.2.2　广东省专利布局　// 757
  3.2.3　广东省创新人才　// 762

  3.3　广东省现代轻工纺织产业创新发展洞察　// 764
  3.3.1　广东省产业链集聚结构　// 764
  3.3.2　广东省技术供应链分析　// 768

第4章　广东省现代轻工纺织产业创新发展路径建议　// 772

  4.1　产业布局优化路径　// 772
  4.2　知识产权工作建议　// 773

图目录

图1　现代轻工纺织产业结构 ………………………………………………………… 732
图2　2020年中国纺织纤维加工量、纤维产量及纺织品服装出口额在全球市场的占比情况 ………… 735
图3　2020年主要轻工业营业收入比重情况 …………………………………………… 735
图4　2020年主要轻工业出口交货值比重情况 ………………………………………… 736
图5　国内31省市现代轻工纺织产业创新企业数量增长趋势 ………………………… 738
图6　中国现代轻工纺织产业特色企业数量分布情况（单位：家） …………………… 740
图7　中国现代轻工纺织产业重点企业专利技术布局情况 …………………………… 741
图8　中国现代轻工纺织产业专利申请公开量增长趋势 ……………………………… 742
图9　中国现代轻工纺织产业发明专利申请公开量增长趋势 ………………………… 742
图10　国内31省市现代轻工纺织产业高价值专利数量分布情况 …………………… 744
图11　国内31省市现代轻工纺织产业创新企业发明专利申请公开量增长趋势 ……… 744
图12　国内31省市现代轻工纺织产业高校发明专利申请公开量增长趋势 ………… 745
图13　国内31省市现代轻工纺织产业科研机构发明专利申请公开量增长趋势 …… 745
图14　国内31省市现代轻工纺织产业产学研合作申请专利数量分布情况 ………… 746
图15　中国现代轻工纺织产业产学研合作申请专利领域分布情况 ………………… 746
图16　国内31省市现代轻工纺织产业创新人才数量增长趋势 ……………………… 747
图17　中国现代轻工纺织产业特色人才数据分布情况（单位：人） ………………… 749

图 18 国内 31 省市现代轻工纺织产业各机构类型创新人才数量分布情况（单位：人）……… 749
图 19 广东省现代轻工纺织产业创新企业数量增长趋势 ……………………………………… 756
图 20 广东省现代轻工纺织产业专利申请公开量增长趋势 …………………………………… 758
图 21 广东省现代轻工纺织产业发明专利申请公开量增长趋势 ……………………………… 758
图 22 广东省现代轻工纺织产业创新企业发明专利申请公开量增长趋势 …………………… 760
图 23 广东省现代轻工纺织产业高校发明专利申请公开量增长趋势 ………………………… 760
图 24 广东省现代轻工纺织产业科研机构发明专利申请公开量增长趋势 …………………… 761
图 25 广东省现代轻工纺织产业产学研合作申请专利领域分布情况 ………………………… 761
图 26 广东省现代轻工纺织产业海外布局专利领域分布情况 ………………………………… 762
图 27 广东省现代轻工纺织产业创新人才数量增长趋势 ……………………………………… 763
图 28 广东省现代轻工纺织产业各机构类型创新人才数量分布情况（单位：人）………… 764
图 29 广东省现代轻工纺织产业涉及转让专利领域分布情况 ………………………………… 769
图 30 广东省现代轻工纺织产业与外地进行专利转让活动情况（单位：件）……………… 769
图 31 广东省现代轻工纺织产业涉及许可专利领域分布情况 ………………………………… 770
图 32 广东省现代轻工纺织产业与外地进行专利许可活动情况（单位：件）……………… 770
图 33 广东省现代轻工纺织产业涉及质押专利领域分布情况 ………………………………… 771

表目录

表 1　中国现代轻工纺织产业相关政策 ………………………………………………………… 737
表 2　国内 31 省市现代轻工纺织产业创新企业数量分布情况 ……………………………… 738
表 3　国内 31 省市现代轻工纺织产业发明专利授权量分布情况 …………………………… 743
表 4　中国现代轻工纺织产业产学研合作重点高校院所清单 ………………………………… 746
表 5　国内 31 省市现代轻工纺织产业创新人才数量分布情况 ……………………………… 747
表 6　国内 31 省市现代轻工纺织产业链创新要素情况 ……………………………………… 750
表 7　国内 31 省市现代轻工纺织产业纺织业领域创新要素情况 …………………………… 750
表 8　国内 31 省市现代轻工纺织产业制革业领域创新要素情况 …………………………… 751
表 9　国内 31 省市现代轻工纺织产业造纸及纸制品业领域创新要素情况 ………………… 751
表 10　国内 31 省市现代轻工纺织产业家具业领域创新要素情况 …………………………… 751
表 11　国内 31 省市现代轻工纺织产业日化业领域创新要素情况 …………………………… 752
表 12　国内 31 省市现代轻工纺织产业塑料制品业领域创新要素情况 ……………………… 752
表 13　国内 31 省市现代轻工纺织产业金属制品业领域创新要素情况 ……………………… 753

表14	广东省现代轻工纺织产业相关政策	754
表15	广东省各地市现代轻工纺织产业创新企业数量情况	756
表16	国内重点省市现代轻工纺织产业特色企业数量分布情况对标比较	757
表17	广东省各地市现代轻工纺织产业发明专利授权数量情况	758
表18	国内重点省市现代轻工纺织产业高价值专利数量分布情况对标比较	759
表19	广东省现代轻工纺织产业产学研合作重点高校院所清单	762
表20	广东省各地市现代轻工纺织产业创新人才数量情况	763
表21	国内重点省市现代轻工纺织产业特色人才数量分布情况对标比较	764
表22	广东省现代轻工纺织产业链创新要素情况	765
表23	广东省现代轻工纺织产业优势领域创新要素情况	765
表24	广东省现代轻工纺织产业潜力领域创新要素情况	766
表25	广东省现代轻工纺织产业薄弱领域创新要素情况	766
表26	现代轻工纺织产业链风险领域分布情况	767

第 1 章 引言

1.1 项目背景

2021 年 3 月,《中华人民共和国国民经济和社会发展第十四个五年规划和 2035 年远景目标纲要》围绕"发展壮大战略性新兴产业"进行了专章论述,指出要着眼于抢占未来产业发展先机,培育先导性和支柱性产业,推动战略性新兴产业融合化、集群化、生态化发展,战略性新兴产业增加值占 GDP 比重超过 17%。2021 年 9 月,中共中央、国务院印发《知识产权强国建设纲要(2021—2035 年)》,在"建设激励创新发展的知识产权市场运行机制"部分,明确要大力推动专利导航在传统优势产业、战略性新兴产业、未来产业发展中的应用。

习近平总书记对广东制造业发展高度重视、寄予厚望,明确要求广东加快推动制造业转型升级,建设世界级先进制造业集群。2020 年 5 月,广东省人民政府出台《关于培育发展战略性支柱产业集群和战略性新兴产业集群的意见》,并进一步制订了 20 个战略性产业集群行动计划,最终形成"1+20"的政策体系,旨在推动广东省产业链、创新链、人才链、资金链、政策链相互贯通,加快建立具有国际竞争力的现代化产业体系。2021 年 4 月,《广东省国民经济和社会发展第十四个五年规划和 2035 年远景目标纲要》在"总体要求"中提出,改造提升传统产业,做大做强战略性支柱产业,培育发展战略性新兴产业,加快发展现代服务业,推动产业基础高级化和产业链供应链现代化,提高产业现代化水平,打造新兴产业重要策源地、先进制造业和现代服务业基地,推动建设更具国际竞争力的现代产业体系。

针对"现代轻工纺织产业",广东省工业和信息化厅等五部门于 2020 年 9 月印发了《广东省发展现代轻工纺织战略性支柱产业集群行动计划(2021—2025 年)》,提出到 2025 年,形成产业特色鲜明、创新要素集聚、网络化协作紧密、生态体系完整、区域根植性强、开放包容,具有全球影响力和竞争力的现代轻工纺织产业集群。并明确广东省市场监督管理局负责供给创新、改善供给结构、加强质量建设、提升品牌质量等重点任务和数字化赋能工程,创新提升工程,三品提升工程,骨干企业培育工程等重点工程中的相关工作。

为深入贯彻习近平新时代中国特色社会主义思想和党的十九大精神,认真落实中共中央、国务院关于发展壮大战略性新兴产业和知识产权强国建设及省委、省政府关于推进制造强省建设的工作部署,按照《广东省人民政府关于培育发展战略性支柱产业集群和战略性新兴产业集群的意见》《广东省发展现代轻工纺织战略性支柱产业集群行动计划（2021—2025年）》的工作安排，加快发展现代轻工纺织战略性支柱产业集群，促进产业迈向全球价值链高端，开展现代轻工纺织产业专利分析研究工作。基于产业专利导航创新决策理念，紧扣产业分析和专利分析两条主线，将专利信息与产业现状、发展趋势、政策环境、市场竞争等信息深度融合，基于知识产权产业金融大数据，深入研究广东省现代轻工纺织产业发展现状，明晰产业发展方向，找准区域产业定位，分析存在制约发展的瓶颈问题和制度障碍，指出优化产业创新资源配置的具体路径，提出适用于本区域产业创新发展的相关建议，为广东省现代轻工纺织产业发展规划、招商引资、人才引进等提供决策支撑。

1.2 产业链分类

现代轻工纺织产业分为八大领域，包括纺织业、制革业、造纸及纸制品业、家具业、日化业、塑料制品业、陶瓷制品业、金属制品业。进一步将现代轻工纺织产业分为多个相关的三级分支：纺织业主要涉及原材料、纱线、坯布与面料、应用领域；制革业主要涉及原材料、皮革、皮革制品；造纸及纸制品业主要涉及纸浆、造纸、纸制品；家具业主要涉及家具涂料、零部件、家具成品；日化业主要涉及原料、表面活性剂中间体、表面活性剂、终端产品；塑料制品业主要涉及原材料、塑料薄膜、塑料管材、应用领域；陶瓷制品业主要涉及陶瓷；金属制品业主要涉及原材料、精密加工技术、金属制品成品。对所有三级产业再进行细分，可进一步细化至四个层级，共包括100个细分分类（见图1）。

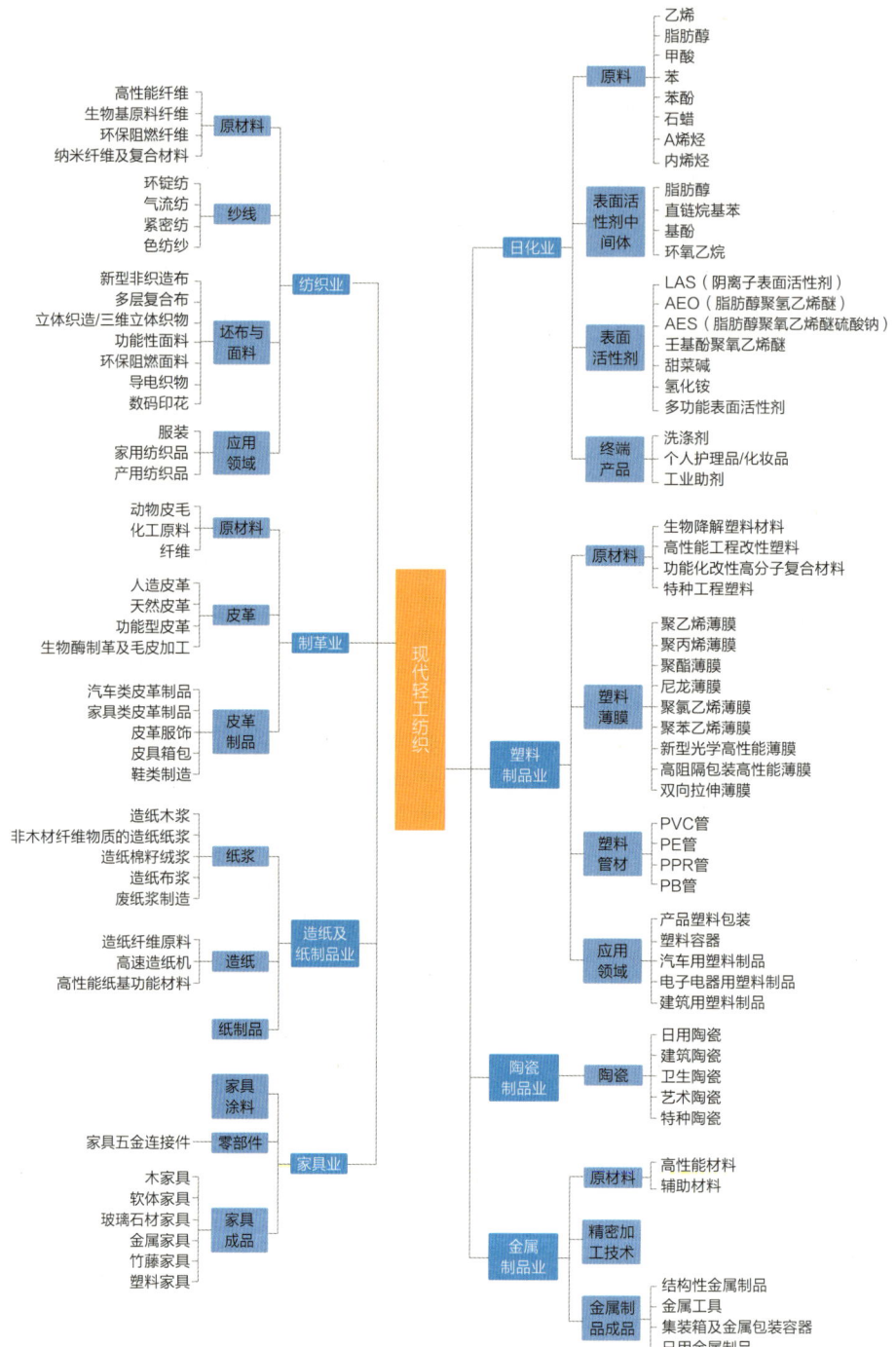

图 1 现代轻工纺织产业结构

第 2 章 现代轻工纺织产业发展态势

2.1 全球现代轻工纺织产业发展现状

2.1.1 全球现代轻工纺织产业发展概况

纺织工业发源于工业革命时期的英国（英国最早将蒸汽机用在了棉纺织业），是全球工业化初期最重要的支柱产业，此后纺织业也凭借进入壁垒低、从业人员的技术门槛要求低而成为诸多地区最早期的支柱产业之一。由于纺织业是劳动密集型产业，在经济发展早期，一国或地区可借助人口红利而仅靠较少投资就可以带动经济发展，同时还能够带动就业，并解决民生问题——穿衣需求。

工业革命以来的 100 多年内，纺织业曾经出现多次产业链转移（英国→美国→日本），在全球化过程中产业链上国际化分工逐步深化：品牌、设计、销售留在欧美和日本，加工板块继续流向亚洲四小龙、中国、东南亚及南亚地区。❶

现代制革行业于 19 世纪中叶开始迅速发展，产业中心长期位于工业化程度、社会经济水平较高的发达国家，由不发达国家向其提供大批量原料皮。进入 21 世纪，在经济全球化浪潮下，制革行业逐渐向发展中国家转移，形成了全球分工协作、差异化竞争的崭新格局。以意大利、西班牙、德国为代表的欧洲制革工业，因环保法规的日益严格而逐年萎缩，皮革生产、皮革贸易形势日显严峻。亚洲地区充分利用丰富的原料皮资源、廉价的劳动成本，以广阔的皮革消费市场为后盾，取得了长足发展，是世界重要的原料皮和成品革生产基地。尤其东亚、东南亚地区制革工业迅速崛起，以中国、越南、印度、泰国等为代表，制革工业突飞猛进，进一步抢占了国际市场，且越发注重提高产品附加值，发展皮革产品深加工。以墨西哥、阿根廷和巴西为代表的美洲皮革生产国家，凭借原料皮资源优势、较先进的制革技术，由原料皮供应逐渐向皮革生产的角色转变，与亚洲皮革生产国家形成竞争。❷

造纸术作为我国古代四大发明之一，早在东汉时期，纸已经能成批量制作。自东汉蔡伦改进造纸技术之后，纸制品开始盛行。随后在公元 7 世纪初（隋末），造纸技术开始传入朝鲜与日本；公元 14 世纪，造纸技术开始传入欧洲，在此期间，造纸技术和印刷技术不断进步，造纸行业也不断发展。近代以来，我国造纸工业迅速发展，逐渐成为全球造纸中心。

---

❶ 资料来源：华创证券、中服网。

❷ 资料来源：前瞻产业研究院。

2019年，全球纸及纸板产量实现4.04亿吨，其中我国纸及纸板产量为1.08亿吨，占全球产量比例最高，达到26.73%。根据联合国粮食及农业组织数据显示，2015—2017年，全球纸及纸板产量逐年增长，2017年，全球纸及纸板产量实现4.15亿吨，达到近年来纸及纸板产量的峰值。2018年，全球纸及纸板产量出现下滑，实现4.09亿吨，较2017年下滑1.45%。2019年，全球纸及纸板产量实现4.04亿吨，较2018年下滑1.22%。亚太地区（主要是东亚）、欧洲（主要是西欧）和北美依然是全球造纸工业的三大中心，但欧洲和北美的造纸市场已处于饱和状态，发展潜力受到市场容量的限制，而亚太地区正成为全球造纸工业发展的引擎。

2.1.2 中国现代轻工纺织产业发展概况

中华人民共和国成立初期，轻工业科学技术研究机构只有上海、重庆和兰州三个综合性工业试验所。伴随轻工业的成长，轻工业科研创新体系也迅速发展。七十多年以来，轻工行业已经形成一支产学研相结合的自主创新研发队伍，建立了一批科研机构和相应的科研基础设施，不少行业拥有国家级、省级重点研究所。

截至2021年6月，轻工业已创建国家重点实验室21个、国家工程实验室7个、国家工程（技术）研究中心34个、国家级企业技术中心203个、国家技术创新示范企业58个、中国轻工业重点实验室127个、中国轻工业工程技术研究中心103个。一批国家重大科技支撑计划项目、技术改造攻关项目顺利实施，造纸、塑料、发酵、酿酒、制糖、陶瓷、皮革、轻机、家电、制笔等行业项目列入国家科技支撑计划。一批重大科技成果达到国际先进水平，经济、社会效益显著。❶

在中国，纺织业是市场经济中传统的支柱产业和重要的民生产业，自20世纪90年代，产能过剩和要素成本等问题在东部地区日渐凸显，基于化解纺织业产能过剩和优化产业结构的目的，国家开始实施"东锭西移"战略。在市场经济的推动下，纺织企业也不断进行创新改革，以提高企业效益，促进传统纺织业向现代纺织业的过渡。

近30年来，中国各地域纺织业得到了不同程度的发展，纺织业发展地域集聚性明显，地区间差距较大，发展水平高的省份集聚在东南沿海地区。地区纺织业发展存在"俱乐部趋同"现象，并且这种现象愈发明显。不同发展类型区域发展模式存在差异性，总体来讲，平稳型发展的省份纺织业各方面发展较为均衡，如江苏、浙江、山东等。提高型发展省份在经济效益方面提升较快，如广东、河南、福建等。降低型发展省份如黑龙江、辽宁、吉林等，在产业规模、区域效应方面下降较多。波动型发展省份则在产业规模和外向程度方面波动较大，如天津、陕西、云南等。❷

2020年，我国纺织纤维加工总量达5800万吨，占世界纺织纤维加工总量的比重持续保持在50%以上；化纤产量占世界的比重为70%；纺织品服装出口额达2990亿美元，占世界的比重为30%，稳居世界第一（见图2）。❸

---

❶ 资料来源：智研咨询、中国轻工业联合会。

❷ 资料来源：周笑、王岱、王鹏飞《中国纺织业集聚格局演变与发展模式研究》。

❸ 资料来源：郝杰、郭春花、盛典等《70年砥砺前行，中国纺织业跃上"世界巅峰"》。

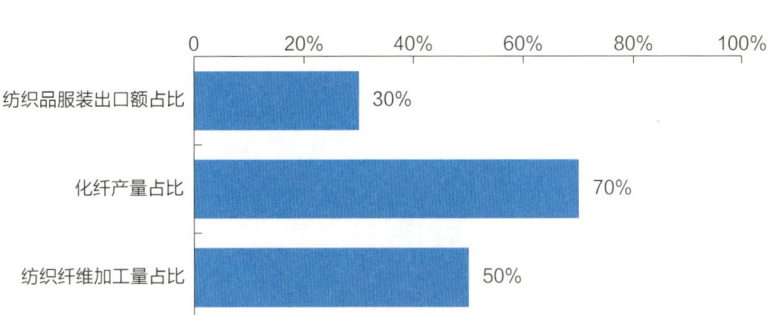

图2　2020年中国纺织纤维加工量、纤维产量及纺织品服装出口额在全球市场的占比情况

2020年，轻工行业规模以上工业企业数占全国工业的28.4%，资产总额占全国工业的13.7%，营业收入占全国工业的18.3%，利润总额占全国工业的20.7%，全国轻工行业规模以上企业出口交货值占全国出口交货值的20.3%。

2020年，轻工行业全部工业企业累计实现营业收入22.9万亿元，其中，规模以上工业企业累计实现营业收入19.5万亿元，同比下降1.7%。在规模以上工业企业中：农副食品加工、食品制造、塑料制品、家电、造纸及纸制品、皮革及羽绒六个行业规模以上工业企业营业收入均超过1万亿元，占整个轻工行业规模以上企业营业收入的63.9%。其中，农副食品加工行业营业收入4.8万亿元，食品制造行业营业收入2.0万亿元，塑料制品行业营业收入1.9万亿元，家电行业营业收入1.5万亿元，造纸及纸制品行业营业收入1.3万亿元，皮革及羽绒行业营业收入1.0万亿元（见图3）。

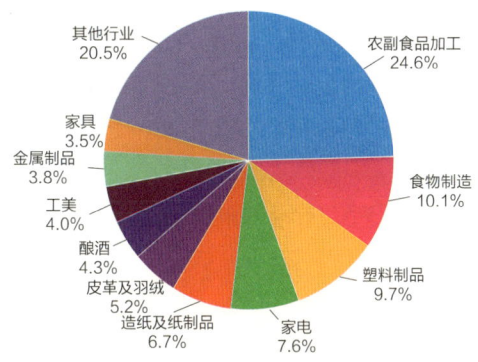

图3　2020年主要轻工业营业收入比重情况

2020年，全国轻工行业规模以上工业企业累计完成出口交货值2.5万亿元，同比下降4.9%。家电、塑料制品、皮革及羽绒、农副食品加工、文体、家具、工美、金属制品、食品制造九个行业的出口交货值超过1000亿元，占整个轻工行业规模以上企业出口交货值的75.4%。其中家电行业出口交货值4430亿元，塑料制品行业出口交货值2420亿元，皮革及羽绒行业出口交货值2335亿元，农副食品加工行业出口交货值2143亿元，文体行业出口交货值1894亿元，家具行业出口交货值1554亿元，工美行业出口交货值1526亿元，金属制品行业出口交货值1443亿元，食品制造行业出口交货值1015亿元（见图4）。[1]

---

[1] 资料来源：国家统计局。

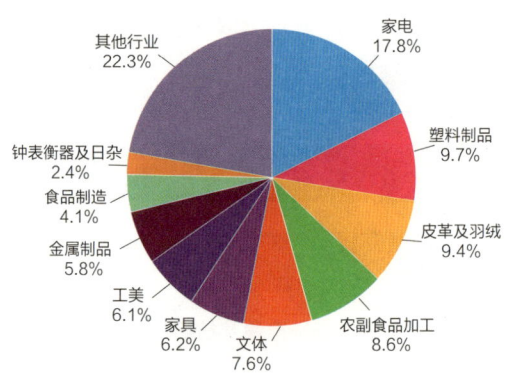

图 4　2020 年主要轻工业出口交货值比重情况

2.1.3　广东省现代轻工纺织产业发展概况

广东省现代轻工纺织产业基础较好，是全球主要的轻工纺织生产基地之一。2019年，全省现代轻工纺织产业规模以上企业实现工业增加值 6383.5 亿元，完成主营业务收入 26775.2 亿元，约占全省制造业主营业务收入的 20%。在珠三角、东西两翼形成了一批特色产业集群，其中服装、皮具、家具、造纸及纸制品、珠宝首饰、玩具、乐器、日化产品、塑料制品、陶瓷、金属制品等产品产量居全国第一，具有较强的国际竞争力。2020年前三季度，珠三角核心区实现增加值 3345.55 亿元，同比下降 6.4%，占全省的 80.2%；沿海经济带实现增加值 677.05 亿元，同比下降 10.2%，占全省的 16.2%；北部生态发展区实现增加值 146.99 亿元，同比下降 4.8%，占全省的 3.5%。分地市看，广东现代轻工纺织业产业集群主要集中在东莞、佛山、深圳、广州等市，分别占全省的 19.8%、18.1%、12.7%、11.6%，茂名、梅州、云浮等市占比相对较低。❶

2.2　中国现代轻工纺织产业政策环境

轻工业是我国国民经济的传统优势产业、重要民生产业和具有较强国际竞争力的产业，承担着满足消费、稳定出口、扩大就业、服务"三农"的重要任务，在经济和社会发展中发挥着举足轻重的作用。为了鼓励现代轻工纺织产业的发展，国务院及有关部门先后颁布了一系列政策规划，从制度层面提供了保障行业蓬勃发展的优良环境（见表 1）。

---

❶　资料来源：广东省人民政府网。

表 1 中国现代轻工纺织产业相关政策

时间	发布部门	政策名称	主要内容
2009 年	国务院办公厅	《轻工业调整和振兴规划》	生产保持平稳增长。在稳定出口和扩大内需的带动下，轻工业产销稳定增长，行业效益整体回升，三年累计新增就业岗位 300 万个左右。自主创新取得成效。变频空调压缩机、新能源电池、农用新型塑料材料、新型节能环保光源等关键生产技术取得突破。产业结构得到优化。轻工业特色区域和产业集群增加 100 个，东中西部轻工业协调发展。新增自主品牌 100 个左右。污染物排放明显下降。淘汰落后取得实效。安全质量全面提高
2016 年	工信部、国家发改委	《产业用纺织品行业"十三五"发展指导意见》	坚持产需融合，拓展应用范围，提升服务能力。促进产业用纺织品行业由数量型向质量效益型增长转变
2016 年	工信部	《纺织工业发展规划（2016—2020 年）》	加快采用先进技术改造提升传统产业，增强质量管控和品牌运营能力，扩大中高端产品供给，提高产业用纺织品比重，推进纺织工业向高端化、智能化、绿色化、国际化转型升级
2016 年	中国纺织工业联合会	《纺织工业"十三五"科技进步纲要》	医疗卫生、过滤、土工建筑、安全防护、结构增强等领域产业用纺织品的开发应用，为促进国民经济相关领域发展做出了积极贡献
2016 年	工信部	《轻工业发展规划（2016—2020 年）》	"十三五"要以市场为导向，以提高发展质量和效益为中心，以深度调整、创新提升为主线，以企业为主体，以增强创新、质量管理和品牌建设能力为重点，大力实施增品种、提品质、创品牌的"三品"战略，改善营商环境，从供给侧和需求侧两端发力，推进智能和绿色制造，优化产业结构，构建智能化、绿色化、服务化和国际化的新型轻工业制造体系，为建设制造强国和服务全面建成小康社会的目标奠定基础。从大力实施"三品"战略、增强自主创新能力、积极推动智能化发展、着力调整产业结构、全面推行绿色制造、统筹国内外市场等六个方面提出了具体任务部署
2017 年	商务部	《外商投资产业指导目录（2017 年修订）》（已失效）	将"采用非织造、机织、针织及其复合工艺技术的轻质、高强、耐高/低温、耐化学物质、耐光等多功能化的产业用纺织品生产"列为鼓励外商投资产业
2018 年	中国纺织工业联合会	《纺织行业工业互联网发展行动计划（2018—2020 年）》	加强对纺织行业发展工业互联网的组织和引导，组织有条件的产业集群、专业市场、优势企业、解决方案服务商等行业资源形成合力，积极探索、实践适合行业特点和需求的工业互联网建设与应用，创造纺织行业工业互联网发展的良好基础环境
2019 年	国家发改委	《产业结构调整指导目录（2019 年本）》	鼓励采用非织造、机织、针织、编织等工艺及多种工艺复合、长效整理等高新技术，生产功能性产业用纺织品
2021 年	国家发改委等十三部门	《关于加快推动制造服务业高质量发展的意见》	开展绿色产业示范基地建设，搭建绿色发展促进平台，培育一批具有自主知识产权和专业化服务能力的市场主体，推动提高钢铁、石化、化工、有色、建材、纺织、造纸、皮革等行业绿色化水平

续表

时间	发布部门	政策名称	主要内容
2021 年	全国人民代表大会	《中华人民共和国国民经济和社会发展第十四个五年规划和2035年远景目标纲要》	改造提升传统产业,推动石化、钢铁、有色、建材等原材料产业布局优化和结构调整,扩大轻工、纺织等优质产品供给,加快化工、造纸等重点行业企业改造升级,完善绿色制造体系。深入实施增强制造业核心竞争力和技术改造专项,鼓励企业应用先进适用技术、加强设备更新和新产品规模化应用

2.3 中国现代轻工纺织产业创新发展态势

2.3.1 中国创新企业

截至2021年7月,国内31省市现代轻工纺织产业有专利申请活动的创新企业共125414家,近五年复合增速达21.3%。其中,2018年同比增速最快,同比增长24.2%(见图5)。

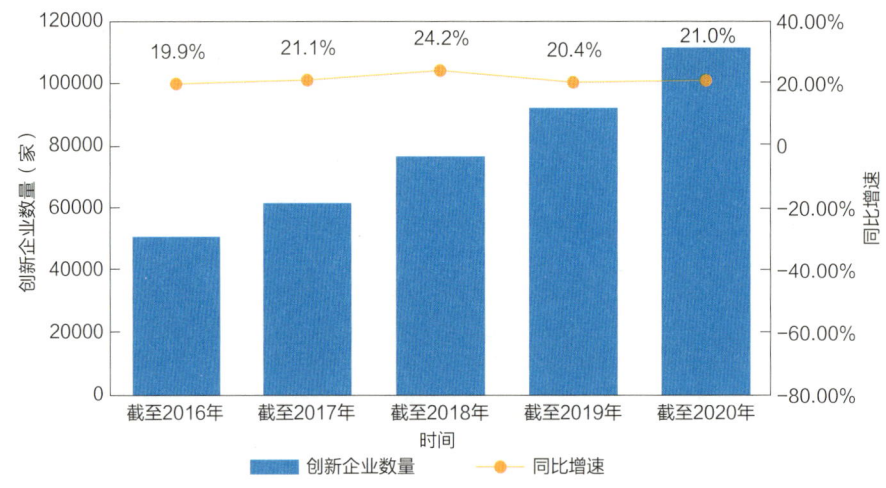

图5 国内31省市现代轻工纺织产业创新企业数量增长趋势

从地域分布情况来看,截至2021年7月,国内31省市现代轻工纺织产业有专利申请活动的创新企业主要集中在东南沿海地区。其中,创新企业数量排名前五位的省市依次为江苏省(24041家)、广东省(21213家)、浙江省(18969家)、安徽省(7311家)和山东省(7296家)(见表2)。

表2 国内31省市现代轻工纺织产业创新企业数量分布情况

排名	省(自治区、直辖市)	创新企业数量(家)
1	江苏	24041
2	广东	21213
3	浙江	18969
4	安徽	7311

续表

排名	省（自治区、直辖市）	创新企业数量（家）
5	山东	7296
6	上海	6874
7	福建	5108
8	天津	3669
9	北京	3586
10	四川	3324
11	湖北	3206
12	河北	2537
13	河南	2512
14	湖南	2485
15	辽宁	2047
16	江西	1988
17	重庆	1816
18	陕西	1266
19	广西	1069
20	贵州	847
21	云南	746
22	吉林	666
23	黑龙江	647
24	山西	562
25	新疆	406
26	甘肃	361
27	宁夏	303
28	内蒙古	300
29	海南	227
30	青海	90
31	西藏	38

截至 2021 年 7 月，在现代轻工纺织产业创新企业中，国内 31 省市共有国家高新技术企业 41377 家，占国内 31 省市现代轻工纺织产业创新企业总量（125414 家）的 33.0%；初创企业 4658 家，占创新企业总量的 3.7%；隐形冠军企业 1158 家，占创新企业总量的 0.9%；上市公司 1718 家，占创新企业总量的 1.4%；独角兽企业 27 家，占创新企业总量的 0.02%；专精特新企业 7825 家，占创新企业总量的 6.2%（见图 6）。

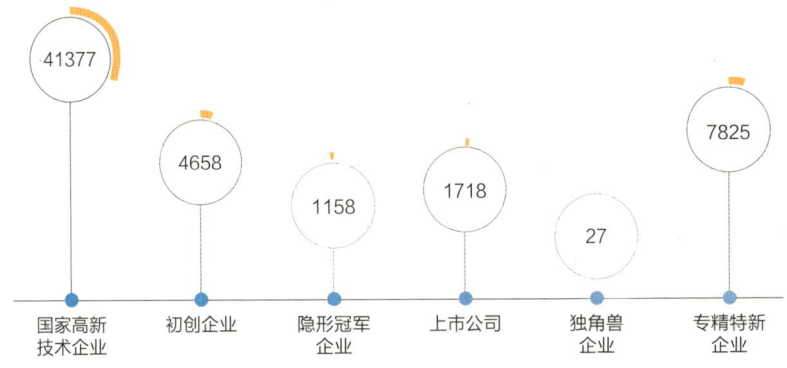

图6 中国现代轻工纺织产业特色企业数量分布情况（单位：家）

在现代轻工纺织产业创新企业中，原材料（塑料制品业）领域专利申请公开量较多的重点企业包括中国石油化工股份有限公司（2087件）、合肥杰事杰新材料股份有限公司（881件）、金发科技股份有限公司（847件）、上海普利特复合材料股份有限公司（328件）、上海日之升新技术发展有限公司（255件）、会通新材料股份有限公司（246件）等；纺织业领域专利申请公开量较多的重点企业包括东丽纤维研究所（中国）有限公司（866件）、广东溢达纺织有限公司（329件）、江苏恒力化纤股份有限公司（289件）、际华三五四二纺织有限公司（282件）、鲁泰纺织股份有限公司（181件）、上海水星家用纺织品股份有限公司（165件）等。❶

从这十二家重点企业在现代轻工纺织产业布局专利的细分领域来看，塑料制品业领域重点企业的专利数量主要集中在产业链上游，即原材料（塑料制品业），相比之下，产业链中下游布局的专利数量较少；而纺织业领域的重点企业更加重视产业链中游，其中纱线是最为重点的细分领域，同时企业也在产业链上游和下游，即原材料（纺织业）和应用领域（纺织业）布局了一定数量的专利，在特定细分领域重点布局的同时兼顾产业链整体（见图7）。

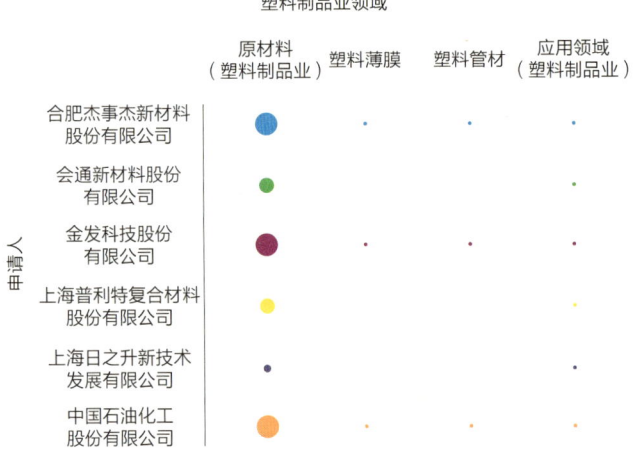

---

❶ 本处统计的专利申请公开量为申请人本身，不包含其分子公司。

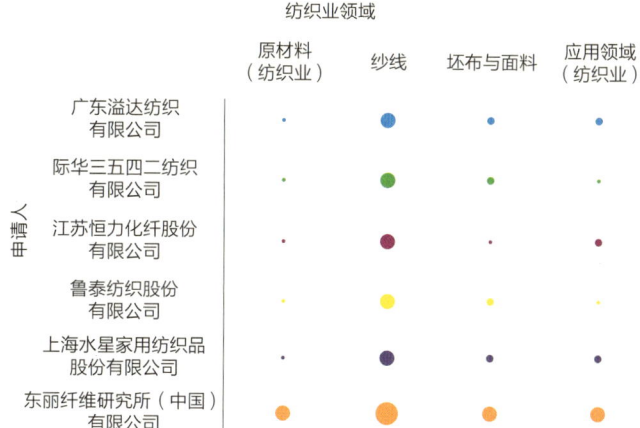

图 7　中国现代轻工纺织产业重点企业专利技术布局情况

【典型企业——恒力集团】

恒力集团始建于1994年，是以炼油、石化、聚酯新材料和纺织全产业链发展的国际型企业。现位列世界500强第67位、中国企业500强第21位、中国民营企业500强第3位、中国制造业企业500强第6位，获国务院颁发的"国家科技进步奖"和"全国就业先进企业"等殊荣。截至2021年，恒力集团旗下有三家上市公司、二十多家实体企业，在苏州、大连、宿迁、南通、营口、泸州、榆林、惠州、贵阳等地建有生产基地。

恒力集团拥有"原油—芳烃、乙烯—精对苯二甲酸（PTA）、乙二醇—聚酯（PET）—民用丝及工业丝、工程塑料、薄膜—纺织"的完整产业链。在纺织板块，恒力纺织拥有超4万台生产设备，产能规模超过40亿米/年，生产基地分布在江苏苏州、宿迁，四川泸州，贵州贵阳等地；工程塑料方面，康辉新材已建成年产24万吨PBT工程塑料生产线，2020年年底，年产3.3万吨PBS类生物可降解聚酯新材料项目投产，2021年，90万吨/年PBS类生物可降解塑料项目签约；在化纤方面，恒力集团在苏州、南通、宿迁建有三大化学纤维产业基地，已成为全球最大的涤纶牵伸丝生产企业，也是国内最大的超亮光纤维、涤纶复合纤维、高品质涤纶工业纤维生产基地之一。

2.3.2　中国专利布局

截至2021年7月，中国现代轻工纺织产业专利申请公开量共847682件，占中国专利申请公开总量（33757841件）的2.5%，近五年复合增速达8.9%（见图8）。中国现代轻工纺织产业专利授权量共465731件，占现代轻工纺织产业全国专利申请公开总量的54.9%；有效专利量为297420件。

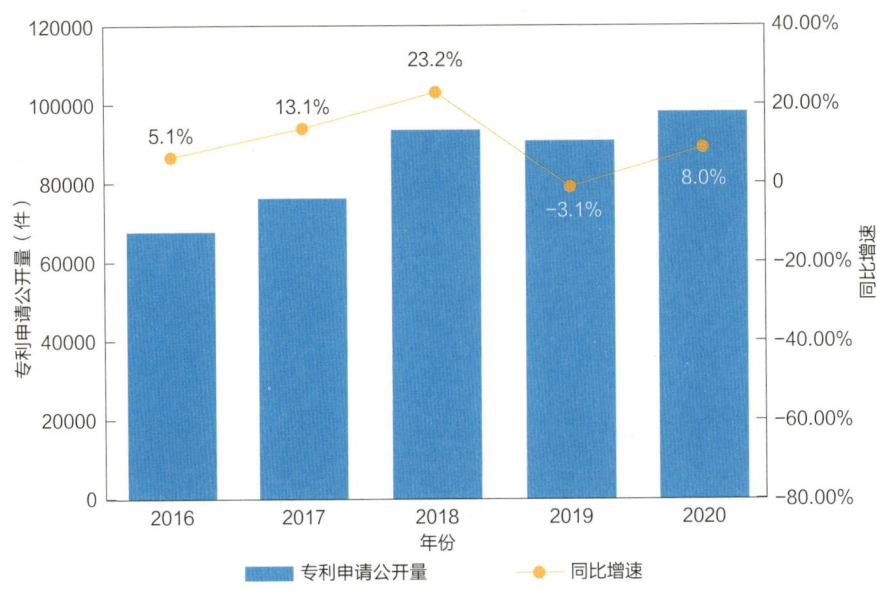

图 8 中国现代轻工纺织产业专利申请公开量增长趋势

截至 2021 年 7 月,中国现代轻工纺织产业发明专利申请公开量为 588465 件,占中国现代轻工纺织产业专利申请公开总量(847682 件)的 69.4%,近五年复合增速达 1.4%。其中,2018 年同比增速最快,同比增长 15.7%(见图 9)。

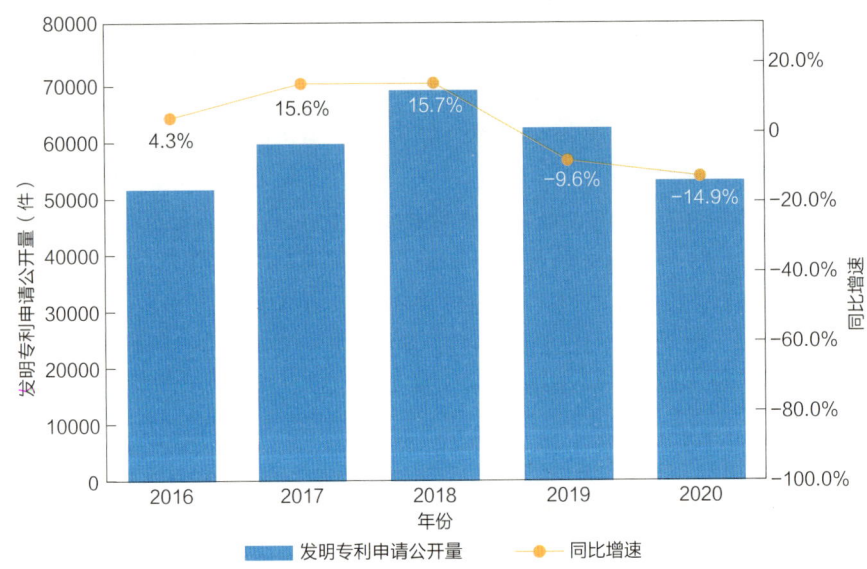

图 9 中国现代轻工纺织产业发明专利申请公开量增长趋势

从地域分布情况来看,截至 2021 年 7 月,中国现代轻工纺织产业发明专利授权量共 206514 件,主要集中在东南沿海地区。其中,发明专利授权量排名前五位的省市依次为江苏省(22840 件)、广东省(19922 件)、浙江省(16771 件)、上海市(13605 件)和北京市(13589 件)(见表 3)。

表3 国内31省市现代轻工纺织产业发明专利授权量分布情况

排名	省（自治区、直辖市）	发明专利授权量（件）
1	江苏	22840
2	广东	19922
3	浙江	16771
4	上海	13605
5	北京	13589
6	山东	9274
7	安徽	6494
8	四川	4810
9	福建	4640
10	湖北	4405
11	辽宁	4125
12	湖南	3692
13	陕西	3548
14	河南	3140
15	天津	3087
16	河北	2292
17	黑龙江	1986
18	吉林	1861
19	重庆	1640
20	广西	1575
21	江西	1394
22	山西	1206
23	云南	1141
24	甘肃	849
25	贵州	664
26	内蒙古	402
27	新疆	399
28	海南	352
29	宁夏	243
30	青海	91
31	西藏	39

截至2021年7月，中国现代轻工纺织产业的有效发明专利共149810件，其中高价值专利数量为121924件。在中国现代轻工纺织产业高价值专利中，属于战略性新兴产业的有效发明专利共102476件，在海外有同族专利权的有效发明专利共36516件，维持年限超过10年的有效发明专利共30515件，有质押融资活动的有效发明专利共3074件，获得中国专利奖的有效发明专利共306件。高价值专利数量排名前五位的省市依次为江苏省

（13868 件）、广东省（12694 件）、浙江省（8731 件）、北京市（8508 件）和上海市（7063 件）（见图 10）。

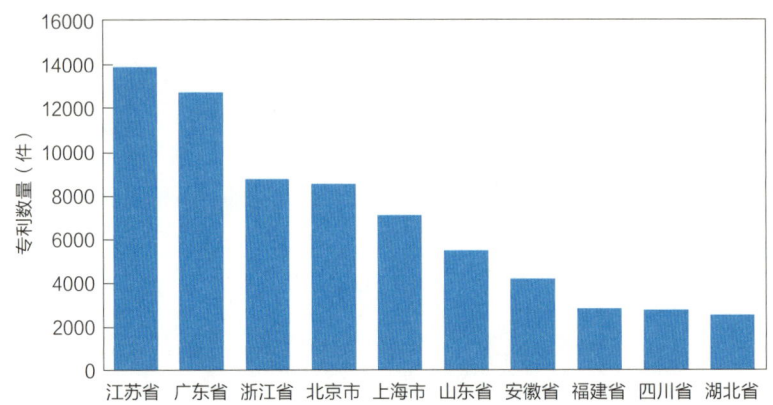

图 10 国内 31 省市现代轻工纺织产业高价值专利数量分布情况

截至 2021 年 7 月，国内 31 省市现代轻工纺织产业创新企业发明专利申请公开量共 313095 件，占中国现代轻工纺织产业发明专利申请公开总量（588465 件）的 53.2%。近五年复合增速达 1.1%。其中，2018 年同比增速最快，同比增长 20.2%（见图 11）。发明专利申请公开量较多的企业包括中国石油化工股份有限公司（2047 件）、成都新柯力化工科技有限公司（884 件）、合肥杰事杰新材料股份有限公司（870 件）、东丽纤维研究所（中国）有限公司（861 件）、金发科技股份有限公司（834 件）。

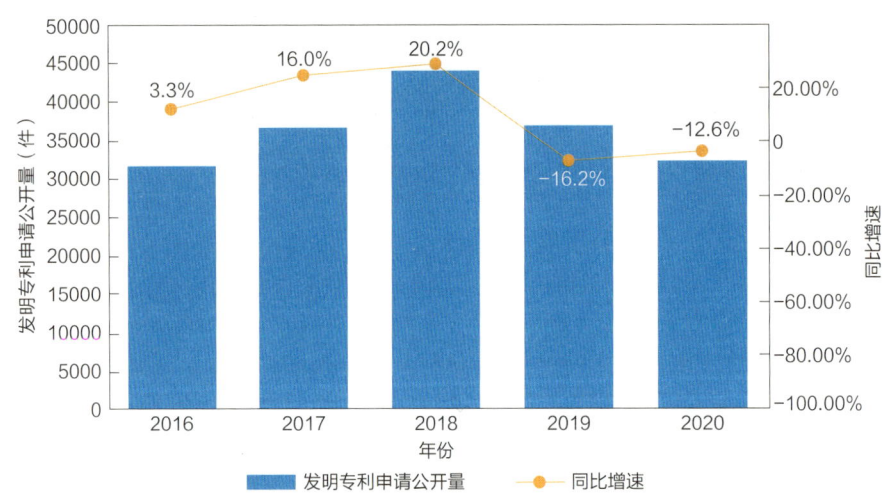

图 11 国内 31 省市现代轻工纺织产业创新企业发明专利申请公开量增长趋势

截至 2021 年 7 月，国内 31 省市现代轻工纺织产业高校发明专利申请公开量共 83824 件，占中国现代轻工纺织产业发明专利申请公开总量（588465 件）的 14.2%。近五年复合增速达 7.2%。其中，2017 年同比增速最快，同比增长 31.8%（见图 12）。发明专利申请公开量较多的高校包括东华大学（3635 件）、江南大学（2360 件）、华南理工大学（2285 件）、浙江大学（1490 件）、陕西科技大学（1210 件）。

图 12　国内 31 省市现代轻工纺织产业高校发明专利申请公开量增长趋势

截至 2021 年 7 月,国内 31 省市现代轻工纺织产业科研机构发明专利申请公开量共 18255 件,占中国现代轻工纺织产业发明专利申请公开总量(588465 件)的 3.1%。近五年复合增速达 8.2%。其中,2017 年同比增速最快,同比增长 29.4%(见图 13)。发明专利申请公开量较多的科研机构包括中国科学院化学研究所(726 件)、中国科学院宁波材料技术与工程研究所(700 件)、中国科学院金属研究所(652 件)、中国科学院大连化学物理研究所(614 件)、中国科学院长春应用化学研究所(565 件)。

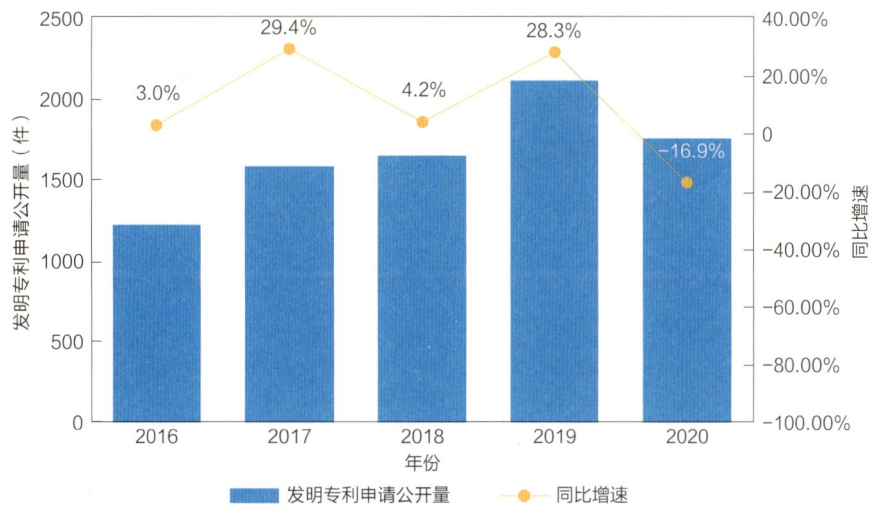

图 13　国内 31 省市现代轻工纺织产业科研机构发明专利申请公开量增长趋势

截至 2021 年 7 月,在现代轻工纺织产业中,全国涉及产学研合作申请的专利共有 9638 件,占中国现代轻工纺织产业专利申请公开总量(847682 件)的 1.1%。涉及产学研合作申请专利量排名前五位的省市依次为江苏省(1340 件)、北京市(1321 件)、上海市(1255 件)、广东省(1102 件)和浙江省(723 件)(见图 14)。

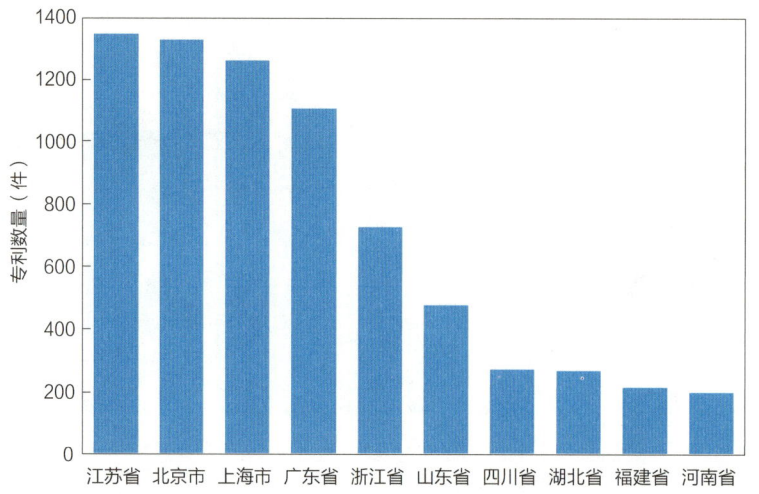

图 14 国内部分省市现代轻工纺织产业产学研合作申请专利数量分布情况

从现代轻工纺织产业的各细分领域来看,全国涉及产学研合作申请的专利主要分布在原材料(金属制品业)、原材料(塑料制品业)、应用领域(纺织业)、纱线、家具涂料领域,专利数量均超过了 1000 件(见图 15)。

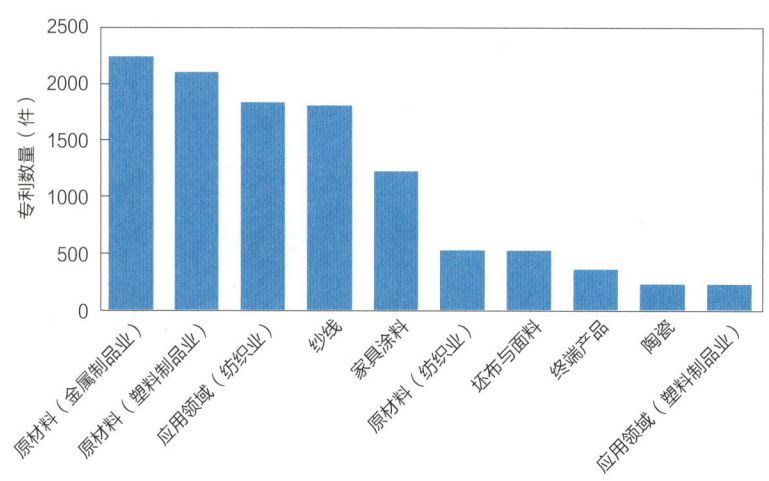

图 15 中国现代轻工纺织产业产学研合作申请专利领域分布情况

从产学研合作的高校院所来看,东华大学、清华大学、江南大学、华南理工大学、浙江理工大学等在中国现代轻工纺织产业中的产学研合作较为密切,涉及产学研合作申请的专利数量分别为 773 件、305 件、301 件、246 件、165 件(见表 4)。

表 4 中国现代轻工纺织产业产学研合作重点高校院所清单

序号	高校院所	产学研合作申请的专利数量(件)
1	东华大学	773
2	清华大学	305
3	江南大学	301

续表

序号	高校院所	产学研合作申请的专利数量（件）
4	华南理工大学	246
5	浙江理工大学	165
6	华东理工大学	160
7	浙江大学	147
8	四川大学	145
9	上海交通大学	140
10	北京化工大学	135

2.3.3 中国创新人才

截至2021年7月，国内31省市现代轻工纺织产业有专利申请活动的创新人才共837398人，近五年复合增速达17.3%。其中，2018年同比增速最快，同比增长18.1%（见图16）。

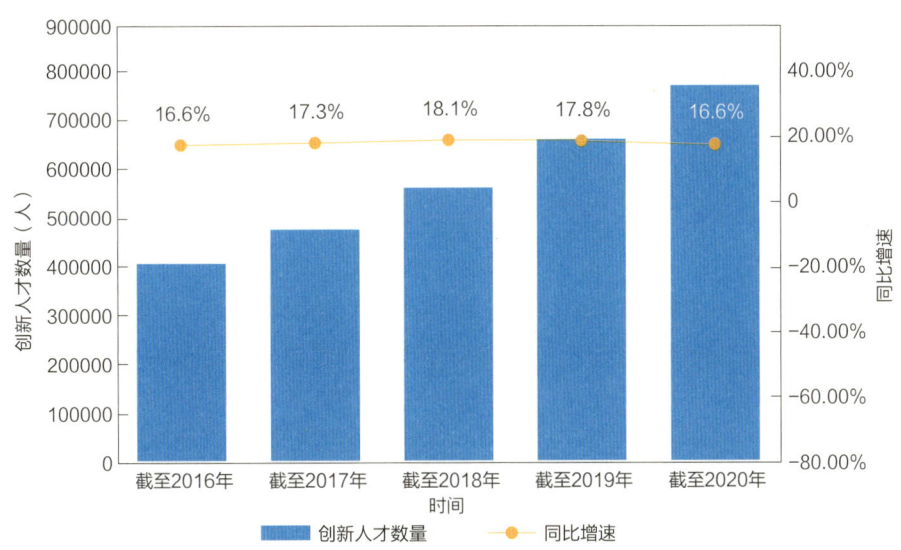

图 16　国内31省市现代轻工纺织产业创新人才数量增长趋势

从地域分布情况来看，截至2021年7月，国内31省市现代轻工纺织产业有专利申请活动的创新人才主要集中在东南沿海地区。其中，创新人才数量排名前五位的省市依次为江苏省（121349人）、广东省（104100人）、浙江省（86107人）、山东省（63574人）和北京市（59312人）（见表5）。

表 5　国内31省市现代轻工纺织产业创新人才数量分布情况

排名	省（自治区、直辖市）	创新人才数量（人）
1	江苏	121349
2	广东	104100

续表

排名	省（自治区、直辖市）	创新人才数量（人）
3	浙江	86107
4	山东	63574
5	北京	59312
6	上海	56543
7	安徽	35379
8	河南	28351
9	湖北	28275
10	四川	28229
11	福建	25683
12	辽宁	24623
13	天津	22651
14	湖南	21345
15	陕西	20163
16	河北	19968
17	黑龙江	13006
18	江西	11234
19	吉林	10951
20	重庆	10947
21	广西	10629
22	云南	8449
23	山西	7976
24	贵州	5764
25	甘肃	5757
26	新疆	4395
27	内蒙古	3950
28	宁夏	2271
29	海南	1927
30	青海	960
31	西藏	194

截至 2021 年 7 月，在现代轻工纺织产业创新人才中，国内 31 省市共有国家高层次人才 48501 人，占国内 31 省市现代轻工纺织产业创新人才总量（837398 人）的 5.8%；技术高管 92803 人，占国内 31 省市现代轻工纺织产业创新人才总量的 11.1%；科技企业家 62862 人，占国内 31 省市现代轻工纺织产业创新人才总量的 7.5%（见图 17）。

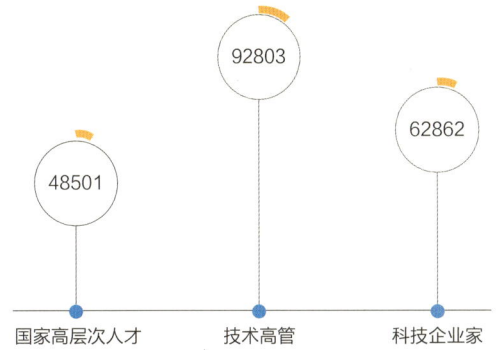

图 17 中国现代轻工纺织产业特色人才数据分布情况(单位:人)

从各机构类型创新人才数量分布情况来看,国内 31 省市现代轻工纺织产业企业的创新人才数量最多,共计 487945 人,占国内 31 省市现代轻工纺织产业创新人才总量(837398 人)的 58.3%。高校的创新人才数量位居其次,共计 196857 人,占国内 31 省市现代轻工纺织产业创新人才总量的 23.5%。科研机构的创新人才共计 45229 人,事业单位的创新人才共计 11797 人,分别占国内 31 省市现代轻工纺织产业创新人才总量的 5.4% 和 1.4%(见图 18)。

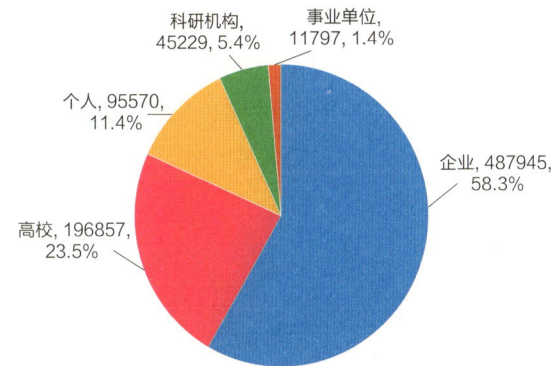

图 18 国内 31 省市现代轻工纺织产业各机构类型创新人才数量分布情况(单位:人)

2.4 中国现代轻工纺织产业热点及重点技术创新方向

从现代轻工纺织产业链整体来看,国内 31 省市产业的发明专利申请公开总量共 491696 件,创新企业总量共 125414 家,创新人才总量共 837398 人,近五年复合增速分别为 1.5%、21.3%、17.3%。

从产业链各领域来看,日化业、陶瓷制品业、金属制品业领域发明专利申请公开量、创新企业数量、创新人才数量的近五年复合增速均高于整个现代轻工纺织产业链平均水平,是产业布局的热点。纺织业、塑料制品业领域的发明专利申请公开量、创新企业数量、创新人才数量在整个现代轻工纺织产业链中占比均较高,是产业布局的重点(见表 6)。

表6 国内31省市现代轻工纺织产业链创新要素情况

产业链二级	发明专利申请公开		创新企业		创新人才	
	数量（件）	复合增速	数量（家）	复合增速	数量（人）	复合增速
纺织业	149949	−0.1%	37645	21.1%	266703	17.9%
制革业	12595	3.7%	5671	20.9%	28794	16.9%
造纸及纸制品业	5855	7.8%	2694	20.0%	14898	14.0%
家具业	93803	−1.2%	30127	24.0%	162745	18.7%
日化业	18457	8.6%	4489	23.6%	31140	18.2%
塑料制品业	144719	0.2%	48553	21.4%	259662	16.8%
陶瓷制品业	10102	2.8%	2547	22.1%	22693	17.3%
金属制品业	78012	8.5%	23835	21.7%	187762	18.3%

在纺织业领域，国内31省市发明专利申请公开量、创新企业数量、创新人才数量的近五年复合增速分别为−0.1%、21.1%、17.9%。其中，产业链下游应用领域细分领域发明专利申请公开量、创新企业数量、创新人才数量的近五年复合增速均高于纺织业领域平均水平，且是纺织业领域中发明专利申请公开量近五年复合增速唯一为正的细分领域，属于热点细分领域。同时产业链下游应用领域细分领域的发明专利申请公开量为69497件、创新企业数量为20813家、创新人才数量为169824人，均在纺织业领域占据了较高的比例，还属于重点细分领域。另外，产业链中游纱线细分领域的发明专利申请公开量为71572件、创新企业数量为17749家、创新人才数量为104569人，均在纺织业领域占据了较高的比例，也属于重点细分领域（见表7）。

表7 国内31省市现代轻工纺织产业纺织业领域创新要素情况

细分领域		发明专利申请公开		创新企业		创新人才	
产业链二级	产业链三级	数量（件）	复合增速	数量（家）	复合增速	数量（人）	复合增速
纺织业	原材料	23215	−5.9%	6883	18.8%	36087	15.9%
	纱线	71572	−1.2%	17749	18.6%	104569	15.5%
	坯布与面料	43833	−7.9%	14161	25.7%	55399	21.5%
	应用领域	69497	1.2%	20813	21.9%	169824	19.1%

在制革业领域，国内31省市发明专利申请公开量、创新企业数量、创新人才数量的近五年复合增速分别为3.7%、20.9%、16.9%。其中，产业链下游皮革制品细分领域发明专利申请公开量、创新企业数量、创新人才数量的近五年复合增速均高于制革业领域平均水平，且是制革业领域中专利申请公开量近五年复合增速唯一为正的细分领域，属于热点细分领域。同时，产业链下游皮革制品细分领域发明专利申请公开量、创新企业数量、创新人才数量分别为5576件、2862家、11408人，均在制革业领域占据了较高的比例，还属于重点细分领域。另外，产业链中游皮革细分领域的发明专利申请公开量、创新企业数量、创新人才数量分别为7369件、3251家、13922人，均在制革业领域中占比最高，也属于重点细分领域（见表8）。

表 8　国内 31 省市现代轻工纺织产业制革业领域创新要素情况

细分领域		发明专利申请公开		创新企业		创新人才	
产业链二级	产业链三级	数量（件）	复合增速	数量（家）	复合增速	数量（人）	复合增速
制革业	原材料	2425	−10.3%	1007	20.7%	4633	15.9%
	皮革	7369	−1.4%	3251	22.1%	13922	16.0%
	皮革制品	5576	5.1%	2862	24.8%	11408	18.6%

在造纸及纸制品业领域，国内 31 省市发明专利申请公开量、创新企业数量、创新人才数量的近五年复合增速分别为 7.8%、20.0%、14.0%。其中，产业链下游纸制品细分领域的发明专利申请公开量、创新企业数量、创新人才数量的近五年复合增速分别为 34.9%、27.5%、19.3%，均在造纸及纸制品业的各细分领域中排名第一，属于热点细分领域。产业链上游纸浆细分领域的发明专利申请公开量、创新企业数量、创新人才数量分别为 4501 件、1621 家、10039 人，均在造纸及纸制品业领域中占比最高，属于重点细分领域（见表 9）。

表 9　国内 31 省市现代轻工纺织产业造纸及纸制品业领域创新要素情况

细分领域		发明专利申请公开		创新企业		创新人才	
产业链二级	产业链三级	数量（件）	复合增速	数量（家）	复合增速	数量（人）	复合增速
造纸及纸制品业	纸浆	4501	6.1%	1621	17.9%	10039	12.9%
	造纸	3119	5.6%	1115	16.7%	7068	13.1%
	纸制品	425	34.9%	723	27.5%	1924	19.3%

在家具业领域，国内 31 省市发明专利申请公开量、创新企业数量、创新人才数量的近五年复合增速分别为 −1.2%、24.0%、18.7%。其中，零部件细分领域的发明专利申请公开量、创新企业数量、创新人才数量的近五年复合增速均高于家居业领域平均水平，属于热点细分领域。家具涂料细分领域的发明专利申请公开量、创新企业数量、创新人才数量分别为 82052 件、20116 家、113662 人，均远超家具业领域其他细分领域，属于重点细分领域（见表 10）。

表 10　国内 31 省市现代轻工纺织产业家具业领域创新要素情况

细分领域		发明专利申请公开		创新企业		创新人才	
产业链二级	产业链三级	数量（件）	复合增速	数量（家）	复合增速	数量（人）	复合增速
家具业	家具涂料	82052	−2.8%	20116	22.7%	113662	18.1%
	零部件	12328	11.0%	12046	27.1%	55432	20.2%
	家具成品	3787	7.9%	3881	27.4%	18072	15.1%

在日化业领域，国内 31 省市发明专利申请公开量、创新企业数量、创新人才数量的近五年复合增速分别为 8.6%、23.6%、18.2%。其中，产业链中游的表面活性剂细分领域发明专利申请公开量、创新企业数量、创新人才数量的近五年复合增速均高出日化业领域平均水平 4.0 个百分点以上，且均高于日化业领域其他细分领域，属于热点细分领域。产

业链上游原料、产业链下游终端产品细分领域发明专利申请公开量、创新企业数量、创新人才数量均有大量的积累，且远高于产业链中游，属于重点细分领域（见表 11）。

表 11　国内 31 省市现代轻工纺织产业日化业领域创新要素情况

细分领域		发明专利申请公开		创新企业		创新人才	
产业链二级	产业链三级	数量（件）	复合增速	数量（家）	复合增速	数量（人）	复合增速
日化业	原料	8067	8.1%	2162	27.3%	14789	19.1%
	表面活性剂中间体	1445	8.4%	505	22.5%	3290	17.3%
	表面活性剂	1501	13.8%	556	29.0%	3094	22.4%
	终端产品	17402	8.3%	4300	23.4%	29701	18.2%

在塑料制品业领域，国内 31 省市发明专利申请公开量、创新企业数量、创新人才数量的近五年复合增速分别为 0.2%、21.4%、16.8%。其中，产业链中游的塑料管材细分领域的发明专利申请公开量、创新企业数量、创新人才数量的近五年复合增速均高于塑料制品业领域平均水平，且均高于塑料制品业领域其他细分领域，属于热点细分领域。产业链上游原材料细分领域的发明专利申请公开量、创新企业数量、创新人才数量分别为 141463 件、45655 家、245118 人，均远高于塑料制品业其他细分领域，属于重点细分领域（见表 12）。

表 12　国内 31 省市现代轻工纺织产业塑料制品业领域创新要素情况

细分领域		发明专利申请公开		创新企业		创新人才	
产业链二级	产业链三级	数量（件）	复合增速	数量（家）	复合增速	数量（人）	复合增速
塑料制品业	原材料	141463	0.4%	45655	22.0%	245118	17.2%
	塑料薄膜	4760	0.5%	3416	20.0%	13464	15.4%
	塑料管材	13279	10.1%	14226	27.0%	47600	19.8%
	应用领域	15338	0.8%	10551	18.9%	44537	14.4%

在金属制品业领域，国内 31 省市发明专利申请公开量、创新企业数量、创新人才数量的近五年复合增速分别为 8.5%、21.7%、18.3%。其中，产业链下游的金属制品成品细分领域发明专利申请公开量、创新企业数量、创新人才数量的近五年复合增速均高于金属制品业领域平均水平，且均高于金属制品业其他细分领域，属于热点细分领域。产业链上游原材料细分领域的发明专利申请公开量、创新企业数量、创新人才数量分别为 69593 件、16111 家、156390 人，均远高于金属制品业其他细分领域，属于重点细分领域（见表 13）。

表 13 国内 31 省市现代轻工纺织产业金属制品业领域创新要素情况

细分领域		发明专利申请公开		创新企业		创新人才	
产业链二级	产业链三级	数量（件）	复合增速	数量（家）	复合增速	数量（人）	复合增速
金属制品业	原材料	69593	7.3%	16111	18.7%	156390	17.6%
	精密加工技术	1651	9.4%	1030	18.6%	5968	19.0%
	金属制品成品	7662	19.7%	8065	31.3%	30098	23.4%

第 3 章 广东省现代轻工纺织产业创新发展定位与洞察

3.1 广东省现代轻工纺织产业政策导向

广东省作为轻工纺织大省，占全国轻工纺织产业营业收入的 20%，其中服装、皮具、家具、纸及纸制品、珠宝首饰、玩具、乐器、日化产品、塑料制品、陶瓷、金属制品等产业规模居全国第一，具有较强的国际竞争力。为了促进和支持现代轻工纺织业稳定发展，广东省发布了《广东省发展现代轻工纺织战略性支柱产业集群行动计划（2021—2025 年）》等一系列政策。2020 年 5 月，广东省人民政府发布《广东省人民政府关于培育发展战略性支柱产业集群和战略性新兴产业集群的意见》，将现代轻工纺织产业集群列入十大战略性支柱产业集群，提出要构建以广州、深圳为核心的创新创意中心，以沿海经济带、各特色产业集聚地为重点的先进制造基地网络。形成国内领先、具有全球竞争力的现代轻工纺织产业集群。同年 9 月，广东省工业和信息化厅、广东省发展和改革委员会、广东省科学技术厅、广东省商务厅和广东省市场监督管理局联合印发《广东省发展现代轻工纺织战略性支柱产业集群行动计划（2021—2025 年）》，对现代轻工纺织产业做出了具体规划（见表 14）。

表 14 广东省现代轻工纺织产业相关政策

时间	发布部门	文件名称	主要内容
2020 年	广东省人民政府	《广东省人民政府关于培育发展战略性支柱产业集群和战略性新兴产业集群的意见》	推动纺织服装、塑料、皮革、日化、五金、家具、造纸、工艺美术等重点行业创新发展模式，加快与新技术、新材料、文化、创意、时尚等融合，发展智能、健康、绿色、个性化等中高端产品，培育全国乃至国际知名品牌。构建以广州、深圳为核心的创新创意中心，以沿海经济带、各特色产业集聚地为重点的先进制造基地网络。形成国内领先、具有全球竞争力的现代轻工纺织产业集群
2020 年	广东省工业和信息化厅等五部门	《广东省发展现代轻工纺织战略性支柱产业集群行动计划（2021—2025 年）》	到 2025 年，形成产业特色鲜明、创新要素集聚、网络化协作紧密、生态体系完整、区域根植性强、开放包容，具有全球影响力和竞争力的现代轻工纺织产业集群

续表

时间	发布部门	文件名称	主要内容
2020 年	广东省人民政府	《广东省人民政府关于印发中国（梅州）等 7 个跨境电子商务综合试验区实施方案的通知》	引导茂名主导产业发展跨境电子商务，推动产业转型升级，促进水海产品、劳保用品、竹编织品、服装纺织、家具等传统外贸产品以及石油化工产品、高新技术产品跨境电子商务出口。发挥中山制造强市、外贸大市的优势，打造面向全球市场、辐射大湾区城市的跨境电子商务轻工产品出口供货集采基地、跨境电子商务零售进口商品分销基地、跨境电子商务创新创业基地
2021 年	广东省人民政府	《广东省制造业数字化转型实施方案及若干政策措施的通知》	现代轻工纺织产业集群。围绕纺织服装、家具、塑料制品、皮革、造纸、日化等消费品行业，面向新需求发展新产品、新技术、新模式。重点面向产业园和产业集聚区，加快推动机加工、注塑、装配、包装等环节设备上云和人机协同。支持行业龙头骨干企业打造数据驱动、敏捷高效的经营管理体系，打造模块化组合、大规模混线生产等柔性生产体系。促进消费互联网与工业互联网打通，开展动态市场响应、资源配置优化、智能战略决策等新模式应用探索
2021 年	广东省人民政府	《广东省国民经济和社会发展第十四个五年规划和 2035 年远景目标纲要》	统筹谋划重点产业及产业集群布局。支持沿海经济带东西两翼地区做大做强绿色石化、新能源、轻工纺织等战略性产业，积极发展产业链条长、产业带动性强的先进制造业，建设成为全省制造业高质量发展新增长极。推动境外投资提质增效。深化与新兴市场国家投资合作，有序推进电子信息、家用电器、轻工纺织、建筑材料、食品加工等产业对外投资，布局发展一批具有一定辐射带动能力的优势产业生产基地

3.2 广东省现代轻工纺织产业创新发展定位

3.2.1 广东省创新企业

截至 2021 年 7 月，广东省现代轻工纺织产业有专利申请活动的创新企业共 21213 家，占国内 31 省市现代轻工纺织产业创新企业总量（143200 家）的 14.8%，在国内 31 省市中仅次于江苏省，排名第二。近五年广东省现代轻工纺织产业创新企业数量复合增速为 28.7%，高出国内 31 省市整体复合增速（21.3%）7.4 个百分点（见图 19）。

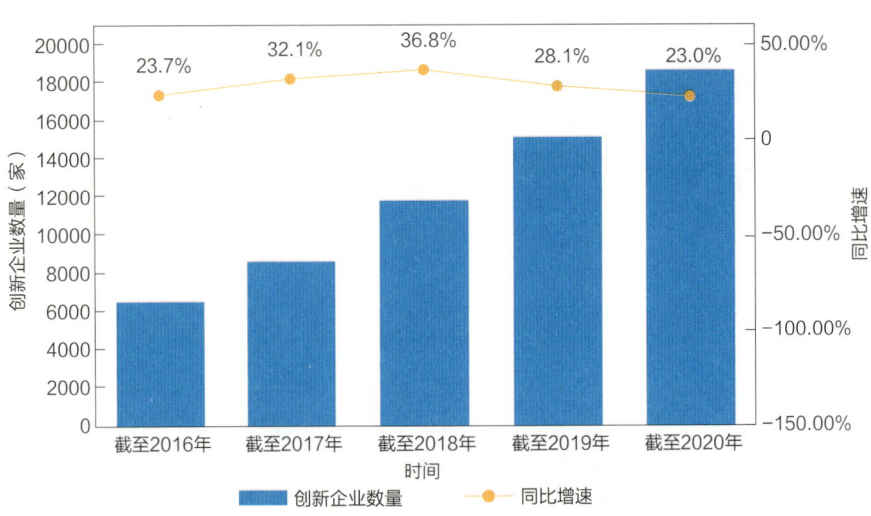

图 19　广东省现代轻工纺织产业创新企业数量增长趋势

从地域分布情况来看，截至 2021 年 7 月，广东省现代轻工纺织产业有专利申请活动的创新企业主要集中在珠三角地区。其中，创新企业数量排名前五位的地市依次为深圳市（5014 家）、广州市（4168 家）、东莞市（3689 家）、佛山市（2958 家）和中山市（1131 家）（见表 15）。

表 15　广东省各地市现代轻工纺织产业创新企业数量情况

地区	创新企业数量（家）	省内排名	地区	创新企业数量（家）	省内排名
深圳市	5014	1	揭阳市	147	12
广州市	4168	2	韶关市	147	12
东莞市	3689	3	河源市	122	14
佛山市	2958	4	湛江市	99	15
中山市	1131	5	潮州市	97	16
惠州市	928	6	梅州市	88	17
江门市	902	7	阳江市	57	18
珠海市	600	8	茂名市	51	19
汕头市	442	9	云浮市	49	20
肇庆市	323	10	汕尾市	20	21
清远市	276	11			

截至 2021 年 7 月，在现代轻工纺织产业创新企业中，广东省共有国家高新技术企业 8416 家，占广东省现代轻工纺织产业创新企业总量（21213 家）的 39.7%；初创企业 868 家，占创新企业总量的 4.1%；隐形冠军企业 98 家，占创新企业总量的 0.5%；上市公司 378 家，占创新企业总量的 1.8%；独角兽企业 5 家，占创新企业总量的 0.02%；专精特新企业 469 家，占创新企业总量的 2.2%。

横向对标北京市、上海市、江苏省、浙江省等国内重点省市，在现代轻工纺织产业创新企业中，广东省国家高新技术企业、初创企业、上市公司数量在国内 31 省市中排名第一；独角兽企业数量在国内 31 省市中仅次于上海市和北京市，排名第三；隐形冠军企业数量在国内 31 省市中排名第四；专精特新企业数量在国内 31 省市中排名第六（见表 16）。

表 16　国内重点省市现代轻工纺织产业特色企业数量分布情况对标比较

国内 31 省市排名	1	8	6	2	3
省市	广东省	北京市	上海市	江苏省	浙江省
国家高新技术企业数量（家）	8416	1387	1831	7696	5522
国内 31 省市排名	1	5	4	2	3
省市	广东省	北京市	上海市	江苏省	浙江省
初创企业数量（家）	868	388	419	87	498
国内 31 省市排名	4	11	7	4	1
省市	广东省	北京市	上海市	江苏省	浙江省
隐形冠军企业数量（家）	98	38	52	118	147
国内 31 省市排名	1	6	5	3	2
省市	广东省	北京市	上海市	江苏省	浙江省
上市公司数量（家）	334	86	124	239	271
国内 31 省市排名	3	2	1	-	4
省市	广东省	北京市	上海市	江苏省	浙江省
独角兽企业数量（家）	5	4	6	0	2
国内 31 省市排名	6	16	3	4	13
省市	广东省	北京市	上海市	江苏省	浙江省
专精特新企业数量（家）	469	148	717	588	196

3.2.2　广东省专利布局

截至 2021 年 7 月，广东省现代轻工纺织产业专利申请公开量共 99111 件，占广东省专利申请公开总量（745398 件）的 13.3%；近五年复合增速为 21.2%，高出全国复合增速（9.6%）11.6 个百分点（见图 20）。广东省现代轻工纺织产业专利授权量共 60013 件，占广东省现代轻工纺织产业专利申请公开总量的 60.6%；有效专利量为 43746 件。

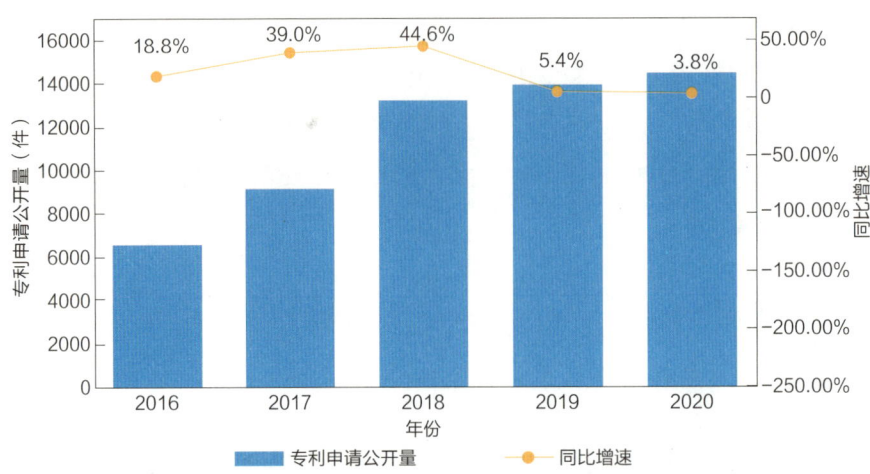

图 20　广东省现代轻工纺织产业专利申请公开量增长趋势

截至 2021 年 7 月，广东省现代轻工纺织产业发明专利申请公开量共 59020 件，占广东省现代轻工纺织产业专利申请公开量（99111 件）的 59.5%，近五年复合增速为 13.9%，高出全国复合增速（1.5%）12.4 个百分点（见图 21）。

图 21　广东省现代轻工纺织产业发明专利申请公开量增长趋势

截至 2021 年 7 月，广东省现代轻工纺织产业发明专利授权量共 19922 件，占全国现代轻工纺织产业发明专利授权总量（150076 件）的 13.3%，在国内 31 省市中仅次于江苏省，排名第二。

从地域分布情况来看，广东省现代轻工纺织产业发明专利授权量主要集中在珠三角地区。其中，发明专利授权量排名前五位的地市依次为广州市（6604 件）、深圳市（4451 件）、佛山市（2549 件）、东莞市（2196 件）和江门市（668 件）（见表 17）。

表 17　广东省各地市现代轻工纺织产业发明专利授权数量情况

地区	发明专利授权量（件）	省内排名	地区	发明专利授权量（件）	省内排名
广州市	6604	1	韶关市	154	12

续表

地区	发明专利授权量（件）	省内排名	地区	发明专利授权量（件）	省内排名
深圳市	4451	2	湛江市	135	13
佛山市	2549	3	揭阳市	129	14
东莞市	2196	4	潮州市	123	15
江门市	668	5	茂名市	43	16
中山市	656	6	云浮市	37	17
惠州市	626	7	梅州市	37	17
珠海市	510	8	河源市	37	17
汕头市	451	9	汕尾市	32	20
肇庆市	241	10	阳江市	22	21
清远市	221	11			

截至2021年7月，广东省现代轻工纺织产业的有效发明专利共16998件。其中，高价值专利共12694件，占全国现代轻工纺织产业高价值专利总量（883263件）的1.4%，在国内31省市中仅次于江苏省，排名第二。在广东省现代轻工纺织产业高价值专利中，属于战略性新兴产业的有效发明专利共11716件，在海外有同族专利权的有效发明专利共1052件，维持年限超过10年的有效发明专利共2233件，有质押融资活动的有效发明专利共492件，获得中国专利奖的有效发明专利共80件。

横向对标北京市、上海市、江苏省、浙江省等国内重点省市，在现代轻工纺织产业高价值专利中，广东省在海外有同族专利权、获得中国专利奖的有效发明专利数量均在国内31省市中排名第一；属于战略性新兴产业、维持年限超过10年的有效发明专利数量在国内31省市中仅次于江苏省，排名第二；有质押融资活动的有效发明专利数量在国内31省市中仅次于浙江省，排名第二（见表18）。

表18　国内重点省市现代轻工纺织产业高价值专利数量分布情况对标比较

国内31省市排名	2	3	5	1	4
省市	广东省	北京市	上海市	江苏省	浙江省
属于战略性新兴产业的有效发明专利数量（件）	11716	8005	6517	12720	7813
国内31省市排名	1	3	4	2	5
省市	广东省	北京市	上海市	江苏省	浙江省
在海外有同族专利权的有效发明专利数量（件）	1052	646	429	811	297
国内31省市排名	2	3	4	1	5
省市	广东省	北京市	上海市	江苏省	浙江省
维持年限超过10年的有效发明专利数量（件）	2233	1879	1852	2390	1424
国内31省市排名	2	9	7	5	1
省市	广东省	北京市	上海市	江苏省	浙江省

续表

有质押融资活动的有效发明专利数量（件）	492	72	130	302	555
国内31省市排名	1	4	6	2	5
省市	广东省	北京市	上海市	江苏省	浙江省
获得中国专利奖的有效发明专利数量（件）	80	30	14	50	21

截至2021年7月，广东省现代轻工纺织产业创新企业发明专利申请公开量共41246件，占广东省现代轻工纺织产业发明专利申请公开总量（59020件）的69.9%；近五年复合增速为16.4%，高出全国现代轻工纺织产业创新企业发明专利申请公开量复合增速（1.1%）15.3个百分点（见图22）。发明专利申请活动较为活跃的企业包括金发科技股份有限公司（834件）、海洋王照明科技股份有限公司（759件）、比亚迪股份有限公司（676件）等。

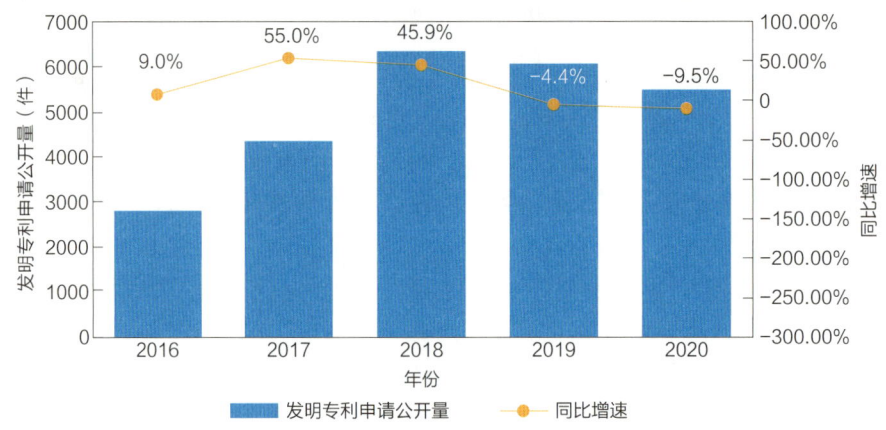

图22 广东省现代轻工纺织产业创新企业发明专利申请公开量增长趋势

截至2021年7月，广东省现代轻工纺织产业高校发明专利申请公开量共6555件，占广东省现代轻工纺织产业发明专利申请公开总量（41246件）的15.9%；近五年复合增速为17.0%，高出全国现代轻工纺织产业高校发明专利申请公开量复合增速（7.2%）9.8个百分点（见图23）。发明专利申请公开量较多的高校包括华南理工大学（2285件）、广东工业大学（743件）、中山大学（519件）等。

图23 广东省现代轻工纺织产业高校发明专利申请公开量增长趋势

截至 2021 年 7 月，广东省现代轻工纺织产业科研机构发明专利申请公开量共 1694 件，占广东省现代轻工纺织产业发明专利申请公开总量（41246 件）的 4.1%；近五年复合增速为 27.4%，高出全国现代轻工纺织产业科研机构发明专利申请公开量复合增速（8.2%）19.2 个百分点（见图 24）。发明专利申请公开量较多的科研机构包括深圳先进技术研究院（143 件）、中国科学院广州化学研究所（99 件）、中国科学院广州能源研究所（82 件）等。

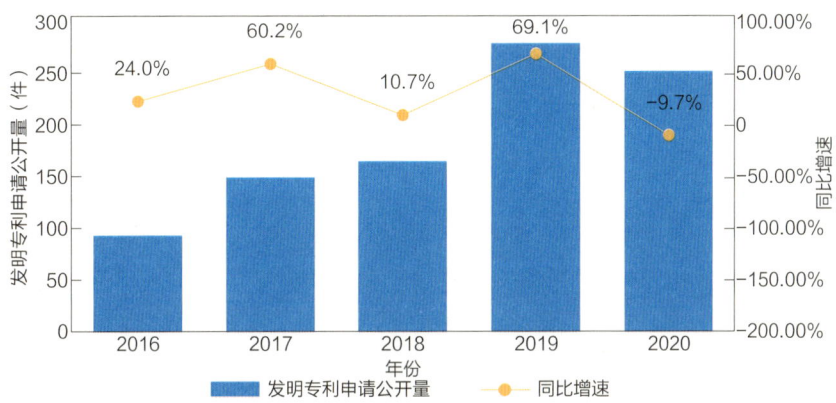

图 24　广东省现代轻工纺织产业科研机构发明专利申请公开量增长趋势

截至 2021 年 7 月，在现代轻工纺织产业中，广东省涉及产学研合作申请的专利共 1102 件，占全国现代轻工纺织产业涉及产学研合作申请专利总量（8782 件）的 12.5%，在国内 31 省市中排名第四。

从现代轻工纺织产业的各细分领域来看，广东省涉及产学研合作申请的专利主要分布在家具涂料领域，专利数量为 273 件。其次是原材料（塑料制品业）和原材料（金属制品业），专利数量分别为 207 件和 199 件（见图 25）。

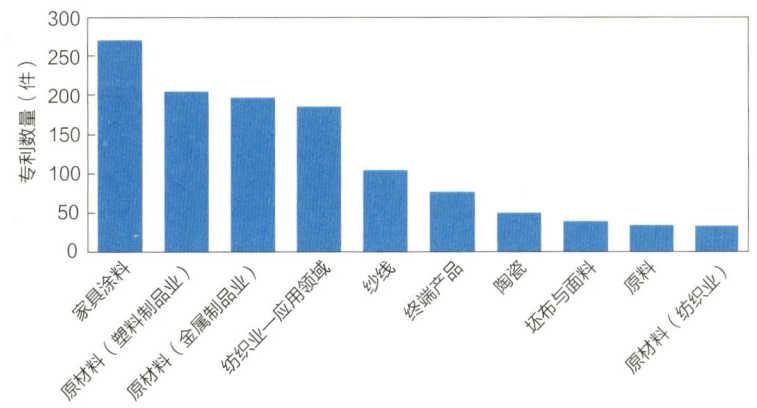

图 25　广东省现代轻工纺织产业产学研合作申请专利领域分布情况

从产学研合作的高校院所来看，华南理工大学、中山大学、华南农业大学、广东工业大学、暨南大学等在广东省现代轻工纺织产业中的产学研合作较为密切，涉及产学研合作申请的专利数量分别为 237 件、60 件、48 件、38 件、16 件（见表 19）。

表 19　广东省现代轻工纺织产业产学研合作重点高校院所清单

序号	高校院所	产学研合作申请的专利数量（件）
1	华南理工大学	237
2	中山大学	60
3	华南农业大学	48
4	广东工业大学	38
5	暨南大学	16

截至 2021 年 7 月，在现代轻工纺织产业中，国内 31 省市海外布局专利共 15310 件；其中，广东省海外布局专利共 4249 件，占国内 31 省市海外布局专利总量的 27.8%，在国内 31 省市中排名第一。广东省现代轻工纺织产业海外布局专利的区域主要包括美国（1023 件）、欧洲（334 件）和日本（280 件）等。

从现代轻工纺织产业的各细分领域来看，广东省海外布局专利主要分布在原材料（金属制品业）（1557 件）、原材料（塑料制品业）（957 件）、应用领域（449 件）等领域（见图 26）。

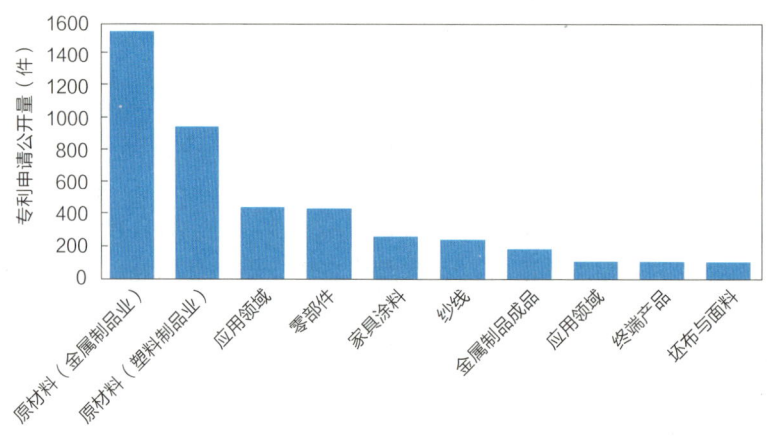

图 26　广东省现代轻工纺织产业海外布局专利领域分布情况

3.2.3　广东省创新人才

截至 2021 年 7 月，广东省现代轻工纺织产业有专利申请活动的创新人才共 104100 人，占国内 31 省市现代轻工纺织产业创新人才总量（837398 人）的 12.4%，在国内 31 省市中仅次于江苏省，排名第二。近五年广东省现代轻工纺织产业创新人才数量复合增速为 22.0%，高出国内 31 省市整体复合增速（17.3%）4.7 个百分点（见图 27）。

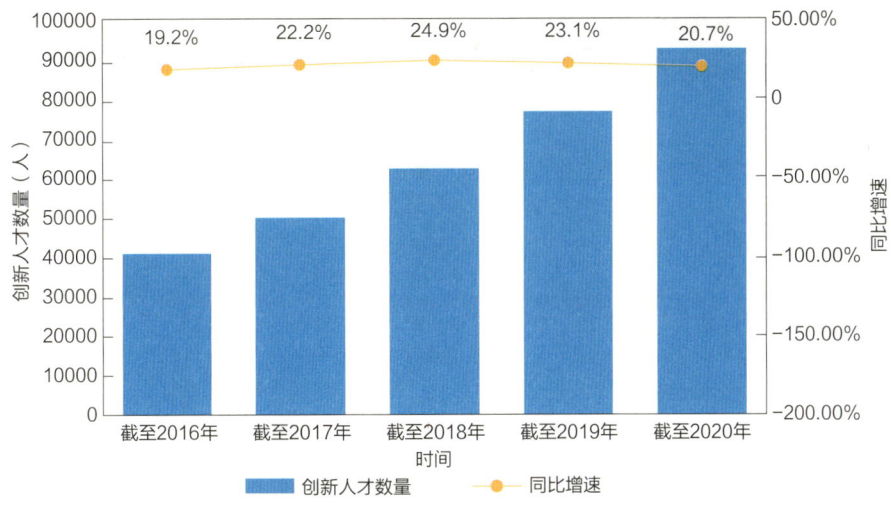

图 27 广东省现代轻工纺织产业创新人才数量增长趋势

从地域分布情况来看,截至 2021 年 7 月,广东省现代轻工纺织产业有专利申请活动的创新人才主要集中在珠三角地区。其中,创新人才数量排名前五位的地市依次为广州市(30939 人)、深圳市(22260 人)、佛山市(14077 人)、东莞市(11831 人)和中山市(4259 人)(见表 20)。

表 20 广东省各地市现代轻工纺织产业创新人才数量情况

地区	创新人才数量(人)	省内排名	地区	创新人才数量(人)	省内排名
广州市	30939	1	湛江市	1061	12
深圳市	22260	2	韶关市	842	13
佛山市	14077	3	潮州市	787	14
东莞市	11831	4	揭阳市	704	15
中山市	4259	5	茂名市	499	16
珠海市	3756	6	梅州市	451	17
江门市	3554	7	河源市	419	18
惠州市	3327	8	云浮市	338	19
汕头市	2122	9	阳江市	290	20
肇庆市	1481	10	汕尾市	213	21
清远市	1402	11			

截至 2021 年 7 月,在现代轻工纺织产业创新人才中,广东省共有国家高层次人才 3886 人,占广东省现代轻工纺织产业创新人才总量(104100 人)的 3.7%;技术高管 15993 人,占创新人才总量的 15.4%;科技企业家 10885 人,占创新人才总量的 10.5%。

横向对标北京市、上海市、江苏省、浙江省等国内重点省市,在现代轻工纺织产业创新人才中,广东省国家高层次人才数量在国内 31 省市中排名第四;技术高管、科技企业家数量均在国内 31 省市中仅次于江苏省,排名第二(见表 21)。

表 21　国内重点省市现代轻工纺织产业特色人才数量分布情况对标比较

国内 31 省市排名	4	1	3	2	5
省市	广东省	北京市	上海市	江苏省	浙江省
国家高层次人才数量（人）	3886	6120	3977	5648	3387
国内 31 省市排名	2	9	6	1	3
省市	广东省	北京市	上海市	江苏省	浙江省
技术高管数量（人）	15993	2364	4415	18584	14501
国内 31 省市排名	2	9	6	1	3
省市	广东省	北京市	上海市	江苏省	浙江省
科技企业家数量（人）	10885	2364	4415	18584	10014

从各机构类型创新人才数量分布情况来看，广东省现代轻工纺织产业企业的创新人才数量最多，共计 72230 人，占广东省现代轻工纺织产业创新人才总量（104100 人）的 69.4%。高校的创新人才数量位居其次，共计 13970 人，占广东省现代轻工纺织产业创新人才总量的 13.4%。科研机构的创新人才共计 4186 人，事业单位的创新人才共计 962 人，分别占广东省现代轻工纺织产业创新人才总量的 4.0% 和 0.9%（见图 28）。

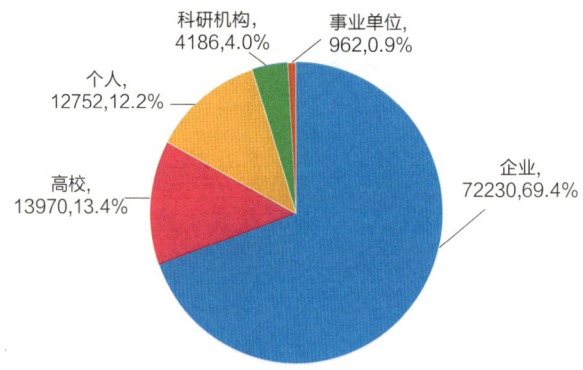

图 28　广东省现代轻工纺织产业各机构类型创新人才数量分布情况（单位：人）

3.3　广东省现代轻工纺织产业创新发展洞察

3.3.1　广东省产业链集聚结构

3.3.1.1　整体布局

广东省现代轻工纺织产业链覆盖全面，并且在现代轻工纺织产业的各领域，均具有较多的企业和人才，布局了一定数量的发明专利，整体来看，产业链布局合理。

综合发明专利授权量、创新企业数量、创新人才数量及各自在国内 31 省市中的排名情况来看，广东省在现代轻工纺织产业链中的家具业、日化业、陶瓷制品业领域优势明显，发明专利授权量、创新企业数量和创新人才数量均在国内 31 省市中排名第一。而在纺织业、造纸及纸制品业领域，发明专利授权数量、创新企业数量、创新人才数量均在国内 31 省市中排名相对靠后，需要进一步的提升（见表 22）。

表 22　广东省现代轻工纺织产业链创新要素情况

产业链二级	发明专利授权		创新企业		创新人才	
	数量（件）	国内 31 省市排名	数量（家）	国内 31 省市排名	数量（人）	国内 31 省市排名
纺织业	3883	4	4251	3	23879	3
制革业	529	2	818	3	3292	3
造纸及纸制品业	277	3	354	3	1607	4
家具业	4673	1	6450	1	27784	1
日化业	1340	1	1152	1	6502	1
塑料制品业	5866	2	7670	2	31516	2
陶瓷制品业	540	1	465	1	3344	1
金属制品业	4030	3	4338	2	22896	2

3.3.1.2　优势环节

综合广东省现代轻工纺织产业各细分领域发明专利授权量、创新企业数量、创新人才数量及各自在国内 31 省市的排名情况来看，广东省在纸制品、家具涂料、家居业—零部件、家具成品、日化业—原料、表面活性剂中间体、表面活性剂、日化业—终端产品、陶瓷、金属制品成品细分领域的发明专利授权量、创新企业数量、创新人才数量均在国内 31 省市中排名第一，优势明显。另外，广东省在原材料（塑料制品业）、塑料薄膜、塑料制品业—应用领域细分领域的发明专利授权量、创新企业数量、创新人才数量均在国内 31 省市中排名前二，也具备一定的优势（见表 23）。

表 23　广东省现代轻工纺织产业优势领域创新要素情况

细分领域 产业链三级	发明专利授权		创新企业		创新人才	
	数量（件）	国内排名	数量（家）	国内排名	数量（人）	国内排名
纸制品	31	1	155	1	391	1
家具涂料	3945	1	3747	1	17432	1
家居业—零部件	772	1	3269	1	11701	1
家具成品	157	1	1036	1	3125	1
日化业—原料	593	1	621	1	3164	1
表面活性剂中间体	124	1	164	1	880	1
表面活性剂	153	1	210	1	980	1
日化业—终端产品	1263	1	1110	1	6220	1
原材料（塑料制品业）	5771	2	7375	2	30281	2
塑料薄膜	180	2	522	2	1705	2

续表

细分领域	发明专利授权		创新企业		创新人才	
产业链三级	数量（件）	国内排名	数量（家）	国内排名	数量（人）	国内排名
塑料制品业—应用领域	633	1	1569	2	5505	2
陶瓷	540	1	465	1	3344	1
金属制品成品	452	1	1848	1	5944	1

3.3.1.3 潜力环节

综合广东省现代轻工纺织产业各细分领域发明专利申请公开量、创新企业数量、创新人才数量及各自的近五年复合增速来看，广东省在坯布与面料、皮革、皮革制品、塑料管材细分领域发明专利申请公开量的近五年复合增速均在14%以上，创新企业数量的近五年复合增速均在34%以上，创新人才数量的近五年复合增速均在23%以上，均高于广东省现代轻工纺织产业整体水平，表现出良好的发展势头，未来潜力较大。另外，虽然纺织业—应用领域的创新企业数量的近五年复合增速略低于广东省现代轻工纺织产业整体水平，但其发明专利申请公开量、创新人才数量的近五年复合增速均高于广东省现代轻工纺织产业整体水平，也具备一定的发展潜力（见表24）。

表24　广东省现代轻工纺织产业潜力领域创新要素情况

细分领域	发明专利申请公开		创新企业		创新人才	
产业链三级	数量（件）	复合增速	数量（家）	复合增速	数量（人）	复合增速
坯布与面料	2434	46.4%	1570	37.7%	5217	32.8%
纺织业—应用领域	6727	15.6%	2455	27.2%	16336	23.6%
皮革	819	14.5%	550	34.2%	1683	23.6%
皮革制品	678	23.6%	508	36.7%	1500	25.5%
塑料管材	1381	16.1%	2091	38.1%	5645	26.4%

3.3.1.4 薄弱环节

综合广东省现代轻工纺织产业各细分领域发明专利授权量、创新企业数量、创新人才数量及各自在国内31省市中的排名情况来看，广东省在纺织业—原材料、纱线、精密加工技术领域的发明专利授权量在国内31省市中的排名分别为第六、第五、第七，创新企业数量在国内31省市中的排名分别为第三、第三、第四，创新人才数量在国内31省市中的排名分别为第六、第五、第八。排名均相对靠后，因此纺织业—原材料、纱线、精密加工技术领域的技术还有待积累和发掘（见表25）。

表25　广东省现代轻工纺织产业薄弱领域创新要素情况

细分领域	发明专利授权		创新企业		创新人才	
产业链三级	数量（件）	国内排名	数量（家）	国内排名	数量（人）	国内排名
纺织业—原材料	375	6	557	3	2177	6
纱线	1261	5	1501	3	7006	5

续表

细分领域	发明专利授权		创新企业		创新人才	
产业链三级	数量（件）	国内排名	数量（家）	国内排名	数量（人）	国内排名
精密加工技术	43	7	88	4	324	8

3.3.1.5 风险环节

在新兴技术和新增需求的带动下，现代轻工纺织产业正处于新的发展阶段，中国市场地位突出，是国外公司专利布局的重点方向。通过分析国外在华发明专利申请公开量的增速，并结合国内外专利权人在华有效发明专利量的对比，有助于判断产业链各技术领域是否面临风险，具体分析模型为：

当某细分领域国外在华发明专利申请公开量的近五年复合增速大于或等于产业链整体国外在华发明专利申请公开量的近五年复合增速，或者某细分领域国外专利权人在华有效发明专利量大于该细分领域国内专利权人在华有效发明专利量时，则判定该细分领域为风险产业。

截至2021年7月，在现代轻工纺织产业中，国外在华发明专利申请公开量共90609件，占全国现代轻工纺织产业发明专利申请公开总量（588465件）的15.4%，近五年复合增速为0.5%，低于全国复合增速（1.4%）0.9个百分点。国外专利权人在华有效发明专利量为31944件，占全国现代轻工纺织产业有效发明专利总量（588465件）的5.4%。

从现代轻工纺织产业的各细分领域来看，纱线、坯布与面料、原材料（制革业）、皮革、皮革制品等细分领域国外在华发明专利申请公开量的近五年复合增速大于现代轻工纺织产业链整体国外在华发明专利申请公开量的近五年复合增速，属于风险细分领域。其中，家具成品细分领域国外专利权人在华有效发明专利量同时也大于该领域国内专利权人在华有效发明专利量，需要重点关注（见表26）。

表26 现代轻工纺织产业链风险领域分布情况

细分领域	细分领域国外在华发明专利申请公开量近五年复合增速		细分领域国外专利权人在华有效发明专利		风险领域
产业链三级	复合增速	大于或等于产业链整体国外在华发明专利申请公开量近五年复合增速	数量（件）	大于细分领域国内专利权人有效发明专利量	
纺织业-原材料	-2.1%	否	1135	否	否
纱线	2.3%	是	3694	否	是
坯布与面料	12.5%	是	156	否	是
纺织业-应用领域	-5.2%	否	1285	否	否
制革业-原材料	33.6%	是	72	否	是
皮革	10.9%	是	237	否	是
皮革制品	5.7%	是	165	否	是
纸浆	-15.5%	否	187	否	否
造纸	-14.0%	否	148	否	否

续表

细分领域	细分领域国外在华发明专利申请公开量近五年复合增速		细分领域国外专利权人在华有效发明专利		风险领域
产业链三级	复合增速	大于或等于产业链整体国外在华发明专利申请公开量近五年复合增速	数量（件）	大于细分领域国内专利权人有效发明专利量	
纸制品	24.6%	是	14	否	是
家具涂料	0.6%	是	3804	否	是
家具业 – 零部件	0.7%	是	1679	否	是
家具成品	5.1%	是	465	是	是
日化业 – 原料	0.3%	否	635	否	否
表面活性剂中间体	0.5%	否	362	否	否
表面活性剂	2.3%	是	238	否	是
日化业 – 终端产品	4.8%	是	2385	否	是
塑料制品业 – 原材料	–0.6%	否	10074	否	否
塑料薄膜	–15.1%	否	240	否	否
塑料管材	0.3%	否	572	否	否
塑料制品业 – 应用领域	–6.6%	否	1106	否	否
陶瓷	0	否	109	否	否
金属制品业 – 原材料	0.2%	否	8441	否	否
精密加工技术	3.7%	是	31	否	是
金属制品成品	–2.5%	否	660	否	否

3.3.2 广东省技术供应链分析

3.3.2.1 技术转移情况

截至 2021 年 7 月，在现代轻工纺织产业中，全国涉及转让的专利共 57906 件；其中，广东省涉及转让的专利共 11659 件，占全国涉及转让专利总量的 20.1%，在国内 31 省市中排名第二，排名第一的是江苏省（13086 件）。

从现代轻工纺织产业的各细分领域来看，广东省涉及转让的专利主要分布在原材料（塑料制品业）（3416 件）、家具涂料（1898 件）、原材料（金属制品业）（1419 件）等领域（见图 29）。

广东省现代轻工纺织产业专利统计分析报告

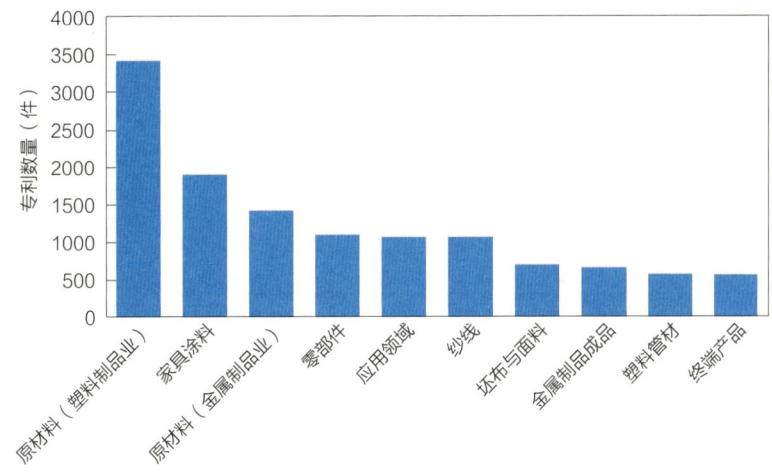

图 29　广东省现代轻工纺织产业涉及转让专利领域分布情况

广东省现代轻工纺织产业的专利转让活动主要发生在省内，共涉及专利 5757 件。在与外地进行的专利转让活动方面，广东省向外地转让的专利共 2775 件，转让专利的受让人主要分布在江苏省（629 件）、浙江省（433 件）、安徽省（225 件）；广东省从外地受让的专利共 4384 件，受让专利的转让人主要分布在浙江省（935 件）、江苏省（802 件）、安徽省（437 件）（见图 30）。

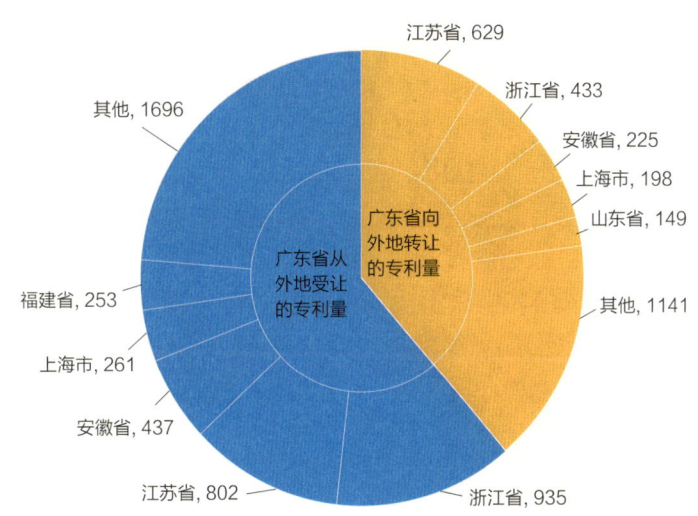

图 30　广东省现代轻工纺织产业与外地进行专利转让活动情况（单位：件）

3.3.2.2　专利许可情况

截至 2021 年 7 月，在现代轻工纺织产业中，全国涉及许可的专利共 5495 件；其中，广东省涉及许可的专利共 1123 件，占全国涉及许可专利总量的 20.4%，在国内 31 省市中排名第二，排名第一的是江苏省（1409 件）。

从现代轻工纺织产业的各细分领域来看，广东省涉及许可的专利主要分布在原材料（塑料制品业）（336 件）、家具涂料（220 件）、零部件（173 件）等领域（见图 31）。

769

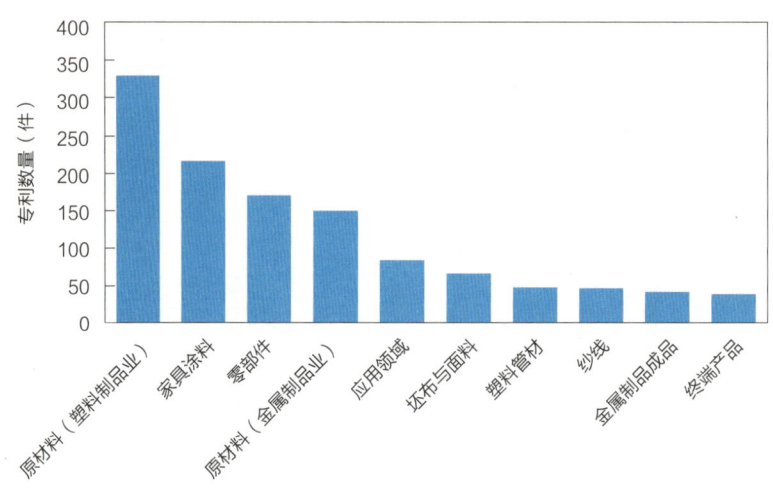

图 31　广东省现代轻工纺织产业涉及许可专利领域分布情况

广东省现代轻工纺织产业的专利许可活动主要发生在省内，共涉及专利 684 件。在与外地进行的专利许可活动方面，广东省对外地许可的专利共 163 件，许可专利的被许可人主要分布在江苏省（20 件）、四川省（14 件）、山东省（14 件）；广东省被外地许可的专利共 286 件，被许可专利的许可人主要分布在国外（60 件）、上海市（33 件）、北京市（27 件）（见图 32）。

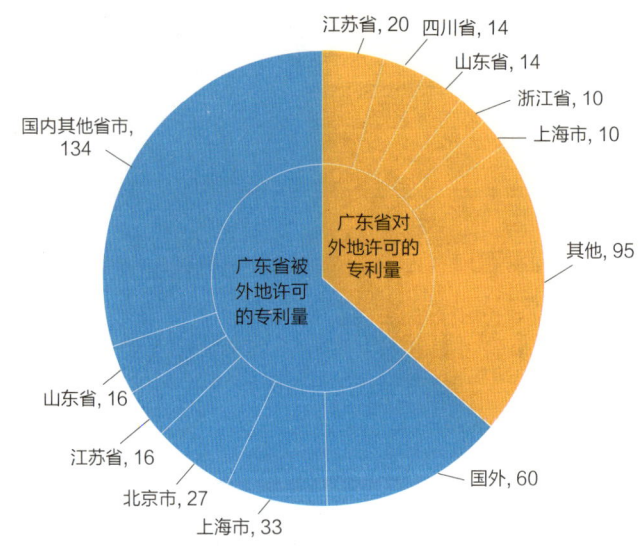

图 32　广东省现代轻工纺织产业与外地进行专利许可活动情况（单位：件）

3.3.2.3　专利质押情况

截至 2021 年 7 月，在现代轻工纺织产业中，全国涉及质押的专利共 5505 件；其中，广东省涉及质押的专利共 938 件，占全国涉及质押的专利总量的 17.0%，在国内 31 省市中排名第二，排名第一的是浙江省（1070 件）。

从现代轻工纺织产业的各细分领域来看，广东省涉及质押的专利主要分布在原材料（塑料制品业）（407 件）、家具涂料（151 件）、原材料（金属制品业）（93 件）等领域（见图 33）。

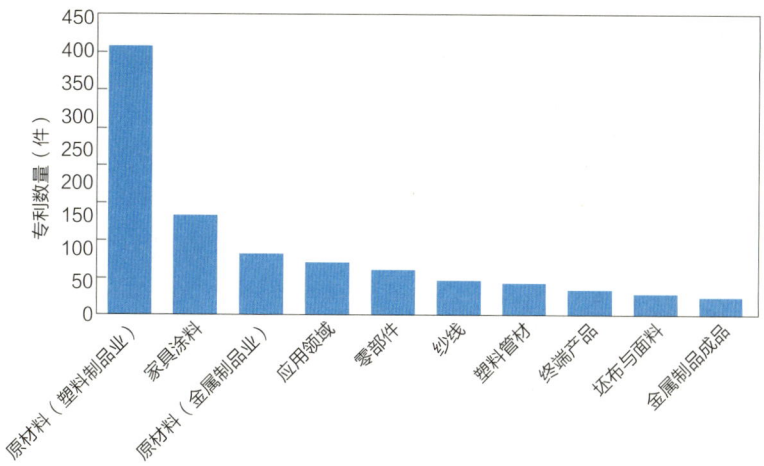

图33　广东省现代轻工纺织产业涉及质押专利领域分布情况

第4章 广东省现代轻工纺织产业创新发展路径建议

广东省现代轻工纺织产业基础较好，是全球主要的轻工纺织生产基地之一，在珠三角、东西两翼形成了一批特色产业集群，其中服装、皮具、家具、造纸及纸制品、珠宝首饰、玩具、乐器、日化产品、塑料制品、陶瓷、金属制品等产品产量居全国第一，具有较强的国际竞争力。行业龙头纷纷抢占产业技术制高点，产业链上下游的企业正加速在现代轻工纺织产业的技术布局，集聚了雄厚的技术实力。同时，广东省汇聚了大量现代轻工纺织领域的高端人才，以华南理工大学、广东工业大学、中国科学院深圳先进技术研究院等为代表的高校院所为本地提供了丰富的产学研资源，这些得天独厚的条件都将加速广东省现代轻工纺织产业的发展。广东省雄厚丰沛的企业、人才资源为广东省发展现代轻工纺织产业提供了"常量"，而与文化旅游、休闲娱乐、商贸展销、先进制造、节能环保等领域的融合，是带动现代轻工纺织产业发展取得突破的关键"变量"。广东省应稳住常量，抓好变量，把握现代轻工纺织产业发展的战略性机遇，推动现代轻工纺织产业快速发展，逐步形成具有国际竞争力的现代轻工纺织产业集群。

4.1 产业布局优化路径

以"固链、强链、补链、延链"为重点，以提升区域产业技术创新能力和核心竞争力为目标，基于知识产权大数据情报分析，对产业链的构成和产业融合载体分布情况进行梳理，引导创新资源向产业链上下游集聚，打造现代轻工纺织产业发展高地。对于本地产业优势细分领域，主要通过研发创新、核心技术攻关、专利布局以及技术合作等手段巩固区域产业优势。对于本地产业链劣势环节，可考虑结合政策驱动、人才引进、对外合作等加以提升。

首先，实施固链工程。广东省现代轻工纺织产业基础设施完善、产业链覆盖全面，产业链整体保持较快增长。建议广东省继续保持区域产业优势，在纸制品、家具涂料、家居业—零部件、家具成品、日化业—原料、表面活性剂中间体、表面活性剂、日化业—终端产品、塑料制品业—原材料、塑料薄膜、塑料制品业—应用领域、陶瓷、金属制品成品等产业环节不断有所突破，抢占产业技术高地和话语权。同时，借助"一带一路"倡议及粤港澳大湾区建设契机,积极引导优势企业整合全球资源,加强国际先进技术、项目和人才引进力度。

其次,实施强链工程。继续增强坯布与面料、纺织业—应用领域、皮革、皮革制品、塑料管材等产业潜力环节,加大扶持力度,不断提升广东省现代轻工纺织产业的竞争实力。

再次,实施补链工程。针对广东省现代轻工纺织产业的薄弱环节,在纺织业—原材料、纱线、精密加工技术等领域加大研发投入,强化专利布局,补齐区域短板。

最后,实施延链工程。进一步加深与文化旅游、休闲娱乐、商贸展销等产业的结合,突破应用场景瓶颈,延展产业链条,扩大产业规模。

培育优质平台型企业,做大做强龙头企业,支持成长型企业。构建以链主企业引领、大中小企业融通发展的产业形态。鼓励省内龙头骨干企业对标国际一流企业,加强技术研发、人才引进和重大研发平台建设,提升核心竞争力,引领产业集群式发展。针对具有较好成长潜力的中小企业,可从政策、税收、知识产权等方面予以支持,加快它们的成长速度,鼓励中小企业专注于特定细分产品市场、技术领域和客户需求,打造一批"专精特新"的"小巨人""单项冠军"和"瞪羚"企业。

实施创新驱动发展战略的根本在于增强自主创新能力,人才是创新的根基,创新驱动实质上是人才驱动,科技创新最重要、最核心、最根本的是人才问题。只有拥有一流的创新人才,才能产生一流的创新成果,才能拥有创新的主导权。企业最具有创新能力的核心人员一般占研发人员的2%,也就是说这2%的核心人员是引领推动产业发展的"关键少数",是全球现代轻工纺织产业角逐的焦点。建议广东省人才工作要进一步聚焦到"2%"高端人才层面,建立起"引""稳""培""鉴"相结合的人才培养机制,打造创新人才高地。

一是"引",在人才引进中加强行业领军人才、技术高管及科技企业家等人才的引进力度;二是"稳",加强人才大数据的建设与运用水平,构建现代轻工纺织产业创新人才数据库,实时监测广东省高层次人才发展动态,稳定核心技术人才,减少高端人才外流;三是"培",深化产教融合,加强现代轻工纺织专业学科建设,依托重点高校、研究机构等创新载体,推动现代轻工纺织领域高端人才及团队的引进和聚集,推动职业院校与企业合作,鼓励骨干企业与高等院校开展协同育人;四是"鉴",有效利用知识产权大数据建立发现高端科技人才、评价人才和跟踪人才机制,绘制全球高端人才图谱,落实人才引进中的知识产权评价和鉴定机制。

4.2 知识产权工作建议

建设一批纺织、化妆品等行业联合技术创新载体,创建纺织服装用新材料等公共实验室,支持纺织服装创意设计园区、特色小镇、白云美湾等集聚创新要素,高标准建设绿色功能日化产品、鞋履产业智能化等创新中心。实施技术攻关,通过与国际领先产品的对比研究,找准短板,加强基础技术研究,突破关键共性技术。加强与省内的华南理工大学、省外的东华大学等优势高校的产学研合作,组成产业技术创新联盟,共同开展关键共性技术研发、应用基础与前沿技术研究，突破国外相关领域的技术垄断。

开展轻工纺织产业集群专利导航，建立细分领域专利数据库，优先审查关键技术发明专利，支持开展轻工纺织关键核心技术高价值专利培育布局，培育功能性高性能纤维、高性能塑料新材料、新一代制浆、造纸纤维原料高效利用、玩具智能化等高价值专利。加大在关键原材料、核心工艺、装备、关键零部件等核心技术领域的专利布局力度，提升现代轻工纺织产业发明专利申请质量。实施技术标准战略，抢占制高点，引领产业发展，鼓励现代轻工纺织企业加大标准必要专利的布局申请力度，提升产业竞争力。

建议打造现代轻工纺织领域的以知识产权数据为核心价值导向的产业知识产权运营平台，建设知识产权要素齐全、高技术产业创新生态健全、"知识产权＋产业＋资本＋机构＋人才"一体化融合发展的国家级产业知识产权运营平台，成为引领区域产业创新发展的重要智库力量；建设形成技术、资本、人才等要素精准对接、智能匹配的知识产权要素市场，形成若干细分领域专利池、专利组合运营资产，使许可、交易、转让的专利运营业态活跃，促进高校院所知识产权运营和科技成果转化；投资、孵化一批区域重点产业高价值专利项目，引进一批拥有核心专利技术的高端人才创业项目，涌现一大批具有核心专利竞争力的科创企业，护航区域科创企业上市发展，导航区域产业高质量发展。

建立专利预警机制，建议广东省在纱线、坯布与面料、制革业—原材料、皮革、纸制品、家具涂料、家具业—零部件、家具成品、表面活性剂、日化业—终端产品、精密加工技术等产业链风险环节，加大专利布局力度，加强技术积累和挖掘，坚持创新导向和质量导向，提高专利布局数量。同时，作为我国外贸第一大省，广东省尤其还应注重知识产权的海外布局工作，建议企业在"走出去"的过程中，可根据经营业务范围在海外潜在市场围绕自身的优势技术，进行多角度、多层次的知识产权布局，支持企业开展专利海外布局和商标、工业品外观设计国际注册。加强企业商标品牌培育，鼓励中小企业培育和优化商标品牌。支持企业实施品牌多元化、系列化国家化发展战略，建立品牌管理体系。大力发展地理标志保护产品和生态原产地保护产品，扶持一批品牌培育和运营专业机构，打造一批企业品牌和产业集群区域品牌。鼓励打造区域品牌，加强行业集体商标、证明商标注册管理。

广东省新能源产业专利统计分析报告

广东省知识产权保护中心
2021 年 12 月

目 录

第1章 引言　　// 782

1.1　项目背景　　// 782
1.2　产业链分类　　// 783

第2章 新能源产业发展态势　　// 784

2.1　全球新能源产业发展现状　　// 784
 2.1.1　全球新能源产业发展概况　　// 784
 2.1.2　中国新能源产业发展概况　　// 785
2.2　中国新能源产业政策环境　　// 787
2.3　中国新能源产业创新发展态势　　// 788
 2.3.1　中国创新企业　　// 788
 2.3.2　中国专利布局　　// 791
 2.3.3　中国创新人才　　// 796
2.4　中国新能源产业热点及重点技术创新方向　　// 799

C O N T E N T S

第3章 广东省新能源产业创新发展定位与洞察　　// 802

3.1　广东省新能源产业政策导向　　// 802
3.2　广东省新能源产业创新发展定位　　// 803
3.2.1　广东省创新企业　　// 803
3.2.2　广东省专利布局　　// 805
3.2.3　广东省创新人才　　// 811

3.3　广东省新能源产业创新发展洞察　　// 813
3.3.1　广东省产业链集聚结构　　// 813
3.3.2　广东省技术供应链分析　　// 816

第4章 广东省新能源产业创新发展路径建议　　// 819

4.1　产业布局优化路径　　// 819
4.2　知识产权工作建议　　// 820

图目录

图 1　新能源产业结构 ··· 783
图 2　国内 31 省市新能源产业创新企业数量增长趋势 ··· 788
图 3　中国新能源产业特色企业数量分布情况（单位：家） ··· 790
图 4　中国新能源产业重点企业专利技术布局情况 ··· 790
图 5　中国新能源产业专利申请公开量增长趋势 ·· 791
图 6　中国新能源产业发明专利申请公开量增长趋势 ·· 792
图 7　国内 31 省市新能源产业高价值专利数量分布情况 ·· 793
图 8　国内 31 省市新能源产业创新企业发明专利申请公开量增长趋势 ··································· 794
图 9　国内 31 省市新能源产业高校发明专利申请公开量增长趋势 ··· 794
图 10　国内 31 省市新能源产业科研机构发明专利申请公开量增长趋势 ·································· 795
图 11　国内 31 省市新能源产业产学研合作申请专利数量分布情况 ······································· 795
图 12　中国新能源产业产学研合作申请专利领域分布情况 ··· 796
图 13　国内 31 省市新能源产业创新人才数量增长趋势 ··· 797
图 14　中国新能源产业特色人才数据分布情况（单位：人） ··· 798
图 15　国内 31 省市新能源产业各机构类型创新人才数量分布情况（单位：人） ······················ 799

图 16　广东省新能源产业创新企业数量增长趋势 …………………………………… 804
图 17　广东省新能源产业专利申请公开量增长趋势 ………………………………… 806
图 18　广东省新能源产业发明专利申请公开量增长趋势 …………………………… 806
图 19　广东省新能源产业创新企业发明专利申请公开量增长趋势 ………………… 808
图 20　广东省新能源产业高校发明专利申请公开量增长趋势 ……………………… 809
图 21　广东省新能源产业科研机构发明专利申请公开量增长趋势 ………………… 809
图 22　广东省新能源产业产学研合作申请专利领域分布情况 ……………………… 810
图 23　广东省新能源产业海外布局专利领域分布情况 ……………………………… 811
图 24　广东省新能源产业创新人才数量增长趋势 …………………………………… 811
图 25　广东省新能源产业各机构类型创新人才数量分布情况（单位：人）……… 813
图 26　广东省新能源产业涉及转让专利领域分布情况 ……………………………… 816
图 27　广东省新能源产业与外地进行专利转让活动情况（单位：件）…………… 817
图 28　广东省新能源产业涉及许可专利领域分布情况 ……………………………… 817
图 29　广东省新能源产业与外地进行专利许可活动情况（单位：件）…………… 818
图 30　广东省新能源产业涉及质押专利领域分布情况 ……………………………… 818

表目录

- 表 1　我国新能源产业部分相关政策 ……… 787
- 表 2　国内 31 省市新能源产业创新企业数量分布情况 ……… 789
- 表 3　国内 31 省市新能源产业发明专利授权量分布情况 ……… 792
- 表 4　中国新能源产业产学研合作重点高校院所清单 ……… 796
- 表 5　国内 31 省市新能源产业创新人才数量分布情况 ……… 797
- 表 6　国内 31 省市新能源产业链创新要素情况 ……… 799
- 表 7　国内 31 省市新能源产业链核电领域创新要素情况 ……… 800
- 表 8　国内 31 省市新能源产业链风能领域创新要素情况 ……… 800
- 表 9　国内 31 省市新能源产业链太阳能领域创新要素情况 ……… 800
- 表 10　国内 31 省市新能源产业链生物质能及其他新能源领域创新要素情况 ……… 801
- 表 11　国内 31 省市新能源产业链智能电网领域创新要素情况 ……… 801
- 表 12　广东省新能源产业部分相关政策 ……… 802

表 13	广东省各地市新能源产业创新企业数量情况	804
表 14	国内重点省市新能源产业特色企业数量分布情况对标比较	805
表 15	广东省各地市新能源产业发明专利授权量情况	807
表 16	国内重点省市新能源产业高价值专利数量分布情况对标比较	807
表 17	广东省新能源产业产学研合作重点高校院所清单	810
表 18	广东省各地市新能源产业创新人才数量情况	812
表 19	国内重点省市新能源产业特色人才数量分布情况对标比较	812
表 20	广东省新能源产业链创新要素情况	813
表 21	广东省新能源产业优势领域创新要素情况	814
表 22	广东省新能源产业潜力领域创新要素情况	814
表 23	广东省新能源产业薄弱领域创新要素情况	814
表 24	新能源产业链风险领域分布情况	815

第 1 章 引言

1.1 项目背景

2021年3月,《中华人民共和国国民经济和社会发展第十四个五年规划和2035年远景目标纲要》围绕"发展壮大战略性新兴产业"进行了专章论述,指出要着眼于抢占未来产业发展先机,培育先导性和支柱性产业,推动战略性新兴产业融合化、集群化、生态化发展,战略性新兴产业增加值占GDP比重超过17%。2021年9月,中共中央、国务院印发《知识产权强国建设纲要(2021—2035年)》,在"建设激励创新发展的知识产权市场运行机制"部分,明确要大力推动专利导航在传统优势产业、战略性新兴产业、未来产业发展中的应用。

习近平总书记对广东制造业发展高度重视、寄予厚望,明确要求广东加快推动制造业转型升级,建设世界级先进制造业集群。2020年5月,广东省人民政府出台《关于培育发展战略性支柱产业集群和战略性新兴产业集群的意见》,并进一步制订了20个战略性产业集群行动计划,最终形成"1+20"的政策体系,旨在推动广东省产业链、创新链、人才链、资金链、政策链相互贯通,加快建立具有国际竞争力的现代化产业体系。2021年4月,《广东省国民经济和社会发展第十四个五年规划和2035年远景目标纲要》在"总体要求"中提出,改造提升传统产业,做大做强战略性支柱产业,培育发展战略性新兴产业,加快发展现代服务业,推动产业基础高级化和产业链供应链现代化,提高产业现代化水平,打造新兴产业重要策源地、先进制造业和现代服务业基地,推动建设更具国际竞争力的现代产业体系。

针对"新能源产业",广东省发展和改革委员会等六部门于2020年9月印发了《广东省培育新能源战略性新兴产业集群行动计划(2021—2025年)》,提出大力发展先进核能、海上风电、太阳能等优势产业,加快培育氢能、储能、智慧能源等新兴产业,建设沿海新能源产业带和省内差异布局的产业集聚区,助推能源清洁低碳化转型,到2025年,全省非化石能源消费约占全省能源消费总量的30%,形成国内领先、世界一流的新能源产业集群。

为深入贯彻习近平新时代中国特色社会主义思想和党的十九大精神,认真落实中共中央、国务院关于发展壮大战略性新兴产业和知识产权强国建设及省委、省政府关于推进制造强省建设的工作部署,按照《广东省人民政府关于培育发展战略性支柱产业集群和战略性新兴产业集群的意见》《广东省培育新能源战略性新兴产业集群行动计划(2021—2025

年)》的工作安排，加快发展新能源战略性新兴产业集群，促进产业迈向全球价值链高端，开展新能源产业专利分析研究工作。基于产业专利导航创新决策理念，紧扣产业分析和专利分析两条主线，将专利信息与产业现状、发展趋势、政策环境、市场竞争等信息深度融合，基于知识产权产业金融大数据，深入研究广东省新能源产业发展现状，明晰产业发展方向，找准区域产业定位，分析存在制约发展的瓶颈问题和制度障碍，指出优化产业创新资源配置的具体路径，提出适用于本区域产业创新发展的相关建议，为广东省新能源产业发展规划、招商引资、人才引进等提供决策支撑。

1.2　产业链分类

新能源产业分为五大领域，包括核电、风能、太阳能、生物质能及其他新能源、智能电网。进一步将新能源产业分为多个相关的三级分支：核电主要涉及核燃料加工及设备、核电装备制造、核电运营维护；风能主要涉及风能发电机装备及零部件制造、风能发电其他相关装备及材料、风能发电运营维护；太阳能主要涉及太阳能产品和生产装备制造、太阳能材料制造、太阳能发电运营维护；生物质能及其他新能源主要涉及生物质能及其他新能源设备制造、生物质能发电、生物质供热、生物质燃气；智能电网主要涉及智能电力控制设备及电缆制造、电力电子基础元器件制造、智能电网输送与配电（见图1）。

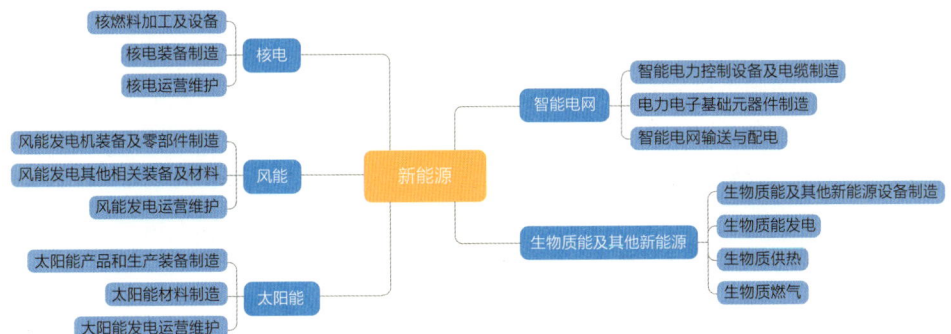

图1　新能源产业结构

第 2 章　新能源产业发展态势

2.1　全球新能源产业发展现状

2.1.1　全球新能源产业发展概况

国际新能源产业分工逐步深化。目前发达国家在新能源产业国际分工中处于主导地位，掌控着行业的核心技术，而中国、巴西、印度等新兴经济体正凭借其在价格和规模方面的优势形成追赶之势，并将改变全球新能源生产、出口和消费市场结构。但这些新兴经济体参与国际分工的接点主要集中于能耗高、环境污染严重、劳动力相对密集的制造环节，继续充当部分新能源产品和设备"世界制造工厂"的角色。

全球新能源行业整合加快，跨国并购增多，国际竞争加剧。随着新能源产业技术的逐步成熟和需求的增长，全球新能源产业技术扩散加快。例如光伏产业，欧美国家虽仍具有技术优势，但除在薄膜电池和硅材料制备方面处于垄断地位之外，行业的大多数技术已进入开放状态。技术扩散带动了新能源产业的国际化发展，越来越多国家和地区的企业加入到新能源产业链中，导致的结果就是：一方面，竞争加剧，产业链各环节成本和利润水平大幅降低，新能源产业整合的力度加快；另一方面，为跨国并购提供了机遇，新能源产业逐渐成为跨国并购的热点领域。❶

21 世纪以来，全球新能源产业发展迅猛，2019 年，世界新能源消费达到 28.98 艾焦耳（EJ），是 2004 年的 7.5 倍，全球占比从不到 1% 迅速上升至 5%，不同地区新能源消费均稳定上升；从增速上来看，亚太及非洲地区始终保持最高增速；从消费量上看，亚太地区新能源消费在其所有能源消费中的占比与欧美地区相比仍有较大差距，预计 2020 年后将仍是该领域的增长主力。❷

国家层面，各国新能源发展水平差距较大。2019 年，新能源消费在所有能源中所占比重最高的葡萄牙、芬兰、德国和瑞典均已超过 16%，阿曼、乌兹别克斯坦等国却不到 0.1%。从占比上看，以德国为代表的欧洲国家新能源发展水平最高。经济体量最大的美国的新能源消费量曾经最高，但 2018 年中国的消费量已经超越美国跃居世界第一。以印度为代表的其他发展中国家则仍处在能源转型初期，消费量与占比都比较低。以俄罗斯为代表的资源型国家目前尚无大规模发展新能源的动向。

---

❶ 资料来源：刘满平《新能源产业的六大挑战和八大趋势》。
❷ 资料来源：伍叶露、邵万钦《全球新能源投资情况及影响因素分析》。

从典型国家的能源供应与消费结构来看,德国新能源产量在其国内能源生产中的占比已经超过50%。美国化石能源的消费量虽然较欧洲国家略高,但占比仍然低于发展中国家。印度的能源消费结构最为传统,新能源仅占3.5%。俄罗斯2019年生产的能源半数用于出口,国内能源消费以油气为主,新能源产量与消费量极低。❶

全球新能源技术正处于加速发展期,科研界对新能源的关注度持续升温,从20年时间尺度看,太阳能等领域受到更广泛、持续的关注。电池储能技术、太阳能光伏技术、太阳能燃料技术、制氢技术、能源互联网架构和核心装备技术等显示出较好的发展前景,主要集中在太阳能、氢能和能源互联网等领域。全球不同新能源技术领域关注和聚焦的研究方向如下:

1)生物质能研究主要关注木质素热解、催化剂、预处理、微藻生物燃料、生物精炼等方向。

2)地热能研究热点方向包括增强型地热系统(EGS)、地热系统数值模拟、地热钻井技术等。

3)氢能研究主要关注非贵金属催化剂、金属有机框架材料、钴基催化剂、双功能催化剂等领域。

4)核能研究主要的关注点包括核废料处理技术、核电站安全技术、耐辐照材料、磁约束核聚变、惯性约束核聚变等。

5)太阳能研究重点关注方向包括钙钛矿太阳能电池、叠层太阳能电池、太阳能光催化制氢、催化剂、半导体电极等。

6)能源互联网研究重点关注智慧能源系统、大数据、智慧家居能源管理系统、需求响应等方向。

7)风能研究的主要热点方向包括高功率能量转换器、风力涡轮机、风电数值模拟、风电高比例稳定并网等。

综合新能源八个技术领域的活跃度和影响力来看,美国、中国和德国在所有技术领域中都入围了前六,反映出这些国家在新能源领域的全面布局和强劲研究实力。❷

2.1.2 中国新能源产业发展概况

回顾我国新能源产业发展历程,大致可划分为三个阶段:

第一阶段,新能源早期发展阶段(1949—1990年)。这一阶段特点是新能源开发利用还没有发展到商业阶段,尚未形成产业。从统计数据来看,商品化新能源占终端能源消费比重为零,大多数技术还处在初级研发阶段。

第二阶段,新能源产业快速发展阶段(1991—2010年)。在国家产业政策作用下,新能源产业发展进入快速发展轨道,并出现三个重要的变化:新能源利用从农村扩展到城镇,设备从小型向大中型发展、从研究开发走向市场化和产业化、从着眼于在增加能源供应转向将改善环境作为主要目标。这一阶段新能源开发利用量从1990年60万吨标煤增加

---

❶ 资料来源:伍叶露、邵万钦《全球新能源投资情况及影响因素分析》。

❷ 资料来源:中国科学院《新能源技术研究的机遇与挑战》。

到 2010 年 3260 万吨标煤。风光等新能源已经有了较强的产业基础，成为世界最大整机制造、光伏组件制造国家，且在技术领域取得较大进步。

第三阶段，新能源产业高速发展阶段（2011 年至今）。"十二五"以来，在市场环境、政策环境以及国际气候环境驱动下，我国新能源产业进入高速发展阶段。这一阶段，新能源产业发展的特点主要是：形成了支持新能源快速发展的政策体系；新能源装备制造能力位居世界前列，关键技术取得了突破；虽然一度因发展过快忽略消纳，出现弃风弃光以及装备制造业产能过剩现象，但随后在产业政策作用下，逐步有所改善。❶

我国目前已经形成了涵盖研发、制造、设计、施工、运行等各环节的新能源全产业链。国际竞争力不断增强，风机设备和多晶硅、硅片、光伏电池生产规模均居世界第一。主要优势技术在产业链的应用如下：

1）风电装备制造技术中，低风速、高海拔风电技术取得突破性进展。海上风电装备基本具备国产化能力。中小型风电技术自主国产化，处于世界领先水平。

2）光伏发电技术中，晶体硅太阳能电池产业技术在国际市场具有很强的竞争力，除个别高效电池生产用等 PECVD 设备、硼扩散设备等设备外，光伏制造的整套生产线均已实现国产化。

3）生物质能利用技术中，生物质发电关键设备均已实现国产化；生物质成型燃料压缩转换技术达到国际先进水平。生物质沼气工程转向规模化与高值化开发利用。生物质直燃锅炉、垃圾焚烧锅炉、汽轮发电机组、秸秆燃料成型机等主要设备实现国产化，并且出口国际市场。

4）地热能勘探技术中，热泵技术发展形成适合中国国情的大型地源热泵、高温热泵和多功能热泵系统，主要技术与装备已基本实现国产化。地热尾水回灌技术取得一定进展，岩溶型热储的尾水同层密闭回灌技术较为成熟。❷

2020 年，我国新能源新增装机容量 1.2 亿千瓦，同比增加 6377 万千瓦。截至 2020 年年底，我国新能源装机容量达 5.3 亿千瓦。"十三五"期间，我国新能源累计新增 3.6 亿千瓦，年均增长超过 7000 万千瓦，是"十二五"的 2.5 倍；风电装机容量 2.8 亿千瓦，占全国总装机容量的 13%。"十三五"期间，我国风电累计新增 1.5 亿千瓦，是"十二五"的 1.5 倍；太阳能发电装机容量 2.5 亿千瓦，占全国总装机容量的 12%。"十三五"期间，我国太阳能发电累计新增 2.1 亿千瓦，是"十二五"的 5 倍多。

从未来发展趋势看，预测"十四五"和相当长的一段时期，我国新能源仍将保持高速增长态势。到 2025 年，国家电网经营区新能源装机容量将达到 7.5 亿千瓦；到 2035 年，装机总量将达到 20.3 亿千瓦。从占比来看，2025 年新能源装机占比将达到 36%，到 2035 年达到 61%，超越火电成为绝对的主力电源。2020—2025 年，国家电网经营区内新能源年均新增装机在 6000 万千瓦以上，而 2025—2035 年将达到 1.2 亿千瓦。❸

新能源国内区域发展特点明显。政策和资源是影响我国新能源产业布局的重要因素。

---

❶ 资料来源：王蕾《新能源产业发展回顾与展望》。
❷ 资料来源：王蕾《新能源产业发展回顾与展望》。
❸ 资料来源：《国家电网有限公司服务新能源发展报告 2021》。

在区域政策和资源影响下,我国新能源产业集聚特征显现,已初步形成以环渤海、长三角、西南、西北等为核心的新能源产业集聚区。依托区域产业政策、资源禀赋和产业基础,各集聚区新能源产业发展迅速,特色明显。其中,长三角地区是我国新能源产业发展的高地,聚集了全国约 1/3 的新能源产能;环渤海地区是我国新能源产业重要的研发和装备制造基地;西北地区是我国重要的新能源项目建设基地;西南地区是我国重要的硅材料基地和核电装备制造基地。❶

中国目前新能源占比仍然低于世界平均水平,短期来看,接下来仍将保持高于平均水平的增长态势,带动全球新能源的发展。在国际能源署的预测中,在既定政策和可持续发展情景下,中国都将领跑全球新能源发展。2020 年后的 5 年,中国将贡献全球新能源增长份额的 40%,到 2040 年,中国的新增发电量将有 80% 由新能源提供,比全球平均水平高出 13 个百分点。❷

2.2 中国新能源产业政策环境

2015 年以来,随着技术进步和政府对新能源产业的支持,国家对新能源的补贴力度加大,风电、光伏行业蓬勃发展。2017 年,习近平主席在党的十九大报告中指出,必须树立和践行绿水青山就是金山银山的理念,坚持节约资源和保护环境的基本国策。我国新能源产业部分相关政策详见表 1。

表 1 我国新能源产业部分相关政策

时间	发布部门	文件	相关内容
2016 年	发改委	《可再生能源发电全额保障性收购管理办法》	电网企业(含电力调度机构)在确保供电安全的前提下,全额收购规划范围内的可再生能源发电项目的上网电量
2016 年	发改委、能源局	《电力发展"十三五"规划(2016—2020 年)》	"十三五"期间,风电新增投产 0.79 亿千瓦以上,太阳能发电新增投产 0.68 亿千瓦以上。2020 年,全国风电装机达到 2.1 亿千瓦以上;太阳能发电装机达到 1.1 亿千瓦以上
2017 年	发改委、能源局	《关于印发能源发展"十三五"规划的通知》	完善配套市场交易和价格机制,开展风光水火储互补系统一体化运行示范,提升可再生能源发电就地消纳能力
2017 年	国务院	《政府工作报告》	抓紧解决机制和技术问题,优先保障清洁能源发电上网,有效缓解弃水、弃风、弃光状况
2019 年	发改委、能源局	《关于积极推进风电、光伏发电无补贴平价上网有关工作的通知》	保障优先发电和全额保障性收购;促进风电、光伏发电通过电力市场化交易无补贴发展

---

❶ 资料来源:刘满平《新能源产业的六大挑战和八大趋势》。
❷ 资料来源:伍叶露、邵万钦《全球新能源投资情况及影响因素分析》。

续表

时间	发布部门	文件	相关内容
2019 年	发改委	《关于完善光伏发电上网电价机制有关问题的通知》	2019 年 7 月起，将集中式光伏电站标杆上网电价改为指导价；降低新增分布式光伏补贴标准
2019 年	发改委、能源局	《关于建立健全可再生能源电力消纳保障机制的通知》	对电力消费设定可再生能源电力消纳责任权重；做好可再生能源电力消纳相关信息报送
2019 年	发改委	《关于完善风电上网电价政策的通知》	将风电标杆上网电价改为指导价，新核准的风电项目上网电价全部通过竞争方式确定；新增陆上风电、海上风电分别于 2021 年、2022 年起全部实现平价
2020 年	能源局	《中华人民共和国能源法（征求意见稿）》	优先发展可再生能源，完善可再生能源消纳保障制度
2020 年	能源局	《关于建立健全清洁能源消纳长效机制的指导意见（征求意见稿）》	实行可再生能源电力消纳保障机制；推动新能源发电方式创新转型；组织开展清洁能源消纳重点监管
2020 年	国务院	《政府工作报告》	保障能源安全。推动煤炭清洁高效利用，发展可再生能源，完善石油、天然气、电力产供销体系，提升能源储备能力

2.3 中国新能源产业创新发展态势

2.3.1 中国创新企业

截至 2021 年 7 月，国内 31 省市新能源产业有专利申请活动的创新企业共 52233 家，近五年复合增速达 22.0%。其中，2018 年同比增速最快，同比增长 25.1%（见图 2）。

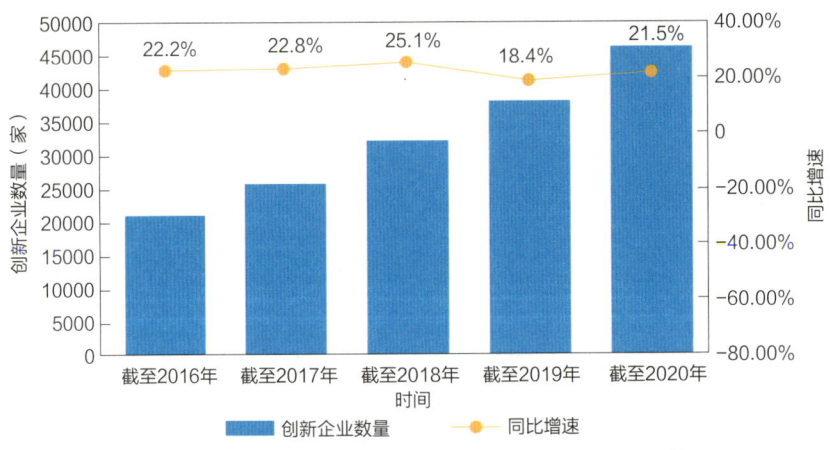

图 2 国内 31 省市新能源产业创新企业数量增长趋势

从地域分布情况来看，截至 2021 年 7 月，国内 31 省市新能源产业有专利申请活动的创新企业主要集中在东南沿海地区。其中，创新企业数量排名前五位的省市依次为江苏省（8743 家）、广东省（7695 家）、浙江省（5147 家）、山东省（3271 家）和上海市（2886 家）（见表 2）。

表2　国内31省市新能源产业创新企业数量分布情况

排名	省（自治区、直辖市）	创新企业数量（家）
1	江苏	8743
2	广东	7695
3	浙江	5147
4	山东	3271
5	上海	2886
6	北京	2678
7	安徽	2607
8	四川	1907
9	天津	1823
10	河南	1674
11	湖北	1627
12	福建	1615
13	河北	1464
14	陕西	1283
15	辽宁	1189
16	湖南	1141
17	江西	744
18	重庆	737
19	云南	588
20	广西	544
21	山西	465
22	贵州	412
23	黑龙江	403
24	内蒙古	330
25	甘肃	316
26	吉林	279
27	新疆	261
28	宁夏	206
29	海南	146
30	青海	113
31	西藏	44

截至2021年7月，在新能源产业创新企业中，国内31省市共有国家高新技术企业19790家，占国内31省市新能源产业创新企业总量（52233家）的37.9%；初创企业2492家，占创新企业总量的4.8%；隐形冠军企业535家，占创新企业总量的1.0%；上市公司

853家，占创新企业总量的1.6%；独角兽企业30家，占创新企业总量的0.1%；专精特新企业3328家，占创新企业总量的6.4%（见图3）。

图3 中国新能源产业特色企业数量分布情况（单位：家）

在新能源产业创新企业中，专利申请公开量较多的重点企业包括中国电力科学研究院有限公司（2023件）、广东电网有限责任公司（982件）、中广核工程有限公司（610件）、中国核动力研究设计院设备制造厂（584件）、中国华能集团清洁能源技术研究院有限公司（363件）、西安热工研究院有限公司（252件）等。❶

从这六家重点企业在新能源产业布局专利的细分领域来看，中广核工程有限公司和中国核动力研究设计院设备制造厂专注于核电领域。中国电力科学研究院有限公司、广东电网有限责任公司则更加重视智能电网领域。中国华能集团清洁能源技术研究院有限公司和西安热工研究院有限公司则采用多领域布局的方式，其中风能、太阳能是较为重要的细分领域；其在生物质能及其他新能源领域的专利数量虽然较少，但结合整个新能源产业中该领域的专利总量来看，其持有的生物质能及其他新能源领域专利数量在同类型企业中已属于较高水平，故生物质能及其他新能源领域也是其重点细分领域（见图4）。

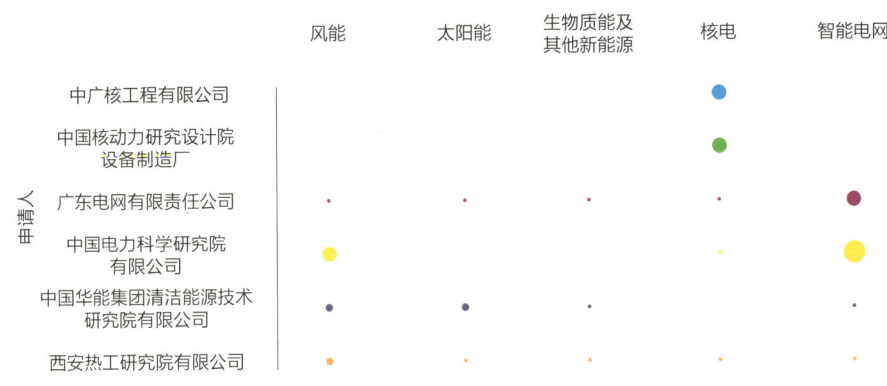

图4 中国新能源产业重点企业专利技术布局情况

---

❶ 本处统计的专利申请公开量为申请人本身，不包含其分子公司。

【典型企业——中国华能集团有限公司】

中国华能集团有限公司（以下简称中国华能）是经国务院批准成立的国有重要骨干企业。注册资本 349 亿元，主营业务为：电源开发、投资、建设、经营和管理，电力（热力）生产和销售，金融、煤炭、交通运输、新能源、环保相关产业及产品的开发、投资、建设、生产、销售，实业投资经营及管理。目前，公司拥有 51 家二级单位，460 余家三级企业，5 家上市公司（分别为华能国际、内蒙华电、新能泰山、华能水电、长城证券），员工 13 万人；截至 2020 年年末，装机总容量达 19644 万千瓦。

中国华能重大关键技术包括太阳能光热发电技术、FCS165 现场总线控制系统、高温气冷堆核电技术、超超临界二次再热机组等。2012 年，海南华能南山电厂建成我国首个超 400℃ 1.5MWth 太阳能热发电示范装置；FCS165 现场总线控制系统应用于秦岭电厂 2×600 兆瓦超临界空冷机组全厂主控与辅控系统；中国华能联合清华大学开展第四代核电技术高温气冷堆的研发和工程示范；2006 年，华能山东石岛湾核电站列入国家中长期科技发展规划（2006—2020 年）重大科技专项；华能安源电厂超超临界二次再热机组属国内首批建设的 66 万千瓦级超超临界二次再热机组，设计发电净效率达到 45%，设计供电煤耗达到 271 克/千瓦时。

2.3.2　中国专利布局

截至 2021 年 7 月，中国新能源产业专利申请公开量共 345123 件，占中国专利申请公开总量（33757841 件）的 1.0%，近五年复合增速达 12.8%（见图 5）。中国新能源产业专利授权量共 225852 件，占新能源产业全国专利申请公开总量的 65.4%；有效专利量为 137034 件。

图 5　中国新能源产业专利申请公开量增长趋势

截至 2021 年 7 月，中国新能源产业发明专利申请公开量为 186440 件，占中国新能源产业专利申请公开总量（345123 件）的 54.0%，近五年复合增速达 11.1%。其中，2018 年同比增速最快,同比增长 17.9%(见图 6)。

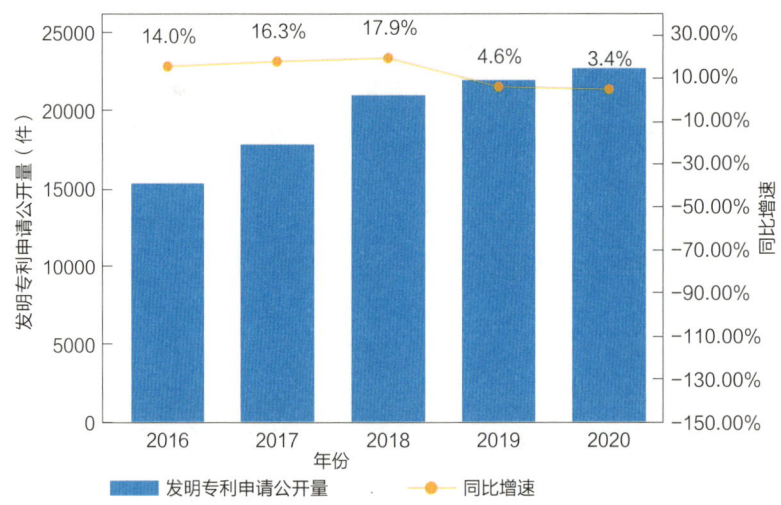

图 6 中国新能源产业发明专利申请公开量增长趋势

从地域分布情况来看,截至 2021 年 7 月,中国新能源产业发明专利授权量共 67169 件,主要集中在北京市、江苏省、广东省等经济较发达的地区。其中,发明专利授权量排名前五位的省市依次为北京市(9679 件)、江苏省(7192 件)、广东省(5856 件)、浙江省(4167 件)和上海市(3818 件)(见表 3)。

表 3 国内 31 省市新能源产业发明专利授权量分布情况

排名	省(自治区、直辖市)	发明专利授权量(件)
1	北京	9679
2	江苏	7192
3	广东	5856
4	浙江	4167
5	上海	3818
6	山东	2975
7	四川	2070
8	陕西	1694
9	湖北	1623
10	湖南	1569
11	安徽	1507
12	辽宁	1382
13	河南	1317
14	河北	1137
15	天津	1018
16	福建	869

续表

排名	省（自治区、直辖市）	发明专利授权量（件）
17	重庆	768
18	黑龙江	644
19	云南	519
20	广西	501
21	山西	482
22	吉林	402
23	江西	371
24	贵州	290
25	新疆	286
26	甘肃	263
27	内蒙古	229
28	宁夏	157
29	青海	94
30	海南	68
31	西藏	11

截至2021年7月，中国新能源产业中的高价值专利数量为53030件。其中，在海外有同族专利权的有效发明专利共11176件，维持年限超过10年的有效发明专利共8681件，有质押融资活动的有效发明专利共553件，获得中国专利奖的有效发明专利共135件。高价值专利数量排名前五位的省市依次为北京市（8125件）、江苏省（6389件）、广东省（5149件）、浙江省（3112件）和上海市（3102件）（见图7）。

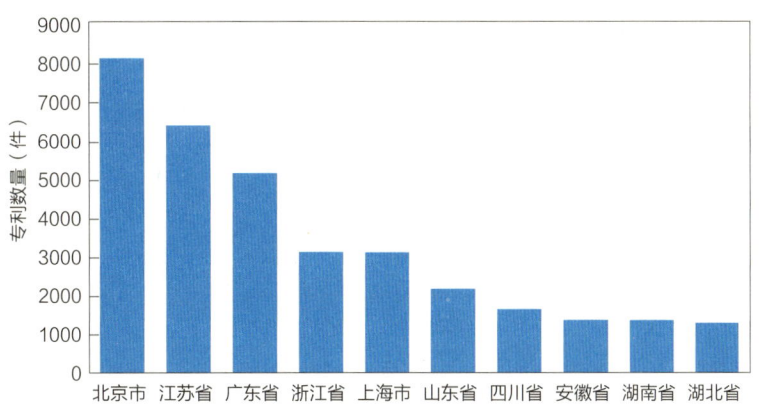

图7 国内部分省市新能源产业高价值专利数量分布情况

截至2021年7月，国内31省市新能源产业创新企业发明专利申请公开量共99026件，占中国新能源产业发明专利申请公开总量（186440件）的53.1%。近五年复合增速达13.8%。其中，2018年同比增速最快，同比增长20.4%（见图8）。发明专利申请公开量较多的企业包括国家电网有限公司（4111 件）、中国电力科学研究院有限公司（1880 件）、广东电网有限责任公司（723 件）、北京金风科创风电设备有限公司（712 件）、中芯国际集成电路制造（上海）有限公司（669 件）。

图 8　国内 31 省市新能源产业创新企业发明专利申请公开量增长趋势

截至 2021 年 7 月，国内 31 省市新能源产业高校发明专利申请公开量共 33506 件，占中国新能源产业发明专利申请公开总量（186440 件）的 18.0%。近五年复合增速达 13.8%。其中，2017 年同比增速最快，同比增长 33.3%（见图 9）。发明专利申请公开量较多的高校包括华北电力大学（1149 件）、清华大学（1109 件）、浙江大学（1053 件）、电子科技大学（1017 件）、西安交通大学（843 件）。

图 9　国内 31 省市新能源产业高校发明专利申请公开量增长趋势

截至 2021 年 7 月，国内 31 省市新能源产业科研机构发明专利申请公开量共 4796 件，占中国新能源产业发明专利申请公开总量（186440 件）的 2.6%。近五年复合增速达 17.1%。其中，2019 年同比增速最快，同比增长 37.8%（见图 10）。发明专利申请公开量较多的科研机构包括中国科学院微电子研究所（397 件）、中国科学院电工研究所（292

件)、中国原子能科学研究院(265件)、中国科学院工程热物理研究所(162件)、中国科学院广州能源研究所(133件)。

图10　国内31省市新能源产业科研机构发明专利申请公开量增长趋势

截至2021年7月,在新能源产业中,全国涉及产学研合作申请的专利共有8892件,占中国新能源产业专利申请公开总量(345123件)的2.6%。涉及产学研合作申请专利量排名前五位的省市依次为北京市(2147件)、江苏省(1090件)、广东省(763件)、上海市(553件)和浙江省(517件)(见图11)。

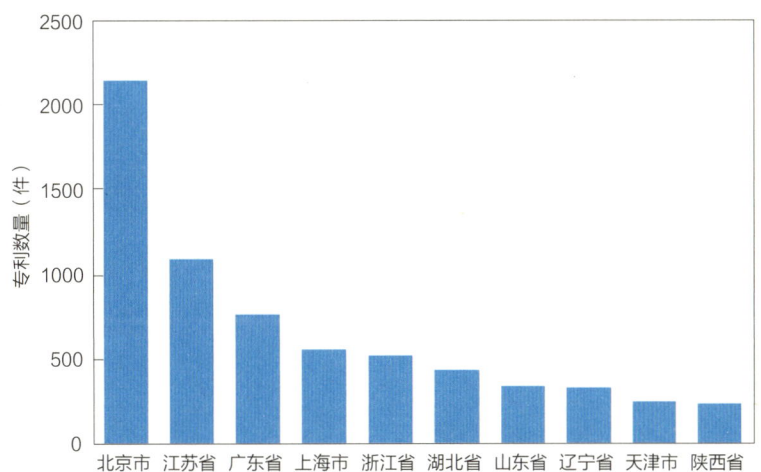

图11　国内部分省市新能源产业产学研合作申请专利数量分布情况

从新能源产业的各细分领域来看,全国涉及产学研合作申请的专利主要分布在智能电网输送与配电、智能电力控制设备及电缆制造、风能发电运营维护领域,这些领域的专利数量均超过了2000件(见图12)。

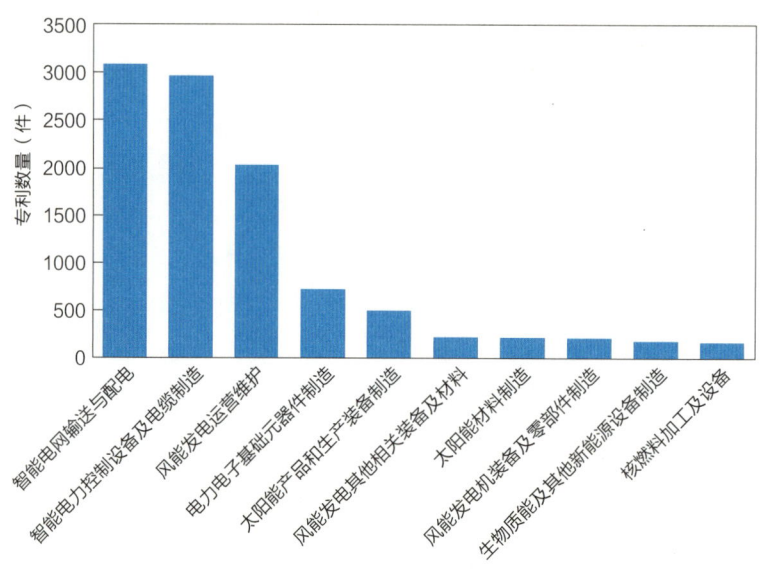

图 12 中国新能源产业产学研合作申请专利领域分布情况

从产学研合作的高校院所来看，清华大学、华北电力大学、东南大学、上海交通大学、浙江大学等在中国新能源产业中的产学研合作较为密切，涉及产学研合作申请的专利数量分别为 724 件、713 件、434 件、393 件、353 件（见表 4）。

表 4 中国新能源产业产学研合作重点高校院所清单

序号	高校院所	产学研合作申请的专利数量（件）
1	清华大学	724
2	华北电力大学	713
3	东南大学	434
4	上海交通大学	393
5	浙江大学	353
6	西安交通大学	339
7	武汉大学	287
8	华中科技大学	276
9	河海大学	221
10	天津大学	217

2.3.3 中国创新人才

截至 2021 年 7 月，国内 31 省市新能源产业有专利申请活动的创新人才共 557513 人，近五年复合增速达 21.3%。其中，2016 年同比增速最快，同比增长 23.2%（见图 13）。

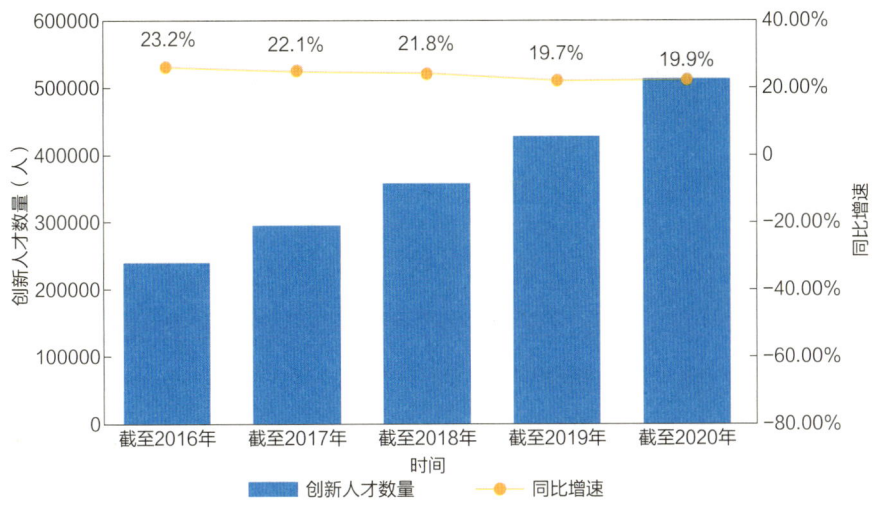

图 13　国内 31 省市新能源产业创新人才数量增长趋势

从地域分布情况来看，截至 2021 年 7 月，国内 31 省市新能源产业有专利申请活动的创新人才主要集中在北京市、江苏省、广东省等经济较发达的地区。其中，创新人才数量排名前五位的省市依次为北京市（69637 人）、江苏省（67936 人）、广东省（57344 人）、山东省（44665 人）和浙江省（39049 人）（见表 5）。

表 5　国内 31 省市新能源产业创新人才数量分布情况

排名	省（自治区、直辖市）	创新人才数量（人）
1	北京	69637
2	江苏	67936
3	广东	57344
4	山东	44665
5	浙江	39049
6	上海	28852
7	河南	25434
8	湖北	19581
9	安徽	19059
10	四川	18595
11	辽宁	17795
12	河北	16756
13	陕西	16734
14	天津	14037
15	湖南	13681
16	福建	11831
17	云南	8770

续表

排名	省（自治区、直辖市）	创新人才数量（人）
18	黑龙江	8040
19	重庆	7536
20	山西	7159
21	广西	6400
22	江西	6170
23	吉林	5913
24	甘肃	5692
25	内蒙古	5675
26	贵州	5659
27	新疆	5253
28	宁夏	3175
29	青海	2475
30	海南	1511
31	西藏	408

截至2021年7月，在新能源产业创新人才中，国内31省市共有国家高层次人才22583人，占国内31省市新能源产业创新人才总量（557513人）的4.1%；技术高管35202人，占创新人才总量的6.3%；科技企业家23173人，占创新人才总量的4.2%（见图14）。

图14　中国新能源产业特色人才数据分布情况（单位：人）

从各机构类型创新人才数量分布情况来看，国内31省市新能源产业企业的创新人才数量最多，共计382679人，占国内31省市新能源产业创新人才总量（557513人）的68.6%。高校的创新人才数量位居其次，共计101606人，占国内31省市新能源产业创新人才总量的18.2%。科研机构的创新人才共计17415人，事业单位的创新人才共计4641人，分别占国内31省市新能源产业创新人才总量的3.1%和0.8%（见图15）。

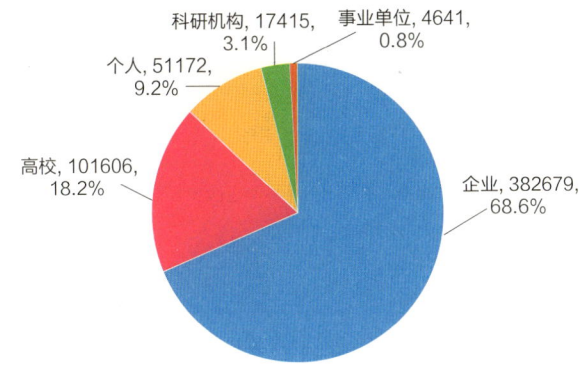

图 15　国内 31 省市新能源产业各机构类型创新人才数量分布情况（单位：人）

2.4　中国新能源产业热点及重点技术创新方向

从新能源产业链整体来看，国内 31 省市产业的发明专利申请公开总量、创新企业总量、创新人才总量分别为 161190 件、52233 家、557513 人，近五年复合增速分别为 12.4%、22.0%、21.3%。

从产业链各领域来看，风能领域发明专利申请公开量、创新企业数量、创新人才数量的近五年复合增速分别为 17.8%、26.4%、24.6%，均在新能源产业链各领域中排名第一，属于产业布局的热点。另外，核电领域发明专利申请公开量、创新企业数量、创新人才数量的近五年复合增速均高于整个新能源产业链平均水平，也是产业布局的热点。智能电网领域发明专利申请公开量、创新企业数量、创新人才数量分别为 79250 件、29983 家、328411 人，均远高于新能源产业链中其他领域，属于产业布局的重点（见表 6）。

表 6　国内 31 省市新能源产业链创新要素情况

产业链二级	发明专利申请公开		创新企业		创新人才	
	数量（件）	复合增速	数量（家）	复合增速	数量（人）	复合增速
核电	6635	15.7%	733	22.3%	23427	24.6%
风能	34619	17.8%	9838	26.4%	116188	24.6%
太阳能	36491	3.9%	15168	22.1%	114103	17.7%
生物质能及其他新能源	10545	4.8%	4053	23.1%	31494	18.6%
智能电网	79250	14.0%	29983	21.7%	328411	22.6%

在核电领域，国内 31 省市发明专利申请公开量、创新企业数量、创新人才数量的近五年复合增速分别为 15.7%、22.3%、24.6%。其中，核燃料加工及设备细分领域发明专利申请公开量、创新企业数量、创新人才数量的近五年复合增速分别为 21.2%、25.7%、25.3%，均高于核电领域平均水平，属于热点细分领域。同时，核燃料加工及设备细分领域发明专利申请公开量、创新企业数量、创新人才数量分别为 3290 件、415 家、11519 人，均在核电各细分领域中排名第一，还属于重点细分领域（见表 7）。

表7　国内31省市新能源产业链核电领域创新要素情况

产业链二级	细分领域 产业链三级	发明专利申请公开		创新企业		创新人才	
		数量（件）	复合增速	数量（家）	复合增速	数量（人）	复合增速
核电	核燃料加工及设备	3290	21.2%	415	25.7%	11519	25.3%
	核电装备制造	1001	10.4%	181	18.1%	4880	21.3%
	核电运营维护	2733	12.2%	329	19.3%	11235	26.4%

在风能领域，国内31省市发明专利申请公开量、创新企业数量、创新人才数量的近五年复合增速分别为17.8%、26.4%、24.6%。其中，风能发电其他相关装备及材料细分领域发明专利申请公开量、创新企业数量、创新人才数量的近五年复合增速分别为24.4%、27.8%、27.5%，均在风能各细分领域中排名第一，属于热点细分领域。风能发电运营维护细分领域发明专利申请公开量、创新企业数量、创新人才数量分别为29535件、7387家、92554人，均在风能各细分领域中排名第一，属于重点细分领域（见表8）。

表8　国内31省市新能源产业链风能领域创新要素情况

产业链二级	细分领域 产业链三级	发明专利申请公开		创新企业		创新人才	
		数量（件）	复合增速	数量（家）	复合增速	数量（人）	复合增速
风能	风能发电机装备及零部件制造	14143	14.3%	5248	23.0%	41383	17.9%
	风能发电其他相关装备及材料	4854	24.4%	3116	27.8%	28174	27.5%
	风能发电运营维护	29535	17.0%	7387	26.4%	92554	24.3%

在太阳能领域，国内31省市发明专利申请公开量、创新企业数量、创新人才数量的近五年复合增速分别为3.9%、22.1%、17.7%。其中，太阳能材料制造细分领域创新企业数量的近五年复合增速虽然略低于太阳能领域平均水平，但发明专利申请公开量和创新人才数量的近五年复合增速分别高出太阳能领域平均水平11.8%和2.2%，属于热点细分领域。太阳能发电运营维护细分领域发明专利申请公开量的近五年复合增速虽然略低于太阳能领域平均水平，但创新企业数量和创新人才数量的近五年复合增速均高出太阳能领域平均水平4.5个百分点以上，也属于热点细分领域。太阳能产品和生产装备制造细分领域发明专利申请公开量、创新企业数量、创新人才数量在太阳能领域中均占比最高，属于重点细分领域（见表9）。

表9　国内31省市新能源产业链太阳能领域创新要素情况

产业链二级	细分领域 产业链三级	发明专利申请公开		创新企业		创新人才	
		数量（件）	复合增速	数量（家）	复合增速	数量（人）	复合增速
太阳能	太阳能产品和生产装备制造	21901	−1.4%	9918	22.1%	71993	15.8%
	太阳能材料制造	9006	15.7%	2936	20.6%	22871	19.9%
	太阳能发电运营维护	6582	2.0%	4380	26.6%	28631	23.7%

在生物质能及其他新能源领域，国内31省市发明专利申请公开量、创新企业数量、创新人才数量的近五年复合增速分别为4.8%、23.1%、18.6%。其中，生物质能发电细分领域发明专利申请公开量、创新企业数量、创新人才数量的近五年复合增速分别为11.2%、26.8%、22.8%，均在生物质能及其他新能源各细分领域中排名第一，属于热点细分领域。生物质供热细分领域创新人才数量的近五年复合增速虽然略低于生物质能及其他新能源领域平均水平，但发明专利申请公开量和创新企业数量的近五年复合增速均高于生物质能及其他新能源领域平均水平，也属于热点细分领域。生物质能及其他新能源设备制造细分领域发明专利申请公开量、创新企业数量、创新人才数量分别为7284件、2648家、19838人，均在生物质能及其他新能源各细分领域中排名第一，属于重点细分领域（见表10）。

表10 国内31省市新能源产业链生物质能及其他新能源领域创新要素情况

产业链二级	细分领域产业链三级	发明专利申请公开 数量（件）	复合增速	创新企业 数量（家）	复合增速	创新人才 数量（人）	复合增速
生物质能及其他新能源	生物质能及其他新能源设备制造	7284	3.1%	2648	22.9%	19838	18.1%
	生物质能发电	2673	11.2%	1506	26.8%	10998	22.8%
	生物质供热	507	6.4%	248	23.6%	2041	18.0%
	生物质燃气	1264	−11.0%	501	15.7%	4099	12.2%

在智能电网领域，国内31省市发明专利申请公开量、创新企业数量、创新人才数量的近五年复合增速分别为14.0%、21.7%、22.6%。其中，智能电网输送与配电细分领域发明专利申请公开量、创新企业数量、创新人才数量的近五年复合增速均高于智能电网领域平均水平，属于热点细分领域。智能电力控制设备及电缆制造细分领域发明专利申请公开量、创新企业数量、创新人才数量分别为44107件、22877家、227147人，均在智能电网各细分领域中排名第一，属于重点细分领域（见表11）。

表11 国内31省市新能源产业链智能电网领域创新要素情况

产业链二级	细分领域产业链三级	发明专利申请公开 数量（件）	复合增速	创新企业 数量（家）	复合增速	创新人才 数量（人）	复合增速
智能电网	智能电力控制及电缆制造	44107	12.1%	22877	20.9%	227141	21.7%
	电力电子基础元器件制造	15710	8.2%	5591	15.7%	47355	16.9%
	智能电网输送与配电	28228	18.4%	9320	26.3%	131501	27.1%

第3章 广东省新能源产业创新发展定位与洞察

3.1 广东省新能源产业政策导向

新能源产业是广东省战略性新兴产业之一，具备较好的发展基础和较强的竞争能力，资源和技术优势突出。为支持新能源产业的发展，广东省发布了《广东省人民政府办公厅关于促进光伏产业健康发展的实施意见》等一系列政策。2020年5月，广东省人民政府发布《广东省人民政府关于培育发展战略性支柱产业集群和战略性新兴产业集群的意见》，将新能源产业集群列入十大战略性新兴产业集群，提出要建设沿海新能源产业带，形成国内领先、世界一流的新能源产业集群。2020年9月，广东省发改委、广东省能源局、广东省科学技术厅等部门联合印发《广东省培育新能源战略性新兴产业集群行动计划（2021—2025年）》，对新能源产业进行了具体的部署（见表12）。

表12 广东省新能源产业部分相关政策

时间	发布部门	文件名称	相关内容
2009年	深圳市人民政府	《深圳新能源产业振兴发展政策》（已失效）	市政府设立深圳新兴高技术产业发展领导小组，全面统筹协调我市新能源等新兴高技术产业发展工作及重大事项的审议
2010年	广东省人民政府	《政府工作报告》	务实发展低碳经济，培育新能源、新光源、新材料、生命健康、节能环保、航空航天、海洋工程等战略性新兴产业，推进中海油珠海深水工程基地建设
2012年	广东省人民政府	《"十二五"控制温室气体排放工作实施方案》	在保障安全和质量的前提下积极发展核电，因地制宜加强对风能、太阳能等新能源的开发利用
2014年	广东省人民政府办公厅	《广东省人民政府办公厅关于促进光伏产业健康发展的实施意见》	鼓励在偏远地区及住人海岛建设新能源智能微电网，支持在粤东西北地区利用荒山、滩涂等土地适当布局建设光伏电站项目
2015年	广东省人民政府	《关于加快推进城市基础设施建设的实施意见》	推进新能源、分布式能源建设。逐步改变能源发展方式，将分布式能源建设作为改善能源结构、促进节能低碳的重要发展方向，推动能源可持续发展
2016年	广东省人民政府办公厅	《关于进一步促进科技成果转移转化的实施意见》	围绕高端新型电子信息、生物医药、高端装备制造、节能环保、新材料、新能源、LED、新能源汽车等重点领域，建立重大科技成果转化数据库，为科技成果转化提供信息支持

续表

时间	发布部门	文件名称	相关内容
2017年	广东省人民政府、国家海洋局	《广东省海岸带综合保护与利用总体规划》	积极布局新能源、深海矿产等海洋潜力产业。跟踪国际海洋技术和产业发展方向，结合广东省基础和优势，储备一批发展潜力巨大的项目及技术
2017年	广东省人民政府	《广东省降低实体经济企业成本工作方案》	加快实施能源领域相关改革。按照国家部署，实施电力、石油、天然气等领域市场化改革，完善光伏、风电等新能源发电并网机制
2017年	广东省发改委、广东省海洋与渔业厅	《广东省海洋经济发展"十三五"规划》	鼓励在深远海建设离岸式海上风电。依靠科技进步降低风电成本，大力发展海上风电装备制造业，形成加强海上风电研发设计、制造施工、运维等一体化上下游产业链
2020年	广东省发改委等六部门	《广东省培育新能源战略性新兴产业集群行动计划（2021—2025年）》	安全高效发展核电，规模化开发海上风电，因地制宜发展分散式陆上风电，提高天然气利用水平，大力推进太阳能发电和集热
2020年	广东省人民政府办公厅	《广东省推进新型基础设施建设三年实施方案（2020—2022年）》	建设智能电厂，构建智能发电运行管理系统，推广新能源发电功率预测、调度优化、波动平抑等技术。加快推进海上风电漂浮式风机基础平台建设、柔性直流集中送出、海上制氢等，建设兆瓦级波浪能示范工程
2020年	广东省人民政府	《广东省人民政府关于培育发展战略性支柱产业集群和战略性新兴产业集群的意见》	建设沿海新能源产业带，重点打造阳江海上风电全产业链基地，建设珠三角太阳能制造业集聚区，培育广州、深圳、佛山、湛江、茂名、云浮等地市氢能产业基地，形成国内领先、世界一流的新能源产业集群
2021年	广东省人民政府	《政府工作报告》	推广新能源交通运输，发展内河清洁航运，加大非法劣质燃油打击力度，强化油路车企联合防控，推进煤改气、油改气，严格工地扬尘和露天焚烧管控
2021年	广东省人民政府	《广东省国民经济和社会发展第十四个五年规划和2035年远景目标纲要》	引导各地发挥区域优势和特色产业优势，大力发展先进核能、海上风电、太阳能等优势产业，加快培育氢能等新兴产业，推进生物质能综合开发利用，助推能源清洁低碳化转型

3.2 广东省新能源产业创新发展定位

3.2.1 广东省创新企业

截至2021年7月，广东省新能源产业有专利申请活动的创新企业共7695家，占国内31省市新能源产业创新企业总量（52233家）的14.7%，在国内31省市中仅次于江苏省排名第二。近五年广东省新能源产业创新企业数量复合增速为28.7%，高出国内31省市整体复合增速（22.0%）6.7个百分点（见图16）。

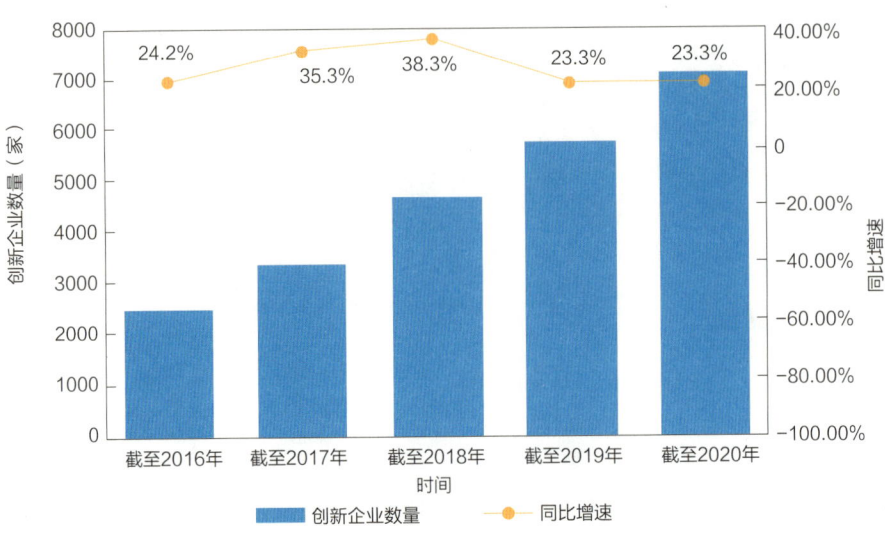

图 16　广东省新能源产业创新企业数量增长趋势

从地域分布情况来看，截至 2021 年 7 月，广东省新能源产业有专利申请活动的创新企业主要集中在珠三角地区。其中，创新企业数量排名前五位的地市依次为深圳市（3068 家）、广州市（1530 家）、东莞市（823 家）、佛山市（697 家）、珠海市（407 家）（见表 13）。

表 13　广东省各地市新能源产业创新企业数量情况

地区	创新企业数量（家）	省内排名	地区	创新企业数量（家）	省内排名
深圳市	3068	1	韶关市	49	12
广州市	1530	2	河源市	46	13
东莞市	823	3	梅州市	43	14
佛山市	697	4	湛江市	40	15
珠海市	407	5	揭阳市	24	16
中山市	307	6	阳江市	24	16
惠州市	256	7	云浮市	18	18
江门市	156	8	潮州市	15	19
肇庆市	71	9	茂名市	12	20
汕头市	63	10	汕尾市	11	21
清远市	58	11			

截至 2021 年 7 月，在新能源产业创新企业中，广东省共有国家高新技术企业 3488 家，占广东省新能源产业创新企业总量（7695 家）的 45.3%；初创企业 464 家，占创新企业总量的 6.0%；隐形冠军企业 48 家，占创新企业总量的 0.6%；上市公司 176 家，占创新企业总量的 2.3%；独角兽企业 10 家，占创新企业总量的 0.1%；专精特新企业 164 家，占创新企业总量的 2.1%。

横向对标北京市、上海市、江苏省、浙江省等国内重点省市，在新能源产业创新企中，广东省国家高新技术企业、初创企业、上市公司、独角兽企业数量均在国内 31 省市中排名第一；隐形冠军企业数量在国内 31 省市中排名第三；专精特新企业数量在国内 31 省市中排名第六（见表 14）。

表 14 国内重点省市新能源产业特色企业数量分布情况对标比较

国内 31 省市排名	1	4	6	2	3
省市	广东省	北京市	上海市	江苏省	浙江省
国家高新技术企业数量（家）	3488	1298	1049	3399	1595
国内 31 省市排名	1	3	4	2	5
省市	广东省	北京市	上海市	江苏省	浙江省
初创企业数量（家）	464	311	232	447	213
国内 31 省市排名	3	6	5	1	2
省市	广东省	北京市	上海市	江苏省	浙江省
隐形冠军企业数量（家）	48	31	34	66	53
国内 31 省市排名	1	4	5	2	3
省市	广东省	北京市	上海市	江苏省	浙江省
上市公司数量（家）	176	76	64	123	93
国内 31 省市排名	1	3	2	4	4
省市	广东省	北京市	上海市	江苏省	浙江省
独角兽企业数量（家）	10	6	7	2	2
国内 31 省市排名	6	8	2	4	16
省市	广东省	北京市	上海市	江苏省	浙江省
专精特新企业数量（家）	164	118	403	346	68

3.2.2　广东省专利布局

截至 2021 年 7 月，广东省新能源产业专利申请公开量共 35787 件，占广东省专利申请公开总量（5302985 件）的 0.7%；近五年复合增速为 21.8%，高出全国复合增速（12.8%）9.0 个百分点（见图 17）。广东省新能源产业专利授权量共 24184 件，占广东省新能源产业专利申请公开总量的 67.6%；有效专利量为 17381 件。

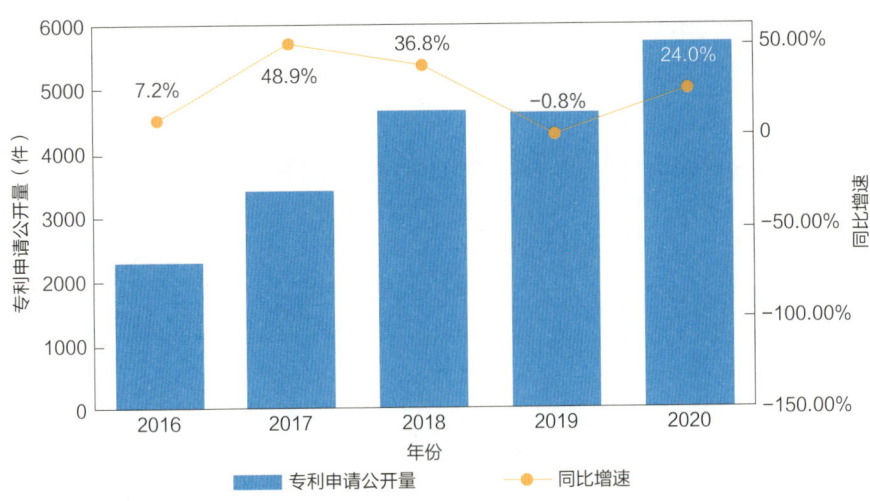

图 17 广东省新能源产业专利申请公开量增长趋势

截至 2021 年 7 月，广东省新能源产业发明专利申请公开量共 17459 件，占广东省新能源产业专利申请公开量（35787 件）的 48.8%，近五年复合增速为 20.5%，高出全国复合增速（11.1%）9.4 个百分点（见图 18）。

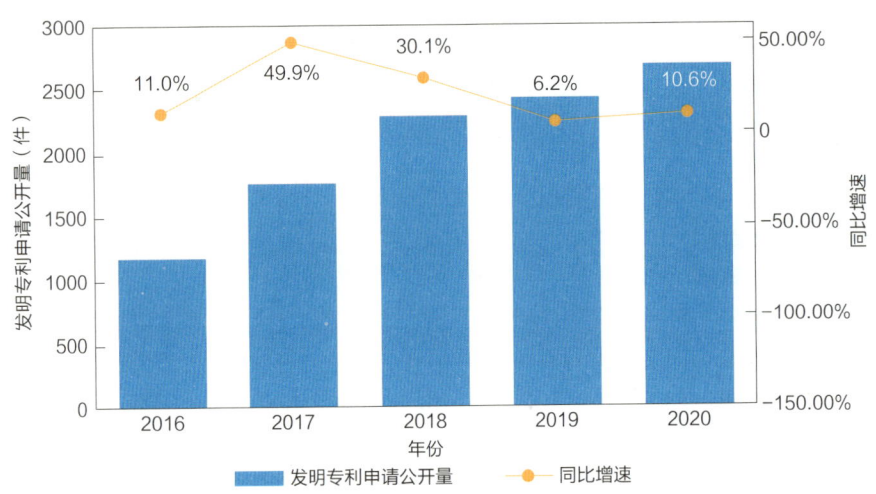

图 18 广东省新能源产业发明专利申请公开量增长趋势

截至 2021 年 7 月，广东省新能源产业发明专利授权量共 5856 件，占全国新能源产业发明专利授权总量（67169 件）的 8.7%，在国内 31 省市中排名第三，排名前二的分别为北京市（9679 件）和江苏省（7192 件）。

从地域分布情况来看，广东省新能源产业发明专利授权量主要集中在珠三角地区。其中，发明专利授权量排名前五位的地市依次为深圳市（2232 件）、广州市（2047 件）、佛山市（396 件）、东莞市（312 件）、珠海市（241 件）（见表 15）。

表 15　广东省各地市新能源产业发明专利授权量情况

地区	发明专利授权量（件）	省内排名	地区	发明专利授权量（件）	省内排名
深圳市	2232	1	茂名市	28	12
广州市	2047	2	清远市	21	13
佛山市	396	3	河源市	16	14
东莞市	312	4	韶关市	13	15
珠海市	241	5	梅州市	12	16
中山市	229	6	揭阳市	12	16
惠州市	94	7	阳江市	10	18
汕头市	56	8	潮州市	7	19
江门市	43	9	汕尾市	7	19
湛江市	40	10	云浮市	4	21
肇庆市	36	11			

截至 2021 年 7 月，广东省新能源产业的高价值专利共 5149 件，占全国新能源产业高价值专利总量（53030 件）的 9.7%，在国内 31 省市中排名第三。在广东省新能源产业高价值专利中，在海外有同族专利权的有效发明专利共 299 件，维持年限超过 10 年的有效发明专利共 661 件，有质押融资活动的有效发明专利共 61 件，获得中国专利奖的有效发明专利共 36 件。

横向对标北京市、上海市、江苏省、浙江省等国内重点省市，在新能源产业高价值专利中，广东省获得中国专利奖的有效发明专利数量在国内 31 省市中排名第一；属于战略性新兴产业的有效发明专利、在海外有同族专利权的有效发明专利数量均在国内 31 省市中排名第三；维持年限超过 10 年的有效发明专利、有质押融资活动的有效发明专利数量均在国内 31 省市中排名第四（见表 16）。

表 16　国内重点省市新能源产业高价值专利数量分布情况对标比较

国内 31 省市排名	3	1	5	2	4
省市	广东省	北京市	上海市	江苏省	浙江省
属于战略性新兴产业的有效发明专利数量（件）	5149	8125	3102	6389	3112
国内 31 省市排名	3	1	4	2	5
省市	广东省	北京市	上海市	江苏省	浙江省
在海外有同族专利权的有效发明专利数量（件）	299	470	183	401	107
国内 31 省市排名	4	1	3	2	5
省市	广东省	北京市	上海市	江苏省	浙江省

续表

维持年限超过10年的有效发明专利数量（件）	661	990	680	709	271
国内31省市排名	4	6	16	1	2
省市	广东省	北京市	上海市	江苏省	浙江省
有质押融资活动的有效发明专利数量（件）	61	44	7	84	68
国内31省市排名	1	2	8	3	6
省市	广东省	北京市	上海市	江苏省	浙江省
获得中国专利奖的有效发明专利数量（件）	36	26	5	12	6

截至2021年7月，广东省新能源产业创新企业发明专利申请公开量共13244件，占广东省新能源产业发明专利申请公开总量（17459件）的75.9%；近五年复合增速为22.9%，高出全国新能源产业创新企业发明专利申请公开量复合增速（13.8%）9.1个百分点（见图19）。发明专利申请公开量较多的创新企业包括广东电网有限责任公司（723件）、南方电网科学研究院有限责任公司（580件）、中广核工程有限公司（487件）等。

图19 广东省新能源产业创新企业发明专利申请公开量增长趋势

截至2021年7月，广东省新能源产业高校发明专利申请公开量共1617件，占广东省新能源产业发明专利申请公开总量（17459件）的9.3%；近五年复合增速为21.2%，高出全国新能源产业高校发明专利申请公开量复合增速（13.8%）7.4个百分点（见图20）。发明专利申请公开量较多的高校包括华南理工大学（568件）、广东工业大学（303件）、中山大学（96件）等。

图 20　广东省新能源产业高校发明专利申请公开量增长趋势

截至 2021 年 7 月，广东省新能源产业科研机构发明专利申请公开量共 447 件，占广东省新能源产业发明专利申请公开总量（17459 件）的 2.6%；近五年复合增速为 24.3%，高出全国新能源产业科研机构发明专利申请公开量复合增速（17.1%）7.2 个百分点（见图 21）。发明专利申请公开量较多的科研机构包括中国科学院广州能源研究所（133 件）、中国科学院深圳先进技术研究院（25 件）、深圳第三代半导体研究院（24 件）等。

图 21　广东省新能源产业科研机构发明专利申请公开量增长趋势

截至 2021 年 7 月，在新能源产业中，广东省涉及产学研合作申请的专利共 763 件，占全国涉及产学研合作申请专利总量（8892 件）的 8.6%，在国内 31 省市中排名第三，排名前二的分别为北京市（2147 件）和江苏省（1090 件）。

从新能源产业的各细分领域来看，广东省涉及产学研合作申请的专利主要分布在智能电力控制设备及电缆制造领域，专利数量为 300 件。其次是智能电网输送与配电和风能发电运营维护领域，专利数量分别为 249 件和 117 件（见图 22）。

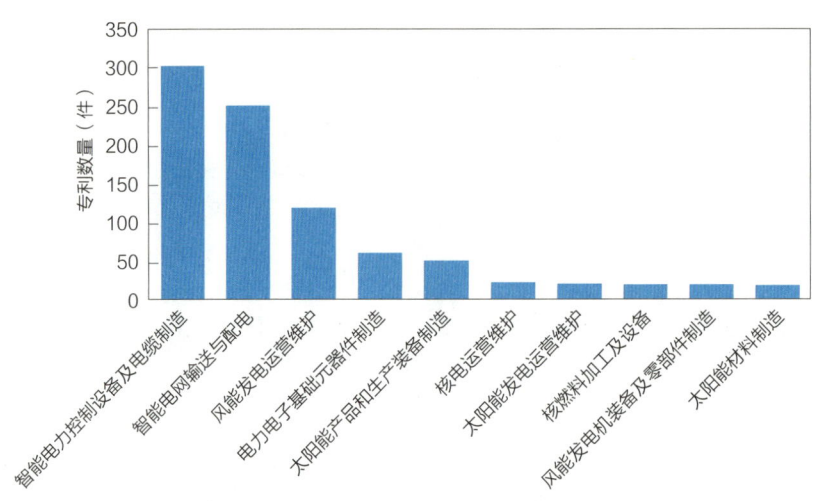

图 22　广东省新能源产业产学研合作申请专利领域分布情况

从产学研合作的高校院所来看，华南理工大学、清华大学、广东电网有限责任公司电力科学研究院、武汉大学、华北电力大学等在广东省新能源产业中的产学研合作较为密切，涉及产学研合作申请的专利数量分别为 199 件、87 件、56 件、41 件、34 件（见表 17）。

表 17　广东省新能源产业产学研合作重点高校院所清单

序号	高校院所	产学研合作申请的专利数量（件）
1	华南理工大学	199
2	清华大学	87
3	广东电网有限责任公司电力科学研究院	56
4	武汉大学	41
5	华北电力大学	34

截至 2021 年 7 月，在新能源产业中，国内 31 省市海外布局专利共 6840 件；其中，广东省海外布局专利共 1428 件，占国内 31 省市海外布局专利总量的 20.9%，在国内 31 省市中仅次于北京市，排名第二。广东省海外布局专利的区域主要包括美国（293 件）、欧洲（125 件）和日本（81 件）等。

从新能源产业的各细分领域来看，广东省海外布局专利主要分布在智能电力控制设备及电缆制造（414 件）、电力电子基础元器件制造（221 件）、风能发电运营维护（190 件）等领域（见图 23）。

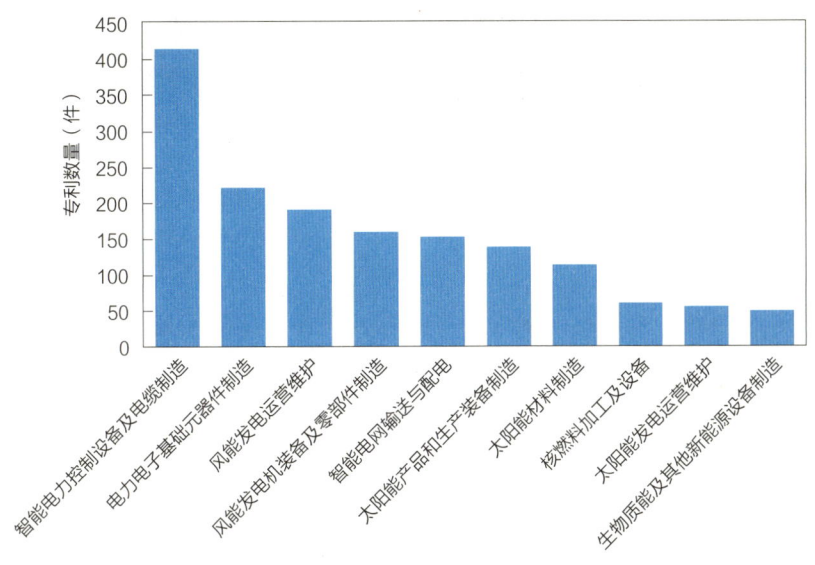

图 23 广东省新能源产业海外布局专利领域分布情况

3.2.3 广东省创新人才

截至 2021 年 7 月，广东省新能源产业有专利申请活动的创新人才共 57344 人，占国内 31 省市新能源产业创新人才总量（557513 人）的 10.3%，在国内 31 省市中排名第三，排名前二的省市分别为北京市（69637 人）和江苏省（67936 人）。近五年广东省新能源产业创新人才数量复合增速为 24.6%，高出国内 31 省市整体复合增速（21.3%）3.3 个百分点（见图 24）。

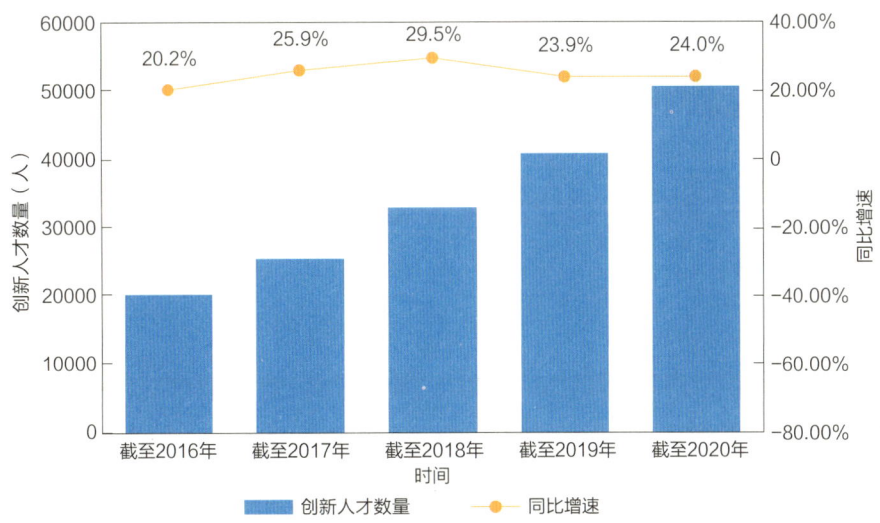

图 24 广东省新能源产业创新人才数量增长趋势

从地域分布情况来看，截至 2021 年 7 月，广东省新能源产业有专利申请活动的创新人才主要集中在珠三角地区。其中，创新人才数量排名前五位的地市依次为广州市（20382 人）、深圳市（18535 人）、佛山市（4054 人）、东莞市（3331 人）、珠海市（2913 人）（见表 18）。

表 18　广东省各地市新能源产业创新人才数量情况

地区	创新人才数量（人）	省内排名	地区	创新人才数量（人）	省内排名
广州市	20382	1	梅州市	418	12
深圳市	18535	2	肇庆市	415	13
佛山市	4054	3	清远市	386	14
东莞市	3331	4	韶关市	358	15
珠海市	2913	5	茂名市	353	16
中山市	2002	6	河源市	256	17
惠州市	1075	7	云浮市	175	18
江门市	905	8	揭阳市	165	19
汕头市	512	9	潮州市	140	20
湛江市	480	10	汕尾市	126	21
阳江市	455	11			

截至 2021 年 7 月，在新能源产业创新人才中，广东省共有国家高层次人才 1540 人，占广东省新能源产业创新人才总量（57344 人）的 2.7%；技术高管 5434 人，占创新人才总量的 9.5%；科技企业家 3605 人，占创新人才总量的 6.3%。

横向对标北京市、上海市、江苏省、浙江省等国内重点省市，在新能源产业创新人才中，广东省国家高层次人才数量在国内 31 省市中排名第四；技术高管、科技企业家数量均在国内 31 省市中排名第二（见表 19）。

表 19　国内重点省市新能源产业特色人才数量分布情况对标比较

国内 31 省市排名	4	1	3	2	5
省市	广东省	北京市	上海市	江苏省	浙江省
国家高层次人才数量（人）	1540	3843	1664	2658	1315
国内 31 省市排名	2	7	6	1	3
省市	广东省	北京市	上海市	江苏省	浙江省
技术高管数量（人）	5434	1730	1724	6293	3493
国内 31 省市排名	2	6	7	1	3
省市	广东省	北京市	上海市	江苏省	浙江省
科技企业家数量（人）	3605	1038	1088	4228	2322

从各机构类型创新人才数量分布情况来看，广东省新能源产业企业的创新人才数量最多，共计 46679 人，占广东省新能源产业创新人才总量（57344 人）的 81.4%。高校的创新人才数量位居其次，共计 4606 人，占广东省新能源产业创新人才总量的 8.0%。科研机构的创新人才共计 1519 人，事业单位的创新人才共计 358 人，分别占广东省新能源产业创新人才总量的 2.6% 和 0.6%（见图 25）。

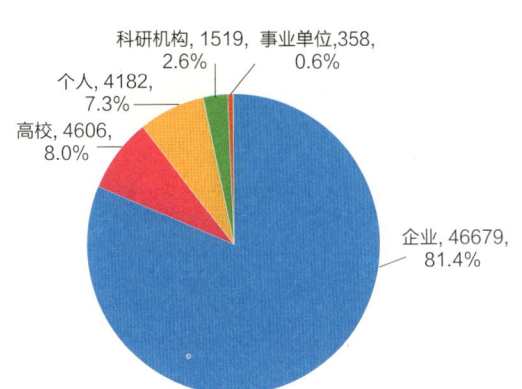

图 25　广东省新能源产业各机构类型创新人才数量分布情况（单位：人）

3.3　广东省新能源产业创新发展洞察

3.3.1　广东省产业链集聚结构
3.3.1.1　整体布局

广东省新能源产业链覆盖全面，在产业链各领域均有一定数量的创新企业、创新人才和发明专利布局，整体来看，产业链布局较为合理。

综合发明专利授权量、创新企业数量、创新人才数量及各自在国内 31 省市中的排名情况来看，广东省在新能源产业链中的核电、生物质能及其他新能源、智能电网领域具备一定的优势，这些领域的发明专利授权量、创新企业数量、创新人才数量在国内 31 省市中均排名前三位。而在新能源产业链中的风能、太阳能领域，发明专利授权量均在国内 31 省市中排名第四，需要在专利领域有进一步的提升（见表 20）。

表 20　广东省新能源产业链创新要素情况

产业链二级	发明专利授权		创新企业		创新人才	
	数量（件）	国内31省市排名	数量（家）	国内31省市排名	数量（人）	国内31省市排名
核电	666	2	85	3	5249	1
风能	801	4	1161	2	8520	3
太阳能	967	4	2209	2	10178	3
生物质能及其他新能源	329	3	450	2	2580	3
智能电网	3292	3	4790	2	35606	3

3.3.1.2　优势环节

综合广东省新能源产业各领域发明专利授权量、创新企业数量、创新人才数量及各自在国内 31 省市的排名情况来看，广东省在核电装备制造、核电运营维护细分领域发明专利授权量、创新人才数量均在国内 31 省市中排名第一，创新企业数量均在国内 31 省市中排名第二，具有较大的优势。同时，广东省在核燃料加工及设备、太阳能材料制造、生物质能发电、智能电力控制设备及电缆制造、智能电网输送与配电细分领域发明专利授权量、创新企业数量、创新人才数量均在国内 31 省市中排名前三，也具备一定的优势（见表 21）。

表 21　广东省新能源产业优势领域创新要素情况

细分领域	发明专利授权		创新企业		创新人才	
产业链三级	数量（件）	国内排名	数量（家）	国内排名	数量（人）	国内排名
核燃料加工及设备	219	3	47	3	1667	3
核电装备制造	134	1	26	2	1392	1
核电运营维护	377	1	49	2	3351	1
太阳能材料制造	332	2	362	2	1900	3
生物质能发电	86	3	179	2	1036	3
智能电力控制设备及电缆制造	1990	2	3286	2	24201	3
智能电网输送与配电	1268	3	1743	1	15007	3

3.3.1.3　潜力环节

综合广东省新能源产业各细分领域发明专利申请公开量、创新企业数量、创新人才数量及各自的近五年复合增速来看，广东省在风能发电运营维护细分领域创新企业数量的近五年复合增速为 26.6%，虽略低于广东省新能源产业链整体水平，但其发明专利申请公开量、创新人才数量的近五年复合增速分别为 25.7%、24.8%，均高于广东新能源产业链整体水平，发展势头良好，未来潜力较大（见表 22）。

表 22　广东省新能源产业潜力领域创新要素情况

细分领域	发明专利申请公开		创新企业		创新人才	
产业链三级	数量（件）	复合增速	数量（家）	复合增速	数量（人）	复合增速
风能发电运营维护	2397	25.7%	820	26.6%	6549	24.8%

3.3.1.4　薄弱环节

综合广东省新能源产业各细分领域发明专利授权量、创新企业数量、创新人才数量及各自在国内 31 省市的排名情况来看，广东省在电力电子基础元器件制造细分领域发明专利授权量在国内 31 省市中排名第七，创新企业数量、创新人才数量在国内 31 省市中均排名第三，排名相对靠后，技术有待积累。同时，广东省在风能发电其他相关装备及材料、太阳能产品和生产装备制造细分领域发明专利授权量在国内 31 省市中均排名第五，稍有落后，也需对技术进行积累（见表 23）。

表 23　广东省新能源产业薄弱领域创新要素情况

细分领域	发明专利授权		创新企业		创新人才	
产业链三级	数量（件）	国内排名	数量（家）	国内排名	数量（人）	国内排名
风能发电其他相关装备及材料	111	5	435	2	2455	4
太阳能产品和生产装备制造	503	5	1476	2	6466	3

续表

细分领域	发明专利授权		创新企业		创新人才	
产业链三级	数量（件）	国内排名	数量（家）	国内排名	数量（人）	国内排名
电力电子基础元器件制造	436	7	688	3	4224	3

3.3.1.5 风险环节

在新兴技术和新增需求的带动下，新能源产业正处于新的发展阶段，中国市场地位突出，是国外公司专利布局的重点方向。通过分析国外在华发明专利申请公开量的增速，并结合国内外专利权人在华有效发明专利量的对比，有助于判断产业链各技术领域是否面临风险，具体分析模型为：

当某领域国外在华发明专利申请公开量的近五年复合增速大于或等于产业链整体国外在华发明专利申请公开量的近五年复合增速，或者某领域国外专利权人在华有效发明专利量大于该细分领域国内专利权人在华有效发明专利量时，则判定该领域为风险产业。

截至2021年7月，在新能源产业中，国外在华发明专利申请公开量共22711件，占全国新能源产业发明专利申请公开总量（186440件）的12.2%，近五年复合增速为-0.4%，低于全国复合增速（11.1%）11.5个百分点。国外专利权人在华有效发明专利量为8975件，占全国新能源产业有效发明专利总量（53151件）的16.9%。

从新能源产业的各细分领域来看，风能发电其他相关装备及材料、风能发电运营维护、太阳能发电运营维护、生物质能发电、生物质燃气、智能电网输送与配电领域国外在华发明专利申请公开量的近五年复合增速大于新能源产业链整体国外在华发明专利申请公开量的近五年复合增速，属于风险细分领域（见表24）。

表24 新能源产业链风险领域分布情况

细分领域	领域国外在华发明专利申请公开量近五年复合增速		领域国外专利权人在华有效发明专利		风险领域
产业链三级	复合增速	大于或等于产业链整体国外在华发明专利申请公开量近五年复合增速	数量（件）	大于细分领域国内专利权人有效发明专利量	
核燃料加工及设备	-4.5%	否	453	否	否
核电装备制造	-8.5%	否	46	否	否
核电运营维护	-1.4%	否	71	否	否
风能发电机装备及零部件制造	-1.3%	否	1400	否	否
风能发电其他相关装备及材料	27.2%	是	37	否	是
风能发电运营维护	4.8%	是	2307	否	是
太阳能产品和生产装备制造	-24.7%	否	475	否	否
太阳能材料制造	-3.2%	否	680	否	否
太阳能发电运营维护	4.7%	是	115	否	是
生物质能及其他新能源设备制造	-5.4%	否	251	否	否

续表

细分领域	领域国外在华发明专利申请公开量近五年复合增速		领域国外专利权人在华有效发明专利		风险领域
产业链三级	复合增速	大于或等于产业链整体国外在华发明专利申请公开量近五年复合增速	数量（件）	大于细分领域国内专利权人有效发明专利量	
生物质能发电	3.1%	是	38	否	是
生物质供热	−100.0%	否	3	否	否
生物质燃气	0.0%	是	4	否	是
智能电力控制设备及电缆制造	−2.4%	否	1177	否	否
电力电子基础元器件制造	−0.7%	否	2546	否	否
智能电网输送与配电	7.1%	是	1003	否	是

3.3.2 广东省技术供应链分析

3.3.2.1 技术转移情况

截至 2021 年 7 月，在新能源产业中，全国涉及转让的专利共 26060 件；其中，广东省涉及转让的专利共 4230 件，占全国涉及转让专利总量的 16.2%，在国内 31 省市中排名第二，排名第一的是江苏省（4500 件）。

从新能源产业的各细分领域来看，广东省涉及转让的专利主要分布在智能电力控制设备及电缆制造（1285 件）、太阳能产品和生产装备制造（776 件）、风能发电运营维护（613 件）等领域（见图 26）。

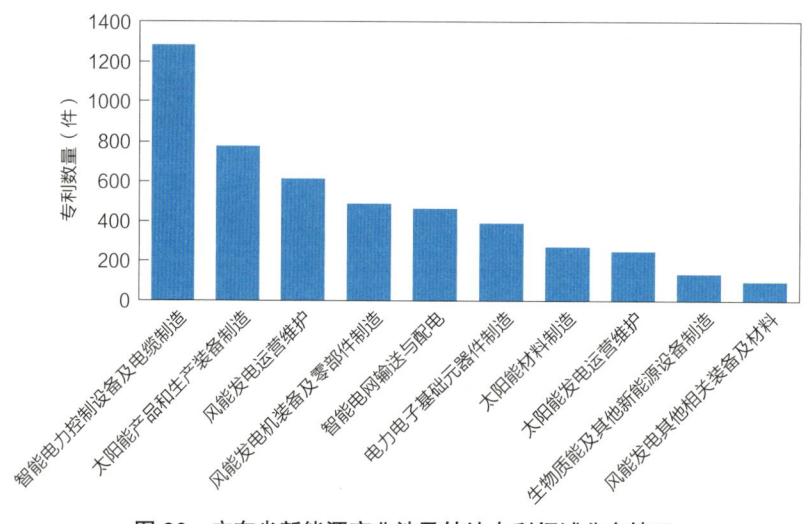

图 26　广东省新能源产业涉及转让专利领域分布情况

广东省新能源产业的专利转让活动主要发生在省内，共涉及专利 2187 件。在与外地进行的专利转让活动方面，广东省向外地转让的专利共 1137 件，转让专利的受让人主要分布在江苏省（210 件）、浙江省（139 件）、山东省（119 件）；广东省从外地受让的专利共 1307 件，受让专利的转让人主要分布在北京市（252 件）、浙江省（244 件）、江苏省（120 件）（见图 27）。

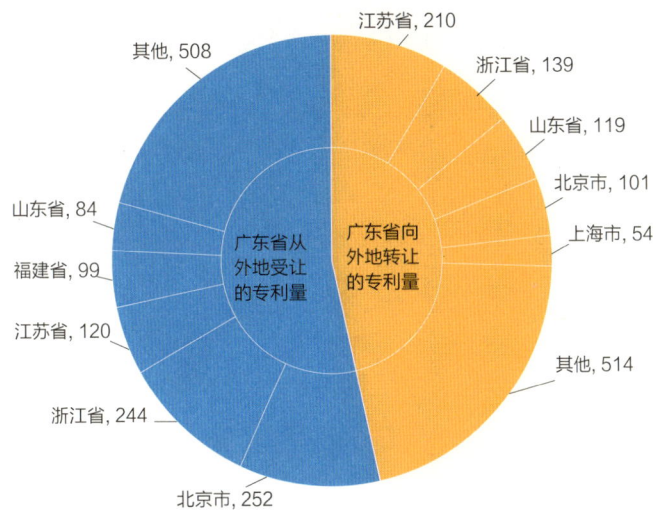

图 27　广东省新能源产业与外地进行专利转让活动情况（单位：件）

3.3.2.2　专利许可情况

截至 2021 年 7 月，在新能源产业中，全国涉及许可的专利共 2752 件；其中，广东省涉及许可的专利共 282 件，占全国涉及许可专利总量的 10.2%，在国内 31 省市中排名第三，排名前两位的分别是江苏省（506 件）和浙江省（376 件）。

从新能源产业的各细分领域来看，广东省涉及许可的专利主要分布在智能电力控制设备及电缆制造（93 件）、太阳能产品和生产装备制造（59 件）、风能发电运营维护（27 件）等领域（见图 28）。

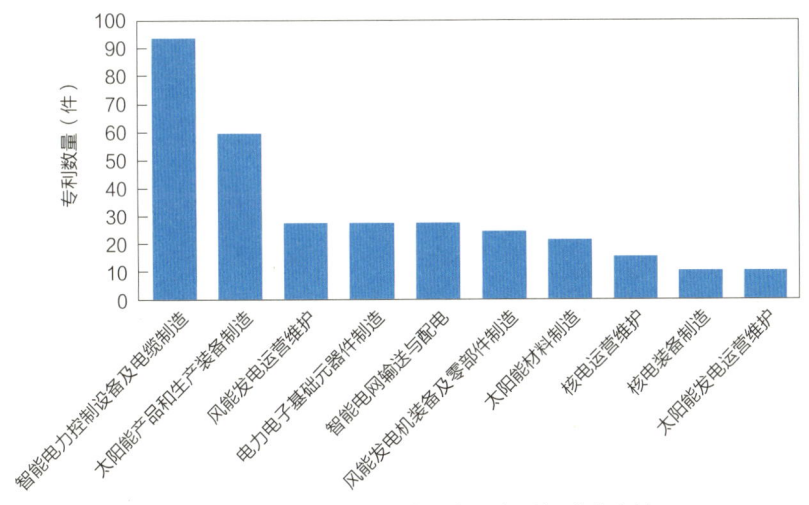

图 28　广东省新能源产业涉及许可专利领域分布情况

广东省新能源产业的专利许可活动主要发生在省内，共涉及专利 169 件。在与外地进行的专利许可活动方面，广东省对外地许可的专利共 43 件，许可专利的被许可人主要分布在天津市（7 件）、吉林省（5 件）、江西省（4 件）；广东省被外地许可的专利共 71 件，被许可专利的许可人主要分布在湖南省（13件）、四川省（10件）、上海市（6件）（见图29）。

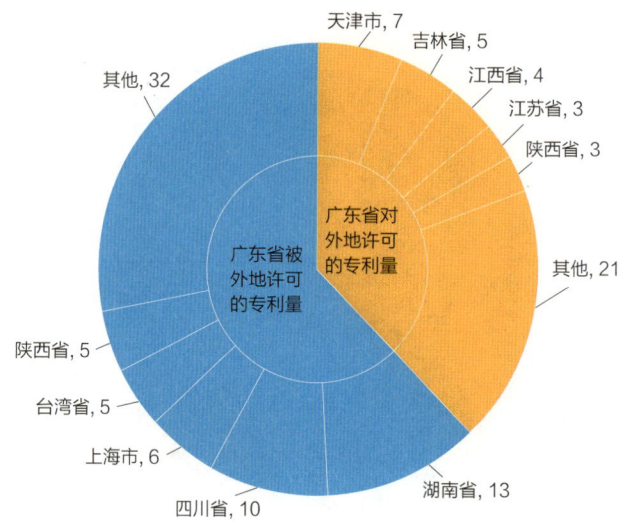

图29 广东省新能源产业与外地进行专利许可活动情况（单位：件）

3.3.2.3 专利质押情况

截至2021年7月，在新能源产业中，全国涉及质押的专利共1771件；其中，广东省涉及质押的专利共207件，占全国涉及质押的专利总量的11.7%，在国内31省市中排名第三，排名前两位的省市分别为山东省（216件）和浙江省（212件）。

从新能源产业的各细分领域来看，广东省涉及质押的专利主要分布在智能电力控制设备及电缆制造（81件）、太阳能产品和生产装备制造（41件）、风能发电运营维护（27件）等领域（见图30）。

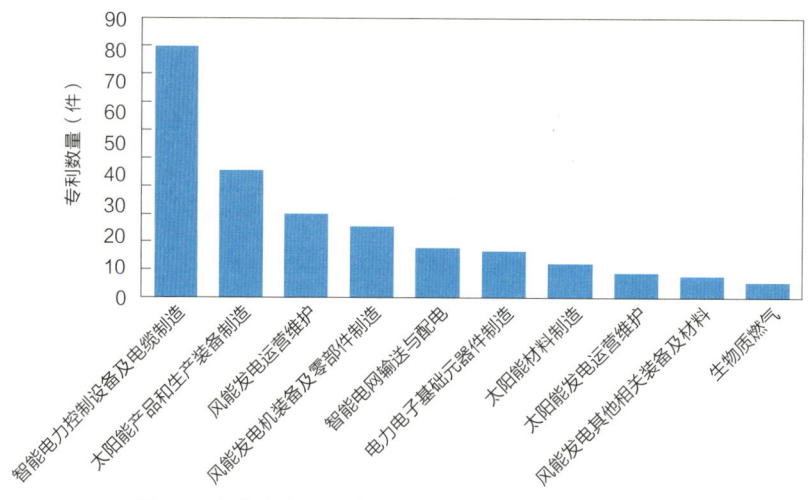

图30 广东省新能源产业涉及质押专利领域分布情况

第4章 广东省新能源产业创新发展路径建议

广东省在新能源产业方面基础雄厚，近年来产业规模不断壮大，技术水平稳步提升，产业集聚效应逐步显现。行业龙头纷纷抢占产业技术制高点，产业链上下游的企业正加速在新能源产业的技术布局，集聚了雄厚的技术实力。同时，广东省汇聚了大量新能源领域的高端人才，以华南理工大学、广东工业大学等为代表的高校院所为本地提供了丰富的产学研资源，这些得天独厚的条件都将加速广东省新能源产业的发展。广东省雄厚丰沛的企业、人才资源为广东省发展新能源产业提供了"常量"，而省内良好的制造业基础和凸显的电子信息产业优势，以及粤港澳大湾区和"一核一带一区"发展战略的全面实施，为广东省新能源产业的发展提供了关键"变量"。广东省应稳住常量、抓好变量，把握新能源产业发展的战略性机遇，推动新能源产业快速发展，形成国内领先、世界一流的新能源产业集群。

4.1 产业布局优化路径

以"固链、强链、补链、延链"为重点，以提升区域产业技术创新能力和核心竞争力为目标，基于知识产权大数据情报分析，对产业链的构成和产业融合载体分布情况进行梳理，引导创新资源向产业链上下游集聚，打造新能源产业发展高地。对于本地产业优势细分领域，主要通过研发创新、核心技术攻关、专利布局以及技术合作等手段进行巩固。对于本地产业链劣势环节，可考虑结合政策驱动、人才引进、对外合作等加以提升。

首先，实施固链工程。广东省新能源产业基础设施完善、产业链覆盖全面，产业链整体保持较快增长。建议广东省继续保持区域产业优势，在核燃料加工及设备、核电装备制造、核电运营维护、太阳能材料制造、生物质能发电、智能电力控制设备及电缆制造、智能电网输送与配电等产业环节不断有所突破，抢占产业技术高地和话语权。

其次，实施强链工程。继续增强风能发电运营维护等产业潜力环节，加大扶持力度，不断提升广东省新能源产业的竞争实力。

再次，实施补链工程。针对广东省新能源产业的薄弱环节，在风能发电其他相关装备及材料、太阳能产品和生产装备制造、电力电子基础元器件制造等领域加大研发投入，同时可以考虑引进国内外行业头部企业进行落户研发，补齐区域短板。

最后，实施延链工程。充分运用新技术、新装备、新工艺、新模式，助推能源清洁低碳化转型，突破产业瓶颈，延展产业链条，扩大产业规模。

发挥龙头骨干企业带动作用，重点扶持根植于广东在核电、海上风电、太阳能、氢能、智能电网等领域具有优势和潜力的龙头企业，支持龙头企业实行EPC总承包模式，引进上下游供应链企业，促进形成以大企业为核心、相关配套企业聚集发展的新能源产业集群。在立足本地企业培育之外，广东省同时也可瞄准国内外知名企业，针对重点产业链环节，可考虑引入在该技术领域具有领先创新实力的国内外企业或与其开展合作，实现技术上的突破。

广东省在发展新能源产业的过程中，应加大人才培养引进力度，择天下英才而用之，充分发挥高端人才的关键作用，形成人才集聚效应。一方面，要根据广东省新能源产业发展实际，加大本地人才培养的力度；另一方面，要积极从国内外引进高端人才，引领区域产业创新发展。

建立起"引""稳""培""鉴"相结合的人才培养机制，打造创新人才高地。一是"引"，在人才引进中加强行业领军人才、技术高管及科技企业家等人才的引进力度；二是"稳"，加强人才大数据的建设与运用水平，构建新能源产业创新人才数据库，实时监测广东省高层次人才发展动态，稳定核心技术人才，减少高端人才外流；三是"培"，深化产教融合，依托全国和广东省高校科教资源，建立学历教育与职业教育相结合的人才培养模式，协同培养创新型科技工程师人才，支持省内高校加强新能源关键领域学科建设，支持新能源企业和职业院校共建实训基地；四是"鉴"，有效利用知识产权大数据建立发现高端科技人才、评价人才和跟踪人才机制，绘制全球高端人才图谱，落实人才引进中的知识产权评价和鉴定机制。

4.2 知识产权工作建议

坚持把创新作为驱动新能源产业发展的第一动力。加强关键核心技术攻关，提高关键环节和技术领域创新能力。充分整合省内外科研院所、高校、企业等创新资源，在核电、海上风电、太阳能、氢燃料电池、天然气及其水合物、智能电网等领域建成一批重点实验室、工程研究中心、产业创新中心、企业技术中心等国家级和省级创新平台，鼓励地方科创研发平台申报创建省级新型研发机构。支持国际知名企业在广东省设立研发中心，鼓励省内新能源龙头企业与国外领军企业合作开展技术研究。完善以企业为主体、市场为导向、产学研相结合的产业技术创新体系。鼓励企业加强与华南理工大学、广东工业大学、华北电力大学、清华大学等省内外高校院所的深度合作，联合开展技术攻关，补齐区域创新链短板。

高价值专利是产业发展的关键动力，是企业的核心竞争力，从源头提升创新质量，是推动新能源产业集群高质量发展的有效手段。鼓励企业、高等院校、科研院所、知识产权服务机构、产业联盟、行业协会作为建设主体，建设高价值专利培育中心，成立技术培育、专利挖掘、专利申请维护、专利运营等职能部门。制定完善的高价值专利培育管理制度及操作规程，如研发管理制度、专利信息利用制度、专利挖掘布局制度、专利申请制度、专利分级管理制度等。开展高价值专利组合培育，包括技术培育、专利布局策略规划、高价值专利挖掘、高价值专利布局、高价值专利撰写、高价值专利的申请答复、高价值专利快速获权、高价值专利运营等内容。深入实施专利质量提升工程，坚持质量第一、效益优先原则，建立企业、高校院所、知识产权服务机构协同创新、集成创造机制，提高专利质量与效益，努力推动专利创造由量多向质优转变。落实专利申请前置评审和专利质量管控制度，注重提升专利申请文本质量，例如通过开发基于人工智能和大数据的专利智能预审平台，实现专利智能分类（IPC/CPC），自动识别相似技术，智能判断可专利性，智能审核专利文本质量。明确技术创新点，优化权利要求配置，确定合理权利要求范围，形成能够全面系统保护创新成果的专利。加强专利申请过程跟踪，提高专利授权率。针对高价值专利培育中心产出的专利，开辟绿色通道，加快审查授权。围绕企业产业资源与优势技术，积极开展高价值专利质押融资、许可转让、作价入股、证券化、标准化等专利运营，充分实现其价值。推动细分领域存量专利的运营和共享，加快高价值专利实施和产业化，实现专利运营现金流，创造良好的社会效益和经济效益。

建立专利预警机制，建议广东省在风能发电其他相关装备及材料、风能发电运营维护、太阳能发电运营维护、生物质能发电、生物质燃气、智能电网输送与配电等产业链风险环节，加大专利布局力度，加强技术积累和挖掘，坚持创新导向和质量导向，提高专利布局数量。同时，作为我国外贸第一大省，广东省尤其还应注重知识产权的海外布局工作，建议企业在"走出去"的过程中，可根据经营业务范围在海外潜在市场围绕自身的优势技术，进行多角度、多层次的专利布局，形成对自身权益最大的保护。

以专利数据为纽带，关联融合产业、企业、人才、技术、金融资本等多维数据资源，构建全球科技竞合知识图谱数据库，开发全球产业科技发现与科创服务平台，打通创新供给侧、产业需求端、资本赋能方三者之间的数据孤岛。同时以产业科技大数据设施为基础，实施区域规划类、产业规划类和企业运营类专利导航，加强未来产业关键技术布局。综合运用专利数据和产业数据，借助大数据技术手段，构建重点产业发展方向分析、区域产业发展定位分析和产业发展路径导航分析逻辑模型。在摸清产业发展方向基础上，立足广东省新能源产业发展定位，提出适用于广东省的产业发展路径建议，在产业规划、招商引资、人才引进、企业培育等方面，依托知识产权大数据全球扫描优质产业情报、科技企业和技术情报，精准发现、评价并引进具有核心技术的创新项目，为广东省产业链、供应链的安全稳定、自主可控提供情报支撑。

广东省新一代电子信息产业专利统计分析报告

广东省知识产权保护中心
2021 年 12 月

目 录

第1章 引言 // 828

    1.1 项目背景 // 828
    1.2 产业链分类 // 829
    1.3 检索策略 // 830
        1.3.1 划定产业范畴 // 830
        1.3.2 构建检索式 // 830

第2章 新一代电子信息产业发展态势 // 831

    2.1 新一代电子信息产业发展现状 // 831
        2.1.1 全球新一代电子信息产业发展概况 // 831
        2.1.2 我国新一代电子信息产业发展概况 // 832
    2.2 政策环境 // 833
        2.2.1 全球政策环境 // 833
        2.2.2 中国政策环境 // 834
        2.2.3 广东政策环境 // 836

第3章 中国新一代电子信息产业创新发展态势 // 838

    3.1 中国创新企业 // 838
    3.2 中国专利布局 // 839
    3.3 中国创新人才 // 842

第 4 章　广东省新一代电子信息产业创新发展定位　　// 844

4.1　广东省创新企业　　// 844
4.2　广东省专利布局　　// 845
4.3　广东省创新人才　　// 847
4.4　广东省产业链集聚结构　　// 848
4.4.1　优势环节分析　　// 848
4.4.2　不足环节分析　　// 851
4.4.3　潜力环节分析　　// 853
4.4.4　风险环节分析　　// 854

第 5 章　从关键技术看产业技术发展方向　　// 860

5.1　5G 技术发展概况　　// 860
5.2　5G 技术难点——大规模 MIMO 技术　　// 861
5.2.1　大规模 MIMO 技术的发展现状　　// 861
5.2.2　大规模 MIMO 技术的专利布局情况　　// 863
5.2.3　大规模 MIMO 技术的技术洞察　　// 864

第 6 章　广东省新一代电子信息产业创新发展路径建议　　// 866

6.1　产业布局优化路径　　// 866
6.2　知识产权风险防控建议　　// 868

图目录

图 1　新一代电子信息产业结构 …………………………………………………………… 829
图 2　中国新一代电子信息创新企业数量增长情况 ……………………………………… 838
图 3　中国新一代电子信息创新企业数量排名前 10 省市（单位：家）……………… 839
图 4　中国新一代电子信息产业发明专利申请公开量增长趋势 ………………………… 839
图 5　中国新一代电子信息产业累计发明专利公开量排名前 10 省市（单位：件）… 840
图 6　中国发明专利申请公开量二级产业分布 …………………………………………… 840
图 7　中国新一代电子信息产业创新人才数量增长情况 ………………………………… 842
图 8　中国新一代电子信息产业创新人才数量排名前 10 省市（单位：人）………… 843
图 9　广东省新一代电子信息产业创新企业增长趋势 …………………………………… 844
图 10　广东省各市新一代电子信息产业创新企业分布情况 …………………………… 845
图 11　广东省新一代电子信息产业发明专利申请公开量增长趋势 …………………… 846
图 12　广东省各市从事新一代电子信息产业的创新人才分布情况（单位：人）…… 847
图 13　2018 年全球终端天线市场份额格局 ……………………………………………… 862
图 14　2017 年国内基站天线市场份额占比 ……………………………………………… 863
图 15　大规模 MIMO 技术领域国内 31 省市与海外来华在中国的专利布局对比情况 …… 863

表目录

表1　中国新一代电子信息产业相关政策 ………………………………………… 834
表2　全国各省市新一代电子信息产业相关政策 ………………………………… 835
表3　广东省新一代电子信息产业相关政策 ……………………………………… 837
表4　中国新一代电子信息产业链的创新资源分布情况 ………………………… 841
表5　广东省各地市新一代电子信息产业发明专利数量情况 …………………… 846
表6　广东省在新一代电子信息产业链的优势领域创新要素分布 ……………… 849
表7　广东省在新一代电子信息产业链的不足领域创新要素分布 ……………… 852
表8　广东省在新一代电子信息产业链的潜力产业增速情况 …………………… 854
表9　新一代电子信息产业链专利预警分析数据 ………………………………… 855

第1章 引言

1.1 项目背景

2021年3月,《中华人民共和国国民经济和社会发展第十四个五年规划和2035年远景目标纲要》围绕"发展壮大战略性新兴产业"进行了专章论述,指出要着眼于抢占未来产业发展先机,培育先导性和支柱性产业,推动战略性新兴产业融合化、集群化、生态化发展,战略性新兴产业增加值占GDP比重超过17%。2021年9月,中共中央、国务院印发《知识产权强国建设纲要(2021—2035年)》,在"建设激励创新发展的知识产权市场运行机制"部分,明确要大力推动专利导航在传统优势产业、战略性新兴产业、未来产业发展中的应用。

习近平总书记对广东制造业发展高度重视、寄予厚望,明确要求广东加快推动制造业转型升级,建设世界级先进制造业集群。2020年5月,广东省人民政府出台《关于培育发展战略性支柱产业集群和战略性新兴产业集群的意见》,并进一步制订了20个战略性产业集群行动计划,最终形成"1+20"的政策体系,旨在推动广东省产业链、创新链、人才链、资金链、政策链相互贯通,加快建立具有国际竞争力的现代化产业体系。2021年4月,广东省人民政府印发的《广东省国民经济和社会发展第十四个五年规划和2035年远景目标纲要》在"总体要求"中提出,改造提升传统产业,做大做强战略性支柱产业,培育发展战略性新兴产业,加快发展现代服务业,推动产业基础高级化和产业链供应链现代化,提高产业现代化水平,打造新兴产业重要策源地、先进制造业和现代服务业基地,推动建设更具国际竞争力的现代产业体系。

针对"新一代电子信息产业",广东省工业和信息化厅等六部门于2020年9月印发了《广东省发展新一代电子信息战略性支柱产业集群行动计划(2021—2025年)》,提出到2025年,将广东建设成全球新一代通信设备、新型网络、手机及新型智能终端、半导体元器件、新一代信息技术创新应用产业集聚区,并明确广东省市场监督管理局负责构建科技创新型平台、提升国际化合作水平等重点任务和稳链强链补链等重点工程中的相关工作。

为深入贯彻习近平新时代中国特色社会主义思想和党的十九大精神,认真落实中共中央、国务院关于发展壮大战略性新兴产业和知识产权强国建设及省委、省政府关于推进制造强省建设的工作部署,按照《广东省人民政府关于培育发展战略性支柱产业集群和战略性新兴产业集群的意见》《广东省发展新一代电子信息战略性支柱产业集群行动计划(2021—2025年)》的工作安排,加快发展新一代电子信息战略性支柱产业集群,促进产业迈向全球价值链高端，开展新一代电子信息产业专利分析研究工作。基于产业专利导航创新决策理念，紧扣产业分析和专利分析两条主线，将专利信息与产业现状、发展趋势、政策环境、市场竞争等信息深度融合，基于知识产权产业金融大数据，深入研究广东省新一代电子信息产业发展现状，明晰产业发展方向，找准区域产业定位，分析存在制约发展的瓶颈问题和制度障碍，指出优化产业创新资源配置的具体路径，提出适用于本区域产业创新发展的相关建议，为广东省新一代电子信息产业发展规划、招商引资、人才引进等提供决策支撑。

1.2 产业链分类

新一代电子信息产业分为七大领域，包括半导体及集成电路、新一代通信与网络、新兴软件开发、物联网、人工智能、新兴信息技术、信息技术应用。进一步将新一代电子信息产业分为多个相关的三级分支：半导体及集成电路主要涉及分立器件、光电器件、集成电路设计、集成电路单项制造工艺、集成电路集成制造工艺、封测；新一代通信与网络主要涉及通信系统设备、网络与信息安全设备、电子终端设备、5G；新兴软件开发主要涉及基础软件、应用软件；物联网主要涉及物联网感知层、物联网网络层、物联网平台层；人工智能主要涉及人工智能基础层、人工智能技术层；新兴信息技术主要涉及工业互联网、云计算、大数据、区块链；信息技术应用主要涉及智慧医疗、智慧农业、智慧安防、智能家居、智能制造、智能交通、智慧教育、车联网、智慧能源（见图1）。

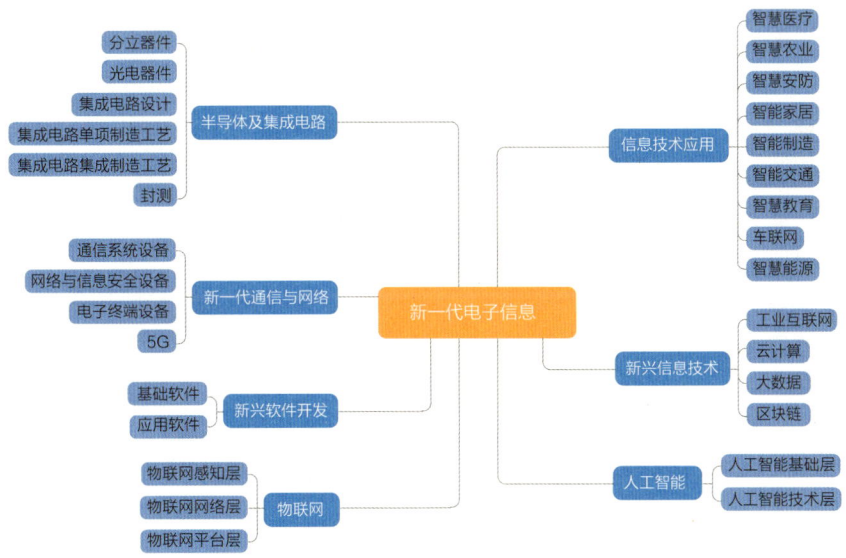

图 1 新一代电子信息产业结构

1.3 检索策略

1.3.1 划定产业范畴

根据 2020 年电子工业出版社出版的《集成电路产业全书》的定义，集成电路（Integrated Circuit，IC）是指通过一系列特定的加工工艺，将晶体管、二极管等有源器件和电阻器、电容器等无源器件，按照一定的电路互连，"集成"在半导体（如硅或者砷化镓等化合物）晶片上，封装在一个外壳内，执行特定功能的电路或系统。

2014 年，国务院出台《国家集成电路产业发展推进纲要》，提到集成电路产业包括集成电路设计、集成电路制造、封装测试、设备以及材料。集成电路产业是信息技术产业的核心，是支撑经济社会发展和保障国家安全的战略性、基础性和先导性产业。发展目标为，到 2030 年，集成电路产业链主要环节达到国际先进水平，一批企业进入国际第一梯队，实现跨越发展。

1.3.2 构建检索式

分类号的选取。首先在分类表中找出所有相关的分类号，去掉不必要的分类号，形成初步检索式中的分类号集合，适当使用通配符，避免错分到相近分类号的专利文献。进行检索结果验证，根据检索结果，增加或减少分类号。通过不断的检索结果反馈的过程完善检索式中的分类号。

关键词的选取。尽可能地列出相关关键词，形成关键词集合。使用关键词进行检索，根据检索式取舍关键词后再次进行检索，对结果进行分析。通过不断的检索结果反馈的过程完善检索式中的关键词。

在检索过程中，为达到专业检索，需要结合分类号和关键词进行检索。例如，对于人工智能细分领域基础层的系统软件技术，分类号选择 G06F9/、G06N3/、G06F21/、H04L29/、H04N7/、G05B19/、G06F3/、G05B19/、G06F16/，关键词选择系统软件、编译器、译码器、算子库、硬件管理等。

检索时间：2021 年 7 月底。

检索结果：中国发明专利申请公开量 2127897 件、中国创新企业数量 164571 家、中国创新人才数量 2721856 人。

第2章 新一代电子信息产业发展态势

2.1 新一代电子信息产业发展现状

2.1.1 全球新一代电子信息产业发展概况

电子信息产业具备技术含量高、附加值高、污染少的特点，随着信息化、工业化不断融合，以机器人科技为代表的智能产业的蓬勃兴起成为现代科技创新的一个重要标志。新一代信息技术与传统制造业的结合，为制造业发展提供了新动能；互联网、移动互联网的普及，以云计算、大数据为代表的规模经济的出现，助推电子信息产业进入快速发展阶段。新一代电子信息产业涵盖了半导体及集成电路、新一代通信与网络、新兴软件开发、物联网、人工智能、新兴信息技术、信息技术应用等领域。

全球电子信息产业转移分为四个阶段，第一阶段是1950—1960年，美国向日本、联邦德国等转移；第二阶段是1970—1980年，日本、联邦德国等向亚洲四小龙转移，其中韩国有以三星为代表的全产业链，中国台湾地区则主要是代工，包括晶圆代工、封测代工和EMS；第三阶段是1990年—21世纪初，亚洲四小龙向中国大陆转移，主要模式就是代工与品牌；第四阶段是2010年以后，进入向中国大陆的二次转移，转移的产业由整机组装向芯片、信息装备等核心部件转变。伴随着中国大陆劳动成本上升等，目前低利润、低技术含量、高劳动密集的中后端产业环节正在进一步转移至印度、越南等地区。

新一代电子信息产业是当前国际新一轮产业竞争和抢占经济科技制高点的战略先导领域。在全球电子信息产业的竞争格局上，美国、日本、欧洲、韩国等处于第一梯队，在核心技术、中高端产品、品牌上占据优势地位。中国、印度、韩国等东南亚新兴经济体，依托其生产能力和工艺水平的不断提升，在世界电子信息产业中处于第二梯队，并逐步向电子信息产业链的高端环节升级。具体地，美国的软件和集成电路行业长期占据产业的顶端，操作系统、数据库、开发工具等核心软件在全球市场上的占有率高达80%，通用处理器、高端网络芯片、高端模拟芯片和可编程逻辑芯片、半导体加工设备等集成电路产品和设备在全球市场居于领先地位，代表公司有高通、思科、IBM等大型国际公司。欧洲有一批实力雄厚的大企业，西门子、飞利浦、诺基亚、爱立信等，意大利、法国在工业控制、家电、医疗、通信、半导体行业的排名位居前列。日本处于全球电子信息产业的核心圈和产业链的高端，在家电、通信、计算机、平板显示器、半导体等行业均有比较完整的产业配套体系，尤以材料工业见长，代表公司有索尼、夏普、松下等龙头企业。韩国是世界上第一大显示器生产国，组建了以三星、LG为核心的大企业财团，半导体、平板显示器、通信产品等具有很强的竞争力，产品线之间可形成互补和支撑，处于全球信息通信技术第一的位置。印度软件产业非常发达，是仅次于美国的软件大国，班加罗尔作为印度软件工业中心，其产业规模占总产业的36%。中国台湾地区以半导体代工及电子元器件为主，代表公司为台积电；中国大陆以通信设备、电子元器件、互联网服务等为主，代表公司有华为、联想、京东方、TCL、科大讯飞等知名企业。

根据公开数据预测，受全球经济持续复苏的影响，2017—2020年，世界电子产品市场规模将保持稳定增长态势，并在2.3%~2.9%浮动。美国、西欧、日本等传统发达经济体的总体量仍然占据主导地位，但是市场份额持续小幅度下降，以中国为代表的新兴市场国家的整体份额不断提升。总体上看，亚太地区仍是全球市场增长的引擎，电子产品结构持续小幅调整，但基本保持稳定，物联网、数据中心、智能制造等智能化需求对市场的带动作用逐渐显现，5G、人工智能等新兴应用影响未来细分市场的走向。从国家层面看，中国、美国和日本稳居电子信息产品产值与市场规模的前列。在产值方面，中国作为第一大电子信息产品制造业国家，继续保持稳固地位，美国和日本紧随其后。在市场规模方面，中国占比持续上升，进一步巩固其第一大市场地位，美国、日本分列第二、三位，未来三年，榜首三强的发展趋势保持稳定。西欧国家中，德国、英国、法国市场规模位列前三，过去三年，均保持增长态势，其中德国的增速更高，但低于新兴市场国家。亚太其他国家和地区（除美国、日本和中国外）市场规模将保持较高速增长，中国、韩国、印度、越南等国家的电子信息产品市场增量贡献位居前列。

2.1.2 我国新一代电子信息产业发展概况

《"十二五"国家战略性新兴产业发展规划》中将新一代信息技术产业列为七大战略性新兴产业之一，作为其中重要组成部分的新一代电子信息产业，成为获取未来竞争新优势的关键领域。目前我国已经建立门类齐全、规模庞大、有一定技术基础和较强国际竞争力的电子信息产业。在产业分布上，形成了四十个集成电路、软件、电子元件、电子器件、通信、计算机与网络产品、消费类电子产品等有特色的专业型产业园区。在地域分布上，形成了主要围绕长江三角洲、珠江三角洲、环渤海以及中西部四大产业聚集地，具体为北京、上海、广东、天津、江苏、浙江、四川、福厦沿海地区等九大国家级产业基地。四大产业聚集地的劳动力、销售收入、工业增加值和利润占全行业比重均已超过80%。各区域产业方向差异明显，环渤海地区主要产业方向为电子信息产品的制造和功能开发，形成了以北京为代表的集成电路制造业，以天津为代表的电子元器件和移动通信制造业，以大连为代表的软件业，以青岛为代表的电子家电制造业的产业集群，其中北京承担着全国电子信息产业研发的主要工作；长江三角洲地区主要产业方向为电子信息产业的生产和组装，形成了以上海为代表的IC设计业，以杭州为代表的IC设计制造业，以苏州为代表的IT设备制造业的产业集群；珠江三角洲主要产业方向为消费类电子产品和一些零部件的生产组装，形成了以广州为代表的软件业，以深圳为代表的通信、微电子制造业，以东莞为代表的计算机通信制造业的产业集群；中西部地区形成了以成都为代表的军工电子产业，以重庆为代表的通信设备制造业，以武汉为代表的光电子产业，以长沙为代表的软件制造业，以西安为代表的光通信、软件制造业的产业集群。

电子信息产业作为我国国民经济的基础性、先导性和支柱性产业，已经成为提升我国科技创新实力、推动经济社会发展和整体竞争力的重要动力引擎。工信部数据显示，近20年中国电子信息制造业营收由2000年的0.95万亿元上升到2020年约11.4万亿元。据有关统计，在细分领域方面，我国各领域市场规模占全球市场规模的比例基本超过30%。我国面板、LED、PCB市场规模已突破50%，半导体、安防、被动元器件市场规模已超过30%，基本实现了各领域的全方位渗透。

"十三五"期间，中国的新一代电子信息产业呈现稳定的增长趋势。工信部数据显示，截至2019年年底，全国综合发展指数为123.06，比上年上升3.94，与2014年基期（100）相比，近五年指数实现连续平稳增长，平均上升幅度为4.99。2020年，规模以上新一代电子信息产业增加值同比增长7.7%，增速比上年回落1.6个百分点，规模以上新一代电子信息产业实现营业收入同比增长8.3%，增速同比提高3.8个百分点；利润总额同比增长17.2%，增速同比提高14.1个百分点。虽然我国新一代电子信息产业的销售收入已达全球第一，但是依然是以整机组装为主，处于国际分工的下游，产品附加值低，与美、欧发达国家相比竞争力仍然偏低。❶

2.2 政策环境

2.2.1 全球政策环境

近几年，世界电子信息产业持续发展，美、日、欧盟等主要国家纷纷将电子信息产业作为主导产业，出台一系列政策措施以推动其发展。

美国自20世纪80年代以来就非常重视电子信息产业的发展，并将其提升到国家战略高度。2011年起，美国陆续出台了《美国先进制造业国家战略计划》等多项战略规划，并将网络服务提供商重新规划到《美国电信法案》所管辖的范围，重点保护互联网的开放性。2015年，奥巴马政府制定了智慧城市计划，大力发展电子信息制造业，着力打造物联网应用所需的试验床，发展基于物联网和IPv6技术的电子信息制造产品，引领全球电子信息制造产业的发展。

日本是最早致力于电子信息产业政策制定与结构设计的国家。1957年，日本政府制定《日本电子工业振兴临时措施法》，通过立法扶持电子产业。2000年通过了《日本高度信息化网络社会形成基本法》，明确了信息化的基本方针、领导机构和信息化推进重点。之后日本相继制定实施《e-Japan战略》《IT新改革战略》等一系列信息产业战略，为日本电子信息产业的发展创造了有利的政策环境，同时日本也重视与外国政府合作，提出了国家合作研究战略。

欧盟成员国在重点发展智能制造、移动通信网络等领域的相关战略及政策的推动下，电子信息产业市场规模也有所增加。德国以"工业4.0"为核心，力求成为推动第四次工业革命的主导者。此外，德国政府还积极推进信息化基础设施建设。2013年，英国出台《把握数据带来的机遇：英国数据能力战略》，并专门成立信息经济委员会以保障战略目标

---

❶ 资料来源：Wind。

的实施。

韩国政府主要从三个方面推进电子信息制造业的发展，一是成立相关机构，提供财税支持；二是提供财税支持，鼓励企业技术创新；三是以政府扶持性基金引导产业发展方向和路径，加大研发和产品创新的资金投入。

印度政府在涉及信息产业的投资、运营和管理方面，采取了一系列较为灵活和宽松的政策，同时十分重视信息技术教育以及政府与企业的良好合作。

2.2.2 中国政策环境

2010年，国家发布的《国务院关于加快培育和发展战略性新兴产业的决定》指出，要加快新一代信息技术建设，到2020年新一代信息技术产业将发展成为中国国民经济的支柱产业。《"十二五"国家战略性新兴产业发展规划》明确了新一代信息技术产业重点发展下一代信息网络产业、电子核心基础产业以及高端软件和新型信息服务产业等。《"十三五"国家战略性新兴产业发展规划》中明确要实施网络强国战略，加快"数字中国"，推动物联网、云计算和人工智能等技术向各行业全面融合渗透，构建万物互联、融合创新、智能协同、安全可控的新一代信息技术产业体系。对于新一代电子信息产业发展的细分领域，也提出了《半导体照明产业"十三五"发展规划》《促进新一代人工智能产业发展三年行动计划（2018—2020年）》等，明确了相关电子信息产业细分领域的行动计划和目标，为新一代电子信息产业的发展指明了道路（见表1）。

表1 中国新一代电子信息产业相关政策

时间	文件名称	主要内容
2010年	《国务院关于加快培育和发展战略性新兴产业的决定》	将节能环保、新一代信息技术产业、生物产业等战略性新兴产业加快培育和发展成为先导产业和支柱产业
2012年	《"十二五"国家战略性新兴产业发展规划》	重点发展下一代信息网络产业、电子核心基础产业以及高端软件和新型信息服务产业
2016年	《"十三五"国家战略性新兴产业发展规划》	实施网络强国战略，加快"数字中国"，推动物联网、云计算和人工智能等技术向各行业全面融合渗透，构建万物互联、融合创新、智能协同、安全可控的新一代信息技术产业体系
2017年	《半导体照明产业"十三五"发展规划》	到2020年，中国半导体照明关键技术不断突破，产品质量不断提高，产品结构持续优化，产业规模稳步扩大，产业集中度逐步提高，应用领域不断拓展，市场环境更加规范，为从半导体照明产业大国发展为强国奠定坚实基础
2017年	《促进新一代人工智能产业发展三年行动计划（2018—2020年）》	以信息技术与制造技术深度融合为主线，以新一代人工智能技术的产业化和集成应用为重点，推进人工智能和制造业深度融合，加快制造强国和网络强国建设
2018年	《车联网（智能网联汽车）产业发展行动计划》	到2020年，实现车联网（智能网联汽车）产业跨行业融合取得突破，具备高级别自动驾驶功能的智能网联汽车实现特定场景规模应用，"人–车–路–云"实现高度协同，适应产业发展的政策法规、标准规范和安全保障体系初步建立

续表

时间	文件名称	主要内容
2019年	《超高清视频产业发展行动计划（2019—2022年）》	到2022年，我国超高清视频产业总体规模将超过4万亿元，4K产业生态体系基本完善，8K关键技术产品研发和产业化取得突破，形成一批具有国际竞争力的企业
2020年	《关于推动5G加快发展的通知》	全力推进5G网络建设、应用推广、技术发展和安全保障，充分发挥5G新型基础设施的规模效应和带动作用，支撑经济社会高质量发展

从2016年开始，多个省市将信息产业纳入"十三五"战略性新兴产业发展规划，部分省市更是出台了信息产业发展专项规划。2020年3月，浙江省出台《制造强省建设行动计划》，提出要突破集成电路自主芯片关键核心技术，打造国家重要的集成电路产业基地。北京市发布的《加快科技创新发展新一代信息技术等十个高精尖产业的指导意见》，将新一代信息技术作为北京市重点发展的十大高精尖产业之一（见表2）。

表2 全国各省市新一代电子信息产业相关政策

发布时间	省市	文件名称	内容
2016年	云南	《云南省信息产业发展规划（2016—2020年）》	集中实施"云上云"行动计划，打造国际通信枢纽和区域信息汇集中心，加快产业支撑体系建设，突出重点培育产业集群，提升研发创新能力，培育信息经济新业态等
2017年	四川	《四川省"十三五"战略性新兴产业发展规划》	明确新一代信息技术、高端装备、新材料、数字创意等重点产业的发展方向、重点工程和空间布局。提出到2020年，四川省要建成国家战略性新兴产业发展的聚集高地和全国产业创新发展转型先行区
2017年	北京	《加快科技创新发展新一代信息技术等十个高精尖产业的指导意见》	意见指出，未来北京将立足世界科技前沿，重点发展新一代信息技术、集成电路、医药健康、智能装备产业、节能环保、新能源智能汽车、新材料、人工智能、软件和信息服务以及科技服务业等十大高精尖产业
2018年	天津	《天津市新一代人工智能产业发展三年行动计划（2018—2020年）》	到2020年，本市人工智能产业总体水平位居全国前列，实施基础理论前沿技术攻关工程、产业核心基础夯实工程、智能终端产品产业化工程、人工智能示范应用工程、创新支撑体系搭建工程、领军企业引育工程
2018年	福建	《关于加快全省工业数字经济创新发展的意见》	着力电子信息制造业"增芯强屏"和终端产品创新，加快工业软件、物联网、大数据、人工智能等新兴技术产业化，推动信息技术产业高质量、集聚化发展
2018年	甘肃	《关于促进移动互联网健康有序快速发展的实施意见》	到2020年，基础设施更加完善，用户规模不断扩大，创业创新积极活跃，信息服务惠及全民，网络治理成效显著
2018年	贵州	《贵州省推动大数据与工业深度融合发展工业互联网实施方案》	总体目标以2020年、2022年作为关键节点，力争贵州省工业互联网体系由"初步建成"向"较为完善"迈进

续表

发布时间	省市	文件名称	内容
2019年	江西	《京九（江西）电子信息产业带发展规划》	到2020年，京九沿线电子信息产业集聚基本成型，重点领域产业实力进一步强化，初步建成在全国有影响力的电子信息产业带。到2025年，全省电子信息产业生态逐步完善，高质量发展的电子信息产业集群基本建立，着力打造世界级电子信息产业集群
2019年	湖南	《湖南省人工智能产业发展三年行动计划（2019—2021年）》	利用三年时间，实现人工智能产业总体水平位居全国前列，初步形成具有国内重要影响力的人工智能创新引领区、人工智能产业集聚区和人工智能应用示范区
2019年	黑龙江	《"数字龙江"发展规划（2019—2025年）》	到2025年，"数字龙江"初步建成，完善基础支撑体系，加快发展数字经济，着力打造数字政府，创新数字社会治理，提升信息惠民服务，全面深化开放合作
2019年	陕西	《陕西省新一代人工智能发展规划（2019—2023年）》	在智能软硬件、智能机器人、智能无人机、智能网联汽车、智能终端、智能安防等六大领域，研发一批国内外知名的人工智能产品，形成智能装备等优势产业
2020年	浙江	《制造强省建设行动计划》	新一代信息技术产业领域突破集成电路自主芯片关键核心技术，打造国家重要的集成电路产业基地。大力发展网络通信技术与装备、智能计算服务器及云存储等系统设备、终端及关键配套件
2020年	重庆	《重庆市促进软件和信息服务业高质量发展行动计划（2020—2022年）》	重点发展工业软件、高端行业应用软件、信息技术服务、自主基础软件、新兴软件等方向，到2022年，成功创建中国软件名城，打造2个中国软件名园、1个国家数字服务出口基地
2020年	上海	《推动工业互联网创新升级实施"工赋上海"三年行动计划（2020—2022年）》	到2022年，工业互联网对上海实体经济引领带动效能显著，工业化和信息化融合水平保持全国第一梯队，基本建设成为具有国际影响力、国内领先的工业互联网资源配置、创新策源、产业引领和开放合作的发展高地
2020年	吉林	《推动电子信息产业和数字政府建设促进"数字吉林"快速发展工作方案（2020—2025年）》	深入聚焦电子信息产业、软件和信息服务业、工业大数据产业等数字信息产业发展，积极推动工业互联网、人工智能、5G通信基础设施等项目建设，重点实施数字政府、信息企业培育、新一代信息技术应用等数字经济领域建设发展
2020年	江苏	《关于深入推进数字经济发展的意见》	以建设数字经济强省为1个总目标，全力打造具有世界影响力的数字技术创新、国际竞争力的数字产业发展、未来引领力的数字社会建设和全球吸引力的数字开放合作四大高地
2021年	青海	《关于新时期促进集成电路产业和软件产业高质量发展的若干意见》	到2025年，全省集成电路产业规模力争达到100亿元，软件业收入超过5亿元，通过强链、补链、延链带动相关产业规模不断壮大等

2.2.3 广东政策环境

新一代电子信息产业是广东省支柱产业中最具活力、最具创新的行业之一，并且已经形成较为完整的产业发展体系。为继续做大做强新一代电子信息产业，广东省人民政府不断加强顶层设计，先后发布《广东省战略性新兴产业发展"十二五"规划》《广东省战略性新兴产业发展"十三五"规划》等政策文件，明确了新一代电子信息产业战略定位；在细分产业方向上发布了《广东省云计算发展规划（2014—2020年）》《广东省加快5G产业发展行动计划（2019—2022年）》等文件，为新一代电子信息产业的重点领域发展指明了方向。广东省工业和信息化厅、广东省发改委、广东省科技厅、广东省商务厅、广东省市场监管局、广东省通信管理局联合发布的《广东省发展新一代电子信息战略性支柱产业集群行动计划（2021—2025年）》，总结了广东省电子信息产业的总体情况，并制定了工作目标以及重点任务和重点工程（见表3）。

表3 广东省新一代电子信息产业相关政策

发布日期	发布单位	文件名称	主要内容
2012年	广东省人民政府办公厅	《广东省战略性新兴产业发展"十二五"规划》	确定高端新型电子信息、新能源汽车、半导体照明（LED）、生物、高端装备制造、节能环保、新能源和新材料等领域作为广东省重点培育和发展的战略性新兴产业
2014年	广东省人民政府办公厅	《广东省云计算发展规划（2014—2020年）》	进一步加强云计算基础设施建设，着力突破云计算关键技术和核心产品，大力培育云计算骨干企业和产业基地，加快推进云计算示范应用，推动云计算产业与经济社会协调发展，为广东省创新发展和产业转型升级提供强有力的支撑
2015年	广东省人民政府办公厅	《广东省"互联网+"行动计划（2015—2020年）》	以推动互联网新理念、新技术、新产品、新模式发展为重点，以发展网络化、智能化、服务化、协同化的"互联网+"产业新业态为抓手，充分激发互联网大众创业、万众创新活力，推进互联网在经济社会各领域的广泛应用
2016年	广东省人民政府办公厅	《广东省促进大数据发展行动计划（2016—2020年）》	用五年左右时间，打造全国数据应用先导区和大数据创业创新集聚区，抢占数据产业发展高地，建成具有国际竞争力的国家大数据综合试验区
2017年	广东省人民政府办公厅	《广东省战略性新兴产业发展"十三五"规划》	培育壮大新一代信息技术产业，推动生物、高端装备与新材料、绿色低碳、数字创意等发展成为支柱产业，加快形成以创新为主要引领的经济体系和发展模式，为加快建设国家科技产业创新中心提供重要支撑
2019年	广东省人民政府办公厅	《广东省加快5G产业发展行动计划（2019—2022年）》	到2020年年底，珠三角中心城区5G网络基本实现连续覆盖和商用，5G产值超3000亿元。到2022年年底，珠三角建成5G宽带城市群、粤东粤西粤北主要城区实现5G网络连续覆盖，形成万亿级5G产业集聚区，5G整体技术创新能力世界领先
2020年	广东省工业和信息化厅、广东省发改委等六部门	《广东省发展新一代电子信息战略性支柱产业集群行动计划（2021—2025年）》	到2025年，将广东建设成为全球新一代通信设备、新型网络、手机及新型智能终端、半导体元器件、新一代信息技术创新应用产业集聚区

第 3 章　中国新一代电子信息产业创新发展态势

3.1　中国创新企业

截至 2021 年 6 月底，中国新一代电子信息产业有发明专利申请活动的创新企业共计 164571 家，近五年复合增速达 21.2%，高于全球创新企业数量的复合增速（9.8%）11.4 个百分点。其中，2017 年同比增速最快，同比增长 24.3%（见图 2）。

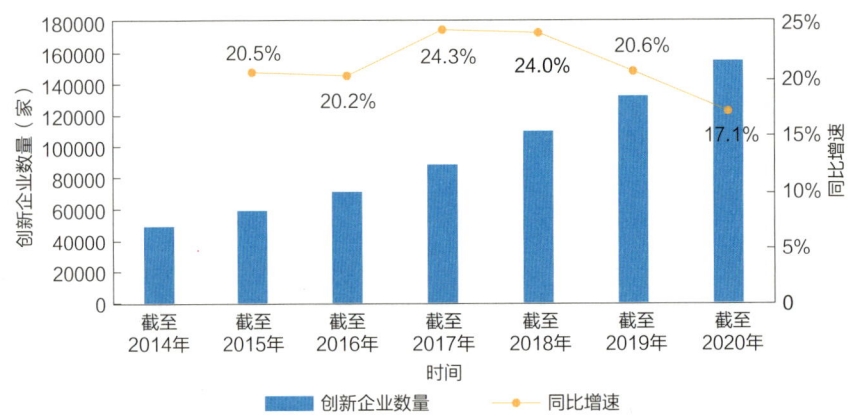

图 2　中国新一代电子信息创新企业数量增长情况

从 31 省市分布来看，中国新一代电子信息产业创新企业主要分布在京津冀、长三角、珠三角地区，其中，创新企业数量排名前五位的省市分别为广东省（27209 家）、江苏省（21781 家）、北京市（14084 家）、上海市（12380 家）、浙江省（11773 家）。其中，广东省的创新企业数量在全国排名第一（见图 3）。

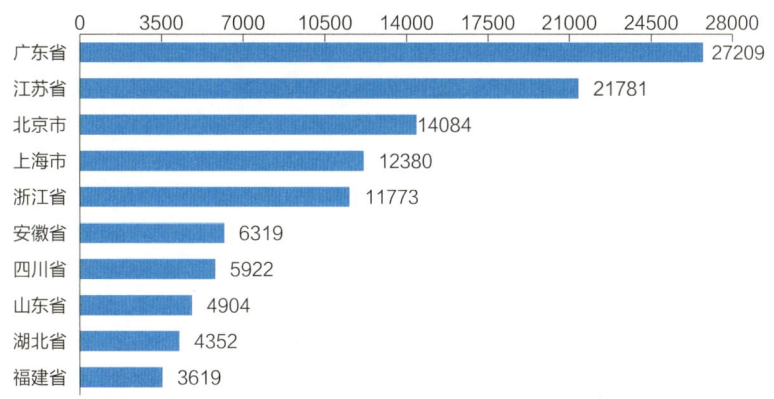

图 3　中国新一代电子信息创新企业数量排名前 10 省市（单位：家）

截至 2021 年 6 月底，全国新一代电子信息产业的高新技术企业共 80517 家，占全国新一代电子信息产业创新企业总数（164571 家）的 48.9%。上市公司达 2145 家，占全国新一代电子信息产业创新企业总数的 1.3%。初创企业数量为 14838 家，占全国新一代电子信息产业创新企业总数的 9.0%。隐形冠军企业数量达 1303 家，占全国新一代电子信息产业创新企业总数的 0.8%。此外，全国新一代电子信息产业共有独角兽企业 182 家。

3.2　中国专利布局

截至 2021 年 6 月底，中国新一代电子信息产业累计发明专利申请公开量为 2188019 件，全球排名第一，占全球新一代电子信息产业累计发明专利申请公开总量的 22.9%。近五年复合增速达 16.9%，高于全球复合增速（6.8%）10.1 个百分点。其中，2017 年同比增速最快，同比增长 33.1%（见图 4）。

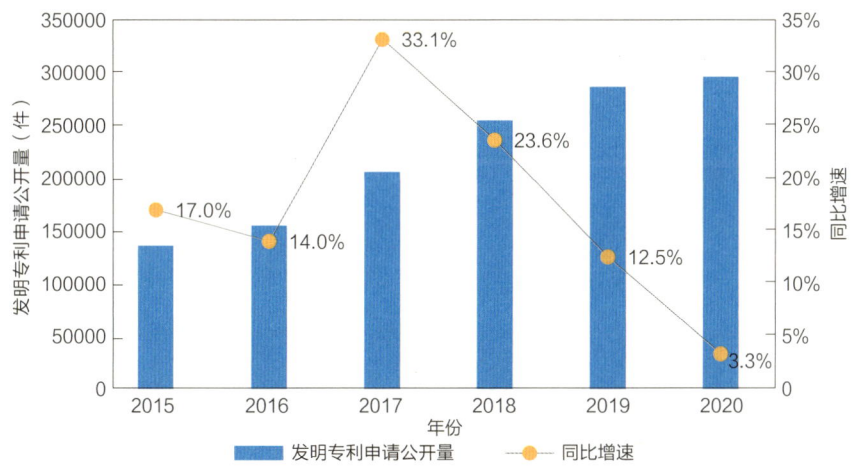

图 4　中国新一代电子信息产业发明专利申请公开量增长趋势

从中国新一代电子信息产业的累计发明申请公开量的分布情况来看，中国新一代电子信息产业主要分布在广东省、北京市、江苏省、上海市、浙江省。其中，广东省的累计发明申请公开量为 410172 件，全国排名第一（见图 5）。

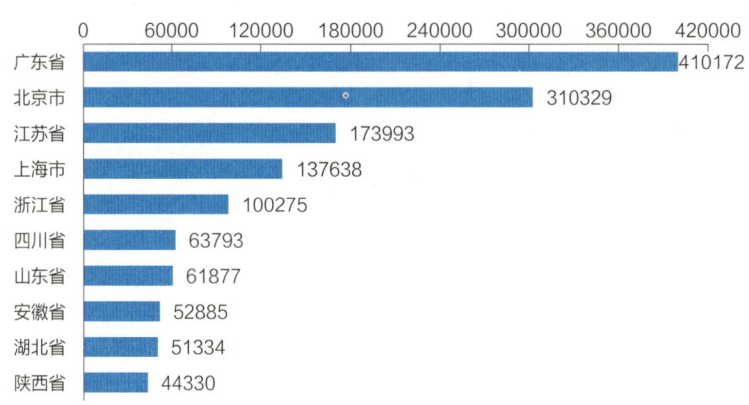

图 5　中国新一代电子信息产业累计发明专利公开量排名前 10 省市（单位：件）

截至 2021 年 6 月底，中国新一代电子信息产业累计发明专利授权量为 809328 件，主要集中在广东省、北京市、上海市等省市。

中国新一代电子信息产业累计高被引专利数量为 9034 件，主要集中在北京市（1781 件）、广东省（1686 件）、上海市（709 件）、江苏省（544 件）和浙江省（395 件）等省市。其中，广东省累计高被引专利数量全国排名第二。

中国新一代电子信息产业累计产学研合作专利量共有 31697 件，主要集中在北京市（7540 件）、广东省（5572 件）、江苏省（3055 件）、上海市（2105 件）和浙江省（1652 件）等省市。其中，广东省累计产学研合作专利量全国排名第二。

从技术热点分布情况来看，在中国新一代电子信息产业的二级细分领域中，新一代通信与网络领域累计发明专利申请公开量为 915555 件，排名第一，近五年复合增速为 12.6%；其次为人工智能（751479 件）、新兴软件开发（429123 件）、半导体及集成电路（393550 件）。新兴信息技术领域增速最快，近五年复合增速为 35.1%，在各细分领域中排名第一（见图 6）。

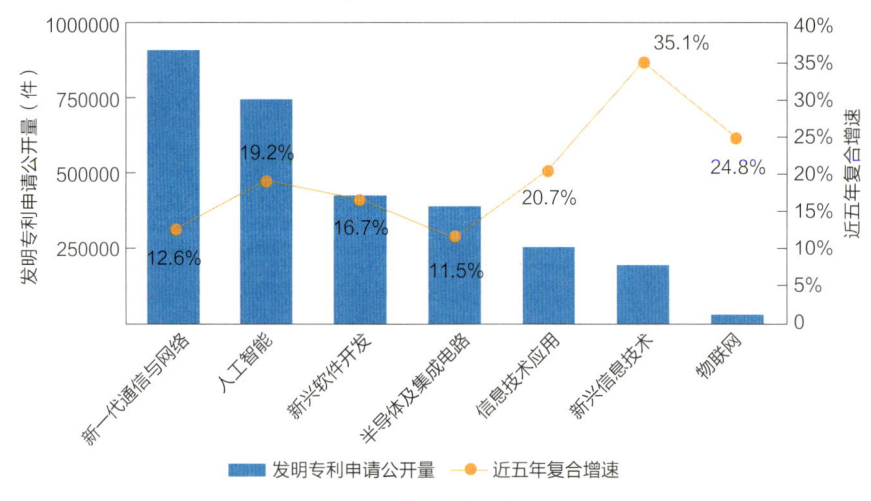

图 6　中国发明专利申请公开量二级产业分布

从新一代电子信息技术产业的三级产业来看，人工智能技术层、5G、电子终端设备、人工智能基础层、通信系统设备等为研发热点领域。其中人工智能技术层的累计发明专利申请公开量为488618件，专利布局量最大，近五年复合增速为20.9%，从2015年的30455件增长到2020年的78754件。其次是5G领域，发明专利申请公开量为453063件。电子终端设备的累计发明专利申请公开量为341655件，人工智能基础层的累计发明专利申请公开量为331596件，通信系统设备的累计发明专利申请公开量为321577件。从创新人才数量来看，首先是人工智能技术层，创新人才数量为778437人；其次是5G（655065人）、应用软件（614571人）、人工智能基础层（605259人）。从创新企业数量来看，首先是应用软件，创新企业数量为49215家；其次是人工智能基础层（49116家）、人工智能技术层（48710家）、5G（48148家）等（见表4）。

表4 中国新一代电子信息产业链的创新资源分布情况

产业链二级	产业链三级	累计发明专利申请公开量（件）	发明专利申请公开量近五年复合增速	创新人才数量（人）	创新企业数量（家）
半导体及集成电路	分立器件	18086	5.1%	28490	2640
	光电器件	22889	16.8%	43340	3338
	集成电路设计	176265	12.1%	343632	27314
	集成电路单项制造工艺	62828	5.7%	100422	5968
	集成电路集成制造工艺	25001	7.5%	48640	4112
	封测	118097	13.6%	273455	20545
新一代通信与网络	通信系统设备	321577	8.0%	494488	37057
	网络与信息安全设备	183246	17.3%	317449	27299
	电子终端设备	341655	14.8%	527931	38039
	5G	453063	8.4%	655065	48148
新兴软件开发	基础软件	88052	-2.9%	198906	17094
	应用软件	300489	21.2%	614571	49215
物联网	物联网感知层	15972	21.4%	42556	5346
	物联网网络层	23619	25.2%	55543	6299
	物联网平台层	4409	41.8%	12933	2075
人工智能	人工智能基础层	331596	12.3%	605259	49116
	人工智能技术层	488618	20.9%	778437	48710
新兴信息技术	工业互联网	8468	22.1%	27146	2902
	云计算	38371	19.9%	81092	10573
	大数据	142585	34.7%	298933	24906
	区块链	19347	492.0%	26359	3165

续表

产业链二级	产业链三级	累计发明专利申请公开量（件）	发明专利申请公开量近五年复合增速	创新人才数量（人）	创新企业数量（家）
信息技术应用	智慧医疗	31249	27.0%	71833	9253
	智慧农业	14366	21.5%	32154	3751
	智慧安防	46440	18.7%	111841	16903
	智能家居	71700	13.1%	146150	23084
	智能制造	17878	25.9%	53795	6895
	智能交通	47070	19.4%	85001	8672
	智慧教育	15234	34.2%	30691	4355
	车联网	46947	29.5%	97006	10100
	智慧能源	11432	20.6%	48169	3638

3.3 中国创新人才

截至 2021 年 6 月底，中国新一代电子信息产业创新人才共 272.2 万人，全球排名第一。近五年中国新一代电子信息产业创新人才数量快速增长，复合增速达 19.0%，高于全球新一代电子信息产业创新人才数量平均增速（8.3%）10.7 个百分点。从同比增速看，近五年保持增速在 17% 以上，2019 年同比增速最高，2020 年有所降低（见图 7）。

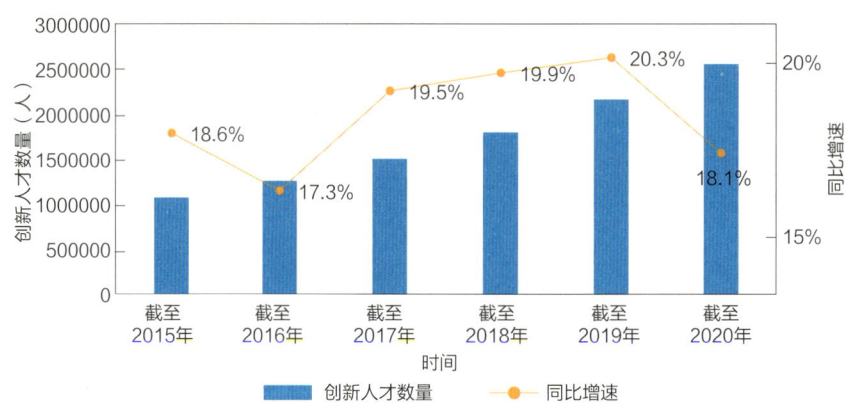

图 7　中国新一代电子信息产业创新人才数量增长情况

从中国创新人才分布来看，中国新一代电子信息产业创新人才主要分布在北京市（373264 人）、广东省（343625 人）、江苏省（226459 人）、上海市（165741 人）、浙江省（131272 人）。其中，广东省的新一代电子信息创新人才数量在全国排名第二，占中国新一代电子信息产业创新人才总量（272.2 万人）的 12.6%（见图 8）。

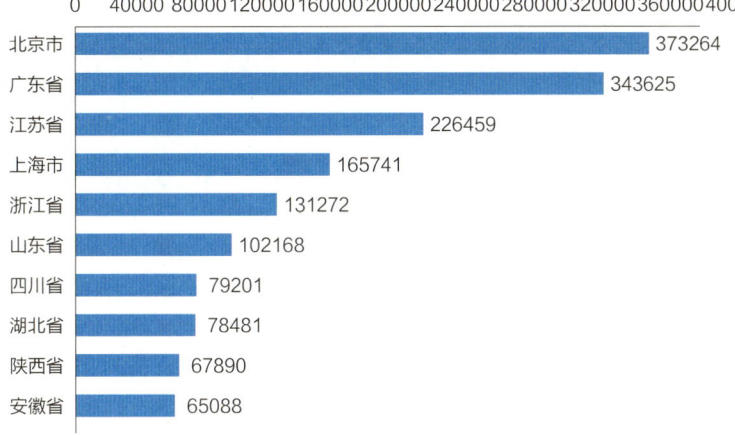

图 8 中国新一代电子信息产业创新人才数量排名前 10 省市（单位：人）

在国家高层次人才方面，中国新一代电子信息产业共有国家高层次人才 84140 人。从省市分布情况来看，国家高层次人才主要集中在北京市（16514 人）、江苏省（8841 人）、广东省（6689 人）、上海市（6603 人）和陕西省（4919 人），其中，广东省的国家高层次人才数量在全国 31 省市中排名第三。

在技术高管方面，中国新一代电子信息产业共有技术高管 160750 人。从省市分布情况来看，技术高管主要集中在广东省、江苏省、北京市、浙江省和上海市，合计共 102492 人，占中国新一代电子信息产业技术高管总数的 63.8%，其中，广东省共有技术高管 38014 人，在全国 31 省市中排名第一。

在科技企业家方面，中国新一代电子信息产业共有科技企业家 110232 人。从省市分布情况来看，科技企业家主要集中在广东省、江苏省、浙江省、北京市和上海市，合计共 70065 人，占中国新一代电子信息产业科技企业家总数的 63.6%，其中，广东省共有科技企业家 27180 人，在全国 31 省市中排名第一。

第4章 广东省新一代电子信息产业创新发展定位

4.1 广东省创新企业

截至 2021 年 6 月底，广东省新一代电子信息产业有发明专利申请的创新企业有 27209 家，在全国 31 省市中排名第一，近五年复合增速为 30.2%，高出全国复合增速（21.2%）9 个百分点；排名第二的是江苏省（21781 家），其近五年复合增速为 24.4%。从广东省创新企业变化趋势来看，近五年创新企业总体呈现上升趋势，同比增长量保持在 19% 以上，其中 2017 年同比增速最高，高达 37.1%（见图 9）。

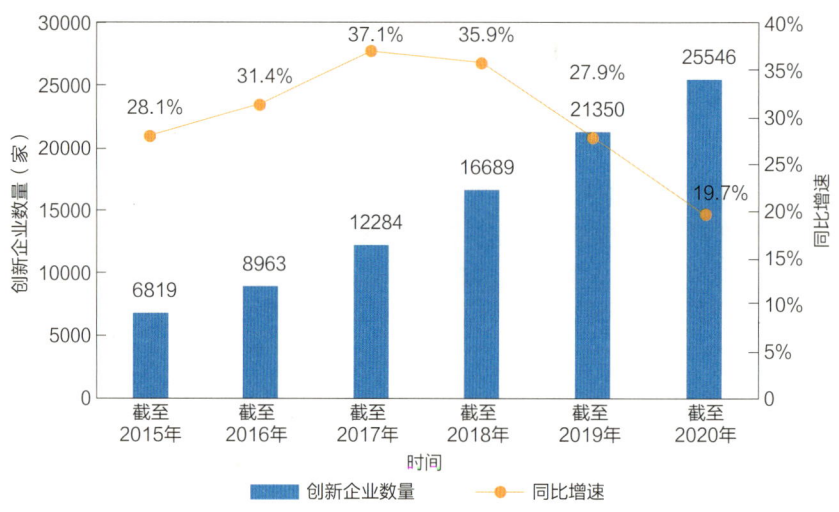

图 9　广东省新一代电子信息产业创新企业增长趋势

从各市来看，广东省新一代电子信息产业有发明专利申请活动的创新企业主要分布在深圳市、广州市和东莞市，分别为 13923 家、6126 家和 2094 家，分别占广东省新一代电子信息产业创新企业总数（27209 家）的 51.2%、22.5% 和 7.7%。从创新企业增速情况来看，清远市近五年的复合增速为 55.2%，排名居于广东省各市之首。2020 年，韶关市新一代电子信息产业创新企业数量为 64 家，同比增长 36.4%，在广东省各市中排名第一（见图 10）。

广东省新一代电子信息产业的龙头企业主要分布在深圳市和广州市，包括中兴通讯股份有限公司、深圳市大疆创新科技有限公司、华为技术有限公司、大族激光科技产业集团股份有限公司以及宇龙计算机通信科技（深圳）有限公司等。

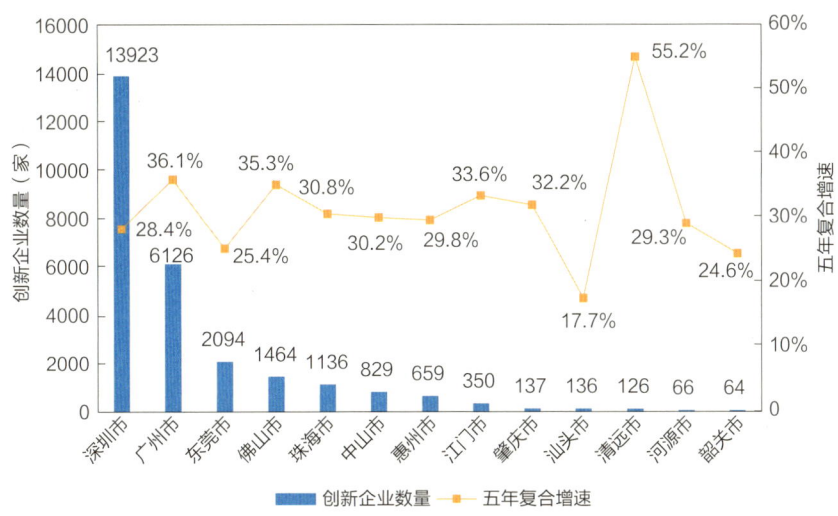

图 10　广东省各市新一代电子信息产业创新企业分布情况

广东省新一代电子信息产业高新技术企业共 19538 家，占全国新一代电子信息产业高新技术企业总数的 24.3%，在国内 31 省市中排名第一，其次为江苏省（11109 家）、北京市（8319 家）、浙江省（6053 家）；上市公司 475 家，占全国新一代电子信息产业上市公司总数的 22.1%，在国内 31 省市中排名第一，其次为江苏省（290 家）、北京市（254 家）、浙江省（240 家）；初创企业 3083 家，占全国新一代电子信息产业初创企业总数的 20.8%，在国内 31 省市中排名第二，仅次于北京市（3260 家）；隐形冠军企业 137 家，在全国排名第二，排名第一的为浙江省（140 家）；独角兽企业 23 家，在国内 31 省市中排名第三，仅次于北京市（67 家）、上海市（40 家）。

4.2　广东省专利布局

截至 2021 年 6 月底，广东省新一代电子信息产业累计发明专利申请公开量共 410172 件，在国内 31 省市中排名第一，近五年复合增速为 22.1%，高出全国复合增速（16.9%）5.2 个百分点。从趋势来看，广东省近五年专利申请总体呈现上升趋势，其中 2017 年的同比增速最高，高达 49.2%；2019 年的发明专利申请公开量最高，为 61517 件；2020 年的发明专利申请公开量有所下降，同比下降 6.0%（见图 11）。

图 11 广东省新一代电子信息产业发明专利申请公开量增长趋势

从广东省新一代电子信息产业的累计发明专利分布情况来看，发明专利主要集中在深圳市（250420 件）、广州市（63246 件）、东莞市（36068 件）、珠海市（14835 件）以及佛山市（12989 件），其中深圳市的发明专利量全省排名第一，占广东省的比重达 61.1%（见表 5）。

从广东省各地市发明专利申请公开量的增速来看，深圳市 2020 年同比增速为 -10.3%，近五年复合增速为 18.9%。近五年复合增长速度最快的是清远市，近五年复合增速达 57.4%；清远市 2020 年同比增速也最快，高达 82.2%。

表 5 广东省各地市新一代电子信息产业发明专利数量情况

地区	发明专利量（件）	省内排名	地区	发明专利量（件）	省内排名
深圳市	250420	1	清远市	681	12
广州市	63246	2	茂名市	473	13
东莞市	36068	3	河源市	439	14
珠海市	14835	4	韶关市	420	15
佛山市	12989	5	湛江市	389	16
惠州市	8899	6	梅州市	267	17
中山市	4175	7	揭阳市	216	18
江门市	1971	8	潮州市	161	19
汕头市	1015	9	云浮市	117	20
肇庆市	879	10	阳江市	78	21
汕尾市	827	11			

从有效发明专利量来看，广东省新一代电子信息产业累计有效发明专利量共计 120055 件，占全国有效发明专利总量（648531 件）的比重为 18.5%，在国内 31 省市中排名第一。

从发明专利授权量来看，广东省新一代电子信息产业累计发明专利授权量共计 142814 件，在国内 31 省市中排名第一。

从高被引专利量来看，广东省新一代电子信息产业累计高被引专利数量为 1686 件，占全国新一代电子信息产业累计高被引专利数量（9034件）的18.7%，在全国排名第二，排名第一的是北京市（1781件）。

从产学研合作来看，广东省新一代电子信息产业的累计产学研合作专利数量为5572件，占全国新一代电子信息产业累计产学研合作专利数量（31697件）的17.6%，在全国排名第二，排名第一的是北京市（7540件）。

4.3 广东省创新人才

从广东省各城市来看，广东省从事新一代电子信息产业创新人才共343625人，主要分布在深圳市（186814人）、广州市（88524人）和东莞市（18164人），分别占广东省新一代电子信息产业创新人才总量的54.4%、25.8%和5.3%。

从增速来看，广东省从事新一代电子信息产业创新人才的近五年复合增速为23.7%，2020年的同比增速为20.7%。在广东省内各市中，2020年同比增速最高的是韶关市（56.4%），近五年复合增速最高的是清远市（54.0%）（见图12）。

广东省从事新一代电子信息产业创新人才中，发明专利申请量较多的工程师包括深圳市元征科技股份有限公司的刘均、海洋王照明科技股份有限公司的周明杰和深圳市盛路物联通讯技术有限公司的杜光东等。

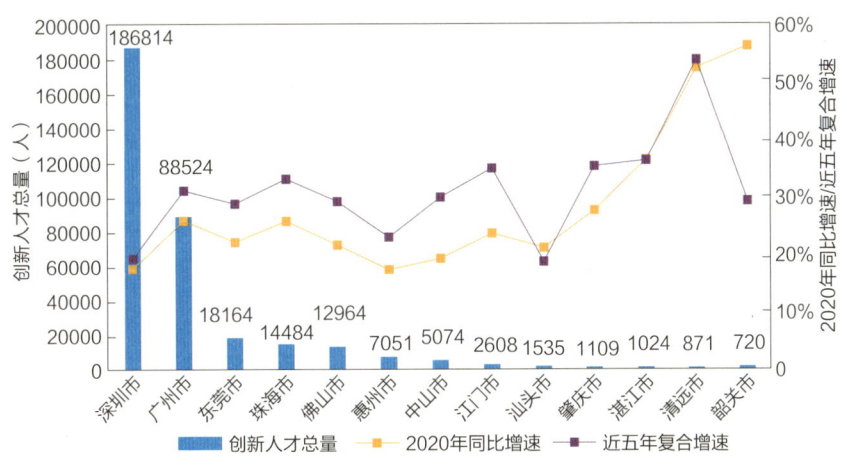

图12 广东省各市从事新一代电子信息产业的创新人才分布情况（单位：人）

在国家高层次人才方面，广东省新一代电子信息产业共有国家高层次人才6689人，占全国新一代电子信息产业国家高层次人才（84140人）的比重为7.9%，在国内31省市中排名第三，仅次于北京市（16514人）、江苏省（8841人）。

在技术高管方面，广东省新一代电子信息产业共有技术高管38014人，占全国新一代电子信息产业技术高管总人数（160750人）的比重为23.6%，在国内31省市中排名第一，其次为江苏省（24591人）、北京市（13994人）、浙江省（13870人）。

在科技企业家方面，广东省新一代电子信息产业共有科技企业家27180人，占全国新一代电子信息产业科技企业家总人数（110232人）的比重为24.7%，在国内31省市中排名第一，其次为江苏省（17013 人）、浙江省（9737 人）、北京市（8355 人）。

4.4 广东省产业链集聚结构

4.4.1 优势环节分析

广东省新一代电子信息产业中优势产业涉及的细分领域较多，布局较为全面，优势产业包括 5G 芯片、发光二极管、存储器、薄膜制造、光网络设备、网络安全、防火墙、手机、云计算、机器学习、智慧医疗等 70 个细分产业。具体为以下产业环节：

在半导体及集成电路领域中，光电器件产业细分领域中的发光二极管的累计发明专利授权量、创新人才数量和创新企业数量在全国各省市排名均为第一，具备较强优势；半导体激光器累计发明专利授权量和创新企业数量在全国各省市排名均为第二，创新人才数量排名为第三；集成电路设计细分领域中的存储器、基带芯片、显示驱动芯片的累计发明专利授权量、创新人才数量和创新企业数量在全国各省市排名均为第一，CPU 芯片、SoC 芯片、EDA 的累计发明专利授权量、创新人才数量和创新企业数量排名均为前四；集成电路单项制造工艺细分领域中的薄膜制造和光刻工艺的累计发明专利授权量和创新人才数量在全国各省市排名均为第四，创新企业数量排名均为第二，也是优势环节；集成电路集成制造工艺细分领域中的 SoC 芯片的累计发明专利授权量在全国各省市中排名第一，创新人才和创新企业数量排名前四；封测产业细分领域中的专业测试的累计发明专利授权量和创新人才在全国各省市中排名均为第四，创新企业数量排名第二，属于优势环节。

在新一代通信与网络领域中，通信系统设备产业细分领域中的光网络设备、网关、交换机、路由器、服务器、卫星通信、基站设备的累计发明专利授权量、创新人才数量和创新企业数量在全国各省市中排名均为前二，属于优势环节；网络与信息安全设备产业细分领域中的防火墙、身份管理与访问控制、防病毒网关、数据保护类产品、流量监控及违法行为管控设备的累计发明专利授权量、创新人才数量和创新企业数量在全国各省市中排名均为前二，属于优势环节；电子终端设备产业细分领域中的手机、无人机、智能穿戴设备、汽车电子设备、显示设备、电视机的累计发明专利授权量、创新人才数量和创新企业数量在全国各省市中排名均为前二，属于优势环节；5G 产业细分领域中的芯片、射频器件、光器件、PCB、天线、通信网络设备、基站、光通信、网络运营、网络规划维护的累计发明专利授权量、创新人才数量和创新企业数量在全国各省市排名均为前二，关键材料的累计发明专利授权量、创新人才数量和创新企业数量在全国各省市中排名均为前四，属于优势环节。

在新兴软件开发领域中，基础软件产业细分领域中的数据系统、数据库、嵌入式软件的累计发明专利授权量、创新人才数量和创新企业数量在全国各省市排名均为前二，属于优势环节；应用软件的累计发明专利授权量、创新企业数量在全国各省市排名均为第一，创新人才数量排名第二，也属于优势环节。

在物联网领域中，物联网感知层产业细分领域中的芯片和传感器的累计发明专利授权量、创新人才数量和创新企业数量在全国各省市中排名均为前三，属于优势环节；物联网网络层产业细分领域中的非授权频谱无线广域通信的累计发明专利授权量、创新人才数量和创新企业数量在全国各省市中排名均为第一，具备较强优势；物联网平台层产业细分领域中的操作系统的累计发明专利授权量、创新人才数量和创新企业数量在全国各省市中排名均为前二，属于优势环节。

在人工智能领域中，人工智能基础层产业细分领域中的边缘极端、智能传感器、数据存储及传输设备的累计发明专利授权量、创新人才数量和创新企业数量在全国各省市中排名均为前二，属于优势环节；人工智能技术层产业细分领域中的机器学习、自然语言处理、智能语言、计算机视觉、生物特征识别、虚拟现实/增强现实（VR/AR）、人机交互的累计发明专利授权量、创新人才数量和创新企业数量在全国各省市中排名均为前二，也属于优势环节。

在新兴信息技术领域中，云计算、大数据、区块链的累计发明专利授权量、创新人才数量和创新企业数量在全国各省市中排名均为前二，属于优势环节。

在信息技术应用领域中，智慧医疗、智慧安防、智能家居、智能制造、智能交通、智慧教育、车联网、智慧能源的累计发明专利授权量、创新人才数量和创新企业数量在全国各省市中排名均为前三，属于优势环节（见表6）。

表6 广东省在新一代电子信息产业链的优势领域创新要素分布

优势产业		发明专利授权		创新人才		创新企业	
产业领域	细分领域	累计发明专利授权量（件）	国内排名	数量（人）	国内排名	数量（家）	国内排名
光电器件	发光二极管	419	1	1765	1	255	1
	半导体激光器	264	2	1215	3	141	2
集成电路设计	CPU芯片	3637	1	15306	2	1763	1
	存储器	2771	1	10348	1	1105	1
	SoC芯片	961	1	2654	4	445	2
	基带芯片	929	1	5017	1	773	1
	显示驱动芯片	733	1	2353	1	389	1
	EDA	328	2	2322	3	315	2
集成电路单项制造工艺	薄膜制备	735	4	3117	4	361	2
	光刻工艺	368	4	1186	4	122	4
集成电路集成制造工艺	SoC芯片	961	1	2654	4	445	2
封测	专业测试	481	4	2732	4	486	2
通信系统设备	光网络设备	4781	1	12513	2	1192	1
	网关	1499	1	4690	2	471	1
	交换机	1804	1	5641	2	478	1
	路由器	2104	1	6617	1	724	1
	服务器	16603	1	47440	2	4368	1

续表

优势产业		发明专利授权		创新人才		创新企业	
产业领域	细分领域	累计发明专利授权量（件）	国内排名	数量（人）	国内排名	数量（家）	国内排名
通信系统设备	卫星通信	927	2	6543	2	909	1
	基站设备	12254	1	15136	1	800	1
网络与信息安全设备	防火墙	510	1	2057	2	237	2
	身份管理与访问控制	13845	1	42667	2	4043	1
	防病毒网关	1378	1	4340	2	424	1
	数据保护类产品	4577	2	17913	2	2010	1
	流量监控及违法行为管控设备	429	2	2403	2	341	2
电子终端设备	手机	1586	1	6271	1	1102	1
	无人机	1100	2	7837	2	820	1
	智能穿戴设备	2133	2	14024	2	1735	1
	汽车电子设备	3195	2	17447	2	2225	2
	显示设备	5951	2	9198	1	779	1
	电视机	3700	1	10376	1	1166	1
5G	芯片	2651	1	11825	2	1544	1
	射频器件	4310	1	12473	1	1122	1
	光器件	3051	1	9417	2	999	1
	关键材料	876	4	3147	4	372	3
	PCB	2242	1	7143	1	1163	1
	天线	1255	1	3398	1	243	1
	通信网络设备	28613	1	62528	1	5056	1
	基站	11973	1	14237	1	762	1
	光通信	5329	1	14545	2	1437	1
	网络运营	1251	1	3897	2	279	2
	网络规划维护	3466	1	11552	2	922	1
基础软件	数据系统	2336	2	8916	2	1006	2
	数据库	2619	2	13471	2	1546	1
	嵌入式软件	1830	2	9310	2	1314	1
应用软件	应用软件	19239	1	89853	2	8571	1
物联网感知层	芯片	2651	1	11825	2	1544	1
	传感器	356	3	3932	3	804	2
物联网网络层	非授权频谱无线广域通信	356	1	693	1	67	1

续表

优势产业		发明专利授权		创新人才		创新企业	
产业领域	细分领域	累计发明专利授权量（件）	国内排名	数量（人）	国内排名	数量（家）	国内排名
物联网平台层	操作系统	2336	2	8916	2	1006	1
人工智能基础层	边缘计算	430	1	2116	2	209	2
	智能传感器	5090	1	26230	1	4018	1
	数据存储及传输设备	9225	2	34540	2	2954	1
人工智能技术层	机器学习	1001	2	16272	2	1165	2
	自然语言处理	9773	2	36345	2	2775	2
	智能语音	2435	1	12800	1	1556	1
	计算机视觉	7544	2	51110	2	4589	1
	生物特征识别	2670	1	16587	1	2202	1
	虚拟现实/增强现实（VR/AR）	2694	2	12583	2	1381	1
	人机交互	10994	1	37325	1	3445	1
新兴信息技术	云计算	2147	2	13824	2	2189	1
	大数据	7514	2	53259	2	4653	1
	区块链	545	2	5620	1	751	1
信息技术应用	智慧医疗	872	1	11128	1	1986	1
	智慧安防	1443	1	15138	1	2954	1
	智能家居	3085	1	23007	1	4517	1
	智能制造	534	3	5690	3	1100	2
	智能交通	1487	3	9481	3	1416	1
	智慧教育	296	2	4671	1	899	1
	车联网	1270	2	9491	3	1423	2
	智慧能源	316	3	4620	3	492	2

4.4.2 不足环节分析

从细分产业链环节来看，广东省新一代电子信息产业中二极管、MOSFET、IGBT、三极管、晶闸管、模拟芯片、射频芯片、FPGA、物联网芯片、超高清视频芯片等41项细分产业为不足产业，具体为以下产业环节：

在半导体及集成电路领域中，分立器件产业细分领域中的二极管、MOSFET、IGBT的累计发明专利授权量排名分别为第六位、第六位、第八位，三极管、晶闸管的累计发明专利授权量不超过75件；集成电路设计产业细分领域中的模拟芯片、射频芯片、FPGA、物联网芯片、超高清视频芯片专利授权量不超过100件；集成电路单项制造工艺产业细分领域中的拉晶工艺的累计发明专利授权量和创新人才数量排名均为第九位，扩散/氧化/退火工艺的累计发明专利授权量排名为第五位，刻蚀工艺、离子注射工艺、抛光工艺、铜互连工艺的累计发明专利授权量均不足 40 件；集成电路集成制造工艺产业细分领域中的 CMOS、动态随机存储器、非易失性存储器、射频芯片制造、模拟芯片制造、MEMS 器件、鳍式场效应管、绝缘体上硅的累计发明专利授权量均不足 55 件，在全国各省市排在第五位之后；封测产业细分领域中的第一代直插式封装、第二代表面贴装式封装的累计发明专利授权量均仅有 10 件，第三代阵面阵列式封装的累计发明专利授权量不足 110 件，属于不足环节。

在新一代电子通信与网络领域中，通信系统设备产业细分领域中的载波通信累计发明专利授权量不足 150 件；网络与信息安全设备产业细分领域中的漏洞扫描设备的累计发明专利授权量仅为 1 件，技术有待积累；网络审计系统的累计发明专利授权量不足 85 件；电子终端设备产业细分领域中的笔记本电脑、台式电脑、平板电脑的累计发明专利授权量不超过 85 件，属于不足环节。

在物联网领域中，物联网网络层产业细分领域中的非授权频谱无线短程通信、授权频谱无线通信的累计发明专利授权量不超过 80 件；物联网平台层产业细分领域中的云平台的累计发明专利授权量仅为 82 件，属于不足环节。

在人工智能领域中，人工智能基础层产业细分领域中的开发框架的累计发明专利授权量仅为 36 件；人工智能技术层产业细分领域中的量子智能计算的累计发明专利授权量为 1 件，技术有待积累，知识图谱、类脑智能计算、模式识别的累计发明专利授权量不超过 120 件，属于不足环节（见表 7）。

表 7 广东省在新一代电子信息产业链的不足领域创新要素分布

产业领域	不足产业 细分领域	累计发明专利授权量 数量（件）	国内排名	创新人才 数量（人）	国内排名	创新企业 数量（家）	国内排名
分立器件	二极管	131	6	765	4	146	2
	三极管	28	3	142	3	41	2
	晶闸管	74	4	473	3	93	2
	MOSFET	94	6	471	4	68	2
	IGBT	19	8	136	5	27	2
集成电路设计	模拟芯片	24	5	227	4	31	1
	射频芯片	56	1	327	1	76	1
	FPGA	87	2	436	5	70	3
	物联网芯片	63	2	463	2	97	1
	超高清视频芯片	93	1	567	1	142	1
集成电路单项制造工艺	拉晶工艺	57	9	280	9	28	5
	扩散/氧化/退火工艺	140	5	634	4	79	2
	刻蚀工艺	35	4	255	4	35	2

续表

产业领域	不足产业 细分领域	累计发明专利授权量 数量（件）	国内排名	创新人才 数量（人）	国内排名	创新企业 数量（家）	国内排名
集成电路单项制造工艺	离子注射工艺	28	5	161	4	33	3
	抛光工艺	20	6	134	6	35	3
	铜互连工艺	23	6	110	7	19	3
集成电路集成制造工艺	CMOS	19	6	69	6	15	3
	动态随机存储器	3	5	20	4	7	2
	非易失性存储器	7	7	42	6	11	3
	射频芯片制造	52	5	453	4	94	2
	模拟芯片制造	6	5	36	3	4	4
	MEMS 器件	48	8	256	9	40	4
	鳍式场效应管	5	5	33	6	6	2
	绝缘体上硅	20	8	91	8	17	3
封测	第一代直插式封装	10	2	62	2	24	1
	第二代表面贴装式封装	10	2	58	2	17	2
	第三代阵面阵列式封装	109	2	633	2	120	1
通信系统设备	载波通信	143	1	866	2	119	1
网络与信息安全设备	漏洞扫描设备	1	9	27	4	3	5
	网络审计系统	83	2	784	2	101	2
电子终端设备	笔记本电脑	85	1	471	2	77	2
	台式电脑	20	1	110	2	30	2
	平板电脑	54	1	342	1	102	1
物联网网络层	非授权频谱无线短程通信	79	2	970	2	215	1
	授权频谱无线通信	54	2	947	1	189	1
物联网平台层	云平台	82	1	1496	2	390	1
人工智能基础层	开发框架	36	3	345	3	76	2
人工智能技术层	知识图谱	117	2	2184	2	234	2
	类脑智能计算	58	2	635	3	76	2
	量子智能计算	1	10	64	2	9	1
	模式识别	103	2	974	3	112	2

4.4.3 潜力环节分析

综合分析广东省新一代电子信息产业各细分领域在累计发明专利授权量、创新人才数量和创新企业数量的近五年复合增速水平，可以看出，广东省新一代电子信息产业中增长较快的潜力产业包括 19 个细分领域。具体地，分立器件领域的 IGBT，光电器件领域的光电探测器，电子终端设备领域的无人机，物联网网络层的非授权频谱无线广域通信和网络安全，物联网平台层的云平台，人工智能基础层的边缘计算、开发框架，人工智能技术层的机器学习、知识图谱、类脑智能计算、智能语音、计算机视觉，新兴信息技术领域中的工业互联网，信息技术应用领域中的智慧农业、智慧安防、智慧制造、智慧教育、车联网等，以上细分产业总体保持了较为突出的发展势头，未来潜力较大。其中，无人机、机器学习、知识图谱、计算机视觉领域的累计发明专利授权量近五年复合增速分别为 81.1%、242.9%、85.6%、71.8%，远高于全国累计发明专利授权量近五年复合增速 19.5%，为最具发展潜力的四大产业（见表 8）。

表 8　广东省在新一代电子信息产业链的潜力产业增速情况

潜力产业		发明专利授权		创新人才		创新企业	
产业领域	细分领域	数量（件）	近五年复合增速	数量（人）	近五年复合增速	数量（家）	近五年复合增速
分立器件	IGBT	19	32.0%	136	44.8%	27	45.4%
光电器件	光电探测器	178	21.4%	1137	39.9%	74	24.9%
电子终端设备	无人机	1100	81.1%	7837	75.8%	820	66.6%
物联网网络层	非授权频谱无线广域通信	356	-32.2%	693	8.7%	67	29.7%
	网络安全	187	58.0%	1394	43.1%	295	54.5%
物联网平台层	云平台	82	0.0%	1496	62.0%	390	80.9%
人工智能基础层	边缘计算	430	32.3%	2116	23.5%	209	40.6%
	开发框架	36	55.2%	345	47.1%	76	50.3%
人工智能技术层	机器学习	1001	242.9%	16272	126.6%	1165	142.1%
	知识图谱	117	85.6%	2184	82.6%	234	66.9%
	类脑智能计算	58	24.6%	635	34.9%	76	38.0%
	智能语音	2435	49.7%	12800	38.3%	1556	47.5%
	计算机视觉	7544	71.8%	51110	48.3%	4589	45.7%
新兴信息技术	工业互联网	217	46.1%	2246	30.6%	370	30.8%
信息技术应用	智慧农业	158	32.0%	2122	47.1%	316	63.2%
	智慧安防	1443	36.3%	15138	34.1%	2954	38.1%
	智慧制造	534	52.1%	5690	35.4%	1100	39.2%
	智慧教育	296	54.1%	4671	59.9%	899	59.6%
	车联网	1270	36.9%	9491	37.8%	1423	40.5%

4.4.4　风险环节分析

伴随着新一代电子信息产业的快速发展，加之中国突出的市场地位，中国成为美国、日本及欧洲等各大电子信息产业巨头公司专利布局的重点方向。通过分析国外在华发明专利申请公开量的增速，有助于判断产业链各细分领域是否存在潜在的安全风险。为有效判别产业是否存在潜在专利风险，我们将使用产业知识产权风险判别模型开展风险识别工作。

针对新一代电子信息产业链，风险判别模型中的重点产业国外在华发明专利申请公开量增速采用的指标是新一代电子信息产业链整体国外在华2015—2020年的发明专利申请公开量的五年复合增速（6.6%），当某细分领域国外在华发明专利申请公开量的五年复合增速大于或等于产业链整体国外在华2015—2020年的发明专利申请公开量的五年复合增速时，则判定该细分领域为风险产业。

基于专利大数据的产业知识产权风险判别模型来分析，则发现在新一代电子信息细分领域中，有44个细分领域存在潜在的安全风险，包含有半导体激光器、存储器、模拟芯片、SOC芯片、基带芯片、物联网芯片、传感器芯片、刻蚀工艺等领域。

从新一代电子信息产业知识产权风险判别结果来看，授权频谱无线通信、类脑智能计算及机器学习领域近五年复合增速同新一代电子信息产业整体的差值超过95%，说明就近五年的整体情况来看，国外申请人在这一些细分领域有高度的布局倾向，布局速度远高于新一代电子信息产业整体，需引起相关利害主体的高度重视。无人机、传感器、网络安全、网络审计系统及智慧教育领域近五年复合增速同新一代电子信息产业整体的差值超过30%，也需引起我国相关利害主体多加关注（见表9）。

需要说明的是，由于产业知识产权风险判别模型是以国外来华增速数据为基础进行数据分析的，所以得出的风险产业结果并不代表国内相关产业处于弱势，仅说明国外申请人在这一领域着重布局，专利布局增速较快，需要引起我国多加注意。

表9 新一代电子信息产业链专利预警分析数据

	细分领域	细分领域国外在华发明专利申请公开量近五年复合增速	产业整体国外在华发明专利申请公开量近五年复合增速	差值	是否为风险产业
分立器件	二极管	2.4%	6.6%	−4.2%	否
	三极管	−100.0%	6.6%	−106.6%	否
	晶闸管	−2.5%	6.6%	−9.1%	否
	MOSFET	−4.8%	6.6%	−11.4%	否
	IGBT	−4.2%	6.6%	−10.8%	否
光电器件	发光二极管	2.7%	6.6%	−3.9%	否
	半导体激光器	14.9%	6.6%	8.3%	是
	光电探测器	4.1%	6.6%	−2.5%	否
集成电路设计	CPU芯片	3.8%	6.6%	−2.8%	否
	GPU芯片	6.2%	6.6%	−0.4%	否
	存储器	9.7%	6.6%	3.1%	是
	模拟芯片	8.4%	6.6%	1.8%	是

续表

细分领域		细分领域国外在华发明专利申请公开量近五年复合增速	产业整体国外在华发明专利申请公开量近五年复合增速	差值	是否为风险产业
集成电路设计	射频芯片	0.0%	6.6%	−6.6%	否
	FPGA	0.0%	6.6%	−6.6%	否
	SoC 芯片	8.0%	6.6%	1.4%	是
	基带芯片	11.3%	6.6%	4.7%	是
	光通信芯片	1.8%	6.6%	−4.8%	否
	智能芯片	5.0%	6.6%	−1.6%	否
	物联网芯片	13.7%	6.6%	7.1%	是
	传感器芯片	20.8%	6.6%	14.2%	是
	超高清视频芯片	−19.7%	6.6%	−26.3%	否
	显示驱动芯片	4.2%	6.6%	−2.4%	否
	EDA	−18.4%	6.6%	−25.0%	否
集成电路单项制造工艺	拉晶工艺	3.8%	6.6%	−2.8%	否
	扩散/氧化/退火工艺	−3.6%	6.6%	−10.2%	否
	刻蚀工艺	12.3%	6.6%	5.7%	是
	离子注射工艺	−3.2%	6.6%	−9.8%	否
	薄膜制备	0.0%	6.6%	−6.6%	否
	光刻工艺	0.5%	6.6%	−6.1%	否
	抛光工艺	1.6%	6.6%	−5.0%	否
	铜互连工艺	6.9%	6.6%	0.3%	是
集成电路集成制造工艺	CMOS	−14.6%	6.6%	−21.2%	否
	动态随机存储器	8.4%	6.6%	1.8%	是
	非易失性存储器	1.7%	6.6%	−4.9%	否
	射频芯片制造	9.0%	6.6%	2.4%	是
	模拟芯片制造	3.4%	6.6%	−3.2%	否
	MEMS 器件	0.4%	6.6%	−6.2%	否
	SoC 芯片	8.0%	6.6%	1.4%	是
	鳍式场效应管	−12.1%	6.6%	−18.7%	否
	绝缘体上硅	−5.4%	6.6%	−12.0%	否
封测	第一代直插式封装	0%	6.6%	−6.6%	否
	第二代表面贴装式封装	−9.7%	6.6%	−16.3%	否
	第三代阵面阵列式封装	10.2%	6.6%	3.6%	是
	第四代系统级封装与先导技术封装	1.1%	6.6%	−5.5%	否

续表

细分领域		细分领域国外在华发明专利申请公开量近五年复合增速	产业整体国外在华发明专利申请公开量近五年复合增速	差值	是否为风险产业
封测	专业测试	10.9%	6.6%	4.3%	是
通信系统设备	光网络设备	1.7%	6.6%	−4.9%	否
	网关	−1.2%	6.6%	−7.8%	否
	交换机	−10.2%	6.6%	−16.8%	否
	路由器	−9.9%	6.6%	−16.5%	否
	服务器	−2.8%	6.6%	−9.4%	否
	载波通信	−26.0%	6.6%	−32.6%	否
	卫星通信	8.7%	6.6%	2.1%	是
	基站设备	2.8%	6.6%	−3.8%	否
网络与信息安全设备	防火墙	3.1%	6.6%	−3.5%	否
	入侵检测/防御系统	20.6%	6.6%	14.0%	是
	漏洞扫描设备	0%	6.6%	−6.6%	否
	身份管理与访问控制	4.0%	6.6%	−2.6%	否
	防病毒网关	−1.3%	6.6%	−7.9%	否
	网络审计系统	43.1%	6.6%	36.5%	是
	数据保护类产品	9.6%	6.6%	3.0%	是
	流量监控及违法行为管控设备	10.4%	6.6%	3.8%	是
电子终端设备	笔记本电脑	−7.8%	6.6%	−14.4%	否
	台式电脑	24.6%	6.6%	18.0%	是
	平板电脑	−100.0%	6.6%	−106.6%	否
	手机	−18.6%	6.6%	−25.2%	否
	无人机	73.5%	6.6%	66.9%	是
	智能穿戴设备	19.0%	6.6%	12.4%	是
	汽车电子设备	11.5%	6.6%	4.9%	是
	显示设备	3.6%	6.6%	−3.0%	否
	电视机	−3.9%	6.6%	−10.5%	否
5G	芯片	0.6%	6.6%	−6.0%	否
	射频器件	4.3%	6.6%	−2.3%	否
	光器件	2.6%	6.6%	−4.0%	否
	关键材料	−3.3%	6.6%	−9.9%	否
	PCB	1.5%	6.6%	−5.1%	否
	天线	−5.2%	6.6%	−11.8%	否

续表

细分领域		细分领域国外在华发明专利申请公开量近五年复合增速	产业整体国外在华发明专利申请公开量近五年复合增速	差值	是否为风险产业
5G	通信网络设备	−2.8%	6.6%	−9.4%	否
	基站	2.4%	6.6%	−4.2%	否
	光通信	2.5%	6.6%	−4.1%	否
	网络运营	−4.8%	6.6%	−11.4%	否
	网络规划维护	16.9%	6.6%	10.3%	是
基础软件	操作系统	−0.2%	6.6%	−6.8%	否
	中间件	−7.2%	6.6%	−13.8%	否
	数据库	−35.1%	6.6%	−41.7%	否
	嵌入式软件	3.5%	6.6%	−3.1%	否
应用软件	应用软件	0%	6.6%	−6.6%	否
物联网感知层	芯片	0.6%	6.6%	−6.0%	否
	传感器	56.3%	6.6%	49.7%	是
物联网网络层	非授权频谱无线短程通信	0%	6.6%	−6.6%	否
	非授权频谱无线广域通信	−24.2%	6.6%	−30.8%	否
	授权频谱无线通信	111.2%	6.6%	104.6%	是
	网络安全	46.5%	6.6%	39.9%	是
物联网平台层	云平台	0%	6.6%	−6.6%	否
	操作系统	−0.2%	6.6%	−6.8%	否
人工智能基础层	边缘计算	18.1%	6.6%	11.5%	是
	智能传感器	7.7%	6.6%	1.1%	是
	数据存储及传输设备	5.0%	6.6%	−1.6%	否
	智能芯片	5.0%	6.6%	−1.6%	否
	系统软件	1.3%	6.6%	−5.3%	否
	开发框架	0%	6.6%	−6.6%	否
人工智能技术层	机器学习	101.9%	6.6%	95.3%	是
	知识图谱	29.7%	6.6%	23.1%	是
	类脑智能计算	104.4%	6.6%	97.8%	是
	量子智能计算	0%	6.6%	−6.6%	否
	模式识别	12.0%	6.6%	5.4%	是
	自然语言处理	−57.7%	6.6%	−64.3%	否
	智能语音	17.8%	6.6%	11.2%	是
	计算机视觉	22.1%	6.6%	15.5%	是

续表

细分领域		细分领域国外在华发明专利申请公开量近五年复合增速	产业整体国外在华发明专利申请公开量近五年复合增速	差值	是否为风险产业
人工智能技术层	生物特征识别	17.7%	6.6%	11.1%	是
	虚拟现实/增强现实（VR/AR）	18.7%	6.6%	12.1%	是
	人机交互	4.2%	6.6%	−2.4%	否
新兴信息技术	工业互联网	2.9%	6.6%	−3.7%	否
	云计算	5.1%	6.6%	−1.5%	否
	大数据	6.5%	6.6%	−0.1%	否
	区块链	0%	6.6%	−6.6%	否
信息技术应用	智慧医疗	26.1%	6.6%	19.5%	是
	智慧农业	4.9%	6.6%	−1.7%	否
	智慧安防	32.0%	6.6%	25.4%	是
	智能家居	33.1%	6.6%	26.5%	是
	智能制造	9.8%	6.6%	3.2%	是
	智能交通	26.8%	6.6%	20.2%	是
	智慧教育	38.5%	6.6%	31.9%	是
	车联网	26.4%	6.6%	19.8%	是
	智慧能源	−3.9%	6.6%	−10.5%	否

第 5 章 从关键技术看产业技术发展方向

5.1 5G 技术发展概况

新一代电子信息技术已经成为提升国家科技创新实力、推动经济社会发展和提高整体竞争力的重要引擎。5G 是开启工业数字化和物联网新时代的新一代基础生产力。5G 通信即第五代移动通信技术,具有高速率、低时延和大连接等特点,是实现人机物互联的网络基础设施。

5G 产业基于全球 5G 标准和国家出台的各项政策可分为三大领域,包括基础层、传输层以及终端和应用。进一步将整个 5G 产业链分为多个相关的三级产业:基础层主要涉及芯片、射频器件、光器件、关键材料、PCB、天线等行业;传输层主要涉及通信网络设备、基站、光通信、网络运营、网络规划维护等行业。

2019 年是 5G 商用元年,截至 2019 年年底,全球已有 60 多家运营商部署了 5G 网络,其中有超过 50 家正式推出了 5G 商用服务,支持 5G 的终端设备超过 180 款,预计到 2025 年,全球 5G 网络覆盖率将达到 58%,中国将成为全球最大的 5G 市场。截至 2019 年 6 月,全球 5G 基站累计出货 45.3 万个。2019 年全球上市 39 款 5G 智能手机,无线路由、平板、电视、笔记本也相继发布;已有 5 款 5G IoT 模组芯片面世。2019 年全球 5G 手机出货量约 1870 万台,预计 2020—2023 年,全球 5G 手机将占智能手机销量的 45%~50%。5G 也是资本市场投资热点,2020—2035 年,全球 5G 产业链投资额预计将达到约 3.5 万亿美元,其中中国约占 30%,5G 技术驱动的全球行业应用将创造超过 12 万亿人民币的销售额。❶

中国将是全球最大的 5G 市场,并对经济增长具有重要的拉动作用。截至 2020 年年底,我国已建设超 70 万个 5G 基站,5G 终端连接数已超 1.8 亿,同时,5G 网络的建设也为垂直行业融合应用的发展提供了坚实的基础,5G+ 智慧工厂、5G+ 智慧医疗、5G+ 智慧教育等融合应用层出不穷。在智能手机领域,中国厂商已成为加快全球 5G 商用进程的重要力量。2019 年,小米、OPPO、一加、中兴、努比亚等中国厂商在全球率先发布了多款 5G 终端。

从第三次工业革命以后的历史来看,美国、日本、韩国以及欧盟主要是依靠移动通信来实现和保持国家的领先优势的,因此每一代移动通信技术的诞生和推广,都意味着一个

---

❶ 资料来源:Canalys Forecast、德勤和中兴通讯。

重新分配产业利益的重大机遇。出于国家战略、市场竞争或自身技术创新的需求，各国纷纷发布激进的 5G 商用计划，希望在新一轮全球竞赛中取得先机。美国在全球率先颁布 5G 频率，目前其在分配给 5G 的低频段和高频段频谱数量方面居世界领先地位；韩国两大运营商 SK Telecom（SK 电讯）和 KT 运营商于 2018 年冬奥会期间展示其 5G 移动通信服务；日本计划在东京奥运会前实现 5G 商用；欧盟于 2017 年公布了 5G 行动计划；中国政府也积极明确推进 5G 于 2020 年投入商用。

与国外相比，中国在 5G 布局上更成熟。在 5G 基站建设环节中，我国成长了一批具有国际竞争力的龙头企业，如基站天线领域的立讯精密、华为、信维通信、东山精密等，射频材料领域的三安光电、飞荣达、瑞盛科技等，滤波器领域的长电科技、大富科技、通宇通信等，PCB 领域的深南电路、沪电股份、景旺电子等，功率放大器领域的武汉凡谷、卓胜微、硕贝德等。但是在核心技术环节仍存在较为薄弱和部分关键零部件依赖进口的问题，特别是中国的 5G 高端芯片及其技术受制于人。华为和中兴完全具备 5G 基站基带芯片的设计能力，可以满足国内运营商的需求，但是在制造环节还有赖于台积电 7nm 制程的突破。

5G 真正实现商用过程中，需要突破大规模 MIMO 技术、超密集组网、新型多址、网络切片、云化网络等技术难点，它们保证了 5G 网络的高速率、低时延、广覆盖、大连接、高安全及灵活部署能力。其中大规模 MIMO 技术被世界通信技术行业确立为 5G 移动通信中最具有发展潜力的传输技术。

大规模天线技术（大规模 MIMO 或 Massive MIMO）是指多根天线同时发送、接收多路信号流的技术。该技术能有效提升信号的覆盖范围以及传输速率，弥补毫米波在传输过程中的损耗，进而提高无线频谱效率，提升信号质量。

5.2 5G 技术难点——大规模 MIMO 技术

5.2.1 大规模 MIMO 技术的发展现状

随着 5G 进一步发展和运行效率的不断提升，传统的多天线技术（即传统 MIMO，亦称多入多出技术，Multiple — Input Multiple — Output）已难以有效满足 5G 通信网络呈指数式增长的无线数据发展需求。因此，在面临 5G 传输速率和系统容量等多方面重大挑战的同时，天线数目将随之不断增长，同时毫米波的缺点是传输损耗大。

为适应 5G 技术发展需求，2010 年，Bell 实验室提出大规模 MIMO 技术。大规模 MIMO 技术在基站使用远超激活终端数的天线，能增加一个数量级的频谱效率并大幅降低发射功率。在大规模 MIMO 系统中，基站配置数十至数百个天线，较传统 MIMO 系统天线数增加 1~2 个数量级，基站充分利用系统的空间自由度，在同一时频资源服务若干用户。传统 MIMO 到大规模 MIMO 的演变是一个从量变到质变的过程。由于大规模 MIMO 的基站天线数和空分用户数较传统 MIMO 有数量级增加，两者在无线通信基本原理与具体方法上既有相同之处，也存在较大差异，因此在研发方面有较多的新问题等待解决。

大规模 MIMO 技术一经提出便受到学术界和产业界的广泛关注。学术界中美国的 Rice 大学、瑞典的 Lund 和 Linkoping 大学、丹麦的 Aalborg 大学等在大规模 MIMO 技术的信道容量、传输、检测与 CSI 获取等基本理论与技术问题研究上起到引领作用；产业界韩国三星、瑞典的爱立信等公司也积极组织对 3D/FD MIMO 与大规模 MIMO 的研究。我国对大规模 MIMO 技术研究也非常重视，如华为、大唐电信、中信等也较早展开了大规模 MIMO 计划的开发，主要集中在信道建模、信道估计、传输技术等领域研究。

多天线技术经历了从无源到有源、从二维（2D）到三维（3D）、从高阶 MIMO 到大规模 MIMO 的发展，将有望实现频谱效率提升数十倍甚至更高。根据目前的 5G 测试来看，采用 64 通道的大规模 MIMO 技术是各个设备商的主流测试选择，同时未来为适应大规模 MIMO 技术的高复杂设计，有源天线将成为趋势，在 4G 网络部署中，华为、中兴、爱立信等设备商已经推出有源产品。在基站天线产业链中，振子是基站天线中直接发射信号的关键部分，传统的金属振子因为重量大、安装成本高，已经无法满足需求，未来塑料振子将成为主流方案。

目前全球基站天线市场格局趋于稳定。2018 年，中国、美国、欧洲占据近 70% 基站天线的市场份额，其中中国市场份额居第一位，华为占据 34.4% 左右；罗森博格受益于印度市场；ACE 受益于韩国 5G 建设，发展也比较迅速。终端天线领域中，我国市场份额优势明显，信维通信、硕贝德、立讯精密占据较高的市场份额，但是在高端技术的终端天线生产上仍是美国厂商 Amphenol 和日本厂商 MuRata 村田领先（见图 13）。受益于天线振子应用数量的大幅增加，5G 时代天线振子的全球市场规模预计将由 2019 年的 3 亿元增长至 2023 年的近 40 亿元。❶

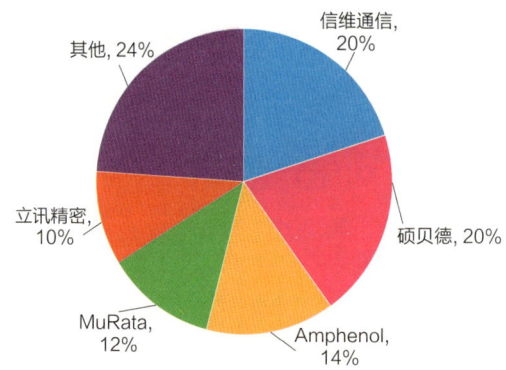

图 13　2018 年全球终端天线市场份额格局

截至 2017 年年底，国内基站天线主要生产厂商为京信通信（占市场份额 21%）、通宇通讯（占市场份额 8%）、摩比发展（占市场份额 7%）、盛路通信（占市场份额 3%），这四家公司占据市场份额 39%（见图 14）。市场竞争格局相对集中，而随着未来几年 5G 的高速发展，设备商向头部供应厂商集中，未来市场竞争格局还会更加趋于稳固。

---

❶　资料来源：ABI Research。

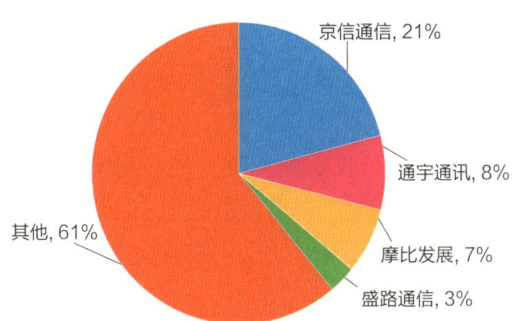

图 14　2017 年国内基站天线市场份额占比

5.2.2　大规模 MIMO 技术的专利布局情况

从申请人地域分布来看，截至 2021 年 6 月，全球大规模 MIMO 技术的专利申请主要分布在中国、美国、欧洲、韩国、日本等国家或地区。其中，中国居首，专利公开 10710 件，占全球专利公开量的 30.4%，代表企业有华为、中兴、大唐通信等。美国次之，专利公开 9180 件，占全球专利公开量的 26.0%，代表企业有高通、英特尔、博通、苹果等。欧洲居第三位，专利公开 4146 件，占全球专利公开量的 11.8%，代表企业有爱立信、阿尔拉特、诺基亚等。

截至 2021 年 6 月，大规模 MIMO 技术领域的全球专利公开量共有约 3.6 万件，中国专利公开量共有约 10710 件。从公开趋势看，我国大规模 MIMO 技术的相关研发是从 2015 年开始进入技术成长期，专利公开量呈现逐年快速增长的趋势。从国内 31 省市和海外来华专利布局对比情况看，国内专利公开数量明显高于海外来华专利公开数量，并自 2016 年开始拉大差距，表明我国大规模 MIMO 技术的研发力度逐渐加大（见图 15）。

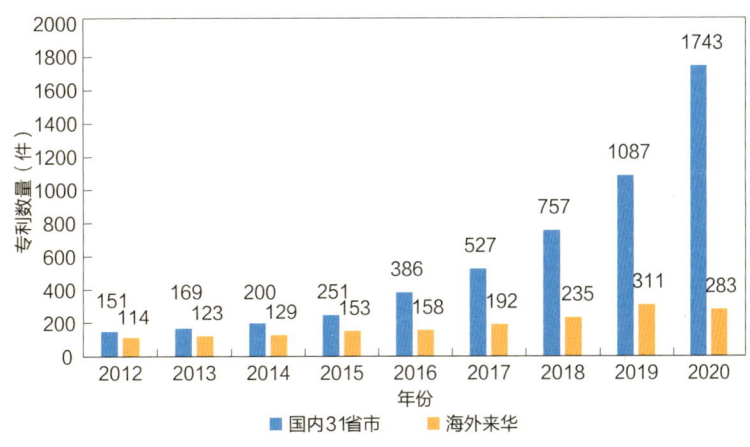

图 15　大规模 MIMO 技术领域国内 31 省市与海外来华在中国的专利布局对比情况

从技术领域看，我国大规模 MIMO 产业专利技术主要涉及大规模 MIMO 的传输技术（H04B）、无线电天线（H01Q）、无线电网络（H04W）以及数字信息的传输（H04Q）等技术和方法，占专利总公开量的 90.7%，其中，大规模 MIMO 信号传输技术（H04B）占比最大，为 32.0%。

5.2.3　大规模 MIMO 技术的技术洞察

与传统 MIMO 技术相比，大规模 MIMO 技术具有以下几点优势：空间分辨率与现有 MIMO 相比显著增强，能深度挖掘空间维度资源；基站和终端之间准正交的信道特性，使得在相同资源上的终端间的信道具备良好的正交特性；提供了减少空口时延的可能，低的空口时延提供了数据传输与信令控制的良好链路环境；简化了多址接入层的结构；可将波束集中在很窄的范围内，从而大幅度降低干扰，提升了针对无目的性人为干扰以及蓄意干扰的鲁棒性；建立的"绿色"基站很好地满足了 5G 系统对于能源效率、辐射效率的需求。

随着 5G 商用规模的逐步扩大，对 5G 大规模 MIMO 产品技术指标一致性、稳定性、成本和产能都提出了新的挑战。就目前而言，虽然大规模 MIMO 系统已经推出了很多的应用产品，在具备 100MHz 带宽下能够达到 4Gbit/s 的峰值速率，但是距技术成熟以及大规模使用还有一定的距离，仍面临很多问题和挑战：

1）天线数量以及阵元的不断增加，使天线尺寸不断放大。如果在现有阶段的条件下大规模采用无线技术，就会造成无线技术面临尺寸过大的难题，对于基站而言，存在建设困难。

2）大规模 MIMO 系统本身更为复杂，故而其信道容量分析的难度也更大，系统性能将受限于相邻小区间重复使用相同的导频序列所带来的导频污染。

3）运用平面波传播作为基础信道的方法，不符合大规模 MIMO 所应有的要求。

4）现在普遍使用的 FDD（频分双工）系统，上下行信道没有互易性，在终端信号采集精准度上欠缺。

5）目前的矩阵的求逆运算的大规模 MIMO 技术波束赋形算法，使硬件不能实时进行波束赋形，使得在大规模 MIMO 使用上存在障碍。

6）信道矩阵和预编码矩阵维度增高，算法复杂度、系统硬件成本和实现难度都会增大。

基于以上技术难题，未来大规模 MIMO 技术层面的研究方向为：

1）天线阵列尺寸的控制，矩阵的尺寸与无线波长密切相关，适当利用毫米波大规模 MIMO 的信道稀疏性有助于改善信道估计的质量，减少估计开销。

2）采用高效的信道估计方法或优化导频分配方案解决导频污染问题，如利用信道稀疏特性，使得只有较强的几个子信道方向需要估计，以此降低信道估计计算量，或可利用压缩感知技术进行训练估计，减少导频序列的数量进而减少导频污染。

3）采用 3D-MIMO 技术，打破传统天线只能提供水平维度的限制，将每个垂直的天线阵子分割成多个阵子，提高空间利用维度。

4）提高 FDD（频分双工）系统信号精准度，可以提出一种适合的算法，采用预编码技术消除干扰。

5）建立合理的无线移动信道模型，可以降低波束赋形算法对实时测量的要求，是在较小的系统复杂度下实现性能更优的波束赋形算法。

6）采用新的预编码方案，如模拟预编码、数字预编码、混合预编码等。

将大规模 MIMO 的重点技术方向及其技术解决方案具体解读如下：

1）减少尺寸。在多个天线阵列和射频前端模块之间设置开关，通过开关切换馈电可以选择性地实现信号在所需方向的辐射，有效地解决毫米波 5G 终端天线阵列波束覆盖及波束扫描盲点问题，并且具有小型化、加工简单、结构紧凑等优点。

采用平面定向天线作为阵元构成圆阵，提高了阵元的天线增益，减小了天线间的相互遮挡，减小了后端信号处理的复杂度，采用更少的 T/R 组件，从而体积更小，重量更轻。

2）信道估计。根据一个或多个信号源的到达角估算信道系数，以增加信道容量，改善信道均衡和降低多径衰落的影响，还可以执行基于到达角的射束成形，以实现与一个或多个信号源通信的定向接收或发射。

用于下行链路帧结构的扩展循环前缀的长期演进系统和将物理资源块映射为专用导频的方法，使下行链路专用导频结构在任意数量的天线和天线波束形成中，实现单个流的间隔支持，可以确保信道估计质量的高度均匀分布。

3）信道维度空间利用。使用多个发射分集方案的组合来发送数据，这些发射分集方案包括空间扩展、连续波束形成、循环延时分集、空时发射分集（STTD）、空频发射分集（SFTD）以及正交发射分集（OTD）。

一种用于在无线通信系统中发送信道状态信息（CSI）的用户设备（UE），该 UE 包括发送模块、接收模块和处理器，在无线通信系统中准确且有效地报告用于 3 维（3D）波束成形的信道状态信息（CSI）。

4）预编码双分工。用于预编码频分双工系统的方法和设备，接收器经由反向链路传输波束向量信息且随后传输器使用此信息在优选方向上将数据传输到接收器。

每个相关移动台预测 CQI 劣化并从已知的预切换 SU-MIMOCQI 反馈数据中减去 CQI 劣化，以预测对于该移动台的后切换 MU-MIMOCQI，节省了与 CQI 和 PMI 反馈相关联信息资源。

5）优化波束赋形。将调制符号转换为并行符号流，对并行符号流执行数字波束形成，将模拟信号乘以模拟波束形成预编码器，来执行模拟波束成形，对通过至少一个 RF 信道发送的第一子载波进行了优化。

利用反馈与报告规则的导频信道设计以及控制信令设计，支持移动宽带通信网络中的波束形成天线系统的方法和系统。

6）预编码处理和算法。提供一种用于 MIMOSDMA 系统中的信号处理和控制信令的改进的系统和方法，该系统在不需要基站调度算法或其他接收机的情况下，高效地向特定接收机传送预编码矩阵信息，克服了前馈数据速率的限制。

通过使用与群组反馈相结合的差分反馈来执行有效的多输入多输出（MIMO）预编码处理，由此显著减小单载波频分多址（SC-FDMA）系统中的反馈开销。

第 6 章 广东省新一代电子信息产业创新发展路径建议

广东省新一代电子信息产业在国内具备突出优势，产业链上下游覆盖较为全面，企业、人才、专利等科创资源丰富，产业基础实力强劲。建议实施强链、补链、延链工程，持续优化产业链结构。加强产学研合作，促进高校、科研院所科技成果转化，开展新一代电子信息产业的关键技术协同创新。大力实施"凤凰行动"计划，加强潜力上市公司挖掘培育。大力引进培育新一代电子信息产业相关高端人才，建设创新人才高地。抓紧粤港澳大湾区建设机遇，深化粤港澳合作，协同推进新一代电子信息产业发展。加强新一代电子信息产业专利布局，建立预警机制，保障产业链安全。加强现有重大项目的知识产权分析评议和风险防控。加强新一代电子信息产业细分产业专利导航决策机制。

6.1 产业布局优化路径

广东省优势产业在细分产业总量中占比超过 50%，在专利、人才、创新企业方面全国领先，建议：首先，实施固链工程，继续发挥广东优势，优化产业空间布局，聚集优势资源，巩固和加强以 IGBT、光电探测器、无人机、非授权频谱无线广域通信等为代表的 70 个优势产业的领先地位，抢占全球新一代电子信息产业的技术高地，争夺行业话语权。

其次，实施补链工程，针对广东省新一代电子信息产业链的不足环节，如分立器件中的二极管、MOSFET、IGBT、三极管等细分领域，结合本省发展规划，积极对外协商，引进国内外相关行业巨头在广东省落户研发，通过龙头企业带动全产业链发展，补齐短板和弱项。如在半导体及集成电路产业领域，可重点关注国外龙头企业如三星、英特尔、海力士、美光、博通、高通等，国内龙头企业如北京智芯微电子、长电科技、紫光集团、中环股份等。在新一代电子通信与网络领域中，如组织实施载波通信、漏洞扫描设备等重点产业链提升行动，组织实施一批产业链协同创新和供应链保障项目，加强重点产业链的产业监测与情报分析工作，实现数据价值化，不断完善产业链条，提升产业核心竞争力。

最后，实施延链工程，针对广东省新一代电子信息产业链上下游，特别是半导体及集成电路产业领域中的 IGBT、模拟芯片、CMOS、动态随机存储器等产业环节，加大对上游企业技术改造的支持力度，扩大下游产业的市场应用范围，延展产业链链条，扩大产业规模，推进广东省国民经济和产业发展的优化布局。

根据《中华人民共和国促进科技成果转化法》第 26 条，国家鼓励研究开发机构、高等院校与企业相结合，联合开展成果应用与推广等活动。新一代电子信息产业作为广东省经济发展的支柱性产业，具有知识密集度高、产业附加值高、辐射带动性强等特点，并且新一代电子信息产业也处于重点技术转型期，因此要实现新一代电子信息产业的突破式、跨越式发展，需要依托高校、科研院所、龙头企业和产业园区等创新资源创建产学研创新发展平台，搭建技术研发平台、成果转化平台、产业孵化平台等，形成若干政府主导、学研单位及业内龙头引领、企业为主的产业空间新格局，促进技术创新的上游、中游、下游的对接和融合。广东省的部分高等院校及科研院所也为本地区产学研合作做出了良好的示范，比如，康佳集团主持、联合华南理工大学申报的"下一代互联网智慧终端关键技术研究及产业化"项目荣获 2019 年度广东省科技进步奖，项目过程中参与六项国家、行业等标准的制修订，攻克了下一代互联网智慧终端关键技术，取得了智慧终端产品创新突破。

随着新一代电子信息产业的快速发展，美国、韩国、日本等电子信息产业巨头纷纷将目光投向以中国为代表的新兴市场，通常采用"产品未动、专利先行"的方式进入中国市场，由于专利权的排他性，专利已然成为国际巨头抢占市场的重要武器。在全球化的今天，建议加大对国内高校、科研院所电子信息产业的科创资源挖掘和利用，针对我国不足环节和风险环节，筛选高校及科研院所专利运营的试点技术领域，以试点技术领域的高校及科研院所的专利资产作为专利池，根据高校团队、科研院所团队及其研究领域细分专利池为专利包，并根据供需进行专利包与企业的配对，实现以特定技术领域的学研（高校、科研院所）专利包为纽带，连接创新供给侧（高校、科研院所）和需求侧（相关企业），从而实现广东省新一代电子信息产业科技成果的快速有效转化。

上市公司是区域产业高质量发展的排头兵，是新技术、新业态、新经济的重要开拓者。一是建议采用大数据手段精准识别潜力"专精特新"中小企业，尤其是通过知识产权产业金融大数据手段，运用企业科创能力评价模型，开展"专精特新"中小企业科创实力评价，准确掌握"专精特新"中小企业科技创新状况，为潜力"专精特新"中小企业的发现、培育、成熟、上市奠定良好的基础。二是建议加强拟上市"专精特新"中小企业的 IPO 知识产权辅导，使企业对内做好知识产权规划工作，构建技术研发体系，在技术研发过程中，规避现有技术，避免侵权风险，同时还要开展专利挖掘，启示技术创新，保持专利申请的持续性，彰显技术创新能力，在专利申请过程中，从技术攻防及市场选择的角度进行知识产权整体布局，形成契合公司战略的专利组合。特别要针对公司的主营业务在 IPO 前开展专利比对分析，排查商标、专利侵权风险，制定风险应对预案，保障企业顺利上市。围绕制造强省建设目标，以上市公司为平台、并购重组为手段，提升上市公司发展水平，做强产业链，做深价值链，提高广东省新一代电子信息产业核心竞争力。

此外，还应引导中小企业和新兴企业健全知识产权体系，逐步建立和完善科技企业的孵化模式。广东省在新一代电子信息产业发展中区域差异化较为明显，深圳、广州、东莞产业发展较为快速，可以通过组建产业集群专利联盟的方式，加强与其他区域之间的合作和资源共享，利用深圳、广州、东莞优势，带动广东省新一代电子信息产业的整体发展。

企业最具有创新能力的核心人员一般占研发人员的 2%，换言之，这 2% 的核心人员是引领推动产业发展的"关键少数",是全球新一代电子信息产业角逐的焦点。建议广东省的人才工作进一步聚焦到"2%"的高端人才层面,从以下四个方面入手。一是"引",加强创新创业基础条件建设,配套相关人才政策,吸引国内外高层次优秀人才,在人才引进中加强对行业领军人才、技术高管及科技企业家等人才的引进力度。二是"稳",加强人才大数据的建设与运用,构建新一代电子信息产业创新人才数据库,实时监测广东省高层次人才发展动态,稳定核心技术人才,减少高端人才外流。三是"培",依托广东省高等院校的科教资源,深化产教融合,建立学历教育与职业教育相结合的人才培养模式,协同培养创新型科技工程师,大力支持创新型科技工程师申报广东省及国家的相关人才培养计划和科研攻关计划。四是"鉴",有效利用知识产权大数据,建立发现人才、评价人才、跟踪人才机制,绘制全球高端人才图谱,落实人才引进中的知识产权评价和鉴定机制。

在粤港澳大湾区建设的大机遇下,广东省应深化同香港、澳门的新一代电子信息产业相关合作,加快推进新一代电子信息产业一体化布局和各类高端要素对接,协同促进新一代电子信息产业发展。粤港澳大湾区具备较强的电子信息产业集群,广东省重点省市应统筹利用粤港澳和国际国内科技创新资源,围绕新一代电子信息产业发展完善科技创新链,加快形成以创新为驱动、以科技为引领的经济体系和发展模式,推动互联网、大数据、人工智能和实体经济深入融合。

充分发挥产业集聚对区域创新的积极作用,推动区域内企业交流,促进行业内隐性知识扩散,激发区域企业技术创新,进而实现以区域创新带动广东省新一代电子信息产业发展。在产业空间布局上,继续以广州、深圳为主引擎,重点打造以广州、深圳、惠州、东莞、河源为依托建设高端化智能终端产业集聚区;以深圳、汕头、梅州、肇庆、潮州为依托建设新型电子元器件产业集聚区;以广州、深圳为依托发展网络安全产业集聚区。在科技创新发展中,应主动发挥引领作用,推动粤港澳大湾区新一代电子信息产业高质量发展,实现广东省从"世界工厂"向"广东创造"转变,建设世界级新一代电子信息产业集群。

6.2 知识产权风险防控建议

国外高科技企业越来越重视中国市场,加大了在中国的专利布局,产业链相关技术领域面临风险。产业安全关乎国家安全,建议加强新一代电子信息重点产业的专利布局,建立预警机制。如网络与信息安全设备产业中的存在较高安全风险的网络审计系统、电子终端设备产业中的无人机、物联网感知层产业中的传感器、物联网网络层中的网络安全等领域,尤其是物联网网络层中的授权频谱无线通信以及人工智能技术层领域中的机器学习和类脑智能计算等环节需要重点加强,加强技术积累和挖掘,并鼓励或者引进更多企业投入这些领域。

新一代电子信息产业发展迅猛,技术更新迭代较快,因此必须加强重大知识产权风险防范,提高新一代电子信息产业发展决策的科学性和及时性。如加强重大项目的人才流动尽职调查,避免因人才流动造成的侵权风险;加强重点产业的知识产权侵权风险排查工作，避免无效宣告事件的发生；加强海外知识产权风险排查工作，重点针对美国"337调查"条款，做好知识产权储备和风险防控工作。

加强以产业数据、专利数据为基础的新兴产业专利导航决策机制，实施区域规划类、产业规划类和企业运营类专利导航，加强未来产业关键技术布局。综合运用专利数据和产业数据，借助大数据技术手段，构建重点产业发展方向分析、区域产业发展定位分析和产业发展路径导航分析逻辑模型。在摸清产业发展方向基础上，立足广东省新一代电子信息产业发展定位，提出适用于广东省的产业发展路径建议，为广东省新一代电子信息产业发展规划的编制、招商引资、人才引进、企业发展提供决策支撑。

广东省智能机器人产业专利统计分析报告

广东省知识产权保护中心
2021 年 12 月

目 录

第 1 章 引言 // 878

    1.1 项目背景   // 878
    1.2 产业链分类   // 879

第 2 章 智能机器人产业发展态势   // 880

    2.1 全球智能机器人产业发展现状   // 880
    2.1.1 全球智能机器人产业发展概况   // 880
    2.1.2 中国智能机器人产业发展概况   // 882
    2.2 中国智能机器人产业政策环境   // 884
    2.3 中国智能机器人产业创新发展态势   // 885
    2.3.1 中国创新企业   // 885
    2.3.2 中国专利布局   // 889
    2.3.3 中国创新人才   // 894
    2.4 中国智能机器人产业热点及重点技术创新方向   // 896

CONTENTS

第 3 章　广东省智能机器人产业创新发展定位与洞察　　// 899

3.1　广东省智能机器人产业政策导向　　// 899
3.2　广东省智能机器人产业创新发展定位　　// 901
3.2.1　广东省创新企业　　// 901
3.2.2　广东省专利布局　　// 902
3.2.3　广东省创新人才　　// 908

3.3　广东省智能机器人产业创新发展洞察　　// 910
3.3.1　广东省产业链集聚结构　　// 910
3.3.2　广东省技术供应链分析　　// 913

第 4 章　广东省智能机器人产业创新发展路径建议　　// 916

4.1　产业布局优化路径　　// 916
4.2　知识产权工作建议　　// 917

图目录

图 1　智能机器人产业结构 … 879
图 2　2019 年全球机器人市场规模结构 … 882
图 3　2019 年我国机器人市场规模结构 … 883
图 4　国内 31 省市智能机器人产业创新企业数量增长趋势 … 886
图 5　中国智能机器人产业特色企业数量分布情况（单位：家） … 887
图 6　中国智能机器人产业重点企业专利技术布局情况 … 888
图 7　中国智能机器人产业专利申请公开量增长趋势 … 889
图 8　中国智能机器人产业发明专利申请公开量增长趋势 … 889
图 9　国内 31 省市智能机器人产业高价值专利数量分布情况 … 891
图 10　国内 31 省市智能机器人产业创新企业发明专利申请公开量增长趋势 … 891
图 11　国内 31 省市智能机器人产业高校发明专利申请公开量增长趋势 … 892
图 12　国内 31 省市智能机器人产业科研机构发明专利申请公开量增长趋势 … 892
图 13　国内 31 省市智能机器人产业产学研合作申请专利数量分布情况 … 893
图 14　中国智能机器人产业产学研合作申请专利领域分布情况 … 893
图 15　国内 31 省市智能机器人产业创新人才数量增长趋势 … 894
图 16　中国智能机器人产业特色人才数据分布情况（单位：人） … 896

图 17	国内 31 省市智能机器人产业各机构类型创新人才数量分布情况（单位：人）	896
图 18	广东省智能机器人产业创新企业数量增长趋势	901
图 19	广东省智能机器人产业专利申请公开量增长趋势	903
图 20	广东省智能机器人产业发明专利申请公开量增长趋势	903
图 21	广东省智能机器人产业创新企业发明专利申请公开量增长趋势	905
图 22	广东省智能机器人产业高校发明专利申请公开量增长趋势	906
图 23	广东省智能机器人产业科研机构发明专利申请公开量增长趋势	906
图 24	广东省智能机器人产业产学研合作申请专利领域分布情况	907
图 25	广东省智能机器人产业海外布局专利领域分布情况	908
图 26	广东省智能机器人产业创新人才数量增长趋势	908
图 27	广东省智能机器人产业各机构类型创新人才数量分布情况（单位：人）	910
图 28	广东省智能机器人产业涉及转让专利领域分布情况	913
图 29	广东省智能机器人产业与外地进行专利转让活动情况（单位：件）	914
图 30	广东省智能机器人产业涉及许可专利领域分布情况	914
图 31	广东省智能机器人产业与外地进行专利许可活动情况（单位：件）	915
图 32	广东省智能机器人产业涉及质押专利领域分布情况	915

表目录

表 1　我国智能机器人产业主要相关政策 …………………………………………… 884
表 2　国内 31 省市智能机器人产业创新企业数量分布情况 …………………………… 886
表 3　国内 31 省市智能机器人产业发明专利授权量分布情况 ………………………… 890
表 4　中国智能机器人产业产学研合作重点高校院所清单 …………………………… 893
表 5　国内 31 省市智能机器人产业创新人才数量分布情况 …………………………… 894
表 6　国内 31 省市智能机器人产业链创新要素情况 …………………………………… 897
表 7　国内 31 省市智能机器人产业链上游创新要素情况 ……………………………… 897
表 8　国内 31 省市智能机器人产业链中游创新要素情况 ……………………………… 897
表 9　国内 31 省市智能机器人产业链下游创新要素情况 ……………………………… 898
表 10　广东省智能机器人产业主要相关政策 ………………………………………… 899
表 11　广东省各地市智能机器人产业创新企业数量情况 ……………………………… 901

表12	国内重点省市智能机器人产业特色企业数量分布情况对标比较	902
表13	广东省各地市智能机器人产业发明专利授权量情况	904
表14	国内重点省市智能机器人产业高价值专利数量分布情况对标比较	904
表15	广东省智能机器人产业产学研合作重点高校院所清单	907
表16	广东省各地市智能机器人产业创新人才数量情况	909
表17	国内重点省市智能机器人产业特色人才数量分布情况对标比较	909
表18	广东省智能机器人产业链创新要素情况	910
表19	广东省智能机器人产业优势领域创新要素情况	911
表20	广东省智能机器人产业潜力领域创新要素情况	911
表21	广东省智能机器人产业薄弱领域创新要素情况	911
表22	智能机器人产业链风险领域分布情况	912

第1章 引言

1.1 项目背景

2021年3月,《中华人民共和国国民经济和社会发展第十四个五年规划和2035年远景目标纲要》围绕"发展壮大战略性新兴产业"进行了专章论述,指出要着眼于抢占未来产业发展先机,培育先导性和支柱性产业,推动战略性新兴产业融合化、集群化、生态化发展,战略性新兴产业增加值占GDP比重超过17%。2021年9月,中共中央、国务院印发《知识产权强国建设纲要(2021—2035年)》,在"建设激励创新发展的知识产权市场运行机制"部分,明确要大力推动专利导航在传统优势产业、战略性新兴产业、未来产业发展中的应用。

习近平总书记对广东制造业发展高度重视、寄予厚望,明确要求广东加快推动制造业转型升级,建设世界级先进制造业集群。2020年5月,广东省人民政府出台《关于培育发展战略性支柱产业集群和战略性新兴产业集群的意见》,并进一步制订了20个战略性产业集群行动计划,最终形成"1+20"的政策体系,旨在推动广东省产业链、创新链、人才链、资金链、政策链相互贯通,加快建立具有国际竞争力的现代化产业体系。2021年4月,《广东省国民经济和社会发展第十四个五年规划和2035年远景目标纲要》在"总体要求"中提出,改造提升传统产业,做大做强战略性支柱产业,培育发展战略性新兴产业,加快发展现代服务业,推动产业基础高级化和产业链供应链现代化,提高产业现代化水平,打造新兴产业重要策源地、先进制造业和现代服务业基地,推动建设更具国际竞争力的现代产业体系。

针对"智能机器人产业",广东省工业和信息化厅等五部门于2020年9月印发了《广东省培育智能机器人战略性新兴产业集群行动计划(2021—2025年)》,提出到2025年,智能机器人产业营业收入达到800亿元,其中服务机器人行业营业收入达到200亿元,无人机(船)行业营业收入达到500亿元,工业机器人年产量超过10万台,年均增长约15%。并明确广东省市场监督管理局负责聚焦技术创新、深入示范推广、强化支撑体系等重点任务中的相关工作。

为深入贯彻习近平新时代中国特色社会主义思想和党的十九大精神,认真落实中共中央、国务院关于发展壮大战略性新兴产业和知识产权强国建设及省委、省政府关于推进制造强省建设的工作部署,按照《广东省人民政府关于培育发展战略性支柱产业集群和战略性新兴产业集群的意见》《广东省培育智能机器人战略性新兴产业集群行动计划(2021—

2025年)》的工作安排,加快发展智能机器人战略性新兴产业集群,促进产业迈向全球价值链高端,开展智能机器人产业专利分析研究工作。基于产业专利导航创新决策理念,紧扣产业分析和专利分析两条主线,将专利信息与产业现状、发展趋势、政策环境、市场竞争等信息深度融合,基于知识产权产业金融大数据,深入研究广东省智能机器人产业发展现状,明晰产业发展方向,找准区域产业定位,分析存在制约发展的瓶颈问题和制度障碍,指出优化产业创新资源配置的具体路径,提出适用于本区域产业创新发展的相关建议,为广东省智能机器人产业发展规划、招商引资、人才引进等提供决策支撑。

1.2 产业链分类

智能机器人产业分为三大领域,其中,产业链上游对应核心零部件领域,产业链中游对应机器人本体领域,产业链下游对应系统集成领域。进一步将智能机器人产业分为多个相关的三级分支:上游核心零部件主要涉及伺服系统、减速器、控制系统、人工智能芯片、激光雷达、传感器;中游机器人本体主要涉及直角坐标型机器人、极坐标型机器人、圆柱坐标型机器人、多关节型、并联机器人;下游系统集成主要涉及工业机器人、服务机器人、特殊作业机器人。对上、中、下游三级产业再进行细分,可进一步细化至四个层级,上游共包括4个细分分类,下游共包括16个细分分类(见图1)。

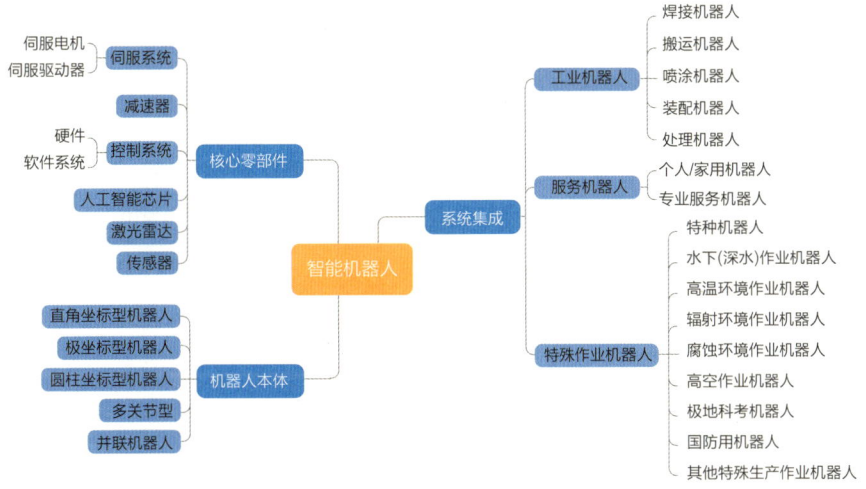

图1 智能机器人产业结构

第 2 章　智能机器人产业发展态势

2.1　全球智能机器人产业发展现状

2.1.1　全球智能机器人产业发展概况

机器人的发展历程划分为三个时代，分别称为机器人 1.0、机器人 2.0、机器人 3.0。机器人 1.0（1960—2000 年），机器人对外界环境没有感知，只能单纯复现人类的示教动作，在制造业领域替代工人进行机械性的重复体力劳动；机器人 2.0（2000—2015 年），通过传感器和数字技术的应用构建起机器人的感觉能力，并模拟部分人类功能，不但促进了机器人在工业领域的成熟应用，也逐步开始向商业领域拓展应用；机器人 3.0（2015 年以后），伴随着感知、计算、控制等技术的迭代升级和图像识别、自然语音处理、深度认知学习等新型数字技术在机器人领域的深入应用，机器人领域的服务化趋势日益明显，逐渐渗透到社会生产生活的每一个角落。在机器人 2.0 的基础上，机器人 3.0 实现从感知到认知、推理、决策的智能化进阶。

目前，机器人已跨入 4.0 时代，把云端大脑分布在从云到端的各个地方，充分利用边缘计算提供更高性价比的服务，把要完成任务的记忆场景的知识和常识很好地组合起来，实现规模化部署。机器人除了具有感知能力以实现智能协作，还具有理解和决策的能力，达到自主的服务。❶

新一代智能机器人将具备互联互通、虚实一体、软件定义和人机融合的特征，具体为：通过多种传感器设备采集各类数据，快速上传云端并进行初级处理，实现信息共享；虚拟信号与实体设备的深度融合，实现数据收集、处理、分析、反馈、执行的流程闭环，实现"实－虚－实"的转换；对海量数据进行分析运算的智能算法依托优秀的软件应用，新一代智能机器人将向软件主导、内容为王、平台化、API 中心化方向发展；通过深度学习技术实现人机音像交互，乃至机器人对人的心理认知和情感交流。

大数据、人工智能和传感器技术的日渐成熟，推动机器人逐步完成从传统机器人到具有感知、分析、学习和决策能力的智能机器人的转变。智能机器人可处理大量的信息，完成更加复杂的任务，在工业、农业、交通、医疗、教育、娱乐、航天和军事上将发挥越来越重要的作用。❷

---

❶ 资料来源：英特尔等《机器人 4.0 白皮书》。
❷ 资料来源：陶永、王田苗、刘辉等《智能机器人研究现状及发展趋势的思考与建议》。

在工业机器人领域，90%以上的高端市场基本上被行业巨头所垄断，技术壁垒相对比较高，并且行业巨头开始向更高价值的后端服务转型，新进企业所面临的技术和市场挑战比较大，存量的中小企业更专注于非标市场，通过低层级的系统集成来获得相应的收益，领域内存在着明显的价值梯度差距。在服务机器人和特种机器人领域，产业的集聚度相对较低，细分领域的市场应用也没有完全打开，正处于产业发展期，更易于企业进入和快速发展。❶

人机协作成为工业机器人重要发展方向：随着机器人易用性、稳定性以及智能水平的不断提升，机器人的应用领域逐渐由操作型任务向加工型任务拓展。人机协作将人的认知能力与机器人的效率结合在一起，从而使人可以安全、简便地进行使用。例如，瑞士ABB的双臂人机协作机器人YuMi可与工人一起协同工作，在感知到人的触碰后，会立刻放慢速度，最终停止运动。

认知智能支撑服务机器人实现创新突破：人工智能技术是服务机器人在下一阶段获得实质性发展的重要引擎，目前正在从感知智能向认知智能加速迈进，并已经在深度学习、抗干扰感知识别、听觉视觉语义理解与认知推理、自然语言理解、情感识别与聊天等方面取得了明显的进步。例如，英特尔开展自适应机器人的交互研究，实现低成本、多种服务、良好易用的机器人交互。

特种机器人替代人类在更多复杂环境中从事作业：当前特种机器人已具备一定水平的自主智能，已能完成定位、导航、避障、跟踪、场景感知识别、行为预测等任务。随着特种机器人的智能性和对环境的适应性不断增强，其在军事、防暴、消防、采掘、建筑、交通运输、安防监测、空间探索、防爆、管道建设等众多领域都具有十分广阔的应用前景。❷

在全球机器人技术与产业版图中，传统上存在着日、美、欧三足鼎立的格局。日本在机器人方面有着深厚的工业基础，尤其在控制机器人精密动作的伺服电机技术和产业方面，日本的松下、三菱等企业都是其中的佼佼者。此外，日本在仿生机器人，尤其是人形机器人的研究和开发方面下足了功夫。美国在机器人产业方面，更注重人工智能技术的结合，其优势在于"软"的方面。依托IBM、微软、谷歌、苹果、脸书等众多软件与互联网巨头，美国在机器人产业方面有着不可撼动的地位。欧盟中的德国、英国、法国、瑞士等国家都是老牌的工业强国，基于它们在机械与电子领域的扎实基础，欧盟国家的机器人产业底蕴极深。❸

2019年，全球机器人市场规模达到294.1亿美元，2014—2019年的平均增长率约为12.3%。其中，工业机器人的市场规模为159.2亿美元，服务机器人的市场规模为94.6亿美元，特种机器人的市场规模为40.3亿美元（见图2）。

---

❶ 资料来源：张斌《全球机器人时代到来》。
❷ 资料来源：中国电子学会《中国机器人产业发展报告2019》。
❸ 资料来源：陈鹏《机器人产业：科技创新和智能制造的"比武场"》。

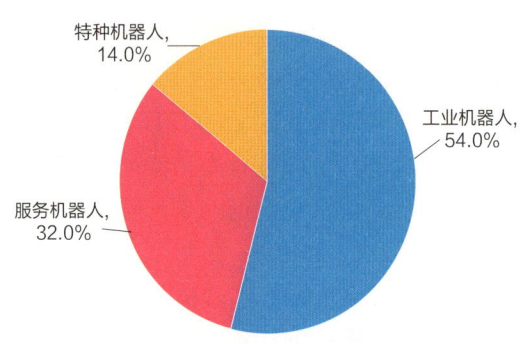

图 2　2019 年全球机器人市场规模结构

工业机器人在汽车、电子、金属制品、塑料及化工产品等行业已经得到了广泛的应用。2014—2019 年，工业机器人的市场规模以年均 8.3% 的速度持续增长。依托人工智能技术，智能公共服务机器人应用场景和服务模式正不断拓展，带动服务机器人市场规模高速增长。2014—2019 年，全球服务机器人市场规模年均增速达 21.9%。2014—2019 年，全球特种机器人产业规模年均增速达 12.3%。❶

2.1.2　中国智能机器人产业发展概况

我国智能机器人产业逐步规模化、体系化，基本建立完整的机器人产业链，技术创新成果显著。然而，智能机器人在未来发展中同样面临众多挑战，包括关键及前沿技术的突破、应用的创新与推广、资源的整合与协同等。在关键及前沿技术方面，现有产品的智能化程度不足，功能相对简单单调，在复杂场景下的人机交互体验效果不佳，难以匹配用户需求，急需突破技术瓶颈，实现内生增长。在应用的创新推广方面，有效的刚需尚待形成，需要把握市场动向推陈出新。在资源的整合与协同方面，产业整体处于起步期，越来越多的行业用户、信息通信技术企业和初创公司参与机器人产业，增加了机器人生态系统的复杂程度。❷

目前，国内厂商攻克了减速机、伺服控制、伺服电机等关键核心零部件领域的部分难题，核心零部件国产化的趋势逐渐显现。与此同时，国产工业机器人在市场总销量中的比重稳步提高。国产控制器等核心零部件在国产工业机器人中的使用也进一步增加，智能控制和应用系统的自主研发水平持续提高，制造工艺的自主设计能力不断提升。在自主品牌机器人中，国产控制器、伺服电机和减速器的使用占比分别达到 60%、70% 和 40% 左右。近年来，与人类共同进行一线作业的协作机器人（COBOT）呈现快速增长态势。❸

近年来，人工智能技术的发展和突破使服务机器人的使用体验进一步提升，语音交互、人脸识别、自动定位导航等人工智能技术与机器人融合不断深化，智能产品不断推出，同时催生出一批创新创业型企业。与此同时，我国在多模态人机交互技术、仿生材料

---

❶ 资料来源：中国电子学会《中国机器人产业发展报告 2019》。
❷ 资料来源：陶永、王田苗、刘辉等《智能机器人研究现状及发展趋势的思考与建议》。
❸ 资料来源：中国电子学会《中国机器人产业发展报告 2019》，方晓霞《"十四五"时期机器人产业高质量发展面临的机遇、挑战与对策》。

与结构、模块化自重构技术等方面也取得了一定进展,进一步提升了我国在智能机器人领域的技术水平。目前,我国已在医疗、烹饪、物流等机器人的应用领域开展了广泛的研究,未来应用场景不断拓展,应用模式不断丰富。中国服务机器人产业具有巨大的市场空间和发展潜力。❶

特种机器人方面,目前在反恐排爆及深海探索领域部分关键核心技术已取得突破,例如多传感器信息融合技术、高精度定位导航与避障技术、汽车底盘危险物品快速识别技术已初步应用于反恐排爆机器人。与此同时,我国先后攻克了钛合金载人舱球壳制造、大深度浮力材料制备、深海推进器等多项核心技术,使我国在深海核心装备国产化方面取得了显著进步。

目前,我国已初步形成了特种无人机、水下机器人、搜救/排爆机器人等系列产品,并在一些领域形成优势。近年来,我国涌现出大疆、极飞、亿航、昊翔等优秀无人机企业,无人机应用在农业、物流、测绘等垂直行业快速铺开,龙头企业已着手打造无人机生态系统,拓展市场布局。❷

2019年,我国机器人市场规模达到86.8亿美元,2014—2019年的平均增长率达到20.9%。其中工业机器人的市场规模为57.3亿美元,服务机器人的市场规模为22亿美元,特种机器人的市场规模为7.5亿美元(见图3)。

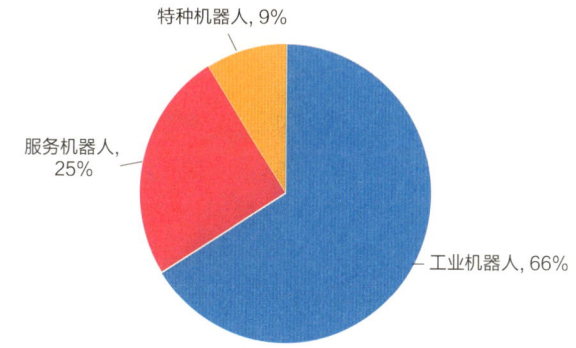

图3　2019年我国机器人市场规模结构

我国工业机器人市场保持向好发展,约占全球市场份额的三分之一,是全球第一大工业机器人应用市场。我国服务机器人的市场规模快速扩大,成为机器人市场应用中颇具亮点的领域,随着人口老龄化趋势加快,以及医疗、教育需求的持续旺盛,我国服务机器人存在巨大市场潜力和发展空间,2019年我国服务机器人市场规模同比增长约33.1%。我国特种机器人市场保持较快发展,各种类型产品不断出现,2019年我国特种机器人市场规模增速达17.7%,高于全球水平。❸

各地政府高度重视、积极扶持,推动机器人产业的发展,全国大部分省市都建立了不

---

❶ 资料来源:中国电子学会《中国机器人产业发展报告2019》,方晓霞《"十四五"时期机器人产业高质量发展面临的机遇、挑战与对策》。

❷ 资料来源:中国电子学会《中国机器人产业发展报告2019》。

❸ 资料来源:中国电子学会《中国机器人产业发展报告2019》。

同形式的机器人产业园、产业小镇、产业基地和机器人集聚区等，基本形成了长三角、珠三角、京津冀、东北、中部和西部六大机器人产业集聚区。

长三角地区，在我国机器人产业发展中基础相对最为雄厚，区域内机器人产业结构更趋合理，位于产业链下游的系统集成商比例有所下降，区域内核心零部件国产化率居全国领先水平。珠三角地区，形成了在机器人核心技术研发、本体生产、系统集成、场景应用等方面相对完整的产业链，但是从产品结构来看，珠三角地区高端产品销售收入要略逊于京津冀地区，核心零部件国产化率仅居全国中游水平。京津冀地区，区域内科研院校众多，相较其他区域更具技术优势，产业链包括工业机器人及其自动化生产线、工业机器人集成应用等。东北地区是中国老工业基地，机器人产业具有一定的先发优势，区域内的新松公司是国内第一家机器人上市公司，仅新松一家公司就占据自主品牌工业机器人三分之一的市场份额，但近年来区域产业发展整体缺乏后劲。中部、西部地区机器人产业基础在六大集聚区中是最为薄弱的，但近年来后发潜力逐步显现，其中，综合实力相对较强、具有良好制造基础的武汉、长沙、洛阳、芜湖、重庆、成都等城市充分利用本地化的科技资源和人才优势，着力营造良好的创业创新环境，积极补齐机器人产业发展的"短板"，打造了一批工业机器人企业集群和关键零部件企业集群，逐步构建了较为完善的机器人及智能装备产业链，产业集聚效应、辐射作用日益增强。❶

2.2 中国智能机器人产业政策环境

自2016年起，中央发布多项政策，支持机器人产业发展，推动"中国智造"。《中国制造2025》明确将机器人作为重点发展领域，工信部等也陆续出台《机器人产业发展规划（2016—2020年）》等政策，着力推动机器人产业健康可持续发展，积极打造面向全球的机器人技术和产业生态体系。"十三五"期间密集出台了一系列政策举措，并在工业、医疗、救灾救援等领域展开机器人的研制与应用示范。《中华人民共和国国民经济和社会发展第十四个五年规划和2035年远景目标纲要》将全面提升中国制造业发展质量和水平作为重大战略部署，构建"工业互联网+智能制造"产业生态。智能生产是智能制造的基础，智能工厂则是智能生产的主要载体，机器人作为智能工厂的重要组成部分，将为企业显著降低成本，提高生产效率（见表1）。❷

表1 我国智能机器人产业主要相关政策

时间	发布部门	文件名称	相关内容
2016年	工信部、发改委、财政部	《机器人产业发展规划（2016—2020年）》	自主品牌工业机器人年产量达10万台，服务机器人年销售收入超过300亿元
2016年	国务院	《"十三五"国家科技创新规划》	下一代机器人技术研究，工业机器人实现产业化，服务机器人实现产品化，特种机器人实现批量化应用

❶ 资料来源：中国电子学会《中国机器人产业发展报告2019》，方晓霞《"十四五"时期机器人产业高质量发展面临的机遇、挑战与对策》。

❷ 资料来源：中国政府网，中泰证券。

续表

时间	发布部门	文件名称	相关内容
2016年	工信部、财政部	《智能制造发展规划（2016—2020年）》	促进服务机器人等的研发和产业化
2016年	国务院	《"十三五"国家战略性新兴产业发展规划》	推动专业服务机器人和家用服务机器人试点示范
2016年	工信部、发改委、认监委	《关于促进机器人产业健康发展的通知》	开拓工业机器人应用市场；推进服务机器人试点示范
2017年	科技部	《"智能机器人"重点专项2017年度项目专项申报指南》	围绕智能机器人基础前沿技术、新一代机器人、关键共性技术、工业机器人、服务机器人、特种机器人六个方向，启动42个项目，经费约6亿元
2017年	工信部	《促进新一代人工智能产业发展三年行动计划（2018—2020年）》	到2020年，智能服务机器人环境感知、自然交互、自主学习、人机协作等关键技术取得突破，智能家庭服务机器人、智能公共服务机器人实现批量生产及应用，医疗康复、助老助残、消防救灾等机器人实现样机生产，完成技术与功能验证，实现20家以上应用示范
2018年	工信部	《新一代人工智能产业创新重点任务揭榜工作方案》	到2020年，新一代工业机器人具备人机协调、自然交互、自主学习功能并实现批量生产及应用；智能传感与控制装备在机床、机器人、石油化工、轨道交通等领域实现集成应用；智能检测与装配装备的工业现场视觉识别准确率达到90%，测量精度及速度满足实际生产需求
2019年	中央全面深化改革委员会	《关于促进人工智能和实体经济深度融合的指导意见》	探索人工智能创新成果应用转化路径和方法，构建智能经济
2020年	科技部	《"智能机器人"重点专项2020年度定向项目申报指南》	按照"围绕产业链，部署创新链"的要求，从机器人基础前沿理论、共性技术、关键技术与装备、应用示范四个层次，围绕智能机器人基础前沿技术、新一代机器人、关键共性技术、工业机器人、服务机器人、特种机器人六个方向部署实施
2021年	全国人民代表大会	《中华人民共和国国民经济和社会发展第十四个五年规划和2035年远景目标纲要》	深入实施智能制造，推动机器人等产业创新发展；培育壮大人工智能、大数据等新兴数字产业，在智能交通、智慧物流、智慧能源等重点领域开展试点示范

2.3　中国智能机器人产业创新发展态势

2.3.1　中国创新企业

截至2021年7月，国内31省市智能机器人产业有专利申请活动的创新企业共106049家，近五年复合增速达33.0%。其中，2018年同比增速最快，同比增长39.6%（见图4）。

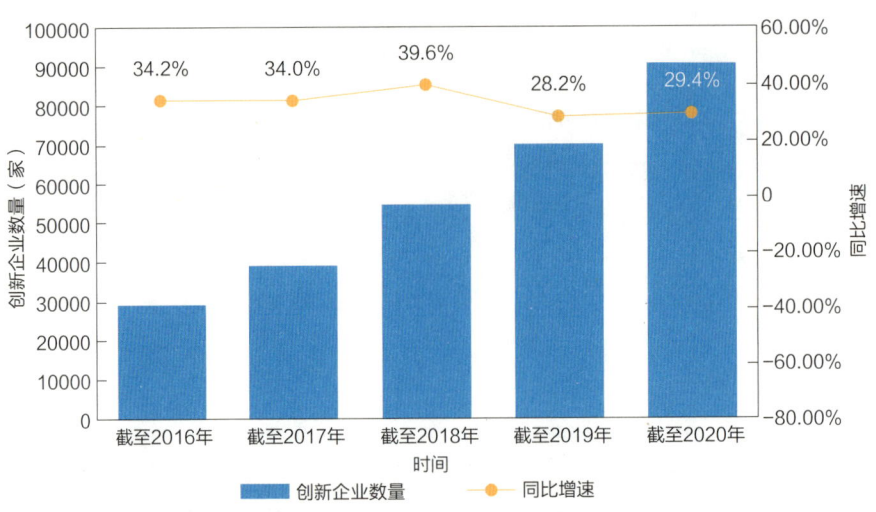

图 4　国内 31 省市智能机器人产业创新企业数量增长趋势

从地域分布情况来看，截至 2021 年 7 月，国内 31 省市智能机器人产业有专利申请活动的创新企业主要集中在东南沿海地区。其中，创新企业数量排名前五位的省市依次为广东省（21463 家）、江苏省（18227 家）、浙江省（9860 家）、上海市（6900 家）、北京市（6069 家）（见表 2）。

表 2　国内 31 省市智能机器人产业创新企业数量分布情况

排名	省（自治区、直辖市）	创新企业数量（家）
1	广东	21463
2	江苏	18227
3	浙江	9860
4	上海	6900
5	北京	6069
6	山东	5370
7	安徽	4588
8	四川	4089
9	天津	3776
10	湖北	3411
11	福建	3366
12	河南	2726
13	重庆	2050
14	湖南	2006
15	陕西	1905
16	河北	1891
17	辽宁	1717

续表

排名	省（自治区、直辖市）	创新企业数量（家）
18	江西	1226
19	广西	844
20	山西	712
21	云南	674
22	贵州	604
23	黑龙江	578
24	吉林	535
25	甘肃	324
26	宁夏	310
27	新疆	283
28	内蒙古	278
29	海南	270
30	青海	94
31	西藏	35

截至 2021 年 7 月，在智能机器人产业创新企业中，国内 31 省市共有国家高新技术企业 44941 家，占国内 31 省市智能机器人产业创新企业总量（106049 家）的 42.4%；初创企业 6782 家，占创新企业总量的 6.4%；隐形冠军企业 1001 家，占创新企业总量的 0.9%；上市公司 1542 家，占创新企业总量的 1.5%；独角兽企业 88 家，占创新企业总量的 0.1%；专精特新企业 6376 家，占创新企业总量的 6.0%（见图 5）。

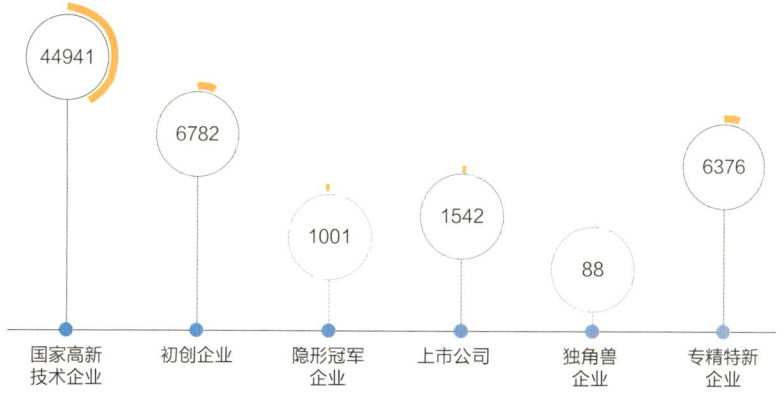

图 5　中国智能机器人产业特色企业数量分布情况（单位：家）

在智能机器人产业创新企业中，专利申请公开量较多的重点企业包括 OPPO 广东移动通信有限公司（2149 件）、国家电网有限公司（878 件）、珠海格力电器股份有限公司（642 件）、鸿富锦精密工业（深圳）有限公司（551 件）、沈阳新松机器人自动化股份有限

公司（480件）、深圳市大疆创新科技有限公司（462件）等。❶

从这六家重点企业在智能机器人产业布局专利的细分领域来看，传感器是最为重点的细分领域，每家重点企业都在传感器领域布局了大量的专利。人工智能芯片也是较为重点的细分领域，每家重点企业也都在人工智能芯片领域有一定数量的专利布局。此外，六家重点企业中，除OPPO广东移动通信有限公司外，其余五家重点企业都在工业机器人领域布局了较多的专利，因此工业机器人也是重点的细分领域（见图6）。

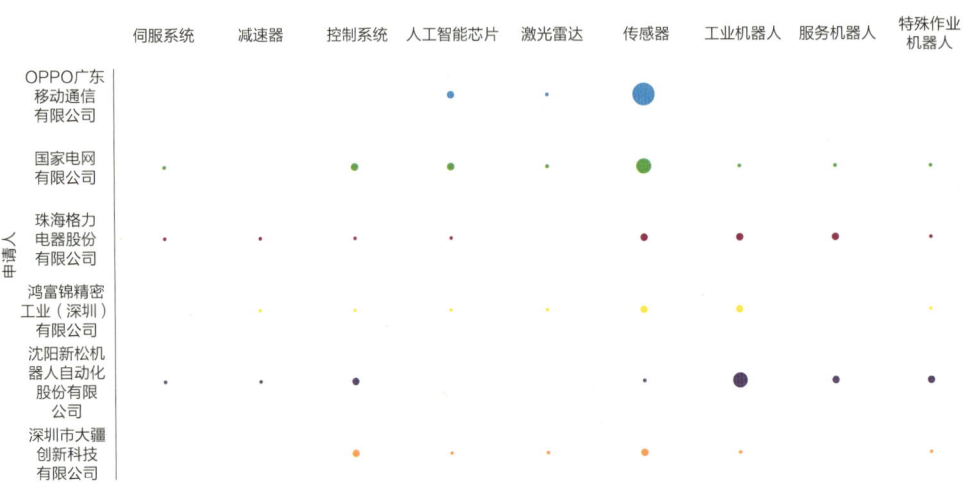

图6 中国智能机器人产业重点企业专利技术布局情况

【典型企业——沈阳新松机器人自动化股份有限公司】

沈阳新松机器人自动化股份有限公司（以下简称新松）成立于2000年，隶属中国科学院，是一家以机器人技术为核心的高科技上市公司。作为国家机器人产业化基地，新松拥有完整的机器人产品线及工业4.0整体解决方案。新松本部位于沈阳，在上海设有国际总部，在沈阳、上海、杭州、青岛、天津、无锡、潍坊建有产业园区，在济南设有山东新松工业软件研究院股份有限公司。同时，新松积极布局国际市场，在韩国、新加坡、泰国、德国、我国香港等地设立多家控股子公司及海外区域中心，现拥有4000余人的研发创新团队，形成以自主核心技术、核心零部件、核心产品及行业系统解决方案为一体的全产业价值链。

新松成功研制了具有自主知识产权的工业机器人、协作机器人、移动机器人、特种机器人、医疗服务机器人五大系列百余种产品，面向智能工厂、智能装备、智能物流、半导体装备、智能交通，形成十大产业方向，致力于打造数字化物联新模式。产品累计出口40多个国家和地区，为全球3000余家国际企业提供产业升级服务。

新松紧抓全球新一轮科技革命和产业变革契机，发挥人工智能技术的赋能效应，以工业互联网、大数据、云计算、5G网络等新一代科技推动机器人产业平台化发展，打造集创

---

❶ 本处统计的专利申请公开量为申请人本身，不包含其分子公司。

新链、产业链、金融链、人才链于一体的生态体系。

2.3.2 中国专利布局

截至2021年7月，中国智能机器人产业专利申请公开量共537728件，占中国专利申请公开总量（33757841件）的1.6%，近五年复合增速达25.9%（见图7）。中国智能机器人产业专利授权量共336370件，占智能机器人产业全国专利申请公开总量的62.6%；有效专利量为243113件。

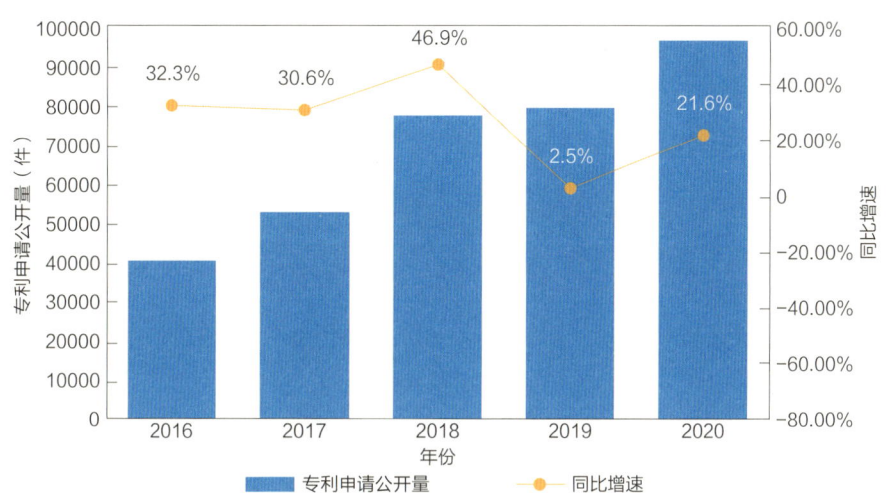

图7　中国智能机器人产业专利申请公开量增长趋势

截至2021年7月，中国智能机器人产业发明专利申请公开量为284705件，占中国智能机器人产业专利申请公开总量（537728件）的52.9%，近五年复合增速达23.5%。其中，2018年同比增速最快，同比增长42.2%（见图8）。

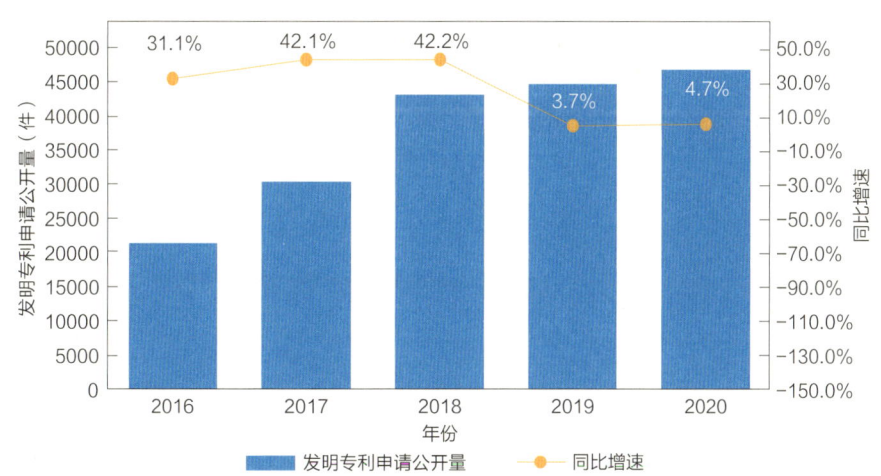

图8　中国智能机器人产业发明专利申请公开量增长趋势

从地域分布情况来看，截至2021年7月，中国智能机器人产业发明专利授权量共83347件，主要集中在广东省、北京市、江苏省等经济较发达的地区。其中，发明专利授权量排名前五位的省市依次为广东省（12251件）、北京市（10190件）、江苏省（9150件）、浙江省（7099件）、上海市（4786件）（见表3）。

表3 国内31省市智能机器人产业发明专利授权量分布情况

排名	省（自治区、直辖市）	发明专利授权量（件）
1	广东	12251
2	北京	10190
3	江苏	9150
4	浙江	7099
5	上海	4786
6	山东	3290
7	安徽	2414
8	湖北	2257
9	四川	1968
10	陕西	1847
11	辽宁	1644
12	黑龙江	1563
13	湖南	1402
14	重庆	1373
15	天津	1369
16	福建	1286
17	河北	1034
18	河南	1007
19	吉林	732
20	广西	554
21	江西	435
22	山西	375
23	云南	205
24	贵州	155
25	宁夏	123
26	甘肃	104
27	内蒙古	100
28	新疆	73
29	海南	52
30	青海	22
31	西藏	4

截至2021年7月，中国智能机器人产业的有效发明专利共69000件，其中高价值专利数量为67747件。在中国智能机器人产业高价值专利中，属于战略性新兴产业的有效发明专利共67456件，在海外有同族专利权的有效发明专利共13319件，维持年限超过10

年的有效发明专利共 6812 件，有质押融资活动的有效发明专利共 776 件，获得中国专利奖的有效发明专利共 97 件。高价值专利数量排名前五位的省市依次为广东省（10826 件）、江苏省（8284 件）、北京市（8021 件）、浙江省（5640 件）、上海市（3587 件）（见图 9）。

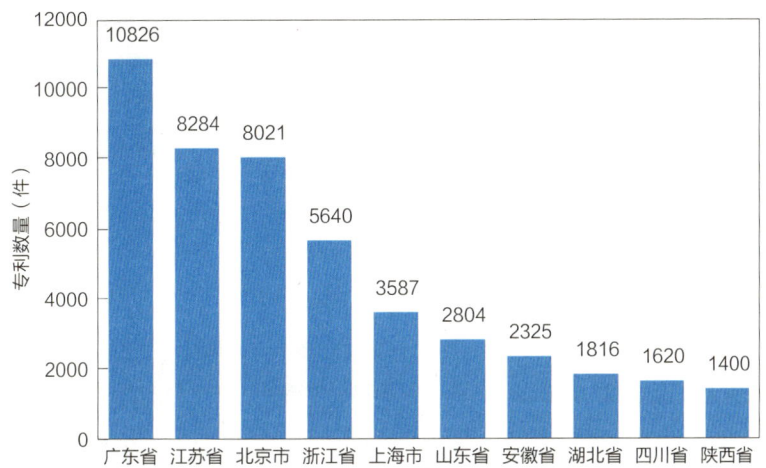

图 9　国内部分省市智能机器人产业高价值专利数量分布情况

截至 2021 年 7 月，国内 31 省市智能机器人产业创新企业发明专利申请公开量共 157088 件，占中国智能机器人产业发明专利申请公开总量（284705 件）的 55.2%，近五年复合增速达 26.3%。其中，2017 年同比增速最快，同比增长 49.1%（见图 10）。发明专利申请公开量较多的企业包括 OPPO 广东移动通信有限公司（2149 件）、维沃移动通信有限公司（1197 件）、国家电网有限公司（878 件）、华为技术有限公司（653 件）、珠海格力电器股份有限公司（642 件）。

图 10　国内 31 省市智能机器人产业创新企业发明专利申请公开量增长趋势

截至 2021 年 7 月，国内 31 省市智能机器人产业高校发明专利申请公开量共 60424 件，占中国智能机器人产业发明专利申请公开总量（284705 件）的 21.2%，近五年复合增速达 23.0%。其中，2017 年同比增速最快，同比增长 53.3%（见图 11）。发明专利申请公开量较多的高校包括清华大学（1302 件）、浙江大学（1187 件）、北京航空航天大学

（1187件）、哈尔滨工业大学（1178件）、上海交通大学（1135件）。

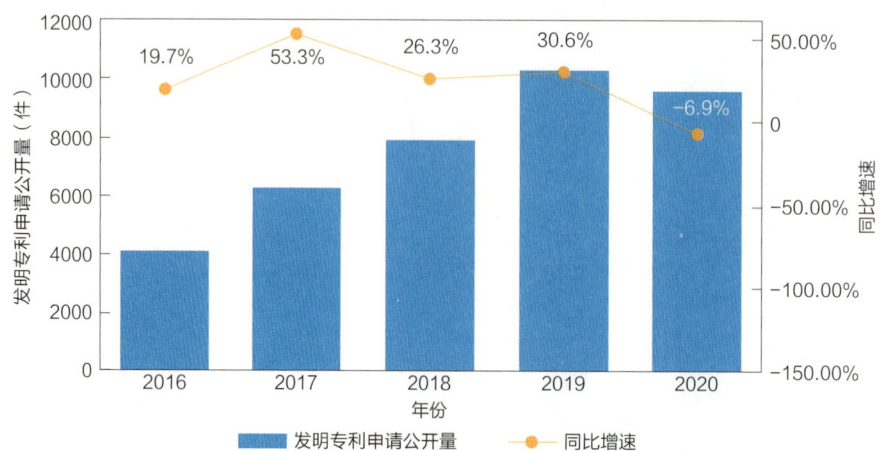

图11　国内31省市智能机器人产业高校发明专利申请公开量增长趋势

截至2021年7月，国内31省市智能机器人产业科研机构发明专利申请公开量共10420件，占中国智能机器人产业发明专利申请公开总量（284705件）的3.7%，近五年复合增速达23.2%。其中，2017年同比增速最快，同比增长40.9%（见图12）。发明专利申请公开量较多的科研机构包括中国科学院自动化研究所（385件）、中国科学院长春光学精密机械与物理研究所（377件）、中国科学院合肥物质科学研究院（299件）、中国科学院沈阳自动化研究所（589件）、中国科学院深圳先进技术研究院（212件）。

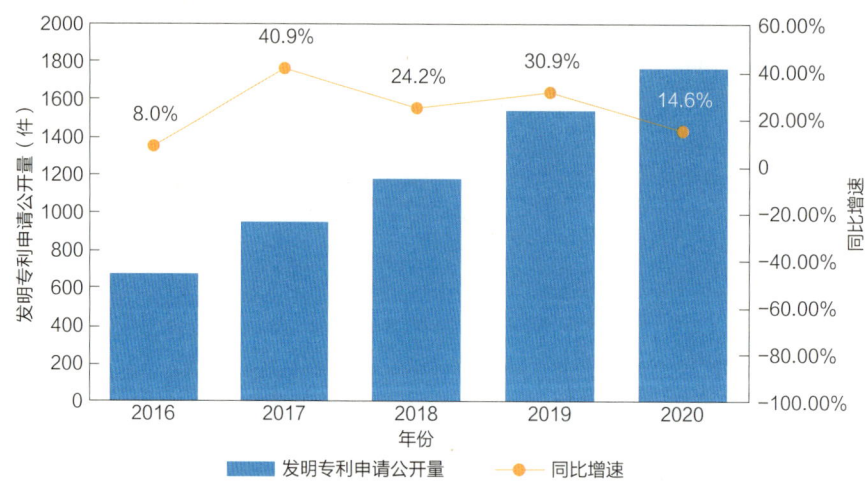

图12　国内31省市智能机器人产业科研机构发明专利申请公开量增长趋势

截至2021年7月，在智能机器人产业中，全国涉及产学研合作申请的专利共有6696件，占中国智能机器人产业专利申请公开总量（537728件）的1.2%。涉及产学研合作申请专利量排名前五位的省市依次为广东省（1138件）、北京市（988件）、江苏省（803件）、上海市（444件）、浙江省（424件）（见图13）。

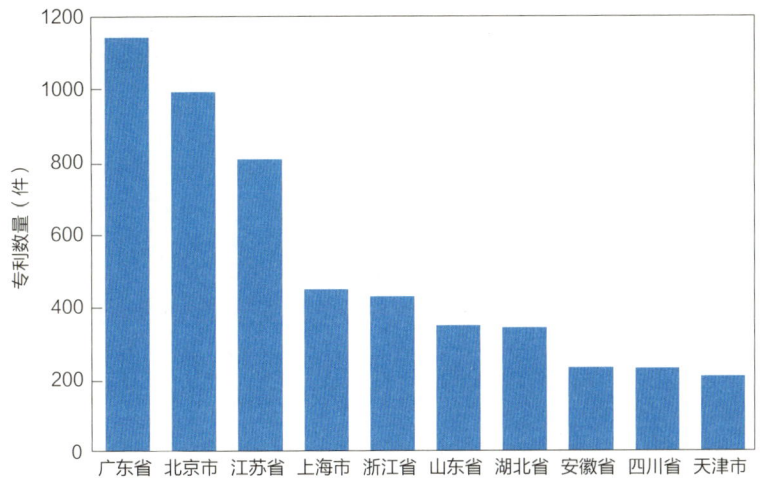

图 13 国内部分省市智能机器人产业产学研合作申请专利数量分布情况

从智能机器人产业的各细分领域来看,全国涉及产学研合作申请的专利主要分布在传感器、工业机器人和特殊作业机器人领域,这三个领域的专利数量均超过了1000件(见图14)。

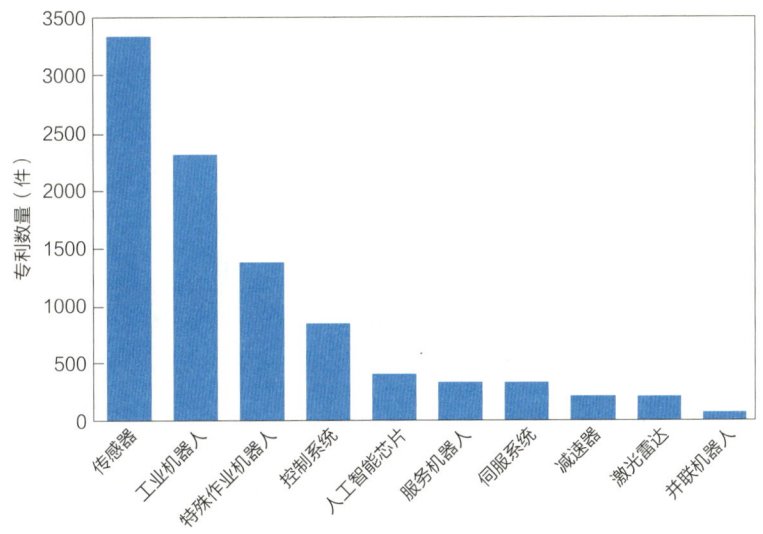

图 14 中国智能机器人产业产学研合作申请专利领域分布情况

从产学研合作的高校院所来看,清华大学、上海交通大学、华南理工大学、浙江大学、东南大学等在中国智能机器人产业的产学研合作较为密切,涉及产学研合作申请的专利数量分别为190件、163件、153件、107件、94件(见表4)。

表 4 中国智能机器人产业产学研合作重点高校院所清单

序号	高校院所	产学研合作申请的专利数量(件)
1	清华大学	190
2	上海交通大学	163

续表

序号	高校院所	产学研合作申请的专利数量（件）
3	华南理工大学	153
4	浙江大学	107
5	东南大学	94
6	中国科学院沈阳自动化研究所	69
7	华中科技大学	69
8	山东大学	64
9	核动力运行研究所	64
10	武汉大学	62

2.3.3 中国创新人才

截至2021年7月，国内31省市智能机器人产业有专利申请活动的创新人才共823350人，近五年复合增速达30.4%。其中，2018年同比增速最快，同比增长33.2%（见图15）。

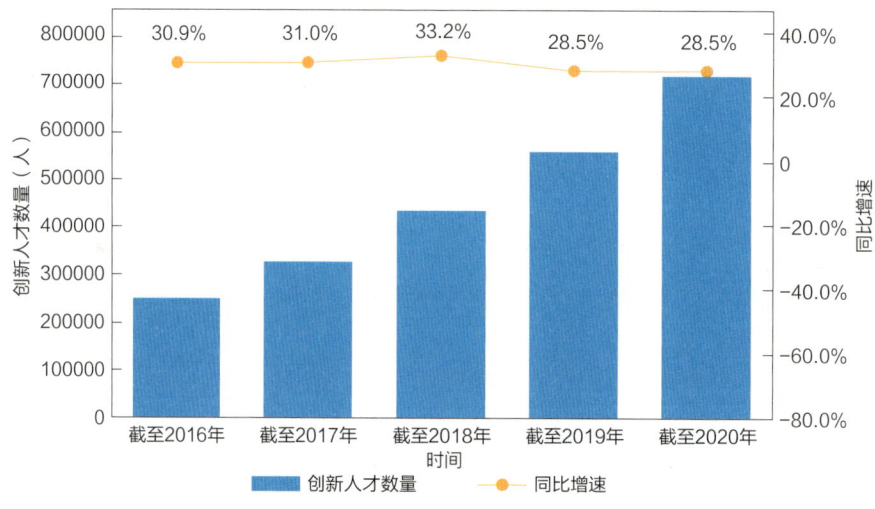

图15 国内31省市智能机器人产业创新人才数量增长趋势

从地域分布情况来看，截至2021年7月，国内31省市智能机器人产业有专利申请活动的创新人才主要集中在广东省、江苏省和北京市等经济较发达的地区。其中，创新人才数量排名前五位的省市依次为广东省（115730人）、江苏省（102023人）、北京市（84232人）、浙江省（60832人）、山东省（55924人）（见表5）。

表5 国内31省市智能机器人产业创新人才数量分布情况

排名	省（自治区、直辖市）	创新人才数量（人）
1	广东	115730
2	江苏	102023
3	北京	84232

续表

排名	省（自治区、直辖市）	创新人才数量（人）
4	浙江	60832
5	山东	55924
6	上海	48904
7	湖北	32971
8	安徽	32862
9	河南	31799
10	四川	30309
11	陕西	26741
12	辽宁	21808
13	河北	18545
14	福建	18234
15	湖南	18195
16	重庆	15951
17	黑龙江	14526
18	吉林	11498
19	广西	10714
20	江西	9531
21	山西	9205
22	云南	8169
23	贵州	5827
24	甘肃	5136
25	内蒙古	3877
26	新疆	3853
27	天津	3193
28	宁夏	2656
29	海南	1675
30	青海	1265
31	西藏	208

截至 2021 年 7 月，在智能机器人产业创新人才中，国内 31 省市共有国家高层次人才 33892 人，占国内 31 省市智能机器人产业创新人才总量（823350 人）的 4.1%；技术高管 78495 人，占创新人才总量的 9.5%；科技企业家 50915 人，占创新人才总量的 6.2%（见图 16）。

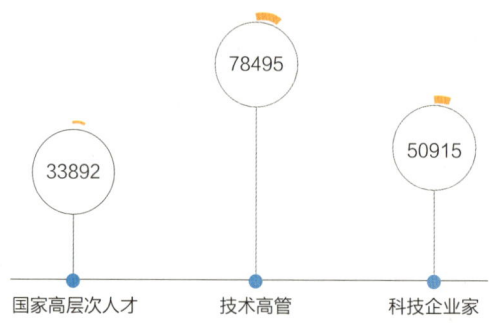

图 16 中国智能机器人产业特色人才数据分布情况（单位：人）

从各机构类型创新人才数量分布情况来看，国内 31 省市智能机器人产业企业的创新人才数量最多，共计 510259 人，占国内 31 省市智能机器人产业创新人才总量（823350 人）的 62.0%。高校的创新人才数量位居其次，共计 205510 人，占国内 31 省市智能机器人产业创新人才总量的 25.0%。科研机构的创新人才共计 38941 人，事业单位的创新人才共计 11310 人，分别占国内 31 省市智能机器人产业创新人才总量的 4.7% 和 1.4%（见图17）。

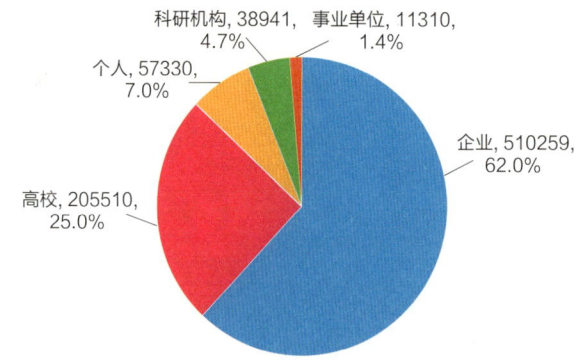

图 17 国内 31 省市智能机器人产业各机构类型创新人才数量分布情况（单位：人）

2.4 中国智能机器人产业热点及重点技术创新方向

从产业链整体来看，国内 31 省市智能机器人产业的发明专利申请公开量、创新企业数量、创新人才数量分别为 254235 件、106049 家、823350 人，近五年复合增速分别为 24.1%、33.0%、30.4%。

从产业链上中下游来看，产业链下游系统集成领域发明专利申请公开量、创新企业数量、创新人才数量的近五年复合增速均高于整个智能机器人产业链平均水平，是产业布局的热点。产业链上游核心零部件领域的发明专利申请公开量、创新企业数量、创新人才数量在整个智能机器人产业链中占比均最高，是产业布局的重点（见表6）。

表6 国内31省市智能机器人产业链创新要素情况

产业链上中下游	产业链二级	发明专利申请公开		创新企业		创新人才	
		数量（件）	复合增速	数量（家）	复合增速	数量（人）	复合增速
上游	核心零部件	182128	12.8%	81139	31.4%	644224	28.8%
中游	机器人本体	3461	3.4%	1006	33.9%	10819	27.4%
下游	系统集成	95513	30.2%	40577	41.0%	281906	38.0%

在产业链上游核心零部件领域，国内31省市发明专利申请公开量、创新企业数量、创新人才数量的近五年复合增速分别为12.8%、31.4%、28.8%。其中，激光雷达、控制系统和传感器细分领域发明专利申请公开量、创新企业数量和创新人才数量的近五年复合增速均高出核心零部件领域平均水平，属于热点细分领域。传感器细分领域在发明专利申请公开量、创新企业数量、创新人才数量上均具有大量积累，同时也属于重点细分领域（见表7）。

表7 国内31省市智能机器人产业链上游创新要素情况

细分领域		发明专利申请公开		创新企业		创新人才	
产业链二级	产业链三级	数量（件）	复合增速	数量（家）	复合增速	数量（人）	复合增速
核心零部件	伺服系统	9582	11.2%	8161	31.0%	43331	25.7%
	减速器	9865	7.0%	7036	19.1%	42081	17.9%
	控制系统	29801	27.2%	10546	44.2%	98741	38.4%
	人工智能芯片	18963	23.6%	10759	26.4%	69042	25.0%
	激光雷达	8953	46.3%	2891	46.4%	29965	38.7%
	传感器	121846	22.1%	59907	34.1%	465879	30.2%

在产业链中游机器人本体领域，国内31省市发明专利申请公开量、创新企业数量、创新人才数量的近五年复合增速分别为3.4%、33.9%、27.4%。其中，圆柱坐标型机器人细分领域发明专利申请公开量、创新企业数量、创新人才数量的近五年复合增速均高于机器人本体领域平均水平，属于热点细分领域。并联机器人、多关节型细分领域在发明专利申请公开量、创新企业数量、创新人才数量上均大幅度高于其他细分领域，属于重点细分领域（见表8）。

表8 国内31省市智能机器人产业链中游创新要素情况

细分领域		发明专利申请公开		创新企业		创新人才	
产业链二级	产业链三级	数量（件）	复合增速	数量（家）	复合增速	数量（人）	复合增速
机器人本体	直角坐标型机器人	361	9.2%	151	24.9%	1420	29.3%
	极坐标型机器人	92	7.8%	26	30.0%	360	23.4%
	圆柱坐标型机器人	203	20.1%	122	37.0%	856	38.3%
	多关节型	624	14.6%	337	37.5%	2574	29.2%
	并联机器人	2266	−1.7%	487	34.9%	6375	26.1%

在产业链下游系统集成领域，国内 31 省市发明专利申请公开量、创新企业数量、创新人才数量的近五年复合增速分别为 30.2%、41.0%、38.0%。其中，服务机器人细分领域发明专利申请公开量、创新企业数量、创新人才数量的近五年复合增速均高于系统集成领域平均水平，属于热点细分领域。工业机器人细分领域发明专利申请公开量、创新企业数量、创新人才数量在系统集成领域中均占比最高，属于重点细分领域（见表 9）。

表 9　国内 31 省市智能机器人产业链下游创新要素情况

细分领域		发明专利申请公开		创新企业		创新人才	
产业链二级	产业链三级	数量（件）	复合增速	数量（家）	复合增速	数量（人）	复合增速
系统集成	工业机器人	86681	30.2%	39390	41.1%	262581	38.5%
	服务机器人	17875	41.6%	7141	55.1%	56006	44.2%
	机器人	46857	31.8%	18710	41.3%	148140	37.8%

第3章 广东省智能机器人产业创新发展定位与洞察

3.1 广东省智能机器人产业政策导向

为加快培育智能机器人产业集群，促进产业迈向全球价值链高端，广东省发布了《广东省智能制造发展规划（2015—2025年）》等一系列政策。2020年5月，广东省人民政府发布《广东省人民政府关于培育发展战略性支柱产业集群和战略性新兴产业集群的意见》，将智能机器人产业集群列入十大战略性新兴产业集群，提出要持续优化产业生态，完善产业支撑体系，建设国内领先、世界知名的机器人产业创新、研发和生产基地。2020年9月，广东省工业和信息化厅、广东省发展和改革委员会、广东省科学技术厅、广东省商务厅、广东省市场监督管理局联合印发《广东省培育智能机器人战略性新兴产业集群行动计划（2021—2025年）》，对智能机器人产业进行了具体的部署（见表10）。

表10 广东省智能机器人产业主要相关政策

时间	发布部门	文件名称	相关内容
2012年	广东省人民政府办公厅	《广东省先进制造业重点产业发展"十二五"规划》	推进机器人及成套系统产业化，重点发展焊接、搬运、装备等工业机器人及其成套系统，加大相关基础元部件研发力度，加快产品产业化进程
2014年	深圳市人民政府	《深圳市人民政府关于印发机器人、可穿戴设备和智能装备产业发展政策的通知》（已失效）	重点发展机器人、可穿戴设备、智能装备及其在生产、生活重点领域的应用与服务
2015年	广东省人民政府办公厅	《广东省"互联网+"行动计划（2015—2020年）》	突破新型传感器、工业控制系统、减速器等智能核心装置，发展智能机床、工业机器人、伺服机器人、智能工程机械、无人飞行器、无人汽车、增材制造装备等高端智能装备和机器人
2015年	广东省人民政府	《广东省人民政府关于贯彻落实〈中国制造2025〉的实施意见》	推进传感器、自动控制系统、工业机器人、伺服和执行部件等智能装置研发和产业化

续表

时间	发布部门	文件名称	相关内容
2015 年	广东省人民政府	《广东省智能制造发展规划（2015—2025 年）》	到 2020 年，产值超 100 亿元的智能制造产业基地达到 10 个、超 10 亿元的机器人制造及集成企业达到 10 家，建成 5 个国内领先的机器人制造产业基地
2015 年	广东省人民政府办公厅	《珠江西岸先进装备制造产业带布局和项目规划（2015—2020 年）》	以佛山市、顺德区为主，重点发展关键智能制造基础共性技术，推进以传感器、自动控制系统、工业机器人、伺服和执行部件为代表的智能装置的研发和产业化
2016 年	广东省人民政府办公厅	《广东省工业企业创新驱动发展工作方案（2016—2018 年）》	加强战略性新技术的前瞻部署，依托龙头骨干企业，在高端新型电子信息、基因工程、增材制造装备、智能机器人等具有颠覆性创新领域实施重大技术创新专项，力争突破一批关键核心技术产业化应用，掌握新兴产业发展主动权
2016 年	广东省人民政府	《广东省人民政府关于深化制造业与互联网融合发展的实施意见》	实施"工业机器人推广应用"计划，加快工业机器人在重点制造行业的规模化应用，带动全行业生产制造智能化水平快速提升
2017 年	广东省人民政府办公厅	《广东省战略性新兴产业发展"十三五"规划》	加快突破工业机器人控制器、减速器等关键技术和核心零部件，推动人工智能与机器人技术深度融合
2017 年	广东省人民政府	《广东省落实〈工业和信息化部广东省人民政府合作框架协议〉实施方案》	实施机器人产业发展专项行动，发布机器人产业发展技术攻关和标准体系规划与路线图
2018 年	广东省经济和信息化委员会	《广东省经济和信息化委印发广东省工业企业技术改造三年行动计划（2018-2020 年）》	实施机器人产业发展专项计划，重点在电子、汽车、机械、家电以及民爆等行业领域中推广应用机器人，鼓励企业应用广东省内自主品牌机器人，综合利用保费补贴、事后奖补等方式予以支持
2018 年	广东省人民政府	《广东省新一代人工智能发展规划》	推动人工智能、互联网、物联网等技术在机器人领域的深入应用，提升机器人产品智能化水平
2020 年	广东省人民政府	《广东省人民政府关于培育发展战略性支柱产业集群和战略性新兴产业集群的意见》	以需求为导向，培育一批深度应用场景，重点发展工业机器人、服务机器人、特种机器人、无人机、无人船等产业，集中力量突破减速器、伺服电机和系统、控制器等关键零部件和集成应用技术。支持广州、深圳等地市开展机器人研发创新，珠海、佛山、东莞、中山等地市建设机器人生产基地，其它各地市做好产业配套。持续优化产业生态，完善产业支撑体系，建设国内领先、世界知名的机器人产业创新、研发和生产基地
2020 年	广东省工业和信息化厅等五部门	《广东省培育智能机器人战略性新兴产业集群行动计划（2021—2025 年）》	实施机器人重点领域研发计划，重点支持提升关键零部件、核心软件技术水平，突破制约。支持开展关键机器人装备和系统研发，拓展机器人应用领域

3.2 广东省智能机器人产业创新发展定位

3.2.1 广东省创新企业

截至 2021 年 7 月,广东省智能机器人产业有专利申请活动的创新企业共 21463 家,占国内 31 省市智能机器人产业创新企业总量(106049 家)的 20.2%,在国内 31 省市中排名第一。近五年广东省智能机器人产业创新企业数量复合增速为 39.3%,高出国内 31 省市整体复合增速(33.0%)6.3 个百分点(见图 18)。

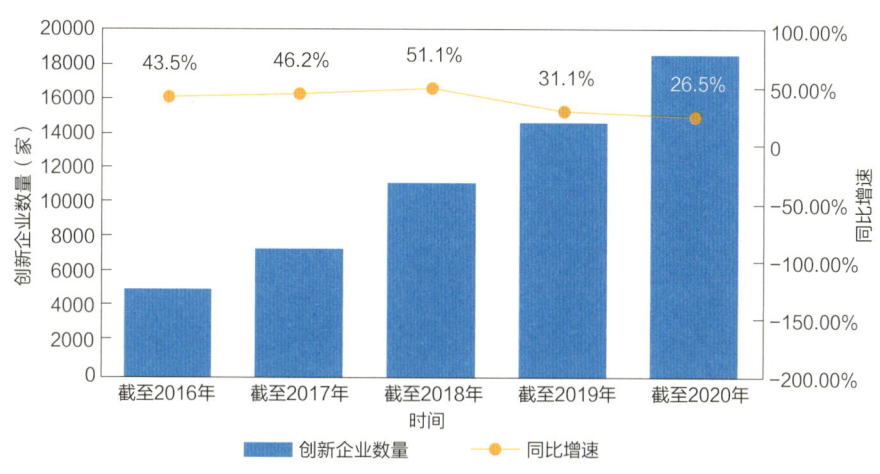

图 18　广东省智能机器人产业创新企业数量增长趋势

从地域分布情况来看,截至 2021 年 7 月,广东省智能机器人产业有专利申请活动的创新企业主要集中在珠三角地区。其中,创新企业数量排名前五位的地市依次为深圳市(9695 家)、广州市(4224 家)、东莞市(2704 家)、佛山市(1484 家)和珠海市(805 家)(见表 11)。

表 11　广东省各地市智能机器人产业创新企业数量情况

地区	创新企业数量(家)	省内排名	地区	创新企业数量(家)	省内排名
深圳市	9695	1	韶关市	116	12
广州市	4224	2	河源市	82	13
东莞市	2704	3	梅州市	70	14
佛山市	1484	4	揭阳市	48	15
珠海市	805	5	湛江市	43	16
中山市	681	6	茂名市	31	17
惠州市	635	7	云浮市	30	18
江门市	362	8	阳江市	24	19
肇庆市	179	9	潮州市	20	20
汕头市	141	10	汕尾市	14	21
清远市	129	11			

截至 2021 年 7 月，在智能机器人产业创新企业中，广东省共有国家高新技术企业 9976 家，占广东省智能机器人产业创新企业总量（21463 家）的 46.7%；初创企业 1496 家，占创新企业总量的 7.0%；隐形冠军企业 102 家，占创新企业总量的 0.4%；上市公司 330 家，占创新企业总量的 1.5%；独角兽企业 13 家，占创新企业总量的 0.06%；专精特新企业 376 家，占创新企业总量的 1.8%。

横向对标北京市、上海市、江苏省、浙江省等国内重点省市，在智能机器人产业创新企业中，广东省国家高新技术企业、初创企业、上市公司数量均在国内 31 省市中排名第一；隐形冠军企业数量在国内 31 省市中位列浙江省、江苏省之后，排名第三；独角兽企业数量在国内 31 省市中位列北京市、上海市之后，排名第三；专精特新企业数量在国内 31 省市中排名第五（见表 12）。

表 12　国内重点省市智能机器人产业特色企业数量分布情况对标比较

国内 31 省市排名	1	4	5	2	3
省市	广东省	北京市	上海市	江苏省	浙江省
国家高新技术企业数量（家）	9976	3184	2608	7424	3797
国内 31 省市排名	1	2	4	3	5
省市	广东省	北京市	上海市	江苏省	浙江省
初创企业数量（家）	1496	1085	768	978	621
国内 31 省市排名	3	5	8	2	1
省市	广东省	北京市	上海市	江苏省	浙江省
隐形冠军企业数量（家）	102	57	45	116	124
国内 31 省市排名	1	4	5	2	3
省市	广东省	北京市	上海市	江苏省	浙江省
上市公司数量（家）	330	153	106	216	192
国内 31 省市排名	3	1	2	4	5
省市	广东省	北京市	上海市	江苏省	浙江省
独角兽企业数量（家）	13	29	22	6	5
国内 31 省市排名	5	7	2	3	14
省市	广东省	北京市	上海市	江苏省	浙江省
专精特新企业数量（家）	376	312	772	644	160

3.2.2　广东省专利布局

截至 2021 年 7 月，广东省智能机器人产业专利申请公开量共 98805 件，占广东省专利申请公开总量（5302985 件）的 1.9%；近五年复合增速为 34.3%，高出全国复合增速

（26.4%）7.9 个百分点（见图 19）。广东省智能机器人产业专利授权量共 63995 件，占广东省智能机器人产业专利申请公开总量的 64.8%；有效专利量为 51143 件。

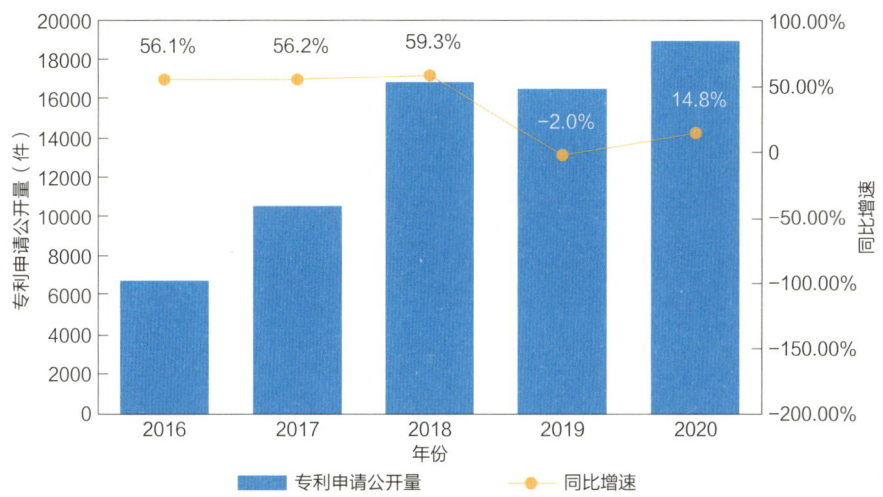

图 19　广东省智能机器人产业专利申请公开量增长趋势

截至 2021 年 7 月，广东省智能机器人产业发明专利申请公开量共 47061 件，占广东省智能机器人产业专利申请公开量（98805 件）的 47.6%，近五年复合增速为 32.9%，高出全国复合增速（24.1%）8.8 个百分点（见图 20）。

图 20　广东省智能机器人产业发明专利申请公开量增长趋势

截至 2021 年 7 月，广东省智能机器人产业发明专利授权量共 12251 件，占全国智能机器人产业发明专利授权总量（68864 件）的 17.8%，在国内 31 省市中排名第一。

从地域分布情况来看，广东省智能机器人产业发明专利授权量主要集中在珠三角地区。其中，发明专利授权量排名前五位的地市依次为深圳市（5133 件）、东莞市（2462 件）、广州市（2385 件）、佛山市（837 件）和珠海市（536 件）（见表 13）。

表 13　广东省各地市智能机器人产业发明专利授权量情况

地区	发明专利授权量（件）	省内排名	地区	发明专利授权量（件）	省内排名
深圳市	5133	1	茂名市	26	12
东莞市	2462	2	清远市	18	13
广州市	2385	3	梅州市	16	14
佛山市	837	4	湛江市	14	15
珠海市	536	5	河源市	12	16
惠州市	335	6	云浮市	10	17
中山市	178	7	阳江市	8	18
江门市	89	8	揭阳市	7	19
汕尾市	68	9	潮州市	6	20
汕头市	63	10	韶关市	5	21
肇庆市	43	11			

截至 2021 年 7 月，广东省智能机器人产业的有效发明专利共 11023 件。其中，高价值专利共 10826 件，占全国智能机器人产业高价值专利总量（57142 件）的 18.9%，在国内 31 省市中排名第一。在广东省智能机器人产业高价值专利中，属于战略性新兴产业的有效发明专利共 10795 件，在海外有同族专利权的有效发明专利共 1403 件，维持年限超过 10 年的有效发明专利共 593 件，有质押融资活动的有效发明专利共 159 件，获得中国专利奖的有效发明专利共 35 件。

横向对标北京市、上海市、江苏省、浙江省等国内重点省市，在智能机器人产业高价值专利中，广东省属于战略性新兴产业的有效发明专利、在海外有同族专利权的有效发明专利、有质押融资活动的有效发明专利、获得中国专利奖的有效发明专利数量均在国内 31 省市中排名第一；维持年限超过 10 年的有效发明专利数量仅次于北京市，排名第二（见表 14）。

表 14　国内重点省市智能机器人产业高价值专利数量分布情况对标比较

国内 31 省市排名	1	3	5	2	4
省市	广东省	北京市	上海市	江苏省	浙江省
属于战略性新兴产业的有效发明专利数量（件）	10795	7990	3572	8254	5627
国内 31 省市排名	1	2	4	3	5
省市	广东省	北京市	上海市	江苏省	浙江省
在海外有同族专利权的有效发明专利数量（件）	1403	511	247	376	223
国内 31 省市排名	2	1	4	3	5
省市	广东省	北京市	上海市	江苏省	浙江省
维持年限超过 10 年的有效发明专利数量（件）	593	677	386	521	250

续表

国内 31 省市排名	1	4	12	2	3
省市	广东省	北京市	上海市	江苏省	浙江省
有质押融资活动的有效发明专利数量（件）	159	74	18	121	81
国内 31 省市排名	1	2	6	3	8
省市	广东省	北京市	上海市	江苏省	浙江省
获得中国专利奖的有效发明专利数量（件）	35	13	4	12	3

截至 2021 年 7 月，广东省智能机器人产业创新企业发明专利申请公开量共 37438 件，占广东省智能机器人产业发明专利申请公开总量（47061 件）的 79.6%；近五年复合增速为 34.9%，高出全国智能机器人产业创新企业发明专利申请公开量复合增速（26.3%）8.6 个百分点（见图 21）。发明专利申请公开量较多的创新企业包括 OPPO 广东移动通信有限公司（2149 件）、维沃移动通信有限公司（1197 件）、华为技术有限公司（653 件）等。

图 21　广东省智能机器人产业创新企业发明专利申请公开量增长趋势

截至 2021 年 7 月，广东省智能机器人产业高校发明专利申请公开量共 4916 件，占广东省智能机器人产业发明专利申请公开总量（47061 件）的 10.4%；近五年复合增速为 36.3%，高出全国智能机器人产业高校发明专利申请公开量复合增速（23.0%）13.3 个百分点（见图 22）。发明专利申请公开量较多的高校包括华南理工大学（992 件）、广东工业大学（643 件）、中山大学（320 件）等。

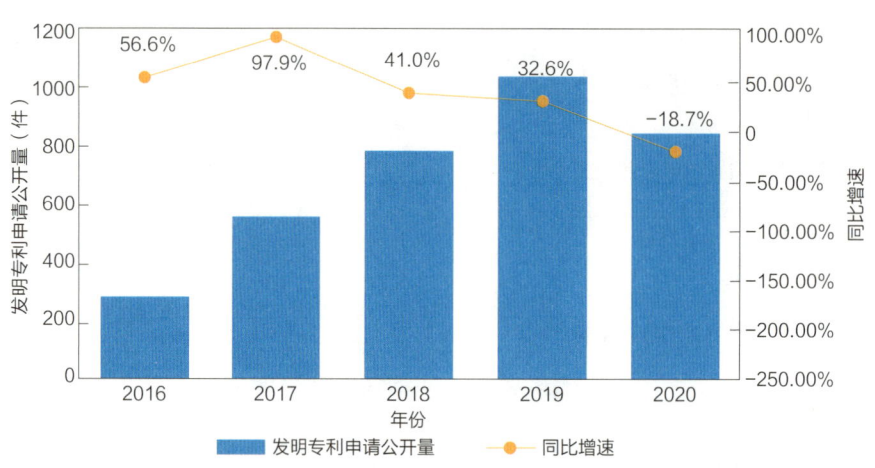

图 22　广东省智能机器人产业高校发明专利申请公开量增长趋势

截至 2021 年 7 月,广东省智能机器人产业科研机构发明专利申请公开量共 1307 件,占广东省智能机器人产业发明专利申请公开总量(47061 件)的 2.8%;近五年复合增速为 32.7%,高出全国智能机器人产业科研机构发明专利申请公开量复合增速(23.2%)9.5 个百分点(见图 23)。发明专利申请公开量较多的科研机构包括中国科学院深圳先进技术研究院(212 件)、深圳先进技术研究院(142 件)、广东省智能制造研究所(57 件)等。

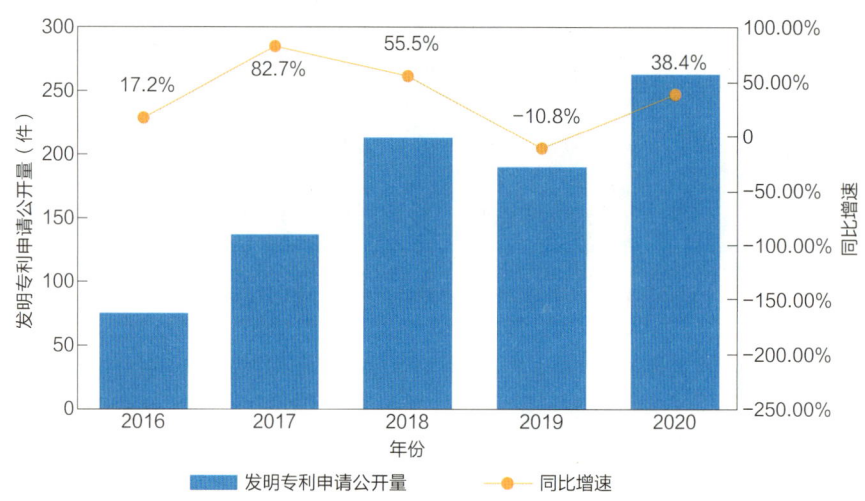

图 23　广东省智能机器人产业科研机构发明专利申请公开量增长趋势

截至 2021 年 7 月,在智能机器人产业中,广东省涉及产学研合作申请的专利共 1138 件,占全国涉及产学研合作申请专利总量(6696 件)的 17.0%,在国内 31 省市中排名第一。

从智能机器人产业的各细分领域来看,广东省涉及产学研合作申请的专利主要分布在工业机器人领域,专利数量为 496 件。其次是传感器和特殊作业机器人领域,专利数量分别为 461 件和 310 件(见图 24)。

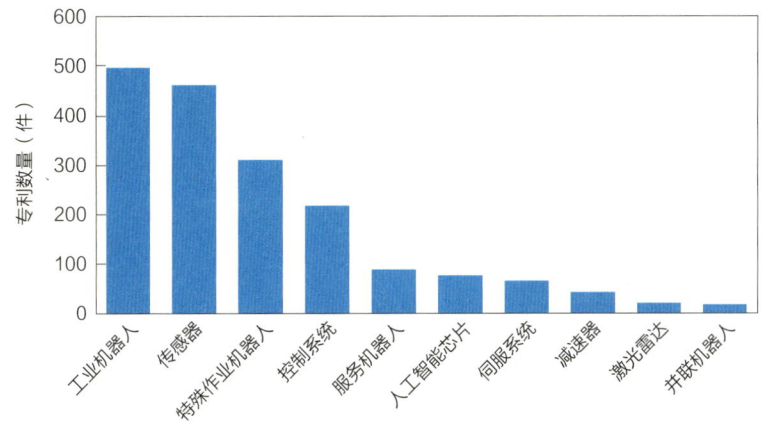

图 24 广东省智能机器人产业产学研合作申请专利领域分布情况

从产学研合作的高校院所来看,华南理工大学、广东工业大学、深圳大学、中山大学、华南师范大学等在广东省智能机器人产业中的产学研合作较为密切,涉及产学研合作申请的专利数量分别为 148 件、61 件、31 件、19 件、11 件(见表 15)。

表 15 广东省智能机器人产业产学研合作重点高校院所清单

序号	高校院所	产学研合作申请的专利数量(件)
1	华南理工大学	148
2	广东工业大学	61
3	深圳大学	31
4	中山大学	19
5	华南师范大学	11

截至 2021 年 7 月,在智能机器人产业中,国内 31 省市海外布局专利共 13356 件;其中,广东省海外布局专利共 6825 件,占国内 31 省市海外布局专利总量的 51.1%,在国内 31 省市中排名第一。广东省海外布局专利的区域主要包括美国(1718 件)、欧洲(605 件)和日本(287 件)等。

从智能机器人产业的各细分领域来看,广东省海外布局专利主要分布在传感器(3950 件)、工业机器人(1266 件)、人工智能芯片(892 件)等领域(见图 25)。

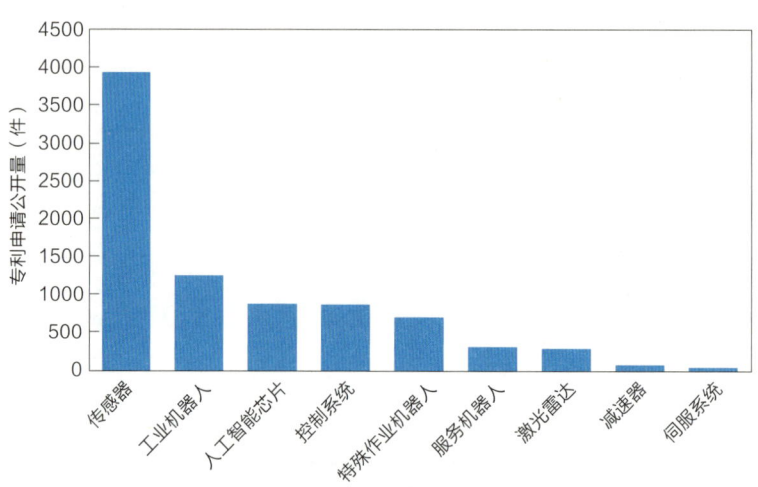

图 25　广东省智能机器人产业海外布局专利领域分布情况

3.2.3　广东省创新人才

截至 2021 年 7 月，广东省智能机器人产业有专利申请活动的创新人才共 115730 人，占国内 31 省市智能机器人产业创新人才总量（823350 人）的 14.1%，在国内 31 省市中排名第一。近五年广东省智能机器人产业创新人才数量复合增速为 36.9%，高出国内 31 省市整体复合增速（30.4%）6.5 个百分点（见图 26）。

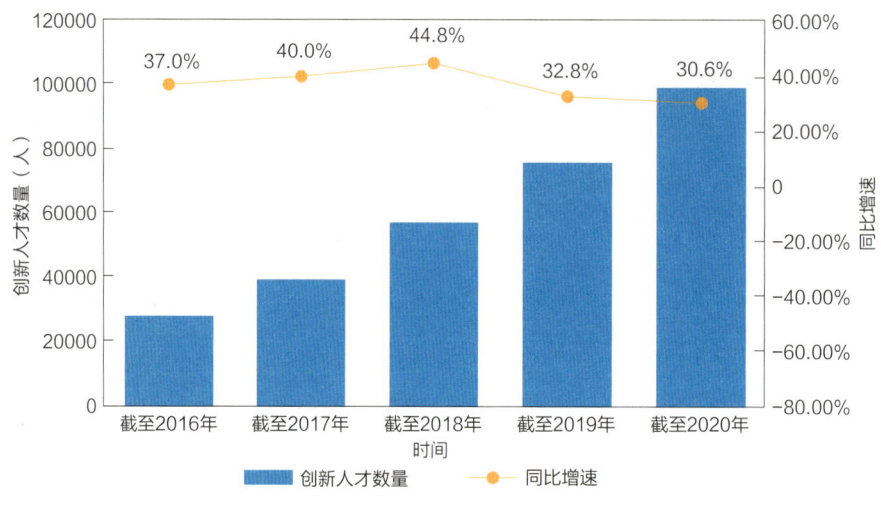

图 26　广东省智能机器人产业创新人才数量增长趋势

从地域分布情况来看，截至 2021 年 7 月，广东省智能机器人产业有专利申请活动的创新人才主要集中在珠三角地区。其中，创新人才数量排名前五位的地市依次为深圳市（45883 人）、广州市（31342 人）、东莞市（11228 人）、佛山市（8178 人）和珠海市（5610 人）（见表 36）。

表 16　广东省各地市智能机器人产业创新人才数量情况

地市	创新人才数量（人）	省内排名	地市	创新人才数量（人）	省内排名
深圳市	45883	1	湛江市	671	12
广州市	31342	2	清远市	499	13
东莞市	11228	3	梅州市	430	14
佛山市	8178	4	茂名市	425	15
珠海市	5610	5	揭阳市	388	16
惠州市	3042	6	河源市	382	17
中山市	2925	7	汕尾市	347	18
江门市	1665	8	阳江市	254	19
汕头市	858	9	云浮市	189	20
肇庆市	769	10	潮州市	134	21
韶关市	695	11			

截至 2021 年 7 月，在智能机器人产业创新人才中，广东省共有国家高层次人才 2469 人，占广东省智能机器人产业创新人才总量（115730 人）的 2.1%；技术高管 16844 人，占创新人才总量的 14.6%；科技企业家 11141 人，占创新人才总量的 9.6%。

横向对标北京市、上海市、江苏省、浙江省等国内重点省市，在智能机器人产业创新人才中，广东省国家高层次人才数量在国内 31 省市中位列北京市、江苏省之后，排名第三；技术高管、科技企业家数量均在国内 31 省市中排名第一（见表 17）。

表 17　国内重点省市智能机器人产业特色人才数量分布情况对标比较

国内 31 省市排名	3	1	4	2	5
省市	广东省	北京市	上海市	江苏省	浙江省
国家高层次人才数量（人）	2469	5699	2318	3887	2187
国内 31 省市排名	1	5	4	2	3
省市	广东省	北京市	上海市	江苏省	浙江省
技术高管数量（人）	16844	4446	4742	14088	7449
国内 31 省市排名	1	5	4	2	3
省市	广东省	北京市	上海市	江苏省	浙江省
科技企业家数量（人）	11141	2586	3009	9318	4888

从各机构类型创新人才数量分布情况来看，广东省智能机器人产业企业的创新人才数量最多，共计 90302 人，占广东省智能机器人产业创新人才总量（115730 人）的 78.0%。高校的创新人才数量位居其次，共计 13578 人，占广东省智能机器人产业创新人才总量的 11.7%。科研机构的创新人才共计 3981 人，事业单位的创新人才共计 1031 人，分别占广东省智能机器人产业创新人才总量的 3.4% 和 0.9%（见图 27）。

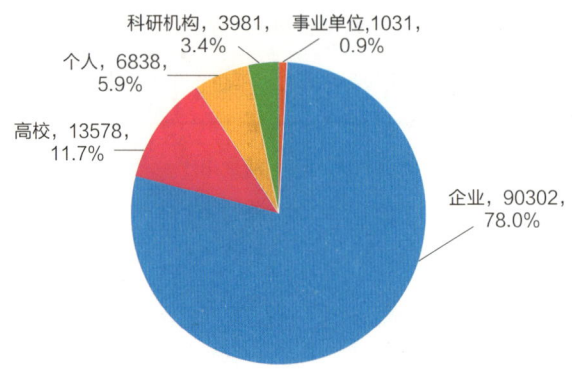

图 27　广东省智能机器人产业各机构类型创新人才数量分布情况（单位：人）

3.3　广东省智能机器人产业创新发展洞察

3.3.1　广东省产业链集聚结构

3.3.1.1　整体布局

广东省智能机器人产业链覆盖较为全面，并且在中国智能机器人产业布局的热点和重点环节具有众多的企业和人才，布局了大量发明专利，整体来看，产业链布局合理。

综合发明专利授权量、创新企业数量、创新人才数量及各自在国内31省市中的排名情况来看，广东省在智能机器人产业链上游核心零部件、下游系统集成领域优势明显，发明专利授权量、创新企业数量和创新人才数量均在国内31省市中排名第一。而在产业链中游机器人本体领域，发明专利授权数量在国内31省市中排名第三，创新人才数量在国内31省市中排名第二，需要进一步的提升（见表18）。

表 18　广东省智能机器人产业链创新要素情况

产业链上中下游	产业链二级	发明专利授权		创新企业		创新人才	
		数量（件）	国内31省市排名	数量（家）	国内31省市排名	数量（人）	国内31省市排名
上游	核心零部件	2018	1	16118	1	87107	1
中游	机器人本体	136	3	219	1	1344	2
下游	系统集成	4163	1	8622	1	44006	1

3.3.1.2　优势环节

综合广东省智能机器人产业各细分领域发明专利授权量、创新企业数量、创新人才数量及各自在国内31省市的排名情况来看，广东省在智能机器人产业的伺服系统、控制系统、人工智能芯片、传感器、圆柱坐标型机器人、工业机器人、服务机器人、特殊作业机器人细分领域处于领先地位，其中控制系统、人工智能芯片、传感器、圆柱坐标型机器人、工业机器人、服务机器人、特殊作业机器人细分领域的发明专利授权量、创新企业数量、创新人才数量均在国内 31 省市中排名第一，优势明显；伺服系统细分领域的发明专利授权量、创新企业数量均在国内 31 省市中排名第二，创新人才数量在国内 31 省市中排名第一，也具备一定优势（见表 19）。

表 19　广东省智能机器人产业优势领域创新要素情况

细分领域	发明专利授权		创新企业		创新人才	
产业链三级	数量（件）	国内排名	数量（家）	国内排名	数量（人）	国内排名
伺服系统	2477	2	1472	2	5321	1
控制系统	4859	1	2234	1	14531	1
人工智能芯片	4136	1	2609	1	11329	1
传感器	6388	1	12115	1	63371	1
圆柱坐标型机器人	11	1	40	1	246	1
工业机器人	3884	1	8397	1	41849	1
服务机器人	656	1	1617	1	8847	1
特殊作业机器人	1874	1	4042	1	22183	1

3.3.1.3　潜力环节

综合广东省智能机器人产业各细分领域发明专利申请公开量、创新企业数量、创新人才数量及各自的近五年复合增速来看，广东省在激光雷达、多关节型机器人领域的发明专利申请公开量的近五年复合增速均在 24% 以上，创新企业数量、创新人才数量的近五年复合增速均在 51% 以上，体现出良好的发展势头，未来潜力较大（见表 20）。

表 20　广东省智能机器人产业潜力领域创新要素情况

细分领域	发明专利申请公开		创新企业		创新人才	
产业链三级	数量（件）	复合增速	数量（家）	复合增速	数量（人）	复合增速
激光雷达	1389	100.2%	464	57.9%	2992	64.6%
多关节型机器人	89	24.6%	83	51.6%	322	52.1%

3.3.1.4　薄弱环节

综合广东省智能机器人产业各细分领域发明专利授权量、创新企业数量、创新人才数量及各自在国内 31 省市中的排名情况来看，广东省在减速器、直角坐标型机器人、极坐标型机器人、并联机器人领域的技术还有待积累和挖掘（见表 21）。

表 21　广东省智能机器人产业薄弱领域创新要素情况

细分领域	发明专利授权		创新企业		创新人才	
产业链三级	数量（件）	国内排名	数量（家）	国内排名	数量（人）	国内排名
减速器	1974	3	769	3	3252	4
直角坐标型机器人	21	2	25	2	134	3

续表

细分领域	发明专利授权		创新企业		创新人才	
产业链三级	数量（件）	国内排名	数量（家）	国内排名	数量（人）	国内排名
极坐标型机器人	3	4	5	1	24	5
并联机器人	86	5	109	1	745	3

3.3.1.5　风险环节

在新兴技术和新增需求的带动下，智能机器人产业正处于新的发展阶段，中国市场地位突出，是国外公司专利布局的重点方向。通过分析国外在华发明专利申请公开量的增速，并结合国内外专利权人在华有效发明专利量的对比，有助于判断产业链各细分领域是否面临风险，具体分析模型为：

当某细分领域国外在华发明专利申请公开量的近五年复合增速大于或等于产业链整体国外在华发明专利申请公开量的近五年复合增速，或者某细分领域国外专利权人在华有效发明专利量大于该细分领域国内专利权人在华有效发明专利量时，则判定该细分领域为风险产业。

截至2021年7月，在智能机器人产业中，国外在华发明专利申请公开量共28451件，占全国智能机器人产业发明专利申请公开总量（284705件）的10.0%，近五年复合增速为17.6%，低于全国复合增速（23.5%）5.9个百分点。国外专利权人在华有效发明专利量为10064件，占全国智能机器人产业有效发明专利总量（69000件）的14.6%。

从智能机器人产业的各细分领域来看，控制系统、人工智能芯片、激光雷达、工业机器人、服务机器人、特殊作业机器人细分领域国外在华发明专利申请公开量的近五年复合增速大于智能机器人产业链整体国外在华发明专利申请公开量的近五年复合增速，属于风险细分领域（见表22）。

表22　智能机器人产业链风险领域分布情况

细分领域	细分领域国外在华发明专利申请公开量近五年复合增速		细分领域国外专利权人在华有效发明专利		风险领域
产业链三级	复合增速	大于或等于产业链整体国外在华发明专利申请公开量近五年复合增速	数量（件）	大于细分领域国内专利权人有效发明专利量	
伺服系统	16.4%	否	147	否	否
减速器	6.9%	否	466	否	否
控制系统	18.8%	是	1197	否	是
人工智能芯片	57.1%	是	417	否	是
激光雷达	34.3%	是	253	否	是
传感器	10.7%	否	5664	否	否
直角坐标型机器人	−100.0%	否	4	否	否
极坐标型机器人	—	否	2	否	否

续表

细分领域 产业链三级	细分领域国外在华发明专利申请公开量近五年复合增速		细分领域国外专利权人在华有效发明专利		风险领域
	复合增速	大于或等于产业链整体国外在华发明专利申请公开量近五年复合增速	数量（件）	大于细分领域国内专利权人有效发明专利量	
圆柱坐标型机器人	-12.9%	否	12	否	否
多关节型	2.2%	否	115	否	否
并联机器人	14.9%	否	25	否	否
工业机器人	18.0%	是	3251	否	是
服务机器人	21.5%	是	526	否	是
特殊作业机器人	22.1%	是	1778	否	是

3.3.2 广东省技术供应链分析

3.3.2.1 技术转移情况

截至 2021 年 7 月，在智能机器人产业中，全国涉及转让的专利共 32102 件；其中，广东省涉及转让的专利共 8402 件，占全国涉及转让专利总量的 26.2%，在国内 31 省市中排名第一。

从智能机器人产业的各细分领域来看，广东省涉及转让的专利主要分布在传感器（3598件）、工业机器人（3544件）、特殊作业机器人（1769件）等领域（见图 28）。

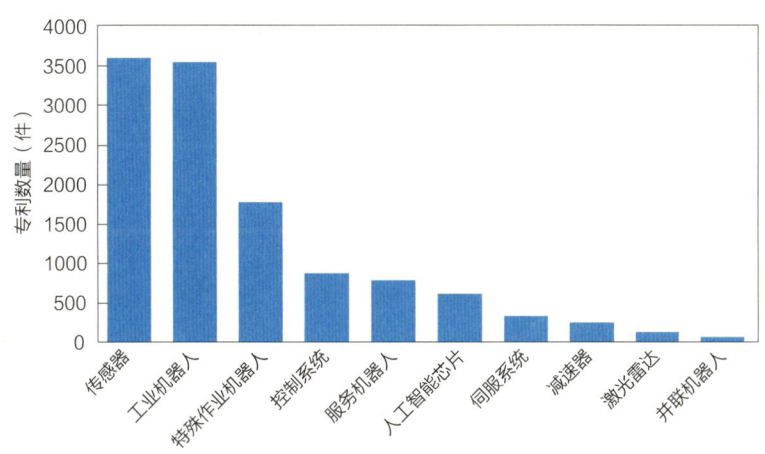

图 28　广东省智能机器人产业涉及转让专利领域分布情况

广东省智能机器人产业的专利转让活动主要发生在省内，共涉及专利 4482 件。在与外地进行的专利转让活动方面，广东省向外地转让的专利共 2319 件，转让专利的受让人主要分布在江苏省（419件）、浙江省（314件）、上海市（183件）；广东省从外地受让的专利共 2326 件，受让专利的转让人主要分布在浙江省（406件）、江苏省（354件）、北京市（271件）（见图 29）。

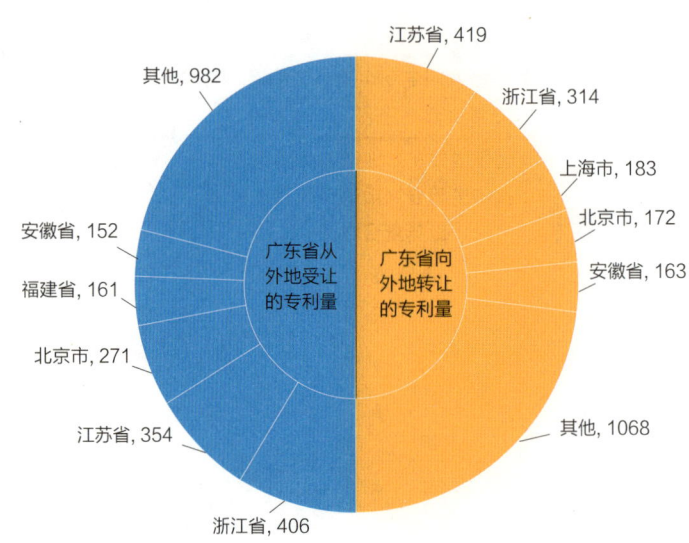

图 29 广东省智能机器人产业与外地进行专利转让活动情况（单位：件）

3.3.2.2 专利许可情况

截至 2021 年 7 月，在智能机器人产业中，全国涉及许可的专利共 2001 件；其中，广东省涉及许可的专利共 390 件，占全国涉及许可专利总量的 19.5%，在国内 31 省市中排名第二，排名第一的是江苏省（642 件）。

从智能机器人产业的各细分领域来看，广东省涉及许可的专利主要分布在传感器（208 件）、工业机器人（106 件）、特殊作业机器人（60 件）等领域（见图 30）。

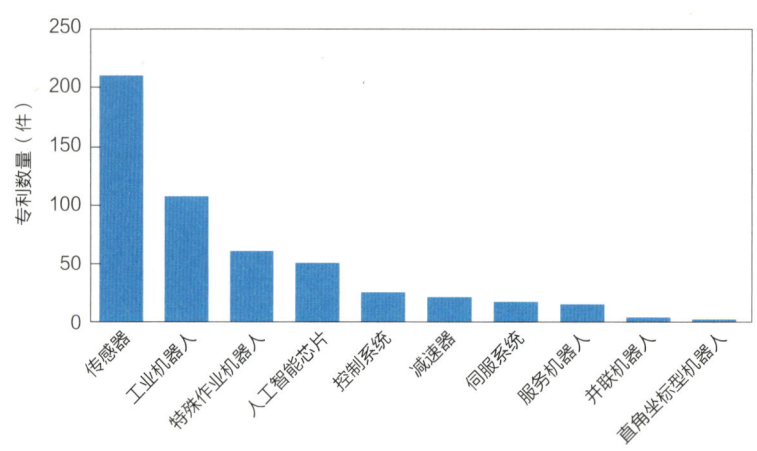

图 30 广东省智能机器人产业涉及许可专利领域分布情况

广东省智能机器人产业的专利许可活动主要发生在省内，共涉及专利 252 件。在与外地进行的专利许可活动方面，广东省对外地许可的专利共 48 件，许可专利的被许可人主要分布在江苏省（12 件）、天津市（4 件）、陕西省（4 件）；广东省被外地许可的专利共 90 件，被许可专利的许可人主要分布在北京市（15 件）、湖北省（14 件）、浙江省（10 件）（见图 31）。

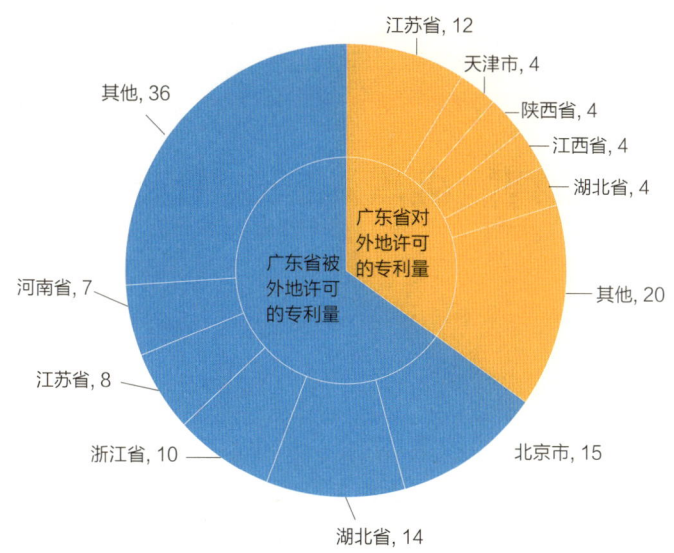

图 31 广东省智能机器人产业与外地进行专利许可活动情况（单位：件）

3.3.2.3　专利质押情况

截至 2021 年 7 月，在智能机器人产业中，全国涉及质押的专利共 2824 件；其中，广东省涉及质押的专利共 573 件，占全国涉及质押专利总量的 20.3%，在国内 31 省市中排名第一。

从智能机器人产业的各细分领域来看，广东省涉及质押的专利主要分布在工业机器人（273 件）、传感器（233 件）、特殊作业机器人（96 件）等领域（见图 32）。

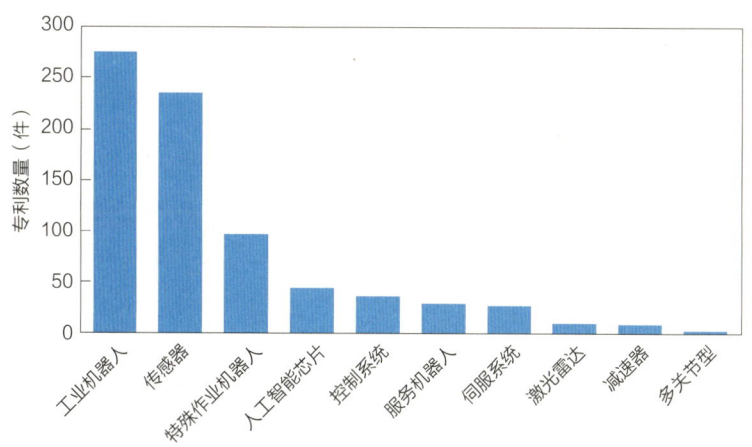

图 32　广东省智能机器人产业涉及质押专利领域分布情况

第4章　广东省智能机器人产业创新发展路径建议

智能机器人是一种能够半自主或全自主工作的机器装置，具有感知、决策、执行等基本特征，既是先进制造业的关键支撑装备，也是改善人类生活方式的重要切入点。作为全国智能机器人生产和应用大省，广东省智能机器人集群发展优势明显，包括广阔的应用市场、完整的产业链、自主研发的技术优势、初步成型的产业集聚生态等。广东省在智能机器人产业方面基础雄厚，自主品牌机器人企业蓬勃发展，行业龙头纷纷抢占产业技术制高点，产业链上下游的企业正加速在智能机器人产业的技术布局，集聚了雄厚的技术实力。同时，广东省汇聚了大量机器人领域的高端人才，以华南理工大学、中山大学等为代表的高校院所为本地提供了丰富的产学研资源，这些得天独厚的条件都将加速广东省智能机器人产业的发展。广东省雄厚丰沛的企业、人才资源为广东省发展智能机器人产业提供了"常量"；5G、人工智能等先进技术与人工智能机器人的加速融合，是带动智能机器人产业发展取得突破的关键"变量"。广东省应稳住常量，抓好变量，把握智能机器人产业发展的战略性机遇，推动智能机器人产业快速发展，促进产业迈向全球价值链高端。

4.1　产业布局优化路径

以"固链、强链、补链、延链"为重点，以提升区域产业技术创新能力和核心竞争力为目标，基于知识产权大数据情报分析，对产业链的构成和产业融合载体分布情况进行梳理，引导创新资源向产业链上下游集聚，打造智能机器人产业发展高地。对于本地产业优势细分领域，主要通过研发创新、核心技术攻关、专利布局以及技术合作等手段进行巩固。对于本地产业链劣势环节，可考虑结合政策驱动、人才引进、对外合作等加以提升。

首先，实施固链工程。广东省智能机器人产业集聚优势明显、产业链覆盖相对全面，产业链整体保持较快增长。建议广东省继续保持区域产业优势，在伺服系统、控制系统、人工智能芯片、传感器、圆柱坐标型机器人、工业机器人、服务机器人、特殊作业机器人等产业环节不断有所突破，抢占产业技术高地。同时，支持广州、深圳发挥高端资源汇集优势，开展机器人研发创新；支持佛山、东莞、珠海、中山等地发挥生产制造优势，建设机器人生产基地；支持其他各地市做好产业配套。

其次，实施强链工程。继续增强激光雷达、多关节型机器人等产业潜力环节，加大扶持力度，不断提升广东省智能机器人产业的竞争实力。

再次,实施补链工程。针对广东省智能机器人产业的薄弱环节和"卡脖子"环节,在减速器、直角坐标型机器人、极坐标型机器人、并联机器人等领域加大研发投入,同时可以考虑引进国内外行业巨头进行落户研发,补齐区域短板。

最后,实施延链工程。针对广东省智能机器人产业链特点,促进5G、人工智能等新兴技术与智能机器人产业的深度融合,推广实施智能化改造,提升机器人应用的广度和深度,延展产业链条,扩大产业规模。

建议广东省根据智能机器人产业技术创新情况将本地企业分为多个梯队,整合区域企业网络,完善产业链生态体系。

增强骨干企业实力。支持行业龙头企业加强技术开发、技术改造、人才引进,加快技术创新和产业化发展。鼓励机器人企业针对新技术、新产品进行外延式并购。培育和引进一批自主创新能力强、产品市场前景好、产业支撑作用大的优质骨干企业。

推动大中小企业融通发展。鼓励机器人上下游企业强强联合,形成功能互补、协作紧密、关键环节自主可控的产业配套能力。鼓励龙头骨干企业开展技术输出和资源共享,带动中小企业发展。支持企业加强技术合作,针对共性关键技术开展联合攻关,加快核心技术突破。

企业最具有创新能力的核心人员一般占研发人员的2%,也就是说这2%的核心人员是引领推动产业发展的"关键少数",是全球智能机器人产业角逐的焦点。建议广东省人才工作要进一步聚焦到"2%"高端人才层面,建立起"引""稳""培""鉴"相结合的人才培养机制,打造创新人才高地。

一是"引",在人才引进中加强行业领军人才、技术高管及科技企业家等的引进力度。二是"稳",加强人才大数据的建设与运用水平,构建智能机器人产业创新人才数据库,实时监测广东省高层次人才发展动态,稳定核心技术人才,减少高端人才外流。三是"培",鼓励省内高校开设智能机器人相关专业,加大跨界融合型产业人才培养力度,支持职业院校(含技工院校)建设人才技能实训基地,培养产业发展亟需的技能型人才。四是"鉴",有效利用知识产权大数据建立发现高端科技人才、评价人才和跟踪人才机制,绘制全球高端人才图谱,落实人才引进中的知识产权评价和鉴定机制。

4.2 知识产权工作建议

实施机器人重点领域研发计划,重点支持提升关键零部件、核心软件技术水平,突破制约。支持开展关键机器人装备和系统研发,拓展机器人应用领域。加强人工智能等先进技术在机器人领域的融合,提升机器人在深度感知、自主控制、精准执行、人机交互、安全运维方面的能力水平。推动以企业为主体的技术创新体系,支持企业建设企业技术中心等研发机构,加快机器人创新中心建设,打造贯穿创新链、产业链的机器人创新生态系统。针对主要短板,支持产业链上中下游企业建立互融共生、分工合作、利益共享的一体化组织新模式。加强知识产权保护和运用,形成有效的创新激励机制。鼓励省内机器人企业与国内外机器人领军企业建立合作关系,共同开展技术研究开发。促进科技创新要素高效流动,加强大湾区机器人产业交流合作。支持智能机器人产业创新主体开展高价值专利培育工作，并积极促进科技成果的转化运营。鼓励企业积极参与国际国内标准制定，加大标准必要专利的布局申请力度。

完善专利预警机制，建议广东省在控制系统、人工智能芯片、激光雷达、工业机器人、服务机器人、特殊作业机器人等产业链风险环节，加大专利布局力度，加强技术积累和挖掘，坚持创新导向和质量导向，提高专利布局数量。同时，作为我国外贸第一大省，广东省尤其还应注重知识产权的海外布局工作，建议企业在"走出去"的过程中，可根据经营业务范围在海外潜在市场围绕自身的优势技术，进行多角度、多层次的知识产权海外布局，形成对自身权益最大的保护，以应对国际竞争。

加强知识产权数据信息分析利用。充分利用知识产权大数据，综合运用产业、企业、人才、技术、金融、资本等多维数据资源，加强重点领域专利信息和市场竞争动态情况的收集、开发与利用，建立产业、行业相关技术发展现状与未来发展趋势、专利数据库共享平台以及专利信息监管体系，为开展专利研究与分析研发创新提供有力支撑。

建议打造智能机器人领域的以知识产权数据为核心价值导向的产业知识产权运营平台，充分整合省内科研院所、高校、企业、行业协会等优势资源，建设知识产权要素齐全、高技术产业创新生态健全、实现"知识产权＋产业＋资本＋机构＋人才"一体化融合发展的国家级产业知识产权运营平台。建立科学家、企业家、投资人的信息互动平台和信用机制，使其成为引领区域产业创新发展的重要智库力量。建设形成技术、资本、人才等要素精准对接、智能匹配的知识产权要素市场，形成若干细分领域专利池、专利组合运营资产，加强知识产权大数据对知识产权运营、科技成果转化、产业链招商、企业培育、核心技术攻关的情报支撑作用。

广东省智能家电产业专利统计分析报告

广东省知识产权保护中心
2021 年 12 月

目 录

第1章 引言 // 926

    1.1 项目背景 // 926
    1.2 产业链分类 // 927

第2章 智能家电产业发展态势 // 928

    2.1 全球智能家电产业发展现状 // 928
        2.1.1 全球智能家电产业发展概况 // 928
        2.1.2 中国智能家电产业发展概况 // 929
    2.2 中国智能家电产业政策环境 // 932
    2.3 中国智能家电产业创新发展态势 // 933
        2.3.1 中国创新企业 // 933
        2.3.2 中国专利布局 // 937
        2.3.3 中国创新人才 // 942
    2.4 中国智能家电产业热点及重点技术创新方向 // 944

CONTENTS

第3章　广东省智能家电产业创新发展定位与洞察　　// 947

3.1　广东省智能家电产业政策导向　　// 947
3.2　广东省智能家电产业创新发展定位　　// 948
3.2.1　广东省创新企业　　// 948
3.2.2　广东省专利布局　　// 950
3.2.3　广东省创新人才　　// 956
3.3　广东省智能家电产业创新发展洞察　　// 958
3.3.1　广东省产业链集聚结构　　// 958
3.3.2　广东省技术供应链分析　　// 961

第4章　广东省智能家电产业创新发展路径建议　　// 965

4.1　产业布局优化路径　　// 965
4.2　知识产权工作建议　　// 967

图目录

图1 智能家电产业结构 ······927
图2 全球智能家电行业市场规模 ······929
图3 2019年全球前五位各国智能家电市场规模 ······929
图4 2020年中国智能家电高端品牌线上市场份额占比情况 ······931
图5 2020年中国智能家电高端品牌线下市场份额占比情况 ······931
图6 国内31省市智能家电产业创新企业数量增长趋势 ······934
图7 中国智能家电产业特色企业数量分布情况（单位：家） ······935
图8 中国智能家电产业重点企业专利技术布局情况 ······936
图9 中国智能家电产业专利申请公开量增长趋势 ······937
图10 中国智能家电产业发明专利申请公开量增长趋势 ······937
图11 国内31省市智能家电产业高价值专利数量分布情况 ······939
图12 国内31省市智能家电产业创新企业发明专利申请公开量增长趋势 ······939
图13 国内31省市智能家电产业高校发明专利申请公开量增长趋势 ······940
图14 国内31省市智能家电产业科研机构发明专利申请公开量增长趋势 ······940
图15 国内31省市智能家电产业产学研合作申请专利数量分布情况 ······941
图16 中国智能家电产业产学研合作申请专利领域分布情况 ······941
图17 国内31省市智能家电产业创新人才数量增长趋势 ······942

图 18　中国智能家电产业特色人才数据分布情况（单位：人）……………………………944
图 19　国内 31 省市智能家电产业各机构类型创新人才数量分布情况（单位：人）……944
图 20　广东省智能家电产业创新企业数量增长趋势 ……………………………………949
图 21　广东省智能家电产业专利申请公开量增长趋势 …………………………………951
图 22　广东省智能家电产业发明专利申请公开量增长趋势 ……………………………951
图 23　广东省智能家电产业创新企业发明专利申请公开量增长趋势 …………………953
图 24　广东省智能家电产业高校发明专利申请公开量增长趋势 ………………………954
图 25　广东省智能家电产业科研机构发明专利申请公开量增长趋势 …………………954
图 26　广东省智能家电产业产学研合作申请专利领域分布情况 ………………………955
图 27　广东省智能家电产业海外布局专利领域分布情况 ………………………………956
图 28　广东省智能家电产业创新人才数量增长趋势 ……………………………………956
图 29　广东省智能家电产业各机构类型创新人才数量分布情况（单位：人）…………958
图 30　广东省智能家电产业涉及转让专利领域分布情况 ………………………………962
图 31　广东省智能家电产业与外地进行专利转让活动情况（单位：件）………………962
图 32　广东省智能家电产业涉及许可专利领域分布情况 ………………………………963
图 33　广东省智能家电产业与外地进行专利许可活动情况（单位：件）………………963
图 34　广东省智能家电产业涉及质押专利领域分布情况 ………………………………964

表目录

表 1　我国智能家电产业主要相关政策 ……………………………………………………… 932
表 2　国内 31 省市智能家电产业创新企业数量分布情况 ………………………………… 934
表 3　国内 31 省市智能家电产业发明专利授权量分布情况 ……………………………… 938
表 4　中国智能家电产业产学研合作重点高校院所清单 …………………………………… 941
表 5　国内 31 省市智能家电产业创新人才数量分布情况 ………………………………… 942
表 6　国内 31 省市智能家电产业链创新要素情况 ………………………………………… 945
表 7　国内 31 省市智能家电产业链上游创新要素情况 …………………………………… 945
表 8　国内 31 省市智能家电产业链中游创新要素情况 …………………………………… 945
表 9　国内 31 省市智能家电产业链下游创新要素情况 …………………………………… 946
表 10　广东省智能家电产业主要相关政策 ………………………………………………… 947
表 11　广东省各地市智能家电产业创新企业数量情况 …………………………………… 949

表 12	国内重点省市智能家电产业特色企业数量分布情况对标比较	950
表 13	广东省各地市智能家电产业发明专利授权数量情况	952
表 14	国内重点省市智能家电产业高价值专利数量分布情况对标比较	952
表 15	广东省智能家电产业产学研合作重点高校院所清单	955
表 16	广东省各地市智能家电产业创新人才数量情况	957
表 17	国内重点省市智能家电产业特色人才数量分布情况对标比较	957
表 18	广东省智能家电产业链细分领域创新要素情况	958
表 19	广东省智能家电产业显著优势领域创新要素情况	959
表 20	广东省智能家电产业潜力领域创新要素情况	960
表 21	智能家电产业链风险领域分布情况	961

第 1 章　引言

1.1　项目背景

2021年3月,《中华人民共和国国民经济和社会发展第十四个五年规划和2035年远景目标纲要》围绕"发展壮大战略性新兴产业"进行了专章论述,指出要着眼于抢占未来产业发展先机,培育先导性和支柱性产业,推动战略性新兴产业融合化、集群化、生态化发展,战略性新兴产业增加值占GDP比重超过17%。2021年9月,中共中央、国务院印发《知识产权强国建设纲要(2021—2035年)》,在"建设激励创新发展的知识产权市场运行机制"部分,明确要大力推动专利导航在传统优势产业、战略性新兴产业、未来产业发展中的应用。

习近平总书记对广东制造业发展高度重视、寄予厚望,明确要求广东加快推动制造业转型升级,建设世界级先进制造业集群。2020年5月,广东省人民政府出台《关于培育发展战略性支柱产业集群和战略性新兴产业集群的意见》,并进一步制订了20个战略性产业集群行动计划,最终形成"1+20"的政策体系,旨在推动广东省产业链、创新链、人才链、资金链、政策链相互贯通,加快建立具有国际竞争力的现代化产业体系。2021年4月,《广东省国民经济和社会发展第十四个五年规划和2035年远景目标纲要》在"总体要求"中提出,改造提升传统产业,做大做强战略性支柱产业,培育发展战略性新兴产业,加快发展现代服务业,推动产业基础高级化和产业链供应链现代化,提高产业现代化水平,打造新兴产业重要策源地、先进制造业和现代服务业基地,推动建设更具国际竞争力的现代产业体系。

针对"智能家电产业",广东省工业和信息化厅等六部门于2020年9月印发了《广东省发展智能家电战略性支柱产业集群行动计划(2021—2025年)》,提出到2025年,形成创新要素高度集聚、区域根植性强、网络化协同紧密、开放包容、生态体系完整、全球最具竞争力的产业集群。并明确广东省市场监督管理局负责加强创新和产业化发展、优化分工和布局、推动质量品牌建设、加速全球化布局等重点任务和产品质量品牌提升工程、国际化水平提升工程等重点工程中的相关工作。

为深入贯彻习近平新时代中国特色社会主义思想和党的十九大精神,认真落实中共中央、国务院关于发展壮大战略性新兴产业和知识产权强国建设及省委、省政府关于推进制造强省建设的工作部署,按照《广东省人民政府关于培育发展战略性支柱产业集群和战略性新兴产业集群的意见》《广东省发展智能家电战略性支柱产业集群行动计划(2021—

2025年)》的工作安排,加快发展智能家电战略性支柱产业集群,促进产业迈向全球价值链高端,开展智能家电产业专利分析研究工作。基于产业专利导航创新决策理念,紧扣产业分析和专利分析两条主线,将专利信息与产业现状、发展趋势、政策环境、市场竞争等信息深度融合,基于知识产权产业金融大数据,深入研究广东省智能家电产业发展现状,明晰产业发展方向,找准区域产业定位,分析存在制约发展的瓶颈问题和制度障碍,指出优化产业创新资源配置的具体路径,提出适用于本区域产业创新发展的相关建议,为广东省智能家电产业发展规划、招商引资、人才引进等提供决策支撑。

1.2 产业链分类

智能家电产业分为三大领域。其中,产业链上游对应零部件领域,产业链中游对应系统及技术支持领域,产业链下游对应智能家电产品及应用领域。进一步将智能家电产业分为多个相关的三级分支:上游零部件主要涉及芯片、材料、传感器、通信模块、智能控制器、高性能电机;中游系统及技术支持主要涉及大数据、云计算及服务、人工智能、操作系统、物联网、5G;下游智能家电产品及应用主要涉及影音娱乐、照明设备、厨房卫浴设备、卫生健康设备、安防设备、智能家居。对上、中、下游三级产业再进行细分,可进一步细化至四个层级,上游共包括6个细分分类,下游共包括9个细分分类(见图1)。

图1 智能家电产业结构

第 2 章 智能家电产业发展态势

2.1 全球智能家电产业发展现状

2.1.1 全球智能家电产业发展概况

智能家电又称智慧家电或人工智能家电,在传统家电功能的基础上兼赋智能化属性。技术上,智能家电融合现代通信与信息技术、音视频技术等;功能上,智能家电具备感知、决策、执行等能力。与传统家电相比,智能家电可实现远程控制,且能够替代部分消费者的决策,为人们带来更为便捷舒适的生活体验。智能家电的发展,历经三个阶段:初代智能家电以远程遥控为主要特点,第二代智能家电加入语音调控作为技术创新,当前的第三代智能家电在自决策方面能力明显提升。随着互联网的普及、5G 网络的加速布局以及 AIoT 技术的成熟应用,家电行业加速向智能化转型。让设备主动感知、学习、决策,带来主动服务,让全屋产品都能自主感知和思考,为用户提供更广泛的"智能"服务,让家实现从"智能"到"智慧"的进化,是未来的发展方向。❶

智能家电起源于用户端的自动化控制,近年随着技术的不断成熟,智能家电已经从第一层次的"智能单品"逐步上升到基于大数据、AI 和家电互联的层次,从而能够实现对用户个性化需求的辨别以及对家电的智能化控制,即全面的交互和计算分析。家电领域布局套系化、集成化发展已成主流趋势。❷

近年来,得益于印度、巴西等新兴市场家电需求提升,全球家电消费市场恢复增长。除此之外,"宅经济"进一步刺激家电需求高景气。全球家电消费规模在 2019 年为 5623 亿美元,2014—2019 年 CAGR 为 4.6%。5G 时代物联网生态的不断完善、技术环境的逐渐成熟,加速了家电智能化发展,智能产品渗透率逐年提升。2019 年,全球智能家电市场规模约为 169.7 亿美元,预计 2024 年将达到 396.3 亿美元,实现未来五年 CAGR+18.5%(见图 2)。全球智能家电市场规模排名前五的国家分别为美国、中国、日本、德国和英国(见图 3)。❸

---

❶ 资料来源:海通证券,华创证券,海尔官网。
❷ 资料来源:国信证券。
❸ 资料来源:前瞻产业研究院,Statista,西部证券,申港证券。

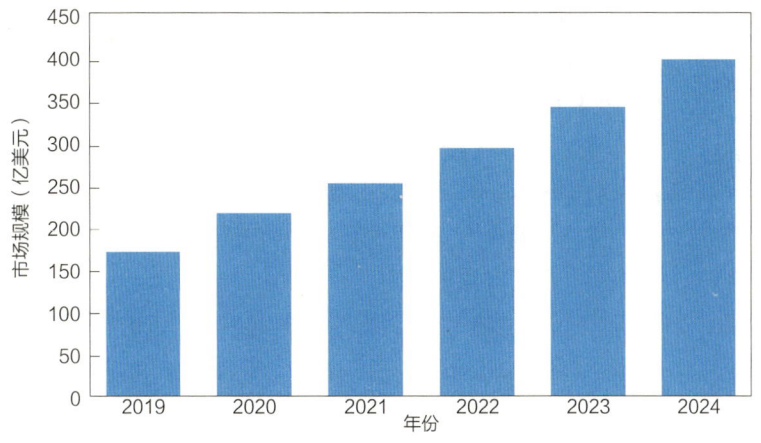

图 2 全球智能家电行业市场规模

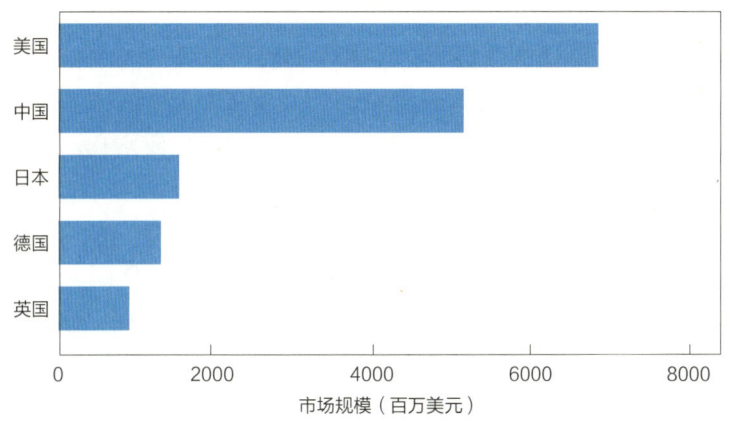

图 3 2019 年全球前五位各国智能家电市场规模

从智能家电渗透率情况来看,全球各地区总体渗透率均偏低。中国智能家电渗透率领跑全球,其在主流的智能电视、智能音响、智能安防、智能照明、智能能效(智能空调、智能恒温器、智能开关或插头等)等领域的渗透率均高于美国和西欧。同时中国的智能家电的使用价值仍偏向基础功能(娱乐工具),而非强互动功能(效率工具)。❶

2.1.2 中国智能家电产业发展概况

早在 2000 年左右,中国各家公司已开始设计研发各类智能化的家电产品,如海尔推出了网络数字冰箱,可激光扫描或手动记录食品的种类、数量及保质期等,并可根据冰箱内食材提供可选择的食谱。在这个阶段,全球互联网仍处于普及初期,我国互联网用户数占比仅为 1.79%,家用电脑等智能数码产品也仍处于普及初期。国家统计局数据显示,2000 年,我国城镇居民家用电脑保有量仅 9.70 台 / 百户,农村居民家用电脑保有量仅 0.5 台 / 百户,支撑智能家电发展的技术等市场环境尚未成熟,消费者对智能家电的需求也尚未显现。

---

❶ 资料来源:华泰证券,GSMA《2020 年移动经济报告》。

2008—2012年，我国城镇及农村居民家用电脑的保有量持续提升，手机正式迈向智能手机时代，此阶段我国互联网普及程度较高，互联网用户数占总人口的比例提升至42.3%。智能家电单品逐步上市，其中科沃斯先后发布智能扫地机器人地宝730、空气净化机器人沁宝A330、家用擦窗机器人窗宝5系；长虹、海信、创维等纷纷布局智能电视，且已经过多次产品迭代，截至2012年，智能电视销售已初获规模，但此时消费者对智能家电产品的认可度尚低，智能电视的接通平均激活率仅27.5%，即仍有超过7成的消费者购买智能电视后未使用其智能化的网络服务。

2013年至今，外部环境逐步成熟完善，智能家电逐步迈入加速发展期。①通信技术奠定联通的基础：2013年12月，工信部向中国移动、中国电信和中国联通颁布4G牌照，正式开启4G时代。与此同时，智慧城市的建设推动我国Wi-Fi网络覆盖率逐步提升，截至2016年6月，网民通过Wi-Fi接入互联网的比例为92.7%。②人工智能技术优化产品使用体验：2014年，亚马逊正式发布智能音箱产品——Echo，融合智能语音交互技术，赋予音箱人工智能的属性，可实现与用户交流。随后谷歌、苹果及国内的阿里、百度和小米等均入局智能音箱领域，推动智能音箱行业迅速兴起。此外，人工智能技术的发展使家电产品具备记忆功能，根据用户习惯深度学习以"更懂"用户，优化产品的使用体验。③智能家电入口基本完成普及：截至2018年，我国城镇居民家庭移动电话的保有量已高达243.13台/百户，且智能手机的市场占有率已超过95%；此外，语音控制的载体——智能音箱也备受消费者青睐。智能手机和智能音箱的普及是智能家电的必要不充分条件，两者的先行落地为后续智能家电的互联互通提供相应的配套支持。❶

2014年智能家电潮起，家电主要企业加码布局智能家电领域。海尔智家：2014年发布U+智慧生活操作系统，包括五大智慧生态圈，后续公司升级落地"5+7+N"的智慧解决方案；美的集团：2014年发布M-Smart战略，依托物联网环境和云计算等先进技术，从传统家电向智慧家居转变；格力电器：2019年发布万物互联新战略，推出"零碳健康家"的全屋智能样本，可通过语音空调、格力App、物联手机、智能门锁、魔方精灵五大控制入口实现格力所有产品的互联互通，打造"智慧客厅、智慧卧室、智慧厨房、智慧浴室"等多个智慧生活场景，为用户提供全屋智能解决方案。家电主要龙头公司对智慧家庭的加码布局有助于推动智能家电行业的加速兴起。

2019年，我国正式开启5G时代，5G加速了万物互联，也推动了智能家电的切实落地。消费者对智能家电的认可度和接受度均有明显提升。目前智能家电行业发展的外部环境已基本成熟，行业逐步迈入快速增长期。预计随着人工智能技术的发展，智慧家电产品将优化迭代，助推智慧化家电产品渗透率的提升，推动行业加速兴起，行业发展未来可期。❷

目前智能家电行业入局者众多，品牌集中度较高。从智能家电市场品牌竞争情况来看，2020年线上与线下市场份额较高的均为布局智能领域的传统家电品牌。其中，线上智能家电市场份额占比最高的为美的，占比达36.7%（见图4）；线下智能家电市场份额占比

---

❶ 资料来源：Wind，华创证券。

❷ 资料来源：华创证券，物联网世界网。

最高的为格力，占比达 36.6%（见图 5）。❶

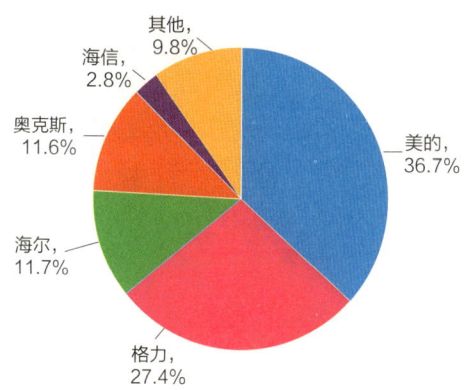

图 4　2020 年中国智能家电高端品牌线上市场份额占比情况

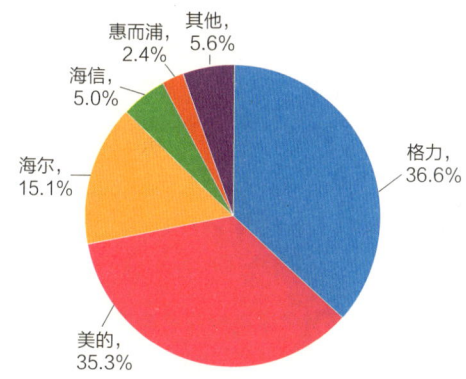

图 5　2020 年中国智能家电高端品牌线下市场份额占比情况

从我国重点品类智能家电零售量渗透率来看，2020 年，智能电视渗透率为 67.5%，智能空调渗透率为 64.3%，智能洗衣机渗透率为 19.1%，智能冰箱渗透率为 17.6%。得益于联网设备从 PC、平板等智能计算设备向传统家电拓展，我国各类型家电智能化渗透率逐年提高。❷

近年来，主流家电企业高度关注 5G、AI、IoT 领域，智能家电成为市场上的热销产品，越来越多家电企业开始着手全屋智能的布局。智能家电火爆的背后，各类被誉为工业和电子产品"五官"的传感器供货量增加、应用范围不断拓宽。

在智能家电中，智能传感器扮演着不可或缺的角色。物体在进行信息交换过程中，首先要解决的问题就是确保获取准确可靠的信息，而传感器是获取自然和生产领域中信息的主要途径与手段。在不同家电中，传感器的应用方式有所不同。压力传感器可用于水位开关或更复杂的装置中，如智能净水器、热水器以及洗碗机等产品。化学传感器则用于净水器中的水质监控，监测参数包括浑浊度、颜色、pH 值等。粉尘传感器广泛应用于空气净

---

❶ 资料来源：前瞻产业研究院，奥维云网。

❷ 资料来源：前瞻产业研究院，奥维云网。

化器和新风系统。正是由于不同类型智能家电对传感器的需求不同,造就了传感器行业虽然规模很大,但行业巨头并不集中,不同企业擅长的领域也各不相同。

传感器行业属于技术密集型行业,需要投入大量科研资本与尖端人才力量。美国、日本、德国通过长期的资本注入以及技术积累,在传感器行业的发展处于全球领先地位。在中国传感器市场中,70%以上的市场份额被海外传感器供应商占据。但得益于中国国家政策扶持,目前中国传感器市场已逐步形成长三角、珠三角、中部等集群式传感器生态系统,涵盖技术研发、设计、生产、应用等环节,并持续向产业化、系统化、规模化发展,未来发展前景广阔。❶

2.2 中国智能家电产业政策环境

我国从2012年起出台了一系列促进智能家居、智能家电发展的政策文件,有效促进了家电行业的消费升级。2018年10月,《中共中央、国务院关于完善促进消费体制机制进一步激发居民消费潜力的若干意见》中提出引领智能家居、智慧家庭等领域消费品标准制定,加大新技术新产品等创新成果的标准转化力度。2019年1月,国家发展改革委等十部门联合印发了《进一步优化供给推动消费平稳增长促进形成强大国内市场的实施方案(2019年)》,明确了2019年家电产品刺激消费政策,主要措施为支持绿色、智能家电销售,促进家电产品更新换代和积极带动贫困地区产品销售,各地方政府促销措施也相继出台(见表1)。❷

表1 我国智能家电产业主要相关政策

时间	发布部门	文件名称	相关内容
2012年	工信部	《物联网"十二五"发展规划》(已失效)	智能家居作为物联网九大重点领域应用示范工程之一,包括家庭网络、家电智能控制、节能低碳等
2016年	国务院	《政府工作报告》	促进制造业升级。深入推进"中国制造+互联网",建设若干国家级制造业创新平台,实施一批智能制造示范项目,启动工业强基、绿色制造、高端装备等重大工程,组织实施重大技术改造升级工程
2016年	国务院	《"十三五"国家战略性新兴产业发展规划》	重点推进智能家居、智能汽车、智慧农业、智能安防、智慧健康、智能机器人、智能可穿戴设备等研发和产业化发展。鼓励各行业加强与人工智能融合,逐步实现智能化升级。利用人工智能创新城市管理,建设新型智慧城市。推动专业服务机器人和家用服务机器人应用,培育新型高端服务产业

---

❶ 资料来源:李志刚《电器供应商情》,头豹研究院。

❷ 资料来源:中国政府网、山西证券。

续表

时间	发布部门	文件名称	相关内容
2017年	国务院	《关于进一步扩大和升级信息消费持续释放内需潜力的指导意见》	升级智能化、高端化、融合化信息产品,重点发展面向消费升级的中高端移动通信终端、可穿戴设备、数字家庭产品等新型信息产品,以及虚拟现实、增强现实、智能网联汽车、智能服务机器人等前沿信息产品
2017年	工信部	《促进新一代人工智能产业发展三年行动计划(2018—2020年)》	推动智能硬件普及,深化人工智能技术在智能家居、健康管理、移动智能终端和车载产品等领域的应用,丰富终端产品的智能化功能,推动信息消费升级
2018年	中共中央、国务院	《中共中央、国务院关于完善促进消费体制机制进一步激发居民消费潜力的若干意见》	升级智能化、高端化、融合化信息产品,重点发展适应消费升级的中高端移动通信终端、可穿戴设备、超高清视频终端、智慧家庭产品等新型信息产品。引领智能家居、智慧家庭等领域消费品标准制定,加大新技术新产品等创新成果的标准转化力度
2019年	国家发展改革委等十部门	《进一步优化供给推动消费平稳增长促进形成强大国内市场的实施方案(2019年)》	支持绿色、智能家电销售,促进家电产品更新换代,积极开展消费帮扶带动贫困地区产品销售
2019年	国家发展改革委等三部门	《推动重点消费品更新升级畅通资源循环利用实施方案(2019—2020年)》	牢牢把握新一轮产业变革大趋势,大力推动汽车产业电动化、智能化、绿色化,积极发展绿色智能家电,加快推进5G手机商业应用,努力增强新产品供给保障能力。着力推动绿色智能家电研发和产业化
2019年	国务院办公厅	《关于加快发展流通促进商业消费的意见》	鼓励金融机构对居民购买新能源汽车、绿色智能家电、智能家居、节水器具等绿色智能产品提供信贷支持,加大对新消费领域金融支持力度
2019年	国务院	《国务院关于进一步做好稳就业工作的意见》	鼓励汽车、家电、消费电子产品更新消费
2019年	国家标准委	《2019年国家标准立项指南》	推动信息化和工业化深度融合,加强工业互联网、机器人、智能制造、两化融合管理等标准体系建设和应用,完善人工智能、集成电路、物联网、大数据、网络安全、智慧城市、网联汽车等新一代信息技术标准体系
2020年	国家发展改革委等二十三部门	《关于促进消费扩容提质加快形成强大国内市场的实施意见》	大力推进"智慧广电"建设,推动居民家庭文化消费升级。加快发展超高清视频、虚拟现实、可穿戴设备等新型信息产品。鼓励企业利用物联网、大数据、云计算、人工智能等技术推动各类电子产品智能化升级。加快完善机动车、家电、消费电子产品等领域回收网络

2.3 中国智能家电产业创新发展态势

2.3.1 中国创新企业

截至 2021 年 7 月,国内 31 省市智能家电产业有专利申请活动的创新企业共 52198

家，近五年复合增速达 30.1%。其中，2016 年同比增速最快，同比增长 36.5%（见图 6）。

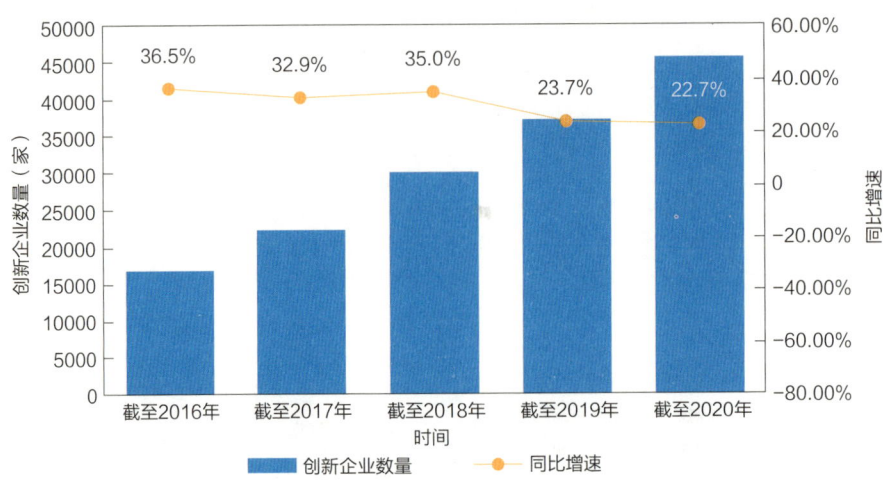

图 6 国内 31 省市智能家电产业创新企业数量增长趋势

从地域分布情况来看，截至 2021 年 7 月，国内 31 省市智能家电产业有专利申请活动的创新企业主要集中在东南沿海地区。其中，创新企业数量排名前五位的省市依次为广东省（12693 家）、江苏省（7196 家）、浙江省（4884 家）、上海市（3398 家）和北京市（3234 家）（见表 2）。

表 2 国内 31 省市智能家电产业创新企业数量分布情况

排名	省（自治区、直辖市）	创新企业数量（家）
1	广东	12693
2	江苏	7196
3	浙江	4884
4	上海	3398
5	北京	3234
6	安徽	2448
7	山东	2278
8	四川	2277
9	福建	1939
10	天津	1791
11	湖北	1386
12	河南	1230
13	湖南	982
14	陕西	892
15	重庆	816
16	河北	735

续表

排名	省（自治区、直辖市）	创新企业数量（家）
17	辽宁	728
18	江西	659
19	广西	463
20	贵州	327
21	云南	314
22	山西	286
23	黑龙江	272
24	吉林	209
25	甘肃	165
26	新疆	165
27	宁夏	162
28	海南	132
29	内蒙古	102
30	青海	51
31	西藏	24

截至 2021 年 7 月，在智能家电产业创新企业中，国内 31 省市共有国家高新技术企业 20258 家，占国内 31 省市智能家电产业创新企业总量（52198 家）的 38.8%；初创企业 3588 家，占创新企业总量的 6.9%；隐形冠军企业 444 家，占创新企业总量的 0.9%；上市公司 824 家，占创新企业总量的 1.6%；独角兽企业 59 家，占创新企业总量的 0.1%；专精特新企业 2938 家，占创新企业总量的 5.6%（见图 7）。

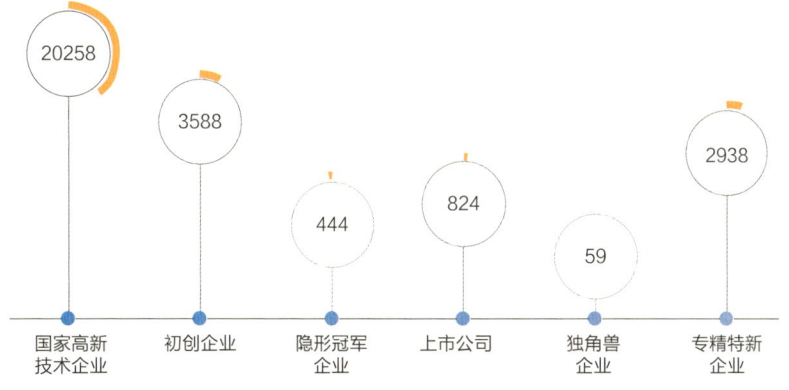

图 7　中国智能家电产业特色企业数量分布情况（单位：家）

在智能家电产业创新企业中，专利申请公开量较多的重点企业包括珠海格力电器股份有限公司（1576 件）、四川长虹电器股份有限公司（1171 件）、广东美的制冷设备有限公司（752 件）、青岛海尔空调器有限总公司（656 件）、中兴通讯股份有限公司（326 件）、

小米科技有限责任公司（231件）等。❶

从这六家重点企业在智能家电产业布局专利的细分领域来看，智能家居是最为重点的细分领域，每家重点企业都在智能家居领域布局了大量的专利。厨房卫浴设备是传统家电企业布局的重点。六家重点企业中，珠海格力电器股份有限公司、四川长虹电器股份有限公司、广东美的制冷设备有限公司、青岛海尔空调器有限总公司四家传统家电企业都在厨房卫浴设备有大量专利布局。此外，通信模块也是较为重点的细分领域，每家重点企业也都在通信模块领域有一定数量的专利布局（见图8）。

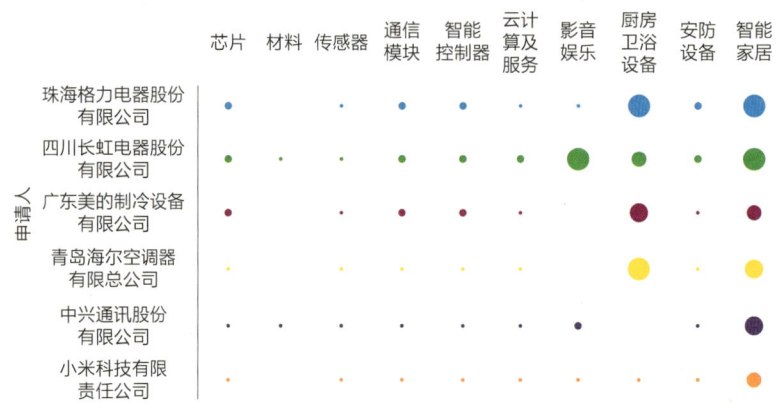

图8 中国智能家电产业重点企业专利技术布局情况

【典型企业——海尔集团】

海尔集团创立于1984年，是全球领先的美好生活解决方案服务商。海尔始终以用户体验为中心，连续3年作为全球唯一物联网生态品牌蝉联BrandZ全球百强，连续12年稳居欧睿国际世界家电第一品牌，旗下子公司海尔智家位列《财富》世界500强。海尔集团拥有3家上市公司，拥有海尔、卡萨帝、Leader、GE Appliances、Fisher&Paykel、AQUA、Candy等7大全球化高端品牌和全球首个场景品牌三翼鸟，构建了全球引领的工业互联网平台卡奥斯COSMOPlat，成功孵化5家独角兽企业和37家瞪羚企业，在全球布局了10+N创新生态体系、28个工业园、122个制造中心和24万个销售网络，深入全球160个国家和地区，服务全球10亿+用户家庭。

海尔收购三洋电机在日本和东南亚部分地区的白色家电业务，实现Haier和AQUA双品牌在日本和东南亚市场的融合发展；收购新西兰国宝级家电品牌Fisher&Payke，夯实高端家电产品的研发、制造能力；并购美国GE Appliances，助力海尔集团打开美国市场；并购意大利Candy S.p.A公司，进一步加速其在欧洲市场的发展。

海尔集团产品涵盖冰箱冷柜、冰吧酒柜、洗衣机、空调、电视、热水器、厨房电器、电脑及外设、小家电、智慧家电、智家方案和商用解决方案等。

---

❶ 本处统计的专利申请公开量为申请人本身，不包含其分子公司。

2.3.2 中国专利布局

截至2021年7月,中国智能家电产业专利申请公开量共190445件,占中国专利申请公开总量(33757841件)的0.6%,近五年复合增速达13.8%(见图9)。中国智能家电产业专利授权量共112121件,占智能家电产业全国专利申请公开总量的59.0%;有效专利量为72455件。

图9 中国智能家电产业专利申请公开量增长趋势

截至2021年7月,中国智能家电产业发明专利申请公开量为101718件,占中国智能家电产业专利申请公开总量(190445件)的53.4%,近五年复合增速达12.6%。其中,2016年同比增速最快,同比增长32.6%(见图10)。

图10 中国智能家电产业发明专利申请公开量增长趋势

从地域分布情况来看,截至2021年7月,中国智能家电产业发明专利授权量共23394件,主要集中在广东省、北京市、江苏省等经济较发达的地区。其中,发明专利授权量排名前五位的省市依次为广东省(5495件)、北京市(2826件)、江苏省(2197件)、浙江省(2069件)和山东省(1535件)(见表3)。

表 3　国内 31 省市智能家电产业发明专利授权量分布情况

排名	省（自治区、直辖市）	发明专利授权量（件）
1	广东	5495
2	北京	2826
3	江苏	2197
4	浙江	2069
5	山东	1535
6	上海	1273
7	四川	1028
8	安徽	770
9	湖北	536
10	福建	515
11	重庆	404
12	陕西	368
13	辽宁	367
14	天津	325
15	河南	318
16	湖南	318
17	河北	190
18	江西	166
19	黑龙江	159
20	广西	157
21	吉林	124
22	山西	89
23	贵州	72
24	云南	55
25	甘肃	39
26	宁夏	34
27	新疆	29
28	内蒙古	25
29	海南	21
30	青海	9
31	西藏	2

截至 2021 年 7 月，国内 31 省市智能家电产业的有效发明专利共 19559 件，其中高价值专利数量为 18446 件。在中国智能家电产业高价值专利中，属于战略性新兴产业的有效发明专利共 18011 件，在海外有同族专利权的有效发明专利共 2181 件，维持年限超过 10

年的有效发明专利共 1841 件，有质押融资活动的有效发明专利共 297 件，获得中国专利奖的有效发明专利共 30 件。高价值专利数量排名前五位的省市依次为广东省（4416 件）、北京市（2351 件）、江苏省（1981 件）、浙江省（1635 件）和山东省（1195 件）（见图 11）。

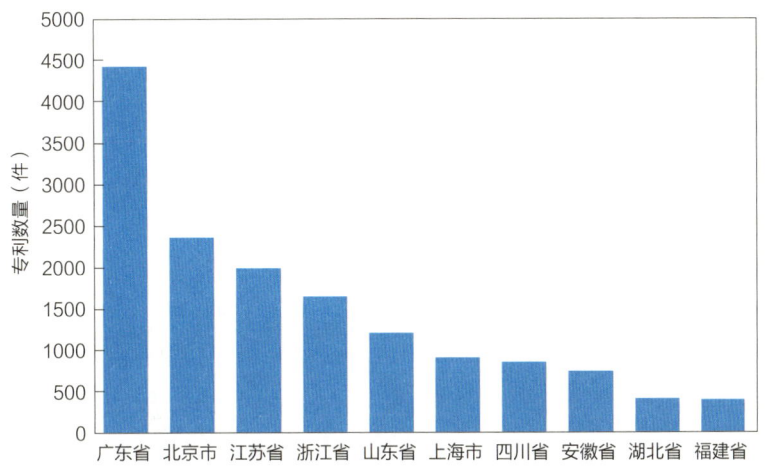

图 11　国内部分省市智能家电产业高价值专利数量分布情况

截至 2021 年 7 月，国内 31 省市智能家电产业创新企业发明专利申请公开量共 69999 件，占中国智能家电产业发明专利申请公开总量（101718 件）的 68.8%，近五年复合增速达 13.1%。其中，2016 年同比增速最快，同比增长 32.2%（见图 12）。发明专利申请公开量较多的企业包括珠海格力电器股份有限公司（1352 件）、四川长虹电器股份有限公司（1069 件）、青岛海尔空调器有限总公司（626 件）、广东美的制冷设备有限公司（609 件）、国家电网有限公司（438 件）等。

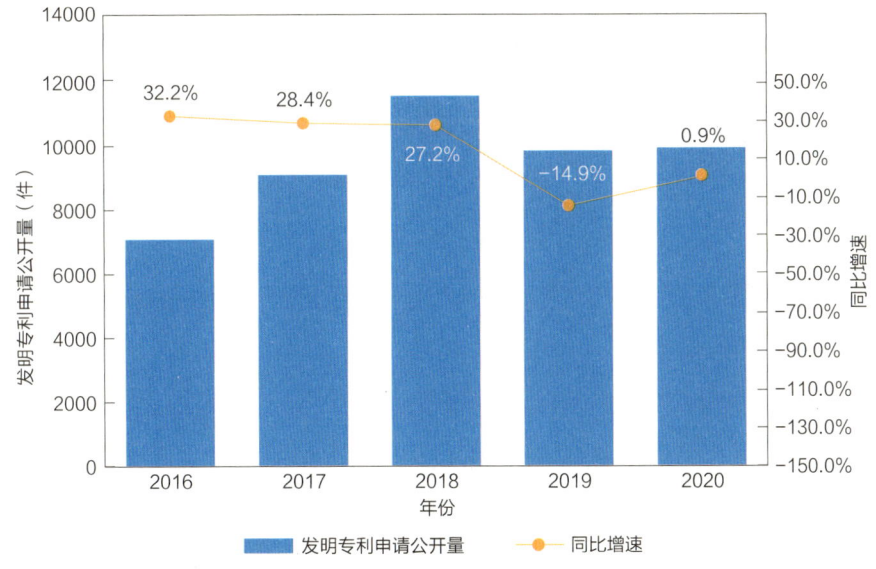

图 12　国内 31 省市智能家电产业创新企业发明专利申请公开量增长趋势

截至 2021 年 7 月，国内 31 省市智能家电产业高校发明专利申请公开量共 12129 件，占中国智能家电产业发明专利申请公开总量（101718 件）的 12.0%，近五年复合增速达 15.2%。其中，2017 年同比增速最快，同比增长 33.6%（见图 13）。发明专利申请公开量较多的高校包括浙江大学（251 件）、华南理工大学（179 件）、上海交通大学（151 件）、中山大学（146 件）、浙江工业大学（118 件）等。

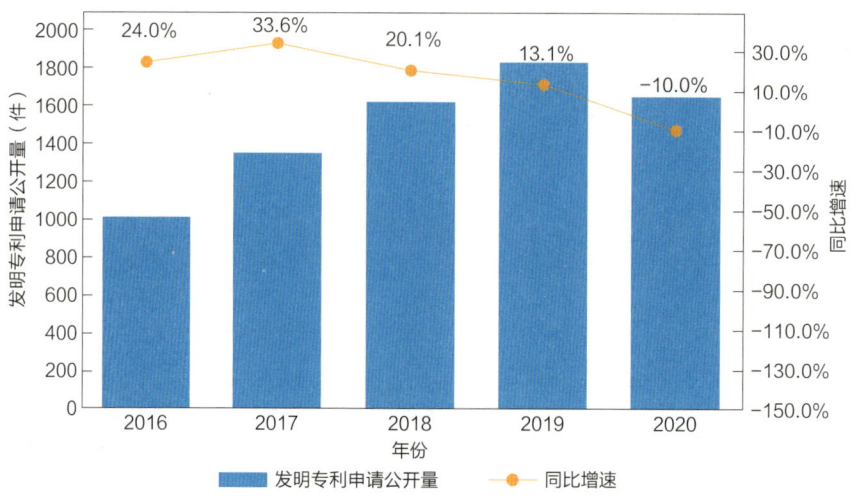

图 13　国内 31 省市智能家电产业高校发明专利申请公开量增长趋势

截至 2021 年 7 月，国内 31 省市智能家电产业科研机构发明专利申请公开量共 1385 件，占中国智能家电产业发明专利申请公开总量（101718 件）的 1.4%。近五年复合增速达 15.7%。其中，2019 年同比增速最快，同比增长 35.0%（见图 14）。发明专利申请公开量较多的科研机构包括中国科学院自动化研究所（43 件）、中山大学深圳研究院（35 件）、中国科学院长春光学精密机械与物理研究所（28 件）、中国科学院计算技术研究所（23 件）、中国科学院信息工程研究所（21 件）等。

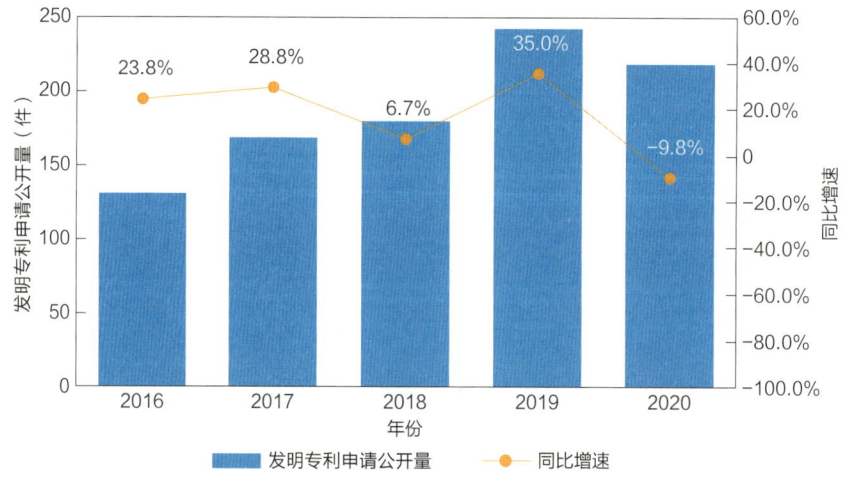

图 14　国内 31 省市智能家电产业科研机构发明专利申请公开量增长趋势

截至 2021 年 7 月，在智能家电产业中，全国涉及产学研合作申请的专利共有 1375 件，占中国智能家电产业专利申请公开总量（190445 件）的 0.7%。涉及产学研合作申请专利量排名前五位的省市依次为广东省（250 件）、北京市（199 件）、江苏省（152 件）、上海市（93 件）和浙江省（86 件）（见图 15）。

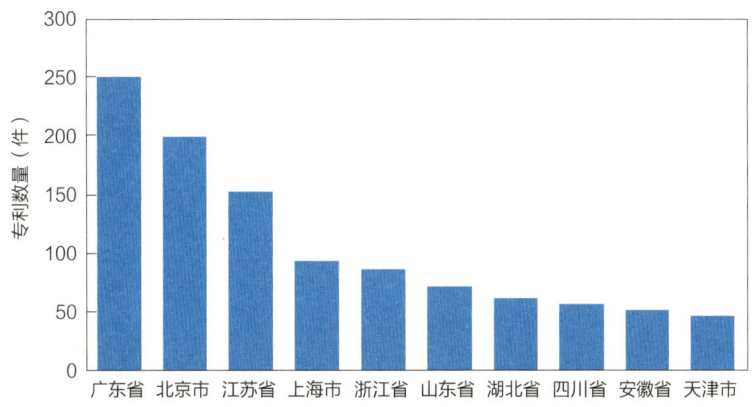

图 15 国内部分省市智能家电产业产学研合作申请专利数量分布情况

从智能家电产业的各细分领域来看，全国涉及产学研合作申请的专利主要分布在智能家居领域，专利数量为 1079 件（见图 16）。

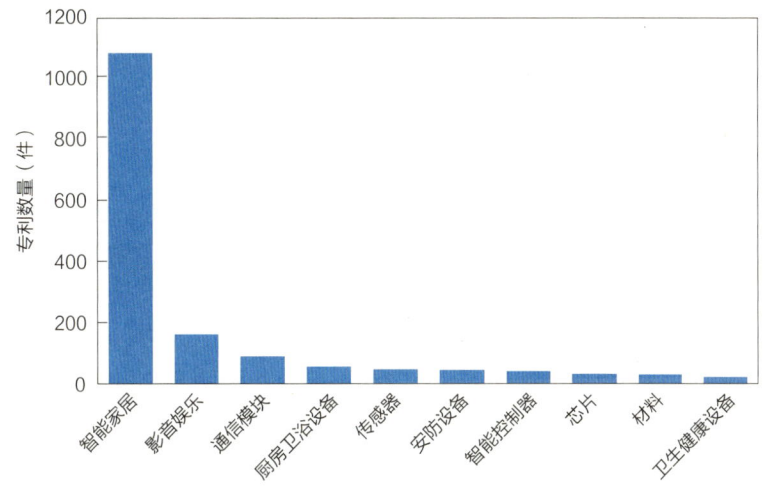

图 16 中国智能家电产业产学研合作申请专利领域分布情况

从产学研合作的高校院所来看，清华大学、中山大学和浙江大学等在中国智能家电产业中的产学研合作较为密切，涉及产学研合作申请的专利数量分别为 39 件、36 件和 33 件（见表 4）。

表 4 中国智能家电产业产学研合作重点高校院所清单

序号	高校院所	产学研合作申请的专利数量（件）
1	清华大学	39
2	中山大学	36

续表

序号	高校院所	产学研合作申请的专利数量（件）
3	浙江大学	33
4	深圳市国华光电研究院	28
5	华南师范大学	26
6	华南理工大学	24
7	东南大学	19
8	上海交通大学	17
9	广东工业大学	16
10	西安交通大学	15

2.3.3 中国创新人才

截至2021年7月，国内31省市智能家电产业有专利申请活动的创新人才共311892人，近五年复合增速达26.2%。其中，2016年同比增速最快，同比增长31.2%（见图17）。

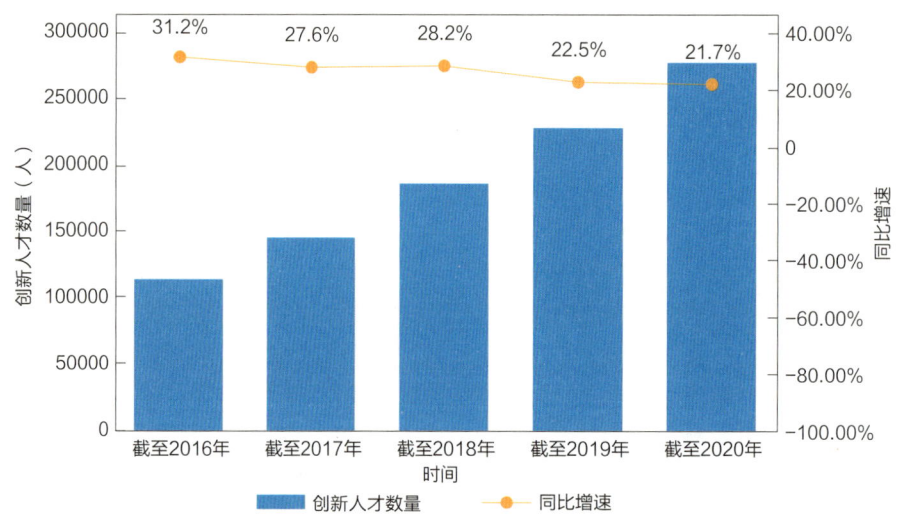

图17 国内31省市智能家电产业创新人才数量增长趋势

从地域分布情况来看，截至2021年7月，国内31省市智能家电产业有专利申请活动的创新人才主要集中在东部沿海地区。其中，创新人才数量排名前五位的省市依次为广东省（55118人）、江苏省（36133人）、北京市（28945人）、浙江省（24442人）和山东省（22655人）（见表5）。

表5 国内31省市智能家电产业创新人才数量分布情况

排名	省（自治区、直辖市）	创新人才数量（人）
1	广东	55118
2	江苏	36133

续表

排名	省（自治区、直辖市）	创新人才数量（人）
3	北京	28945
4	浙江	24442
5	山东	22655
6	上海	17528
7	安徽	13944
8	四川	12660
9	河南	11892
10	湖北	9835
11	福建	8765
12	陕西	8065
13	辽宁	6970
14	湖南	6610
15	河北	5745
16	重庆	5542
17	江西	4076
18	广西	4053
19	黑龙江	3966
20	天津	3213
21	吉林	3055
22	云南	2800
23	山西	2788
24	贵州	2597
25	甘肃	2057
26	新疆	1320
27	内蒙古	1167
28	宁夏	1024
29	海南	621
30	青海	433
31	西藏	115

截至2021年7月，在智能家电产业创新人才中，国内31省市共有国家高层次人才10771人，占国内31省市智能家电产业创新人才总量（311892人）的3.5%；技术高管37435人，占创新人才总量的12.0%；科技企业家25394人，占创新人才总量的8.1%（见图18）。

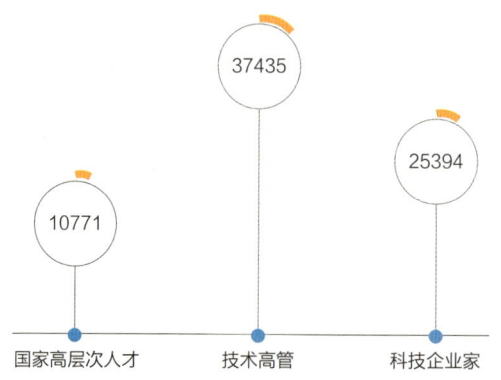

图 18 中国智能家电产业特色人才数据分布情况（单位：人）

从各机构类型创新人才数量分布情况来看，国内 31 省市智能家电产业企业的创新人才数量最多，共计 204080 人，占国内 31 省市智能家电产业创新人才总量（311892 人）的 65.4%。高校的创新人才数量位居其次，共计 65229 人，占国内 31 省市智能家电产业创新人才总量的 20.9%。科研机构的创新人才共计 7853 人，事业单位的创新人才共计 3862 人，分别占国内 31 省市智能家电产业创新人才总量的 2.5% 和 1.2%（见图 19）。

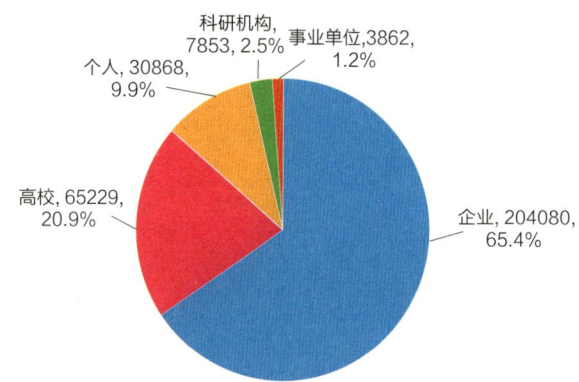

图 19 国内 31 省市智能家电产业各机构类型创新人才数量分布情况（单位：人）

2.4 中国智能家电产业热点及重点技术创新方向

从产业链整体来看，国内 31 省市智能家电产业的发明专利申请公开总量、创新企业数量、创新人才数量分别为 97735 件、52198 家、311892 人，近五年复合增速分别为 12.6%、30.1%、26.2%。

从产业链上中下游来看，产业链中游系统及技术支持领域和产业链下游智能家电产品及应用领域发明专利申请公开量、创新企业数量、创新人才数量的近五年复合增速均高于整个智能家电产业链平均水平，是产业布局的热点。产业链下游智能家电产品及应用领域发明专利申请公开量、创新企业数量、创新人才数量在整个智能家电产业链中占比均为最高，也是产业布局的重点（见表 6）。

表6 国内31省市智能家电产业链创新要素情况

产业链上中下游	产业链二级	发明专利申请公开		创新企业		创新人才	
		数量（件）	复合增速	数量（家）	复合增速	数量（人）	复合增速
上游	零部件	14046	1.8%	7243	23.6%	41612	19.6%
中游	系统及技术支持	4357	14.1%	2356	35.9%	12195	31.0%
下游	智能家电产品及应用	91049	13.0%	50111	31.0%	294822	27.2%

在产业链上游零部件领域，国内31省市发明专利申请公开量、创新企业数量、创新人才数量的近五年复合增速分别为1.8%、23.6%、19.6%。其中，传感器细分领域发明专利申请公开量的近五年复合增速虽然略低于零部件领域平均水平，但创新企业数量和创新人才数量的近五年复合增速均高出零部件领域平均水平5.0个百分点以上，属于热点细分领域。高性能电机细分领域创新人才数量的近五年复合增速虽然略低于零部件领域平均水平，但发明专利申请公开量和创新企业数量的近五年复合增速均高于零部件领域平均水平，也属于热点细分领域。芯片、传感器、通信模块、智能控制器细分领域发明专利申请公开量、创新企业数量、创新人才数量在零部件领域中占比均比较高，属于重点细分领域（见表7）。

表7 国内31省市智能家电产业链上游创新要素情况

细分领域		发明专利申请公开		创新企业		创新人才	
产业链二级	产业链三级	数量（件）	复合增速	数量（家）	复合增速	数量（人）	复合增速
零部件	芯片	2877	-5.4%	2355	23.3%	11407	19.0%
	材料	1863	1.2%	758	17.1%	4343	15.2%
	传感器	3695	1.5%	2536	31.7%	13466	24.9%
	通信模块	6581	0.7%	3536	24.2%	19902	20.4%
	智能控制器	3824	-2.6%	2717	24.3%	13406	19.5%
	高性能电机	1172	3.0%	838	24.7%	4323	18.9%

在产业链中游系统及技术支持领域，国内31省市发明专利申请公开量、创新企业数量、创新人才数量的近五年复合增速分别为14.1%、35.9%、31.0%。其中，大数据、人工智能、5G细分领域发明专利申请公开量、创新企业数量、创新人才数量的近五年复合增速均高于系统及技术支持领域平均水平，属于热点细分领域。云计算及服务、人工智能、物联网细分领域在发明专利申请公开量、创新企业数量、创新人才数量上均具有大量积累，属于重点细分领域（见表8）。

表8 国内31省市智能家电产业链中游创新要素情况

细分领域		发明专利申请公开		创新企业		创新人才	
产业链二级	产业链三级	数量（件）	复合增速	数量（家）	复合增速	数量（人）	复合增速
系统及技术支持	大数据	238	36.3%	147	52.1%	761	47.9%
	云计算及服务	1626	4.2%	895	37.7%	4275	38.1%

续表

细分领域		发明专利申请公开		创新企业		创新人才	
产业链二级	产业链三级	数量（件）	复合增速	数量（家）	复合增速	数量（人）	复合增速
系统及技术支持	人工智能	1283	31.5%	805	48.5%	3875	40.1%
	操作系统	333	-1.2%	173	19.3%	1025	13.2%
	物联网	1539	14.0%	1037	33.2%	5021	27.2%
	5G	67	44.7%	56	102.4%	165	87.6%

在产业链下游智能家电产品及应用领域，国内31省市发明专利申请公开量、创新企业数量、创新人才数量的近五年复合增速分别为13.0%、31.0%、27.2%。其中，卫生健康设备、智能家居细分领域发明专利申请公开量、创新企业数量、创新人才数量的近五年复合增速均高于智能家电产品及应用领域平均水平，属于热点细分领域。智能家居细分领域发明专利申请公开量、创新企业数量、创新人才数量在智能家电产品及应用领域中占比均最高，同时也属于重点细分领域（见表9）。

表9　国内31省市智能家电产业链下游创新要素情况

细分领域		发明专利申请公开		创新企业		创新人才	
产业链二级	产业链三级	数量（件）	复合增速	数量（家）	复合增速	数量（人）	复合增速
智能家电产品及应用	影音娱乐	12478	6.1%	7655	24.3%	39669	20.9%
	照明设备	1142	7.3%	1343	38.3%	4567	30.5%
	厨房卫浴设备	6827	15.3%	3328	27.0%	18624	24.8%
	卫生健康设备	1404	18.6%	1022	44.3%	4405	36.5%
	安防设备	2715	6.2%	2310	33.3%	10187	26.9%
	智能家居	73704	13.9%	44211	32.6%	252207	28.5%

第 3 章　广东省智能家电产业创新发展定位与洞察

3.1　广东省智能家电产业政策导向

  智能家电产业是广东省战略性支柱产业之一，作为全球最大的家电制造业中心，当前广东省家电产业呈现智能化、节能环保、绿色健康的发展趋势。为加快发展智能家电战略性支柱产业集群，促进产业迈向全球价值链高端，广东省发布了《广东省物联网发展规划（2013—2020年）》等一系列政策。2020年5月，广东省人民政府发布《关于培育发展战略性支柱产业集群和战略性新兴产业集群的意见》，将智能家电产业集群列入十大战略性支柱产业集群，提出要巩固扩大空调、冰箱、电饭锅、微波炉等家电产品世界领先地位，做优做强电视机、照明灯饰等优势产业，推动传统家电、小家电与互联网深度融合，实现数字化、智能化转型，形成全球领先的智能家电产业集群。同年10月，广东省工业和信息化厅、广东省发展和改革委员会、广东省科学技术厅、广东省商务厅、广东省市场监督管理局联合印发《广东省发展智能家电战略性支柱产业集群行动计划（2021—2025年）》，对加快发展智能家电产业进行了详细部署（见表10）。

表 10　广东省智能家电产业主要相关政策

时间	发布部门	文件名称	相关内容
2013年	广东省人民政府办公厅	《广东省物联网发展规划（2013—2020年）》	研制融入多种传感器的移动智能终端、汽车电子、船舶电子、医疗电子、智能家电等智能工业产品，推动工业产品向价值链高端跨越
2015年	广东省人民政府	《广东省推进文化创意和设计服务与相关产业融合发展行动计划（2015—2020年）》	扶持基于三网融合的智能家电家居产业及新型社会管理服务产业
2017年	广东省人民政府	《广东省沿海经济带综合发展规划（2017—2030年）》	大力发展智能家电、新能源家电、个性化定制家电、特殊用途家电、嵌入式集成式家电等现代家电产品，打造智能家居生态体系。重点突破智能家电设计与制造技术、家电产品先进节能技术、在线检测系统和变频控制模块，推进家电芯片、高效环保变频压缩机和高性能换热器等关键零部件研发和产业化

续表

时间	发布部门	文件名称	相关内容
2017年	广东省人民政府办公厅	《珠江西岸六市一区创建"中国制造2025"试点示范城市群实施方案》	以智能、节能型家电为主攻方向，推进家电芯片、高效环保变频压缩机等关键零部件的研发创新，发展智能家电节能技术、工业设计、在线监测等，发展智能家电、智能卫浴、智能家居等智能消费品
2017年	广东省人民政府办公厅	《广东省进一步扩大旅游文化体育健康养老教育培训等领域消费实施方案》	在农产品、智能家电、功能食品、家具、造纸、五金等优势传统产业建立团体联盟，通过技术创新和标准融合提升产业竞争力，鼓励制定高于国家和行业标准的企业标准
2018年	广东省人民政府办公厅	《广东省信息基础设施建设三年行动计划（2018—2020年）》	推广NB-IoT在智能抄表、环保监测、交通管理等公共服务领域的应用。推动NB-IoT与智能制造、工业互联网深度融合，发展柔性生产、智慧物流、智能仓储等新应用。加快智能家居、智能家电等NB-IoT生活应用
2020年	广东省人民政府	《广东省人民政府关于培育发展战略性支柱产业集群和战略性新兴产业集群的意见》	巩固扩大空调、冰箱、电饭锅、微波炉等家电产品世界领先地位，做优做强电视机、照明灯饰等优势产业。推动传统家电、小家电与互联网深度融合，实现数字化、智能化转型。打造以广州、深圳、佛山为核心的创新网络和生产性服务业网络，以深圳、珠海、佛山、惠州、中山、湛江等为核心的制造网络。形成全球领先的智能家电产业集群
2020年	广东省工业和信息化厅等五部门	《广东省发展智能家电战略性支柱产业集群行动计划（2021—2025年）》	到2025年，形成创新要素高度集聚、区域根植性强、网络化协同紧密、开放包容、生态体系完整、全球最具竞争力的产业集群。加强创新和产业化发展。支持智能家电制造业创新中心等创新载体建设，开展产业共性技术研究，形成有效的技术扩散机制
2021年	广东省人民政府	《广东省"三线一单"生态环境分区管控方案》	积极推进电子信息、绿色石化、汽车制造、智能家电等十大战略性支柱产业集群转型升级
2021年	广东省人民政府	《广东省国民经济和社会发展第十四个五年规划和2035年远景目标纲要》	智能家电产业集群。形成以珠三角地区为核心的创新网络和制造网络，巩固扩大空调、冰箱、电饭锅、微波炉等家电产品世界领先地位，做优做强电视机、照明灯饰等优势产业。推动与互联网深度融合，实现数字化、智能化转型

3.2 广东省智能家电产业创新发展定位

3.2.1 广东省创新企业

截至2021年7月，广东省智能家电产业有专利申请活动的创新企业共12693家，占国内31省市智能家电产业创新企业总量（52198家）的24.3%，在国内31省市中排名第一。近五年广东省智能家电产业创新企业数量复合增速为35.1%，高出国内31省市整体复合增速（30.1%）5.0 个百分点（见图 20）。

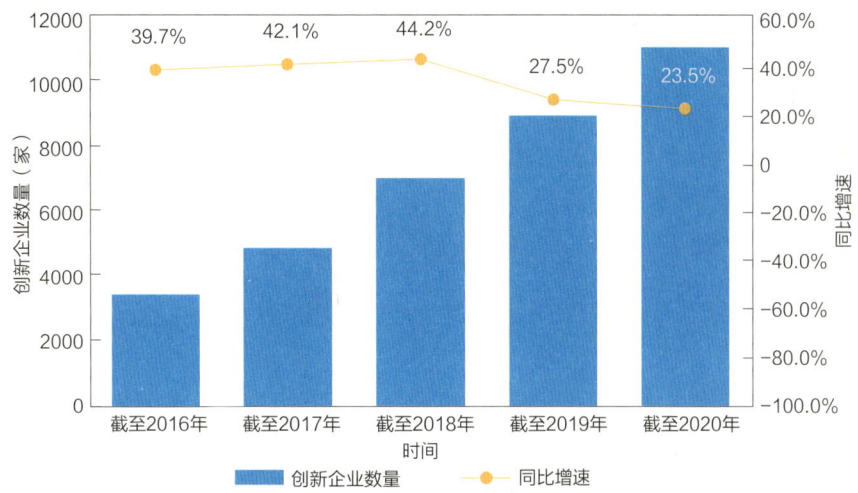

图 20　广东省智能家电产业创新企业数量增长趋势

从地域分布情况来看，截至 2021 年 7 月，广东省智能家电产业有专利申请活动的创新企业主要集中在珠三角地区。其中，创新企业数量排名前五位的地市依次为深圳市（5877 家）、广州市（2657 家）、东莞市（1066 家）、佛山市（1035 家）和中山市（693 家）（见表 11）。

表 11　广东省各地市智能家电产业创新企业数量情况

地区	创新企业数量（家）	省内排名	地区	创新企业数量（家）	省内排名
深圳市	5877	1	湛江市	42	12
广州市	2657	2	河源市	35	13
东莞市	1066	3	梅州市	34	14
佛山市	1035	4	韶关市	31	15
中山市	693	5	云浮市	22	16
珠海市	444	6	揭阳市	22	16
惠州市	329	7	潮州市	13	18
江门市	234	8	茂名市	12	19
肇庆市	64	9	阳江市	10	20
清远市	56	10	汕尾市	5	21
汕头市	46	11			

截至 2021 年 7 月，在智能家电产业创新企业中，广东省共有国家高新技术企业 5477 家，占广东省智能家电产业创新企业总量（12693 家）的 43.1%；初创企业 838 家，占创新企业总量的 6.6%；隐形冠军企业 50 家，占创新企业总量的 0.4%；上市公司 210 家，占创新企业总量的 1.7%；独角兽企业 11 家，占创新企业总量的 0.1%；专精特新企业 217 家，占创新企业总量的 1.7%。

横向对标北京市、上海市、江苏省、浙江省等国内重点省市，在智能家电产业创新企业中，广东省国家高新技术企业、初创企业、隐形冠军企业、上市公司数量均在国内31省市中排名第一；独角兽企业数量在国内31省市中仅次于北京市，排名第二；专精特新企业数量在国内31省市中排名第五（见表12）。

表12 国内重点省市智能家电产业特色企业数量分布情况对标比较

国内31省市排名	1	3	5	2	4
省市	广东省	北京市	上海市	江苏省	浙江省
国家高新技术企业数量（家）	5477	1706	1221	2577	1619
国内31省市排名	1	2	4	3	5
省市	广东省	北京市	上海市	江苏省	浙江省
初创企业数量（家）	838	634	436	446	318
国内31省市排名	1	4	7	3	2
省市	广东省	北京市	上海市	江苏省	浙江省
隐形冠军企业数量（家）	50	40	27	41	45
国内31省市排名	1	3	5	2	4
省市	广东省	北京市	上海市	江苏省	浙江省
上市公司数量（家）	210	99	66	102	89
国内31省市排名	2	1	3	4	6
省市	广东省	北京市	上海市	江苏省	浙江省
独角兽企业数量（家）	11	20	10	6	3
国内31省市排名	5	6	2	3	15
省市	广东省	北京市	上海市	江苏省	浙江省
专精特新企业数量（家）	217	168	378	287	60

3.2.2 广东省专利布局

截至2021年7月，广东省智能家电产业专利申请公开量共43136件，占广东省专利申请公开总量（5302985件）的0.8%；近五年复合增速为21.3%，高出全国复合增速（13.8%）7.5个百分点（见图21）。广东省智能家电产业专利授权量共26571件，占广东省智能家电产业专利申请公开总量的61.6%；有效专利量为19759件。

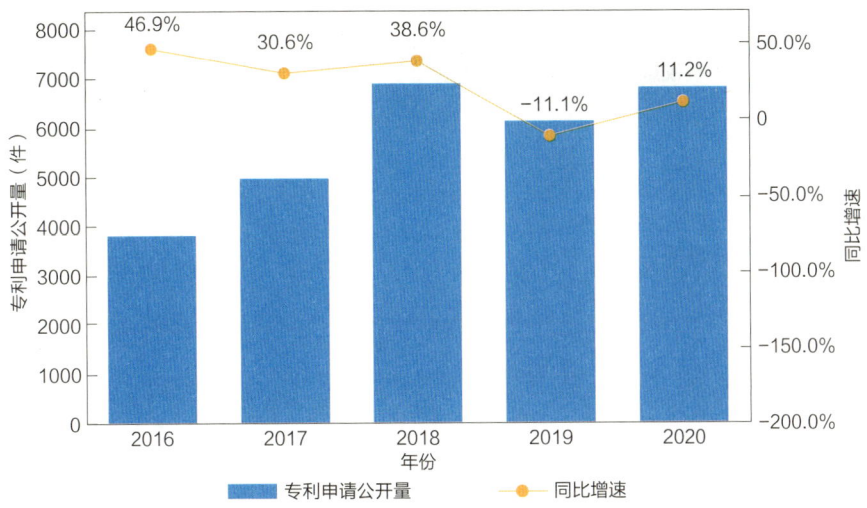

图 21　广东省智能家电产业专利申请公开量增长趋势

截至 2021 年 7 月，广东省智能家电产业发明专利申请公开量共 22060 件，占广东省智能家电产业专利申请公开量（43136 件）的 51.1%，近五年复合增速为 20.0%，高出全国复合增速（12.6%）7.4 个百分点（见图 22）。

图 22　广东省智能家电产业发明专利申请公开量增长趋势

截至 2021 年 7 月，广东省智能家电产业发明专利授权量共 5495 件，占全国智能家电产业发明专利授权总量（23394 件）的 23.5%，在国内 31 省市中排名第一。

从地域分布情况来看，广东省智能家电产业发明专利授权量主要集中在珠三角地区。其中，发明专利授权量排名前五位的地市依次为深圳市（2266 件）、广州市（938 件）、佛山市（818 件）、珠海市（563 件）和东莞市（371 件）（见表 13）。

表 13　广东省各地市智能家电产业发明专利授权数量情况

地区	发明专利授权量（件）	省内排名	地区	发明专利授权量（件）	省内排名
深圳市	2266	1	潮州市	10	12
广州市	938	2	汕尾市	8	13
佛山市	818	3	肇庆市	8	13
珠海市	563	4	梅州市	5	15
东莞市	371	5	茂名市	5	15
惠州市	265	6	揭阳市	4	17
中山市	131	7	云浮市	2	18
江门市	41	8	河源市	2	18
汕头市	28	9	韶关市	2	18
清远市	14	10	阳江市	1	21
湛江市	13	11			

截至 2021 年 7 月，广东省智能家电产业的有效发明专利共 4888 件。其中，高价值专利共 4416 件，占全国智能家电产业高价值专利总量（18446 件）的 23.9%，在国内 31 省市中排名第一。在广东省智能家电产业高价值专利中，属于战略性新兴产业的有效发明专利共 4334 件，在海外有同族专利权的有效发明专利共 507 件，维持年限超过 10 年的有效发明专利共 401 件，有质押融资活动的有效发明专利共 58 件，获得中国专利奖的有效发明专利共 11 件。

横向对标北京市、上海市、江苏省、浙江省等国内重点省市，在智能家电产业高价值专利中，广东省属于战略性新兴产业的有效发明专利、在海外有同族专利权的有效发明专利、维持年限超过 10 年的有效发明专利、有质押融资活动的有效发明专利、获得中国专利奖的有效发明专利数量均在国内 31 省市中排名第一（见表 14）。

表 14　国内重点省市智能家电产业高价值专利数量分布情况对标比较

国内 31 省市排名	1	2	6	3	4
省市	广东省	北京市	上海市	江苏省	浙江省
属于战略性新兴产业的有效发明专利数量（件）	4334	2312	887	1965	1621
国内 31 省市排名	1	2	5	3	6
省市	广东省	北京市	上海市	江苏省	浙江省
在海外有同族专利权的有效发明专利数量（件）	507	236	58	84	46
国内 31 省市排名	1	2	4	3	5
省市	广东省	北京市	上海市	江苏省	浙江省
维持年限超过 10 年的有效发明专利数量（件）	401	292	131	138	115
国内 31 省市排名	1	4	9	2	3

续表

省市	广东省	北京市	上海市	江苏省	浙江省
有质押融资活动的有效发明专利数量（件）	58	28	7	49	44
国内31省市排名	1	4	-	7	2
省市	广东省	北京市	上海市	江苏省	浙江省
获得中国专利奖的有效发明专利数量（件）	11	2	0	1	4

截至2021年7月，广东省智能家电产业创新企业发明专利申请公开量共18228件，占广东省智能家电产业发明专利申请公开总量（22060件）的82.6%；近五年复合增速为23.1%，高出全国智能家电产业创新企业发明专利申请公开量复合增速（13.1%）10.0个百分点（见图23）。发明专利申请公开量较多的创新企业包括珠海格力电器股份有限公司（1352件）、广东美的制冷设备有限公司（609件）、中兴通讯股份有限公司（313件）等。

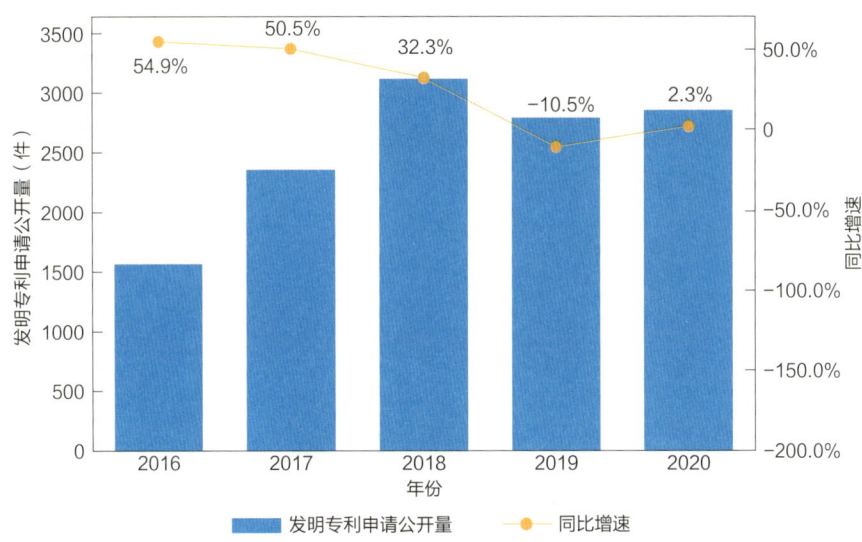

图23 广东省智能家电产业创新企业发明专利申请公开量增长趋势

截至2021年7月，广东省智能家电产业高校发明专利申请公开量共1250件，占广东省智能家电产业发明专利申请公开总量（22060件）的5.7%；近五年复合增速为17.1%，高出全国智能家电产业高校发明专利申请公开量复合增速（15.2%）1.9个百分点（见图24）。发明专利申请公开量较多的高校包括中山大学（254件）、华南理工大学（191件）、广东工业大学（107件）等。

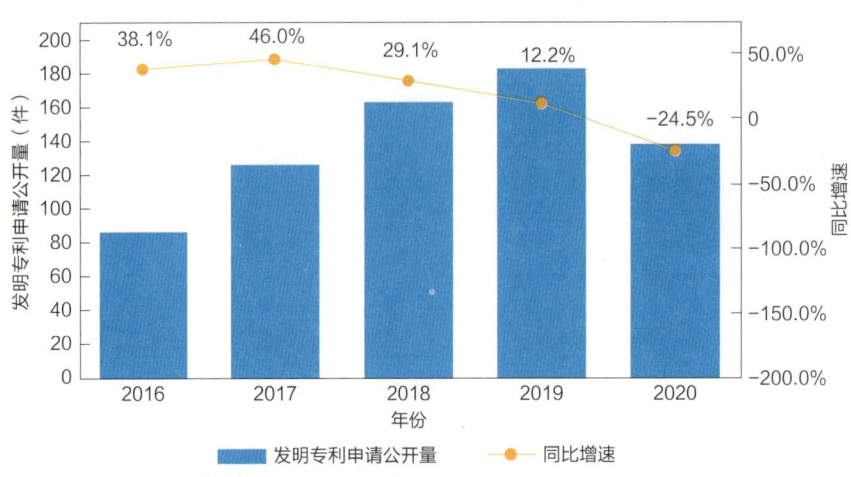

图 24　广东省智能家电产业高校发明专利申请公开量增长趋势

截至 2021 年 7 月,广东省智能家电产业科研机构发明专利申请公开量共 230 件,占广东省智能家电产业发明专利申请公开总量(22060 件)的 1.0%;近五年复合增速为 9.9%,低于全国智能家电产业科研机构发明专利申请公开量复合增速(15.7%)5.8 个百分点(见图 25)。发明专利申请公开量较多的科研机构包括中山大学深圳研究院(35 件)、中国科学院深圳先进技术研究院(18 件)、东莞中山大学研究院(16 件)等。

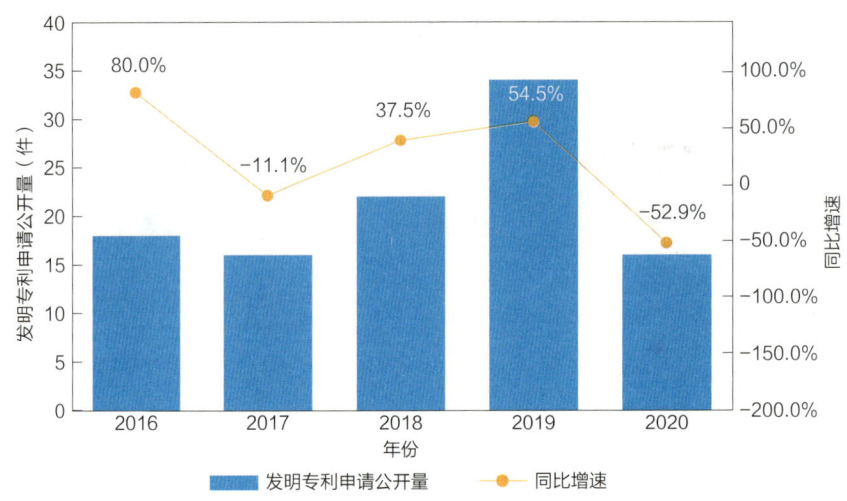

图 25　广东省智能家电产业科研机构发明专利申请公开量增长趋势

截至 2021 年 7 月,在智能家电产业中,广东省涉及产学研合作申请的专利共 250 件,占全国涉及产学研合作申请专利总量(1375 件)的 18.2%,在国内 31 省市中排名第一。

从智能家电产业的各细分领域来看,广东省涉及产学研合作申请的专利主要分布在智能家居领域,专利数量为 194 件。其次是影音娱乐和通信模块领域,专利数量分别为 31 件和 28 件(见图 26)。

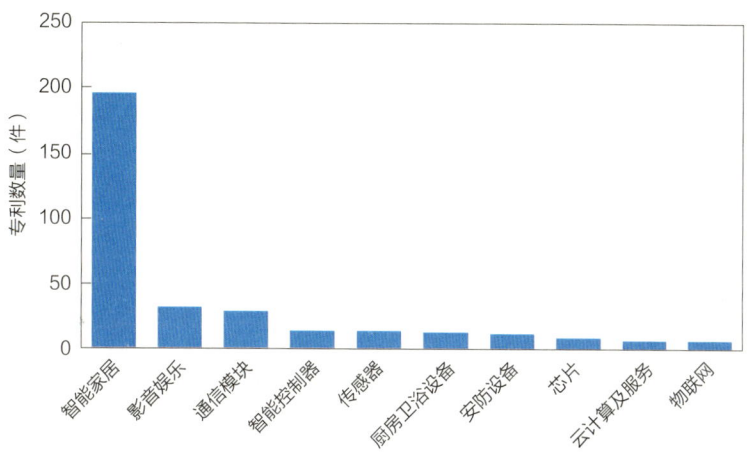

图 26 广东省智能家电产业产学研合作申请专利领域分布情况

从产学研合作的高校院所来看，中山大学、华南师范大学、华南理工大学、广东工业大学、深圳大学等在广东省智能家电产业中的产学研合作较为密切，涉及产学研合作申请的专利数量分别为 35 件、26 件、24 件、16 件、10 件（见表 15）。

表 15 广东省智能家电产业产学研合作重点高校院所清单

序号	高校院所	产学研合作申请的专利数量（件）
1	中山大学	35
2	华南师范大学	26
3	华南理工大学	24
4	广东工业大学	16
5	深圳大学	10

截至 2021 年 7 月，在智能家电产业中，国内 31 省市海外布局专利共 4538 件；其中，广东省海外布局专利共 2160 件，占国内 31 省市海外布局专利总量的 47.6%，在国内 31 省市中排名第一。广东省海外布局专利的区域主要包括美国（364 件）、欧洲（197 件）和日本（81 件）等。

从智能家电产业的各细分领域来看，广东省海外布局专利主要分布在智能家居（1281 件）、影音娱乐（608 件）、通信模块（181 件）等领域（见图 27）。

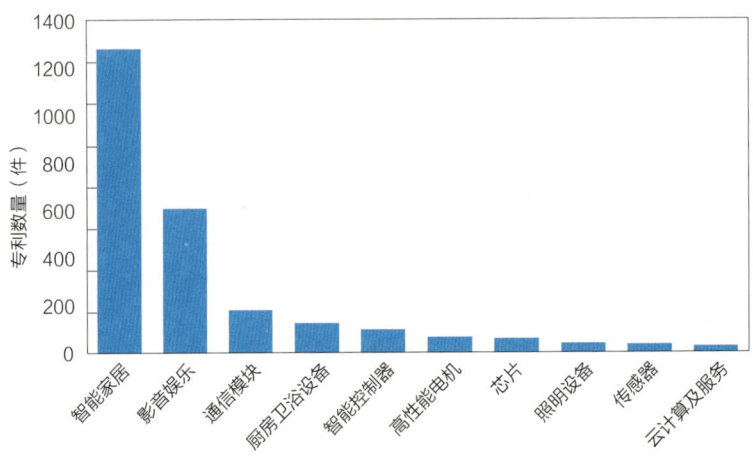

图 27 广东省智能家电产业海外布局专利领域分布情况

3.2.3 广东省创新人才

截至 2021 年 7 月,广东省智能家电产业有专利申请活动的创新人才共 55118 人,占国内 31 省市智能家电产业创新人才总量(311892 人)的 17.7%,在国内 31 省市中排名第一。近五年广东省智能家电产业创新人才数量复合增速为 28.2%,高出国内 31 省市整体复合增速(26.2%)2.0 个百分点(见图 28)。

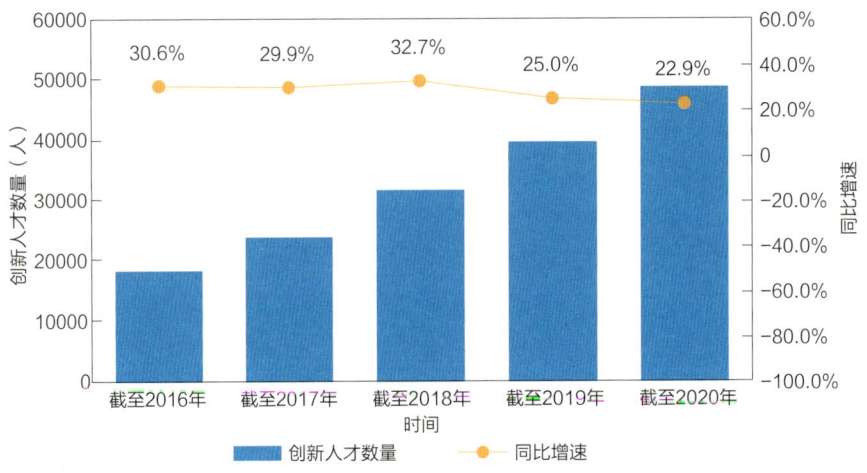

图 28 广东省智能家电产业创新人才数量增长趋势

从地域分布情况来看,截至 2021 年 7 月,广东省智能家电产业有专利申请活动的创新人才主要集中在珠三角地区。其中,创新人才数量排名前五位的地市依次为深圳市(21574 人)、广州市(13614 人)、佛山市(5574 人)、珠海市(3999 人)和东莞市(3224 人)(见表 16)。

表16　广东省各地市智能家电产业创新人才数量情况

地区	创新人才数量（人）	省内排名	地区	创新人才数量（人）	省内排名
深圳市	21574	1	清远市	210	12
广州市	13614	2	梅州市	208	13
佛山市	5574	3	韶关市	193	14
珠海市	3999	4	河源市	174	15
东莞市	3224	5	茂名市	169	16
中山市	2472	6	汕尾市	138	17
惠州市	1557	7	揭阳市	131	18
江门市	802	8	云浮市	119	19
湛江市	379	9	潮州市	99	20
汕头市	286	10	阳江市	45	21
肇庆市	262	11			

截至2021年7月，在智能家电产业创新人才中，广东省共有国家高层次人才1187人，占广东省智能家电产业创新人才总量（55118人）的2.2%；技术高管9511人，占创新人才总量的17.3%；科技企业家6547人，占创新人才总量的11.9%。

横向对标北京市、上海市、江苏省、浙江省等国内重点省市，在智能家电产业创新人才中，广东省国家高层次人才数量在国内31省市中仅次于北京市和江苏省，排名第三；技术高管、科技企业家数量均在国内31省市中排名第一（见表17）。

表17　国内重点省市智能家电产业特色人才数量分布情况对标比较

国内31省市排名	3	1	5	2	4
省市	广东省	北京市	上海市	江苏省	浙江省
国家高层次人才数量（人）	1187	1675	763	1308	781
国内31省市排名	1	5	4	2	3
省市	广东省	北京市	上海市	江苏省	浙江省
技术高管数量（人）	9511	2184	2294	5511	3510
国内31省市排名	1	5	4	2	3
省市	广东省	北京市	上海市	江苏省	浙江省
科技企业家数量（人）	6547	1336	1501	3787	2410

从各机构类型创新人才数量分布情况来看，广东省智能家电产业企业的创新人才数量最多，共计44018人，占广东省智能家电产业创新人才总量（55118人）的79.9%。高校的创新人才数量位居其次，共计5019人，占广东省智能家电产业创新人才总量的9.1%。科研机构的创新人才共计929人，事业单位的创新人才共计371人，分别占广东省智能家电产业创新人才总量的1.7%和0.7%（见图29）。

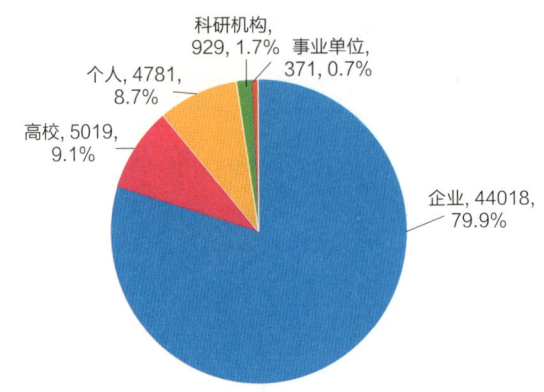

图29 广东省智能家电产业各机构类型创新人才数量分布情况（单位：人）

3.3 广东省智能家电产业创新发展洞察

3.3.1 广东省产业链集聚结构

3.3.1.1 整体布局

广东省智能家电产业链覆盖全面，并且在各细分领域都具备一定优势，尤其是在芯片、材料、传感器、通信模块、智能控制器、云计算及服务、影音娱乐、厨房卫浴设备、智能家居细分领域的优势显著（见表18）。

综合发明专利申请公开量、创新企业数量、创新人才数量及各自的近五年复合增速来看，广东省智能家电产业链整体保持较快增长，发明专利申请公开量、创新企业数量、创新人才数量的近五年复合增速均在20%以上。从智能家电产业各细分领域来看，广东省在高性能电机、人工智能、物联网、5G、照明设备、卫生健康设备、安防设备细分领域具有较大的发展潜力。

表18 广东省智能家电产业链细分领域创新要素情况

细分领域 产业链三级	发明专利授权		创新企业		创新人才	
	数量（件）	国内排名	数量（家）	国内排名	数量（人）	国内排名
芯片	153	1	647	1	2463	1
材料	107	1	158	1	823	1
传感器	196	1	636	1	2576	1
通信模块	424	1	957	1	4332	1
智能控制器	242	1	695	1	2982	1
高性能电机	81	1	244	1	1154	1
大数据	15	1	34	1	142	1
云计算及服务	113	1	259	1	996	1
人工智能	88	1	236	1	938	1

续表

细分领域 产业链三级	发明专利授权 数量（件）	国内排名	创新企业 数量（家）	国内排名	创新人才 数量（人）	国内排名
操作系统	8	1	46	1	159	1
物联网	66	1	281	1	968	1
5G	2	1	17	1	44	1
影音娱乐	1143	1	2379	1	9171	1
照明设备	46	1	425	1	1073	1
厨房卫浴设备	747	1	934	1	5541	1
卫生健康设备	28	2	233	1	842	1
安防设备	95	1	488	1	1657	1
智能家居	3301	1	10251	1	41026	1

3.3.1.2 优势环节

综合广东省智能家电产业各细分领域发明专利授权量、创新企业数量、创新人才数量及各自在国内 31 省市的排名情况来看，广东省在智能家电产业的各细分领域都具备一定的优势。尤其是在芯片、材料、传感器、通信模块、智能控制器、云计算及服务、影音娱乐、厨房卫浴设备、智能家居细分领域，发明专利授权量、创新企业数量、创新人才数量都比较多，优势显著（见表 19）。

表 19　广东省智能家电产业显著优势领域创新要素情况

细分领域 产业链三级	发明专利授权 数量（件）	国内排名	创新企业 数量（家）	国内排名	创新人才 数量（人）	国内排名
芯片	153	1	647	1	2463	1
材料	107	1	158	1	823	1
传感器	196	1	636	1	2576	1
通信模块	424	1	957	1	4332	1
智能控制器	242	1	695	1	2982	1
云计算及服务	113	1	259	1	996	1
影音娱乐	1143	1	2379	1	9171	1
厨房卫浴设备	747	1	934	1	5541	1
智能家居	3301	1	10251	1	41026	1

3.3.1.3 潜力环节

综合广东省智能家电产业各细分领域发明专利申请公开量、创新企业数量、创新人才数量及各自的近五年复合增速来看，广东省在高性能电机、人工智能、物联网、照明设备、卫生健康设备、安防设备细分领域发明专利申请公开量的近五年复合增速均在 16%

以上，创新企业数量的近五年复合增速均在 33% 以上，创新人才数量的近五年复合增速均在 28% 以上，发展势头良好，未来潜力较大；5G 细分领域发明专利申请公开量、创新人才数量的近五年复合增速分别为 28.5% 和 93.3%，也具有较大的发展潜力（见表 20）。

表 20　广东省智能家电产业潜力领域创新要素情况

细分领域	发明专利申请公开		创新企业		创新人才	
产业链三级	数量（件）	复合增速	数量（家）	复合增速	数量（人）	复合增速
高性能电机	316	23.6%	244	33.3%	1154	31.0%
人工智能	368	49.1%	236	56.0%	938	48.5%
物联网	386	16.3%	281	35.8%	968	28.7%
5G	20	28.5%	17	—	44	93.3%
照明设备	272	21.5%	425	41.2%	1073	39.5%
卫生健康设备	291	30.5%	233	51.3%	842	43.3%
安防设备	524	18.5%	488	35.1%	1657	29.0%

3.3.1.4　风险环节

在新兴技术和新增需求的带动下，智能家电产业正处于新的发展阶段，中国市场地位突出，是国外公司专利布局的重点方向。通过分析国外在华发明专利申请公开量的增速，并结合国内外专利权人在华有效发明专利量的对比，有助于判断产业链各技术领域是否面临风险，具体分析模型为：

当某细分领域国外在华发明专利申请公开量的近五年复合增速大于或等于产业链整体国外在华发明专利申请公开量的近五年复合增速，或者某细分领域国外专利权人在华有效发明专利量大于该细分领域国内专利权人在华有效发明专利量时，则判定该细分领域为风险产业。

截至 2021 年 7 月，在智能家电产业中，国外在华发明专利申请公开量共 3433 件，占全国智能家电产业发明专利申请公开总量（101718 件）的 3.4%，近五年复合增速为 16.0%，高出全国复合增速（12.6%）3.4 个百分点。国外专利权人在华有效发明专利量为 1057 件，占全国智能家电产业有效发明专利总量（19559 件）的 5.4%。

从智能家电产业的各细分领域来看，芯片、传感器、通信模块、物联网、5G、厨房卫浴设备、智能家居细分领域国外在华发明专利申请公开量的近五年复合增速大于智能家电产业链整体国外在华发明专利申请公开量的近五年复合增速，属于风险细分领域。其中，5G 细分领域国外专利权人在华有效发明专利量同时也大于国内专利权人在华有效发明专利量，需要重点关注（见表 21）。

表 21　智能家电产业链风险领域分布情况

细分领域 产业链三级	细分领域国外在华发明专利申请公开量近五年复合增速		细分领域国外专利权人在华有效发明专利		风险领域
	复合增速	大于或等于产业链整体国外在华发明专利申请公开量近五年复合增速	数量（件）	大于细分领域国内专利权人有效发明专利量	
芯片	47.6%	是	25	否	是
材料	−9.7%	否	33	否	否
传感器	30.3%	是	70	否	是
通信模块	42.3%	是	165	否	是
智能控制器	2.7%	否	61	否	否
高性能电机	−5.6%	否	33	否	否
大数据	—	—	1	否	否
云计算及服务	—	—	1	否	否
人工智能	—	—	2	否	否
操作系统	−24.2%	否	7	否	否
物联网	141.4%	是	64	否	是
5G	145.4%	是	31	是	是
影音娱乐	−1.8%	否	486	否	否
照明设备	—	—	4	否	否
厨房卫浴设备	64.4%	是	19	否	是
卫生健康设备	—	—	1	否	否
安防设备	—	—	4	否	否
智能家居	33.6%	是	345	否	是

3.3.2　广东省技术供应链分析

3.3.2.1　技术转移情况

截至 2021 年 7 月，在智能家电产业中，全国涉及转让的专利共 12360 件；其中，广东省涉及转让的专利共 4180 件，占全国涉及转让专利总量的 33.8%，在国内 31 省市中排名第一。

从智能家电产业的各细分领域来看，广东省涉及转让的专利主要分布在智能家居（3105 件）、影音娱乐（595 件）、通信模块（348 件）等领域（见图 30）。

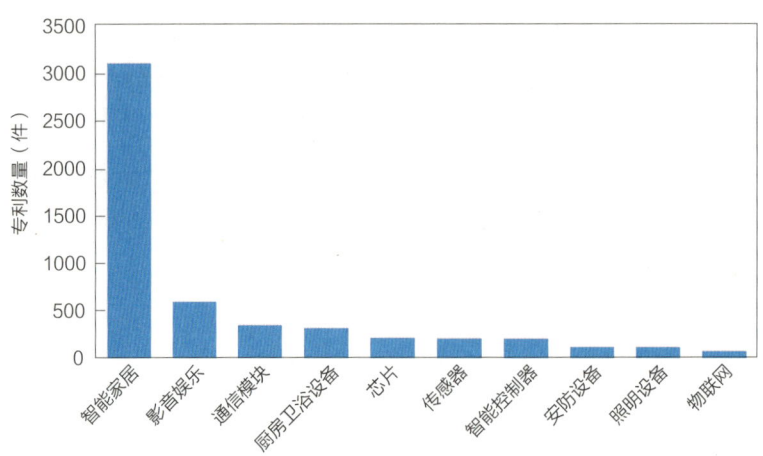

图 30　广东省智能家电产业涉及转让专利领域分布情况

广东省智能家电产业的专利转让活动主要发生在省内，共涉及专利 2124 件。在与外地进行的专利转让活动方面，广东省向外地转让的专利共 974 件，转让专利的受让人主要分布在江苏省（181 件）、浙江省（109 件）、江西省（100 件）；广东省从外地受让的专利共 1417 件，受让专利的转让人主要分布在浙江省（319 件）、江苏省（162 件）、四川省（156 件）（见图 31）。

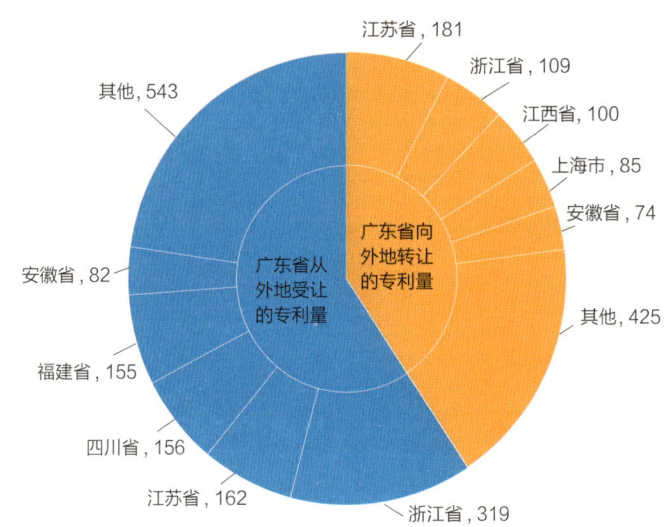

图 31　广东省智能家电产业与外地进行专利转让活动情况（单位：件）

3.3.2.2　专利许可情况

截至 2021 年 7 月，在智能家电产业中，全国涉及许可的专利共 747 件；其中，广东省涉及许可的专利共 220 件，占全国涉及许可专利总量的 29.5%，在国内 31 省市中排名第一。

从智能家电产业的各细分领域来看，广东省涉及许可的专利主要分布在智能家居（119 件）、影音娱乐（57 件）、厨房卫浴设备（22 件）等领域（见图 32）。

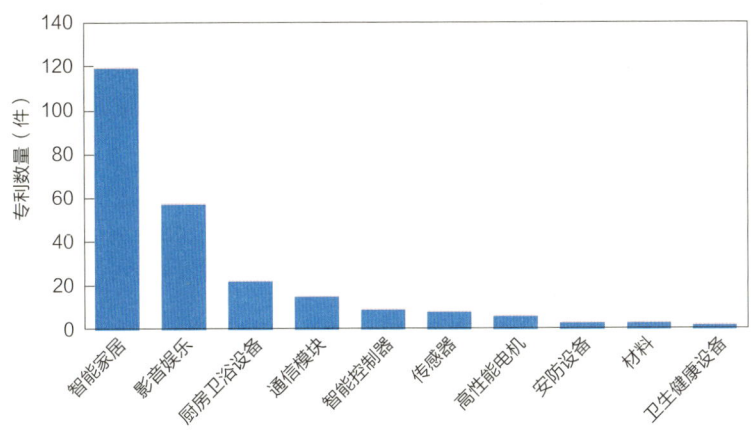

图 32　广东省智能家电产业涉及许可专利领域分布情况

广东省智能家电产业的专利许可活动主要发生在省内，共涉及专利141件。在与外地进行的专利许可活动方面，广东省对外地许可的专利共38件，许可专利的被许可人主要分布在北京市（7件）、安徽省（5件）、江苏省（4件）；广东省被外地许可的专利共44件，被许可专利的许可人主要分布在安徽省（6件）、湖北省（5件）、福建省（4件）（见图33）。

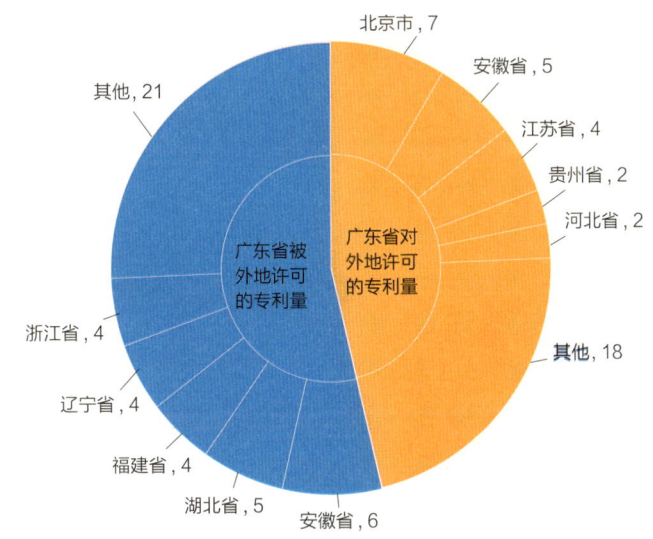

图 33　广东省智能家电产业与外地进行专利许可活动情况（单位：件）

3.3.2.3　专利质押情况

截至2021年7月，在智能家电产业中，全国涉及质押的专利共1001件；其中，广东省涉及质押的专利共221件，占全国涉及质押的专利总量的22.1%，在国内31省市中排名第一。

从智能家电产业的各细分领域来看，广东省涉及质押的专利主要分布在智能家居（142件）、影音娱乐（50件）、材料（17件）等领域（见图34）。

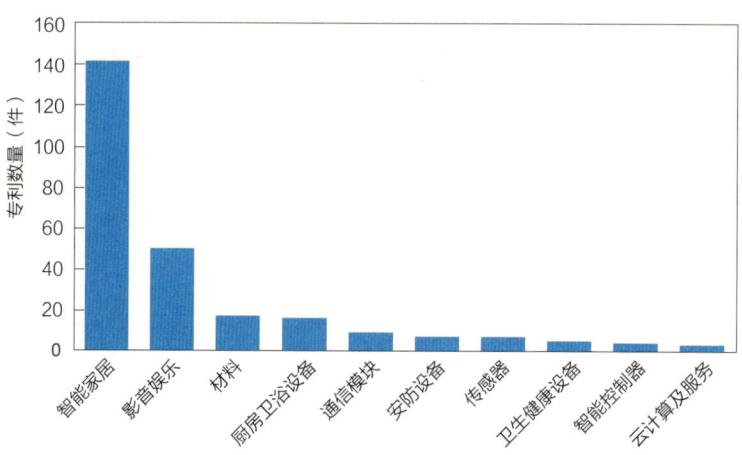

图 34 广东省智能家电产业涉及质押专利领域分布情况

第4章 广东省智能家电产业创新发展路径建议

广东省智能家电产业具有规模优势、集聚优势、产业化配套优势及成本优势，当前呈现智能化、节能环保、绿色健康的发展趋势，已形成深圳、佛山、东莞、珠海、中山、惠州、湛江为聚集地的家电产业集群，具有全球规模最大、品类最齐全的产业链，是全球最大的家电制造业中心。广东省在智能家电产业方面基础雄厚，以格力、美的等为代表的行业龙头纷纷抢占产业技术制高点，产业链上下游的企业正加速在智能家电产业的技术布局，集聚了雄厚的技术实力。同时，广东省汇聚了大量智能家电领域的高端人才，以中山大学、华南理工大学等为代表的高校院所为本地提供了丰富的产学研资源，这些得天独厚的条件都将加速广东省智能家电产业的发展。广东省雄厚丰沛的企业、人才资源和完整的产业链布局为广东省发展智能家电产业提供了"常量"；5G、物联网、大数据、人工智能等新兴技术与智能家电的加速融合，是带动智能家电产业发展取得突破的关键"变量"。广东省应稳住常量，抓好变量，把握智能家电产业发展的战略性机遇，推动智能家电产业快速发展，打造智能家电产业发展高地。形成创新要素高度集聚、区域根植性强、网络化协同紧密、开放包容、生态体系完整、全球最具竞争力的智能家电产业集群。

4.1 产业布局优化路径

以"固链、强链、补链、延链"为重点，以提升区域产业技术创新能力和核心竞争力为目标，基于知识产权大数据情报分析，对产业链的构成和产业融合载体分布情况进行梳理，引导创新资源向产业链上下游集聚，打造智能家电产业发展高地。对于本地产业优势细分领域，主要通过研发创新、核心技术攻关、专利布局以及技术合作等手段进行巩固。对于本地产业链劣势环节，可考虑结合政策驱动、人才引进、对外合作等加以提升。

首先，实施固链工程。广东省智能家电产业基础设施完善、产业链配套齐全，各产业环节齐头并进，比较优势明显。建议广东省继续保持区域产业优势，在各个产业环节不断有所突破，抢占智能家电产业技术高地和国际话语权。

其次，实施强链工程。继续增强高性能电机、人工智能、物联网、5G、照明设备、卫生健康设备、安防设备、智能家居等产业潜力环节，不断提升广东省智能家电产业的竞争实力。

再次，实施补链工程。针对广东省智能家电产业链的关键环节和"卡脖子"环节，在芯片、传感器、通信模块等领域加大研发投入，同时可以考虑引进国内外行业巨头进行落户研发。

最后,实施延链工程。针对广东省智能家电产业链特点,促进物联网、5G等新兴技术与智能家电产业的深度融合,突破应用场景瓶颈,延展产业链链条,扩大产业规模。

以粤港澳大湾区建设为契机,深化同香港、澳门智能家电产业的相关合作,加快推进智能家电产业一体化布局和各类高端要素对接,协同促进智能家电产业高质量发展。加强粤港澳科技合作,支持企业、高校、科研院所加强产学研合作及应用示范研究,以市场需求为核心,以应用落地为目标,推动流体力学、主动降噪等基础技术研究,推动绿色封装材料、变频芯片、主控MCU、超高清视频SoC芯片、数据传输芯片、高端CMOS图像传感器芯片、液晶显示高端材料等基础材料与核心部件研究,突破国外相关领域的技术垄断。以粤港澳合作为基础,形成以广州、深圳、香港、澳门为核心的创新网络,以深圳、佛山、珠海、惠州、中山、湛江为核心的制造网络,以广州、深圳为核心的生产性服务业网络,进一步优化全球布局,实现技术、人才、资金等生产要素的高度集聚,新技术、新业态、新模式与制造业的深度融合。

建议广东省在实施雁阵培育计划中,根据智能家电产业技术创新情况将本地企业分为多个梯队,整合区域企业网络,完善产业链生态体系。充分利用广东省智能家电产业优势,将格力、美的等龙头企业作为头雁,依托产业生态和良好的营商环境,把新的优质群雁企业吸引进来,形成雁阵集群,互相借力,带动广东省上下游产业链集群发展。

对于处于产业链不同环节的企业,鼓励区域内部整合,特定环节较强的企业可以强强联合。鼓励企业通过并购扩大规模,优化资源配置,发挥规模效益。同质化企业采取横向并购,凸显规模效益的同时做强具体产业链环节;处于竞争优势的企业采取纵向并购产业链其他环节的高成长型企业,将产业链做长,打通企业的产业链,提高生产效率。

同时,在国际化水平提升方面,支持龙头企业"走出去",鼓励龙头企业在海外设立研发、设计、制造基地,支持开展国际并购,建立国际生产销售体系。支持国际知名企业和机构"引进来",围绕产业链关键环节,重点引进在芯片、传感器、高性能电机等领域具有核心技术的国际知名企业到广东省设立制造基地、研发中心;支持引进国际技术标准组织分支机构和国际标准化专家,开展国际标准化合作与研究,提升标准国际话语权。

实施创新驱动发展战略,根本在于增强自主创新能力,人才是创新的根基,创新驱动实质上是人才驱动,科技创新最重要、最核心、最根本的是人才问题。只有拥有一流的创新人才,才能产生一流的创新成果,才能拥有创新的主导权。企业最具有创新能力的核心人员一般占研发人员的2%,也就是说这2%的核心人员是引领推动产业发展的"关键少数",是全球智能家电产业角逐的焦点。建议广东省人才工作要进一步聚焦到"2%"高端人才层面,建立起"引""稳""培""鉴"相结合的人才培养机制,打造创新人才高地。

一是"引",在人才引进中加强行业领军人才、技术高管及科技企业家等的引进力度;二是"稳",加强人才大数据的建设与运用水平,构建智能家电产业创新人才数据库,实时监测广东省高层次人才发展动态,稳定核心技术人才,减少高端人才外流;三是"培",深化产教融合,依托全国和广东省高校科教资源,建立学历教育与职业教育相结合的人才培养模式,协同培养创新型科技工程师人才;四是"鉴",有效利用知识产权大数据建立发现高端科技人才、评价人才和跟踪人才机制,绘制全球高端人才图谱,落实人才引进中的知识产权评价和鉴定机制。

广东省在发展智能家电产业的过程中，应加大人才培养引进力度，择天下英才而用之，充分发挥高端人才的关键作用，形成人才集聚效应。一方面，要根据广东省智能家电产业发展实际，加大本地人才培养的力度；另一方面，要积极从国内外引进高端人才，引领区域产业创新发展。

4.2 知识产权工作建议

高价值专利是产业发展的关键动力，是企业的核心竞争力，从源头提升创新质量，是推动智能家电产业集群高质量发展的有效手段。鼓励企业、高等院校、科研院所、知识产权服务机构、产业联盟、行业协会作为建设主体，建设高价值专利培育中心，成立技术培育、专利挖掘、专利申请维护、专利运营等职能部门。制定完善的高价值专利培育管理制度及操作规程，如研发管理制度、专利信息利用制度、专利挖掘布局制度、专利申请制度、专利分级管理制度等。开展高价值专利组合培育，包括技术培育、专利布局策略规划、高价值专利挖掘、高价值专利布局、高价值专利撰写、高价值专利的申请答复、高价值专利快速获权、高价值专利运营等内容。针对高价值专利培育中心产出的专利，开辟绿色通道，加快审查授权。举行智能家电产业高价值专利运营大赛，展示培育得到的专利，组织多场次项目对接会，助力运营转化。同时鼓励企业积极参与国际国内标准制定，加大标准必要专利的布局申请力度。

目前，制约我国产业科技成果转化、知识产权运营、产业链强链补链、招商引资、人才引进等产业发展的关键是信息不对称，创新供给侧、产业需求端、资本赋能方三者之间存在严重的结构洞，即存在找不到、看不懂、风险大等问题。建议打造以知识产权数据为核心价值导向的智能家电产业知识产权运营中心，建设知识产权要素齐全，高技术产业创新生态健全，实现"知识产权＋产业＋资本＋机构＋人才"一体化融合发展的国家级产业知识产权运营平台，成为引领区域产业创新发展的重要智库力量，建设形成技术、资本、人才等要素精准对接、智能匹配的知识产权要素市场，形成若干细分领域专利池、专利组合运营资产，加强知识产权大数据对知识产权运营、科技成果转化、产业链招商、企业培育、核心技术攻关的情报支撑作用。

国外智能家电企业越来越重视中国市场，智能家电产业国外在华专利布局数量也在逐年增加。广东省应建立预警机制，加大在芯片、传感器、通信模块、物联网、5G、厨房卫浴设备、智能家居等风险领域的专利布局力度，加强技术积累和挖掘，坚持创新导向和质量导向，提高专利布局数量。

同时，广东省作为我国外贸第一大省，在智能家电企业"走出去"的过程中，尤其还应注重知识产权的海外布局工作。建议企业在进军海外时，可根据经营业务范围在海外潜在市场围绕自身的优势技术，进行多角度、多层次的专利布局。此外，还可围绕自身的产品有策略地进行商标和专利的组合布局，形成对自身权益最大的保护。